固体废物处理与资源化丛书

生活垃圾卫生填埋技术

第二版

张 华 赵由才 主编

化学工业出版社
·北京·

本书共16章，分别为绪论、卫生填埋场选址、垃圾卫生填埋场环境影响评价、填埋场总体设计、填埋工艺与设备、填埋场防渗及防洪系统、垃圾渗滤液的产生和处理、填埋场气体的导排和综合利用、填埋场的终场覆盖与封场、填埋场现场运行管理、填埋场环境保护与环境监测、准好氧填埋场、垃圾填埋体的稳定性、盲沟清洗技术与方法、填埋场稳定化与土地和矿化垃圾利用、垃圾卫生填埋技术设计应用实例。

本书可供从事生活垃圾处理、市政工程工作的技术人员、管理人员参考，也可供高等学校环境科学与工程、市政工程及相关专业师生参阅。

图书在版编目（CIP）数据

生活垃圾卫生填埋技术/张华，赵由才主编．—2版．—北京：化学工业出版社，2019.8

（固体废物处理与资源化丛书）

ISBN 978-7-122-34354-3

Ⅰ.①生…　Ⅱ.①张…②赵…　Ⅲ.①垃圾处理-卫生填埋　Ⅳ.①X705

中国版本图书馆CIP数据核字（2019）第078472号

责任编辑：刘　婧　刘兴春　　文字编辑：汲永臻
责任校对：王　静　　装帧设计：关　飞

出版发行：化学工业出版社（北京市东城区青年湖南街13号　邮政编码100011）
印　　刷：三河市航远印刷有限公司
装　　订：三河市宇新装订厂
787mm×1092mm　1/16　印张32　字数800千字　　2020年2月北京第2版第1次印刷

购书咨询：010-64518888　　售后服务：010-64518899
网　　址：http://www.cip.com.cn
凡购买本书，如有缺损质量问题，本社销售中心负责调换。

定　　价：180.00元

前言

《生活垃圾卫生填埋技术》第一版于2004年4月出版以来，深受读者欢迎。十几年来，在我国生活垃圾卫生填埋领域，业内人员通过大量实践积累了丰富的经验，研究人员不断深入细化的钻研创新，使生活垃圾卫生填埋技术在深度和广度上不断趋于成熟和完善。各类环保标准和规范也逐渐齐全和完善，使填埋场的设计、建设和管理从宏观控制、建设水平、工程措施、环境保护等方面都有法可依、有章可循，极大地推动了我国生活垃圾填埋处理技术及与之相应的垃圾渗滤液处理技术、填埋气收集与利用技术的发展。我国的生活垃圾卫生填埋技术已接近国际水平。因此，有必要对《生活垃圾卫生填埋技术》第一版的内容进行更新、补充和完善。

本书第二版补加和完善了相关规范内容，对第一版内容中不再使用和不符合新标准规范要求的部分进行了删减和替换，增补了较多近年来的新技术进展，尤其是填埋场分区及雨污分流技术、渗滤液处理新技术、防渗及渗漏检测技术、填埋作业技术、填埋气的收集与利用技术、填埋场稳定性和稳定化评价、矿化垃圾开采及综合利用技术等；对填埋场工程实例中参考价值弱化的部分也进行了更新和替换，并增补了具有较强代表性的新工程实例。

本书由张华、赵由才主编，全书具体编写分工及修订情况如下：第一章、第二章由张华、金龙负责；第三章由祁峰负责；第四章、第九章由孙大朋、陈华东、张百德负责；第五章、第十章由张华、黄仁华、王明聪负责；第六章由高康、张华负责；第七章由吴军、丁慧羽、张华负责；第八章由张华、崔朋、陈晓芳负责；第十一章由王文超、王冬梅负责；第十二章由楼紫阳负责；第十三章、第十四章由张华负责；第十五章由张华、崔朋、陈晓芳负责；第十六章由张华、孙大朋、丁慧羽、周婷婷负责。全书最后由张华、赵由才统校、定稿。

本次修订工作得到了山东省省属普通本科高校应用型人才培养专业发展支持计划的支持，在此表示感谢。

限于作者水平和经验，不足和疏漏在所难免，恳请广大读者不吝赐教，多提宝贵意见。

编者

2019年3月

第一版前言

我国现有 700 座中等规模以上的城市，2300 多座县城，33000 座镇。在这些城镇里，居住着 3.5 亿居民。按照每天每人日产生活垃圾 1 千克计，每天可产生 35 万吨生活垃圾，而 1 年就是 1.3 亿吨。如果加上市郊居民，城市居民人口估计有 4 亿以上，年产生活垃圾超过 1.5 亿吨。生活垃圾经过适当压缩后，密度约为 $0.8t/m^3$。因此，1.5 亿吨生活垃圾相当于 1.9 亿立方米。

根据我国目前的经济现状和未来的发展趋势，在今后相当长时间里，卫生填埋仍然是我国处理生活垃圾最重要的方法。一个城市在选择生活垃圾出路时，首先应该考虑的是卫生填埋。卫生填埋场是卫生填埋的载体，其建设周期短，投资相对较低，并且可以分段投入，管理方便，现场运行比较简单。另外，从可持续发展来看，生活垃圾选择填埋场填埋，事实上是一种以资源的形式保存给后代，待一次资源枯竭或科学技术发展后，人们可以对填埋在卫生填埋场中的垃圾资源进行开采和重新利用。

应用卫生填埋方法处理生活垃圾的国家很多。在发展中国家，99%以上的生活垃圾采用卫生填埋（或简单堆放）处理，对于国土面积较大的发达国家，也有许多国家采用卫生填埋方法。在我国，99%以上的生活垃圾是采用卫生填埋或简单堆放进行处理或处置的。在建设和运行卫生填埋场过程中，如果严格按照卫生填埋场的标准进行，是不可能产生二次污染的。因此，卫生填埋是一种可靠、卫生和安全的生活垃圾处理方法。

卫生填埋法在我国的应用时间已有十几年的历史。十几年来，我国许多科研部门和应用单位积极探索适合我国的生活垃圾卫生填埋技术，取得了许多宝贵经验。我国地域广阔，南北和东西的气候、生活习惯等差异很大，生活垃圾中的含水率、组成等也有很大差别。因此，在进行生活垃圾卫生填埋时，应根据当地的实际情况，确定渗滤液和沼气的收集与处理设施的设计与建设方案，以及封场后的管理期限等。

作者在 1999 年编写了《城市生活垃圾卫生填埋场技术与管理手册》（化学工业出版社出版）一书。这几年来，我国卫生填埋场的建设速度非常快，虽然该手册已多次印刷，但仍然供不应求。我国各级政府非常重视卫生填埋技术的研究，加上已经建成的卫生填埋场的运行经验总结，与四年前相比，卫生填埋技术已经得到了比较迅速的发展，因此，有必要对该手册进行补充和完善。

本书的内容覆盖了卫生填埋技术的各个方面，包括生活垃圾产量预测，填埋场选址，总体设计，渗滤液和沼气的收集与处理，封场与终场利用，填埋场土力学、填埋场稳定化与矿化垃圾利用，日常运行管理、填埋场设计实例等，可供卫生填埋工程设计人员、大、中专师生、管理人员、科研人员参考。

本书由赵由才、龙燕、张华主编。参加本书编写的有：金龙、赵由才（第一章），金龙、张华、孙昕（第二章），陈彬（第三章），赵由才、王雷、龙燕（第四章），边炳鑫（第五章第一、二、四节），黄仁华、张华（第五章第三节），邓志文、戴伟华、宋立杰（第六章第一至四节)，宋立杰、邓志文、戴伟华（第六章第五、六节)，吴军（第七章)，张华（第八章)，曹学新、戴伟华（第九章第一、二节)，张华、宋立杰、王立、赵由才（第九章第三节)，黄仁华、李铭裕、周平、金才荣、张华（第十章)，祝优珍（第十一章第一、二节)，祝优珍、陈彬（第十一章第三节)，楼紫阳、曹伟华、欧远洋（第十二章)，王汉强、袁永强（第十三章)，高激飞（第十四章)，赵由才、张华、黄仁华、吴军（第十五章)，邹莲花、袁永强（第十六章第一节)，袁永强、龙燕（第十六章第二节)，陈忠、龙燕（第十六章第三节)，谢亨华（第十六章第四节)，曹学新（第十六章第五节)。

本书受到教育部博士点基金、国家自然科学基金（No. 20177014)、国家“863”计划和上海市重点学科的部分资助。

赵由才
同济大学环境科学与工程学院
同济大学污染控制与资源化研究国家重点实验室
2003 年 12 月

目 录

第一章 绪论 / 1

第二章 卫生填埋场选址 / 17

第三章 卫生填埋场环境影响评价 / 62

第四章 填埋场总体设计 / 74

第五章 填埋工艺与设备 / 92

第六章 填埋场防渗及防洪系统 / 141

第七章 垃圾渗滤液的产生和处理 / 210

第八章　填埋场气体的导排和综合利用 / 251

第九章　填埋场的终场覆盖与封场 / 284

第十章 填埋场现场运行管理 / 303

第十一章 填埋场环境保护与环境监测 / 321

第十二章 准好氧填埋场 / 337

第十三章 垃圾填埋体的稳定性 / 369

第十四章　盲沟清洗技术与方法 / 387

第十五章　填埋场稳定化与场地修复及资源开发利用 / 408

第十六章　垃圾卫生填埋技术设计应用实例 / 447

第一章

绪　论

第一节　生活垃圾的定义和来源

一、生活垃圾的定义

生活垃圾在不同场合、不同国家有着不同的含义。在我国，生活垃圾一般是指城市生活垃圾，又称城市固体废物，是指在城市居民日常生活中或为城市日常生活提供服务的活动中产生的固体废物。其主要成分包括厨余物、废纸、废塑料、废织物、废金属、废玻璃片、砖瓦渣土、粪便、废家具电器及庭院废物等。我国建设部颁布的《市容环境卫生术语标准》(CJJ/T 65—2004）中，对各类垃圾的定义如下。

① 垃圾（refuse，rubbish，garbage，solid waste)，是指人类在生存和发展中产生的固体废物。

② 生活垃圾（domestic waste，household garbage)，一般是指人类在生活活动过程中产生的垃圾，是生活废物的重要组成部分。

③ 城市生活垃圾（municipal domestic waste)，是指人类在城市内所产生的生活垃圾。

④ 居民垃圾（residential)，是指居民家庭产生的垃圾。

⑤ 生活废物（domestic waste)，是指人类在生活活动过程中产生的废物。

二、我国生活垃圾的现状

20 世纪 80 年代以来，我国的社会、经济和文化水平飞快发展，随着城镇化进程的加快及人民生活水平的提高，城镇生活垃圾快速增加，引起的环境污染问题越来越严重。在过去的 20 年间，中国城市生活垃圾产生量从 1990 年的 6767 万吨迅速增至 2010 年的 15805 万吨。2017 年中国城市生活垃圾清运量已达 2.15 亿吨。图 1-1 显示了 1990～2017 年我国城市生活垃圾清运量的增加趋势。但与其他发达国家相比，中国一直被视为拥有相对较低人均生活垃圾产生量的国家。

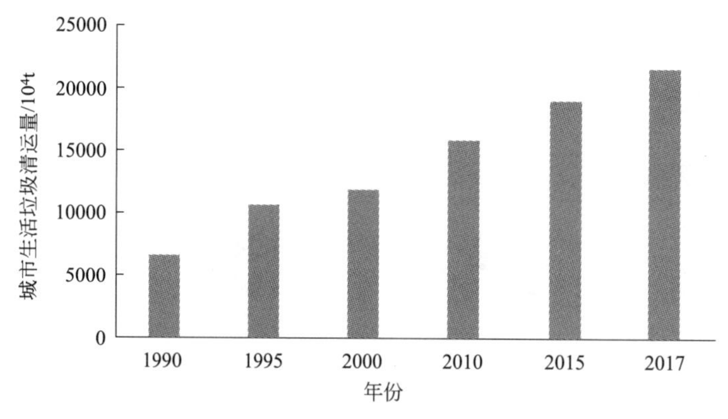

图 1-1　1990～2017 年我国城市生活垃圾清运量

三、生活垃圾的分类与组成

生活垃圾主要来自于城市居民家庭、城市商业、餐饮业、旅馆业、旅游业、市政环卫业、交通运输业、文教卫生业、行政事业单位、工业企业单位以及水处理中的污泥等。生活垃圾的分类方法很多。

1. 按垃圾产生源分类

根据垃圾产生源不同，我国将生活垃圾主要分为居民生活垃圾、街道保洁垃圾和集团垃圾三大类。居民生活垃圾来自居民生活过程中遗弃的废物，主要由易腐有机物、煤灰、泥沙、塑料、纸类等构成。它在城市垃圾整体中不仅数量占居首位，而且成分最为复杂，其构成受时间和季节影响，变化大且不均匀。街道保洁垃圾来自马路、街道和小巷路面的清扫，它的成分与居民生活垃圾相似，但是泥沙、枯枝落叶和商品包装物较多，易腐有机物较少，平均含水量较低。集团垃圾系指机关、团体、学校、工厂和第三产业等在生活和工作过程中产生的废物，它的成分随发生源不同而变化。这类垃圾与居民生活垃圾相比，具有成分较为单一稳定、平均含水量较低和易燃物特别是高热值的易燃物多的特点。

2. 按垃圾性质分类

根据生活垃圾的性质，如可燃性、化学成分、热值及可堆肥性等指标进行分类。按可燃性能可分为可燃性垃圾与不可燃性垃圾，按热值可分为高热值垃圾与低热值垃圾，按化学成分可分为有机垃圾与无机垃圾，按可堆肥性可分为可堆肥垃圾与不可堆肥垃圾。这种分类在不同的场合具有不同的用途。

3. 按垃圾处理处置方式或资源回收利用的可能性分类

国内外也常按处理处置方式或资源回收利用的可能性来对生活垃圾进行简易分类。一般可分为可回收废品、易堆腐品、可燃物以及无机废物四类。

4. 按垃圾来源分类

也有人根据生活垃圾来源不同，将其分为普通垃圾、商业垃圾、清扫垃圾等。普通垃圾是人们日常生活中固体废物的总称，商业垃圾是在商业活动中产生的固体废物，清扫垃圾是城市公共场所如公园、街道、绿化带的清扫物以及公共垃圾箱中的垃圾等。

生活垃圾组成很复杂，受多种因素的影响，如自然环境、气候条件、城市规模、居民生活习性以及经济发展水平等。一般来说，工业发达的地方较不发达的地方垃圾成分有机物多、无机物少；南方的城市较北方的城市有机物多、无机物少。我国生活垃圾在总量上大幅度增长的同时，成分也发生了很大的变化，生活垃圾中无机物的含量持续下降，有机物含量不断增加，可燃物增多，可利用价值增大。我国城市生活垃圾组成见表 1-1。城市生活垃圾组成与城市生活水平、经济发达程度有关，生活水平较高的城市，有机物如厨余、纸张、塑料、橡胶的含量均较高，可回收利用价值更大。值得注意的是国外一些发达国家的有机物垃圾中纸品占多数，而我国则以厨余为主。随着中国经济的快速发展和生活水平的提高，垃圾的成分也在不断变化，中国垃圾增长最快的组分就是纸品和塑料。

表 1-1　我国城市生活垃圾组成

城　　市	成分/%							
	有机物质	纸品	塑料	玻璃	金属	纺织纤维	木材	其他
北京(2008 年)	66.2	10.9	13.1	1.0	0.4	1.2	3.3	3.9
上海(2013 年)	72.49	6.01	13.79	3.09	0.24	2.14	1.88	0.36
成都(2007 年)	47.06	15.76	14.98	0.73	1.01	1.72	—	18.74
杭州(2008 年)	52.96	6.66	5.71	2.72	4.02	4.00	12.27	11.66
大连(2006 年)	36.4	8.76	18.57	4.98	0.61	1.98	—	28.7
沈阳(2008 年)	59.77	7.85	12.85	5.4	2.01	3.61	2.52	5.99
南宁(2012 年)	58.93	10.74	10.82	4.33	0.4	2.12	0.56	12.1
拉萨(2012 年)	20.45	23.74	14.84	4.73	5.12	4.5	2.76	23.86
深圳(2011 年)	44.1	15.34	21.72	2.53	0.47	7.4	1.41	7.03
广州(2011 年)	31.35	8.36	21.86	3.1	0.37	13.44	10.32	11.2
台北(2011 年)	19.02	41.65	23.85	4	0.97	5.49	2.42	2.6
香港(2012 年)	42	21	20	3	3	—	—	11
澳门(2011 年)	25.7	15.3	29.1	12.1	4.3	6.5	5.1	1.9

四、生活垃圾的特点

1. 量大面广

生活垃圾伴随着人类生活而产生，无处不在；同时，人人又是生活垃圾的制造者。因此，生活垃圾是“无人不有、无处不有、无时不有”。2011 年我国城镇生活垃圾产生量约为 2.77×10^{8}t，是垃圾第一大国，约占全世界垃圾的 26%。2000 年我国城市生活垃圾清运量为 1.18×10^{8}t，2011 年达到 1.64×10^{8}t，10 年增加了 4.6×10^{7}t，年均增幅为 3.3%。2011 年我国城市生活垃圾堆存量已超过 8×10^{9}t，2018 年全国城市生活垃圾清运量达到了 2.28×10^{8}t。由此可见，历史积累成如此庞大的生活垃圾基数，处理和控制不当必将成为巨大的面源污染。而且世界各国垃圾年产量一般都逐年上升，全球增长率大致维持在 1%～3%。美国垃圾的增长率是人口增长率的 3 倍，约为每年 5%，发展中国家一般为 6%～8%。

2. 成分多变

生活垃圾的成分本来就很复杂，由于各地的气候、季节、生活水平与习惯及能源结构的不同，造成了生活垃圾成分和产量的多样化，而且变化幅度非常大。例如，近年来我国家庭燃料构成的变化导致垃圾中无机炉灰比重大大降低；食品冷冻及成品半成品的普及，导致食品垃圾废物有所减少；包装技术的进步与材料的改革，导致纸品等其他废品增加。

3. 产量的不均一性

生活垃圾产量会随季节的变化而变化，并具有一定的规律。以北京市为例，第一季度产量最多，第二季度有明显减少，第三季度出现最低点，然后随着天气变冷，第四季度逐渐增多，迅速到达最高峰。

4. 危害严重

大量生活垃圾集中露天堆放在城郊，直接侵占了农田和土地，垃圾填埋和堆肥处理也需要占用大量土地。2011 年，北京城郊有 533hm^2 以上的土地被垃圾覆盖。我国堆存的城市生活垃圾占地已达 80 多万亩，且占地量以平均每年 4.8%的速度持续增长。同时，未经处理和未经严格处理的生活垃圾混入农田，破坏了土壤的团粒结构和理化性质，严重影响了土壤生产力，还可引起土壤污染，直接或间接地对环境造成严重污染。污染和爆炸事故时有发生，造成隐患。1983 年夏季，贵阳市哈马井和望城坡地区同时流行痢疾，原因是其地下水被垃圾堆放场渗滤液污染，大肠杆菌严重超标。1995 年，因垃圾堆放产生沼气，北京昌平连续发生 3 次垃圾爆炸事故。此外，垃圾自燃现象也有报道，不仅造成财产损失，还产生了二噁英类毒物，导致了不可忽视的环境污染。我国有许多垃圾集中堆放场，处理设施和防护措施不力，安全隐患众多。

长期以来，国内某些地区的填埋场管理不严，曾多次出现在填埋场（堆放场）放牧或饲养畜禽的情况。由于填埋场内垃圾组成十分复杂，放牧或饲养畜禽过程中，许多污染物容易被动物吸收，而人们食用这些畜禽后极易造成严重后果。

第二节　卫生填埋技术

一、卫生填埋场

针对垃圾堆放法存在的严重弊端，英国和美国等国家率先采用卫生填埋法处置垃圾，其处理场地称为卫生填埋场。

一座日填埋 200t、使用年限为 20 年的中型山区型填埋场，其建设费用一般在 5000 万元以上。卫生填埋法是垃圾无害化处理最简单、费用较低的方法。不过渗滤水处理仍然存在问题。卫生填埋法虽然比堆放法在技术上有明显进步，但资源被埋在地下，无法利用，是严重的浪费。近年来人们意识到可持续发展的重要性，非填埋的垃圾处理方法受到重视，这些方法包括焚烧发电、堆肥农用、分类分选和循环利用等。

一座城市在考虑生活垃圾处理技术时，首先应该考虑的是卫生填埋。卫生填埋场的选址、建设周期较短，总投资和运行费用相对较低。通过卫生填埋场的建设和运营，可以迅速解决生活垃圾出路问题，改变城市卫生面貌。

每一座城市或在一定区域内，至少应该有一座卫生填埋场。目前，由于可持续发展和循环经济的概念日益深入人心，生活垃圾的减量化和资源化受到高度重视。但是，无论如何减量化和资源化，总有部分固体废物需要填埋，因此填埋场是必备的。

二、生活垃圾填埋场的分类

填埋技术作为生活垃圾的最终处置方法，目前仍然是中国大多数城市解决生活垃圾出路的主要方法。根据环保措施（如场底防渗、分层压实、每天覆盖、填埋气排导、渗滤液处理、虫害防治等）是否齐全、环保标准是否满足来判断，我国的生活垃圾填埋场可分为3个等级。

1. 简易填埋场

简易填埋场是我国这几十年来一直使用的填埋场，其主要特征是基本没有任何环保措施，也谈不上遵守什么环保标准。目前中国相当数量的生活垃圾填埋场属于这一类型，可被称为露天填埋场，对环境的污染也较大。

2. 受控填埋场

受控填埋场，也叫准卫生填埋场，在我国填埋场中所占比重也较大，而且基本上集中于大中小城市。其主要特征是配备部分环保设施，但不齐全，或者是环保设备齐全，但是不能完全达到环保标准。主要问题集中在场底防渗、渗滤液处理和每天覆土达不到环保要求。

3. 卫生填埋场

所谓卫生填埋场就是能对渗滤液和填埋气体进行控制的填埋场，被广大发达国家普遍采用。其主要特征是既有完善的环保措施，又能满足环保措施。

三、卫生填埋的定义

卫生填埋又称卫生土地填埋，是土地填埋处理的一种，是为了保护环境，按照工程理论和土工标准，对生活垃圾进行有效管理的一种科学工程方法。20世纪30年代初，美国开始对传统填埋法进行改良，提出一套系统化、机械化的科学填埋法，称卫生填埋法。卫生填埋是“利用工程手段，采取有效技术措施，防止渗滤液及有害气体对水体和大气的污染，并将垃圾压实减容至最小，填埋占地面积也最小。在每天操作结束或每隔一定时间用土覆盖，使整个过程对公共卫生安全及环境污染均无危害的一种土地处理垃圾方法”。

卫生填埋通常是在平整后的场地上铺设好场底防渗衬层系统，每天把运到填埋场的垃圾在限定的区域内铺散成40～60cm的薄层，然后压实以减少垃圾的体积，并在每天操作之后用一层厚20～25cm的砂性土覆盖、压实。垃圾层和土壤覆盖层共同构成一个单元，即填埋单元。具有同样高度的一系列相互衔接的填埋单元构成一个填埋层。完整的卫生填埋场是由一个或多个填埋层组成的。当土地填埋达到最终的设计高度之后，再在该填埋层之上进行封场覆盖。垃圾在堆放过程中产生的渗滤液和填埋气体，由场底铺设的渗滤液收集系统和堆体中设置的导气井收集导排出填埋库区，并进行处理或利用。图1-2为卫生填埋场剖面图。

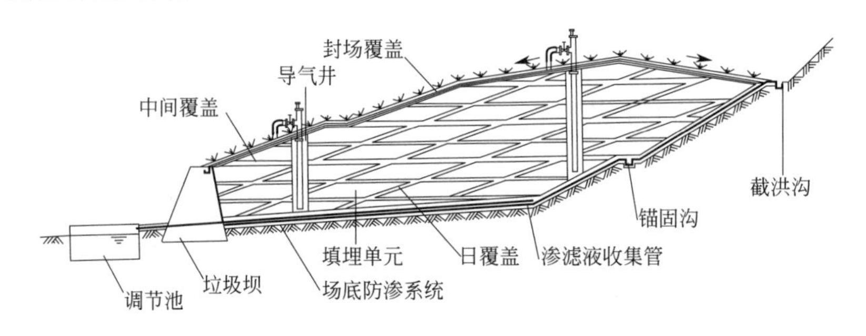

图 1-2　卫生填埋场剖面图

为了对卫生填埋场进行科学有效的管理，同时与受控填埋场相区别，其主要判断依据有以下6条：a. 是否达到了国家标准规定的防渗要求；b. 是否落实了卫生填埋作业工艺，如推平、压实、覆盖等；c. 污水是否处理达标排放；d. 填埋场气体是否得到有效治理；e. 蚊蝇是否得到有效控制；f. 是否考虑终场利用。

实践表明，上述6条判断依据的重要性不是处在同一水平上的，它们对环境影响的深度、广度、时效性和后果的严重性是不一样的。

四、卫生填埋场的分类

1. 按自然地形条件分类

按填埋区所利用自然地形条件的不同，填埋场可大致分为平原型填埋场、坡地型填埋场、山谷型填埋场3种类型。

（1）平原型填埋场　这一类型通常适用于地形比较平坦且地下水埋藏较浅的地区［图1-3(a)］。一般采用高层堆放垃圾的方式，确定高于地平面的填埋高度时，必须充分考虑到作业的边坡比，通常为1∶4。填埋场顶部的面积能保证垃圾车和推铺压实机械设备在上面进行安全作业。覆盖材料紧缺是目前该类填埋场作业中的一个比较突出的问题，因此在填埋场的底部开挖基坑是保证提供填埋场覆盖材料的一个有效方法。北京的阿苏卫填埋场、济南的垃圾卫生填埋场等就属于这一类型。

（2）坡地型填埋场　坡地型填埋场通常位于丘陵地区，利用丘陵坡地填埋垃圾，垃圾堆体四周有1～2面与周边山体连接的背坡。坡地有一定坡度，能较好适应填埋场场地处理的要求，土方工程量小，易于渗滤液的导排和收集。容易进行水平防渗处理，易于分单元填埋和填埋作业期间的雨污分流，有利于减少渗滤液产生量。地下水位一般较深，有利于防止地下水污染，填埋场外汇水面积小，渗滤液产生少；一般不占用耕地，征地费用较低。海口市颜春岭垃圾填埋场和北海市白水塘垃圾填埋场就属于这一类型。

（3）山谷型填埋场　山谷型填埋场通常地处重丘山地［图1-3(c)］。垃圾填埋区一般为

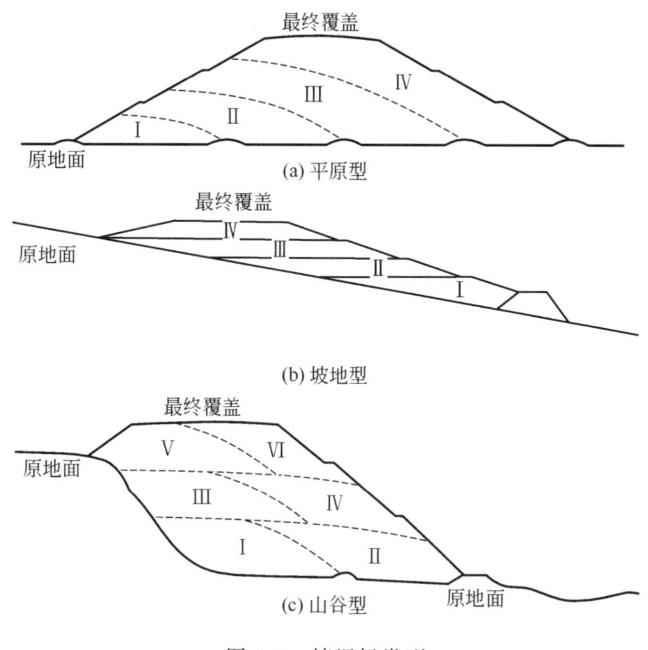

图 1-3 填埋场类型

三面环山，一面开口，其地势为较开阔的良好的山谷地形，山谷比降在10%以下。此类填埋场填埋区库容量大，单位用地处理垃圾量最多，通常可达$25m^3/m^2$以上，经济效益、环境效益较好，资源化建设符合国家卫生填埋场建设的总目标要求。典型山谷型填埋场包括杭州市天子岭垃圾卫生填埋场、深圳市下坪垃圾卫生填埋场等。山谷型填埋场的填埋区工程设施由垃圾坝、库区防渗系统、渗滤液收集系统、防排洪系统、覆土备料场、活动房和分层作业道路支线等组成。垃圾填埋采用斜坡作业法，由低往高按单元进行垃圾填埋、分层压实、单元覆土、中间覆土和终场覆土。

2. 按垃圾降解机理分类

根据填埋场中垃圾降解的机理，填埋场可分为好氧填埋场、准好氧填埋场和厌氧填埋场3种类型。

（1）好氧填埋场　好氧填埋场是在垃圾体内布设通风管网，用鼓风机向垃圾体内送入空气。垃圾有充足的氧气，使好氧分解加速，垃圾性质较快稳定，堆体迅速沉降，反应过程中产生较高温度（60℃左右），使垃圾中大肠杆菌等得以消灭。由于通风加大了垃圾体的蒸发量，可部分甚至完全消除垃圾渗滤液。因此，填埋场底部只需做简单的防渗处理，不需布设收集渗滤液的管网系统。好氧填埋适用于干旱少雨地区的中小型城市；适用于有机物含量高，含水率低的生活垃圾填埋场。该类型的填埋场，通风阻力不宜太大，故填埋体高度一般都较低。好氧填埋场结构较复杂，施工要求较高，单位造价高，有一定的局限性，故其采用不是很普遍。我国包头市有一填埋场属于该类型。

（2）准好氧填埋场　准好氧填埋场的集水井末端敞开，利用自然通风，空气通过集水管在填埋层中流通。如填埋层含有有机废物，因最初和空气接触，由于好氧分解，产生二氧化碳气体，气体经排气设施或立渠放出。随着堆积的废物越来越厚，空气被上层废物和覆盖土挡住无法进入下层，下层生成的气体穿过废物间的空隙，由排气设施排出。这样，在填埋层中形成与放出的空气体积相当的负压，空气便从开放的集水管口吸进来，向填埋层中扩散，扩大好氧范围，促进有机物分解。但是，空气无法到达整个填埋层，当废物层变厚以后，填埋场地表层、集水管附近、立渠或排气设施周围部分成为好氧状态，而空气接近不了的填埋层中央部分等处则成为厌氧状态。

在厌氧状态区域，部分有机物被分解，还原成硫化氢，废物中含有的镉、汞和铅等重金属与硫化氢反应，生成不溶于水的硫化物，存留在填埋层中。这种期望在好氧区域有机物分解，厌氧区域部分重金属截留，即好氧厌氧共存的方式，称为准好氧填埋。准好氧填埋在费用上与厌氧填埋没有大的差别，而在有机物分解方面又不比好氧填埋逊色，因而得到普及。

(3) 厌氧填埋场　厌氧填埋场在垃圾填埋体内无需供氧，基本上处于厌氧分解状态。由于无需强制鼓风供氧，简化结构，降低了电耗，使投资和运营费大为减少，管理变得简单，同时，不受气候条件、垃圾成分和填埋高度限制，适应性广。该法在实际应用中，不断完善发展成改良型厌氧卫生填埋，是目前世界上应用最广泛的类型。我国上海老港、杭州天子岭、广州大田山、北京阿苏卫、深圳下坪等填埋场属于该类型。

改良型厌氧垃圾卫生填埋场除选择合理的场址外，通常还应有下列配套设施。

① 阻止垃圾外泄，使垃圾能按一定要求堆填的垃圾坝、堤等设施。

② 排除场外地表径流及垃圾体覆盖面雨水的排洪、截洪、场外排水等沟渠。

③ 为防止垃圾渗滤液对地下水、地表水系的污染而在场底和周边铺设防渗设施及渗滤液的导出、收集和处理设施。

④ 为防止厌氧分解产生的沼气引发安全事故和沼气作为能源回收利用而设置沼气的导出系统和收集利用系统。

五、卫生填埋场的特点

生活垃圾卫生填埋要求采取各种预防措施，尽量减少填埋场地对周围环境的污染，同时该法处理生活垃圾量大，从而为城市生活垃圾提供了出路，而且填埋场中有用资源的开发利用（如填埋气体的有效利用）也可带来巨大的经济效益，所以无论从环境还是从社会与经济角度进行考察，卫生填埋场的建立都是必需和必要的。它主要有以下优点。

① 如有适当的土地资源可利用，一般以此法处理垃圾最为经济。

② 与其他处理法比较，其一次性投资额较低。

③ 与需要对残渣和无机杂质等进行附加处理的焚烧法和堆肥法相比，卫生填埋是一种完全的、最终的处理方法。

④ 可接受各种类型的城市生活垃圾而不需要对其进行分类收集。

⑤ 有充分的适应性，能处理因人口和卫生设施增多而加大产量的生活垃圾。

⑥ 边缘土地可重新用作停车处、游乐场、高尔夫球场、航空站等。

卫生填埋主要缺点是占地面积较大，场址选择困难。不是所有城市近郊都能找到合适的填埋场地，远离城市的填埋场将增加更多的运输费用。而随着环卫标准的提高，卫生填埋法的处理成本也会越来越高。此外，与其他垃圾处理方法相比，其减量化和资源化程度较低。

目前，在世界范围内处于运转状态的卫生填埋场为数众多，建设规模不等，可以直接接纳垃圾车辆收运的城市生活垃圾，也可以消除焚烧残渣、堆肥残料和处置污泥。我国有许多城市建设了卫生填埋场，如上海、杭州、福州、南昌、深圳、广州、北京、漳州、厦门、泉州等。不过，也有许多城市仍然采用堆放法处置垃圾。目前卫生填埋场面临的最大挑战是渗滤液的低成本、高效率处理问题。

第三节　生活垃圾处理技术比较

目前，世界上使用较为广泛的垃圾处理方式主要有卫生填埋、堆肥和焚烧等。这些垃圾处理技术各有优势和弱点。比较生活垃圾的处理技术，主要从技术的可靠性、经济性、实用性和所能达到的减量化、资源化、无害化效果等方面入手。由于各地具体情况不同以及生活垃圾的性质差异，对生活垃圾处理技术的选择也难以统一，应该因地制宜。表 1-2 给出了我国生活垃圾处理技术比较。

表 1-2　我国生活垃圾处理技术比较

比较项目	卫生填埋	焚烧	堆肥
技术可靠性	可靠，属传统处理方法	较可靠，国外属成熟技术	较可靠，在我国有实践经验
工程规模	取决于作业场地和使用年限，一般均较大	单台炉规格常用 150～500t/d，焚烧厂一般安装 2～4 台焚烧炉	动态间歇式堆肥厂常为 100～200t/d；动态连续式堆肥厂常为 100～200t/d
选址难易度	较困难	有一定困难	有一定困难
占地面积（体积）	1 m^3/t	60～100m^2/t	110～150m^2/t
建设工期	9～12 个月	30～36 个月	12～18 个月
适用条件	对垃圾成分无严格要求，但含水率过高不适宜	要求垃圾的低位热值大于 3767kJ/kg	要求垃圾中可生物降解有机物的含量＞40％
操作安全性	较好，沼气导排要通畅	较好，严格按照规范操作	较好
管理水平	一般	很高	较高
产品市场	有沼气回收的卫生填埋场，沼气可用作发电等	热能或电能可供社会使用，需有政策支持	落实堆肥市场有一定困难，需采用多种措施
主要环保问题	渗滤水处理难度大	烟气与飞灰处理难度大	好氧堆肥时恶臭治理较难
能源化意义	沼气收集后用于发电	焚烧余热可用于发电	采用厌氧发酵工艺，沼气收集后可用于发电
资源利用	封场后恢复土地利用或再生土地资源	垃圾分选可回收部分物质，焚烧残渣可综合利用	堆肥用于农业种植和园林绿化，并回收部分物资
稳定化时间	20～50a	2h 左右	15～60d
最终处置	填埋本身是一种最终处置方法	焚烧残渣需做处置，占进炉垃圾量的 10％～30％	不可堆肥物需做处置，占进厂量的 30％～40％
地表水污染	应有完善的渗滤液处理设备，但不易达标	残渣填埋时与垃圾填埋方法相仿，但含水量较少	可能性较少，污水应经处理后排入城市管网
地下水污染	需有防渗措施，但可能渗漏，人工防渗垫层投资大	可能性较小	可能性较小
大气污染	有轻微污染，可用导气、覆盖、建隔离带等措施控制	应加强对酸性气体和二噁英的控制和治理	有轻微气味，应设除臭装置和隔离带
土壤污染	限于填埋场区域	无	需控制堆肥中的重金属含量和 pH 值
主要环保措施	场底防渗，每天覆盖、填埋气导排、渗滤水处理等	烟气治理、噪声控制、残渣处置、恶臭防治等	恶臭防治、飞尘控制、污染处理、残渣处置等

续表

比较项目	卫生填埋	焚烧	堆肥
投资(不计征地费)/(万元/t)	30～40(双层衬里防渗)	50～70(余热发电上网,国产化率50%)	30～40(制有机复合肥,国产化率60%)
处理成本(计提折旧,不计运费)/(元/t)	40～100	140～270	60～110
处理成本(不计折旧及运费)/(元/t)	35～50	80～160	40～60
技术特点	操作简单,工程投资和运行成本较低	占地面积小,运行稳定可靠,减量化效果好	技术成熟,减量化、资源化效果好
主要风险	沼气聚集引起爆炸,场底渗漏或渗滤水处理不达标	垃圾燃烧不稳定,烟气治理不达标	因生产成本过高或堆肥质量不佳而影响产品质量

我国已建有若干个具有示范作用的卫生填埋场、高温堆肥厂和焚烧厂，与此同时技术人员和管理人员积累了一些经验，为生活垃圾处理技术的进一步发展打下了良好的基础。

第四节　我国生活垃圾填埋处理技术的发展

一、发展总览

1. 整体稳步发展，技术趋于成熟

填埋技术经过近30年的稳步发展，目前在我国生活垃圾处理领域仍处于主导地位。

“十五”期间是填埋技术发展取得显著成果的时期，“HDPE＋黏土”的复合防渗结构在天津、昆明、北京等地的新建填埋场得到普及，上海老港、广州兴丰等垃圾填埋场采用了更为可靠的双层HDPE膜水平防渗技术，在填埋工艺上采用了先进的高维填埋技术。

“十一五”期间由于国家加大了生活垃圾处理投入，新型替代覆盖材料、压实机等新一代国产化填埋专用机具得到广泛应用。尤其是一些国外跨国公司的进入带来了先进设计、建设和运营理念，极大地提高了填埋场的建设和运营水平，推进了我国卫生填埋处理技术与世界的接轨。

“十二五”期间随着焚烧设施的不断推进建设，尽管垃圾填埋处理的比例稳步下降，但填埋场中卫生填埋场的比例明显上升。同时，填埋气体导排及综合利用技术逐步得以采用并不断完善，渗滤液达标排放、臭气全过程控制等技术也趋于成熟。填埋场从单纯的处理处置功能逐步向资源能源利用等多功能方向发展，处理规模也从小型填埋场逐步向大型高标准填埋场过渡。

2. 设施占地大，填埋场功能有所转变

由于生活垃圾填埋需要占用大量土地，对于东部经济发达地区及国内其他大型城市而言，生活垃圾填埋场用地与城市发展用地之间的矛盾日益突出。大量现有垃圾填埋场将在未来集中实施封场，而新的生活垃圾填埋场的规划选址难以落实。因此，在土地资源匮乏的经济发达地区，填埋处理技术将向生活垃圾最终处置、托底保障的方向发展，北京、上海等大型城市借鉴部分发达国家限制可降解垃圾进入填埋场，推行干湿垃圾分类、原生垃圾零填埋

等指导政策，大力发展焚烧技术，生活垃圾填埋场将逐步以接收惰性垃圾为主，以延长生活垃圾填埋场使用年限。

3. 排放标准接轨国际，环境问题仍然突出

随着垃圾处理及环境保护要求的不断提高，我国垃圾处理污染物排放的标准也日趋严格。2008 年修订的《生活垃圾填埋场污染控制标准》，要求渗滤液处理后 COD 达到 100 mg/L 方可排放。同时，渗滤液、填埋气体、堆体稳定等方面的监控体系将逐步在新建或改建项目中得以完善和应用，并配备相关的监控仪器，采用先进的在线和离线监测手段。此外，一些填埋场通过引进和消化先进运营管理理念和模式后，创造出了一些适合中国国情的监管运行新模式，填埋场管理机构趋于精简，效率逐步提高，环保执法更严。但是，部分地区填埋场污染物排放超标、臭气扰民等环保问题仍然比较突出，仍然有待解决和完善。

4. 大量存量垃圾亟待整治，封场技术能力提升，土壤修复技术加速发展

根据 2016 年国家统计年鉴，我国城市生活垃圾无害化处理设施共有 940 座，其中生活垃圾卫生填埋场有 657 座，日均无害化处理能力为 3.501×10^5 t/d。

根据“十二五”建设要求，“十二五”期间实施存量治理项目 1882 个，其中不达标生活垃圾处理设施改造项目 503 个，卫生填埋场封场项目 802 个，非正规生活垃圾堆放点治理项目 577 个。

根据《“十二五”中国非正规生活垃圾填埋场存量整治工作进展》，截至 2013 年年底，国内 21 个省共治理非正规填埋场 1236 座，垃圾总量 2.2125×10^8 t，治理工程投资计算共计 173.1981 亿元。据 21 个省的非正规填埋场规模分布分析可知，771 座计划治理填埋场规模小于 10 万吨，占治理总数的 59%；173 座规模在 10 万～20 万吨，占治理总数的 13%；超过 100 万吨的有 72 座，占治理总数的 6%。

随着“十三五”规划的进一步推行，“十三五”后期阶段，现有生活垃圾填埋场将大面积进入封场阶段。随之而来的是庞大的填埋场修复规模。据不完全统计，未来 5 年内待修复的填埋场土地近 7900hm^2，填埋场修复市场空间庞大。

根据《中国城乡建设统计年鉴》的统计数据，截至 2013 年年底，国内已有卫生填埋场、简易填埋场和以填埋为主的综合处理场共计 1549 座，处理能力合计 421776t/d，占地面积为 36262hm^2。我国目前正在运行的填埋场中，近一半是在 2006～2014 年这一阶段投入运行的。按每座填埋场平均使用年限为 15 年计，今后的 5～15 年，将有 1469 座填埋场陆续进入封场阶段，除此之外，各地还存在着小规模的垃圾堆放点、非正规的垃圾处置场等设施，存量垃圾治理压力巨大。

面对“垃圾围城”的困境，国家层面已引导存量治理，全国各地的存量垃圾整治工作全面展开。治理方案以原地处理为主（56%），倒运异地填埋（35%）为辅，少量的采用倒运异地焚烧。治理后场地用途以绿林耕地为主（56%），重新进入各类建设用地为辅（21%），另有 64 座填埋场用于各类垃圾处理设施用地（8%）。

填埋场封场工程在全国各地全面展开，技术成果主要集中在填埋气导排和防渗层构建等污染防护方面。国内大型填埋场的封场工程多采用分阶段实施的模式。这种“边填埋、边封场”的建设模式有效提升了封场工程实施效率，同时也产生了显著的环境效益，是目前主流的封场工程模式。封场后污染物消减和周边环境维护是一项长期工作。为保障封场后场地的

后期使用需要，封场区域和周边土地的土壤修复已逐渐成为热点。

二、设施建设

我国生活垃圾无害化处理建设于20世纪80年代起步，开始阶段由于缺少技术和资金，所有填埋场都是非卫生填埋的堆场，且主要集中于一些大中城市，县级城市相对较少。从1990年起的10年间，随着我国第一个垂直防渗的杭州天子岭填埋场开始建设，全国各地的准卫生填埋场数量迅速增加，随后逐渐减少趋于稳定。随着部分大中型卫生填埋场投入运行，垃圾处理能力迅速提升，生活垃圾的填埋量一直持续增加。

2000年后，我国城市卫生填埋处理能力持续增加，如图1-4所示。图中数据左侧为卫生填埋场数量，右侧为无害化设施数量。2002年后大中型城市的垃圾焚烧处理设施数量大幅度增加，特别是“十一五”“十二五”期间，各地争相建设生活垃圾焚烧厂，使得填埋场的建设速度受到了一定程度影响，填埋在垃圾无害化处理中所占比例则持续下降，卫生填埋处理设施数量及占无害化设施数量比例一直维持在70％～80％之间。

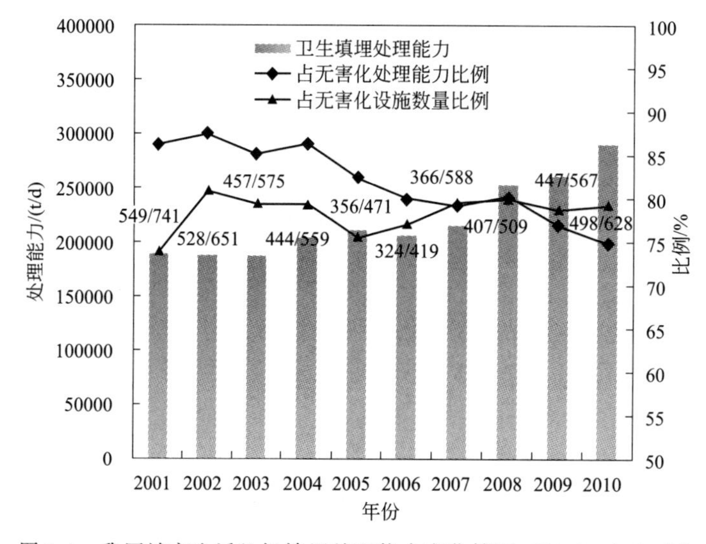

图1-4　我国城市生活垃圾填埋处理能力变化情况（2001～2010年）

2011～2017年，随着我国城镇化进程的推进，城市生活垃圾清运量逐年增长，如图1-5所示，2016年生活垃圾清运量已经达到2.70×10^{8}t，其中城市生活垃圾清运量2.03×10^{8}t。县城生活垃圾清运量0.67×10^{8}t，并在以每年4％～5％的增速逐年攀升。根据2018年中国统计年鉴，2017年城市生活垃圾清运量达2.15×10^{8}t。

该阶段我国生活垃圾处理的方式依然以填埋处理为主，根据2018年国家统计年鉴，2017年城市生活垃圾卫生填埋无害化处理量达到1.20×10^{8}t，占垃圾无害化处理量的57.2％。日均无害化处理能力为2.98×10^{5}t/d。

虽然卫生填埋仍在我国生活垃圾处理方式里占比较高，但随着垃圾焚烧行业的迅速发展，垃圾焚烧在无害化处置中的占比慢慢增大，如今占比超过40％，如图1-6所示。根据住建部2018年统计年鉴，至2017年年底，共计有城市生活垃圾无害化处理厂1013座，其中，城市生活卫生填埋场有654座，2017年处理量为12037.6万吨，占生活垃圾无害化处理总

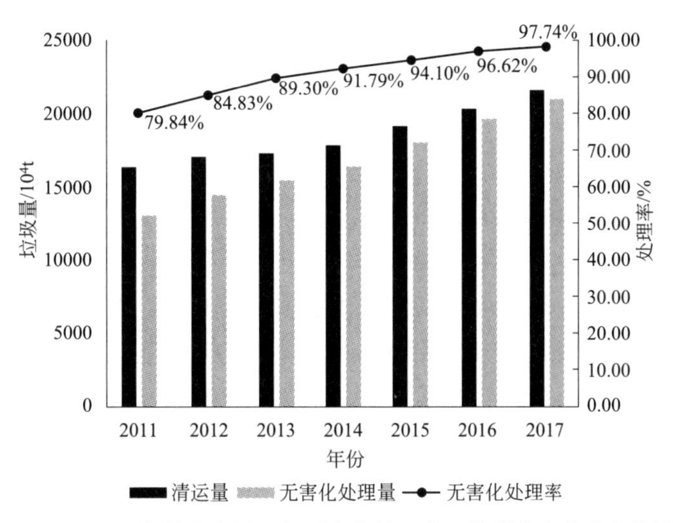

图 1-5　2011～2017 年城市生活垃圾无害化处理率（数据来自住建部统计年鉴）

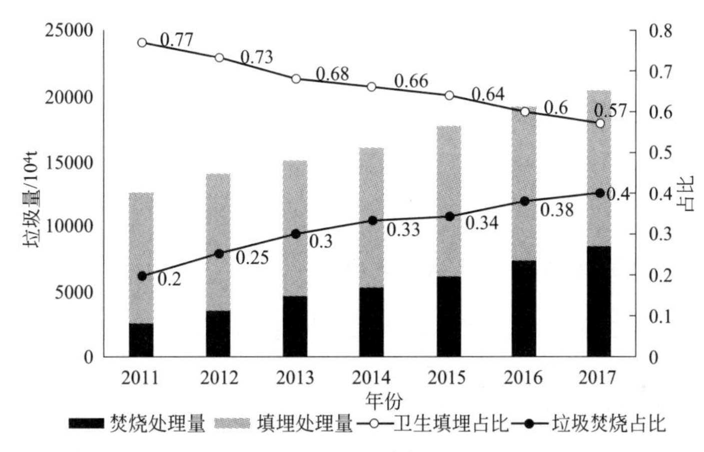

图 1-6　2011～2017 年城市垃圾处理量及各处理方式占比走势（数据来自住建部统计年鉴）

量的 57%；垃圾焚烧发电厂有 286 座，2017 年焚烧处理量为 8463.3 万吨，占 2017 年生活垃圾无害化处理总量的 40%；其他无害化处理厂 34 座，2017 年无害化处理量为 533.2 万吨，占 2017 年生活垃圾无害化处理总量的 3%。

与城镇生活垃圾相比，农村的垃圾产生规模、生活垃圾清运量、无害化处理率等都远远偏低。根据住建部统计数据测算，2017 年我国农村生活垃圾产生量约为 1.8×10^{8}t，人均垃圾产生量为 0.8kg/d，其中至少有 0.7×10^{8}t 未做任何处理。2017 年我国城市垃圾处理率达 97.7%，而农村生活垃圾的无害化处理率为 61%。

从住建部数据来看，农村地区的垃圾收集率同处置率之间一直存在缺口，表现为农村地区存在大量未处理的存量垃圾。随着农村人居环境整治工作的推进，这部分未处理的农村垃圾将被重新纳入垃圾处理计划中。

对比发达国家，我国城镇化率仍有较大的差距。2017 年，我国城镇化率仅为 58.52%，与发达国家普遍 80%以上的城镇化率相比，提高空间较大。相应的，生活垃圾产量增加的空间也是巨大的。生活垃圾产量的大幅度增加必将对应着我国农村生活垃圾处理的方式转变。

生活垃圾处理城乡一体化项目将成为农村垃圾治理的主流路线，该市场空间潜力巨大。生活垃圾处理城乡一体化模式可以理解为“户分类、村收集、镇转运、县市处理”，一般适用于垃圾处理厂周边 20km 内的村庄。理论上看，每 40km 建造一个垃圾处理厂就可以服务到所有村庄。以现有的规模来看，实现还是较为容易的。

三、填埋气体利用项目建设情况

相较欧美国家垃圾填埋场的填埋气发电普及率超过 50%，我国填埋气体利用尚还处于起步阶段，截至 2014 年填埋气项目不超过 100 个，垃圾填埋气发电运营市场发展潜力较大。据中国环境保护产业协会城市生活垃圾处理专业委员会统计，截止到 2013 年年底，我国建成并投入使用的填埋气体发电厂约 50 座，发电装机容量约 130MW，其市场增长空间巨大，预计新增项目将集中于东部的二线城市和中部、西部地区的大中城市。根据固废网测算报道，至 2015 年，我国存量城镇垃圾超过 1×10^9t，每年新增垃圾量超过 1×10^8t，以 1t 垃圾产沼气 100～140m^3 计算，垃圾填埋气年发电市场空间超过 63 亿元。

填埋气发电项目盈利来自于发电补贴（电价补贴、税收优惠）和清洁发展机制（CDM），由于电价执行不到位和 CDM 中碳交易价格下跌，导致目前项目盈利能力有限，行业启动有待于相关扶持政策的出台和执行力度加强。

四、发展趋势

1. 规模园区化、建设标准化为填埋未来新常态

随着我国生活垃圾数量的急剧增加，特别是城市居民对于自身周边环境要求的日益提高，我国卫生填埋场的选址成为生活垃圾发展的重要掣肘。因此，具有集约、高效用地优势的生活垃圾综合处理园区成为解决选址用地难的重要利器，填埋场也逐步向大型化、园区化、高标准发展。另外从 2006 年开始，我国开始了 3 轮次的卫生填埋场评级活动，且相继出台了针对填埋场建设、运行、污染控制、资源化利用、监管、评估等的全国标准规范，构建了一套相对完备的标准规范体系，为卫生填埋场的高标准建设和运行提供了技术指导。

2. 城乡一体化、县城填埋场成新增长点

而随着我国城乡一体化进程的推进，卫生填埋场在中小城市及县城得到快速发展，实现了从无到有，从堆场向卫生填埋场的转变。生活垃圾卫生填埋技术因具有适应性强、运行成本低等特点，今后仍然将是中小城市、县城以及乡镇生活垃圾处理的主要方式。新型城镇化及新农村建设将为垃圾填埋带来新的市场需求。因此，建立适于城乡环境的卫生填埋处理模式成为目前卫生填埋场设计和施工的重要一环。

3. 污控高标化是技术选择的持续要求

卫生填埋场另一个关键点是实现其二次污染控制。随着卫生填埋建设和运行费用的投入，特别是卫生填埋场运行监管日益严格，针对填埋场填埋作业过程中渗滤液、填埋气体、堆体稳定等方面的监控体系得到了进一步完善，从而催生了填埋场污染防控技术的大发展。

针对填埋场特点，a. 从设计方面综合考虑渗滤液防渗、填埋气体导排等措施，并逐步实现高规格人工合成土工材料应用；b. 在综合处理方面，大量新建或改建的填埋场将上马渗滤液处理设施以及填埋气体利用或处理装置；c. 在运营管理方面，针对填埋臭气、蚊蝇等方面的感官污染问题等，将通过在作业过程中进行精细化管理来控制；d. 在封场维护方面，大量填埋场的封场整治及生态修复工作已启动，同时封场场地的安全利用也将开始研究和尝试。此外，企业化管理、第三方监管等模式在很多填埋场运营过程中得到广泛应用，以确保实现污染可控、环保达标的运营目标。

五、存在问题

1. 选址需进一步规范，环境风险需规避

由于填埋场的场址需要远离居民区，且最好能有自然形成的空间，使得很多老填埋场选择了一些环境生态脆弱区。通过对 2013 年我国各省份及地区运营的 1549 座填埋场分析发现，虽然有 999 座填埋场选址不在重点流域范围，但在河网较为密集地区，特别是在主要重点流域的海河、淮河、黄河中下游、三峡库区及上游等地，大规模的填埋场合计数量有 380 座，流域面积占比为 22.57%。这些流域的填埋场分布密度相对较大，而且大多在我国水源地上游，存在极大隐患。一方面需要加强防渗措施，如采用双复合层防渗；另一方面应更加注重流域地区地下水位、地表径流以及降雨等气象水位条件情况，以减少这些运营填埋场对重点流域的环境影响。

2. 二次污染仍然严重，环境问题仍突出

2014 年至今，北京、深圳、广州等地填埋场仍然存在污染物排放超标、臭气扰民等环境问题，污染可控、环保达标仍然是填埋场运行的重点目标，由填埋场引起的渗滤液、臭气、土壤污染等环保问题有待解决。填埋场垃圾中含有大量蛋白质、脂类和糖类化合物等，这些物质的降解过程会产生 NH_3、H_2S、VOCs 等恶臭气体，也是目前填埋场周边居民投诉的主要诱因。而渗滤液等泄漏进入地下水和周边水体，则给周边环境造成重要危害，据已有的统计显示，我国 70%的填埋场都存在渗滤液泄漏问题。特别是填埋场二次污染引发的土壤污染，给人类带来的影响是多方面的，垃圾中的大量有害物质可能进入食物链，诱发多种疾病。

3. 垃圾处理费用高，资源利用水平相对较低

我国垃圾的混合收集模式，使得混合生活垃圾中的水分及有机物含量都很高，降解活跃，渗滤液产生量占垃圾处理量的 20%～30%，一方面极大地增加了处理成本；另一方面垃圾中存在 15%～20%的塑料、10%以上的纸张等有价物质，这些可回收组分被直接填埋，造成了资源的极大浪费，同时也占用了大量填埋库容。

六、对策建议

1. 逐步转向接收惰性垃圾，延长填埋库容使用年限

我国现阶段某些垃圾填埋场运行过程中存在不同固体废物无序混填、臭气扰民和渗滤液

超标等现象，有些填埋场大量接受餐厨垃圾、污泥、建筑垃圾、化妆品、医疗垃圾，甚至接纳有毒有害物质，这样一方面减少了垃圾填埋量，缩短了填埋场寿命；另一方面不利于填埋场的再生。此外，填埋场污染中产生的恶臭、大量渗滤液以及堆体不稳定等很多问题均与填埋垃圾含水较高有关，在填埋场运营管理过程中，应加强入场垃圾的脱水处理，并保证餐厨垃圾、污泥等高含水率固体废物的分类处理，同时，开发新型分类资源化利用技术，针对塑料、纸张等有价物质进行回收，出台限制可降解垃圾进入填埋场的法规，逐步转向接收惰性垃圾，将极大降低垃圾填埋量，并提高资源化利用水平。

2. 重点突出污染防控目标，科学规划选址并强化过程监管

针对填埋场处理技术规范、工程建设、运行管理、监测监管、效果评价、封场实施与场地利用以及相关产品设备等方面，我国出台了一系列标准与规范。这些标准主要围绕填埋场的污染防控目标，而填埋场污染防控水平是衡量一个填埋场运行效果的重要依据。《生活垃圾填埋场污染控制标准》（GB 16889—2008）等一系列标准规范的颁布实施，极大提高了污染防控的要求，但针对一些不适宜进行填埋或者生态脆弱的区域，应进行科学规划选址，并加强防渗水平，此外，目前填埋过程中臭气控制、渗滤液处理等方面的技术水平与低成本运行以及民众期望效果还存在一定的差距，应在填埋场建设、运行、封场后期等全生命周期内围绕污染可控、环保达标的目标，进一步加大科技攻关、落实建设要求、加强运行管理，实现填埋场安全稳定运行并达到环保要求。

3. 提高资源综合利用水平，推进封场修复利用示范

填埋场填埋气体是宝贵的资源能源，具有规模大、经济效益高、市场前景广等特点，经过技术突破与升级，可以进行直接发电、提纯制燃料、进入城市燃气管网、蒸发渗滤液、用于温室大棚等综合利用。目前，利用填埋气发电简便、易行，是国内外最多采用的填埋气综合利用方式，通过合理收集导排，设置适当预处理及利用装置，将实现填埋气综合利用，创造显著的经济价值。同时，针对填埋场封场场地这类特殊的土地资源，通过构建填埋场土地信息数据库，全面掌握填埋场污染状况及发展态势，持续跟踪监测填埋场环境安全性和土力安全性；推进填埋封场场地生态修复与稳定性评价工作，强化封场生命周期管理；布局封场土地再利用实施路径，适时开展封场土地低、中、高度利用实践，实现填埋用地生态重构与持续开发战略。在我国城镇化进程快速推进、土地稀缺的严峻形势下，再生填埋场土地资源具有明显的现实和战略意义。

第二章 卫生填埋场选址

城市生活垃圾卫生填埋场场址选择是一个综合性的工作，不仅直接影响到卫生填埋场的建设及建成后的经营管理，而且关系到卫生填埋场的建设是否真正能够实现垃圾处理减量化、资源化、无害化的总目标要求。

目前我国的简易城市垃圾填埋场比较注重填埋场的设计而忽略其选址，选址的要求常常仅是开阔地，离城市较近，能容纳足够的垃圾。尽管在设计中采取一定工程设施防止渗滤液进入环境，但一旦渗滤液收集系统出了故障或防渗层局部不起作用，就有可能造成渗滤液危害周围环境，而直接可能受到渗滤液危害的是土壤环境，接着可能是地下水环境。近年来由于填埋场选址不当而造成的渗滤液渗漏污染地下水的现象屡屡发生，严重污染了地下水源，威胁当地居民的生命安全。因此，选择合适的填埋场位置，使填埋场在工程屏障局部或全部失效的情况下，渗滤液对周围环境的影响可降低到能够接受的地步，显得特别重要。

城市卫生填埋场场址的选择在其建设过程中是非常重要的环节，条件良好的场地不仅可以很好地保证周围环境不受影响，而且场地的建设和垃圾填埋处理费用都将大大降低。

第一节 填埋场选址的准则

一、卫生填埋场选址的有关标准

关于卫生填埋场的选址，现行国家标准《生活垃圾卫生填埋处理技术规范》（GB 50869—2013）、《生活垃圾卫生填埋处理工程项目建设标准》（建标 124—2009）、《生活垃圾填埋场污染控制标准》（GB 16889—2008）均对填埋场选址应满足的要求做了具体的规定。

这些标准规定了场地选择、库容要求、选址人员组成以及选址顺序；在规范中对不应设填埋场的地区做了强制性的规定，必须严格执行。规范还对选址事先应收集的基础资料、对环境影响评价及环境污染防治做了明确的规定。

二、选址的准则

场址的选择是卫生填埋场规划设计的第一步，主要遵循以下两个原则：一是从防止污染角度考虑的安全原则；二是从经济角度考虑的经济合理原则。安全原则是填埋场选址的基本原则。垃圾填埋场建设中和使用后对整个外部环境的影响最小，不能使场地周围的水、大气、土壤环境发生恶化。经济原则是指垃圾填埋场从建设到使用过程中，单位垃圾的处理费用最低，垃圾填埋场使用后资源化价值最高。即要求以合理的技术经济方案，尽量少的投资达到最理想的经济效果，实现环保的目的。

影响选址的因素很多，主要应从工程学、环境学、经济学以及社会和法律等方面来考虑。这几个因素是相互影响、相互联系、相互制约的。在选址过程中，应满足以下基本的准则。

1. 场址选择应服从总体规划

作为城市环卫基础设施的一个重要组成部分，卫生填埋场的功能是对城市生活垃圾进行控制和处理，目的是保护城市环境卫生及生态平衡，保障人民的身体健康和经济建设的发展。因此，卫生填埋场的建设规模应与城市建设规模和经济发展水平相一致，其场址的选择应服从当地城市总体规划，符合当地城市区域环境总体规划要求，符合当地城市环境卫生事业发展规划要求。填埋场对周围环境不应产生影响或虽影响周围环境但不超过国家相关现行标准的规定。填埋场应与当地的大气保护、水土资源保护、大自然保护及生态平衡要求相一致。

2. 场址应满足一定的库容量要求

任何一个卫生填埋场，其建设均必须满足一定的服务年限。一般填埋场合理使用年限不少于 10 年，特殊情况下不少于 8 年。应选择填埋库容量大的场址，单位库区面积填埋容量大，单位库容量投资小，投资效益好。

库容是指填埋场用于填埋垃圾的场地体积大小。应充分利用天然地形以增大填埋容量。填埋城市生活垃圾应在计划的指导下进行，填埋计划和填埋进度图也是填埋场设计的重要文件。依据填埋进度图可计算出填埋场每阶段和总填埋量，即库容填埋容量基于设计的平面图、每一等高线用求积仪测出面积、平均面积乘以等高线的高度而求得，或由横断面图而求得。

填埋场使用年限是填埋场从填入垃圾开始至填埋垃圾封场的时间。填埋场的规模根据必需的填埋年限而定。从理论上讲，填埋场使用年限越长越好，但考虑填埋场的经济性、填埋场地形的可能性以及填埋场终场利用的可行性，填埋场使用年限的确定必须在选址和制订计划时就考虑到，以利于满足废物综合处理长远发展规划的需要。土地要易于征得，而且尽量使征地费用最少，以有利于二期工程或其他后续工程的新建使用。

对于山谷型填埋场，垃圾的沉降对填埋库容有很大的影响。一般把由于沉降而产生的库容折算成垃圾容重。如刚刚填埋的垃圾，在充分压实的条件下，容重可能达到 $1t/m^3$，若考虑沉降，在计算总库容时可以把垃圾容重折算为 $1.2 \sim 1.3t/m^3$。

对于长而窄、两头开口的山沟，虽然库容量也可满足要求，但大大增加了临时作业支线，填埋设备使用效率低，管理不便，因此应该谨慎使用。

3. 地形、地貌及土壤条件

场地的地形、地貌决定了地表水，同时也往往决定了地下水的流向和流速。废物运往场地的方式也需要进行地貌评价才能确定。一个与较陡斜坡相连的水平场地，会聚集大量的地表径流和潜层径流。地表水和潜层水文条件的研究将有助于这种情况的评价，也有助于评价地表水导流系统的必要性和类型。场地地形坡度应有利于填埋场施工和其他建筑设施的布置；不宜选在地形坡度起伏较大的地方和低洼汇水处。原则上地形的自然坡度不应大于 5%，场地内有利地形范围应满足使用年限内可预测的固体废物的填埋量，应有足够的可填埋作业的容积，并留有余地。应利用现有自然地形空间，将场地施工土方量减至最小。

4. 气象条件

场址还应避开高寒区，其蒸发量大于降水量；不应位于龙卷风和台风经过的地区，宜设在暴风雨发生率较低的地区。场址宜位于具有较好的大气混合扩散作用的下风向，人口不密集地区。寒冷、潮湿、冰冻等气候条件将影响填埋场的作业，要根据具体情况采取相应的措施。

5. 对地表水域的保护

填埋场不应设在洪泛区和泄洪道。场址的标高应考虑在五十年一遇的洪水水位之上，并在长远规划中的水库等人工蓄水设施的淹没区和保护区之外。避开湿地，与可航行水道没有直接的水利联系，同时远离供水水源，避开湖、溪、泉；场地的自然条件应有利于地表水排泄，避开滨海带和洪积平原。填埋场场址的选择必须考虑其位置应该在湖泊、河流、河湾的地表径流区。最佳的场址是在封闭的流域内，这对地下水资源造成危害的风险最小。填埋场不应设在专用水源蓄水层与地下水补给区、洪泛区、淤泥区、距居民区或人畜供水点 500m 以内的地区、填埋区直接与河流和湖泊相距 50m 以内地区。填埋场场址离开河岸、湖泊、沼泽的距离宜大于 1000m，与河流相距至少 600m。

6. 对居民区的影响

场地应位于居民区 500m 以外或更远。最好位于居民区的下风向，使运输或作业期间废物飘尘及臭气不影响当地居民，同时应考虑到作业期间的噪声应符合居民区的噪声标准。

7. 对场地地质条件的要求

场址应选在渗透性弱的松散岩石或坚硬岩层的基础上，天然地层的渗透性系数最好能达

到 10^{-8}m/s 以下，并具有一定厚度。基岩完整，抗溶蚀能力强，覆盖层越厚越好。场地基础岩性应对有害物质的运移、扩散有一定的阻滞能力。场地基础的岩性最好为黏滞土、砂质黏土以及页岩、黏土岩或致密的火成岩。场地应避开断层活动带、构造破坏带、褶皱变化带、地震活动带、石灰岩溶洞发育带、废弃矿区或坍塌区、含矿带或矿产分布区以及地表为强透水层的河谷区或其他沟谷分布区。

8. 对场地水文地质条件的要求

场地基础应位于地下水（潜水或承压水）最高丰水位标高至少 1m 以上（参照德国标准），及地下水主要补给区范围之外；场地应位于地下水的强径流带之外；场地内地下水的主流向应背向地表水域。场址不应选在渗透性强的地层或含水层之上，应位于含水层的地下水水力坡度的平缓地段。场址应选择在地下水位较深并有一定厚度包气带的地区，包气带对渗滤液净化能力越大越好，以尽可能地减少污染因子的扩散。

9. 对场地工程地质条件的要求

场地应选在工程地质性质有利的最密实的松散或坚硬的岩层之上，它的工程地质力学性质应保证场地基础的稳定性和使沉降量最小，并有利于填埋场边坡稳定性的要求。场地应位于不利的自然地质现象、滑坡、倒石堆等的影响范围之外。填埋场场地不应选择建在砾石、石灰岩溶洞发育地区。

10. 场址周围应有相当数量的土石料

所选场地附近，用于天然防渗层和覆盖层的黏土、用于坝体的土石料及用于排水层的砂石等应有充足的可采量和质量来保证能达到施工要求；黏土的 pH 值和离子交换能力越大越好，同时要求土壤易压实，使土具有充分的防渗能力。填埋场的覆土量一般为填埋场库区库容量的 10%～15%，并且土源宜为黏土或黏质土。城市附近土地紧张，应尽量利用丘陵或高阶台地上的冲积、残积及风化土，以减少侵占农田；土料应尽量在填埋场附近选择，以降低成本，但不宜破坏场区内可作为天然衬里的黏性土。

11. 场址应交通方便、运距合理

场址交通应方便，具有能在各种气候条件下运输的全天候公路，宽度合适，承载力适宜，尽量避免交通堵塞。根据有关资料，垃圾填埋处理费用当中 60%～90% 为垃圾清运费，尽量缩短清运距离对降低垃圾处理费的作用是明显的。以目前城市普遍采用的垃圾清运车——东风牌自卸汽车为例，运距每缩短 1km，每吨垃圾即可减少 0.15L 的耗油量，车辆周转时间可缩短 1min。因此，场址选择应综合评价场址征地费用和垃圾运输费用，择其最低费用者为优选场址。

对于一个城市唯一建设的卫生填埋场，其与城市生活垃圾的产生源重心距离最好不超过 15km，否则，将增设大型垃圾压缩中转站，以提高单位车辆的运输效率；或者分散建设几个填埋场。

为了方便选址及工程设计，表 2-1 列出了卫生填埋场选址的影响因素及指标以供

参考。

表 2-1　卫生填埋场选址的影响因素及指标

项目	名称	推荐性指标	排除性指标	参考资料
地质条件	基岩深度	＞15m	＜9m	相关资料
	地质性质	页岩、非常细密均质透水性差的岩层	有裂缝的、破裂的碳酸岩层；任何破裂的其他岩层	
	地震	0～1 级地区(其他震级或烈度在 4 级以上应有防震、抗震措施)	3 级以上地震区(其他震级或烈度在 4 级以上应有防震、抗震措施)	
	地壳结构	距现有断层＞1600m	＜1600m，在考古、古生物学方面的重要意义地区	
自然地理条件	场址位置	高地、黏土盆地	湿地、洼地、洪水、漫滩	
	地势	平地或平缓的坡地，平面作业法坡度＜10%为宜	石坑、沙坑、卵石坑、与陡坡相邻或冲沟，坡度＞25%	
	土壤层深度	＞100cm	＜25cm	
	土壤层结构	淤泥、沃土、黄黏土渗透系数 $K<10^{-7}$cm/s	经人工碾压后渗透系数 $k>10^{-7}$cm/s	GB 50869—2013
	土壤层排水	较通畅	很不通畅	
水文条件	排水条件	易于排水的地质及干燥地表；在 50 年一遇的洪水水位之上	易受洪水泛滥、受淹地区、洪泛平原、泄洪道	GB 50869—2013
	地表水影响	离河岸距离＞1000m	湿地、河岸边的平地及五十年一遇的洪水漫滩	GB 3838—2002 标准Ⅰ～Ⅴ类
	分隔距离	与湖泊、沼泽至少＞1000m 与河流相距至少 600m	与任何河流距离＜50m、至流域分水岭边界 8km 以内	GB 3838—2002
	地下水	地下水较深地区	地下水渗漏、喷泉、沼泽等	GB/T 14848—93
	地下水水源	具有较深的基岩和不透水覆盖层厚＞2m	不透水覆盖层厚＜2m，$k>10^{-7}$cm/s	GB 5749—2006 GB/T 14848—93
	水流方向	流向场址	流离场址	相关资料
	距水源距离	距居民居住区或人畜供水点＞500m	＜500m	GB 50869—2013
气象条件	降雨量	蒸发量超过降雨量 10cm	降雨量超过蒸发量地区应做相应处理	相关资料
	暴风雨	发生率较低的地区	位于龙卷风和台风经过地区	
	风力	具有较好的大气混合扩散作用下风向，白天人口不密集地区	空气流不畅，在下风向 500m 处有人口密集区	参照德国标准
交通条件	距离公用设施	＞25m	＜25m	相关资料
	距离国家主要公路	＞300m	＜50m	
	距离飞机场	＞3km	＜3km	GB 50869—2013
资源条件	土地利用	与现有农田相距＞30m	＜30m	GB 8172—87
	黏土资源	丰富、较丰富	贫土、外运不经济	相关资料
	人文环境条件、人口位置	人口密度较低地区＞500m，离城市水源＞10km	与公园文化娱乐场所＜500m，距饮水井 800m 以内，距地表水取水口 1000m 以内	CJ 3020—93 GB 5749—2006
	生态条件	生态价值低，不具有多样性、独特性的生态地区	稀有、濒危物种保护区	《固体废弃物污染防治法》第二十条
	使用年限	＞10 年	≤8 年	建标 124—2009

第二节　填埋场选址的方法及程序

一、确定填埋场选址的区域范围

根据城市总体规划、区域地形，以所要填埋垃圾的城市中心为圆心，以一定的半径画圆，确定出一个范围，从中排除那些受到土地利用法规定限制的土地（如军事要地、自然保护区、文物古迹等），缩小可征用土地范围。如果在这个范围内没有合适的场址，则需要再扩大搜索半径，再次进行选择。

二、资料的搜集

《生活垃圾卫生填埋处理技术规范》（GB 50869—2013）规定，在进行填埋场选址前应先进行下列基础资料的收集：a. 城市总体规划和城市环境卫生专业规划；b. 土地利用价值及征地费用；c. 附近居住情况与公众反映；d. 附近填埋气体利用的可行性；e. 地形、地貌及相关地形图；f. 工程地质与水文地质条件；g. 设计频率洪水位、降水量、蒸发量、夏季主导风向及风速、基本风压值；h. 道路、交通运输、给排水、供电、土石料条件及当地的工程建设经验；i. 服务范围的生活垃圾量、性质及收集运输情况。

其中，地形图应符合现行国家标准《总图制图标准》（GB/T 50103）的要求，其比例尺建议为 1∶1000。考虑到有地形图上信息反映不全或者地图的地物特征信息过旧的情况时，建议有条件的地方增加航测地形图。降水量资料宜包括最大暴雨雨力（1h 暴雨量）、3h 暴雨强度、6h 暴雨强度、24h 暴雨强度、多年平均逐月降雨量、历史最大日降雨量和二十年一遇连续 7 日最大降雨量等资料。基本风压值是指以当地比较空旷平坦的地面上离地 10m 高统计所得的五十年一遇 10min 平均最大风速为标准，按基本风压＝最大风速的平方/1600 确定的风压值，其要求是基于填埋场建（构）筑物安全设计的角度提出的。

三、场址初选

根据填埋场选址标准和准则，对上述区域的资料进行全面分析，在此基础上筛选出几个（标准要求为 3 个）比较合适的预选场地。

四、野外踏勘

野外踏勘是填埋场选址工作中最重要的技术环节，它可直观地掌握预选场地的地形、地貌、土地利用情况、交通条件、周围居民点的分布情况、水文网分布情况和场地的地质、水文地质和工程地质条件以及其他与选址有关的信息和资料。

根据野外踏勘实际调查取得的资料，再结合搜集到的所有其他资料和图片进行整理和分析研究，确定被踏勘调查地点的可选性并进行排序。在排序过程中，要对每个可选地点的基本条件进行分析对比，分别列出每个地点可选性的有利和不利因素。

五、对预选场地的社会、经济和法律条件调查

对于一个初步确定的预选场地，要进一步调查场地及其周围的社会、经济条件，以及公众对填埋场建设的反映和社会影响，确定填埋场的建设是否有碍于城市整体经济发展规划（或工农业发展规划），是否有碍于城市景观。

详细调查地方的法律、法规和政策，特别是环境保护法、水域和水源保护法。从而可评价这些预选场地是否与这些法律和法规相互冲突，相互抵触，并要取消那些受法律、法规限制的预选场地，如地下水保护区、洪泛区、淤泥区、活动的坍塌地带、地下蕴矿区、灰岩坑基及溶岩洞区。

六、场址的优选

根据前阶段收集的区域资料、野外现场踏勘结果和场地的社会、法律调查，对预选场址进行技术、经济方面的综合评价和比较。通过对比优选出较为理想的卫生填埋场场址首选方案。可采用的技术方法有灰色系统理论的灰色聚类法、模糊数学中的模糊综合评判法、专家系统法、层次分析法和地理信息系统（Geographical Information System，GIS）等。GIS技术的第一步就是决定场地可选性的限制因素，并将收集的一系列因素绘制成各种图表，并在图中突出那些限制性因素的作用。在计算机显示器上把这些图相互叠加和对比，就可明显查找出不受限制性因素制约的具有可选性的预选场地的空间位置，同时也可对比出各预选场地的条件优、劣等级。而层次分析法能综合处理具有递阶层次结构的场地适宜性影响因素之间的复杂关系，又易于操作，得到比较量化的结果，方法比较科学而准确。

七、编制预选场地的可行性研究报告

预选场址调查结束后应提交预选场地的可行性研究报告，但这并不意味着选址工作已结束。提交预选场地可行性报告的目的，主要利用充足的调查资料说明场地具有可选性，以报告的形式提出并报请项目主管单位，再由主管单位报请官方审批，列入国家或地方的计划项目，使工程项目从可行性研究阶段进入正式计划内的工程项目阶段，从而可以履行一切计划工程项目的手续。

八、预选场地的初勘工作

前述工作只是选择出较为理想的场地位置，并征得管理部门的肯定和同意。但是场地的综合地质条件能否满足工程的要求，应对场地进行综合地质初步勘查，查明场地的地质结构、水文地质和工程地质特征。如初勘证实场地具有渗透性较强（$k>10^{-6}$m/s）的地层或含水丰富的含水层，或含有发育的断层，则场地的地质质量就很差，会使工程投资增大，该场地也不具有可选性，可能需要放弃该场地而另选其他场地。如初勘证实场地具有良好的综合地质技术条件，则场地的可选性就会得到最终定案。因此场地的地质初步勘察工作是填埋场场址是否可选的最终依据。

九、预选场地的综合地质条件评价技术报告

场地初步勘察施工结束，应由钻探施工单位提出场地地质勘查技术报告，再根据地质报告提供的技术资料和数据，有项目主管单位编制场地综合地质条件评价技术报告。报告应详细说明场地的综合地质条件，详细描述对场地的不利和有利因素，做出场地可选性的结论，并对下一步场地详细勘察和工程的施工设计提出建议。

场地综合地质条件评价技术报告是场地选择的最终依据和工程立项的依据，是固体废物填埋场项目由选址阶段正式过渡到工程阶段，该报告也是场地详勘的依据。如果场地得到不可选的结论，选址工作则又要重新开始或进行第二或第三场址的初勘工作。

十、转入工程阶段

在确定场地可选后，填埋场项目就可立即转入工程实施阶段，依据场地的综合地质条件评价技术报告进行场地的详细勘察设计和施工。

综上所述，卫生填埋场场址选择是一项技术性强，难度大、任务重的工作。整个选址工作要经过多个技术环节，才能最终定案并过渡到工程阶段。

一般来说，要找到一个各方面都合适的填埋场场址是非常困难的。但是，为了尽可能选择一个较为合适的填埋场场址，在选择确定场址时应对各方面的因素做全面的调查与分析。垃圾填埋场选址涉及多学科，因此在场址的调查研究与分析过程中，应有不同学科的专业人员参加，组成一个选址班子。选址班子一般应有建设单位所在的市政各部门以及专业设计单位的技术人员参加。选址步骤中的各阶段要以文字报告形式备案，并作为工程竣工验收的重要组成部分。

第三节　选址的工程学因素

工程学影响因素是填埋场选址中最主要的影响因素，一般包括自然地理因素、地质因素、水文地质因素及工程地质因素等。

一、场址选择的自然地理因素

1. 地形、地貌调查

从地形、地貌看，在丘陵地区，凡在地貌上呈现三面山冈环绕，其内有一“S”或“Y”字形冲沟朝开敞方向伸展的盆地，或数个小冲沟汇集而成的沟谷等地形形态都是优选场址。这是因为：上述盆地、沟谷地形所特有的良好的封闭性，使施工和营运期产生的噪声及扬尘与风扬物为山冈所阻隔，难以向外扩散出去，有利于将上述污染源对周围环境所产生的污染降至最小；其次，该类盆地或沟谷底部平缓开阔，加之岗顶高出它们的底部较多，能为填埋

场提供较大的填埋空间，以延长填埋使用年限；再次，这种盆地、沟谷中的荒沟、荒坡与荒地作为填埋场地，有利于土地资源的合理利用。此外，在多湖低洼地形区的低洼湖塘地也是合适的场址。我国武汉市的一个大型填埋场场址就选在紧靠一个人工堤内侧的低洼湖塘地带。这种地形场址的最大特点就是填埋容量可以很大，但场址多呈三面开放型的自然封闭条件较差，对周围环境影响较大，这是其不足之处。另外在海滨浅滩地带也有适合于作填埋场的场址。像在日本东京湾内防波堤内外的海滨浅滩地上便建有或正在建设的填埋场十几个。因此，选择盆地、谷地、洼地、海滨浅滩地等作场址，既是天然地形的合理利用，也符合选址对地形地貌的要求。

（1）地形对填埋场的影响　地形对填埋场的影响可以分为经济上的影响和地质条件上的影响。如果填埋场的坡度大就会给施工造成困难，使土方的开挖量增大，同时也给运输活动带来不便，影响其他配套设施的设计和施工，大大增加了建筑的费用。

坡度的增大使场地的地质条件恶化，较大坡度的地形是不良地质现象（如滑坡、土爬、坍塌、泥石流等）发生的条件，地形的坡度较大，还造成了地面上的水土流失，不利于场地的选择。

地形的坡度越大，地下潜水的水力梯度也就越大，地下水的流速也会增大，使有害元素在水中运移的速度和距离增大，所以填埋场必须具有很强的泄水能力，否则地表径流和潜水径流就会大量汇集，容易对环境造成污染。

地形是地下水系统补给区、排泄区和径流区的决定性因素。地形较高的地段一般是地下水的补给区，同时也是分水岭。把场址选在补给区或分水岭地段是很不利的，因为会污染下游地区的地下水。在某一特定的地段，当地形的坡度达到一定值时就会产生破坏，所以在选择斜坡地形时必须对斜坡的稳定性进行验算。

地形是造成地表汇水的原因之一。在选址的过程中，严禁把填埋场选在四面高、中间洼的地带，因为这样的地带可能形成地表汇水，淹没填埋场，从而造成有害污染物的外溢，严重影响邻近地区的地下水和地表水。

（2）地貌对填埋场的影响　不同地貌单元的地质条件不同，地貌单元是决定地形条件、地表水系状况、地下水状况、地基土条件等许多因素的先决条件。如山地的地形复杂，地表水流以洪流为主，地下水位的起伏变化较大，地基土一般是基岩，山区的滑坡、泥石流、倒石堆、崩塌、土爬等不良地质现象的极易发生，都会对场地造成极为不良的影响。平原和高原的地形较为平坦，地表水系以河流和湖泊为主，地下水位波动不大，地基土可能存在的不良地质现象主要表现为砂土液化、淤泥和地震等。滨海地貌的地基一般为砂土，其渗透性较强且易受海水潮汐的影响，不大适宜作为场地。所以，一般把场址选在平原或高原地带。

2. 地表水系与气候条件对场址选择的影响

（1）地表水系　如果地表水系与地下水之间存在着水力联系，场区的地表水发育，则地表水系遭受填埋场中的废物污染的概率就增大。一旦通过直接或间接的方式污染地表水系，由于地表水系的运动能力很强，净化能力又很弱，所以就会污染到远距离的地表水和地下水。

地表水系的发育也可能造成水土的流失，而填埋场的工程是一项长远的工程，不允许将来由于水土的流失而裸露于地表。场地要选在地表水系的洪泛区之外。所以说，地表水系发育对场地不利。

（2）气候条件　气候条件会影响进出填埋场的道路条件，填埋场中的道路状况应根据本地的气候情况修筑，并定期进行维护，保证垃圾在全天候的运输畅通。

气候条件决定风的强度和风向，所选场地区域的风速影响场地的选择，当风速超过4～5m/s时就能携带物质的颗粒运移，使有害废物的飘尘影响邻近地段的环境，所以风作为有害废物飘尘传播的动力介质，风速过大对场地是极为不利的。与此同时，在风力大的地方，风动力侵蚀地表造成风蚀地貌。

气候条件控制着降雨量、降雨强度，尤其是要注意温度和季节的主导风向。降雨量和降雨强度的增大促进了当地地表水系的发育。降雨量和降雨强度过大不但有发生洪灾的可能，同时也使填埋场的疏排发生困难，增大了疏排措施的投资。雨水淋滤废物后入渗到地下水中，使填埋场对地下水的污染加强。所以，降雨量和降雨强度过大不利于场地的选择。

3. 植被与土地利用

场区内的植被种类和土地利用状况影响到填埋场的建设费用，但是它受人为因素的影响很大，对它的评价意义不大，所以只对一些原则性的问题阐述如下。

场区内的植被物种最好不是农作物或经济作物，因为这样会增大场地的征地费用，场区内植被的发育会减少水土流失，是有利的因素。场区内的植被发育状况也影响到区域的蒸发量和动物的生栖状况，场区内不能有珍贵的受国家保护的植物和动物。场区最好选在土地利用率低的地方，以减少征地的费用和对周围环境的影响。如果场地选在土地利用率高的地区，如农作物和经济作物的分布区和厂房林立区等，则会大大地增加填埋场的征地费用，并要进行全面的环境影响评价。

二、场地选择的地质因素

1. 第四纪地质因素

（1）土的类型　土的类型是指土的岩性，有关资料表明，不同岩性的土渗透性不同。渗透性由强至弱的土依次为黏土、亚黏土、粉砂、细砂、中砂、粗砂、中砾、纯砾。一般含细小颗粒较多的土渗透性较弱，而含有颗粒较多的土渗透性就较强。

（2）土的颗粒级配　不同岩性的土颗粒成分不同，颗粒间的级配也不同，即使是同一岩性的土，随着颗粒间级配关系的变化，其渗透性也不一样。

松散岩石颗粒的级配不仅是划分岩性的依据，也是划分岩石渗透性的重要依据。松散岩石的岩性和颗粒级配对渗透性条件的影响和对工程地质条件的影响是一致的。黏土、亚黏土、砂、砾、岩石的渗透性依次增强。在渗透性强的岩层中水的运移能力较强，而这样的岩层的净化能力又较弱，所以造成了有害物质污染范围的扩大，对场地极为不利。与此同时，岩石的工程地质性质也随颗粒成分的变化而变化。

（3）土层的空间分布　自然界中土层的分布是很复杂的。岩层在水平和垂直方向上的分布不可能都是均匀的，有的地段的岩层分布极不均匀，水文地质条件和工程地质条件较差的岩层会对场地造成不良的影响。

如果岩层的分布在水平方向上不均匀，在场区内有局部的渗透性较强的岩层，那么受到污染的水就会沿着这样的岩层向下渗透，从而污染下部的含水层，使污染的范围扩大，对场地不利。

如果岩层的分布在垂直方向上不均匀，且上部的优良土层较薄，那么有害物质的污染就会透过上部的优良土层到达下部渗透性强的土层，在这样的土层中有害物质向四周扩散，岩层的渗透性越强，扩散的范围越广，对场地形成不良影响。

2. 基岩地质因素

(1) 基岩的岩性特征　基岩按其成因可分为沉积岩、岩浆岩和变质岩。

沉积岩的颗粒大小和结构对它的渗透性有很大的影响，一般沉积颗粒细小的岩石（如页岩、泥岩、黏土岩）的渗透性较小，对于场地的选择较有利。沉积岩的渗透性和强度还与沉积岩的胶结程度有关，胶结程度越好，渗透性越小，强度越高，对场地选择越有利。一般风化不严重的沉积岩，其强度可满足建造填埋场的要求。有证据表明，岩浆岩的颗粒大小和石英的含量可以影响岩浆岩的强度，但处于未风化状态的岩浆岩基本上是可靠的工程材料。另外，处于未风化状态的岩浆岩的渗透性也很小，完全适合填埋场建设的要求。变质岩地区的构造复杂，对于选址的意义不大，故应尽量避免在变质岩地区选择场地。

由上述可见，基岩处于未风化状态时，一般能满足选址的要求。然而基岩的裸露部分往往受到风化，这就对基岩的水文地质性质和工程地质性质产生了极不良的影响，故应对基岩的风化程度进行详细评价。

(2) 岩石的风化程度　岩石的风化程度和风化类型对填埋场选址的影响很大，易发生化学风化的基岩地区如岩溶区，是不适合选为场址的。岩石的物理风化使岩石产生裂隙，不仅降低了基岩的强度，而且也增大了岩石的透水性，对选址不利，所以填埋场要选在未风化或风化微弱的基岩地区。

(3) 岩石裂隙的发育状况　岩石裂隙的产生原因很多，有的是由于风化作用产生的，有的是由于内应力作用产生的。岩石裂隙的存在不仅大大降低了岩石的强度，同时也使岩石的透水性能加强。裂隙的评价指标分为裂隙的大小、裂隙的发育率和裂隙的方向性。

裂隙越大，由于它延伸的远，宽度大，所以岩石的透水性就越强，强度越低。裂隙的发育越高，岩石的透水性就越强，强度越低。如果裂隙发育的方向单一，则裂隙间的连通性较差，渗透性也就较小。如果裂隙间彼此交错发育，则裂隙间的连通性好，岩石的渗透性就强，对场地的选择不利。

3. 地质构造因素

(1) 构造单元　场址要选在构造稳定的地带，大地的构造单元主要分成地台和地槽。地槽区沉积地层的厚度很大，沉降的幅度也大，褶皱极为强烈，有时兼有火山活动，是地壳具强烈活动的狭长条状地带，主要位于大陆的边缘；地台沉积地层的厚度较小，除了基岩以外，岩层很少显示褶皱或褶皱较轻微地区，是地壳上的相对稳定的地区，显然地台区优于地槽区，适合为场址。

(2) 断裂的发育状况　断裂的存在对场区的条件影响很大。场地严禁选在活动断层、地震断层附近，也严禁选在断层的复合部位。导水性断层的存在可以使不同的含水层相互连通，如果某一层水受到污染，就可以通过导水断层扩散到另一含水层，使污染的范围扩大。断层的发育，使断层周围地层中的构造裂隙增多，不但降低了岩石的强度，同时还增强了岩层的导水性。在岩浆岩活动区、断裂带和断裂交汇带往往成为火山喷发或岩浆侵入的通道，对于场地极为不利。总之，断层的发育对场地的选择有不利影响。

（3）褶皱的发育状况　褶皱带的地应力分布复杂，由于内动力地质作用和岩层的强烈变形在地层中产生了很多裂隙小构造，岩层的强度和透水性能都不适合填埋场的要求，所以褶皱的存在对于填埋场的选址是不利的。

在大型褶皱的不同部位，岩层的条件也往往不同。在褶皱的轴部，由于变形挤压强烈，这一部位的裂隙构造发育得很好，从而使强度降低，透水性增强，对场地形成不良影响。而在褶皱的翼部，由于变形不太强烈，所以条件比轴部好，因此场址不宜选在褶皱轴部。

场区内的小褶皱的发育状况对场地条件的影响也很大。由于翼间夹角很小的褶皱变形强烈，所以这样的褶皱地区的裂隙较翼间夹角大的褶皱地区发育，对场地形成了不良影响。

（4）地质力学特征

① 从构造体系的不同部位分析：不同构造部位地质应力作用的强烈程度不同。山字形构造的前弧、反射弧的转变地段和脊柱内侧地段应力作用强烈，变形剧烈，不能作为场址；棋盘格式构造的两组扭裂面密集成带的地段，应力集中、变形强烈，不能作为场址。

② 从联合复合的类型分析：在归并、交接、包容、重叠的几种复合构造形式中，归并、交接以及不同构造线、带的交接、交叉点等处，应力集中，受力方向复杂，变形强烈，这些部位在选址时不宜考虑。

（5）地震　地震对填埋场的影响极大，填埋场一般不选在地震活动带上。当地震烈度达到 6 度时疏松的土质就可能出现小裂缝，当地震烈度达到 7 度时就可能出现地裂缝。所以当地震烈度接近 6 度时，就要对场地的抗震性做出评价。原则上场址不能选在历史上最大地震烈度超过 6 度的地方。

三、水文地质因素

1. 含水层的特征对填埋场的影响

（1）含水层的渗透性　对于填埋场的选址，含水层的渗透性是一个重要的因素，它的大小直接影响到填埋场的场址条件。

渗透性强的岩层不适合选为场址。首先，岩层的渗透性强，其渗水能力就强。在同一水力梯度的影响下，渗透性强的含水层中的地下水流速快，故污染物质在含水层中的传播速度也快，使污染物质在水中传播类型由静水时的扩展传播，转变为流动状态下的渗透弥散迁移，大大加强了污染物质的传播速度和传播距离。另外由于污染物质的运移速度快，而渗透性强的岩层净化吸附能力又较弱，所以，污染物质来不及被吸附和净化就传播到更远的地方。地下水中污染物质的含量降低得很慢，这样就产生了不良的连锁反应，使污染物质的扩散效果增强，形成了地下水大面积的污染，给环境保护工程带来了极为不良的影响。尤其是此类含水层的地下水流向下游地段，严禁有重点保护的地下水含水层和地表水体存在，因为在地下水流速的影响下，污染物质沿流向扩散的速度大、距离远，很容易影响到下游的地下水和地表水。根据国外的有关资料表明，重点保护的地下水含水层和地表水体到填埋场的距离至少应大于 1km。

（2）含水层的厚度　场址所在地含水层厚度对填埋场地的影响很大。场地所在地段含水层很薄，那么在地下水同一流速的情况下，流经场区的地下水的径流量就小，污染物质扩散的效果就差，有利于场地的选择。同时，即使是渗透性很强的含水层，如果它的厚度很小，那么采用人工治理的方法也很容易，所需的投资也很少。相反，如果含水层的厚度很大，那么在同一水力梯度和流速的情况下，流经场区的径流量增大，污染物质的传播范围扩大，而且治理设施的投资也很大。所以含水层厚度小，有利于选址。

(3) 含水层的水平分布面积　填埋场所能影响到的含水层的分布范围限制了有害物质的扩散范围，即使在渗透性很强的含水层中，如果含水层的分布范围很小，基本处于封闭状态，那么污染物质污染范围也只能限制在含水层的分布范围之内，所以这样的场地是一个条件较好的场地。对于这样的场地，地下水的水位允许超过填埋场的基底，其前提条件是对填埋场的施工和运行不能造成影响。在填埋场的施工期间水位不能超过基底。在填埋场的使用期间，水位可逐渐升高，但不能因为水压的存在而破坏填埋场的基础。

(4) 含水层的倾角　潜水含水层倾角越大，地下水力坡度也就越大，在含水层渗透性相同时，当流速较大时，污染物质的传播速度就会增大，传播范围也会扩大，对填埋场的条件形成不良的影响。

(5) 含水层间的水力联系　所选场地的含水层，最好是分布范围很小并且与其他含水层无水力联系的含水层。这样的含水层的分布范围就是填埋场渗漏水的最大污染范围。但自然界中含水层的情况是复杂的，水力联系是密切的。含水层可通过含水断层、陷落柱、溶蚀空洞等通道和其他含水层连通，或是对其他含水层形成越流补给，使有害物质的最大污染范围可能扩大。如果该含水层和其他含水层的连通通道距填埋场很远，在有害物质的污染源之外，则可免于考虑。但如果在有害物质的污染源之内，将带来极不良的影响。

根据以上的分析建议，在填埋场选址时，要对场地的含水层结构发育状况进行详细的调查。必要时，对场地所在地点的含水层和邻近的含水层进行抽水试验，以确定它们之间有无水力联系，或联系密切程度。

(6) 含水层与地表水的水力联系　填埋场所在地的含水层和地表水系的联系对填埋场条件的影响是不可忽视的。如果填埋场和地表水系被隔水层隔断水力联系，即使场地离地表水体很近，也不会对地表水体形成污染。如果填埋场和地表水体之间无隔水层，地表水体和地下水的相互补给关系就可能促使填埋场对地表水体形成污染。

如果地表水体离填埋场较近，但是地下水一年四季总是接受地表水的补给，有害物质逆着水流方向运移，运移的距离也较小，则不会对地表水体形成污染。反之，如果地表水体离填埋场较近，且地表水体有时接受地下水的补给，污染源就会沿着地下水的流向方向扩散，在一定范围内可能对地表水体形成污染。

2. 地下水特性对填埋场的影响

(1) 地下水水位　填埋场所在含水层中的地下水的水位对填埋场的条件影响极大。如果场地所在含水层的地下水水位埋深很大，则填埋场到地下水的距离就较远。从填埋场渗漏的含有溶出的污染物质的水在到达地下水之前已经经过了很大程度的净化，在含水层的净化能力的作用下，污染物质的含量已经减少，它对地下水的污染就比较轻微，范围也就较小。相反，如果地下水的水位较高，从填埋场渗漏的含有污染物质的水未经充分净化就与地下水混合，渗漏水中污染物质的含量还相当大，地下水的污染就严重，污染的范围也会扩大。据经验数据，地下水的水位应位于填埋场基底以下至少 1m 处。

(2) 水温　地下水的水温较高，则水对污染物质的溶解能力就强，污染物质在水中的扩散能力也较强，水中物质和周围物质之间的相互作用增强，这样就有利于污染物质在地下水中的扩散和弥散，对环境造成不良的影响。相反，如果地下水的水温较低，则上述的各种作用就减弱，对环境的保护较有利，填埋场的条件就较好。另外，地下水的水温升高会降低地下水的黏滞性系数，从而增强了水的运动能力，必然会导致对地下水污染范围的扩大。

（3）地下水的赋存类型　地下水的埋藏类型可分为包气带水、潜水和承压水。

包气带水一般是季节性存在，并且在地下水的水位之上，不能形成流动系统。所以，这种类型的水对污染物质的运移能力差，对场地有利。

潜水直接与分布的地表水体以至大气降水发生水力联系，所以受外界的影响很大，水位也就很不稳定，容易受降雨量和蒸发量等外界条件的影响。潜水的动态特征很不稳定，水位的变化大，对场地不利。但是，潜水的水力坡度往往受地形的限制，在地形平缓地带，潜水的水力坡度一般很小，地下水的流速缓慢，这一点是对场地有利的。

承压水的情况较复杂，但承压水的水位较稳定，不易受外界的影响。在不揭穿承压含水层时，对它的顶板留足够的厚度以抵抗水头压力，承压含水层对于填埋场的不良影响就不是很显著。

（4）地下水的补、排、径条件　地下水的补给区、排泄区和径流区的场地条件各不相同，地下水的补给量和排泄量不同，对场地的条件影响很大。

地下水的补给区显然不适合作场址，因为地下水是从补给区流向径流区和排泄区的。污染物质总是沿着地下水流向的方向发展，所以，场址选在补给区，会使径流区和排泄区的地下水受到影响，不利于地下水的保护。

如果场址在径流区，填埋场对地下水的污染将随着径流强度的不同而不同。若场址选在强径流区，地下水的流速和流量增大，污染物质污染的范围就越大；如果场址选在弱径流区，地下水的流量和流速就越小，污染物质的污染范围就越小，对场地的选择有利。

场址选在地下水的排泄区，填埋场对地下水的污染比选在补给区和径流区要小。值得注意的是，如果地下水是排向地表水体，那么就必须与地表水体保持一定的距离，以免填埋场对地表水体形成污染。同时，这个含水层的排泄区不能是另一个重点保护含水层补给源，否则就会对另外一个含水层形成污染。所以场址最好选在地下水蒸发排泄区，不会对地下水和地表水形成污染。

场址所在地的地下水的补给量、排泄量和径流量对场地条件的影响也很严重，如果地下水的补给量极小，那么即使是地下水的补给区也可以选为场址。反之，如果地下水的补给量较大，必然导致径流量的增大，对于这种场地，即使是在径流区或排泄区选址也应慎重考虑。

（5）地下水动力类型

① 地下水的动力类型：地下水的动力类型可分为层流运动、紊流运动和混合流运动。地下水的动力类型受含水介质的影响，同时也受地下水流速影响。地下水的流速较小，一般属于层流运动。随着流速的增大，地下水逐渐成紊流和混合流运动。地下水的动力类型决定着污染物质在水中迁移的速度、类型和距离。

地下水为层流运动时，相对后两种动力类型，污染物质的迁移速度较小，距离较近。在紊流运动中，污染物质的迁移以渗流弥散为主，比层流迁移的速度加快，距离远。在混合流运动中，污染物质的迁移速度是最快的，距离也最远，对场地最不利。

② 地下水流速：地下水的流速对于填埋场的场地条件影响极大，其不仅决定了污染物

质的迁移的方式和速度，同时也决定了其迁移的距离。

在地下水流速为零情况下，污染物质的迁移速度慢、范围小。随着地下水流速的增大，污染物质的迁移速度和污染范围也逐渐增大。由于流速大的地下水中污染物的速度快，流经区域的受污染的地下水来不及净化就渗流到远处，这样就使地下水受污染的范围变大，对场地造成极不良的影响，严重污染了地下水。

③ 地下水流向：地下水的流向主要控制了地下水的污染方向。一般情况下，污染物质很难扩散到地下水流向的反方向。而在沿地下水流向的方向，污染物质的迁移的速度加快，距离越远。所以在选址过程中，在地下水的流向方向上，较近的地段不能存在与该含水层有水力联系的受保护的地下水和地表水。据有关经验资料，这一距离应至少在1km以上。

④ 水力坡度：水力坡度不直接影响场地条件，而是通过影响地下水的流速来影响场地的条件，水力坡度越大对场地越不利。

(6) 地下水的动态特征　地下水的动态可以分为三种类型。第一种是地下水的水位呈上升趋势，第二种是地下水的水位虽有变化但大体上保持不变，第三种是地下水的水位呈下降趋势。根据前面有关地下水水位对场地条件的影响的讨论可知：第一种地下水的水位上升对场地不利；第二种只要地下水的最高丰水位在填埋场的基底以下至少1m，那么就可作为可选场地；第三种是地下水的水位下降，对于场地的选择极为有利。要掌握地下水位的季节性变化规律和多年的年变化幅度，为正确确定填埋场基础与地下水位的距离提供可靠数据。

(7) 地下水的流动系统状况　地下水的流动系统可以对污染物质的污染范围起到限制作用，污染物质的污染范围不可能大于地下水的流动系统，所以场址所在地的地下水的流动系统最好是分布范围很小的孤立系统，这样就能缩小并控制污染范围。如果场地所在地的地下水系统和其他的地下水系统有水力联系，那么就不能对污染范围起到限制作用，甚至使污染范围扩大，对场址造成不良的影响，对环境的保护极为不利。

四、工程地质因素

1. 第四纪沉积层类型的影响

根据搬运和沉积的条件不同，沉积层可以分为以下几种类型。

(1) 残积层　残积层主要分布在出露于地表的岩石区，经受强烈风化作用的山区、丘陵地带与剥蚀平原。其组成物质为棱角状的碎石、角砾、砂砾和黏性土，残积层裂隙多，无层次，不均匀。如果在此处选择场地应注意不均匀沉降和土坡的稳定性问题。

(2) 坡积层　坡积层主要分布在山坡或山麓地带。坡积层搬运距离不远，颗粒由坡顶向坡脚逐渐变细，坡积层表面的坡度越来越平缓。

坡积层不但处于斜坡地形上，而且厚薄不均、土质不均、孔隙大、压缩性高，它的工程地质性质较差，如果选为场址应注意不均匀沉降和稳定性。

(3) 洪积层　洪积层多分布于山谷出口与山前倾斜平原的交汇地带。洪积层在谷口附近多为块石、碎石、砾石和粗砂，离谷口较远的地方颗粒变细。洪积层常为不规则的交替层理构造，往往有黏性土夹层、透镜体等产状。洪积层的均匀性差，选场址时应注意土层尖灭和透镜体引起的不均匀沉降。

（4）冲积层

1）平原河谷冲积层

① 河床沉积层：上游的颗粒较粗，下游的颗粒细，有一定的磨圆度，土层的级配良好，是良好的天然地基，但选址受洪水位标高限制。

② 河漫滩沉积层：常分为上下两层结构，下层为粗颗粒土，上层为泛滥成因的细粒土，往往夹有局部的有机土、淤泥和泥炭。

③ 河流阶地沉积层：阶地的位置越高，其形成的年代越早，通常土质越好，适合作为场址。

④ 古河道沉积层：通常有较厚的淤泥、泥炭土，压缩性高、强度低，为不良场址。

2）山区河谷冲积层：这种冲积层多为漂石、卵石和圆砾，冲积层的厚度一般不超过10～15m。山间盆地和宽谷中有河漫滩冲积层，主要为含泥的砾石，具有透镜体和倾斜层理构造。此类冲积层工程性质和水文地质性质较差，一般不选为场址。

3）山间平原冲积洪积层：这种沉积层有分带性，近山一带由冲击和部分洪积的粗粒物质组成，向平原低地逐渐变为砂土和黏性土，这一地带对于填埋场选址较为可取。

4）三角洲沉积层：河流搬运的大量物质在河口沉积而成三角洲沉积层，厚度达数百米之上。水面以上部分为砂或黏性土，水面以下部分与海、湖堆积物混合组成。此种沉积层含水量高、承载力低，工程地质条件较差。

（5）海相沉积层

① 滨海沉积层：海水的高潮和低潮之间的地区为滨海地区，沉积物主要为卵石、圆砾和砂土，有的地区存在黏性夹层，对填埋场而言其工程地质条件较差。

② 大陆架浅海沉积层：沉积物主要为细砂、黏性土、淤泥和生物化学沉积物。此种沉积物具层理构造，密度小、压缩性高、工程地质条件差。

③ 陆坡和深海沉积物：沉积物主要为有机质软泥，工程地质极差。

（6）湖相沉积层

① 湖相沉积层：湖相沉积层包括粗颗粒的湖边沉积物和细颗粒的湖心沉积物。主要为黏土和淤泥，夹粉细砂积层，强度低、压缩性高，工程地质较差。

② 沼泽沉积物：沼泽沉积物即沼泽土，主要为半腐烂的植物残余物积累形成的泥炭组成。不宜作为永久建筑物的地基。

2. 不良地质工程条件

常见的不良地质工程条件有以下几种。

① 层节理发育的场地：三组以上的节理称节理发育，将岩体切割成小块体，节理间距多数少于0.4m。

② 断层：填埋场避免横跨在断层上。

③ 山坡滑动：在山坡或山脚下修筑填埋场除进行其他工程地质和水文地质勘察外，还应特别注意山坡的稳定性。

④ 河岸的冲淤：因为填埋场一般不建在河边，此类现象可以忽略。

⑤ 河沟局部位移：在河沟附近修筑填埋场，其地基可能向河沟方向位移，导致工程失稳。

⑥ 岩坡失稳：河、湖、海岸在天然条件下是稳定的，如果在岸边建填埋场，由于填埋场的荷重作用，岸坡可能失稳，产生滑动。如地基土质较软，还应考虑到在地震的作用下土的抗剪强度降低，坡度可能产生滑动。

3. 地下水对工程地质的影响

(1) 基础埋深　地下水的水位决定基础的埋深，填埋场对于地下水位有特殊的要求，即地下水位必须位于基础以下至少1m。

(2) 地下水位升降的影响　当地下水在地基持力层中上升时，黏性土软化，湿陷性黄土产生严重下沉，膨胀土地基吸水膨胀。如果地下水在持力层中大幅度下降，则建筑物产生附加沉降。

(3) 地下水水质的侵蚀　当地下水中含有大量的硫酸根离子、游离碳酸、较高浓度的氮离子等有害物质时，对基础混凝土有侵蚀性。

4. 沉积的年代对工程地质性质的影响

沉积的年代越老，土的工程地质条件越好。在湖、塘、沟、谷与河漫滩地段，不适宜做填埋场基础。

5. 沉积的自然地理环境对工程地质的影响

土生成的自然地理环境不同，对工程地质性质的差异也很大。

6. 土的物理性质对选址的影响

(1) 土的颗粒组成和级配　土的颗粒组成按其粒径由小到大分为黏粒、粉粒、砂粒、圆粒、卵石、漂石。通常粗粒土压缩性小、强度高、渗透性大。这种土从工程地质考虑是可取的，但其水文地质条件不适合选为场址。

从土的渗透性和土的工程地质考虑，含细粒较多、级配良好的土对填埋场的适宜性较强。

(2) 土的压实密度　对于同一土样，其压实状态越好，土的空隙度就越小，渗透性就越弱，承载力就越高，对场地的适宜性越强。土的压密状态用OCR来表示。a. 超压密，OCR＞1；b. 正常压密，OCR＝1；c. 欠压密，OCR＜1。

(3) 黏性土的性质　黏性土的含水量是决定其工程性质的至关重要的影响因素。随着含水量的增加，黏性土的承载力逐渐降低，直至成流塑状态，给工程地质造成不良的影响。

黏性土中有机物的存在对于土的工程地质是不利的，有机物的含量增加，使土的承载力降低。但有机物的存在也并非都是不利因素，如有机胶体的存在可以增强土的吸附能力，使土对污染地下水的净化能力增强，这一点是对填埋场有利的。

碳酸盐易溶于水，尤其在pH值低的地下水中，碳酸盐的抗蚀能力很弱，所以土中碳酸盐的存在使地下水的化学稳定性减弱，对于场地不利。

(4) 非黏性土的性质　非黏性土的密实度越大，土的承载力就越大，渗透性越差，对填埋场的适宜性就越强。砂土中水大量存在时，由于土的浮力作用使砂粒间彼此接触的力减小，同时水也使砂土的内摩擦角减小，使砂土的强度降低。当砂土中的水达到饱和时，使砂土呈流态而严重影响砂土的强度，所以砂土的饱和度也非常重要。

7. 坡体的稳定性因素

土坡的稳定性对填埋场选址的意义很大。如果填埋场选在天然土坡的坡顶，就可能使原来稳定的土坡产生滑动。填埋场应选在天然边坡度较小的部位，要与天然陡坡地段保持一定的安全距离。填埋场开挖施工时，要确保人为边坡的稳定。影响土坡稳定性因素有内因和外因两方面。

（1）内因

① 边坡坡角：越小越安全。

② 坡高：在其他条件相同的条件下，坡高越大越不安全。

③ 土的性质：密度和内摩擦角越大，土坡越安全。

④ 地下水渗透性：当边坡有地下水渗透时，渗透方向和滑动方向相反则安全，两者方向相同则危险。

（2）外因

① 土坡的作用力：它会使土坡的稳定性发生变化。

② 土的抗剪强度：在外界影响下，如土体中含水量或孔隙水压力的增加，都会降低土的抗剪强度，从而降低土坡的稳定性。

③ 静水压力的作用：如雨水或地面水流入土坡中的垂直裂缝，对土坡产生侧向压力，使土坡产生滑动。

8. 基岩工程地质因素

填埋场的场地一般选在风化较微弱、裂隙不发育的基岩地区，一般基岩地区可以满足填埋场稳定性的要求。基岩地区的工程地质性质主要应考虑岩石的力学强度、物理性质、变形性质以及岩石的风化程度等。

① 岩石的强度：很明显岩石强度越高其工程地质和水文地质就越好。

② 岩石的物理性质：主要考虑岩石的容重和孔隙度。一般岩石的容重越大，孔隙度越小，其工程地质性质和水文地质性质越优良。

③ 岩石的变形性质：主要考虑弹性模量和膨胀性两个指标。岩石的弹性模量越大，膨胀性越小，其工程地质性质越优良。

④ 岩石的风化程度：岩石的风化程度不仅影响岩石的强度，而且影响岩石的渗透性。岩石风化的越严重其强度越低，渗透性越大，对场地的适宜性也越差。

第四节　选址的环境学、经济学、社会和法律影响因素

一、环境学影响因素

填埋场建设的第一大宗旨就是要改善环境质量，保证人类的身体健康。所以，所选的填埋场对周围环境的影响必须作为填埋场选址的重要影响因素之一。

1. 对当地环境的影响

填埋场场地位置的选择，应在城市工农业发展规划区、风景规划区、自然保护区以外；应在供水水源保护区和供水远景规划区以外，尽量设在地下水流向的下游地区；最好位于城市夏季主导风向下风向。

填埋场在其运营期间，应尽可能减少对周围景观的破坏，并且不要对周围主要的有价值的地貌地形造成不必要的破坏。在填埋前必须制订计划，避免产生不利的景观影响，并确保在封场后尽快加以复原，可用树木、灌木或借助自然地形将填埋场与周围公众活动场所隔开，以改变视野。封场后应尽快使填埋场同周围环境融为一体。

2. 对当地居民的影响

（1）填埋场与居民区的距离　为避免卫生填埋场无控制逸出的填埋气在周围建筑物内超浓度聚集而引发爆炸，防止填埋场中垃圾滋生的蚊蝇老鼠及病原体对人民生命财产构成危害，卫生填埋场应距人畜居栖点500m以外。

（2）填埋场与居民区的位置　填埋场应远离居民区，最好位于附近居民区下风向，使之不会受到填埋场可能产生的飘尘和气味的影响，同时避免填埋场作业期间噪声对居民的干扰。在建场时应做好这方面的环境影响评价。

另外，排污口的位置应位于居民取水点的下游，防止污水处理站因事故污水排放对城市给水系统造成严重的侵扰和破坏。

二、经济学影响因素

经济原则对国外商业性填埋场影响比较突出，尤其是当经营收入少于场地造价和运输费用时，很有可能导致场地关闭。对国家投资的场地来说，城市垃圾的处置上以环境效益和社会效益为主，但经济问题也应予以考虑，场地的经济问题是一个比较复杂的问题，它与场地的规模容量征地费用、施工费用、运输费、操作费等多种因素有关。从选址的角度讲，经济学因素主要从三方面来衡量。

1. 填埋场的建设费用

包括场地地形、容量、筑路及防止环境污染对场地所做的处理等费用，是一次性的投资费用。如果选择天然环境地质条件好的场地则可节约大部分投资。若场地条件不利，这时可分两种情况：一种是可处理的，即利用现有的经济技术手段，能够做到防止污染，这种情况即使多花点钱也是可处理的，并且处理后可做到一劳永逸、不留后患；另一种情况是无法处理的，此时场地处理费用巨大，在财力上承担不起，或者在现有技术力量的条件下是无法处理的，如果是后一种情况，从经济和环境两方面考虑，都将要付出巨大的代价，经济损失严重，是不可取的。

2. 垃圾运输费用

根据有关资料表明，垃圾填埋处理费用当中60%～90%为垃圾清运费。所以尽量缩短清运距离，对降低垃圾填埋处理费的作用是明显的。但距离城市越近的填埋场对城市环境的影响越大，所以从选址的角度来看，选择适当距离的场地是既兼顾环境又经济可行的做法。

交通位置适中的场址，垃圾清运车的周转时间短，耗油量小，对城市交通压力轻，不需要建设中间垃圾压缩转运站，进场专用公路投资少。

另外，如果铁路或航行水道可以利用，即使距离较远，也可选择铁路或航道附近的场地作为填埋场，而以火车或垃圾船作为长距离运送城市垃圾的运输工具。利用铁路运输和水运不仅可以避开拥挤的交通，而且节省了大量运费。

3. 土地的征用费和土地资源化

土地的征用费用尽可能低，最好是目前利用价值较低的荒地、弃地等，使土地资源化。所造土地有较好的利用前景和垃圾填埋后可覆土造地。

三、社会和法律影响因素

1. 社会的影响

所选场地应不妨碍城市整体的经济发展规划，不妨碍城市景观等城市发展的重大规划政策。所选场地最好具有一定隐蔽性，要远离机场，以免填埋场引来的飞鸟和飞机冲撞造成事故。应位于住宅规划区、风景规划区、自然保护区之外，且应遵照有关的法律和法规的规定并与各区保持安全距离。

另外，公众对填埋场的反应也必须加以考虑。因为填埋场的建成，或多或少会对周边环境造成一定影响，如渗滤液的排出、气体的排放等，所以尽量选择人口密度小、人口分布稀疏的地区，距城市和居民点的距离要足够远，以保证居民的健康和生活环境不受侵害。与此同时，场地要尽量避开农作物区，以免通过间接的方式影响人的健康。

2. 法律法规的影响

所选的填埋场对周围环境的影响必须符合环境保护的有关法律和法规，填埋场正式使用后对周围环境可能产生的影响也必须符合有关法律和法规的规定。选址及征地的主要依据是我国的《环境保护法》、《固体废物污染环境防护法》、当地城市建设总体规划和环境卫生事业发展规划。现行国家标准《生活垃圾卫生填埋处理技术规范》（GB 50869—2013）、《生活垃圾卫生填埋处理工程项目建设标准》（建标 124—2009）、《生活垃圾填埋场污染控制标准》（GB 16889—2008）均对填埋场选址应满足的要求做了具体的规定。

所选场址应符合国家和地方政府的法律法规，如《大气污染防治法》《水资源保护法》《自然资源保护法》《水污染控制法》等，特别要参照水源或水域的保护法，不能与法律发生抵触。

填埋场的选择必须与当地的法律、法规相一致，还要符合当地的城市规划布置，在填埋场的建设与施工过程中产生的污染噪声都应在国家规定的法律法规范围之内，具体要求可参见《生活垃圾填埋场污染控制标准》（GB 16889—2008）。

第五节　场地的综合地质详细勘探技术

一、概述

当填埋场场址确定之后，要进行场地质量综合技术评价工作。场地质量综合技术评价依据要通过场地综合地质详细勘察技术工作来实现。场地基础详细勘察工作的主要目的是查清场地的综合地质条件，为填埋场的结构设计和施工设计提供详细可靠的技术数据。为此，详勘工作能达到技术先进、经济合理、确保质量的标准。为了实现这个场地综合地质勘察技术原则，就要针对填埋场的工程特点，进行场地综合地质勘察技术方法的研究，以期填埋场工程能达到安全处置废物和保护环境的目的。

1. 填埋场勘察的控制级别

对场地的地质屏障系统勘察是填埋场建设的关键环节，所以应利用先进的地质勘察技术手段对场地周围地质条件进行由区域到场地基础逐级控制，布置全面而足够密的勘探网络，提出尽可能详细的地质勘察成果，以便做出可靠的评价。填埋场勘察的总控制范围基本可分为三级，即Ⅰ级（区域）、Ⅱ级（外围）、Ⅲ级（基础）控制标准，如图 2-1 所示。

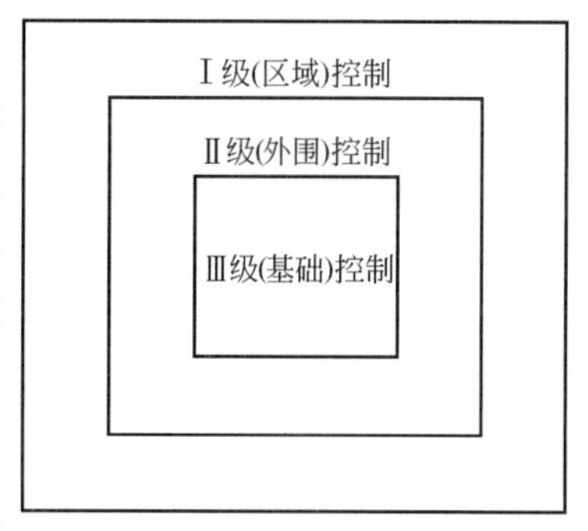

图 2-1　填埋场地勘察控制范围分级

(1) Ⅰ级（区域）控制　主要查明场地所处的自然地理条件及区域地质、水文地质和工程地质条件。控制重点是区域大型地质构造区域水文网分布特征，以及填埋场可能出现的污染对区域水体和地下水的影响范围和程度。区域控制成图比例尺为（1∶10000）～（1∶50000），控制范围为 50～100km^2 或按区域水文网循环系统范围确定。区域控制勘察以搜集资料为主，收集区域 1∶10000 或 1∶50000 的地质调查资料和图件。另外也可到国家卫星地面站搜集航空卫星相片，从航空卫星相片解释可取得大量信息资料。必要情况下可通过野外实地踏勘取得特别需要的资料。总之，区域控制基本上不必投入工程量，即可满足场地区域调查目的。

(2) Ⅱ级（外围）控制　主要查明影响填埋场工程的地质构造和不良的地质作用，场地范围内的水文地质条件和地层、岩性分布的外延情况。外围控制成图比例尺为(1∶2000)～(1∶5000)，控制范围一般为 2～5km^2，主要由场地地质条件的复杂程度来确定。外围的勘察技术方法主要使用物探手段，这样可以大大地减少勘探工程量，节省工程投资。

(3) Ⅲ级（基础）控制　应通过工程勘探详细查明场地基础的地层、岩性和构造等地质条件，含水层分布和地下水赋存特征等的水文地质条件，以及岩、土物理力学性质等的工程地质条件。基础控制的成图比例为(1∶200)～(1∶500)，要根据场地的实际面积确定，并外延一定范围。

基础控制的勘察技术方法主要应用钻探、野外和室内试验等技术手段。基础勘探应在实测的(1∶200)～(1∶500)场地地形图上布置钻探工程量、取样点和野外试验点。基础控制工程量要在场地详细勘察设计基础上，按设计要求施工，详细勘察设计应在区域控制和外围控制所得的足够资料前提下编制。

2. 填埋场详细勘探技术方法

填埋场详细勘探技术方法要根据场地详勘控制等级采用不同技术方法和精度，确定不同的勘探内容。勘探技术方法包括区域综合地质条件调查、地球物理勘探、钻探、野外试验和室内试验等，但根据场地勘察控制级别对勘察内容和使用的技术方法应有所侧重。

(1) 区域综合地质条件调查　区域综合地质条件调查工作是场地详勘阶段的先行工作，其目的是研究拟建场地的地形、地貌、地表水系、气象、植被、土壤、交通条件，区域和场区的地质、水文地质和工程地质条件，以及区域的社会、法律法规和经济状况。区域综合地质调查工作方法应以航空卫星相片解译作为主要工作手段，并搜集区域现有的综合地质调查资料，必要时再进行局部的现场踏勘、物探技术以及仪器测量工作。

(2) 综合物探技术勘察　场地详勘阶段主要应用物探技术方法查明场地外围的地质、水文地质和工程地质条件，综合物探技术方法见表 2-2。其中地质雷达和地震法配合使用，会取得精度高、准确性好的效果。

表 2-2　综合物探技术方法

方　法	调查内容	方　法	调查内容
电测探法	确定含水层厚度、埋深、查明地质构造	地震法	确定覆盖层厚度、测定潜水面等
充电法	追索地下暗河、充水裂隙、测水流速、流向	静电 α 法	划分地层、查明地质构造
电磁法	追索地下暗河、充水裂隙、测水流速、流向	电测井、放射性测井、声波测井	划分岩性剖面、地层产状、裂隙发育程度
地质雷达	测定地下水位、固定断层破碎带		

(3) 钻探技术方法　为获得精确的基础地层密实性资料，每 $1000m^2$ 内应有一组取样点，用于测定岩、土的渗透系数，这样就要求勘探线、点间距有足够密度。钻探工程量应布置在场地地貌单元边界线、地质构造线和地层分界线上。如果地质界线不明显，钻孔可按一定密度均匀布置在场内，在场地中心部位要布置 1～2 条主轴线。勘探工程量除设有勘探钻孔外，还应设有实验孔和长期观测或监察孔，并按不同结构设计场地详勘阶段勘探线、点间距，根据场地类型应按表 2-3 确定。

表 2-3　场地详勘阶段勘探线、点间距　　单位：m

场地类型	勘探线间距	勘探点间距
简单场地	70～100	70～100
中等复杂场地	50～70	50～70
复杂场地	30～50	30～50

(4) 土工试验与专门试验技术方法　在填埋场工程中，除了要求进行土的一般物理力学性质试验外，还要做足够数量的水土岩和废物的化学性质的背景化学试验。在土工试验中最重要的是渗透试验。由渗透系数值来评价土层对有害废物的防护能力。土的渗透性与土的物理性质、化学性质、水理性质和力学性质关系十分密切，因此与渗透性有关的土质试验项目都必须进行。

对填埋场工程最重要的野外专门试验是载荷试验、击实试验、抽水试验或压水试验。通过这些试验测定基础的稳定性和沉降性，以及岩土或含水层的渗透性等数据。

岩土工程试验的类型和方法，在填埋场地下水和土中气体取样和试样处理、地球物理现场勘察等可参考《土工试验方法标准》(GB/T 50123)、《土工试验规程》(SL 237) 等标准。

二、场地地质调查工作

1. 调查的目的和要求

(1) 目的　调查工作是详细勘察阶段的先行工作，其目的就是要研究拟建场地的地形、地貌、地表水系、气候、植物、土壤、交通条件，以及区域和场区的地质、水文地质、工程地质和环境地质条件。

(2) 要求

① 地质调查范围和比例尺应满足以下要求。对于场区图件，调查范围应大于场区范围，以说明场区地质、水文地质、工程地质条件为前提，比例尺应选用大比例尺，即(1∶200)～(1∶1000)。对于场区外围图件，调查范围应以说明场区外围条件为原则，一般为 2～5km^2，比例尺应选择中等比例尺，即(1∶2000)～(1∶5000)。对于区域情况调查范围为 50～150km^2 的场区，比例尺应选择小比例尺，即(1∶10000)～(1∶50000)。

② 地质调查填图时所划分的单元，最小尺寸为 2mm。对于填埋场工程有重要影响的地质单元即使小于 2mm，也应用扩大比例尺的方法标在图上，调查精度在图上的误差应小于 2mm。

③ 为了达到精度要求，在野外调查填图中，应采用比成图比例尺大一级的地形图作为填图底图。

④ 地质调查工作方法应以航空卫片解译为主要工作手段，必要时再进行现场踏勘、物探技术以及仪器测量工作。

⑤ 地质调查工作之前应进行区域地质遥感、气象、水文、植被、土壤、地震、物探和矿藏、土地利用、交通、地质、水文地质、工程地质以及环保等方面资料的搜集。

⑥ 区域综合地质图件可以搜集已有资料，不必另行调查，而场区外围综合地质图件则应用遥感资料解译编制成图，不足之处再进行现场踏勘、物探技术，以及仪器测量等，其比例尺应选用中等比例尺。

2. 地质调查内容

(1) 地形地貌的调查内容　调查地形坡度高差、地表汇水面积及分水岭位置，研究地貌的成因和形态特征，划分地貌单元，分析各地貌单元的发生、发展与相互关系，并划分各地貌单元的分界线。调查微地貌的特征及其与岩性、构造和不良地质现象的联系。

(2) 地表水系调查内容　划分主要水体类型、分布范围、流量、流速、流向、水质以及水位。搜集有关最高洪水位标高资料，标出百年一遇最高洪水位淹没线。

(3) 应搜集的气象资料　应搜集近 50 年内的历史最大降雨量、最小降雨量、最大蒸发量、最小蒸发量、风向、风速、日照以及气温。

(4) 植被调查的内容　物种、生长期、播种面积、水土流失状况、动植物生息状况。

(5) 土地利用和交通方面调查的内容　场区周围 1km 范围内土地利用状况、民房、工厂、矿山、景点等占地面积，以及场区内道路类型、宽度、高度、路面等级、主干道与场区距离、可通行车辆类型等。

（6）地层岩性的调查内容

① 沉积岩层

a. 了解岩相的变化情况、沉积环境、接触关系、观察层理类型、岩石成分、产状、岩性、结构、构造、厚度等。对斜坡地段应注意软弱夹层或遇水易软化岩石的稳定性，必要时应单独划分为一个特殊单元。

b. 对岩溶地区要了解岩溶发育规律和岩溶形态的大小、形状、位置、发育的最大深度、填充情况，以及岩溶发育与岩性、层理、构造断裂等的关系。

c. 对整个测区应绘制地层岩性剖面图，了解地层岩性的变化规律和相互关系。

② 岩浆岩区。应了解岩浆岩的类型、形成年代、产状和分布范围，并详细研究：

a. 岩石结构、构造和矿物成分，以及原生、次生构造的特点；

b. 与围岩的接触关系和围岩的蚀变情况；

c. 岩脉、岩墙等的产状、结构、碎裂程度、导水特性、厚度及其与断裂的关系，以及各侵入体之间的穿插关系。

③ 变质岩区

a. 调查变质岩的变质类型（区域变质、接触变质、动力变质、混合岩等）和变质程度，并划分变质带。

b. 确定变质岩的产状、原始成分和原有性质。

c. 了解变质岩的节理、劈理、片理、带状构造等微构造的性质。

（7）地质构造的调查内容

① 调查场区所处的大地构造单元，调查各构造形迹的分布、形态、规模和结构面的力学性质、序次、级别、组合等方式，以及所属的构造体系。

② 研究褶皱的发育情况、性质类型、两翼及核部的岩性。枢纽、轴迹、轴面的产状、两翼的产状、对称性及舒展程度，以及褶皱与地下水的关系。

③ 研究断裂构造的性质、类型、断距、走向、断层面倾角、断裂深度、两盘岩性、断裂带发育程度、影响带范围及稳覆性、断裂切割、交接及组合特征，断裂带的充填物质及胶结程度，断层的含水、隔水、导水性能。

④ 研究新构造运动的性质、强度、趋向、频率、分析升降变化规律及各地段的相对运动，特别是新构造运动与地震的关系。

⑤ 调查裂隙节理的力学性质、产状、宽度、成因、密度、分期配套及切割关系，节理的连通性、连续性和填充胶结程度及含水、导水性能。

⑥ 绘制或搜集地质图、构造纲要图、构造体系图、节理统计图（包括节理玫瑰图、节理等密图、节理极点图）、地质剖面图、地层柱状图、断层两壁投影图、构造应力网络图、构造变形网络图，以及岩石物理性质、力学性质试验成果表。

（8）第四纪地质调查内容

① 调查了解第四纪地层的岩性、分布、时代、结构、构造、矿物成分、沉积厚度、分选性、孔隙度以及化学成分，分析其成因和发展历史，对土层和砂层进行分类和命名。

② 对第四纪沉积物进行结构、基本单元划分，研究其连结物特征，以及在水平和垂直方向的变化。研究第四纪沉积物孔隙发育特性，以及地质成因与结构特征之间的联系。

③ 对于黄土分布区，调查了解黄土的成因、分布、颗粒组成、孔隙等，以及天然含水量、饱和度及液限、结构、构造，确定堆积时代，研究湿陷特性和湿陷机理，进行湿陷性判定，确定场地湿陷类型和划分地基湿陷等级。

④ 对于红黏土分布区，应调查了解不同地貌单元的红黏土和次生红黏土的分布、厚度、物质组成、土性、土体结构等特征及差异；调查了解下伏基岩的岩性、岩溶发育特征与红黏土土性、横向厚度变化的关系。查明地裂分布、发育特征及其与各自然因素的内在联系。在场地范围内划分出土体结构特征和不同的红黏土分布，调查土中裂隙的密度延伸方向、深度等发育特征及规律，分析其对人工边坡的影响。分析地表水体和地下水体的分布、动态及其对红黏土湿度状态垂向分带、土质软化的影响，对地基均匀性、稳定性进行评价。

⑤ 对于软土分布区，应了解软土的成因、成分、分布、厚度、含水量、包含物、含水层水化学特征，地下水在其中的运移规律，以及结构、构造特征。分析软土的固结历史、强度和变形特征随应力水平的变化，以及结构破坏对强度和变形的影响，判断场地的地震效应。

⑥ 对于填土分布区，应通过调查访问和搜集资料，了解地形和地物的变迁、填土的土源、堆积年限和堆积方法；查明填土的分布范围、厚度、物质成分、颗粒级配、密实性、压缩性、湿陷性、含水量及填土的均匀性等；对冲填土，尚应了解排水条件和固结程度。调查有无暗浜、暗塘、渗井、废土坑、旧基础及古墓的存在。

⑦ 对膨胀岩土分布区，应查明膨胀岩土的成因、时代、垂向与横向分布规律及岩土膨胀性、各向异性程度；查明膨胀岩节理、裂隙构造及其空间分布规律；查明测区内因岩土膨胀造成的滑坡、地裂、小沟谷分布。

⑧ 对于冻土分布区，应调查冻土的类型、总含水量、含水量的分布规律、冻土的结构特征、厚度和冻土的物理力学性质，进行融陷性分级及评价；调查地表水与地下水特征，研究多年冻土层上水、层间水、层下水的赋存形式、相互关系及对填埋场的影响。查明多年冻土上限深度的分布范围，确定多年冻土上限深度的采用数值；查明多年冻土地区各种不良地质现象，如厚层地下水、冰锥、冰穴、冻土沼泽、热融滑塌、热融湖泊、融冻泥流等的形态特征、形成条件、分布范围、发生发展规律，分析对填埋场的危害程度。

⑨ 对于盐渍岩土分布区，应查明盐渍土的分布范围、形成条件、含盐类型、含盐程度；溶蚀洞穴发育程度和空间分布状况，以及植物分布生长状况，对有膨胀性和湿陷性的盐渍岩土，尚应查明其湿陷性和膨胀性。

（9）水文地质条件的调查内容

① 了解场区附近水井和钻孔的水位、水量变化幅度及井的地层剖面，查明井和钻孔的类型、深度和结构，查明地下水的开采方式、开采量、用途和开采后出现的问题，如有条件选择有代表性的水井进行简易抽水试验。

② 查明泉的出露条件、成因类型和补给水源；测定水的流量、水质、水温、气体成分和沉淀物；了解泉的动态变化和利用情况。

③ 了解含水层与弱含水层的分布范围、时代、岩性、厚度、颗粒成分，以及渗透性，测定地下水水质、水量、水位和水温。

④ 划分地下水的埋藏类型、成因类型，以及水动力类型，分析地下水的形成条件以及补、径、排关系，了解地下水的动力特征和动态特征，进行地下水流动系统的划分。

⑤ 了解地下水的水化学成分、成因、水化学作用机理，分析水化学成分的吸附、交换、

弥散作用，以及物质在地下水中的运移规律。

⑥ 了解基岩裂隙水的渗透性（均质、非均质、各向同性、各向异性），进行渗透性张量分析和连续性分析。

⑦ 进行非饱和流分析，划分结合水和毛细水，了解水的入渗特征和流动模式。

⑧ 搜集或绘制的图件有：基岩水文地质图，第四系水文地质图，等水位线图，水化学类型图，水文地质剖面图，水位、水量、水质、水温多年或季节变化曲线图；水质分析成果表。

（10）工程地质调查内容

① 对于岩体，应了解岩体的含水量、包和含水量、容量、空隙度、水解耐久性、碳酸盐含量、膨胀性以及单轴抗压强度、抗剪强度、点荷载特征、三轴压缩特征、地震波速、动弹性模量和岩石变形特征、渗透性、软弱夹层、节理裂隙等发育情况。调查滑坡、崩塌、岩堆的形成规模、性质及发展状况等。调查岩石的风化程度、风化层厚度、风化物性质及风化作用与气候、地形、岩性和水文地质条件的关系等。

② 对于土体，应调查土的类型、密度、容量、颗粒组成与级配、矿物成分、密度；调查了解土的含水量、持水量、液限、塑限、渗透性，土中有机物含量、种类及土地 pH 值和碳酸盐含量；调查了解土地强度、变形特征及土的腐蚀性，进行黏土矿物成分分析；评价泥石流、移动沙丘等不良地质作用的形成条件、规模、性质及发展状况。

三、物探技术勘察

详细勘察期间的物探工作主要是利用物探技术方法查明场区外围地区的地质、水文地质及工程地质条件，此范围内如无特殊情况不必再另行布置钻探工作，填图比例尺为(1∶2000)～(1∶5000)。物探工作应查明第四系地层厚度及与基岩的交界面、断层、破碎带岩脉的产状和位置，查明地质剖面岩性和结构特征，查明地下水水位、流向，以及渗透性、含水层分布的厚度和宽度，查明地下隐伏岩洞、管路，以及其他人为或天然干扰物体。

详细勘察期间的物探工作应以简便易行、精度高、效率高、低耗费为原则，采用多种物探方法进行综合探测。其中最常用一类的是电法勘探，这是一种较为快速有效也较为经济的手段。电法勘探可以分别选用视电阻率（电剖面或电测深）、自然电位、激发极化、充电法、电磁法或综合采用的方法。

用电测深法可以划分近水平层位，确定含水层厚度、埋深，查明地质构造，探测基岩埋深、风化壳厚度，探测地下洞穴分布、构造破碎带及滑坡带位置。利用充电法可追索地下暗河、充水裂隙带，探测地下水的流速、流向。为提高分辨率和提高解释精度，已广泛采用电子计算机进行数字解释。电磁法用低频段测量磁场，具有较高的空间分辨率，可采用激发平面波源，磁偶极子源用以调查含水层、地下水污染、土壤盐度等。用电磁法可测定地下水位，圈定断层破碎带的范围。

其次是采用浅层地震法。由于人工震源的改进，抗噪声干扰能力增强，分辨率大为提高。目前的浅层地震仪测量数据已可自动解释，它利用弹性力学参数的差异，可以有效地解释出地层覆盖层厚度、断层破碎带、基岩深度、潜水埋深等基础地质资料。

一种较新的探测手段是地质雷达。它是利用高频电磁波脉冲在地下介质交界面上反射特征来反映地下情况的。其原理是由于不同介质地层的介电常数和导电性能的差异，雷达天线发射的电磁波的一部分能量就会被界面反射折向地表，为接收天线所吸收。而另一部分能量透过界面继续向下传播，同样在更深的交界面上被反射回地面，直到能量被完全吸收为止，这样就在某个测点上得到随时间变化的一组反射波电信号。当两个天线以固定间距同时沿测线移动时，就能得到沿某一测线上反映出地下介质分布的地质雷达图像。它可以探测覆盖土厚度，寻找潜伏断层破碎带、岩洞、裂隙、地下管道等，探测深度为5～60m。因此，利用地质雷达可划分地层界面，查明地下空洞、暗河、断层，探测地下水水位。

利用电法测井可以详细划分钻井剖面，确定渗透性地层，确定含水层的位置和厚度，确定孔隙度及其他水文地质参数。

利用放射性测井，划分岩性剖面，确定岩层的密度、孔隙度，确定含水层的位置，估计水文地质参数。

利用声波测井，划分岩性剖面，确定地层的孔隙度，确定岩层产状、裂隙发育方向，划分裂隙含水带。

静电 α 法可以用来划分地层、查明地质构造。

对于以上物探方法的使用，应根据其地质条件及技术水平和仪器设备条件选择使用，但对于同一地质问题至少应使用两种以上物探手段，以消除干扰。建议采用最先进的物探仪器和技术方法。对于物探工作的要求应参照国家地矿部（现自然资源部）《地球物理测量工作规范》和建设部《城市勘察物探规范等技术规范》执行。

四、钻探工作

钻探工作要详细了解场区基础内和周围的地质、水文地质和工程地质条件，为填埋场的结构设计、施工及运营提供可靠的技术参数，对填埋场地基础的天然密封性能做出安全评价和污染预测。场区钻探工作应在初勘地质报告和场区外围物探报告等基础上进行。钻探施工前应做好采样、室内试验和野外试验准备工作。

1. 钻探工作量的布置原则

① 钻探工作量应按场地地质条件的复杂程度，以及填埋场的形状而定，要求较均匀地分布于整个场区。应依场地初勘报告提供的资料为依据设计详细勘察钻探工程量。

② 勘探线的布置原则如下。

a. 勘探线应垂直地貌单元边界线、地质构造线以及地层界线，在中心部位布置1～2条主轴线，两侧各分布若干条辅助勘探线。

b. 一般按勘探线布置勘探点，应在每个地貌单元和地貌交接部位布置勘探点，同时应在微地貌和地层变化较大的地段予以加密。

c. 地形平坦地区，应按方格网布置勘探点。

③ 详细勘察阶段勘探、点线间距，根据场地类别可以确定，为了详细查明场地的地质匀质性和渗透性，原则上每1000m^2 应分布一个取样点。

④ 勘探孔分为一般性孔和控制孔，一般性孔孔深应达到20～50m，控制孔钻孔要达到50～100m或更深。如遇以下情况应适当增减孔深：

a. 当场地地形起伏变化大时，应根据预计的整平地面标高调整孔深；

b. 在预定深度内遇到基岩、控制性钻孔应穿过基岩风化层进入基岩新鲜层岩面1～5m，如为一般性钻孔应至少打入基岩 1m 方可终孔。

一般性孔要查明第四纪地层结构、岩性、含水层位置及地下水位并采取土样与水样。控制性孔除兼有一般性孔的作用外，还应查明基岩岩性、裂隙发育程度、风化带厚度，并采取岩样，做压水试验等。

⑤ 详细勘察阶段布置钻孔时，一般性钻孔应为总孔数的 1/3～1/2，控制孔应为总孔数的 1/3～1/2；一般性孔和控制孔原则上应均布全区，控制全区的地质情况。

2. 对钻探施工技术要求

① 钻探工作中应耐心细致，每次钻进不得超过 1m。对于黏性土、粉土应采用无冲洗液回转岩心钻进，对碎石、基岩采用冲液回转或冲击岩心钻进。

② 为确保取样的直径不小于 10cm 的要求，开孔孔径应不小于 ϕ127，如遇孔壁坍塌，应及时下入 ϕ127 套管或泥浆护壁。如遇黄土层开孔孔径应再大一级，对坚硬岩石孔径不应小于 89mm，试验孔径应按试验要求确定。

③ 孔深、地下水位测量时应使用同一标尺，读数的精度应达到厘米。终孔后要立即检查孔深，孔深误差不应大于 2%。

④ 钻孔施工要垂直，孔深误差不应大于 1%，进行测试的钻孔，应分段进行孔斜的测量。

⑤ 钻孔施工时应注意观测地下水位，测定地下水初见水位与静止水位。如遇多个含水层，每个钻孔均应测量各个含水层的水位。

⑥ 岩心钻探的岩心采取率，对于一般岩石应不低于 80%，对软质、破碎岩石应不低于 65%，对于构造破碎带及风化带应大于 30%。

⑦ 场地选择时的地质勘探钻孔要结合场地的总体规划统一考虑，勘探钻孔可安装井管，作为封场后场地的监测井。钻孔结束后，质量经验收，确定不再保留时应采取封孔措施，以免成为人工进水通道。

3. 取样工作量及样品用途

① 详细勘察阶段所有钻孔均为取样孔。

② 在控制性钻孔中取岩石试样，每孔需分别在风化带与新鲜岩层内各取两件岩样，每取样点的 2 件岩样可制备成 4 件规则试样，以用作岩石力学性质试验。

③ 在每个钻孔中均需取土样。取土样的间距应同时考虑分层和距离两个因素，即每层土应取一组样，而且每组取样间距不大于 2m，每组包括 2 件土样。对于黏性层应按黏性分层，如果自然分层厚度小于 2m，应取一组样。如果大于 2m，应取两组样，或按每 2m 取一组样，取样时要特别注意切勿丢层或漏层。

④ 取土样孔的 1/3 土样用作土的三轴剪切试验。其每组的 2 件制备成 4 件规则试样，做一组三轴试验。其余各孔各取样点所取得 2 件试样，其一用作渗透试验专用，另一件用作压缩、高压固结、天然含水量、天然密度、密度、力度分析和化学成分分析等试验。

⑤ 分别在各个孔的各个含水层各取水样一个，以作为水质全分析之用。

4. 取样技术及试样封装、保存和运输的要求

① 对于所有黏土和黏土样均取严格的不扰动样，需采用快速静力连续压入法并用敞口

式薄壁取土器取样，每次取样之前，均应严格清孔。孔底残留浮土厚度不得大于取土器上端废土段长度，下放取土器时禁止冲击孔底；如所取土样在地下水位以下，钻进宜采用泥浆护壁。如采用套管，应始终保持孔内水位等于或稍高于地下水位，且取样位置至少应低于套管底部 1m。所取土样长度与直径不应小于 200mm 与 100mm。对于黏性较强的土层，上提取土器之前可回转三圈，使土试样从底端断开。

② 对于砂土和碎石土，可取扰动样。其中砂土样量不少于 1kg，而碎石土可视粒径大小取样 3～5kg。

③ 对于基岩可按岩心采取率取样。

④ 取出的土试样应及时妥善密封，以防止湿度变化，并避免暴晒或冰冻。

⑤ 土样运输前应妥善装箱，填塞缓冲材料，运输途中避免颠簸。对于易于振动液化、水分离析的土样，就应进行试验。

⑥ 土试样采取后至试验前的存放时间不宜超过 2 周。

5. 特殊用途钻孔的留设

① 特殊用途孔是指抽水试验孔、长期观测孔和测井孔。

② 根据场地水文地质条件留设抽水试验孔进行抽水试验，应参照有关规程或规范的规定确定抽水试验孔的钻进方法、钻孔结构和抽水试验要求。

③ 为了观测地下水水位、水质的动态，定期取水样进行分析，以监测地下水水质变化和场地的安全效应，应在场地内外布置长期观测孔。每个场地应留设 3～5 个孔进行长期观测工作，原则上应在地下水上游、下游两侧均留有长观孔。

④ 根据需要选择钻孔进行测井工作，其中为了测定场地土层的纵横波速，换算出土的其他动力参数，为上部结构的抗震设计提供参数，需进行波速测试。

6. 现场描述与编录

① 钻探野外编录是最基本的勘探成果资料，应有专业技术人员承担。记录必须真实，及时按钻进回次逐次纪录，不得将若干回次合并纪录，不允许事后追记。为直观、清晰地表示钻孔成果，将野外钻孔整理绘制成野外钻孔柱状图。

② 各类岩石的野外描述内容应包括 3 个方面。

a. 黏性土、粉土：时代、名称、颜色、湿度、密度、稠度、状态、结构、含砂量。

b. 砂土：时代、名称、颜色、粒度成分、矿度成分、湿度、密度、浑圆度、分选性、胶结程度、包含物。

c. 碎石土：时代、名称、颜色、分选性、粒度、磨圆度、风化程度、节理裂隙程度及发育程度和充填程度、岩脉、包裹物。

③ 勘探野外描述以观察手触方法为主。必要时采用一些标准化、定量化的方法。

④ 对于重要的钻孔，还应保存岩心、土心样或分段拍摄彩色岩心、土心照片。

⑤ 钻孔编录应注意以下几点：

a. 钻进深度、上层界面深度及地下水位深度的测量误差不得大于±5cm；

b. 注意分别测定个含水层的初见和静止水位；

c. 依据颜色、成分与状态进行综合分层；

d. 对于各钻孔应绘制准确的钻孔结构图，并标明各部位的尺寸，取岩、土、水样的位置和数量等钻孔的基本要求；

e. 在长期观测孔的钻孔结构图上除需标出个部分的尺寸外，更重要的是应标出过滤器的位置及结构等资料，以及下套管的位置和数量等要素。

五、场地详细勘察报告书的编写

编写纲要如下。

1. 前言

说明工程的目的、任务，简述勘察场区概况，工程进度及所完成的工作量。

2. 区域自然地理概况

概述区域地形地貌条件，简述气象和水文特征，场区周围交通、植被、居民和土地利用情况，以及场区周围环境地质概况。

3. 场区及区域地质特征

概述区域地层、岩性、构造分布特征。详述场区内地层结构、岩性、地质构造、基岩裂隙发育和解裂面特征。

4. 场区及区域水文地质条件

详述区域及场区内含水层和弱含水层的空间分布规律和水文地质特征、富水性和渗透性，说明地下水类型、区域地下水的形成条件和动态变化规律，区域和场区内水文地球化学特征和地下水的特征，以及污染现状和变化规律，基岩裂隙水特征和非饱和带的水文地质特征，地表水和地下水水力联系，区域流网特征和含水系统划分，水质、水量、地下水运动及污染特征的评价。

5. 区域及场区工程地质条件

主要阐明区域和场区内岩、土体工程地质岩组的分布、岩性、厚度和物理力学性质，水体、岩性的强度及试验，土体、岩体的变形特征，岩体的风化和蚀变程度，风化带性质、结构类型和发育深度、蚀变带性质，结构类型和分布范围，自然物理地质现象、地震烈度和等级；进行场区工程地质评价，土体或岩体稳定性评价，强度和变形评价，边坡稳定性评价，土岩体的抗有害物质的腐蚀能力，冻结深度、地基承载力。

6. 结论

包括详细勘查工作质量、技术方法、试验成果的评价，对提供的各种技术数据精度的评价，对填埋场场地地质、水文和工程地质条件的综合评价和结论性建议，及对工程上部结构设计和地基处理方法的建议。

(1) 应提交的图件和表格

① 勘察工程平面布置图（1∶500）。

② 场区地形地貌图(1∶500、1∶2000)。

③ 场区和区域地质图、剖面图、柱状图(1∶2000、1∶10000)。

④ 场区和区域水文地质图、剖面图、柱状图(1∶2000、1∶10000)，包括与地下水有关的等值线图，抽水试验成果图、水化学图、水网分布图等。

⑤ 场区和区域工程地质图、剖面图、柱状图，场区工程地质立体投影图、各含水层高程的平切面图、不良地质作用分布图。

⑥ 各类钻孔结构图、柱状图。

(2) 附表　包括抽水试验成果表、压水试验成果表、水质分析成果表、水文气象资料图表、岩土试验成果表、物理力学指标统计成果表、汇总表、土化学试验成果表、工程地质特殊试验报告书等。

第六节　场地综合技术条件评价

填埋场详细勘察阶段最终提交的成果和必须要达到的目的是通过对场地进行的区域综合地质调查工作、场地外围的综合物探工作、场地基础的钻探工作、野外实验和室内试验工作，所取得的有关场地自然地理条件、地质条件、水文地质和工程地质条件，区域社会、经济条件等大量资料和数据，对场地的防护能力、安全程度、稳定性、环境影响和污染预测做出可靠评价。

一、场地防护能力评价

根据一系列的地质勘察工作得到的场地区域、外围和基础的地质结构、地层、岩性和地质构造条件，以及预填埋的废物性质，可对场地的防护能力做出定性评价，同时也可根据专门渗透试验对场地的防护能力做出定量评价。

场地防护能力的评价，实质上是对场地的三道“屏障”性质和性能的评价，尤其应加强废物屏障系统和密封屏障系统的技术或工程措施。

二、场地安全程度评价

场地安全评价包括定性评价和定量评价。定性评价依据是场地的综合地质条件，定量评价是依据场地存在的天然密封层的厚度和渗透性确定场地安全寿命。如果填埋场工程设计要求安全寿命应达到100年，但通过勘察资料计算，地质屏障系统安全寿命只能达到50年，就应对密封屏障系统采取措施再承担50年的安全寿命，才能达到填埋场设计的安全标准。场地的安全程度不仅涉及地质屏障系统和密封屏障系统，也取决于工程所使用材料的寿命。例如在排水层中排水管、排水设施，以及密封层中使用的HDPE塑料板等材料的寿命。因此，场地安全评价应全面考虑场地综合地质条件、工程技术措施、施工质量和所应用的材料、设备寿命等进行综合评价。

三、场地稳定性评价

场地稳定性评价主要是对场地天然或人工边坡和基础稳定性的评价。场地基础稳定性与区域地质构造和地震烈度有关，而基础的沉降、变形主要与岩、土体的力学性质有关。应根据岩、土体力学性质试验和实验成果正确预测基础沉降量，避免不均匀沉降的出现。根据计算的沉降量值对密封层的施工采取预处理措施。因此，场地稳定性也是保证场地安全的极重要的因素。

四、场地环境影响评价

当填埋场工程与自然保护、水源保护、经济发展规划以及景观保护等条例有冲突时，要重点做出这方面的环境影响评价。应特别注意的是，在某些局限条件制约下，填埋场工程不得不选在距居民区或零散居民点较近的位置上，从长远观点上要考虑对居民生存环境的影响，要做出公正评价，并采取必要的保护措施。

五、场地污染可能性评价

建设卫生填埋场的最重要的目的就是防止水环境受到污染。因此要对场地周围地表水系统和地下水系统进行污染预测，预测出当废物渗滤液突破三道“屏障”时是否能达到所允许的极限标准。如果可能出现不安全值，要论证它是否能污染被保护的水体。要求在区域综合地质调查中绘出地下水和地表水完整的区域循环系统，在地质环境中是否存在有阻止污染带迁移、扩散的地质体或导致污染增强的地质体。场地污染预测准确与否，取决于场地综合地质勘察技术的先进性和取得资料的准确性。

总之，场地地质综合技术条件评价是卫生填埋场详细勘察阶段应提交的结论性成果。能否达到保护环境的预期效果，首先取决于场地综合地质勘察技术原则和所运用的勘察技术方法。

第七节　填埋场选址的决策方法

用于场地的选择方法较多，例如灰色系统理论的灰色聚类法、模糊数学中的模糊综合评判法、专家系统法和地理信息系统（GIS）等。而层次分析法既能综合处理具有递阶层次结构的场地适宜性影响因素之间的复杂关系，又易于操作，得到比较量化的结果，方法比较科学而准确。

一、层次分析法

层次分析法是 20 世纪 70 年代由美国运筹学家沙坦（T. L. SATY）提出的，本身是一种有效的定量与定性相结合的多目标决策方法，也是一种优化技术，经过多年发展已成为一种较为成熟的方法，近年来在许多领域发展迅速。其基本原理是将要评判系统的有关替代方案的各种要素，如当地城市规划、交通运输条件、环境保护、环境地质等，拟定若干可选场地，再将这些场地的适应性影响因素与选择原则结合起来，构成一个层次分析图，按照上一层次为准则，对该层各元素进行逐次比较，得出每一层各因素的相对权重值，依照规定的标度量化后写成矩阵形式，即构成判断矩阵。根据两两比较算出各因素的权重，算出综合权重，按最大权重原则确定最优方案。

运用层次分析法作系统规划，大致经过 6 个步骤：明确问题；建立阶梯层次结构；构造比较判断矩阵；层次单排序；层次总排序；一致性检验。

1. 层次分析法基本原理

（1）判断矩阵的确定　设有 n 个物件 T_1，T_2，…，T_n。它们的质量分别为 W_1，W_2，…，W_n。若将其两两比较，其比值可构成 $n\times n$ 矩阵 $\boldsymbol{A}$。

$$\boldsymbol{A}=\begin{bmatrix} W_1/W_1 & W_1/W_2 & \cdots & W_1/W_n \\ W_2/W_1 & W_2/W_2 & \cdots & W_2/W_n \\ \vdots & \vdots & \vdots & \vdots \\ W_n/W_1 & W_n/W_2 & \cdots & W_n/W_n \end{bmatrix}$$

（2）标度的确定　为了使各因素之间进行两两比较，得到量化的判断矩阵，还需引入适当的标度。根据心理学家的研究，人们区分信息登记的极限能力为 7±2。例如 i 因素与 j 因素同样重要时，标度为 1，i 因素比 j 因素略微重要时，标度为 3。

（3）矩阵的建立　根据问题的具体情况，一般分为目标层 A，制约层 B，制约因子层 C 或层次更多的结构。需要考虑的具体因素包括填埋场与城市的距离、交通运输条件、环境保护条件、场地建设条件以及地质环境条件等。

2. 场地评价模型的建立

在垃圾填埋场选址中，为了更加精确地确定所选场地的适宜性，必须对选址过程的影响因素进行综合评判。先根据具体情况和条件，确定各影响因素的重要程度，最后确定场地的适宜性等级。具体思路为：先根据当地的城市规划、交通运输条件、环境保护、环境地质条件等，拟订若干可选场地或地段，再将这些地段的适宜性影响因素与上述选择原则结合起来，构造层次分析图，再把各层次的各因素进行逐一量化处理，得出每一层各因素的相对权重，直至计算出方案层各个方案的相对权重，根据这些权重进行判别。

将垃圾填埋场综合适宜性作为层次分析的目标层（A），将填埋场选址的制约因素作为层次分析的制约层（B），将制约因素的子系统作为层次分析日 6 元素层（C），建立的层次结构模型如图 2-2 所示。

3. 构造判断矩阵并求最大特征根和特征向量

由于层次结构模型确定了上下层元素间的隶属关系，这样就可以针对上一层的准则构造不同层次的两两判别矩阵。设两两判别矩阵为 a_{ij}，则有

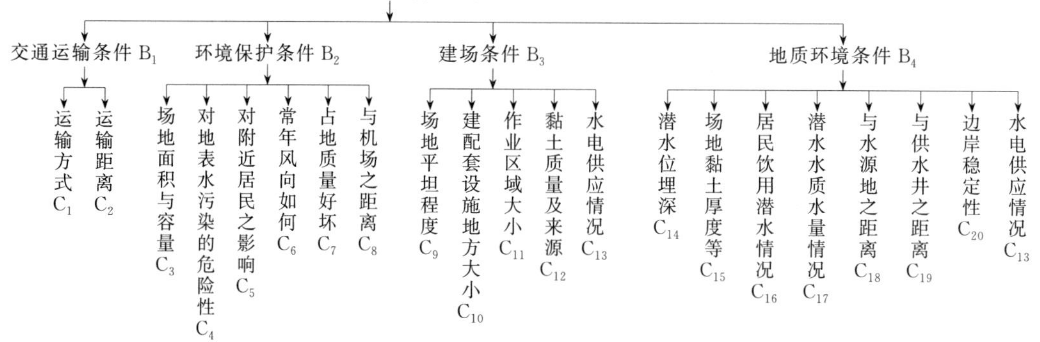

图 2-2　垃圾填埋场适宜性逐阶层次结构模型

$$a_{ij}>0$$

$$a_{ij}=1/a_{ji}\ (i、j=1,2,\cdots,n);\ a_{ij}=1\ (i=j)$$

在垃圾填埋场综合适宜性目标层（A）下，根据城市的规划与发展、交通运输条件、环境保护要求、场地建设条件和地质环境条件等在适宜性评价中所占的相对比重来确定各影响因素的重要性，构造该级别的判别矩阵（A-B）。这里可以引用 1～9 标度对重要性结果进行量化，相对重要性标度如表 2-4 所列。构造（B-C）判断矩阵也是根据各影响因素的重要性进行的。判断矩阵的最大特征值（λ_{max}）和特征向量 $\boldsymbol{w}=(W_1, W_2, \cdots, W_n)^T$ 为所求特征向量近似值及各因素权重。

4. 计算判断矩阵一致性指标并检验其一致性

为检验矩阵的一致性，定义

$$CI=(\lambda_{max}-n)/(n-1)$$

表 2-4　相对重要性标度

标　度	定　　义	标　度	定　　义
1	i 因素与 j 因素相同重要	9	i 因素与 j 因素绝对重要
3	i 因素与 j 因素略重要	2、4、6、8	为以上两判断之间的中间状态对应的标度值
5	i 因素与 j 因素较重要	倒数	若 i 因素与 j 因素比较，得到判断值为 $a_{ij}=1/a_{ji}$，$a_{ij}=1$
7	i 因素与 j 因素非常重要		

当 CI=0 时，判定为完全一致；当 CI 值越大，判断矩阵的完全一致性越差，一般只要求 CI 不大于 0.1，即可认为判断矩阵的一致性可以接受，否则必须重新进行两两比较判别。对 1～9 阶矩阵，平均随机一致性指标 RI 见表 2-5。

表 2-5　RI 与维数的关系表

阶数	1	2	3	4	5	6	7	8	9
RI	0	0	0.58	0.90	1.12	1.24	1.32	1.41	1.45

5. 填埋场场址适宜性评判标准

适宜性评判标准分两类：一类是等级标准；另一类是各因素对场地适宜性影响的具体标准。适宜性评价等级标准见表 2-6。

表 2-6 适宜性评价等级标准

等级	最佳场地	适宜场地	较适宜场地	勉强适宜场地	不适宜场地	极不适宜场地
分值	90～100	80～90	70～80	60～70	50～60	小于 50

适宜性评价的具体标准包括与城市距离的评价、交通运输条件、环境评价条件、场地建设条件、环境地质条件等。

6. 建立数学模型，给出目标函数

对于垃圾堆放场适宜性评价系统，用多目标决策的线性加权方法来描述，建立一个广义的目标函数

$$Z=\sum_{i=1}^{n} Z_i$$

式中，Z 为某堆放场适宜性总分；i 为第一层制约因素第 i 项影响因素；n 为某填埋场第一层制约因素个数；Z_i 为第一层制约因素第 i 项影响因素之总分。

$$Z_i=\sum_{L=1}^{K_1} K_{i00} K_{ij0} K_{ijL} K_{ijLS}$$

式中，Z_i 为第一层制约因素第 i 项影响因素之总分；i 为第一层制约因素个数；j 为第一层制约因素第 i 项影响因素的第二层子因素 j 子因素，$j=0$，1，2；L 为第二层制约因素第 j 项影响因素第三层子因素的第 L 子因素，$L=0$，1，2，…，n；K_1 为第一层制约因素 i 项影响因素之个数，$K_1=1$，2，…，n；K_{i00} 为第一层制约因素第 i 子因素权重；K_{ij0} 为第二层制约因素第 j 因素权重；K_{ijL} 为第三层制约因素第 L 因素权重；K_{ijLS} 为第三层制约因素第 L 因素实际贡献权重。

按照百分制，层次分析综合评价模型为

$$Z=\sum_{i=1}^{n} Z_i=100\sum_{i=1}^{n}\sum_{L=1}^{K_1} K_{i00} K_{ij0} K_{ijL} K_{ijLS}$$

利用层次分析法求得各因素权重和总权重，即可对堆放场适宜性进行综合评价。

7. 应用举例

（1）密云区垃圾填埋场地的选择

① 研究区概况：密云区位于北京市东北部，总面积为 2223.5km^2，是北京市重要水源地——密云水库位于该县中部，其流域内以潮白河水系为主。

据调查，密云区的生活垃圾处理主要采用填埋法。环卫部门通过垃圾回收车将居民区和街道生活垃圾集中运往填埋场进行处理。该县在填埋垃圾前，没有集中的回收和分类操作。目前密云区正在使用的一个填埋场，称其为填埋场 1。由于该场使用期限即将结束，密云区拟申报在潮河边上修建一个新填埋场，称之为填埋场 2。为了使整个生活垃圾规划达到最好效果，笔者在距离市区 3km 处拟选一处场地，即填埋场 3。

其中填埋场 2 与潮河相距不到 50m，且紧邻填埋场 1。该场地的地表为沙质土壤，为了最大限度地消除其对潮河水系以及地下水的污染，场地修建时拟采用日本先进的防渗技术；填埋场 3 选在县城东北角 3km 处。该场地远离潮河和白河，不会对地表水造成较大污染，

并且该地段地质环境良好，岩层结构为火成岩，土壤结构也优于潮河边上的沙地。该地段四周为山地，所以土地价格也较填埋场 2 便宜，但是其场地施工、水电供应均不如填埋场 2 方便。

② 填埋场地的选择：由于填埋场 1 即将停用，所以在此需对填埋场 2 和填埋场 3 进行场地适宜性评价。

根据密云区发展规划以及当地的实际调查情况，选择了相应需要考虑的制约因子，包括地质条件、与市区的距离、环境保护、建场条件和交通运输。这些制约因子在该研究中称为制约因子 B。填埋场对环境的潜在危害就是对地下水的影响。为了避免密云水库被污染，这些影响因子中的地质条件就成为最关键的影响因子。由于垃圾填埋场可能会对周边环境，如空气、地表水和居住区等造成较大影响，所以与市区的距离也是一个很重要的影响因子。在综合考虑这两个因素的基础上，填埋场本身的环境保护因子就成为待解决的问题。建场条件是影响填埋场建设投入的一个主要因子。在密云区，交通运输流量较小，道路也比较宽敞。建场条件与前述条件相较而言，其重要性较小。因此，这些影响因子的重要性依次为地质条件＞市区距离＞环境保护＞建场条件＞交通运输。每一个制约因子 B 又可以细分为制约因子 C。例如，地质条件需要考虑的子制约因子按照重要性排序为岩层结构＞黏土层厚度＞边岸稳定性，详见图 2-3。

③ 填埋场地 2 的适宜性评价

a. 构造判断矩阵。根据前面对制约因子 B 的排序，构造了下列目标层与制约因子 B 之间的 G-B 判断矩阵。

$$
\boldsymbol{G}=\begin{array}{c} \\ B_1 \\ B_2 \\ B_3 \\ B_4 \\ B_5 \end{array}\begin{array}{c} \begin{array}{ccccc} B_1 & B_2 & B_3 & B_4 & B_5 \end{array} \\ \begin{bmatrix} 1 & 3 & 5 & 7 & 9 \\ 1/3 & 1 & 3 & 5 & 7 \\ 1/5 & 1/3 & 1 & 3 & 5 \\ 1/7 & 1/5 & 1/3 & 1 & 3 \\ 1/9 & 1/7 & 1/5 & 1/3 & 1 \end{bmatrix} \end{array}
$$

b. 理论权重计算。根据理论权重的计算方法有

$$\boldsymbol{W}=(W_1,W_2,W_3,W_4,W_5)^{\mathrm{T}}=(3.9363,2.0362,1.000,0.4911,0.2540)$$

归一化处理后，求得 B 相对 G 层的权重

$$\overline{\boldsymbol{W}}_i=[0.5100,0.2638,0.1296,0.0636,0.0329]^{\mathrm{T}}$$

权重计算结果表明，在该场地适宜性评价中，地质条件、与市区的距离、环境保护条件、建场条件和交通运输条件所占的权重依次为：0.5100，0.2638，0.1296，0.0636，0.0329。

c. 场地实际权重的确定及最终评定。根据专家对各影响因素的评分规则，填埋场 2 各影响因素实际权重及评分结果见表 2-7。表中，K_{ijL} 为第 i 层制约因子第 j 项因素的第 L 项子因素的权重：Z_i 为第 i 层制约因子的综合评价得分。由此得到填埋场 2 的评分为 67.88 分。查标准表可知，该场地为勉强适宜场地。

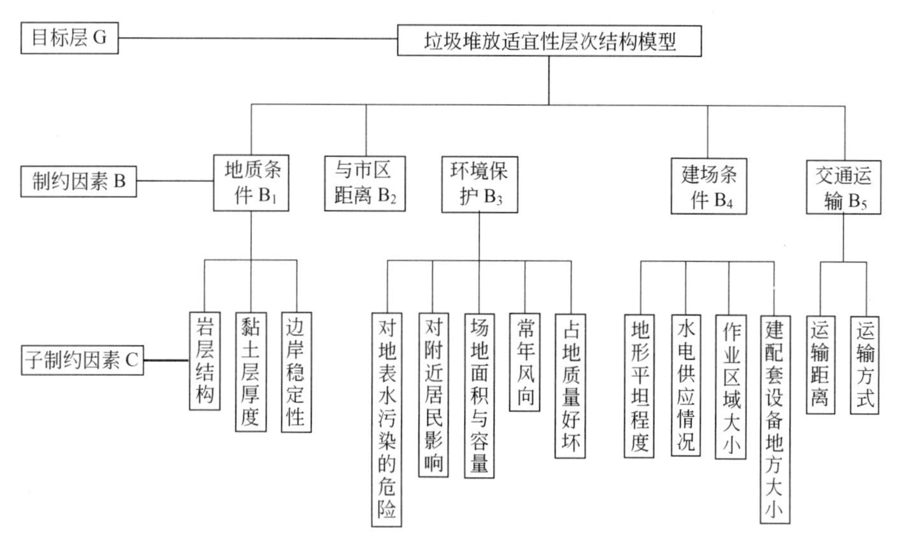

图 2-3　垃圾填埋场适宜性评价的递阶层次结构

表 2-7　填埋场 2 各因素实际权重及评分结果

制约因素 B_i	子制约因素 C	K_{ijL}	实际权重 K_{ijLS}	评分 Z_i
地质条件	岩层结构	K_{110}	1.00	$Z_1=39.50$
	黏土层厚度	K_{120}	0.33	
	边岸稳定性	K_{130}	0.50	
与市区距离	$L=2.0$km	K_{200}	0.50	$Z_2=13.19$
环境保护	对地表水污染的危险	K_{310}	0.17	$Z_3=2.62$
	对附近居民影响	K_{320}	0.40	
	场地面积与容量	K_{330}	0.50	
	常年风向	K_{340}	0.0	
	占地质量好坏	K_{350}	0.2	
建场条件	地形平坦程度	K_{410}	1.0	$Z_4=5.17$
	水电供应情况	K_{420}	0.5	
	作业区域大小	K_{430}	1.0	
	建配套设备地方大小	K_{440}	0.0	
交通运输	运输距离	K_{510}	1.0	$Z_5=7.40$
	运输方式	K_{520}	0.6	
				$\sum_{i=1}^{5} Z_i=67.88$

④ 填埋场 3 的适宜性评价：采用与填埋场 2 适宜性评价完全相同的计算过程和分析原理，得到填埋场 3 的总评分为 82.39。依据适宜性等级标列出的标准，判断填埋场 3 是一个适宜场地。

⑤ 场地的选择：根据计算结果可知，场地 3 的地质条件明显优于场地 2。且前者距水源地的距离也大于后者，由此可以认为场地 3 的修建对地下水和地表水的污染程度小于场地 2。根据最后总评分得知，场地 2 只能达到勉强适宜的程度，因此就必须采用较先进建造技术手段来减轻污染，这样势必造成经济投资的增加。场地 3 的适宜性评价总分表明它是一个适宜场地。因此应选择场地 3 作为垃圾填埋场场址。但还应选择合适的设计

容量，以使其能满足垃圾增长的趋势，这样不仅可节约建设资金，也可减少填埋场对周围环境的污染。

（2）永州市垃圾填埋场选址的确定

① 研究区的概况：永州市目前垃圾填埋场的选址非常迫切，根据市建委、环卫处、国土局初步踏勘选定8处可考虑作为填埋场，经过多方面比较分析，最终确定4处作为垃圾填埋场的候选场址，分别为坦塘村场址、长塘角场址、桃李坪场址、东安珠塘口场址。应用层次分析法确定候选场址的综合适宜性，计算及判别过程如下。

② 构造适宜性评价的层次分析模型图：根据永州市城市规划和垃圾填埋场选址的制约因素，构造如图2-3所示的适宜性递阶层次结构模型。

③ 坦塘村场地的适宜性评价

a. 构造判断矩阵及理论权重计算。根据永州市城市的规划与发展、经济条件和地理位置、交通运输条件、场地的环境地质条件、建场前后的环境条件、场地建设条件等在场地适宜性评价中所占的相对比重，对各影响因素进行排序为：环境地质条件＞环境保护条件＞场地建设条件＞交通运输条件。由于计算过于复杂，这里只选择坦塘村场址进行计算。

根据这种排序，构造了目标层A与制约因素层B之间的判断矩阵：解矩阵$|\lambda E-P|$，得到最大特征根$\lambda_{max}=4.046$，相应的特征向量$\boldsymbol{W}=(0.16\quad 0.275\quad 0.105\ 0.46)$(经过归一化处理)，其中4个分量为准则层B中4个元素B_1、B_2、B_3、B_4的权值。根据检验判断矩阵的一致性公式：$CI=(\lambda_{max}-n)/(n-1)=(4.046-4)/(4-1)=0.015$；RI查表为0.09；得$CR=CI/RI=0.017$在0.10左右，可以近似认为该判断矩阵具有较好的一致性。权重计算结果表明，在该场地适宜性评价中，交通运输条件、环境保护条件、场地建设条件、地质环境条件所占的权重依次为：0.16、0.275、0.105、0.46，即$K_{100}=0.16$、$K_{200}=0.275$、$K_{300}=0.105$、$K_{400}=0.46$。

同理可计算得第二层子制约因素对第一层制约因素之间的相对权重。交通运输条件的子制约因素C_1、C_2分别对其相对权重为$K_{110}=0.36$、$K_{120}=0.64$。环境条件的子制约因素C_3、C_4、C_5、C_6、C_7、C_8分别对其相对权重为$K_{210}=0.245$、$K_{220}=0.146$、$K_{230}=0.170$、$K_{240}=0.234$、$K_{250}=0.163$、$K_{260}=0.042$。建场条件的子制约因素C_9、C_{10}、C_{11}、C_{12}、C_{13}分别对其相对权重为$K_{310}=0.101$、$K_{320}=0.144$、$K_{330}=0.246$、$K_{340}=0.437$、$K_{350}=0.072$。地质环境条件的子制约因素C_{14}、C_{15}、C_{16}、C_{17}、C_{18}、C_{19}、C_{20}、C_{21}分别对其相对权重为$K_{410}=0.093$、$K_{420}=0.10$、$K_{430}=0.101$、$K_{440}=0.110$、$K_{450}=0.165$、$K_{460}=0.171$、$K_{470}=0.184$、$K_{480}=0.074$。

b. 场地实际权重的确定及最终评定。根据专家对各影响因素的评分规则，坦塘村场地各影响因素实际权重及评分见表2-8。表中，K_{ijL}为第i层制约因子第j项因素的第L项子因素的权重，Z_i为第i层制约因子的综合评价得分。由此得到坦塘村场地的评分为78.79分。查标准表可知，该场地为较适宜场地。

表2-8　坦塘村场地各因素贡献权重及评分结果

因素B_i	子制约因素C	K_{ijL}	实际权重K_{ijLS}	评分Z_i
交通运输	运输方式	K_{110}	0.7	$Z_1=5.06$
	运输距离	K_{120}	1.0	

续表

因素 B_i	子制约因素 C	K_{ijL}	实际权重 K_{ijLS}	评分 Z_i
环境保护	场地面积与容量	K_{210}	1.0	$Z_3=23.88$
	对地表水污染的危险	K_{220}	1.0	
	对附近居民影响	K_{230}	1.0	
	常年风向	K_{240}	0.5	
	占地质量好坏	K_{250}	1.0	
	与机场距离	K_{260}	0.7	
建场条件	地形平坦程度	K_{310}	1.0	$Z_4=8.17$
	建配套设备地方大小	K_{320}	1.0	
	作业区域大小	K_{330}	1.0	
	黏土材料的丰富与否	K_{3400}	0.5	
	水电供应情况	K_{350}	1.0	
地质环境条件	潜水埋深 6m	K_{410}	1.0	$Z_5=41.68$
	当地居民不饮用潜水	K_{420}	1.0	
	潜水水质	K_{430}	1.0	
	离水源地距离	K_{440}	1.0	
	离供水井	K_{450}	1.0	
	边岸的稳定性	K_{460}	1.0	
	场地黏土层厚度	K_{410}	0.2	
				$\sum_{i=1}^{5} Z_i = 78.79$

④ 其他填埋场地的评价。按照上述计算方法，同理可得长塘角场址、桃李坪场址、东安珠塘口场址的计算结果分别为：$Z_{长}=77.52$、$Z_{桃}=75.35$、$Z_{东}=68.65$。根据总评分数值，选择坦塘村场地作为填埋场址。

层次分析法以定量计算和定性分析相结合，特别是将决策者的经验判断给予量化，在目标（或因素）结构复杂且又缺乏必要数据的情况下尤为适用。

二、 GIS 系统在选择场址方面的应用

地理信息系统（Geographical Information System，GIS），是在当代计算机科学和空间技术高速发展的基础上应运而生的一门新兴边缘学科。它能将大量空间数据转化为人们在地球资源调查、土地利用管理、城市规划及环境保护等实践中需要的各种有效信息，为各种专门化分析和决策提供科学依据。运用 GIS 技术，可提高固体废物安全填埋场选址的效率与精度，并将 GIS 与场址选择的综合评判系统并联起来，可形成专门为选址使用的地理信息综合评判系统。

1. GIS 系统的基本组成与主要功能

GIS 一般由五大子系统组成（图 2-4），即：数据输入与转换、图形处理、地理信息数据库管理、空间查询与空间分析以及数据输出与表达。其中数据库管理子系统、图形处理和空间分析子系统是 GIS 的核心。GIS 的基本功能可归纳为五项。

（1）空间数据的采集、编辑与处理功能　GIS 不但具备一般数据库系统的数据采集与编辑能力，而且在计算机其他软、硬件支持下，可以存入各种已经完成的专题图件；为了清除

采集到的实体图形数据和描述它的属性数据中的各种错误，GIS 可对图形及文本数据进行编辑和修改。GIS 还具有处理航空、航天技术所获取的大量空间数据的能力，从而使用户能充分、有效地利用遥感资料这一重要信息源。

（2）空间数据的管理功能　地理信息数据库是 GIS 的核心，它能够对庞大的地理图形和文本数据进行管理，并能与其他数据库管理系统相互转换，不但可以实现数据库资源的共享，而且也同时提供了新的数据资源。

（3）空间查询与空间分析功能　GIS 具有综合、分解、计算等各种空间分析的能力，能够围绕总体目标从实体图形数据和属性数据的空间关系中获取派生的信息和新的知识，用以回答用户有关空间关系的查询和进行空间分析。一个功能强大的 GIS 软件，其空间查询和空间分析的内容是相当广泛的。

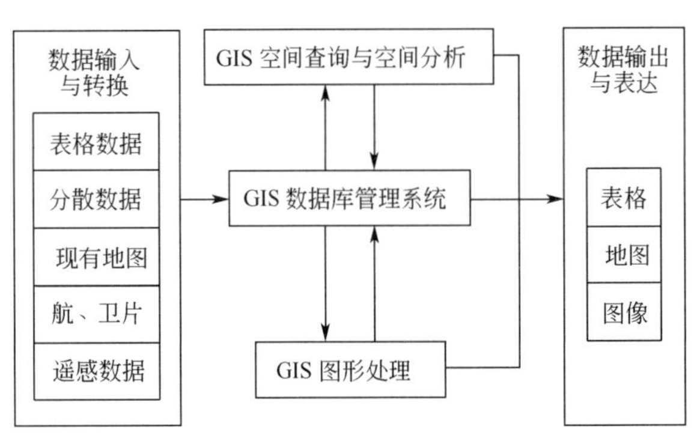

图 2-4　GIS 的基本构成与流程

（4）图形处理和制图功能　GIS 具有多种图形处理及制图功能，可以完成图形的修改、整饰，并可按照不同用户的需要绘制全要素地图和分层绘制各种专题地图。由于它具有较强的多层次空间叠置分析功能，因而还可以通过空间分析得到一些特殊的地学分析用图。

（5）分析结果的各种输出与转化功能　为便于用户随时进行结果的分析、修正和评价，GIS 可将空间查询和空间分析结果以数学表格或转化图形（二维、三维）等多种形式输出，输出范围也相当广泛。

2. GIS 在固体废物卫生填埋场选址中的应用途径

（1）场址环境背景资料的收集与管理　固体废物卫生填埋场的选址技术涉及自然地理、地质、水文地质与工程地质、社会经济和法律等方面的诸多因素，它们构成了填埋场选址的环境背景条件。如何快速、准确地获得和评价这些大量的具有空间数据特征的环境背景资料，是提高填埋场选址效率和精度的关键。

GIS 所具有的基本功能，决定了它能充分利用遥感资料这一重要的信息源，为填埋场选址提供大量及时、准确、综合和大范围的各种环境信息，包括地形坡度、河网分布、分水岭位置、土地利用状况、土壤类型、植被覆盖率、地层岩性及地质构造等大量自然地理和地质的环境背景资料。而利用不同时相的遥感资料则能实现对场址环境背景的动态跟踪，获取动态的空间参数序列，这对水质动态变化、水质污染监测及工程环境勘察等极为实用。总之，利用 GIS 这一工具可以使选址工作者充分利用遥感资料提高对场址环境系统进行动态分析、监测及预报的能力。

利用 GIS 可以将填埋场选址所需要的各种基础性图件（如地形地貌图、岩性土壤分区图、地质图、构造地质图、水文地质图、工程地质分区图等）及专门性图件（如场地等水位线图、水化学参数图、工程地质参数图及物探、钻探成果图等）存入 GIS 数据库系统，并可随时调用进行分析计算，使选址工作能够在综合利用各种前期成果图件的基础上更加深入地进行。

此外，GIS数据库可与固体废物卫生填埋场数据库管理系统相连并互相转换，实现数据库资源的共享和提供新的数据资源。

（2）场址基本条件的量化分析与空间分析　固体废物卫生填埋场场址的基本条件是由多种因素决定的，充分利用GIS丰富的数据资源和各种表格计算能力，可以对表征场址自然地理、地质、水文地质及工程地质基本条件的某些参数设定变量，相互之间进行各种函数的统计分析，确定关联方式和相关系数。其表格计算和分析过程可直接与GIS数据库管理系统相连，成果可以表格形式输出或进一步参与图件的分析及分类。

GIS的图件分析和计算功能为填埋场场址的条件分析提供了高效、灵活、直观的工具。不同图件之间的运算可使选址人员从不同角度对场址条件进行多层次、多因素的综合评判。在填埋场选址工作中，野外调查、勘探和各种试验所获取的第一手资料，其参数往往呈点状或线状分布，而场址条件分析常常需要空间分布的参数。GIS的功能决定了其特别适宜于空间目标的分析，利用GIS的各种空间插值方法便可快速、高效地获取空间参数，形成空间参数图。利用各种自然地理、地质、水文地质与工程地质参数的空间分布图，选址人员可以对各种参数进行不同方向的变异性分析，从量化角度对场址条件进行空间分析。

为了综合表征由GIS所获取的各种选址参数在空间不同方向上的变异特点，构造了一个无量纲的指标 C_d 来反映这种方向变异性。

$$C_d = B_r(\alpha)/A_r(\alpha)$$

式中，$B_r(\alpha)$、$A_r(\alpha)$ 分别代表 α 方向各参数变量的相对变化幅度和相对变化速度，可由GIS所形成的空间参数图经下列计算求得，即

$$B_r(\alpha) = B_\alpha / B_{max}$$

$$A_r(\alpha) = A_\alpha / A_{max}$$

式中，B_α 和 A_α 分别为变量沿 α 方向的变化幅度和变化速度；B_{max} 和 A_{max} 分别为所有计算方向中变量的最大变化幅度和最大变化速度。

上述4个参数可由空间变异分析理论中的实验变异函数计算结果经理论拟合求出。其中实验变异函数的计算公式为

$$\gamma^*(h,\alpha) = \frac{1}{2N(h)}\sum_{i=1}^{N(h)}[Z(x_i) - Z(x_i + h)]^2$$

$$\gamma(h,\alpha) = \begin{cases} 0 & h=0 \\ c_0 + c\left(\frac{3}{2}\times\frac{h}{a} - \frac{1}{2}\times\frac{h^3}{a^3}\right) & 0<h\leqslant a \\ c_0 + c & h>a \end{cases}$$

式中，$\gamma^*(h,\alpha)$ 和 $\gamma(h,\alpha)$ 分别为 α 方向实验变异函数及理论拟合模型；$Z(x)$ 为空间变异性分析的表征变量；h 和 $N(x)$ 分别为空间步长及相对于空间步长 $Z(x)$ 变异的统计点数；c_0、c 和 a 分别为表示变量空间变异特征的3个参数，其中 c_0+c 用来刻画变量的空间变化幅度 B_α 值，a 值则用来刻画变化速度 A_α 值。

变异函数及其理论拟合模型的功能在于：它既能描述由GIS所给出的空间分布参数在不同方位上的结构性变化，又能描述其随机性变化。因此，在填埋场场址条件的空间分析中，可以将变异函数视为空间变量的结构函数，该结构函数实际上就是刻画场址条件表征变量空间变异规律的数学模型。

（3）填埋场选址的地理信息综合评判系统　地理信息综合评判系统是专门为固体废物卫

生填埋场选址而设计的。该系统通过 GIS 获取各种来源的空间数据，并通过系统运行向选址人员输出各种待选场址的综合评判结果。由于固体废物卫生填埋场选址是一个涉及多因素、多层次的复杂系统，因此，在该系统的设计中，力图体现以下设计思想：复杂系统简单化；定性因素与定量因素相结合；确定性与不确定性相结合；围绕系统目标多层次、多变量相协同进行综合评判；将专家知识与决策者决策风格相结合。此外，通过常规 GIS 实现对选址因素的时间、空间监测与分析，从而体现时、空分析相结合的思想。具体实施步骤与方法如下。

① 选择评价目标，建立系统的层次结构模型：从系统的观点出发对填埋场选址进行多因素、多层次的分析，从而建立评价系统的层次结构模型（图 2-5）。其中最上层是目标层（A），表示研究问题的目的，即选择条件最优的填埋场场址。第二层是准则层（B），表示实现目标所涉及的中间环节。就填埋场选址而言，必须考虑到各场址的自然地理因素（B_1）、地质因素（B_2）、水文地质因素（B_3）、工程地质因素（B_4）及社会经济和法律因素（B_5）等对场地评价的影响，因此，将它们作为准则层。第三层称为指标层（C），表示对目标层（A）有影响的、与准则层（B）某个或几个因素有联系的具体指标。根据填埋场选址的特点，选择了 28 个因素构成填埋场选址的指标层，其中各指标与准则层各因素之间的关系见图 2-5。当然，指标的个数以及与其他因素之间的联系，可根据选址实践随时进行调整。最下面一层为方案层（S），表示待对比的场址预选方案、待评价的场地级别等。

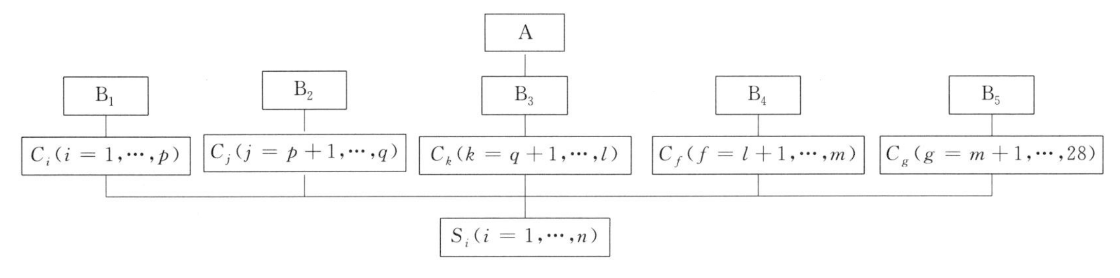

图 2-5　各指标与准则层各因素之间的关系

② 建立评价因子数据库：地理信息综合评判系统的数据库包括全部评价因子的空间数据库和一般属性数据库。前者用于存储、管理具有空间分布属性的评价因子数据，它们通过 GIS 所持有的图形存储、处理功能和空间查询分析功能自动派生，后者则用于储存选址的一般属性数据。

③ 定量和定性指标权重的确定：地理信息综合评判系统针对填埋场选址的特点，采取了一套特有的权重确定方法，包括判断矩阵的构造、层次单排序、层次总排序和一致性检验、满意度向量的形成以及建立在灰色统计基础上的协调权重的最终确定。

④ 场地评价因子分级值的确定与场地质量模糊多层次综合评判：由 GIS 和野外调查、勘探及试验所形成的全部场地评价因子组成了一个场地评价的属性集合。根据不同因素对场地质量的影响特征，对每一个评价因子按照从“优”到“劣”的排序进行五级划分，并给出相应的隶属函数表达式。据此进行场地质量的多因素多层次模糊综合评判，最终得到填埋场场地质量级别的综合评价结果，为选址方案的决策提供依据。根据评判出的场址等级类型来确定该场地可容纳废物的种类、废物的预处理措施、填埋场的密封措施和上部结构的其他技术措施。

利用GIS进行固体废物卫生填埋场的选址，不仅可将与选址有关的场地空间数据与场地属性数据进行综合，而且可灵活、迅速、直观地对这些数据进行分析、处理，从而明显提高填埋场选址的效率和精度。

固体废物卫生填埋场选址是一个涉及多因素、多层次的复杂系统，对此而设计的地理信息综合评判系统，一方面能充分利用GIS的独特功能进行场地表征变量的空间变异性分析，另一方面可以对填埋场场地质量进行多因素多层次的模糊综合评判，给出不同级别场地划分的定量指标（场地质量数），同时给出不同场址预选方案的综合排序。

当然，利用GIS系统进行固体有害废物安全填埋场的选址，不可忽视对各种基础条件的深入研究，尤其要尽可能恰当地选择评价因素及确定其分级指标和权重。

第八节　填埋场的改造和不良选址的补救措施

由于固体废物具有产生量大、不易移动和特性复杂的特点，因此长期以来全国范围内生活垃圾的处理方式以填埋为主，即便是欧洲、美国和日本等发达国家和地区对没有利用价值且不宜焚烧处置的固体废物也首选填埋处置，全世界至少有数万座填埋场仍在服役中。但我国所谓的填埋处置场，除了近几年在经济发达地区新建的填埋场算得上是卫生填埋场外，绝大多数填埋场实际上是随意倾倒的堆置场；同时还存在一些由于当时技术条件所限或者欠考虑而选址不当，极易对周围环境造成污染的填埋场，这样的堆置场或者填埋场为数众多，遍布于多种地理与地质环境中，其对地质环境、土壤及当地地下水造成长期的、隐蔽的和难以恢复的危害，应该尽早进行改造，采取补救措施减少并控制污染，减轻对人类的危害。

一、需要进行改造的填埋场类型

从理论上说，所有不符合国家《生活垃圾填埋场污染控制标准》的填埋场均应按现行标准进行改造，但从目前实际情况出发应将有限的财力放在最值得改造和最迫切需要改造的填埋场所上。最值得改造的是那些虽未进行专门设计、建设和管理，但有可作为隔水层利用的下伏地层，并且有剩余空间可供继续使用的填埋场，而最迫切需要改造的填埋场目前可考虑从以下几方面进行筛选。

① 危害已显现的，主要表现是以填埋场所在地为补给区的地下水水质恶化，但此时即使将填埋物完全清除也难以消除污染，浸出液中的污染物还可在地质环境中存在数十年之久。

② 危害虽未显现，但填埋物浸出毒性较大或成分复杂。

③ 建设在高危场址，所谓高危场址是指在填埋场选址时应刻意避开的地区，一般是水文地质条件和工程地质条件不利的地区，如自然保护区、水源保护区、区域性地下水补给区、汇水区、地下水埋藏较浅的区域、基底岩土渗透系数较大的地区、洪泛区、岩溶区、地壳断裂带、滑坡高发区等区域，建设在上述场址的填埋场所中的有害物质会在地质环境中迅速扩散或迁移，不良的工程地质条件还会危及填埋场本身的稳定性。

④ 场址虽基本符合要求，但未经专门设计和管理，且计划继续使用的，在继续使用前

必须对原有填埋物进行妥善处理，计划继续使用的区域应采取适当的工程措施以避免渗漏。

⑤ 遭所在地公众投诉的，此类填埋场或周边地区一般已显现出明显的危害。

⑥ 列入政府环保行政主管部门改造计划的，环保部门会根据不同时期的工作重点和实际中反映出的突出问题，统一部署改造计划，列入计划的同一类型填埋场将全部成为改造对象。

二、改造的前期工作

在选定了改造对象之后，需进行详细和慎重的前期工作，包括经济和技术两方面，技术方面主要包括以下几项。

1. 填埋场址的现状调查

现状调查要弄清填埋场的建设年代、建设时所采取的工程措施、运行管理现状、填埋物的数量和性质、所在地水文地质和工程地质背景等，为后续工作提供基础。

2. 改造目标的确定

对填埋场的改造有三种期望：一是经过改造能继续使用，可称为“积极改造”；二是对现有填埋物进行妥善封闭，以避免有害物质进一步漏出，可称为“保守改造”；三是若调查发现该填埋场具有不可克服的危害隐患，如填埋场系建设在高危场址之上，或在现有技术手段下不可避免危害的发生或继续填埋使用下去，这种危害环境将不能承受时，应考虑将已有填埋物从填埋场取出另行处理。改造需根据现状调查结果及时调整。

3. 改造方法的选择

在现状调查的基础上依据改造目标确定。目前没有系统的和专门的有关改造方法的著作和文献，因此需要设计人员具有丰富的填埋设计经验，采取多种工程措施，以下介绍两个模型，仅供参考。

三、改造方法示例

在探讨改造方法时，首先需进行填埋场的水文地质条件和工程地质条件详勘，只有具有适宜条件的场址才具有改造的可能性。

1. 积极改造——渗滤液底层收集系统

如果需改造的填埋场还有相当大的面积未被使用，那么可考虑进行积极改造以充分利用土地资源。在填埋场的未利用区域可建设一个正规底层渗滤液收集系统，同时构筑一个隔水层，覆盖原有的填埋物并作为最终覆盖层。若需为防渗垫层提供可靠的支撑，可在填埋物之上铺设一层厚60～90cm的密实沙层（如图2-6所示）。如有必要，还可在砂层下铺设一层30cm的密实沙砾层以提供额外的强度。这种改造的前提条件是填埋场址季节性最高地下水位低于填埋场新建部分的基底。

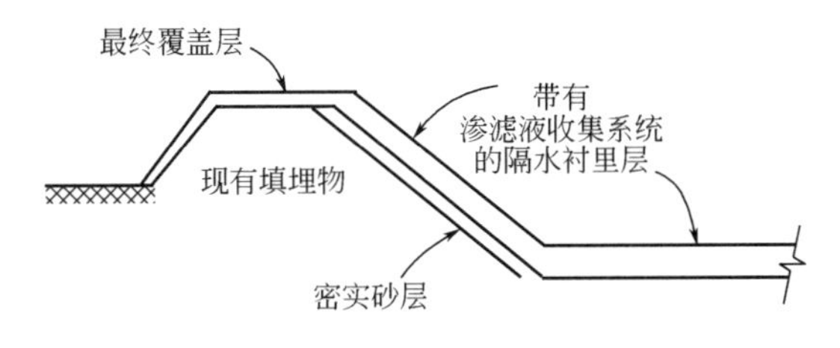

图 2-6 积极改造——渗滤液底层收集系统

2. 保守改造——渗滤液周边收集系统

如果整个填埋场已被填满，则可参考国家《生活垃圾填埋场污染控制标准》中相关的封场要求，在填埋物上构筑最终覆盖层，对填埋物坡脚进行修整和加固，设置地表排水系统；若有一层合适的低渗透层存在于现有场址以下且深度合理，那么可考虑修筑地下周边收集系统，收集此后填埋场持续产生的渗滤液，如图 2-7 所示。这个系统包括一道贯入低渗透层至少 90cm、类似于地下连续墙的截断墙，以及在截断墙之内设置的周边渗滤液收集管线，渗滤液需用潜水泵打出，在地形允许时也可通过铺设地下管道以无动力的方式将其引到附近的低处。这种方法可有效减低渗滤液向地下水的渗漏，对渗滤液的收集可能要持续多年，直到收集系统在相当长的一段时间中不再能收集到渗滤液。

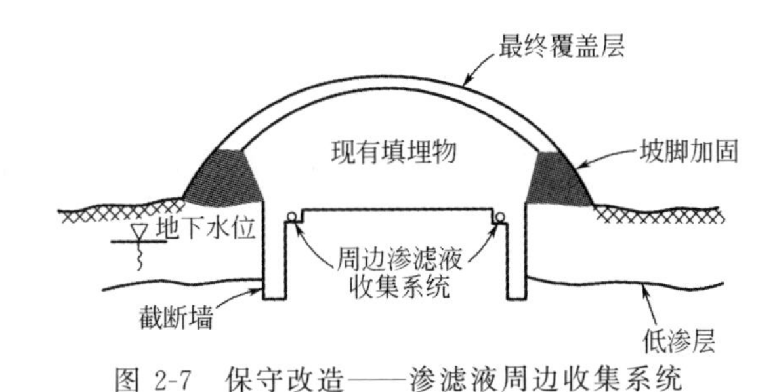

图 2-7 保守改造——渗滤液周边收集系统

如果一座堆放场或填埋场，在其底部的一定深度都有可能是不透水的防渗层。根据国家规范，如果防渗层的渗透系数小于 10^{-7}cm/s，即可作为卫生填埋场的防渗层。因此，通过勘察确定达到要求的防渗层的深度，就可以采取垂直防渗措施，把堆放场改造为卫生填埋场。

第三章
卫生填埋场环境影响评价

为了实施可持续发展战略，预防建设项目实施后对环境造成不良影响，促进经济、社会和环境的协调发展，生活垃圾卫生填埋场建设项目在实施前应进行环境影响评价。生活垃圾卫生填埋场的环境影响评价既具有建设项目环境影响评价的一般共性，又具有自己的特点。

第一节 环境影响评价的基本概念与程序

一、环境影响评价的目的

环境影响评价是对规划和建设项目实施后可能造成的环境影响进行分析、预测和评估，提出预防或者减轻不良环境影响的对策和措施，进行跟踪监测的方法与制度[1]。环境影响评价作为生活垃圾卫生填埋场项目可行性研究的重要部分，其目的是通过对拟选场址周围地形、水文地质构造、气象条件、环境状况等资料的分析，结合工程特点，论证生活垃圾卫生填埋场址选择的可行性；以工程分析为主要手段分析垃圾填埋工程建设内容及污染因素，在调查与评价区域环境质量现状的基础上，分析预测垃圾填埋工程建成后对周围环境可能造成的影响范围与程度；提出工程减少污染的防治对策；从环境角度明确工程建设的可行性；为工程设计和环境管理提供科学依据，并获得公众认可。

二、建设项目环境影响评价的分类管理

为了让项目建设单位及其委托的环评机构适度地开展环境影响评价工作，实际地对待环

[1] 《中华人民共和国环境影响评价法》第二条。

境问题并避免不必要的环境评价工作，国家根据建设项目对环境的影响程度，对建设项目的环境影响评价实行分类管理。《中华人民共和国环境影响评价法》第十六条规定：建设单位应当按照下列规定组织编制环境影响报告书、环境影响报告表（统称为环境影响评价文件）或者填报环境影响登记表。

① 可能造成重大环境影响的，应当编制环境影响报告书，对产生的环境影响进行全面评价。

② 可能造成轻度环境影响的，应当编制环境影响报告表，对产生的环境影响进行分析或者专项评价。

③ 对环境影响很小、不需要进行环境影响评价的，应当填报环境影响登记表。

国家环境保护部（现生态环境部）于2015年颁发了新的《建设项目环境保护分类管理名录》（环境保护部令第33号）（以下简称《分类管理名录》），自2015年6月1日起施行。该名录明确规定了建设项目的具体分类，各级环境保护主管部门根据筛选原则和分类管理名录中的有关规定确定具体建设项目环境影响评价文件的类别。

生活垃圾卫生填埋场属于生活垃圾集中处置项目，可能造成重大环境影响，并且污染要素多、影响时间长，因此如表3-1所列，在《分类管理名录》中已明确规定要求编制环境影响报告书，需对填埋场项目建设的环境影响进行全面、详细的评价。

表3-1 与固体废物处理处置相关建设项目环境影响评价的分类管理情况、资质等级要求和评价范围小类①

项目类别	环评类别			甲级资质要求	评价范围小类
	报告书	报告表	登记表		
生活垃圾转运站	全部	—	—	—	社会区域
生活垃圾(含餐厨废弃物)集中处置	全部	—	—	总库容 $1.2\times10^{7}m^{3}$ 及以上的生活垃圾卫生填埋项目	社会区域
粪便处置工程	—	日处理50t及以上	其他	—	一般项目环境影响报告表
危险废物(含医疗废物)集中处置及综合利用	全部	—	—	年处置 $1\times10^{4}t$ 及以上的危险废物焚烧项目	社会区域
一般工业固体废物(含污泥)集中处置	全部	—	—	—	社会区域
污染场地治理修复工程	全部	—	—	—	社会区域
生物质发电	农林生物质直接燃烧或气化发电;生活垃圾、污泥焚烧发电	沼气发电、垃圾填埋气发电	—	生活垃圾焚烧发电项目	建材火电、一般项目环境影响报告表

①《建设项目环境保护分类管理名录》(环境保护部令第33号)。

三、环境影响评价工作程序

建设项目的环境影响评价是一项复杂的、程序化的、系统性的工作，其技术工作内容由《环境影响评价技术导则》（HJ 2.1—2016）规定，具体工作程序如图3-1所示分为三个阶段。

第一个阶段为前期准备、调研和方案准备阶段：主要工作为研究有关文件，进行初步的工程分析和环境现状调查，进行环境影响因素识别与评价因子筛选，筛选评价重点和环境保护目标，确定各单项环境影响评价的工作等级、评价范围和评价标准，以制订工作方案。

第二阶段为分析论证和预测评价阶段，其主要工作为进一步做工程分析和环境现状调查，并进行环境影响预测和评价环境影响。

第三阶段为环境影响评价文件阶段，其主要工作为汇总、分析第二阶段工作所得的各种资料、数据，提出环境保护措施，进行技术经济论证，给出建设项目环境可行性的评价结论，完成环境影响评价文件的编制。

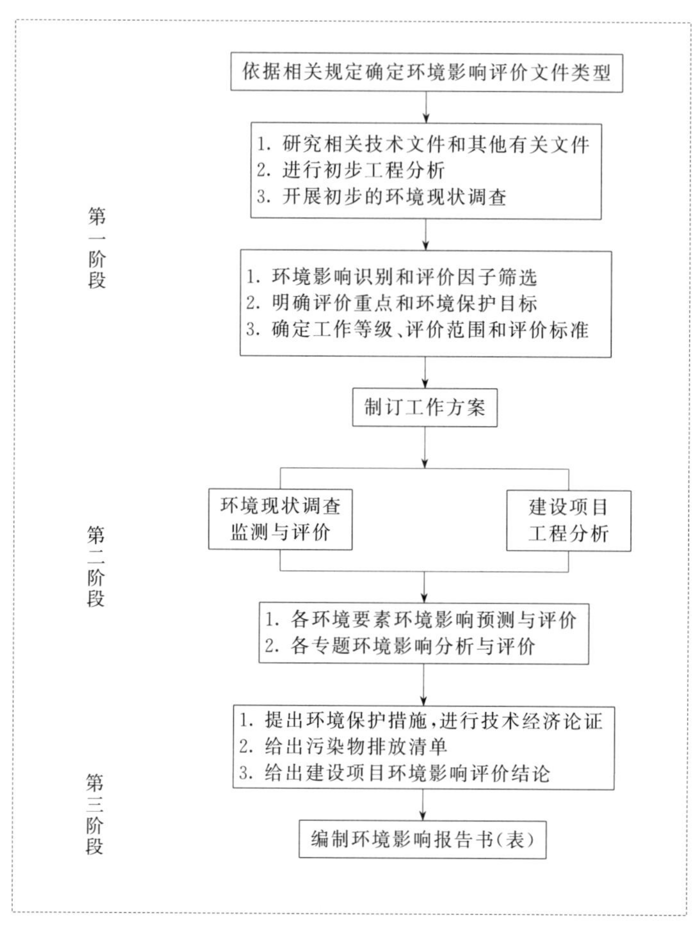

图 3-1　环境影响评价工作程序

第二节　环境影响评价工作方案的内容

环境影响评价工作方案是前期准备、调研和方案准备阶段的主要工作成果，对后面进行环境影响评价工作有指导作用，环境影响评价文件的质量好坏及费用的高低，均取决于工作方案是否符合实际。因此，虽然对环境影响评价工作方案不再强制要求经过审查，仍要高度重视工作方案的制订工作。工作方案的主要内容包括进行环境影响因素识别、评价因子筛选、初步环境现状调查和工程分析、明确评价重点和环境保护目标、确定评价工作等级和范围、明确评价标准等。

一、环境影响因素识别

环境影响因素识别在了解和分析建设项目所在区域发展规划、环境保护规划、环境功能区划及环境现状的基础上，分解和列出建设项目的直接和间接行为，以及可能受上述行为影响的环境要素及相关参数。

影响因素识别应明确建设项目在施工过程、生产运行、服务期满后等不同阶段的各种行为与可能受影响的环境要素间的作用效应关系、影响性质、影响范围、影响程度等，定性分析建设项目对各环境要素可能产生的污染影响与生态破坏，包括有利与不利影响、长期与短期影响、可逆与不可逆影响、直接与间接影响、累积与非累积影响等。对项目实施形成制约的关键环境因素或条件，应作为环境影响评价的重点内容。

环境影响因素识别可利用矩阵法、网络法、GIS 支持下的叠加图法等方法进行。表 3-2 为一个经简化的矩阵，该矩阵用以表示土地填埋的各种操作过程和各种污染源在施工、运行及封场以后各阶段与所产生的环境要素相互间的关系。

表 3-2　卫生填埋场环境影响

环境影响因素＼环境要素		地表水	地下水	恶臭	粉尘	噪声振动	交通	害虫	燃烧爆炸	居民生活	土地价值	景观	植被生态	水土流失
施工期	建设													
	运输													
	挖掘													
营运期	废物运进													
	填埋作业													
	废物贮存													
	污水贮存													
封场(十年内)														

就卫生填埋场来说，其环境影响因素比较多，可识别出的重要影响因素主要集中在生态环境、水环境、大气环境、声环境和固体废物等环境要素中，如，填埋场渗滤液未处理或处理不达标造成对地表水以及流经填埋区的地表径流的污染；填埋场产生的气体污染物对大气的污染及产生的气体在无组织排放情况下可能产生燃烧爆炸对公众的威胁；填埋堆体对周围水文地质环境的影响，如滑坡、坍塌、泥石流等；垃圾运输及填埋场作业，产生的噪声对公众的影响；填埋场对周围景观的不利影响；填埋场滋生的害虫、昆虫、啮齿动物以及在填埋场觅食的鸟类和其他动物可能传染疾病；当填埋场防渗衬层受到破坏后，渗滤液下渗对地下水的影响，这属非正常情况。表 3-3 中给出了卫生填埋场环境影响因素的简单识别结果。

表 3-3　卫生填埋场环境影响因素识别和评价因子筛选常见结果

环境要素	影响因素	评价因子
生态环境	水土流失、植被破坏	水蚀模数、植被破坏面积
地表水环境	渗滤液、生活污水	COD、BOD_5、SS、氨氮、重金属
地下水环境	非正常渗滤液渗漏	COD、氨氮、重金属
大气环境	施工扬尘、填埋气体	TSP、甲烷、氨气、H_2S、甲硫醇、臭气
声环境	建设、填埋和封场作业机械和车辆	声压级(L_{eq})

二、评价因子筛选

评价因子筛选就是依据环境影响因素识别结果，并结合区域环境功能要求或所确定的环境保护目标，筛选确定评价因子，应重点关注环境制约因素。评价因子必须能够反映环境影响的主要特征、区域环境的基本状况及建设项目的特点和排污特征。卫生填埋场的常见评价因子筛选结果见表 3-3。

三、环境保护目标的筛选

环境保护目标是评价范围内的需要保障其环境质量达标或达到某些特殊要求的对象。卫生填埋场周围环境保护目标多为附近以居住、医疗卫生、文化教育、科研、行政办公等为主要功能的区域，高速公路、交通主干道（国道或省道）、铁路、飞机场、军事基地等敏感对象，当地地下水环境，外排水受纳地表水体及受项目建设扰动范围的生态环境。

四、评价工作等级的确定

建设项目各环境要素专项评价原则上应划分工作等级，一般可划分为三级。一级评价对环境影响进行全面、详细、深入评价，二级评价对环境影响进行较为详细、深入评价，三级评价可只进行环境影响分析。

各专项评价工作等级一般按项目特点、所在地区的环境特征、相关法律法规、标准及规划、环境功能区划等因素进行划分；根据项目所处区域环境敏感程度、工程污染或生态影响特征及其他特殊要求等情况进行适当调整，但调整的幅度不超过一级；具体的评价工作等级内容要求或工作深度可参阅专项环境影响评价技术导则。

五、评价范围

评价范围是根据建设项目可能影响范围（包括直接影响、间接影响、潜在影响等）确定环境影响评价范围，范围大小一般与评价工作等级高低有关，其中项目实施可能影响范围内的环境敏感区等应包括在内并重点关注。各环境要素的评价范围往往有很大的差别，可参照各专项评价导则划定。

第三节　环境影响评价文件内容

《中华人民共和国环境影响评价法》中规定，建设项目的环境影响评价文件应当包括下列内容：建设项目概况；建设项目周围环境现状；建设项目对环境可能造成影响的分析、预测和评估；建设项目环境保护措施及其技术、经济论证；建设项目对环境影响的经济损益分析；对建设项目实施环境监测的建议；环境影响评价的结论。在具体实践中，环境影响评价文件中往往还包括公众参与、污染物总量控制、清洁生产与循环经济等内容。以下将根据卫生填埋场环境影响的特点，介绍环境影响评价文件的主要内容。

一、环境现状调查与评价

环境现状调查与评价的主要内容包括地理地质概况、地形地貌、气候与气象、水文、土壤、水土流失、生态等自然环境状况，人口、工业、农业、能源、土地利用、交通运输、发展规划等社会环境状况，以及环境质量和区域污染源的状况。

二、工程分析

工程分析的主要内容包括工程基本数据、污染影响因素分析、生态影响因素分析、物料储运、交通运输、公用工程、非正常工况分析、环保措施和设施和污染物排放统计汇总。就垃圾卫生填埋场来说，工程分析应该根据建设期、运行作业期、封场处理期和封场后维护管理期工程特点的不同，分别进行工程分析。

计算污染物排放量是工程分析中最重要的内容，是环境影响预测的主要数据来源，下面介绍卫生填埋场最重要的污染物——渗滤液和填埋气（LFG）的源强确定方法。

1. 渗滤液

（1）渗滤液产生量　渗滤液有 3 个来源：a. 垃圾本身带来的水分；b. 垃圾中有机物经分解后所产生的水分；c. 以各种途径进入垃圾填埋场的大气降水和地下水。其中进入场区的大气降水和地下水是决定渗滤液产生量的主要因素。渗滤液水质、水量变动较大。根据国内外填埋场的运营经验，渗滤液产生量的计算方法有多种，基本可分为日本填埋场设计指南所推荐的主因素相关法、以水量平衡为基础的多因素法及美国国家环保局的 HELP 模型 3 种。在实际评价工作中多选用第一种方法计算渗滤液产生量。即：

$$Q=0.001(C_1A_1+C_2A_2)I$$

式中，Q 为填埋场渗滤液产生量，m^3/d；I 为最大年或月降雨量的日换算值，mm/d；A_1、A_2 分别为正在填埋及地表水不易排除的面积和已完成填埋且地表水易排除的面积，m^2；C_1、C_2 为综合了填埋场渗滤液各影响因素的系数。

（2）渗滤液中各污染物质量浓度　渗滤液水质变动较大，BOD_5、COD 质量浓度和两者之比均随填埋时间增长而降低，NH_3-N 质量浓度随填埋时间增长而增加。

渗滤液中各污染物质量浓度可类比已有卫生填埋场的监测数据。以深圳市某垃圾填埋场的渗滤液水质监测数据为例，填埋初期 COD、BOD_5、NH_3-N 的典型值分别为 35g/L、15g/L、0.6g/L；5 年后 COD、BOD_5、NH_3-N 的典型值分别为 8g/L、0.3g/L、1g/L。

在填埋时间大于 20 年的老垃圾场渗滤液中，主要重金属元素镉、镍、锌、铜、铅、铬的质量浓度分别为 6μg/L、130μg/L、670μg/L、70μg/L、70μg/L、80μg/L。

根据渗滤液产生量，再类比已有卫生填埋场渗滤液中各污染物质量浓度，就可得出渗滤液中各污染物的产生量。

2. 填埋气（LFG）

LFG的产生量主要取决于填埋垃圾的成分、覆土厚度、填埋密度、填埋深度、填埋时间、温度以及垃圾含水率、垃圾粒度、垃圾渗滤液的pH值等，可通过经验估算法、数学模型法和现场测试法来确定。

目前应用较多的是School Canyon数学模型法。本模型基于以下假设：在厌氧条件下，垃圾进入填埋场后产气速率很快达到高峰，随后再以指数规律逐渐下降。计算步骤如下。

（1）计算垃圾理论最大产气量 G_M

$$W_i = K_1 P_i (1-M) C_i$$

$$G_M = K_2 \sum_{i=1}^{5} \frac{W_i}{12} \times 22.4$$

式中，W_i 为单位质量垃圾中可分解为填埋气体的含碳量；P_i 为垃圾组分中第 i 种有机物质量分数；K_1 为有机物质量分数的修正系数；M 为垃圾含水率，%；C_i 为垃圾中第 i 种有机物组分的含碳量；G_M 垃圾理论最大产气量，m^3/t；K_2 为修正系数。

（2）计算填埋气体产气率

$$R_i = K G_M e^{-Ki}$$

式中，R_i 为填埋气体产生速率，$m^3/(t \cdot a)$；K 为产气速率常数；i 为垃圾填埋年限，a。

（3）计算逐年产气量　填埋场第 N 年封场前，第 i 年的填埋气体产生量为

$$G_i = \sum_{j=0}^{i-1} W_j K G_M e^{-K(i-1)} \quad (i = 1, 2, \cdots, N)$$

式中，N 为填埋场终场年限。

（4）LFG的组分　LFG的典型组分为：CH_4 45%～50%，CO_2 40%～60%，NH_3 0.1%～1.06%，H_2S 0～1%，CO 0～0.2%，H_2 0～0.2%，O_2 0.1%～1%，N_2 2%～5%，微量组分0.01%～0.6%。

根据LFG的逐年产生量，再类比已有卫生填埋场典型填埋气的组分，就可得出LFG中各污染物的产生量。

三、环境影响预测与评价

1. 环境影响预测方法

目前使用较多的预测方法有数学模式法、物理模型法、类比调查法和专业判断法等。正确选择环境影响预测方法是评价结果正确与否的关键，应尽量选用通用、成熟、简便并能满足准确度要求的方法，如导则有推荐评价或预测分析方法的应优先选用，否则应根据建设项目特征、评价范围、影响性质等分析其适用性。

2. 环境影响评价方法

环境影响评价方法分单项评价法和多项评价法两种。

单项评价法是以国家、地方的有关法律、标准为依据，评定与估价各评价项目的单个质

量参数的环境影响。在垃圾卫生填埋场环境影响评价中可用于地表水、地下水、大气和声等环境质量的评价。

多项评价方法适用于各评价项目中多个质量参数的综合评价，所采用的方法见有关各单项影响评价的技术导则。在卫生填埋场环境影响评价可用于选址合理性分析时进行多个场址的综合分析评价。

3. 环境影响预测和评价内容

环境影响预测和评价一般包括以下内容。

① 建设项目的环境影响，按照该项目实施过程的不同阶段，可以划分为建设阶段的环境影响、生产运行阶段的环境影响和服务期满后的环境影响，并提出保护措施。还应分析不同选址、选线方案的环境影响。

② 当建设阶段的噪声、振动、地面水、地下水、大气、土壤等的影响程度较重、影响时间较长时，应进行建设阶段的影响预测。

③ 应预测建设项目生产运行阶段，正常排放和非正常排放、事故排放等情况的环境影响。

④ 进行环境影响评价时，应考虑环境对建设项目影响的承载能力。

⑤ 涉及有毒有害、易燃、易爆物资生产、使用、储运，存在重大风险源，存在潜在事故对环境造成危害，包括健康、社会及生态风险的建设项目，需进行环境风险评价。

4. 施工期影响评价

要评价施工期场地内排放生活污水，各类施工机械产生的机械噪声、振动以及二次扬尘对周围地区产生的环境影响。

5. 水环境影响预测与评价

主要是评价填埋场衬里结构的安全性以及渗滤液排出对周围水环境影响两方面的内容。

（1）正常排放对地表水的影响　主要评价渗滤液经处理达到排放标准后排出，经预测并利用相应标准评价是否会对受纳水体产生影响或影响程度如何。

（2）非正常渗漏对地下水的影响　主要评价衬里破裂后渗滤液下渗对地下水的影响，包括渗透方向、渗透速度、迁移距离、土壤的自净能力及效果等。

6. 大气环境影响预测及评价

主要评价填埋场扬尘、释放气体及恶臭对环境的影响。

（1）扬尘　主要评价建设、运输和填埋过程中产生的扬尘对环境的影响。评价时要根据无组织排放源的特点计算扬尘影响范围和程度。

（2）释放气体　主要是根据排气系统的结构，预测和评价排气系统的可靠性、排气利用的可能性以及排气对环境的影响。预测模式可采用地面源模式。

（3）恶臭　主要是评价运输、填埋过程中及封场后可能对环境的影响。评价时要根据垃圾的种类，预测各阶段臭气产生的位置、种类、浓度及其影响范围。

7. 噪声环境影响预测及评价

主要是评价垃圾运输、场地施工、垃圾填埋操作、封场各阶段由各种机械产生的振动和噪声对环境的影响。噪声评价可根据各种机械的特点采用机械噪声声压级预测，然后再结合卫生标准和功能区标准评价是否满足噪声控制标准，是否会对最近的居民区点产生影响。

8. 选址合理性分析

卫生填埋场主要处置城市生活垃圾，由于投资和工程量均较大，场址确定后不可更改，如因场址选择错误而污染环境时，将造成巨大的环境和经济损失，其影响在很长的时期内也难以消除。因此，卫生填埋场的选址是至关重要的。

根据《生活垃圾填埋场污染控制标准》（GB 16889—2008）要求，生活垃圾处理场选址必须遵循以下环境保护要求。

① 生活垃圾填埋场的选址应符合区域性环境规划、环境卫生设施建设规划和当地的城市规划。

② 场址不应选在城市工农业发展规划区、农业保护区、自然保护区、风景名胜区、文物（考古）保护区、生活饮用水水源保护区、供水远景规划区、矿产资源储备区、军事要地、国家保密地区和其他需要特别保护的区域内。应避开下列区域：破坏性地震及活动构造区；活动中的坍塌、滑坡和隆起地带；活动中的断裂带；石灰岩溶洞发育带；废弃矿区的活动塌陷区；活动沙丘区；海啸及涌浪影响区；湿地；尚未稳定的冲积扇及冲沟地区；泥炭以及其他可能危及填埋场安全的区域。

③ 场址的位置及与周围人群的距离应依据环境影响评价结论确定，并经地方环境保护行政主管部门批准。

④ 生活垃圾填埋场选址的标高应位于重现期不小于五十年一遇的洪水位之上，并建设在长远规划中的水库等人工蓄水设施的淹没区和保护区之外。若拟建有可靠防洪设施的山谷型填埋场，并经过环境影响评价证明洪水对生活垃圾填埋场的环境风险在可接受范围内，选址标准可以适当降低。

总的来说，在对卫生填埋场场址进行合理性评价时，应考虑生活垃圾填埋场产生的渗滤液、大气污染物（含恶臭物质）、滋养动物（蚊、蝇、鸟类等）等因素，根据其所在地区的环境功能区类别，综合评价其对周围环境、居住人群的身体健康、日常生活和生产活动的影响，确定生活垃圾填埋场与常住居民居住场所、地表水域、高速公路、交通主干道（国道或省道）、铁路、飞机场、军事基地等敏感对象之间合理的位置关系以及合理的防护距离。

四、社会环境影响评价与公众参与

随着社会的进步及近年来环境污染事件对人群健康所产生的威胁，社会环境影响已成为人类关注的主题。而卫生填埋场项目是一类社会正面和负面影响均十分突出，容易产生不良的社会效应的建设项目，因此应特别强调其社会环境影响评价与公众参与的力度。

在进行卫生填埋场项目社会环境影响评价时应收集反映社会影响，特别是与生活垃圾产生和处理、填埋气利用有关的基础数据和资料，筛选出社会影响评价因子，定量预测或定性描述评价因子的变化；对卫生填埋场项目有关的征地拆迁、移民安置、景观、文物古迹、基础设施（如交通、水利、通信）等方面进行影响评价；分析正面和负面的社会影响，并对负面影响提出相应的对策与措施。

公众参与可以理解为项目方或环评工作组同公众之间的一种双向交流，它可以提高项目的环境合理性和社会可接受性，从而提高环境影响评价的有效性。在进行公众参与时应服从以下原则：全过程参与，即公众参与应贯穿于环境影响评价工作的全过程中；充分注意参与公众的广泛性和代表性，参与对象应包括可能受到项目建设直接影响和间接影响的有关企事业单位、社会团体、非政府组织、居民、专家和公众等。可根据实际需要和具体条件，采取包括问卷调查、座谈会、论证会、听证会及其他形式在内的一种或者多种形式，征求有关单位、专家和公众的意见；在公众知情的情况下开展，应告知公众建设项目的有关信息，包括建设项目概况、主要的环境影响、影响范围和程度，以及拟采取的主要对策措施和效果等；按“有关单位、专家、公众”对所有的反馈意见进行归类与统计分析，并在归类分析的基础上进行综合评述；对每一类意见，均应进行认真分析、回答采纳或不采纳并说明理由。

五、环境保护措施及其经济、技术论证

相对一般建设项目，卫生填埋场项目环境保护措施占总投资的比重较大，因此，环境保护措施选用是否得当，其经济技术上是否可行，不仅影响到项目的环境可行性，也决定着填埋场项目是否能正常运行。

环境影响评价文件应首先明确拟采取的具体环境保护措施，卫生填埋场的污染控制措施主要包括防止渗滤液渗入地下水的防渗措施，防止渗滤液污染地表水及土壤的污水处理措施，防止填埋气体的恶臭污染与甲烷累积（诱发爆炸事故）的气体导出、排放及综合利用等措施。其次，应结合填埋场的垃圾成分、处理规模、服务年限和所服务城市的经济发展水平及区域环境容量等因素对拟定的污染控制方案进行论述，分析论证拟采取措施的技术可行性、运行稳定性、经济合理性、长期稳定运行达标排放的可靠性以及满足环境质量与污染物排放总量控制要求的可行性；再次，生态保护措施必须落实到具体时段和具体点位上，并特别注意施工期的环境保护措施，并结合国家对不同区域的相关要求，从保护、恢复、补偿、建设等方面提出和论证实施生态保护措施的基本框架；第四，按工程实施不同时段，分别列出其环保投资额，从经济上分析其合理性；最后，要给出各项环境保护措施及投资估算一览表，见表 3-4。

表 3-4　某生活垃圾填埋场项目环境保护措施及投资估算一览表

投资分项	投资额/万元	内　　容	环保投资比例/%
防渗系统	376.2024	处理场底及边坡防渗系统	45.7
渗滤液处理系统	70.7952	UASB 和 SBR 结合处理工艺	8.6
沼气导排系统	9.0552	导气石笼、电子点火和自动报警系统	1.1
截洪沟	16.464	单一断面 1m×1m 矩形沟	2
截污坝及导流系统	20.58	混凝土结构、场底边坡导渗盲沟	2.5
封场系统	218.9712	包括填埋气收集层、黏土隔断层、疏水层和营养土层，以及终场后的绿化	26.6
绿化	90.552	生活办公区绿化及填埋区周围防护林	11
环境管理与监测	20.58	监测站及监测仪器	2.5
总计	823.2	—	—
环保投资占总投资比例/%	34.30		

六、清洁生产分析

由于国家未发布垃圾处置的行业清洁生产标准，因此应结合行业及工程特点确定清洁生产指标和开展评价。填埋场环境影响评价通常用渗滤液排放量的多少来衡量填埋场的清洁程度。由于填埋场垃圾渗滤液主要是大气降水渗入垃圾体而产生的，与降雨量和雨水渗入量正相关，因此，评价应从填埋场汇水面积的大小、清污分流的完善程度和垃圾覆盖层的防雨水渗透效果三方面对填埋场的清洁程度进行分析。

1. 填埋场汇水面积的大小

这主要是针对山谷型填埋场而言。填埋容量近似的两个填埋场比较，深谷型较浅谷型因汇水面积小而具有明显的清洁性，是应优先考虑的对象。

2. 雨污分流的完善程度

雨污分流是减少填埋场垃圾渗滤液排放量的不可缺少的手段。完善的雨污分流设计应包括场外径流、场内径流和垃圾渗滤液的分别排放。场外径流是指填埋场库区以外区域的天然溪流和降水径流。如不设场外截洪沟系统，这部分径流将因地势流入填埋场内，从而增加渗滤液的排放量，降低填埋场清洁度。场内径流系填埋场库区以内未与垃圾层接触的雨水。库区内截洪沟的设置和填埋面合理的排水坡度与排水设施能有效地减少进入垃圾体的雨水量，进而降低渗滤液排放量。

3. 垃圾覆盖层的防雨水渗透效果

垃圾覆盖层除了满足卫生填埋要求外，减少雨水渗入垃圾体的量也是其目的之一。填埋的中间覆盖层和最后封场的覆盖层均应选择渗透系数小的覆盖材料，以尽量减少渗入垃圾体的雨水量。国外有些清洁程度较高的垃圾填埋场有采用薄膜或喷塑作为中间覆盖层的材料，其雨水渗入率明显比采用土类覆盖材料的垃圾填埋场要小。

七、环境管理与监测

垃圾卫生处理场项目属于公益性环境保护工程。但是，如果在实际运行和后期管理中，疏于管理或监督力度不够，就有可能由环境工程演变成为污染源，对环境造成严重的污染。为此，投产以及封场后应加强环境管理和环境监测。

应严格执行国家有关环保法规和《生活垃圾填埋场污染控制标准》（GB 16889—2008）的具体规定，并参照 ISO 14000 环境管理体系等规范要求，从环保组织机构、垃圾入场、垃圾填埋以及最终封场全过程来进行环境管理工作；对于非正常工况特别是事故情况和可能出现的环境风险问题应提出预防与应急处理预案。

应按项目不同阶段，有针对性地提出具有可操作性的监测计划，包括环境质量跟踪监测、污染源监测以及生态监测等，监测重点应为渗滤液排放监测和地下水、地表水、大气和噪声的环境监测，监测点的布设和频次应符合《生活垃圾填埋场污染控制标准》（GB 16889—2008）和相关规范的要求。

八、污染物总量控制

总量控制是指以控制一定时段内一定区域内排污单位排放污染物总量为核心的环境管理方法体系。计算卫生填埋场的污染物排放总量，并提出控制指标是环境影响评价的中心任务之一。填埋场污染物的允许排放浓度和排放量首先应满足国家和地方制定的相应的污染物排放标准；其次应不超过根据填埋场周围环境的控制标准，用预测模式（型）计算出的环境容量。"十二五"国家总量控制指标中涉及垃圾卫生填埋场的为化学需氧量（COD）、氨氮（NH_3-N）。考虑到垃圾卫生处理场一般建设在人口较少区域，评价区往往没有或较少有工业污染源，该类工程建成投产后可能会使评价区内污染物和排放总量明显增加，有必要时提出具体可行的区域平衡方案或削减措施，确保区域环境质量满足功能区和目标管理要求。

第四章 填埋场总体设计

第一节　基本内容

一、主要概念

① 城市生活垃圾（municipal domestic refuse），指城市日常生活中或者为城市日常生活提供服务的活动中产生的固体废物。

② 卫生填埋（sanitary landfill），指采取防渗、铺平、压实、覆盖对城市生活垃圾进行处理和对气体、渗滤液、蝇虫等进行治理的垃圾处理方法。

③ 有害垃圾（hazardous refuse），指在生活垃圾中含有对人体健康或自然环境可能造成直接危害或潜在危害的废弃物，如废电池、涂料、灯泡、灯管、过期药品等。

④ 填埋库容（landfill capacity），指填埋库区填入的生活垃圾和功能性辅助材料所占用的体积，即封场堆体表层曲面与平整场底层曲面之间的体积。

⑤ 有效库容（effective capacity），指填埋库区填入的生活垃圾所占用的体积。

⑥ 垃圾坝（retaining dam），指建在填埋库区汇水上下游或周边或库区内，由土石等建筑材料筑成的堤坝。不同位置的垃圾坝有不同的作用（上游的坝截留洪水，下游的坝阻挡垃圾形成初始库容，库区内的坝用于分区等）。

⑦ 防渗系统（lining system），指在填埋库区和调节池底部及四周边坡上为构筑渗滤液防渗屏障所选用的各种材料组成的体系。

⑧ 防渗结构（liner structure），指防渗系统各种材料组成的空间层次。

⑨ 渗透系数（permeability coefficient），是表示防渗材料透水性大小的指标。在数值上等于水力坡度为 1 时的地下水的渗流速度。

⑩ 人工合成衬里（artificial liners），指利用人工合成材料铺设的防渗层衬里，目前使用的人工合成衬里为高密度聚乙烯（HDPE）土工膜。采用一层人工合成衬里铺设的防渗系统

为单层衬里，采用两层人工合成衬里铺设的防渗系统为双层衬里。

⑪ 复合衬里（composite liners），指采用两种或两种以上防渗材料复合铺设的防渗系统（HDPE 土工膜＋黏土复合衬里或 HDPE 土工膜＋GCL 钠基膨润土垫复合衬里）。

⑫ 土工复合排水网（geofiltration compound drainage net），指由立体结构的塑料网双面粘接渗水土工布组成的排水网，可替代传统的砂石层。

⑬ 土工滤网（geofiltration fabric），又称有纺土工布，指由单一聚合物制成的，或聚合物材料通过机械固结、化学和其他黏合方法复合制成的可渗透的土工合成材料。

⑭ 非织造土工布（无纺土工布）（nonwoven geotextile），是由定向的或随机取向的纤维通过摩擦和（或）抱合和（或）黏合形成的薄片状、纤网状或絮垫状土工合成材料。

⑮ 垂直防渗帷幕（vertical barriers），指利用防渗材料在填埋库区或调节池周边设置的竖向阻挡地下水或渗滤液的防渗结构。

⑯ 雨污分流系统（rainwater and sewage shunting system），指根据填埋场地形特点，采用不同的工程措施对填埋场雨水和渗滤液进行有效收集与分离的体系。

⑰ 地下水收集导排系统（groundwater collection and removal system），是在填埋库区和调节池防渗系统基础层下部，用于将地下水汇集和导出的设施体系。

⑱ 渗滤液（leachate），指填埋过程中垃圾分解产生的液体及渗入的地表水的混合液。

⑲ 渗滤液收集导排系统（leachate collection and removal system），指在填埋库区防渗系统上部，用于将渗滤液汇集和导出的设施体系。

⑳ 盲沟（leachate trench），是位于填埋库区防渗系统上部或填埋体中，采用高过滤性能材料导排渗滤液的暗渠（管）。

㉑ 集液井（池）[leachate collection well（pond）]，指在填埋场修筑的用于汇集渗滤液，并可自流或用提升泵将渗滤液排出的构筑物。

㉒ 调节池（equalization basin），指在渗滤液处理系统前设置的具有均化、调蓄功能或兼有渗滤液预处理功能的构筑物。

㉓ 填埋气体（landfill gas），指填埋体中有机垃圾分解产生的气体，主要成分为甲烷和二氧化碳。

㉔ 产气量（gas generation volume），指填埋库区中一定体积的垃圾在一定时间中厌氧状态下产生的气体体积。

㉕ 产气速率（gas generation rate），指填埋库区中一定体积的垃圾在单位时间内的产气量。

㉖ 被动导排（passive ventilation），指利用填埋气体自身压力导排气体的方式。

㉗ 主动导排（initiative guide and extraction），指采用抽气设备对填埋气体进行导排的方式。

㉘ 气体收集率（ratio of landfill gas collection），指填埋气体抽气流量与填埋气体估算产生速率之比。

㉙ 导气井（extraction well），指周围用过滤材料构筑，中间为多孔管的竖向导气设施。

㉚ 导气盲沟（extraction trench），指周围用过滤材料构筑，中间为多孔管的水平导气设施。

㉛ 填埋单元（landfill cell），指按单位时间或单位作业区域划分的由生活垃圾和覆盖材料组成的填埋堆体。

㉜ 覆盖（cover），指采用不同的材料铺设于垃圾层上的实施过程，根据覆盖要求和作用的不同可分为日覆盖、中间覆盖和最终覆盖。

㉝ 填埋场封场（seal of landfil1 site），指填埋垃圾作业至设计封顶标高或填埋场停止使用后，对填埋库区表面进行覆土或铺设防渗材料等进行防渗处理、地表水导流、填埋气体导排、场区绿化等工程的实施过程。

㉞ 后处理，即填埋场封场后对填埋场进行的后续处理，主要包括填埋场区生态管理、污水处理、填埋气体导排与处理、环境监测、卫生与安全等。

㉟ 运营，指填埋场建成后从开始填埋垃圾至填埋场封场（含后处理）期间的填埋场运行、经营、管理全过程。

㊱ 生态修复，指在垃圾填埋场填满进行终场覆盖后进行的绿化及开发利用等。

㊲ 填埋场设计总库容量，即垃圾填埋场的最大理论库容量，根据垃圾填埋场的面积和高度计算，以 m^3 表示。

㊳ 填埋场设计有效总库容量，是垃圾填埋场实际所能实现的垃圾填埋体积，以 m^3 表示。

二、设计、施工的主要工程内容

填埋场设计、施工的主要工程内容包括：土建工程［包括挖（填）土方、场地平整、地基处理、堤坝、道路、房屋建筑等］；防渗及地下水导排工程；渗滤液导排及处理工程；防洪与雨污分流工程；填埋气体导排与处理工程；垃圾接收、计量和监控系统；填埋作业机械与设备；填埋场基础设施（包括供电、给排水、通信等）；环境监测设施；沼气发电自备电站工程；封场及生态修复工程；其他（卫生、安全等）。

三、填埋场运营管理范围

填埋场运营管理范围包括：防渗工程设施维护；垃圾接收、计量及填埋作业；渗滤液及污水处理与排放；雨污分流系统的维护和管理；场区道路、排水设施的维护和管理；填埋气体导排、处理与安全防护；设施设备的维护和管理；沼气发电自备电站的运营、维护和管理；环境监测管理；封场及生态修复管理；臭气和粉尘控制；其他（如病虫害防治等）。

四、执行标准

目前，国内现行标准与规范举例如下。

①《生活垃圾卫生填埋处理技术规范》（GB 50869—2013）；

②《生活垃圾填埋场污染控制标准》（GB 16889—2008）；

③《生活垃圾卫生填埋处理工程项目建设标准》（建标 124—2009）；

④《生活垃圾卫生填埋场环境监测技术要求》（GB/T 18772—2008）；

⑤《中华人民共和国工程建设标准强制性条文——城市建设部分》；

⑥《恶臭污染物排放标准》（GB 14554—93）；

⑦《工业企业厂界环境噪声排放标准》（GB 12348—2008）；

⑧《污水综合排放标准》(GB 8978—1996);
⑨《环境空气质量标准》(GB 3095—2012);
⑩《大气污染物综合排放标准》(GB 16297—1996);
⑪《地面水环境质量标准》(GB 3838—2002);
⑫《地下水质量标准》(GB/T 14848—2017);
⑬《土壤环境质量标准》(GB 15618—2008);
⑭《危险废物鉴别标准》(GB 5085);
⑮《生活垃圾采样和物理分析方法》(CJ/T 313—2009);
⑯《堤防工程设计规范》(GB 50286—2013);
⑰《厂矿道路设计规范》(GBJ 22—87);
⑱《建筑地基基础设计规范》(GB 50007—2002);
⑲《建筑地基处理技术规范》(JGJ79—2012);
⑳《室外排水设计规范》(GB 50014—2006);
㉑《供配电系统设计规范》(GB 50052—2009);
㉒《市政公用工程设计文件编制深度规定(2013 年版)》;
㉓《城市生活垃圾卫生填埋场防渗系统工程技术规范》(CJJ 113—2007);
㉔ 生活垃圾卫生填埋场封场技术规程》(CJJ 112—2007);
㉕《生活垃圾填埋场填埋气体收集处理及利用工程技术规范》(CJJ 133—2009);
㉖《生活垃圾渗滤液处理技术规范》(CJJ 150—2010);
㉗《室外给水设计规范》(GB 50013—2018);
㉘《生活饮用水卫生标准》(GB 5749—2006);
㉙《建筑设计防火规范》(GB 50016—2014);
㉚《混凝土结构设计规范》(GB 50010—2010);
㉛《建筑抗震设计规范》(GB 50011—2010);
㉜《民用建筑供暖通风与空气调节设计规范》(GB 50736—2012);
㉝《建筑照明设计标准》(GB 50034—2013);
㉞《建筑物防雷设计规范》(GB 50057—2010);
㉟《电力装置的继电保护和自动装置设计规范》(GB/T 50062—2008);
㊱《火灾自动报警系统设计规范》(GB 50116—2013);
㊲《建筑灭火器配置设计规范》(GB 50140—2005);
㊳《防洪标准》(GB 50201—2014);
㊴《电力工程电缆设计规范》(GB 50217—2007);
㊵《建筑边坡工程技术规范》(GB 50330—2013);
㊶《工业企业设计卫生标准》(GBZ 1—2010);
㊷《生产过程安全卫生要求总则》(GB/T 12801—2008);
㊸《生活垃圾填埋场稳定化场地利用技术要求》(GB/T 25179—2010);
㊹《城市防洪工程设计规范》(GB/T 50805—2012);
㊺《土工合成材料应用技术规范》(GB 50290—2014);
㊻《生活垃圾卫生填埋场岩土工程技术规范》(CJJ 176—2012);
㊼《垃圾填埋场用高密度聚乙烯土工膜》(CJ/T 234—2006);

㊽《垃圾填埋场用线性低密度聚乙烯土工膜》(CJ/T 276—2008);
㊾《交流电气装置的接地设计规范》(GB 50065—2011);
㊿《混凝土重力坝设计规范》(NB/T 35026—2014);
(51)《碾压式土石坝施工规范》(DL/T 5129—2013);
(52)《土工试验规程》(SL 237—1999);
(53)《水利水电工程天然建筑材料勘察规程》(SL 251—2015);
(54)《碾压式土石坝设计规范》(SL 274—2001);
(55)《水利水电工程边坡设计规范》(SL 386—2007);
(56) 有关市政、水利、给排水、电力等工程的其他设计、施工最新技术标准和规范。

技术规范中的标准按中国现行标准执行，亦可套用高于中国现行标准的相关国际标准。在无中国标准的情况下，可采用国际标准。

五、填埋场工程方案设计

填埋场工程方案主要文件应包括：设计说明、方案设计图纸和概算书（按当地有关工程概算定额编制），施工说明、施工组织设计、施工质量保证体系，垃圾接收及作业规划、机械设备的配置、人员配备、环境监测计划、物料消耗、填埋场封场后处理计划以及运营成本概算等。

1. 填埋场方案设计

填埋场的设计在满足中国国家卫生填埋标准的前提下，对其中的部分关键功能和指标可采用国际先进标准，使填埋场达到国内领先、国际先进水平。填埋处理工程项目的建设，应以本地区的经济发展水平和自然条件为基础，并考虑区域经济建设与科学技术的发展，按不同区域、不同建设规模合理确定，做到所采用的技术成熟可靠、经济合理、先进安全、环保达标。对于毗邻海边、地下水水位较高、地下淤泥层埋深较浅的填埋场，必须加强地基处理，提高地基承载力，保证防渗系统的可靠性。垃圾填埋堆体的高度应根据地基承载力和垃圾重量计算确定，以防垃圾填埋过高造成地基塌陷。堆体高度的确定还应考虑尽量扩大垃圾填埋库容量以延长填埋场使用寿命，并与周围景观设施相协调。采取最大限度地减少渗滤液产生量的措施。

生活垃圾卫生填埋处理工程项目的建设，必须遵循城乡统筹、区域统筹的原则，在各省、市（或地区）生活垃圾处理总体规划、环境卫生专业规划、生活垃圾处理专项规划等有关文件的指导下统筹规划，并应近、远期结合，以近期为主。工程项目的建设规模、布局和选址应进行技术经济和环境论证，综合比选。新建项目应与现有的生活垃圾收运及处理系统相协调，改建、扩建工程应充分利用原有设施。根据场区工程地质和水文气象条件，在不断地总结设计与运行经验和汲取国内外先进技术及科研成果的基础上，充分论证，采用成熟的、适用的、经济合理的技术、工艺、材料和设备，以提高生活垃圾卫生填埋处理工程建设水平，尽可能使填埋场使用年限延长。坚持专业化协作和社会化服务的原则，并考虑合理的配套工程项目，提高运营管理水平，降低运营成本。方案中应明确确定建设规模、场区面积、填埋年限、总体布局等。根据国家《生活垃圾卫生填埋处理工程项目建设标准》（建标124—2009），新建垃圾填埋场的使用年限应大于10年，特殊情况下不应低于8年。应合理布局不同高度填埋层的垃圾运输道路，以便垃圾车辆顺利到达垃圾堆体每一层。

2. 垃圾填埋区的分区分单元设计

填埋场应根据使用年限、填埋垃圾特性、地形条件等因素划分为若干个填埋区，填埋区的划分应有利于分期施工、分期使用、环境保护和生态恢复。

每个填埋区应分为若干个填埋单元，并对填埋单元的划分进行优化设计和论证。填埋作业分区的工程设施和满足作业的其他主体工程、配套工程及辅助设施，应按设计要求完成施工。填埋单元的划分应便于垃圾车辆和作业机械进出和填埋作业，应根据设计制订分区分单元填埋作业计划，每个填埋单元应设置渗滤液收集导排的分系统、填埋气体收集、导排系统、填埋作业期间的雨污分流措施。

单元的划分应便于填埋物分区管理，便于运输车辆在场内行驶通畅，卸车方便，便于作业机械充分发挥效益，便于保护环境、控制污染，便于节约填埋场容积。

3. 地基处理与场底平整

填埋库区应把具有承载填埋体负荷的自然土层或经过地基处理的稳定土层作为地基，不得因填埋堆体的沉降而使基层失稳。对不能满足承载力、沉降限制及稳定性等工程建设要求的地基，根据填埋场地质勘探资料对其进行相应处理，以保证填埋堆体的稳定。填埋库区地基及其他建（构）筑物地基的设计应按国家现行的标准《建筑地基基础设计规范》（GB 50007）及《建筑地基处理技术规范》（JGJ 79）的有关规定执行。地基处理方案应经过实地的考察和岩土工程勘察，结合考虑填埋堆体结构、基础和地基的共同作用，经过技术经济比较确定。根据地质勘探资料和地基加固措施做细致的地基承载力校核，以确定安全合理的垃圾填埋高度。为防止地基沉降造成防渗衬里材料和渗滤液收集管的拉伸破坏，应对填埋库区地基进行地基沉降及不均匀沉降计算。填埋区场底坡度应有利于场内洪水的排放，并留有排洪口。填埋区场底坡度应尽可能借用原始地形。每个填埋单元的纵横坡度均应满足渗滤液自然导排的需要。

场地平整应满足填埋库容、边坡稳定、防渗系统铺设及场地压实度等方面的要求。场地平整宜与填埋库区膜的分期铺设同步进行，基面上不允许有植被和表土，场底平整时应将植被和表土加以清除，并应考虑设置堆土区，用于临时堆放开挖的土方。场地平整应结合填埋场地形资料和竖向设计方案，选择合理的方法进行土方量计算。填挖土方相差较大时，应调整库区设计高程。填埋区场底地基面上的回填料应压实，并采用可靠的地基压实工艺，确保压实密度。

4. 斜坡及围堤的设计

填埋库区地基边坡设计应按国家现行标准《建筑边坡工程技术规范》（GB 50330）、《水利水电工程边坡设计规范》（SL 386）的有关规定执行，设计时均应进行稳定性计算，并考虑雨水渗透对斜坡、边坡稳定性的影响。经稳定性初步判别有可能失稳的地基边坡以及初步判别难以确定稳定性状的边坡应进行稳定计算。对可能失稳的边坡，宜进行边坡支护等处理。边坡支护结构形式可根据场地地质和环境条件、边坡高度以及边坡工程安全等级等因素选定。围堤应按防洪、挡潮、交通道路、绿化隔离等多种功能设计。

5. 填埋场防渗系统设计

填埋场必须进行防渗处理，必须长期、可靠地防止对地下水和地表水的污染，防止填埋气体的无序迁移，同时还应防止地下水进入填埋场，并提供场底及四周边坡的防渗结构剖面图和所选用的材质。填埋场防渗处理应符合现行行业标准《生活垃圾卫生填埋场防渗系统工程技术规范》（CJJ 113）的要求。防渗系统工程应在垃圾填埋场的使用期限和封场后的稳定期限内有效地发挥其功能。渗滤液和填埋气体产生期限均比较长，填埋场防渗系统的使用寿命必须与之相匹配，以使渗滤液和填埋气体能得到有效的控制。

填埋场防渗系统的设计需考虑如下因素：选用可靠的防渗材料及相应的保护层；由于防渗系统承受的负荷过大所造成的损害，如垃圾堆积过高或填埋气体导排井过重等；由于渗滤液、填埋气体或者其他材料和物质成分接触防渗系统所造成的侵蚀；由于地基沉降对防渗系统造成的危害；垃圾填埋场工程应根据水文地质条件资料，设置地下水收集导排系统，以防止地下水对防渗系统造成危害和破坏；地下水收集导排系统应具有长期的导排性能。

防渗层设计应能有效地阻止渗滤液透过，以保护地下水不受污染；具有相应的物理力学性能，具有相应的抗化学腐蚀能力，具有相应的抗老化能力。填埋场防渗层应尽可能不让管道等设施穿过。如果需要穿过，或者防渗层需要连接在刚性结构上，该部分的防渗层应视为薄弱点，必须对其进行特殊设计、施工和保护。

填埋场防渗系统采用的主要材料应满足以下要求。

（1）天然黏土

① 在任何方向上渗透系数不大于 1×10^{-9}m/s；

② 不能含有木片、树叶、杂物等，或颗粒尺寸大于 50mm 的石块、土块等；

③ 必须压实，压实干密度不小于 93%；

④ 在土壤层施工之前，应对每种不同的土壤在实验室测定其最优含水率、压实度和渗透系数之间的关系；

⑤ 施工应分层压实，每层压实土层的厚度宜为 150～250mm，各层之间应紧密结合；

⑥ 土壤层施工时，各层压实土壤应每 500m^2 取 3～5 个样品进行压实度测试。

（2）土工膜

① 土工膜的理化特性必须达到国家或国际先进标准，在进填埋场交接前，应进行相关的性能检查；

② 应选择优质名牌材料做土工膜的保护层；

③ 保护材料的使用寿命应与土工膜的使用寿命相匹配；

④ 保护材料应有足够的厚度和强度，以使土工膜能得到有效保护；

⑤ 在施工过程中，不得损坏已铺设好的 HDPE 膜，铺设过程中必须进行搭接宽度和焊缝质量控制；监理必须全程监督膜的焊接和检验；

⑥ 符合国家现行标准《填埋场用高密度聚乙烯土工膜》（CJ/T 234）的有关规定。

（3）排水层

① 排水层应具有良好的渗水和导水能力；

② 如用碎石做排水层则应做好粒度搭配，避免颗粒物堵塞排水空隙；

③ 如使用排水网，则排水网的使用寿命应与土工膜的使用寿命相匹配，排水网应具有优良的导水性能和强度，土工复合排水网的排水方向应与水流方向一致；

④ 土工复合排水网的施工中，土工布和排水网都应和同类材料连接。

6. 渗滤液收集与处理

填埋场必须设置有效的渗滤液收集系统和采取有效的渗滤液处理措施，严防渗滤液污染环境。渗滤液处理设施应符合现行行业标准《生活垃圾渗滤液处理技术规范》（CJJ 150）的有关规定。

填埋库区渗滤液收集系统应包括导流层、盲沟、竖向收集井、集液井（池）、泵房、调节池及渗滤液水位监测井。导流层内应设置导排盲沟和渗滤液收集导排管网。导流层应保证渗滤液通畅导排，降低防渗层上的渗滤液水头。主盲沟坡度应保证渗滤液能快速通过渗滤液HDPE干管进入调节池，纵、横向坡度不宜小于2%。盲沟系统宜采用鱼刺状和网状布置形式，也可根据不同地形采用特殊布置形式（反锅底形等）。导气井可兼作渗滤液竖向收集井，形成立体导排系统收集垃圾堆体产生的渗滤液，竖向收集井间距宜通过计算确定。集液井（池）宜按库区分区情况设置，并宜设在填埋库区外侧。库区渗滤液水位应控制在渗滤液导流层内。应监测填埋堆体内渗滤液水位，当出现高水位时，应采取有效措施降低水位。

渗滤液导排系统应达到以下基本性能要求：保证渗滤液收集、导排系统畅通，防止堵塞；有效控制渗滤液的流向和流量，有效缩短渗滤液在垃圾堆体中的停留时间，根据当地水文气象资料计算渗滤液产生量，并说明计算模型和假定条件，采取措施防止渗滤液排放系统的泄漏。应考虑防止渗滤液导排管堵塞的措施和清理导排管的措施。

污水处理的水质、水量应包括垃圾渗滤液、生产污水与生活污水等。渗滤液处理工程的排放标准应按现行国家标准《生活垃圾填埋场污染控制标准》（GB 16889—2008）或当地环保部门规定执行的排放标准。在满足排放标准的前提下，要考虑处理工艺技术先进性、可靠性、投资、运行费用等多种因素相统一，具有抗冲击负荷的能力，确保处理后能达标排放，配备完善的监测设施和设备，提高在线监测水平。渗滤液处理工艺还应考虑垃圾填埋时间及渗滤液的水质变化等因素，根据渗滤液的日产生量、渗滤液水质和达到的排放标准等因素，对渗滤液处理工程相关数据进行调研和评估后通过多方案技术经济比较确定，宜采用组合处理工艺，组合处理工艺应以生物处理为主体工艺。

7. 填埋气体导排与处理

填埋场必须设置有效的填埋气体导排设施，严防填埋气体自然聚集、迁移引起的火灾和爆炸。填埋气体导排设施应与填埋场工程同时设计；垃圾填埋堆体中设置的气体导排设施的施工应与垃圾填埋作业同步进行。填埋场不具备填埋气体利用条件时，应采用火炬法燃烧处理，并宜采用能够有效减少甲烷产生和排放的填埋工艺。填埋气体导排和利用设施应符合现行行业标准《生活垃圾填埋场填埋气体收集处理及利用工程技术规范》（CJJ 133）的有关规定。填埋气体燃烧烟气污染物排放限值应参考现行国家标准《锅炉大气污染物排放标准》（GB 13271）中有关燃气锅炉的排放限值要求。

填埋气体收集、导排与处理系统应能适应填埋气体产气速率变化的特性，填埋气体导排处理系统的设计应考虑完善的气体监测和安全防范设施。填埋气体收集系统的材料应具有耐腐蚀性和耐热性，适应气体产生量变化的特性。填埋气体导排设施宜采用导气井，也可采用导气井和导气盲沟相连的导排设施。填埋气体输送系统宜采用集气单元方式将临近的导气井或导气盲沟的连接管道进行布置。填埋气体输送系统应设置流量控制阀门，根据气体流量的大小和压力调整阀门开度，达到产气量和抽气量平衡。填埋气体抽气系统应具有填埋气体含量及流量的监测和控制功能，以确保抽气系统的正常安全运行。导排方案应考虑随垃圾填埋区域的扩大导排设施扩建的问题，适应填埋堆体的沉降，有利于填埋气体在管道中的凝结水的排除。

填埋气体利用和燃烧系统应统筹设计，应优先满足利用系统的用气，剩余填埋气体应能自动分配到火炬系统进行燃烧。填埋气体利用方式和规模应根据填埋场的产气量及当地条件等因素，通过多方案技术经济比较确定。气体利用率不宜小于70%。填埋气体利用系统应设置预处理工序，预处理工艺和设备的选择应根据气体利用方案、用气设备的要求和污染排放标准确定。填埋库区应按生产的火灾危险性分类中戊类防火区的要求采取防火措施。填埋场达到稳定安全期前，填埋库区及防火隔离带范围内严禁设置封闭式建（构）筑物，严禁堆放易燃易爆物品，严禁将火种带入填埋库区。填埋场上方甲烷气体含量必须小于5%，填埋场建（构）筑物内甲烷气体含量严禁超过1.25%。

填埋气体收集与利用过程中产生的烟气、恶臭、废水、噪声及其他污染物的防治与排放，应执行国家现行的环境保护法规和标准的有关规定。填埋气体收集、处理及利用场站工作环境和条件应符合国家职业卫生标准的要求。应根据污染源的特性和合理确定的污染物产生量制定污染物治理措施。填埋场运行及封场后维护过程中，应保持全部填埋气体导排处理设施的完好和有效。填埋气体处理设施应配置完善的安全控制装置，根据需要提出填埋气体监测方案，并符合《生活垃圾卫生填埋场环境监测技术要求》（GB/T 18772）的规定。

8. 填埋场防洪系统

填埋场防洪系统设计应符合国家现行标准《防洪标准》（GB 50201）、《城市防洪工程设计规范》（GB/T 50805）及相关标准的技术要求。防洪标准应按不小于五十年一遇洪水水位设计，按百年一遇洪水水位校核。场内和场外地表水导排系统任何时间内都能安全运行。

根据地形可设置截洪坝、截洪沟以及跌水和陡坡、集水池、洪水提升泵站、穿坝涵管等构筑物，以有效控制进入作业区和已填埋区域的地表水量，减少渗滤液产生量，新形成的和已有的斜坡（边坡）不被地表水渗透和冲刷，系统的抗洪性强。注意当地的台风暴雨强度和高降雨频率，设计完善有效的地表水导排系统。填埋场外无自然水体或排水沟渠时，截洪沟出水口宜根据场外地形走向、地表径流流向、地表水体位置等设置排水管渠。

9. 填埋库区雨污分流系统

填埋库区雨污分流系统应阻止未作业区域的汇水流入生活垃圾堆体，应根据填埋库区分区和填埋作业工艺进行设计。填埋库区分区设计应满足雨污分流要求：平原型填埋场的分区应以水平分区为主，坡地型、山谷型填埋场的分区宜采用水平分区与垂直分区相结合的设计；水平分区应设置具有防渗功能的分区坝，各分区应根据上下游的使用顺序不同铺设雨污分流导排管；垂直分区宜结合边坡临时截洪沟进行设计，生活垃圾堆高达到临时截洪沟高程时，可将边坡截洪沟改建成渗滤液收集盲沟。分区作业雨污分流应符合下列规定：使用年限较长的填埋库区，根据一定时间填埋量进一步划分填埋作业分区。未进行作业的分区雨水应通过管道导排或泵抽排的方法排入截洪沟或通过其他方式排出库区外。作业分区宜根据一定时间填埋量划分填埋单元和填埋体，通过填埋单元的日覆盖和填埋体的中间覆盖实现雨污分流。封场后雨水应通过堆体表面排水沟排入截洪沟等排水设施。

应根据需要提出地表水监测系统的设计方案，并符合《生活垃圾卫生填埋场环境监测技术要求》（GB/T 18772）的规定。

10. 地下水导排控制

根据填埋场场址水文地质情况，当地下水水位较高并对场底基础层的稳定性产生危害时，或者垃圾填埋场周边地表水下渗对四周边坡基础层产生危害时，应设置地下水收集导排系统。地下水收集导排系统设计和水位的控制应符合现行国家标准《生活垃圾卫生填埋处理技术规范》（CJJ 50869）、《生活垃圾卫生填埋场防渗系统工程技术规范》（CJJ 113）和《生活垃圾填埋场污染控制标准》（GB 16889）的有关规定。地下水水量的计算宜根据填埋场址的地下水水力特征和不同埋藏条件分不同情况计算。根据地下水水量、水位及其他水文地质情况的不同，可选择采用碎石导流层、导排盲沟、土工复合排水网导流层等方法进行地下水导排或阻断。地下水收集导排系统宜按渗滤液收集导排系统进行设计。

应该对场内和场外影响范围内的地下水资源进行调查、检测和控制，填埋场地下水导排控制系统应满足以下要求：a. 防止地下水质量的恶化；b. 防止地下水进入垃圾填埋堆体；c. 防止地面的沉降或位移，以免造成防渗系统、管线系统、排水沟和基础等的破坏；d. 防止地下水场底及四周边坡防渗层的破坏；e. 保证地下水收集导排系统的长期可靠性；f. 能及时有效地收集导排地下水和下渗地表水，具有防淤堵能力。

应提出可靠、适时的地下水监测方案。地下水监测方案设计应执行《生活垃圾卫生填埋场环境监测技术要求》（GB/T 18772）的规定。

11. 填埋场基础设施

基础设施的设置和设计应满足以下要求：a. 使填埋场按卫生填埋规范顺利运营；b. 能顺利有效地接受运到填埋场的垃圾；c. 对运到填埋场的垃圾进行有效的检验、计量、运输和调度管理；d. 控制对场区和周边的环境影响；e. 为场内工作人员提供舒适方便的办公、居住和生活条件。

垃圾计量监控设施的设计应满足以下要求：a. 计量系统应保持完好，设施内各种设备应保持正常使用，能自动识别垃圾车辆；b. 能在垃圾车行驶状态下（时速不超过 10km/h）计量、记录垃圾车总重和垃圾净重；c. 计量系统应具有称重、记录、汇总、打印与数据处理、传输等功能，宜配置备用电源；d. 具有向数据汇总中心和政府监管部门发送数据的功能；e. 计量设施最大称重范围应达到 0～50t，精度应达到国家Ⅲ级标准；f. 计量设备应具有计量部门的认证；g. 计量系统应具有较高的安全性能（包括传感器安全、秤体安全、接地安全和数据安全等）；h. 应配置垃圾检验监控设施和场地，以鉴别进场垃圾的成分和垃圾种类。

12. 填埋堆体稳定性设计及土方平衡

垃圾填埋堆体设计应考虑尽可能增加垃圾库容、垃圾堆体稳定性、地基稳定性、周围景观，还应考虑封场覆盖、堆体边坡及堆体沉降的稳定，垃圾填埋覆土应尽可能就地解决或用其他覆盖材料替代。根据有关标准和填埋场现场条件提出垃圾填埋堆体的设计方案和土方平衡方案。封场覆盖应进行滑动稳定性分析，确保封场覆盖层的安全稳定。边坡的稳定性计算宜按现行国家标准《建筑边坡工程技术规范》（GB 50330）中土坡计算方法的有关规定执行，堆体沉降稳定宜根据沉降速率与封场年限来判断。填埋场运行期间宜设置堆体沉降与渗滤液导流层水位监测设备设施，对填埋堆体典型断面的沉降、边坡侧向变形情况及渗滤液导流层水头进行监测，根据监测结果对滑移等危险征兆采取应急控制措施。另外，根据填埋场的填埋区特点提出工程分期实施的设计方案。

13. 技术经济指标

填埋场设计总库容量（m^3）；填埋场设计有效库容量（扣除填埋区、填埋单元之间隔堤和覆盖材料所占空间后的库容）（m^3）；每立方米库容投资（按总库容计算）（人民币元/m^3）；每立方米库容的垃圾填埋质量（t/m^3）（压实密度）；填埋场建设工期（月）；最高日填埋量。

14. 施工方案主要内容

① 填埋场填埋区地基处理和土方工程施工组织方案；
② 填埋场填埋区防渗工程施工组织方案；
③ 填埋场填埋区渗滤液及污水收集、导排与处理工程施工组织方案；
④ 填埋气体收集导排、处理与利用工程施工组织方案；
⑤ 地表水、地下水监测设施的施工组织方案，包括施工质量控制体系方案和施工组织管理和施工进度方案。

第二节　填埋场工程

卫生填埋场主要包括垃圾填埋区、垃圾渗滤液处理区（简称污水处理区）和生活管理区三部分。随着填埋场资源化建设总目标的实现，它还将包括综合回收区。

卫生填埋场的建设项目可分为填埋场主体工程与装备、配套设施和生产、生活服务设施三大类。

1. 填埋场主体工程与装备

包括场区道路，场地整治，水土保持，地基处理与防渗工程、坝体工程，洪雨污分流及地下水导排，渗滤液收集、处理和排放，填埋气体导出及收集利用，计量设施，绿化隔离带，防飞散设施，封场工程，环境污染控制与环境监测设施，填埋场压实设备，推铺设备，挖运土设备等。

2. 配套设施

包括进场道路（码头）、备料场、机械与设备维修、供配电、给排水、消防和安全卫生、通信与监控、监测化验、加油、车辆冲洗、洒水、垃圾临时存放、紧急照明等设施。

3. 生产、生活服务设施

包括办公、宿舍、食堂、浴室、交通、绿化、传达、锅炉房、仓库等。

进行填埋场设计时，首先应进行填埋场地的初步布局，勾画出填埋场主体及配套设施的大致方位，然后根据基础资料确定填埋区容量、占地面积及填埋区构造，并作出填埋作业的年度计划表。再分项进行渗滤液控制、填埋气体控制、填埋区分区、防渗工程、防洪及地表水导排、地下水导排、土方平衡、进场道路、垃圾坝、环境监测设施、绿化以及生产、生活服务设施、配套设施的设计，提出设备的配置表，最终形成总平面布置图，并提出封场的规划设计。垃圾填埋场由于处所的自然条件和垃圾性质的不同，如山谷型、平原型、滩涂型，其堆高、运输、排水、防渗等各有差异，工艺上也会有一些变化。这些外部的条件，对填埋场的投资和运营费用相差很大，需精心设计。总体设计思路见图 4-1。

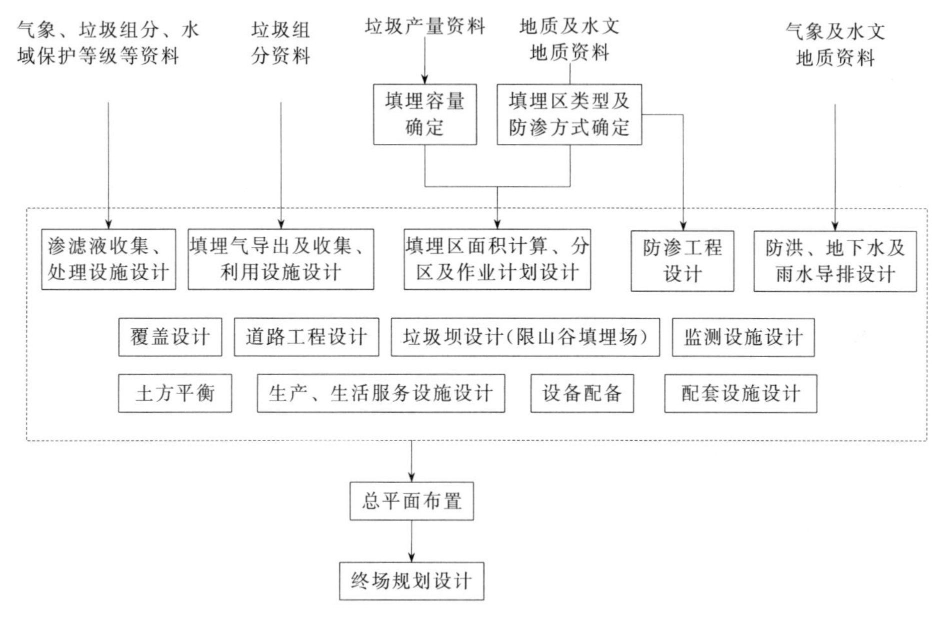

图 4-1　填埋场总体设计思路

一、规划布局

填埋场的建设应根据各地区的特点，结合环境卫生专业规划，合理确定填埋场建设规模并完善配套工程。中、小城市应进行区域性规划，集中建设填埋场。填埋场建设的总平面应按照功能分区布置；建设用地应遵守科学合理、节约用地的原则，满足生产、办公、生活的需求。总平面应按功能分区合理布置，主要功能区包括填埋库区、渗滤液处理区、辅助生产区、管理区等，根据工艺要求可设置填埋气体处理及利用区、生活垃圾机械-生物预处理区等。在填埋场布局规划中，需要确定进出场地的道路、计量间、生产及生活服务基地、停车场的位置，以及用于进行废物预处理的场地面积（如分选、堆肥场地、固化稳定化处理场地），确定填埋场场地的面积和覆盖层物料的堆放场地、排水设施和填埋场气体管理设施的位置、渗滤液处理设施的位置、监测井的位置、绿化带等。

填埋场的规划布局应考虑以下几个原则：

① 应充分考虑选址处地形、地质，因地制宜地确定进出场道路和填埋区位置；

② 应合理节约土地，按照功能分区布置，满足生产、生活和办公需要；

③ 渗滤液处理设施及填埋场气体管理设施应尽量靠近填埋区，便于流体输送；

④ 生产、生活服务基地应尽量位于填埋区的上风向，避免臭气等污染影响工作人员；

⑤ 填埋区四周应设置绿化隔离带；

⑥ 应根据现行的国家标准《生活垃圾卫生填埋场环境监测技术要求》（GB/T 18772）中的规定布置本底井、污染扩散井和污染监视井的位置；

⑦ 结合地质条件、周围自然环境、外部工程条件等，并应考虑施工、作业等因素，经过技术经济比较确定。

二、填埋区构造及填埋方式

根据填埋废物类别、场址地形地貌、水文地质和工程地质条件以及法规要求，确定填埋场的构造和填埋方式。考虑的重点包括填埋场构造、渗滤液控制设施、填埋场气体控制设施和覆盖层结构。

1. 填埋场构造

按照水文地质调查的资料，确定地下水（包括潜水和承压水）位的标高，分析场地的地下水流向，以及是否有松散含水层或者基岩含水层与填埋场场地有水力联系。根据填埋区天然基础层的地质情况以及环境影响评价的结论，并经当地地方环境保护行政主管部门批准，选择天然黏土防渗衬层、单层人工合成材料防渗衬层或双层人工合成材料防渗衬层作为应该采用的填埋场结构类型及防渗系统。

2. 填埋区单元划分

填埋库区应按照分区进行布置，库区分区的大小主要应考虑易于实施雨污分流，分区的顺序应有利于垃圾场内运输和填埋作业，应考虑与各库区进场道路的衔接。填埋作业单元的划分对填埋工艺、渗滤液收集与处理、沼气导排及垃圾的压实和覆盖等内容都有影响，并与填埋作业过程所用机械设备的性能有关。理论上每个填埋单元越小，对周围环境影响越小，但是工程费用也相应增加，所以应该合理划分作业单元。

3. 防渗设施

填埋场场址的自然条件符合国家现行标准《生活垃圾卫生填埋处理技术规范》（GB 50869）的要求，可采用天然黏土防渗方式；不具备天然防渗条件的，应采用人工防渗措施。防渗系统结构应根据《生活垃圾卫生填埋场防渗系统工程技术规范》（CJJ 113）的要求，并结合场地的工程地质和水文地质情况来确定。在填埋场设计中，衬层的处理是一个关键问题。其类型取决于当地的工程地质和水文地质条件。通常，为保证填埋场渗滤液不污染地下水，无论是哪种类型的填埋场都必须加设一种合适的防渗层，除非在干旱地区，其填埋场若能确保不污染地下水时，则可以例外。

填埋场底部应铺设渗滤液收集和导排系统，并且宜设置长久有效的疏通设施。由于渗滤液是一种悬浮物浓度很高的污水，填埋场底部的盲沟很容易被渗滤液中的物质堵塞。因此，目前国外许多填埋场均配备盲沟清堵设备，定期对盲沟进行清洗。渗滤液收集和导排系统包括导流层、导流盲沟、渗滤液收集导排管道、集水井、泵房等，盲沟和管道应以一定坡度坡向集水井。渗滤液收集导排系统必须能耐渗滤液的腐蚀。

4. 选择气体控制设施

处置含有可降解有机固体废物或挥发性污染物的填埋场，必须设置填埋场气体的收集和处理设施，以控制填埋场气体的迁移和释放。填埋气体的导排、处理和利用措施应根据填埋场库容、建设规模、生活垃圾成分、产气速率、产气量和用途等确定。为确定气体收集系统的大小和处理设施，必须知道填埋场气体的产生量，而填埋场气体的产生量又与填埋场的作业方式有关（例如是否使用渗滤液回灌系统），故必须分析几种可能的工况。使用水平气体收集井还是使用垂直气体收集井，取决于填埋场设计方案和填埋场的容量；收集到的填埋场气体是烧掉还是加以利用，取决于填埋场的容量和能量的可利用性。

5. 选择填埋场覆盖层结构

填埋场的覆盖层由下至上依次由排气层、防渗层、排水层与植被层等构成，每一层都有其功能。选择什么样的覆盖层结构取决填埋场的地理位置和当地的气候条件。为了便于快速排泄地表降雨并不致造成表面积水，最终覆盖层的表面应有不小于5%的坡度。

三、雨水集排水设施

生活垃圾填埋场应实行雨污分流并设置雨水集排水系统，以收集、排出汇水区内可能流向填埋区的雨水、上游雨水以及未填埋区域内未与生活垃圾接触的雨水。雨水集排水系统收集的雨水不得与渗滤液混排。雨水集排水系统设计应包括降雨排水道的位置、地表水道、沟谷和地下排水系统的位置。是否需要暴雨储存库取决于填埋场位置和结构以及地表水特征。对地表水应定期进行监测，有污染的地表水不得排入自然水体，应经相应处理后排走。

四、环境监测设施

填埋场监测设施主要用于监测填埋场地上下游的地下水水质、周围环境气体、填埋气体、渗滤液、填埋物外排水、地下水、噪声、填埋物、苍蝇密度、封场后的填埋场环境。监测设施的多少取决于填埋场的大小、结构以及当地对空气和水的环境质量要求。

五、基础设施

填埋场基础设施主要包括以下12项。

1. 填埋场出入口

填埋场的出入口设计与很多因素有关。包括车辆的数量和种类、与填埋场出入口相连的高速公路的种类等。通常要求出入口远离高速公路，本身呈喇叭型，不妨碍车辆的进出视线，有减速和加速路段，以方便车辆进出。

2. 运转控制室

所有进出填埋场的车辆都必须进行控制和记录。专用控制室的类型、大小和位置取决于下列各因素：填埋场所使用的车辆是否由场方管理；填埋场的运载车辆在场区围栏内的停驶数量；是否需要安装车辆计量地衡；其他行政设施的要求。

一般情况下，控制室应远离填埋场进口处，以防车辆堵塞公路。如进出车辆较多，特别是设有地衡的填埋场，控制室最好建在进出道路的一侧。控制室设计宜考虑设置障碍栏杆或交通信号灯来管理车辆的进出行驶。对于小型填埋场，可将控制室和行政办公室安排在一起。

3. 库房

填埋场内所使用的物件应有专门的堆放场所，有毒有害或爆炸性物品如杀虫剂、除草剂、易燃物、液化气罐等，需设置特殊的库房加以保管。其他可燃性物品如柴油、汽油、润滑油等，应存放在有完整标记的桶或容器内。

4. 车库和设备车间

填埋场设有车库和设备车间时，如果车库以维修为目的，则应有完整的照明、通风、采暖等配套装置。考虑到手工操作人员的需要，应备有低压电源。

5. 设备和载运设施清洗间

为便于设施等的清洗，作业区域要求有理想的水源和下水系统，这里的电器设备应有专门的保护装置，同时要设置专门的车辆清洗设施。通常，在场内修建一段足够长的高标准道路，以便车辆经过这段道路时，黏附在车辆上的泥土可被振落下来；道路要定时清扫，以防场内的泥土带上高速公路。但在多数场合，因填埋场内场地有限，常采用机械设备清扫除泥。无论何种方式，除泥设备都应设置在远离入口处，以便使车辆进入高速公路之前有足够长的路段来除去轮上残留的淤泥。

车轮清洗槽是一种投资较省的车轮清洗方式。用水泥之类的材料砌一个凹槽，充满水，所有离开填埋场的车辆都得驶过凹槽，同时在凹槽内设置一些障碍物，使驶过的车辆震动，以除去黏附在车轮上的疏松污泥。车辆驶过凹槽时必须注意放慢速度。也可以用震动栅栏清洗车辆，将横栅栏横装与道路相平或者一端稍有一定坡度，车辆驶过时产生震动，使黏附的污泥和杂物落入栅栏下面的坑中，此坑应定期加以清洗。

6. 废物进场记录

场地承受余量的可信程度取决于准确的进场废物量记录。最好的办法是在进口处设置车辆过磅秤。进场垃圾应登记垃圾运输车车牌号，运输单位，进场日期及时间、离场时间，垃圾来源、性质、重量等情况。电脑、地磅等设备出现故障时，应立即启动备用设备保证计量工作正常进行；当全部计量系统均发生故障时，应采用手工记录，系统修复后应及时将人工记录数据输入电脑，保持记录完整准确。此外，根据进场废物量记录还可以做出填埋场的发展计划。

7. 地衡设置

在选择和安装计量地衡时要考虑废物填埋场的服务范围。如果填埋场不限用于某些特定的用户，则所有进出场的载重车辆都要通过称量，这可能会出现车辆的拥塞。地衡宜设置在运送生活垃圾和覆盖黏土的车辆进入填埋库区必经道路的右侧。地衡的承重能力和平板大小与车辆的类型有关。地磅前后方应设置醒目的提示标志，前方 10m 处应设置减速装置，防雷设施应保持完好。

8. 场地办公及生活用房

填埋场内的建筑物大小、类型和数量等建筑标准，应贯彻安全实用、经济合理、因地制宜的原则，根据填埋场规模、填埋场的使用年限、建筑物用途、建筑场地条件等的需要确定。填埋场构筑物与附属建筑物应按工艺要求与使用年限，结合当地条件选择相应的结构形式。场内建筑应包括综合办公楼、食堂、仓库、车库和车间、传达室等。所有场内建筑物所具共同特征是：在满足使用功能和安全的条件下宜集中布置；必须满足规划、建筑物、防火、健康和安全的有关规定和要求；防止发生对文化艺术的破坏；依据填埋场运行时间，考虑设施的耐用性和生活设施重新调整布局的可能性；易于清洗和维修；外观整齐、协调；动力、上下水、电话等服务设施齐全。

填埋场的生活设施应尽可能符合场内管理、记录档案保存、福利以及库房、车库和车间的要求。在大型填埋场，特别是那些处置难以处置的工业废物填埋场，有必要为管理部门和技术部门提供一定的分析设施或小型实验室，用于对进入填埋场的废物进行分析检查。

9. 其他行政用房

大型填埋场应有供各种业务管理、开会等的用房；供展示填埋场运行情况、发展规划和覆盖作业计划等的固定用房。

10. 场内道路建设

填埋场场内的运输道路根据其功能、使用年限和交通运输量分为主要道路和辅助道路、临时性道路和永久性道路，均应满足填埋作业、维护、管理、生活和其他辅助工作的要求。道路的质量是保证有效填埋的基础。进入场内处置区的路面应经常维修保养。从高速公路到填埋场控制室的一段道路，因在整个运行期内全天候使用，因而在设计上应考虑满足这一要求，并应做好排水措施。填埋场道路应根据其功能要求分为永久性道路和库区内临时性道路进行布局。永久性道路应按现行国家标准《厂矿道路设计规范》(GBJ 22) 中的露天矿山道路三级或三级以上标准设计；库区内临时性道路及回（会）车和作业平台可采用中级或低级路面，并宜有防滑、防陷设施。道路路线设计应根据填埋场地形、地质、填埋作业顺序，各填埋阶段标高以及堆土区、渗滤液处理区和管理区位置合理布设。道路有一定的长度和宽度，以保证在车辆排队等候称量时不致发生堵塞、影响交通。道路设计应满足垃圾运输车交通量、车载负荷及填埋场使用年限的需求，并应与填埋场竖向设计和绿化相协调。道路的路面可用沥青或水泥铺设，并使用路标。填埋作业区变更后，从控制室到作业区的道路可能需要重新铺设。

11. 围墙及绿化设施

除非填埋场周围有天然屏障，一般都应圈以围墙，以防出现非正常通路，无限制地随便进出，不仅不利于保卫，而且给周围环境和人群健康带来威胁。

填埋场为防止废纸四处乱飞，通常在工作面周围设置防轻质垃圾飞散设施。由于作业面经常变动，此种围墙应能搬动。此外，填埋区四周应设置绿化隔离带，其宽度不小于10m，填埋场专用道路两侧应绿化。填埋场内生产管理、生活服务区与填埋区的距离应符合安全防护要求，生产管理、生活服务区与填埋区中间宜用绿化隔离带隔离，绿化隔离带宽度一般不小于8m。

填埋场的绿化布置应符合总平面布置和竖向设计要求，合理安排绿化用地，场区绿化率宜控制在30%以内。填埋场绿化应结合当地的自然条件，选择适宜的植物。填埋场永久性道路两侧及主要出入口，库区与辅助生产区、管理区之间，防火隔离带外，受西晒的生产车间及建筑物周围，受雨水冲刷的地段等处均宜设置绿化带。填埋场封场覆盖后应进行生态恢复。

12. 公用设施

卫生填埋场应有水、电、安全和卫生设备。水对于饮用、救火、除尘和工人的卫生是必不可少的。大型填埋场还要安装污水管、架设电话或无线电台。填埋场应有可靠的供水水源和完善的供水设施，生活用水水质应符合现行国家标准《生活饮用水卫生标准》（GB 5749）的要求。供电电源应由当地电网供给，负荷等级应采用二级，全场防雷应按照现行国家标准《建筑物防雷设计规范》（GB 50057）等有关规定设置防雷与接地装置。填埋场的安全、卫生措施应符合《建设项目（工程）劳动安全卫生监察规定》（劳动部令第3号）、《工业企业设计卫生标准》（GBZ 1）和《生产过程安全卫生要求总则》（GB/T 12801）等文件和标准的要求。

六、封场规划

填埋场的封场规划是填埋最初设计的一部分，而不是填埋完成后再予考虑的事项。在规划填埋场时，必须决策填埋场的最终使用或后期使用（图4-2），该最终或后期使用将影响填埋操作及填埋场程序管理，而且对后期使用的总费用和预期的效益应予以评估。如果这些费用不能被人们接受，那么必须修正后期使用的决定，这样，填埋终场利用在填埋一开始时就成了规划步骤中的一个组成部分。

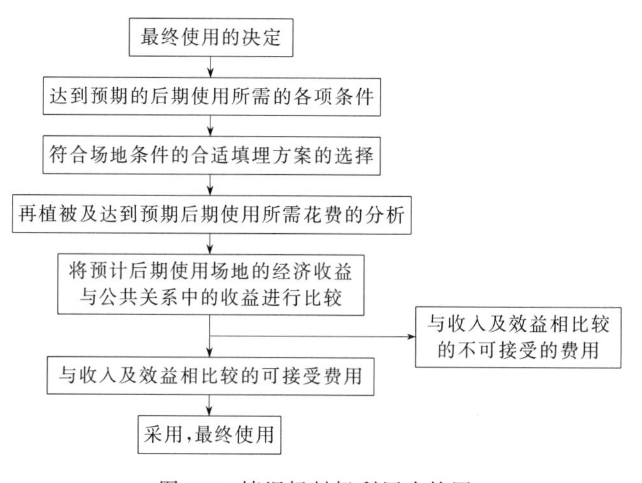

图4-2 填埋场封场利用决策图

填埋场封场设计应考虑堆体整形与边坡处理、封场覆盖结构类型、填埋场生态恢复、土地利用与水土保持、堆体的稳定性等因素。填埋场封场应符合现行的《生活垃圾卫生填埋处理技术规范》(GB 50869)、《生活垃圾卫生填埋场封场技术规程》(GB 51220)与《生活垃圾卫生填埋场岩土工程技术规范》(CJJ 176)等行业规范和标准的有关规定。

当作业单元填埋厚度达到设计厚度后，可进行临时封场，在其上面覆盖45～50cm厚的黏土，并均匀压实。还可以再加15cm厚营养土，种植浅根植物。最终封场覆土厚度应不小于50cm，其中营养土厚度不宜小于15cm。最终封场后至少3年内（即不稳定期）不得作任何方式的使用，并要进行填埋气体导排、渗滤液导排和处理、环境与安全监测等运行管理，直至填埋体达到稳定，还要注意防火防爆。有资料表明，沼气的产生期可长达50年，当然后期产生量很少。

填埋场使用结束后，要视其今后规划的使用要求而决定最终封场要求。封场覆盖后，采用植被逐步实施生态恢复并应与周边环境相协调，进行水土保持的相关维护工作。填埋场封场后的土地利用应符合现行国家标准《生活垃圾填埋场稳定化场地利用技术要求》(GB/T 25179)的规定。土地利用前应做出场地稳定化鉴定、土地利用论证及有关部门审定，未经环境卫生、岩土、环保专业技术鉴定前，填埋场地严禁作为永久性封闭式建（构）筑物用地。通常作绿地、休闲用地、高尔夫球场、园林等，亦可作建材预制件、无机物堆放场等。

事实上，填埋场是一座规模庞大的生物反应器。生活垃圾在填埋场中经过若干年的生物降解后即可达到稳定化，所形成的垃圾也被称为矿化垃圾。大量研究结果表明，矿化垃圾是一种无毒无害的废物，可以开采和利用。在进行终场规划时，也可以考虑矿化垃圾的开采和填埋场的循环使用，提高填埋场的填埋容量。

第五章 填埋工艺与设备

第一节　填埋工艺

一、影响填埋工艺的基本概念

不同的填埋场类型和不同的填埋方式，其作业工艺流程基本相同。了解待处理废弃物的性质（如成分、含水率等），对确定填埋场的整体计划以及填埋场的作业工艺是非常重要的。在确定填埋工艺原则前要了解几个基本概念。

1. 计划收集人口数

按确定的计划处理区域统计人口的数量，并适当放有余量。

2. 每人每日平均排出量

计划收集垃圾量与计划收集人口数之间的比值，即每人每日平均排出量。统计数据表明，城市每人每日平均排出量为800～1200g，农村则在600g左右，根据地域而有所不同，并因消费水平、社会形势等而变动。

3. 计划垃圾处理量

计划垃圾处理量（t/d）可用下式求得。

计划垃圾处理量＝计划收集垃圾量＋垃圾直接运入量

＝计划收集人口数×每人每日平均排出量＋垃圾直接运入量

垃圾直接运入量是指填埋场附近的单位或居民直接运入填埋场进行处理的量，这个量必须由大量的统计数据归纳得出。

4. 垃圾填埋量

如得出了计划垃圾处理量，基于每个城市垃圾处理各种方法（如采取焚烧、填埋、堆肥等）的分布，可以测算出用填埋方法来处理垃圾的量。

5. 垃圾压实密度

指由压实机械将垃圾挤压成紧固状态时的垃圾密度。该值因填埋垃圾的种类、使用的填埋机械不同而异。日本经长期经验汇总有表 5-1 数据，可供参考。

表 5-1　不同种类垃圾的压实密度　　单位：t/m^3

垃圾种类	范　围	平 均 值	代 表 值	
可燃垃圾主体(60%以上)	0.74～1.00	0.83	可燃垃圾	0.77
不燃垃圾主体(60%以上)	0.42～1.59	0.86	建筑废料	0.71
混合垃圾	0.41～1.28	0.71	焚烧残灰	1.00
			污泥	0.80
			塑料及不燃垃圾	0.43

6. 垃圾填埋容量

以往垃圾填埋容量多用质量表示，现在一般用容积来表示，单位为 m^3/d，计算公式如下。

$$垃圾填埋容量=\frac{垃圾填埋量}{垃圾压实密度}$$

7. 填埋高度

$$填埋高度=\frac{填埋容量}{填埋面积}$$

填埋场的设施建设通常是根据填埋面积来决定的（如渗滤液处理设施、渗滤液收集导排系统、防渗系统面积的设置等），而这个面积的大小又与建设费用密切相关。因此通常也把填埋高度作为衡量填埋场的一个经济指标来考虑，这时又称为填埋效率。假设填埋面积相同，则可能的填埋容量越大，即填埋高度越高，经济性也就越好。

8. 覆盖厚度

一般垃圾一次性填埋，每层垃圾厚度应为 3m 左右。当天作业完毕，覆土 30cm 左右。考虑到填埋场的生态恢复，最终覆土层厚达 1m。如若按照严格的覆盖规程，填埋场覆土量一般占填埋场总容量的 1/3 左右。

9. 填埋场使用年限

填埋场的规模根据必须的填埋场使用年限而定。从理论上讲，填埋场使用年限越长越好，但考虑到填埋场的经济性、填埋场地形的可能性以及填埋场终场利用的可行性，填埋场使用年限的确定必须在选址规划和做填埋计划时就考虑到。一般填埋场使用以 5～15 年为宜。

10. 填埋终场平地利用率

$$填埋终场平地利用率=\frac{终场后可利用平地面积}{填埋场总面积}$$

填埋终场后得到的平地越宽，可利用的途径就越广，土地的再利用价值也就越高。

二、填埋场工艺的确定原则

（1）分区作业，减少垃圾裸露面，降低作业成本，按计划进行填埋作业　根据每天的垃圾处理量，确定填埋区域和每天的作业层面，尽量控制垃圾裸露面的范围，这样既可以减少对环境的污染，又可以减少因治理环境污染而所需的费用。

（2）压实多填，延长填埋场使用年限，确定合理的填埋高度　选择专用的填埋压实机械，提高垃圾填埋的压实密度，增加填埋场的使用年限，使有效的填埋面积得到最充分的利用。

（3）控制源头，落实环保措施，防止二次污染　制订有效的环境保护对策，从填埋场地基的防渗、垃圾渗滤水的收集与处理、填埋气体的导排或回收利用以及填埋场的虫害防治等方面，采取及时的预防和治理措施，将垃圾对周围环境的污染降到最低限度。

（4）超前规划，采取合理的填埋方式，缩短稳定期，有利于填埋场的复原利用　在填埋场启用前，对填埋场的终场利用必须有一个综合规划。根据制订的规划，并以有利于填埋场的稳定和提高填埋场的终场利用率为前提确定填埋方式，从而使填埋场的复原利用规划得到最有效的实施。

三、填埋工艺

垃圾的填埋工艺总体上服从“三化”（即减量化、无害化、资源化）的要求。垃圾由陆运进入填埋场，经地衡称重计量，再按规定的速度、线路运至填埋作业单元，在管理人员指挥下，进行卸料、推铺、压实并覆盖，最终完成填埋作业。其中推铺由推土机操作，压实由垃圾压实机完成。每天垃圾作业完成后，应及时进行覆盖操作，填埋场单元操作结束后及时进行终场覆盖，以利于填埋场地的生态恢复和终场利用。垃圾填埋过程应保证填埋堆体的力学稳定性，垃圾堆存产生的渗滤液应及时收集导排出来进行处理，达到排放标准才能排放；垃圾产生的填埋气体应进行有效收集导排和处理利用。为防止垃圾在堆存过程中污染环境，需在底部设置防渗系统并在顶部设置封场覆盖系统，以实现垃圾与环境的有效隔离。此外，根据填埋场的具体情况，有时还需要对垃圾进行破碎和喷洒药液。生活垃圾卫生填埋典型工艺流程如图 5-1 所示。

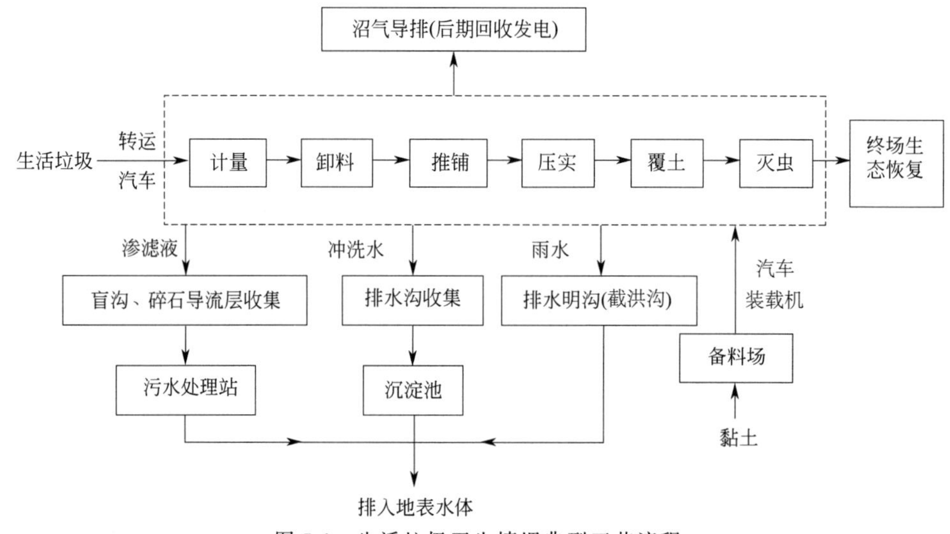

图 5-1　生活垃圾卫生填埋典型工艺流程

城市各生活垃圾收集点的垃圾用翻斗车、集装箱、专用垃圾船或铁路专用车箱运送到填埋场，经计量和质量判定后进入场内。按指定的单元作业点卸下，对于大型填埋场通常要分若干单元进行填埋。垃圾卸车后用推土机摊铺，再用压实机碾压。大型垃圾场是采用专用压实机，它带有羊角型碾压轮，不仅能起到压实作用，还起到破碎作用，使垃圾填埋体致密，减少局部沉降，提高库容利用率。小型填埋场亦有用推土机代用的，但效果较差。分层压实到需要高度，再在上面覆盖黏土层，同样摊铺、压实。每一单元的大小，应按现场条件、设备条件和作业条件而定，一般以一日一层作业量为一单元为宜，以便每日一覆盖。昼夜连续作业的可按交接班为界，每班作业量为一单元。单元内作业应采取层层压实的方法，垃圾的压实密度采用推土机压实的应大于 $0.6t/m^3$，采用专用压实机的应大于 $0.8t/m^3$。每层垃圾厚度应以 2.5～3.0m 为宜，每层覆土厚度为 20～30cm，通常 4 层厚度组成一个大单元，上面覆盖上土 50cm。10m 厚的大分层之间通常需建立车辆通过的平台，供垃圾车进场用。要求覆盖的黏土，以渗透率小的为佳。

由于填埋区的构造不同，不同填埋场采用的具体填埋方法也不同。例如在地下水位较高的平原地区一般采用平面堆积法填埋垃圾；在山谷型的填埋场可采用倾斜面堆积法；在地下水位较低的平原地区可采用掘埋法；在沟壑、坑洼地带的填埋场可采用填坑法填埋垃圾。实际上，无论何种填埋方法主要由卸料、推铺、压实、覆土四个步骤构成。

（1）卸料　采用填坑作业法卸料时，往往设置过渡平台和卸料平台。而采用倾斜面作业法时，则可直接卸料。

（2）推铺　卸下垃圾的推铺由推土机完成，一般每次垃圾推铺厚度达到 30～60cm 时进行压实。

（3）压实　压实是填埋场作业中一道重要工序，填埋垃圾的压实能有效地增加填埋场的容量，延长填埋场的使用年限及对土地资源的开发利用；能增加填埋场强度，防止坍塌，并能阻止填埋场的不均匀性沉降；能减少垃圾孔隙率，有利于形成厌氧环境，减少渗入垃圾层中的降水量及蝇、蛆的滋生，也有利于填埋机械在垃圾层上的移动。因此，填埋垃圾的压实是卫生填埋过程中的一个必不可少的环节。

垃圾压实的机械主要为压实机和推土机。一般情况下一台压实机的作业能力相当于 2～3 台推土机的工作效能，其在国外大型填埋场已得到广泛使用。在填埋场建设初期，国内较多填埋场用推土机代替专用压实机，压实密度较小，为得到较大的压实密度，国内垃圾填埋场也正在逐步采用垃圾压实机和推土机相结合来实施压实工艺。

（4）覆土　卫生填埋场与露天垃圾堆放场的根本区别之一就是卫生填埋场的垃圾除了每日用一层土或其他覆盖材料覆盖以外，还要进行中间覆盖和终场覆盖。日覆盖、中间覆盖和终场覆盖的功能各异，各自对覆盖材料的要求也不相同。

日覆盖的作用有：a. 改善道路交通；b. 改进景观；c. 减少恶臭；d. 减少风沙和碎片（如纸、塑料等）；e. 减少疾病通过媒介（如鸟类、昆虫和鼠类等）传播的危险；f. 减少火灾危险等。日覆盖要求确保填埋层稳定并且不阻碍垃圾的生物分解，因而要求覆盖材料具有良好的通气性能。一般选用砂质土等进行日覆盖，覆盖厚度为 20～25cm。

中间覆盖常用于填埋场的部分区域需要长期维持开放（2 年以上）的特殊情况，它的作用是：a. 可以防止填埋气体的无序排放；b. 防止雨水下渗；c. 将层面上的降雨排出填埋场等。中间覆盖要求覆盖材料的渗透性能较差。一般选用黏土等进行中间覆盖，覆盖厚度为 30cm 左右。

终场覆盖是填埋场运行的最后阶段，也是最关键的阶段，其功能包括：a. 减少雨水和其他外来水渗入填埋场内；b. 控制填埋场气体从填埋场上部释放；c. 抑制病原菌的繁殖；d. 避免地表径流水的污染，避免垃圾的扩散；e. 避免垃圾与人和动物的直接接触；f. 提供一个可以进行景观美化的表面；g. 便于填埋土地的再利用等。

(5) 灭虫　当填埋场温度条件适宜时，幼虫在垃圾层被覆盖之前就能孵出，以致在倾倒区附近出现一群群的苍蝇，当出现这种情况时，通过在填埋操作区的喷洒杀虫药剂可以控制这个问题。当然这种杀虫剂应是在研究苍蝇的习性基础上加以研制开发的，同时应按照一定的规范进行操作。

与简易堆放相比，卫生填埋具有以下特点：按国家标准规定采取防渗措施；落实卫生填埋作业工艺，如推平、压实、覆盖等；对渗滤液进行收集、处理和达标排放；采取有效的填埋气体收集导排和污染控制措施；蚊蝇得到有效的控制；最终封场并考虑封场后的土地利用。

第二节　填埋作业

填埋物进入填埋场应进行检查和计量。检查的内容包括垃圾运输车车牌号、运输单位日期及时间、垃圾来源和类别等情况。填埋场入口操作人员要求对进场垃圾适时观察，发现来源不明等要及时抽检；不符合规定的填埋物不能进入填埋区，并进行相应处理、处置；填埋作业现场倾卸垃圾时一旦发现生活垃圾中混有不符合填埋物要求的固体废物，要及时阻止倾卸并做相应处置，同时对其做详细记录、备案并及时上报。填埋场通过地磅房等计量系统对进场垃圾进行计量信息登记，操作人员应做好每日进场垃圾资料备份和每月统计报表工作。

填埋应采用单元、分层作业，填埋库区剖面图如图 5-2 所示。填埋单元作业工序应为卸车、分层摊铺、压实，达到规定高度后应进行覆盖、再压实。

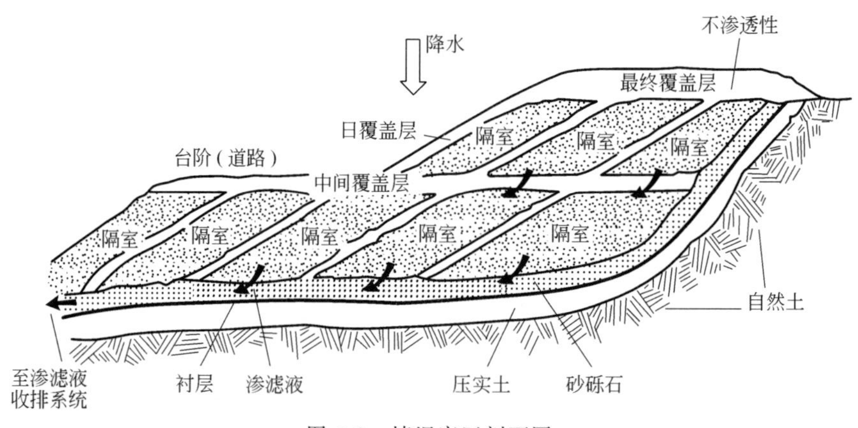

图 5-2　填埋库区剖面图

一、定点倾卸

通过控制垃圾运输车辆倾倒垃圾时的位置，可以使垃圾推铺、压实和覆盖作业变得更有规划，也更加有序。如果运输车辆通过以前填平的区域，这个区域将被压得更实。

比较合适的作业方式是计划出当天所需的作业区域，然后就地挖出覆盖材料，在第一天处置完毕后随即覆盖，第二天如此往复开辟新的作业区。在正常作业不受大的干扰情况下，作业面应当尽量缩小，而做到这一点，现场指挥人员在填埋场开放期间应在作业区用哨子、喇叭或者小旗指挥进来的车辆在作业面的适当位置倾倒垃圾，可以使用路障和标志规定出当天作业区。应该将作业区放在作业面的顶端，这是因为推铺和压实从底部开始比较容易而且效率高。如果倾倒从上部开始，要注意防止垃圾被堆成一个陡峭的作业面，并影响当天的压实效果。在底部倾倒还可以减少刮走垃圾碎屑。应当保持作业区清洁、平整，以防止车辆损坏和倾翻。在小的填埋场，可能需要设置一个用做作业面的倾倒区；在大的填埋场或者在短时间内处理垃圾量较大的填埋场，应该设一个人工卸车的倾卸区。如果作业面的宽度不足以进行这种作业时，车辆可以行驶到上部去倾倒。

填埋作业时应对作业区面积进行控制。对于日平均处理量在500t及以上的填埋场，宜按照作业区面积与日填埋量之比0.8～1.0进行作业区面积的控制并且按照暴露面积与作业面积之比不大于1∶3进行暴露面积的控制。对于日平均处理量在500t以下的填埋场，宜按照作业区面积与日填埋量之比1.0～ 1.2进行作业区面积的控制，并且可按照暴露面积与作业面积之比不大于1∶2进行暴露面积的控制。雨、雪季填埋区作业单元易打滑、陷车，应选择在填埋库区入口附近设置备用填埋作业区，以应对突发事件。

二、推铺

推铺是使作业面不断扩张和向外延伸的一种操作方法。垃圾可以沿斜面被推铺并压实，称为斜面作业。这种操作尤其是在多雨地区有利于场区内减少渗滤水收集量，并防止其在作业区内堆积。斜面作业的优点是比平面作业时所用的覆盖材料少，减少飞扬物，同时，当机器向上爬坡时要比向下爬坡容易得到一个比较均匀的垃圾作业支撑面。

具体的填埋操作过程如下。先将垃圾按从前至后的顺序铺在作业区下部，然后又将其堆成约0.6m的坡面。推土机沿斜坡向上行驶，边行驶边整平，压实垃圾。然后在压实的垃圾上覆盖上一层土并压实。这样就形成卫生填埋场中许多彼此毗邻的单元，处于同一层的单元，就构成“台”，完工后的填埋场就是由一层或多层“台”组成。

某一作业期（通常取一天）的作业量构成一个填埋单元，每一单元的生活垃圾高度宜为2～4m，最高不得超过6m。单元作业宽度按填埋作业设备的宽度及高峰期同时进行作业的车辆数确定，最小宽度不宜小于6m。单元的坡度不宜大于1∶3。

每一单元大小可根据填埋场的不同日处理规模来选取，相关尺寸可参考表5-2。

表5-2　填埋单元尺寸参照表

日处理规模/(t/d)	填埋单元尺寸 $L \times B \times H$/m×m×m
≥1200	25×9×6
500～1200(含500)	20×7×5
200～500(含200)	14×6×4
<200	11×6×3

分层作业是每个分区中的各子单元按照顺序填埋为基础，分为第一阶段填埋作业和第二阶段填埋作业。通常填埋第一层垃圾时宜采用填坑法作业。第一阶段填埋作业完成后

可进行第二阶段填埋作业。第二阶段宜采用倾斜面堆积法。在第二阶段作业中，可设每5m左右为一个作业层，第二阶段填埋作业在地面以上完成，为保证堆体的稳定性，需要修坡，堆比宜为1∶3。每升高5m设置一个3m宽的马道平台，第二阶段填埋作业最终达到的高程为封场高程。

三、压实作业

由于填埋场的选择日趋困难，因此，延长现有填埋场的使用年限变为政府部门和每一位经营者十分关注的问题。压实是实现这一目标的有效途径。通过压实，可以延长填埋场使用年限，减少沉降和空隙，因而减少虫害和蚊蝇的滋生，减少飞扬物，降低废弃物冲走的可能性或使废弃物在雨天过多暴露，减少每天所需的日覆盖土，从而减少机器的挖土工作量；减少渗滤水和填埋气体的迁移；提供一个坚实的垃圾作业面，减少机器保养和维修。

推铺、压实是城市生活垃圾卫生填埋作业中一道重要的工序。通过实施压实作业，可增加填埋场的填埋量，延长作业单元区及整个填埋场的使用年限；减少垃圾孔隙率，有利于形成厌氧环境，减少渗入垃圾的降水量及蝇、蛆的滋生；有利于运输车辆进入作业区及土地资源的开发利用。表5-3列出了国内外典型填埋场的推铺、压实工艺参数。

表5-3 国内外典型填埋场的推铺、压实工艺参数

填埋场名称	推铺机械与推铺作业	压实机机械与压实作业	压实后垃圾密实度/(t/m^3)	分层厚度/m	备注
英国伯明翰垃圾卫生填埋（山地）	钢轮压实机，在向前推进中完成铺平、压实作业		1.2	≥2	装有重型切削刀的压实机，可把垃圾轧碎
国外填埋综合技术资料	橡胶轮推铺机把垃圾推铺开来	垃圾厚度不超过0.6m，由钢轮压实3～5次	0.6～1.0		压实机重型切削刀的压实机，可把垃圾轧碎
杭州天子岭垃圾填埋场（山地）	上海120A推土机，推铺卸点垃圾	垃圾层厚度达0.7m时由上海120A推土机压实	≥0.6	2.5	
广州市李坑生活垃圾卫生填埋场（山地）	上海120A推土机，推平卸点垃圾	垃圾层厚度达0.6～0.7m，由TA120推土机压实		2.0～2.5	场内有德国宝马压实机
西安市江村沟填埋场（山地）	上海120A推土机，推平卸点垃圾	堆至分层厚度，由工程压路机压实		2.5～3	
成都市长安固体废弃物卫生处置场（山地）	上海120A、TS140两种推土机，推平卸点垃圾	堆至分层厚度，由工程压路机压实，来回3～4遍	0.7～0.8	3～4	
广州大田山填埋场（山地）	上海120A推土机，推平卸点垃圾	垃圾层厚度达0.8m时，由工程压路机压实	0.8	2.0～2.5	
北京阿苏卫填埋场（平原）	推平、压实作业由宝马BC601RB型压实机同时完成		>0.65		
上海市废弃物老港处置场（滨海滩地）	推平压实由上海120A、TS140推土机完成，推铺厚度0.4m，压实3遍		>0.65	4	分层压实厚度0.9～1.2m

垃圾层厚是影响压实的最关键的因素。为了得到最佳的压实密度，废弃物推铺层厚一般不能超过6m。压实遍数是影响密实度的另一关键因素。通过遍数通常被定义为压实机在一个方向通过垃圾的次数。无论何种类型的压实机，最好应该通过3～4次，多于4次，压实密度变化不大，而且在经济上也不合理。坡度应当保持小一点。一般4∶1或更小一些，一个标准的坡面可以获得最好的压实效果。压实后应保证层面平整，垃圾压实密度应不小于600kg/m^3。对于日填埋量小于200t的填埋场，可采取推土机替代专用垃圾压实机完成压实垃圾作业，但需达到规定的压实密度。小型推土机来回碾压次数则按照垃圾压实密度要求，以大型推土机连续碾压的次数（不少于3次）进行相应的等量换算。对垃圾进行破碎也有利于压实。同时，垃圾破碎后降解速度会加快，从而加速其稳定化进程。

四、覆盖

1. 日覆盖

日覆盖的主要目的是控制疾病、垃圾飞扬、臭味和渗滤液，同时还可控制火灾。在进行日覆盖前要把垃圾直接压实，这样就形成了平坦的垃圾面，便于覆盖及有关运行。为达到这个目的，至少要保证每日的覆盖厚度宜为20～25cm。在填埋区扩展延伸时，顶部和斜坡也要覆盖，以防止垃圾到处飞扬。一般情况下，每个作业面在一天工作结束时都应及时覆盖。

填埋单元作业完成后的日覆盖主要作用是抑制臭气，防轻质、飞扬物质，减少蚊蝇及改善不良视觉环境。由于日覆盖主要目的不是减少雨水侵入，因此对覆盖材料的渗透系数没有要求。根据国内填埋场经验，采用黏土覆盖容易在压实设备上黏结大量土，对压实作业产生影响，因此建议采用砂性土进行日覆盖，厚度宜为20～25cm。

为节省土料用量并改善隔水性能，我国的生活垃圾填埋场已经普遍采用HDPE膜或LDPE膜进行日覆盖。每天作业完成后用膜覆盖，第二天作业时再揭开膜的一部分，在垃圾面上继续堆填垃圾。覆盖膜可重复利用，既能减少覆盖土用量，又节省了库容，延长填埋场的使用年限。采用HDPE膜或线型低密度聚乙烯膜（LLDPE）覆盖时，膜的厚度宜为0.50mm，宽度为7～8m。膜的性能指标应符合现行行业标准《垃圾填埋场用高密度聚乙烯土工膜》（CJ/T 234）和《垃圾填埋场用线性低密度聚乙烯土工膜》（CJ/T 276）的要求。采用膜材料覆盖时，从当日作业面最远处的垃圾堆体逐渐向卸料平台靠近。覆盖时膜裁剪长度宜为20m左右，膜与膜搭接的宽度宜为0.20m左右，盖膜方向要求按坡度顺水搭接（即上坡膜压下坡膜）。应注意覆盖材料的使用和回收，降低消耗。

除了用土和塑料膜，覆盖也可采用喷涂覆盖技术。喷涂覆盖是将覆盖材料通过喷涂设备，加水混合搅拌成浆状，喷涂到所需覆盖的垃圾表层，材料干化后在表面形成一层覆盖膜层。采用喷涂覆盖的涂层干化后厚度宜为6～10mm。

2. 中间覆盖

每一作业区完成阶段性高度后，暂时不在其上继续进行填埋时，应进行中间覆盖。中间覆盖的主要目的是避免因较长时间垃圾暴露进入大量雨水，产生大量渗滤液，可采用黏土、HDPE膜、LLDPE膜等防渗材料进行中间覆盖。黏土覆盖层厚度宜大于30cm，膜厚度不宜小于0.75mm。

覆盖时膜裁剪根据实际长度，但一般不超过50m。覆盖时宜按先上坡后下坡顺序覆盖。在靠近填埋场防渗边坡处的膜覆盖后，要求膜与边坡接触并有0.5～1m宽的膜覆盖住边坡。膜的外缘要拉出，宜开挖矩形锚固沟并在护道处进行锚固。应通过膜的最大允许拉力计算，确定沟深、沟宽、水平覆盖间距和覆土厚度。膜与膜之间要进行焊接，焊缝要求保持均匀平直，不允许有漏焊、虚焊或焊洞现象出现。覆盖后的膜要求平直整齐，膜上需压放有整齐稳固的压膜材料。压膜材料要求压在膜与膜的搭接处上，摆放的直线间距为1m左右。如作业气候遇风力比较大，也可在每张膜的中部摆上压膜袋，直线间距2～3m。

需注意的是，膜覆盖的垃圾堆体中，会产生甲烷、硫化氢等有害健康的气体，将其掀开时，必须有相应的防范措施。

3. 终场覆盖

填埋作业达到设计标高后，应及时进行终场覆盖，也叫封场覆盖。终场覆盖是垃圾堆体与大气和表面径流间永久性的屏障。堆体整形应满足封场覆盖层的铺设和封场后生态恢复与土地利用的要求。为方便排除雨水和雪水，堆体整形顶面坡度不宜小于5%。终场覆盖系统由多层组成，由下至上依次为：排气层、防渗层、排水层与植被层。各层厚度、材料和规格等详见第9章。

五、封场作业

封场是填埋场设计操作的最后一环。封场要同地表水的管理、渗滤水的收集监测以及气体的控制措施结合起来考虑。封场目的是通过在填埋场表面修筑适当的坡度，以此减少侵蚀，并最大限度地排水，尽量不使环境受到污染。

六、填埋分区计划

分区作业即将填埋场分成若干区域，再根据计划按区域进行填埋，每个分区可以分成若干单元，每个单元通常为某一作业期（通常一天）的作业量。填埋单元完成后，覆盖20～30cm厚的黏土并压实。分区作业使每个填埋区能在尽可能短的时间内封顶覆盖；有利于填埋计划有序，各个时期的垃圾分布清楚；单独封闭的分区有利于清污分流，大大减少渗滤液的产生。

图5-3为一座填埋场的单层填埋分区计划图。如果填埋场高度从基底算起超过9m，通常在填埋场的部分区域设中间层，中间层设在高于地面3～4.5m的地方，而不是高于基底3～4.5m。在这种情况下，这一区域的中间层由60cm黏土和15cm表土组成。在底部分区覆盖好中间层后，上面可以开始新的填埋区。

应当注意，用于铺设中间层的土壤不能用于铺设最终覆盖层，这是因为这些土壤沾染了垃圾。这些土壤可以用于每日覆盖，或填入填埋场内。自然表土是可以重新用于最终覆盖层的。

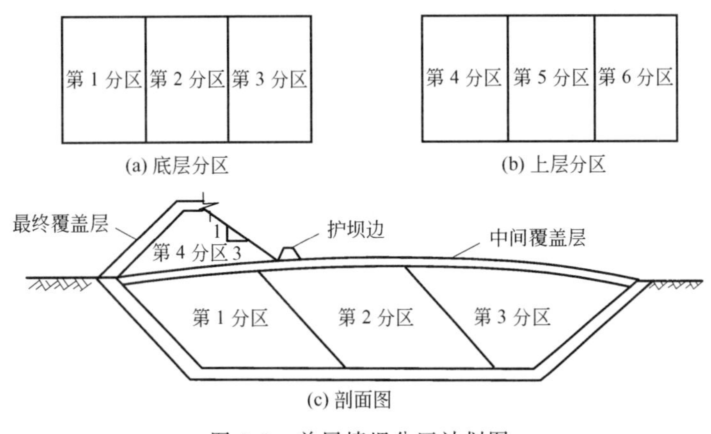

图 5-3 单层填埋分区计划图

在分区计划中，要明确标明填土方向，以防混乱。在已封顶的区域不能设置道路。永久性道路应与分区平行铺设在填埋场之外，并设支路通向填埋场底部。交通线路应认真规划，使所有垃圾均能卸入最后剩余的一个单元之内。

第三节 特殊状况填埋作业

一、适合北方雨季填埋作业的工艺

由于北方雨季降水集中，故北方垃圾填埋场在雨季垃圾填埋中存在与南方填埋场同样的诸多困难，如渗滤液和雨水不能分流，导致渗滤液产生量过大、浓度过高；渗滤液浸泡，导致填埋区道路松软，难以压实和覆盖；滞留填埋区表面的渗滤液还会产生恶臭、蚊蝇滋生，引发环境卫生问题。如果不加强填埋场的工艺管理和技术创新，这些问题不但会影响填埋场正常运行，不能实行真正卫生填埋，而且还会加大垃圾填埋处理成本。

王进安等结合北方填埋场的特点，针对填埋作业管理中存在的问题，首次提出“路堤结合垃圾卫生填埋工艺”的概念。“路堤结合工艺”可用16个字概括：“垃圾作基、筑堤为路、以路分区、兼作平台”，分区堤坝与临时道路相结合，实现分区填埋。即利用含水量小的非雨季垃圾修建填埋分区堤坝（以下称路堤），作为填埋区道路和雨季作业平台；雨季垃圾含水量大，填埋区卸车困难，可以在渣土路面或钢板路箱上向填埋分区单元内卸车，压实机或推土机可在分区单元内作业。分区堤坝（路堤）起到隔离作业单元区与非作业单元区的作用，实现清污分流，最大程度减少渗滤液产生量；下一次重新分区时路堤在原来基础上继续加高，可以最大程度减少垃圾沉降引起的道路塌陷，保证雨季车辆通行，改善了作业环境。

1. 作业平台（路堤）的修建

根据每年的垃圾量在填埋区域规划若干平行的路堤，如图5-4中A—B、C—D、E—F所示，长箭头为车辆行驶路线，短箭头为垃圾倾卸和推填方向。路堤可根据每年的垃圾量和场区现状修建一条或多条，第一条路堤可以与填埋区边堤合围，形成的库区作为一个填埋分区，以后每年再修建的路堤与上年修建的路堤合围成新的填埋分区；当这一层平台所有分区都填埋完毕，可以在原来的分区的基础上重新开始分区，但路堤修建的位置永远不变，直至封场。图 5-4 中 A—B、C—D 等路堤的长宽高和路堤相互间隔根据雨季和非雨季的垃圾量确定，路堤的宽度应能保证作业车辆转弯或调头。非雨季的垃圾由于湿度小，经压实后沉降较少，用来修路堤，路堤形成的分区用来填埋湿度较大的雨季垃圾。

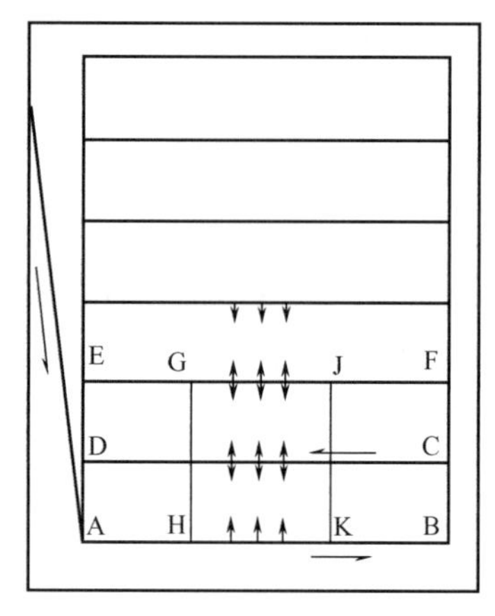

图 5-4　填埋区路堤规划示意

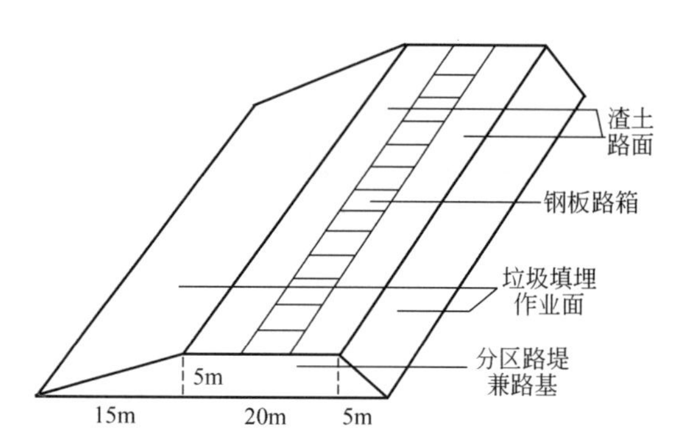

图 5-5　路堤剖面示意

以阿苏卫填埋场为例，北京每年 6～10 月为雨季，降雨量占全年降雨量的 90%（2002 年为 435.2mm/483.5mm，阿苏卫填埋场测定），非雨季垃圾推平压实主要靠宝马压实机，表层 50cm 以上密度平均达到 0.9～1.1t/m^3，雨季垃圾推平压实主要靠“山推 120”推土机，压实密度平均达到 0.7～0.9t/m^3。阿苏卫填埋场年平均填埋垃圾 60 万吨，雨季垃圾约为 25×10^4t，需要库容 $31.3\times10^4m^3$；非雨季垃圾 35×10^4t，需要库容 $35\times10^4m^3$。

路堤剖面如图 5-5 所示，整个路堤分两层填埋，两端到中心的坡度设定为 1%，路面宽度 20m，底部宽度 40m，高度 4m。考虑到车辆行走引起沉降，作业时高出设计值 1m。在雨季，推土机推平垃圾比较经济的距离是 50m，所修路堤距填埋场边堤 100m，雨季垃圾 25×10^4t 需要宽 100m、深 4m、库容 $31.3\times10^4m^3$ 的分区 824m。而非雨季垃圾 $35\times10^4m^3$ 可以修建路堤 2300m，完全满足需要。路堤内侧坡度 1∶1，外侧坡度 1∶3，以黏土等覆盖材料压实，内侧暂时暴露面以 HDPE 膜或其他简易材料临时覆盖。路堤路面覆盖 50cm 建筑渣土，根据作业平台大小，需要渣土 23000m^3。这些渣土在下一次路堤加高时需要取走以重复使用。根据填埋场经济条件渣土上可以再铺设钢板路箱，便于大吨位车辆通过。钢板路箱由上海老港填埋场首先使用，后经过北京阿苏卫填埋场改良，成为最近几年国内诸多填埋场解决雨季作业区行车困难的主要手段。

填埋分区内可以再划分若干填埋单元，填埋单元的库容可填埋 1～2 天的垃圾，单元之间也以路堤间隔，修建方式和分区路堤一样，但可以不考虑车辆行驶，如图 5-4 中 G—H、J—K 所示。

2. 作业车辆机械的管理

垃圾转运车辆与运输覆盖材料的车辆，必须在路堤上行走，不得随意穿行填埋区，保证场区平整，便于排水。路堤形成后，推土机一般情况下只允许在单元内作业，不得在路堤渣土或钢板上行走，以免损坏机械或破坏路面。

雨季由于车辆不能进入单元分区，只能从路堤（作业平台）直接倾卸，利用推土机将垃圾送到单元内。垃圾推平压实保证有一定的坡度，使填埋单元与路堤平行的中心连线为最低点，保证雨水不会回流到路堤泡软路基。分区内整体高程要低于路堤，填埋中产生的渗滤液或污染的雨水留在分区内等待处理，不能进入非填埋区域。

3. 日常覆盖

垃圾覆盖根据垃圾转运和填埋情况，一般分为早、晚两个班次，分别在两个填埋单元交替进行，互不影响。

垃圾填埋前要清走作业区的覆盖土，这样既能节约库容又可以避免由于覆盖土导致渗滤液下渗困难；路堤修建前渣土同样要清到一边，以便反复利用，钢板路箱在修建路堤时需要及时清理保养。

填埋单元扩展时，顶部和斜坡都需覆盖。每日覆盖主要是控制轻质垃圾不被风吹走，以及避免大量降水进入填埋作业区，并减少臭味。覆盖层材料除采用黏土外，还可以采用其他覆盖材料。如可以降解的聚乙烯环保覆盖薄膜或可以多次使用的 HDPE 膜，采用薄膜作为覆盖材料，可以减少黏土的使用量，增大垃圾填埋场的有效填埋容量，减少运输工作量；由于 HDPE 膜渗透系数远低于压实黏土，采用膜覆盖能有效地增加地表径流，减少渗滤液的产生，还能有效灭蝇。上海市废弃物老港处置场研究表明，用 0.5mm HDPE 膜覆盖灭蝇比药物灭蝇可节省开支 0.27 元/m^2。

4. 渗滤液及雨水导排

一般情况下，填埋单元内的被污染的降水形成渗滤液可以留在分区内，这样既有利于加快填埋场的稳定，同时也可以通过填埋场消减大部分有机物。如遇强降水天气，填埋单元内积水很多，影响到填埋作业，并有可能逸出填埋单元，污染非作业区。这时需要架泵将这些渗滤液抽到附近的渗滤液收集系统。由于填埋单元内有大量漂浮物，所有水泵需要加格栅防堵。

进入雨季后，非作业区收集的雨水如没有污染，可以形成地表径流经过雨水边沟直接排放。非作业区覆盖土经过压实后再遇降雨会形成一层防渗良好的致密层，水分的入渗过程主要受控于这一层土壤的特性，而与下层土壤性状基本无关，即在表层形成了入渗的控制剖面，使水分入渗受阻，从而增加了降水的产流率。为防止这层致密防水层遭到破坏，非作业区除路堤以外严禁行车。

路堤结合填埋工艺能较好地解决北方填埋场雨季填埋中存在的问题，希望对国内其他填埋场有所借鉴。

二、高含水率生活垃圾的填埋

进入填埋场的填埋物应符合住房和城乡建设部发布的《生活垃圾卫生填埋处理技术规范》（GB 50869—2013）中对填埋物入场技术要求的规定。在气温比较高、大量水果上市的季节，其城市生活垃圾的含水量会明显提高，如有的城市在西瓜上市季节，含水率可高达

60%左右。这种高含水率的垃圾必将对填埋场常规作业产生一定的影响，因此，应有一套较详细的作业计划才能安全有效完成填埋作业。

1. 单元作业计划

单元作业计划是针对填埋场整个年度计划而言的，长期分析填埋场收集的垃圾成分，有助于搞清楚垃圾含水率的周期性变化的月份，例如：上海西瓜上市季节基本都在 7、8 两个月份，如混合生活垃圾填埋，其高含水率势必集中在两个月；又如长江流域的城市，梅雨带基本都在 6 月发生，客观上增加的雨水势必造成垃圾含水率增加。分析摸清垃圾成分后，应合理安排计划。针对高含水率生活垃圾，应主要从作业道路、操作工艺上加以优化、改进，确保生产、质量得到保证。

单元作业计划安排原则是：第一，有助于车辆直接进入卸点倾倒；第二，现有的作业机械不因高含水率生活垃圾的影响而出现沉降或履带打滑；第三，高含水率的垃圾产生的有机高负荷污水能合理调节。以上原则最关键的一条是生产作业能顺利进行，不出现安全事故。

2. 作业道路安排

这里把作业道路专门强调，主要是针对国内某些填埋场车辆无法直接进入倾卸点，在无特殊辅助措施建立临时道路的情况下，建立作业道路的计划是解决高含水率生活垃圾填埋的必要措施。

高含水率的垃圾一经作业机械碾压后，即形成 20cm 泥浆状表层，对作业临时道路构成了很大危险，一经大吨位垃圾车来回驶过，就会形成坑坑洼洼的不平整面层，对车辆的通过性构成很大危害。针对高含水率垃圾采用特殊方式构筑作业临时道路。

（1）方案一：山地土以三明治方式构筑临时道路　该方法在国内南方城市普遍采用，其效果较佳，解决了不少实际问题。其构筑关键是路基必须是一层垃圾一层土压实构筑，土和垃圾的比例以 3∶1 或 2∶1 为佳，其地基承载能力是足够大且路基高出路面 20～30cm，车辆通行效果颇佳。

（2）方案二：钢板路基箱焊接构件　钢板路基箱是一焊接构件，其长、宽根据车辆的载重量设计，通常设计为 4m×1.5m 或 6m×1.5m，其厚度即骨架采用 $10^{\#}$～$12^{\#}$ 槽钢焊接而成，面板采用花纹防滑板经塞焊、线焊而成，重 1～1.5t，以专用工具铺设，临时道路采用该焊接件，主要解决车辆的承载能力。例如 QD362（装载量 8t）黄河车前、后载荷分析可知：满载时前轮 $15t/m^2$，后轮 $25t/m^2$，而垃圾的承载力仅 $3\sim4t/m^2$，车辆直接进入垃圾上理论上计算是不可能的，但若使用钢板路基箱 4m×1.5m，载荷有明显下降，可解决车辆进入填埋的问题。

铺设时采用专用夹具，夹起钢板路基箱，一块块先后顺序排列，花纹板面可增加车辆防滑，在国内填埋场中，上海市废弃物老港处置场大面积采用，效果相当理想。据调研，可使用年限为 6 年左右，重复使用，年经济投资为 250～280 元/m^2。

另一种设施是防滑模块，使用原理同钢板路基箱一致，但投资大于钢板路基箱，国内尚未有实际使用。

（3）方案三：建筑垃圾构筑临时道路　镇江市城东垃圾填埋场采用建筑垃圾及满载建筑垃圾车辆的碾压，也成功地解决了临时道路问题，特别在高含水率垃圾到来期间可以照样生产。但其构筑原理同样需满足“三明治式”构筑，垃圾间建筑垃圾层厚比为（1∶2）～（1∶3），才能解决车辆行驶问题。

3. 作业平台构筑

垃圾卸料平台构筑与否，其关键同车辆卸料方式极其相关，大吨位后推式液压装置通常不必设置卸料专用平台，但对后拦板式举升自卸车辆设计专用卸料平台其意义极大，可解决以下几个主要问题：a. 提高车辆卸料时的平稳安全性，因高含水率垃圾承载不同极易造成车辆侧翻，发生安全事故；b. 形成一固定卸料点，即一定的落差，举升车辆卸料彻底，利用垃圾倾卸时的惯性，可一次性卸料；c. 可有效解决卸料的后栏板的可靠性，保证车辆后栏板完好，后尾灯装置完好。

（1）钢结构卸料平台　为有效安全地解决以上 3 个问题，可设计一钢结构卸料平台。钢结构卸料平台外形尺寸可根据装载车辆而定，其构成分两部分，前端为一定倾角的斜坡，后端为长方形平台，高度及坡度视举升或自卸车后栏板接地间隙而定，通常在 0.8～1m，侧面与底部连接处可设计为船形结构减少移动时摩擦系数，便于搬迁，表面采用花纹钢板焊接，防止车辆上坡道时打滑，平台面层设计时设置抵栏杆和止轮坎，倒车时安全停车。两侧设计定位桩，重量在 12t 左右，前后端设计拖钩，便于 TSY 220 推土机拖动移位。该移动式钢结构卸料平台可与临时道路特别是钢板路基箱组合成一临时倾卸点，有效解决高含水率垃圾的作业通道。

（2）泥土卸料平台构筑及试验　先用垃圾构筑卸料平台基础，经宝马压实机多次压实，至不再沉降，然后在垃圾面上覆盖泥土，经推土机和压实机层层推铺、压实，直至覆盖泥土厚 50～80cm。构筑设备为 TS 140 推土机、BC 670RB 压实机。

试验结果表明，不采用钢板路基箱和卸料平台，而使用泥土构筑卸料平台倾倒垃圾的方案是不可行的，从使用时间和经济角度分析也不可取。

4. 推铺、压实

高含水率垃圾的推铺、压实的技术关键是斜坡作业，即水往低处流的作业思路来处理高含水率垃圾，尽可能采用由上往下的作业方式推坡。试验表明坡度大约在 11°时，斜面作业的压实密度，以及高含水率垃圾的推坡、压实效果最佳。而由下往上作业，通常会形成垃圾堆体滑坡，垃圾渗滤水流向车辆倾卸点，构成对临时道路的威胁，一般情况下不宜采用。

另外，可间断使用两个作业倾卸点，一旦一作业点影响到推铺或者压实时，可关闭停用该作业点，及时启用备用点，同样采用斜坡作业，使生产能正常进行，碾压出的渗滤水顺着坡度下渗到收集盲沟，确保作业面层不使作业机械下陷而出现打滑现象。

5. 覆盖

高含水率垃圾在经过压实碾压 2～3 遍后，其面层马上会出现泥浆状的自然覆盖层，对蚊蝇滋生起一定的阻隔作用，建议在土源较紧缺的填埋场可采用该方法在一定时间内暂停覆盖，在经济上定有收获，因为及时覆盖的另一个原因是土源浪费极大，主要对面状含水率高，泥浆状的面层对覆盖的质量也不理想，放置一星期左右其面层形成一层像抹墙灰一样的保护层。因此，压实到位对覆盖的有效性和经济性有很大的作用。

三、软土地基上生活垃圾的填埋

根据目前世界各国比较典型的填埋场，通常按照选址可分为平原填埋型、滩涂填埋型和山谷填埋型。滩涂填埋型即海滩由于潮汐，经长期淤积、扩张而成。这对于耕地面积日益减少的中国而言，不失为一种围海造田的良策。我国上海、大连等地就是利用各自的地理位置来围筑填埋场的。老港处置场地处滩涂，软土地基承载力不到$4t/m^2$，因此，必须采取适合上海高含水率垃圾特点、同时又符合老港处置场多雨和软土地基填埋的作业工艺。下面以上海市废弃物老港处置场二期工程为依托，研究在滩涂的软土地基上建设卫生填埋场处置高含水率生活垃圾的关键技术。

1. 作业单元雨污水与非作业单元雨水分流

垃圾填埋场所产生的渗滤水除少量是垃圾自然分解产生外，主要是由场内雨水浸泡垃圾聚集而成。为了减少垃圾的受雨面积，老港处置场采取了垃圾分区集中填埋措施，尽量减少垃圾污染面，即把填埋场用隔堤分割成独立作业单元：400m×125m（或500 m×125m，其单元宽度主要根据推土机的最佳作业半径而定）。每日进场的垃圾集中在两个单元内填埋，一个单元填埋完毕之后，再开辟另一个新工作单元。这样，既可减少填埋污水发生量，又能做到作业单元的雨污水与非作业单元的雨水分流，从而有利于填埋场的污水控制和治理。

2. 移动式钢结构垃圾卸料平台

进入老港处置场的垃圾含水率一般高达50%（瓜果上市季节可高出60%），这给运输车辆在垃圾工作面上定点倾卸带来了难题。车辆无法直接在垃圾滩上卸料，即使铺设了钢板路基箱，因地基承载大小不均，车辆底盘损坏严重；遇到雨季，车辆顶泵时车身扭曲，时有侧翻现象。为解决这一作业困难，设计并使用了移动式钢结构垃圾卸平台，效果良好。

该平台为三角形箱体接矩形箱体结构，总长12m，宽5m，卸料顶端高度为0.8～1m，坡度为6°左右。根据卸料平台所承担负载的特点，在结构上采用网板结构形式，内部结构由钢板焊接成蜂窝状长方形格子网，外边由钢板封焊。在平台面板上设计了沼气排泄孔，以防止因垃圾作业区产生的沼气迁移到平台箱体内，聚集到一定浓度时而引起的爆炸。在平台的卸料顶端及两侧均设止轮坎，以防止驾驶员操作失误而产生倾翻事故。在平台面板上加焊防滑条，防止车辆轮胎打滑。根据垃圾填埋作业的移动性，在完成一个作业点填埋后，要将平台移动到另一作业区，所以在平台设计了若干组拖环，供吊运移动用。该平台的使用，使满载垃圾的车辆连同卸料平台的重量对垃圾表面的压强下降到$2t/m^2$以下，同时也解决了车辆彻底卸料问题。

3. 斜面推铺作业法

为了提高垃圾作业表面的承载能力，同时保证填埋场在无积水环境下作业，采取了斜面推铺、分层碾压的作业方法。即垃圾倾倒作业点后，由推土机自上而下逐步推开，每次推铺厚度约为0.4m，形成适宜于推土机有效、安全的作业坡度。当垃圾层厚达到1.2m左右时，再由压实机进行来回3次碾压，如此反复作业，直至顶面。这样的作业方式，既可以使垃圾密实度增加至 1.27t/m^3 左右（垃圾含水率为 42.9%），提高了作业表面的承载能力，有利于作业机械安全行驶，又能使垃圾填埋过程中产生的渗滤水压溢外排，减少污染面。

4. 终场排水

老港处置场堆高 4m，属浅层填埋。以往作业单元顶部以平面形式封场，这样，在多雨季节，单元内的水位与四周排水沟水位一样高，垃圾浸泡在雨水中，严重影响了场区的作业环境。为了解决这一现状，单元顶面形成龟背形即垃圾堆放时，逐步形成两边低、中间高，其上再覆盖 0.30m 厚的黏土。当中间堆高达 8m 时，单元可形成 4% 左右的排水坡度，单元四周设置明渠，沟沟相通，排入芦苇湿地。这一方案将在老港处置场的生产中进一步推广应用。因此对于多雨地区软土地基上填埋高含水率生活垃圾，除了依靠工程措施，做到作业单元的雨污水与非作业单元的雨水分流，有效地控制垃圾渗滤液对场区和周围水域的污染，还在于在填埋作业的各个工序中提高垃圾作业面的承载能力。

四、灾害性天气生活垃圾的填埋

1. 雨雪天气的生活垃圾填埋

填埋场在设计时，必须确保一定降雨量情况下的排水系统。国内填埋场选址大多比较偏远，有的在海边，有的在山谷，有的远离居民区，设计时弱化了填埋场本身的排水系统，在一定的暴雨、降雪情况下，即出现道路浸泡在水中，有时整个填埋场一片汪洋。

为防止车辆出现安全事故，各排水系统在填埋单元作业完成前，需及时构筑，包括采取简易的大明沟，在雨污水不能分流情况下，可作应急排污功能，且沟沟相通，平时由专人负责管理。

每年、季编制生产计划大纲时，应根据当地常年的气候特征，预测性编制生产作业大纲，如南方城市的梅雨季节、集中暴雨季节，这样作业单元编制时，紧靠白色混凝土路面可预留灾害性天气填埋的容量，便于倾卸车辆顺利进入填埋场，一旦进入雨雪天填埋，增开临时作业点，交替使用，以便及时修筑临时道路，确保畅通。

雨雪天气到来时，最大的危害是临时道路不能畅通，填埋作业负责人必须到现场采取措施。其一，控制进场车辆车速，下雪天时采取现场防滑措施，可用装载机把道路清理，减少积雪或道路残留垃圾，必要时辅以黄沙和草包，增加摩擦系数，气候过于恶劣时，甚至采取暂闭填埋场和间隙停产的措施，确保安全。其二，因大暴雨可能造成单元积水严重，排污不及时，推土机作业将潜伏着巨大的危险性，特别是斜面作业时，推土机可能会发生下陷或倾覆的危险，应及时改变作业方式，特别是推土机操作工凭经验推至垃圾边缘时，不要匆忙提推刀，而应在安全的情况下，操纵杆推进倒挡，加大油门，一手操作提刀操纵杆，一手操作离合器，快速退出边缘。这种安全提醒或操作是很有必要的，因为曾有填埋场在单元积水较大时，连陷 3 台推土机，给作业造成很大的人力、物力浪费及不安全因素。其三，加强现场指挥，在作业比较频繁的填埋场，各倾卸点应加强现场指挥，使填埋车辆流量有序进入各卸点。

2. 高温、高产天气填埋作业

多数填埋场在高温高产期间采取临时调整作业时间，或用二班制形式错开高温作业时间。

目前，对有空调降温措施的作业机械需求越来越多，因此对生产厂家来说，在生产设计时，同步配置必要的降温措施是必需的，这有助于产品有更大的市场。这包括填埋场其他作业机械，如装载机、运输卡车、挖掘机等。

填埋作业现场增设活动房，其大小根据现场人员而定，同样配置空调改善一线操作工的作业环境。现场作业工人可交替轮流作业，或一旦发现中暑工人时，即可移入空调间，采取临时措施。同时临时房内配置必备的防中暑药品，如人丹、清凉油等。

高温高产期间通常填埋场停止调休，除特殊原因外一律不得请假，确保一线劳动力配备充足，各作业机械一人一机或两人一机，确保各卸点机械出动台数充裕。采取各种方式进行现场慰问，不失为调动职工积极性的一种有效措施，各作业点现场放置冰水或冰冻绿豆汤等降温饮料，二、三线人员现场送冷水毛巾、降温饮料至每个操作工手中。

3. 迷雾天气填埋作业

在关键点设置防雾措施，如在进场路口、计量磅站、转弯口、倾卸作业点现场，道路实施单行道，禁止逆向行驶，在确保一定目视范围内可继续作业。有计量装置的填埋场，特别提醒该气候条件下，读卡信息因各触点氧化易产生误差，宜采用手动较可靠。

4. 严寒天气填埋作业

根据填埋场所处的地理位置，及时掌握寒流交替时间采取相应的防冻措施，如购置棉温被套，加注防冻液或作业机械进行发动机放水等。这里介绍一种利用垃圾进行防冻的简便有效措施。大多填埋场都进行斜面作业，在冬季严寒到来时，可选择无积水的单元底部，推铺好斜坡，把作业机械集中放置到低洼地，既可避风防寒，又便于夜间值班管理。主要利用垃圾发酵产生的热量进行避寒，但同时又必须注意防火。

5. 作业机械的换季保养

作业机械换季保养的关键点是换注机油、作业机械的电瓶以及冬季燃油。燃油可由物资保障部门解决。换注机油、电瓶则是每个操作工必须及时完成的，可配置必要的启动电源、启动液，根据机械保养的要求及时更换机油和适用的标志，确保作业顺利进行。

第四节　填埋设备

一、概述

建设卫生填埋场，需要选择合适的设备，以保障其顺利运行并尽可能降低运行费用，并与填埋工艺相一致。填埋作业，对垃圾而言主要是推铺、压实。对土方工程而言，是每个单元填埋前的设施准备，覆盖土准备和覆盖作业，场地挖掘和土方平衡等工程。对填埋后的再利用主要是堆肥和有机肥制作。可用于完成这些工作的设备包括履带拖拉机、推土机、压实机、挖土机、破碎机、吊车抓土机等（见图 5-6）。

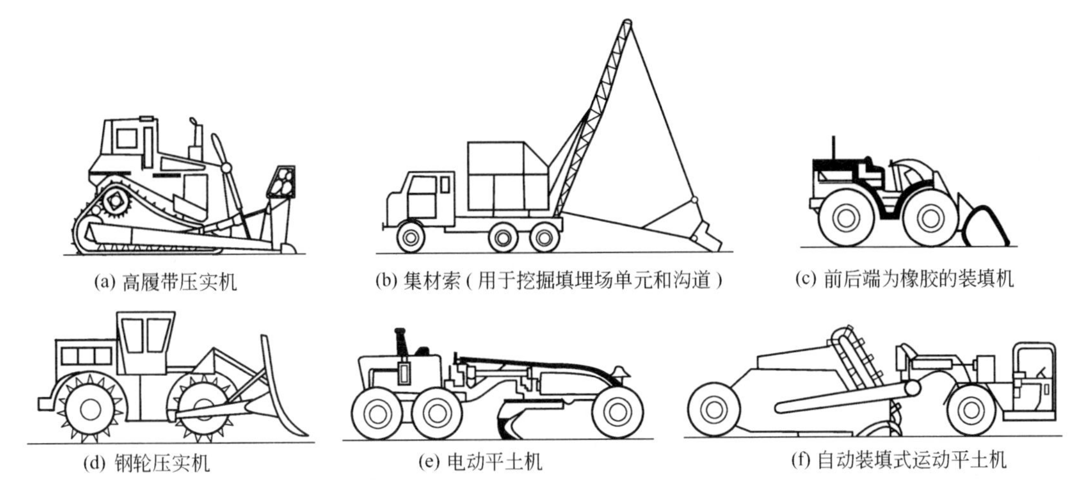

图 5-6　填埋场用机械设备

设备的功能主要分为与土壤相关的功能、与垃圾有关的功能、辅助功能和垃圾再利用功能。

1. 与土壤相关的功能

当确定填埋设备的功能时，应该考虑土壤作为防渗垫层和覆盖材料被挖掘、处理、压实的要求。完成上述作业与土方作业的方法和使用的设备有轻微的不同，因此，特定条件下的卫生填埋场所需设备的机械化和复杂化程度与在本区域内进行土方作业的设备区别不大。这种情况受到当地地理和土壤条件的限制。

2. 与垃圾有关的功能

设备与垃圾相关的功能有推铺、压实，用于小规模作业和受到经济限制时，可用土方机械完成垃圾处理功能。垃圾可由收集车在作业面定点倾倒，推铺作业可由推土机来完成，并进行压实。压实功能应引起高度重视，因为它无论近期和远期都影响到填埋的作业、场地的沉降速度和范围，更重要的是它决定着填埋的容量。为压实专门设计的重型设备比一般用于土方工程的轻型设备的压实效果要好得多。如果使用轻型设备来达到重型设备的效果，就必须在垃圾上多走几回。使用轻型设备时，把每一层的厚度降低也可以达到同样的效果。达到压实所需要的压实次数还受垃圾湿度和组分的影响。

填埋场的作业条件与理想的条件相比相差甚远，这就要求填埋设备必须坚固。在填埋场使用的设备散热器容易堵塞和损坏，设备的机身和操作部分会因垃圾的沉积而受到损坏而缩短使用寿命，这些不利因素表明，必须在场地备有一定的备件和建设相应的维护修理设施。

3. 辅助功能

考虑到填埋场初始和最终建设阶段，用来安装环境控制设施的辅助设备是需要的，如铺设薄膜防渗垫层和顶层覆盖，渗滤液的收集设施等。辅助功能可以在运转阶段发挥作用，包括场内道路的修筑和维护、灰尘控制、防火等。总的来说，在运转阶段的不少辅助功能可以由推铺和压实等设备来完成。

4. 垃圾再利用功能

对于中国的填埋场，由于垃圾仍有相当多的有机质，故开发用堆肥和有机复混肥料有不少工作要做。相关填埋场，特别是复垦后作耕地、果园的填埋场，应备有筛分和堆肥设备。

由于垃圾填埋设备往往是多功能的，一种设备可以有多种功能，故本书不以设备的功能分类，而是以设备为序，介绍各种设备的功能、特性和规格。重点介绍部分国内外重要的、常用的填埋机械。

为了使填埋场的日常操作规范化、标准化，填埋场应该配备完整的填埋机械设备。填埋场主要工艺设备要求根据日处理垃圾量和作业区、卸车平台的分布来进行合理配置，可参照表 5-4 选用。表 5-4 列出了住房和城乡建设部《生活垃圾卫生填埋处理工程项目建设标准》（建标 124—2009）中列出的主要大型机械设备的配置要求。

表 5-4　填埋场主要大型机械设备配置要求　　单位：台

日处理规模/(t/d)	推土机	压实机	挖掘机	装载机
>1200	3～4	2～3	2	2～3
500～1200	2～3	2	2	2
200～500	1～2	1	1	1～2
<200	1～2	1	1	1～2

注：1. 卫生填埋机械使用率不得低于 65%。
2. 不使用压实机的，可 2 倍数量增配推土机。

二、推土机

推土机用于将填埋场的大块垃圾在相对短的距离内从一处搬运或推铺至另一处，由于具有履带式牵引，推土机可以爬上陡坡，并可毫无问题地在不平坦的表面移动。这在处置垃圾时是一个重要因素。将垃圾在一硬表面分薄层仔细推铺可得良好的压实坡度。推土机具有推铺、搬移和压实垃圾的功能。

目前推土机主要用于填埋场推铺进场垃圾，也用于垃圾日覆盖以及按需要修筑或挖沟，对填埋场来说，推土机必不可少。推土机也可在拖运抛锚的、陷入泥潭或出故障的运输车辆时发挥作用。

选择推土机的要点是：推土机接地压力适当，使推土机在垃圾上不下陷；推土机功率合适，能在填埋场正常作业。推土机的作业效率与运距有很大关系，表 5-5 列出了推土机直铲作业时的经济运距。

表 5-5　推土机直铲作业时的经济运距

行走装置	机型	经济运距/m	备注
履带式	大型	50～100(最远 150)	上坡用小值,下坡用大值
	中型	50～100(最远 120)	
	小型	<50	
轮胎式		50～80(最远 150)	

最常用的是履带式推土机，其功能是分层推铺和压实垃圾、场地准备、日常覆盖和最终覆土、一般土方工作等。

履带式推土机的履带宽度有各种标准，如 457mm（18in）、508mm（20in）、559mm（22in）和 610mm（24in）。履带还必须有足够的高度，便于更好地适应垃圾的尺寸和防止可能的滑坡。设备通过与垃圾表面的接触对垃圾产生压力（见表 5-6）。

表 5-6 常用履带式推土机的性能

功率/kW	重量/kgf	接触面积/m^2	压强/(kgf/cm^2)
103	11750	2.16	0.54
147	16100	2.76	0.58
220	24770	3.91	0.78

注：1kgf=9.8N；$1kgf/cm^2=9.8\times10^4Pa$。

压力的大小决定着压实的程度，每层垃圾铺得越薄，压实得越好。履带式机械的接地压力较小，因此压实效果并不很理想。为了使履带式设备达到最好的压实效果，重要的是要装上合适的推板，垃圾的密度为土的 1/4，因此可以靠增加的面积来提高其推垃圾的能力，铁隔栅可以用来增加推板的高度，但要避免挡住司机的视线。

三、压实机

1. 压实机的作业目的

卫生填埋场用压实机的主要作用是铺展和压实废弃物，也可用于表层土的覆盖。当然最重要的是要达到最大的压实效果。

开放的填埋面积应尽可能地保持在最小规模。这样可防止动物进入、气味散发等问题的出现，同时也可以使交通更为方便，保护卡车轮胎不受有毒物质的侵害。

影响压实后密度的最重要的可控因素是每一压实层的厚度。为达到最大压实密度，废弃物应以 400～800mm 厚进行铺展和压实（成分不同，厚度不同）。一般情况下采用 500mm 为层厚。

垃圾的密度也取决于压实的次数。压实 2～4 次后可以达到理想的密度。继续压实的效果不会太明显。

前方斜面操作是使用压实机最有效的方法。斜面越平坦，压实效果越好，因为只有在较平坦的工作面才能最有效地利用压实机自身的重量。另外，平坦的工作面能够减少压实机燃料消耗。前方斜面操作还可以很有效地控制雨水的流向，以免水在装卸区积存。

垃圾中水分的含量对压实密度有很大的影响。对于一般家庭废弃物，达到最大压实效果的最适宜水分含量约为 50%（质量分数）。把废弃物含水量减少，通常也可使最终的压实密度提高。

选择压实机应该注意如下几点。

① 压实机以柱螺栓连接的金属轮取代了履带，它集合了推土机及通过在四只车轮的每一只产生接触点而得的额外压力的总重量，车轮专门设计了独特的轮缘用于操作。通过使用压实机，可使原始垃圾获得更大的减容。选择要点是：在同等效率的情况下，压实力较大，

而功率较小；整机对地面压力小于垃圾表面的承载力。

② 每天处理废弃物的吨数、体积及填埋场占地费用是决定合适的压实机重量的主要参考数据。在辨清废弃物主要成分后，在将要进行填埋的垃圾的种类和将要达到的压实效果基础上，选择合适的压实机。

③ 压实要求在填埋场管理中变得越来越重要，高度压实可延长填埋场使用寿命，从而降低填埋场单位面积垃圾的处理成本。

另外，在选择压实机时还应该综合考虑压实方法，运输道路状况、天气、表面覆盖材料的类型和特性等。

2. 压实机的种类

（1）钢轮压实机　该压实机主要用于推平和压实垃圾。其特点是轮子上一般装有可更换的倒V形齿，这样可以使重量集中在小的接触面上（与履带式设备相比较），同时给垃圾以更大的压力（见表5-7）。

表5-7　钢轮压实机的平均压力与质量的关系

功率/kW	重量/kgf	压强/(kgf/cm^2)
110	16000	0.75
128	26000	1.20

注：1kgf=9.8N；$1kgf/cm^2=9.8\times10^4Pa$。

压实机与推土机相比，应用面更广，速度更快，一台型号为150hp[1]的压实机，其在平地的工作效率为每小时处理75t垃圾，而在坡度为30°时减少为每小时处理50t垃圾。钢轮压实机通常装有液压控制的推板，推板上装有隔栅，用来增加推板的能力。

（2）羊角压实机　该压实机主要用于压实垃圾和路基。其特点是可以自带动力，也可以由拖拉机（165hp）牵引。一般情况下，它装有两个空心的钢轮，通过轮子上的“脚”把土压实，空心钢轮可以充水。“脚”的设计型式有好几种，平均压力的大小取决于使用什么样的“脚”。由于这些设备装有使空心轮振动的装置，这样在不规则的土层上也可以得到相同的压实效果。

（3）充气轮胎压实机　这种压实机用于压实顶层和次顶层土，特别当土质肥沃时更加适用。整个填层可以得到较高的统一密度。其特点是既可以利用自有动力也可以被拖拉机牵引。重量通过轮胎与地面的接触而传到接触面，这个接触面就形成了压实带。典型的压实机有七个轮胎。

设备的压仓物是湿沙子，它可以使质量从13000kg增加到35000kg。设备装有一个控制轮胎压力的装置。

（4）自有动力振动式空心轮压实机　这种压实机适合压实土壤，或由沙土、黏土形成的覆盖层。振动式空心轮压实机在前部装有空心的钢轮，压实机的后轮为充气轮胎。振动系统由一个与振动器相连的液压马达操作，振动的振幅和频率可以调整（通过改变主发动机的速度来实现）。设备的重量可以根据型号的不同从9000kg到12000kg。

压实机的主要技术参数见表5-8～表5-10。

[1] 1hp=745.700W，下同。

表 5-8 光轮、轮胎、振动压实机的主要技术参数

型 号	重量/t		碾压宽度/mm	轮数	发动机		行驶速度/(km/h)	行驶性能	
	净重	加载			型号	功率/kW		爬坡	转弯/m
Y_1-6/8	6	8	1270	2	2135	29	2,4	1/7	6.2
Y_1-8/10	8	10	1270	2	2135	29	2,4	1/7	6.2
Y_2-8/10	8	10	1894	3	2135K-1	29	1.89,3.51,7.4,14.3	1/7	4.43
Y_2-12/12A	10	12	2130	3	2135	29	1.6,3.2,5.4	1/7	7.3
Y_2-10/15A	12	15	2130	3	4135	58	2.2,4.5,7.5	1/7	8.35
Y_2-10/15A	12	15	2130	3	4135C-1	58	2,4,8,15	1/5	6
3Y-10/12	10	12	4135K-2	3	4135K-2	58	1.9,3.2,7.5	1/5	5.9
3Y-12/15	12	15		3	4135K-2	58	1.9,3.2,7.5	1/5	5.9
3YY-10/12	10	12		3	495	37	0～3.5	1/5	5.9
YL16 轮胎实机	9.4	12～13	2000	前轮 4,后轮 5	4135C-1	58	3,6,12,24	1/5	7
1Y-2	2				290	15	3.5,5.5		

表 5-9 振动压实机的主要技术参数

参 数	液压铰接式 YZJ10 型	摆振振动压路机 YZB8	YZ2
总重量/t	10	8	2
振动轮(长×宽)/mm×mm	1524×2134	800×1000	750×895
最小转弯半径/mm	5200	原地转	5000
离地间隙/mm	355	130	160
压实宽度/mm	2134	2000 线压力 100	
爬坡能力	30%	不振动 1∶2.5,振动 1∶4	
振动频率/(次/min)	1700	2600	50Hz
压实力	振动轮静压力 4.6t,激振力 15.5t	激振力 4×8t	1.9t
速度/(km/h)	0～4.43,0～8.95,0～17.8	低速 1.2,中速 2.5,高速 5	2.43; 5.77

表 5-10 羊角压实机的主要技术参数

型 号	机器重量/t			羊角数量/个	单位面积压力/(kgf/cm^2)			功率/kW	速度/(km/h)	压实土层		每班生产率/(m^2/8h)
	空筒	装水	装沙							厚度/cm	宽度/cm	
单筒 YJT4	2.5	3.6	4.29	64	41.4	59.5	70.5	40	3.6	20	170	3100
双筒 YJT6.5	3.5	5.54	6.45	96	27.8	44.5	51.8	59～74	3.6	20～30	2685	5000

注：$1kgf/cm^2 = 9.8 \times 10^4 Pa$。

3. 国内现有垃圾成分对推铺、压实机械技术性能要求

生活垃圾构成成分十分复杂，在未进行分类收集、运输、分拣回收处理的情况下，这种情况尤为突出；进入填埋场垃圾中除家庭生活废弃物外，还含有建筑、工厂垃圾等杂物。另外，随着天气季节的变化，垃圾的含水率及成分也相应地发生较大的变化。垃圾这种多样性、不稳定性的特点，要求压实机械应具有一定的技术性能。

垃圾比较松散，压实比率大，承载能力差，容易使作业机具发生“陷死”或开不动的现象，这就要求压实机必须具有较大的功率和强劲的牵引力及合理的接地压力。

垃圾中含有大量塑料制品、编织物、玻璃、建筑和工厂垃圾等杂物，这就要求压实机必须具有剪切破碎功能，保证垃圾压实效果。

垃圾腐蚀性大，缠绕物多，要求压实机必须具有自我保洁的功能，一是防止垃圾对机子造成损害，二是保证轮子压实效果。

工况作业环境复杂恶劣，并表现多样性，要求压实机必须具有广泛的适应性、工作可靠性、维修和操作上需具有舒适性和安全性。

垃圾压实效果除与压实厚度及作业工艺相关外，还要看机子的操作重量和传输线子的设计，并使其具有最佳的压实能力。

从以上分析可以看出，垃圾填埋压实作业工程技术复杂，仅靠改装或替代的方法是难以达到最佳的压实效果的。主要压实机和推土机性能见表5-11。

表5-11 主要压实机和推土机性能

压实机	性能
芬兰突曼斯多有限公司生产的TANA32C垃圾填埋压实机	功率250kW,发动机为康明斯美国产二轮平面扭动,液体冷却,重33t
芬兰突曼斯多有限公司生产的TANA40C垃圾填埋压实机	功率330kW,发动机为康明斯美国产二轮平面扭动,液体冷却,重40t
德国宝马公司生产的BOMAG GMBH BC670RB垃圾压实机	功率252kW,发动机为康明斯发动机回轮全液压独立驱动,中央润滑,重32t
美国利星行机械有限公司生产的CAT826G垃圾压实机	功率235kW,非打滑式差速器,液力机械传动,水冷,重3335t
上海120推土机(上海彭浦机器厂)	发动机额定功率88.3kW(120hp),最大牵引力133kN(13600kgf); 爬坡30°,总重16000kg(运输),使用16200kg; 外形:全长×宽×高=5366mm×3760mm×2947mm; 履带中心距1880mm,履带板宽度500mm; 接地压力62.76kPa(0.64kgf/cm^2),离地间隙300mm; 耗油量≤185g/(hp·h),额定转速1500r/min,额定功率88.3kW(120hp)
TS140型推土机	推土机使用重17.5t,推土机结构重16.9t; 外形:长×宽×高=5295mm×4000mm×3883mm; 功率103kW; 接地压力27.5kPa=0.0275MPa(0.28kgf/cm^2); 最大牵引力121kN(12300kgf); 最小离地高度450mm,履带中心距2300mm; 爬坡:纵向30°;横向25°
PD7-LGP(220)推土机	履带宽度945mm,45块,履带接地长度3490mm,节距216mm; 离地间隙450mm,履带中心距2250mm,接地压力≤0.038MPa; 推土板4365mm×1260mm,最大提升高度1350mm,刀刃切削角53°30′; 爬坡能力30°,最大侧倾量:500mm; 发动机型号:康明斯NT-885-C280; 输出飞轮功率162kW; 机重25.5t

四、挖掘机

挖掘机由工作装置、动力装置、行走装置、回转机构、司机室、操纵系统、控制系统等部分组成。挖掘机在填埋场主要用于挖掘各种基坑、排水沟、管道沟、电缆沟、灌溉渠道、壕沟、拆除旧建筑物，也可用来完成堆砌、采掘和装载等作业。

1. 履带式挖掘机

主要用于挖土并装汽车，适用于日常或初始的垃圾覆盖（对于挖沟法），还可以用来完成一些特定的土方工程。

挖掘机装有柴油发动机和液压系统，液压系统控制着挖掘臂和铲斗的运动。挖掘循环由装料、装载抖动、卸料、卸料抖动四个阶段组成。

挖掘循环所需要的时间由设备的尺寸和场地条件决定。根据设备的型号、场地情况（如土壤类型、挖掘深度）和不同的制造商提供的商业资料，可以计算或估算出每一个循环所需要的时间。挖掘臂的臂长决定着挖掘的最大深度（从地面算起），表 5-12 给出了部分履带式挖掘机的重要参数。

表 5-12　部分履带式挖掘机的重要参数

功率/kW	重量/kg	臂长/m	铲斗容量/m^3	最大挖掘深度/m
100	22680	2.44	0.75	6.4
143	34020	2.90	1.18	7.3
238	56200	3.20	1.94	8.5

2. 前铲挖掘机

该挖掘机用来挖填垃圾的沟，日常填埋单元的初步覆盖（没有压实和平整的功能）。

前铲挖掘机安装有履带，并装有 140～169hp 的柴油发动机，履带由履带片连接而成，其宽度在 666～762mm（26～30in）之间。

这些设备装有机械操作的挖掘臂，挖掘臂长度为 10～15m，根据设备型号不同，其旋转半径可以从 6.1m 到 13.7m，根据土壤的类型和挖斗的尺寸，挖掘深度可以达到 7.5m，挖斗的容量一般为 0.57m^3 或 0.76m^3。操作状态下的 140hp 的设备大约重 20500kg。多斗挖掘机的主要技术参数见表 5-13 和表 5-14。

表 5-13　多斗挖掘机的主要技术参数

<table>
<tr><th colspan="2">型号技术参数</th><th>WUD400/700</th><th>W-406</th><th colspan="2">型号技术参数</th><th>WUD400/700</th><th>W-406</th></tr>
<tr><td colspan="2">单斗容量/m^3</td><td>200L</td><td>0.13</td><td colspan="2">总功率/kW</td><td>340</td><td>117.7</td></tr>
<tr><td colspan="2">斗数/个</td><td>8</td><td>7</td><td colspan="2">工作时接地压力/Pa</td><td>1.13×10^5</td><td>1.2×10^5</td></tr>
<tr><td colspan="2">斗铲速度/(r/min)</td><td>5～7.3</td><td>6～7</td><td colspan="2">行走速度/(km/h)</td><td>0.4</td><td>0.6</td></tr>
<tr><td colspan="2">最小爬坡度/(°)</td><td>10</td><td>10</td><td rowspan="2">发动机</td><td>型号</td><td>内燃发电机组</td><td>内燃发电机组</td></tr>
<tr><td colspan="2">生产能力/(m^3/h)</td><td>400～700</td><td>200～400</td><td>功率/kW</td><td></td><td>75</td></tr>
<tr><td colspan="2">最大挖掘半径/m</td><td>14.15</td><td></td><td rowspan="2">皮带输送机</td><td>宽度/mm</td><td>1000</td><td>800</td></tr>
<tr><td rowspan="2">挖掘高度</td><td>最大高度/m</td><td>8</td><td>5.2</td><td>速度/(m/s)</td><td>2.5</td><td>2～2.6</td></tr>
<tr><td>最小高度/m</td><td>2.8</td><td>−0.25</td><td colspan="2">重量/t</td><td>150</td><td></td></tr>
</table>

五、铲运机

铲运机是一种利用铲斗铲削土壤，并将碎土装入铲斗进行运送的铲土运输机械，能够完成铲土、装土、运土、卸土和分层填土、局部碾实的综合作业，适于中等距离的运土。在填埋场作业中，用于开挖土方、填筑路堤、开挖沟渠、修筑堤坝、挖掘基坑、平整场地等工

表 5-14 单斗挖掘机的主要技术参数

名称	型号	铲斗容量/m^3	生产率/(m^3/h)	最大起重量/t	最大挖掘半径/m	最大挖掘深度/m	动力装置		作业装置	重量/t
							型号	功率/kW		
全回转履带式	W_1-50	0.5	120	10	7.8	5.56	4146W	66	正、反、拉铲抓斗、起重	20.5
	W_1-50	0.5	120	10	7.8	5.56	IQ928	55	正、反、拉铲抓斗、起重	20.5
	W_1-06A	0.6	120	10	7.7	5.06	4135C-1	58	正、反铲、起重	22.2
	WY-60	0.6	120	4.9	7.78	6	4120F	58	正、反铲、起重、抓斗	14.2
全回转轮胎式	W_3-06	0.6	120	10	7.7	4.7	4135C-1	58	正、反铲、起重	23.7
	W_3-06A	0.6	120	16	7.7	4.7	4135C-1	58	正、反铲、起重	23.7
	W_4-60	0.6	100		6.7	4.63	4120F	58	正、反铲、起重、抓斗	13.6
全回转履带式	W_1-100	1	180	15	9.8	7.7	6146 或 JR116-4	88	正、反、拉铲抓斗、起重	42
	W_1-100	1		15	9.8	7.7	6146 或 JR116-4	100	正、反、拉铲抓斗、起重	40
	W_1-200	3.3 2.5		50	11.5	卸载高度 6.3	变流机组 交变机组 JCC250-4	194 155	正、反铲、起重	80
	WK_1-2	2			11.6			150	正铲	84
	W-4	4	600		14.3			250	正铲	200
	WK-4	4	572	53	14.4				正铲	202
液压履带式	WK-10	10	1230	105	18.9	8.5	6135K-6 8V-135AQ	710	正、反铲、起重、抓斗	443
	WY-100	1	240	7	5.7		6135K-6 8V-135AQ	110	正、反铲、起重、抓斗	25
	WY-250	2.5	400		9		6135K-6 8V-135AQ	198	正铲	56
全回转履带步行式	WB-4/40	4	180～210	25	45	19.4	主交流机组 传动电机 TD116 25 6 6/3	425	拉铲	189

作。铲运机由铲斗（工作装置）、行走装置、操纵机构和牵引机等组成。铲运机的装运重量与其功率有关。125hp 和 220hp 的铲运机分别可铲运 1.2t 和 1.8t。这些机械的标准推板尺寸为长 3.965m、宽 0.71m、厚 25mm。推板可达到的最大角度是 90°，可在任何位置上工作。在普通铲运机上进行混合。刮板上有 11 个可以更换的齿。刮土深度，根据机器的不同从 0.15m 到 0.22m。部分铲运机技术参数见表 5-15。

表 5-15 铲运机的主要技术参数

型号	铲土装置(铲车)						行驶速度/(km/h)		操纵方式	动力装置		重量/t
	铲斗容量		铲刀宽度/mm	切土深度/mm	铺土厚度/mm	铲土角度/(°)	前进	后退		型号	功率/kW	
	平装/m^3	堆装/m^3										
CL-7	7	9	2700	300	400		8.2～40.6	6.6～9	液压	6120Q-1	117	28
C_5-6	6	8	2600	300	380	30	4.2～28	4.8	机械	6135	88	
C_6-25	2.5	2.75～3	1900	150		35～38			液压			
C_3-6	6	8	2600	300		25～30	2.4～10.1	2.79～7.6	机械	红旗 100	74	6.8
CTY-6	6	8	2600	300	380	25～30	2.36～10.23	2.75～8.08	液压	红旗 120A 拖拉机	88	12.7

六、装载机

装载机用装载铲斗将垃圾直接从一处运至另一处，如需要可将垃圾从低处搬至较高的位置，并用于不需要推铺及推土处。装载机配有车轮或履带式牵引装置，以及不同类型的装载铲斗。如配车轮，装载机的工作速度可加快，但需要一牢固的支承表面，装载机易于维修，并在需要的时候可作他用。

1. 轮式装载机

轮式装载机用于挖掘较软的土层（如阻力小的土层），将挖掘出的材料装入卡车，可以进行不大于 50m 的物料运输（最佳效率）。

轮式装载机通常装有柴油发动机和四轮驱动，前轴是固定的，后轴可以摆动，设备有不同的功率，从 65hp 至 375hp，铲斗的容积为 0.8～6m^3，最常用的型号是 100～150hp 的设备，其马力与容量的关系列于表 5-16。

表 5-16　轮式装载机的马力与容量的关系

功率/kW	重量/kg	铲斗容量/m^3
74	9280	1.34～1.92
95	11550	1.72～2.68

在软的土地上，一个 130hp、有 1.92m^3 铲斗的装载机可以每小时挖掘土 160 m^3 并装到卡车上。在较硬的土堆上，工作效率将会降低，这时最好用其他挖掘机械来代替装载机进行挖掘。轮式装载机也可以有效地用于黏土类的土方作业，如填埋单元的覆盖和填埋场的准备工作。

2. 履带式装载机

这种装载机具有与轮式装载机相似的功能，还可以在较硬的土地上挖掘，但作为运输工具时运距不宜超过 30m。在紧急情况下，履带式装载机可以用来处理垃圾（如用于推铺和压实垃圾），也可用于平整覆盖材料。

履带式装载机通常装有 48～103kW 的柴油发动机。表 5-17 和表 5-18 列出了这些设备的典型数据。

表 5-17　部分履带式装载机的作业容量

功率/kW	重量/kg	与垃圾接触的面积/m^2	铲斗容量/m^3
70	12340	1.54	1.34
99	13700	1.79	1.34～1.74
140	21300	2.48	1.90～2.48

履带式装载机的铲斗在液压装置的控制下可以快速作业，上多功能铲斗时，这种设备可以得到更有效的使用。铲斗由固定和可以移动的两部分组成，司机可以通过操纵控制铲斗的动作，使铲斗具有装载、推土、刮土、挟斗四种功能。在固定的填埋场，特别当可用的设备有限时，设备的多功能是必须的。

七、运送机

填埋场内部垃圾的运输方式多种多样。许多填埋场均允许场外垃圾运输车直接进场，把垃圾倾倒于指定的填埋单元。常用的车辆类型包括密闭式压缩车、普通的垃圾自卸车、垃圾多用车。少数填埋场的进场垃圾来自船运后的转运，如上海老港填埋场。这种情况下填埋场自备有大量的垃圾运输工具。下面的介绍仅限于填埋场内非汽车类运输工具。有关汽车类运输工具可参见其他资料。

表 5-18　装载机的主要技术参数

型号		铲斗			动力装置	
名称	型号	容量/m^3	装载重量/t	卸料高度/mm	型号	功率/kW
铰接轮式前卸	ZL-20	1	2	2600	6120QT 6135K-8 6135Q-1	55
	ZL-30	1.5	3	2700		74
	ZL-40	2	3.6	2800		100
	ZL-40	2	4	2800		110
	ZL-50	3	5	3050		162
	ZL-70	4	7	3300		220
地下装载机	ZLD-40	2	4(3.6)	1600	6105K	88
轮式前卸	DC-10	0.5	1.2	2250	485Q	26
	DC-20A	1.5	3	2600	解放 CA-10	70
	Z4-1.7	1	1.7	上翻 4150	CA-10B	66
	ZYX-5	0.1		下翻 2480		8.8
轮式回转	(ZL-160)Z4H-3	1.7	3.0	2868	6120Q	117
轮式前卸	DY455	装 0.6	1.0	2470	铁牛 55 拖拉机	40
	多种作业装置	反挖 0.2		3180		
	WX2B	0.7	1.5	2300		40
	QJ-5	4.8	10	3600	12V135AQ	
履带机械式	Z2-3.5	1.5	3.5	2700	6135ZK-3	103
履带液压式	移山-120	1.5～1.9		2730	6135ZK-2	88

注：括号中数据为非常用型号。

1. 带式输送机

带式输送机又称胶带输送机、皮带输送机。主要用于水平、倾斜和垂直方向输送散状物料或成件物品。带式输送机靠挠性胶带作牵引件和承载件，连续输送物料。按带的结构分，有通用带式输送机、钢绳芯带式输送机、大倾角带式输送机、钢绳牵引带式输送机和轻型带式输送机等。这类输送机具有输送能力大、功耗小、结构简单、对物料的适应性强、使用范围广的优点。带式输送机的主要参数和生产厂见表 5-19。

2. 固定带式输送机

固定带式输送机按输送带材料分为普通胶带和塑料带两种。一般适用于输送密度为 0.5～2.5t/m^3 的各种块状、粒状物料，也可以用来输送成件物品。要求工作环境温度在

−10～+40℃之间，被输送物料的温度应低于70℃。固定带式输送机的基本结构有：输送带、驱动装置、驱动滚筒、改向滚筒、托辊、拉紧装置、清扫器、卸料装置、配料装置、制动装置、逆制装置、机架和其他辅助装置等。

3. 移动带式输送机

该机的机架安装在行走轮上，并且装有调整输送高度装置，可根据现场需要，变换输送高度，随时进行移动。适于输送地点及方向频繁变动的场所，做18°～19°的倾斜输送以及给料场短距离的堆高或装运。并且可以将几台移动带式输送机互相搭接，形成一条输送线。移动带式输送机的主要参数和生产厂见表5-20。

表5-19 带式输送机的主要参数和生产厂

带宽 B/mm	带长/m	结构特点	主要生产厂
500	20	有螺旋、拉紧式拉紧装置	上海起重运输机械厂 北京卢沟桥运输机械厂 焦作起重运输机械厂 沈阳矿山机器厂 沈阳起重运输机械厂 黄石通用机械厂 唐山冶金矿山机器厂 瑞昌矿山机器厂 原平机械厂 宁河运输机械厂 自宫运输机械厂 淄博生建机械厂 莱阳重型机械厂 鹤岗起重运输机械厂 南海区机械厂 衡阳运输机械总厂 通化皮带机厂 合肥重型机械厂 宝鸡叉车工业公司 福州输送机械厂 铜陵运输机械厂 兰州第二通用机械厂 南宁矿山设备厂
	50	有螺旋、拉紧式拉紧装置	
	75	有水平小车拉紧式的拉紧装置	
	100	中部垂直拉紧式的拉紧装置	
650	20	螺旋拉紧装置	
	50	螺旋拉紧装置	
	75	水平小车拉紧式	
	100	中部垂直拉紧式	
800	20	螺旋拉紧装置	
	50	螺旋拉紧装置	
	75	水平小车拉紧式	
	100	中部垂直拉紧式	
1000	20	螺旋拉紧装置	
	50	螺旋拉紧装置	
	75	水平小车拉紧式	
	100	中部垂直拉紧式	
1200	20	螺旋拉紧装置	
	50	螺旋拉紧装置	
	75	水平小车拉紧式	
	100	中部垂直拉紧式	
1400	20	螺旋拉紧装置	
	50	螺旋拉紧装置	
	75	水平小车拉紧式	
	100	中部垂直拉紧式	

表5-20 移动带式输送机的主要参数和生产厂

型号	带宽 B/mm	运输长度/m	运输能力/(m^3/h)	主要生产厂
ZP-600	500	10	104	自贡运输机械厂、宁河运输机械厂、通化皮带机厂、黄石通用机械厂、鹤岗起重运输机械厂、北京卢沟桥运输机械厂、焦作起重运输机械厂等
		15		
		20		
T45	500	10	67.5	宝鸡叉车工业公司、南宁矿山设备厂、南海区机械厂、衡阳运输机械总厂、莱阳重型机械厂、原平机械厂、瑞昌矿山机器厂、沈阳起重运输机械厂
		15	107.5	
		20	159.5	

续表

型　号	带宽 B/mm	运输长度/m	运输能力/(m^3/h)	主 要 生 产 厂
102-1	500	10	108	瑞昌矿山机器厂、萍乡市机械厂
102-2		15		
102-3		20		
104-15	800	15	296	杭州运输设备厂、瑞昌矿山机器厂、萍乡市机械厂、莱阳重型机械厂、南海机械厂
104-20		20		
103-15	800	15	30	
			262	
HQ72-5	400	5	30	杭州运输设备厂、通化皮带机厂
HQ80-7	400	7.2	74	
HQ69-10	500	10	110	福州输送机械厂、吴县通用机械厂、杭州运输设备厂、南宁矿山设备厂
HQ69-15	500	15	110	
HQ69-20	500	20	120	
HQ71-10	500	10	109.3	莱阳重型机械厂
HQ71-15	500	15		

八、起吊设备

起吊设备主要用于垃圾中转。填埋场一般应该配置适当的起吊设备。几种起重机的主要技术参数列于表 5-21 和表 5-22。

表 5-21　自行式动臂起重机的主要技术参数

名称	型　　号	最大起重量/t	最大起重高度/m			最大起重幅度/m			最高速度			配套动力		重量/t
			基本臂	伸缩臂	副臂	基本臂	伸缩臂	副臂	行驶/(km/h)	起升/(r/min)	回转/(r/min)	型号	功率/kW	
汽车式起重机	Q51-机械式	5	6.5			5.5			30	7.9	3.97	CA-10B	70	75
	Q3-100	100						12	50	34	1.5	6135K-5 12V135Q		
	QY5 全液压式	5	6.7	11.15	16	6	10	15	50	10	2.6	CA-10B	70	8.1
	QY8 全液压式	8	8	12.4			10.8		71			6135Q	117	13.4
	QY12 全液压式	12	8.4	12.8		3.6	10.4		60	7.5	2.8	JN150	117	17.3
	QY16 全液压式	16	8.4	14.4	20～27	4～7	5～12	9～20	60	7	2.5	6135Q-2		23.7
	QY20	20	10.2	12.3	7.5				65	≥10	2	6D22	150	24.3
	QY40													
	QY50													
轮胎起重机	QLY 全液压式	16	8	19.5	24.4	3.75～20			28	3～10.2	2	6120QK		21.5
	QL_2-8	8	4.1	7.2		3.2～7			30	1.4～7.2	2	CA1	59	12
	QLD-16	16	22.4			3.5～17			18	7	3	4135C1	59	28
	QL_3-25	25	32			4～21			18	7	2	4135C1	117	28
	QL_3-40	40	42			4.5～25			15	9	1.5	6135K5		53
	Q151	15							8.28	32.4	1.7	4135K1	59	
履带式起重机	W_1-50	10	9.2		17.2						3.4			23.1
	W_1-60	10	9.05	16.9	19.3					9.35～17.55	1.41～2.64			
	W_1-100	15	11		19					0.795				40.7
	W_1-200	50	12		36					0.2～0.5				79.1

表 5-22 塔式起重机的主要技术参数

型　号	起重力矩 /($\times10^4$N/m)	幅度 /m	起重量 /t	起升高度 /m	起升速度 /(m/min)	行走速度 /(m/min)	回转速度 /(m/min)	变幅速度 /(m/min)	自重 /t
QT2	16	8	2	28.3	14.1	19.4	1	4	19
QT-10	10	14	0.75	18	21.5	17.3	0.98	51s	8.5
QT-6	8.5	6	40.5	34	23.5	0.64	手动	24	
QT1000/60		11～17.3	60	78～80	4.66～4.85	6.15	0.25	6min	257.8
TQ-25	25	18	1.4	21	1～28	20	0.5～0.6	1	21
TQ-60	60	20/10	3/6	22	1～28	20	0.6～0.8	1	28
TY-80	80	30	2.7	43～61	22.5～45	11.6	0.5～0.6		79.5
QT5-4/40	40	2.4～20	4	110	40	1	0.6		22.5
QT-20		9	20	53	9.9	14	0.363	4.7min	112
TQ60/80	60～80	7.5～20	10	35～52.5	16～21.5	17.5	0.6	8.56	91
TQ-15		8～11	15	38～55	12	15	0.5	4.25	124.1
TQ-6	60	10～20	6	25～31.5	21	20	0.68	8.5	38.5
TD-25 轻型	25	10～20	2.5	27～33.5	12.8	20	0.6		13
100t		16.8～48	40～100	95	5	5.28	1/7		13
60t		18～37.4	15～60	32～61.9	4	5	0.067	1 次/10min	351.5
SDQT1800/60		26～40	20～60	70～100	17～52	21.9	0.04～0.4	35	

起重机包括各种简易起重设备、葫芦及通用桥式、门式起重机、冶金起重机等，是起重运输机械行业里生产品种最多的一个类别。目前，通用起重机有十几个小类，二百多个系列，一千多个品种。主要生产厂家有上海起重运输机械厂、大连起重机器厂、太原重型机器厂等 20 多家。

1. 汽车式起重机

通常将装在通用或专用载重汽车底盘上的起重机称为汽车式起重机，又叫汽车吊。其具有行驶速度快、转移作业场地迅速、机动灵活、安装维修方便、生产成本低的特点。适用于流动性大，作业场地不固定的环境。基本结构有：上车部分，包括起重、旋转、变幅机构、起重司机室臂架等；下车部分，包括行走机构、发动机、行走司机室、支腿、操纵控制系统等。传动型式多采用液压式。

2. 轮胎式起重机

这是一种将起重机安装在专门设计的自行轮胎底盘上的起重设备。基本结构由起重臂、起升、变幅、旋转机构、动力部分、传动系统、行走机构、底盘、司机室、配重、支腿、控制系统等组成。只有一个司机室既操纵起重作业，又操纵行走底部。按起重臂的结构形式，分为行架式和箱式两种，起重量大的轮胎起重机多采用前一种。轮胎式起重机作业范围广(可在机身的前、后、左、右四面进行)，起重能力大，在平坦地面可不用支腿就能吊重，而且还可以吊重慢速行驶，轮距宽且稳定性好，轴距小，车身短，转弯半径小，但存在行驶速度较慢、机动性差等缺点。适用于狭窄作业场地及转移不频繁的场合使用。

3. 履带式起重机

把起重机装在履带底盘上的自行起重设备称为履带式起重机。实际上是单斗挖掘机换上起重装置。基本结构由动力装置、柴油机、起重臂卷扬机构、回转机构、变幅机构、司机室、平台和履带行走装置、操纵、控制系统等组成。履带行走装置具有与地面接触面积大、接地比压小、牵引力大、爬坡度大、越野性能好、稳定性好、不需要安装支腿的优点。但行驶速度慢，行驶过程中对路面有损坏，转移工作场地需用拖车，自重较大，制造成本高。适用于松散、泥泞、崎岖不平的场地行驶和作业，起吊重量大的货物。

4. 塔式起重机

塔式起重机也称塔吊，是一种具有竖直塔身，起重臂可回转的起重设备。基本结构由塔身、起重臂、塔帽、行走台车、配重、司机室等组成。起重臂安装在塔身的上部形成“Γ”形的工作间，这种结构形式具有工作空间大、有效高度大的优点。

九、破碎设备

对于填埋处理而言，破碎后废物置于填埋场并施行压缩，其有效密度要比未破碎物高25%～60%，减少了填埋场工作人员用土覆盖的频率，加快实现垃圾干燥覆土还原。与好氧条件相组合，还可有效去除蚊蝇、臭味问题，减少了昆虫、鼠类的疾病传播可能。

由于采矿部门所用的破碎机械都是针对均质物料设计的，而固体废物的物理性状多样，加之回收利用的目的不同，工艺差别很大。因此，将其应用于固体废物破碎时，必须充分考虑固体废物所特有的复杂破碎过程，再综合以下因素：所需破碎能力；固体废物性质（如破碎特性、硬度、密度、形状、含水率等）和颗粒的大小；对破碎产品粒径大小、粒度组成、形状的要求；供料方式；安装操作现场情况等，以便设计出对所需产品尺寸能实施有效控制并且使功率消耗达到可以接受水平的破碎工艺。

破碎固体废物的常用破碎机有颚式破碎机、锤式破碎机、冲击式破碎机、剪切式破碎机、辊式破碎机等类型。

1. 颚式破碎机

颚式破碎机俗称老虎口，广泛应用于选矿、建材和化学工业部门。适用于坚硬和中硬物料的破碎。颚式破碎机按动颚摆动特性分为简单摆动型、复杂摆动型和综合摆动型三类。目前，以前两种应用较为广泛。

（1）简单摆动型颚式破碎机　简单摆动型颚式破碎机如图 5-7 所示，由机架、工作机构、传动机构、保险装置等部分组成，其中固定颚和动颚构成破碎腔。送入破碎腔中的废料由于动颚被转动的偏心轴带动呈往复摆动而被挤压、破裂和弯曲破碎。当动颚离开固定颚时，破碎腔内下部已破碎到小于排料口的物料靠其自身重力从排料口排出，位于破碎腔上部的尚未充分压碎的料块当即下落一定距离，在动颚板的继续压碎下被破碎。

（2）复杂摆动型颚式破碎机　图 5-8 为复杂摆动型颚式破碎机。从构造上来看，复杂摆动型颚式破碎机与简单摆动型颚式破碎机的区别是少了一根动颚悬挂的心轴，动颚与连杆合为一个部件，没有垂直连杆，轴板也只有一块。可见，复杂摆动型颚式破碎机构造简单。

复杂摆动型动颚上部行程较大，可以满足物料破碎时所需要的破碎量，动颚向下运动时有促进排料的作用，因而比简单摆动颚式破碎机的生产率高 30%左右。但是动颚垂直行程大，使颚板磨损加快。简单摆动型给料口水平行程小，因此压缩量不够，生产率较低。

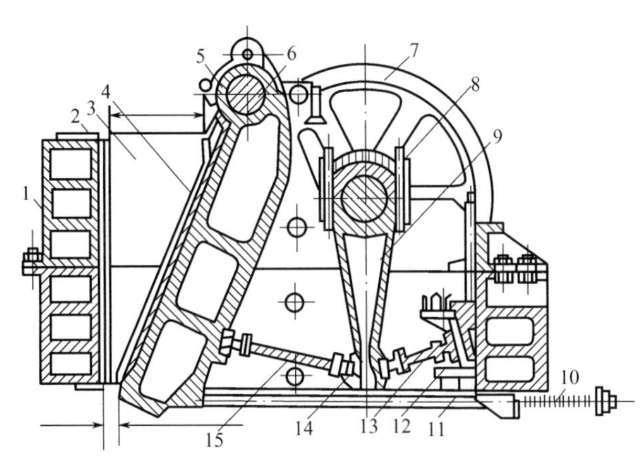

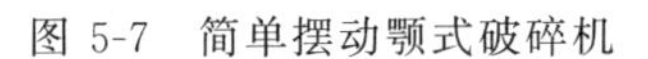
图 5-7　简单摆动颚式破碎机

1—机架；2—破碎齿板；3—侧面衬板；4—破碎齿板；5—可动颚板；6—心轴；7—飞轮；8—偏心轴；9—连杆；10—弹簧；11—拉杆；12—砌块；13—后推力板；14—肘板支座；15—前推力板

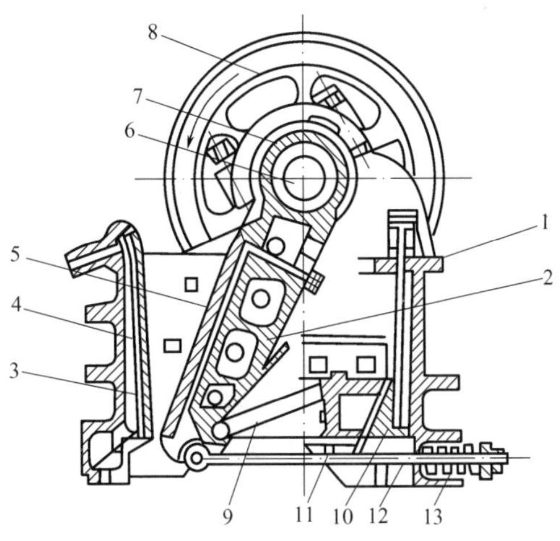

图 5-8　复杂摆动颚式破碎机

1—机架；2—可动颚板；3—固定颚板；4，5—破碎齿板；6—偏心转动轴；7—轴孔；8—飞轮；9—肘板；10—调节楔；11—楔块；12—水平拉杆；13—弹簧

（3）颚式破碎机的规格和功率　颚式破碎机的规格用给料口宽度×长度（mm）来表示。国产系列为 PEF 150×250，PEF 250×400，PEJ 900×1200，PEJ 1200×1500 等。其中 P 代表破碎机，E 代表颚式，F 代表复杂摆动，J 代表简单摆动。

送入颚式破碎机中的料块，最大许可尺度口 D 应比宽度 B 小 15%～20%，即

$$D=(0.8\sim0.85)B$$

颚式破碎机的生产率 Q(t/h) 按下式计算。

$$Q=Kq_0Lb\gamma_0/1000$$

式中，K 为破碎难易程度系数，$K=1\sim1.5$，易破碎物料 $K=1$，中硬度物料 $K=1.25$，难破碎物料 $K=1.5$；q_0 为单位生产率，$m^3/(m^2\cdot h)$；L 为破碎腔长度，cm；b 为排料口宽度，cm；γ_0 为物料堆积密度，t/m^3。

电动机的功率 N(kW) 按下式计算。

$$N_{大}=(BL/120)\sim(BL/100)$$

$$N_{小}=(BL/80)\sim(BL/60)$$

式中，B、L 分别为破碎机长、宽，cm。

2. 锤式破碎机

按转轴方向不同，锤式破碎机有水平和垂直两种；按转子数目不同，锤式破碎机可分为单转子和双转子两类。单转子破碎机根据转子旋转方向不同，又可分为可逆式和不可逆式两种，目前普遍采用可逆单转子锤式破碎机。图 5-9 为单转子锤式破碎机示意。

水平锤式破碎机（Horizontal Hammermill）的中心部位是转子。它由主轴、圆盘、销轴和转子组成。锤子可以是固定的或是自由摆动的。固体废物由破碎室顶部给料口供入机内的“锤子区域”，立即受到高速旋转的锤子的冲击、剪切、挤压和研磨等作用而被破碎。很明显，颗粒尺寸分布将随锤头数而变。一般锤头运动的速度足以使大多数废物的尺寸缩减在最初的冲击

下完成。破碎室底部设有筛板，尺寸从3in[1]×6in到14in×20in。那些经破碎后尺寸足够小的颗粒透筛至传输带上，而那些大于筛孔尺寸不能透筛的颗粒被阻留在机内直至被破碎得足够小。同时，总有一些始终未能透筛的物料则由位于一侧的斜槽排出系统。

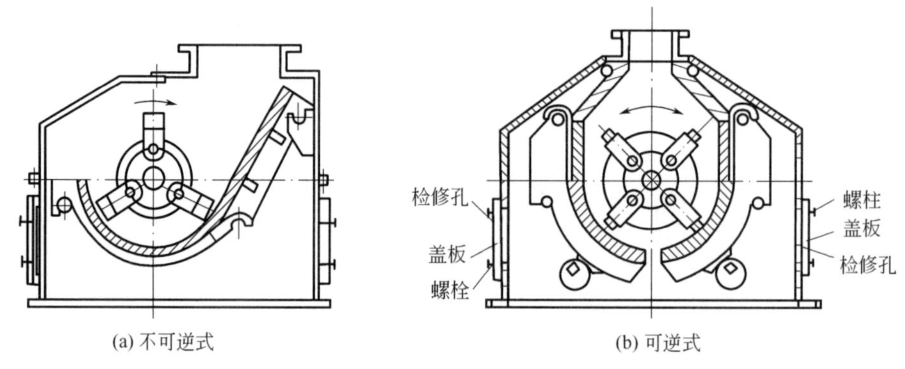

图 5-9 单转子锤式破碎机示意

水平锤式破碎机较为典型的是应用于汽车破碎、堆肥操作的混合废物处理中。垂直锤式破碎机在设计与运行方面与水平式类似，不同的是转轴是垂直安装于稍呈圆锥形的破碎室内，且底部不设筛板。

上述破碎机均以高速度旋转，约为1000r/min，需要约为700kW的较大功率。结果是锤子、内壁、筛子都有很大的磨损，其中尤以锤子前端磨损最为严重。这样就使得锤式破碎机的维护工作变得尤为重要。需要经常更换锤子或在锤子上焊接耐磨材料以代替运行中磨去的金属，锤子通常由高锰钢或其他合金钢制成，并且有各种形式。这些都是考虑到其耐磨性质而设计的。若将锤子制成钩形，则也可对金属切屑类物质施加剪切、撕拉等作用而将其破碎。

可逆式单转子锤式破碎机的转子交替向两个相反的方向旋转，使衬板、筛板与锤子的耐磨程度及工作寿命几乎提高1倍。

当破碎中硬物料时，锤式破碎机的生产率 Q(t/h) 和电机功率 N(kW) 分别由下式计算。

$$Q=(30\sim45)DL\gamma_0$$

$$N=(0.1\sim0.2)nD^2L$$

式中，D 为转子直径，m；L 为转子长度，m；γ_0 为破碎产品堆密度，t/m^3；n 为转速，r/min。

(1) Hammer Mills 式锤式破碎机　Hammer Mills 式锤式破碎机如图5-10所示。机体分成两部分：压缩机部分和锤式破碎机部分。大型固体废物先经压缩机压缩，再给入锤式破碎机，转子由大小两种锤子组成，大锤子磨损后改作小锤用，锤子铰接悬挂在绕中心旋转的转子上做高速旋转。转子下方半周安装有箅子筛板，筛板两端安装有固定反击板，起二次破碎和剪切作用。这种锤式破碎机用于破碎废汽车等粗大固体废物。

(2) BJD 普通锤式破碎机　BJD 锤式破碎机如图5-11所示，转子转速450～1500r/min，处理量为7～55t/h，它主要用于破碎家具，电视机、电冰箱、洗衣机等大型废物，破碎块可达到50mm左右。该机设有旁路，不能破碎的废物由旁路排出。

---

[1] 1in=0.0254m，下同。

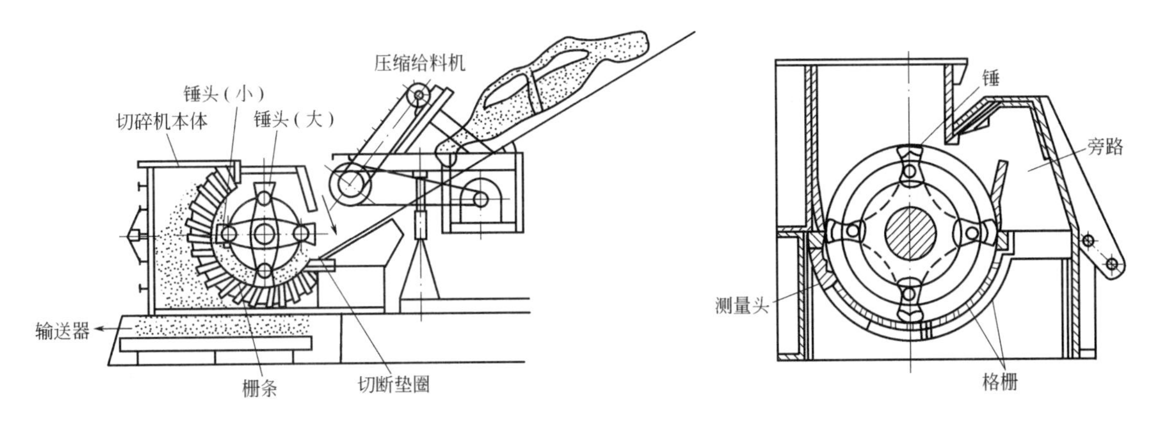

图 5-10　Hammer Mills 式锤式破碎机　　　图 5-11　BJD 锤式破碎机

(3) BJD 型金属切屑锤式破碎机　BJD 型金属切屑锤式破碎机如图 5-12 所示。经该机破碎后，可使金属切屑的松散体积减小 3～8 倍，便于运输。锤子呈钩形，对金属切屑施加剪切拉撕等作用而破碎。

(4) Novorotor 型双转子锤式破碎机　Novorotor 型双转子锤式破碎机如图 5-13 所示。这种破碎机具有两个旋转方向的转子，转子下方均装有研磨板。物料自右方给料口送入机内，经右方转子破碎后颗粒排至左方破碎腔。再沿左方研磨板运动 3/4 圆周后，借风力排至上部的旋转式风力分级板排出机外。该机破碎比可达 30。

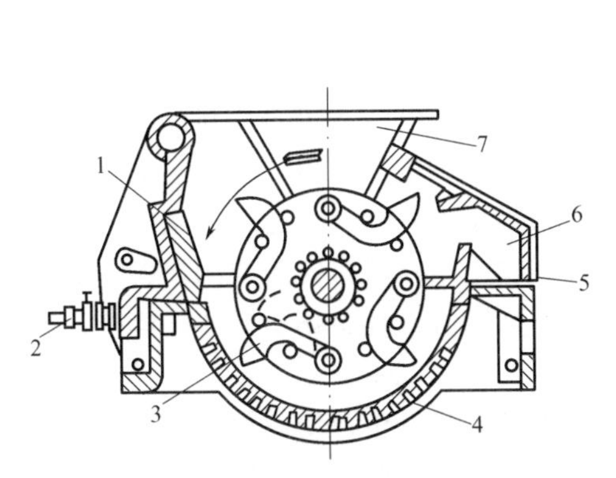

图 5-12　BJD 型金属切屑锤式破碎机

1—衬板；2—弹簧；3—锤子；4—筛条；5—小门；6—非破碎物收集区；7—进料口

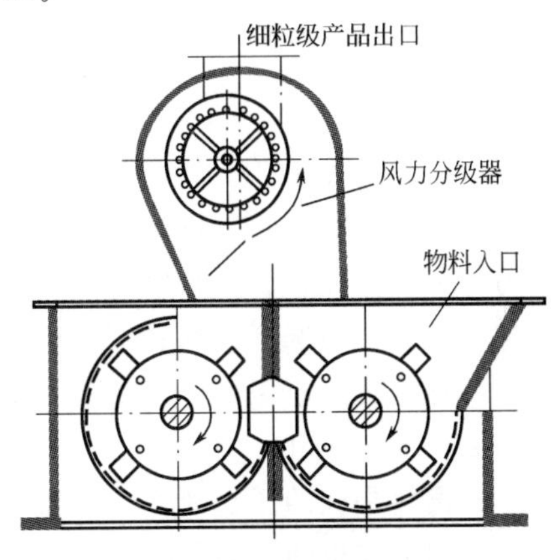

图 5-13　Novorotor 型双转子锤式破碎机

总体来讲，锤式破碎机主要用于破碎中等硬度且腐蚀性弱、体积较大的固体废物，还可用于破碎含水分及含油质的有机物、纤维结构物质、弹性和韧性较强的木块、石棉水泥废料，并回收石棉纤维和金属切屑等。

3. 冲击式破碎机

冲击式破碎机大多是旋转式的，都是利用冲击作用进行破碎，这与锤式破碎机很相似，但其锤子数要少很多，一般为两个到四个不等。Universa 型冲击式破碎机如图 5-14 所示。其工作原理是：给入破碎机的物料，被绕中心轴以 25～40m/s 的速度高速旋转的转子猛烈冲撞后，受到第一次破碎；然后物料从转子获得能量高速飞向坚硬的机壁，受到第二次破碎；在冲击过程中弹回的物料再次被转子击碎，难于破碎的物料被转子和固定板挟持而剪断，破碎产品由下部排出。当要求的破碎产品粒度为 40mm 时，此时足以达到目的，而若要求粒度更小如 20mm 时，接下来还需经锤子与研磨板的作用，进一步细化物料，其间空隙远小于冲击板与锤子之间的空隙，若底部再设有箅筛，可更为有效地控制出料尺寸。

冲击板与锤子之间的距离，以及冲击板倾斜度是可以调节的。合理布置冲击板，使破碎物存在于破碎循环中，直至其充分破碎，而能通过锤子与板间空隙或箅筛筛孔，排出机外。

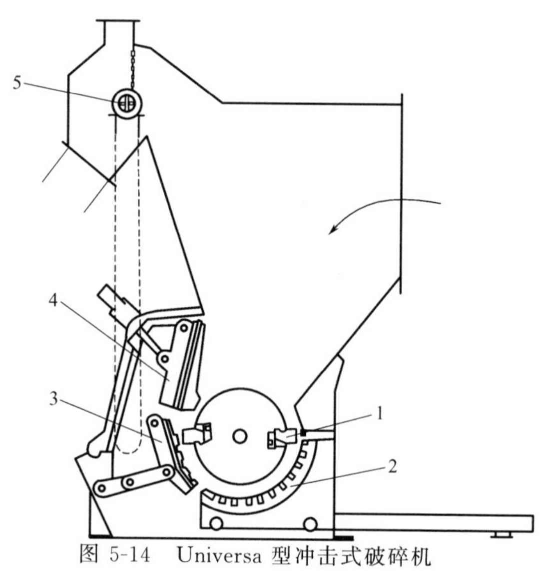

图 5-14 Universa 型冲击式破碎机

1—板锤；2—筛分；3—研磨板；4—冲击板；5—链幕

冲击式破碎机具有破碎比大、适应性强、构造简单、外形尺寸小、操作方便、易于维护等特点。适用于破碎中等硬度、软质、脆性、韧性及纤维状等多种固体废物。

4. 剪切式破碎机

剪切式破碎机无疑是以剪切作用为主的破碎机，通过固定刀和可动刀之间的啮合作用，将固体废物破碎成适宜的形状和尺寸。剪切式破碎机特别适合破碎低二氧化硅含量的松散物料。

最简单的剪切式破碎机类型就像一组呈直线状安装在枢轴上的剪刀一样。它们都向上开口。另外一种是在转子上布置刀片，可以是旋转刀片与定子刀片组合，也可以是反向旋转的刀片组合。两种情况下，都必须有机械措施阻止在万一发生堵塞时可能造成的损害。通常由一负荷传感器检测超压与否，必要时使刀片自动反转。剪切式破碎机属于低速破碎机，转速一般为 20～60r/min。

不管物料是软的还是硬的，有弹性还是无弹性，破碎总是发生在切割边之间。刀片宽度或旋转剪切破碎机的齿面宽度（约为 0.1mm）决定了物料尺寸减小的程度。若物料黏附于刀片上，破碎不能充分进行。为了确保纺织品类或城市固体废物中体积庞大的废物能快速供料，可以使用水压等方法，将其强制供向切割区域。实践经验表明，最好在剪切破碎机运行前，人工去除坚硬的大块物体如金属块、轮胎及其他的不可破碎物，这样可有效确保系统正常运行。

目前广泛使用的剪切破碎机主要有 Von Roll 型往复剪切式破碎机（图 5-15）、Lindemann 型剪切式破碎机（图 5-16）和旋转剪切式破碎机（图 5-17）等。

5. 辊式破碎机

辊式破碎机主要靠剪切和挤压作用。根据辊子的特点，可将辊式破碎机分为光辊破碎机和齿辊破碎机。顾名思义，光辊破碎机的辊子表面光滑，主要作用为挤压与研磨，可用于硬度较大的固体废物的中碎与细碎。而齿辊破碎机辊子表面有破碎齿牙，使其主要作用为劈裂，可用于脆性或黏性较大的废物，也可用于堆肥物料的破碎。

按齿辊数目的多少，可将齿辊破碎机分为单齿辊和双齿辊两种。齿辊破碎机的工作原理如图 5-18 所示。前者由一旋转的齿辊和一固定的弧形破碎板组成，两者之间的破碎空间呈上宽下窄状。上方供入固体废物，达到要求尺寸的产品从下部缝隙中排出。后者由两个相对运动的齿辊组成，齿牙咬住物料后，将其劈碎，合格产品仍随齿辊转动由下部排出，齿辊间隙大小决定产品粒度。

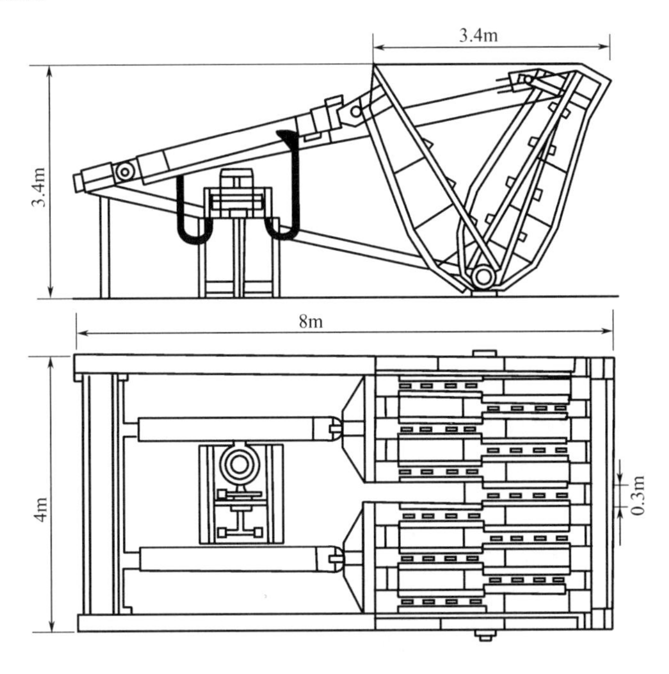

图 5-15 Von Roll 型往复剪切式破碎机

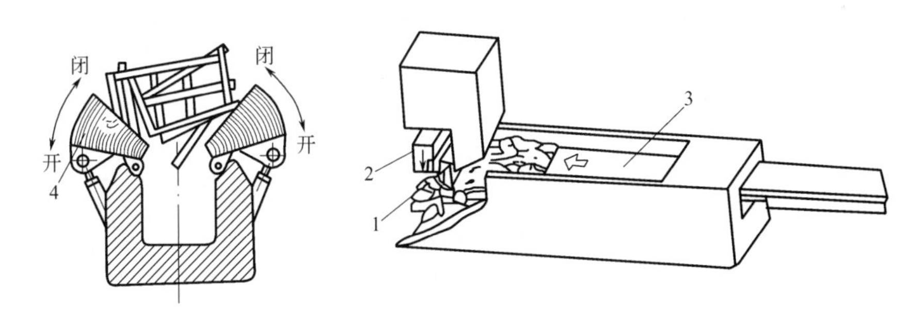

图 5-16 Lindemann 型剪切式破碎机

1—夯锤；2—刀具；3—推料杆；4—压缩盖

辊式破碎机可有效防止产品过度破碎。能耗相对较低，构造简单，工作可靠。但其破碎效果不如锤式破碎机，运行时间长，使得设备较为庞大。

辊式破碎机的生产率可以用挤压通过辊子间隙的最大体积来计算。

$$Q=60\eta LDS\gamma n\pi$$

式中，Q 为辊式破碎机的生产率，t/h；L 为辊子长度，m；D 为辊子直径，m；S 为辊子间隙，m；γ 为物料的容重，g/cm^3；n 为转速，r/min；η 为辊子利用系数，对中硬物料 η=0.2～0.3，对黏性潮湿物料 η=0.4～0.6。

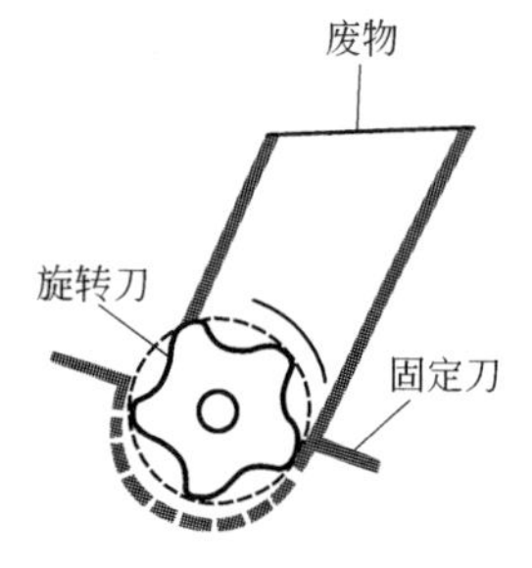

图 5-17　旋转剪切式破碎机

(a) 双齿辊破碎机

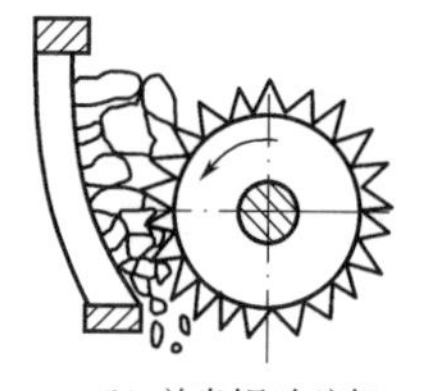

(b) 单齿辊破碎机

图 5-18　齿辊破碎机工作原理

6. 半湿式选择性破碎分选

(1) 原理和设备　半湿式选择性破碎分选是利用城市垃圾中各种不同物质的强度和脆性的差异，在一定的湿度下破碎成不同粒度的碎块，然后通过网眼大小不同的筛网加以分离回收的过程。该过程在兼有选择性破碎和筛分两种功能的装置中实现，称为半湿式选择性破碎分选机。其构造如图 5-19 所示，该装置由两段具有不同尺寸筛孔的外旋转圆筒筛和筛内与之反方向旋转的破碎板组成。垃圾进入后沿筛壁上升，而后在重力作用下抛落，同时被反向旋转的破碎板撞击，易脆物质首先破碎，通过第一段筛网分离排出；剩余垃圾进入第二段，中等强度的纸类在水喷射下被破碎板破碎，又由第二段筛网排出，最后剩余的垃圾由不设筛网的第三段排出，再进入后序分选装置。

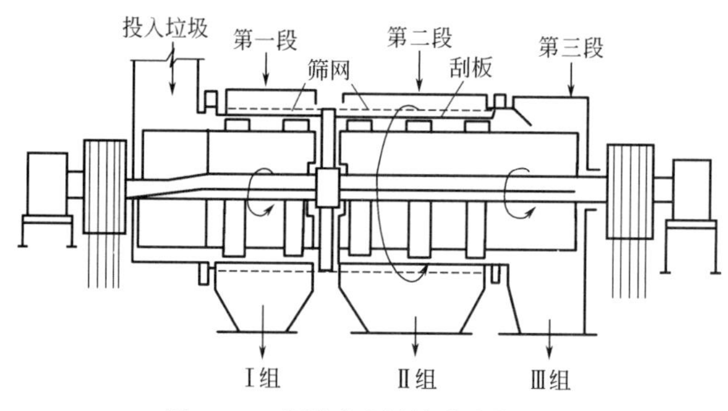

图 5-19　半湿式选择性破碎分选机

(2) 技术特点　在同一设备工序中实现破碎分选同时作业；能充分有效地回收垃圾中的有用物质，例如从分选出的第一段物料中可分别去除玻璃、塑料等，有望得到以厨余为主(含量可达到 80%) 的堆肥沼气发酵原料；第二段物料中可回收含量为 85%～95%的纸类，难以分选的塑料类废物可在三段后经分选达到 95%的纯度，废铁可达 98%；对进料适应性好，易破碎物及时排出，不会出现过破碎现象；动力消耗低，磨损小，易维修；当投入的垃圾在组成上有所变化及以后的处理系统另有要求时，则需改变分选条件或改变滚筒长度、破碎板段数、筛网孔径等，以适应其变化。

7. 湿式破碎技术

(1) 原理和设备　湿式破碎技术是利用纸类在水力作用下的浆液化特性，以回收城市垃圾中的大量纸类为目的而发展起来的。通常将废物与制浆造纸结合起来。

湿式破碎机如图 5-20 所示，是在 20 世纪 70 年代由美国一家生产造纸设备的 BLACK-CLAUSON 公司研制完成的。该破碎机为一圆形立式转筒，底部设有多孔筛。初步分选的垃圾经由传输带投入机内后，靠筛上安装的六只切割叶轮的旋转作用，使废物与大量水流在同一个水槽内急速旋转，搅拌，破碎成泥浆状。浆体由底部筛孔流出，经湿式旋风分离器除去无机物，送到纸浆纤维回收工序进行洗涤、过筛与脱水。除去纸浆的有机残渣可与 4%浓度的城市下水污泥混合，脱水至 50%后，送至焚烧炉焚烧，回收热能。破碎机内未能粉碎和未通过筛板的金属、陶瓷类物质从机内的底部侧口压出，由提升斗送到传输带，由磁选器进行分离。

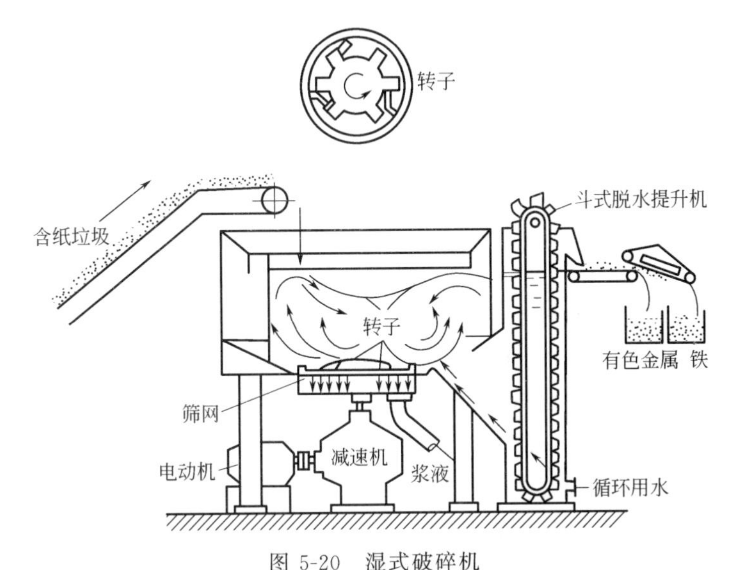

图 5-20 湿式破碎机

(2) 技术特点 湿式破碎把垃圾变成泥浆状，物料均匀，呈流态化操作，具有以下优点：垃圾变成均质浆状物，可按流体处理法处理；不会滋生蚊蝇和恶臭，符合卫生条件；不会产生噪声、发热和爆炸的危险性；脱水有机残渣，无论质量、粒度、水分等变化都小；在化学物质、纸和纸浆、矿物等处理中均可使用，可以回收纸纤维、玻璃、铁和有色金属，剩余泥土等可做堆肥。

十、筛分设备

垃圾的分选和资源回收已开始受到重视。垃圾中有价值物质的回收可分为两步：第一步为垃圾填埋前的回收，主要是人工分选和机械分选；第二步是矿化垃圾的综合利用。垃圾填入填埋场后经复杂的降解过程，大约十几年至几十年后垃圾基本上达到稳定化，从极易腐臭易烂的垃圾转化为稳定的矿化垃圾。目前矿化垃圾的利用已开始得到研究和开发。主要方法是将挖掘出的矿化垃圾，首先分选出其中的有用物质，如金属等，然后进行筛分，细的部分用做肥料或生物介质处理某些废水，粗的部分回填或修路等。最后把新鲜的垃圾填入所腾出的空隙，从而使垃圾填埋场的寿命大大延长，节省了大量的基建成本。垃圾的分选是根据物质的粒度、密度、磁性、电性、光电性、摩擦性、弹性以及表面润湿性的不同而进行的。可分为筛选（分）、重力分选、磁力分选、电分选、光电分选、摩擦分选、弹力分选和浮力分选。

下面重点介绍各种筛分设备。这些设备可用于新鲜垃圾和矿化垃圾的筛分。筛分是利用筛子将物料中小于筛孔的细粒物料透过筛面，而大于筛孔的粗粒物料留在筛面上，完成粗、细粒物料分离的过程。该分离过程可视为物料分层和细粒透筛两个阶段。物料分层是完成分离的条件，细粒过筛是分离的目的。

1. 固定筛

筛面由许多平行排列的筛条组成，可以水平安装或倾斜安装。由于构造简单、不耗用动力、设备费用低和维修方便，故在固体废物处理中被广泛应用。固定筛又可分为格筛和棒条筛两种。

格筛一般安装在粗碎机之前，起到保证入料块度适宜的作用。

棒条筛主要用于粗碎和中碎之前，安装倾角应大于废物对筛面的摩擦角，一般为30°～35°，以保证废物沿筛面下滑。棒条筛筛孔尺寸为要求筛下粒度的1.1～1.2倍，一般筛孔尺寸不小于50mm。筛条宽度应大于固体废物中最大块度的2.5倍。该筛适用于筛分粒度大于50mm的粗粒废物。

2. 滚动筛

滚筒筛也称转筒筛，是物料处理中重要的运行单元。滚筒筛为一缓慢旋转（一般转速控制在10～15r/min）的圆柱形筛分面，以筛筒轴线倾角为3°～5°安装。筛面可用各种构造材料制成编织筛网，但筛分线状物料时会很困难，最常用的则是冲击筛板。

筛分时，固体废物由稍高一端供入，随即跟着转同在筛内不断翻滚，细颗粒最终穿过筛孔而透筛。滚筒筛倾斜角度决定了物料轴向运行速度，而垂直于筒轴的物料行为则由转速决定。物料在筛子中的运动有以下3种状态。

（1）沉落状态　此时筛子的转速很低，物料颗粒由于筛子的圆周运动而被带起，然后滚落到向上运动的颗粒层上面，物料混合很不充分，不易使中间的细料翻滚物移向边缘而触及筛孔。

（2）抛落状态　当转速足够高但又低于临界速度时，颗粒克服重力作用沿筒壁上升，直至到达转筒最高点之前。这时重力超过了离心力，颗粒沿抛物线轨迹落回筛底。这种情况下，颗粒以可能的最大距离下落（如转筒直径），翻滚程度最为剧烈，很少有堆积现象发生，筛子的筛分效率最高，物料以螺旋状前进方式移出滚筒筛。

（3）离心状态　若滚筒筛的转速进一步提高，达到某一临界速度，物料由于离心作用附着在筒壁上而无下落、翻滚现象，这时的筛分效率很低。

无疑，操作运行中，应尽可能使物料处于最佳的抛落状态。根据经验，筛子的最佳速度约为临界速度的45%。不同的负荷条件下的试验数据表明，筛分效率随倾角的增大而迅速降低。随着筛分器负荷增加，物料在筒内所占容积比例增加。这时，要达到抛落状态的转速以及功率要求也随之增加。实际上，筛子完全充满时已无可能进入抛落状态。

3. 振动筛

振动筛是许多工业部门应用非常广泛的一种设备。它的特点是振动方向与筛面垂直或近似垂直，振动次数600～3600r/min，振幅0.5～1.5mm。物料在筛面上发生离析现象，密度大而粒度小的颗粒钻过密度小而粒度大的颗粒的空隙，进入下层达到筛面。振动筛的倾角一般控制在8°～40°之间。倾角过小使物料移动缓慢，单位时间内的筛分效率势必降低；但倾角过大同样也使筛分效率降低，因为物料在筛面上移动过快，还未充分透筛即排出筛外。

振动筛由于筛面强烈振动，消除了堵塞筛孔的现象，有利于湿物料的筛分，可用于粗、中、细粒的筛分，还可以用于脱水振动和脱泥筛分。振动筛主要有惯性振动筛和共振筛两种。

(1) 惯性振动筛　惯性振动筛是通过由不平衡体的旋转所产生的离心惯性力，使筛箱产生振动的一种筛子，其构造及工作原理见图 5-21。

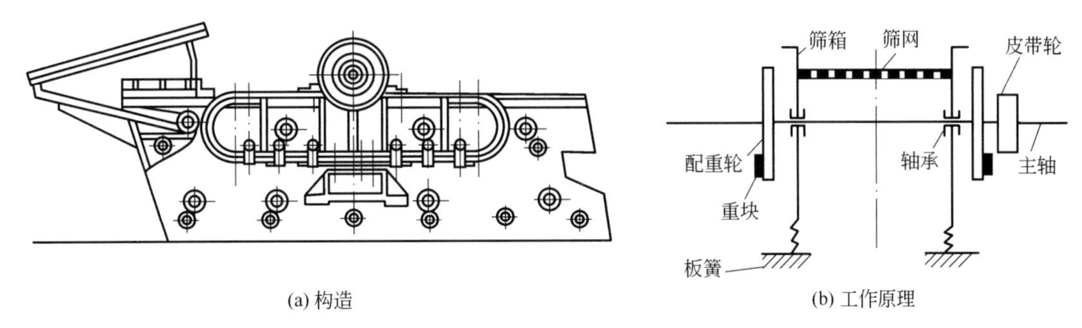

图 5-21　惯性振动筛构造及工作原理

当电动机带动皮带轮高速旋转时，配重轮上的重块即产生离心惯性力，其水平分力使弹簧产生横向变形，由于弹簧横向刚度大，所以水平分力被横向刚度所吸收。而垂直分力则垂直于筛面通过筛箱作用于弹簧，强迫弹簧作拉伸及压缩的强迫运动。因此，筛箱的运动轨迹为椭圆或近似于圆。由于该种筛子的激振力是离心惯性力，故称为惯性振动筛。

惯性振动筛适用于细粒废物（0.1～15mm）的筛分，也可用于潮湿及黏性废物的筛分。

(2) 共振筛　共振筛是利用连杆上装有弹簧的曲柄连杆机构驱动，使筛子在共振状态下进行筛分的。其构造及工作原理如图 5-22 所示。当电动机带动装在下机体上的偏心轴转动时，轴上的偏心使连杆作往复运动。连杆通过其端的弹簧将作用力传给筛箱，与此同时下机体也受到相反的作用力，使筛箱和下机体沿着倾斜方向振动，但它们的运动方向相反，所以达到动力平衡。筛箱、弹簧及下机体组成一个弹性系统，该弹性系统固有的自振频率与传动装置的强迫振动频率接近或相同时，使筛子在共振状态下筛分，故称为共振筛。

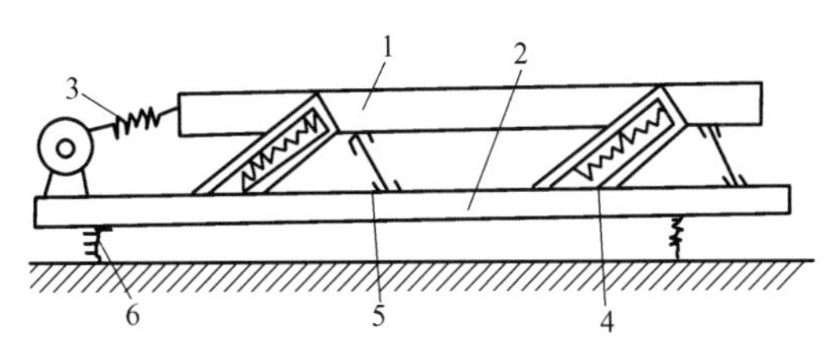

图 5-22　共振筛构造及工作原理
1—上筛箱；2—下机体；3—传动装置；4—共振弹簧；5—板簧；6—支承弹簧

当共振筛的筛箱压缩弹簧而运动时，其运动速度和动能都逐渐减小，被压缩的弹簧所储存的位能却逐渐增加。当筛箱的运动速度和动能等于零时，弹簧被压缩到极限，它所储存的位能达到最大值，接着筛箱向相反方向运动，弹簧释放出所储存的位能，转化为筛箱的动能，因而筛箱的运动速度增加。当筛箱的运动速度和动能达到最大值时，弹簧伸长到极限，所储存的位能也就最小。可见，共振筛的工作过程是筛箱的动能和弹簧的位能相互转化的过程。所以在每次振动中，只需要补充为克服阻尼的能量就能维持筛子的连续振动。这种筛子虽大，但功率消耗却很小。

共振筛的优点有处理能力大、筛分效率高、耗电少以及结构紧凑，是一种有发展前途的筛子，但同时也有制造工艺复杂，机体重大、橡胶弹簧易老化等缺点。

4. 筛分设备的选择

选择筛分设备时应考虑如下因素：颗粒大小、形状、整体密度、含水率、黏结或缠绕的可能；筛分器的构造材料，筛孔尺寸、形状、筛孔所占筛面比例，转筒筛的转速、长与直径，振动筛的振动频率、长与宽；筛分效率与总体效果要求；运行特征如能耗、日常维护、运行难易、可靠性、噪声、非正常振动与堵塞的可能等。

5. 熟化垃圾组合筛碎机

（1）用途和特点　熟化垃圾组合筛碎机是筛分和破碎矿化生活垃圾堆肥的专用设备，能把熟化生活垃圾根据需要分成细、中、粗不同粒径的物料，并能把中料加以破碎成细料。

熟化垃圾组合筛碎机成功地解决了垃圾筛分设备研制中普遍存在的细筛网网孔易堵和多台设备串联布置而造成占地面积大的问题，经过使用证明其具有分筛效率高、占地面积小、投资小、工作可靠的特点，为建设经济实用的垃圾处理场提供了理想的筛碎设备。

（2）结构　熟化垃圾组合筛碎机由筒筛、清孔装置、破碎机、机架等主要部件组成。圆筒筛为两层，分别为细孔的外层、粗孔的内层，圆筒体上的托圈用固定在机架的托轮支撑，粗筛上端为进口、下端为出口，细料经细筛筛出后由出料斗送出，中料由细筛的下口到中料受料斗由格式给料装置送入破碎机，打成细料。

清孔装置是由直径不大的金属圆筒体装有一定直径、长度与密度的刷毛，紧贴于细筛上部外层，随着圆筒筛被动转动，保证刷毛伸过筛孔而在运转中完成清孔任务。破碎机为立式锤击破碎装置，立式筒体中间转轴上有圆盘滑轮状锤架，交叉安装，每层两把具有平面自由度的平行四边形刀片，中料由上部进入，由下部出料。为防止筒体产生堵料，装有带刮刀的粉碎刀，下层粉碎刀安装成风扇状刮刀。

表 5-23 给出了 3 种典型的熟化垃圾组合筛破设备参数。

表 5-23　熟化垃圾组合筛破设备参数

型　号	性　　能			
	处理能力/(t/h)	电耗/kW	占地面积/m^2	设备重量/t
SF-6	6	5.5～26	10.56	6.2
SF-15	15	11～49	35.55	17.5
SF-25	25	22～77	46.75	27.85

十一、杀虫剂喷洒设备

大面积喷洒长效杀虫剂使用喷洒车喷洒；喷洒速效杀虫剂，在室内和其他喷洒车喷洒不到的区域喷洒长效杀虫剂需使用人工喷药器械。由于国内无垃圾填埋场专用喷洒车生产，一般选用园林绿化喷洒车。该车牵引力小，爬坡能力差，对填埋区喷药有时存在困难，需人工辅助。

十二、国内部分填埋场填埋工艺及设备配置

表 5-24 是国内部分填埋场填埋工艺及设备配置。

表 5-24　国内部分填埋场填埋工艺及设备配置

填埋场名称	填埋工艺	实际使用设备配置	备　注
北京阿苏卫填埋场（平原）	填埋量：2000t/d 作业时间：6h 作业单元：40m×28m×2 m 定点倾卸：垃圾构筑 3.5m 宽的工作台覆土上倾卸 防渗：膨润土、黏土自然防渗	宝马压实机：1 台 180 推土机：1 台 PY180 刮泥机：1 台 150 推土机：1 台	6～8 月雨季时宝马压实机封箱，共有宝马压实机 3 台，150 推土机 2 台
珠海垃圾填埋场	填埋量：500～600t/d 作业时间：6h 作业单元：60cm 厚垃圾层 定点倾卸：覆土上倾卸 防渗：自然土防渗	东方红 270 推土机：2 台 0.65m^3 挖掘机：1 台 5t 装载机：1 台 5t 自卸车：5 台	填埋垃圾 60cm 层厚覆盖 60cm 土；共有东方红 270 推土机 4 台
深圳市下坪固体废弃物填埋场	填埋量：400t/d 作业时间：6h 作业单元：2m 厚垃圾层 定点倾卸：覆土上倾卸 防渗：美国进口 HDPE 膜人工防渗	120 推土机：2 台 挖掘机：2 台 5t 汽车：5 辆 宝马压实机：2 台 机动翻斗车：5 台	推铺 2m 厚垃圾层就用沙土覆盖 雨季：车辆准备使用钢板路基箱共有宝马压实机 2 台
广州市李坑生活垃圾卫生填埋场（山地）	填埋量：1000t/d 作业时间：6h 作业单元：2.5m 厚垃圾层 定点倾卸：覆土上交替倾卸 防渗：自然黏土防渗	260 马力压实机：1 台 SH120 推土机：3 台 1m^3 挖掘机：2 台 4t 汽车：3 辆	三个作业点，其中两个作业点生产，一个作业点覆土，交替进行 全天（24h）填埋量：2600t/d，共有 120 推土机 9 台
上海市废弃物老港处置场	填埋量：6000t/d 作业时间：6h 作业单元：4m 厚垃圾层 采用“一单元两隔堤多点分层作业法”	每一作业点配备宝马压实机：1 台 TS 140 推土机：8 台 8t 生产车：24 辆	每一作业点日填埋量 1800t，每层推铺垃圾厚度 0.4m，当垃圾厚度推铺到 0.9～1.2m 时，由压实机压实三遍；如此反复，直至 4m 厚

十三、其他改进设备

除了上述常用的设备外，为方便填埋场作业，国内有些公司和填埋场研究改进了一些装置和设备，在日常的填埋场运行中也常常运到，具有推广价值，故介绍如下。

1. 自动摊膜一体化装置

为了减少填埋现场铺膜工人的工作强度，研制了摊膜、收膜遥控自动一体化的装置，实现远程遥控及自动作业。同时，为了配套该装置，便于其在填埋场中自动行走移位，在摊膜机上加装履带式行走装置。摊膜机参数及其行走装置的参数分别见表 5-25、表 5-26。摊膜机现场使用的照片见图 5-23，行走装置如图 5-24 所示。

(a)

(b)

(c)

(d)

图 5-23　摊膜机现场使用情况

表 5-25　摊膜机参数

序号	项目	参数	序号	项目	参数
1	额定载荷/kg	490	6	电压/V	24
2	外形尺寸/mm	1600×1850	7	功率/kW	1.5×2
3	最大高度/mm	8000	8	覆盖膜尺寸(单卷)/mm	6000×50000×0.75
4	工作压力/MPa	1.0	9	覆盖膜重量(单卷)/kg	250
5	升降速度/(m/s)	0.04			

图 5-24　摊膜机行走机构

表 5-26　摊膜机行走机构参数

序号	项目	参数	序号	项目	参数
1	长/mm	2600	5	履带宽度/mm	255
2	宽/mm	1900	6	重量/t	1
3	高/mm	400	7	载重量/t	3
4	驱动轮直径/mm	齿顶直径 352	8	行走速度/(km/h)	5

2. 路基箱搬运、铺设夹具

在钢板路基箱的短驳运输和铺设上主要采用装载机和挖掘机互相配合的作业工艺，但是此种作业方法比较粗放，容易造成挖掘机和路基箱的损坏，并且铺设时的定位精确度也不高。因此研制了一种路基箱的夹具（图 5-25），能方便地抓取路基箱并实现较精确的铺设定位。

图 5-25　路基箱夹具

目前使用路基箱尺寸为 6040mm×1540mm×180mm，重量为 2360kg/块；建议路基箱平台尺寸为 6040mm×2400mm×680mm（最高处为 680mm），重量为 4000kg/块。路基箱夹具现场使用情况如图 5-26 所示。

(a)

(b)

(c)

图 5-26　路基箱夹具现场使用情况

3. 喷药除臭一体化设备

某公司研制的将喷药灭蝇除臭设备搭载在推土机上的一体化设备，可随着推土机作业的进行而对推土机四周进行喷洒药水。喷药装置的参数见表 5-27。喷雾装置现场使用情况如图 5-27 所示。

表 5-27　喷药装置参数

序号	项目	参数	序号	项目	参数
1	输入电压/V	24	5	系统最大功率/W	150
2	单个雾化头额定功率/W	3	6	单雾化量/(mL/h)	300～400
3	最大安装雾化头数量/个	50	7	静风喷雾距离/cm	50～70
4	最大额定电流/A	7	8	水箱容积/L	150

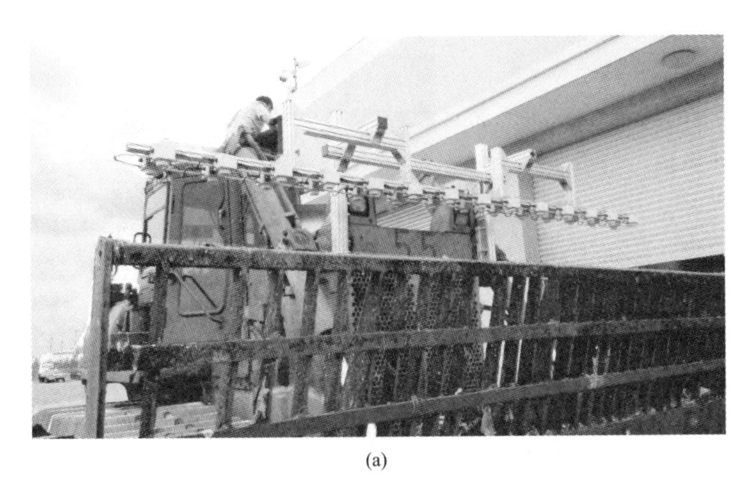

(a)

(b)

图 5-27　喷雾装置现场使用情况

4. 旋挖机

为了配合填埋场沼气导排装置的安装运行，研制了在垃圾堆上使用的旋挖钻孔设备，对现有挖掘机的油路、电路等进行改造，并安装旋挖机具。

旋挖机具钻孔直径 500mm，深度 5m。旋挖机外形如图 5-28 所示。旋挖机现场使用情况如图 5-29 所示。

(a)　　　　(b)

图 5-28　旋挖机外形

5. 钢板路基箱

当前填埋场生活垃圾运输车辆通行道路采用钢板路基箱铺设道路，同时生产作业面临生产任务量大、设备使用频繁、设备吨位重的现状，由于钢板路基箱直接铺设在垃圾上，垃圾层地基较软，使得钢板路基箱道路比较容易发生漂移、沉降，而路基箱漂移沉降造成的缺口经常引起车辆设备损坏，引发安全事故。有研究将钢板路基箱整合成一个大的整体，将路基箱的漂移沉降控制在能保证运输车辆安全通行的范围内。同时，在钢板路基箱铺设道路的特殊区域（直角转弯处、跨明沟处、车辆倒车区域等）增设专用的特殊路基箱，以此来增加该区域的车辆通行安全性。并且，在路基箱的局部区域进行小范围的优化设计，进一步提高其通行安全性，使其更适应填埋场安全生产的要求。

(a)

(b)

图 5-29　旋挖机现场使用情况

（1）钢板路基箱的机械连接　填埋场工程作业中，当运输车辆行驶在钢板路基箱道路上时，由于力的作用力和反作用力的原因，以及单块的钢板路基箱重量相对车辆的总重两者的差异较大，极易发生漂移、沉降的现象。因此考虑在相邻的钢板路基箱之间采用特定的机械装置，一块一块逐步连接在一起，从单块路基箱拼接成一整体，当拼接的钢板路基箱达到一定的面积、重量后，不易发生漂移移位或沉降，或者移位的程度较小，在可控制的安全范围内，同时相邻路基箱连接后可简单拆卸，便于移位重新铺设。

图 5-30　钢板路基箱机械连接现场安装图

如图 5-30 所示，将厚度为 22mm，中间开有直径为 27mm 孔的两块平行钢板，垂直焊接在厚度为 22mm 的筋板上，组成一个连接装置，再将此连接装置焊接于钢板路基箱两侧短边的四个角上，由高强度螺栓将一高强度链条的两端分别固定在两个相邻钢板路基箱的连接装置上，同时控制高强度链条的长度在使相邻路基箱上下前后浮动在 50mm 的范围内，以此保证钢板路基箱既可以在安全范围内浮动来缓冲运输车辆通行带来的震动，又可以充分保证车辆通行的安全性。

（2）转弯处三角路基箱　填埋场现场垂直交错的道路采用的是垂直铺设的钢板路基箱道

路，在车辆通行的90°转弯处就成了一个盲点，由于运输车辆的大吨位，一旦车辆转弯半径偏小，极易造成车辆轮胎驶出钢板路基箱，陷入垃圾层中，发生车辆倾翻的安全事故，如遇下雨天，加上路面积水湿滑、视线模糊等原因，导致事故发生频率大幅提升。

为了避免这一安全隐患，在车辆90°转弯的区域增铺一块路基箱，但普通的路基箱面积过小，质量也较轻，加之转弯区域较难和其他路基箱固定连接，因此设计定制了一等腰直角状的特殊钢板路基箱，专门铺设于90°直角转弯处（见图5-31）。该三角路基箱直角边长度为4500mm，重量在2.5t左右，斜边的两端安装的连接装置正好能与正常铺设的钢板路基箱相连接，在避免车辆驶出钢板路基箱道路的同时，很好地保证了该特殊区域路段的通行安全性。

（3）简易倒车平台　目前生活垃圾运输终端采用的是车辆倒车驶入卸料平台倾倒垃圾的工艺，因此在填埋现场只要有卸料平台，就必须对应配备一个倒车平台。原先采用的倒车平台都是就地取材，选用普通钢板路基箱或者是选用笨重的卸料平台做倒车平台，但两者都有其弊端。

结合两者的优势，设计研发了一款既能保证安全性，又轻便便于移位的倒车平台。

图5-31　三角路基箱实物图

图5-32　简易倒车平台现场铺设

在原有钢板路基箱的基础上，将其长边一侧和短边两侧均安装高度为400mm与路基箱等长的止轮坎，形成一个簸箕形的建议倒车平台，并且在平台的另一长边的一侧安装钢板路基箱机械连接装置（见图5-32），铺设时将其与相邻的钢板路基箱连接起来，这样既避免了车辆倒车时存在的安全隐患，同时由于增加钢材的重量不到1t（平台总重量在3.5t左右），也比较便于移动和重新铺设。

（4）跨明沟用路基箱　为了防止下雨季节填埋场四周道路上的雨水流入填埋场库区内，在填埋场库区的设计建造时，在库区的四周均设有宽约1m的排水明沟，来对四周道路的雨水进行导排。但这同时也给垃圾运输车辆的通行带来了一定的障碍。

为此，将普通钢板和路基箱结合起来，设计出一款坡度约为6°的跨明沟用辅助钢板路基箱，该款路基箱的最高的一侧高度约为190mm，同时该侧的长度约为6000mm，并且两侧装有钢板路基箱机械连接装置（见图5-33），可与其余钢板路基箱进行对接固定，可有效防止其移位。该款路基箱的另一侧长度约为8000mm，在一侧6000mm的长度上增加了2000mm长度，对称分布，可增加车辆转弯通行时视线死角处的安全性，并且该侧为6°坡度夹角所在区域，实际该侧钢板在铺设时已基本贴近地面，对车辆的通行几乎不构成任何障碍。

（5）路基箱表面橡胶防滑　由于填埋场现场环境比较恶劣，再加上车辆吨位大、通行频繁等各方面的因素，钢板路基箱在使用一段时间后经常发生表面螺纹钢部分脱焊的现象，并且脱焊后的螺纹钢经常出现一端翘起戳破轮胎甚至损坏通行车辆的状况。同时轮胎和螺纹钢之间的摩擦即橡胶和钢材之间的摩擦，坚硬度不在一个层面上，因此轮胎的摩擦损耗比较严重。

因此将路基箱表面的防滑螺纹钢更换成橡胶块来解决上述问题（类似于普通道路上的减速带）。按照模具将橡胶按图纸成型，成型时将一长方形钢板与橡胶块共同成型，使其成为一个整体，再将成型后的橡胶块焊接在钢板路基箱表面（通过同时成型的钢板焊接），如图5-34所示。

图5-33　跨明沟用路基箱现场铺设

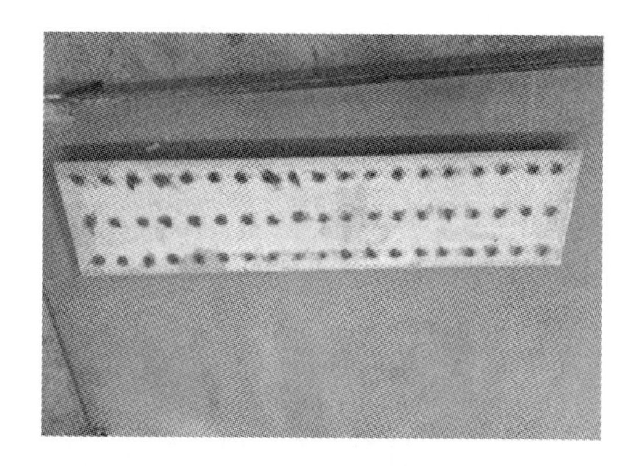

图5-34　表面橡胶防滑条施工安装

单个橡胶防滑块的长度约为970mm，宽度约为250mm，最高点的高度约为15mm，以4排6列的矩形状均匀分布在路基箱的表面。在耗费成本差不多的基础上，有效解决了螺纹钢脱焊引起的轮胎和车辆的非正常损坏，同时由于橡胶防滑存在一定的颠簸性，在进一步减缓车速的同时也减缓了轮胎的磨损速度，延长了轮胎的使用寿命。

通过对钢板路基箱道路铺设连接工艺的设计制造，特定区域采用特殊钢板路基箱，以及钢板路基箱表面防滑和边界设置警示等的综合优化设计，避免或降低了车辆驶出钢板路基箱道路引发的车辆倾翻、侧翻，车辆轮胎和自身非正常性损坏等的安全隐患，有效提升了城市生活垃圾末端处置作业的安全系数。

第六章
填埋场防渗及防洪系统

第一节　工程地质与水文地质勘察

一、工程、水文地质勘察的目的和任务

生活垃圾卫生填埋场是一项占地面积大（数十万平方米至百万平方米）、单项工程多、分布面积广的建设工程，并需要大量的建筑材料和覆土材料。各项单体工程因其功能不同，对地基均有一定要求。因此，在生活垃圾填埋场建设前期的场址选择阶段（项目建议书及可行性研究）和设计阶段（初步设计、施工图设计）都需进行必要的场区工程、水文地质调查、现场踏勘和勘察工作，选择工程、水文地质条件适宜的场地，尽可能地节省建设投资。

《生活垃圾卫生填埋处理技术规范》（GB 50869—2013）(以下简称《规范》）第 4.0.2 条规定的填埋场不应设的地区，只有通过不同阶段的工程、水文地质工作才能确定。当然，一个填埋场要完全满足所有工程、水文地质要求是很困难的。如何采取适当的工程措施，使其达到填埋场的功能要求，也必须通过工程、水文地质勘察工作，在查明地质条件的基础上，才能采取相应的对策。因此，各阶段的工程、水文地质调查和勘察是生活垃圾卫生填埋场建设过程中十分必要的工作。通过这些工作，为合理选择填埋场场址以及为各项建设工程选择最优的工程措施提供依据。

二、工程、水文地质勘察阶段的划分

按照工程建设的基本建设程序，前期工作包括项目建议书（建场条件调查）、可行性研究、设计阶段（初步设计和施工图设计）、建设阶段、竣工验收阶段等。对于工程、水文地质工作而言，它将贯穿于竣工验收阶段以外的各个阶段。各阶段工作深度和要求的内容是各不相同的，其目的是满足相应阶段的设计内容。

1. 项目建议书（场址选择）阶段工程、水文地质勘察

生活垃圾卫生填埋场的场址选择阶段的工作有时在项目建议书中提出，有时在可行性研究阶段进行比选。选址工作之所以重要，除它必须符合城市的总体规划外，选择条件合适的场址可以使填埋场有较大的库容，用较少的投资即可保证各项工程功能的需要；反之，若选择在条件不太适宜的地段，则有时难以得到较大的库容，或者需要较大的投资才能保证单项工程的功能需要。影响场址选择的主要因素为地形、地貌及场区工程、水文地质条件。

填埋场场址选择可分为场址初选、候选场址现场踏勘及预选场址比较三个步骤，这三个步骤都离不开对场区地质资料的收集、踏勘和初步的勘察。

第一步是根据有关城市总体规划、区域地形图及地质（水文、工程地质）图进行三个以上场址的初选。主要使初选的场址不要设在《规范》第 4.0.2 条所列的地区内。建设单位可收集城市的总体规划，地区城建或林业部门有 1∶10000 地形图，地区或省地矿勘察局有 1∶200000 或更大比例尺的地质（水文、工程地质）图件。

第二步是候选场址的现场踏勘阶段，主要是到现场踏勘，对已收集到的地形图、地质（水文、工程地质）图的资料进行分析比较，进一步比较各场址的优缺点，并在此基础上推荐两个或两个以上的候选场址。

第三步是对推荐的场址进行可研阶段的工程、水文地质勘察，主要是进行 1∶1000 的地形测量及初步勘察。可研阶段的水文地质勘察的主要任务是初步了解场区水文地质条件，如场区主要含水层分布及分水岭部位地层的渗透系数及富水性，地下水的补给、径流、排泄条件，地下分水岭位置及标高等，工程地质方面主要了解拟建坝位置地层及其工程地质参数。

根据初步的工程、水文地质勘察成果，为可行性研究的各种方案，如防渗方案、坝址方案、坝型方案、场区总平面布置方案等提供依据。

只有通过有较大比例尺的地形图（如 1∶1000）并经过初步勘察工作后进行的场区可行性研究，其成果才较为可靠。相反，使用过小比例尺（如 1∶10000）的地形图及未经初步工程、水文地质勘探的可行性研究成果，其可靠程度比较低。

2. 初步设计阶段工程、水文地质勘察

在经过可行性研究进行场址比选后的推荐场址上进行。初步设计阶段的勘察任务是查明场区工程、水文地质条件，为初步设计，也就是为填埋场各项工程方案的确定提供地质依据。具体来说，如查明填埋场垃圾坝、调节池、截洪坝、截污沟、管理区等主要工程的工程地质条件；查明坝址区地层标准承载力及渗透性；查明场区各种不良工程地质现象的位置、性质及稳定情况。为场区截洪沟走向设计、防渗层铺设方式、坝址选择和坝型确定等提供依据。

在水文地质方面应进一步查明场区各地层的渗透系数、厚度，地下水的补给、径流、排泄条件，场区井、泉分布及水量等，并提供场区地层的地下径流模数，为防渗衬里以下的地下水导排设计提供依据。如有可能采用垂直防渗方案时，还应做出截污坝下渗透断面，查明山谷型填埋场地下分水岭位置及其地下水位标高、分水岭处地层的渗透系数。

就近寻找筑坝用料场及垃圾填埋覆盖用土、封场覆盖用土所用土料，需要达到详查深

度，并应提供所用土料的一般物理力学性质及土的颗粒级配资料。

如无可能利用城市供水管网供水的场区，应就近在调节池地下水流向的上游方向寻找供水水源，以满足场区生活及生产用水的需要。在初勘阶段可根据已有资料提供水源可能位置。

3. 施工图阶段工程、水文地质勘察

在经批准的初步设计基础上进行。初步设计批准以后，根据确定的各工程方案和单项工程施工图设计需要，补充初步设计阶段勘察工作的不足，并根据初步设计审查意见进行施工图阶段的勘察工作。例如，为构筑截洪沟或防渗层铺设需要，对某些不良工程地质的处理需进行专门的勘察工作；填埋场管理区方案批准后，需进行专门的工程地质勘察；根据防渗方案的要求，补充需进一步查明的水文地质问题等。

采用地下水作供水水源的填埋场，需进行供水水源勘察工作。一般来说，由于填埋场用水量较少，可采用探采结合方式，一次成井作供水水源。

4. 建设阶段工程、水文地质工作

在建设阶段的勘察工作内容主要是配合施工进行验槽、验证勘察成果等，并对施工阶段新出现的工程、水文地质问题进行补充勘察工作，以满足设计优化及修改的需要。

第二节　场地处理

为避免填埋场库区地基在垃圾堆积后产生不均匀沉降，保护复合防渗层中的防渗膜，在铺设防渗膜前必须对场底、山坡等区域进行处理，包括场地平整和石块等坚硬物体的清除等。

为防止水土流失和避免二次清基、平整，填埋场的场底平基（主要是山坡开挖与平整）不宜一次性完成，而是应与膜的分期铺设同步，采用分层实施的方式。因为在南方地区，裸露的土层会自然长出杂草，且容易受山洪水的冲刷，造成水土流失。

一、场底平整

平整原则为清除所有植被及表层耕植土，确保所有软土、有机土和其他所有可能降低防渗性能和强度的异物被去除，所有裂缝和坑洞被堵塞，并配合场底渗滤液收集系统的布设，使场底形成相对整体坡度，以≥2%的坡度坡向垃圾坝；同时，还要求对场底进行压实。为了使衬垫层与土质基础之间的紧密接触，场底表面要用滚筒式碾压机进行碾压，使压实处理后的地基表面密度分布均匀，最大限度地减少场底的不均匀沉降。平整顺序最好从垃圾主坝处向库区后端延伸。

场底平整应满足填埋库容、边坡稳定、防渗系统铺设及场底压实度等方面的要求。

场底平整应尽量减少库底的平整设计标高，以减少库底的开挖深度，减少土方量，减少渗滤液、地下水收集系统及调节池的开挖深度。场底平整设计时除应满足填埋库容要求外，

尚应兼顾边坡稳定及防渗系统铺设等方面的要求。场底平整压实度要求：a. 地基处理压实系数不小于 0.93；b. 库区底部的表层黏土压实度不得小于 0.93；c. 路基范围回填土压实系数不小于 0.95；d. 库区边坡的平整压实系数不小于 0.90。

场底平整设计要求考虑设置堆土区，用于临时堆放开挖的土方，同时要求做相应的防护措施，避免雨水冲刷，造成水土流失。场底平整前的临时作业道路设计应结合地形地势，根据场底平整及填埋场运行时填埋作业的需要，方便机械进场作业、土方调运。场底平整时应确保所有裂缝和坑洞被堵塞，防止渗滤液渗入地下水，同时有效防止填埋气体的横向迁移，保证周边建（构）筑物的安全。

场底平整宜与填埋库区膜的分期铺设同步进行，分区实施场底平整的方式，目的是防止水土流失和避免二次清基、平整。并应考虑设置堆土区，用于临时堆放开挖的土方。堆土区应做相应的防护措施，以避免雨水冲刷，防止造成水土流失。

场底平整应结合填埋场地形资料和竖向设计方案，选择合理的方法进行土方量计算。填挖土方相差较大时，应调整库区设计高程。如挖方大于填方，要升高设计高程；填方大于挖方，则降低设计高程。

填挖土方中，挖方包括库区平整、垃圾坝清基及调节池挖方量，填方包括库区平整、筑坝、日覆盖、中间覆盖及终场覆盖所需的土方量。填埋场地开挖的土方量不能满足填方要求时，要本着就近的原则在周边取土。

土方计算宜结合填埋场建设地点的地形地貌、面积大小及地形图精度等因素选择合理的计算方法，并宜采用另一种方法校核。各种方法的适用性比较详见表 6-1。

表 6-1　土方计算方法比较表

计算方法	适用对象	优点	缺点
断面法	断面法计算土方适用于地形沿纵向变化比较连续，地狭长、挖填深度较大且不规则的地段	计算方法简单，精度可根据间距 L 的长度选定，L 越小，精度就越高。适于粗略快速计算	计算量大，尤其是在范围较大、精度要求高的情况下更为明显；计算精度和计算速度矛盾，若是为了减少计算量而加大断面间隔，就会降低计算结果的精度；局限性较大，只适用于条带线路方面的土方计算
方格网法	对于大面积的土石方估算以及一些地形起伏较小、坡度变化不大的场地适宜用方格网法，方格网法是目前使用最为广泛的土方计算方法	方格网法是土方量计算的最基本的方法之一。简便易于操作，在实际工作中应用非常广泛	地形起伏较大时，误差较大，且不能完全反映地形、地貌特征
三角网法	适用于小范围、大比例尺、高精度，地形复杂起伏变化大的地形情况	适用范围广，精度高，局限性小	高程点录入及计算复杂
计算机辅助计算	适用于地形资料完整（等高线及离散点高程）、数据齐全的地形	计算精确，自动化程度高，不易出错，可以自动生成场地三维模型以及场地断面图，直观表达设计成果，应用广泛	对地形图要求非常严格，需要有完整的高程点或等高线地形图

二、边坡处理

大部分填埋场边坡为含碎石、砂的杂填土和残积土，坡面植被丰富，山坡较陡，边坡稳定性较差。平整原则为：为避免地基基础层内有植物生长，必要时可均匀施放化学除萎剂；边坡坡度一般取 1∶2，局部陡坡应缓于 1∶1，否则作削坡处理；削坡修整后的边坡要求光滑整齐，无凹凸不平，便于铺膜。基坑转弯处及边角均要求采取圆角过渡，圆角半径不宜小于 1m。对于少部分陡峭的边坡要求削缓平顺，不可形成台阶状、反坡或突然变坡，边坡处边坡角宜小于 20°。极少部位低洼处采用黏性土回填夯实，夯实密实度大于 0.85；锚固沟回填土基础必须夯实；应尽量减少开挖量。平整开挖顺序为先上后下。

填埋库区地基边坡设计应按国家现行标准《建筑边坡工程技术规范》(GB 50330)、《水利水电工程边坡设计规范》(SL 386) 的有关规定执行。经稳定性初步判别有可能失稳的地基边坡以及初步判别难以确定稳定性状的边坡应进行稳定计算。对可能失稳的边坡，宜进行边坡支护等处理。边坡支护结构形式可根据场地地质和环境条件、边坡高度以及边坡工程安全等级等因素选定。

第三节　场底防渗系统的功能、分类和选择

一、防渗系统的功能

垃圾填埋场主要是通过在底部和周边建立衬层系统来达到使垃圾与环境相隔离的目的。场底防渗系统是垃圾填埋场最重要的组成部分，通过在填埋场底部和周边铺设低渗透性材料建立衬层系统以阻隔填埋气体和渗滤液进入周围的土壤和水体产生污染，并防止地下水和地表水进入填埋场，有效控制渗滤液产生量。

填埋场的衬层系统通常从上至下依次包括过滤层、排水层（包括渗滤液收集系统）、保护层和防渗层等。

防渗层的功能是通过铺设渗透性低的材料来阻隔渗滤液于填埋场中，防止其迁移到填埋场之外的环境中，同时也可以防止外部的地表水和地下水进入填埋场中。防渗层的主要材料有天然黏土矿物如改性黏土、膨润土，人工合成材料如柔性膜，天然与有机复合材料如聚合物水泥混凝土（PCC）等。

保护层的功能是对防渗层提供合适的保护。防止防渗层受到外界影响而被破坏，如石料或垃圾对其上表面的刺穿，应力集中造成膜破损，黏土等矿物质受侵蚀等。

排水层的作用是及时将被阻隔的渗滤液排出，减轻对防渗层的压力，减少渗滤液外渗的可能性。

过滤层的作用是保护排水层，过滤掉渗滤液中的悬浮物和其他固态和半固态物质，否则这些物质在排水层中积聚，造成排水系统堵塞，使排水系统效率降低或完全失效。

二、场底防渗系统的分类

根据填埋场场底防渗设施或材料的铺设方向不同，可将场底防渗分为垂直防渗和水平防渗。根据所用防渗材料的来源不同，可将水平防渗分为自然防渗和人工防渗两种，详细分类

见图 6-1。

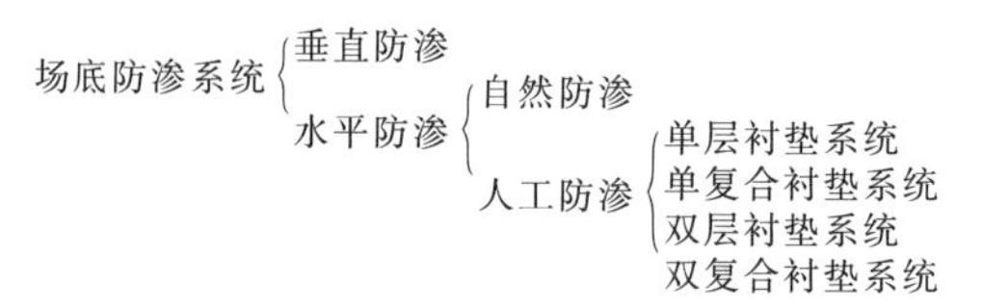

图 6-1 填埋场场底防渗系统分类

三、场底防渗系统的选择

填埋场衬层系统的选择对于填埋场设计至关重要。选择填埋场衬层系统应考虑下面一些因素：环境标准和要求；场区地质、水文、工程地质条件；衬层系统材料来源；废物的性质及与衬层材料的兼容性；施工条件；经济可行性。

衬层系统的选择过程很复杂，为了设计建设适用的衬层系统必须进行大量研究。衬层系统的最初选择过程应包括环境风险评价。根据衬层系统的不同结构设计和填埋场场区条件如非饱和带岩性和地下水埋深等，运用风险分析方法确定填埋场释放物环境影响，从中选择合理的衬层系统。

如果填埋场场底低于地下水位，则衬层设计应考虑地下水渗入填埋场的可能性及对渗滤液产生量的影响；控制因地下水位上升而对衬层系统施加的上升压力以及地下水的长期影响。

一般而言，衬层系统不应只依靠单级别保护。在某些环境中，由于场区地层具有低渗透性，地质屏障系统本身提供了一定的保护，这时就可以降低对密封屏障系统的要求，减少所需的额外保护。而在另一些环境中，衬层系统则必须包含多级别的保护。例如，在没有地下水的地方，单层压实黏土衬层就可以了；而在必须对渗滤液和填埋场气体进行控制的场地，则需要使用复合防渗系统，并加上合适的排水系统和土壤防护系统。

衬层系统的选择还受到衬层材料来源的影响。从减少填埋场建设费用的角度考虑，衬层系统应尽量使用在厂址区合理距离内可得到的自然材料。例如：在厂址区及附近如果有黏土，应使用黏土作为衬层系统的防渗层和保护层；如果没有质量高的黏土，但有粉质黏土，则衬层可采用质量较好的膨润土来改性粉质黏土，使其达到防渗设计要求；如果没有足够的天然防渗材料，衬层可使用柔性膜或者天然与人工合成材料。

除了具备低渗透性，衬层系统还应具备坚固性、持久性、抗化学反应性、抗穿透和断裂性。这些性质通过衬层成分自身的内在强度、两种或更多成分的综合作用、物理硬度、保护层等来实现。

衬层系统的设计还要考虑施工方便。在铺设衬层时，衬层系统的每个单层不能危及其下一层。在填埋场作业过程中，废物入场和填埋方式都可能造成衬层系统的损坏。填埋场施工条件有时也将影响衬层系统的设计。例如，某些山谷型填埋场，由于场区坡度较大，施工机械很难进入，给黏土衬层的压实带来困难。

衬层材料的选择应与填埋废物具有相容性，废物的某些理化性质不造成衬层的损坏，这就要求衬层具有化学抗性和相应的持久性。选择衬层系统时要充分考虑衬层材料和废物、渗滤液、气体成分的关系，尽量实现在可能温度条件下的完全兼容。某些特定填埋场具有加速填埋废物稳定化/固化的功能。对于这样的填埋场，兼容性尤为重要，废物的快速降解等稳定化/固化过程不应损害衬层材料的性能。

经济可行性是衬层系统选择中始终要考虑的基本因素。衬层系统应该在满足环境要求的条件下，选择更为经济的衬层系统。

一般来说，垂直防渗系统的造价比水平防渗系统的低，自然防渗系统的造价比人工防渗系统的低，单层衬层防渗系统、单复合衬层防渗系统、双层衬层防渗系统和双复合衬层防渗系统的造价依次增大。在场区地质、水文、工程地质满足要求的条件下，尤其是场区具有单独的水文地质条件，可选择垂直防渗系统。如果在场区及附近有黏土，应使用黏土作衬层系统的防渗层和保护层，以降低工程投资；如果没有质量高的黏土，但有粉质黏土，则衬层可采用质量较好的膨润土来改性粉质黏土，使其达到防渗设计要求；如果没有足够的天然防渗材料，则采用由柔性膜或天然与人工合成材料组成的人工防渗系统。

如果填埋场场地高于地下水水位或场地低于地下水水位，但地下水的上升压力不至于破坏衬垫层时，可采用单层衬层防渗系统。如果填埋场场地的工程、水文地质条件不理想，或者对场地周边环境质量要求严格，则应选择复合衬层防渗系统。双层衬层防渗系统和双复合衬层防渗系统一般用于危险废物安全填埋场，在我国目前的经济、技术条件下，这两种防渗系统近期很难在我国生活垃圾填埋场中得到广泛运用。

另外，根据填埋场地质情况，可以采用垂直与水平防渗相结合的技术。上海市老港填埋场地处沿海，地下水水位很高，由于地下水的浮托作用，水平防渗很难施工，其防渗层极易被破坏。因此，在老港填埋场四期，采用了垂直与水平防渗相结合的工程措施，确保防渗膜的安全。

铺设人工衬层的填埋场，在场址调查阶段就要合理考虑一些因素，详见表 6-2。

表 6-2　人工衬层合理性评价主要因素

评价项目	主要因素
边坡的坡度	边壁的坡度要求小于 1∶3,便于衬层的铺设
基础的硬度	如果底部基础为硬的岩石层,则不必使用膨润土之类的密封材料,也不必平整场地
底部岩基的稳定性	衬层不能承受突然和不均匀的沉降
底部土壤的渗透性	有些填埋场可以先铺一层土壤,以形成天然的不透水层
地下水流入	地下水或其他自然界的水进入场内的应急措施
场地底部低于地下水位	先用惰性材料抬高底面高度,再铺衬层,不能靠用泵抽取地下水降低其水位的办法来解决
地基的稳定性	如果不能修建堤坝及单元填埋室的边壁,而该处又不处于滑坡地带,则在斜坡上铺设衬层会碰到一系列问题

人工衬层如果失效，主要原因大多数是铺设过程中造成的，只有在底面具备一定的铺设条件才能进行铺设作业，常用的保护措施包括排除场底积水、用下垫料防止地基的凹凸不平、用上垫料防止外来的机械损伤以及在坡脚和坡顶处的锚固沟等。表 6-3 为可能影响衬层可靠性的主要因素。

物理性损坏一般是由于底部地基不理想、下层土壤的移动、不适当的操作以及水力压差的改变等因素造成的；化学性的损坏则是由于垃圾与衬层材料的化学性质不相容造成的。衬层应铺设在能够支撑在其上部和下部耐力发生变化的地基上，防止由于废物的堆压或底层上升造成的垫层损坏。在铺设衬层以前，应清理基础上可能损坏衬层的物质，如树桩、树根、

表 6-3 可能影响衬层可靠性的主要因素

不利因素		可能引起的问题
水文地质条件	地震地带	不稳定，衬层易破坏
	地面沉降地区	黏土层裂缝，人造衬层接缝处开裂
	地下水位高	衬层被抬高，或破裂
	有孔隙	衬层破裂
	灰岩坑	衬层破坏
	浅表水层有气体	回填之前衬层被抬升
	上层渗透性高	地基需要铺设管道
气候条件	冰冻	裂缝、破裂
	大风	衬层扬起和撕裂
	日晒	使黏土衬层过于干裂，裂缝进一步扩大，某些人工衬层受紫外线影响而破坏
	温度高	由于溶剂吸收水分而引起衬层接缝不牢固

硬物、尖石块等；地基应保持一定的干燥度，以承受在铺设衬层过程中的压力；应检查材料本身的质量是否均匀，有无破损和缺陷如洞眼、裂缝等；铺设后，应立即检查衬层的接缝是否焊接牢固。

达西定律是描绘流体在多孔介质中运动的基本定律，可以用于计算渗滤液通过防渗层系统的渗透流量。达西定律表示为

$$Q=AKJ=AK\frac{H}{D} \tag{6-1}$$

式中，Q 为穿过防渗层的渗滤液流量，m^3/d；A 为面积，m^2；K 为防渗层的渗透系数，m/d；J 为水力梯度；H 为渗滤液深度，m；D 为防渗层的厚度，m。

达西定律表明，穿过防渗层的渗滤液流量与防渗层的渗透系数和渗滤液积水深度成正比，与防渗层的厚度成反比。因此，衬层的厚度和衬层材料的渗透系数是保证衬层防渗能力的主要设计指标。

第四节 防渗系统材料

一、防渗材料

用于填埋场作防渗衬层的材料可分为无机天然防渗材料、天然与有机复合防渗材料和人工合成有机材料三大类。

1. 无机天然防渗材料

这种材料主要有黏土、亚黏土、膨润土等。在有条件的地区，黏土衬层较为经济，曾被认为是垃圾填埋场唯一的防渗衬层材料，目前在填埋场中仍被广泛采用。在实际工程中还广泛将其加以改性后作防渗层材料，称为黏土衬层。天然黏土和人工改性黏土是构筑填埋场结构的理想材料，但严格地说，黏土只能延缓渗滤液的渗漏，而不能阻止渗滤液的渗漏，除非黏土的渗透性极低且有较大的厚度。

（1）天然黏土材料　天然黏土单独作为防渗材料必须符合一定的标准，黏土的选择主要根据现场条件下所能达到的压实渗透系数来确定。在最佳湿度条件下，当被压实到

90%～95%的最大普氏干密度时，渗透性很低（通常为10^{-7}cm/s或更小）的黏土可以作为填埋场衬层材料。具有下列特性的黏土适宜做衬层材料：a. 液限（W_l）在25%～30%之间；b. 塑限（W_p）在10%～15%之间；c. 0.074mm或更小的粒度所占比例在40%～50%之间；d. 粒径小于0.002mm的黏土含量在18%～25%（质量百分比）之间。

（2）膨润土　膨润土主要是绿土类黏土矿物质，其中蒙脱石是最普通的黏土矿物，另外还有高岭石、伊利石等。它具有吸水膨胀性能和巨大的阳离子交换容量。一般膨润土吸水后，由于水的增多形成低渗透性的纤维，其体积膨胀可达10～30倍，膨润土的膨胀主要是由于水的增多且形成低渗透性的纤维。然而，如果孔隙液体改变，那么纤维及基层间距会缩短，引起渗透率增加。孔隙液体对膨润土渗透率的影响可用特定的聚合物对膨润土进行处理降低，必须研究渗滤液与改良膨润土的相容性。此外，膨润土水化后其剪切强度降低，应用于边坡时应注意。

膨润土垫（GCL）是将低透水性的膨润土层夹在两层土工布间制成的呈连续的条带状的防水卷材，施工时展开铺设，相邻的两卷搭接。当膨润土水化时，重叠部分自行封闭。

GCL在垃圾填埋场中应用于防渗衬垫，有3种方式：a. 直接铺在衬垫土工膜之下，完全取代压实黏土层CCL，以防止其上土工膜被刺破，渗滤液从漏洞外流；b. 直接铺在土工膜之上，在于保护土工膜，防渗作用其次；c. 铺在集流坑或坑内戗台处作为补充挡水体。在垃圾填埋场中以第1种方式用途最广。

透水性是评价GCL取代传统压实黏土的重要参数，以下几个因素会影响GCL的透水性。

① 渗透液体的特性会影响GCL的渗透性能。一般而言，低介电常数、高价阳离子液体和高浓度电解质会增加GCL的渗透性。

② GCL的渗透系数随着有效周围压力的增加而下降，这是周围高压使得膨润土的孔隙比减少导致的结果。

③ 膨润土遇水膨胀，干燥收缩。如果GCL受到几次干湿循环，水化的GCL干燥时就会产生脱水，并开裂，一旦产生渗漏，渗漏液会迅速穿过干燥开裂的GCL，而随着膨润土吸水膨胀，渗透性将会下降。

④ GCL广泛用于填埋场的防渗结构中，基础的沉降变形将会影响GCL的防渗性能。过大的沉降不但会造成GCL搭接接缝裂开，过大的拉伸变形也会造成GCL失效。根据试验，GCL能够承受的10%～20%的拉伸应变还能保证其防渗性能。

膨润土水化后其剪切强度降低，特别是GCL用于边坡，因此，必须考虑GCL的稳定性问题。

在GCL的使用中，当其与基土接触，应先将基土整平，去除例如25mm以上的粗粒及尖物；在与陡坡基土贴合时，最好上面先喷25～50mm的水泥砂浆，防止大雨冲刷。当GCL与排水材料接触，如被放在排水土工网之上和土工膜之下时，应注意GCL可能被挤入土工网。当法向压力大，GCL中的膨润土浸湿软化，就容易产生这种“睡枕效应”，使土工网中的过水断面减小，故土工网芯材要有足够的抗压强度且其上有土工织物覆盖。GCL放在砾石或碎石排水材料上，排水能力不致受多大影响，但施工时的机械荷载和运行期的垃圾荷载，会使这些粗糙的和不均匀的材料对GCL有所伤害，建议在它与排水材料之间铺土工织物保护。当GCL直接与土工膜接触，要注意的是二者之间的界面摩擦，应有足够的强度，使其能传递剪应力。

（3）人工改性防渗材料　人工改性防渗材料是在填埋场区及其附近没有合适的黏土资源

或黏土的性能无法达到防渗要求情况下，将亚黏土、亚砂土等进行人工改性，使其达到防渗性能要求而制成的防渗材料。人工改性的添加剂分有机和无机两种，有机添加剂包括一些有机单体（如甲基脲等）的聚合物，无机添加剂包括石灰、水泥、粉煤灰和膨润土等。无机添加剂费用低、效果好，适于在我国推广使用。

① 黏土的石灰、水泥改性技术：在黏土中添加少量石灰、水泥可有效地改善黏土的性质，大大提高黏土的吸附能力、酸碱缓冲能力。掺入添加剂后再经压实能改变混合过程的凝胶作用，使黏土的孔隙明显变小，抗渗能力增强。改性后的黏土渗透系数可以达到 10^{-9}cm/s，符合填埋场防渗材料对渗透性的要求。但改性黏土材料也有其应用的局限性，如石灰为碱性物质，不一定适合所有种类的土壤；改性黏土比原状土更易产生裂隙，且产生裂隙后的自愈合能力不如原状黏土。

② 黏土的膨润土改性技术：在天然黏土中添加少量的膨润土矿物来改善黏土的性质，使其达到防渗材料的要求。因此在黏土中添加膨润土不仅可以减少黏土的孔隙，使其渗透性降低，而且可以提高衬层吸附污染物的能力，同时也使黏土衬层的力学强度大幅度提高。国内外研究和工程应用成果证明，膨润土改性黏土在填埋场工程中有很大的发展前途。

膨润土的添加量应视具体情况而定。因为改性黏土渗透性的降低和吸附能力的增强并不与膨润土添加量完全成正比，而是存在一个最优的添加比率，因此为了获得添加比率的最佳值，需要做出膨润土添加量和黏土渗透系数的试验曲线。膨润土的百分比可控制在 3%～15%，尽量使用与填埋场渗滤液成分相似的液体作为试验用液体，不可用去离子水进行试验。在获得实验室结果的基础上，使用工程要求的混合设备完成现场试验，检查现场混合质量和渗透率是否达到要求。

2. 天然与有机复合防渗材料

主要指聚合物水泥混凝土（PCC）防渗材料，沥青水泥混凝土也属该类材料。PCC 是由水泥、聚合物胶结料与骨料结合而成的新型填埋场防渗材料，在水泥混凝土搅拌阶段掺入聚合物分散体或者聚合物单体，然后经过浇铸和养护而成。PCC 作为一种新型建筑材料已有几十年的研究和应用历史。PCC 具有比较优良的抗渗和抗碳化性能，抗渗性比普通砂浆提高 2～3 个数量级，抗碳化性提高 3～6 倍。由于聚合物的网络和成膜作用，使 PCC 具有较为密实的微孔隙结构，因此 PCC 具有较高的耐磨性和耐久性。并且其抗压强度、抗折强度、伸缩性、耐磨性都可以通过改变配方加以改善，以达到预期要求。国内研制的 PCC 防渗材料的抗压强度达到 20MPa，渗透系数由普通水泥砂浆的 10^{-8}～10^{-6}cm/s 降低到 10^{-9}cm/s。

3. 人工合成有机材料

主要是塑料卷材、橡胶、沥青涂层等，这类人工合成有机材料通常称为柔性膜。常用的柔性膜主要有高密度聚乙烯（HDPE）、低密度聚乙烯（LDPE）、聚氯乙烯（PVC）、氯化聚乙烯（CPE）、氯磺化聚乙烯（CSPE）、塑化聚烯烃（ELPO）、乙烯-丙烯橡胶（EPDM）、氯丁橡胶（CBR）、丁烯橡胶（PBR）、热塑性合成橡胶、氯醇橡胶。柔性膜防渗材料通常有极低的渗透性，其渗透系数均可达 10^{-11}cm/s。高密度聚乙烯的渗透系数达到 10^{-12}cm/s，甚至更低。人工合成材料的特性和优缺点比较见表 6-4。部分柔性膜材料的物理特性列于表 6-5，其中高密度聚乙烯是应用最为广泛的填埋场防渗柔性膜材料。

表 6-4　人工合成材料的特性和优缺点比较

名　称	特性和价格	优　　点	缺　　点
高密度聚乙烯(HDPE)	由聚乙烯吹制或板材压延而成;密度大于 0.935g/cm^3,热膨胀系数 1.25×10^{-5},抗拉强度 33.08MPa,抗穿刺强度 245Pa;价格中等	对紫外线、臭氧和气候因素有较强的抵抗能力,不易老化; 在低温条件下有良好的工作特性; 良好的抗化学品、抗酸能力; 良好的防渗性能; 制成各种厚度,一般 0.5～3mm; 良好的机械和焊接特性	抗穿刺能力较差; 抗不均匀沉降能力较差
异丁橡胶	异丁烯与少量异戊烯的共聚物;价格中等	对紫外线、臭氧和气候因素有较强的抵抗能力,不易老化; 在高温和低温条件下有良好的工作特性; 吸水能力低	对烃类化合物抵抗能力差,会发生强烈膨胀; 难于黏结
氯化聚乙烯(CPE)	氯气和高密度聚乙烯化学反应而成;密度 1.3～1.37g/cm^3,热膨胀系数 4×10^{-5},抗拉强度 12.41MPa,抗穿刺强度 98Pa;价格中等	对紫外线、臭氧和气候因素适应性较强; 在低温条件下有良好的工作特性; 抗渗透性好; 抗张强度和延展强度好; 易焊接	抗化学品、抗酸和抗油能力差; 焊接质量不强; 易老化
氯磺化聚乙烯(CSPE)	由聚乙烯和氯气、二氧化硫反应生成的高分子化合物;价格中等	对紫外线、臭氧和气候因素有较强的抵抗能力; 在低温条件下有良好的工作特性; 防渗性能好; 良好的抗化学品、抗酸能力; 良好的抗细菌能力; 易焊接	强度较低; 耐油性能差
氯醇橡胶	由脂肪族聚醚和氮甲基支链反应生成的饱和大分子化合物;价格中等	对紫外线、臭氧和气候因素有较强的抵抗能力,不易老化; 良好的抗化学品、抗酸和抗油能力; 抗拉强度和延展强度好; 热稳定性好; 不受烃类熔剂、燃料等影响	难于现场焊接和修补
乙丙橡胶	乙烯、丙烯和非共轭烃聚合的高分子化合物;价格中等	对紫外线、臭氧和气候因素有较强的抵抗能力; 在低温条件下有良好的工作特性; 吸水能力低	抗油、抗烃类化合物能力差; 难于黏结
氯丁橡胶(CBR)	以氯丁乙烯为基本单元的橡胶;价格较高	对紫外线、臭氧和气候因素有较强的抵抗能力,不易老化; 良好的抗化学品、抗酸能力; 防渗性能好; 耐磨损,抗穿刺能力好	难于焊接和修补
聚氯乙烯(PVC)	氯乙烯单体的聚合物;密度 1.24～1.3g/cm^3,热膨胀系数 4×10^{-5},抗拉强度 15.16MPa,抗穿刺强度 1932Pa;价格低	抗张强度和延展强度好; 抗穿刺能力好; 易操作和焊接; 抗无机物腐蚀	对紫外线、臭氧和气候因素抵抗能力差; 易被许多有机物腐蚀; 易受微生物侵蚀
热塑性合成橡胶	价格中等	抗紫外线辐射、抗老化; 防渗性能好; 拉伸强度高; 耐油腐蚀	焊接质量仍需提高

表 6-5　部分柔性膜材料的物理特性

项　目	密度/(g/cm^3)	热膨胀系数	抗拉强度/MPa	抗穿刺强度/Pa
高密度聚乙烯	>0.935	1.25×10^{-5}	33.08	245
氯化聚乙烯	1.3～1.37	4×10^{-5}	12.41	98
聚氯乙烯	1.24～1.3	4×10^{-5}	15.16	1932

土工膜是由一种或几种合成材料薄膜组成的基本上不透水的土工合成材料（ASTM D4439-00）。最常见的形式是高密度聚乙烯（HDPE）、线性低密度聚乙烯（LLDPE）、聚氯乙烯（PVC）和加筋氯磺化聚乙烯（CSPE）。水分通过其中的运移是以扩散的方式而非流体流动的方式。土工膜的水力渗透系数的范围为 $10^{-13}\sim10^{-12}$cm/s，正确设计的土工膜有望达到几百年的服务期限。土工膜在垃圾填埋场中的应用主要功能是防渗。

（1）用于填埋场的土工膜　用作柔性膜垫层的土工膜应不透水、气，通常由连续的聚合物薄层制成。土工膜并不是绝对不透水、气，只是相对于土工织物或填土，甚至是黏性土而言，它是不透水、气的。由水、气渗透试验测得的渗透系数典型值在 $0.5\times10^{-13}\sim0.5\times10^{-10}$cm/s 之间。因此土工膜的主要功能往往是隔断水、气。用于填埋工程的土工膜主要有以下几种。

1）高密度聚乙烯土工膜（HDPE）。在垃圾处理工程中，高密度聚乙烯土工膜（HDPE）是应用最广泛的土工膜，主要用于填埋场衬垫（第一层和第二层）、填埋场封场覆盖、污水池衬垫、废水处理设施、沟渠衬垫、浮动覆盖和储水池衬垫等，HDPE 土工膜有很好的耐久性。

HDPE 土工膜是用高分子聚乙烯由平板挤压机压制而成的。一般有 0.75mm、1.0mm、2.0mm、2.5mm、3.0mm 和 3.5mm 等不同的厚度。HDPE 土工膜的特征和优点如下。

a. 衬垫的化学稳定性通常是设计过程中最关键的因素。HDPE 是所有的土工膜中化学稳定性最好的。HDPE 土工膜对一般的垃圾渗滤液都有很好的耐受性。b. HDPE 的低渗透性可以确保渗滤液不会渗入周围环境，地下水不会进入垃圾堆体，雨水也不会透过封场覆盖进入堆体，甲烷不会从封场覆盖泄漏到大气。c. HDPE 生产中加入 2%～3%的炭黑，使其具有良好的抗紫外光老化特性。d. HDPE 土工膜的技术规格一般要求符合 GRI-GM13。

2）线性低密度聚乙烯（LLDPE）土工膜。线性低密度聚乙烯（LLDPE）衬垫用于柔韧性要求更高的填埋场，优良的弹性使其能适应不平整的填埋场表面，是垃圾填埋场封场、渗滤液调节池、污水池防渗、沟渠和水池防渗的理想材料。LLDPE 土工膜的厚度一般为 1.0mm、1.25mm、1.5mm、2.0mm 和 2.5mm。

LLDPE 土工膜的特征和优点如下：a. 多轴拉伸性，LLDPE 的高延伸率能适应不均匀沉降和不平整的工地表面而不被破坏；b. 抗拉开裂特性，LLDPE 有很好的抗拉开裂特性，能承受多种环境应力而开裂；c. 抗刺破特性，由于其柔韧性，LLDPE 具有良好的抗刺破能力，能很好地适应基底岩石和其他不规则的物体，消除了被刺破的可能性；d. 化学稳定性，LLDPE 化学稳定性仅次于 HDPE，可以用于大部分工况的防渗；e. 低渗透性，LLDPE 的低渗透性能防止地下水污染、雨水浸透以及封场覆盖气体泄出；f. 紫外光的稳定性，LL-DPE 抗紫外光分解特性比市场上多数衬垫要好；g. LLDPE 土工膜的技术规格一般要求符合 GRI-GM17。

3）粗糙面土工膜。土工膜的表面通过喷涂塑料颗粒或者挤压生产时就附着尖钉，形成粗糙的表面，粗糙的表面可以加强与土工膜相接触的材料之间的摩擦，粗糙面土工膜可以使用于更陡的边坡或者可能存在沉降的底部。表 6-6 列出粗糙面土工膜和几种材料间的界面摩擦参数。

表 6-6 粗糙面土工膜和几种材料间的界面摩擦参数

接触材料类型	摩擦角/(°)	黏聚力/(kN/m²)
砂土层	37	1.2
黏土层	29	7.2
无纺土工布	32	2.6

(2) 土工膜用于垃圾填埋场的选择　用于基础衬层的土工膜要求有长期的化学稳定以及相当的拉伸强度，而用于边坡的土工膜还需要具有一定的摩擦性能。设计时需要考虑以下因素：a. 边坡的自身稳定性；b. 垃圾填埋期间和填埋完成后向下的拉伸；c. 边坡土工膜锚固的结构形式；d. 土工膜和其他材料接触界面的稳定性。

二、其他常用土工材料

1. 土工布

土工布，又称土工织物，它是由合成纤维通过针刺或编织而成的透水性土工合成材料。土工布的功能是隔离、加筋、反滤和排水。

在垃圾填埋场中，土工布的功能在于保持土体，使得液体流动尽可能处于自由状态。为达到这一目的，土工布的渗滤应满足：a. 保土标准，滤层孔径要足够小以保留土粒；b. 渗透标准，滤层足够的渗透性以保证液体尽可能自由流动；c. 孔隙率标准，滤层应保持高的孔隙率，使淤堵可能性减小。

土工布的渗滤特性取决于土的级配和塑性以及具体场地水力条件。大多数土工布渗滤设计根据保留土的阿太堡界限和粒径分布特征。塑性指数（PI）反映土的黏聚性的大小，高 PI 值表示高黏性土中有高的黏土含量。一般而言，土粒在塑性指数大于 15 的土中移动不会产生淤堵。

对于渗滤设计，土可分为稳定和不稳定两类：稳定土表现为可限制土的细粒迁移的内部渗滤过程，典型的这类土是级配良好土；不稳定土是那些不表现为自我渗滤的土，包括间断级配、宽级配和其他高侵蚀性土。间断级配土中有粗、细颗粒，但中间颗粒部分较少，如果缺乏中间颗粒部分，细土颗粒就会通过粗粒部分形成的孔道。宽级配土，其级配分布在较大的粒径范围，细粒可通过粗粒间形成的管道。划为良好级配和稳定的土，必须满足不均匀系数 $C_u>4$ 且曲率系数 $1<C_c<3$。对于宽级配土，不均匀系数 $C_u>20$。不稳定土的另一个特征是级配曲线凹面向上。

采用 Giroud（2000）最新的过滤标准，在土工布选择上，考虑采用表 6-7，为 AASHTO M288-96 推荐作为最低的水力要求。

表 6-7 表面排水的土工布标准（据 AASHTO M288-96）

过滤标准	通过 No.200(0.075mm)筛土的百分含量		
	<15%	15%～50%	>50%
最小透水率(ASTM D-4491)/s^{-1}	0.5	0.2	0.1
最大干筛孔径(AOS)(ASTM D-4751)/mm	0.43	0.25	0.22

(1) 保土标准　Giroud (2000) 将单对数坐标纸上的粒径分布曲线线性化，使之尽可能接近实际粒径分布曲线（图 6-2）。可以用方差分析确定中间部分的最佳线性化程度。图 6-2 中实际粒径分布曲线上两极端（d_0和 d_{100}）有很大的不确定性。应用 Giroud 的保土标准得到的结果并不受粒径分布曲线截头去尾的影响。

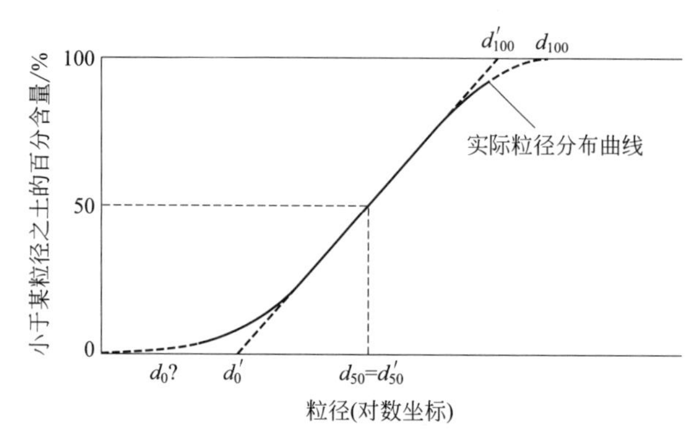

图 6-2　粒径分布曲线线性化［据 Giroud (2000)］

为土工织物过滤设计推荐的超稳定情况的保土标准见表 6-8 和表 6-9，分别应用 d'_{85s} 和 d'_{50s}，其中 $C'_u=d'_{60s}/d'_{10s}$，为均一化后土的线性化参数；I_D 为土的相对密度或密度指数；d'_{ms} 为小于某粒径土含量为 $m\%$（在线性化粒径分布曲线上）；R_C 为相对压实度；O_F 为最大渗滤孔径。

(2) 渗透标准

$$k_f \geqslant k_s I_s \text{ 对超孔隙水压力}$$

$$k_f \geqslant k_s \text{ 流量过分减少}$$

式中，k_f为土工织物滤层的渗透系数；k_s 为土的渗透系数；I_s为土中的水力梯度。

(3) 孔隙率标准

$$N_{GTX}>0.3$$

式中，N_{GTX} 为织物滤层的孔隙率。

表 6-8　超稳定状态时保土标准（一）

土的密度	密度指数 I_D	相对压实度 R_C	均一化后的线性参数 C'_u	
			$1\leqslant C'_u\leqslant 3$	$C'_u\geqslant 3$
松散	$I_D\leqslant 35\%$	$R_C\leqslant 86\%$	$O_F\leqslant C'^{0.3}_u d'_{85s}$	$O_F\leqslant(9/C'^{1.7}_u)\ d'_{85s}$
中等密实	$35\%<I_D\leqslant 65\%$	$86\%<R_C\leqslant 92\%$	$O_F\leqslant 1.5C'^{0.3}_u d'_{85s}$	$O_F\leqslant(13.5/C'^{1.7}_u)\ d'_{85s}$
密实	$I_D>65\%$	$R_C>92\%$	$O_F\leqslant 2C'^{0.3}_u d'_{85s}$	$O_F\leqslant(18/C'^{1.7}_u)\ d'_{85s}$

表 6-9　超稳定状态时保土标准（二）

土的密度	密度指数 I_D	相对压实度 R_C	均一化后的线性参数 C'_u	
			$1\leqslant C'_u\leqslant 3$	$C'_u\geqslant 3$
松散	$I_D\leqslant 35\%$	$R_C\leqslant 86\%$	$O_F\leqslant C'_u d'_{50s}$	$O_F\leqslant(9/C'_u)d'_{50s}$
中等密实	$35\%<I_D\leqslant 65\%$	$86\%<R_C\leqslant 92\%$	$O_F\leqslant 1.5C'_u d'_{50s}$	$O_F\leqslant(13.5/C'_u)d'_{50s}$
密实	$I_D>65\%$	$R_C>92\%$	$O_F\leqslant 2C'_u d'_{50s}$	$O_F\leqslant(18/C'_u)d'_{50s}$

造成滤层渐进淤堵的两种机制：化学、生物和生物化学淤堵；滤层上或其中土粒的积累。孔隙率标准常由无纺织物满足，因为无纺织物典型孔隙率值为 0.7～0.9（未压缩）或 0.5（受压）。

2. 土工排水材料——土工排水网及土工复合排水网

土工排水网是由高分子聚合物通过挤压的肋条相交形成的网状结构，相邻平行的两根肋条具有一定高度，形成排水通道。土工网的单面或者双面复合上土工布，即形成具有隔离和排水功能的土工复合排水网。

排水土工合成材料最重要的工程参数包括土工网/土工合成材料在设计荷载及边界条件下的面内流动能力（或导水率）、上层土工布的过滤性能、内部抗剪切强度以及与邻接土体或“土工层”的互锁能力。

土工复合排水网的面内流动能力可以通过实验室导水性试验（ASTM D-4716）来测量。复合到土工网芯上的土工布过滤层是根据与土工布直接接触的保留土性质来设计的。一般使用 AASHTO M-288 的过滤层标准。过滤层标准适用的水都是洁净的水，没有考虑土工布的化学、生物淤堵。但是，已有研究发现引起土工布淤堵的条件与砂层淤堵的条件非常相似。所以，铺在土工布上的砂层接触浓稠的渗滤液时，也面临着被淤堵的问题。

土工复合排水网的抗剪切强度取决于排水网芯两面的土工布的复合强度。一般用热粘法将土工布复合到土工网上。粘贴的抗剪切强度可通过直接剪切试验（ASTM D-5321）来测试。实践中常根据经验用规定的界面撕张最小抗剥落强度（ASTM D-7005）来测试。一般规定的最小界面抗剥落强度为 0.17kN/m。

如果土工复合排水网用于边坡的工程，界面的摩擦力试验就显得尤为重要。土工复合排水网和邻接材料表面之间的界面抗剪切强度可通过直接剪切试验（ASTM D-5321）或倾斜台试验测出。

（1）界面摩擦力　土工复合排水网用于边坡排水是十分有效的，无纺土工布与粗面土工膜及土体之间的相互摩擦力都很高。与土壤剪切行为类似、土壤微粒大小、微粒形状、水分含量、压力水平、压实程度及土工布的类型，都会影响土工布/土壤之间的相互作用。在排水应用中，土层铺设在针刺无纺土工布上面，中度压实，界面湿润。界面的相互作用与土壤级配和内部摩擦角有关。土工复合排水网的界面效率如表 6-10 所列，定义为 $E=\tan\delta/\tan\varphi$。其中，δ 为界面摩擦角，φ 为土壤内部摩擦角。这些数据在初步设计中可用于估算无纺土工布和土壤之间的摩擦角。必须根据施工现场的具体材料条件进行实验室界面摩擦试验予以确认。

表 6-10　无纺针刺土工布/土壤界面效率

土壤	界面效率(E)	土壤	界面效率(E)
淤泥	0.85	良好级配的砂	0.70
均匀细料至中砂	0.80	砂或砾石	0.60

土工复合排水网和砂覆盖层之间的摩擦峰角为 34.1°，余角为 21.7°。紧靠土工膜，无纺针刺土工布的界面摩擦峰角可以取 28°，余角为 14°。土工复合排水网与 1.5mm 糙面土工膜之间的摩擦峰角为 36.6°，余角为 14.6°。

（2）土工复合排水网的排水性能　在垃圾填埋场的横向排水应用中，自然材料和土工材料的等效是建立在导水率等效的基础上的。必须考虑两种材料替代的等效因素。土工复合排水网是由排水土工网芯的一面或双面粘贴土工布组成的。在垃圾填埋场中使用土工复合排水网排水有很明显的优势，例如它能够大面积地节省垃圾填埋空间，施工容易，通过生产质量控制程序（MQC）保证材料的内在一致性，成本更低。另外，土工复合排水网很薄，设计要求是无约束水流，所以容许水头比规范性要求小很多。

如果土工复合排水网用作渗滤液收集层，渗滤液收集层的厚度是土工复合排水网的导水部分（也就是土工网芯）的厚度，而非包括土工布在内的整个材料的厚度。

1）土工合成材料与自然材料排水的等效性。一个普遍的设计惯例是用导水率相等的土工复合排水网代替自然材料排水层。这种设计是不正确、不保险的。仅仅建立在导水率基础上的相等会导致选择的土工复合排水网排水层的过流能力不够，从而导致水压过大。过大的水压对垃圾填埋场的边坡稳定性有很大的危害性。

两种横向排水系统的等效性还必须考虑水力梯度和最大水流深度。30cm 的自然排水层与 6mm 的土工合成材料排水层相比，能承受更大的水力梯度和水流深度。这样，排水土工合成材料就必须提供更大的导水率以克服这些限制。要达到自然排水层的排水能力，土工合成材料的最小导水率必须大于自然排水层导水率乘以等效因数 E 的值。对于最大水流深度为 30cm 的自然排水层来说，可以通过下列公式得出 E 的近似值：

$$E=\frac{1}{0.88}\left(1+\frac{1}{0.88L}\times\frac{\cos\beta}{\tan\beta}\right) \tag{6-2}$$

一般坡长和坡度下的等效因数值见表 6-11。注意 E 值随着排水长度和坡度的减少而增加。E 为坡角 β、坡长 L 的函数，建议的最大液体厚度为 0.3m。上式中，等效性是建立在横向排水系统中，自然材料和土工合成材料无约束流量相等的基础上的。但是，应认识到土工合成材料排水层中，与无约束水流相关的非常低的水头，会显著地降低作用在下层衬垫上的水头，从而减少可能的渗漏。等效的基础是相等的过流性能，而不是横向排水和衬垫系统相等的渗漏。

表 6-11　土工合成材料液体收集层和粒状材料收集层之间的等效因数 E

坡长 L	液体收集层坡度，$\tan\beta$								
/m	0.02	0.03	0.04	0.05	0.1	1/4	1/3	1/2	1
15	2.43	2.00	1.78	1.65	1.39	1.24	1.21	1.18	1.15
30	1.78	1.57	1.46	1.39	1.26	1.19	1.17	1.16	1.15
45	1.57	1.42	1.35	1.31	1.22	1.17	1.16	1.15	1.14
60	1.46	1.35	1.30	1.27	1.20	1.16	1.15	1.15	1.14

当排水媒介的渗透率增加到 1×10^{-1} cm/s（在 1×10^{-2}cm/s 上增加系数 10)，土工合成材料的“约定俗成的”最小导水率增加到（2.4 ～6.0）$\times10^{-3}$ m^3/（s·m）。

2）排水土工合成材料在土中的长期性能。由于导流的液体及承受的法向荷载，横向排水系统的性能会随着时间的延长而降低。土工合成材料液体收集层必须具备足够的流动能力，确保收集层内不产生压力。为了保证长期性能，土工合成材料液体收集层的水力设计必须保证收集层在现场的具体条件下，在整个设计年限内都具有充分的过流能力。

横向排水系统要求有过剩的排水能力，保证水流的无拘束性。很多因素影响土工排水材料的横向排水性能，有些因素能通过实验室试验测算出来，有些因素不是那么容易测算，没法测算的因素则需要进行判断，判断结果还要根据应用的危险性程度以及假设失效的影响力来进行调整。

与设计公式计算出的导水率 θ_{reqd} 相比，横向排水系统的长期性能要求更大的初始导水率 θ_{LTIS}。这个量化过程可使用的公式（Koerner，1998）为：

$$F_s = \frac{\theta_{LTIS}}{\theta_{reqd}} \tag{6-3}$$

$$\theta_{LTIS} = \frac{\theta_{measured}}{RF_{in} \times RF_{cr} \times RF_{cc} \times RF_{bc}} \tag{6-4}$$

式中，F_s 为总的排水安全系数；θ_{LTIS} 为排水土工合成材料在土中的长期导水率；θ_{reqd} 为要求的导水率［也就是 $MTG=3\times10^{-5}cm^3/(s\cdot m)$］，$\theta_{measured}$ 为根据 ASTM D-4716 测得的导水率；RF_{in} 为弹性变形或相邻土工布嵌入排水通道的折减系数；RF_{cr} 为排水芯材蠕变和/或相邻土工布嵌入排水通道的折减系数；RF_{cc} 为排水芯材空间内化学淤堵和/或化学沉淀折减系数；RF_{bc} 为排水芯材空间内生物淤堵折减系数。

推荐的折减系数默认值见表 6-12。

表 6-12　土工网容许导水率的建议折减系数（Koerner，1998）

应用实例	RF_{in}	RF_{cr}	RF_{cc}	RF_{bc}
填埋场封场覆盖排水层	1.3～1.5	1.1～1.4	1.0～1.2	1.2～1.5
填埋场渗滤液收集排放层(渗滤液收集层)	1.5～2.0	1.4～2.0	1.5～2.0	1.5～2.0
渗漏检测层(渗漏检测系统)	1.5～2.0	1.4～2.0	1.5～2.0	1.5～2.0

应用到工程现场的土工排水材料的排水能力会被各种因素影响，取决于下列参数：作用应力、时间、与相邻材料的接触、环境条件（化学、生物反应、温度）。

土工网芯的厚度和/或渗透率降低的原因有网芯的瞬间压缩、土工布的嵌入、网芯的蠕变以及变形引起的土工布嵌入，这些因素是作用应力导致的。

聚合物的化学降解也常常使排水网芯的有效厚度减小、渗透率降低，排水网芯的淤堵也可能使排水网芯的有效厚度减小、渗透率降低。淤堵包括物理淤堵、化学淤堵和生物淤堵。生物淤堵一般是由微生物的生长引起的，但是也有特殊的情况是因为根部嵌入引起的淤堵。以上原因（如压缩或淤堵）可能导致排水网芯有效厚度或渗透率的减少，用导水率来评估土工合成材料排水能力的降低程度相对比较简单，它是厚度和渗透率的乘积。因以上原因引起的排水能力的降低可以通过导水率的折减系数来表达，如下：

$$\theta_{LTIS} = \frac{\theta_{measured}}{\Pi(RF)} = \frac{\theta_{measured}}{RF_{IMCO} \times RF_{IMIN} \times RF_{CR} \times RF_{IN} \times RF_{CD} \times RF_{PC} \times RF_{CC} \times RF_{BC}} \tag{6-5}$$

式中，θ_{LTIS} 为土工合成材料在土中的长期导水率；$\theta_{measured}$ 为实验室试验测出的导水率；$\Pi(RF)$ 为所有折减系数的乘积；RF_{IMCO} 为瞬间压缩折减系数，由于瞬间压缩作用应力施加后作用于土工网芯压缩引起的导水率的减小；RF_{IMIN} 为瞬间嵌入折减系数，由于作用应力施加后，土工织物瞬间嵌入土工网芯引起的导水率的减小；RF_{CR} 为蠕变折减系数，土工网芯在长时间压应力作用下引起的导水率的减小；RF_{IN} 为迟延嵌入折减系数，土工布长时间变形嵌入土工网芯而导致的导水率减小；RF_{CD} 为化学降解折减系数，土工排水材料的聚合物原材料化学降解引起的导水率的减小；RF_{PC} 为颗粒淤堵折减系数，因颗粒嵌入排水土工网芯引起的导水率的减小；RF_{CC} 为化学淤堵折减系数，因土工网芯化学淤堵引起的导水率的减小；RF_{BC} 为生物淤堵折减系数，因土工网芯材生物淤堵引起的导水率的减小。

每一种折减系数都会减小工程现场的土工排水材料的导水率。如果在模拟现场条件的实验室试验中发生了以上的一种情况，那么相应的折减系数就等于 1.0。但是，折减系数等于 1.0 并不意味着影响排水材料导水率的相关因素不存在。折减系数等于 1.0 只表示其相对应的因素已经被包含在 $\theta_{measured}$ 中了。理想的导水率试验能够在实验室中很好地模拟所有在工程现场影响材料导水率的原因条件，这种情况下，所有的折减系数都将等于1.0。从实践的角度看，这样的试验是难以实现的，因为它可能非常复杂而且需要非常长的时间。

对折减系数的说明可总结如下。

① RF_{IMCO} 和 RF_{IMIN} 对应的是瞬间因素（在应力作用后马上发生），其他折减系数对应的是随时间产生的因素。

② RF_{IMCO}、RF_{IMIN}、RF_{CR} 和 RF_{IN} 都是机械因素引起的，它们与施加的应力直接相关。相反，RF_{CD}、RF_{PC}、RF_{CC} 及 RF_{BC} 则是物理-化学因素引起的，与施加的应力没有直接关系。

③ 在使用纯净水的导水率试验中，物理-化学因素不会发生作用，机械因素可能会发生作用，这将影响 RF_{IMCO}、RF_{IMIN}、RF_{CR} 和 RF_{IN} 的值。

④ 机械因素引起的四种折减系数取决于导水率试验的试验条件，包括：试验中施加的应力，测量流率（导水率从流率得出）前，施加应力的时间（即作用时间），试验中与排水芯材接触的边界材料的性质和反应。由此可以得出下列结论：a. 导水率试验中，如果在样品上施加等于或大于土中应力的应力之后才测量导水率，那么 RF_{IMCO} 可以消除（即 $RF_{IMCO}=1.0$）；b. 如果导水率试验用与排水网芯接触的材料模拟边界条件，则 RF_{IMIN} 可以消除（即 $RF_{IMIN}=1.0$）；c. 如果在施加应力一段时间（作用时间）后才计算导水率，RF_{CR} 和 RF_{IN} 可以减小。因为在测量导水率之前，已经发生了一部分的蠕变和迟延嵌入。

在一种极端的情况下：排水网芯位于两个光滑的层之间，荷载为零，水是纯净的（没有物理、生物、化学因素起作用），试验时间很短，任何因时间发生的因素都不会起作用。在这种情况下测量导水率，上述的8个折减系数都达到他们的最大值。典型的导水率试验情况介于下面两种情况之间：a. 理想状态，模拟所有的因素，所有的折减系数都等于1.0；b. 极端状态，所有的8个折减系数都达到最大值。下面是另外两个典型的实验室试验条件。

在第一种典型的试验条件中，导水网芯放置在两层刚性的平面之间，荷载等于或大于设计荷载，施加一段时间（作用时间）。在这种情况下，瞬间压缩力发生在测量导水率之前。所以，$RF_{IMCO}=1$。而且，在作用时间内发生一些蠕变。所以 RF_{CR} 小于理论上（在零时间内测量导水率）的值。这样公式（6-5）变为：

$$\theta_{LTIS}=\frac{\theta_{measured}}{\Pi(RF)}=\frac{\theta_{measured}}{RF_{IMIN}\times RF_{CR}\times RF_{IN}\times RF_{CD}\times RF_{PC}\times RF_{CC}\times RF_{BC}} \tag{6-6}$$

一般推荐的作用时间是100h或300h。在这个作用时间内，发生了大量蠕变。所以，RF_{CR} 的值比作用时间短的情况下的值小很多。同样，RF_{IN} 的值也比作用时间短的情况下的值小很多。

在第二种典型的试验条件中，用相邻的材料模拟边界条件。这种情况下，土工排水材料放置在两层材料（土或复合土工材料）之间，与工程现场接触土工合成材料的材料相同或类似，荷载等于或大于设计荷载。所以，$RF_{IMCO}=1.0$，$RF_{IMIN}=1.0$。在作用时间内，发生了一些蠕变和一些时间引起的土工布嵌入情况。所以，RF_{CR} 和 RF_{IN} 小于理论上（在零时间内测量导水率）的值。这样公式（6-6）变为：

$$\theta_{LTIS}=\frac{\theta_{measured}}{\Pi(RF)}=\frac{\theta_{measured}}{RF_{CR}\times RF_{IN}\times RF_{CD}\times RF_{PC}\times RF_{CC}\times RF_{BC}} \tag{6-7}$$

测量 RF_{CR}、RF_{IN}、RF_{CD}、RF_{PC}、RF_{CC}、RF_{BC} 需要长时间的试验。在设计具体项目过程中，无法进行长时间试验，可以使用表6-12、表6-13的值或来自文献、材料生产商提供的值。表6-13是土工网或用土工网作为导水芯材的土工复合排水网（在土工材料液体收集层中最经常使用）的折减系数推荐值。必须注意折减系数的值可能会因为土工复合排水网的类型及其周围条件（压力，土和液体的化学成分）而有很大不同。而且，如上面指出的，一些时间引起的折减系数（如 RF_{CR}、RF_{IN}）也可能会因为导水率测量的条件而产生很大不同。表 6-13 的值对应模拟边界条件，试验作用时间为 100h 或以上。

表 6-13　土工网或以土工网作为导水芯材的土工合成材料流动能力的折减系数选择

应用实例	法向应力	液体	RF_{IN}	RF_{CR}	RF_{CC}	RF_{BC}
填埋场封场覆盖排水层，低挡土墙排水	低	水	1.0～1.2	1.1～1.4	1.0～1.2	1.2～1.5
堤、坝、滑坡治理，高挡土墙排水	高	水	1.0～1.2	1.4～2.0	1.0～1.2	1.2～1.5
填埋场渗滤液收集层，填埋场渗滤液收集和检测层，沥滤池渗滤液收集和检测层	高	渗滤液	1.0～1.2	1.4～2.0	1.5～2.0	1.5～2.0

要注意折减系数数值根据土工复合排水网类型和暴露条件（应力、土和液体的化学组成）会有很大的不同。同时，RF_{IN} 和 RF_{CR} 又与测试水力导水率的试验条件有关。表 6-13 中给出的折减系数符合这样的情况，即封闭条件是 100h 以上以及试验时模拟了相邻材料的边界条件。因无相关资料，对 RF_{CD} 和 RF_{PC} 未提供指导。

还要注意，RF_{CR}、RF_{CD}、RF_{CC}、RF_{BC}（以及较低程度的 RF_{IN} 和 RF_{PC}）对应的是由时间引起的因素。要根据液体收集层的设计寿命来选择 RF_{CR}、RF_{CD}、RF_{CC}、RF_{BC}（以及较低程度的 RF_{IN} 和 RF_{PC}）的值。如果液体的供应率会随时间变化，还要考虑几个时间段。例如：对于没有渗滤液再循环系统的填埋场来说，要考虑：施工和运作前阶段、运作阶段、封场后阶段三个阶段。随着填埋场的运作，渗滤液收集系统需要收集的渗滤液量越来越少，同时，它本身的流动能力也会因时间因素（如蠕变和淤堵）而降低。

以上讨论的是土工合成材料，尤其指以土工网为排水芯材的土工合成材料（最经常用于复合土工材料液体收集层）。如果复合土工材料液体收集层是厚的针刺无纺土工布，上述的各种折减因素中，土工布嵌入导水芯材的因素不存在。因为这种情况下，土工布本身就是导水介质，上述的折减系数存在。

还要注意这些折减系数不是完全独立的。化学降解可能会影响抗蠕变能力（即增加 RF_{CR} 值）。针刺无纺土工布中的土壤微粒（即颗粒淤堵）会减少土工布的压缩性（即 RF_{PC} 的增加可能减少 RF_{IMCO} 和 RF_{CR} 的值）。

在缺乏现场具体试验数据的情况下，建议对填埋场封场覆盖系统采用上述默认值的上限，对渗滤液收集系统使用平均值，对渗漏检测系统采用下限值。这反映了封场覆盖系统的使用寿命、渗滤液收集层严重蠕变或嵌入的可能性以及它要处理的渗滤液数量巨大、渗漏检测层预计的嵌入程度较小，需处理的渗滤液也较少。如果使用的排水设计安全系数为 2，则总的长期使用折减系数（包括折减系数）建议值如下：

填埋场封场覆盖系统为 6［排水设计安全系数（2）、嵌入（1.2）、蠕变（1.4）、生物淤堵（1.2）、化学淤堵（1.5），即 $2\times1.2\times1.4\times1.2\times1.5=6.0$］；

渗滤液收集系统为 20（$2\times1.2\times2.0\times2.0\times2.0=19.6$）；

渗漏检测系统为 20（$2\times1.2\times2.0\times2.0\times2.0=19.6$）。

所以，用于垃圾填埋场排水的土工材料的最低导水率为：

封场覆盖排水 $\theta_{ultimate}=6\times3\times10^{-5}m^3/(s\cdot m)=1.8\times10^{-4}m^3/(s\cdot m)$；

渗滤液收集层排水 $\theta_{ultimate}=20\times3\times10^{-5}m^3/(s\cdot m)=6\times10^{-4}m^3/(s\cdot m)$；

渗漏收集层排水 $\theta_{ultimate}=10\times3\times10^{-5}m^3/(s\cdot m)=3\times10^{-4}m^3/(s\cdot m)$；

第五节　垂直防渗系统

填埋场的垂直防渗系统是根据填埋场的工程、水文地质特征，利用填埋场基础下方存在的独立水文地质单元、不透水或弱透水层等，在填埋场一边或周边设置垂直的防渗工程（如防渗墙、防渗板、注浆帷幕等），将垃圾渗滤液封闭于填埋场中进行有控地导出，防止渗滤液向周围渗透污染地下水和填埋场气体无控释放，同时也有阻止周围地下水流入填埋场的功能。

垂直防渗系统在山谷型填埋场中应用较多（如国内的杭州天子岭、南昌麦园、长沙、贵阳、合肥等垃圾填埋场），这主要是由于山谷型填埋场大多具备独立的水文地质单元条件，在平原区填埋场中也有应用。可以用于新建填埋场的防渗工程，也可以用于老填埋场的污染治理工程，尤其对不准备清除已填垃圾的老填埋场，其基底防渗是不可能的，此时周边垂直防渗就特别重要。

根据施工方法的不同，通常采用的垂直防渗工程有土层改性法防渗墙、打入法防渗墙和工程开挖法防渗墙等。

一、土层改性法防渗墙

土层改性方法是用充填、压密等方法使原土渗透性降低而形成的防渗墙。在填埋场的垂直防渗措施中较适用的有原状土就地混合防渗墙、注浆墙和喷射墙。

1. 原状土就地混合防渗墙

美国大多应用原状土就地混合方法施工防渗墙，并采用膨润土浆液护壁，保证吊铲切槽的连续施工，挖出的土与水泥或其他充填材料混合后重新回填到截槽中。这种方法适用于较浅的截槽深度。

2. 注浆墙

注浆就是把防渗材料用压力注入土层，在我国的垃圾填埋场中运用较广泛。用纯膨润土注浆施工防渗层时，在注入过程中应保持尽可能小的黏度和凝固强度，使防渗材料在被密封的土层中得到最好的分布。接着防渗材料膨胀后随即凝固，起到防渗作用。

注浆孔孔距通常为 1.0～1.5m。当孔距为 2.0m 时，可设两排孔，呈梅花形布孔。钻孔边钻进边下套管护壁或用泥浆护壁。注浆方法分为自上而下注浆和自下而上分段拔管注浆。不管采用哪一种方法，均需在注浆前下花管，并进行洗孔。注浆分段进行，每段长度为 2～3m。

浆液可利用水泥浆液，添加剂为黏土（或膨润土）和化学凝固剂或液化剂，或者以水玻璃为主的化学溶剂。水玻璃具有耐久性差的弱点，通常适用于临时性防渗。表6-14给出了部分注浆材料的应用范围。例如，使用525号普通硅酸盐水泥与膨润土混合浆液注浆可形成渗透系数达到10^{-6}～10^{-7}cm/s的垂直防渗墙。使用超细水泥和添加剂浆液注浆可进一步提高防渗效果，但造价相应提高。化学注浆可在水泥注浆之后进行，用以提高注浆的防渗性能。注浆材料有几种，如改性环氧树脂、丙烯酸盐和木质素类化学注浆材料等。水泥浆液中不能注入砂层，特别不要应用在砾石层和带有大裂隙和孔隙的岩层，砂质黏土层只能注入化学溶剂。

表6-14 注浆材料的应用范围

注浆材料	水混合成分	应用事例
浆液混合	水和水泥；水、水泥和添加剂；水、黏土和水泥	隧道和河谷坝防渗喷浆；注浆混凝土；水下混凝土；砾石层注浆
乳剂混合	水、水玻璃和非水溶的固体物质；水、沥青、乳化剂和速凝剂	砂层和砾石层注浆；基础加固和加深；基础底部防渗
溶剂混合	水、水玻璃和非水溶的固体物质；水、苯二酚、甲醛和催化剂	砂层注浆；基础加固和加深；基础底部防渗

3. 喷射墙

高压旋、摆喷射注浆是通过高压发生装置使液流获得巨大能量后，经过注浆管道从一定形状和孔径的喷嘴中以很高的速度喷射出来，形成一股能量高度集中的液流，直接冲击土体，并使浆液与土搅拌混合，在土中凝固成为一个具有特殊结构、渗透性很低、有一定固结强度的固结体。高压旋、摆喷射注浆可使防渗墙的防渗系数达10^{-8}cm/s，固结强度达到10～20MPa。

浆液使用膨润土、水泥、添加剂和水混合而成的浆液，如中国科学院研制的中化-798注浆材料等。这种浆液其喷射速度可达到100～200m/s，以这种速度对土层进行喷浆而制成的喷射墙，相邻墙片可相互浸透达10～15cm。注浆孔孔距通常为1.0～1.5m。当孔距为2.0m时，可设两排孔，呈梅花形布孔。

二、打入法防渗墙

打入法施工的防渗墙是利用打夯或液压动力将预制好的防渗墙体构件打入土体。用这种方法施工的防渗墙有板桩墙、窄壁墙及挤压和换层防渗墙。

1. 板桩墙

板桩墙的施工是将已预制好的板桩构件（由木板、钢板或塑料板等制成）垂直夯入基础中。常用的板桩是外包铁皮的木板桩，由2～3层板合并形成一个连续的墙体，板厚可在4～12mm之间，板桩长度视具体情况而定。钢板墙具有很高的密实性，目前应用较多。在夯入时，板桩之间要用板桩锁连接，两板桩之间要有重叠，间隙要保持闭合或进行密封，防止渗漏。板桩墙还要有耐腐蚀性。板桩墙比较适宜在软体土层中使用，对于硬塑性土层则由于打夯困难而受到限制。

2. 窄壁墙

窄壁墙的施工是首先向土体夯进或振动，将土层向周围土体排挤形成防渗墙中央空间，把防渗板放入已冲压好的空间，然后用注浆管充填缝隙形成防渗墙体。各个墙片相互连接起来就形成膜片类型的垂直防渗墙体。

窄壁墙的施工有梯段夯入法和振动冲压法。梯段夯入法是先夯入厚的夯入件，最后分梯段夯入最薄的夯入件达到预计深度。打夯结束后，把含有膨润土和水泥的浆液冲入打好的槽内，硬化后便形成了防渗墙体。振动冲压法是用振动器把板桩垂直打入土层里，直至进入填埋场基础下方的黏土层里，板桩以外的空隙注浆充填。施工时还要求振动板之间的排列和搭接闭合成一体，两板的间隙要保证闭合和封闭。板桩墙通常是耐腐蚀的。

3. 挤压和换层防渗墙

利用挤压或开挖换层法施工防渗墙可获得足够好的墙壁，施工方法可分为水泥构件成型墙和换层防渗墙。

用板桩作为夯入件，使用液压冲锤将夯入件打入所要求的深度，夯入件在土体中排出一个封闭的空间槽。一般将5～6个夯入件同时使用，形成一个循环。将第三和第四个夯入件打入后，前两个打入件可起出，将打好的槽注浆充填（可用黏土、水泥混合液作防渗材料），依次向前推进施工。

注浆材料可使用土状混凝土。土状混凝土是由骨料（砂和粒级为0～8mm的砾石）、水泥、膨润土和石灰粉加水混合而成。各成分配比要根据对防渗墙体要求的渗透性、强度和可施工性等指标而定。防渗墙体材料应满足制成防渗墙体的渗透系数（$<10^{-7}$cm/s），并满足抗腐蚀性、能用泵抽吸、具有流动性、便于填充等要求。

三、工程开挖法防渗墙

工程开挖方法施工的防渗墙是通过土方工程将土层挖出，然后在挖好的沟槽中建立防渗墙。

1. 截槽墙

按传统截槽墙技术施工的防渗墙，先将地表下的土层挖出构成槽，槽壁土压力靠灌入的浆液来支撑，槽挖成后浆液仍保存在槽内，待施工防渗墙时由注浆材料把浆液挤出。施工过程中开挖的土方富含悬浮液，排出比较困难。如果在被污染的土层中挖槽，被挖出的土要作为废物进行特殊处理。

在填埋场防渗施工中，可应用以下防渗材料配方：塑性材料（Ca、Na膨润土，黏土）、骨料（砂、岩粉等）、水泥、水、添加材料（稳定剂、挥发剂等）。上述矿物防渗材料有时还不能达到填埋场的防渗要求，需采取进一步的防渗措施。常用的方法是使用复合防渗系统，类似于水平防渗系统中的复合衬层系统，使用柔性膜［如高密度聚乙烯（HDPE）膜］和矿物材料复合组成复合垂直防渗系统。复合垂直防渗系统具有如下优点：a. 渗透性极低，具有很好的防渗效果；b. 通过减少过流量，可使长期稳定性增强；c. 墙体具有较好的强度；d. 由于柔性膜分布于整个墙体中，避免了墙体可能存在的缺陷；e. 具有可监测性和可修复性；f. 由于柔性膜材料可相互连接，避免了墙体连接可能出现的缝隙。

2. 对支撑浆液的要求

用截槽法施工防渗墙时，支撑浆液应满足以下要求：a. 膨润土水泥浆液应按一定标准配制，可参照水利工程防渗帷幕建设的有关规定进行，膨润土浆液性质被水泥添加剂变坏的程度应不显著，浆液必须具有一定的液限要求，它在土壁上能形成一个滤饼，承受静水支撑压力，在薄膜效应下，浆液不会或少量浸入土层，避免浆液流失；b. 浆液应是稳定的，必须使水泥和矿物充填材料一直保持动荡状态；c. 浆液必须保持一定的流动性，在挖方时能尽快从截槽墙铲斗中流出；d. 水泥不应在挖方结束前凝固，否则会出现事故，由污泥不断运动产生的水化作用会影响挖土机的作业，这种干扰会导致强度损失和渗透性增高。

3. 对防渗材料凝固的要求

防渗材料的凝固应满足以下要求：a. 压强相当于周围土层的强度；b. 外界因素对透水性的影响在一定值范围内，透水性不能对周围土壤性质和地下水的化学成分有不利改变；c. 墙体材料保持长期的塑性状态，在承载变形后尽可能不产生裂缝；d. 必须保证墙的腐蚀安全，防渗墙体上的颗粒不能被渗流水溶解，已被侵蚀损坏之处不允许再扩大发展。

部分垂直防渗技术性能指标和单位造价列于表 6-15。

表 6-15　部分垂直防渗技术性能指标和造价

方　法	性　能　指　标	单位造价/(元/m^2)
普通水泥灌浆	425 号和 525 号普通硅酸盐水泥，孔距 1～1.5m，耐久性好	600～800
超细水泥灌浆	使用超细水泥，孔距 1～1.5m，防渗性能好，耐久略差	1100～1300
高压旋摆喷射灌浆	孔距 1～1.5m，渗透系数可达 10^{-8}cm/s，固结强度可达 10～20MPa	1800
化学灌浆	孔距 2m，渗透系数可达 10^{-8}cm/s，强度高，耐久性好	3000～3500
悬臂式开槽	槽宽 0.20～0.25m，最大深度 12m，使用泥浆护壁；使用 HDPE 膜和黏土防渗材料	500＋500×8％

4. 垂直铺膜防渗施工技术

垂直铺膜防渗技术，是利用专门的开沟造槽机械开出一定宽度和深度的沟槽，在沟槽内铺设塑料薄膜，再用土回填沟槽，形成以塑膜为主体的防渗帷幕，起到防渗作用。

垂直铺膜防渗技术有三个主要特点：一是充分利用了塑料薄膜的良好隔水性，对于危险废物具有极好的防渗阻流效果；二是形成的塑膜防渗帷幕连续、均质、整体性好，适应变形能力强；三是具有成墙过程简单、具有可监测性和可修复性，施工速度快、机具简单、造价低等特点。

机械垂直铺膜施工技术的主要施工原理：一是利用锯槽机锯杆底部锯齿状刮片的往复运动和锯管喷嘴喷射出的高压水流共同切割土体并造浆，利用反复循环泵排渣并回填铺膜完成的沟槽，由此反复循环连续工作，形成一道连续的防渗体；二是采用链条机利用开槽机大杆上链条的转动，带动链条上的挖斗挖土成槽，随之铺膜、回填连续进行，塑膜前后搭接，形成一连续密实的防渗帷幕体。

垂直铺膜施工基本工艺流程如图 6-3 所示。

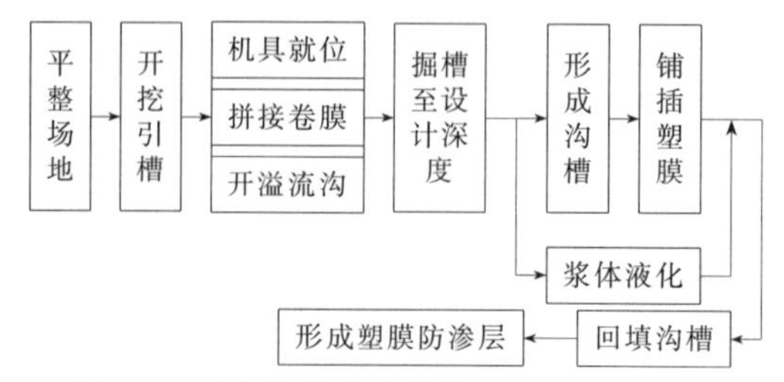

图 6-3　垂直铺膜防渗技术施工的工艺流程

垂直铺膜技术所用的施工机具为专用施工设备。根据其机械原理和工作特性分为链条式液压垂直开槽埋膜机和冲切式掘槽连续铺膜机。

链条式液压垂直开槽埋膜机用于黏土、砂土，直径小于 25mm 的卵石地质的开挖，最大下挖深度为 20m，最小掘槽宽度为 27cm。设备特点：垂直造槽，泥浆护壁，形成槽的宽度深度连续稳定，易于向槽内投放防渗材料。开槽、下膜、回填均在常压下进行，施工速度快，每台班可施工 180～240m^2。冲切式掘槽连续铺膜机是利用高压水流冲割与特型钢刀切削相结合的冲切原理，开挖沟槽，用于各种复杂地质，该机的插膜深度为 16m，掘槽最小宽度为 27cm。机具系统分为掘槽机具和护壁系统，分别用于挖槽和通过高压水将切削下来的土体搅拌成泥浆，做成护壁，起到防止塌孔的作用。插膜系统包括卷膜装置和液化浆土装置，用于防止切槽后形成的泥浆沉积过快而影响塑膜的插入，并使浆土在一定时间内保持悬浮状态，便于卷膜随主机前行而展膜铺插。此外，还有供水系统，掘槽机具每前行 100m，需要移动一次输水钢管，整个设备的运转需要 160kW 的动力电源。

垂直铺膜防渗技术的要点如下。

（1）平整场地，形成溢流沟　沿铺膜轴线两侧平整场地 3～5m，在掘槽尾端开挖排水引沟，每 50～80m 设一道。

（2）防渗膜厚度的选择　防渗膜厚度应根据设计确定，而且厚度不能太小，小于 0.2mm 时在施工中容易被戳破，造成施工缺陷，0.3mm 以上的防渗膜焊接性能较好。厚度越厚，耐老化性能和防渗性能越好，但膜厚每增加 0.1mm，投资约增加 1.5 元/m^2。

（3）防渗膜拼接　防渗膜产品的幅宽可达 10m，但实际工程中还需要更大规格的尺寸，对产品进行拼接，具体的拼接方法有胶接法、焊接法、折叠法和重叠法。拼接之前需要对防渗膜进行检验，取 1m 长防渗膜做为拼接试样，进行拉伸试验，如母材破坏，则认为是合格，即可进行塑膜拼接。

① 胶接法：采用的胶黏剂为聚氯乙烯胶黏剂，氯丁橡胶适用于 PVC 膜，每平方米耗胶 0.1kg 以上，粘接宽度不小于 30cm，涂胶均匀，粘接面要结实，粘接未达到使用强度前，不得受拉。

② 焊接法：采用热合机对膜进行焊接，焊接时要注意温度控制在 180～250℃之间，焊接速度不能过快，控制在 2m/min 左右，避免将塑膜烫薄。要求焊缝宽度不小于 10cm，不漏焊，不过焊，拉裂强度不低于原材料。焊接前还要检查焊接区域的膜面不能有泥土等污渍，避免影响焊接质量。焊接场地要求平整，无杂物，宽敞，塑膜下垫光滑木板。

③ 折叠法：适用于没有甩边的 2 布 1 膜，折叠 4～6 层，重叠宽度 15～20cm，每层用粘接剂粘接。

④ 重叠法：重叠宽度 30～50cm，适用于防渗要求较低的工程。

防渗膜不允许有针孔、砸坏、撕裂破坏和薄弱环节，加工拼接时发现缺陷要及时补救，对缺陷和薄弱环节进行补焊或补粘，周边须超过破损部位10～20cm。

为确保工程质量，可以将胶接法、焊接法、折叠法三种方法结合使用。

(4) 掘槽至设计深度　开槽时需注意开槽深度应大于设计深度1m，为保证槽孔的稳定性，槽内水位必须低于槽口0.2m，避免因槽口上部水压过小引起塌方，及时补充槽内浆液，进行泥浆的循环护壁，保持槽壁稳定，泥浆黏度根据不同的地质进行控制，对于黏土，泥浆黏度应控制为20～22，粉砂土为30～37，砂土为33～40，采用泥浆计测量，泥浆相对密度在槽口处控制在1.45左右，在下部应小于1，当不满足以上要求时，应及时调整。

当开槽长度达到10m时，即可进行铺膜施工。

(5) 铺插塑膜　塑膜铺插主要有重力沉膜法和膜杆铺设法两种方法。

重力沉膜法适用于砂性土地质，由于沟槽回淤速度较快，槽底高浓度浆液存量较多，这种方法借助于重力将防渗膜平展插入，施工较简单，但由于垂直铺膜需要安装轨道及铺塑设备，开槽及下膜时需有较大工作面。

膜杆铺设法施工繁琐，适用于一般的黏土、粉土、粉砂土，由于回淤速度较慢，泥浆固壁条件好，采用此法时，先将防渗膜卷在事先备好的膜杆上，然后由下膜器将塑膜轴及固定轴沉入槽孔中，至槽底后，将固定轴打入土中0.5～1m，开动铺塑机前行，牵引塑膜轴转动，防渗膜徐徐展开平整铺入。在施工过程中，要注意经常活动膜杆，使其在槽内处于自由活动状态，防止膜杆被淤埋或卡在槽中；在铺好第一卷后，要及时拉起膜杆，放入第二卷膜，两幅膜的接头处采用焊接和防水黏合剂搭接方法，搭接长度1.5～2m，同时注意防渗膜埋设不宜拉得过紧，留1.5%的余幅，还要防止石块、机械等原因人为损坏防渗膜。

(6) 回填沟槽　塑膜铺入后需及时回填，防止槽壁坍塌。塑膜铺插后，首先向沟槽内投放一定数量的土料，垫高0.5～1m，压住塑膜，以防在泥浆浮力作用下上浮，然后再利用泥浆淤沉和人工投放土料均匀填入槽内，回填密实。回填过程中要求土料不能含有杂质及较大土块，为使回填土尽快固结，回填以砂性土为宜。

回填完成后防渗膜边缘应埋入地下30cm，或在地面上作特殊处理，防止雨水污水顺防渗膜边缘进入，冲垮防渗膜体系。

垂直铺膜防渗技术施工方便、高效、经济性好。垂直铺膜防渗工程造价只有传统的混凝土地下防渗墙与高压喷射水泥灌浆帷幕施工工程造价的1/4～1/3，工期只有混凝土防渗墙与高压喷射水泥灌浆帷幕施工的1/8。

第六节　水平防渗系统

水平防渗系统是目前使用最为广泛的一种防渗方式。水平防渗系统是在填埋场场底及其四壁基础表面铺设防渗衬层（如黏土、膨润土、人工合成防渗材料等），将垃圾渗滤液封闭于填埋场中进行有控地导出，防止渗滤液向周围渗透污染地下水和填埋场气体无控释放，同时也有阻止周围地下水流入填埋场的功能。根据防渗材料来源的不同，水平防渗系统可分为天然防渗系统和人工防渗系统。

一、天然防渗系统

天然防渗是指采用黏土类土层或改良土作防渗衬层的防渗方法。

1. 天然黏土衬垫的设计

天然黏土衬垫系统出现在填埋场设计建造的早期，随着垃圾渗滤液环境污染问题的日益突出和人们对环境的日益重视，这种简单的方式已经不能满足防渗的要求，逐渐取而代之的是以柔性膜为核心的复合或者双层防渗衬垫。但是，天然黏土即使在今天依然发挥着巨大的作用，尤其是在有天然黏土土源的地区。以天然黏土和柔性膜复合而成的复合衬垫是目前国内外填埋场防渗工程中采用最多的方式。

天然黏土通过压实，当其渗透系数小于 10^{-7}cm/s，且厚度不小于 2m 时，即可作为一个防渗层，同渗滤液收集系统、保护层、过滤层等一起构成一个完整的防渗系统。但这种防渗系统只适合于防渗要求低、抗损性低的条件。

黏土衬垫的设计应考虑黏土的渗透性、含水率、密实度、强度、塑性、粒径与级配、黏土层的厚度、坡度等因素对防渗效果的影响。

（1）渗透性　度量黏土衬层渗透性的主要指标是渗透系数，根据《生活垃圾卫生填埋场岩土工程技术规范》（CJJ 176—2012），天然黏土类衬里的饱和渗透系数不应大于 1.0×10^{-7}cm/s。渗滤液在黏土中的渗透系数要根据渗滤液的实际成分，在填埋场可能的温度范围内运用设计的黏土材料性质和厚度进行试验才能确定。

（2）含水率与密实度　土壤要有一定的含水率和密实度，以达到渗透性能低和强度高的目的。试验研究表明，当土壤含水率略高于土的最佳含水率时，通常可以获得最佳渗透性。在具体工程设计前，应进行密度、湿度和渗透性的试验，建立三者之间的关系曲线，以确定最优值。应进行修正普氏击实试验、标准普氏击实试验和折减普氏击实试验，绘制此三种击实试验的含水率-干密度曲线，确定最佳击实峰值曲线。

（3）强度　黏土材料应具有足够的强度，不应在施工和填埋作业负荷作用下发生变形。土的无侧限抗压强度不应小于 150kPa，试验方法应符合现行国家标准《土工试验方法标准》GB/T 50123 的规定。

（4）黏土衬层的厚度　黏土衬层越厚，渗滤液透过衬层移动的速度越慢，其防渗能力越强，但衬层厚度过大，不仅占据了大量有效填埋空间，而且将大幅增大土建工程费用。因此，必须根据具体情况合理设计填埋场黏土衬层的厚度，达到既能满足防渗要求，又能降低建设费用的目的。单独用黏土作衬层的厚度一般不小于 2m。

（5）粒度与级配　土块的粒度将影响土的渗透性和施工质量。通常土块越小，水分分布越均匀，压实效果越好。尤其当土壤含水率小于拟定的压实最佳含水率时，土块的粒度将更为重要。在设计中一般要求粒径小于 0.075mm 的土粒干重应大于土粒总干重的 25%；粒径大于 5mm 的土粒干重不宜超过土粒总干重的 20%。如果现场土块粒度太大，应首先进行机械破碎。

土壤颗粒的级配同样影响着土壤的透水性，级配良好的土壤，其透水率较小，具有较低比例黏土成分但级配良好的材料仍可作衬层材料。一般而言，具有较高的黏土成分或较高的淤泥和黏土成分的材料具有低渗透性；具有高比例石块或过多大颗粒的材料一般不适于作衬层材料。

（6）塑性　黏土要形成有效的衬层或衬层组成部分，要具有一定的可塑性，但高度塑性的土壤容易收缩和干化断裂。一般液限指数在25%～30%之间；塑限指数在15%～30%之间。

（7）黏土衬层的坡度　黏土衬层的设计坡度一般为2%～4%。

2. 改良土衬层的设计

改良土衬层设计的影响因素与黏土衬垫设计相类似。但使用膨润土作添加剂时要注意，膨润土中的可置换阳离子种类是一个重要的控制参数，直接影响膨润土的渗透性能。通常而言，膨胀性能越好的膨润土，其添加量越少；具有高膨胀性能的黏土矿物要比其他黏土矿物更易受化学物质的影响。例如，钠是高膨胀膨润土的主要阳离子，在钠型土与高钙盐溶液进行离子交换时，它很容易转变为钙型土，这一变化将严重降低膨润土的膨胀能力，从而增大混合土的渗透性。膨润土的混合比率随土壤条件而变化，一般在原土中掺入3%～8%的膨润土，即可将大部分土壤材料的渗透系数降低到设计标准。在进行混合衬层设计时应确定下列参数：a. 原土与膨润土的最佳混合比率；b. 密度、含水率和渗透系数三者之间的关系；c. 干燥膨润土的颗粒尺寸。

典型的天然防渗系统结构见图6-4。随着工程技术的发展，用于生活垃圾填埋场的衬层系统也在不断改进，以美国为例，1982年以前主要使用单层黏土衬层，1982年开始使用单层土工膜衬层，1983年改用双层土工膜衬层，1984年又改用单层复合衬层，1987年后则广泛使用带有两层渗滤液收集系统的双层复合衬层。

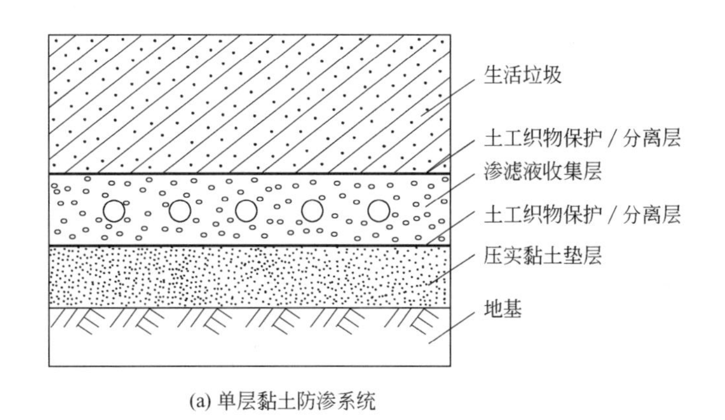

(a) 单层黏土防渗系统

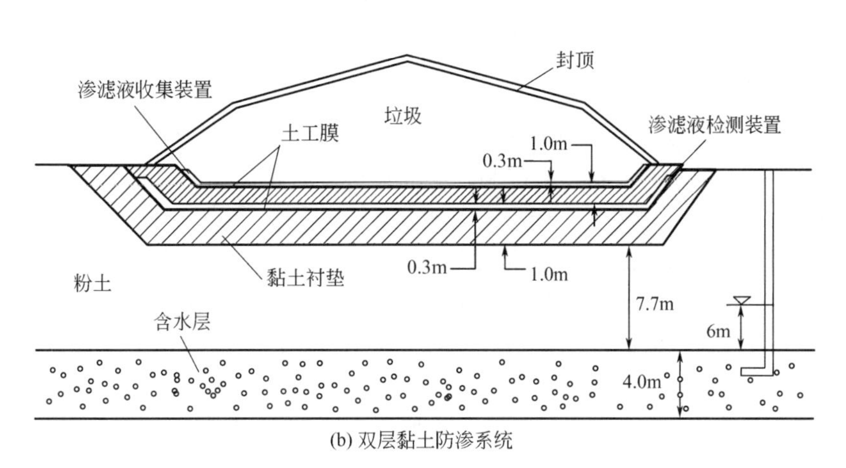

(b) 双层黏土防渗系统

图6-4　典型天然防渗系统的结构

二、人工防渗系统

1. 人工防渗系统的分类

人工防渗是指采用人工合成有机材料（柔性膜）与黏土结合作防渗衬层的防渗方法。根据填埋场渗滤液收集系统、防渗系统和保护层、过滤层的不同组合，一般可分为单层衬层防渗系统、单复合衬层防渗系统、双层衬层防渗系统和双复合衬层防渗系统，如图 6-5～图 6-8 所示。

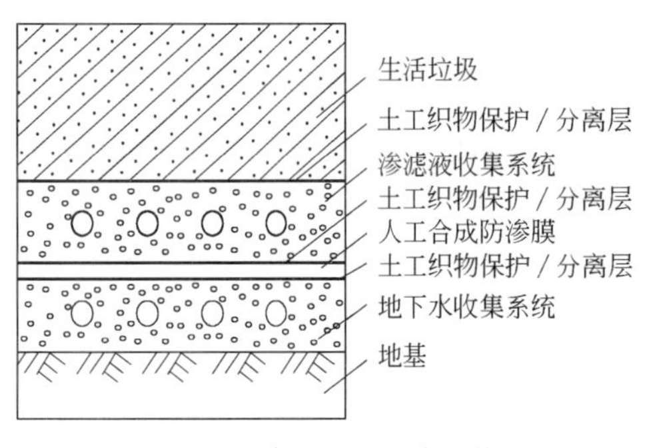

图 6-5　单层衬层防渗系统

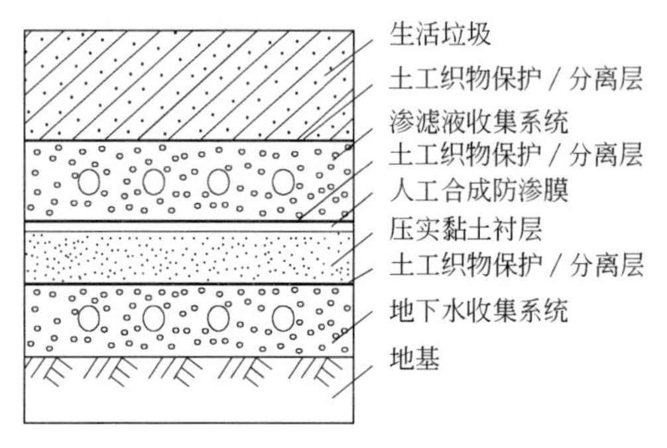

图 6-6　单复合衬层防渗系统

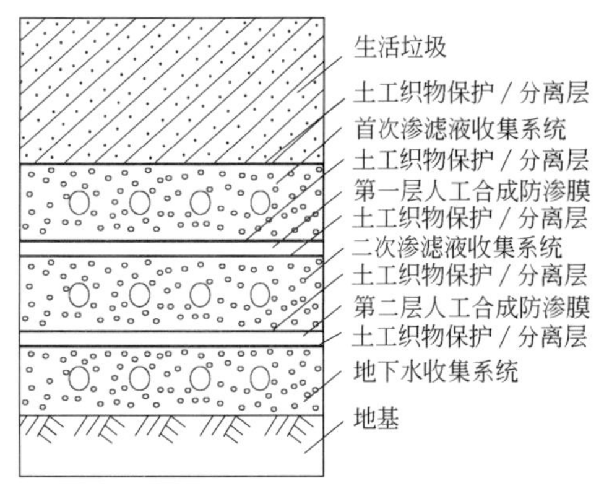

图 6-7　双层衬层防渗系统

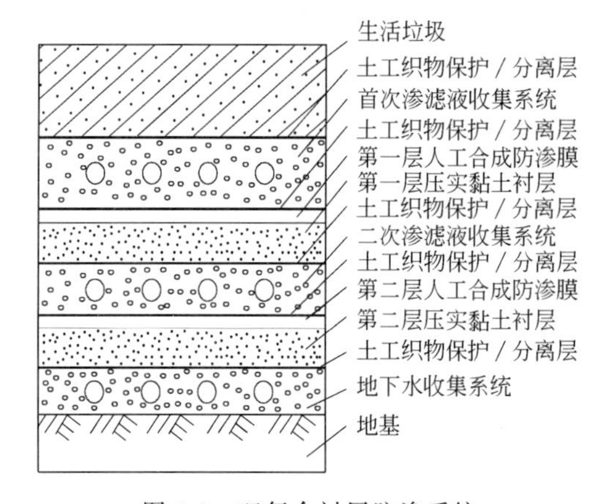

图 6-8　双复合衬层防渗系统

① 单层衬层防渗系统：此种防渗系统只有一层防渗层，其上是渗滤液收集系统和保护层，必要时其下有一个地下水收集系统和一个保护层。这种类型的衬垫系统只能用在抗损性低的条件下。

② 单复合衬层防渗系统：此种防渗系统采用了复合防渗层，即由两种防渗材料相贴而形成的防渗层。两种防渗材料相互紧密地排列，提供综合效力。比较典型的复合结构是上层为柔性膜，其下为渗透性低的黏土矿物层。与单层衬层防渗系统相似，复合防渗层的上方为渗滤液收集系统，下方为地下水收集系统。

复合衬层系统综合了物理、水力特点不同的两种材料的优点，因此具有很好的防渗效果。有关研究结果表明，用黏土和高密度聚乙烯（HDPE）材料组成的复合衬层的防渗效果优于双层衬层（有上下两层防渗层，两层之间为排水层）的防渗效果。复合衬层系统膜出现局部破损渗漏时，由于膜与黏土表面紧密连接，具有一定的密封作用，渗漏液在黏土层上的分布面积很小。当 HDPE 膜发生局部破损渗漏时，对双层衬层系统而言，渗漏液在下排水层中的流动可使其在较大面积的黏土层上分布，因此向下渗漏的量就大。

复合衬层的关键是使柔性膜与黏土矿物层紧密接触，以保证柔性膜的缺陷不会引起沿两者结合面的移动。

③ 双层衬层防渗系统：此种防渗系统有两层防渗层，两层之间是排水层，以控制和收集防渗层之间的液体或气体。衬层上方为渗滤液收集系统，下方可有地下水收集系统。透过上部防渗层的渗滤液或者气体受到下部防渗层的阻挡而在中间的排水层中得到控制和收集，在这一点上它优于单层衬层防渗系统，但在施工和衬层的坚固性等方面不如复合衬层系统。

双层衬层防渗系统主要在下列条件下使用：a. 基础天然土层很差（渗透系数大于 10^{-5}cm/s)、地下水位又较高；b. 填埋容量超过1000万立方米或使用年限超过30年的填埋场；c. 混合型填埋场的专用独立库区，即生活垃圾焚烧飞灰和医疗废物焚烧残渣经处理后的最终处置填埋场的独立填埋库区。d. 国土开发密度较高、环境承载力减弱，或环境容量较小、生态环境脆弱等需要采取特别保护的地区。

④ 双复合衬层防渗系统：其原理与双层衬层防渗系统类似，即在两层防渗层之间设排水层，用于控制和收集从填埋场渗出的液体；不同之处在于上部防渗层采用的是复合防渗层。防渗层之上为渗滤液收集系统，下方为地下水收集系统。双复合衬层防渗系统综合了单复合衬层防渗系统和双层衬层防渗系统的优点，具有抗损坏能力强、坚固性好、防渗效果好等优点，但其造价比较高。

在美国，根据新环保法的要求，具有主、次两层渗滤液收集系统的双复合衬层防渗系统已在城市固体废物填埋场得到广泛应用。双复合衬层底层为厚度大于3m的天然黏土衬层或0.9m厚的第二层压实黏土衬层，然后依次向上为第二层合成材料衬层、二次渗滤液收集系统、0.9m厚的第一层压实黏土衬层、第一层合成材料衬层、首次渗滤液收集系统，顶部是0.6m厚的砂砾铺盖保护层。渗滤液收集系统由一层土工网和土工织物组成。合成材料衬层的厚度应大于1.5mm，底层和压实黏土衬层的渗透系数应小于 10^{-7}cm/s。

2. 人工防渗衬层的设计

传统的防渗系统分类中的四种防渗系统，在实际应用过程中，随着经济的发展，公众对环保认识的不断深入，对环保的要求不断提高，环保标准也越来越高，单层防渗系统因安全性低而较少采用，多采用 HDPE 膜与黏土或膨润土垫联合的单复合防渗系统。即使使用单层防渗系统，也要在 HDPE 膜下配以一定厚度的黏土，这层黏土的主要作用不在于防渗，而是隔离和保护 HDPE 膜。因此，对于生活垃圾填埋场，现行规范推荐使用单层 HDPE 膜+黏土、单层 HDPE 膜+膨润土垫和双层 HDPE 膜为防渗层的防渗系统，并对系统组成各部分做了详细要求，以下对《生活垃圾卫生填埋处理技术规范》(GB 50869—2013) 相关内容进行介绍。

(1) 单层衬里防渗结构

① 库区底部单层衬里结构：库区底部单层衬里结构见图6-9，各层应符合下列要求。

基础层：土压实度不应小于93%。

反滤层（可选择层）：宜采用土工滤网，规格不宜小于200g/m^2。

地下水导流层（可选择层）：宜采用卵（砾）石等石料，厚度不应小于30cm，石料上应铺设非织造土工布，规格不宜小于200g/m^2。

膜下保护层：黏土渗透系数不应大于1.0×10^{-5}cm/s，厚度不宜小于50cm。

膜防渗层：应采用HDPE土工膜，厚度不应小于1.5mm。

膜上保护层：宜采用非织造土工布，规格不宜小于600g/m^2。

渗滤液导流层：宜采用卵石等石料，厚度不应小于30cm，石料下可增设土工复合排水网。

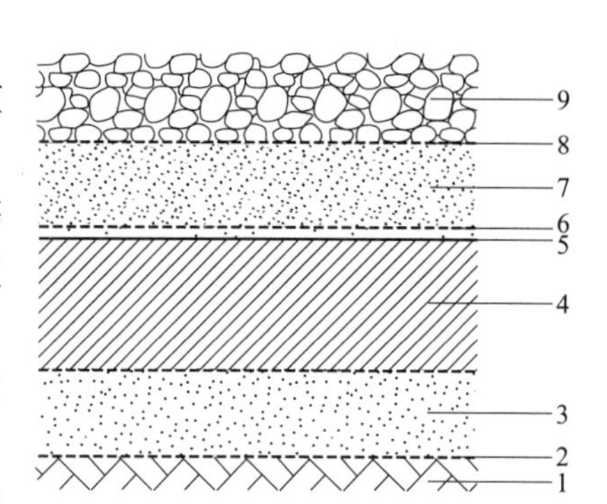

图6-9 库区底部单层衬里结构示意

1—基础层；2—反滤层（可选择层）；3—地下水导流层（可选择层）；4—膜下保护层；5—膜防渗层；6—膜上保护层；7—渗滤液导流层；8—反滤层；9—垃圾层

反滤层：宜采用土工滤网，规格不宜小于200g/m^2。

② 库区边坡单层衬里结构应符合下列要求。

基础层：土压实度不应小于90%。

膜下保护层：当采用黏土时，渗透系数不应大于1.0×10^{-5}cm/s，厚度不宜小于30cm；当采用非织造土工布时，规格不宜小于600g/m^2。

防渗层：应采用HDPE土工膜，宜为双糙面，厚度不应小于1.5mm。

膜上保护层：宜采用非织造土工布，规格不宜小于600g/m^2。

渗滤液导流与缓冲层：宜采用土工复合排水网，厚度不应小于5mm，也可采用土工布袋（内装石料或沙土）。

(2) 复合衬里结构　库区底部复合衬里（HDPE土工膜＋黏土）结构（图6-10），各层应符合下列规定。

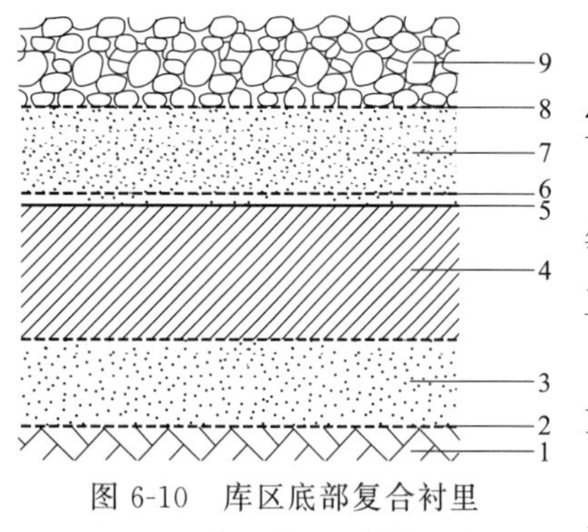

图6-10 库区底部复合衬里（HDPE膜＋黏土）结构示意

1—基础层；2—反滤层（可选择层）；3—地下水导流层（可选择层）；4—防渗及膜下保护层；5—膜防渗层；6—膜上保护层；7—渗滤液导流层；8—反滤层；9—垃圾层

① 基础层：土压实度不应小于93%。

② 反滤层（可选择层）：宜采用土工滤网，规格不宜小于200g/m^2。

③ 地下水导流层（可选择层）：宜采用卵（砾）石等石料，厚度不应小于30cm，石料上应铺设非织造土工布，规格不宜小于200g/m^2。

④ 防渗及膜下保护层：黏土渗透系数不应大于1.0×10^{-7}cm/s，厚度不宜小于75cm。

⑤ 膜防渗层：应采用HDPE土工膜，厚度不应小于1.5 mm。

⑥ 膜上保护层：宜采用非织造土工布，规格不宜小于600g/m^2。

⑦ 渗滤液导流层：宜采用卵石等石料，厚度不应小于30cm，石料下可增设土工复合排水网。

⑧ 反滤层：宜采用土工滤网，规格不宜小于 $200g/m^2$。

库区底部复合衬里（HDPE 土工膜＋ GCL ）结构（图 6-11 ，GCL 指钠基膨润土垫），各层应符合下列要求。

① 基础层：土压实度不应小于 93%。

② 反滤层（可选择层）：宜采用土工滤网，规格不宜小于 $200g/m^2$。

③ 地下水导流层（可选择层）：宜采用卵（砾）石等石料，厚度不应小于 30cm，石料上应铺设非织造土工布，规格不宜小于 $200g/m^2$。

④ 膜下保护层：黏土渗透系数不宜大于 1.0×10^{-5}cm/s，厚度不宜小于 30cm。

⑤ GCL 防渗层：渗透系数不应大于 5.0×10^{-9}cm/s，规格不应小于 $4800g/m^2$。

⑥ 膜防渗层：应采用 HDPE 土工膜，厚度不应小于 1.5 mm。

⑦ 膜上保护层：宜采用非织造土工布，规格不宜小于 $600g/m^2$。

⑧ 渗滤液导流层：宜采用卵石等石料，厚度不应小于 30cm，石料下可增设土工复合排水网。

⑨ 反滤层：宜采用土工滤网，规格不宜小于 $200g/m^2$。

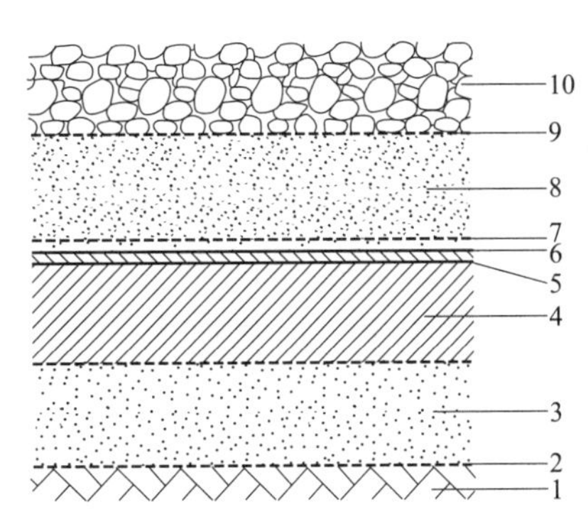

图 6-11　库区底部复合衬里（HDPE 土工膜＋ GCL ）结构示意

1—基础层；2—反滤层（可选择层）；3—地下水导流层（可选择层）；4—膜下保护层；5—GCL；6—膜防渗层；7—膜上保护层；8—渗滤液导流层；9—反滤层；10—垃圾层

库区边坡复合衬里（HDPE 土工膜＋ GCL）结构，各层应符合下列要求。

① 基础层：土压实度不应小于 90%。

② 膜下保护层：当采用黏土时，渗透系数不宜大于 1.0×10^{-5}cm/s，厚度不宜小于 20cm。当采用非织造土工布时，规格不宜小于 $600g/m^2$。

③ GCL 防渗层：渗透系数不应大于 5.0×10^{-9}cm/s，规格不应小于 $4800g/m^2$。

④ 防渗层：应采用 HDPE 土工膜，宜为双糙面，厚度不应小于 1.5mm。

⑤ 膜上保护层：宜采用非织造土工布，规格不宜小于 $600g/m^2$。

⑥ 渗滤液导流与缓冲层：宜采用土工复合排水网，厚度不应小于 5mm，也可采用土工布袋（内装石料或沙土）。

（3）双层衬里结构

库区底部双层衬里结构见图 6-12，各层应符合下列规定：

① 基础层：土压实度不应小于 93% 。

② 反滤层（可选择层）：宜采用土工滤网，规格不宜小于 $200g/m^2$。

③ 地下水导流层（可选择层）：宜采用卵（砾）石等石料，厚度不应小于 30cm，石料上应铺设非织造土工布，规格不宜小于 $200g/m^2$。

④ 膜下保护层：黏土渗透系数不应大于 1.0×10^{-5}cm/s，厚度不宜小于 30cm。

⑤ 膜防渗层：应采用 HDPE 土工膜，厚度不应小于 1.5mm。

⑥ 膜上保护层：宜采用非织造土工布，规格不宜小于 $400g/m^2$。

⑦ 渗滤液检测层：可采用土工复合排水网，厚度不应小于 5mm；也可采用卵（砾）石等石料，厚度不应小于 30cm。

⑧ 膜下保护层：宜采用非织造土工布，规格不宜小于400g/m²。

⑨ 膜防渗层：应采用HDPE土工膜，厚度不应小于1.5mm。

⑩ 膜上保护层：宜采用非织造土工布，规格不宜小于600g/m²。

⑪ 渗滤液导流层：宜采用卵石等石料，厚度不应小于30cm，石料下可增设土工复合排水网。

⑫ 反滤层：宜采用土工滤网，规格不宜小于200g/m²。

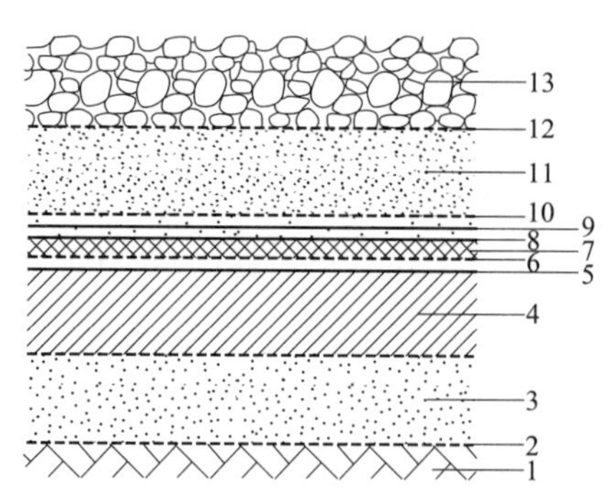

图6-12　库区底部双层衬里结构示意

1—基础层；2—反滤层（可选择层）；3—地下水导流层（可选择层）；4—膜下保护层；5—膜防渗层；6—膜上保护层；7—渗滤液检测层；8—膜下保护层；9—膜防渗层；10—膜上保护层；11—渗滤液导流层；12—反滤层；13—垃圾层

（4）HDPE土工膜的选择　用于基础衬层的土工膜要求有长期的化学稳定性以及相当的拉伸强度，而用于边坡的土工膜还需要具有一定的摩擦性能。设计时需要考虑边坡的自身稳定性、垃圾填埋期间和填埋完成后向下的拉伸、边坡土工膜锚固的结构形式以及土工膜和其他材料接触界面的稳定性等因素。

1）土工膜厚度的设计。垃圾填埋场使用土工膜的厚度一般有两个方面的要求：一方面控制渗漏量，另一方面保证在较大的土压力或者水压力下不被刺穿或者胀破。通过膜的渗漏量不是考虑土工膜厚度的因素。土工膜的厚度，主要考虑抗刺破性、抗拉伸破坏性、抗剪切破坏等条件。

膜厚度的选择可参照以下要求选用：

① 库区地下水位较深，周围无环境敏感点，且垃圾堆高小于20m时，可选用1.5mm厚HDPE膜；② 垃圾堆高介于20～50m之间，可选用2.0mm厚的HDPE膜，同时宜进行拉力核算；③垃圾堆高大于50m时，防渗膜厚度选择要求计算。

土工膜铺到粗粒料上面，膜上的水土压力使得膜有一个向下的嵌入作用，原来相对平直的土工膜下陷到粒料的孔隙中或者相对薄弱的区域，土工膜受拉到一定程度后，土工膜有可能会被拉破。目前有四个公式可以计算土工膜顶张变形：顾淦臣的薄膜理论公式，全苏水工科学院的经验公式，J. P. Grioud的圆弧公式和板球变形公式。此四个公式，除了全苏水工科学院的经验公式外，都不能直接计算膜的厚度，而是通过校核膜的拉力安全系数来验算膜的厚度。全苏水工科学院的经验公式考虑土工膜上受压力大小、下层粒料的粒径、土工膜的弹性模量和抗拉强度等因素，推倒得出经验公式。公式如下：

$$t=0.0065E^{0.5}\frac{pd^{1.03}}{\delta^{1.5}}\quad(d<22\text{mm})\tag{6-8}$$

$$t=0.0065E^{0.5}\frac{pd^{0.32}}{\delta^{1.5}}\quad(22\text{mm}<d<100\text{mm})\tag{6-9}$$

式中，δ为土工膜材料的允许拉应力，kgf/cm²；E为土工膜材料的弹性模量，kgf/cm²；d为土工膜下层材料的最大粒径，mm；p为土工膜上的水、土压力，1000kgf/m²；t为土工膜厚度，mm。

对于用于边坡的土工膜，可以通过图6-13及式(6-10)、式(6-11) 计算出要求的土工膜厚度：

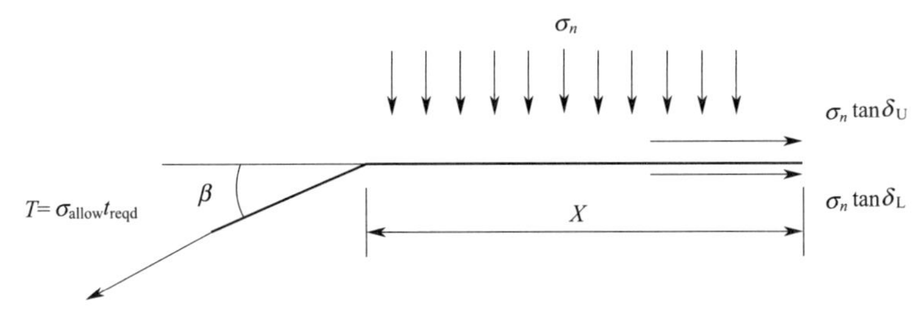

图 6-13 边坡土工膜受力图

$$t_{reqd}=\frac{\sigma_n x(\tan\delta_U+\tan\delta_L)}{\sigma_{allow}(\cos\beta-\sin\beta\tan\delta_L)} \tag{6-10}$$

$$FS=\frac{t_{reg}\text{ 或 }t_{instal}}{t_{reqd}} \tag{6-11}$$

算例：某填埋场最终填埋高度为 200m，垃圾体容重为 1.2t/m^3。采用 HDPE 土工膜，土工膜下的粒料最大直径为 10mm，土工膜的弹性模量 3300 kgf/cm^2，土工膜的允许拉应力为 57 kgf/cm^2。试计算要求土工膜的厚度。

按照公式（6-8）：

$$t=0.0065E^{0.5}\frac{pd^{1.03}}{\delta^{1.5}}=0.0065\times3300^{0.5}\times\frac{240\times10^{1.03}}{57^{1.5}}$$

$$=2.23(\text{mm})$$

可以选择 2.5mm 的土工膜。

2）HDPE 土工膜宽度选择。在防渗衬里的实际铺设工程中，对 HDPE 土工膜宽度的选择有一定的要求。渗漏现象的发生，10％是由于材料的性质以及被尖物刺穿、顶破，90％是由于土工膜焊接处的渗漏，而土工膜焊接量的多少与材料的幅宽密切相关，以 5.0 m 和 7.0m 宽的不同材料对比，前者需要（$X/5-1$）个焊缝，后者需要（$X/7-1$）个焊缝（X 表示幅宽），前者的焊缝数量超过后者数量近 30％，意味着渗漏可能性增加近 30％。建议选用宽幅的 HDPE 土工膜。

（5）HDPE 土工膜的锚固设计　在垂直高差较大的边坡铺设防渗材料时，应设锚固平台，平台高差应结合实际地形确定，不宜大于 10m。边坡坡度不宜大于 1∶2。根据国内外实际工程的经验，平台高差大于 10m、边坡坡度大于 1∶1 时，对于边坡黏土层施工和防渗层的铺设都较困难。当边坡坡度大于 1∶1 时，宜采用其他铺设和特殊锚固方式。

位于边坡和坡顶的土工膜，需要锚固到锚固沟内。锚固沟用土回填并压实，保证锚固在其内的土工材料在拉伸后仍然能够保持在原安装位置。一般不使用混凝土完全锚固衬垫，因为衬垫拉伸破坏比从锚固沟中拔出更不利。锚固形式一般有水平锚和开槽锚。

锚固沟距离边坡边缘不宜小于 800mm。防渗材料转折处不应存在直角的刚性结构，均应做成弧形结构。锚固沟断面应根据锚固形式，结合实际情况加以计算，不宜小于 800mm×800mm。锚固沟中压实度不得小于 93％；特殊情况下，应对锚固沟的尺寸和锚固能力进行计算。

1）水平锚固伸出长度设计。如图 6-14 所示，由平衡方程推导出设计方程。

$$T_{allow}=\frac{q_L L_{RO}\tan\delta_L}{\cos\beta-\sin\beta\tan\delta_L} \tag{6-12}$$

即 $L_{RO}=\dfrac{(\cos\beta-\sin\beta\tan\delta_L)T_{allow}}{q_L\tan\delta_L}$ (6-13)

式中，q_L 为覆盖土层的压力；q_L＝容重 γ_{cs}×厚度 d_{cs}；T_{allow} 为土工膜单宽容许应力，一般取极限应力或强度，kN/m；δ_L 为土工膜和覆盖土的摩擦角，(°)；β 为斜坡坡度，(°)；γ_{cs}为上层覆盖土层容重，kN/m^3；d_{cs} 为覆盖土层的厚度，m^2/s；L_{RO} 伸出长度，m。

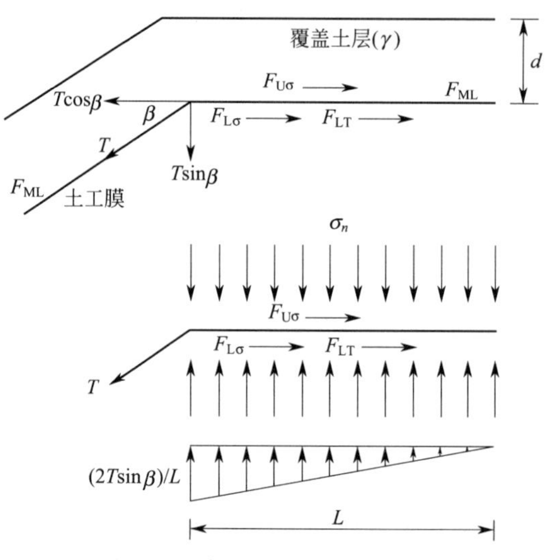

图 6-14 水平锚固断面和受力图

$F_{U\sigma}$—上覆土对土工膜施加的剪切应力（可忽略不计）；$F_{L\sigma}$—土工膜下的剪切应力；F_{LT}—土工膜垂直剪切应力 T_{allow}

2）V 形锚固设计。锚固设计要求防止风或者水流移动破坏土工膜，不允许土工膜受张力。V 形锚固断面和受力如图 6-15 所示。

V 形锚固设计允许土工膜被拉出，但是要避免土工膜被拉伸破坏。一个直接的表达是锚固率，土工膜的锚固率表示如下：

$$AR=T_{GM\ allow}/T_{AT\ allow} \quad (6-14)$$

式中，AR 为锚固率；$T_{GM\ allow}$ 为土工膜容许拉伸应力；$T_{AT\ allow}$ 为 V 形锚固允许拉伸应力。

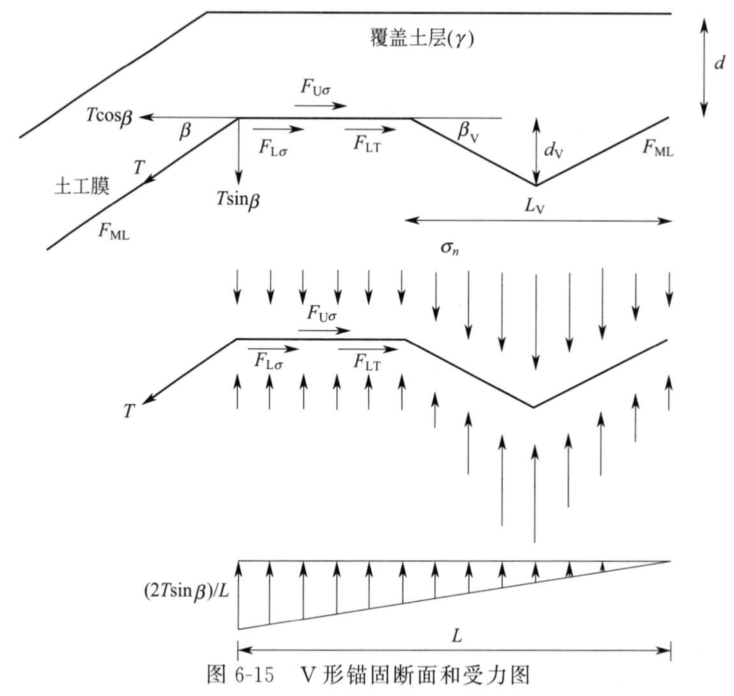

图 6-15 V 形锚固断面和受力图

$F_{U\sigma}$—上覆土对土工膜施加的剪切应力（可以忽略不计）；$F_{L\sigma}$—土工膜下的剪切应力；F_{LT}—土工膜垂直剪切应力 T_{allow}；σ_n—施加于上覆土层上的外力

根据锚固率 AR 可以判定：AR＞1，土工膜可能被拉出；AR＝1，处于平衡状态；AR＜1，土工膜可能被拉伸撕裂，这是不允许的，需要重新考虑锚固措施。

$T_{GM\ allow}$ 由下式得出：

$$T_{GM\ allow}=\sigma_{allow}t \quad (6-15)$$

式中，σ_{allow} 为土工膜容许应力，kPa，计算公式为极限应力除以安全系数，安全系数一般取值为2。

$T_{AT\ allow}$ 由下式得出：

$$T_{AT\ allow}=\frac{\tan\delta_L\left[\gamma d\left(L_{RO}-L_V+\frac{L_V}{\cos\beta_V}\right)+\frac{d_V L_V \gamma}{2\cos\beta_V}\right]}{\cos\beta-\sin\beta\tan\delta_L} \tag{6-16}$$

式中，$T_{AT\ allow}$ 为锚固沟容许应力，kN/m；γ 为覆盖土容重，kN/m^3；d_V 为V形锚固沟深度，m；d 为覆盖土层厚度，m；L_{RO} 为土工膜伸出长度，m；L_V 为V形锚固长度，m；β_V 为V形锚固沟坡度，(°)；δ_L 为土工膜伸出部分和土的摩擦角，(°)。

第七节　渗滤液收集系统

渗滤液收集系统的主要功能是将填埋库区内产生的渗滤液收集起来，及时有效地导排出去，并通过调节池输送至渗滤液处理系统进行处理。为了避免因液位升高、水头变大而增加对库区地下水的污染，我国规范要求该系统应保证使衬垫或场底以上渗滤液的水头不超过30cm。设计的收集导出系统层要求能够迅速地将渗滤液从垃圾体中排出，这一点十分重要，其原因是：a. 垃圾中出现壅水会使垃圾长时间淹没在水中，不同垃圾中的有害物质浸润出来，从而增加了渗滤液净化处理的难度；b. 壅水会对下部水平衬垫层增加荷载，增加了防渗衬垫的破坏风险并影响垃圾堆体的安全稳定性，甚至会形成渗滤液外渗，造成污染事故。

渗滤液收集系统通常由导流层、收集盲沟、竖向收集井（导气石笼）、多孔收集管、集水池或集液井、提升多孔管、潜水泵和调节池及渗滤液水位监测井等组成，如果渗滤液收集管直接穿过垃圾主坝接入调节池，则集水池、提升多孔管和潜水泵可省略。渗滤液收集系统应设计成有足够的导排能力，以保证该套系统能在初始运行期较大流量和长期水流作用的情况下运转而功能不受到损坏。

一、导流层

为了防止渗滤液在填埋库区场底积蓄，填埋场底应形成一系列坡度的阶梯，填埋场底的轮廓边界必须能使重力水流始终流向垃圾主坝前的最低点。如果设计不合理，出现低洼反坡、场底下沉等现象，或施工质量得不到有效控制和保证，渗滤液将一直滞留在水平衬垫层的低洼处，并逐渐渗出，对周围环境产生影响。导流层的目的就是将全场的渗滤液顺利地导入收集盲沟内的渗滤液收集管内（包括主管和支管）。

在导流层工程建设之前，需要对填埋库区范围内进行场底的清理。在导流层铺设的范围内将植被清除，并按照设计好的纵横坡度进行平整，根据《生活垃圾卫生填埋处理工程项目建设标准》的要求，渗滤液在垂直方向上进入导流层的最小底面坡降应不小于2%，以利于渗滤液的排放和防止在水平衬垫层上的积蓄。在场底清基的时候因为对表面土地扰动而需要对场地进行机械或人工压实，特别是已经开挖了渗滤液收集沟的位置，通常要求土压实度不小于93%。如果在清基时遇到了淤泥区等不良地质情况，需要根据现场的实际情况（淤泥区深度、范围大小等）进行基础处理，在土方量不大的情况下可直接采取换土的方式解决。

导流层铺设在经过清理后的场基上，厚度不小于300mm，当年平均降雨量大于800mm时，导流层不应小于500mm。导流层由粒径20～60mm的卵石铺设而成，并由上至下粒径逐渐减小。在卵石来源困难的地区，可考虑用碎石代替，但碎石因表面较粗糙，易使渗滤液中的细颗粒物沉积下来，长时间情况下有可能堵塞碎石之间的空隙，对渗滤液的下渗有不利影响。

导流层与垃圾层之间应铺设反滤层，反滤层可采用土工滤网，单位面积质量宜大于$200g/m^2$。导流层内应设置导排盲沟和渗滤液收集导排管网。导流层应保证渗滤液通畅导排，降低防渗层上的渗滤液水头。导流层下可增设土工复合排水网强化渗滤液导流。边坡导流层宜采用土工复合排水网铺设。土工复合排水网下部应与库区底部渗滤液 导流层相连接，以保证渗滤液导排至盲沟。

二、收集盲沟和多孔收集管

收集盲沟设置于导流层的最低标高处，并贯穿整个场底。盲沟系统宜采用直线形或树叉形布置形式，有条件时宜采用直线形。断面通常采用等腰梯形或菱形，见图12-29，梯形盲沟最小底宽可参考表6-16选取。

表6-16　梯形盲沟底最小宽度

管径 DN/mm	盲沟最小底宽 B/mm
$200<DN\leqslant315$	D(外径)+400
$400<DN\leqslant1000$	D(外径)+600

铺设于场底中轴线上的为主沟，在主沟上依间距30～50m设置支沟，支沟与主沟的夹角宜采用15°的倍数（通常采用60°），以利于将来渗滤液收集管的弯头加工与安装，同时在设计时应当尽量把收集管道设置成直管段，中间不要出现反弯折点。收集盲沟中填充卵石或碎石（$CaCO_3$含量不应大于10%），石料的渗透系数不应小于$1.0\times10^{-3}cm/s$。粒径按照上大下小形成反滤，粒径从下到上依次为20～30mm、30～40mm、40～60mm。

多孔收集管按照埋设位置分为主管和支管，分别埋设在收集主沟和支沟中，选择材质时，考虑到垃圾渗滤液有可能对混凝土产生的侵蚀作用，通常采用高密度聚乙烯（HDPE），主盲沟坡度应保证渗滤液能快速通过渗滤液HDPE干管进入调节池，纵、横向坡度不宜小于2% 。管径应根据所收集面积的渗滤液最大日流量、设计坡度和管道材料类型等条件用曼宁公式计算。利用曼宁公式计算管道流量的先决条件是渗滤液在收集管内必须是无压流及管道出口必须是自由出流。

$$Q=\frac{1}{n}r_h^{\frac{2}{3}}S^{\frac{1}{2}}A \tag{6-17}$$

$$r_h=\frac{A}{p_w}$$

式中，Q为管道净流量，m^3/s，为渗滤液最大日产生量，计算公式见第七章；n为曼宁粗糙系数，HDPE材料取0.011；A为过水断面面积，m^2；S为管道坡降，据规范规定，渗滤液收集管道坡降不应小于2%；r_h为水利半径，m；p_w为湿周，m。

填埋场用HDPE管的公称外径D_w（mm）规格有200、250、280、315、355、400、450、500、560、630。《生活垃圾卫生填埋处理技术规范》（GB 50869—2013）规定，HDPE干管公称外径不应小于315mm，支管不应小于200mm。当计算出的管径值大于该最小管径要求时取计算值为管径设计值，如果计算出的管径值小于该最小管径要求时取最小管径作为管径设计值。

渗滤液收集管的最大水平排水距离应小于允许最大水平排水距离 L，按下列公式计算，渗滤液收集管的最大设置间距为 $2L$。

$$L=\frac{D_{\max}}{j\frac{\sqrt{\tan^2\alpha+4q_{\mathrm{h}}/k}-\tan\alpha}{2\cos\alpha}} \tag{6-18}$$

$$j=1-0.12\exp\left\{-\left[0.625\lg\left(\frac{1.6q_{\mathrm{h}}}{k\tan^2\alpha}\right)\right]\right\} \tag{6-19}$$

$$q_{\mathrm{h}}=\frac{Q}{A\times 86400} \tag{6-20}$$

式中，L 为允许最大水平排水距离，m；$D_{\max}$ 为渗滤液导排层允许的最大水头高度，m，取 0.3m；k 为导排层渗透系数，m/s，宜取 $1\times10^{-4}\sim1\times10^{-3}$m/s；$\alpha$ 为坡角，(°)；s 为底部衬垫系统的坡度，%；j 为无量纲修正系数；q_{h} 为导排层的渗滤液入渗量，m/s；A 为场底渗滤液导排层面积，m^2。

收集管应预先制孔，孔径通常为 12～16mm，孔距 15～20mm，开孔率 2%～5%，为了使垃圾体内的渗滤液水头尽可能低，管道安装时要使开孔的管道部分朝下，但孔口不能靠近起拱线，否则会降低管身的纵向刚度和强度。典型的渗滤液多孔收集管断面见图 6-16。

Ⅲ类以上填埋场 HDPE 收集管宜设置高压水射流疏通、端头井等反冲洗措施，详见第十四章内容。

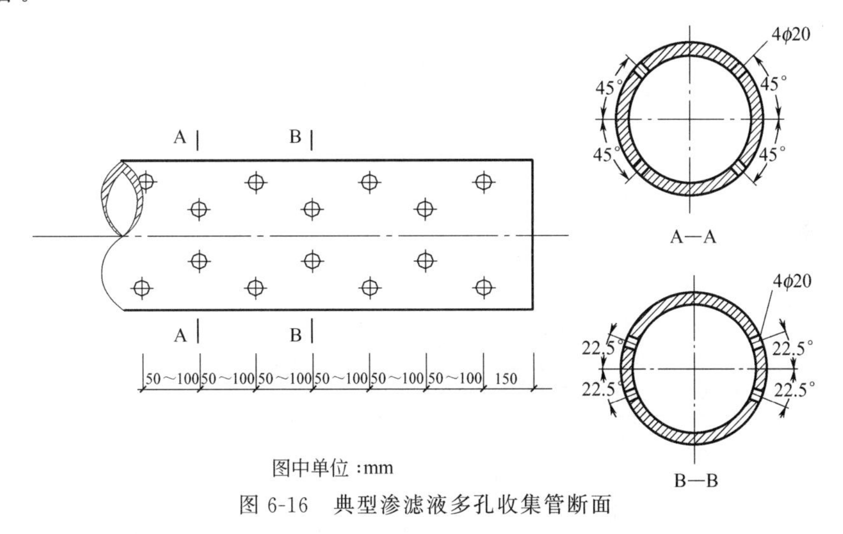

图 6-16　典型渗滤液多孔收集管断面

渗滤液收集系统的各个部分都必须具备足够的强度和刚度来支承其上方的垃圾体荷载、后期终场覆盖物荷载以及来自于填埋作业设备的荷载，其中最容易受到挤压损坏的是多孔收集管，收集管可能因荷载过大，导致翘曲失稳而无法使用，为了防止发生破坏，第一次铺放垃圾时，不允许在集水管位置上面直接停放机械设备。

三、竖向收集井

渗滤液收集系统中的收集管部分不仅指场底水平铺设的部分，同时还包括收集管的垂直收集部分。

垃圾卫生填埋场一般分层填埋，各层垃圾压实后，覆盖一定厚度黏土层，起到减少垃圾污染及雨水下渗作用，但同时也造成上部垃圾渗滤液不能流到底部导层，因此需要布置垂直渗滤液收集系统。中间覆盖层的盲沟应与竖向收集井相连接，其坡度应能保证渗滤液快速进入收集井。

如图 6-17 所示，在填埋区按一定间距设立贯穿垃圾体的垂直立管，管底部通入导流层或通过短横管与水平收集管相接，以形成垂直-水平立体收集系统，通常这种立管同时也用于导出填埋气体，称为排渗导气管。管材采用高密度聚乙烯穿孔花管，在外围利用土工网格形成套管，并在套管上与多孔管之间填入建筑垃圾、卵石或碎石滤料，随着垃圾层的升高，这种设施也逐级加高，直至最终封场高度，底部的垂直多孔管与导流层中的渗滤液收集管网相通，这样垃圾堆体中的渗滤液可通过滤料和垂直多孔管流入底部的排渗管网，提高整个填埋场的排污能力。排渗导气管的间距要考虑不影响填埋作业和有效导气半径的要求，一般按 50m 间距梅花形交错布置。排渗导气管随着垃圾层的增加而逐段增高，导气管下部要求设立稳定基础。典型的排渗导气管断面见图 6-18。

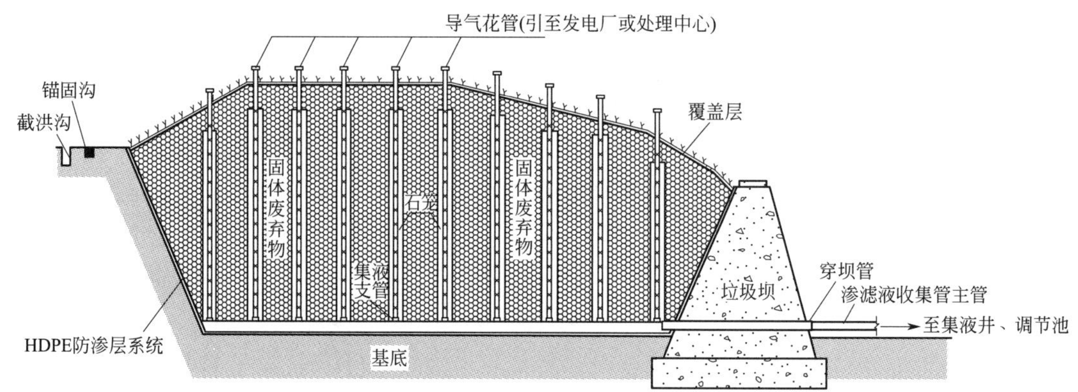

图 6-17　渗滤液收集系统示意

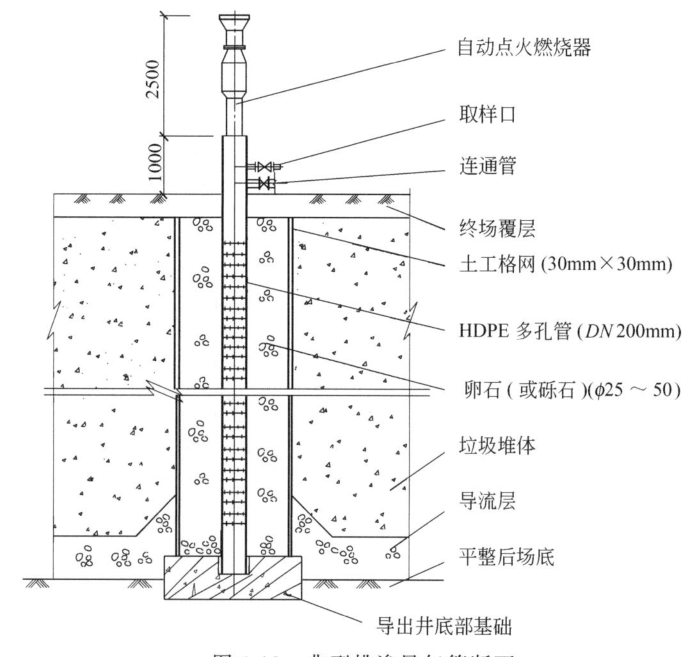

图 6-18　典型排渗导气管断面

四、集水池及提升系统

渗滤液集水池位于垃圾主坝前的最低洼处，以砾石堆填以支撑上覆废弃物、覆盖封场系统等荷载，全场的垃圾渗滤液汇集到此并通过提升系统越过垃圾主坝进入调节池。如果采取渗滤液收集主管直接穿过垃圾主坝的方式（适用于山谷型填埋场），则可以将集水池和提升系统省略。

山谷型填埋场可利用自然地形的坡降采用渗滤液收集管直接穿过垃圾主坝的方式，穿坝管不开孔，采用与渗滤液收集管相同的管材，管径不小于渗滤液收集主管的管径。采取这种输送方式没有能耗，主坝前不会形成渗滤液的壅水，利于垃圾堆体的稳定化，便于填埋场的管理，但同时有个隐患，穿坝管与主坝上游面水平衬垫层接口处因沉降速度的不同易发生衬垫层的撕裂，对水平防渗产生破坏性影响。

平原型填埋场由于渗滤液无法依靠重力流从垃圾堆体内导出，通常使用集水池和提升系统。通常情况下，水平衬垫系统在垃圾主坝前某一区域下凹形成集水池，由于防渗膜的撕裂常常发生于集水池的斜坡及凹槽处，因而常常在集水池区域增加一层防渗膜。提升系统包括提升多孔管和提升泵，提升管依据安装形式可分为竖管和斜管。采用竖管形式时，由于垃圾堆体的固结沉降将给提升管外侧施加向下的压力（下拽力或负摩擦力），它可以达到相当大的数值，是对下部水平防渗膜的潜在威胁，所以现在通常使用斜管提升的方式。斜管提升大大减小了负摩擦力的作用，而且竖管提升带来的许多操作问题也随之避免。斜管通常采用高密度聚乙烯（HDPE）管，半圆开孔，典型尺寸是 DN800mm，以利于将潜水泵从管道中放入集水池，在泵维修或发生故障时可以将泵拉上来。

集水池的尺寸根据其负责的填埋单元面积而定，一般采用 $L \times B \times H = 5\text{m} \times 5\text{m} \times 1.5\text{m}$，池坡 1∶2。集水池内填充砾石的孔隙率为 30%～40%。

潜水泵通过提升斜管安放于贴近池底的部位，将渗滤液抽送入调节池，通过设计水泵的启、闭水位标高来控制泵的启闭次序，提升管穿孔的过流能力必须大于水泵流量，同时水泵的启闭液面高应能使水泵工作一个较长的周期（一般依据水泵性能决定），枯水运行或频繁启闭都会损坏水泵。典型斜管提升系统断面见图 6-19。

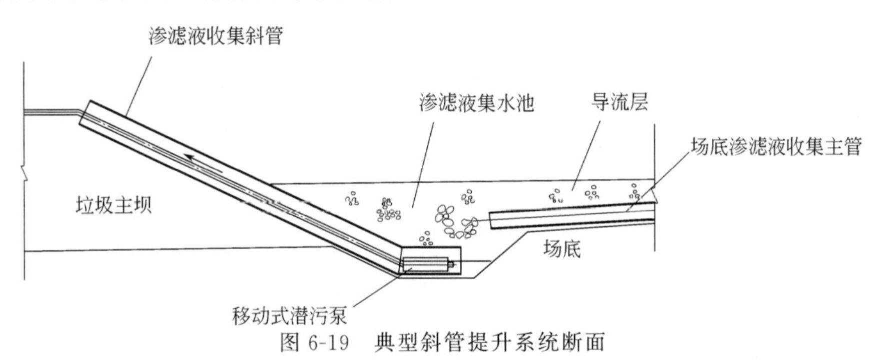

图 6-19　典型斜管提升系统断面

现行规范推荐集液井（池）宜按库区分区情况设置，并宜设在填埋库区外侧。原因是当集液井（池）设置在填埋库区外部时构造较为简单，施工较为方便，同时也利于维修、疏通管道。对于设置在垃圾坝外侧（即填埋库区外部）的集液井（池），渗滤液导排管穿过垃圾坝后，将渗滤液汇集至集液井（池）内，然后通过自流或提升系统将渗滤液导排至调节池。

库区渗滤液水位应控制在渗滤液导流层内。应监测填埋堆体内渗滤液水位，当出现高水位时，应采取有效措施降低水位。

填埋堆体内渗滤液水位监测除应符合《生活垃圾卫生填埋场岩土工程技术规范》（CJJ 176）外，还应符合下列要求：

① 渗滤液水位监测内容包括渗滤液导排层水头、填埋堆体主水位及滞水位。

② 渗滤液导排层水头监测宜在导排层埋设水平水位管，可采用剖面沉降仪与水位计联合测定。

③ 填埋堆体主水位及滞水位监测宜埋设竖向水位管采用水位计测量；当堆体内存在滞水位时，宜埋设分层竖向水位管，采用水位计测量主水位和滞水位。

④ 水平水位管布点宜在每个排水单元中的渗滤液收集主管附近和距离渗滤液收集管最远处各布置一个监测点。

⑤ 竖向水位管和分层竖向水位管布点要求沿垃圾堆体边坡走向分散布置监测点，平面间距 20～40m，底部距离衬垫层不应小于 5m，总数不宜少于 2 个；分层竖向水位管底部宜埋至隔水层上方，各支管之间应密闭隔绝。

⑥ 填埋堆体水位监测频次宜为 1 次/月，遇暴雨等恶劣天气或其他紧急情况时，要求提高监测频次；渗滤液导排层水头监测频次宜为 1 次/月。

降低水位措施主要有以下几点：

① 对于堆体边界高程以上的堆体内部积水宜设置水平导排盲沟自流导出，对于堆体边界高程以下的堆体积水可采用小口径竖井抽排。

② 竖井宜选择在堆体较稳定区域开挖，开挖后可采用 HDPE 花管作为导排管。

③ 降水导排井及竖井的穿管与封场覆盖要求密封衔接。封场防渗层为土工膜时，穿管与防渗膜边界宜采用弹性连接。

④ 填埋作业时可增设中间导排盲沟。

五、调节池

1. 调节池的功能

渗滤液收集系统的最后一个环节是调节池，主要作用是对渗滤液进行水质和水量的调节，平衡丰水期和枯水期的差异，为渗滤液处理系统提供恒定的水量，同时可对渗滤液水质起到预处理的作用。

2. 调节池容量计算

调节池容积宜按表 6-17 进行计算。

表 6-17 调节池容量计算表

月份	多年平均逐月降雨量/mm	逐月渗滤液产生量/m³	逐月渗滤液处理量/m³	逐月渗滤液余量/m³
1	M_1	P_1	T_1	$E_1=P_1-T_1$
2	M_2	P_2	T_2	$E_2=P_2-T_2$
3	M_3	P_3	T_3	$E_3=P_3-T_3$
4	M_4	P_4	T_4	$E_4=P_4-T_4$
5	M_5	P_5	T_5	$E_5=P_5-T_5$
6	M_6	P_6	T_6	$E_6=P_6-T_6$

续表

月份	多年平均逐月降雨量/mm	逐月渗滤液产生量/m^3	逐月渗滤液处理量/m^3	逐月渗滤液余量/m^3
7	M_7	P_7	T_7	$E_7=P_7-T_7$
8	M_8	P_8	T_8	$E_8=P_8-T_8$
9	M_9	P_9	T_9	$E_9=P_9-T_9$
10	M_{10}	P_{10}	T_{10}	$E_{10}=P_{10}-T_{10}$
11	M_{11}	P_{11}	T_{11}	$E_{11}=P_{11}-T_{11}$
12	M_{12}	P_{12}	T_{12}	$E_{12}=P_{12}-T_{12}$

注：表中将1～12月中$E>0$的月渗滤液余量累计相加，即为需要调节的总容量。

逐月渗滤液产生量可根据下式计算：

$$Q=I\times(C_1A_1+C_2A_2+C_3A_3+C_4A_4)/1000 \tag{6-21}$$

式中，I为多年逐月降雨量，经计算得出逐月渗滤液产生量$P_1\sim P_{12}$；C_1、C_2、C_3和C_4分别为正在填埋作业区、已中间覆盖区、已终场覆盖区和调节池的浸出系数；A_1、A_2、A_3和A_4分别为正在填埋作业区、已中间覆盖区、已终场覆盖区和调节池的汇水面积，具体取值参见第七章第二节。

逐月渗滤液余量可按下式计算。

$$E=P-T \tag{6-22}$$

式中，E为逐月渗滤液余量，m^3；P为逐月渗滤液产生量，m^3；T为逐月渗滤液处理量，m^3。

计算值宜按历史最大日降雨量或二十年一遇连续七日最大降雨量进行校核，在当地没有上述历史数据时，也可采用现有全部年数据进行校核。并将校核值与上述计算出来的需要调节的总容量进行比较，取其中较大者，在此基础上乘以安全系数1.1～1.3即为所取调节池容积。

当采用历史最大日降雨量进行校核时，可参考下式计算：

$$Q_1=I_1\times(C_1A_1+C_2A_2+C_3A_3+C_4A_4)/1000 \tag{6-23}$$

式中，Q_1为校核容积，m^3；I_1为历史最大日降雨量，m^3；C_1、C_2、C_3、C_4与A_1、A_2、A_3、A_4的取值同式（6-21）。

调节池容积不应小于3个月的渗滤液处理量。

3. 建设及施工要求

依据填埋库区所在地的地质情况（当采用渗滤液重力自流入调节池时，还需考虑渗滤液穿坝管的标高影响），调节池通常采用地下式或半地下式，调节池的池底和内壁通常采用高密度聚乙烯膜进行防渗，膜上采用预制混凝土板保护。HDPE土工膜防渗结构调节池的池坡比宜小于1∶2。土工膜防渗结构适用于有天然洼地势，容积较大的调节池。

在无天然低地势，地下水位较高等情况下，调节池可采用钢筋混凝土结构。钢筋混凝土结构调节池池壁应做防腐蚀处理。

为了避免臭气外逸，调节池宜设置HDPE膜覆盖系统。覆盖系统设计应考虑覆盖膜顶面的雨水导排、膜下的沼气导排及池底污泥的清理。覆盖系统包括液面覆盖膜、气体收集排放设施、重力压管以及周边锚固等。调节池覆盖膜宜采用厚度不小于1.5mm的HDPE膜；气体收集管宜采用环状带孔HDPE花管，可靠固定于池顶周边；重力压管内需要充填实物以增加膜表面重量。覆盖系统周边锚固要求与调节池防渗结构层的周边锚固沟相连接。

第八节　地下水导排系统

根据填埋场场址水文地质情况，在可能发生地下水对基础层稳定或对防渗系统破坏的情况下，应设置地下水收集导排系统。现行国家标准《生活垃圾填埋场污染控制标准》（GB 16889）规定：生活垃圾填埋场填埋区基础层底部要求与地下水年最高水位保持1m以上的距离。当生活垃圾填埋场填埋区基础层底部与地下水年最高水位距离不足1m时，要求建设地下水导排系统，并确保填埋场运行期和后期维护与管理期内地下水水位维持在距离基础层底部1m以下。

地下水水量的计算宜根据填埋场址的地下水水力特征和不同埋藏条件分不同情况计算。要求区分四种情况：填埋库区远离含水层边界，填埋库区边缘降水，填埋库区位于两地表水体之间，填埋库区靠近隔水边界。计算方法可参照现行行业标准《建筑基坑支护技术规程》（JGJ 120—2012）中附录E。

根据地下水水量、水位及其他水文地质情况的不同，可选择采用碎石导流层、导排盲沟、土工复合排水网导流层等方法进行地下水导排或阻断。地下水收集导排系统应具有长期的导排性能。对于山谷型填埋场，外来汇水易通过边坡浸入库底影响防渗系统功能，也要求设置地下水导排。

地下水收集导排系统宜按渗滤液收集导排系统进行设计。地下水收集导排系统设计要求参考如下。

① 地下水导流层宜采用卵（砾）石等石料，厚度不应小于30cm，粒径宜为20～50mm，石料上应铺设非织造土工布，规格不宜小于200g/m^2。当导排的场区坡度较陡时，地下水导流层可采用土工复合排水网。地下水导流层与基础层、膜下保护层之间采用土工织物层，土工织物层起到反滤、隔离作用。

② 地下水导流盲沟布置可参照渗滤液导排盲沟布置，可采用直线型（干管）或树枝型（干管和支管）。

③ 地下水收集管管径可根据地下水水量进行计算确定，干管外径不应小于250mm，支管外径不宜小于200mm。排水管的坡度不宜小于0.5%。

当填埋库区所处地质为不透水层时，可采用垂直防渗帷幕配合抽水系统进行地下水导排。选择垂直防渗帷幕进行地下水导排时，地质条件及渗透系数应符合如下规定：

① 垂直防渗帷幕的渗透系数不应大于1×10^{-5}cm/s。垂直防渗帷幕底部要求深入相对不透水层不小于2m；若相对不透水层较深，可根据渗流分析并结合类似工程确定垂直防渗帷幕的深度。

② 当采用多排灌浆帷幕时，灌浆的孔和排距应通过灌浆试验确定。

③ 当采用混凝土或水泥砂浆灌浆帷幕时，厚度不宜小于400mm。当采用HDPE膜复合帷幕时，总厚度可根据成槽设备最小宽度设计，其中HDPE膜厚度不应小于2mm。

④ 垂直防渗除用于地下水导排外，还可用于老填埋场扩建和封场的防渗整治工程，也可用于离水库、湖泊、江河等大型水域较近的填埋场，防止雨季水域漫出对填埋场产生破坏及填埋场对水域的污染。

第九节　填埋场防洪与雨污分流系统

地表水作为渗滤液的主要来源，其控制对整个填埋场的建造和运行费用将产生较大的影响。地表水渗入垃圾体会使渗滤液大量增加。控制地表径流就是进入填埋场之前把地表水引走，并防止场外地表水进入填埋区。一般情况下，控制地表径流主要是指排除雨水的措施。

一、防洪系统构成

在设计防洪系统时，首先应对填埋场所在流域的总体情况有一个全面的了解。图 6-20 是一个典型的流域示意。填埋场所致流域分水岭以内包括上游流域、下游流域、填埋场和洪水调节池。其地表水控制系统包括的内容如图 6-21 所示。

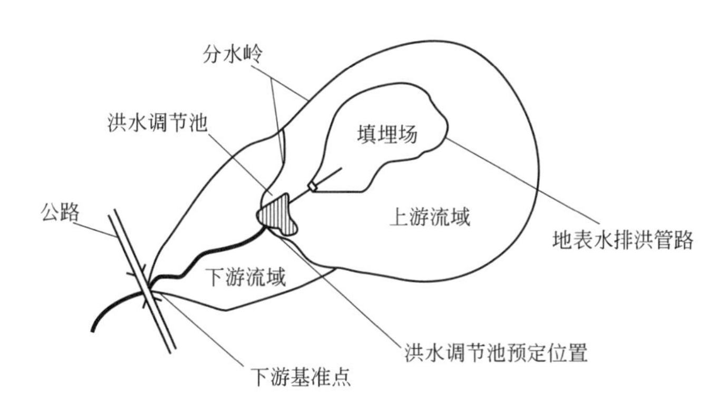

图 6-20　典型填埋场流域

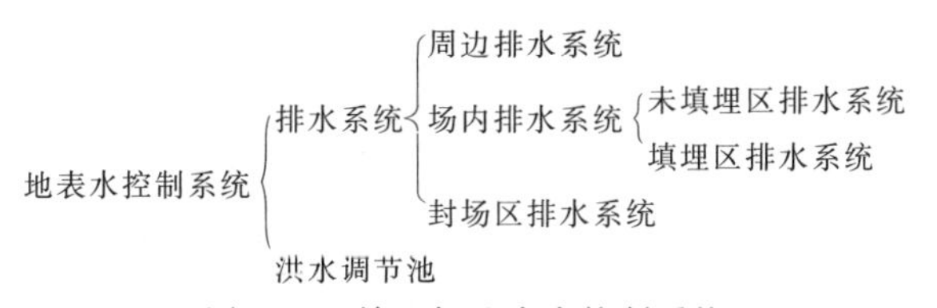

图 6-21　填埋场地表水控制系统

周边排水系统主要由设置在填埋场四周的截洪沟组成，其作用是收集降在填埋场上游流域的雨水，并排往洪水调节池，防止进入填埋场区域，从而达到减少渗滤液产生量的目的。最终封场后往往还兼做填埋场表面的雨水排水系统。

场内排水系统包括填埋区排水系统和未填埋区排水系统，其目的都是将降水在未与填埋废物接触之前迅速将其排出场外。因此，在填埋施工过程中对填埋场进行分区填埋和实施日覆盖，对实现场内排水系统的功能和减少渗滤液产生量是至关重要的。

封场区排水系统的作用是排出降落到封场表面的雨水，减少其向废物层的入渗。

对于不同地形的填埋场，其排水系统也有差异。平原型填埋场往往利用终场覆盖层造坡，将雨水导排进入填埋区四周的雨水明沟。山谷型填埋场往往利用截洪沟和坡面排水沟将雨水排出。封场后雨水应通过堆体表面排水沟排入截洪沟等排水设施。排水沟设置在封场表面，用来导排封场后表面的雨水。排水沟一般根据封场堆体来设置，排水沟断面和坡度要求依据汇水面积和暴雨强度确定。排水沟宜与马道平台一起修筑。不同标高的雨水收集沟连通到填埋场四周的截洪沟。

二、防洪标准及要求

洪雨水导排系统的设计原则为：雨污分流，场外汇水和场内未作业区域的汇水直接排放，尽量减少洪雨水侵入垃圾堆体。排水能力应满足防洪标准要求。

填埋场防洪系统设计应符合国家现行标准《防洪标准》(GB 50201—2014)、《城市防洪工程设计规范》(GB/T 50805—2012) 及相关标准的技术要求。防洪标准应按不小于五十年一遇洪水水位设计，按百年一遇洪水水位校核。

三、防洪系统的设置

填埋场防洪系统要求根据填埋场的降雨量、汇水面积、地形条件等因素选择适合的防洪构筑物，以有效达到填埋场防洪目的。填埋场排洪的设计宜根据地形、地质条件进行，并宜充分利用现有河、湖、洼地、沟渠等排水、滞水水域。填埋场防洪系统根据地形可设置截洪坝、截洪沟以及跌水和陡坡、集水池、洪水提升泵站、穿坝涵管等构筑物。

下面主要对山谷型垃圾填埋场的洪雨水阻截与排放系统进行系统的分类介绍。

1. 上游洪水的阻截与排放系统

(1) 截洪坝　对于选址位于废弃的河道内的填埋场，需要考虑拦截上游河道内洪水的问题，防止其进入填埋库区。在地形、地质条件允许并且适宜的情况下，可采用截洪坝对上游洪水进行拦截。在必要时，可以增设溢洪道、导流坝。

不同类型填埋场截洪坝的设置原则为：根据地形、地质条件，平原型填埋场可在四周设置截洪坝；山谷型填埋场可在库区上游和沿山坡设置截洪坝；坡地型填埋场可在地表径流汇集处设置截洪坝。

(2) 泄洪暗渠　由截洪坝阻截的洪水，可通过泄洪暗渠将上游积聚的洪水排出，暗渠的横断面积和数量由水力计算得出。一般采用钢筋混凝土结构，或暗渠侧墙为浆砌石，盖板为钢筋混凝土结构；采用矩形或圆形断面。

(3) 洪水提升泵站　当泄洪暗渠的建造有困难时，可以考虑采取设置洪水提升泵站的方法，将聚积在截洪坝前的洪水迅速提升至环库截洪沟的高度，通过环库截洪沟排放。洪水提升泵站可设在环库截洪沟高程以上，以避免和库区边坡的防渗结构产生冲突。此时需在拦洪坝上游一侧对迎水的坡面以及坡脚进行防渗、加固处理。以防止聚积的洪水对拦洪坝造成浸泡。可在常规的土工防渗基础上再铺设 HDPE 防渗膜层对拦洪坝上游坡面以及坡脚进行防渗加强处理。洪水提升泵的选用应满足现行国家标准《泵站设计规范》(GB 50265—2010) 的相关要求。

（4）排水井　在场内设计多个顶部标高不同的排水井（例如杭州天子岭垃圾卫生填埋场），井壁随垃圾填埋高度的上升而上升，用于排出中间填埋高度的垃圾堆体表面积聚的雨水，用预制钢筋混凝土弧形板块嵌封。

2. 环库雨水（洪水）的阻截与排放系统

对于山谷型垃圾填埋场的降雨汇水，若填埋堆体与山谷的最高交接线的标高位于所在山谷的最高标高之下，则除了填埋库区面积外，通常还有比库区面积大得多的场外汇水面积产生降雨汇水。通过设置环库截洪沟，可以防止自分水岭至填埋区边界之间的山坡径流进入填埋库区。环库截洪沟系统一般是根据地形环绕填埋场修筑一条或不同高程的数条截洪沟，分别拦截各截洪沟外围汇水区域内的降雨。截洪沟的断面尺寸要根据当地的暴雨量和截洪沟的坡度分段计算确定。当填埋场所在山谷地形较陡时，可通过逐渐增大截洪沟断面和设置跌水等措施，确保截洪沟能有效地截流场外雨水。场外雨水经截洪沟截流后汇入填埋库区下游自然冲沟。填埋场外无自然水体或排水沟渠时，截洪沟出水口宜根据场外地形走向、地表径流流向、地表水体位置等设置排水管渠。

环库截洪沟系统的优点是运转可靠，管理简单，但在地形较为复杂，山脊山谷较多的地形条件下，截洪沟的长度较长，建筑费也会较高。对于地形平坦或者植被丰富的填埋场，环场截洪沟可能不能发挥有效作用，要慎重采用。

3. 封场前的场内雨水阻截与排放

（1）利用分区坝对雨水进行阻截　采用分区分别布设雨水排出暗管的方法对封场前的场内雨水进行排出。在场底同时布设有渗滤液收集管。此时，分区坝对于封场前的场内雨水阻截将起到重要作用。

（2）利用中间标高截洪沟对雨水进行阻截　除了环库截洪沟之外，为了进一步减少进入填埋作业面的降雨汇流，在环库截洪沟的标高之下，设置2～4条中间标高的截洪沟，对中间标高范围内的雨水进行阻截与排出。当填埋作业进行至超过这一组截洪沟时，将其改建为排渗边沟（例如深圳下坪垃圾卫生填埋场）。

（3）雨水的排放问题　要将库底的雨水排放到库外，可通过两种方法：一种使用动力排放，安装水泵将雨水抽出库底；另一种是修沟渠，安装管道进行重力排放。采用水泵抽取的优点是容易掌握排水启停的主动权。但由于此法要采用大流量水泵，供配电系统无法承受。而且由于水泵的重量过大，基础无法承受，其安装和使用也存在问题。因此，单一考虑动力排放是不妥当的。重力排放的实施相对容易、投资少、不依靠电力，但需对雨水排出系统与其他系统的冲突问题进行细致设计。例如，重庆市长生桥卫生填埋场采用以“抽”为主、自“排”为辅的做法。

4. 封场后的场顶雨水阻截与排放

当垃圾填埋场完成某个分区的填埋任务或全场达到使用寿命时，都需进行科学的覆盖工程作业，合理的场顶覆盖可有效减小渗滤液的产生量。封场后的场顶雨水排放可从3个方面考虑。

（1）利用封场后的场顶坡度进行自然排水　填埋场封场后，顶面坡度不应＜5%，以便于将垃圾堆体顶部的表面雨水径流排入场外截洪沟。

（2）封场平台内侧排水沟　为减少覆盖土的冲刷和水的渗漏，在完成填埋的各分层平台内侧设置 $DN400$ 的半圆排水沟，在完成作业的坡面上形成的降雨径流，由此类排水沟分别排入相应标高的截洪沟（例如珠海市西坑尾垃圾填埋场）。

（3）利用封场后的场顶排水沟进行排水　填埋场封场后，可在覆盖层上沿着场顶纵向自然坡度分段布设排水沟，其设计需充分考虑封场后的地形地貌，防止雨水对覆盖层局部的冲刷破坏。为防止所建造的排水沟破坏封场覆盖层，可以采用土袋堆筑配合土工膜包卷的做法形成排水沟，也可采用混凝土预制板面的排水沟。

四、截洪沟设计与计算

1. 截洪沟的设置原则

① 环库截洪沟截洪流量要求包括库区上游汇水以及封场后库区径流。

② 截洪沟与环库道路合建时，宜设置在靠近垃圾堆体一侧，Ⅰ类填埋场和山谷型填埋场环库道路内外两侧均宜设置截洪沟。

③ 截洪沟的断面尺寸要求根据各段截洪量的大小和截洪沟的坡度等因素计算确定，断面形式可采用梯形断面、矩形断面、U 形断面等。

④ 当截洪沟纵坡较大时，要求采用跌水或陡坡设计，以防止渠道冲刷。

⑤ 截洪沟出水口可根据场区外地形、受纳水体或沟渠位置等确定。出水口宜采用八字出水口，并采取防冲刷、消能、加固等措施。

⑥ 截洪沟修砌材料要求根据场区地质条件来选择。

2. 截洪沟的流量计算

应先查询当地洪水水文资料和经验公式，然后选择合理的计算方法进行设计计算。洪水流量可采用小流域经验公式计算。

① 填埋场库区外汇水区域小于 $10km^2$ 或填埋场建设区域水文气象资料缺乏，可用下列经验公式(6-24) 计算洪水流量。

$$Q_P = KF^n \tag{6-24}$$

式中，Q_P 为设计频率下的洪峰流量，m^3/s；K 为径流模数，可根据表 6-18 进行取值；F 为流域的汇水面积，km^2；n 为面积参数，当 $F<1km^2$ 时，$n=1$；当 $F>1km^2$ 时，可按照表 6-19 进行取值。

表 6-18　径流模数 K 值

重现期/年	华北	东北	东南沿海	西南	华中	黄土高原
2	8.1	8.0	11.0	9.0	10.0	5.5
5	13.0	11.5	15.0	12.0	14.0	6.0
10	16.5	13.5	18.0	14.0	17.0	7.5
15	18.0	14.5	19.5	14.5	18.0	7.7
25	19.5	18.0	22.0	16.0	19.6	8.5

注：重现期为 50 年时，可用 25 年的 K 值乘以 1.20。

表 6-19　面积参数 n 值

地区	华北	东北	东南沿海	西南	华中	黄土高原
n	0.75	0.85	0.75	0.85	0.75	0.80

② 填埋场建设区域水文气象资料较为完整时，要求采用暴雨强度公式(6-25) 计算洪水流量。

$$Q=q\Psi F \tag{6-25}$$

式中，Q 为雨水设计流量，L/s；q 为设计暴雨强度，L/(s·hm^2)，可查询当地暴雨强度公式；Ψ 为径流系数，可根据表 6-20 取值；F 为汇流面积，hm^2。

表 6-20　径流系数 Ψ 值

地面种类	Ψ	地面种类	Ψ
级配碎石路面	0.40～0.50	非铺砌土地面	0.25～0.35
干砌砖石和碎石路面	0.35～0.45	绿地	0.10～0.20

3. 截洪沟断面设计

截洪沟按明渠设计，流量小，纵坡大，运行中不至于淤积，防冲刷以护砌加以保护。过水断面形式选用等腰梯形或矩形，见图 6-22。

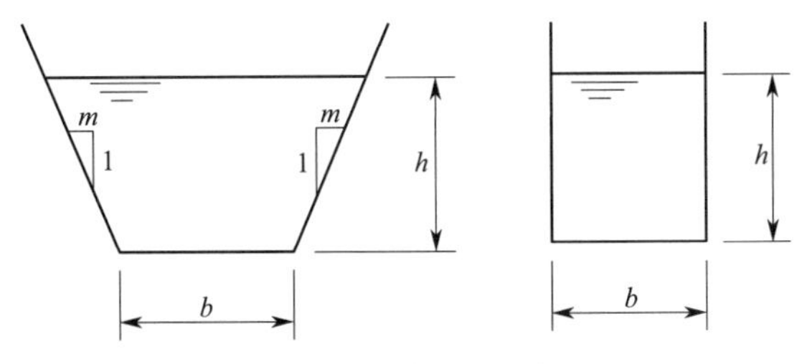

图 6-22　截洪沟典型断面

截洪沟的流量可用曼宁公式计算：

$$Q=\frac{1}{n}R^{\frac{2}{3}}i^{\frac{1}{2}}A \tag{6-26}$$

式中，Q 为截洪沟的流量，m^3/s；n 为粗糙系数；A 为截洪沟过水断面面积，m^2；i 为渠底纵坡；R 为水利半径，m。

对于梯形断面，经公式推导可得：

$$Q=\frac{[(b+mh)h]^{\frac{5}{3}}}{n(b+2h\sqrt{1+m^2})^{\frac{2}{3}}}\times\sqrt{i} \tag{6-27}$$

对于矩形断面，$m=0$，可得：

$$Q=\frac{(bh)^{\frac{5}{3}}}{n(b+2h)^{\frac{2}{3}}}\times\sqrt{i} \tag{6-28}$$

式中，Q 为截洪沟的流量，m^3/s；n 为粗糙系数；b 为截洪沟过水断面底宽，m；h 为截洪沟过水断面水深，m；i 为渠底纵坡；m 为截洪沟过水断面边坡系数。

式中包含流量 Q、边坡系数 m、粗糙系数 n、渠底纵坡 i、底宽 b 和水深 h 6 个水力要素，只要确定其中的 5 个，就可求出其余的一个。实际遇到的问题多是求底宽 b 或水深 h，可用试算法求解。也可借助给水排水水力计算图查得有关数据辅助计算。

五、 填埋库区雨污分流系统

实行雨污分流是将进入填埋场未经污染或轻微污染的地表水或地下水与垃圾渗滤液分别导出场外，进行不同程度处理，从而减少污水量，降低处理费用。填埋库区雨污分流系统应阻止未作业区域的汇水流入生活垃圾堆体，应根据填埋库区分区和填埋作业工艺进行设计。

垃圾填埋场根据场址地形不同分为平原型、山谷型和坡地型填埋场。不同地形的填埋场有不同的雨污分流方式。

1. 平原型填埋场

平原型填埋场相对山谷型填埋场以其在场地平整时的易整形优势而比较容易实现分区，从而使雨污分流比较容易实现。对于平原型垃圾填埋场，分区应以水平分区为主，通常采用的雨污分流设计是采用多分区，在平面上将垃圾填埋场分隔成多个独立的填埋区域，使未填埋区域的雨水和已填埋垃圾区域的污水互相独立，达到雨污分流的目的。

郭祥信提出的平原型填埋场的雨污分流设计如图 6-23 所示。场底一般设计成若干个区（单元），每个区有一个渗滤液导排管，区之间由分区坝隔开，这样每个区便形成了一个独立的排水区域。填埋场外设置集水井、渗滤液输送管和雨水导排管，各区的渗滤液管道接入集水井，集水井分出两个管道分别连接渗滤液输送管和雨水导排管，通过阀门控制，渗滤液和雨水分开排放。

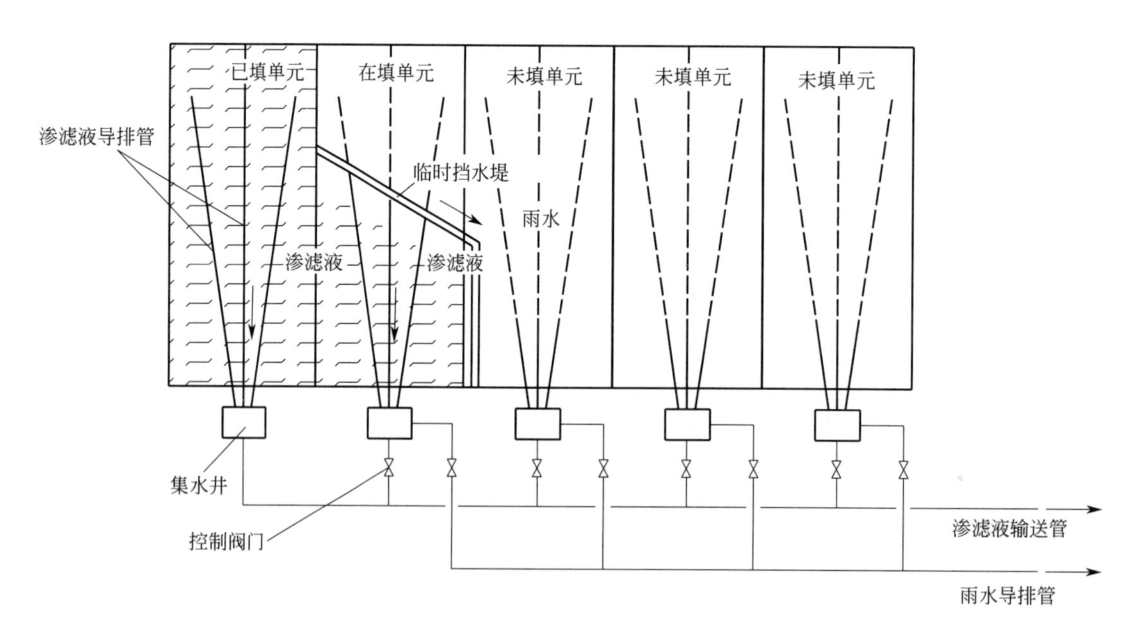

图 6-23　平原型填埋场雨污分流设计示意

当某区填埋垃圾时，雨水与垃圾接触产生渗滤液，此区渗滤液管道内收集的是渗滤液，对应的场外渗滤液导排管上的阀门（以下称污水阀门）打开，此区场外雨水导管上的阀门（以下称雨水阀门）关闭，渗滤液进入输送管，然后汇入调节池。此时其余未填埋区内渗滤液管道收集的是雨水，因此关闭污水阀门，打开雨水阀门，使雨水汇入雨水导排管道排放。

这种各分区分别设置独立的渗滤液收集和雨水导排管的方式，类似于并联方式，达到雨污分流目的。国内多数平原型填埋场雨污分流目前做得都比较好。

2. 山谷型和坡地型填埋场

山谷型填埋场以其征地、库容量大等优势，已经成为生活垃圾卫生填埋场的主要形式。山谷型填埋场由于场地的高程所限每个分区的渗滤液收集排放很难做到独立，这就造成了山谷型垃圾填埋场的雨污分流设计难，运行管理难的现状。傅仲萼、张弛等对山谷型填埋场分区、分期作业时的雨污分流措施的实践进行了研究和总结，于铭等研究了串联多分区雨污分流技术，提出了渗滤液收集管盲板封堵技术，介绍如下。

对山谷型和坡地型填埋场的雨污分流，宜采用水平分区与垂直分区相结合的设计。

（1）水平分区雨污分流　水平分区经常采用串联多分区设计，就是在场底设计多道具有防渗功能的分区坝，将填埋场底部分成多个填埋区。各分区应根据使用顺序不同铺设雨污分流导排管。

填埋场的作业顺序可以有两种方案：上游分区先使用时，渗滤液导排盲沟途经下游分区段要求采用穿孔管与实壁管分别导流上游分区渗滤液与下游分区雨水；下游分区先使用时，上游库区雨水宜采用实壁管导至下游截洪沟。其原理及具体措施如下。

① 从填埋库区的下游开始填埋作业，如图 6-24 所示，即垃圾坝内侧 A 点，靠近垃圾坝的分区称为“作业区”或称作“第一填埋区”。此时，由于非作业区的渗滤液收集管暂时不收集渗滤液，可以在施工时将非作业区的渗滤液收集管（花管）在分区坝左侧（B 点）用隔板暂时封堵，使得非作业区（第二填埋区）所接受的雨水由分区坝前的雨水收集口收集后，经由穿过作业区的雨水排出管排出，避免非作业区的雨水混入渗滤液收集管。当填埋作业进行到第二填埋区时，将渗滤液收集管上用来封堵的隔板取下，再进行填埋作业，保证后期的渗滤液顺利排出。此时，在分区坝左侧设置雨水积水坑，积水坑内横向两侧以 5% 的坡度坡向雨水管入口投影点处。另外，雨水排出管穿分区坝出口处的防水施工必须严格。雨水排出管进水口中心标高可以比积水坑底高出 200mm，作为沉砂区，防止泥沙、杂物冲入雨水管而引起堵塞。在雨水导排管进水口处加装钢丝网罩，阻隔杂物进入雨水管口。另外需注意当开始进行第二填埋区的填埋作业时，要先将雨水管入口封死。见图 6-25。

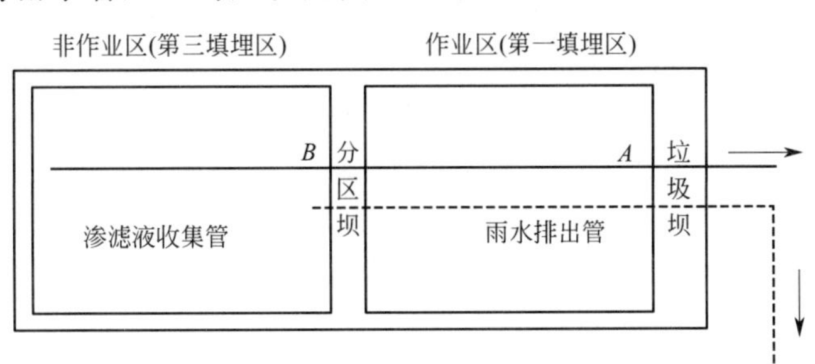

图 6-24　从填埋库区的下游开始填埋作业的情况

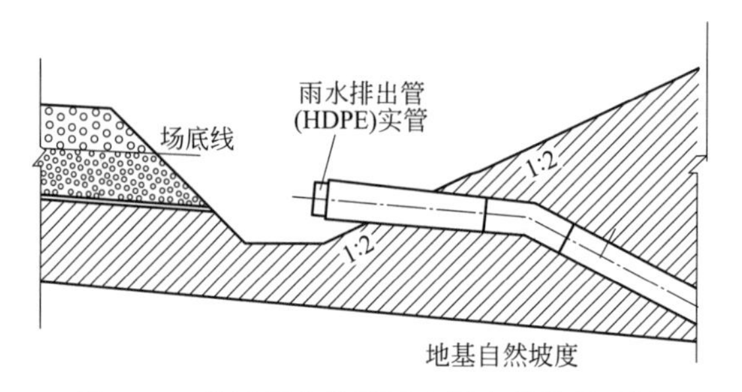

图 6-25　分区坝上游侧雨水排出部位做法图

② 从填埋库区的上游开始填埋作业，如图 6-26 所示，即 C 点（当存在截洪坝时，为截洪坝内侧），此时靠近垃圾坝的分区成为“非作业区”或称作“第二填埋区”。此时，常规做法是不在非作业区布设雨水收集管，只需在垃圾坝的内侧设置雨水排出口即可。此时，作业区产生的渗滤液要流经非作业区的渗滤液收集管（花管），非作业区所承受的雨水除了由雨水排出口排出外，将可能流入渗滤液收集管而增加渗滤液的产量。若条件允许，可以考虑将第二填埋区的渗滤液收集管全部用塑料布进行遮盖。或者，在第二填埋区也布设雨水收集管（收集口位于非作业区的 D、E 点处），而且将雨水管与渗滤液收集管布设在同一管槽内，并使雨水管的管底标高比渗滤液收集管的管底标高低 200mm，可以促使进入管槽的雨水由于重力作用流入雨水管而排出。但注意，当填埋作业进行到第二填埋区时，将 D、E 点处的雨水收集口做永久性封堵，再进行填埋作业，保证后期的渗滤液不从雨水管泄漏。

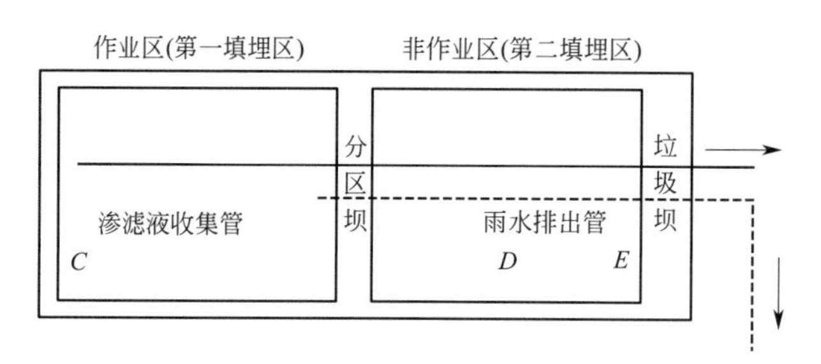

图 6-26　从填埋库区的上游开始填埋作业的情况

比较而言，图 6-24 的作业顺序比图 6-26 更加有利于雨污分流，即从填埋库区的下游开始填埋作业更有利于雨污分流。

当填埋场分区超过两个区时，类似于上述图示和分析过程。

老式分区方式一般采用面积等分法，分区较少，多将整个填埋库区分为两个区，多采用串联式，即渗滤液导排盲沟将各个填埋区串联起来的方式。分区坝设在填埋库区中间，使坝两侧的填埋容积基本相等。有些填埋场分期建设时，也存在这种情况。在填下游靠近垃圾坝的那个区时，上游那个区在雨季接收的雨水通过 HDPE 圆管穿过正在填埋的那个区，流入下游垃圾坝外侧的雨污分流阀门井进行分流，阀门井中设有三通和阀门，在三通的另两个方向上分别设有雨水导排口阀门和渗滤液导排口阀门。当下游区填满后，开始填上游区的时候，阀门井中的排导雨水的阀门关闭，排导渗滤液的阀门开启，从而使渗滤液能够顺利排入污水调节池。

为了进一步增强雨污分流效果，减少渗滤液产量，设计人员提出了串联多分区雨污分流方式。串联分区就是所分的各个区共用一道主盲沟，将来各区填平以后渗滤液导排都是在这条共用的主盲沟中进行。即在填埋场中每隔一定距离设置一道分区坝，尽量缩小每个分区的面积，尽量使每个分区的面积接近。分区数量远大于老式雨污分流方式的分区数量。分区的数量需要根据技术经济比较来确定。串联多分区雨污分流技术的应用，能够大大减少渗滤液产生量，使渗滤液处理和调节池规模大大减小，节省建设投资和运行费用，具有显著节能减排效果。串联多分区雨污分流技术适用狭长形山谷型填埋场。

串联多分区雨污分流技术中，可利用渗滤液收集管盲板封堵技术替代通过阀门控制实现雨污分流。具体实施措施如图 6-27 所示，假设填埋场分为三个填埋区，垃圾先从下游（填埋一区）开始填埋。

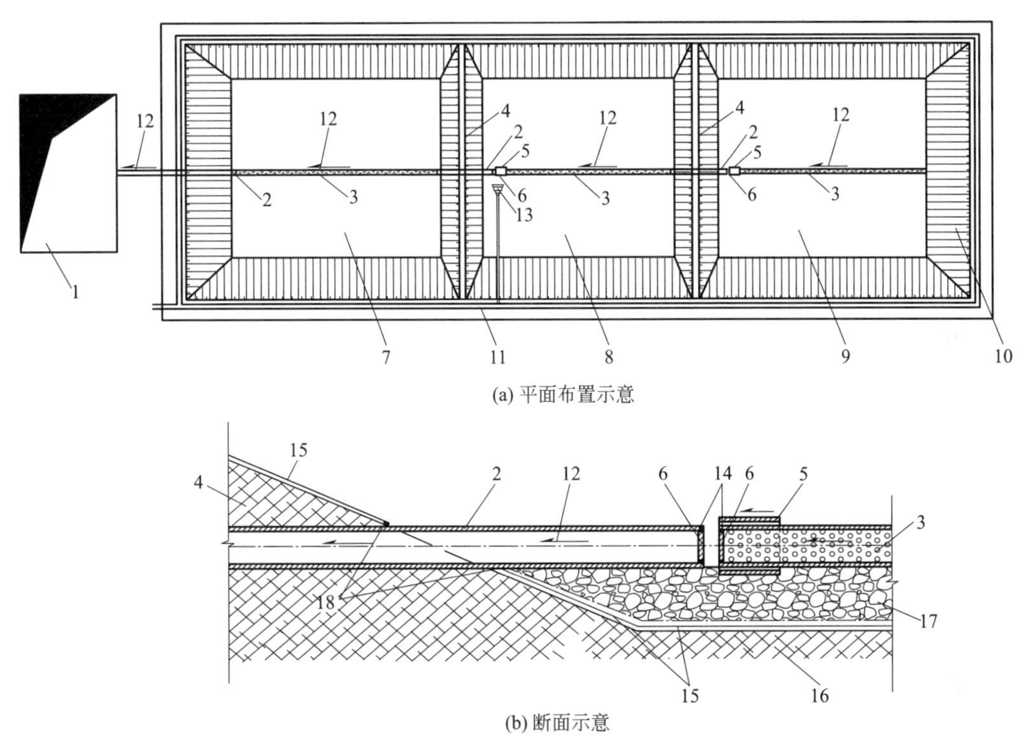

图 6-27　渗滤液收集管道盲板封堵结构

1—渗滤液收集池；2—HDPE 渗滤液收集管（不穿孔）；3—HDPE 渗滤液收集管（穿孔）；4—分区坝；5—HDPE 套管；6—HDPE 盲板；7—填埋一区；8—填埋二区；9—填埋三区；10—填埋区边坡；11—场区外雨水沟；12—渗滤液收集管道坡度流向；13—水泵；14—HDPE 盲板与 HDPE 收集管焊接点；15—HDPE 防渗膜；16—场底基层；17—场底渗滤液导流层；18—HDPE 防渗膜与 HDPE 收集管（不穿孔）焊接点

渗滤液收集管盲板封堵技术是在 HDPE 收集管穿分区坝附近穿孔管和不穿孔管交接的接口处，将收集管道断开预留一定的间距（间距可以根据 HDPE 管线性膨胀系数计算得出)，利用 HDPE 管与 HDPE 盲板属于同种材质可以焊接的性能，用 HDPE 盲板将此处两段管道的端头进行焊接封堵，将收集管道在此处进行关闭，代替阀门的安装。另外需提前准备管径较大 HDPE 套管，将其套在其中的一段管道上，套管管径以能前后推动即可。当本填埋区内没有填埋垃圾时，盲板不打开，场区内收集的雨水，不能进入已填埋垃圾区的渗滤液收集管道内，汇集在分区坝前的雨水用水泵抽送到场区外雨水沟排放，达到了雨污分流的目的；当本区开始填埋垃圾时，把接口处盲板均拆除打开，将已安放的 HDPE 套管推到两段管道接口处，用套管把两段管道之间预留的缝隙套住，防止杂物进入管道。通过两段管道的软连接，使本区和其他填埋垃圾区的收集管连通起来。渗滤液通过收集管直接排放到污水池。

盲板封堵技术构造主要包括分区坝、HDPE渗滤液收集管道、HDPE盲板封头、HDPE套管、HDPE防渗膜等组成部分。盲板也叫法兰盖、盲法兰，是中间不带孔的法兰，是一种可拆卸的密封装置，用于封堵管道口，其功能和封头、堵头及管帽是一样的。

盲板封堵技术简便易行，替代阀门起到雨污分流实施过程中渗滤液收集管道的开关作用，避免了安装阀门方法中阀门锈蚀、关闭不严、造价高、施工难度大等问题。

（2）竖向分区雨污分流　对于形状为狭长形，谷顶和谷底高差较大的高程上能够进行分区的填埋场，可以采用竖向分区与串联多分区两种分区方式相结合的形式进行雨污分流。

填埋场雨污分流竖向分层导排原理如图6-28所示。在库底导流层设置水平向渗滤液导排盲沟，盲沟内设置穿孔管，支沟（支管）以一定角度接入主沟（主管），类似鱼刺状形式，将导流层底部的渗滤液收集导排出填埋场。在垃圾堆竖向上每隔2～4m高分层设置一层导排盲沟（与垃圾作业层高同步）。同时，在填埋场分区坝前最低处设置竖井，竖井内填碎石，中心处设穿孔管（排渗导气管），安放在库底水平渗滤液导排管转折点上，可随垃圾层的堆高分层将渗滤液快速排入导排管，液体不致在库坝处滞留。露出场底的开孔在垃圾填埋未掩盖时，用碎石围绕，设斜角阻水圈，阻止表层雨水直接进入。

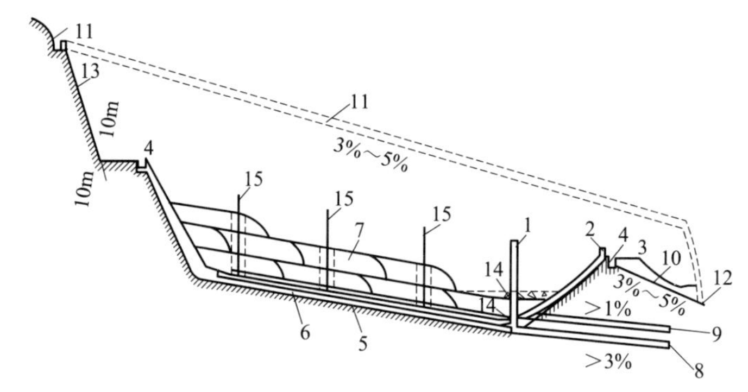

图6-28　垃圾填埋场雨污分流竖向分层导排原理

1—渗滤液竖向导流装置总成及导排系统；2—集雨导流装置总成及导排系统；3—垃圾库坝；4—防渗层锚固沟及临时截洪沟；5—库底及防渗层、地下水导排系统；6—库底渗流层（碎石）；7—垃圾填埋作业层（封土、斜坡覆盖薄膜）；8—排入渗滤液收集方向；9—排入场内集雨沉淀池或生物湿地净化田方向；10—场内预留第二级、第三级单元填埋高程段集雨排洪管；11—截洪沟（沿征地界线通长修建，坡度3%～5%）；12—排入场外下游水渠、自然水体；13—第二级高程段预留单元垃圾库侧壁边坡；14—碎石封堵阻水圈；15—导气管，接气体收集系统

在垃圾坝最低处埋设雨水导流水平管（HDPE管，不钻孔），坡度大于1%，穿过库坝，上端伸出垃圾坝体边坡顶线，下端接入场外集雨沉淀池。在垃圾库坝内侧边坡上卧置蜂窝集雨导排管。该管采用HDPE管，下卧位45°圆心角范围不开孔，其余部位开孔，孔径50mm，纵距100mm。安装时用C20混凝土浆铺底找坡，土工布包扎围合。蜂窝集雨导排管与导流水平管锐角相交焊接接口，内腔连通。当垃圾填埋平面位置不到库坝或待下层封土压实而上层填埋面未接近库坝时，雨水汇集于库坝处，可通过低处蜂窝孔快速排出垃圾库内表层积水，使表层水不致渗入垃圾层内，可大大降低污水浓度。该管在垃圾填埋到位时，管周用防渗膜作密封处理，防止垃圾渗滤液进入。

场内预留填埋高程段边坡集雨的锚固沟，兼做临时截洪沟。该沟以库底为基准，每提高

10m设一圈，每圈大致沿山坡等高线，排水坡度1%～3%，与场区运输道路毗邻设置。锚固沟加混凝土固定土工布与防渗膜上口边缘，预留300mm深用于排洪。垃圾坝中设排洪管，上口连通排洪沟，下口导排至场外水渠。

沿填埋场征地边缘环周设置截洪沟，坡度3%～5%。在山谷、溪口、流水处，应按集雨防渗要求开设引水支渠，将雨水引入沟中。截洪沟的集雨可直接排入场外地表水系统，也可与锚固沟排洪管汇合排放。

分层快速导排管装置能快速排干积聚在碎石渗流层内的垃圾渗滤液，促进渗流层中的水体新陈代谢，经常保持流动泌水，防止碎石颗粒黏附胶凝物质阻塞透水孔隙。维护渗流功能在工程寿命周期中长期有效发挥作用。另外，当垃圾填埋封土压实一层后，渗滤液可在封土弱透水面上流淌至库坝处，直接跌水进入竖管及水平主导排管，路径短，时间少。集雨快速导排装置解决了大雨及洪水期的集雨混合进入垃圾渗滤液中的难题。可以将90%以上的雨水直接导排至场外，不致在场内滞留回灌进入垃圾层内，极大地减小了渗滤液收集池的建设容量和渗滤液的处理量。

通过对垃圾库的雨污分流竖向分层导排，地下水、渗滤液、场内接触垃圾雨水、场内预留填埋区高程段雨水、场外雨水五类水分区域、分阶段、系统有序地疏导，有组织地分流排放，可防止和减小与垃圾混合的概率；减少渗滤液量，节约运行成本，保护水源及生态环境，也利于地基稳定与防渗层正常工作，达到安全卫生、防止污染的目的。

（3）填埋作业过程中的雨污分流　作业分区宜根据一定时间填埋量划分填埋单元和填埋体，通过填埋单元的日覆盖和填埋体的中间覆盖实现雨污分流。分区作业雨污分流应符合下列规定。

① 使用年限较长的填埋库区，宜进一步划分作业区。可根据一定时间填埋量（如周填埋量、月填埋量）划分填埋作业区，各作业区之间宜采用沙袋堤或小土坝隔开。

② 填埋日作业完成之后，宜采用厚度不小于0.5mm的HDPE膜或线型低密度聚乙烯膜（LLDPE）进行日覆盖作业，覆盖材料宜按一定的坡度进行铺设，雨水汇集后可通过泵抽排至截洪沟等排水设施。

③ 每一作业区完成阶段性高度后，暂时不在其上继续进行填埋时，要求进行中间覆盖。覆盖层厚度应根据覆盖材料确定。采用HDPE膜或线型低密度聚乙烯膜（LLDPE）覆盖时，膜的厚度宜为0.75mm。覆盖材料宜按一定的坡度进行铺设，以方便表面雨水导排。雨水汇集后可排入临时截洪沟或通过泵抽排至截洪沟等排水设施。

④ 未进行作业的分区雨水应通过管道导排或泵抽排的方法排入截洪沟等排水设施排出库区外。

（4）雨污分流在分区、分期作业时应注意的问题

① 对于分区建设，并且同时铺设渗滤液收集管与雨水收集管的填埋场，从库区下游侧（垃圾坝内侧）开始向上游逐次进行填埋作业，更有利于实现严格的雨污分流，此时，分区坝就不仅仅是简单的作业分区意义了，而是起到了不可忽视的分隔雨水的作用。

② 雨污分流不仅应在由分区坝隔开的不同填埋区之间实现，而且在同一填埋区内，也应尽量使作业区和非作业区的雨水分开。作业区的雨水渗入垃圾中形成渗滤液，应收集进行处理。非作业区由于没有进行垃圾填埋操作，该区汇集的雨水未受污染，可直接排入接纳水体。

③ 要做到彻底的清污分流，控制无污染的地表水进入填埋场，就要沿每期铺设的防渗衬里设置截洪沟，但这样做一方面将增加工程投资，并且对以后土工膜分期铺设增加施工难

度；另一方面，对于分期建设的填埋场工程，应充分考虑到一期和二期工程的排水设施的衔接问题。

④ 除了环库截洪沟之外，可以由分区的不同而设置分区截洪沟。它的含义类似于“中间标高截洪沟”，但侧重于从填埋分区的角度来考虑布置方式，不一定由标高来控制。分区截洪沟可用于大型填埋工程，当填埋库区面积巨大，分期建设周期较长，在较长的年限内不计划对非作业区进行防渗施工，或者环库截洪沟所承担的排洪任务巨大，一次性全部建成的投资太大，或者用于山脊山谷较多的复杂地形条件下，可以先行建设第一填埋区的一段截洪沟，此截洪沟的排水出口可以临时设在分区坝的下游侧，甚至临时先将截洪沟内收集的雨水（或洪水）排入非作业区场底的临时排水渠内，以减少工程造价。待到填埋作业进行到第二填埋区时，再将一期和二期工程的截洪沟进行衔接。

我国垃圾卫生填埋场很多为狭长形山谷型填埋场，雨污分流难和污水产生量大的问题普遍存在，在保证填埋场正常运行条件的前提下，应充分利用填埋场原有地形和地质结构，合理建造各种坝体、沟渠、管道、泵站、覆盖层，使之共同协作构成一个完善的针对雨水和渗滤液的阻截、引导、排放系统，充分考虑填埋场分区、分期建设与作业时的雨污分流问题，最终达到减少渗滤液产量、降低填埋场的建设、运行成本的目的。

第十节　衬层系统施工及施工质量控制检查

一、衬层系统施工

1. 黏土衬层的施工

（1）基础准备　压实黏土衬层应与衬层基础良好地接合，并起到备用防渗层的作用。必须保证所有可能降低防渗性能和强度的异物均去除，所有裂缝和坑洞被堵塞，压实处理后的地基表面密度应分布均匀。地基的设计和施工及验收可参照《建筑地基基础设计规范》（GB 50007—2011）和《建筑地基基础工程施工质量验收规范》（GB 50202—2018）。

（2）质量检查与控制　对黏土衬层材料必须严格检查并控制其质量。

预先确定采集黏土资源的横向和纵向尺度，按规范进行挖坑和钻孔，对土质进行严格测试，测试项目包括塑限、液限、颗粒分布等土工指标。还应做实验室渗透系数测定和土样压实含水率与压实密度关系的测定，必要时增加单位土方取样量，以免不符合要求的土壤混进来。

存放过程中必须对黏土加盖防护，以防材料流失，以及水分大量蒸发干裂或由于降水等引起黏土含水量过大。黏土最大土块尺寸，一般要求直径不超过 2cm，并去除有机物及其他杂质。

不能用冻土做衬层材料。从压实的角度看，冻土难于施工，所需的压实力将随着湿度降低而增加，经常无法达到规定的渗透性和密度，所以在寒冷气候条件下如气温低于零点，一般不宜进行黏土衬层施工。

（3）控制黏土含水率　土壤含水率决定了土壤颗粒周围吸附的水膜厚度，从而决定了压实土壤的结构。施工中必须严格控制土壤含水率。

如采用集中破碎黏土，松土方式可将水直接注入松土搅拌机内进行搅拌。如原土较干发生板结，可先在黏土上加一部分水，放置2～3天，使水分均匀渗入土壤中，然后再向搅拌机内加水。

当原土含水率较低或掺加了膨润土等外加剂时，需放置更长时间，对土壤要加盖养护。黏土经运输、铺设后水分蒸发，应在压实前用喷水车或其他洒水装置适当喷水，补足水分。

（4）衬层的施工试验　衬层施工全面展开之前，必须通过现场试验，确定合适的施工机械、压实方法、压实控制参数及其他处理措施。

现场小规模试验可用于验证设计选定的施工机械是否能使衬层达到设计要求，其试验内容包括：

a. 用选定机械进行压实试验，确定干密度、压实含水率、渗透系数三者关系，分析其是否与实验室结果相符，如有不符现象，应考虑改变施工方案；

b. 经选定机械压实后的衬层，其渗透系数是否分布均匀，以便于在正式施工时采取对压实方法、压实次数、压实含水率及压实密度进行控制的方法，来保证具有均匀的渗透性分布；

c. 检验预先设计的碾压次数、压路机行驶速度、压路机种类及质量和其他各项性能参数是否合理；

d. 黏土的破碎方法及松土铺设厚度是否恰当；

e. 土壤养护时间是否足够。

必须保证现场小试的各项施工操作完全能够在正式施工中达到。

现场试验的区域宽度不应小于压路机宽度的4倍，长度则必须保证压路机能在相当距离内以正常速度行驶。

根据设计要求及现有的设备类型来选择压实机械。黏土衬层的压实应优先选择羊角碾。实践表明，羊角碾比较适于含水率大于最佳湿度黏土的压实。羊角碾的质量根据羊角碾顶部最大压力和设备类型确定，可用下式计算。

$$G=\sigma Fn \tag{6-29}$$

式中，G 为羊角碾总质量，kg；σ 为羊角顶部允许接触压力，$\mathrm{kgf/cm^2}$；对黏土而言，羊角顶部的最大接触压力为 $30\sim60\mathrm{kgf/cm^2}$；$F$ 为一个羊角的顶部面积；n 为一排羊角的数目。

人工改性黏土的压实宜选用振动压实机械。

对黏土衬层的压实，采用分层压实的方法，一般压实层数大于3层，每铺层厚度为20～30cm，压实次数取决于压实机械的压实力和衬层材料的性质。对羊角碾每铺层可采用8～16次压实。每压实一层土后，取若干压实未扰动土，测试其压实效果。取土后空隙应填土压实，且下次测试选点不应与前次重合。碾压试验中碾压参数的组合见表6-21。

表6-21　碾压试验中碾压参数的组合

碾压机械	凸块振动碾	羊角碾
机械参数	碾重或接触压力选择1种	碾重或接触压力选择3种
施工参数	(1)选择3种铺层厚度； (2)选择3种碾压次数； (3)选择3种含水率	(1)选择3种铺层厚度； (2)选择3种碾压次数； (3)选择3种含水率
复合试验参数	按最优参数进行	按最优参数进行
全部试验组数	10	13

为了不影响工期，现场未扰动土的渗透系数测定只能在小试中进行。

(5) 压实方法和压实作用力　黏土衬层施工中，必须选择合适的压实方法（设备）和压实的作用力及次数。

工程施工中最常用使用碾压法，常用机械有羊角碾（压路机）、垫脚压路机、橡胶轮胎压路机和平滑滚筒压路机等。对黏土衬层的压实方法及每铺层的压实次数，可根据上述试验结果加以确定。另外，为提高土层密实度，减小透水率，需施加较大压实作用力和足够次数，一般需保证有5～20个车程。

衬层的施工过程中，一个铺层的最后表面需用一平滑的钢制滚筒压实，以保证压实的铺层表面平滑，减少感化，并有助于防止大雨径流引起的侵蚀。但是，在新的铺层铺设前，需用圆盘犁翻松表层土。

衬层的摊铺方法随着填埋场的尺寸和填埋场的运转方式不同而变化。对于小型填埋场，经常是在填埋场中铺设整体的衬层铺层。对于大型填埋场和连续运转的填埋场，衬层是分块铺设的，在每一个衬层块铺设完毕后，用土工平整设备将其切口切成斜面或阶梯形状，使下一个衬层块同已铺好的衬层块紧密接合，消灭沿着接口穿过衬层的渗漏通路。

边壁衬层的施工可分为2种情况：a. 当设计边壁斜率≤2.5%时，采用平行铺层法，每层与底衬层一起压实，使边壁与底部衬层连续；b. 当设计边壁斜率>2.5%时，采用水平铺层法，即建造稍大坡度，然后再修整成所需坡度。

(6) 铺设后的修整工作　衬层施工完成后，要对衬层进行平滑碾压，使降水和渗滤液能顺畅地流入渗滤液收集沟中。对完工的衬层进行勘测鉴定以保证其厚度、坡度和表面形状满足设计要求。在穿透衬层的设备（如渗漏检测系统管道周围的抗渗环）周围要检查其填实密闭的完整性。施工完的衬层如果其上的工程（如渗滤液收集系统）不能马上施工，则需要对其表面进行妥善的加盖防护，以免破坏衬层质量等意外情况的发生，以及不良因素的影响（如气候及人类、动物等活动的影响等）。

2. 人工改性防渗材料的施工技术

人工改性黏土衬层的施工技术与天然黏土衬层的情况类似，亦可参照天然黏土情况施工。不过在施工中，还要注意下面几个问题。

① 对黏土进行改性时，因为添加剂的掺加量较少，施工中必须保证添加剂与原黏土彻底混合，这样才能达到较好的改性效果。添加剂的混合有两种方式，即播散混合和集中搅拌混合。播散混合是在已铺设好的底土表面再铺设一层添加剂，然后用耕耙机械将土壤与添加剂打松混合均匀。此种方法一般只适用于极薄的单衬层一次性压实情况。集中搅拌混合用松土搅拌机等将黏土破碎、掺入添加剂、加水、搅拌等过程集中完成。操作时应先使添加剂与较干燥状态的黏土充分混合，然后加水再进一步搅拌，每次搅拌时间在10min以上。

② 含水率的控制对于改性黏土防渗层的施工至关重要。在土样的压实能量和压实密度下，压实含水率影响着压实改性土的渗透性。如果采用集中方式松土，则将水直接注入松土搅拌机内进行搅拌。也可先在黏土上加一部分水，放置一段时间，使水分均匀渗透黏土，以保证含水率的均匀分布。在这段时间应对黏土进行加盖养护，以防水分蒸发。

③ 经人工破碎、改性及控制含水率之后的黏土材料，可以先在现场进行试验，其后在保证质量的前提下可以用于填埋衬层施工。

3. HDPE 防渗膜施工

（1）HDPE 防渗膜焊接方法　焊接技术是 HDPE 防渗膜施工的关键技术。焊接剂必须与膜材料及配方完全一致，并有一整套焊接质量测试方法。膜焊接技术一般由膜生产单位提供，并且提供施工服务。HDPE 防渗膜的常用焊接方法有挤压平焊、挤压角焊、热楔焊、热空气焊和电阻焊等。

① 挤压平焊：挤压平焊是从金属焊接方法中引用过来的。其方法是将类似金属焊条一样的带状塑料焊接剂加热呈熔融状态。再加一定的压力，使上、下两片材料接合一体。焊接机在熔融加压过程中，还带有使熔融物均匀混合的功能，使焊接部位融合均匀。目前已发展制造高速自动平面焊接机，用于填埋场底面大面积直缝焊接。此法焊接快速、均匀、易操作，速度、温度和压力都可以调节。不过此法不适于细微部位的焊接。

② 挤压角焊：挤压角焊与挤压平焊类似，只是焊接位置不在上、下两片中间，而是位于搭接部位的上方。上面搭接片需要切成斜面，便于焊控。这种挤压角焊焊接方法常用于难焊部位，如焊接底部、管道及管道与防渗膜衔接部位等。一般均用手工焊接。

③ 热楔焊：热楔焊以电加热方式将楔形材料的表面熔融，在焊接运动中压在两片 HDPE 膜中间。调节一定的温度、压力和运行速度，可使热楔形焊机自动运行。如果用两条热楔形焊机材料同时焊，可形成两条平行的焊缝。这是此焊接方法的一个特点。可以利用两条焊缝间的空槽进行加压通气，以检测焊机的连续性。该方法也不能用于焊接细微部位。

④ 热空气焊：热空气焊是由加热器、鼓风机（小型）和温度控制器组成的小型焊接设备，其产生的热风吹入搭接的两个膜片之间，使两片的内表面熔融，再用焊接机的滚压装置在上、下两片同时加压，不需要焊接剂。显然，控制适宜的温度、压力和行速是十分重要的，热空气焊一般是用手剁热风机。

⑤ 电阻焊：电阻焊是将包有 HDPE 材料的不锈钢电线放入搭接的两片 HDPE 膜之间，然后通电，电压 36V、10～25A，在 60s 之内可将包线以及接触区域的表面熔融，形成焊缝。

上述几种焊接方法各有所长，其中挤压平焊应用最广。实践表明，挤压平焊法具有较大的剪切强度和拉伸强度，焊接速度较快，焊缝均匀，温度、速度和压力易调节，易操作，可实现大面积快速自动焊接等优点。此法缺点是不适宜细微部位的焊接。挤压角焊可在焊接难度大的部位进行操作，缺点是在大面积焊接应用上，速度较慢，表面有突起。热楔焊尤其是双热楔双轨焊的最大优点是焊接强度高，且可使用非破坏性试验检查焊接质量，缺点也是不能应用于细微部位的焊接。

（2）焊接质量控制因素　在给定焊机材料和焊接方法的条件下，焊接质量主要与焊接温度、焊接速度和焊接压力三个因素有关。

① 焊接温度：上述几种焊接方法都是靠在焊接表面升高温度，使焊接剂与焊接表面都达到熔融状态，从而使焊机材料结合为一体。温度过低，达不到 HDPE 材料等的熔融温度，就不能满足焊接要求；温度过高，焊接表面易氧化和老化，而且热膨胀会产生焊接膜的变形。所以，控制焊接温度，使 HDPE 等聚合物材料呈熔融状态就可以了，温度不要过高。一般控制焊接的适宜温度是 250℃，HDPE 膜焊接温度和速度见表 6-22。

表 6-22 HDPE 膜焊接温度和速度

项　目	挤压平焊	挤压角焊	热楔单轨焊	热楔双轨焊
焊接温度/℃	250	250	250	250
焊接速度/(m/h)	90	60	90	90

② 焊接速度：焊接速度与焊接温度、天气条件、焊接方式以及焊接操作经验等关系密切，一般在焊接温度为 250℃条件下，挤压平焊和热楔焊的适宜焊速为 90m/h，挤压角焊的适宜焊速为 60m/h；具体的现场施工焊接速度应在现场条件下先进行试验，确定适宜速度后再正式施工。

③ 焊接压力：这是需要在施工中灵活掌握的一个经验数据。焊接压力与焊接膜厚度、焊接温度、焊接速度和焊接方式都有关，应通过试验和测试取得经验后再正式开始施工。

(3) HDPE 防渗膜焊接施工准备和条件　对 HDPE 防渗膜实施焊接之前要做必要的指标检查工作，同时要在适宜的环境下施工。

① 材料入场和铺设：材料进场之前，要按质量保证要求对膜材料进行质量检验，确保入场材料符合质量要求。材料入场之后，按设计要求将 HDPE 膜铺放好。

② 搭接长度：应检查膜与膜之间的焊缝搭接情况，保证有 10cm 长的搭接。如果搭接长度不够，需用空气枪向膜下吹气，将膜抬起后移动膜。切不可在下垫表面上移动膜，以防损坏。如果搭接长度过宽，应剪去多余部分。如果采用热楔双轨焊，则膜搭接宽度一般为 15cm，具体宽度应由楔形物的宽度来决定。

③ 焊接部位：焊接前必须检查被焊的搭接的两片膜，保证无划伤、无污点、无妨碍焊接或施工质量的地方；膜的搭接焊接部分必须清洁、无水分；膜的下垫层也不能有水分，不能冰冻。

④ 焊接剂：焊接剂应与焊接膜材料相同。

⑤ 气候条件：焊接的环境温度范围为 0～40℃，超过 40℃或低于 0℃应停止焊接；遇雨天和雪天不允许在露天进行焊接操作。

(4) 焊接过程的技术要求

① 打磨：焊接前首先应在焊接表面进行打磨。打磨方向应与焊接面垂直，打磨厚度一般为膜厚的 5%～10%；挤压角焊打磨宽度一般为 3～4cm；挤压平焊和热楔焊的打磨宽度为 5～8cm。打磨后，为避免打磨部位迅速氧化，应在打磨后 10min 以内进行焊接。

② 挤压角焊打磨角：挤压角焊的上膜片焊接端应打磨成 45°。

③ 热变形检查：焊接过程中应检查膜片是否有热变形，尤其是下膜片；如有，则应及时降低环境温度或提高焊接速度；尤其是当膜厚度大于 2mm 时，不允许有热变形出现。

④ 焊接厚度：对挤压角焊来说，焊接剂的厚度一般为膜厚的 1 倍。对挤压平焊来说，焊接剂宽度一般为 4～5cm。

⑤ 温度记录与控制：焊接施工时应记录焊接熔融温度、挤压管出口焊接剂温度、膜表面温度以及环境温度，以便及时调整焊接施工条件，并在焊接质量测试时，记录数据可供参考。

⑥ 焊接缝对接：如果一条焊缝在焊接中间停下来，则焊接剂应逐渐消失，不能突然截止；如果停很长时间以后再重新焊接，则需要在焊接衔接处打磨，之后再继续焊接。

4. 聚合物水泥混凝土（PCC）施工技术

（1）原则　PCC材料可以达到和满足危险废物安全填埋场防渗层技术要求的各项性能指标。但是PCC作为一种新型有机和无机复合材料，与其他防渗层如HDPE、黏土等相比有较大差别。PCC在施工中应注意以下原则：a. 施工人员要在施工前根据设计图纸确定使用材料、施工方法、施工顺序、施工范围；b. 当工程规模大或施工条件复杂时，要在施工前制订施工规划书；c. 在施工前要调查施工地点的情况，验证能否进行PCC施工；d. 施工PCC要由经验丰富的人员或在实际施工前经过严格训练的人员进行；e. 当完成工程的某一个工序时，要按预定的方案进行检查，验证达到所要求的性能后再开始下一个工序。

（2）地基与基础层施工　地基与基础层施工按有关"钢筋混凝土地基与基础"施工的有关规定，还应注意以下有关事项：a. 当基底有凹凸不平错位时，要将其整平；b. 当基底有妨碍黏结的灰尘、油漆、锈等时，要在施工前清干净；c. 当基底表面脆弱时，要清除干净，并采取适当的措施使之得到规定的黏结强度；d. 在底层干燥的情况下，为了不使所抹的PCC中大量的水分被底层吸收，要湿润底层；e. 板的接缝结合部要用沥青混凝土填好。

（3）PCC拌和　聚合物水泥混凝土（PCC）的拌和是保证材料质量的重要工序，必须保质、保量完成。

① 拌和：PCC原则上用机械拌和。

② 搅拌机：搅拌机使用重力式搅拌机或强制式搅拌机之类的分批搅拌机械。

③ 称量：原则上使用质量称量。

④ 掺入水泥聚合物外加剂的稀释：通过试拌决定拌和用水量，在拌和之前，将规定量的聚合物外加剂掺入水中，然后拌和均匀。

⑤ 干拌：按砂、水泥的顺序投入搅拌机，进行干拌，拌和均匀为止。

⑥ 加入聚合物：干拌后，加入拌合水与聚合物外加剂的混合物进行拌和直到PCC的颜色均匀为止。

⑦ 拌和待用：拌和好的PCC在常温下原则上应45min内使用完毕，超过时间后不应再用。

（4）PCC施工　PCC防渗层应分层铺设，每层的铺设厚度以7～10mm为宜，分3～4次完成。不要在PCC砂浆开始硬化后用镘刀抹；此外，还要避免抹的太多与反复抹。在不得已的情况下，在PCC上设缝时，要预先用适宜的接缝棒隔开。达到规定强度后，用填缝材料填好。

（5）PCC养护　包括：a. 养护时间以7天为标准，原则上施工后1～3天为湿润养护；b. 养护过程中要保护好PCC，避免有害振动、冲击、温度急剧变化、风引起的急剧干燥；c. 采取适当的措施，防止PCC粘有黏土、杂物等；d. 冬季施工时，要保护好PCC以防止冻害。

（6）工程管理注意事项　包括：a. 按照工程计划，有计划地安排人员、材料与工程进度；b. 要对施工现场及操作人员进行安全管理，注意使用聚合物外加剂时的通风；c. 使用前与使用后都应将搅拌机等工具清洗干净。因为PCC与铁制品黏结很牢，应在PCC硬化前清洗干净；d. 要定期检查PCC有无缺陷及污脏，对于不合格的地方要立即按管理人员的指示，进行适当的处理。

二、衬层系统施工质量控制检查

施工质量控制检查是施工质量保证的一个重要措施，其目的是在施工过程中提供满足设计要求的施工质量。建立严格的施工质量保证和施工质量控制体系，对于达到优良的衬层性能是非常必要的。因此，施工质量控制贯穿于施工过程的每一步骤，包括基底、施工前、施工过程以及施工后的整个过程。

1. 基础施工的质量控制

自然基底应具有与压实黏土衬层良好的接合和最小的不均匀沉降量，能起到备用防渗层的作用。

在基础施工之前，要保证有足够的场址调查资料、熟悉场址的现场情况。

为确保达到地基的设计标准，在基底施工过程中应进行以下质量控制：检测表土和坑道，确保所有软土、有机土和其他杂物被去除；检查黏土和石块表面情况，对石块缝隙、沙缝、黏土断面及凹陷部位进行处理；检查挖掘的深度和坡度，确保其满足设计要求；检查管道及沟槽凹陷处所进行的适当处置；采取必要的测试和检查，确保填埋场的质量，包括目测和仪器检测，目测是保证基础按设计要求进行施工的重要方法，仪器检测是保证填埋场基础的渗透系数、边坡坡度和基底坡度是否符合规定的必要手段。

基础施工完成后的质量控制，包括滚压验证以确保地基土壤黏度均匀、压实符合质量要求，检验地基表层、坡度和地基边界范围。

2. 黏土和人工改性防渗材料衬层的施工质量控制

这里重点讨论天然黏土衬层的施工质量控制问题。人工改性黏土衬层的施工质量控制问题可参考天然黏土情况。衬层施工的质量控制包括施工前、施工过程及施工后的质量保证。

（1）衬层施工前的质量保证　衬层施工前的质量保证包括对衬层材料性能的检验和衬层施工试验。

1）衬层材料性能检验。对所有衬层材料进行必要的检验，以保证符合设计标准。衬层材料性能的检验起始于施工之前并贯穿于衬层施工的整个过程。首先要进行现场调查分析和现场测试；在此基础之上取样进行实验室测试，保证材料的性能在规定范围内。检验内容应包括：渗透性、土壤密度与含水率的关系、土块的最大尺寸、颗粒分析、天然含水量和含水量极限及液限和塑性指数。衬层材料的测试内容及频率见表 6-23。

表 6-23　衬层材料的测试内容及频率

项目	测试内容	频率(3 个样品)	项目	测试内容	频率(3 个样品)
采集土场	颗粒分析	$1/500m^2$	黏土样品	含水率-密度曲线	$1/2500m^2$ 及
	渗透系数	$1/5000m^2$			材料有变化区域
黏土样品	含水率	$1/500m^2$		液限和塑性指数	$1/2500m^2$

2）衬层施工试验。衬层施工试验是一项重要的施工质量控制活动，用于确定压实衬层所用的设备和方法是否能达到实验室中确定的密度、含水率和渗透系数之间的关系，检查所用方法是否能将铺层接合在一起，确定达到规定渗透系数压实设备需要通过的次数（或压实作用力的大小），以及粉碎未压实大块黏土的混合设备的能力。实践表明，现场压实土壤衬

层的渗透系数通常高于实验室测得的值。因此，建立现场渗透系数和实验室测得的渗透系数之间的关系是非常必要的。

为了使施工试验具有代表性，可使用如下方法：a. 使用相同的土壤、机械设备、压实方法及参数控制；b. 试验场地应足够大，宽度应至少是所用设备宽度的 4 倍；c. 试验场地周围应有一定的空间，保证机械设备能达到正常的运行速度；d. 施工试验还应包括衬层的修补活动，用于全尺寸施工时衬层损坏的修补；e. 确定密度、含水量和湿度之间的关系，并密切注意施工条件的变化。

施工试验的记录是非常重要的，因为它记录了在全尺寸施工时使用的施工机械和程序。

（2）施工过程中的质量控制　全尺寸衬层施工时，应按设计要求，按照施工试验中确定的材料、设备和程序进行下列质量控制。

① 确保黏土材料中所有大石块、植物根茎、可降解有机物均已被剔除，破碎后土壤最大团块尺寸符合技术要求，含水量分布均匀。

② 确保每层松土铺设厚度均一。

③ 确保压实机械的性能符合要求，施工操作标准。

④ 确保在压实边缘、压路机调头地带、边壁的顶部和底部等不易操作部位的压实效果与之间平坦区域相同。

⑤ 当施工中因取样造成坑洞时，确保修补后坑洞部位的压实效果与周围部位相同且衔接良好。

⑥ 确保分层施工时层与层之间的衔接良好。

⑦ 每压实一层后，应检查是否有裂隙存在，如发现有，则应将此区域土壤挖开检查，确定原因并进行处理，之后再行压实。

⑧ 当施工期间停工或施工完毕后，应保证衬层得到良好的保护。

⑨ 防止意外的情况发生，对因降雨、日晒等气候条件变化引起的施工质量的变化提出相应有效的预防、解决措施。

⑩ 由于施工中压实衬层效果是根据压实含水率和压实密度来判断的，因此在衬层施工的全过程中必须不断测试土壤的含水率和压实密度，取样数量必须足够，取样点分布均匀，以保证施工质量，在衬层角落、边坡等难施工部位应增加取样样点。衬层施工的检测内容和频率参见表 6-24。

表 6-24　衬层施工的检测内容及频率

项　　目	测试内容	频率(3 个样品)
施工中衬层样品的检测	未扰动土样渗透系数	1/1000m^2(铺层)
	未扰动土样含水率	1/1000m^2(铺层)
	含水率-密度曲线	1/5000m^2，至少 1/1000m^2(铺层)

⑪ 现场施工条件与施工试验条件有较大差别时，应就新的施工条件进行施工试验。

⑫ 在衬层施工期间，需配备对黏土压实工程施工有一定经验和知识的技术人员作为施工质量管理人员，施工质量管理人员必须有能力指导操作人员进行现场质量控制、测试和勘察，并最终为施工质量负责。为控制黏土施工项目质量，质量控制人员应在施工期间一直在现场，任何时候都不应让属于工程承包商的实验室进行为质量控制所做的测试工作。

⑬ 所有施工项目均必须有清晰准确的文件（资料）证明，提供施工详情，说明对原设

计进行改动的情况和原因，必须标明各测试位置，并应绘图和附加清晰简洁的说明。

（3）施工后的质量保证　在施工完工时，施工质量控制人员应检查压实衬层表面是否被碾压光滑，应检查完工衬层的厚度、坡度、表面形状是否符合设计要求，在穿透衬层的物体周围（如渗滤液检测系统的竖管），应检测其是否密封。

作为最终质量保证的一部分，应对完工的衬层进行现场渗透试验。可采用在现场安装渗透仪的方法。如果填埋单元不大，可以使用现场注水试验的方法，即将衬层铺设完毕的填埋单元注入一定水位高度的水，检测水位下降情况和液面蒸发量，由此可以确定出衬层的渗漏量，并由此判断衬层是否符合设计和施工质量要求。

3. HDPE 防渗膜施工质量检查

HDPE 防渗膜施工中，焊接质量检查是一个十分重要的内容，在施工过程和施工后都需要进行焊接质量检查。主要有目测、非破坏性测试和破坏性测试三种检查方法。

（1）目测　目测是质量检查的第一关。非破坏性测试和破坏性测试都不能做到100%的检查，而目测能顾及整个焊接现场及焊接质量。目测一般不需任何工具并花费低，凭经验和责任就能发现很多质量问题，同时为非破坏性试验和破坏试验的采样起向导作用。目测的主要内容如下。

① 膜铺放前应目测检查膜下垫层的施工质量是否满足设计要求，如果发现有不满足设计要求的地方，一定要进行修补。达到设计要求之后方能铺放 HDPE 膜。

② 对膜产品质量的目测主要是检查膜上是否有孔、打皱或者厚薄不均。只有符合质量要求的膜才能入场铺设。

③ 焊接过程和焊接厚度的目测检查内容如下：a. 膜的铺设分块以及焊缝数目是否符合设计要求，特别是应尽量减少焊缝数目，以达到整体完整的效果；b. 目测检查焊接机、焊接剂、焊接条件是否按施工要求备好；c. 检查试焊的质量和效果，一直要使试焊达到满意的结果才能正式焊接施工；d. 检查环境温度、焊接速度和压力是否满足焊接质量要求；e. 检查膜在焊缝搭接处的搭接宽度是否满足设计要求；f. 检查打磨的质量是否符合要求；g. 检查焊缝的焊接质量，内容包括焊缝是直线，不能歪斜；焊缝高度要均匀一致，不要出现凸凹不平；如果使用热楔双轨焊接方法，则目测观察焊缝处的膜上沿缝应形成一条长长的正统波形曲线，这表明焊接是成功的；h. 目测检查焊接拐角处、沟槽处的焊接质量。

（2）非破坏性测试　非破坏性测试的目的是检测焊缝连续性即焊接的黏结是否连续，看其是否出现短路现象，及时发现问题，及时进行修补。非破坏性测试不是检查焊接强度，而是检查焊接整体质量，它是 HDPE 膜焊接质量检验的一个必须步骤。非破坏性测试应在焊接施工过程中，而不是在焊接施工完成之后进行。要求对所有的焊缝 100%地进行非破坏性测试。常用的非破坏性测试方法为真空箱测试法和空气压力测试法。

① 真空箱测试法。真空箱测试法是将真空箱放置在喷涂有肥皂液的焊缝部位上，停放15s，通过观察孔观察焊缝上是否有肥皂泡出现。如出现，则说明黏结有问题，应进行修补。为了 100%检查焊缝，下一位置与前一个位置至少应重叠 8cm，重复上述测试过程。该法用于大面积挤压角焊或平焊挤压测试。

② 空气压力测试法。此法一般用于热楔双轨焊缝的检查。先将焊缝的两端封焊，将空心针插入热楔双轨焊的中空部位。用空气压力泵使双轨空间产生 1.7～2.1kgf/cm^2 的压力，保持 5min 压力状态，观察空气泵上气压表的变化。如果压力变化在表 6-25 所列范围之内，

说明焊缝黏结性符合要求。

表 6-25　热楔双轨焊空气压力测试参数

膜厚/mm	测试最小压力/(kgf/cm^2)	测试最大压力/(kgf/cm^2)	压力下降允许值/(kgf/cm^2)
0.75	1.7	2.1	0.2
1.0	1.7	2.1	0.2
1.5	1.9	2.1	0.2
2.0	1.9	2.1	0.2
2.5	2.1	2.1	0.2

注：$1kgf/cm^2=9.8\times10^4Pa$。

(3) 破坏性测试　破坏性测试的目的是检查焊缝的强度，它是目测和非破坏性测试所不能替代的，也是检查焊缝强度所必需的。破坏性测试不能100%进行，只能采样进行：

a. 采样频率为每150m长的焊缝，至少做一次破坏性测试；

b. 每条焊缝至少做一次破坏性测试；

c. 每2个工作班至少做一次破坏性测试；

d. 在采样处取2.5cm、长30cm的二样品，这两块的间隔100cm，焊缝应位于样品中间。

破坏性测试的内容包括剪切拉伸测试和张力拉伸测试。测试方法可采用国标GB 1040.1～GB 1040.5，也可采用美国ASTM D638—2003标准。两种方法的试验步骤及试验报告格式基本相同，只在细节上稍有差别。

(4) HDPE膜渗漏原因及防止措施　膜渗漏的主要原因是物理因素和化学因素，其中物理因素是主要的。现将各种引起HDPE膜渗漏的原因及防止措施列于表6-26。

表 6-26　引起 HDPE 膜渗漏的原因及防止措施

渗漏原因	状　态	防　止　措　施
基础尖状物	垃圾对基础的压力，迫使基础层的尖状物将HDPE膜穿孔	严把基础层施工质量关，清除基础层中尖状物；基础层中施用除莠剂，防止植物生长，穿透HDPE膜
地基不均匀下陷	由于基础地质构造不稳定，或由于填埋垃圾的局部压力造成地基的不均匀下陷	不应将场址选择在不稳定的构造上；基础施工必须均匀夯实；垃圾堆放过程中防止堆放压力极度不均匀
焊缝部位或修补部位渗漏	焊接部位回破坏性测试部位在修补时没有达到质量保证要求，造成局部渗漏	焊接时必须经过目测、非破坏性测试和破坏性测试检验；严格按质量控制程序进行不合格部位的修补
塑性变形	在填埋场底部持续承受压力的作用下，边坡、锚固沟、集水沟、拐角部位、易沉降部位和易折叠部位容易产生塑性变形	在容易产生塑性变形的部位应进行设计应力计算，其实际应力应比HDPE膜的屈服应力小，安全系数为2
机械破损	机械在防渗膜上施工或填埋作业时，膜局部产生破损	严格按照施工质量控制标准要求施工；焊接操作时应防止焊接机机械造成的膜破损
冻结-冻裂	在低温下进行铺设防渗膜的施工，会造成HDPE材料变脆，易产生裂纹	施工中应注意气温，尽量避免在低于5℃的条件下施工
地下水上浮力	地下水位上升，上浮力使膜破损	选址时应充分考虑地下水位上升所造成的后果，填埋场基础排水管网系统设计合理、排水通畅
基础防渗膜外露	锚固沟、排水沟或填埋场封场过程中一部分基础防渗膜外露，由于光氧化作用使膜破损渗漏	HDPE防渗膜生产时应加入2%～3%的炭黑，防止紫外照射引起衰变；防渗膜外露部分应覆盖15～30cm的土层，以阻挡紫外线辐射
化学腐蚀	危险废物或其产生的垃圾渗滤液pH值<3或pH值>12，可能加速防渗材料的老化，但对HDPE，在此强酸、强碱条件下，材料性能仍是稳定的	危险废物入场条件应按规定严格控制，应及时将渗滤液排出

第十一节　防渗土工膜的漏洞检测和长期监测

常用于垃圾填埋场的土工膜厚度为1.0～2.0mm，土工膜在生产、运输和施工过程中都有可能产生一些破损，破损的土工膜产生渗漏，使渗滤液渗入地下水系统，造成环境污染。

根据国内外对已进行的渗漏勘查结果统计表明，24%的破坏发生在土工膜铺设施工过程中，73%的破损发生在铺设土工膜的上覆盖层（含膜上保护层、排水层等）的过程中，2%的破损发生在施工作业完成后运营过程中，另外有1%的破损发生在土工膜焊接测试过程中。

在填埋场防渗层设计中，一般库底设计碎石层或黏土层等土工膜上覆盖层，而这些上覆盖层施工过程中，都可能造成土工膜的破损。土工膜破损最集中的区域是场底，铺设土工膜上覆盖层是造成土工膜破损的最直接因素。在一些填埋场边坡也会检测到很多破损，特别集中在锚固沟周围。

填埋场使用过程中，由于地基沉降等原因造成土工膜的拉伸破坏，在边坡区域也会存在垃圾堆体的下滑力将土工膜拉坏的情况。

一、通过土工膜衬垫的渗漏量估算

复合衬垫是由两部分组成的系统，上部分为土工膜，下部分为压实黏土或GCL，复合衬垫利用了两种材料的优点，土工膜作为第一隔离层，黏土垫层或GCL用来封闭土工膜或接缝的缺陷。通过复合衬垫的渗漏量大大低于通过单一衬垫的渗漏量。

如果土工膜上有缺陷，液体首先通过缺陷，继而在土工膜和低透水土之间的缝隙中扩散，最后透过下层的黏土层或GCL，见图6-29。

通过复合衬垫的渗漏量与两种材料之间的接触质量有很大关系。

① 接触良好，是指土工膜铺设得皱褶尽可能少，其下低渗透土层充分压实且表面光滑；

② 接触不良，指土工膜铺设得有大量皱褶，且/或置于其下的低渗透土未很好地压实，并且表面不光滑。

复合衬垫上土工膜缺陷形状不同时，通过的渗漏量计算公式如下。

直径为d的圆形缺陷：

$$\frac{Q}{A}=0.976nC_{q0}[1+0.1(h/t_s)^{0.95}]d^{0.2}h^{0.9}k_s^{0.74} \tag{6-30}$$

边长为b的正方形缺陷：

$$\frac{Q}{A}=nC_{q0}[1+0.1(h/t_s)^{0.95}]b^{0.2}h^{0.9}k_s^{0.74} \tag{6-31}$$

宽为b，长度不定的缺陷：

$$\frac{Q}{A}=nC_{q0}[1+0.2(h/t_s)^{0.95}]b^{0.1}h^{0.45}k_s^{0.87} \tag{6-32}$$

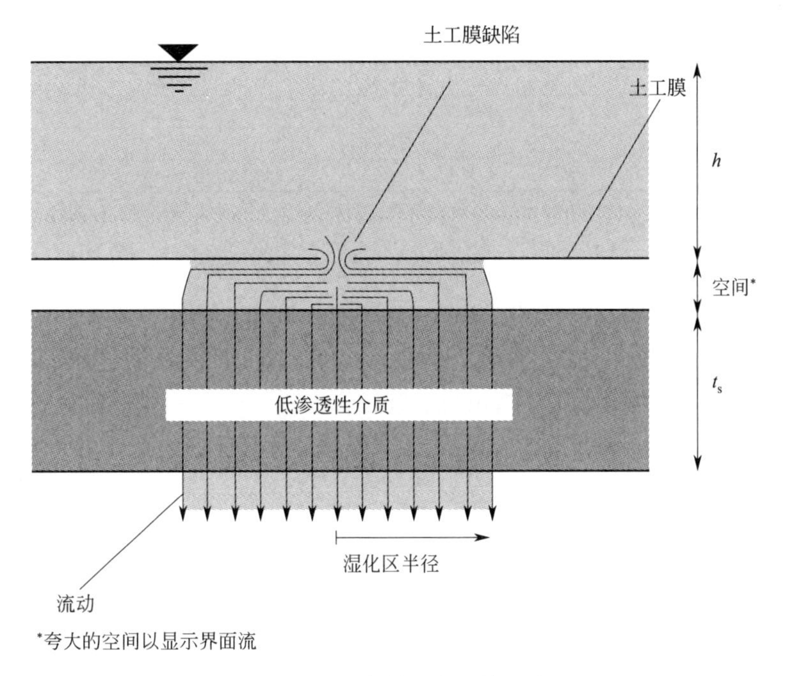

图 6-29 复合衬垫中液体运移

宽为 b，长为 B 的矩形缺陷：

$$\frac{Q}{A}=nC_{q0}[1+0.1(h/t_s)^{0.95}]b^{0.2}h^{0.9}k_s^{0.74}+nC_{q\infty}[1+0.2(h/t_s)^{0.95}](B-b)^{0.1}h^{0.45}k_s^{0.87} \tag{6-33}$$

式中，Q 为渗漏量，m^3/s；A 为所考虑的土工膜面积，m^2；n 为土工膜上缺陷数；C_{q0} 和 $C_{q\infty}$ 为如表 6-27 确定的接触质量系数；t_s 为复合衬垫中低渗透土的厚度，m；h 为作用于土工膜上的水头，m；d 为圆形缺陷直径，m；b 为缺陷宽度，m；B 为矩形缺陷长度，m。

表 6-27 接触质量系数

接触质量	接触质量系数	
	C_{q0}（圆形、方形、矩形）	$C_{q\infty}$（长度不定）
接触良好	0.21	0.52
接触不良	1.15	1.22

以上公式的局限性在于：如果是圆形缺陷，直径应不小于 0.5mm 且不大于 25mm，缺陷非圆形时，需对缺陷宽度进行模拟；作用于土工膜上的压力水头应等于或小于 3m；下部黏土层的水力渗透系数应等于或小于一定的值。

土工膜主要有两类缺陷：一类是制造缺陷；另一类是铺设缺陷。代表性的土工膜每公顷大概有 1～2 个针孔制造缺陷（针孔指直径等于或小于膜厚的缺陷）。铺设缺陷密度是铺设质量、试验、材料、表面准备、机械装备和 QA/QC（质量保证和质量控制）程序等的函数。典型的铺设缺陷密度，作为铺设质量的函数列于表 6-28，适于目前在材料、机械装备和 QA/QC 技术现状下建造的填埋场。

表 6-28 缺陷密度和频度

铺设质量	缺陷密度/(个/hm^2)	频度/%
优	达到 1	10
好	1～4	40
一般	4～10	40
差	10～20①	10

① 高密度缺陷的报道见于过去填埋场缺乏铺设经验和材料较差时，这么高的密度并非目前的特点。

对于衬垫土工膜铺设，在严格的建造质量保证下，每 4000m^2 范围上可达到直径 2mm（即缺陷面积为 $3.14\times10^{-6}m^2$）的代表性缺陷只有 1～2 个。

对代表性衬垫性能评价，每公顷范围考虑面积为 0.1cm^2（相当于直径 3.5mm）的一个缺陷，保守设计时考虑面积为 1cm^2（相当于直径为 11mm）的一个缺陷。

为了最大限度发挥复合衬垫的效能，土工膜必须和下层复合防渗层紧密贴合。

二、漏洞检测方法

不论采用多么严格的施工质量控制措施，垃圾填埋场土工膜施工破损都是无法避免的。因此，在新建填埋场施工过程中，采取严格的施工质量控制措施，配合全面积的漏洞检测及孔洞修复，才能确保填埋场防渗层施工质量。在各种渗漏探测工艺中，电学漏洞检测是一种速度快、精度高、质量好的无损检测方法。施工完成后的漏洞检测一般采用移动式检测方式。移动式电学漏洞检测仅只是针对垃圾填埋场建设完成后的一次性检测，不适用于后续运行期间的破损渗漏检测。

对于一些防渗等级较高，要求在运行过程中也能够监测到土工膜的完整性，可以使用固定式电学长期监测系统，系统实时在线监测土工膜的泄漏情况，一旦发现泄漏，要求采取相应的措施进行补救。

移动式漏洞检测和固定式长期监测都是基于利用土工膜的绝缘特性。通过对防渗土工膜的上下施加电场，在土工膜破损区域，必然产生泄漏电流，导致电势异常。通过测量土工膜的电势，通过电势数据和图示判断破损的位置。移动式漏洞检测测量土工膜上的电参数，而固定式监测测量土工膜下的电参数。

1. 移动式电学渗漏检测

土工膜电学渗漏探测基本原理是在土工膜上施加电压，通过在电势场内移动探测设备探测电流回路位置，从而找到渗漏点。用于土工膜电学渗漏探测的主要有两种方式：双电极法和电弧法。双电极法用于土工膜上有砂石/泥土覆盖情况，电弧法适用于没有任何覆盖的裸露土工膜以及土工膜上覆盖有土工布或土工复合排水网的情况。

（1）双电极渗漏检测法　双电极渗漏探测是将不同电势施加到土工膜上面及其下面，在没有孔洞的情况下，覆盖土工膜的泥土或水的电势场相对均匀，土工膜为一种极其有效的绝缘体，只能在存在孔洞时才能建立电流路径，导致电势场变化。通过对测量的电势数据进行分析，可以精确定位产生渗漏孔洞的位置。双电极漏洞检测方法参考 ASTM D7007—2016《Standard Practices for Electrical Methods for Locating Leaks in Geomembranes Covered with Water or Earth Materials》。原理如图 6-30 所示。

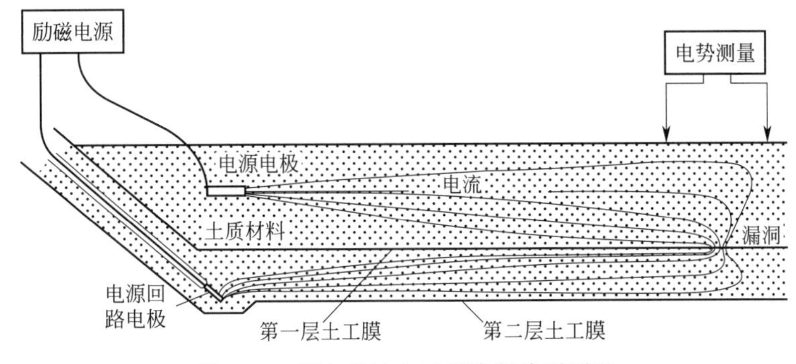

图 6-30　双电极法土工膜渗漏检测原理

双电极法适用于在土工膜上覆盖有水、泥浆、砂、有机泥土以及砾石和黏土的各种填埋场库底漏洞检测。

（2）电弧法漏洞检测　土工膜铺设具有导电性能的黏土、膨润土垫 GCL 或其他具有导电性能的材料之上，检测时将供电的地线接到膜下导电层。在土工膜上表面移动另一导电元件，以检查是否存在潜在孔洞。当出现破损孔洞时，形成闭合回路并形成电弧，并产生声光报警，如图 6-31 所示。

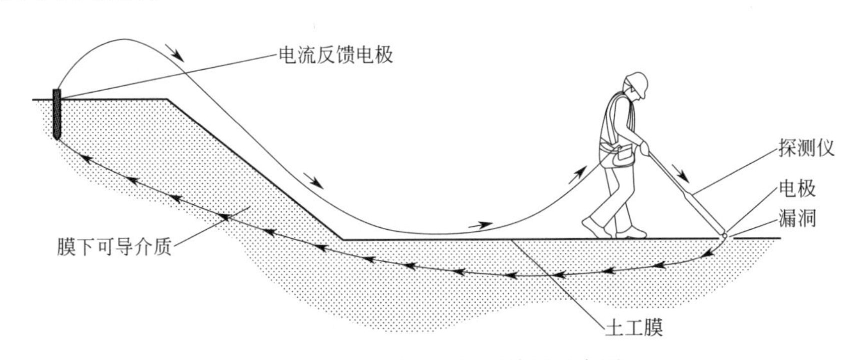

图 6-31　土工膜电弧漏洞检测示意图

2. 固定式土工膜长期监测系统

（1）简述　垃圾填埋场、人工湖、水库、矿山尾矿库、堆浸场等项目一般采用防渗土工膜来建设防渗系统。土工膜在制造、运输和施工安装等环节都可能发生破损破坏，破损的土工膜必然产生渗漏。如果是垃圾填埋场等污染项目，渗漏的渗滤液必然污染地下水等周围环境，造成环境的破坏。传统的填埋场的渗漏监测方式是采用监测井，这种监测方式比较滞后，渗漏发生一段时间并扩散进入地下水，对环境造成一定的污染后才能被发现。传统的监测井方式只能确定填埋场土工膜破损并发生泄漏，不能定位漏洞的位置。

采用固定式长期渗漏检测系统进行实时监测，能够及时发现土工膜的渗漏，在渗漏产生时即报警，并定位漏洞的位置。电学长期渗漏监测系统防渗工程建设时，在主防渗膜之下安装用于定位的柔性电极，通过线缆将监测到的电信号传输到中央处理电脑，进行实时的数据分析，得出填埋场防渗土工膜的运行情况，及时发现渗漏，在渗漏的初期就可以报警，确定漏洞的位置，为漏洞修复处理提供漏洞的坐标数据，配合施工完成后的漏洞检测，可以做到防渗系统的零渗漏。

(2) 原理方法　土工膜固定式长期渗漏监测系统是利用土工膜的电绝缘性和破损渗漏区域导电性改变来实现。基于测量电势，利用电流跟踪通过渗漏的孔洞。土工膜下的监测电极采用网格状排列，通过监测土膜下的电流密度进行监测泄漏，并确定泄漏位置。

在土工膜上下各埋放一个电极，土工膜下按一定距离埋置了若干检测电极。当土工膜没有漏洞的时候，给两个供电电极加电压，不能形成回路，各个电极所检测到的电势基本稳定。当土工膜有漏洞的时候，给两电极加一定的电压就形成了供电回路，通过漏洞的电流使得膜下导电体的电势发生改变，通过专用软件进行数据分析，确定渗漏异常区域。离漏洞越近，电流密度越大，反之则小。

(3) 组成和结构　长期渗漏监测系统由铺设于土工膜下的柔性检测电极形成格栅状，柔性检测电极由导线连接到场地边缘的控制箱。防渗土工膜柔性电极长期渗漏监测系统构成如图 6-32 所示。

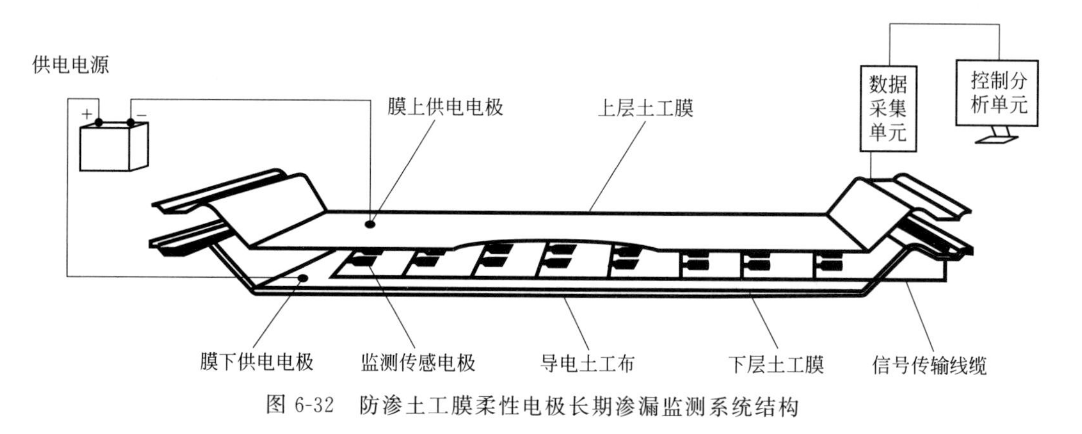

图 6-32　防渗土工膜柔性电极长期渗漏监测系统结构

固定式土工膜长期渗漏监测系统由以下部分组成：a. 柔性检测电极在土工膜下铺设成格栅状，电极间距一般为 5～8m；b. 电线连接每一个柔性检测电极到数据采集单元；c. 渗漏监测控制系统可以实现电势数据的实时采集；d. 数据分析软件分析电测数据，异常区域通过 2D 或者 3D 图显示。

对于生活垃圾填埋场，一般采用单层复合防渗系统（如图 6-33 所示），土工膜＋GCL 或者黏土层，柔性监测电极铺设于土工膜下的 GCL 或者黏土层上面，对于非均质黏土层，需要采用导电复合排水网铺设于土工膜下，一方面使得膜下水能够及时排出，避免地下水顶胀土工膜，另一方面导电复合排水网具有均质的导电性能。

对于危险废弃物填埋场，一般采用双层土工膜防渗结构（如图 6-34 所示），柔性检测电极布于两层土工膜之间的导电复合排水网之上。

预埋部分包括柔性监测电极、HDPE 线缆、供电电极。

柔性监测电极用于防渗层下的电势测量，柔性监测电极安装成格栅状，电极的间距为 5～8m，传输线缆护套和非金属监测电极在接近 200℃时热黏合，并通过特殊处理和可靠性测试。柔性监测电极采用非金属材料制成，具有抗化学腐蚀性，能够适应垃圾填埋场以及其他防渗系统的恶劣条件。

信号传输线缆由不锈钢丝网包围铜丝导线，非金属绝缘护套。铜丝导线传输测量信号，不锈钢丝线缆抗拉伸。线缆具有很高的机械拉伸性能和抗化学腐蚀性能，能够适应各种生化条件。

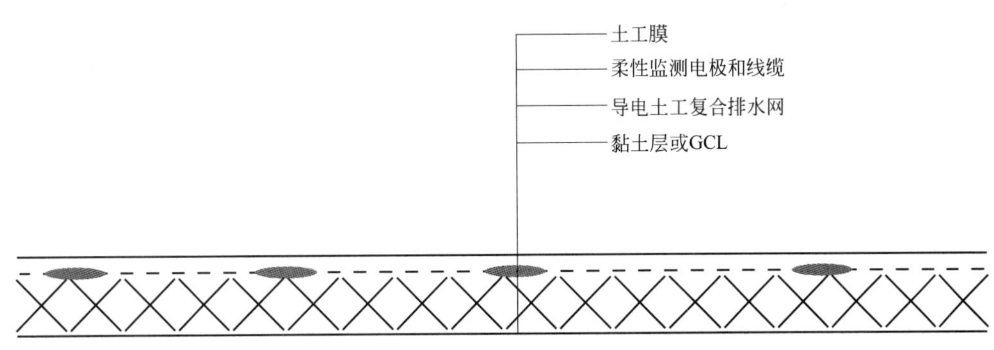

图 6-33 单层防渗系统渗漏监测结构

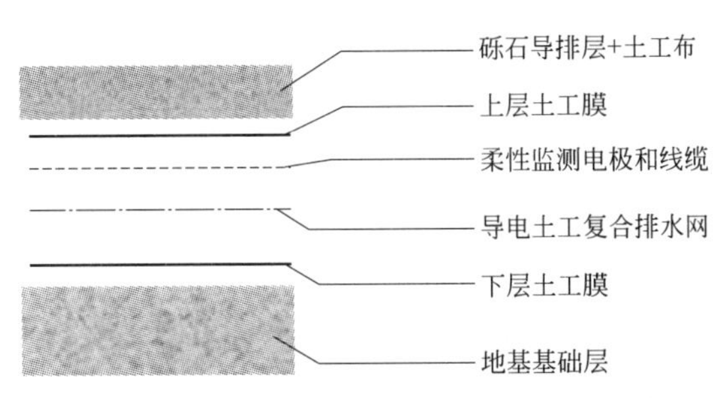

图 6-34 双层土工膜防渗结构渗漏监测系统

为了给防渗区域内泄漏孔洞提供电流，在恶劣的环境中，供电电极也采用非金属供电电极，电极具有很好的力学性能和抗化学腐蚀性能。

(4) 固定式长期监测系统的必要性 采用长期监测系统配合施工完成后的漏洞检测，可以做到防渗结构的零渗漏。土工膜运行期间的破损，大部分是在项目运行初期产生，此时的垃圾填埋不是很深，开挖修补比较容易。由于后期地基沉降造成的破损泄漏，开挖垃圾可能有一些困难，但是在确定破损位置的情况下，依然可以对破损部位进行处理。

虽然一些项目采用双层防渗结构，在一定程度上可以增加防渗系统的安全性，但是土工膜破损是无法避免的，即使是采用双层土工膜，也不能保证土工膜不破损，破损的土工膜必然形成渗漏，出现渗漏也无法确定泄漏位置，无法进行处理。

对于危险废弃物堆填区域，最安全的结构是采用双层防渗结构加上长期渗漏监测系统。

第七章 垃圾渗滤液的产生和处理

第一节　渗滤液的产生

一、渗滤液的来源

垃圾渗滤液是指垃圾在填埋和堆放过程中由于垃圾中有机物质分解产生的水和垃圾中的游离水、降水以及入渗的地下水，通过淋溶作用形成的污水。垃圾渗滤液是一种成分复杂的高浓度有机废水，水质和水量在现场多方面的因素影响下波动很大。垃圾渗滤液的主要来源如下。

1. 降水入渗

降水包括降雨和降雪，它是渗滤液产生的主要来源。影响渗滤液产生数量的降雨特性有降雨量、降雨强度、降雨频率、降雨持续时间等。降雪和渗滤液生成量的关系受降雪量、升华量、融雪量等影响。在积雪地带，还受融雪时期或融雪速度的影响。一般降雪量的十分之一相当于等量的降雨量。确切数量可根据当地的气象资料确定。

2. 外部地表水入渗

这包括地表径流和地表灌溉，渗滤液具体数量取决于填埋场地周围的地势、覆土材料的种类及渗透性能、场地的植被情况及排水设施的完善程度等。地表灌溉与地面的种植情况和土壤类型有关。

3. 地下水入渗

当填埋场内渗滤液水位低于场外地下水水位，并没有设置防渗系统时，地下水就有可能渗入填埋场。渗滤液的数量和性质与地下水同垃圾的接触量、接触时间及流动方向有关。如果在设计施工中采取防渗措施，可以大量减少地下水的渗入量。

4. 垃圾自身的水分

随固体废物进入填埋场中的水分，包括固体废物本身携带的水分以及从大气和雨水中的吸收量。入场废物携带的水分有时是渗滤液的主要来源之一。填埋污泥时，不管污泥的种类及保水能力如何，即使通过简单的推铺，污泥中就会有相当部分的水分变成渗滤液自填埋场流出。

5. 覆盖材料中的水分

随覆盖材料进入填埋场中的水量与覆盖层物质的类型、来源以及季节有关。覆盖层物质的含水量可以用持水度来反映，即克服重力作用之后能在介质孔隙中保持的水量体积与覆盖材料总体积之比。典型持水度对于砂而言为6%～12%，对于黏土质的土壤为23%～31%。

6. 有机物分解生成水

垃圾中的有机组分在填埋场内经好氧、厌氧分解产生的水分，其产生量与垃圾的组成、pH 值、温度和菌种等因素有关。

二、影响垃圾渗滤液产生量的主要因素

填埋场渗滤液的产生量通常由区域降水及气候状况、场地地形地貌及水文地质条件、填埋垃圾性质与组分、填埋场构造、操作条件五个相互作用的因素决定，并受其他一些因素制约。

1. 填埋场构造

填埋场的构造与渗滤液产生量有很大关系。对于未铺设水平和斜坡防水防渗衬层的填埋场底部，或是建设在地下水位以下的平地型填埋场或山谷型填埋场，地下水的入浸是渗滤液的一个重要来源；对于未设高质量地表水控制系统的填埋场，地表径流可能导致产生过多的渗滤液。

通常，对于一个设计完好的填埋场，可以避免地下水和地表径流进入。由于降水是影响渗滤液产生量的重要因素，大气降水到达填埋场表面后，在合理设计地面径流控制系统的情况下，降水的一部分变成地面径流流出填埋场，另一部分通过表面蒸发及植物的蒸腾作用进入大气，以及通过覆盖层顶层土壤的扩散、迁移进入覆盖层的衬层-排水层入渗水收排系统，再汇入底坡收集管网后排出填埋场，仅有小部分水能下渗到废物层而形成渗滤液，这时的渗滤液主要来源于废物本身带入的水分。

2. 降水

降水是渗滤液的主要来源，其大小直接影响着渗滤液产生量的多少。降水一部分形成地表径流，另一部分则下渗垃圾填埋体成为渗滤液。影响地表径流和下渗的主要因素有降雨量、降雨强度、降雨历时、填埋场覆盖状况等。在相同条件下，降雨强度越大，前期雨量影响越高，超渗产流将越高，地表径流将越大；降雨历时越长，覆土和垃圾含水率越高，蒸发

就越少，下渗增加，填埋场覆盖层植被越好，地表径流就越少，而下渗量大，反之，下渗量小。此外，垃圾成分中有机物质含量高，持水能力较高，降水下渗速率会降低。

3. 地表径流

影响地表径流的因素主要有：地形、填埋场覆盖层材料、植被、土壤渗透性、表层土壤的初始含水率和排水条件。填埋场地形，如大小、形状、坡度、方位、高度和地表形状等，控制着地表积水的流动；在这些因素中，坡度尤为重要。表层土壤的类型、渗透性及初始含水率直接影响入渗速率，并会对地表汇水或地表径流产生影响。填埋场地表植被也对地表径流有显著影响，它会使地表水流动速度变慢，从而使水在地表保持较长的时间。所产生的影响取决于植物的类型、密度、生长年龄及季节。

三、垃圾渗滤液产生量控制措施

1. 入场垃圾含水率的控制

填埋过程中垃圾自身所含水分，超出持水率的部分会在垃圾压实过程中渗滤出来，其量在渗滤液产生量中占相当大的比例。我国对入场填埋垃圾的含水率没有定量要求，但要求进入填埋场填埋的污水处理厂污泥含水率应小于60%。

2. 控制地表水的渗入量

由于地表水的渗入是渗滤液的主要来源之一，因此消除或者减少地表水的渗入量是填埋场设计的最为重要的方面。对包括降雨、降雪、地表径流、间歇河和上升泉等的所有地表水进行有效控制，可以减少填埋场渗滤液的产生量。地表水管理的目的是不让区域地表径流进入填埋场区，不让填埋场内径流通过废物层并流出填埋场，否则会将废物中的污染物带到接受水体中，并可能引起覆盖土壤、边坡、水道以及其他未保护地表的侵蚀。主要可采取的措施有：a. 间歇暴露地区产生的临时性侵蚀和淤塞的控制；b. 最终覆盖区域采取土壤加固、植被整修边坡等控制侵蚀的措施；c. 渠加设衬层，以防止在暴雨期间大流量的冲刷；d. 建缓冲池以减少洪峰的影响；e. 流经未覆盖垃圾的径流引至渗滤液处理与处置系统。

管理设施的规模是根据对降水量的预测，包括暴雨产生的概率和降水密度而确定的。其防洪标准应按不小于50年一遇洪水水位设计，按100年一遇洪水水位校核。可供选用的控制设施有雨水流路、雨水沟、涵洞、雨水储存塘等。

3. 控制地下水的渗入量

有关的法规规定填埋场底部距离地下水最高水位应大于1m，但如在所有季节都要求符合这项原则是很难的。例如，位于平原地区的填埋场场址，那里的地下水位很高，而山谷型填埋场在雨季时的地下水位也会高于填埋场底部。在类似的这些情况下，则地下水的入侵必导致填埋场的渗滤液剧增。

对地下水进行管理的目的在于防止地下水进入填埋区与废物接触。其主要方法是控制浅层地下水的横向流动，使之不进入填埋区。成功的地下水管理可以减少渗滤液的产生量，此外还可以为改善场区操作创造条件。主要方法有设置隔离层、设置地下水排水管和抽取地下水等。

第二节 垃圾渗滤液产生量估算方法

填埋场渗滤液主要来源于场内降水渗入和垃圾自身产生的水分。场内降水渗入形成渗滤液的量与场内雨污分流措施有关，而垃圾自身产生的水分则与垃圾的含水率和可降解组分含量有关。当垃圾含水率较低时，垃圾自身产生的渗滤液较少，可以忽略。场内降水渗入形成渗滤液的量，与填埋场的覆盖条件有关，因此可建立降雨量与渗滤液产生量间的经验公式，即浸出系数法经验公式。

渗滤液最大日产生量、日平均产生量及逐月平均产生量宜按下式计算，其中浸出系数应结合填埋场实际情况选取。

$$Q=I(C_1A_1+C_2A_2+C_3A_3+C_4A_4)/1000$$

式中，Q 为渗滤液产生量，m^3/d；I 为降水量，mm/d，当计算渗滤液最大日产生量时取历史最大日降水量，当计算渗滤液日平均产生量时取多年平均日降水量，当计算渗滤液逐月平均产生量时取多年逐月平均降雨量。数据充足时，宜按 20 年的数据计取；数据不足 20 年时，可按现有全部年数据计取；C_1 为正在填埋作业区浸出系数，宜取 0.4～1.0，具体取值可参考表 7-1；A_1 为正在填埋作业区汇水面积，m^2；C_2 为已中间覆盖区浸出系数，当采用膜覆盖时宜取（0.2～0.3）C_1（生活垃圾降解程度低或埋深小时宜取下限，生活垃圾降解程度高或埋深大时宜取上限）；当采用土覆盖时宜取（0.4～0.6）C_1（覆盖材料渗透系数较小、整体密封性好、生活垃圾降解程度低及埋深小时宜取低值，覆盖材料渗透系数较大、整体密封性较差、生活垃圾降解程度高及埋深大时宜取高值）；A_2 为已中间覆盖区汇水面积，m^2；C_3 为已终场覆盖区浸出系数，宜取 0.1～0.2（覆盖材料渗透系数较小、整体密封性好、生活垃圾降解程度低及埋深小时宜取下限，覆盖材料渗透系数较大、整体密封性较差、生活垃圾降解程度高及埋深大时宜取上限）；A_3 为已终场覆盖区汇水面积，m^2；C_4 为调节池浸出系数，取 0 或 1.0（若调节池设置有覆盖系统取 0，若调节池未设置覆盖系统取 1.0）；A_4 为调节池汇水面积，m^2。

当 A_1、A_2、A_3 随不同的填埋时期取不同值，渗滤液产生量设计值应在最不利情况下计算，即在 A_1、A_2、A_3 的取值使得 Q 最大的时候进行计算。

表 7-1 正在填埋作业单元浸出系数 C_1 取值表

有机物含量	所在地年降雨量/mm		
	年降雨量≥800	400≤年降雨量<800	年降雨量<400
>70%	0.85～1.00	0.75～0.95	0.50～0.75
≤70%	0.70～0.80	0.50～0.70	0.40～0.55

注：填埋场所处地区气候干旱、进场生活垃圾中有机物含量低、生活垃圾降解程度低及埋深小时宜取高值；填埋场所处地区气候湿润、进场生活垃圾中有机物含量高、生活垃圾降解程度高及埋深大时宜取低值。

当考虑生活管理区污水等其他因素时，渗滤液的设计处理规模宜在其产生量的基础上乘以适当系数。

我国城市生活垃圾的餐厨废物含量较高，因此含水率和可降解有机物明显高于欧美等发达国家，垃圾自身产生的水分可达垃圾量的10%～40%，不容忽视。垃圾自身降解产生的水分排出极限为垃圾的田间持水量，当填埋垃圾的初始含水率较高时，垃圾自身降解或压缩产生的渗滤液量较多，甚至超过降雨入渗量，不能忽略，采用以上浸出系数法得到的渗滤液产量明显偏小。我国《生活垃圾卫生填埋场岩土工程技术规范》（CJJ 176—2012）推荐采用同时考虑降雨入渗量和垃圾自身降解或压缩产生的渗滤液量的公式，该公式计算出的渗滤液产生量与实测值比较接近。

该渗滤液产生量计算公式为：

$$Q=\frac{I}{1000}\times(C_{L1}A_1+C_{L2}A_2+C_{L3}A_3)+\frac{M_d\times(W_c-F_c)}{\rho_w}$$

式中，Q 为渗滤液产生量，m^3/d；I 为日降水量，mm/d，应采用最近不少于20年的日均降雨量数据；A_1 为填埋作业单元汇水面积，m^2；C_{L1} 为填埋作业单元渗出系数，一般取0.5～0.8；A_2 为中间覆盖单元汇水面积，m^2；C_{L2} 为中间覆盖单元渗出系数，宜取(0.4～0.6)C_{L1}；A_3 为封场覆盖单元汇水面积，m^2；C_{L3} 为封场覆盖单元渗出系数，一般取0.1～0.2；M_d 为日均填埋规模，t/d；W_c 为填埋垃圾初始含水率，%；F_c 为完全降解垃圾田间持水量，%，取值参见表7-2；ρ_w 为水的密度，t/m^3。

表7-2　垃圾初始含水率和田间持水量取值

（无机物含量<30%时取值）						
所在地年降雨量/mm	初始含水率/%					田间持水量/%
	春	夏	秋	冬	全年	
年降雨量≥800	45～60	55～65	45～60	40～55	50～60	30～45
400≤年降雨量<800	35～50	50～65	35～50	30～45	40～55	30～45
年降雨量<400	20～35	35～50	20～35	15～30	20～40	30～45
（无机物含量≥30%时取值）						
所在地年降雨量/mm	初始含水率/%					田间持水量/%
	春	夏	秋	冬	全年	
年降雨量≥800	35～50	45～60	35～50	30～45	40～55	30～45
400≤年降雨量<800	20～35	35～50	20～35	15～30	20～40	30～45
年降雨量<400	15～25	25～40	15～25	15～25	15～30	30～45

注：1. 垃圾无机物含量高或经中转脱水时，初始含水率取低值。

2. 垃圾降解程度高或埋深大时，田间持水量取低值。

第三节　垃圾渗滤液的水质特征

一、水质特征及变化规律

垃圾填埋场渗滤液的水质随垃圾组分、当地气候、水文地质、填埋时间和填埋方式等因素的影响而有显著不同。总体来说，渗滤液具有以下特征。

1. 有机污染物浓度高

实验研究表明，渗滤液中含有主要有机物 77 种，其中芳烃 29 种，烷烃烯烃类 18 种，酸类 8 种，酯类 5 种，醇、酚类 6 种，酮醛类 4 种，酰胺类 2 种，其他有机物 5 种。77 种有机物中，有可疑致癌物质 1 种、辅致癌物质 5 种，被列入我国环境优先污染物“黑名单”的有 5 种以上。上述 77 种有机物仅占渗滤液中 COD 的 10%左右。

一般而言，垃圾渗滤液中的有机物可分为三类，即低分子量的脂肪酸类、腐殖质类高分子的碳水化合物、中等分子量的黄腐酸类物质。

对相对不稳定的填埋过程而言，大约有 90%的可溶性有机碳是短链的可挥发性脂肪酸，其次是黄腐酸类；而相对稳定的填埋过程，易降解的挥发性脂肪酸随垃圾的填埋时间而减少，难生物降解的黄腐酸类的比重则增加。

2. 氨氮含量较高

“中老年”填埋场渗滤液中较高的氨氮含量是导致其处理难度较大的一个重要原因。由于目前多采用厌氧填埋，氨氮在垃圾进入产甲烷阶段后不断上升，达到峰值后再缓慢下降。有研究表明，渗滤液中的氨氮占总氮含量的 85%～90%。氨氮含量过高要求进行脱氮处理，但过低的 C/N 不但对常规生物过程有较强的抑制作用，而且由于有机碳源的缺乏难以进行有效的反硝化。

3. 磷含量偏低

垃圾渗滤液中的磷含量通常较低，尤其是溶解性的磷酸盐含量更低。

4. 金属离子含量较高

渗滤液中含有多种金属离子，其含量与所填埋的垃圾组分及时间密切相关。对生活垃圾工业垃圾混合填埋的填埋场来说，重金属离子的溶出量会明显增加。

5. 总溶解性固体含量较高

这些溶解性固体通常随填埋时间的延长而变化，在 0.5～2.5 年间达到高峰值，同时含有高含量的 Na、K、Cl、SO_4 等无机类溶解性盐和铁、镁等。此后，随填埋时间的增加含量逐渐下降，直至达到最终稳定。

6. 色度较高

渗滤液具有较高的色度，其外观多呈淡茶色、深褐色或黑色，有极重的垃圾腐败臭味。

7. 水质随填埋时间的变化较大

填埋时间在 5 年以下的渗滤液 pH 值较低，BOD_5 及 COD_{Cr} 浓度较高，且 BOD_5/COD_{Cr} 的比值较高，同时各类重金属离子的浓度也较高。填埋时间 5 年以上的渗滤液 pH 值接近中性，BOD_5 及 COD_{Cr} 浓度下降，BOD_5/COD_{Cr} 的比值较低，而 NH_3-N 浓度较高，重金属离子的浓度则下降。表 7-3 列举了深圳和上海垃圾渗滤液在不同填埋时间的主要水质指标。

表 7-3　深圳和上海垃圾渗滤液在不同填埋时间的主要水质指标

项　目	深　圳		上　海	
	前 5 年	5 年后	初期	10 年后
COD_{Cr}/(g/L)	20～60	3～20	10～32	0.5～1.5
BOD_5/(g/L)	10～36	1～10	3～16	0.1～0.2
NH_3-N/(mg/L)	400～1500	500～1000	400～2000	700～220
TP/(mg/L)	10～70	10～30		
SS/(mg/L)	1000～6000	100～3000	750～3500	150～2000
pH 值	5.6～7	6.5～7.5	6.8～7.7	7.3～8.2
BOD_5/COD_{Cr}(典型值之比)	0.43	0.04	0.40	0.15

二、渗滤液性质的影响因素

垃圾填埋场的结构与垃圾填埋技术直接影响到渗滤水的降解和稳定，表 7-4 中列出了垃圾填埋场结构与垃圾渗滤液水质的关系。

表 7-4　垃圾填埋场结构与垃圾渗滤液水质的关系

填埋场结构	项　目	填埋期间	封场后 6 个月	封场后 1 年	封场后 2 年
厌氧填埋场	BOD_5	40000～50000	40000～50000	30000～40000	10000～20000
	COD	40000～50000	40000～50000	30000～40000	10000～20000
	NH_3-N	800～1000	1000	800	600
	pH 值	大约 6.0	大约 6.0	大约 6.0	大约 6.0
	透明度	0.9～1.0	1.0～2.0	2.0～3.0	2.0～3.0
好氧填埋场	BOD_5	40000～50000	7000～8000	300	200～300
	COD	40000～50000	10000～20000	1000～2000	1000～2000
	NH_3-N	800～1000	800	500～600	500～600
	pH 值	大约 6.0	大约 7.5	7.0～7.5	7.0～7.5
	透明度	0.9～1.0	1.0～2.0	1.5～2.0	1.0～2.0
准好氧填埋场	BOD_5	40000～50000	5000～6000	100～200	50
	COD	40000～50000	10000	1000～2000	1000
	NH_3-N	800～1000	500	100～200	100
	pH 值	大约 6.0	大约 8.0	大约 7.5	7.0～8.0
	透明度	0.9～1.0	1.0～2.0	3.0～4.0	5.0～6.0

注：除 pH 值和透明度外其余单位均为 mg/L。

从表 7-4 中可以看出，好氧垃圾填埋场能够使垃圾渗滤液中污染物快速降解，并能使垃圾渗滤液水质很快达到稳定。但是，好氧垃圾填埋场的建设和维护费用是相当高的，而且对运行操作要求十分严格。准好氧填埋场利用填埋场底部的渗滤液收集系统导入空气，靠垃圾分解产生的发酵热造成内外温差使空气流自然通过填埋体，不需强制通风，节省能量。与好氧填埋场相比，准好氧垃圾填埋场较容易建设，维护费用也低，并且也能使垃圾渗滤液中污染物质快速降解，从而使垃圾渗滤液水质稳定化期间明显缩短。由于准好氧垃圾填埋场在费用上与厌氧填埋场没有大的差别，而在垃圾稳定速率上又与好氧填埋场相近，因此，得到越来越广泛地应用。目前我国一些按这种思想设计的填埋场已在建设中。

另外，垃圾渗滤液的化学性质还取决于以下几个方面。

(1) 垃圾的组成　垃圾的组成成分直接影响到填埋场渗滤液的化学特性。

(2) 防渗工艺　如果填埋场库区外围设有截洪沟，场底用 HDPE（高密度聚乙烯）膜铺垫能很好地控制地表径流和地下水进入库区，渗滤液中有机物浓度则相对较高；如果用一般的黏土，地表径流截留效果不好，渗滤液中有机物浓度则相对较低。

(3) 填埋时间　垃圾填埋后，其填埋年龄不同，降解速率及持水能力和水的渗透性能均不相同，所以，产生的渗滤液的组成及其含量均不相同。一般来讲，填埋时间越长，渗滤液的含量越低。

(4) 雨污分流状况　对于南方多雨地区，若垃圾填埋库区的雨污分流做得不好，则雨水大量流入库区，渗滤液的浓度就低。如果雨污分流设施比较系统完善，如垃圾上覆盖的膜与边坡的厚膜用焊枪焊接，则渗滤液的水量会大为减少，渗滤液的污染物浓度也会偏高。

(5) 填埋场所处的气候条件　同期的垃圾填埋场，南方地区相较于北方地区降雨量大，垃圾所含的水分及部分雨水进入库区，渗滤液浓度会偏低。

第四节　渗滤液处理方法

在广大的发展中国家，土地填埋法作为一种技术成熟、处置费用相对较低的方法仍然被广泛使用，即使是欧洲发达国家仍然面临填埋场封场后数十年维护管理过程中的一系列问题。卫生填埋场设计、运行、管理的核心就是要确保对周围环境的影响最小，最突出问题之一就是渗滤液排放对环境的不利影响，尤其是对地下水资源的污染。

解决卫生填埋场渗滤液问题，除了在填埋场设计选址阶段，选择地下水位低或远离地下水源取水井和低渗透系数岩土结构的位置，其次就是要将渗滤液处理达标后再排放到水体，彻底消除渗滤液对环境影响的隐患。

渗滤液处理方法根据是否可以就近接入城市生活污水处理厂处理，相应分成两类，即合并处理与单独处理。所谓合并处理就是将渗滤液引入附近的城市污水处理厂进行处理，这也可能包括在填埋场内进行必要的预处理。这种方案是以在填埋场附近有城市污水处理厂为必要条件，若城市污水处理厂是未考虑接纳附近填埋场的渗滤液而设计的，其所能接纳而不对其运行构成威胁的渗滤液比例是很有限的。通常认为加入渗滤液的体积不超过生活污水体积0.5%时都是安全的，而根据不同的渗滤液浓度，国外研究证明这个比例可以提高到4%～10%，最终的控制标准取决于处理系统的污泥负荷，只要加入渗滤液后污泥负荷不超过10%就是可以接受的。虽然合并处理可以略微提高渗滤液的可生化性，但由于渗滤液的加入而产生的问题却不容忽视，主要包括污染物质如重金属在生物污泥中的积累影响污泥在农业上的应用，以及大部分有毒有害难降解污染物质如TOX等并没有得到有效去除而仅仅是稀释后重新转移到排放的水体中，进一步构成对环境的威胁。因此目前国外相当一部分专家不提倡合并处理，除非城市生活污水处理厂增加三级深度处理的工艺。

渗滤液单独处理方案按照工艺特征又可分为预处理和膜处理，预处理可分为生物法、物化法、土地法以及不同类别方法的综合，其中物化法又包括混凝沉淀、活性炭吸附、膜分离和化学氧化法等。混凝沉淀主要是用Fe^{3+}或Al^{3+}作混凝剂；粉末活性炭的处理效果优于粒状活性炭；膜分离法通常是运用微滤和反渗透技术；化学氧化法包括用臭气、高锰酸钾、氯气和过氧化氢等氧化剂，在高温高压条件下的湿式氧化和催化氧化（如臭氧的氧化率在高pH值和有紫外线辐射的条件下可以提高）。与生物法相比，物化法不受水质水量的影响，出水水质比较稳定，对渗滤液中较难生物降解的成分，有较好的处理效果。土地法包括慢速渗滤系统（SR）、快速渗滤系统（RI）、表面漫流系统（OF）、湿地系统（WL）、地下渗滤处理系统（UG）及人工快渗处理系统（ARI）等多种土地处理系统，主要通过土壤颗粒的过滤、离子交换吸附、沉淀及生物降解等作用去除渗滤液中的悬浮固体和溶解成分。土地法由于投资费用省，运行费用低，从生命周期分析的角度来看是最有价值去大力研究开发的处理方法。

生物法是渗滤液处理中最常用的一种方法，由于它的运行处理费用相对较低，有机物被微生物降解主要生成二氧化碳、水、甲烷以及微生物的生物体等对环境影响较小的物质（甲烷气体可作为能量回收），不会出现化学污泥造成二次污染的问题，所以被世界各国广泛采用。生物法处理渗滤液的难点是氨氮的去除。而膜处理作为一种新型的处理工艺，近年来在国内外废水处理研究中格外引人注目。国内一些新型垃圾填埋场已经采用膜处理如膜生物反应器、超滤、纳滤等作为处理手段，可见膜处理有着较好的应用潜力和开发前景。膜处理工艺与传统的处理工艺相比，具有出水水质好、出水可直接回用、设备占地面积小等优点。

一、预处理

（一）生物法

处理渗滤液的生物法可以分厌氧生物处理和好氧生物处理两大类，具体的方法有上流式厌氧污泥床、厌氧生物滤池、稳定塘、生物转盘等。

1. 厌氧生物处理工艺（anaerobic biological processs）

（1）上流式厌氧污泥床（UASB） 上流式厌氧污泥床（upflow anaerobic sludge blanket，UASB）反应器是荷兰 Wageningen 农业大学的 Lettinga 等于 1973～1977 年间研制成功的，当时在实验室的试验研究中，60L 的上流式厌氧污泥床反应器的处理效能很高，有机负荷率高达 10kgCOD/(m^3·d)。

UASB 反应器的反应区一般高 1.5～4m，其中充满的高浓度和高生物活性的厌氧污泥是其高效工作的基础。反应区内厌氧微生物分别以游离污泥、絮状污泥和颗粒污泥三种形态存在。正常的 UASB 反应器内，反应区的污泥沿高程呈两种分布状态。下部 1/3～1/2 的高度范围内，主要堆集着颗粒污泥和絮状污泥，即便因进水水力作用使污泥粒子以紊动的形式存在，但相互之间距离很近，几乎呈搭接之势。在这个区域内的污泥浓度高达 40～80gVSS/L，通常称为污泥床层。污泥床层是去除污水中可生物降解的有机物的主要场所，占去除总量的 70%～90%。污泥床层以上占反应区总高度 1/2～2/3 的区域内悬浮着粒径较小的絮状污泥和游离污泥，污泥粒子之间保持着较大的距离，相应污泥浓度也较小，平均为 5～25gVSS/L。这个区域通常称为污泥悬浮层，它是防止污泥粒子流失的缓冲层，其生物处理的作用并不明显，被降解的有机物占去除总量的 10%～30%。在污泥床层和悬浮污泥层之间通常存在着一个浓度突变的分界面，被称为污泥层分界面，它的存在及高低和废水的种类、出水及出气等条件有关。

污泥粒子在反应区内的分布规律是上小下大，即上部主要分散着游离污泥和粒径较小的絮状污泥，中部悬浮着粒径中等的絮状污泥，底部则密集着粒径较大的絮状污泥和颗粒污泥。促成污泥粒子这种纵向分布规律的因素有 2 个：a. 进水提供的基质浓度梯度所构成的生态环境的差异性；b. 反应区的气力和水力分级作用。

UASB 反应器与其他大多数厌氧生物处理装置不同之处是：a. 废水由下向上流过反应器；b. 污泥无需特殊的搅拌设备；c. 反应器顶部有特殊的三相分离器。正常工作的反应器与其他厌氧生物处理装置相比，其突出优点是处理能力大，处理效率好，运行管理方便，性能比较稳定，构造比较简单便于放大。在第二代厌氧处理工艺设备中，UASB 反应器在处理悬浮物含量低的高浓度有机废水方面应用最为广泛。1999 年在对世界范围内的厌氧处理工艺的统计中发现，1303 个采用不同类型的厌氧反应器中，有近 800 个采用了 UASB 反应器，占全部项目的 59%。

虽然 UASB 反应器产生的甲烷气体可以作为能源利用，但过去该工艺因为停留时间长对冲击负荷和有毒物质很敏感，一直被认为不适用于渗滤液的处理。Nick C. Blakey 等（1992 年）在实验室里研究了在该工艺中温度、营养供应和微生物接种对渗滤液处理效果的影响。该反应器的主要运行参数与产气情况见表 7-5。

表 7-5　主要运行参数与产气情况

控制项目	参数范围	平均值	控制项目	参数范围	平均值
温度/℃	27.5～32	29.1	气体组成		
流量/(L/d)	2.9～12.3	6.9	甲烷/%	69.5～81.0	75.9
停留时间/d	1.0～3.2	1.8	二氧化碳/%	19.0～30.5	24.1
负荷率/[kgCOD/(m³·d)]	3.6～19.7	10.5	产气率/(mL/g 去除的 COD)	382～610	496
产气量/(L/d)	23.1～84.5	51.6	甲烷产量/(mL/g 去除的 COD)	310～494	377

试验数据表明，在平均负荷率为 12kgCOD/(m^3·d)，平均停留时间为 1.75d，发酵温度平均在 29℃时，COD_{Cr}、BOD_5、TOC 和 SS 的去除率分别为 82%、85%、84%和 90%，发酵产生的气体中除了二氧化碳和甲烷外，还有 $(24\sim59)\times10^{-6}$ 的氢气，而硫化氢气体则很难检测到。通过实验和理论计算，该工艺依靠发酵过程产生的甲烷气体在能量上完全可以自给自足，使反应器维持所需要的温度，这使该工艺变得更加经济。

鞍山垃圾卫生填埋场渗滤液处理系统采用 UASBF 工艺作为生物处理的第一个工序。UASBF 是传统 UASB 反应器的一种强化形式，反应器的下部与传统 UASB 反应器完全相同，为污泥床层，而在上部的悬浮污泥层则增加了填料成为厌氧滤床，使其同时具有厌氧污泥悬浮层和厌氧过滤床的优点，进一步提高了污泥截留能力和污泥浓度，提高了抗冲击负荷能力。该项目的设计处理能力为 300m^3/d，设计进水指标为 COD 10000～15000mg/L、NH_4^+-N 800～1500mg/L、SS 2000～4000mg/L。其工艺流程见图 7-1，主要运行参数见表 7-6。

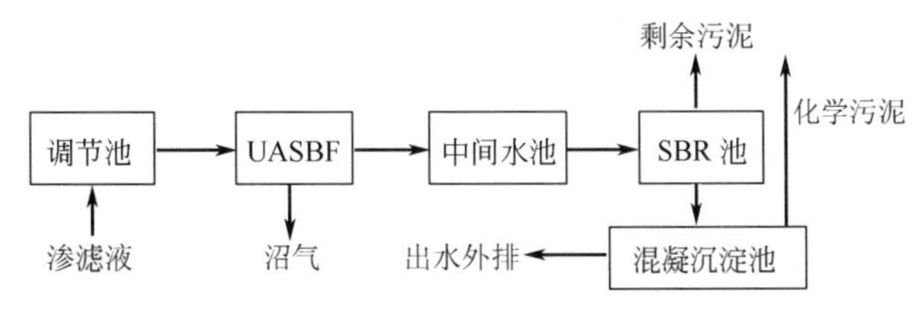

图 7-1　鞍山垃圾卫生填埋场工艺流程

UASBF 厌氧反应器启动阶段从渗滤液调节池和鞍钢化工总厂污水处理站取用污泥，由少到多逐渐加入渗滤液，并通过回流系统进行搅拌，经过近两个月的培养驯化，厌氧污泥的活性、适应性和数量基本达到要求，然后进入满负荷运行。运行期间进水 COD 为 4000～15000mg/L，平均为 6000mg/L，出水为 800～2300mg/L，COD 平均去除率约为 83%。

表 7-6 鞍山垃圾卫生填埋场 UASBF 主要运行参数

运行参数	参数范围	运行参数	参数范围
处理水量/(m^3/h)	12.5	HRT/h	52
COD容积负荷/[kgCOD/($m^3 \cdot d$)]	>10	运行温度/℃	30～35
表面负荷/[$m^3/(m^2 \cdot h)$]	0.3		

（2）厌氧生物滤池　厌氧生物滤池是世界上最早的废水厌氧生物处理构筑物之一，是厌氧生物膜法的代表工艺之一。它是利用附着在载体表面的厌氧微生物所形成的生物膜净化废水中有机物的一种生物处理方法。

厌氧生物滤池根据进水点位置的不同，分为升流式厌氧生物滤池和降流式厌氧生物滤池两种。无论哪种厌氧生物滤池其构造均类似于好氧生物滤池，包括池体、滤料、布水设备及排水（泥）设备等。不同之处在于厌氧生物滤池内部是一个封闭的系统，其中心构造是滤料，滤料的形态、性质及其装填方式对滤料的净化效果及运行有着重要的影响。不但要求滤料结构坚固、耐腐蚀，而且要求其有较大的比表面积。因为滤料是厌氧微生物形成和固着的部位，所以要求滤料表面应当比较粗糙便于挂膜，又要有一定的孔隙率以便于污水均匀地流过，同时通过近年来厌氧生物滤池的运行实践表明，滤料的形状及其在生物滤池中的装填方式等对运行效能也有很大的影响。

厌氧生物滤池的工作原理与好氧生物滤池相似，只不过发挥作用的是厌氧微生物而不是好氧微生物。在厌氧生物滤池的工作过程中，有机废水通过挂有厌氧生物膜的滤料时，废水中的有机物扩散到生物膜表面，并被生物膜中的厌氧微生物降解产生生物气。净化后的废水通过排水设备排至池外，所产生的生物气被收集。由于厌氧生物滤池的种类不同，其内部的流态也不尽相同。升流式厌氧生物滤池的流态接近于平推流，纵向混合不明显。降流式厌氧生物滤池一般采用较大回流比操作，因此其流态接近于完全混合。

厌氧生物滤池中存在着大量兼性厌氧菌和专性厌氧菌。除此之外还会出现不少厌氧原生动物。这些原生动物中主要有 Metopus、Saprodinium、Urozona、Trimyema 及微小的鞭毛虫等。研究结果表明，厌氧原生动物约占厌氧生物滤池中生物总量的 20%。厌氧原生动物的作用主要是捕食分散的细菌，这样不仅可以提高出水水质，而且能够减少污泥量。

深圳下坪固体废弃物填埋场渗滤液中试研究中采用了厌氧生物滤池工艺。由于深圳市生活习惯的特点，厨房垃圾占垃圾总量的 60%以上，造成渗滤液的有机物和氨氮浓度很高，因此渗滤液在经过氨的吹脱后再进入厌氧生物滤池。中试工艺流程见图 7-2，中试所用渗滤液的水质见表 7-7。

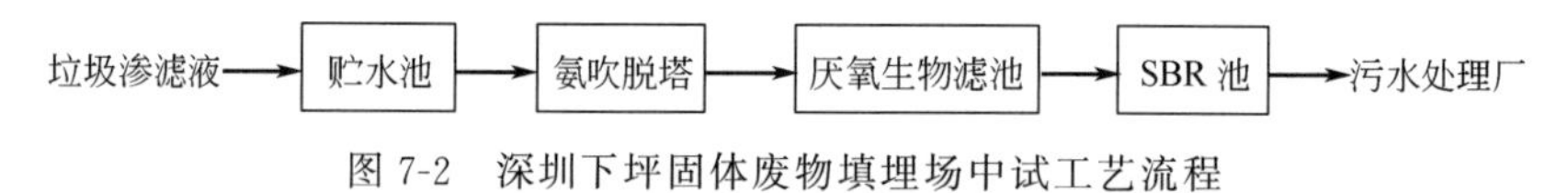

图 7-2　深圳下坪固体废物填埋场中试工艺流程

表 7-7 深圳下坪固体废弃物填埋场渗滤液水质

项目	水质	项目	水质
BOD_5/(mg/L)	3000～5000	SS/(mg/L)	250
COD_{Cr}/(mg/L)	10000～16000	NH_4^+-N/(mg/L)	2000～3000
pH 值	7～9		

该中试的厌氧生物滤池采用底部进水、上部出水的升流式厌氧生物滤池，软性填料，解决了堵塞的问题。在填料挂膜阶段，将吹脱出水稀释后进入滤池，并投加滨河污水厂的浓缩

污泥作为接种污泥。通过一个月的培养，纤维填料上附着有一层密实黑色的絮状生物膜，出水稳定在 2500mg/L 左右，认为填料挂膜成功。

在稳定运行阶段针对水力停留时间（HRT）为 10d 和 5d 做了变负荷试验。在低负荷运行期间（HRT=10d）厌氧生物滤池对 COD 和 BOD_5 均有较高的去除效率（70%～80%），出水 COD 和 BOD_5 均较低，分别为 3000mg/L 和 1000mg/L 左右。而在高负荷运行期间（HRT=5d）COD 去除率仍能达到 70%，BOD 的去除率则降至 40%～60%，出水 COD 和 BOD_5 也升高，分别达到 4500mg/L 和 2500mg/L 左右。另外试验中还发现不同运行负荷状态下，BOD_5/COD 的变化规律有所不同。在 HRT 为 10d 的低负荷运行期间，渗滤液的 BOD_5/COD 在厌氧生物滤池内沿高度表现出从小—大—小的变化规律：进水的 BOD_5/COD 约 0.3，中部出水上升到 0.5～0.6，而上部出水则又降至 0.3～0.4；在 HRT 为 5d 的高负荷运行期间，进水 BOD_5/COD 仍然为 0.3，而中部出水和上部出水的 BOD_5/COD 均为 0.5～0.6，反映出水力负荷提高后厌氧生物滤池主要起到水解酸化的作用。

英国 Britannia 填埋场使用厌氧固定膜生物反应器处理渗滤液。进水水质见表 7-8，工艺流程见图 7-3，平均和最佳的运行参数见表 7-9。

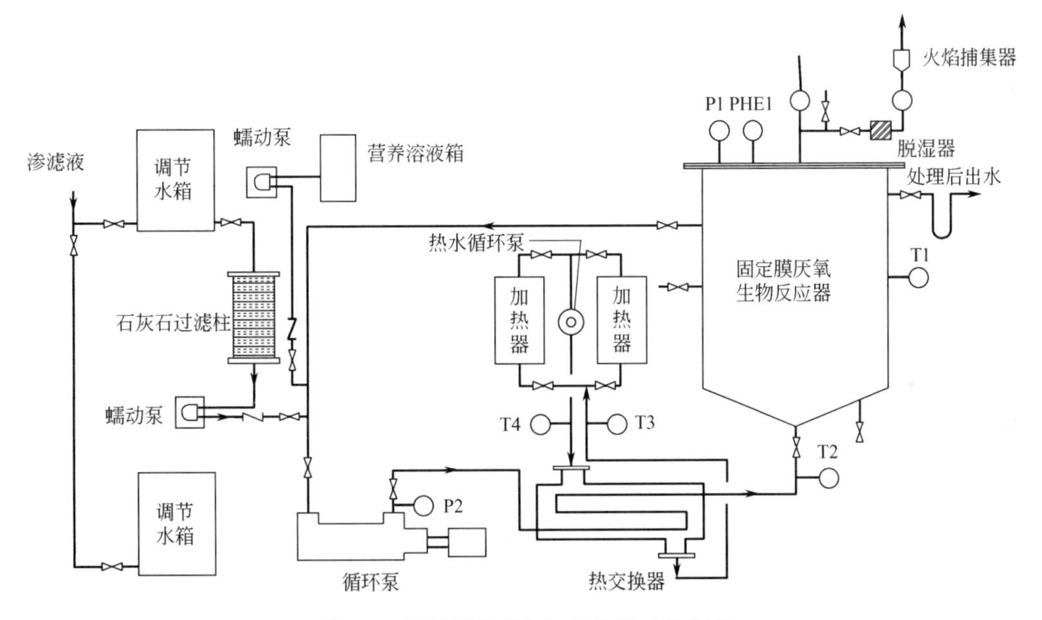

图 7-3 厌氧固定膜生物反应器工艺流程

表 7-8 厌氧固定膜生物反应器进水水质

指标	水质	指标	水质
COD/(mg/L)	9254	pH 值	6.86
BOD/(mg/L)	5340	总氮/(mg/L)	196
SS/(mg/L)	483	碱度(以 $CaCO_3$ 计)/(mg/L)	3455
VSS/(mg/L)	328		

表 7-9 平均和最佳的运行参数

指标	平均值	最佳值	指标	平均值	最佳值
有机物负荷/[kgCOD/(m^3·d)]	1.5	2.9	BOD 去除率/%	80	83
水力停留时间/d	5.8	2.3	消化气产量/(mL/g 去除的 COD)	490	480
COD 去除率/%	72	71	甲烷气含量/%	70	74

2. 好氧生物处理工艺（aerobic biological process）

（1）稳定塘（stabilization pond） 稳定塘俗称氧化塘，美国环保署把稳定塘分成四种基本类型：厌氧塘（anaerobic pond）、兼性塘（facultative pond）、曝气塘（aerated pond）和好气塘（aerobic pond）。稳定塘最初用于城市生活污水的处理，在生活垃圾渗滤液处理中运用稳定塘技术也取得了较好的效果。

厌氧塘水深通常为3～5m，主要利用厌氧微生物降解水中的有机物，其表面负荷可以是好氧塘的几十倍，但出水水质不好。厌氧微生物降解有机物的过程大体上可分为产酸阶段和产甲烷阶段。大分子有机物首选被产酸菌分泌的胞外酶水解之后变成小分子，再被微生物摄取进入体内，代谢之后形成有机酸排出体外，即所谓产酸阶段；在产甲烷阶段先由产氢产乙酸菌将有机酸转化成氢气和乙酸，然后再由专性的甲烷菌利用乙酸和氢气生成甲烷气体，完成有机物的碳化过程，厌氧塘中部分有机物因转化成甲烷气体释放到空气中去而被去除。兼氧塘一般深度为1.0～1.5m，水体上层生活着好氧菌和藻类，中层生活着可在有氧和无氧两种情况下生活的兼性菌，底层生活着绝对厌氧的细菌，在它们的共同作用下，可以更有效地降解有机物。曝气塘则通过人工强化的曝气过程提高污水的溶解氧，在好氧微生物的作用下加速污染物的去除。有机物代谢后生成二氧化碳和水，部分转变成微生物的细胞物质，或者沉入塘底形成底泥，或者随出水排出。好气塘是一类完全依靠藻类光合作用供氧的塘。为了使阳光透射到池塘底部，以便藻类在整个塘内维持光合作用，所以好气塘通常都是一些很浅的池塘，塘深一般为30～40cm，常用水力停留时间为3～5天。

国外早在20世纪80年代就有成功运用稳定塘技术处理渗滤液的生产性处理厂，英国在1983年建成的Bryn Postery填埋场的渗滤液处理厂，运用曝气氧化塘技术处理渗滤液。大型氧化塘是由HDPE作防渗垫层建成的，使渗滤液有较长的停留时间，曝气采用高效表面曝气机，每天处理渗滤液最大量达到150m^3，通过几年的运行实践证明即使是在气候恶劣的冬季也能达到较好的处理效果，见表7-10。

表7-10 Bryn Postery填埋场渗滤液处理效果

参数	数值		参数	数值	
	渗滤液	出水		渗滤液	出水
pH值	6.3	7.7	NH_3-N/(mg/L)	175	0.9
COD_{Cr}/(mg/L)	9750	210	SS/(mg/L)	160	45
BOD_5/(mg/L)	7000	37			

注：该数据的条件为平均每天的处理量为84m^3，平均水温4℃，操作过程中电力和投加营养物的费用为25便士/m^3。

1985年建成的英国Compto Besset填埋场渗滤液处理厂则要解决非常复杂的渗滤液处理系统的设计和管理问题，这是因为要处理的渗滤液来自不同的地方，其中包括从已经很好稳定的老填埋场来的渗滤液（COD＝1000mg/L，NH_3-N＝700mg/L），而且处理系统的出水直接排入一条小溪，排水的NH_3-N不高于75mg/L，所以在原有的氧化塘技术的基础上进行了完善，为了满足脱氮需要的足够的BOD_5/N的比值，引入了附近一家果酱厂的废液，不同月份出水水质见表7-11。

表7-11 不同月份出水水质 单位：mg/L

参数	5月	12月	3月	参数	5月	12月	3月
COD_{Cr}	380	250	225	NH_3-N	1.2	1.0	3.1
BOD_5	12	13.0	11.0	SS	50	44	8

上海市废弃物老港处置场三期工程改扩建时建成了以稳定塘和芦苇流湿地地表漫流处理系统相结合的渗滤液处理系统，设计规模为 $1500m^3/d$，由分别位于南北作业区的两个系统组成，处理工艺流程为：调节池→厌氧塘→兼氧塘→曝气塘→芦苇湿地→排放。其中厌氧塘 100m×60m，有效水深 4m，停留时间 14d，全年平均水温 15℃，设计进水 BOD 1500mg/L，出水 BOD 500mg/L，表面负荷 $240kgBOD_5/10^4d$；兼氧塘 100m×60m，有效水深 3m，停留时间为 12d，进水 BOD 500mg/L，出水 BOD 150mg/L；曝气塘 60m×40m，有效水深 2.5m，停留时间 3.1d。

运行效果以冬季为例，1997 年 1～2 月的运行效果见表 7-12（上海市废弃物老港处置场设计、调试及运行资料）。

表 7-12　上海市废弃物老港处置场冬季调试运行参数　　单位：mg/L

取样点	COD_{Cr}	BOD_5	NH_3-N
调节池	2174～2883	423～593.5	303.1～330.5
曝气塘出口	414.1～451.7	75.7～94.5	118.8～142.3
入海口	237.8	52.3	62.51

（2）生物转盘　生物转盘是所谓固定生长系统生物膜法中的一种，用于常规的污水处理中可有效地解决活性污泥法的污泥膨胀问题，并且由于膜上生物量大，生物相丰富，既有表层的好氧微生物，又有内层的厌氧微生物，所以还具有脱氮作用。

以有关文献资料和 $5m^2$ 生物转盘小试的研究成果为依据，设计日处理量为 $500m^3/d$ 的 Pitea 渗滤液处理厂，它利用填埋场气体加热使进入生物转盘的渗滤液温度保持在 20℃ 左右，这不仅减少了 40%的用地，而且使运行管理更简便。该厂利用生物转盘处理渗滤液的流程见图 7-4。该工程设计转盘表面积为 3000m，平均设计负荷为 $4.8gN/(m^2 \cdot d)$。进水水质见表 7-13，出水水质见表 7-14，污泥特性见表 7-15。

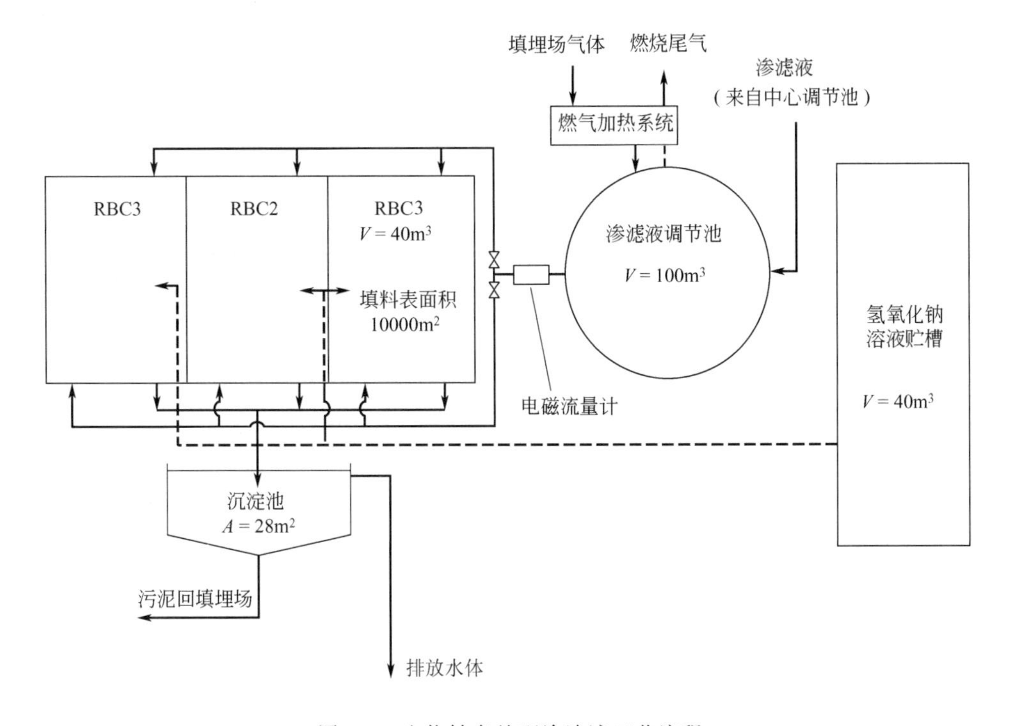

图 7-4　生物转盘处理渗滤液工艺流程

表 7-13 进水水质

指　标	数　值	指　标	数　值	指　标	数　值
pH 值	8.0～8.5	COD_{Cr}/(mg/L)	850～1350	NH_3-N/(mg/L)	200～600
TOC/(mg/L)	200～650	BOD_5/(mg/L)	80～250		

表 7-14 出水水质　　单位：mg/L

指　标	平均值	95%概率的水质
NH_3-N	2.96	14
BOD_5	14	27

表 7-15 污泥特性

典型含固量	2%～4%
去除每千克 NH_3-N 的 SS 的产量	0.168kg
去除每千克 NH_3-N 的 VSS 的产量	0.110kg
VSS/SS	66%

渗滤液的进水中磷的含量在 0.3～1.3mg/L 之间变化，对于目前进水的 NH_3-N 浓度来说已经足够了。有时通过加 NaOH 来调节 pH 值使之高于 7.5，由于 NH_3-N 的浓度比预计的要低，所以大部分时间无需加碱，因为此时渗滤液有足够的缓冲能力。

(3) 活性污泥法　传统活性污泥法处理渗滤液时会遇到 NH_4^+-N 影响活性污泥正常生长的问题。徐迪民等（1989）研究了低氧-好氧两段活性污泥法处理填埋场垃圾渗滤液，该方法的原理是将整个活性污泥法分成两个阶段。第一阶段利用细菌和低级霉菌占优势的混合菌种，采用较高的污泥浓度，但维持很低的溶解氧，从而在短时间内去除污水中大部分的有机物。在供氧不足的条件下，生物降解所需的氧量相应也大幅度下降，另外由于系统内污泥浓度提高，相应地提高了窖负荷，从而减少构筑物的容积和曝气时间，并可以降低工程投资和运行费用，提高耐冲击负荷和抵抗有毒害物质的影响。第二阶段供氧充足，培养原生动物占优势，摄食第一阶段沉淀池未分离的游离细菌、有机碎屑以及去除第一阶段尚未去除的污染物质。这种按微生物生理特性分工分段处理的方法，具有处理效率高、曝气历时短、投资省、能耗低等优点。研究结果表明，采用低氧-好氧两段活性污泥法在水温 16～23.5℃的范围处理用上海市垃圾在实验室模拟垃圾填埋装置内生成的渗滤液（COD_{Cr} 5337～7808mg/L，BOD_5 2299～4904.4mg/L，SS 57～650mg/L，pH5～6.5）取得良好效果，其运行参数见表 7-16。

表 7-16 两段活性污泥法运行参数

参　　数	低氧段	好氧段	参　　数	低氧段	好氧段
溶解氧/(mg/L)	1	2～3	污泥浓度(MLSS)/(g/L)	5	2
曝气时间/h	13	8.3	污泥回流率/%	200	50

在控制的运行条件下，垃圾渗滤液通过低氧-好氧两段活性污泥法处理，最终出水 COD_{Cr}、BOD_5 和 SS 的平均值分别达到 226.7mg/L、13.3mg/L 和 27.8mg/L，总去除率分别为 96.4%、99.6%和 83.4%。两段法的负荷分别达到：低氧段 1.34kgCOD_{Cr}/(kgMLSS·d)，0.76kgBOD_5/(kgMLSS·d)；好氧段 0.31kgCOD_{Cr}/(kgMLSS·d)，0.07kgBOD_5/(kgMLSS·d)，明显优于普通的活性污泥法。

通过镜检可以观察到低氧段内活性污泥生物相的主体是夹杂有丝状菌的菌胶团，但也发现少量不活泼的钟虫和钟虫游泳体，这可能是由于溶解氧的波动偏高形成的。好氧段内污泥生物相与传统活性污泥法相似，除有多种菌团外，原生动物有草履虫、变形虫、楯纤虫等种类，相对较少但数量很多，后生动物有轮虫和线虫，数量也很多。

3. 生物法评述

利用生物法处理渗滤液不能照搬生活污水生物法处理的方法，其自身特性要引起高度重视：a. 渗滤液水质和水量变化大；b. 曝气处理过程中会产生大量的泡沫；c. 由于渗滤液浓度高，生物处理过程需要较长的停留时间，由此引起的水温低的问题会对处理效果产生较大影响；d. 渗滤液输送过程中某些物质的沉积有可能造成管道堵塞；e. 渗滤液中磷的含量较低；f. 在老的填埋场中 BOD_5 较低而 NH_3-N 较高，所以通常的做法是先通过吹脱去除高浓度的 NH_3-N 再利用生物法去除有机物；g. 氯代烃的存在可能对处理效果产生影响。

渗滤液作为高浓度难降解的污水，要达到日益严格的排放标准，单纯用生物法是很难达到目的的。一般是将生物法作为后序工艺的预处理，先去除大部分可生化降解有机物，再与絮凝沉淀或活性炭吸附或膜分离工艺结合，才能达到排放标准。

生物法中，好氧工艺的活性污泥法和生物转盘的处理效果最好，停留时间较短，但工程投资大，运行管理费用高，相比来说稳定塘工艺比较简单，投资省，管理方便，只是停留时间长，占地面积大，但作为一项成熟的渗滤液处理技术，由于能够把厌氧塘和好氧塘相结合，分别发挥厌氧微生物和好氧微生物的优势，是应该优先考虑的好氧生物处理工艺。厌氧处理工艺近年来发展很快，特别适合于高浓度的有机废水，它的缺点是停留时间长，污染物的去除率相对较低，对温度的变化比较敏感，但通过研究表明厌氧系统产生的气体可以满足系统的能量需要，若将这部分能量加以合理利用，将能够保证厌氧工艺有稳定的处理效果，还能降低处理费用，是很有前途的处理工艺，特别是 UASB 工艺，由于负荷率大幅提高，停留时间缩短，也是一种优选的生物预处理工艺。

（二）物化法

过去物化法只用在处理填埋时间较长的单元中排出的渗滤液，即便是单独运用，在去除难生化降解的污染物时仍能保持一定的去除效率。而现在随着渗滤液处理排放标准越来越严格，物化法也用来处理新鲜的渗滤液，且是渗滤液后处理工艺中不可缺少的方法。

1. 絮凝沉淀工艺

大量研究证明，生物预处理后的渗滤液利用絮凝沉淀工艺时（利用铁盐或铝盐作絮凝剂），COD_{Cr} 的去除率可以达到 50%，反应过程中最佳的 pH 值对于铁盐和铝盐分别为 4.5～4.8 和 5.0～5.5，而且这两种絮凝剂的去除效率以及不同的搅拌方式之间没有明显的差异。最小的加药量在 250～500g（Fe 或 Al）/m^3 渗滤液之间，其中铁盐的加药量与理论加药量很接近。

同济大学舒慧在实验室对多种无机和有机混凝剂用于垃圾渗滤液的后处理进行了研究。选择了 7 种常用的铁盐和铝盐混凝剂进行试验，它们分别是：硫酸铝、氯化铝、七水合硫酸亚铁、三氯化铁、聚合硫酸铁（PFS）、聚合氯化铝（PAC）、聚合铝铁。根据文献资料采用投加量为 1000mg/L 的经验数据对比了这 7 种混凝剂的处理效果（见表 7-17）。

表 7-17　不同种类无机混凝剂处理低浓度渗滤液的效果对比（原水 COD_{Cr}＝444.5mg/L）

混凝剂	PAC	PFS	聚合铝铁	硫酸铝	七水合硫酸亚铁	三氯化铝	三氯化铁
COD_{Cr}/(mg/L)	375.0	361.2	363.3	425.8	425.8	378.9	359.4

注：未调节 pH 值。

表中数据显示，无机高分子混凝剂和无机低分子混凝剂对经过生物预处理后的低浓度渗滤液的处理效果相似，而高分子混凝剂的价格远远高于低分子混凝剂，所以推荐选择低分子无机混凝剂三氯化铁，它形成的絮体沉降性能好，处理低温水和低浊水的效果比铝盐好，但处理后水的色度比铝盐高。另外，虽然混凝剂的投加剂量很大，但 COD_{Cr} 的去除率并不高，这主要是因为经过生物预处理后的低浓度渗滤液中悬浮颗粒含量很低，而混凝剂主要去除含悬浮颗粒的胶体溶液，对溶解性有机物的去除效果较差。当调节原水 pH 值在最佳的 5 左右，以及三氯化铁的最佳投加量 1200mg/L 时，COD_{Cr} 的去除率可以达到 48%，与国外研究者所得结论基本相同。

三氯化铁混凝剂的作用机理以静电中和以及卷扫作用为主，当胶体浓度很低时，常以卷扫机制去除水中胶粒。生物预处理后的低浓度渗滤液以溶解性有机物为主，浊度很低，所以卷扫机制发挥主要作用，三氯化铁的投加量必须超过氢氧化物的溶度积，由水合铁离子在水解聚合生成氢氧化物沉淀过程中的中间产物，即铁的单核或多核羟基配离子引起胶体脱稳，然后再由铁的氢氧化物沉淀的卷扫作用将其去除。

为了提高去除效率，尝试用阴离子型聚丙烯酰胺（PAM）作助凝剂，当 PAM 的投加量为 1mg/L 时，COD_{Cr} 的去除率从 21.9%提高到 29.2%。而当 PAM 的投加量继续增加时，COD_{Cr} 的去除率反而下降，这是由于过量的 PAM 使高聚物的线性结构相互缠绕，反而减少了线性结构上的活性吸附位点，吸附架桥作用相应削弱。

通过对比阳离子有机高分子絮凝剂（阳离子型聚合胺，商品名 Dyeflock-EF，由希腊 Aristotle 大学提供）与普通无机低分子混凝剂三氯化铁的处理效果证实，两者对低浓度难降解渗滤液中溶解性有机物的最高去除率相似，均在 25%左右，但在相同 COD_{Cr} 去除率下，阳离子型聚合胺的投加量远远低于三氯化铁（前者的最佳投加量为 360mg/L，而后者则需要投加 1200mg/L）。另外阳离子聚合胺还具有较好的脱色作用，表 7-18 反映投药量与出水色度之间的关系。

表 7-18 投药量与出水色度之间的关系（原水色度为 200 倍）

阳离子型聚合胺/(mg/L)	120	240	360	480	600
色度/倍	110	90	75	55	40

当阳离子型聚合胺的投加量为 600mg/L 时，色度的去除率可达到 80%，但考虑到投加量过高反而使 COD_{Cr} 的去除率下降，所以推荐的投加量为去除 COD_{Cr} 的最佳投加量 360mg/L。

絮凝沉淀工艺的不足之处是：会产生大量的化学污泥；出水的 pH 值较低，含盐量高；氨氮的去除率较低。所以即使有可观的处理效率，在选用时还是要慎重考虑。

2. 膜分离工艺

作为预处理的微滤（MF）技术属于膜分离工艺，它以压力为推动力，通过膜对 0.1～10μm 大小的颗粒、细菌、胶体进行筛分、过滤，使其与流体分离。微滤常被作为其他膜处理过程（如超滤、纳滤和反渗透）或者化学方法的预处理手段，一般不会单独使用。Piatkiewicz 等分别使用微滤、超滤、反渗透对垃圾渗滤液进行处理，并分析了每一阶段的条件和处理效果，表 7-19 是微滤阶段的处理效率，COD 的去除率仅为 25%～35%。郭健等采用“微滤＋反渗透”工艺处理垃圾渗滤液，陶瓷微滤膜的预处理系统操作压力为 0.2～0.3Pa，泵频率为 30～40Hz，经过陶瓷微滤预处理后，出水的 COD、NH_3-N 去除率、脱盐率分别维持在 50.3%、30.2%、30.1%以上。出水能达到反渗透膜进水要求，并能有效提高反渗透系统的水回收率。

表 7-19 微滤膜对垃圾渗滤液的处理效率

材料	操作条件					进水		处理效果
	孔径/μm	表面积/m^2	温度/℃	流速/(m/s)	操作压力	COD/(mg/L)	pH 值	COD 去除率/%
聚丙烯管膜	0.2	0.11	20	4.1～4.3	—	2300	7.5	25～35

3. 活性炭吸附工艺

活性炭吸附工艺适用于处理填埋时间长或经过生物预处理后的渗滤液，它能去除中等分子量的有机物质。20 世纪 70 年代在欧洲的实验室研究表明，COD 的去除率为 50%～60%，若用石灰石进行预处理，去除率可高达 80%。而处理 140 床填料体积的水后去除效率将下降。在生产性试验中，由于渗滤液水质的变化等原因，出现去除效率下降和活性炭被大量污染的现象。

实际上，活性炭的总量和去除的 COD 的线性关系在活性炭的投量为 800～1200g/m^3 时为 3.0～3.2mg COD/g 活性炭。

活性炭吸附工艺的主要问题是高额的费用。尽管如此，首先进行生物预处理，再将该工艺与絮凝沉淀工艺相结合时，能保证出水较低水平的 COD 和 AOX。

4. 化学氧化工艺

化学氧化工艺可以彻底消除污染物，而不会产生絮凝沉淀工艺中形成的污染物被浓缩的化学污泥。该工艺常用于废水的消毒处理，而很少用于有机物的氧化，主要是由于投加药剂量很高而带来的经济问题。对于渗滤液中一些难控制的有机污染物，化学氧化工艺可以考虑使用。

常用的化学氧化剂有氯气、次氯酸钙、高锰酸钾、过氧化氢和臭氧等。用次氯酸钙作氧化剂时，COD 的去除率不超过 50%；用臭氧作氧化剂时，没有剩余污泥的问题，COD 的去除率也不超过 50%，而且对于含有大量有机酸的酸性渗滤液使用臭氧作氧化剂不是很有效，因为有机酸是耐臭氧的，相应就需要很高的投加剂量和较长的接触时间。过氧化氢作氧化剂时因为可以去除硫化氢而主要用来除臭气，加药量一般每一份溶解性的硫要投加 1.5～3.0 份的过氧化氢。

同济大学舒慧根据氧化剂对腐殖质的作用特点，研究了两种常见的氧化剂高锰酸钾和次氯酸钠处理生物预处理后低浓度渗滤液的效果，发现二者的脱色效果俱佳（见表 7-20）。

表 7-20 氧化剂投加量与渗滤液出水的色度（原水色度为 200 倍）

高锰酸钾		次氯酸钠	
投加量/(mg/L)	出水色度/倍	投加量/mL	出水色度/倍
100	100	10	4
200	60	15	3
300	40	20	2
400	35	25	1
500	25	30	1

当高锰酸钾投加量为 500mg/L 时，色度的去除率可达 87.5%，然而当高锰酸钾投加量

过高时，其在渗滤液中的残留会对色度造成一定的影响。次氯酸钠的脱色作用则更佳，其处理后的出水接近自来水的色度，随着次氯酸钠投加量的增加，色度的去除率也增加，当投加市售有效氯浓度为5.2%的次氯酸钠10mL时，原水色度为200倍的低浓度渗滤液色度的去除率高达98%，投加量达到25mL时色度的去除率则达到99.5%，可见次氯酸钠完全可以解决渗滤液排放的色度问题。

高锰酸钾作为氧化剂处理低浓度渗滤液时，并不是将有机物全部氧化成二氧化碳和水，而是将一部分如腐殖质类的复杂有机物氧化成分子量较小的有机物。高锰酸钾在酸性介质中是强氧化剂，而在中性、碱性介质中都为弱氧化剂。生物预处理后低浓度的渗滤液属于中性和弱碱性，因此高锰酸钾氧化时的产物是二氧化锰。由于二氧化锰在水中的溶解度很低，因此产物以水合二氧化锰胶体的形式从水中析出，正是由于水合二氧化锰胶体的作用，使其在中性条件下具有很高的除微污染物的效能，所以在处理这类低浓度渗滤液时高锰酸钾虽不能发挥坚强的氧化作用，但由于水合二氧化锰胶体的形成，仍能取得较好的效果。一方面，二氧化锰是许多反应的催化剂，有试验表明，对高锰酸钾氧化有机物的催化作用也很明显。另一方面，新生成的水合二氧化锰胶体具有很大的表面积，能吸附水中的有机物，所以水合二氧化锰胶体对大多数污染物，应该兼有催化氧化和吸附两种作用。对某种易被氧化的小分子量有机物而言，催化氧化的去除作用可能大一些，而对大分子量不易被氧化的有机物则吸附的作用会大一些。试验表明采用高锰酸钾作氧化剂处理生物预处理后低浓度的渗滤液时，COD_{Cr}的去除量与高锰酸钾投加量之间存在线性关系，即高锰酸钾与有机物之间的反应为一级反应，每1mg高锰酸钾可与0.3mg COD_{Cr}反应。

次氯酸钠的浓度常用有效氯的浓度来表示，经换算，1g次氯酸钠等于有效氯0.953g。试验表明次氯酸钠的投加量与COD_{Cr}的去除量之间也存在线性关系，投加1mg次氯酸钠相应可以去除0.3mg的COD_{Cr}，与高锰酸钾去除COD_{Cr}的量相当。而在相同投加量的条件下，次氯酸钠转移电子的量是高锰酸钾的1.5倍，可以推测，在次氯酸钠的氧化过程中有一部分大分子的有机物仅仅被分解成小分子的有机物，未被彻底去除。次氯酸根离子在被还原的过程中，极易得到电子，溶液中次氯酸根离子与氢离子结合，形成很小的次氯酸中性分子，而次氯酸的氧化性远高于次氯酸根（它们的电极电位分别是1.49V和0.9V）。

湿式氧化法的基本原理是废水在高温（350℃）和高压（250bar，即25MPa）的条件下与氧气反应，氧化能力随着温度的增加而增加。该法的主要问题是处理费用太高。

5. 机械压缩蒸发（MVC）工艺

MVC工艺，即（低能耗）机械蒸汽压缩蒸发（mechanical vapor compression）工艺，该工艺的原理在1个世纪以前就已经有了研究，基于控制水平和机械加工水平的限制，直到20世纪70年代才开始在美国海军舰艇中用作从海水中分离出淡水，为远洋舰艇提供淡水补给。

MVC工艺在垃圾渗滤液中的应用完全是物理化学分离过程，该技术利用蒸汽压缩蒸发分离的原理，即通过加热使垃圾渗滤液沸腾汽化，由于所有重金属和无机物以及大部分有机物的挥发性均比水弱，水首先汽化从渗滤液中沸出，污染物残留在浓缩液中，实现污染物与水的分离，达到水质净化的目的。同时，MVC技术利用气体被压缩时温度升高的特性，将蒸发器中沸腾废水蒸发出来的二次蒸汽通过压缩机的绝热压缩，提高压力、温度及热焓后再送回蒸发器的加热室，作为加热蒸汽使用，使蒸发器内的溶液继续蒸发，而其本身则冷凝成水，由此蒸汽的潜热得到反复利用，实现了节约能耗。流程如图 7-5 所示。

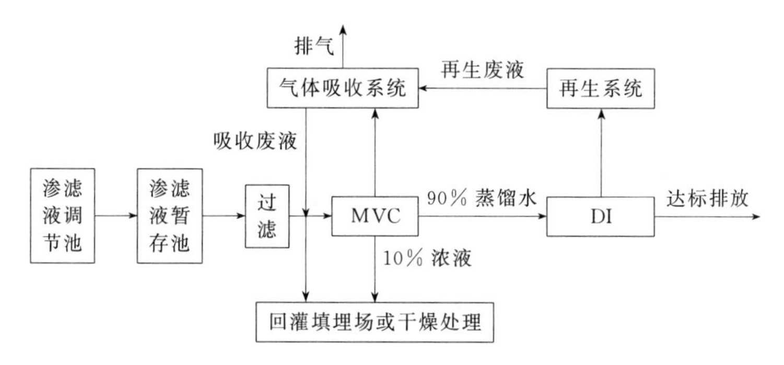

图 7-5　蒸发(MVC)＋离子交换(DI)工艺流程

由于该工艺具有能耗低、出水水质优良、运行管理方便等特点，不断被应用到其他的行业，如用于高浓度无机盐废水处理、高浓度有机废水处理，也应用于纯水制备和高浓度化工废液的浓缩，近年来在国内外经常用于垃圾渗滤液的处理等。

MVC 工艺对垃圾渗滤液处理效果良好，不受温度、pH 值、进水浓度、进水成分等外界因素的影响，出水能达到《生活垃圾填埋场污染控制标准》(GB 16889—2008) 对一般地区的标准要求，且具有占地少、产水率高、操作管理方便、调试简单、可随开随停等优点，是一种值得推广利用的新工艺。但是，该工艺在实际应用中也有许多不足之处需要改进：a. MVC 蒸发产生的蒸馏水中通常含有 200～300mg/L 的氨氮，需要另外加装 DI 离子交换系统，将蒸馏水中溶解的氨氮和总氮吸附，使其达标排放；b. 垃圾渗滤液含多种有机物质和较高的 pH 值，具有腐蚀性，对 MVC 装置的耐腐性要求很高；c. 渗滤液蒸发后设备的结垢问题严重影响系统正常运行。

鹤山市马山生活垃圾卫生填埋场渗滤液处理系统一期规模为 $100m^3/d$，于 2012 年完工。采用 MVC 蒸发＋DI 离子交换工艺处理垃圾渗滤液，经过 10 个月的稳定运行，其系统处理效果与设计出水水质比较见表 7-21。

表 7-21　系统处理效果与设计出水水质比较　　单位：mg/L

标准	出水指标	实际出水
COD_{Cr}	100	24.8～67.7(平均值 37.95)
BOD_5	30	6.02～26.8(平均值 14.25)
TN	40	18.7～37.2(平均值 25.68)
NH_3-N	25	5.95～19.1(平均值 11.42)
TP	3	0.28～0.68(平均值 0.49)
SS	30	4～8(平均值 5.33)

对表 7-21 的数据分析可以看出，在系统稳定运行的 10 个月中，MVC 蒸发工艺系统运行状态稳定，DI 出水的各项指标均完全达到甚至优于《生活垃圾填埋场污染控制标准》(GB 16889—2008) 对于一般地区的标准要求。

(三) 土地法

用土地法处理渗滤液的主要形式是渗滤液回灌和土壤植物处理系统。

在英国进行的渗滤液回灌生产性试验中发现，蒸发作用不仅具有减量的效果，而且还能大幅度降低渗滤液中有机物的浓度。然而仅仅依靠渗滤液的自身循环还不能彻底地解决渗滤液的问题，主要原因有：a. 受气候条件的影响；b. 虽然渗滤液中的大部分有机物污染物可以通过循环而去除，但其他一些污染物如氨氮、氯离子和重金属等则不能明显去除。

该试验采用穿孔管喷淋灌溉的方式，穿孔管每隔 20m 平等布置，且回灌区域和没有回灌的区域进行对比。在 220m×40m 区域上，第一次从 31 周至 52 周回灌了 $3025m^3$，随后的两次各回灌了 $3756m^3$ 和 $11572m^3$，前后共 3 年的时间。在试验的第 2 年的 9 月取样分析的结果见表 7-22。

表 7-22　Seamer Carr 填埋场回灌区域和对比区域排出的渗滤液以及监测孔中采集的渗滤液成分的对比

项　目	从对比区域排出的渗滤液	从回灌区域排出的渗滤液	A5 孔采集的渗滤液	B5 孔采集的渗滤液	A6 孔采集的渗滤液	A1 孔采集的渗滤液
pH 值	5.97	5.77	5.95	7.15	7.13	7.32
COD	62400	43981	26400	5550	1300	1300
BOD	38000	21780	3950	1710	120	210
TOC	19800	11003	8250	1950	450	410
TVA	14609	10056	8445	714	41	38
NH_3-N	990	729	670	735	250	375
有机氮	770	234	180	12	25	20
NO_3^--N	3.5	3	未测出	1	未测出	未测出
Cl^-	2760	2059	1750	1935	405	1300
Mg	420	324	230	265	46	171
K	2050	1198	780	1090	120	620
Ca	4100	2725	1820	260	125	260
Cr	1	0.66	0.43	0.12	0.03	0.07
Mn	250	133	70	1.55	0.7	0.8
Fe	2050	1225	750	20	8	29
Ni	1.65	0.83	0.29	0.11	0.07	0.1
Cu	0.05	0.05	0.1	0.03	0.05	0.03
Zn	130	99	27.3	2.75	0.3	0.75
Cd	0.003	0.003	0.003	0.004	0.004	0.006
Pb	0.61	0.04	0.32	0.19	0.07	0.12

该试验在渗滤液处理效果上的结论为：

① 在小规模试验上得到的渗滤液处理效果在大规模长期生产性试验中也可以得到；

② 通过提高垃圾的含水率可以提高渗滤液的处理效率，最大去除率发生在垃圾完全饱和时；

③ 虽然污染物的去除很明显，但剩余的 COD、氨氮和氯离子的浓度仍然很高，出水仍不能直接排放到水体；

④ 渗滤液的回灌虽然有利于渗滤液的减量和浓度的降低，但还不能彻底解决渗滤液的问题，还需要选用其他水处理工艺进一步处理。

土壤植物处理系统（SP 系统）不仅利用土壤或陈垃圾的物化及生化作用，而且还利用了植物根系对微生物的强化和植物修复技术。1985～1986 年在瑞典建立了大规模现场 SP 系统进行试验，该系统占用了总面积为 $22hm^2$ 的填埋场中的 $4hm^2$，其中 $1.2hm^2$ 种植了柳树，另外 $2.8hm^2$ 种植了各种草本植物。试验区域为填埋场边缘的三个坡地，种植了 30000 棵柳树。在试验的最初三年中，灌入试验区域的渗滤液共计 3290mm，测得年平均的蒸发量为 340mm，为降水量的 51%，而在试验前相应区域的年平均蒸发量为 140mm，为年降水量的19%，蒸发量增加了2～3倍。该系统不光是有减量的功能，还能够降低渗滤液的浓度，例如氮的浓度平均下降了60%，从194mgN/L下降到了83mgN/L，可以肯定随着柳树的生长和根系的发展，处理效果还可能进一步地提高。

同济大学赵由才课题组从1996年就开始填埋场稳定化以及陈腐垃圾（矿化垃圾）资源化利用技术的研究。针对上述渗滤液回灌到新鲜垃圾中存在的一系列问题，研究生李华在实验室研究了利用9年的陈垃圾（矿化垃圾）处理渗滤液的可行性以及影响处理效果的主要因素，并取得了满意的效果。随后吴军在上海老港填埋场完成了矿化垃圾生物反应床处理填埋场垃圾渗滤液的中试研究，为该项技术的工程应用打下了坚实基础。

在矿化垃圾生物反应床处理填埋场垃圾渗滤液的中试研究中，利用8年的矿化垃圾采用人工快速滤床的形式建立了三级串联反应床处理系统。根据实验室研究（1999～2000年）的结果和现场中试研究的具体条件，确定出水COD和NH_3-N浓度作为试验考核的指标，在众多的影响因素中选择易于控制的进水水力负荷和灌水间隔时间作为重点研究的影响因素，按照因素水平表设计的试验点以及结合试验过程中的具体情况开展试验工作。

通过一年多的时间，跨越各个季节的10个试验点的试验研究，证明串联矿化垃圾反应床可以用于处理生活垃圾渗滤水。进水水力负荷和进水间隔时间都显著地影响COD和NH_3-N的去除率。进水水力负荷提高，COD和NH_3-N去除率均下降，特别是矿化垃圾反应床系统的第二级和第三级的水力负荷对COD去除率，以及第二级水力负荷对NH_3-N的去除率尤为敏感。进水间隔时间延长有利于反应床系统的自我修复和去除率的提高，尤其是COD的去除率在间隔时间延长到48h后，污染物质严重积累的反应床系统表现出明显可修复性，一段时间后波动的去除率会趋于平缓并不断提高；而NH_3-N去除率的可修复性相对差一些，虽然去除率有所提高，但仍然表现出连续波动的特性。

对比试验证明每天一次进水的运行方式优于相同每日水力负荷的条件下的两次进水，反应床系统的稳定性有明显改善。这可能与太阳光与腐殖质的相互作用有关，所以推荐早上进水，充分利用日照。

矿化垃圾反应床系统运行数月后表现出一、二级反应床连续波动，总去除率下降现象，说明系统中污染物积累严重。通过表层30～50cm深度的机械翻松，再结合3～5d的休灌，能够较好地恢复反应床各级系统的处理能力，重新提高投入使用。

温度同样是影响矿化垃圾反应床处理效率的一个重要因素，在夏季气候条件下，NH_3-N去除率有明显提高，而COD去除率提高不明显。

进水浓度对COD和NH_3-N的去除率影响不大。可能是因为相对低的水力负荷，间歇运行和渗流的水力学特征等因素所致，从而使串联矿化垃圾反应床表现出良好的抗冲击性能。串联的级数越多，系统运行越稳定。

由于去除率相对稳定，降低进水渗滤液的浓度有利于串联系统的最终出水达到或接近二级排放标准。根据本项目的研究结果，在工程应用时，每一级生物反应床的进水水力负荷均可控制在33mm/次；进水间隔时间24h；每天早上一次进水；连续运行1～2个月后，对表面进行翻松休灌，可以继续使用。

三级串联矿化垃圾反应床系统按照推荐的工艺条件运行，可以达到较好的处理效果：第三级出水平均COD浓度为344mg/L（接近二级排放标准），NH_3-N浓度为23mg/L（达到二级排放标准）。

试验中发现反应床系统使用一段时间后会出现去除率连续波动的现象。用常规的吸附理论无法对其进行合理的解释，根据腐殖质的有关理论，首次提出了腐殖质膜状团聚体更新和稳定的作用机理是矿化垃圾反应床工艺机理的重要组成部分的论断。该机理不仅有助于渗滤水中有机质代谢中间产物的去除，而且伴随着新的腐殖质膜状团聚体的形成，相应也会形成新的阳离子交换能力，有助于 NH_3-N 的去除。

物化吸附作用在反应床使用的最初几天贡献 10%～20%的 COD 去除率，但饱和后就很难再发挥作用。腐殖质膜状团聚体更新机理和生物降解机理共同作用构成矿化垃圾反应床工艺的机理，各级反应床中两种机理的贡献率不尽相同：对于 COD 去除而言，第一级和第二级反应床中生物降解为主，腐殖质作用机理为辅，第三级则是以腐殖质作用机理为主，生物降解作用为辅；对于 NH_3-N 去除而言，第一级和第二级以腐殖质作用机理为主，生物脱氮作用不明显，第三级则是以生物脱氮作用的硝化过程为主，腐殖质作用机理为辅。

(四) 组合工艺

前面分别论述的渗滤液处理技术（生物法、物化法以及土地法）均有各自的特点，但也存在不足之处：生物法虽然运行成本较低，工程投资也可以接受，但系统管理相对复杂，且对渗滤液中难降解有机物无能为力，所以一般用作高浓度渗滤液的预处理；物化法则能有效去除难降解有机物，但有的工艺工程投资极高（如膜分离的反渗透工艺），有的工艺处理成本较高（如化学氧化法），同时还存在化学污泥和膜分离浓液的二次污染问题，因此常用作生物预处理后的渗滤液后处理；土地法具有投资省，运行管理简单，处理成本低等诸多优点，但因其最终出水难以达标，仍然需要与其他工艺组合后应用。所以新建填埋场渗滤液处理一般采用组合工艺形式。

前述鞍山垃圾卫生填埋场渗滤液处理系统采用 UASBF-SBR-混凝沉淀组合工艺。组合工艺中的 UASBF 反应器在前面厌氧生物处理工艺中已介绍，这里不再重复。其 SBR 反应池共设两座，以 A/O 方式运行，具有脱氮的功能。每个周期总时间为 24h，共分五个时段：进水时段 1.5h，缺氧反硝化时段 4h，好氧硝化时段 16h，静止沉淀时段 1h，排水时段 1.5h。缺氧反硝化时段在 SBR 池底部设有搅拌装置，好氧硝化时段潜水搅拌和鼓风曝气同时进行，使污泥完全混合，避免出现死角。混凝沉淀时段采用聚合硫酸铁作为混凝剂，最佳投加量为 200mg/L。处理系统产生的剩余污泥和化学污泥由喷洒车回灌到填埋场。该系统的运行情况见表 7-23。

表 7-23　系统运行情况　　单位：mg/L

出水指标	原　水	UASBF	SBR	混凝沉淀
COD	4000～15000	800～2300	380～530	230～290
NH_3-N		500～1570	<10	
SS				70～100

该系统利用厌氧 UASBF 工艺去除大部分有机物，如果将气体收集还可回收一部分能源，然后再利用 SBR 工艺 A/O 交替的形式实现生物脱氮，操作简单，效果理想，避免了氨氮吹脱工艺带来的一系列问题（操作复杂，成本高），出水氨氮远远优于渗滤液处理的二级排放标准。最后一段的混凝沉淀工艺则有效去除难降解有机物，使处理出水全面达到和超过了二级排放标准。

Burkhard Weber 等对活性污泥法预处理与反渗透工艺的组合处理老龄填埋场低浓度渗滤液以及生物处理后比较稳定的渗滤液进行了中试研究。活性污泥法预处理是为了去除渗滤液中尚存的可生物降解的有机物，以保证后段反渗透工艺的工作效率和膜组件的使用寿命。活性污泥工艺由缺氧反硝化反应器、好氧硝化反应器、沉淀池以及转鼓过滤器组成。缺氧段的容积是好氧段的25%，好氧段的污泥负荷为0.03kgN/(kg·d)，污泥回流比为500%。纤维转鼓过滤器的设置是污水进入反渗透膜组件前的一个保护单元。活性污泥法预处理后的渗滤液分别经过两级反渗透处理，各段工艺的运行情况及处理效果见表7-24。

表7-24　各段工艺的运行情况及处理效果

水　质	老龄渗滤液				产甲烷阶段的渗滤液					
水量/(m^3/d)	150				100					
生物预处理	原水		硝化反硝化处理		原水		传统活性污泥法		硝化反硝化处理	
预处理出水										
COD/(mg/L)	1500		1000		5000		2000		1500	
TKN/(mg/L)	600		50		2000		1700		100	
NH_3-N/(mg/L)	500		<10		1800		1600		<10	
NO_x-N/(mg/L)	0		250		0		0		400	
AOX/(μg/L)	1200		1000		4000		2500		2000	
一级RO出水	CA	TFC	CA	TFC	CA	TFC	CA	TFC	CA	TFC
COD/(mg/L)	90	50	50	30	300	175	100	60	75	40
TKN/(mg/L)	140	80	10	5	400	260	340	235	20	10
NH_3-N/(mg/L)	125	70	<2	<1	375	250	325	225	<2	<1
NO_x-N/(mg/L)	0	0	25	15	0	0	0	0	40	20
AOX/(μg/L)	160	120	150	100	600	400	00	250	300	200
膜面积/m^2	300	330	175	190	250	280	135	150	120	135
二级RO出水	TFC	TFC	TFC	TFC	TFC	TFC	TFC	TFC	TFC	TFC
COD/(mg/L)	<15	<15	<15	<15	<15	<15	<15	<15	<15	<15
TKN/(mg/L)	15	8	<2	<1	45	30	35	25	<2	<1
NH_3-N/(mg/L)	10	5	<1	<1	40	25	30	20	<1	<1
NO_x-N/(mg/L)	0	0	2	1	0	0	0	0	3	2
AOX/(μg/L)	<50	<50	<50	<50	100	75	75	<50	<50	<50
推荐工艺组合	传统活性污泥法+硝化反硝化+一段TFC-RO或两级RO				传统活性污泥法+硝化反硝化+一级TFC-RO					

注：CA为醋酸纤维膜；TFC为薄层复合膜（thin film composite membrane）。

单级自养脱氨氮技术+氧化絮凝复合床（OFR）是生物法和物化法的结合，该工艺主要由两端主体处置环节组成。在脱氨氮阶段，单级自养脱氨氮技术将原来的两级硝化反硝化脱氮方式，变为在单级系统中进行。通过利用好氧颗粒污泥方法、生物膜方法，实现了对垃圾渗滤液及相关高浓度氨氮废水的高效率自养生物脱氮。到了OFR污水处理阶段，系统以电能作OFR反应物的激发能，以来源稳定、性能优良、无毒、稳定的物质作为OFR反应的引发剂，以来源丰富、零成本的空气（氧气）作为反应原料。集物化处理中氧化分解、混凝、吸附、络合、置换、消毒于一体。根据废水中需要去除的污染物的种类和性质，在2个主电极之间充填高效、无毒而廉价的颗粒状专用材料、催化剂及一些辅助剂，组成去除某种或某一类污染物最佳复合条件下，装置内便会产生一定数量的具极强氧化性能的羟基自由基（·OH）和新生态的混凝剂。这样废水中的污染物便会发生诸如催化氧化分解、混凝、吸附等作用，能有效降低水中的COD、SS、重金属、色度、pH值等。

单级自养脱氨氮技术有效解决了渗滤液处理高氨氮的难点，氨氮去除率达国家排放标准；多项中试结果表明氧化絮凝复合床（OFR）技术处理垃圾渗滤液可使COD去除率达90%以上，出水水质稳定且生化性明显提高。单级OFR处理时间仅为30min，OFR与生化技术联合使用处理垃圾渗滤液，在实际运行中只需经 8～9h，其 COD_{Cr} 便可从 4000～5000mg/L 稳定降至 100mg/L 以下；色度可由 1000 多倍降到 50 倍以下，还能有效去除色度、SS、重金属等，出水澄清透明而且无臭味。单级自养脱氨氮技术＋氧化絮凝复合床（OFR）具有投资省、运行费用低、占地面积小、处理彻底等特点，特别适用于垃圾渗滤液的深度处理。

还有其他很多形式的工艺组合，如 Franco Avezzu 等研究利用湿式氧化将难降解有机物分解成容易生物降解的小分子物质，然后再利用活性污泥法将污泥物质去除的工艺组合等。总之生物法和物化法分工协作使处理后的出水达到各地的排放超标准。

二、膜处理

2008 年 7 月 1 日，《生活垃圾填埋场污染控制标准》（GB 16889—2008）开始启用，其中明确了垃圾渗滤液中总氮、氨氮、重金属等污染控制指标，并提高了新建和现有填埋场的渗滤液污染物排放限值等要求。传统的单一生化处理法已经不能满足出水要求，人们将目光转向更为高效的膜分离技术。膜处理是通过天然或人工合成膜以外界能量作为推动力对溶液进行物质分离、分级、提纯的方法。应用于渗滤液处理的膜分离技术主要有超滤、纳滤、反渗透等，多数渗滤液处理采用两种或两种以上的膜组合工艺来确保出水水质达标。表 7-25 是各个方法的特征。

表 7-25　膜过程及其特征

项目	超滤(UF)	纳滤(NF)	反渗透(RO)
膜通量/[L/(h·m^2·bar)]	10～1000	1.5～30	0.05～1.5
压力/bar	0.1～5	3～20	5～120
滤膜孔径/nm	2～100	0.5～2	＜0.5
分离机制	压力差/筛分	压力差/溶解扩散	压力差/溶解扩散
应用	去除大分子、细菌、病毒	去除离子和相对较小的有机物	超纯水;净化

注：1bar=10^5Pa，下同。

1. 超滤（UF）

超滤（UF）是一种能将溶液进行净化和分离的膜分离技术。超滤膜系统是以超滤膜为过滤介质，膜两侧的压力差为驱动力的溶液分离装置，超滤膜只允许溶液中的溶剂（如水分子）、无机盐及小分子有机物透过，而将溶液中的悬浮物、胶体、蛋白质和微生物等大分子物质截留，从而达到净化和分离的目的。超滤法常被作为一种预处理手段，用来作为纳滤的前处理或处理有机物含量不高的渗滤液。

K-Tabet 等使用实验室和小试规模超滤装置处理垃圾渗滤液。在初始 COD 浓度为 1300mg/L 时，发现渗滤液过流速度不影响渗透通量，且矿物膜的 COD 处理效率和渗透率高于聚砜有机膜，但价格比聚砜有机膜昂贵。矿物膜通过清洗就可以恢复最初的渗透通量，而有机膜通过酶清洗后只能恢复最初渗透通量的 80%。反应装置如图 7-6 所示。

李炜臻等采用多孔陶瓷材料的无机超滤膜对垃圾填埋场渗滤液进行预处理，探讨 pH 值、浓缩倍数、操作压差、膜面流速等过程参数对预处理效果和膜通量的影响，评价无机超滤膜的液体渗透性。得出较优的运行参数为：pH 值宜处于中性偏酸的范围，6.5～7.0 效果较佳；无机超滤膜通量随操作压力和膜面流速增加而增大，但由于浓差极化和凝胶层的影

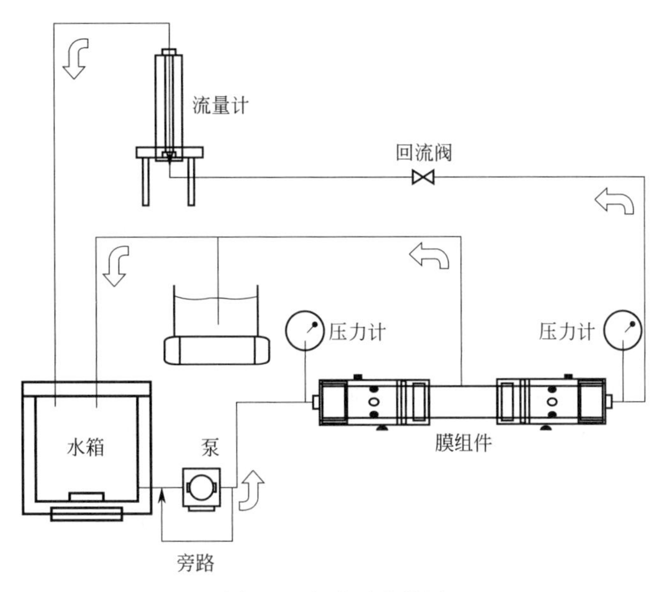

图 7-6　超滤反应装置

响，存在临界压差和流速，操作压差不宜超过 0.4MPa，一般选择为 0.34MPa，膜面流速为 3.5～4.0m/s。在该条件下，对 COD、TOC、氨氮、TDS、FDS 和浊度的去除率分别达到 40.6%、51.2%、6.0%、19.3%、19.9%和 70.0%。此外，pH 值的改变直接影响无机超滤膜表面的电性，从而与无机离子和腐殖酸共同作用，引起膜通量和去除率的变化。

陈尧等使用锯齿膜超滤加两级卷式膜纳滤分离系统处理垃圾渗滤液，渗滤液原液经过絮凝沉淀预处理，去除固体大颗粒物质以后，依次进入超滤和纳滤系统，超滤膜组件采用 Suntar-601 平板式聚酯纤维素膜，具有良好的亲水性和化学稳定性。实验表明，COD 初始浓度为 6060mg/L 时，超滤膜对渗滤液 COD 和氨氮的去除率为 20.3%～20.9%、21.1%～23.5%。为后续的纳滤处理提供了良好条件。

2. 纳滤（NF）

纳滤（NF）是一种介于反渗透和超滤之间的一种压力驱动型膜分离技术，对溶质的截留性能介于反渗透和超滤之间。纳滤膜孔径范围处于纳米级，属于无孔膜，通常表面荷电，不仅可以通过筛分和溶解-扩散作用对分子量为 200～1000 的物质进行去除，同时也可通过静电作用产生 Donnan 效应，对不同价态离子进行分离，实现对二价和高价离子的去除。由于纳滤膜较反渗透膜具有更低的操作压力，且在高盐浓度和低压下也有较高的通量，因此被广泛应用到水处理、食品工业、制药等多个领域。

在纳滤系统中，进水通过两种原理被分离，中性物质依据尺寸（分子量大于 200）分离，离子依据膜和离子的静电作用进行分离。由于不同于超滤膜和反渗透膜的性质，纳滤对于去除难降解有机物质和重金属离子具有较大的优势。有研究表明，纳滤能以 300g/mol 的截留分子量去除颗粒和无机物质。

Dominique Trebouet 等探究了中试规模下的纳滤装置对渗滤液的处理能力，从渗透速率、COD、盐存留率的角度寻找最佳条件，并与反渗透系统进行了比较。结果表明，在应用压力 $\Delta p=20\times10^5$ Pa 和断面流速为 $u=3$m/s 的条件下，纳滤膜对垃圾渗滤液可以达到最佳截留率和渗透流速，对COD的截留率达到80%，符合排放标准。与反渗透相比，纳滤的操作压力远远低于反渗透，能量消耗少，仅为10kW·h/m^3。

M. Ince等运用纳滤和微滤-聚合氯化铝系统对垃圾渗滤液进行深度处理。纳滤部分采用两种膜FM NP030和FM NP010比较截留性能。初始进水COD、氨氮、凯氏氮分别是2070mg/L、2180mg/L和2320mg/L。试验在恒定跨膜压力2000kPa和流速1.1m/s下进行，温度控制在（25±2）℃，pH值为9.3。结果表明，在反应时间为240min时，两种膜对COD的去除率基本一致，在51.7%～58.0%之间；膜FM NP030比FM NP010对氨氮和凯氏氮的去除效率更高。FM NP030对氨氮和凯氏氮的去除率分别是53%和44%，而FM NP010的去除率仅为37%和36%。但膜FM NP010的截留分子量更大，易吸附腐殖酸、富里酸等大分子物质，更容易受到膜污染，因而削弱了对NH_3-N的静电作用。

纳滤还可以对反渗透的浓水进行脱盐，在成都市垃圾渗滤液处理工程中，纳滤膜采用卷式反渗透膜，设计膜通量19L/(m^2·h)，总膜面积1224m^2，运行压力0.5～2.5MPa，由于纳滤几乎不截留一价盐离子，使得反渗透浓液中的大部分盐分随纳滤清液外排，减小了浓缩液回灌的规模。

3. 反渗透（RO）

反渗透又叫逆渗透，是一种以压力差为推动力，从溶液中分离出溶剂的膜分离操作。对膜一侧的料液施加压力，当压力超过它的渗透压时，溶剂会逆着自然渗透的方向作反向渗透。

表7-26是德国一典型垃圾填埋场渗滤液经两级反渗透处理前后的技术指标，通过两个阶段的反渗透，对盐类和有机污染物的去除率基本达到99%，根据盐类含量和操作时间的不同，操作压力控制在36～60bar，比渗透量约为15L/(m^2·h)。

表7-26 两级RO系统对渗滤液的处理效率

参数	渗滤液	一级反渗透	二级反渗透	去除率/%
pH值	7.7	6.8	6.6	
电导率/(μS/cm)	17250	382	20	99.9
COD/(mg/L)	1797	15	<15	>99.2
NH_3-N/(mg/L)	366	9.8	0.66	99.9
Cl^-/(mg/L)	2830	48.4	1.9	99.9
Na^+/(mg/L)	4180	55.9	2.5	99.9
重金属/(mg/L)	0.25	<0.005	<0.005	>98

反渗透的操作过程和渗滤液的进水条件会影响处理效果，Angelo Chianese利用反渗透装置处理垃圾渗滤液，发现在不同COD浓度（0～1749mg/L）的条件下，渗滤液的透过速率随着操作压力的升高呈线性增加趋势，随初始COD浓度呈线性下降趋势，这表明渗滤液COD和盐的含量对膜压力的影响较大，随后推导出截留系数随操作压力变化的关系式。作者还发现反渗透膜对Zn^{2+}的截留率随着COD浓度的增加而减少，而Cu^{2+}和Cd^{2+}的截留率受COD浓度的影响较小。

袁维芳等采用反渗透法处理经过SBR预处理的垃圾渗滤液，从8种膜中挑出效果最好的醋酸纤维素（CA）反渗透膜，保持在51～52L/h流速下，在2.0～3.9MPa范围内，发现随着压力增加，膜对COD的去除率随之增高并渐渐趋于稳定，确定操作压力的最佳值为3.5MPa，当进料液pH值变化时，渗透通量随pH值降低而略有增加，因此渗滤液在进RO

装置前应调到5～6，以延长膜的使用寿命。表7-27是在压力3.5MPa，进水pH值为6.0条件下的进出水情况。

表7-27 进出水情况

项目	pH值	电导率/(μS/cm)	NH_3-N/(mg/L)	COD/(mg/L)	平均透水量/[L/(m²·h)]
进料液	6.00	9.81	98.48	535.6	
产品水	6.35	0.696	6.42	未检出	32.2
去除率	—	92.9	93.5	≈100	

近年来，碟管式反渗透（DTRO）作为一种新型的反渗透处理技术，在垃圾渗滤液的处理中得到了较为广泛的应用。DTRO膜组件构造与传统的卷式膜截然不同，膜柱通过两端都有螺纹的不锈钢管将一组导流盘与反渗透膜紧密集结成筒状，这种结构能够使得处理液快速切向流过膜表面，其膜片和导流盘以及膜柱构造如图7-7、图7-8所示。碟管式反渗透设备根据所要求的系统回收率可选择是否需要高压反渗透，一般垃圾填埋场渗滤液的电导率低于20000μS/cm，要求回收率<80%时，用常压反渗透，运行压力在2～4MPa范围内。若电导率高于30000μS/cm，要求回收率>80%时，则考虑采用高压反渗透，压力可达12MPa。

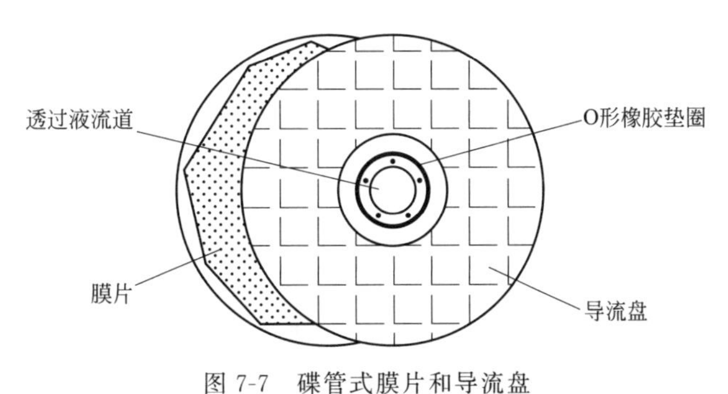

图7-7 碟管式膜片和导流盘

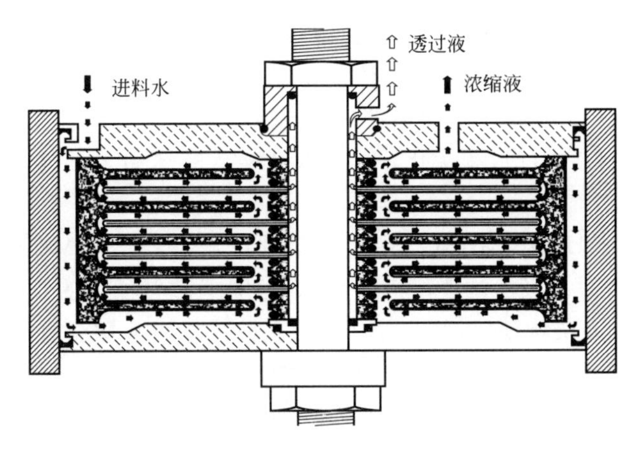

图7-8 DT膜柱构造及流道示意

DTRO工艺通常和MBR等工艺组合使用，甘肃某垃圾填埋场渗滤液采用“MBR＋两级DTRO系统”对渗滤液进行处理，经该工艺处理后，COD、BOD_5、NH_3-N、TN和SS的去除率分别为99.3%、99.6%、98.7%、98.4%和97.0%。该系统具有抗冲击能力强、污泥浓度低、占地面小、出水水质稳定等优点。

4. 膜生物反应器（MBR）

膜生物反应器（MBR）是一种集生物处理和膜分离于一体的新型高效生物处理技术，最初被用于取代活性污泥法中的二沉池，可以进行高效的固液分离，克服了传统工艺出水水质不稳定、污泥易膨胀等问题。MBR包含两个主要部分，用于生物降解的生物部分和用于分离生物固体与微生物的膜组件。根据膜在整个处理系统中所起作用的不同，通常将膜生物反应器分为三类：曝气膜生物反应器（AMBR）；萃取膜生物反应器（EMBR）；固液分离膜生物反应器（SLSMBR）。

MBR系统通常在中空纤维、平板、支架或管状结构上使用超滤膜（UF）或微滤膜（MF）。根据膜组件的位置设置，MBR可分为浸没式膜生物反应器和外置式膜生物反应器。浸没式膜生物反应器的膜组件在生物反应器内部；外置式膜生物反应器的膜组件在反应器外部，污泥被再循环至好氧反应器。反应器如图7-9所示。

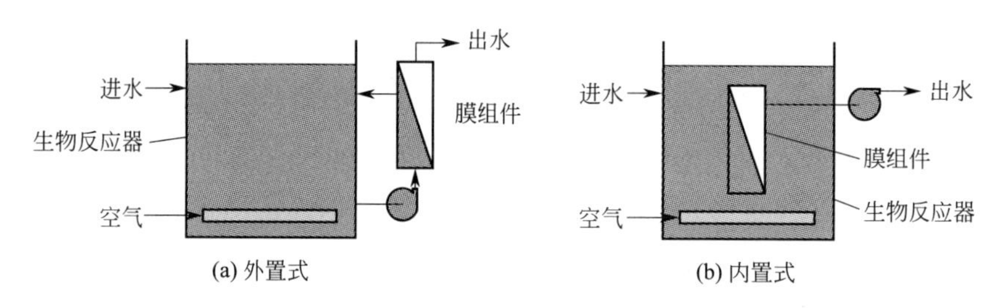

图7-9　MBR结构图

杜昱等探讨了MBR工艺处理垃圾渗滤液的设计参数，认为进水COD应满足硝化及反硝化的要求，生物池水温取值宜不低于25℃，生物池混合液污泥浓度宜取12～20g/L，污泥龄宜取15～25d，剩余污泥产率宜取0.15～0.30kgVSS/kgCOD。

Eoin Syro等利用60L的好氧膜生物反应器处理垃圾渗滤液，水力停留时间（HRT）为5天。经过一年的运行，AMBR对进水氨浓度500～2500mg/L的垃圾渗滤液达到了80%～99%的脱氮率；同时，进水COD浓度由1000～3000mg/L降低到200～500mg/L。氧气传递速率为35g $O_2/(m^2 \cdot d)$，通过低气体流速达到了较高的氧气传递效率，这说明生物膜不受气体流速控制。通过过程优化，AMBR能够在输入较低的能量下，达到较好的处理效果。

季民等对比研究了UASB-MBAC（膜生物活性炭）工艺普通MBR工艺及投加专性耐盐菌强化MBR工艺处理垃圾渗滤液，特别是对高含盐垃圾渗滤液的效果。结果表明：采用普通MBR处理高含盐垃圾渗滤液时，对COD_{Cr}去除率十分有限。且渗滤液中高含盐量和有机物难生物降解性对反应器中微生物产生很大的抑制作用。运行时间越长，处理效率越低；投加耐盐菌可有效改善MBR对高含盐渗滤液中有机物的去除效果。试验发现不论是普通MBR还是投加耐盐菌强化的MBR处理高含盐渗滤液时，对氨氮都具有较高的去除率，几乎达到100%。

近年国内新建填埋场渗滤液处理工艺多选用MBR和以NF、RO为主的深度处理段组合而成的工艺，具体应用参见第5章。

然而，膜的高成本、膜污染和高能耗是限制MBR商业化和广泛应用的限制因素。膜污染可能会导致膜使用周期变短，产率变小，导致膜的操作和更换费用增加。

5. 膜组合工艺

前文对各种膜技术进行了单独介绍，但在实际工程应用中，很少使用单一的膜技术，而是将膜处理工艺组合使用，以下就几种能够达到《生活垃圾填埋场污染控制标准》规定排放限值的处理工艺进行介绍。

（1）MBR＋双膜法（NF/RO）工艺　MBR＋双膜法（NF/RO）是近年发展较快的一种新型组合工艺，是以 MBR 单元为工作核心的一种新型系统。膜分离技术与活性污泥法相结合是该工艺的技术特点。青岛小涧西垃圾填埋场、北京北神树垃圾填埋场、佛山高明白石坳填埋场、苏州七子山、山东泰安等多家垃圾处理厂采用 MBR＋双膜组合工艺处理，并取得了良好的处理效果。

山东滕州生活垃圾填埋场的设计处理量为 80m^3/d，采用 MBR＋双膜组合工艺处理垃圾渗滤液，工艺流程如图 7-10 所示。经 2009 年 9 月至 2010 年 3 月的监测，该填埋场垃圾渗滤液原水及各阶段出水水质波动范围如表 7-28 所列。

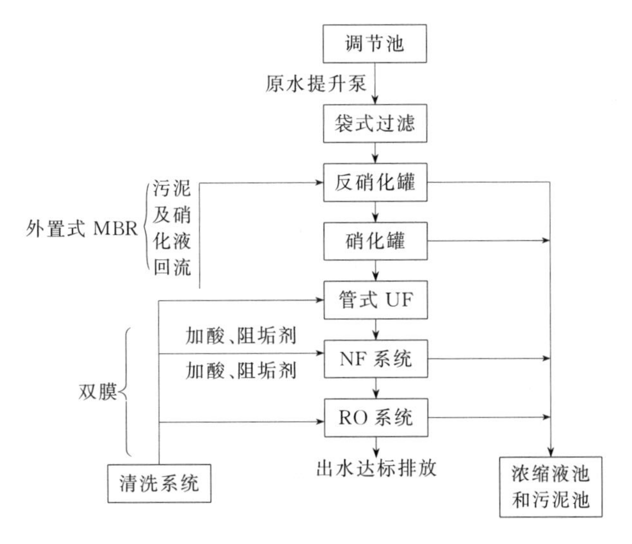

图 7-10　MBR＋双膜法(NF/RO)组合工艺流程

结果表明，MBR＋双膜法（NF/RO）组合工艺是传统工艺与现代水处理技术的有机结合，该工艺流程简单（建构筑物较少）、污染物的削减能力较强，调试周期短，易于操作管理；此外该组合工艺有着投资低、运行成本低的优点，是一套性价比较高的组合工艺，适合在周边地区甚至我国大部分中小城镇垃圾渗滤液处理工程中广泛推广。

表 7-28　原水及各阶段出水水质

阶段	COD /(mg/L)	BOD_5 /(mg/L)	SS /(mg/L)	NH_3-N /(mg/L)	TN /(mg/L)	pH 值
原水	6300～8100	1200～2000	600～1000	450～800	500～1000	6.5～7.6
MBR	320～900	60～85	2～10	3～15	7～28	7.2～8.3
NF	25～92	10～18	0～3	2～10	4～20	6.5～7.7
RO	10～38	3～10	0～2	0～7	0～10	6.1～7.2

（2）两级碟管式反渗透（DTRO）工艺　安徽省某县生活垃圾填埋场的渗滤液采用二级 DTRO 工艺处理。渗滤液先汇集到调节池进行水质、水量调节，原水贮罐出水经加酸调节

pH 值，以防止碳酸盐类无机盐结垢，再经砂式过滤器和芯式过滤器过滤降低 SS 浓度。预处理后的渗滤液进入第一级 DTRO 系统，在膜组件中进行反渗透，产生的透过液进入第二级 DTRO 系统，第一级 DTRO 浓缩液排入浓缩液贮池等待回灌；第二级 DTRO 系统透过液排入脱气塔，吹脱除去水中二氧化碳等气体，使 pH 值达到 6～9 然后进入清水池，达标后排放，第二级 DTRO 浓缩液回流进入第一级 DTRO 的进水端。各技术参数如下。

调节池：调节池为黏土重力坝池体，设计池容为 $10000m^3$，池底表面积 $3000m^2$，池深 4m。调节池旁设有抽水井，抽水井深 5m，配置 2 台提升泵（1 用 1 备），流量为 $10m^3/h$，扬程为 10m。

砂式过滤器和芯式过滤器：调节池出水泵进入原水贮罐调节 pH 值后，分别进入过滤精度为 50μm 和 10μm 的砂式过滤器和芯式过滤器进行过滤。

二级 DTRO 系统：第一级和第二级 DTRO 膜系统设计参数见表 7-29。

表 7-29　DTRO 膜系统设计参数

设计参数	第一级	第二级	设计参数	第一级	第二级
设计净水回收率 Q_{R0}/%	80	90	膜总过滤面积 $S_{R0,t}$/m^2	433	85
设计进水流量 Q_d/(m^3/d)	108.7	86.7	实际操作压力/MPa	5	3.5
设计净水产量 Q_p/(m^3/d)	86.7	78	设计最大操作压力/MPa	7.5	6
膜柱数量 n_{R0}/支	46	9	高压泵台数/台	1	1
单支膜柱面积 S_{R0}/m^2	9.405	9.405	内置在线泵台数/台	2	0

浓缩液贮池：设计尺寸为 8.2m×7.5m×4.0m。浓缩液贮池的两端分设两个吸水点，每个吸水点设两台泵，1 用 1 备。近期泵 $Q=15m^3/h$、$H=10m$，远期泵 $Q=15m^3/h$、$H=20m$。

工程运行结果表明，该工艺可使出水 COD_{Cr}、BOD_5、NH_3-N、TN、TP 的质量浓度分别不超过 33.25mg/L、23.94mg/L、7.84mg/L、9.8mg/L、0.1mg/ L，出水 SS 的质量浓度降至 0。出水达到《生活垃圾填埋场污染控制标准》（GB 16889—2008）中规定的排放标准的要求。经过计算，本工程运行成本为 29.5 元/t。

（3）膜法评述　高效、方便和经济的膜深度处理技术，已在垃圾渗滤液的处理和回收中承担着越来越积极的作用，其中超滤（UF）常被用作垃圾渗滤液的初步预处理，反渗透（RO）或纳滤（NF）膜能够几乎去除全部溶解性物质和微生物等。而膜生物反应器（MBR）工艺，是微滤（MF）或超滤（UF）膜分离技术与传统活性污泥工艺有机结合而成的新型污水处理工艺，出水水质好、结构紧凑，产泥率低，在垃圾渗滤液的处理中发挥着越来越重要的作用。近年来国内新建或改建的垃圾填埋场，越来越多的采用膜技术作为处理垃圾渗滤液的手段。

然而，在膜技术应用实践中，浓差极化现象（因渗滤液浓度提升而导致的膜通量衰减）较为突出，且膜污染问题一直没有得到很好的解决，造成膜组件频繁更换，运行成本较高。此外，膜技术的应用所需一次性投资大，要求操作、维护、管理人员的专业技术水准高，且必须配备严格的预处理设施，以确保膜过滤长周期运转安全。

影响膜污染的因素不仅与膜本身特性有关，如膜的亲水性、荷电性、孔径大小及其分布宽狭、膜结构、孔隙率及膜表面粗糙度，也与组件结构、操作条件有关，如温度、溶液 pH 值、盐浓度、溶质特性、料液流速、压力等，清洗方法选择对膜的寿命延长与推广应用有重大意义，对于具体应用对象要作综合考察。

微滤、超滤过程中的膜污染问题可通过原料液预处理、膜表面改性、改善膜表面的流体力学条件、反冲洗、合理设计膜组件等手段进行控制。而膜生物反应器可采用在线药洗、曝气、反冲洗等方法控制膜污染问题。

随着膜制造技术的进步，膜质量的提高和膜制造成本的降低，设备投资也会随之降低，如聚乙烯中空纤维膜、新型陶瓷膜的开发等已使其成本比以往有很大降低。另一方面，各种新型反应器的开发也使其运行费用大大降低，如在低压下运行的抽吸式膜生物反应器、厌氧式膜生物反应器等与传统的好氧加压膜生物反应器相比，其运行费用大幅度下降。

考虑到膜法的成本问题，需要通过技术经济比较，合理地选择渗滤液处理方案。在经济发达且实际条件许可的情况下，可建设独立的膜处理系统；在经济尚不发达的地区则可采用预处理＋合并处理的方案；在无力建设处理设施的情况下则可考虑回灌与合并处理的方案。

第五节　渗滤液处理工程实例

一、成都市固体废弃物卫生处置场渗滤液处理工程

1. 处理工艺

成都市固体废弃物卫生处置场垃圾渗滤液处理工程是国内第一个按《生活垃圾填埋场污染控制标准》（GB 16889—2008）中一般地区排放标准对渗滤液出水标准的要求新建的大型渗滤液处理工程，采用 MBR-RO-NF 工艺。工艺流程见图 7-11。

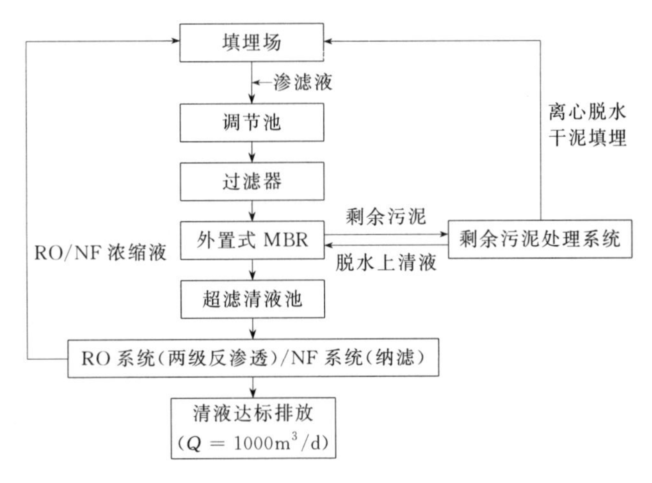

图 7-11　成都市固体废弃物卫生处置场垃圾渗滤液处理工艺流程

在外置式膜生物反应器硝化池中采用特殊设计的鼓风射流曝气系统，是根据进出水水量和水质要求专门进行配置和控制的。采用外置管式超滤膜避免了内置式反应膜容易污染、堵塞的缺陷，并使出水水量、水质稳定。MBR 生物反应器由一级反硝化、硝化，二级反硝化、硝化和外置式超滤单元组成。MBR 设计温度为 25℃，设计 MLVSS 为 15g/L。MBR 生化反应池有效容积为 8000m^3，射流曝气，处理水量为 1300m^3/d。

当垃圾渗滤液 COD 与 NH_3-N 的比值在 3∶1 以上时，由于设有完全反硝化、硝化功能的外置式膜生物反应器（MBR）可以保障 MBR 出水总氮达标，在此情况下，采用纳滤对反

渗透浓缩液进行脱盐处理，纳滤清液与反渗透清液混合排放，反渗透浓缩液中的盐分随纳滤清液排出系统，之后经过脱盐的浓缩液则可直接回灌填埋堆体。

当垃圾渗滤液 COD 与 NH_3-N 的比值在 3∶1 以下时，外置式膜生物反应器（MBR）出水总氮不达标，在此情况下，反渗透浓缩液不经纳滤处理直接回灌。

采用该方案既可保障出水水质达到新标准，并且可以减轻盐分的富集。同时在填埋场渗滤液产生量大的季节，即当渗滤液的产生量大大超过反渗透设计规模时，纳滤可以用作应急措施与反渗透同时处理超滤出水。

采用两级反渗透，一级反渗透为中压反渗透，采用卷式反渗透膜，清液采率为 70%。一级反渗透膜面积为 $2880m^2$。为了进一步缩减浓缩液产量，设计二级反渗透用于处理一级反渗透产生的浓缩液，二级反渗透同样采用卷式反渗透膜，二级反渗透清液采率较低，为 33.3%左右。二级反渗透膜面积为 $600m^2$。产清水量＞$1000m^3/d$。

纳滤采用卷式反渗透膜，采用纳滤对反渗透浓缩液进行处理，清水获得率约为 30%。如采用纳滤处理超滤出水则清水获得率可稳定在 85%以上，纳滤操作压力为 $(5\sim25)\times10^5Pa$。纳滤清液出水率为 85%，清水水量为 $500m^3/d$。

污泥处理采用离心脱水方式，脱水后污泥与城市污水处理厂污泥一并处置。

浓缩液采用回灌处理。

2. 运行效果

渗滤液进水水质变化幅度大。冬季水量小，进水 COD 为 2～3g/L，NH_3-N 为 2～3g/L。夏季水量大，进水 COD 为 8～18g/L，NH_3-N 为 1.5～3g/L。冬季进水 C/N 值＜3。冬季渗滤液产生量小，水量约 $500m^3/d$，夏季水量约 $1600m^3/d$。工程实际进、出水水质见表 7-30。渗滤液水质不稳定，变化大，需要建设大型调蓄池，以均衡水质水量。

在进水 C/N 比＜5 的情况下，要保证出水 TN 达标，需要投加碳源。充分利用新老填埋场渗滤液浓度的不同对进水 C/N 比进行调配，对控制运行成本至关重要。

表 7-30　实际进、出水水质　　单位：mg/L

项目	COD_{Cr}	BOD_5	NH_3-N	TN
进水	2000～18000	1000～7000	1500～3000	1500～3500
MBR 出水	＜1000	＜20	＜10	30～50(C/N＞5)
反渗透出水	＜20	＜5	＜5	＜20
纳滤出水	＜60	＜20	＜10	＜40

3. 经验总结

① 渗滤液水质不稳定，变化大，需要建设大型调蓄池，以均衡水质水量。

② 本工程浓缩液采用回灌处理。如果浓缩液回灌不得当，会导致 MBR 出水 COD 逐步上升，渗滤液含盐量上升。浓缩液回灌点要远离渗滤液出水口，回灌浓缩液一定要经过垃圾层，以充分利用垃圾堆体的过滤和吸附作用。

③ 浓缩液原液中含有大量 Ca^{2+}、Mg^{2+}，污水处理厂的进水管道和仪表结垢严重，影响正常运行。渗滤液经过生化处理后，结垢现象基本消失。可以将生化池泥水混合液回流到渗滤液进水泵，稀释进水中的 Ca^{2+}、Mg^{2+}，减轻进水管道结垢现象。

④ 在进水 C/N 比低的情况下，要保证出水总氮不超标，必须投加碳源，会造成运行费

用大幅提高。因此，充分利用新老填埋场渗滤液浓度的不同对进水 C/N 比进行调配，对控制运行成本至关重要。

二、杭州天子岭垃圾填埋场渗滤液处理工程

1. 处理工艺

国内最大的垃圾填埋场之一的杭州天子岭垃圾填埋场的处理规模为 1500m^3/d，生物处理采用“生物转盘-曝气池”工艺处理，深度处理采用“Fenton＋BAF”工艺，产生的少量铁泥与生物处理剩余污泥一起排入污泥浓缩池处理。其工艺流程见图 7-12。

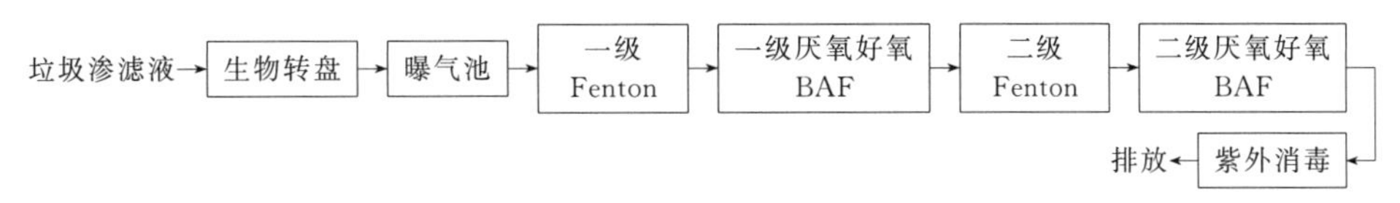

图 7-12　杭州天子岭垃圾填埋场渗滤液处理工艺流程

曝气生物滤池（BAF）是一种膜法生物处理工艺，微生物附着在载体表面，污水在流经载体表面过程中，通过有机营养物质的吸附、氧向生物膜内部的扩散以及生物膜中所发生的生物氧化等作用，对污染物质进行氧化分解，使污水得以净化。该工艺集生物降解、过滤、吸附等优良特性于一体，具有占地面积小、基建和运行费用低、处理负荷高、抗冲击能力强、维护管理简单等优点，是一种高效的生物反应器。

单纯采用高级氧化深度处理垃圾渗滤液所需的费用较高，通过高级氧化将渗滤液中难降解有机物转化为易生物降解的有机物，提高废水的可生化性，再通过后续的曝气生物滤池进一步深度处理，出水稳定达到排放标准。两者相结合，可以充分发挥高级氧化的高效性和曝气生物滤池的经济性，为垃圾渗滤液的低碳、高效处理提供一条新途径。

2. 运行效果

表 7-31 是填埋场运行期间 COD 的监测数据。

表 7-31　COD 监测数据　　单位：mg/L

日期	原水	生化出水	一级 Fenton＋BAF	二级 Fenton＋BAF
2012-5-8	8980	858	146	23
2012-5-9	8440	827	129	64
2012-5-10	9300	843	192	53
2012-5-11	8760	748	103	39
2012-5-12	9160	774	190	46
2012-5-13	8100	725	124	50
2012-5-14	8980	858	125	40
2012-5-15	8660	790	151	31
2012-5-16	8020	702	98	36
2012-5-17	8960	832	99	39

三、上海老港垃圾填埋场渗滤液处理工程

上海老港综合填埋场建设规模为处理垃圾 5000t/d，其渗滤液处理工程将处理综合填埋

场渗滤液、老港能源利用中心渗滤液和老港一至三期封场后渗滤液，渗滤液处理总规模约 $3200m^3/d$。渗滤液处理站厂址位于上海市老港固体废弃物综合处置基地北侧预留地。焚烧厂、填埋场渗滤液各为 $1600m^3/d$。

1. 工艺流程

焚烧厂渗滤液经厌氧反应器（UBF）厌氧处理后流入中间水池，厌氧出水与填埋场渗滤液在调节池混合均匀后泵入配水池，经均衡水量水质后出水进入两级 A/O 池，进行脱氮和 COD 降解，反应后 A/O 末段硝化液再经过外置超滤系统进行固液分离，最后超滤清液进入混凝沉淀池去除残留的重金属，确保出水能达标排放。对于深度处理示范工程（$100m^3/d$），MBR 出水进入 RO 装置进一步去除水中残留的有机物等，以达到 GB 16889—2008 排放标准后纳管排放，RO 产生的浓缩液经多效蒸发系统处理后达标排放。其具体流程如图 7-13 所示。

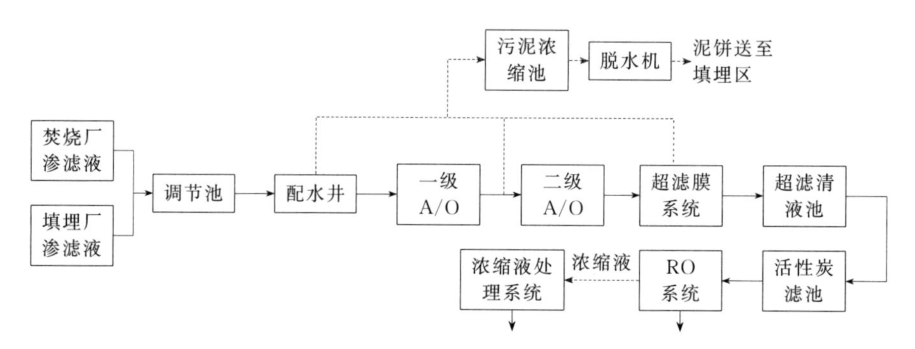

图 7-13　上海老港垃圾填埋场渗滤液处理工艺流程

2. 运行效果

进水指标及各主要工艺单元的处理效果（出水指标）如表 7-32 所列。

表 7-32　各主要工艺单元处理效果

项目		规模/(m^3/d)	COD_{Cr}/(mg/L)	BOD_5/(mg/L)	NH_3-N/(mg/L)	TN/(mg/L)	SS/(mg/L)	pH 值
进水		3200	≤1000	≤8000	≤100	≤600	≤1000	6~9
渗滤液调节池综合出水		3200	17500	8000	2000	2750	3300	5.0~7.0
配水井	出水	3200	17500	8000	2000	2750	3300	5.0~7.0
	去除率/%	—	—	—	—	—	—	—
MBR	出水	3200	≤800	≤100	≤40	≤80	≤20	6.0~8.0
	去除率/%	—	≥95.4	≥98.7	≥99.5	≥97.1	≥99.3	—
混凝+沉淀	出水	3200	≤800	≤100	≤10	≤40	≤20	6.0~9.0
	去除率/%	—	—	—	—	—	≥50	—
排放标准		3200	≤1000		≤100	≤600		6.0~9.0

四、青岛市小涧西垃圾综合处理厂渗滤液处理扩容改造工程

青岛市小涧西垃圾综合处理厂位于青岛市城阳区小涧西村，是青岛市唯一的垃圾综合处理园区。园区内原有一套与一期填埋场配套的渗滤液处理站，规模为 $200m^3/d$，随着垃圾

填埋处理规模的增加、堆肥处理厂的运行、焚烧发电厂的建设，考虑将上述三处垃圾处理设施产生的渗滤液集中处理，需要新增规模约 700m^3/d 的渗滤液处理设施，并根据新的、更严格的排放标准对原有设施进行改造，扩容改造后总规模为 900m^3/d。该扩容工程采用膜生物反应器（MBR）/碟管式反渗透（DTRO）/曝气沸石生物滤池处理工艺，污泥离心脱水处理后填埋处置。反渗透出水回用为膜清洗水、冷却塔补给水、药剂配制用水和厂区绿化用水等。

1. 处理工艺

由于本项目进水水质恶劣，进水 TN 高达 2400mg/L，同时出水排放标准又非常严格，故在前处理的 MBR 系统中采用了两级 AO 强化脱氮工艺。膜处理选择抗污染能力强、操作压力高的 DTRO，并在 DTRO 后增加曝气沸石生物滤池作为保障处理工艺；采用优化后的方案能去除渗滤液中的大部分剩余污染物，并具有兼容性强、流程简单、运行维护管理方便、清水产率高的优点。具体工艺流程见图 7-14。

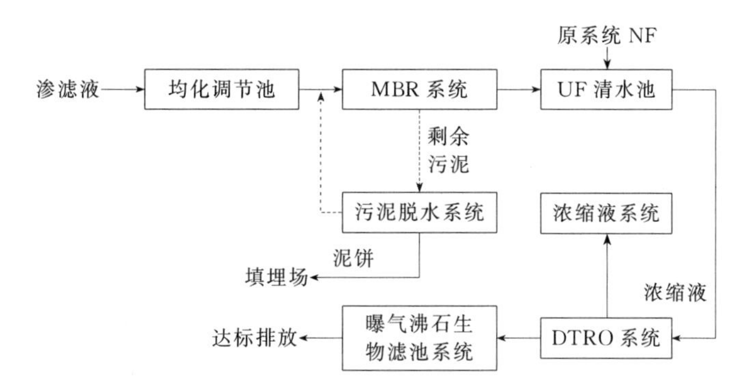

图 7-14　青岛市小涧西垃圾综合处理厂渗滤液处理工艺流程

2. 运行效果

该工程经过 3 个月的工程调试进入正式运行状态，运行监测数据见表 7-33。

表 7-33　渗滤液处理效果

项目	COD /(mg/L)	BOD_5 /(mg/L)	NH_3-N /(mg/L)	TN /(mg/L)	TP /(mg/L)	SS /(mg/L)	pH 值
进水	15000	5000	2900	3100	15	2000	6～8
出水	≤20	≤10	≤1	≤8	≤0.5	0	6～9

注：焚烧厂暂未运行，实际进水为填埋场渗滤液，故实际进水水质与设计水质有较大差别。

五、南京市轿子山垃圾渗滤液处理改扩建工程

南京市轿子山有机废弃物处理场位于南京市江宁区其林乡豆村，地处南京东郊青龙山西麓前缘一山间洼地内，距最近居民点 1.5km。属于低山丘陵地貌单元，位于青龙山西北低山丘陵之间，地表径流由北东向南西。渗滤液处理扩容改造后总规模确定为 400m^3/d（进水）。设计清水回收率 80%，并保证正常运行时清水回收率不低于 75%。排放标准执行《生活垃圾填埋场污染控制标准》(GB 16889—2008)。

1. 处理工艺

根据垃圾渗滤液的水量水质特点，渗滤液处理工艺选择的一般原则，结合招标文件要求，所选“MBR+纳滤/反渗透处理”组合工艺符合目前国内垃圾渗滤液处理的主流工艺路线，其中纳滤/反渗透采用碟管式纳滤（DTNF）/碟管式反渗透（DTRO）。原水经均衡池均质调节后泵入生化处理段，生化处理段由A/O+A/O池组成，渗滤液依次流经一级反硝化池、一级硝化池、二级反硝化池、二级硝化池，通过内回流，在交替缺氧、好氧条件下，渗滤液中的有机物、氨氮、硝态氮得到降解去除，生化系统单元处理后的渗滤液通过MBR中的UF超滤系统分离后，清液进入膜深度处理系统处理。膜深度处理系统由单级DTNF/DTRO系统及配套清洗/加药系统组成，单级DTNF/DTRO系统透过液排入出水排放池，浓缩液进入浓缩液池做回灌处理。

工艺流程设计见图7-15。

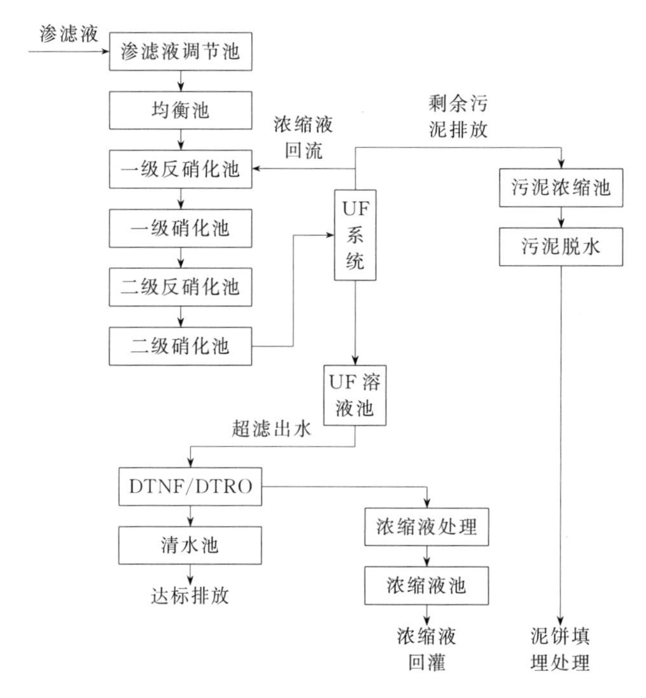

图7-15　南京市轿子山垃圾渗滤液处理改扩建工程工艺流程

其中，本项目的MBR超滤系统采用管式超滤膜，过滤形式为错流过滤，管式膜的特点是膜通量大，抗污染能力强，不易堵塞，膜组件使用寿命长；设计清液产量$Q_h=400m^3/d=16.7m^3/h$；设计过滤通量$J_{UF}=70L/h$（产品膜通量65～100L/h）；膜需要总面积$S_{UF}=(Q_h\times1000)/J_{UF}=261.9m^2$；单位膜管面积$S_a=27.05m^2$（产品参数）；需要膜管数$n=S_{UF}/S_a=8.82$（取9支）。

DTNF/DTRO膜的进水量是$400m^3/d$；设计富余系数$n=1.1$；出水量$320m^3/d$；清液产率$R_{RO}=80\%$；反渗透装置套数1套；反渗透膜原件数114支；设计膜通量$J_{RO}=13.6L/h$，设计总膜面积$S_{RO}=(Q_h\times1000)/J_{RO}=1078.43m^2$；设计运行压力$p_O=40\sim65bar$；反渗透膜使用寿命5年；反渗透清洗方式CIP在线清洗；反渗透膜化学药剂清洗周期1次/月，膜组的清洗包括冲洗和化学清洗两种。

MBR生化剩余污泥产量为$60m^3/d$（污泥含水率98.5%），浓缩液处理系统沉淀污泥4t/d（污泥含水率97%）；污泥经污泥泵提升进入离心脱水系统，离心脱水系统的进泥泵为螺杆泵，从污泥浓缩池取泥送入离心脱水机，在离心脱水机进口通过絮凝剂投加装置投加高分子絮凝剂，保证离心效果，脱水泥饼含水率低于80%，离心后的脱水污泥落入螺旋输送机料斗，经倾斜式的无轴螺旋输送机输送至泥斗内，运至填埋场填埋处理，离心后的液相流入集水井，与污泥浓缩池排出的上清液一同泵回生化系统继续处理。

2. 运行效果

本项目进出水水质见表7-34。

表7-34　进出水水质　　　　单位：mg/L（除pH值外）

名称	进水水质	出水水质	名称	进水水质	出水水质
COD_{Cr}	≤15000	≤100	SS	≤1000	≤30
BOD_5	≤8000	≤30	TP	≤15	≤3
TN	≤3000	≤40	pH值	6～9	6～9
NH_3-N	≤2500	≤25			

实践证明，该项目技术路线组合科学，运行操作的可靠性和有效性、自动化程度相对较高，运行维护相对方便，污水处理站整体设施管理基本符合节约投资、经济合理、节能降耗的定位。

六、珠海西坑尾垃圾填埋场渗滤液处理工程

珠海西坑尾垃圾填埋场位于珠海市前山西坑尾，距离市中心约18km。规模为日分选生活垃圾800t/d、处理粪便120～150t/d，填埋库容达1120万立方米，服务年限19年。渗滤液处理总规模$1000m^3/d$，分二期建设，一期为$340m^3/d$已投入运营；本项目为二期工程，处理规模$660m^3/d$。

1. 工艺流程

根据工程渗滤液水量、水质特点和处理要求，渗滤液处理二期工程采用“中温厌氧（UASB）＋膜生化反应系统（MBR，含两级硝化反硝化）＋膜深度处理（纳滤/反渗透）”为主体工艺，浓缩液采用高级氧化处理，污泥先在系统内部减量化，再脱水干化成含水率小于60%的泥饼后进入填埋场填埋，工艺流程见图7-16。正常情况下，纳滤产水达标排放；极端情况下纳滤产水不达标，进入反渗透系统进一步处理后达标排放。

2. 运行效果

该项目进水COD_{Cr}≤30000mg/L，NH_3-N≤2500mg/L，建设完成运行一段时间后，垃圾渗滤液出水水质各项指标均同时达到了《生活垃圾填埋场污染控制标准》（GB 16889—2008）及广东省《水污染物排放限值》（DB 44/26—2001）的控制出水水质要求，主要指标的监测结果见表7-35。

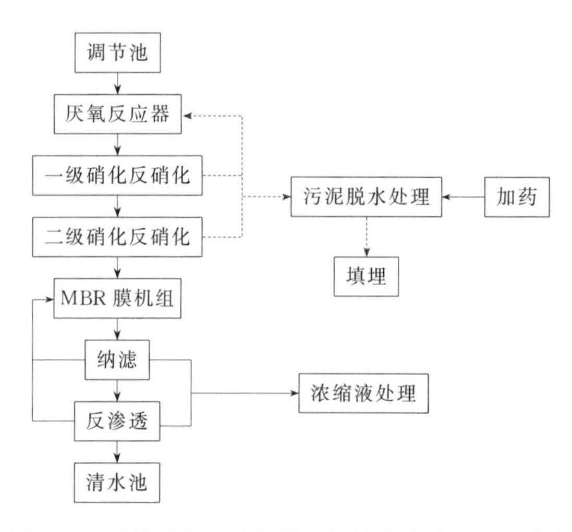

图 7-16　珠海西坑尾垃圾填埋场渗滤液处理工艺流程

表 7-35　出水水质指标监测结果

日期	COD_{Cr}/(mg/L)	NH_3-N/(mg/L)	日期	COD_{Cr}/(mg/L)	NH_3-N/(mg/L)
2014 年 1 月	27.96	3.36	2014 年 4 月	28.75	1.47
2014 年 2 月	14.06	5.24	2014 年 5 月	30.77	0.80
2014 年 3 月	29.80	3			

七、国内渗滤液处理现状及发展方向

1. 垃圾渗滤液处理现状

在 20 世纪，国内对垃圾渗滤液处理重视程度不够，大部分渗滤液没有经过处理或简单处理后排放，对环境影响较大。21 世纪以来，渗滤液处理得到各方面的重视，开始建设渗滤液处理设施，初期阶段渗滤液处理一般参考城市污水的处理方式，大多采用生物处理，达到《污水综合排放标准》(GB 8978—1996) 中的三级排放标准后，排入城市污水处理厂处理。鉴于对渗滤液本身认识的不足，国内又没有成功的工程实例，采用的处理工艺主要有厌氧、氨吹脱、氧化沟及 SBR 处理，但大多数渗滤液处理厂运行都不稳定，效果较差，甚至有一些处理厂根本无法运行。

20 世纪末，国家“863”计划将垃圾渗滤液处理列为攻关项目，很多部门也开始研究相关技术。在 2008 年前后，基本形成了预处理、生化、膜处理等技术模块，互相组合之后形成了相对主流的若干种处理工艺，也形成了 100 多个工程案例，从技术实践角度来说，可以较好地解决渗滤液直接外排对土壤、地下水、大气等造成的严重污染问题。

2008 年环境保护部（现生态环境部）颁布了《生活垃圾填埋场污染控制标准》(GB 16889—2008)，要求 COD 达到 100mg/L 以下，NH_3-N 达到 25mg/L 以下。在国土开发密度已经较高、环境承载能力开始减弱，或环境容量较小、生态环境脆弱，容易发生严重环境污染问题而需要采取特别保护措施的地区要求 COD$<$60mg/L，NH_3-N$<$8mg/L。

经过近十几年的努力，我国已经建成了数百座垃圾渗滤液处理项目，对改善自然环境起到了重要作用。但在实际运行过程中，大多数渗滤液处理工程仍存在许多问题，如浓缩液问题至今仍没有很好的解决办法，大多排入城市污水处理厂，给城市污水处理厂运行带来安全隐患。高昂的运行成本给地方财政带来了不小的压力，二次污染问题并没有彻底解决，妥善解决这些问题具有重要意义。目前我国渗滤液总的处理能力低于渗滤液实际产生量，致使一部分渗滤液得不到有效处理，已经运行的渗滤液处理工程能耗普遍偏高，现有的处理工艺仍存在许多问题。

2. 亟需解决的问题

（1）脱氮问题　目前垃圾渗滤液中高浓度的氨氮不但使运行成本剧增，而且也会影响渗滤液的处理效果，找到一种行之有效的去除氨氮的方法是当务之急。

（2）降低能耗　目前国内渗滤液处理工程高昂的能耗与节能减排的目标相去甚远，降低渗滤液处理能耗是今后乃至相当长一段时间内的艰巨任务，必须足够重视，并落到实处。

（3）妥善解决浓缩液、臭气等二次污染问题　无论采用纳滤或反渗透工艺，系统都会产生一定量的浓缩液，由于浓缩液中含有大量的难降解有机物，同时含盐量也较高，导致浓缩液很难处理。目前采用比较多的浓缩液处理方法有回灌填埋场、蒸发处理、高级氧化、活性炭吸附、离子交换等，从实际应用的情况来看，不论采用何种方式其处理效果均不理想。从实践上看，焚烧是目前唯一成功的浓缩液处理方式。但对于垃圾焚烧设施来说，我国垃圾含水量本来就高，如果加回喷浓缩液，不可避免地要影响到焚烧效果；最关键的是，很多填埋场并不具备焚烧的条件，除非填埋场附近还有垃圾焚烧设施，并同意接收。

许多垃圾渗滤液处理站未建除臭设施，散发的臭气对周围环境影响较大。为保护环境，除臭设施应与渗滤液处理设施同步建设，并应同时满足相关排放标准的要求。

一些渗滤液处理工艺产生的附属产物如不进行妥善处理，会产生严重的二次污染，如氨吹脱工艺用硫酸对氨气进行吸收，产生的硫酸铵如何处置就是一个难题，处置不当会造成二次污染。其他如蒸发处理工艺和直接膜过滤工艺产生的残留物，除含有大量盐分和重金属外，还含有极高浓度的有机污染物，工程上必须对这些残留物进行妥善处置，不得随意堆放或排放。

3. 渗滤液处理发展方向

国内外污水处理新技术的研发、应用一直没有停止过，针对垃圾渗滤液的特点，新技术的应用更具有广阔的应用前景，一些先进的处理技术已经显示出巨大的优势，如芽孢杆菌高效生化处理技术、厌氧氨氧化、催化氧化、电催化综合处理系统等。

目前应用于垃圾渗滤液处理的主要设备大部分采用进口设备，价格昂贵、维护管理困难，而且能耗较高，导致运行成本大幅增加。例如，MBR 处理系统中采用的射流曝气设备需要配置大功率的射流泵，以及 MBR 系统中采用的外置式超滤膜需设循环泵，这都会导致电耗大幅增加。此外，碟管式反渗透膜在国外早已有了技术先进的替代产品，老式产品基本已经不再生产，而我国仍在大量使用，能耗浪费现象严重。渗滤液处理技术经过十几年的发展，取得了良好的效果，相对而言渗滤液处理设备的发展相对滞后，为节省成本、降低能耗，新设备的研发和应用势在必行。

（1）提高渗滤液处理率　由于各种原因，有相当一部分渗滤液处理设施的处理能力达不到设计规模，还有一些城市根本就没有建渗滤液处理设施，这些未经任何处理的渗滤液原液进入城市污水处理厂，增大了污水厂的负荷，甚至导致污水厂出水水质不能达标排放。今后应继续加强渗滤液处理设施的建设，提高渗滤液处理率，确保所有的渗滤液经过处理后达标排放。

（2）节省能耗　目前我国采用的渗滤液处理技术最大的缺点是能耗高，例如“MBR＋RO”工艺处理垃圾渗滤液，其电耗高达30～40kW·h/m^3，如此高的电耗带来的是高昂的运行成本，一方面给地方财政带来巨大的压力；另一方面也不符合我国的节能减排政策，节省能耗是未来渗滤液处理发展的重点。

（3）开发新工艺　渗滤液是世界公认的较难处理的高浓度有机废水之一，因各地的水质千差万别，成分极为复杂，很难有通行世界的渗滤液处理技术和工艺。相比于其他行业污水处理，应用于垃圾渗滤液处理的成熟可靠工艺较少，目前普遍得到认可的仅有“生化处理＋深度处理”工艺，其他如“高效生物处理＋催化氧化”工艺和“高效蒸发处理”工艺也有应用，但工程实例较少，还需进一步的研究。纵观我国渗滤液的处理现状，对现有处理技术进行改进、完善，研发适合我国国情并且具有世界领先水平的新工艺，是今后乃至相当长一段时间内的工作内容，具有重大的现实意义。

第八章 填埋场气体的导排和综合利用

第一节 填埋场气体的组成性质与产生原理

一、填埋场气体的组成与性质

垃圾填埋场可以被概化为一个生态系统，其主要输入项为垃圾和水，主要输出项为渗滤液和填埋气体，二者的产生是填埋场内生物、化学和物理过程共同作用的结果。填埋场气体主要是填埋垃圾中可生物降解有机物在微生物作用下的产物，其中主要含有氨气、二氧化碳、一氧化碳、氢气、硫化氢、甲烷、氮气和氧气等，此外，还含有很少量的微量气体。填埋气体的典型特征为：温度 43～49℃，相对密度 1.02～1.06，为水蒸气所饱和，高位热值为 15630～19537kJ/m^3。填埋场气体的典型组分见表 8-1。当然，随着填埋场的条件、垃圾的特性、压实程度和填埋温度等的不同，所产生的填埋气体各组分的含量会有所变化。

表 8-1 填埋场气体的典型组分

组 分	体积分数(干基)/%	组 分	体积分数(干基)/%	组 分	体积分数(干基)/%
甲烷	45～60	氧气	0.1～1.0	氢气	0～0.2
二氧化碳	40～60	硫化氢	0～1.0	一氧化碳	0～0.2
氮气	2～5	氨气	0.1～1.0	微量气体	0.01～0.6

填埋场释放气体中的微量气体量很小，但成分却很多。国外通过对大量填埋场释放气体的取样分析，在其中发现了多达 116 种有机成分，其中许多可以归为挥发性有机化合物(VOCs)。这些气体可能有毒，并对公众健康构成严重威胁。近年来，国外已有许多致力于对填埋场微量释放气体的研究工作。

填埋场气体中的主要成分是甲烷和二氧化碳。这两种气体不仅是影响环境的温室气体，而且是易燃易爆气体。甲烷和二氧化碳等在填埋场地面上聚集过量会使人窒息。当甲烷在空气中的浓度达到5%～15%之间时会发生爆炸。因为甲烷浓度达到这个临界水平时，只有有限量的气体存在于填埋场内，故在填埋场内几乎没有发生爆炸的危险。但如果填埋场气体迁移扩散到远离场址处并与空气混合，则会形成浓度在爆炸范围内的甲烷混合气体，国内外由于填埋气体的聚集和迁移引起的爆炸和火灾事故时有发生。填埋气体中的甲烷会增加全球温室效应，其温室效应的作用是二氧化碳的 22 倍。填埋气体中含有少量的有毒气体，如硫化氢、硫醇氨等，对人畜和植物均有毒害作用。填埋气体还会影响地下水水质，溶于水中的二氧化碳，增加了地下水的硬度和矿物质的成分。因此，填埋气体对周围的安全始终存在着威胁，必须对填埋气体进行有效的控制。

填埋气体的热值很高，具有很高的利用价值。国内外已经对填埋气体开展了广泛的回收利用，将其收集、贮存和净化后用于气体发电、提供燃气、供热等。

二、填埋场气体的产生原理

填埋场气体的产生是个非常复杂的过程，其生物化学原理至今尚未完全阐明。综合国外研究可将填埋场释放气体的产生过程划分为下述五个阶段（见图 8-1）。

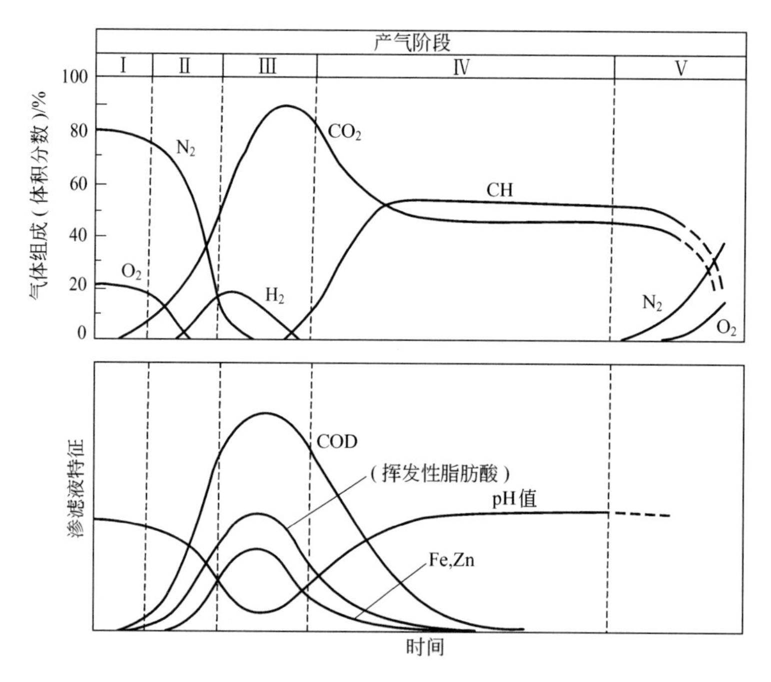

图 8-1　填埋场产气阶段

1. 第一阶段——好氧阶段（初始调整阶段）

废物一进入填埋场，好氧阶段就开始进行，原因是有一定数量的空气随废物夹带进入填埋场内。复杂的有机物通过微生物胞外酶分解成简单有机物，简单有机物通过好氧分解转化成小分子物质或者二氧化碳，好氧阶段往往在较短的时间内就能完成，这时填埋场中氧气几乎被耗尽，好氧阶段微生物进行好氧呼吸，释放出能量较大，因此该阶段的主要特征是：开始产生二氧化碳，氧气量明显降低；产生大量的热，可使温度升高10～15℃。

2. 第二阶段——过渡阶段

氧气被完全耗尽，厌氧环境开始形成并发展。复杂有机物如多糖、蛋白质等在微生物作用和化学作用下水解、发酵，由不溶性物质变为可溶性物质，并迅速生成挥发性脂肪酸、二氧化碳和少量氢气。由于水解作用在整个阶段中占主导地位，也将此阶段称为液化阶段。此阶段有以下几个特征。

① 由于水解，发酵作用生成挥发性有机物，二氧化碳及其他一些气体，使填埋场气体组成较好氧阶段复杂，但气体成分仍以二氧化碳为主，另外会存在少量的氢气、氮气和高分子有机气体，但基本上不含甲烷。

② 浸出液 pH 值呈下降趋势；COD 浓度则呈升高趋势。主要原因是生成简单有机物溶于水，使 COD 升高；其中有机酸的产生使浸出液 pH 值降低。

③ 由于蛋白质物质的水解和发酵，渗滤液含较高浓度的脂肪酸、钙、铁、重金属和氨。

3. 第三阶段——产酸阶段

微生物将第二阶段累积的溶于水的产物转化成1～5个碳原子的酸（大部分为乙酸）和醇及二氧化碳、氢气，可作为甲烷细菌的底物而转化为甲烷和二氧化碳。该阶段的主要特征是：a. 二氧化碳是这一阶段产生的主要气体，前半段呈上升趋势，后半段上升趋势变慢或者逐渐减少，也会产生少量氢气；b. 由于大量有机酸的积累，渗滤液 pH 值很低，可能降到5以下，同时 COD、BOD 急剧升高；c. 渗滤液的酸性使有机物质，特别是重金属溶解，以离子形式存在于渗滤液中；d. 渗滤液中含有大量可产气的有机物和营养物质，如果此时的渗滤液不回灌，大量有机物会损失。

4. 第四阶段——产甲烷阶段

前几个阶段的产物如乙酸、氢气在产甲烷菌的作用下，转化为甲烷和二氧化碳。该阶段是能源回用的黄金时期，其主要特征是：a. 甲烷产生率稳定，甲烷浓度保持在50%～65%；b. 随着有机物被发酵分解，脂肪酸浓度降低，渗滤液的 BOD、COD 逐渐降低，pH 值逐渐升高，保持在6.8～8之间；c. 由于渗滤液不再呈酸性，重金属离子浓度降低。

5. 第五阶段——填埋场稳定阶段

当废物中大部分可降解有机物转化成甲烷和二氧化碳后，填埋场释放气体的产生速率显著减少，填埋场处于稳定阶段或成熟阶段。该阶段的主要特征是：a. 几乎没有气体产生；b. 渗滤液及废物的性质稳定，渗滤液中常有腐殖酸和富里酸，难以用生化方法进一步处理；c. 填埋场中微生物量极贫乏。

上述5个阶段并不是绝对独立的，它们相互作用互为依托，有时会发生一些交叉。各个阶段的持续时间则根据不同的废物、填埋场条件而有所不同。因为填埋场中垃圾是在不同时期进行填埋的，所以在填埋场的不同部位，各个阶段的反应都在同时进行。

第二节 填埋场气体的产生量和产生速率

一、影响填埋场气体产生量的因素

填埋场气体是填埋垃圾中可生物降解有机物在微生物作用下的降解产物，填埋场理论上能达到的最大产气量取决于填埋垃圾的总量和垃圾中可生物降解的有机物含量。同时，填埋场实际产气量还受其他因素影响。表 8-2 列出了产气量与填埋场条件的关系。

表 8-2 产气量与填埋场条件的关系

填埋场条件	当场中气体压力＜734Pa（低压）时	当场中气体压力为2500～7440Pa（高压）时	填埋场条件	当场中气体压力＜734Pa（低压）时	当场中气体压力为2500～7440Pa（高压）时
覆盖物	差	好	垃圾含水量	干	湿
四周有无塑料膜衬	无	有	垃圾体和大气温度	低	较高
场浅深	浅	深	产气量	少	多

如果垃圾中的含水率、营养成分、pH 值、温度等环境条件超出了产甲烷微生物所能忍受的极限，微生物不能正常代谢，就会影响实际的产气量。如果填埋场对渗滤液不采取回灌，则渗滤液中损失的有机物也会使实际产气量减少。

二、产气量与产气速率计算

由于影响填埋场释放气体产生量的因素很复杂，精确的填埋场气体产生量很难估算。为此，国外从 1973 年起就发展了许多不同的理论或实际估算垃圾填埋场产甲烷量的方法。有根据垃圾有机成分计算总产气量的化学计量法、化学需氧量法、可生物降解特性法、IPCC 经验模型，这些方法不考虑产气与时间的关系，计算较粗略。动力模型法通过建立产气量与时间的关系模型，可计算产气速率及累计产气量，应用较为广泛的有 UNFCC 方法学模型、Scholl Canyon 模型等。

1. 化学计量计算法

有机城市垃圾厌氧分解的一般反应可写为

$$\text{有机物质(固体)} + H_2O \longrightarrow \text{可生物降解有机物质} + CH_4 + CO_2 + \text{其他气体}$$

假如在填埋废物中除废塑料外的所有有机组分可用一般化的分子式 $C_aH_bO_cN_d$ 来表示，假设可生化降解有机废物完全转化为 CO_2 和 CH_4，则可用下式来计算气体产生总量。

$$C_aH_bO_cN_d + [(4a-b-2c-3d)/4]H_2O \longrightarrow [(4a-b-2c-3d)/8]CH_4 + [(4a-b+2c+3d)/8]CO_2 + dNH_3$$

采用化学计量方程式计算填埋废物潜在气体产生量的方法和步骤如下：a. 制订一张确定废物主要元素百分比组成的计算表，并确定迅速分解和缓慢分解有机物的主要元素百分比组成；b. 忽略灰分，计算元素的分子组成；c. 建立一张确定归一化摩尔比的计算表格，分别确定无硫的迅速分解和缓慢分解有机物的近似分子式；d. 计算城市垃圾中迅速分解和缓慢分解有机组分产生的 CH_4 和 CO_2 的气体量、体积和理论气体产量。

2. 化学需氧量法

假如填埋场释放气体产生过程中无能量损失，有机物全部分解，生成 CH_4 和 CO_2。则根据能量守恒定律，有机物所含能量均转化为 CH_4 所含能量，即有机物所含能量等于 CH_4 所含能量。而物质所含能量与该物质完全燃烧所需氧气量（即 COD）成特定比例，因而有

$$COD_{有机物}=COD_{CH_4}$$

据甲烷燃烧化学计算式：$CH_4+2O_2 \longrightarrow CO_2+2H_2O$，可导出

$$1gCOD\ 有机物=0.25gCH_4$$

为便于实际测量和应用，将 CH_4 的衡量单位转化为体积（L），得到

$$1gCOD\ 有机物=0.35L\ CH_4\ (0℃，1atm)$$

据此，可计算填埋场的理论产 CH_4 量（即最大 CH_4 产生量）。

由于 CH_4 在填埋场气体中的浓度约为 50%，可近似的认为总气体产生量为 CH_4 产生量的 2 倍，于是可得

$$1kgCOD\ 有机物=0.7m^3\ 填埋气体\ (0℃，1atm)$$

这样，如果知道单位质量城市垃圾的 COD 以及总填埋废物量，就可以估算出填埋场的理论产气量，计算式如下。

$$L_0=W(1-\omega)\eta_{有机物}C_{COD}V_{COD} \tag{8-1}$$

式中，L_0 为填埋场的理论产气量，m^3；W 为废物质量，kg；ω 为垃圾的含水率，%（质量分数）；$\eta_{有机物}$ 为垃圾中的有机物含量，%（质量分数，干基）；C_{COD} 为单位质量废物的 COD，kg/kg，我国垃圾中的有机物主要为植物性厨房废物，其 $C_{COD}=1.2kg/kg$；V_{COD} 为单位 COD 相当的填埋场产气量，m^3/kg。

表 8-3 列出了我国城市垃圾中厨渣、纸、塑料、布和果皮的概化化学分子式及各组分单位质量所含 COD 和利用 COD 法、TOC 法得到的单位质量干废物的产气量 P_{COD}。

表 8-3　废物中各有机组分的化学式及 COD 产气量参数

废物成分	化　学　式	COD/(kg/kg 干废物)	$P_{COD}/(m^3/kg)$
厨渣	$C_{26.6}H_{3.7}O_{23}N_{1.6}S_{0.4}$	0.617	0.43
纸	$C_{41}H_{4.4}O_{39.3}N_{0.7}S_{0.4}$	0.661	0.46
塑料	$C_{61.6}H_8O_{11.6}Cl_{7.5}$	1.96	1.37
布	$C_{41.8}H_{4.7}O_{43.2}N_{0.8}S_{0.4}$	0.597	0.42
果皮	$C_{38}H_{3.7}O_{35.6}N_{1.9}S_{0.4}$	0.716	0.5

注：气体状态为 0℃，1atm。

考虑到有机废物的可生化降解比和在填埋场内的损失，实际潜在产气量为

$$L_{实际}=\beta_{有机物}\xi_{有机物}L_0 \tag{8-2}$$

$$L_{收集}=\alpha_{LFG}L_{实际} \tag{8-3}$$

式中，$\beta_{有机物}$ 为有机废物中可生物降解部分所占比例；$\xi_{有机物}$ 为在填埋场内因随渗滤液等而损失的可溶性有机物所占比例；α_{LFG} 为填埋场气体收集系统的集气效率，%，其值在 30%～80%之间，一般堆放场最大可达 30%，而密封较好的现代化卫生填埋场可达 80%。

3. 可生物降解特性法

据国外资料介绍，这种计算方法较为合理。利用有机物可生物降解特性，预测单位质量垃圾的甲烷最高产量，计算公式如下

$$C_i = KP_i(1-M_i)V_iE_i \tag{8-4}$$

$$C = \sum_{i=1}^{n} C_i \tag{8-5}$$

式中，C_i 为单位质量垃圾中某种成分所产生的甲烷体积，L/kg 湿垃圾；K 为经验常数，单位质量的挥发性固体物质标准气体状态下所产生的甲烷体积，其值为 526.5L/kg 挥发性固体物质；P_i 为某种有机成分占单位质量垃圾的湿重百分比，%；M_i 为某种有机成分的含水率，%（质量分数）；V_i 为某种有机成分的挥发性固体含量，%（干重）；E_i 为某种有机成分的挥发性固体中的可生物降解物质的含量，%（质量分数）；C 为单位质量垃圾所产生的 CH_4 最高产量，L/kg 湿垃圾。

通过此方法得到的国外某垃圾场的理论总产气量为 100～170m^3/kg 垃圾。

该方法利用了有机物的可生物降解特性，能较为准确地反映出垃圾中产生甲烷气体的主要成分，公式中的 E_i 需要通过生化实验测定。该公式是在考虑有机物的可生物降解特性前提下各垃圾组分的产气之和，但最终结果往往偏高。

4. IPCC 的统计模型

政府间气候变化委员会（the Intergovernmental Panel on Climate Change，IPCC）在 1995 年推荐使用的估计垃圾的甲烷产气量的经验模型为：

$$E_{CH_4} = \mathrm{MSW} \times H \times \mathrm{DOC} \times r \times (16/12) \times 0.5 \tag{8-6}$$

式中，E_{CH_4} 为垃圾填埋场的甲烷排放量，m^3；MSW 为城市生活垃圾总量，t；H 为城市垃圾填埋率，%；DOC 为垃圾中可降解有机碳的质量分数，IPCC 推荐该值发展中国家为 15%，发达国家为 22%；r 为垃圾中可降解有机碳的分解百分率，IPCC 推荐该值为 77%；（16/12）为 CH_4 和 C 之间的转换系数；0.5 为假设产生的填埋气中甲烷中的碳与总碳（包括甲烷和二氧化碳中的碳）的比率。

该模型属于宏观统计模型，计算产气量方便快捷，只要知道生活垃圾的总量及填埋率就可以估算出产气量，但该模型无法给出垃圾产气周期中甲烷排放量的分布。此外，由于没有考虑垃圾产气规律及其影响因素，计算往往过于粗略，仅适合于估算较大范围的产气量，如一个地区或城市的产气量，多用于填埋气体减排量及气体利用规模的估算。该模型作为目前国际普遍认可的计算模型，已经被普遍应用于国际甲烷市场合作项目中。

5. UNFCCC 方法学模型

对于《京都议定书》第 12 条确定的清洁发展机制（CDM）项目，宜采用经联合国气候变化框架公约执行理事会（UNFCCC，EB）批准的垃圾填埋气体项目方法学工具“垃圾处置场所甲烷排放计算工具”进行产气量估算。

此方法学工具更详细地划分固体废物的类型（j）以及不同的废物类型具有不同的降解率（k_j）和可降解有机碳含量（DOC_j）。计算公式如下：

$$E_{CH_4}=\varphi(1-O_X)\frac{16}{12}F\times DOC_F\times MCF\times\sum_{x=1}^{y}\sum_{j}W_{j,x}\times DOC_j\times e^{-k_j(y-x)}(1-e^{-k_j})\tag{8-7}$$

式中，E_{CH_4} 为在 x 年内甲烷产生量，t；φ 为模型校正因子；O_X 为氧化因子；16/12为碳转换为甲烷的系数；F 为填埋气体中甲烷体积百分比（默认值为 0.5）；DOC_F 为生活垃圾中可降解有机碳的分解百分率，%；MCF 为甲烷修正因子（比例）；$W_{j,x}$ 为在 x 年内填埋的 j 类生活垃圾成分量，t；DOC_j 为 j 类生活垃圾成分中可降解有机碳的含量，%（质量分数）；j 为生活垃圾种类；x 为填埋场投入运行的时间；y 为模型计算当年；k_j 为 j 类生活垃圾成分的产气速率常数，1/a。

参数的选择宜符合下列规定。

① φ：因模型估算的不确定性，宜采用保守方式，对估算结果进行 10%的折扣，建议取值为 0.9。

② O_X：反映甲烷被土壤或其他覆盖材料氧化的情况，宜取值 0.1。

③ DOC_j：不同生活垃圾成分中可降解有机碳的含量，在计算时应对生活垃圾成分进行分类，不同生活垃圾成分的 DOC 取值宜符合表 8-4 的规定。

表 8-4　不同生活垃圾成分的 DOC 取值

生活垃圾类型	DOC_j/%(湿垃圾)	DOC_j/%(干垃圾)	生活垃圾类型	DOC_j/%(湿垃圾)	DOC_j/%(干垃圾)
木质	43	50	织物	24	30
纸类	40	44	园林	20	49
厨余	15	38	玻璃、金属	0	0

④ k_j：生活垃圾的产气速率取值应考虑生活垃圾成分、当地气候、填埋场内的生活垃圾含水率等因素，不同生活垃圾成分的产气速率 k 取值宜符合表 8-5 的规定。

表 8-5　不同生活垃圾成分的产气率 k 取值表

生活垃圾类型		寒温带(年平均温度<20℃)		热带(年平均温度>20℃)	
		干燥 MAP/PET<1	潮湿 MAP/PET>1	干燥 MAP<1000mm	潮湿 MAP>1000mm
慢速降解	纸类、织物	0.04	0.06	0.045	0.07
	木质物、稻草	0.02	0.03	0.025	0.035
中速降解	园林	0.05	0.10	0.065	0.17
快速降解	厨渣	0.06	0.185	0.085	0.40

注：MAP 为年平均降雨量，PET 为年平均蒸发量。

⑤ MCF：填埋场管理水平分类及 MCF 取值应符合表 8-6 的规定。

表 8-6　填埋场管理水平分类及 MCF 取值

场址类型	MCF 缺省值	场址类型	MCF 缺省值
具有良好管理水平	1.0	管理水平不符合要求，但填埋深度<5m	0.4
管理水平不符合要求，但填埋深度≥5m	0.8	未分类的生活垃圾填埋场	0.6

⑥ DOC_F：联合国政府间气候变化专门委员会（IPCC）指南提供的经过异化的可降解有机碳比例的缺省值为 0.77。该值只能在计算可降解有机碳时不考虑木质素碳的情况下才可以采用，实际情况应偏低于 0.77，取值宜为 0.5～0.6。

6. Scholl Canyon 模型

目前在填埋场设计中，使用最为广泛的填埋场产气速率模型是 Scholl Canyon 一阶动力学模型。该模型假设填埋场建立厌氧条件，微生物积累并稳定化造成的产气滞后阶段是可以忽略的，即从计算起点产气速率就已达到最大值，随后产气速率随着填埋场废物中有机组分（用产甲烷潜能 L 表示）的减少而递减。即可描述为：

$$-\mathrm{d}L/\mathrm{d}t = kL \tag{8-8}$$

式中，k 为产气速率常数，1/a；t 为垃圾填埋后的时间，a。

对于同一时间填埋的垃圾，若假设垃圾重量为 M，单位重量垃圾的填埋气体最大产气量为 L_0，经历时间 t 后的产气量为 L，则垃圾从填埋开始到 t 时刻的填埋气体产生量为：

$$G = M(L_0 - L) = ML_0(1 - \mathrm{e}^{-kt}) \tag{8-9}$$

由此得到填埋场气体产生速率 Q 为：

$$Q = \mathrm{d}G/\mathrm{d}t = ML = ML_0\mathrm{e}^{-kt} \tag{8-10}$$

对于垃圾填埋场来说，从使用到封场，一般要经过十几年或几十年，因此其产气过程是一个漫长的过程。对每一天填埋的垃圾来说，其产气过程均遵守上述规律。为简化计算，实际应用中，一般是把一年的填埋垃圾作为一个估算单元，假设某一年的填埋垃圾在以后的各年产气速率与填埋年数有关，填埋场某一年的填埋气体产气速率就是过去各年所填垃圾在该年填埋气体产气速率的总和。逐年叠加计算公式可表示如下（分别按填埋场封场前和封场后两种情况计算）：

$$G_n = \sum_{t=1}^{n-1} M_t L_0 k \mathrm{e}^{-k(n-t)} \ (n \leqslant \text{填埋场封场时的年数}\ f) \tag{8-11}$$

$$= \sum_{t=1}^{f} M_t L_0 k \mathrm{e}^{-k(n-t)} \ (n > \text{填埋场封场时的年数}\ f) \tag{8-12}$$

式中，G_n 为填埋场在投运后第 n 年的填埋气体产气速率，m^3/a；n 为自填埋场投运年至计算年的年数，a；M_t 为填埋场在第 t 年填埋的垃圾量，t；f 为填埋场封场时的填埋年数，a。

单位重量垃圾的填埋气体最大产气量为 L_0，宜根据垃圾中可降解有机碳含量按下式估算：

$$L_0 = 1.867 C_0 \varphi$$

式中，C_0 为垃圾中有机碳含量，%；φ 为有机碳降解率。

垃圾中有机碳含量可以通过取样测定。没有条件测定的可参照表 8-4 各垃圾成分有机碳含量推荐值取值。垃圾的产气速率常数 k 取值可参考表 8-5 的规定。

根据上述公式绘制的曲线如图 8-2 所示。

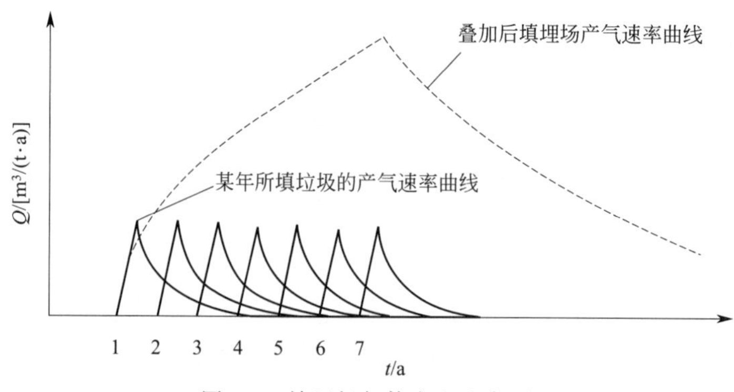

图 8-2 填埋场气体产生速率图

公式 $G=ML_0(1-e^{-kt})$ 是对某一重量的垃圾估算其填埋后在某年以前，其中被降解的有机碳总量。式中的 k 值反映垃圾的降解速度，k 值越大，垃圾降解越快，产气也越快，产气的持续年限越小。

公式 $Q=ML_0e^{-kt}$ 对于估算每一年的填埋气体产生量和产气速率是非常有用的，也是比较简单实用的。

Scholl Canyon 模型的优点是模型简单，需要的参数少。但由于该模型忽略了废物自填埋开始至产生速率最大这段时间及这段时间内的产气量，只能大体反映产气速率变化趋势。不过在实用中，该模型能为项目的经济评价、气体收集工艺设计、设备选用等提供支持。

三、影响填埋场气体产生速率的主要因素

1. 含水率

填埋场中多数有机物必须经过水解成为颗粒才能被微生物利用产生甲烷，因而填埋场中废物的含水率是影响填埋场释放气产生的一个重要因素。此外，填埋场中水分的运动有助于营养物质微生物的迁移，加快产气。许多研究表明，含水率是产气速率的主要限制因素。当含水率低于垃圾的持水能力时，含水率的提高对产气速率的影响不大；当含水率超过持水能力后，水分在垃圾内运动，促进营养物质的迁移，形成良好的产气环境。垃圾的持水能力通常在 0.25～0.5 之间，因而，50%～70%的含水率对填埋场的微生物最适宜。

决定含水率的因素包括填埋垃圾的原始含水率、当地降水量、地表水与地下水的入渗以及填埋场对渗滤液的管理方式，如是否回灌等。

2. 营养物质

填埋场中微生物的生长代谢需要足够的营养物质，包括 C、O、H、N、P 及一些微量营养物，通常填埋垃圾的组成都能满足要求。据研究，当垃圾的 C/N 值在 30/1～20/1 之间时，厌氧微生物生长状态最佳，即产气速率最快。原因是细菌利用碳的速度是 20～30 倍于利用氮的速度。当碳元素过多时，氮元素首先被耗尽，剩余过量的碳使厌氧分解过程不能顺利进行。我国大多数地区的城市生活垃圾所含有机物以食品垃圾为主（淀粉、糖、蛋白质、脂肪），C/N 值约为 20/1，而国外垃圾 C/N 典型值为 49/1，可见，我国垃圾厌氧分解的速度会比国外快得多，达到产气高峰的时间也相对较短。

3. 微生物量

填埋场中与产气有关的微生物主要包括水解微生物、发酵微生物、产乙酸微生物和产甲烷微生物四大类，大多为厌氧菌，在氧气存在状态下，产气会受到抑制。微生物的主要来源是填埋垃圾本身、填埋场表层土壤和每日覆盖的土壤。大量研究表明，将污水处理厂污泥与垃圾共同填埋，可以引入大量微生物，显著提高产气速率，缩短产气之前的停滞期。

4. pH 值

填埋场中对产气起主要作用的产甲烷菌适宜于中性或微碱性环境，因此，产气的最佳 pH 值范围为 6.6～7.4。当 pH 值在 6～8 范围以外时填埋产气会受到抑制。

5. 温度

填埋场中微生物的生长对温度比较敏感，因此，产气速率与温度也有一定关联。大多数产甲烷菌是嗜中温菌，在15～45℃温度范围内可以生长，最适宜温度范围是32～35℃，温度在10℃以下时产气速率会显著下降。

四、加快填埋场气体产生速率的手段

通过以上对影响产气速率因素的分析，可以得出一些在我国城市垃圾填埋场具有实用价值的提高产气速率的技术手段。

1. 渗滤液回灌

此方法是在设有渗滤液收集系统的填埋场，将收集到的全部或部分渗滤液采取一定方式，重新返回垃圾堆体中的渗滤液处理方式。它已被大量实践和研究证明是一种切实有效的提高产气速率的方法。在干燥、少降雨的地区，此方法可以提高含水率，加快产气；渗滤液回灌可以将大量渗出的有机物、营养物质、微生物返还填埋场中，避免产气有机物的损失，提高产气量，并促进物质在填埋场中的运动，提高产气速率；渗滤液回灌的其他有利之处还包括促进渗滤液的蒸发，降低处理量和处理负荷等。

2. 加入水处理污泥

将城市垃圾与水处理污泥共同填埋，也被证明是一种有助于产气的填埋方式。污泥中含有大量的微生物，能够加速填埋垃圾的生物降解。有研究证明，加入堆肥垃圾也有同样效果。

3. 其他

修建较深的填埋场，其内部保温好，温度较高，加上空气不易进入，厌氧状况好，因此有利于产气。填埋分区作业，而不是大面积同时作业，当一个区域填埋到预定高度后及时覆盖，创造良好的厌氧环境，加速产气。这种操作方式的另一个优点是，其他区域可暂时不设置底部防渗系统，节省初期建设投资。

第三节　填埋场气体的收集与导排

一、填埋场气体的流动

1. 填埋场气体的流动

气体从填埋场内向外流动，通常有对流和扩散两种方式。对流是由于气体对周围透水性很小或完全饱和的土层形成压力梯度，也可能是由甲烷比二氧化碳或空气轻而产生浮力所引起的。扩散则是由气体浓度之间的差别而引起的。厌氧分解所产生的带有甲烷和二氧化碳的混合气体，其浓度比周围空气的浓度要大的多，因此甲烷和二氧化碳的分子将从填埋场向周围空气中扩散。与对流相比，扩散在气体流动中只起次要作用。

填埋场气体的流动受压力、浓度以及温差所制约，气体生成时形成的气压，就存在一个梯度要使它自身达到平衡。填埋场中气体将沿着阻力最小的途径流动，无论竖向或侧向，其流动程度均取决于很多因素，包括填埋场设计时的自然状态、周围土体的情况、废弃物类型、废弃物在填埋场中被分割的程度以及每天或最终覆盖的类型等。对于相对透气性较好的砂砾覆盖层，气体倾向于均匀地向垂直方向排出，并通过覆盖层直达表面，而且排气速率基本不变。如果覆盖层透气性较差，则气体倾向于侧向流动，若填埋场用低透水材料封顶，则气体不再向上排出，而如果侧向流动的阻力又小于垂直方向的阻力，气体将倾向于向侧向流动并在较低的位置积累起来，如基底、窨井、填埋场附近的泵站等处，最终成为消耗氧气和可能引起爆炸的地方。因此，对在填埋场顶部或附近的任何建筑物都必须进行监测以保证废气不在那里积累。

气体通常经过非饱和土中无水的孔隙和岩石裂隙进行流动，但因为气体是可溶的，它也可在孔隙压力作用下通过饱和土的孔隙进行流动。例如在过去某些大的填埋场中，相对不透水的废弃物常常被直接堆在地上而在其下并不设置渗滤液收集系统或进行排水。这些填埋场也能产生相当多的气体，有时其压力大得可以将气体溶入地下水，然后通过地下水再排至周边压力较小的非饱和土中。

2. 影响填埋场气体流动的因素

影响填埋场气体流动的因素很多，其中比较重要的有填埋场的设计，包括垃圾库的建造、最终覆盖设计以及如何结合气体流动进行监控等。透水率低的土层和土工膜可以很好地挡住流动气体，沙砾层的空隙则为气体流动提供了良好的通道。其他有利于气体流动的通道还有由于不均匀沉降在废弃物或土中形成的裂隙。

二、填埋场气体的导排方式及系统组成

填埋场气体收集和导排系统的作用是减少填埋场气体向大气的排放量和在地下的横向迁移，并回收利用甲烷气体。填埋场气体的导排方式一般有两种，即主动导排和被动导排。

1. 主动导排

主动导排是在填埋场内铺设一些垂直的导气井或水平的盲沟，用管道将这些导气井和盲沟连接至抽气设备，利用抽气设备对导气井和盲沟抽气，将填埋场内的填埋气体抽出来。主动导排系统示意见图 8-3。

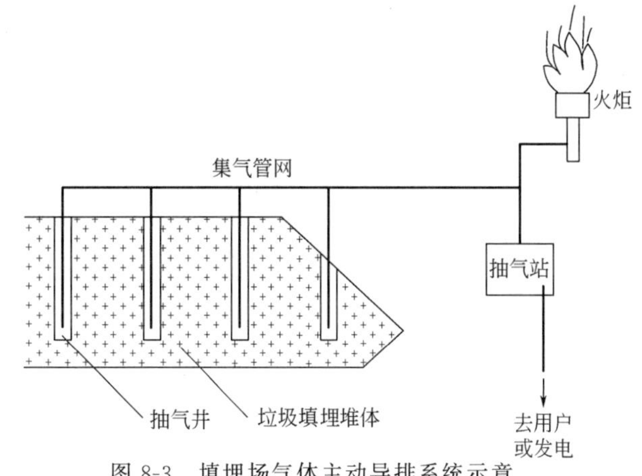

图 8-3　填埋场气体主动导排系统示意

主动导排系统主要有以下特点：a. 抽气流量和负压可以随产气速率的变化进行调整，可最大限度地将填埋气体导排出来，因此气体导排效果好；b. 抽出的气体可直接利用，因此通常与气体利用系统连用，具有一定的经济效益；c. 由于

利用机械抽气，因此运行成本较大。

主动气体导排系统主要由抽气井、集气管、冷凝水收集井和泵站、真空源、气体处理站（回收或焚烧）以及气体监测设备等组成。

2. 被动导排

被动导排就是不用机械抽气设备，填埋气体依靠自身的压力沿导排井和盲沟排向填埋场外。被动导排系统示意见图 8-4。被动导排适用于小型填埋场和垃圾填埋深度较小的填埋场。被动导排系统的特点是：a. 使用机械抽气设备，因此无运行费用；b. 由于无机械抽气设备，只靠气体本身的压力排气，因此排气效率低，有一部分气体仍可能无序迁移；c. 被动导排系统排出的气体无法利用，也不利于火炬排放，只能直接排放，因此对环境的污染较大。

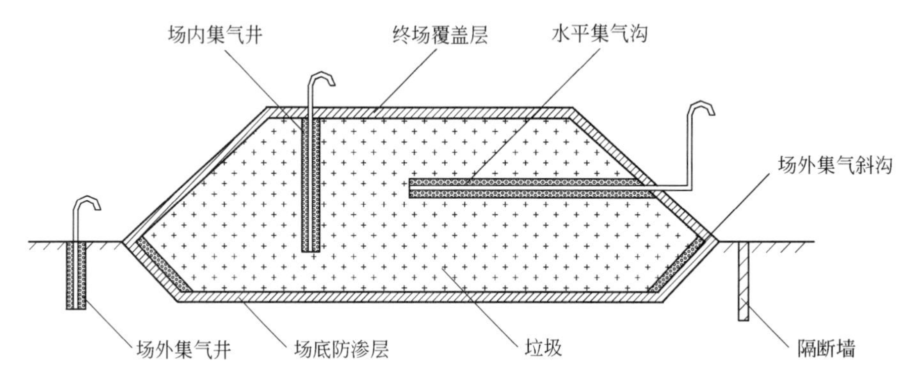

图 8-4　填埋场气体被动导排系统示意

被动导排系统的优点是费用较低，而且维护保养也比较简单。若将排气口与带阀门的管子连接，被动导排系统即可转变为主动导排系统。

3. 气体收集方式的选择

如前所述，主动和被动气体收集方式各有其适用对象和优缺点，表 8-7 为各种填埋场气体收集系统的比较。在选择填埋场气体控制方式时，应立足于填埋场的实际情况，进行综合考虑，确定最佳方案。就我国的情况而言，在现有较为简单的城市垃圾填埋场、堆放场中，气体大多无组织释放，存在爆炸隐患，并造成环境危害，建议采用被动控制的方式对气体进行导排燃烧。在一些容量较大、堆体较深、垃圾有机物含量高且操作管理水平较高的填埋场，可以考虑采用主动方式回收利用填埋场气体。对于新建填埋场，可以在填埋初期通过被动方式控制气体释放，当产气量提高到具有回收利用价值之后，开始对气体进行主动回收利用。

表 8-7　各种填埋场气体收集系统比较

收集系统类型	适用对象	优点	缺点
垂直井收集系统	分区填埋的填埋场	价格比水平沟收集系统便宜或相当	在场内填埋面上进行安装、操作比较困难，易被压实机等重型机构损坏
水平沟收集系统	分层填埋的填埋场；山谷自然凹陷的填埋场	因不需要钻孔，安装方便；在填埋面上也很容易安装、操作	底层的沟易破坏，难以修复；如填埋场底部地下水位上升，可能被淹没；在整个水平范围内难以保持完全的负压
被动收集系统	顶部、周边、底部防透气性较好的填埋场	安装、保养简便、便宜	收集效率一般低于主动收集系统

在选择填埋场气体控制方式时，应立足于填埋场的实际情况，进行综合考虑，确定最佳方案。就我国的情况而言，在现有较为简单的城市垃圾填埋场、堆放场中，气体大多无组织释放，存在爆炸隐患，并造成环境危害，建议采用被动控制的方式对气体进行导排，采用火炬法燃烧处理。在一些容量较大、堆体较深，垃圾有机物含量高，且操作管理水平较高的填埋场，可以考虑采用主动方式回收利用填埋场气体。对于新建填埋场，可以在填埋初期通过被动方式控制气体释放，当产气量提高到具有回收利用价值之后，开始对气体进行主动回收利用。

我国《生活垃圾卫生填埋处理技术规范》（GB 50869—2013）规定，设计总填埋容量≥100 万吨，垃圾填埋厚度≥10m 的生活垃圾填埋场，必须设置填埋气体主动导排处理设施。

三、填埋气体收集器

填埋气体收集器是填埋气体控制系统的重要组成部分。主动控制系统和被动控制系统均需设置收集器来收集气体。常用的气体收集器有垂直抽气井和水平抽气管两种类型，也分别称为导气井和导气盲沟。

1. 导气井

导气井是填埋场最普遍采用的气体收集器，可采用随着填埋作业层升高分段设置和连接的石笼导气井，也可采用钻井法，在填埋场中打孔设置导气井。新建垃圾填埋场宜从填埋场使用初期铺设导气井，对于无气体导排设施的在用或停用填埋场，应采用钻孔法设置导气井。主动导排导气井和被动导排导气井的典型结构如图 8-5 和图 8-6 所示。

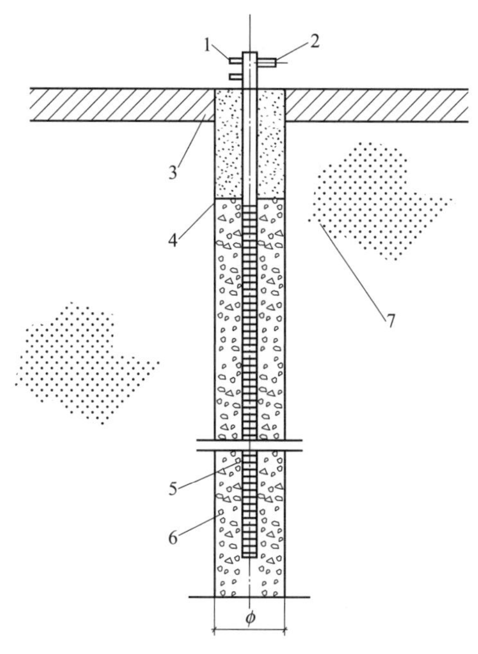

图 8-5　主动导排导气井结构

1—检测取样口；2—输气管接口；3—具有防渗功能的最终覆盖（具体结构由设计确定）；4—膨润土或黏土；5—多孔管；6—回填碎石滤料；7—垃圾层

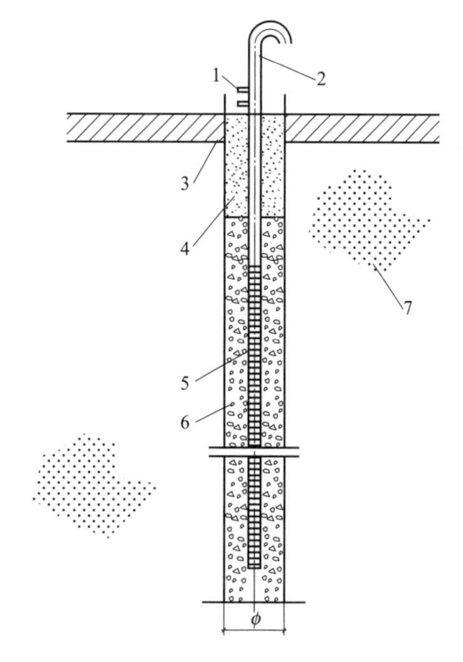

图 8-6　被动导排导气井结构

1—检测取样口；2—输气管接口；3—具有防渗功能的最终覆盖（具体结构由设计确定）；4—膨润土或黏土；5—多孔管；6—回填碎石滤料；7—垃圾层

用钻孔法设置导气井时，为防止钻孔时场底防渗层被破坏，钻孔深度不应小于垃圾填埋深度的2/3，但井底距场底间距不宜小于5m，且应有保护场底防渗层的措施。打孔后，在井或槽中放置部分有孔的管子，然后用砾石回填，形成气体收集带，在井口表面套管的顶部应装上气流控制阀，也可以装气流测量设备和气体取样口。这种阀门具有重要作用。通过测量气体产出量及气压，操作员可以更为准确地弄清填埋场气体的产生和分布随季节变化和长期变化的情况，并作适当调整。导气井可设于填埋场内部或周边。导气井相互连接形成填埋场抽气系统。

导气井直径不应小于600mm，垂直度偏差不应大于1%。主动导排导气井井口应采用膨润土或黏土等低渗透性材料密封，密封厚度宜为3～5m。导气井中心多孔管应采用高密度聚乙烯等高强度耐腐蚀的管材，管内径不应小于100mm，需要排水的导气井管内径不应小于200mm。穿孔宜用长条形孔，在保证多孔管强度的前提下，多孔管开孔率不宜小于2%。回填碎石粒径宜为10～50mm，不应使用石灰石，因为石灰石在垃圾堆体中会与酸性物质发生反应而逐渐溶解。被动导排的导气井，其排放管的排放口应高于垃圾堆体表面2m以上，以防排气口直接对着人的呼吸区。

由于建造填埋场的年代和抽气井的位置不同，可能产生不均匀沉降而导致抽气井受到损坏，宜把抽气系统接头设计成软接头和应用抗变形的材料，以保持系统的整体完整性。导气井与垃圾堆体覆盖层交叉处，应采取封闭措施，减少雨水的渗入。

当导气井内水位高时，填埋气体难以从导气井内排出，为了有效导出气体，需要将导气井内的水导出。由于导气井内充满甲烷气体，难以避免空气进入，如果使用电动抽水设备，存在电火花引爆井内甲烷气体的隐患，因此，禁止使用电动设备抽取导气井内的积水。

导气井的间距选择直接影响着抽气效率，导气井应根据垃圾填埋堆体形状、导气井作用半径等因素合理布置，应使全场导气井作用范围完全覆盖垃圾填埋区域。导气井作用半径也叫影响半径，是指气体能被抽吸到导气井的距离。根据导气井的影响半径（R）按相互重叠原则设计，即其间距要使各竖井的影响区相互交叠。如图8-7所示，如果导气井建在边长为$\sqrt{3}R$的正三角形的角上，可以获得27%的重叠区。导气井按正方形布置可有60%的重叠区。最有效的竖井布置通常为正三角形布置，其井距可用下面的公式计算：

$$X=2R\cos30^\circ \tag{8-13}$$

式中，X为三角形布置导气井的间距；R为影响半径。

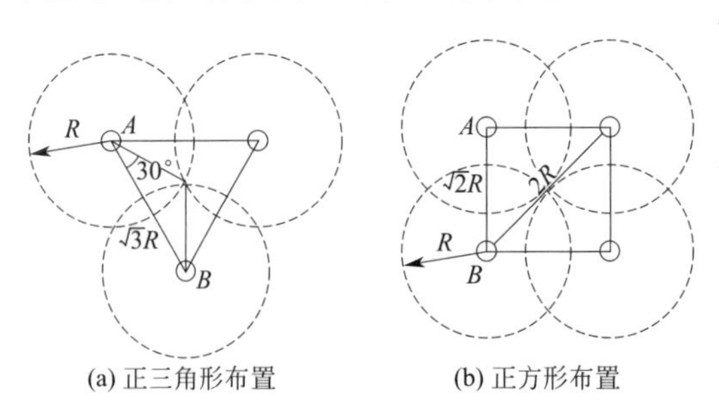

(a) 正三角形布置　　(b) 正方形布置

图8-7　导气井的布置形式

垃圾堆体中部的主动导排导气井间距宜为井深的1.5～2.5倍，且不应大于50m，沿堆体边缘布置的导气井间距不宜大于25m。被动导排导气井间距不应大于30m。由于垃圾堆体边缘导气井在抽气时空气较容易从堆体边缘吸入，因此对边缘导气井宜采用小流量抽气，导气井的作用范围小，井间距也要小些。另外，在垃圾堆体边缘，填埋气体较易向外扩散，边缘导气井布置密一些也容易控制气体从边缘向外扩散。

2. 导气盲沟（水平抽气沟）

填埋气体可采用水平导气盲沟抽出，水平的导气盲沟沿着填埋场纵向逐层横向布置，内设水平收集管，连接至两端设立的导气井将气体引出场外。如图 8-8 所示。

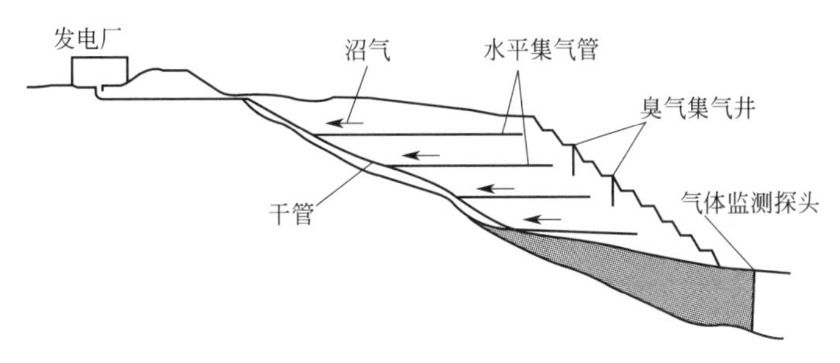

图 8-8　水平气体收集管布置示意

水平导气盲沟一般由带孔管道或不同直径管道相互连接而成，如图 8-9 所示。沟壁一般要铺设无纺布，有时无纺布只放在沟顶。水平导气盲沟常用于仍在填埋阶段的垃圾场，有多种建造方法。通常先在填埋场下层铺设一气体收集管道系统，然后在填埋 2～3 个废物单元层后再铺设一水平排气沟。做法是先在所填垃圾上开挖水平管沟，用砾石回填到一半高度后，放入穿孔开放式连接管道，再回填砾石并用垃圾填满。这种方法的优点是即使填埋场出现不均匀沉降，水平导气盲沟仍能发挥其功效。开凿水平沟时，如果预期到后期垃圾层的填埋，在设计沟位置时必须考虑填埋过程中如何保护水平沟和水平沟的实际最大承载力的影响。由于管道必然与道路发生交叉，因此安装时必须考虑动态和静态载荷、埋藏深度、管道密封的需要和方法以及冷凝水的外排等。

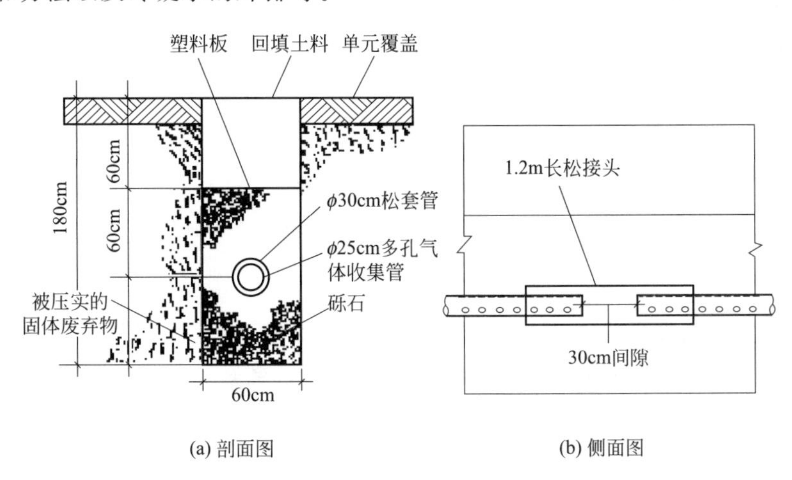

图 8-9　水平抽气沟示意

导气盲沟断面宽、高均不小于 1000mm。导气盲沟中心的水平收集管是由 HDPE（或 UPVC）制成的多孔管，管内径不应小于 150mm。在保证中心管强度的前提下，开孔率不宜小于 2%；管段之间应采用柔性连接，以防垃圾不均匀沉降时不被破坏。中心多孔管布设的水平间距为 30～50m，四周宜用级配碎石填充，以减轻导气盲沟碎石空隙被颗粒物堵塞。

导气盲沟的垂直间距为 10～15m。

主动导排导气盲沟外穿垃圾堆体处，应采用膨润土或黏土等低渗透性材料密封，密封厚度宜为 3～5m。垃圾堆体下部的导气盲沟，应有防止被水淹没的措施。

水平导气盲沟适于小面积、窄形、平地建造的填埋场，此收集方式简单易行，可以适应垃圾填埋作业，在垃圾填埋过程直至封顶时使用都方便。但这种方式也存在许多问题：a. 工程量大、材料用量多、投资高，因为气体收集管需要布满垃圾填埋场各分层，管间距只有 30～50m；b. 水平多孔管很容易因垃圾不均匀沉陷而遭到破坏；c. 水平多孔管经受不住各种重型运输机械碾压和垂直静压；d. 水平多孔管与导气井或输气管接点很难适应场地的沉陷；e. 在垃圾填埋加高过程难以避免吸进空气、漏出气体；f. 填埋场内积水会影响气体的流动。

四、气体收集和输送管道

1. 气体收集和输送管的布置

不论采用竖井还是水平管线收集，最终均需要将填埋气体汇集到总干管进行输送。抽气需要的真空压力和气流均通过输送管网输送至抽气井，主要的气体收集管应设计成环状网络，这样可以调节气流的分配和降低整个系统的压差。输送系统也有支路和干路，干路互相联系或形成一个“闭合回路”。如图 8-10 所示，这种闭合回路和支路间的相互联系，可以得到一个较均匀的真空分布和剩余真空分布，使系统运行更加容易、灵活。

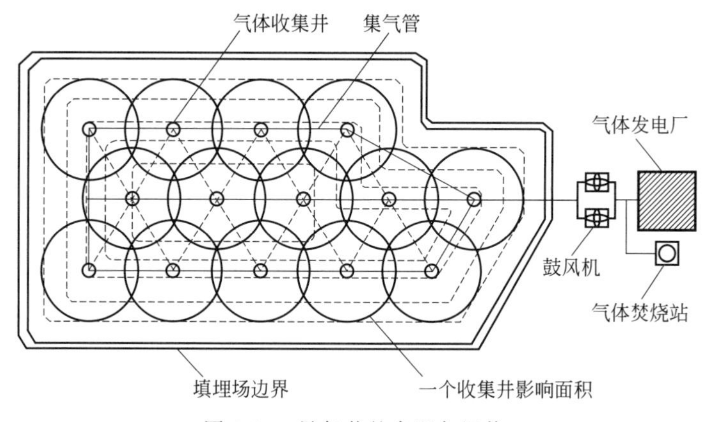

图 8-10　导气井的布置与网络

输气管的设置除必要的控制阀、流量压力监测和取样孔外，还应考虑冷凝液的排放。管道网络布置重点考虑的问题包括：确定冷凝水去除装置的数量、位置，收集点间距，每个收集点收集冷凝水量和管道坡度，以及管沟设计和布置。

从垃圾堆体中排出的填埋气体湿度很大，温度也较高，气体在管内流动过程中温度会逐渐降低，气体中的水蒸气会慢慢凝结成水，为防止凝结水堵塞管道，气体输送管需设置一定的坡度，并在管段最低点处设凝结水排水装置。其控制坡度应使冷凝水在重力作用下被收集，并尽量避免因不均匀沉降引起堵塞，坡度应不小于 1%。由于整个抽气管网处于负压状态，因此排水装置应能防止空气吸入。为了排气管畅通，排水装置应分段设置，间距不宜过大。在多数情况下，受长管道的开沟深度限制等原因，很难达到理想的坡度。只有缩短排水点位间距离并增加其数量，才能得到尽可能高的合理坡度。

由于填埋气体产气速率随时间变化较大，每个导气井或导气盲沟需要阀门调节其抽气量，使抽气量与产气速率基本保持平衡。如果抽气量大于产气速率，易造成空气的吸入，发生危险。因此，每个导气井或导气盲沟的连接管上应设置调节阀门，调节阀应布置在易于操作的位置。导气井数量多时宜设置调节站，对同一区域的多个导气井集中调节和控制，提高效率。

输气管径应略大一些，通常100～450mm，以减少因摩擦而造成压力损失。管子埋在填有砂子的管沟内，管身用PVC或HDPE管，管壁不能有孔。管道的连接采用熔融焊接。沿管线不同位置应设置阀门，以便在系统维修和扩大时可以将不同部位隔开。

在预埋管系统中，PVC管的接缝和结点常因不能经受填埋废物的不均匀沉降而频繁发生破裂，因此，通常用软弯管连接。由于软管的管壁硬度大于压碎应力，因此预埋管时，采用软接头连接可以补偿某些可能发生的不均匀沉降。

输气管道的布置应注意以下事项。

① 输气管道不得在堆积易燃、易爆材料和具有腐蚀性液体的场地下面或上面通过，不宜与其他管道同沟铺设。

② 输气管道沿道路铺设时，宜铺设在人行道或绿化带内，不应在道路路面下铺设。

③ 输气管道地面或架空铺设时，不应妨碍交通和垃圾填埋的操作，架空管应每隔300m设接地装置，管道支架应采用阻燃材料。

④ 由于塑料管道热膨胀量较大，地面铺设时昼夜温差使管道伸缩量大，易造成管道破坏，因此地面与架空铺设的塑料管道应设伸缩补偿设施。

⑤ 输气管道与其他管道共架铺设时，输气管道与其他管道的水平净距不应大于0.3m。当管径大于300mm时，水平净距不应小于管道直径。

⑥ 架空铺设输气管与架空输电线之间的水平和垂直净距不应小于4m，与露天变电站围栏的净距不应小于10m。

⑦ 寒冷地区，输气管宜采用埋地铺设，管道埋深宜在土壤冰冻线以下，当埋设在车行道下时，管顶覆土厚度不得小于0.8m；当埋设在非车行道下时，管顶覆土厚度不得小于0.6m。

⑧ 输气管道与建筑物、构筑物或相邻管道之间的最小净距应满足城市燃气管道的有关规范要求。

⑨ 输气管道不得穿过大断面管道或通道。

⑩ 在填埋场内铺设的填埋气体管道应做明显的标志。

2. 气体收集管道规格和压差计算

管道规格确定是一个反复的过程，一般需要经过：估算单井最高流量，确定干路和支路管道的设计流量，用当量管道长度法计算阀门阻力，用标准公式计算管道压差，根据每个干路和支路的需要重复上述过程。气体收集管道压差和管道尺寸的设计计算可按如下步骤进行。

① 假设气体在管道中的流动为完全紊流，主动抽气一般是紊流。假设一个合适的尺寸，通常为100～200mm。

② 估算气流速度，使用连续方程

$$Q=AV$$

式中，Q 为气体流量，m^3/s；A 为截面积，m^2；V 为气流速度，m/s。

若知道管道的内径和气体释放估计量，就可以由上式计算气流速度。假设气体的产生速率为 $18.7m^3/(t \cdot a)$，每一抽气井的气体流量 Q 可通过该井覆盖范围内的废物总量和气体产生速率估算。

$$Q=(dQ_{LDG}/dt)m_0$$

式中，Q 为气体流量，m^3/a；dQ_{LDG}/dt 为气体的产生速率，$m^3/(t \cdot a)$；m_0 为废物总量，t。

③ 计算雷诺数

$$Re=DV\rho_g/\mu_g$$

式中，Re 为雷诺数；D 为管道内径，m；V 为气流速度，m/s；ρ_g 为填埋场气体的密度，$0.00136t/m^3$；μ_g 为填埋场气体的黏滞系数，$12.1\times10^{-9}t/(m \cdot s)$。

④ 用经验公式计算达赛摩擦系数

$$f\approx0.0055+0.00055\times(20000\varepsilon/D)\times(1000000/Re)/3$$

式中，f 为达赛摩擦系数；ε 为绝对粗糙度，m，PVC 管取 $1.68\times10^{-6}m$；D 为管道内径，m；Re 为雷诺数。

⑤ Darcy-Deisbach 压差方程

$$\Delta P=0.102f\gamma_g LV^2/(2gD)$$

式中，ΔP 为压差，mmH_2O；f 为达赛摩擦系数；γ_g 为填埋场气体容重，为 $9.62N/m^3$；L 为管长，m；V 为气体的当量速度，m/s；g 为重力加速度，$9.81m/s^2$；D 为管道内径，m。

上式系数 0.102 为压力差由 N/m^2 转换为 mmH_2O 的转换系数，$1N/m^2=0.102mmH_2O$。

垃圾填埋场填埋气体产生量在填埋场封场之前是逐年增加的，在封场后是逐年减小的，填埋场填埋气体输气总管的输气能力应满足最大产气年份的气体量。考虑到填埋场的复杂情况，产生的填埋气体不可能完全收集，输气总管的输气流量按年最大产气量的 80%计算比较合理。

每个导气井或导气盲沟都有一定的作用范围，在作用范围内垃圾的产气速率即是本导气井或导气盲沟的气体流量。某管段的计算流量即是其所负担导气井或导气盲沟的流量总和。

输气管道内气体流速宜取 5～10m/s。流速过高，管网压损大，风机耗电大；流速过低，管网投资大，因此在设计时应选择一个比较合适的管内流速，使管网投资和风机耗电费用总和最小。

3. 压差阀和配件

阀与配件的阻力系数为：

$$K=f(L/D) \tag{8-14}$$

式中，K 为阀与配件的阻力系数；f 为达赛摩擦系数；L/D 为当量管长。

K 通常由厂家提供，如果厂家不能提供，可采用以下估计值：45°弯管取 0.35，90°直管取0.75，T形管取1.0，阀门（1/2开启）取4.5。

阀与配件的流动系数：

$$C_v=0.0463d^2/K^{0.5} \tag{8-15}$$

式中，C_v 为阀及配件的流动系数；d 为管内径，mm；K 为阀与配件的阻力系数。

阀及配件的压差：

$$\Delta p=(6.895\gamma_g/\gamma_w)(264.2Q/C_v) \tag{8-16}$$

式中，Δp 为阀及配件的压差；γ_g 为填埋场气体重力密度，0.00962kN/m^3；γ_w 为水的重力密度，9.81kN/m^3；C_v 为阀及配件的流动系数。

4. 气体收集管道材料

气体收集管道应选用耐腐蚀、柔韧性好的材料及配件，管路应有良好的密封性。

填埋气体输送管道材料可选用PVC管、HDPE管、钢管和铸铁管。填埋库区输气管道宜选用伸缩性好的HDPE软管，场外输气管道要求选用防火性能好、耐腐蚀的金属管道，抽气等动载荷较大的部位不宜采用铸铁管等材质较脆的管道。

HDPE柔软，能承受沉降，使用寿命长，是气体收集系统理想的首选材料。HDPE安装费用是PVC的3～5倍，扩延系数是PVC的4倍。如果用作地上管道系统会因太阳辐射和气体输送过程中升温等造成热胀现象，而在设计中充分考虑PE的热胀并完全补偿是非常困难的。PVC的热胀冷缩率、初始投资费用和维护费用较低，是地上气体输送管道系统的理想材料。PVC管在气候温暖地区应用广泛，工作性能良好；在低于4℃的寒冷气候条件下工作性能不太好；在露天时受紫外线损害使工作性能不好，容易变脆，但如涂上兼容漆，可延长其使用寿命。

管道安装时必须留有伸缩余地，允许材料热胀冷缩。管道固定要设计缓冲区和伸缩圈。

选择气体收集系统所用的弹性材料（如橡胶和塑料）和金属材料时，必须考虑冷凝液、pH值、有机酸、无机酸和碱、特殊的碳水化合物等对材料的影响，是否会对金属产生腐蚀、弹性体变形和挤压破坏等问题。如果需要用金属，不锈钢是最佳选择，冷凝液对碳钢有强腐蚀性。

五、冷凝水收集和排放

从气流中控制和排除冷凝水对于气体收集系统的有效使用非常重要。填埋气中的冷凝水集中在气体收集系统的低洼处，它会切断导气井中的真空，破坏系统正常运行。冷凝水能引起管道振动，大量液体物质还会限制气流，增加压力差，阻碍系统改进、运行和控制，因此，冷凝水的收集、排放是填埋气体收集系统设计时考虑的重点。

通常垃圾填埋场内部填埋气体温度范围在16～52℃，收集管道系统内的填埋气体温度则接近周边环境温度。在输送过程中，填埋气体会逐渐变凉而产生含有多种有机和无机化学物质、具有腐蚀性的冷凝液。

为排出集气管中的冷凝液，避免填埋气体在输送过程中产生的冷凝液聚积在输送管道的较低位置处，截断通向井的真空，减弱系统运行，除了允许管道直径稍微大一点外，应将冷凝水收集排放装置安装在气体收集管道的最低处，避免增大压差和产生振动。在寒冷结冰地区还要考虑防止收集到的冷凝水结冰，系统中要有防冻措施，保证冷凝水在结冰情况下也能被收集和贮存。

在抽气系统的任何地方，饱和填埋气体中冷凝液的产生量与温度有关。在某一点上收集到的冷凝液总量与这段时间内通过该点的填埋气体体积有关，利用网络分析可以确定一段时间内整个抽气系统将会收集到的冷凝液的量。应分别对夏季和冬季进行管网计算，确定分支或井口处气体流量及其冷凝液产生量的极端最坏值和平均值。大概每产生 10^4m^3 气体可产生 70～800L 冷凝水，冷凝水收集井每间隔为 60～150m 设置一个。

冷凝水分离器可以通过促进液体水滴的形成并从气流中分离出来，重新返回到填埋场或收集到收集池中，每隔一段时间将冷凝液从收集池中抽出一次，处理后排入下水系统。冷凝水收集井每间隔 60～150m 设置一个。冷凝水收集井应是气体收集系统的一部分。这些收集井可以使随气流移动的冷凝水从集气管中分离出来，以防止管子堵塞。每产生 10^4m^3 气体可产生 70～800L 冷凝水，这取决于系统真空压力的大小和废物中含湿量的多少。当冷凝水已经聚集在水池或气体收集系统的低处时，它可以直接排入泵站的蓄水池中，然后将冷凝水抽入水箱或处理冷凝液的暗沟内，在污水处理系统中处理后排放，或回流到填埋场，或排入公共市政污水管网。每个填埋场所需泵站的数量由抽气低凹点和所设置的冷凝液井决定，冷凝水收集井和泵站系统见图 8-11。冷凝液是必须控制的污染物，其处置和排放也是要严格控制的。大多数管理部门倾向于将冷凝液直接排回到垃圾中而不需要特殊的管理。

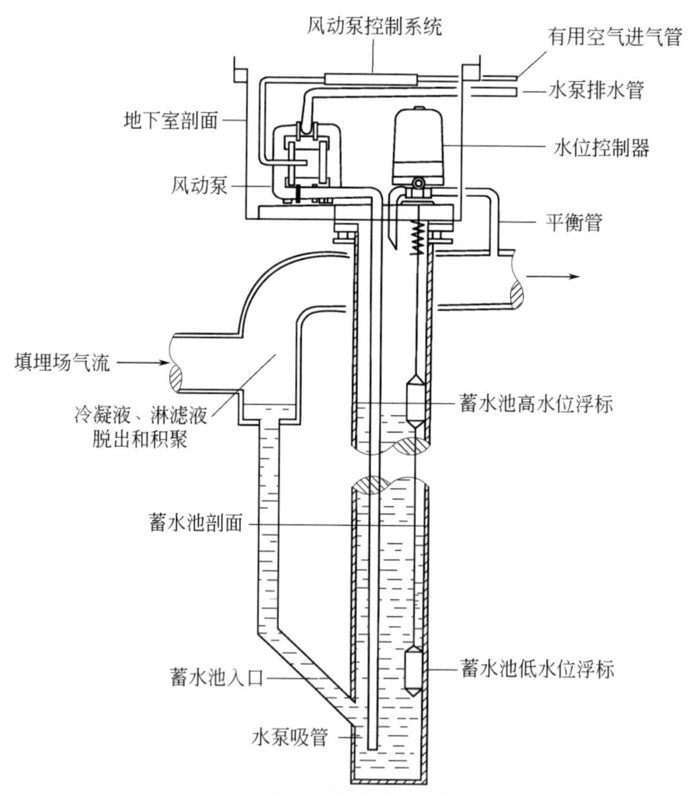

图 8-11　冷凝水收集井和泵站系统

当冷凝水已经聚集在水池或气体收集系统的低处时，它可以直接排入水泵站的蓄水池中，然后将冷凝水抽入水箱或在污水处理系统中处理后排放，或回流到填埋场，或排入公共市政污水管网。冷凝液是必须控制的污染物，其处置和排放也是要严格控制的。大多数管理部门倾向于将冷凝液直接排回到垃圾中而不需要特殊的废物管理。

六、抽气设备

抽气设备通常安装于填埋场废气发电厂或燃气站内。抽气设备使系统形成真空并将填埋废气输送至废气发电厂或燃气站。输气管道的末端需要安装抽气设备即风机来保证集气系统和输送系统压力的相对稳定和填埋气流量的相对恒定。

目前填埋场中离心式引风机最常采用。风机应置于高度稍高于集气管末端的建筑物内，以促使冷凝水下滴。抽风机的吸气量通常为 8.5～57m^3/min，在井口产生的负压为 2.5～25kPa。风机的大小型号和压力等设计参数均取决于系统总负压的大小和需抽取气体的流量。抽风机容量应考虑到未来的需求，如将来填埋单元可能扩大或增加或与气体回收系统隔断。风机只能抽送低于爆炸极限的混合气体，为确保安全，必须安装阻火器，以防火星通过风机进入集气管道系统。填埋气体具有腐蚀性和易燃、易爆性，因此抽气设备应选用耐腐蚀和防爆型设备。应设调速装置，宜采用变频调速装置。

对于已安装填埋气体主动导排系统的填埋场，如果抽气设备不运行，则气体将无法从垃圾堆体中导排出来，因此抽气设备应至少有 1 台备用。风机最大流量应为设计流量的 1.2 倍，最小升压应满足克服填埋气体输气管路阻力损失和用气设备进气压力的需要。主动导排系统的风机抽气流量应能随填埋气体产气速率的变化而调节，气体收集率不宜小于 60%。抽气系统应设置流量计，并可对瞬时流量和累积量进行记录，以便抽气调节时参考。

填埋气体氧含量和甲烷含量是抽气系统和处理利用系统安全运行和控制的重要参数，需要时时监测。因此，抽气系统应设置填埋气体氧含量和甲烷含量在线监测装置，并应根据氧含量控制抽气设备的转速和启停。当气体中氧含量高时，说明空气进入了填埋气体，应该降低抽气设备转速，当氧含量达到设定的警戒线时，要立即停止抽气。

七、气体监测设备

如果填埋场气体收集井群调配不当，填埋废气就会迁离填埋场向周边土层扩散。由于填埋废气易引起爆炸，因此沿填埋场周边的天然土层内均应埋设气体监测设备，以避免甲烷对周围居民产生危害。埋设监测设备的钻孔常用空心钻杆打至地下水位以下或填埋场底部以下 1.5m 处，孔内放一根直径为 2.5m 的 40 号或 80 号 PVC 套管用来取气样。钻孔用细小的碎石和任何一种密封材料（包括膨润土）回填，地面设置直径为 15cm 并带有栓塞的钢套管套在 PVC 管上面，作为套管保护 PVC 管。每个抽气井中的压力和气体成分及场外气体探头，都要一天监测二次，监测 2～3 天。调整期之后监测 7 天。在调整期内，要调节抽气井里的阀门，使最远的井中达到设计压力。任何严重的集气管泄漏、堵塞或抽气井内阀门的失灵及引风机的装配，都可以通过这一性能监测来检知。

八、火炬燃烧系统

为防止填埋气体直接排放对大气的污染，在导气井上方常安装气体燃烧器，如图 8-12

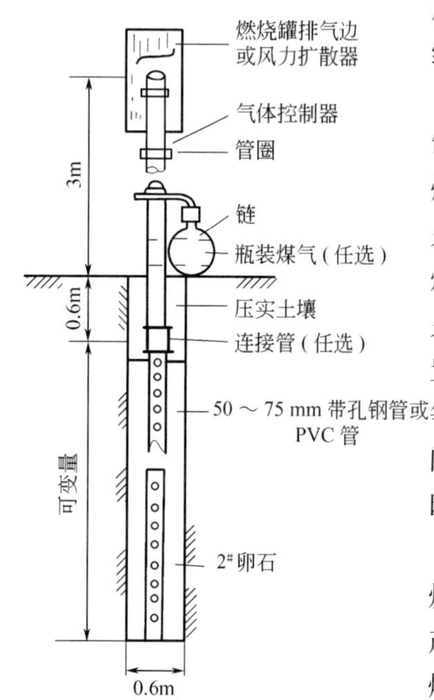

图 8-12　标准井式填埋气燃烧器

所示。燃烧器可高出最终覆盖层数米以上，可人工或连续引燃装置点火。

火炬燃烧系统由输气系统、塔体、燃烧器和自动控制系统组成。燃烧系统包括电子点火器、点火线、引火燃烧器、火炬燃烧排放头等。点火器置于一个密封的点火器柜内，点火器柜固定在火炬塔顶底操作平台上。火炬燃烧可通过自动控制系统控制。用液化石油气作为点火燃料，用高压电点火器点火，灵活可靠。具有点火装置的自动控制、紫外线火焰监视、熄火保护、通风吹扫等功能。火炬系统突发故障时，自动报警，启动紧急关闭系统。设紧急关闭按钮，也可人工紧急关闭。立即切断除通风机外的所有电源，进入排故状态。

设置主动导排设施的填埋场，必须设置填埋气体燃烧火炬。填埋气体收集量大于 $100m^3/h$ 的填埋场，燃烧产生的火焰很大，应设置封闭式火炬，可使外界看不到燃烧的火焰，同时也避免受气候的影响，保证安全运行。

填埋场气体产生量随时间变化比较大，另外气体中的甲烷含量波动也比较大，为了使填埋气体火炬保持稳定燃烧，火炬应有较宽的负荷适应范围。火炬应能在设计负荷范围内根据负荷的变化调节供风量，使填埋气体得到充分燃烧，并应使填埋气体中的恶臭气体完全分解。封闭式火炬距地面 2.5m 以下部分的外表面温度不应高于 50℃。火炬的填埋气体进口管道上必须设置与填埋气体燃烧特性相匹配的阻火装置。

第四节　填埋场气体的净化和利用

填埋场气体在利用或直接燃烧前，常需要进行一些处理。填埋场气体含有水、二氧化碳、氮气、氧气、硫化氢等成分，这些成分的存在不仅降低填埋场气体的热值，而且在高温高压条件下，对填埋场气体的利用系统具有强烈的腐蚀作用。因此，有必要对填埋场气体进行处理与净化。此外，填埋场气体还含有数百种微量的有毒有害以及致癌的物质，这些微量物质会给回收气体的能量利用带来许多的问题，尤其是卤代烃危害更大。填埋场气体中与环境相关的成分有盐酸、氢氟酸、一氧化碳、二氧化硫、氮氧化物、多环芳烃、卤代烃、多氯脱苯二噁英、多氯脱苯呋喃。对于填埋场气体，不同的回收利用方式需要不同的净化方法。

一、填埋气各组分的净化方法

现有的填埋气净化技术都是从天然气净化工艺及传统的化工处理工艺发展而来，按反应类型和净化剂种类分类，填埋气的净化技术见表 8-8。

表 8-8 填埋气的净化技术

净化技术	水	硫化氢	二氧化碳
固体物理吸附	活性氧化铝 硅胶	活性炭 —	— —
液体物理吸收	氯化物 乙二醇	水洗 丙烯酯	水洗 —
化学吸收	固体 生石灰 氯化钙	固体 生石灰 熟石灰	固体 生石灰 —
化学吸收	液体 无	液体 氢氧化钠 碳酸钠 铁盐 乙醇氨 氧化还原作用	液体 氢氧化钠 碳酸钠 乙醇氨
其他	冷凝 压缩和冷凝	膜分离 微生物氧化	膜分离 分子筛

吸附和吸收是最常用的净化技术，目前已有应用实例。荷兰的 Tilburg 填埋场运用水洗法去除二氧化碳，将操作条件控制在 1MPa 下，Wijster 和 Nuener 填埋场运用分子筛去除二氧化碳和水。但传统工艺也存在许多缺陷，成本高、效率低、废酸碱液及其他废物的再处理等问题常常困扰填埋气厂。

1. 脱水

填埋场气体产生于 27～66℃之间，水蒸气近于饱和，压力略高于大气压力。当气体被抽吸到收集站时，由于气体在管道中温度降低，水蒸气发生凝结，在管道内形成液体，引起气流堵塞和管道腐蚀，气体压力波动及含水量高等问题。因此在填埋场气体输送和利用前必须脱除水分，脱水过程中还伴有二氧化碳和硫化氢的去除，因此，通过脱水可使原来气体的热值提高大约 10%。

一般采用冷凝器、沉降器、旋风分离器或过滤器等物理单元来除掉气体中的水分和颗粒。气体输送管道中，在气体压缩机前及预期液体会凝聚的地方都备有净气器或分液槽，及时将冷凝水收集排除。填埋场气体还可通过分子筛吸附、低温冷冻、脱水剂三甘二醇等进行脱水，使填埋场气体中水分含量小于在气体输送和利用过程中的压力和温度条件下所需的露点以下。

2. 硫化氢的去除

填埋场气体中的硫化氢含量与填埋场的填埋物成分有关。当填埋有石膏板之类的建筑材料和含硫酸盐污泥时，填埋场气体中的硫化氢会大量增加。去除硫化氢的实用技术很多，但是选用何种技术则取决于填埋场的场地条件和填埋场气体的情况，其难点是既要高效，花费又最少。

脱硫技术主要有湿式净化工艺和吸附工艺两大类，包括催化净化法、链烷醇烷选择净化法、碱液净化法、碳吸附和海绵铁吸附法等，一般常用的方法是用海绵铁吸附，即将填埋场气体通过一个含有氧化铁和木屑“混合组成的海绵铁”。在潮湿的碱性条件下，硫化氢和水合氧化铁结合，反应式如下。

$$3H_2S + Fe_2O_3 \cdot 2H_2O \longrightarrow Fe_2S_3 + 5H_2O$$

此反应进行得很彻底，尽管反应速度随硫化铁的增加而减慢。在饱和条件下，5kg 硫化氢与 9kg 水合氧化铁完全反应。将海绵铁暴露在大气中可使其再生，硫化铁转换成氧化铁和单质硫。

$$2Fe_2S_3 + 3O_2 + 4H_2O \longrightarrow 2Fe_2O_3 \cdot 2H_2O + 6S$$

此反应为放热反应，需控制空气流动以防海绵铁过热，油脂及其他杂质会堵塞这种多孔材料，当每千克氧化铁吸收 2.5kg 硫时，则需更换海绵铁。常用的操作参数如下。

① 负荷：<2.5kg/(m^3·min)。

② 氧化铁含量：1m^3 海绵铁吸收材料含 146kg 氧化铁。

③ 吸收容量：1kg 氧化铁吸收 2.5kg 硫。

④ 最小更换周期：60d。

⑤ 最小池径：0.3m。

⑥ 最小深度：3m。

⑦ 装置最小数目：2。

利用含有氢氧化铁的脱硫剂的干法脱硫，其原理基本与海绵铁脱硫相似，使硫化氢与氢氧化铁反应生成硫化铁。

$$2Fe(OH)_3+3H_2S \longrightarrow Fe_2S_3+6H_2O$$

在脱硫塔中充填脱硫剂，使沼气自上而下地通过脱硫塔。这时，沼气中的硫化氢被脱硫剂吸收。硫化氢的去除率为 80%～98%。每天从塔的下部放出少量吸收了硫化氢的脱硫剂，并从塔的上部补充再生后的脱硫剂。与硫化氢结合并从下部取出的脱硫剂，利用空气中的氧气可进行自然再生。这种脱硫剂受潮后很容易潮解，所以在脱硫装置的前面应安装凝结水疏水器。为了弥补脱硫剂潮解造成的损失，应及时补充新的脱硫剂。因脱硫作用在 20～40℃时效果最好，所以冬季脱硫装置本身必须保温，以免气体温度过低，并防止气体通过脱硫剂时生成凝结水。

湿法脱硫是利用水洗或碱液洗涤去除硫化氢。在温度 20℃、压力 101.3kPa 的情况下，1m^3 水能溶解 2.9m^3 硫化氢。此方法在处理大量含硫化氢的气体时是经济的，硫化氢去除率一般为 60%～85%。碱液比水洗的效果好。其反应如下。

$$Na_2CO_3+H_2S \longrightarrow NaHS+NaHCO_3$$

$$NaOH+H_2S \longrightarrow NaHS+H_2O$$

碱洗后的废液可采用催化法脱硫，再生后的碱液可循环再用。碱洗液中的含碱量为 2%～3%。大型沼气工程以采用包括碱洗塔和再生塔在内的湿法脱硫系统为宜，虽基建费用高，但是其运行费用低。经过脱硫后，沼气中的硫化氢含量应低于 50×10^{-6}。

3. 二氧化碳的去除

为提高填埋场气体的热值及减少贮存容量，某些应用场合可能需要去除填埋场气体中的二氧化碳。二氧化碳的去除费用相当高，因此，只有在甲烷气需要高压贮存或作为商品出售时，去除二氧化碳才是可行的。多数二氧化碳去除方法能同时去除硫化氢。二氧化碳的去除方法较多，采用最多的是水或化学溶剂的吸收法。现在所用的溶剂处理系统包括甲基乙醇胺-二乙醇胺、二甘醇胺、热硫酸钾、碳酸丙烯等。也可根据分子大小和极性选择合适的分子筛，通过选择吸附去除比甲烷更易吸附的 CO_2、H_2O、H_2S。还可通过膜分离去除二氧化碳，随着膜技术的迅速发展，如图 8-13 所示的膜分离和胺净化的混合系统可经济地去除二氧化碳。

4. N_2 和 O_2 去除

将填埋场气体转变为液化天然气时最困难的是把甲烷和 N_2、O_2 分离开。N_2 是一种惰

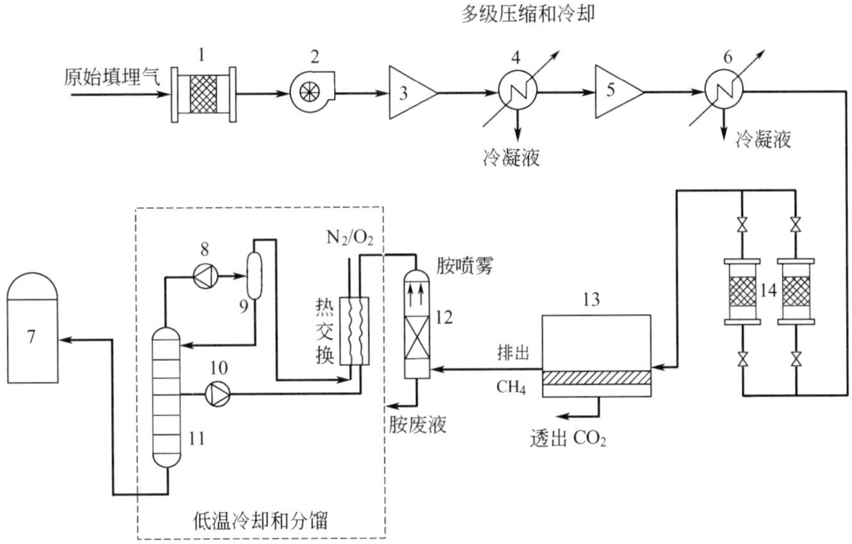

图 8-13　填埋气转化成液化气流程

1—滤器；2—LFG 吸风机；3,5—压缩机；4,6—中间冷却器；7—液化天然气贮藏筒；8,10—膨胀阀；9—分离器；11—分流器；12—胺涤气器；13—薄膜；14—硅胶/活性炭吸附筒

性气体，用化学反应技术和物理吸收技术都较难去除。目前正在开发的较先进的 N_2 去除技术，如膜渗透工艺、加压旋转吸附工艺等。迄今为止，适于商业应用的成本效益型的系统还未推出。因此，目前唯一可靠的除氮技术仍是传统的冷冻除氮。填埋场气体中 O_2 在冷冻工艺中可能会形成爆炸性的混合气体。可通过向催化反应器中喷入 H_2，使其形成 H_2O 的催化反应来去除。但是该系统的复杂性和整个净化工艺中的不利影响使催化反应中去除 O_2 变得很不实用。

二、填埋场气体净化的新工艺

针对传统工艺的缺陷，近年来人们不断改进单一工艺，发展联合工艺。开发新工艺，如将化学氧化吸收和吸附工艺相结合，利用吸附剂保护催化剂，使处理效率大大增加，对低浓度硫化氢取出具有明显优势。典型的联合工艺还有化学氧化洗涤、催化吸附等。新工艺发展最快的是生物过滤。澳大利亚、美国的试验结果表明，该工艺具有操作简单、适用范围广、经济、不产生二次污染等许多优点，特别适于处理水溶性低的有机废气，已被认为是最有前途的净化工艺。以下根据回收利用方式不同，介绍一些新的填埋场气体的净化方法和工艺。

1. 活性炭和碳分子筛处理填埋气的工艺流程

国外如美国、荷兰、奥地利和德国已在使用将填埋场气体转化达到天然气质量的设备。处理后的气体可以达到天然气的质量，而且可以用在任何按照天然气设计的标准设备中而不需要进一步处理，其甲烷气体的含量在 85%～90%之间。

处理工艺包括活性炭吸附和碳分子筛处理，以及液体溶剂或水萃取两个步骤。图 8-14 给出了填埋场气体用活性炭和碳分子筛处理的工艺流程。利用活性炭吸附硫化氢和有机硫化合物的工艺已经运用了很长时间，填埋场气体脱硫工艺是应用多孔的碘注入的活性炭作为吸

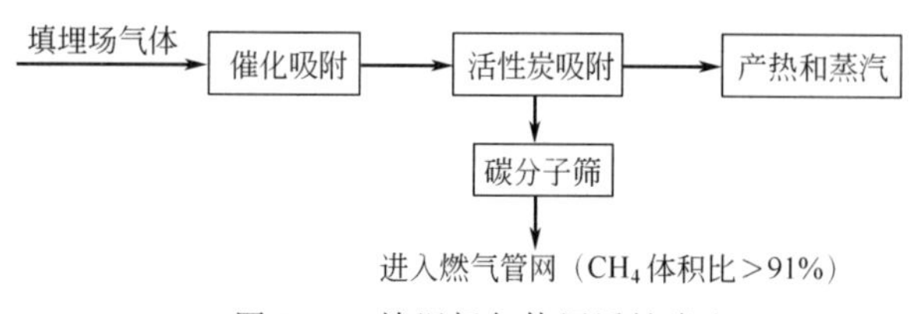

图 8-14　填埋场气体用活性炭和碳分子筛处理的工艺流程

附和催化的场所。在催化吸附工艺的过程中，硫化氢在有氧和活性炭催化剂的作用下被氧化成单质硫。硫化氢的催化氧化方程式如下。

$$2H_2S+O_2 \xrightarrow{\text{活性炭}} 1/4S_8+2H_2O$$

反应过程产生的单质硫被吸附，而反应过程的另外一个产物水则从活性炭的表面解析出来。在通过固定吸附床后剩余硫化氢的含量就已经降到不足 0.7×10^{-6}（$0.7cm^3/m^3$）。由于在反应过程中进行的是缺氧氧化，所以只能注入一定数量的氧气。一般采用两个固定吸附床，以便在一个床吸附饱和后切换到另一个床吸附。当进气硫化氢含量为 5×10^{-6} 且反应单元运行六个月以上时一般就要切换了，饱和的活性炭可以扔掉也可以再生后重复利用。

各种有机物的去除是在第二步处理过程中运用选择类型的活性炭完成的。这种类型的活性炭用在废气治理和溶剂再生中，用以吸附烃类和卤代烃类物质。有机物被活性炭吸附，吸附能力决定于污染物的类型和数量，在实际应用中还与操作的方式有关。

处理工艺过程的设计要基于被处理的填埋场气体中待去除物质的最低和最高浓度，还要考虑吸附平衡、解析的能量等问题。污染物负荷应在0.1%～40%之间变化，而且物质的沸点越高则允许的负荷就越大。图 8-15 中给出了用活性炭去除大分子和卤代烃的基本流程。

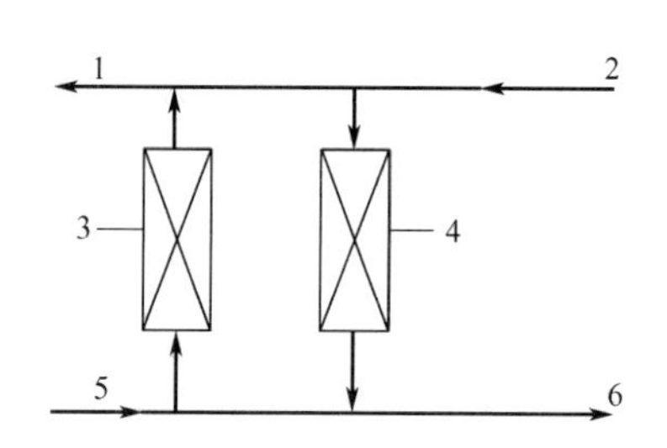

图 8-15　用活性炭去除大分子和卤代烃的基本流程
1—净化后的填埋场气体；2—热空气或热蒸汽（洗涤气体）；3—吸附单元；4—再生单元；5—填埋场气体；6—含污染物的洗涤气体

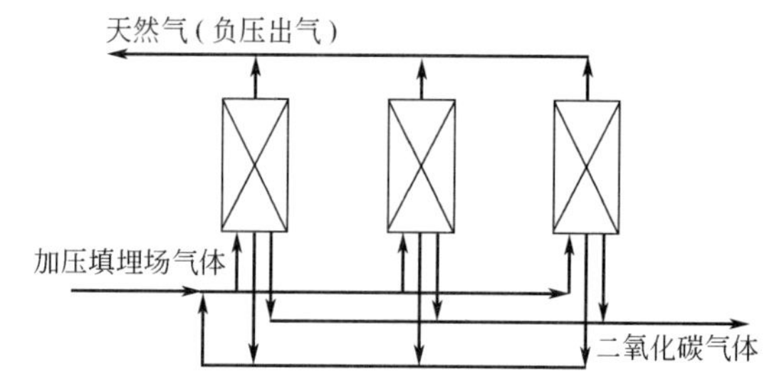

图 8-16　分离二氧化碳和甲烷的选择压力吸附工艺流程

2. 碳分子筛选择压力吸附工艺

填埋场气体的预处理工艺可以提高甲烷气体的比例，例如用碳分子筛进行的选择压力吸附工艺以去除二氧化碳，图 8-16 给出了该工艺的流程。

当二氧化碳被压缩到 500～1000Pa 时就能被吸附在碳分子筛上，少量的氮气和氧气也会积累并被去除。反向的压力则能清洗饱和的碳分子筛，此时这些积累的气体成分（CO_2、N_2、O_2）就会被释放到空气中去。还可以选择物理或化学方法来清洗分子筛，例如用化学方法清洗时是用清洗剂固定二氧化碳。物理清洗是利用压力水在 1000～3000Pa 的条件下进行的，清洗后甲烷的产量明显提高。

3. 膜法

气体渗滤是一个压力驱动的过程，气体通过膜是由于膜两侧局部压力的差异实现的。物质通过非多孔材料膜的过程至少可以分成 3 个步骤：a. 膜表面气体的吸附；b. 溶解性气体通过膜的两侧；c. 在膜的另一侧气体的脱附和蒸发。

在气体渗滤过程中混合气体的分离是根据不同气体通过膜的速率各不相同而进行的。对于填埋场气体用传统的膜材料进行分离，氮气和甲烷气体的渗透性较差，而二氧化碳、氧气、硫化氢和水蒸气的渗透性较高。正是因为不同的渗透性，甲烷才能很容易地与二氧化碳分离，使处理后填埋气体中甲烷含量达到 96%左右。

用中空纤维膜分离 CO_2 和 CH_4 的设备如图 8-17 所示。气体净化系统的限制因素是氮气在进气中的比例。填埋场气体中的微量污染物质如氯乙烯、苯等，则由于各自性质的差异而能够得到不同程度的去除。无极性或极性较弱的物质一般积累在甲烷气体中，而极性物质或易极化的物质与二氧化碳有相似的渗透性能，就随二氧化碳一同被去除。

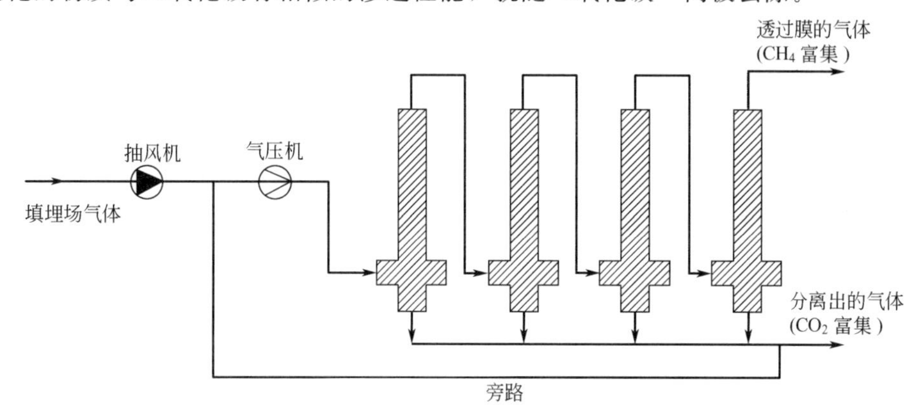

图 8-17　用中空纤维膜分离 CO_2 和 CH_4 的设备示意

4. 生物法处理工艺

填埋场气体中散发臭味的物质一般能用生物的方法被微生物降解，这些物质中的大部分是那些含量在 10^{-6} 级范围的微量物质，如硫、氮和氧的化合物。生物降解工艺一般只用在那些小的填埋场，填埋场气体的回收和利用从费用效益分析的角度来看是不可行的，因此可以用生物法去除有毒有害物质后，气体直接排放或烧掉。

在废气的生物处理中，微生物的存在形式可分为悬浮生长系统和附着生长系统两种。悬浮生长系统即微生物及其营养物配料存在于液相中，气体中的污染物通过与悬浮液接触后转移到液相中而被微生物所净化，其形式有喷淋塔、鼓泡塔等生物洗涤器。附着生长系统中微生物附着生长于固体介质上，废气通过由介质构成的固定床层时被吸收、吸附，最终被微生物所净化，其形式有生物过滤器和生物滴滤器。

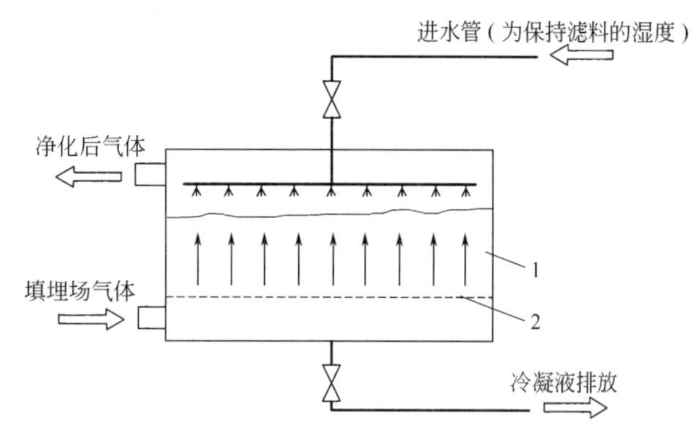

图 8-18　生物过滤器示意

1—具有生物活性的滤料；2—穿孔钢板

气态污染物生物净化装置中，研究最早和应用最广泛的是生物过滤器或生物滤床，如图 8-18 所示。生物过滤器内部充填活性填料，废气经增湿后进入生物过滤器，与填料上附着生长的生物膜接触时，废气中的污染物被微生物吸附，并氧化分解为无害的无机产物。一般有机物的最终分解产物为二氧化碳，有机氮先被转化为氨，最后转化为硝酸；硫化物最终氧化成硫酸。为了给微生物提供最佳的生长条件，使滤料保持40%～60%的含水率是很重要的。为保证微生物所需的水分和冲洗出反应产物，需定期向生物过滤器中喷水，为调节填料内微生物生长所需的酸碱度，可向生物过滤器添加缓冲溶液。生物滤池的特点是生物相和液相都不是流动的，而且只有一个反应器，气液接触面积大，运行和启动容易，投资最省，运行费用最低。

生物过滤器采用具有生物活性的填料，通常有土壤、堆肥、泥炭、谷壳、木屑、树皮、活性炭以及其他一些天然有机材料，这些填料都具有多孔、适宜微生物生长且有较强的持水能力等性质。为防止填料压实、保持填料层均匀和减小气流阻力，常在上述活性填料中掺入一些比表面积大、孔隙率高的惰性材料，如熔岩、炉渣、聚苯乙烯颗粒等。在这些填料中，堆肥是目前应用较多的材料，它是以污水处理厂的污泥、城市垃圾、动物粪便等有机废物为原料，经好氧发酵得到熟化堆肥，含有大量微生物及其生长所需的有机和无机营养成分，是微生物生长繁殖最适合的场所。用堆肥作填料的生物滤池处理废气的效果非常好。但因堆肥是由可生物降解的物质组成的，因而使用寿命有限，一般运行1～5年后就必须更换填料。土壤中也含有大量微生物，也是常用的过滤材料，可用来处理硫化氢和硫醇。一般要经过特殊筛选，以地表沃土尤其是火山灰质腐殖土为好。也可向土壤中加入改良剂来改善土质。土壤作滤料的典型配比为：黏土1.2%、有机腐殖土15%、细砂土53.9%、粗砂29.6%，滤层厚度为0.4～1m不等。滤料的选择同时也决定了生物滤床的压力损失，泥炭滤料的压力损失一般在200～300Pa，而垃圾堆肥的压力损失估计在500～1500Pa之间。

生物滴滤器（见图8-19）与生物过滤器的结构相似，不同之处在于顶部设有喷淋装置，不断喷淋下的液体通过多孔填料的表面向下滴。喷淋液中往往含有微生物生长所需要的营养物质，并且由此来控制设备内的湿度和pH值。设置贮水容器和液体连续循环的方法使得大多数的污染物能溶解在液体中，为实现更高的除臭效果提供了先决条件。生物滴滤器所采用的填充料也多是不能被微生物降解的惰性材料，如聚丙烯小球、陶瓷、木炭、颗粒活性炭等。这为延长设备寿命以及减少压降提供了可能。

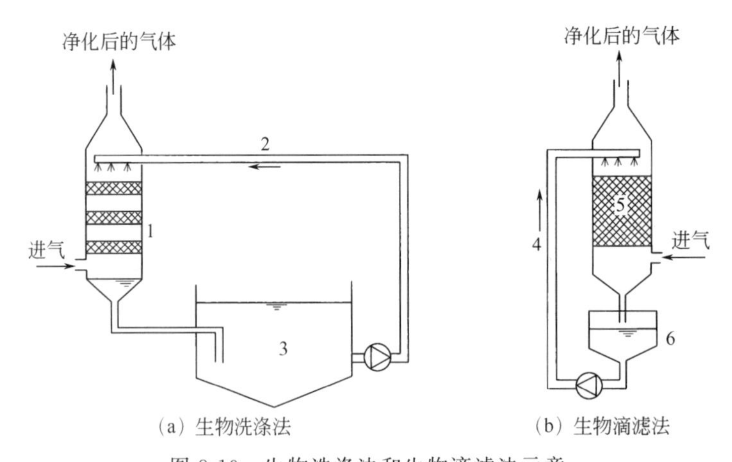

图8-19　生物洗涤法和生物滴滤法示意

1—缓冲板；2，4—进水管；3—活性污泥池；5—滴滤塔；6—进水井

对于处理硫化氢、氨和含卤化合物等会产生酸性或碱性代谢物的恶臭气体时，生物滴滤

器更容易调整 pH 值，因此比生物过滤反应器能更有效地处理这些恶臭物质。但生物滴滤器在装备复杂程度上要比生物过滤器有所增加，故投资费用和运行费用也有所提高。

生物洗涤法（也称生物吸收法）是生物法净化恶臭气体的又一途径。生物洗涤器有鼓泡式和喷淋式之分。喷淋式洗涤器与生物滴滤器的结构相仿，区别在于洗涤器中的微生物主要存在于液相中，而滴滤器中的微生物主要存在于滤料介质的表面。鼓泡式的生物吸收装置则由吸收和废水处理两个互连的反应器构成。臭气首先进入吸收单元，将气体通过鼓泡的方式与富含微生物的生物悬浊液相逆流接触，恶臭气体中的污染物由气相转移到液相而得到净化，净化后的废气从吸收器顶部排除。后序为生物降解单元，亦即将两个过程结合：惰性介质吸附单元，其内污染物质转移至液面；基于活性污泥原理的生物反应器，其内污染物质被多种微生物氧化。实际中也可将两个反应器合并成一个整体运行。在这类装置中采用活性炭作为填料时能有效增加污染物从气相中去除的速率。这种形式适合于负荷较高、污染物水溶性较大的情况，过程的控制也更为方便。生物洗涤器的污染物负荷高于生物过滤器，降低了空间需求与结构费用。运行费用低于化学洗涤法。并且正常运转情况下，污染物浓度越高，优势越明显。

5. 有机溶剂吸收法

三乙烯乙二醇系统（TDG 系统）是气体脱水广为应用的手段。这是因为乙二醇高度吸湿并具有优良的化学稳定性，蒸发压力也低，价格又适中。

在填埋气的处理中，气体被压缩或冷却，去除大部分水分，然后气体通到三乙烯乙二醇吸收/分离塔里。游离液体在通过塔的底部时就被去除。可以将三乙烯乙二醇系统和一个热的碳酸钾洗涤系统结合成一次性操作，这样就可以除去水、CO_2 和 H_2S。

三、填埋场气体的贮存

国外填埋气厂一般都有贮气系统，以储备气体，满足消费需求，贮气技术按压力大小分为低压、中压和高压贮存三种。20 世纪 70 年代有人尝试使用液化贮存，由于甲烷的液化临界点为－82.5℃，工艺复杂，技术要求高，成本大，不适于垃圾填埋气贮存，逐渐被淘汰。低压贮存要求压力小于 5kPa，有干、湿两种，这种贮存技术最大的缺点是气柜容积大，占地面积大。中压贮存压力保持在 1～2MPa，气柜容积比低压要小，为 1～100m^3，只有小型填埋场多使用这种技术。目前，最受青睐的贮气技术为高压贮存，贮气容器为 30L 或 50L 的钢瓶，压力 150MPa、250MPa、330MPa、350MPa 不等，贮气量大，体积小，缺点是 H_2S、CO_2 对压缩设备有腐蚀作用，但就净化过的垃圾填埋气而言，无需考虑这种隐患。

四、填埋场气体的利用

填埋场释放气体会对环境和人类造成严重的危害，但填埋气中甲烷气体占 50%，而甲烷是一种宝贵的清洁能源，具有很高的热值。表 8-9 为填埋气与其他燃料发热量比较。由表 8-9 可以看出，填埋场气体的热值与城市煤气的热值接近，每升填埋场气体中所含的能量大约相当于 0.45L 柴油、0.6L 汽油的能量。按燃气分类相当于天然气 4T，净化处理后是一种较理想的气体燃料。

表 8-9 填埋场气体与其他燃料发热量比较

燃料种类	纯甲烷	填埋场气体	煤气	汽油	柴油
发热量/(kJ/m^3)	35916	9395	6744	30557	39276

常用的填埋气体利用方式有以下几种。

1. 用于锅炉燃料

这种利用方式是用填埋气作为锅炉燃料，用于采暖和热水供应。这是一种比较简单的利用方式，这种利用方式不需对填埋气进行净化处理，设备简单，投资少，适合于垃圾填埋场附近有热用户的地方。

2. 用于民用或工业燃气

该种方式是将填埋气净化处理后，用管道输送到居民用户或工厂，作为生活或生产燃料。此种利用方式需要对填埋气进行较深度的后处理，包括去除二氧化碳、少量有害气体、水蒸气以及颗粒物等。此种方式投资大，技术要求高，适合于规模大的填埋场气体利用工程。

3. 用作汽车燃料

对填埋气进行膜分析净化处理，将二氧化碳含量降至3%以下并去除有害成分后作为汽车用天然气。美国洛杉矶的 PUENT HILL 填埋场已有应用实例。天然气的用途：一方面，将垃圾运输车改烧天然气燃料，每年可节省汽柴油450～800t；另一方面，可在填埋场附近的国道和省道上建立天然气加气站，为过往汽车加气。填埋气用做车辆燃料具有热值高、抗暴性好等优点，其资源化不失为解决环境污染，缓解能源危机的一种途径，在我国有广阔发展前景。填埋气作为汽车动力时，通常是将沼气高压装入氧气瓶，一车数瓶备用，大约$1m^3$填埋气可代替0.7kg的汽油。由于热值较汽油低，故启动较慢，但尾气无黑烟，对空气的污染小。由于改烧填埋气，车辆内燃机需进行改装。

(1) 纯填埋气汽油机的改装　汽油机改烧填埋气，关键要引入填埋气使之与空气混合，代替汽油工作。目前主要采取两种措施：直接对汽油机改装、利用压缩天然气内燃机。

① 直接对汽油机的改装：最简便、常用的方法是嫁接法。即在原机化油器上钻个孔，再插入前部斜尖状的填埋气进气管，嫁接凸缘管可以安在空气滤清器和化油器之间，也可以安在化油器和节气门之间。

② 利用 CNG 内燃机：CNG 内燃机是改装过的汽油机，原则上讲，可直接使用填埋气，但由于填埋气的热值较 CNG 内燃机汽化器的尺寸，使得填埋气的输出功率至少要达到 CNG 内燃机的2/3，这种改装后的汽化器称膜式汽化器。

此外，由于甲烷的着火点高，上述两种改装机添加高温点火系统是必不可少的。

(2) 双燃料柴油机的改装　所需改装主要为空气-填埋气供气系统和柴油供给系统。为实现空气-填埋气混合，仍采用膜式汽化器，在空气进气管添加双通阀门，以增大进气量，这样柴油点燃比较容易，供油系统保留原柴油机的喷油器。不过在双燃料柴油机上，柴油不仅起引燃作用，而且当填埋气供应不足时，柴油替代填埋气工作。在实际运用中，人们发现这种改装机存在一定的问题。空气-填埋气的火焰传播速度慢，着火延迟期长，部分燃烧往往超过冲程死点，造成功率下降，内燃机过热。

（3）纯填埋气柴油机的改装　当使用纯填埋气为燃料时，需要对柴油机做如下改装：a. 去掉原机喷油器；b. 添加火花塞；c. 添加汽化器；d. 降低燃烧室的压缩比。显然这种改装比较麻烦，但 3 种改装机的性能测试结果表明，纯填埋气柴油机运行稳定、效率高。

附加改装包括：a. 由于填埋气特殊的燃烧特性及贮存特点，还要进行一些配套工作，填埋气没有润滑性，以纯填埋气为燃料时，要强化阀门及阀门座；b. 内燃机部件最好不要使用铜制品，以防填埋气残留 H_2S 腐蚀；c. 空气-填埋气燃烧产生气体需及时排放，要安装排气系统；d. 高压管用来将钢瓶里的填埋气输入内燃机；e. 三级减压阀；f. 安全防护设施。

4. 用于发电

填埋气即沼气用做内燃发动机的燃料，通过燃烧膨胀作功产生原动力使发动机带动发电机进行发电。目前尚无专用沼气发电机，大多是由柴油或汽油发电机改装而成，容量为 5～120kW 不等。每发 1kW・h 电消耗 0.6～0.7m^3 沼气，热效率为 25％～30％。沼气发电的成本略高于火电，但比油料发电便宜得多，如果考虑环境因素，它将是一个很好的能源利用方式。沼气发电的简要流程为

沼气──→净化装置──→贮气罐──→内燃发动机──→发电机──→供电

根据发电设备不同可分为燃气内燃机发电、燃气轮机发电和蒸汽轮机发电 3 种。

（1）燃气内燃机发电　这种方法是利用填埋气作为燃气内燃机的燃料，带动内燃机和发电机发电。这种利用方式设备简单，投资少，不需对填埋气进行净化脱水，适合于发电量为 1～4MW 的小型填埋气体利用工程。

（2）燃气轮机发电　这种方法是利用填埋气燃烧产生的热烟气直接推动涡轮机，涡轮机带动发电机发电。这种利用方式与燃气内燃机发电方式相比，设备比较复杂，投资较大，需要对填埋气进行深度冷却脱水处理，适合于发电量为 3～10MW 的填埋气体利用工程。

（3）蒸汽轮机发电　该种方法是利用填埋气体作为锅炉燃料，产生蒸汽，蒸汽再带动蒸汽轮机发电。在规模较大、填埋气体产生量大的垃圾填埋场宜采用这种方式，一般发电量在 5MW 以上。

由于沼气中含有硫化氢，对金属设备有较大的腐蚀作用，因此要求设备要耐腐蚀。在沼气进入内燃机之前，可先将沼气进行简单净化，主要去除水分和硫化氢，以防损坏柱头和产生腐蚀。

填埋气发电的最大优点是系统独立性强，不受外部环境制约，易于实施。采用内燃机发电方案国内外均有应用实例，如杭州天子岭、香港新界、深圳玉龙坑等填埋场，都采用了填埋气发电的利用方案。深圳下坪填埋场对填埋气的处理与利用工艺流程见图 8-20。

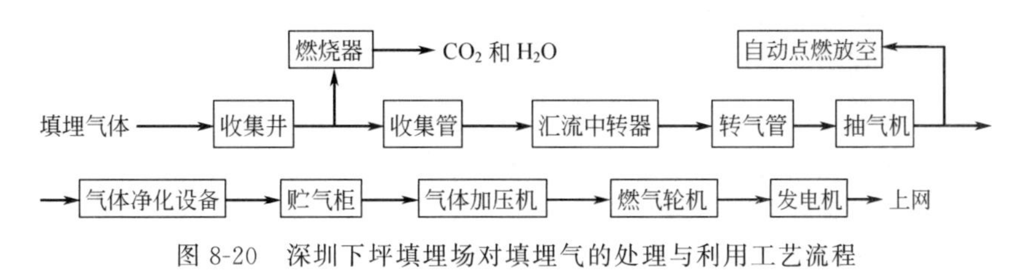

图 8-20　深圳下坪填埋场对填埋气的处理与利用工艺流程

5. 用做化工原料

填埋场沼气经过净化，可得到很纯净的甲烷，甲烷是一种重要的化工原料，在高温、高

压或有催化剂的作用下，能进行很多反应。

甲烷在光照条件下，甲烷分子中的氢原子能逐步被卤素原子（氯原子）所取代，生成一氯甲烷、二氯甲烷、三氯甲烷和四氯化碳的混合物。这四种产物都是重要的有机化工原料。一氯甲烷是制取有机硅的原料；二氯甲烷是塑料和醋酸纤维的溶剂；三氯甲烷是合成氟化物的原料；四氯化碳既是溶剂又是灭火剂，也是制造尼龙的原料。

在特殊条件下，甲烷还可以转变成甲醇、甲醛和甲酸等。甲烷在隔绝空气加强热（1000～1200℃）的条件下，可裂解生成炭黑和氢气。

甲烷在1600℃高温下（电燃处理）裂解生成乙炔和氢气。乙炔可以用来制取醋酸、化学纤维和合成橡胶。

甲烷在800～850℃高温，并有催化剂存在的情况下，能与水蒸气反应生成氢气、一氧化碳，是制取氨、尿素、甲醇的原料。用甲烷代替煤为原料制取氨，是今后氮肥工业发展的方向。

沼气的另一种主要成分二氧化碳也是重要的化工原料。沼气在利用之前，如将二氧化碳分离出来，可以提高沼气的燃烧性能，还能用二氧化碳制造一种叫“干冰”的冷凝剂，可制取碳酸氢氨肥料。

6. 其他利用方式

最近国外对填埋气体又开发了一些新的用途，主要有用填埋气制造燃料电池、甲醛产品以及轻柴油等。这些利用方式均在研究和开发中，离实际应用尚有一定距离。填埋场气体利用方式的比较见表8-10。

表8-10 填埋场气体利用方式的比较

利用方式	使用最小垃圾填埋量/10^6t	最低甲烷浓度要求/%	要求
直接燃烧		20	适用于任何填埋场
作为燃气本地使用	10	35	填埋场外用户应在3km以内;场内使用适用于有较大能源需要的填埋场,特别是已经使用天然气的填埋场
发电			
内燃机发电	1.5	40	场内适用于有高耗电设备的填埋场;输入电网需要有接受方
燃气轮机发电	2.0	40	场内适用于有高耗电设备的填埋场;输入电网需要有接受方
输入燃气管道			
中等质量燃气管道	1.0	30～50	燃气管道距填埋场较近且有接受气体能力
高质量燃气管道	1.0	95	需要严格的气体净化处理过程,燃气管道距填埋场较近且有接受气体能力

我国每年填埋生活垃圾超过1.5亿吨，典型的城市生活垃圾每千克可产生0.064～0.44m^3填埋气，全国每年的城市生活垃圾将产生104亿～716亿立方米的填埋气，因此填埋气也是一种不可忽视并应予以利用的资源。我国《生活垃圾卫生填埋处理技术规范》(GB 50869—2013)规定，设计总填埋容量≥100万吨、垃圾填埋厚度≥10m的生活垃圾填埋场，应配套建设填埋气体利用设施。当前，我国能源紧张与环境被破坏的形势使得填埋气作为一种资源正逐渐被各级部门和相关研究人员重视，在填埋气的综合利用方面进行了大量研究和应用。

目前国内对填埋气的利用有入炉掺烧发电、沼气发电机组、余热炉供热等综合利用方式。填埋气通过内燃机发电研究得比较多的，而通过燃气轮机发电、用来制取二甲醚、用填埋气燃烧蒸发渗滤液、从填埋气中分离提纯CO_2作为化工原料是当前正在研发当中的前沿方向。

上海老港填埋场采用垃圾填埋气作为外燃机输入能源，输出的电能提供给填埋场场区使用，输出的热能用于加热垃圾渗滤液，这样不仅解决了垃圾填埋场填埋气的潜在危害而且变废为宝，实现了对填埋气的综合利用。

利用填埋场副产的填埋气燃烧释放的热量来使渗滤液蒸发，可不需要配置专用的蒸汽锅炉，也不会有其他生化、物化处理方法投资大、运行成本高的问题，更重要的是该方法对渗滤液的成分、浓度等因素不敏感．有灵活的适应性。填埋气燃烧蒸发渗滤液有不同的方式，例如填埋气分级燃烧、浸没式燃烧等方式；为进一步节能，又开发了渗滤液分级燃烧、二级浸没燃烧等方式。这些技术蒸发效率高、设备简单、便于控制、运行费用低，特别适用于渗滤液的浓缩液。蒸发每千克渗滤液耗填埋气量不到 $0.3m^3$。中国科学院工程热物理研究所、清华大学已经开展这方面的研究工作，并在改进燃烧蒸发技术，同时正在北京北神树、安定等填埋场进行试点。

中国科学院工程热物理研究所对垃圾填埋气的综合利用进行了系列研究，研制了具有我国自主知识产权的低压头多管组合式、高稳定性、超宽负荷调节比填埋气焚烧火炬系统，并在北京、深圳、上海、湘潭、厦门等城市的 10 余处垃圾填埋场成功推广应用。该火炬系统火焰稳定，燃烧效率高（大于 99%），负荷调节比大于 100：1，能适应恶劣气象条件，具有自动化程度高、点火容易和熄火、回火、停电等保护功能，其技术水平达国际领先。迄今为止，全国运用该技术的火炬系统日处理填埋气能力已超 40 万立方米。

中国科学院工程热物理所研究团队还成功改造出以填埋气为燃料的发电机系统。新一代填埋气发电机组运用新型储气腔换气、多腔室预燃室燃烧的方式，单机容量达 500kW，发电效率达 33%以上，不仅满足了动力性、可靠性和经济性的要求，还进一步降低了温室气体的排放量。

对于远离输电网络、产气量相对较小或地点偏远的垃圾填埋场，则无法采用发电形式对填埋气加以利用。为此，中科院工程热物理所研究团队进行了以填埋气为化工原料生产民用液体燃料——二甲醚的研究。利用填埋气为原料生产二甲醚，生产成本仅在 1000 元/t 左右，不仅经济效益显著，而且市场应用前景广阔。利用填埋气生产二甲醚，不仅减少了二甲醚工业对煤和天然气等不可再生资源的消耗，实现了资源和能源的循环利用，而且对于保障我国能源安全、控制环境污染都大有裨益。

中国是《联合国气候变化框架公约》的缔约方，2002 年 8 月向联合国递交了《京都议定书》核准书，2004 年 6 月 30 日，《清洁发展机制项目运行管理暂行办法》颁布和实施。作为最大的发展中国家缔约方和温室气体排放大国，中国被视为最具有潜力实施清洁发展机制项目的国家之一，在未来的清洁发展机制市场占有 40%～50%的份额。中国开展清洁发展机制潜在的国际合作领域中城市生活垃圾填埋气体（LFG）的回收利用是主要的组成部分之一。目前，德国、意大利、荷兰等欧洲国家，正积极在中国、巴西、印度、巴基斯坦等发展中国家寻找合作伙伴。通过利用清洁发展机制（CDM），可以吸引外国资金的额外和商业性投资。截至 2010 年 2 月 28 日，我国在联合国 CDM 执行理事会成功注册项目数达 751 个，估计平均年减排量达 2.04 亿吨 CO_2 当量，已签发减排量为 1.88 亿吨 CO_2 当量，占全球份额的 48.22%，居世界第一位。碳交易市场的繁荣为填埋场气体回收利用和环保产业振兴提供了良好的发展契机和资本援助，推动我国实现 2020 年单位 GDP 碳排放比 2005 年减少 40%～50%的减排目标。因此，运用清洁发展机制（CDM）开展垃圾填埋场气体的回收利用项目，具有广阔的前景。

第九章 填埋场的终场覆盖与封场

第一节　终场覆盖的设计

一、封场规划

在填埋场的整个生命周期中，甲烷气的产量在封场阶段可能达到顶峰。由于垃圾的降解导致的不均匀沉降也是一个严重的问题。如果在封场单元上铺设很厚的覆盖土层或者建造大型混凝土建筑都会使不均匀沉降更加恶化，甚至导致覆盖系统的失效。因此，必须妥善进行封场工作。

为了保证在封场期间以及封场后相当长一段时间内，填埋场周围的环境质量得到有效的控制，封场规划必须尽早制订。通常在填埋场的设计和施工阶段就应根据国家和地方的有关法规明确封场的步骤和封场后的管理等事宜。填埋场封场应符合现行行业标准《生活垃圾卫生填埋场封场技术规范》（GB 51220）与《生活垃圾卫生填埋场岩土工程技术规范》（CJJ 176）的有关规定。在美国，由于和填埋场有关的法规越来越严格，填埋场的封场规划已经被要求作为场址审批程序的一部分，早在填埋场的建设和运行之前就应该确定。表 9-1 为填埋场封场规划的要点。

表 9-1　填埋场封场规划的要点

要　点	需　要　做　的　工　作
封场后土地的利用	制订并明确合适的利用规划
最终覆盖层设计	选择防渗层、最终覆盖的地表坡度和植被
地表水导排控制系统	计算暴雨流量并选择导排沟渠的周长和大小，以收集雨水径流防止流失
填埋气控制	选择监测填埋气的位置和频率，如果需要，设置气体抽取井和燃烧装置等设施
渗滤液控制与处理	如果需要，设置渗滤液导排与处理设施
环境监测系统	选择采样点位置、监测频率以及测试的指标

填埋场封场工程必须报请有关部门审核批准后方可实施。封场工程内容应包括地表水径

流、排水、防渗、渗滤液收集处理、填埋气体收集处理、堆体稳定、植被类型及覆盖等。填埋场封场工程应选择技术先进、经济合理，并满足安全、环保要求的方案。环境污染控制指标应符合现行国家标准《生活垃圾填埋场污染控制标准》(GB 16889) 的要求。

填埋场封场覆盖后，应及时采用植被逐步实施生态恢复，并应与周边环境相协调。填埋场封场后应继续进行填埋气体导排、渗滤液导排和处理、环境与安全监测等运行管理，直至填埋体达到稳定，封场后宜进行水土保持的相关维护工作。填埋场封场后的土地利用应符合现行国家标准《生活垃圾填埋场稳定化场地利用技术要求》(GB/T 25179) 的规定，土地利用前应做出场地稳定化鉴定、土地利用论证及有关部门审定，未经环境卫生、岩土、环保专业技术鉴定前，填埋场地严禁作为永久性封闭式建 (构) 筑物用地。

二、最终覆盖系统的功能

当填埋场的填埋容量使用完毕之后，需要对整个填埋场或填埋单元进行最终覆盖。填埋场最终覆盖系统的基本功能和作用包括：a. 减少雨水和其他外来水渗入垃圾堆体内，达到减少垃圾渗滤液的目的；b. 控制填埋场恶臭散发和可燃气体有组织地从填埋场上部释放并收集，达到控制污染和综合利用的目的；c. 抑制病原菌及其传播媒体蚊蝇的繁殖和扩散；d. 防止地表径流被污染，避免垃圾的扩散及其与人和动物的直接接触；e. 防止水土流失；f. 促进垃圾堆体尽快稳定化；g. 提供一个可以进行景观美化的表面，为植被的生长提供土壤，便于填埋土地的再利用等。

填埋场终场覆盖的最终目的是为了使日后的维护工作降至最低并有效地保护公众的健康和周围环境。

三、堆体整形及填埋气收集与处理

填埋场整形与处理前，应勘察分析场内发生火灾、爆炸、垃圾堆体崩塌等填埋场安全隐患。施工前，应制订消除陡坡、裂隙、沟缝等缺陷的处理方案、技术措施和作业工艺，并宜实行分区域作业。挖方作业时，应采用斜面分层作业法。整形时应分层压实垃圾，压实密度应大于 $800kg/m^3$。整形与处理过程中，应采用低渗透性的覆盖材料临时覆盖。在垃圾堆体整形作业过程中，挖出的垃圾应及时回填。垃圾堆体不均匀沉降造成的裂缝、沟坎、空洞等应充填密实。堆体整形与处理过程中，应保持场区内排水、交通、填埋气体收集处理、渗滤液收集处理等设施正常运行。整形与处理后，垃圾堆体顶面坡度不应小于 5%；当边坡坡度大于 10%时，宜采用台阶式收坡，台阶间边坡坡度不宜大于 1∶3，台阶宽度不宜小于 3m，高差不宜大于 10m。

填埋场封场工程根据工程实际的要求，应设置填埋气体收集和处理系统，并应保持设施完好和有效运行，应采取防止填埋气体向场外迁移的措施。填埋场封场时应增设填埋气体收集系统，安装导气装置导排填埋气体。应对垃圾堆体表面和填埋场周边建 (构) 筑物内的填埋气体进行监测。填埋场建 (构) 筑物内空气中的甲烷气体含量超过 5%时，应立即采取安全措施。对填埋气体收集系统的气体压力、流量等基础数据应定期进行监测，并应对收集系统内填埋气体的氧含量设置在线监测和报警装置。填埋气体收集井、管、沟以及闸阀、接头等附件应定期进行检查、维护，清除积水、杂物，保持设施完好。

四、覆盖系统的主要组成

填埋场封场必须建立完整的封场覆盖系统。封场覆盖系统结构由垃圾堆体表面至顶表面顺序应为排气层、防渗层、排水层、植被层，见图 9-1。

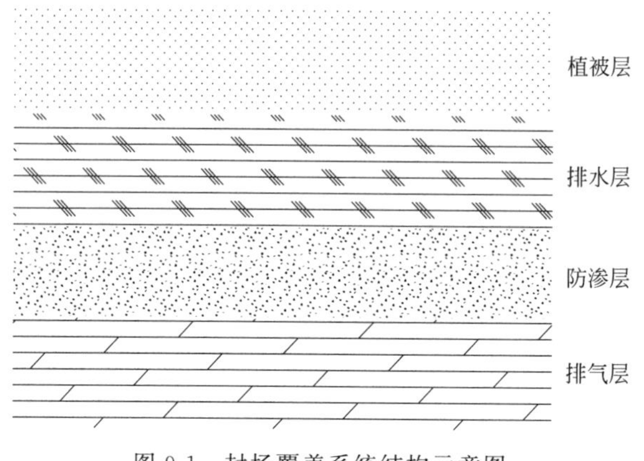

图 9-1　封场覆盖系统结构示意图

1. 排气层

填埋场封场覆盖系统应设置排气层，施加于防渗层的气体压强不应大于 0.75kPa。

排气层可采用粒径为 25～50mm、导排性能好、抗腐蚀的粗粒多孔材料，渗透系数应大于 1×10^{-2}cm/s，厚度不应小于 30cm，边坡宜采用土工复合排水网，厚度不应小于 5mm。气体导排层宜用与导排性能等效的土工复合排水网。

2. 防渗层

防渗层可由土工膜和压实黏性土或土工聚合黏土衬垫（GCL）组成复合防渗层，也可单独使用压实黏性土层。

复合防渗层的压实黏性土层厚度应为 20～30cm，渗透系数应小于 1×10^{-5}cm/s。单独使用压实黏性土作为防渗层，厚度应大于 30cm，渗透系数应小于 1×10^{-7}cm/s。采用黏土作为防渗材料时，黏土层在投入使用前应进行平整压实。黏土层压实度不得小于 90%。黏土层基础处理平整度应达到每平方米黏土层误差不得大于 2cm。

高密度聚乙烯（HDPE）土工膜或线性低密度聚乙烯（LLDPE）土工膜，土工膜选择厚度不应小于 1mm，渗透系数应小于 1×10^{-12}cm/s。土工膜上下表面应设置土工布，规格不宜小于 300g/m^2；膜下应敷设保护层。采用土工膜作为防渗材料时，土工膜应符合现行国家标准《非织造复合土工膜》（GB/T 17642）、《聚乙烯土工膜》（GB/T 17643）、《聚乙烯（PE）土工膜防渗工程技术规范》（SL/T 231）、《土工合成材料应用技术规范》（GB 50290）的相关规定。土工膜膜下黏土层基础处理平整度应达到每平方米黏土层误差不得大于 2cm。

土工聚合黏土衬垫（GCL）厚度应大于 5mm，渗透系数应小于 1×10^{-7}cm/s。

3. 排水层

排水层的作用是采用渗透性高的材料排出入渗的雨水或融雪水。最终覆盖系统中包含排水层的主要原因如下：降低其下面屏障层的水头，从而使渗过覆盖系统的水分最小化；排掉其上面保护层和表土层中的水分，从而提高这两层的贮水能力，并减少保护层和表土层被水分饱和的时间，使它们的侵蚀最小化；降低覆盖材料中孔隙水的压力，从而提高边坡的稳定性。排水层使用的材料包括沙子、有过滤层的砂砾、有土工布滤层的土工网以及土工复合排水材料。

顶坡应采用粗粒或土工排水材料，粗粒材料厚度不应小于 30cm，渗透系数应大于 1×10^{-2}m/s，边坡应采用土工复合排水网，厚度不应小于 5mm；也可采用加筋土工网垫，规格不宜小于 600g/m^2。材料应有足够的导水性能，保证施加于下层衬垫的水头小于排水层厚度。排水层应与填埋库区四周的排水沟相连。

4. 植被层

应采用自然土加表层营养土，厚度应根据种植植物的根系深浅确定，厚度不宜小于 50cm，其中营养土厚度不宜小于 15cm。

植被土层能维持天然植被和保护封场覆盖系统不受风、霜、雨、雪和动物的侵害，虽然通常无需压实，但为避免填筑过松，土料要用施工机械至少压上两遍。为防止水在完工后的覆盖系统表面积聚，覆盖系统表面的梯级边界应能有效防止由于不均匀沉降产生的局部坑洼有所发展。对采用的表土应进行饱和密度、颗粒级配以及透水性等土工试验，颗粒级配主要用以设计表土和排水层之间的反滤层。封场绿化可采用草皮和具有一定经济价值的灌木，不得使用根系穿透力强的树种，应根据所种植的植被类型的不同而决定最终覆土层的厚度和土壤的改良。土层厚度的选择应根据当地土壤条件、气候降水条件、植物生长状况进行合理选择。

美国环保署要求生活垃圾填埋场的最终覆盖系统至少包括侵蚀层和防渗层（见图 9-2）。侵蚀层（表土层）至少需要 150mm 的土质材料以保证植物的生长。防渗层（屏障层）由至少 400mm 厚的土质材料构成，其水力传导率必须小于或等于填埋场底部衬垫系统或现场的底土，或者不大于 1×10^{-5}cm/s，取最小值。

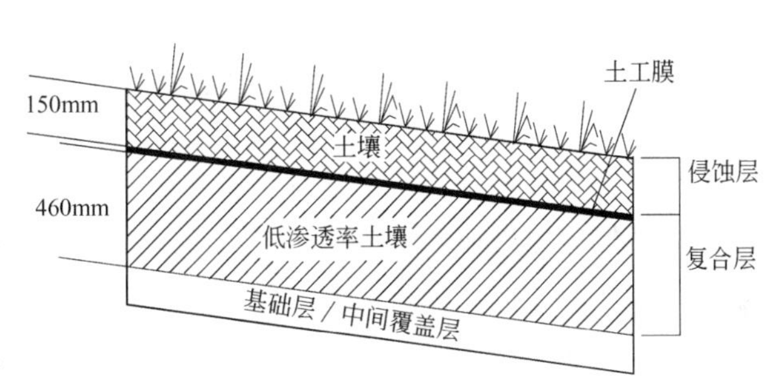

图 9-2 美国环保署推荐的最少的最终覆盖层

我国《生活垃圾卫生填埋处理技术规范》中天然衬里厚度大于 2m，渗透系数不大于 10^{-7} cm/s。导流层由卵砾石铺设，厚度 30cm，垃圾层厚 2.5～3m，中间覆土 20～30cm，最终覆盖层厚 80cm 以上。

五、地表水控制和渗滤液收集处理系统

垃圾堆体外的地表水不得流入垃圾堆体和垃圾渗滤液处理系统。封场区域雨水应通过场区内排水沟收集，排入场区雨水收集系统。排水沟断面和坡度应依据汇水面积和暴雨强度确定。地表水、地下水系统设施应定期进行全面检查。对地表水和地下水应定期进行监测。大雨和暴雨期间，应有专人巡查排水系统的排水情况，发现设施损坏或堵塞应及时组织人员处理。填埋场内贮水和排水设施竖坡、陡坡离差超过 1m 时应设置安全护栏。在检查井的入口

处应设置安全警示标识。进入检查井的人员应配备相应的安全用品。对存在安全隐患的场所，应采取有效措施后方可进入。

封场工程应保持渗滤液收集处理系统的设施完好和有效运行。封场后应定期监测渗滤液水质和水量，并应调整渗滤液处理系统的工艺和规模。在渗滤液收集处理设施发生堵塞、损坏时，应及时采取措施排除故障。

六、最终覆盖系统的设计

根据垃圾的特性、可获取的覆盖材料以及场址情况的不同，最终覆盖系统必须和每一个特定填埋场的特殊情况相适应。因此，和填埋场有关的设计和建设标准所规定的一般性最终覆盖系统只具有指导性意义，当涉及某个具体场址时必须根据实际情况来确定。

1. 最终覆盖系统设计的主要目标

最终覆盖系统设计的主要目标是：如果垃圾要求保持干燥，必须使地表水的渗入量最小；促进地表排水并使径流最大化；控制填埋气的迁移；为垃圾和人群、植物、动物的隔离提供一个物理屏障。

2. 设计覆盖层必须考虑的因素

在目前的应用中，最终覆盖的主要功能是使入渗的地表水最小化，从而减少渗滤液的产生量。影响渗滤液产生的关键因素是降雨通过覆盖层进入下面垃圾层的渗透能力，渗透率的大小依覆盖层所采用的材料（如土质或人工土工材料）、覆盖层相关的物理性质（如渗透性和持水能力）、覆盖层长期的完整性以及填埋场所在地区的气候条件等的差异而有所不同。例如，随着时间的推移，使用土壤的最终覆盖层可能会因为侵蚀、不均匀沉降、冰冻-解冻周期以及干燥等原因而发生改变。

覆盖层所要求的“设计寿命”依赖于垃圾的性质、场址的情况以及延长覆盖层维护周期的可能性。覆盖层的性能如何，以及覆盖层的设计必须考虑下列因素：a. 温度极限，某些场址包括冰冻-解冻温度；b. 降雨极限，可能产生干湿交替从而导致某些土壤发生收缩龟裂，同时也影响覆盖系统的稳定性；c. 植物根系、掘地动物、蚯蚓和昆虫的活动对土壤的穿透；d. 垃圾的沉降，可能会改变排水等高线并导致某些土壤的破裂或者其他覆盖材料的损坏；e. 倾斜滑动或潜动，可能会导致覆盖层的损坏；f. 覆盖层上车辆的行驶；g. 地震引起的变形；h. 风或水流对覆盖材料的侵蚀；i. 维护的要求。

最终覆盖层的设计需要在封场的费用和减轻环境影响带来的收益之间取得平衡。同时，设计中最大的挑战来自于如何在静态条件以及地震活跃区域的动态条件下保持覆盖层结构的完整性。因此，最终覆盖系统的设计要素包括：a. 覆盖系统整体结构；b. 覆盖层的渗透率；c. 地表坡度；d. 景观设计；e. 场地下陷时的修补方法；f. 在静态和动态条件下的边坡稳定性。

3. 最终覆盖系统设计的流程

由于垃圾的成分、可获取的材料以及场址情况的不同，最终覆盖系统必须根据每个特定场址的特殊要求来确定，设计规范中说明的覆盖系统结构只能视为一般的指导性原则。在大多数情况下，简单地遵照设计标准中的要求并不能为减少渗滤液产生以及收集和控制填埋气提供一个最佳的解决方案。

在设计最终覆盖系统的时候，可以参考图 9-3 所示的流程，它提供了覆盖层结构、设计要素、设计方法等相关信息和指导。最终覆盖层的设计应从查阅国家和地方相关的法规和标准开始入手，以了解覆盖系统所要求和允许的最小厚度，同时还应收集和分析气候、可获得的土壤材料、垃圾特性、地震活跃情况等场址特征，以便为确定具有合适性质的覆盖材料提

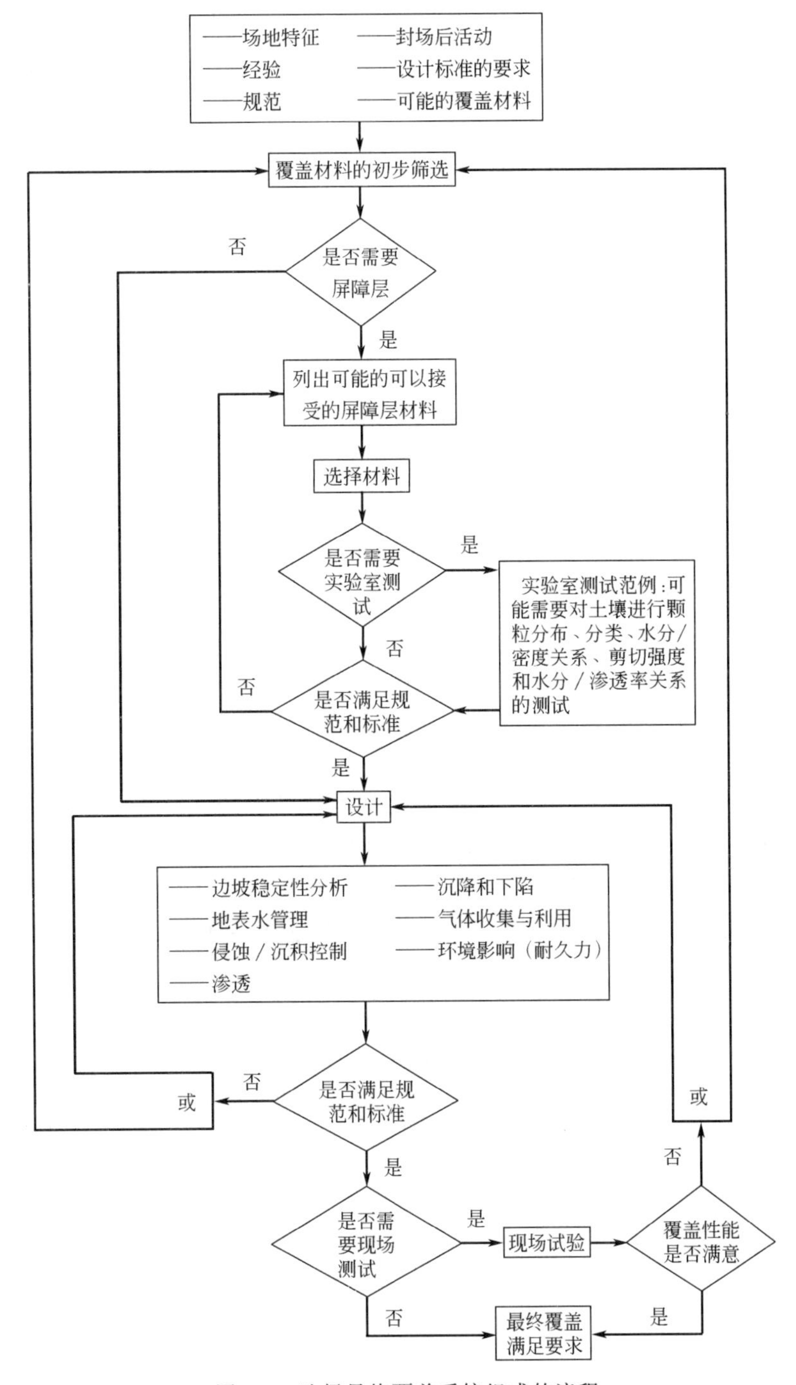

图 9-3　选择最终覆盖系统组成的流程

供帮助。评价和选择覆盖系统的组成时，应当考虑填埋场封场后计划的活动。填埋场封场后可能会开发建设成为一个公园或者只是简单地进行景观设计，因而最终覆盖层的厚度和各层的特性也不一样。最终覆盖的每一层和整体的结构都应当满足有关设计标准的要求。

不管填埋场的最终覆盖系统是何种类型，都有可能发生损坏。如果不加以注意和维护，那些难以察觉的微小的或中等大小的裂缝都有可能使覆盖系统失效。

填埋场覆盖层的表面裂缝可能是由下列 4 个原因造成的：a. 天气；b. 动植物的破坏；c. 微生物和化学分解作用；d. 构造运动移动等其他原因。这些裂缝可能造成过度的地表侵蚀以及覆盖层的沉降和下陷，最终导致整个填埋场系统的失效。表 9-2 为填埋场覆盖层失效的原因和机理。

表 9-2　填埋场覆盖层失效的原因和机理

天　气	动植物的破坏	微生物和化学分解作用	其　他
洪水、冰冻-解冻、暴雨、河水泛滥、干湿交替	植物根系的穿透作用、昆虫侵扰、动物活动破坏	好氧阶段、厌氧不产甲烷阶段、厌氧产甲烷阶段、厌氧状态减弱、重新生长阶段	构造运动和酸雨等

植物根系是覆盖层破坏的主要原因之一，因此，选择合适的植物种类非常重要，应当避免竹子、银槭、柳树、白杨等根系穿透力强的树种。

覆盖层表面的不均匀沉降是各种垃圾成分混杂造成的，垃圾被倾入填埋场之后，应当铺设均匀并紧密压实，才能控制不均匀沉降。

覆盖材料应具有一定的可塑性以便能承受较大的变形。

七、国内外终场覆盖比较

造成国内外在终场覆盖研究水平和实践水平上的差距的原因是多方面的，有经济、技术的原因，同时还有法律法规的原因。发达国家对终场覆盖的规定比我国严格得多，从德国的法律规定上就可以看出这点。

德国的填埋场分为Ⅰ级、Ⅱ级，城市垃圾填埋场属于Ⅱ级。对于Ⅱ级填埋场，德国要求终场覆盖分为四层，从上到下依次为：复垦层（即营养层）、排水层、防渗层、平衡层。复垦层由厚度至少 1m 的有利于植物生长的土壤组成，要栽种适宜的植物，以防止风和雨水对复垦层的侵蚀。排水层厚度不得小于 0.3m，其中所铺垫的防渗材料的渗透系数要大于 10^{-3}cm/s。防渗层要采用复合防渗层，土工薄膜的厚度不小于 2.5mm，压实黏土的厚度不小于 0.5m，黏土的渗透系数必须小于 5×10^{-7}cm/s。平衡层厚度不得小于 0.5m，由均质的非黏性材料组成。若填埋场有沼气产生且产生的沼气不能由平衡层收集或排出，则必须在平衡层上方加一层厚度不小于 0.3m 的排气层，排气层所用材料中碳酸钙的含量不得超过 10%。

由我国住房和城乡建设部制定的《生活垃圾卫生填埋处理技术规范》（GB 50869—2013）对封场覆盖结构中防渗层的要求是：采用高密度聚乙烯（HDPE）土工膜或线性低密度聚乙烯（LLDPE）土工膜，土工膜厚度不应小于 1mm，膜上应铺设非织造土工布，规格不宜小于 300g/m^2；膜下应敷设保护层。采用黏土，黏土层的渗透系数不超过 10^{-7}cm/s，厚度不宜小于 30cm。

与发达国家比较，我国的法律规定相对简单，要求较低，这有一定的合理性，毕竟我国是发展中国家，无论从当前经济还是技术的角度来说，都不可能制定一个像德国那样严格的标准。倘若我们不切实际地照搬德国的法律条文，要求所有的填埋场都使用复合防渗层，暂且不说以我们目前的技术能否克服复合防渗层的缺点，发挥它的优点，光是经济费用就绝非我国大多数填埋场所能承受得起。海口垃圾卫生填埋场、深圳市垃圾卫生填埋场采用了国外的土工薄膜防渗材料作为场底的防渗层，其费用为6～7美元/m^2。相比之下，黏土的经济优势使得它成为我国填埋场终场覆盖的首选。而且，即使将来需要推广应用复合防渗层，黏土作为复合防渗层的一部分，对它进行研究也是必要的。

第二节　终场覆盖材料

国外常选用的防渗材料有压实黏土（compacted clay）、土工薄膜（geomembrane）、土工合成黏土层（geosynthetic clay liners，GCLs）三种，实际使用时也常常三者混合使用。近年来，利用污泥和粉煤灰等废物改性制作覆盖材料的研究也在逐步开展。

一、压实黏土

压实黏土是使用历史最悠久，同时也是使用最多的防渗材料。当黏土资源缺乏时，也可使用其他类型的土，但是应保证能达到渗透系数不大于1.0×10^{-9}m/s的要求。应使压实度达到最小渗透系数，能否达到最小渗透系数取决于衬层施工中的土壤类型、土壤含水率、土壤密度压实度、压实方法等。一般地，当压实土壤的含水率略高于最优含水率时（通常高出1%～7%），可达到最小渗透系数。

压实黏土的优点在于：成本低（如果土源能就地解决而不需要从其他地方搬运的话），施工难度小，有一套成熟的规范（包括实验室测试指标和现场操作方式），可以参考的经验多；使用时，往往铺设30～60cm，被石子刺穿的可能性小，同时也不易被复垦植被的根系刺穿。

压实黏土的缺点如下：与另外两种防渗材料相比，它的渗透系数偏大，防渗性能较差，使用时需要的土方多，施工量大，施工速度慢，并且施工时若压实程度不够的话，现场实际的防渗系数将与实验室充分压实条件下得到的数据有很大出入。压实黏土的另一个不尽如人意的是容易干燥、冻融收缩产生裂缝，防渗性能迅速下降，在封场完成以后，产生裂缝难以修复。此外，黏土的抗拉性能较差，最大拉伸形变比（最大拉伸长度比黏土土体长度）为0.1%～1%，对填埋场的不均匀沉降性能要求较高，即在填埋场表面直径为5m的范围，其中心沉降不能超过0.125～0.25m。

二、土工薄膜

土工薄膜在过去的十几年里逐渐被许多填埋场采用，土工薄膜的种类较多，目前应用最广的是高密度聚乙烯（HDPE）。HDPE膜的产品质量是防渗系统工程质量的基本保证，故在材料进场时就应该检查外观和有关的性能指标，从而保证产品质量。土工膜的选择标准通常包括结构耐久性、在填埋场产生沉降时仍能保持完整的能力、覆盖边坡时的稳定性以及所需费用等。除此以外，还应考虑铺设方便、施工质量容易得到保证、能防止动植物侵害、在极端冷热气候条件下也能铺设、耐老化以及为焊接、卫生、安全或环境的需要能随时将衬垫打开等。

土工薄膜的优点是：防渗性能好，土工薄膜本身是不透水的，它的渗水主要是因为板材成型工艺过程中造成的针孔、微隙，渗透系数不超过 10^{-10}cm/s，大大低于黏土，施工时仅需铺设 1～3mm 的土工薄膜就可满足防渗要求，节约了填埋空间；土工薄膜的抗拉伸性能与合成的材料有关，但都比黏土要好，据研究，HDPE 的最大抗拉伸形变比为 5%～10%，对填埋场不均匀沉降的敏感性远小于黏土。

土工薄膜的缺点是：容易被尖锐的石子刺穿；聚合物本身存在老化的问题，并可能遭到化学物质、微生物的冲击；施工过程中的焊合接缝处容易出现接触张口；抗剪切性能差，对上层覆土进行压实时薄膜可能会因不均匀受压而损坏。

单独使用土工薄膜的安全性较差，实际使用时往往把薄膜铺设在压实黏土上，组成复合防渗层。在施工过程中，为了有效地控制质量，应选择焊接经验丰富的人员施工，在每次焊接之前进行试焊，同时必须对焊缝作破坏性检测和非破坏性检验。在施工其他的相关层时，必须注意对膜的保护，避免造成损坏。

三、土工聚合黏土层

土工聚合黏土层是近 10 年内逐渐被人们接受并采用的一种防渗材料，一般是用土工布（geotextile）夹着一层膨润土。土工布是一种透水的聚合材料，广泛应用于岩土工程。膨润土渗透系数非常低、具有吸涨性，含有的矿物质主要是蒙特石。土工聚合黏土层的优点为：渗透系数比压实黏土低，但一般比土工薄膜高；抗拉伸能力强，最大抗拉伸形变比 10%～15%，对垃圾填埋场差异性沉降的敏感性低；与压实黏土相比，它的体积小，节约空间，施工量小，可以迅速铺好，发生损坏后可以迅速修复。

土工聚合黏土层的缺点为：膨润土吸湿膨胀后，抗剪切性能变差，这就使得斜坡的稳定安全性成了问题；由于施工铺设的厚度小，容易被尖锐的石子或被复垦植被的根系刺穿；含水率低的膨润土是透气的，因此在干燥季节，甲烷等气体可以透过土工聚合黏土防渗层抵达复垦层，对复垦植被的生产造成危害，并有可能泄漏到空气中造成空气污染。

另外，值得注意的是，土工薄膜和土工聚合黏土层在应用时都不应该出现拉应力，即要求土工薄膜（或土工聚合黏土层）与下层覆土所能承受的剪切力大于土工薄膜（或土工聚合黏土层）与上层覆土之间所能承受的剪切力。

四、其他材料

随着城市土地的逐步开发与日益缺乏，国内外开展了利用造纸厂污泥、港湾淤泥和粉煤灰改性制作覆盖材料的研究，但大规模的应用较少。解决改性材料的防渗性能较差和成本偏高是其规模化应用的关键。

1995 年，Moo-Young 和 Zimmie 对造纸厂污泥替代黏土的可行性做了研究。他们在实验室分析了几种造纸厂污泥的工程性质，包括含水量、有机质含量、相对密度、渗透系数、固结性等性质。结果为：未经处理的造纸厂污泥含水量 150%～270%，渗透系数在 1×10^{-7}～

5×10^{-6}cm/s之间，有机质含量高，属于高有机质土。测定完污泥的工程性质以后，他们用6种造纸厂污泥进行了实验室防渗层模拟试验。这些结果显示，随着污泥的固结压缩和微生物的降解作用的进行，污泥的含水量逐步下降，渗透系数也逐渐减小，防渗性能逐渐增强。进一步的研究发现，造纸厂污泥作为防渗材料因冻融而产生裂缝导致防渗层损坏的概率要比黏土小。从1995年起，已陆续有填埋场使用当地造纸厂的污泥作防渗层材料，然而至今很少有关于他们的使用表现的报道。

德国的K. Tresselt等对用Hamburg港湾的淤泥替代黏土作填埋场终场覆盖的防渗层的情况做了研究。他们先对淤泥进行预处理，经过机械分选和板压脱水后，得到粒径小于0.063mm、含水率60%～80%的土样。颗粒分析试验确定土样的颗粒成分为17%黏粒、57%的粉粒和26%的沙粒。1995年，他们建立了两座试验填埋场，每个填埋场长50m，宽10m，面积$500m^2$，覆盖坡度8%。第一个试验填埋场严格按照德国的Ⅰ级填埋场的要求进行终场覆盖：顶土层1.2m，营养土层0.3m，排水层1m，防渗层（经预处理的港湾淤泥）1.5m。防渗层下面铺设了细沙和HDPE薄膜，目的是收集经防渗层渗滤下来的水以评价防渗层的性能。第二个试验填埋场的设计就相对简单：0.2m顶土层、0.6m排水层和1.5m防渗层。之所以把防渗层的保护层（顶土层＋排水层）设计得这么薄是为了观察防渗层土样会不会因干燥脱水而产生裂缝。经过对两个填埋场1.5年运行状况的观察，结果让人很满意：在经历了降雨量仅为600mm的1996年后，两个填埋场的淤泥防渗层都没有出现干裂现象，并且淤泥防渗层的表现极其稳定，无论降雨量和上层排水层的流量多大，防渗层的渗滤量都维持在0.05mm/d附近。根据实测得到的水力梯度数据推算，淤泥防渗层的渗透系数1995年是4.8×10^{-8}cm/s，到1996年降至3.8×10^{-8}cm/s，防渗性能升高的原因可能是进一步的固结压实和渗流的致密作用。

国外有用粉煤灰作防渗层的例子，在这方面，国内也曾做过这方面的研究。1998年，天津市环境卫生工程设计研究所的何俊宝等利用粉煤灰对粉质黏土进行改性试验，利用粉煤灰的充填作用和致密作用将粉质黏土的渗透系数数量级由10^{-5}降到10^{-7}；当粉煤灰在复合土中的配比为25%，含水量为15%～25%，压实到容重为1.8g/cm^3时，实验室测得的垂直渗透系数为6.2×10^{-7}cm/s，符合部颁标准。

已有的研究虽然不多，但从研究结果来看，采用黏土替代材料作防渗层是可行的。

第三节　填埋场终场后的植被恢复

植被恢复是重建任何生物群落的第一步，它是以人工手段促进植被在短时间内得以恢复。只要不是在极端的自然条件下，植被可以在一个较长的时期内自然发生。其过程通常是：适应性物种的进入⟶土壤肥力的缓慢积累⟶结构的缓慢改善⟶毒性的缓慢下降⟶新的适应性物种的进入⟶新的环境条件变化⟶群落的进入。

植被恢复需要解决四个问题：物理条件；营养条件；土壤的毒性；合适的物种。通常一个地方只要有植被扎根的土壤，有一定的水分供应，有适宜的营养成分，没有过量的毒性，总能比较容易地恢复植被。植被恢复的主要方法有直接植被法和覆土植被法。有资料表明：对于草本植物的正常生长，需要铺60cm厚的土壤；对于木本植物，土层需厚2m以上，以防植被退化。

填埋场封场以后，就相当于一块特殊的废弃土地，有着特殊的土地性质。通常在自然和一定程度人工介入的条件下，会逐渐发生一种类似于次生生态演替的过程，其前提是有合适的植被层土壤条件、先锋植物的种子或人工播种、适宜的气候条件，并且无特殊有毒有害物质存在。

填埋场封场后的生态恢复需要经历以下步骤：最终覆盖系统形成适宜的植被层土壤条件→填埋场的稳定化→植被恢复。

在世界上许多地区，尤其是发达国家的大都市，由于人口高速增长和经济的发展，旧的填埋场址，甚至某些正在使用的填埋场址，已经被工业、商业和居住区的设施所包围。现代化城区的扩展急需开发新的闲置地段来满足其对土地日益增长的要求，因此一度作为废弃物处置场所的填埋场址也成为土地复垦开发的特殊热点。封场后的填埋场址可以用做公园、娱乐场所、自然保护区、植物园、作物种植，甚至是商用设施。在美国，上述各种开发都有成功的范例，但是每一处都有其独有的特征。

封场后的填埋场址选择什么样的开发利用方式取决于当地社区的需要和开发计划所能获得的资金。举例来说，建造一个设施有限、适于野生动物生存的公园就比高尔夫球场和多功能娱乐场所的花费要少。但是上面提及的所有终场开发计划都具有一个共同点——即它们都需要植被来实现其功能。

一、植被恢复的目标和原则

植被恢复的目标是改善填埋场封场后的环境质量和景观，加速封场单元的生态恢复和生态演替，以便通过分阶段的合理开发，创造一个新的优良生态环境，实现对填埋场及周边地区包括土地在内的所有资源的再利用。

填埋场即使在完全封场之后，还存在许多污染和不安全的因素，如渗滤液、填埋气、填埋单元地表的沉降和塌陷等，因此，填埋场封场之后的生态恢复首要的任务是维护并确保填埋单元的完整，避免其内部的垃圾和渗滤液、填埋气等降解产物对周围环境造成不利影响，并对已经发生的事故采取紧急应对措施。封场单元覆盖系统、排水系统和填埋气导排系统的施工以及覆盖层植被的恢复，首先也是为了最大限度地避免上述污染事故的发生。

在确保填埋场封场后的环境质量可以维持在一个令人满意的程度的前提之下，应从植被的恢复和规划设计着手，改善封场单元的景观质量，以利于后续阶段对填埋场封场地区土地资源的开发和利用。

总之，在填埋场封场后的恢复过程中，必须坚持的原则是：要把维护和改善景观与环境质量放在第一位，只有在环境效益令人满意的条件下，才有可能进行下一步的开发利用，并获得一定的社会效益和经济效益。

二、植被恢复中需要注意的问题

根据同济大学、上海市环卫局和上海市老港填埋场专家共同研究的结果，上海市老港填埋场在封场 3 年内种植植物的成活率极低。稳定化研究表明，老港填埋场垃圾在填埋初期的 2～3 年内处于强烈降解期，产生大量沼气，同时垃圾层中的温度也比较高，不适于植物生长。

填埋场封场并且经过降解活跃期之后，恶劣的环境条件开始有所好转，此时经历的是一个废弃地生态系统次生演替的过程，除了自然生长的野生植物之外，还可以投入一定的人力物力，通过有计划的人工种植来实现植被的恢复并使其得到改善和优化。具体的做法可分为植被层土壤的改良和人工种植，后者应根据封场后的不同时期先后采取人工或机器播撒种子和从当地的园艺基地移植苗木。

在植被恢复过程中会存在某些因素使一些植物难以适应。

① 土壤的盐碱性，而且夏季土壤可能会开始干燥泛盐，盐碱化土壤在干旱季节易造成土壤板结，使一些植物发生生理性缺水，导致生长不良甚至死亡。

② 土壤的排水性能不良，许多植物对土壤水分过多不适应，由于封场单元覆盖土的机械结构差，如果雨水导排系统不完善，就会出现遇涝排水不良，积水严重。由于老港所在地区的气候原因，每年的梅雨季节和夏秋台风季节，连日的阴雨易造成植物霉根。

③ 填埋场夏季无任何遮挡，小气候较恶劣，某些阴性树种难以适应强烈阳光直射。

④ 污染物毒性，如渗滤液、填埋气等的存在都不利于植物的生长。

三、植被恢复过程

植被恢复的过程应分为不同的阶段进行，各个阶段需要培养和占优势的植物品种也各不相同。

1. 植被恢复先期

填埋场封场后的覆盖土上，会自然生长一些野生的先锋植物，包括海三棱藨草、灰绿藜、芦苇、稗等，主要是来自随风飘落的种子和来自当地滩涂的覆盖用吹泥土中原来带有的种子、块茎等。因此，在老港填埋场地区特殊的生态环境下，即使不进行有计划的人工种植，封场后的填埋单元也会由于先锋植物的存在而自发开始缓慢的次生演替。但是为了改善和美化封场单元的景观质量，需要投入一定的人工绿化，以加速并优化生态恢复的进程。

老港填埋场多年来的园林绿化工作实践表明，一些植物可以在封场后吹泥的覆盖土上生长，达到先期的绿化效果，如草本植物细叶结缕草、葱兰、马尼拉草、本特草、马蹄金等，其中部分植物不仅能够存活，而且生长非常旺盛，和杂草相比亦有一定的竞争力，如：细叶结缕草生命力强，生长旺盛，在其整个生长季节中种植均可成活；常绿植物本特草，在冬季也会呈现一派生机勃勃地景象，而且在贫瘠的吹泥土上生长状况很好，但在夏季高温季节生长缓慢，若不及时除草，可能会被其他种类所掩盖；葱兰亦为常绿植物，由于有地下茎，一年四季均能生长很好；马尼拉草从外观上极似结缕草，其种子播撒后，能以较少的成本达到先行绿化的效果。草本植物根系发达，对土壤有一定的改善作用，并且为乔木和灌木类其他植物的生长创造条件，从而改变填埋场封场后整体的景观。

2. 植被恢复初期

某些乔灌木类植物，如龙柏、石榴、桧柏、乌桕、丝兰、夹竹桃、木槿等，对于填埋场的环境适应能力很强，在植被恢复的初期，种植这些植物不仅会使填埋场封场后的景观在原有的单一草本植物基础上得到很大改观，而且可以加速土壤的改良作用。这些乔灌木的种植，对于改善封场单元生态环境的整个小气候也有一定的作用，如通过植物的吸收和蒸腾作用截留雨水和减少渗滤液、改善群落内的小环境，为其他植物生长创造更好的条件。

3. 植被恢复的中后期和开发阶段

在植被恢复的中后期，应当结合生态规划和开发规划，按照各个不同的功能区划和绿化带设计，有计划地进行大规模园林绿化种植，其中包括各类草本、花卉、乔木、灌木等。许多有经济价值的植物都能够适应填埋场的环境，如乔木类的合欢、构树、乌桕等，但是应当避免安排种植会被人或动物直接食用从而进入食物链的植物品种。

四、限制植被生长的因素

封场后的生活垃圾填埋场限制植被生长的因素包括填埋气对植物根系有毒性、土壤含氧量低、覆盖土层薄、离子交换容量有限、营养水平低、持水能力低、土壤含水率低、土壤温度高、土壤压实过密、土壤结构差以及植被种类选择不当。

1. 填埋气对根系的毒性

封闭的填埋场中垃圾厌氧分解产生的气体主要是 CO_2 和 CH_4。尽管 CH_4 自身没有毒性，但是研究显示，高浓度的 CO_2 对植物却是有直接毒性的，其危害表现在 CO_2 能够取代 O_2，从而导致植物在厌氧环境中难以存活。CO_2 和 CH_4 在填埋气中的比例占了95%以上，H_2S、NH_3、H_2、硫醇以及乙烯占另外5%，其中 H_2S 和乙烯即使只有微量，对植物也是有毒的。

对填埋场土壤的研究表明，充满了填埋气的还原态土壤环境可能提高某些痕量元素的水平，并且有可能浓度高至对植物有毒性的水平。尽管可能存在毒性危害，尚无法证实过量的镉、铜和锌等痕量元素是否真的会伤害填埋场上种植的植物。

2. 氧气水平低

土壤中的孔隙被水分和空气交替占据。在降雨或灌溉之后，水分取代空气，占据了土壤孔隙。由于重力的作用将水分从较大的孔隙中拽出来，使空气得以进去。植物生长是否良好取决于在降雨和灌溉的间歇是否有足够的大孔隙保持空气以及是否有足够的小孔隙保持水分。因为植物根系氧气的供给依赖于土壤保持空气的能力，任何减少土壤孔隙的过程对植物生长都是有害的。重型机械对土壤的压实，尤其是对于结构很差的填埋场覆盖土的压实，使植物的生长更加困难。

3. 有机质含量低

我国大多数土壤中有机质的含量为1%～5%，而薄沙地则小于0.50%，在一般耕地耕层中有机质含量只占土壤干重的0.5%～2.5%，耕层以下更少，但它的作用却很大。土壤有机质是构成土壤肥力的重要因素之一，它和矿物质紧密地结合在一起，对土壤的物理化学性状影响很大。由于土壤有机质具有较大的阳离子吸持容量，并能螯合或络合许多重金属，所以富含有机质的土壤可以降低植物对重金属的可利用性。

土壤有机质的组成很复杂，按其分解程度大体可分为如下三大类。

（1）新鲜有机质　分解很少，仍保持原来形态的动植物残体。

（2）半分解有机质　动植物残体的半分解产物及微生物的代谢产物。

（3）腐殖质　有机物质经分解和合成而形成的腐殖质。

其中，腐殖质是指新鲜有机质经过微生物分解转化所形成的黑色胶体物质，一般占土壤有机质总量的85%～90%。腐殖质的作用主要有以下几点。

（1）养分的主要来源　腐殖质既含有氮、磷、钾、硫、钙等大量元素，还有微量元素，经微生物分解可以释放出来供作物吸收利用。

（2）增强土壤的吸水、保肥能力　腐殖质是一种有机胶体，吸水保肥能力很强，一般黏粒的吸水率为50%～60%，而腐殖质的吸水率高达400%～600%；保肥能力是黏粒的6～10倍。

（3）改良土壤物理性质　腐殖质是形成团粒结构的良好胶结剂，可以提高黏重土壤的疏松度和通气性，改变砂土的松散状态。同时，由于它的颜色较深，有利于吸收阳光，提高土壤温度。

（4）促进土壤微生物的活动　腐殖质为微生物活动提供了丰富的养分和能量，又能调节土壤酸碱反应，因而有利于微生物活动，促进土壤养分的转化。

（5）刺激作物生长发育　有机质在分解过程中产生的腐殖酸、有机酸、维生素及一些激素，对作物生育有良好的促进作用，可以增强呼吸和对养分的吸收，促进细胞分裂，从而加速根系和地上部分的生长。

4. 阳离子交换容量低

阳离子交换容量（CEC）与土壤吸附和保持营养物质的能力有关。胶体状有机物和黏土是土壤中阳离子交换位的主要来源。阳离子被吸附在土壤胶体带负电荷的表面位置，被吸附的阳离子不会从阳离子交换位上被淋洗掉，但是可以被其他阳离子交换。交换位上大量发现的阳离子有Ca^{2+}、Mg^{2+}、H^{+}、Na^{+}、K^{+}和Al^{3+}。许多必须的营养物都必须依赖于土壤的阳离子交换容量来获得。土壤的有机质含量低，就无法保持营养物并防止其从植物根部被淋洗掉。土壤中有机质含量一般在2%～5%之间。表9-3说明了土壤质地和阳离子交换容量的一般关系。

表9-3　土壤质地和阳离子交换容量的一般关系

土壤质地	阳离子交换容量(CEC)/(meq/100g干土样)	土壤质地	阳离子交换容量(CEC)/(meq/100g干土样)
砂石	1～5	黏壤土	15～30
细砂壤土	5～10	黏土	30以上
壤土和粉砂壤土	5～15		

5. 营养水平低

土壤肥力指的是土壤中可获得的植物生长所必需的营养物质水平。有16种营养物质被认为是植物生长所必需的，表9-4中列出的是植物营养素及其在空气、水和土壤中的一般形态。H、C和O来源于空气和水；N来源于空气和土壤；其余均来源于土壤。N、P和K被称为常量营养元素，可以从土壤和所施肥料中大量吸收。微量营养元素（痕量元素）是从土壤中少量吸收的；但是，尽管植物生长仅需少量此类元素，一旦缺少仍会对植物生长发育产生负面影响。

表 9-4　植物营养素及其在空气、水和土壤中的一般形态

植物营养素	离子或分子形态	植物营养素	离子或分子形态	植物营养素	离子或分子形态
碳(C)	CO_2	镁(Mg)	Mg^{2+}	锰(Mn)	Mn^{2+}
氧(O)	CO_2,OH^-,CO_3^{2-}	磷(P)	$H_2PO_4^-$,HPO_4^{2-}	锌(Zn)	Zn^{2+}
氢(H)	H_2O,H^+	硫(S)	SO_4^{2-}	铜(Cu)	Cu^{2+}
氮(N)	NH_4^+,NO_3^-,NO_2^-	氯(Cl)	Cl^-	钼(Mo)	MoO_4^{2-}
钙(Ca)	Ca^{2+}	铁(Fe)	Fe^{2+},Fe^{3+}		
钾(K)	K^+	硼(B)	H_3BO_3,$H_2BO_3^-$		

填埋场最终覆盖用土通常都来自于最稳定可靠且最廉价的途径，因此，出于经济上的考虑，填埋场覆盖土土质和营养物质含量一般都比较差。

6. 持水能力低

土壤的持水能力取决于土壤的物理性质，尤其需要着重考虑土壤的质地和压实程度。在降雨或灌溉的过程中，土壤中较大的孔隙被水充满。水分逐渐由于重力作用从土壤中渗出，于是空气取代了水在较大孔隙中的位置。水由于毛细管力被保持在较小的土壤孔隙中。含有最佳水分适合植物生长的土壤的质地必须中等，并且有理想的大小孔隙之比。重型机械对填埋场覆盖土的压实使得土壤孔隙尺寸减小，并阻止了水分的入渗和保持。

7. 土壤含水率低

土壤含水率和土壤持水能力是相关的。土壤含水率低有两个原因：压实和土壤的不连续性。压实是现代化填埋作业中必不可少的操作步骤，但是却使土壤的孔隙空间减少，从而破坏了土壤的结构。如果没有足够的孔隙空间，土壤的持水能力就会下降，径流流失也增加，于是土壤变得干旱并且会遭到侵蚀。一般来说，填埋场附近的土壤和填埋场中的土壤相比，径流流失要少，而且入渗的水分也更多。土壤的不连续性是由于填埋作用中垃圾和土壤的分层填埋造成的，从而阻碍了水分在一般土壤剖面中的垂直运动。

8. 土壤温度高

封场后填埋场的土壤温度最高有过超过 100℉（约 38℃）的报道。尽管这样的高温并不常见，但是和其他与土壤有关的问题联系在一起，过高的土壤温度会给植物的生存带来很大的压力。

9. 土壤压实过密

在填埋场的日常作业中，为了工程上的需要，每天都要用重型机械将垃圾和土壤分层压实。另外，土壤作为填埋场最终覆盖系统的一部分也要被压实。这样必然导致土壤的孔隙率和渗透率下降，水和空气无法通过土壤剖面，从而植物根系也无法得到生长所必需的空气和水分。

10. 土壤结构差

土壤结构指的是土壤颗粒的聚合情况。有机质、铁氧化物、碳酸盐黏土和硅石都可以是聚合剂。有机质是改善土壤结构、促进植物生长的最佳聚合材料。大部分由均一尺寸颗粒组成的土壤持水能力低，且有其他问题，会影响植物生长。加入堆肥之类的有机质可以形成一种适于植物生长的颗粒状土壤。大多数土壤中的有机质含量需要在2%～5%。

五、场址状况调查

在开始种植植被之前，必须了解现有的土壤状况。因此，首先需要进行现场勘查，然后测试土壤样品的性质，完成之后才可能采取必要的措施改善土壤的条件。

1. 土壤状况现场勘查

现场勘查的第一步是巡视，需要知道：现场是否有植被存在；如果有，是否健康；有没有死去的植物；如果有，是否有可辨别的已死去或濒死植物地块；通过巡视可以确定可能存在问题的区域，这些区域需要进行一般的土壤测试和填埋气检测。巡视之后，需要紧接着进行下一步勘查。垃圾厌氧分解产生的填埋气有一种腐烂的气味，覆盖土上的小面积裂缝有可能让填埋气泄漏出来，当人从填埋场上走过的时候可以闻得到气味。土壤表面受到扰动时会释放出填埋场内部的气体，这经常是填埋气向场外迁移的早起迹象。更精确的方法是使用便携式甲烷探测仪和硫化氢探测仪。现场勘查的第三步是检验土壤状况。表9-5是现场检验土壤的规则。

表9-5 现场检验土壤的规则

特征	土壤环境		特征	土壤环境	
	好氧	厌氧		好氧	厌氧
气味	舒适	腐烂味	是否易碎	良好	差
颜色	浅	深	温度	低	高
含水率	低	高			

2. 土壤测试

一旦已经采取了上述步骤确定土壤状况，就需要更彻底地调查土壤的特征。在详细分析土壤之前，封场后的填埋场不应立即进行植被重建。如果不了解现场的状况和土壤改良的需要，任何种植的企图都会造成对时间和金钱的浪费。

土壤测试应作为场址调查的一部分来进行，表9-6列出了评价土壤是否适于植物生长所需要的测试项目。根据分析结果，可以仔细设计施肥计划给植物提供营养元素。可能还需要调节土壤pH值至合适的范围。随着pH值的下降，某些痕量元素可能超过植物需要的量，从而产生毒性。高浓度的锌、铜、镁、铁、镉和铅都会给植物造成损伤。2×10^{-6}m/s以下的水力传导率是必须的，它能保持土壤中适量的水分平衡。容重在1.2～1.4t/m^3是理想的，但是不能超过1.7 t/m^3。有机质含量应在2%～5%。

表9-6 评价土壤是否适于植物生长所需要的测试项目

测试项目	单位	元素
常量营养元素	mg/g干土	N、P、K、Ca、Mg、S
微量营养元素	mg/g干土	Cl、Cu、B、Fe、Mn、Mo、Zn
pH值		
水力传导率	m/s	
容重	t/m^3	
有机质含量	mg/g干土	
阳离子交换容量(CEC)	meq/100g干土	

六、场地改善与准备

合适的植被恢复计划才能带来最佳的效果。从理论上来说，填埋场终场后的用途应该在填埋场自身的规划阶段就已经确定。因此，封场后的填埋场需要采取一系列措施来改善现场条件，为植被恢复计划的实施做准备。

在可行的情况下，应该尽量把本地的表土贮存起来，以便日后填埋场封场后最终覆盖系统的使用。尤其是需要采用本地植物将填埋场址恢复至其原有的自然生态状况时，使用本地原来的土壤将会改善封场填埋场中植物生长的不利环境，极大地提高种植的成活率。

最终覆盖系统中表土植被层的土壤应进行改良以便于植物生长，如预先混合土壤改良材料（如堆肥、陈垃圾等），覆盖土应在干的时候铺设以避免过多的压实。

七、合适植被选择

过去规划者通常很少考虑填埋场植被重建的效果，因而往往倾向于选择较为经济的解决方案，一般是大面积种植草坪。但是，随着人们逐渐开始关注将填埋场址开发为潜在的娱乐设施或者公共场所，选择合适的植被材料也显得日益重要。选择什么样的植被很大程度上要依赖于该场址的最终用途而定。如果目标是恢复当地的生态环境，那么就必须选用合适的当地植物。如果采用非当地植物来建造高尔夫球场或公园，就应当选择适合当地气候条件的种类。

1. 选择植被的导则

实际上，并不存在一个选择植物品种用于填埋场植被重建的通则，因为每个地区的环境条件都不一样，适合生长的植物品种也不一样。因此，必须选择适于填埋场所在地区的植物品种，尤其是因为填埋场本身就是一个不利于植物生长的环境。另外需要注意的是，在生态恢复的过程中，必须保证植被及其种子的来源。为了保存本地的种子库，需要采集邻近地区的植物种子和枝条扦插来种植。

2. 本地与非本地植物对比

从长期来看，将封场后的填埋场址恢复至本地的生态水平通常是花费最小的方案，并且可以提供城市地区最需要的户外空地和绿化带。如果目标是生态恢复，那么使用本地植物就是必要的。地区性植物指的是那些自然生长在某个地理区域里的植物。某些植物可能是地区性的，就是说它们的分布局限在某个特定的地理区域。地区性植物通常包括许多稀有的和濒临灭绝的品种。地区性植物是最适合当地地理环境的品种。

非本地植物也可以用于填埋场封场后的植被重建。在非常相似的气候条件下生长的植物是最适合的。例如，桉树原产于澳大利亚，但在美国的加州也广泛种植。加州和澳大利亚都有地中海气候，这两个地区的植物是非常容易互换的。

3. 选择木本植物需要考虑的因素

在选择木本植物用于填埋场植被重建的时候，需要考虑生长速率、树的大小、根的深度、耐涝能力、菌根真菌和抗病能力等因素。

① 生长较慢的树种比生长迅速的树种更容易适应填埋场的环境，因为它们需要的水分较少，这在填埋场覆盖土中一般是一个限制性因素。

② 个头较小的树（高度在1m以下）能够在近地面的地方扎根生长，这样就避免了和较深的土壤层中填埋气的接触。但是，浅根树种需要更频繁的浇灌。

③ 具有天生浅根系的树种更能适应填埋场的环境。同样，浅根的树种需要更频繁的浇灌，并且易被风吹倒。

④ 在充满填埋气或者淹水的情况下，土壤中除了含水率之外，其他的变化都比较类似。耐涝的植物比不耐涝的植物对填埋场表现出更强的适应性，但如果栽种它们的话，就需要适当的灌溉。

⑤ 菌根真菌和植物根系存在一种共生的关系，可以使植物摄取到更多的营养物。

⑥ 易受病虫害攻击的植物不应当栽种在封场后的填埋场上。

4. 种植草坪用于填埋场植被重建

除了木本植物之外，填埋场植被重建也需要种植草坪。和其他植物一样，草本植物也会受到土壤贫瘠和填埋气的影响，但是它们比木本植物更容易种植。不管是本地的还是非本地的，草的根系都是纤维状的并且很浅，从而使其比木本植物更容易在填埋场环境中存活下来。某些草本植物是一年生的，这意味着它们在一年或者更短的时间内就完成了生命周期。因此，一年生的草本植物在一年中最适宜的时期生长并播种。例如，在美国西部的干旱地区，一年生的草本植物在雨季最占优势。而在美国的东部，一年生草本植物则在温暖的季节生长。如果需要，一年生的草本植物很容易再次播种。多年生草本植物存活时间在一年以上，但是它们的许多其他特征和一年生草本植物是类似的。根系类型、生命周期、快速繁殖等特征使得草本植物在不利的填埋场环境下更容易生长。

5. 植被恢复规划设计需要考虑的问题

填埋场封场后用途的确定应该是填埋场整体设计的一部分。除非封场后的填埋场将建为高尔夫球场或其他密集型用途，设计者应尽力将封场后的填埋场和周围的自然环境融为一体。这就需要种植本地的植物。因此，需要进一步深入研究植物对填埋场环境的适应性，以及有助于克服填埋场不利环境的园艺技术。到目前为止，真正仔细进行过检验和研究的植物种类还非常有限。尽管每个地区的环境条件都不同，研究工作都应从确认本地植物的适应性和开发填埋场环境下的特殊园艺技术着手。

为了成功地设计和执行填埋场植被重建计划，需要工程人员、规划人员、景观设计人员、土壤科学家、植物学家以及园艺师等不同领域的专业人员共同合作。终场利用的设计目标包括填埋场表面的稳定化和减少侵蚀、确定特殊的终场后用途、场址的景观恢复、土壤肥力的改良、选择合适的植被材料以及植被栽种和维护的管理等内容。

填埋场植被重建的步骤应当包括：a. 项目协调；b. 鉴别植物种类和来源；c. 现场巡查；d. 土壤特性鉴定；e. 场地准备；f. 土壤改良；g. 种植；h. 监测。

八、填埋场植被恢复的研究进展

在填埋场的植被恢复方面，国内外已经有许多学者和工程人员作了积极的尝试。

美国圣地亚哥的Miramar填埋场在当地环境服务部门的帮助下，使用高质量的堆肥和填埋场育苗基地培育的本地植物品种，在其150英亩的封场区域进行了大规模的植被恢复，使封场区域由干裂贫瘠的不毛之地，重建为与作填埋场使用前类似的开放绿地。植被恢复的首要任务是创建肥沃的土壤以利于植被生长，当地环境服务部门利用新鲜垃圾中的厨余物、园艺废物等可堆肥物质通过高温好氧状态下的高效堆肥处理，既可以杀死野草种子和病原微生物，又可以生产出高营养的堆肥产品。并且此举可一举两得，一方面减少了需要填埋的垃圾量，另一方面堆肥产品可以用于育苗基地和封场区域植被恢复中的土壤改良。当地环境部门在填埋场地区建造了专门的育苗基地，其温室配有自动增湿器和与通风控制相连的温度控制装置，以保证内部具有合适的温度。培育的植物包括加州山艾树、鹿草、漆树等。Miramar填埋场占地1430英亩，未封场部分将于2011年使用完毕。填埋场的植被恢复是填埋场环境保护最后阶段的责任，最终将重建封场后的填埋场地区整体的自然环境。

上海市废弃物处置公司的周乃杰等以上海老港垃圾填埋场建立的植被生态系统为例展开调研，比较了各种作物生长情况和植被与未植被土壤的理化性质，证明了植被能改善填埋场的土壤生态环境；吸收垃圾中大量的有害元素，对污染物起到降解和削减作用；并能减轻周边地区的大气污染程度，使填埋场的环境质量及其景观均有所改善。

中国环境科学研究院的高吉喜、沈英娃等和青岛市环境保护科学研究所的郭婉如等以青岛市湖岛垃圾填埋场为试验基地，对垃圾填埋场植树造林问题进行了实地研究，探讨了城市垃圾填埋场上植树造林的方法、适宜树种的筛选以及影响树木成活和生长发育的主要因素。研究结果表明，垃圾中有机质发酵所产生的甲烷气体是抑制树木成活和生长的关键因素，覆土层除为树木提供支持和生存环境之外，还能阻挡甲烷气体的逸出，土层越厚，越有利于树木的成活和生长，在填埋年龄较短的场地上必须采取覆盖至少60cm的土层阻断沼气等措施才能使植物生长；试验用的十几个品种的植物也得到了筛选，其中枸杞、苦楝、紫穗槐、刺槐、白蜡树、女贞、金银木、臭椿、龙柏等木本植物和苜蓿、画眉草、牛筋草、知风草等草本植物被证明是对沼气的耐性较强，适宜在填埋场上种植的植物。高英吉等还用盆栽法研究了垃圾土种植不同植物的效果及其生态毒性。研究结果表明，垃圾堆上栽种各种植物均可成活，但由于作物和牧草可食部分的重金属含量超标，因此垃圾堆上可直接种植草坪和观赏花卉等，而不宜直接种植粮食作物和牧草。

第十章 填埋场现场运行管理

第一节 填埋场设备管理

根据填埋场的工况条件、环境因素和管理部门的现有条件，依据国家有关部门的法规和政策，并通过自身的日常工作，采取科学的方法，利用先进的设施、技术，对其主要因素进行规范化、制度化、标准化的有效管理，使得各种设备能充分发挥其积极作用，服务于卫生填埋事业的发展，这是设备管理的目标。

一、设备管理的任务和职责

设备管理的主要任务就是对设备和设备操作人员进行有效的管理。设备是生产力的构成因素，管好、用好、维护好设备是保证填埋场日常运行的重要条件。依据有关部门法规政策、标准，运用目标管理、岗位责任制度和科学管理的方法，对新设备进行检验、登记、调配，对使用设备的维护、保养、改造、更新做出计划，并对保修单位进行监督、指导、控制，做到合理装备、择优选购、正确使用、精心维护、科学检修、适时更新，以保证设备经常处于良好的工作状态，保持特有的工作能力和精度，并充分发挥其生产效率，确保安全和生产任务的完成，延长其使用寿命，这是设备管理的根本任务。

对操作人员的管理，主要是配合劳资部门和安全部门进行上岗培训、技能培训，安全作业、规范操作，教育和达标考核。设备管理部门在这里主要起督促、指导、协作的作用。但是，通过深化改革，建立设备管理激励机制和各类人员的自我约束机制，通过加强思想政治工作和运用岗位责任制度、岗位竞争机制，增强全体人员的事业心和责任心，也是搞好设备管理工作的重要内容。

设备管理体系可以有多种形式，但任何一种组织机构的设置都以能高效地进行工作为其主要目的。

要充分发挥设备管理的组织作用，积极正常地开展设备管理，必须坚持“以预防为主，维护保养与计划检修并重”的原则，实行“制造与使用相结合”“技术管理和经济管理相结合”“修理、改造和更新相结合”“专业管理与群众管理相结合”。切实把专业管理和维修部门的组织机构和力量配备健全，同时实行全员管理，把群众体系建立健全，充分发挥群管作用。

设备管理机构的设置，应根据现代化、社会化、大生产的要求。对于填埋场来讲，必须有利于建立和健全以场长为首的统一的设备管理指挥系统，在场长的统一领导下，各生产部门有领导专人分管设备管理工作，班组有兼职管理员，实行分级管理，设备管理从上到下形成网络，使设备管理工作在组织上得到保证。填埋场设备管理组织框架结构见图 10-1。

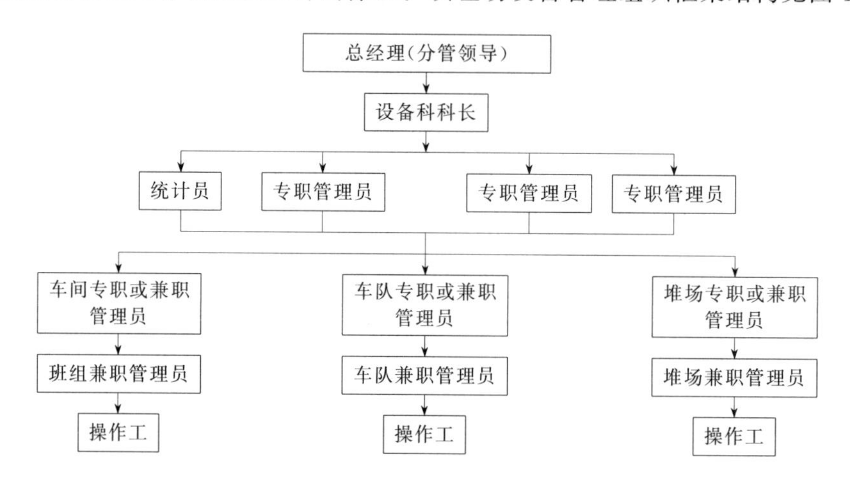

图 10-1 填埋场设备管理组织框架结构

目前国内填埋场设备管理一般在分管领导下开展，下设设备管理职能科室，统一归口设备的日常管理。设备管理部门应与技术、生产等部门一样着眼于填埋场的管理目标——以最少输入获得最多的输出，以最小的消耗获得最大的经济效益，制定出相适应的长期计划、中期计划和短期计划。其主要职责包括：完善设备管理体系，健全设备管理责任制，并明确在设备管理中各层次承担的责任目标；负责制定本单位设备发展规划，编制年度设备更新改造和大中修计划，并报上级主管部门和分管领导；负责设备的前期管理、后期管理、资产管理、档案管理、安全及事故管理、备件管理、经济指标统计的实施、检查和考核工作；组织落实设备管理人员的专业技术培训，提高管理人员的业务水平；配合劳资部门组织对各类设备操作人员进行定期或不定期的培训工作和考核工作；按规定进行各类设备统计、报表和分析工作，为领导决策和提高经济效益提供可靠依据。

设备科内的管理人员可按类分设专职的设备管理员，如可分车辆设备、机电设备、工程机械等设备的管理员（其职责由科长另定）。各生产作业单位自上而下设专职和兼职的设备管理员，检查督促对设备的管理、保养，及时反馈设备运行信息，采取适当措施，保证生产的正常进行。

部门专职或兼职设备管理员的主要职责包括：认真学习设备管理知识，正确贯彻执行有关设备的管理规定及各项规章制度，负责本部门设备的管理；建立台账、统计记录各类仪器设备的技术状况和维修情况、运行情况，做到账物相符，资料齐全；检查督促各岗位对设备的管理、保养、使用等情况，以保证各类生产设备、器材的技术状况良好，如发现设备故障，有权制止运行，并及时向上级领导和设备科汇报，组织有关维修人员抢修。

二、设备的配置原则

设备管理分为前期管理和后期管理两部分，总称设备全过程管理。设备的前期管理是指设备转入固定资产前的规划、设计、制造、购置、安装、调试等过程的管理，设备的配置就是设备的前期管理，是设备全过程管理的重要部分。设备的后期管理是指设备投入生产后的使用、维护、改造、更新、租赁、出售、报废处置的管理，也是设备全过程管理的重要组成部分。设备部门要参与前期管理中各个阶段的管理工作和制定各个阶段的工作计划，包括：设备规划方案的调研、可行性研究和决策；设备供货的调查、情报收集、整理分析；设备投资计划编制、费用预算及实施程序；设备采购、订货合同及运输管理；设备安装、调试及使用初期的效果分析、评价和信息反馈等工作。设备前期管理工作程序见图 10-2。

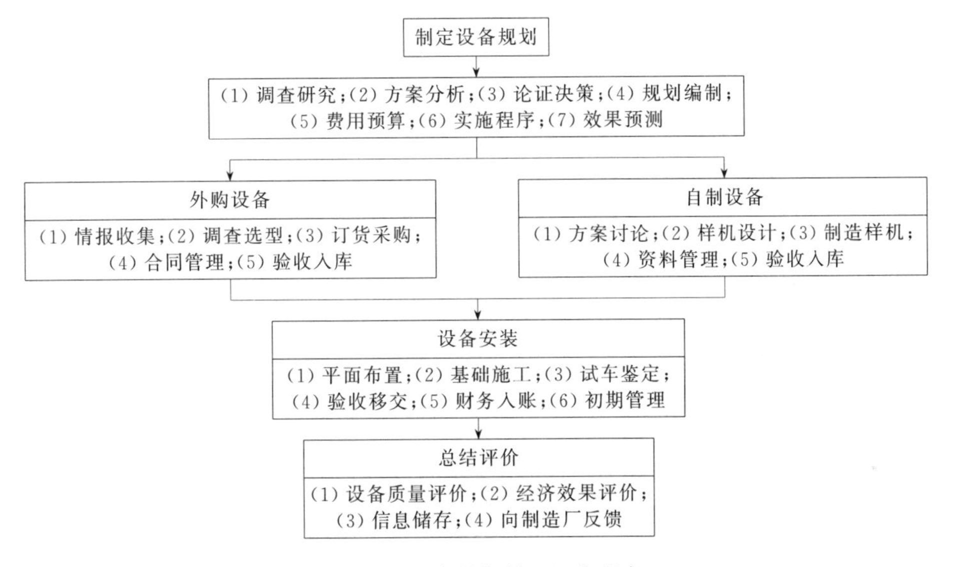

图 10-2　设备前期管理工作程序

在前期管理各个阶段的操作中，结合填埋场的实际情况，还应注意设备规划应围绕填埋场的发展目标，并考虑市场状况、生产的发展、节能、安全、环保等方面的需要，通过调查研究，技术经济分析，结合现有设备能力、资金来源、综合平衡，制定填埋场的短期和中长期设备规划。

设备选型的基本原则是生产适用，技术先进，使用安全，经济明显，质量可靠，维修便利，售后服务有保证。在签订大型、高精度、特殊或高价设备的购销合同时，应提出对生产厂家进行现场安装调试的监督、验收、试车和生产厂家对售后技术服务的承诺条款。

设备进场后，由设备科负责组织有关部门进行开箱验收，办理有关手续。设备的安装由设备科组织人员进行或安排有关部门进行。如本单位无能力安装调试，应聘请专业人员进行指导、安装和调试工作；设备安装调试完成后，应组织场内验收，并做好验收记录（重大设备请上级部门派员参加）。设备在使用初期，应仔细观察记录其运转情况、加工精度和生产效率，做好早期故障管理，并将原始记录整理归档。

目前，国内在填埋场专用设备的研究开发上尚处于起步阶段，大部分填埋场是以针对土方工程设计的机械设备来装备，要使这些设备在比土方工程更为恶劣的生活垃圾处置环境中正常运作，就必须重视这些设备的前期管理。在具体配置的过程中，要重视把好选型和购置关，择优录用，防止盲目性。对既成事实的定型产品要侧重可靠性（适用、安全）、经济性（成本低、维修费用低）和易修性（容易迅速查出故障部位及原因，备件容易、技术简单、停修时间短）。以现代化机械作为劳动工具，是现代化填埋场的重要特征，机械设备的质量、性能、效率和使用中故障情况对填埋场的正常运作有着巨大的影响。采用什么样的机械设备装备填埋场，这是一个装备政策问题，不能盲目追新图样，要提倡现实主义和实用技术。

由于一些设备在用于垃圾填埋中往往是多功能的，一种设备可以有多种功能，故这里以设备为序对国内填埋场中常用的、重要的大型填埋机械进行介绍，以供参考。为了使填埋场的日常操作规范化、标准化，填埋场应该配备完整的填埋机械设备。表10-1列出了一般垃圾卫生填埋场主要大型机械设备的配置要求。

表10-1 一般垃圾卫生填埋场主要大型机械设备的配置要求

规模/(t/d)	推土机	压实机	挖掘机	铲运机	备 注
≤200	1台	1台	1台	1台	实际使用设备数量
200～500	2台	1台	1台	1台	
500～1200	2～4台	1～2台	1台	1～2台	
≥1200	5台	2台	2台	3台	

注：按2～2.5t/ps（ps代表台班）配置推土机、按2.8t/ps配置压实机，按8.8t/ps配置挖掘机，按11t/ps配置装载机，以上机械不足1台的配1台。

三、设备的使用与管理

设备使用和管理对设备的技术状态和使用寿命有极大的影响。以往只提“设备管理为生产服务”，生产工人只顾使用设备，设备部门局限于修修补补，应付工艺的需要，然而在气候条件恶劣而生产任务又繁重的时节，设备部门便难以保证生产所需的设备数量和质量。为了不影响生产，只能组织加班加点的抢修，结果设备越修越差，常常处于被动挨打的地位。因此，管理部门要强调对设备管理的同时，对职工进行正确使用和精心保养、爱护设备的思想教育和培训，使操作人员养成自觉爱护设备的习惯和风气，熟悉本设备的结构、性能、传动系统、润滑部位以及电气等基本知识，具有较高的操作技术和保养水平。

1. 坚持岗位责任制

实行定人、定机，凭操作证使用设备，严格贯彻执行有关的设备岗位责任制是做到合理使用、正确操作，及时维护保养设备的有效措施。设备使用人员应该做到上班前认真检查。按规定润滑，试运转后方可正式开车，下班后彻底清扫，认真扫拭，物件摆放整齐、切断电源后方可离开。工作时要精神集中，设备运转时不能擅离工作岗位。对设备状态要认真记录并即时汇报，多班制作业和公用设备要坚持执行交接班制度，交接内容包括：生产任务、质量要求、设备状态和工卡量具等。对共同操作的设备，由班组长负责组织实施。

操作工人必须经过考试合格，发给操作证后方可允许独立使用设备。每考试合格一种设备就在操作证上做出一种相应的标记。对重点设备更应从严掌握，对其中的精密、大型设备的操作工要进行专门考试，并经管理部门审批后方能使用。

在各种设备的附近，特别是精密、大型设备的旁边应挂有操作规程。对那些一旦发生故障就有可能造成人身事故和重大损失危险的设备更应有明显的标记，不断提醒人们要严格遵守安全技术规程。

除上述要求外，操作工人应当做到“三好”“四会”。“三好”就是管理好、使用好、保养好。“四会”就是会使用、会保养、会检查、会排除故障。

2. 文明生产

文明生产所包括的内容很多。从设备角度看，应该保持设备工作环境的整洁和正常的工作秩序，根据设备的不同要求和地区的差异，采取必要的防护、保安、防潮、防腐、保暖、降温、防尘、防晒、防震等措施，配合必要的测量、控制和保险用的仪器、仪表等。

为确保工作环境整洁，就要建立健全清扫制度，配备必要的除尘设备。同时还要不断改善采光和通风条件，消除噪声和污染等因素，为工人和设备提供一个优良的工作场所。

3. 现场管理

设备现场管理是设备管理的一项重要工作，是目标与效果是否一致的重要体现，是使各类设备经常处在良好的技术状况下参加运行，从技术上确保安全生产的必要措施。因此，设备管理人员必须经常深入现场，抓好设备现场管理工作，加强对设备保养和使用的监督，以保证各类设备经常处于良好的技术状况中。主要内容是检查出勤的设备是否符合参加作业的条件，并制止不符合条件的机械出勤；设备机貌清洁，无油污，无积灰，防护装置齐全，设备场地整洁有序，设备性能、操作规程、定机定人牌、设备编号清晰，各类人员持证上岗，安全标志、各种消防设施齐全；检查一级保养是否按期执行，制止已到达保养期的设备不执行保养作业仍继续出勤的现象。

抽查例行保养和一级保养是否按作业范围和规范进行，以及质量检验制度的执行情况，制止例行保养和一级保养草率从事的现象；检查交接班工作，并纠正不按制度进行交接班的现象；检查“运行日志”填写情况，督促操作工认真填写；检查操作工作业时，是否遵照安全操作规程和操作技术规范操作设备。

监督检查工作必须有计划地进行，除了不定期抽查之外，还要制订出每周的检查计划，使每一台设备每周被检不少于一次。设备管理员在履行监督检查职责时，必须认真负责、做好执行记录，对不符合制度规定的行为和现象有权制止。每周应作出设备运行情况的书面报告向领导汇报（或口头汇报）。

4. 设备的分类管理

根据填埋场作业性质和要求，确定设备在作业中起的作用，按各类设备的重要性，对作业的成本、质量、安全维修性诸方面的影响程度与造成损坏的大小，将设备划分为A、B、C三类，实施分类管理。

A类设备是本单位的重点设备，一般占作业设备的10%左右，是重点管理和维修的对象。A类设备的选定根据下述情况：a. 关键工序的单一设备；b. 负荷高的作业专用设备；c. 故障停机对作业影响大的设备；d. 台时价高或购置价格高的设备；e. 无代用的设备；f. 对作业人员的安全及环境污染影响程度大的设备；g. 质量关键工序无代用的设备；h. 修理复杂程度高，备件供应困难的设备。

B类设备是主要作业设备，一般占设备管理的75%左右，是加强管理与计划维修的设备。

C类设备是一般作业设备，一般占设备管理的15%左右，是事后修理的设备。

5. 设备的技术管理

技术管理是设备管理的重要内容，包括主要作业设备的操作、使用、维护、检修规程，主要作业设备验收、完好、保养、检修的技术标准，主要作业设备的检修工时、资金、能源消耗定额。

6. 设备的报废

固定资产生产设备，符合下列情况之一的可申请报废。

① 磨损严重，基础件已损坏，进行大修已不能达到使用和安全规定要求的；

② 大修虽能恢复精度和原技术性能，但修理费用要超过同类型号设备现价的50%以上；

③ 技术性能落后、能耗高、效率低、无改造价值的；

④ 属淘汰机型或非标产品，无配件供应来源，无法修理使用的；

⑤ 国家规定的淘汰产品；

⑥ 无法或不可预料的设备损坏情况的。

设备报废由使用部门提出申请，设备管理部门根据设备的履历情况必须进行经济分析和技术鉴定，确定符合报废条件后，填写报废单，审批后执行。设备在报废手续未办妥之前，不可擅自乱拆，应该保持机件的完整。

报废设备处理或支援外系统单位时，应经设备管理部门审批同意后才能处理，其收入一律交财务部门统一管理。

7. 设备对外调拨

由设备部门会同财务部门对设备进行议价，经审批后，根据签发的固定资产调拨单，财务部门办理调拨付款后，方能调出单位。设备调拨时，应保持技术状态良好，附件及单机档案应移交给调入单位。

8. 本单位的主要生产设备搬迁

使用部门向设备管理部门提出申请，经审批并经设备部门备案后，方能搬迁设备。搬迁时应有专人负责，防止发生事故或损坏机件，并做好安装、调试、验收工作，经调试、验收合格后方能使用。

9. 设备封存

对闲置设备（1个月以上）使用班组必须提出封存申请，设备管理部门办理手续。封存前应该做好清洁、润滑、防腐蚀工作，封存其间应有专人负责管理，启封时应经设备管理部门批准，并办理移交手续。对较长时间封存的设备，启封必须经过检查、调试、验收合格后，才能移交使用。

10. 设备外借

设备外借由客户凭介绍信向设备管理部门提出申请，由设备部门办理手续，经批准并向财务部门预交押金后，方能借出；归还时，由设备部门验收借用单，对设备进行技术鉴定，财务部门根据设备部门意见结算租用费和非正常损坏费用后才能接收。向外单位租借设备，必须经有关人员批准，由设备部门办理租借手续。

四、维修和保养

各种设备在正常使用中，有些零件或部件要相互摩擦和啮合，必然要产生磨损和疲劳，有些零部件因长期接触某种特殊气体或液体，要发生变形或腐蚀，机器设备这种客观的变化属于物理老化，称为有形损耗。相应地，无形损耗是指设备的技术老化，需要由改造或更新来解决。当有形损耗达到一定程度后，就要影响设备的工作性能、精度和生产效率。为确保设备经常处于良好的工作状态，应有的工作能力和精度，充分发挥工作效率，延长其使用寿命，应充分重视和做好日常维护保养和计划修理两项工作。

为做好这两项工作，必须贯彻“预防为主，养为基础，养修结合”的方针，克服对设备“重使用，轻保养”“不坏不修”“以修代保”“以保代修”等现象，充分发挥设备操作者与专业维修人员两方面的积极性，执行强制保养和计划修理的原则，将设备的管理、使用、维修和更新改造有机地结合起来。贯彻“预防为主”的方针，就是加强设备的日常维护和保养工作，减少磨损，“防患于未然”。“养为基础”是贯穿预防为主的重要措施之一，其中检查是搞好日常保养和维修的关键，只有把检查工作认真抓好，才能及早发现问题，杜绝设备事故，杜绝因临时故障而影响正常生产的现象。“养修结合”有利于把操作工人与专业维修人员联系起来，把生产与维修的矛盾统一起来，体现了维修与生产一致的精神。

1. 维护保养的种类和内容

严格执行以预防为主的强制保养制度，可以保证机械设备经常处于良好技术状况，机械设备在使用中减少临时故障，防止机损事故的发生，保证安全生产，使设备运转过程中燃润料消耗及零部件磨耗至最低浪费，延长修理间隔期及使用寿命。

计划预防保养制度的内容包括各种机械设备的保养级别，间隔期和停车日的规定；各级保养作业范围；各级保养工时与费用定额。

由于各种机械复杂程度不同，各种组合件、零件的工作性质不同，需要进行清洗、紧固、润滑、调整的周期有长有短，因此保养工作必须合理地分级进行，现分四级保养制和三级保养制两种，各单位根据不同情况可以合理安排。四级保养制是例行保养、一级保养、二级保养和三级保养。三级保养制是例行保养、一级保养和三级保养。

（1）例行保养　由操作工或指定人员负责。主要是维护机械的整洁，确保在每次工作中的正常运转和安全，其作业内容包括：作业前交接班和作业中的检视，作业后的打扫、清洁、充气、补给、消除工作中发现的一般故障和缺陷。作业重点在于整洁和检查。

（2）一级保养　属计划性维护保养，由操作工或指定人员负责。主要是维护机械的完好技术状况，确保一个一级保养间隔期内正常运行，其主要内容除执行例行保养作业项目外，还需进行各部结构的检查和必要的紧固、润滑及消除所发现的故障。作业重点在于紧固和润滑。

（3）二级保养　二级保养是计划性维护保养工作，以专职维修工为主。主要是保持机械各个组成、机构、零件具有良好的工作性能，确保一个二保间隔期内的正常运行，其主要内容除执行一级保养作业项目外，还需比较全面地检查各个连接螺栓、螺帽的紧固情况。调整部分组合件的间隙及消除所发现的故障，作业重点在于检验和调整。

(4) 三级保养　三级保养是计划性维护保养工作，以专职维修工为主。主要在于巩固和保持各个组成、组合件正常运行性能，延长大、中修间隔期，并从内部发现和消除机件的隐患及故障，其主要内容除执行二级保养作业项目外，还需更深入的清洗，并按需要拆检部分组成和组合件的工作情况，进行必要的调整或校合。作业重点在于拆检和校合。

2. 维修的种类和内容

虽然执行了强制性保养计划，操作工人也严格遵守了操作规程，但不可能防止设备的正常磨损。因此，还要根据设备的正常磨损规律和实际使用情况，采取不同的积极预防性的组织措施和技术措施，有计划地修理和消除设备的不良状态和隐患，减少停歇，保持和延长其使用寿命，并逐步掌握机械的损坏规律，主动支配机械适时地进行修理，充分发挥设备的使用效能。

计划修理制度的内容有：a. 各种机械的修理级别、间隔期和停车日的规定；b. 各级修理的作业范围；c. 各级修理工时与费用定额；d. 确定提前或延期进行计划修理的技术鉴定；e. 机械的送修技术装备及交接手续；f. 机械修竣完工的验收；g. 机械修竣完工后的保证。

当然，修理计划的制订，不同地方，针对不同设备可不尽相同，分类方法和工作内容也可能相差很大，这里着重介绍小修和大修。

(1) 小修　属维持性修理，要求对设备进行全面性的检查，清洗和调整、拆卸部分要检修的部分，修复与更换已磨损的易损件和不能正常使用到下次修理的各种零部件，修理局部几何精度，消除缺陷和隐患，确保使用到下次修理。

小修的目的主要是维持设备的完好标准，延长大修周期和使用寿命，并为下次计划修理的技术准备提供资料。

(2) 大修　属于恢复性修理，是工作量最大的一种计划修理，通过大修，恢复设备的动力性能、经济性能和机件紧固性能，以保证设备的完好和技术状况，延长设备的使用寿命。大修要求全部拆卸、解体、清洗、修理基准零件，更换和修复全部磨损零件和部件，按计划要求做必要的改造。根据设备实际状态和生产特点，确定是恢复到原有精度、性能和生产效率，还是达到工艺要求。

由于设备大修维修费用大，技术要求高，修理周期长，为保证大修的质量，提高经济效益，设备大修必须符合本设备大修的规定，主要依据是使用年限、规定的大修间隔里程（或装载吨位）及技术鉴定和使用情况。同时设备大修必须经过严格的技术鉴定，防止提前送修，扩大修理类别造成浪费。

设备大修要有责任制度，严把修理质量关。按照技术规范要求，加强零件的检验工作，对一些主要零件及组成应采取完善的修理工艺，或根据需要更换新件，不得勉强凑合使用。大修后将主要修理情况记录在案，建立修理档案，作为设备大修考核依据。

(3) 设备管理部门对维修保养的管理　要建立使用、维修管理网络，明确各部门间的使用、维护、检修的职责。加强对各类机修人员的培训，提高他们的技术水平和实际工作能力，同时搞好机修设备的管理、使用、添置，不断提高加工水平和机修能力，逐步实行“工艺科学化、操作机械化、质量标准化、检验仪器化”，保证设备检修任务的完成。修理部门的工作任务由设备管理部门制订计划。设备部门在抓好计划维修的同时，有责任检查、督促修理部门认真抓好全面质量管理，抓好修旧利废和节约工作。

设备维修应该全面推行定额管理，实行质量责任制度，机修人员做到及时、优质、安全地完成各项检修任务。设备部门对安全生产影响特别明显的设备，在计划检修的同时，必须实行点检、巡检，并实行操作证制度。修理部门应做好登记统计工作，并及时向设备管理部门反馈记录的情况，以便设备部门搞好设备的履历填写工作。

本单位无能力维修保养的设备，由设备部门负责联系外修单位，并签订合同。设备外修结束后，由设备部门进行验收，办理移交使用手续。

3. 备件管理

备件管理直接影响设备维修保养工作的顺利进行，是设备管理工作的重要组成部分。正确组织设备的备件筹措、供应、储备、管理和回收利用工作。根据维修工作需要，经过分析、预测，建立合理的储备定额，防止备件积压和待料。配件采购坚持以零配件为主的原则，与采购计划一致，与实际需要一致，严格把好质量关。

仓库管理要达到“二有”“三化”“三相符”“统一编号定位”。“二有”即岗位有责任、储备有定额；“三化”即仓库环境整洁化、材料堆放系统化、材料发放制度化；“三相符”即账、卡、物三相符；“统一编号定位”即统一规定编号、标记明显、签牌齐全，对号入座，有条不紊。

要有领料审批制度，单机（台）器材消耗登记统计制度。搞好以旧换新和修旧利废工作，节约维修经费。

4. 设备事故和处理

每一个有关人员都应该注意设备安全工作，防止重大事故和特大事故的发生，控制一般事故发生的频率。

（1）事故范围　凡各类设备（部件或零件）在运行、保养、修理和停放过程中，遭受非正常的损坏，或虽未损坏，但有恶性隐患者，均为设备机损事故（简称设备事故）。

（2）事故分类　设备事故分为重大事故、大事故和一般事故三类。

① 重大事故：指直接损失价值在20000元以上的事故。

② 大事故：指直接损失价值在5000～20000元的事故。

③ 一般事故：指直接损失价值在5000元以下的事故。

直接损失价值指设备损坏后修复至原状态所需的工、料费用。

（3）事故报告　为了使有关部门及时了解设备事故情况，及时研究、分析、处理和提出预防措施，事故发生后当事人要立即报告现场负责人，负责人应亲自到事故现场观察和检查。

① 重大事故：除特殊情况外（如救人救火）必须保留现场情况，现场负责人需立即报告设备管理部门、安全保卫部门，设备管理部门按规定立即上报上级领导和管理部门。

② 大事故：现场负责人应立即通知设备部门和安全部门，并按规定上报管理部门。

③ 一般事故：现场负责人应作出事故记录，填写设备事故单，并向设备管理部门报告。

（4）事故处理　事故处理必须严肃、认真、及时，并填写有关设备事故报告。一般事故，按上级有关部门规定处理或单位内负责处理，通知有关部门执行。大事故或重大事故，按上级有关部门规定执行，单位设备部门和安全保卫部门配合上级部门召集有关部门参加事故处理会议，研究分析事故发生的原因，提出有效措施，做出损坏设备修复的安排，以及事故责任者的处理等意见，并报上级机关批准后交付执行。

（5）事故责任的划分　操作工和保、修技工应对下列原因所造成的机损事故负责：a. 不遵守安全操作规程和操作技术规范所造成的机损事故；b. 不按规定进行保养、修理作业所造成的机损事故；c. 玩忽职守所造成的机损事故。

有关人员应对下列原因所造成的机损事故负责：a. 设备未经验收或未决定投产，因擅自使用而造成的机损事故，由批准人或指挥者负责；b. 对设备做出错误的技术鉴定而引起的机损事故，由鉴定人负责；c. 因保、修技术检验不严所引起的机损事故，由鉴定人负责；d. 因调度使用机械不当而造成的机损事故，由决定调度者负责；e. 指派无本机种操作执照的人员操作设备而造成的机损事故，由指派人负责；f. 不按专人专机制规定擅自指派司机操作机械而引起的机损事故，由指派人负责。

五、设备技术资料管理

设备技术资料管理是直接为设备管理的组织和实施服务的，这项工作的好坏直接关系到设备管理的成败优劣。因此，对这一工作应有较高的要求。

1. 加强技术资料管理的主要目的

技术资料管理的主要目的是掌握设备的技术性能、技术状况和生产效能，为机械填埋作业发展和选型工作提供依据，从而采取正确措施，提高设备的作业效率；积累各级保修工作的原始技术资料，探讨在各种运行条件下的机械磨损规律，合理改进保、修级别和保、修作业范围，并为正确编制修理计划创造条件；搜集和整理各种设备的技术文件、数据、图纸，为改进运行工作和保修工作提供参考资料；积累各种作业设备年、季、月度的技术经济定额，指标完成情况，以利改进技术管理工作。

2. 技术资料管理工作的分工和要求

设备管理部门对所有技术资料（不包括单机的技术经济定额、指标）均负责汇总、积累、整理、统计、分析和保管。

生产作业部门和修理车间对本部门设备单机技术资料及综合性的技术资料均负责汇总、积累、整理、统计、分析和保管，并将汇总整理后的技术资料按规定上报。各种技术文件图纸应按设备类别、机型分别汇集成套；设备管理部门应按期将各种技术文件材料按规定的归档范围和手续递交档案部门保管（仍在继续收集积累和整理的未完成的技术档案由经办单位保管）。

从档案部门借出应用与参考的技术档案和资料应由借用人保管。技术资料必须按照保密制度进行保管，调阅或借用时应办理一定的手续。各类设备的技术性能、修理的保养记录、技术改进、技术状况分类记录等技术资料，由设备管理部门和各生产作业部门修理车间的专职或兼职管理人员负责收集、整理、审阅和提供，并分析各种技术经济定额、指标和完成情况，提交专职（兼职）资料员汇集和保管。

3. 档案资料管理

主要生产设备必须建立单机档案，由设备部门专人管理。档案内容应完整、准确齐全，增减变动应及时。档案应完好无损，要注意防火、防盗、防潮、防露、防蛀，防污损变质。档案的借阅、异动及改动应遵循规定的制度，并要注意某些档案及资料的机密性。

档案资料的主要内容有：a. 原机技术文件，使用、保养、修理说明书，零件目录、图纸、出厂合格证；b. 设备改装的批准文件，图纸和技术鉴定记录；c. 设备随机配件、工具、附属装置登记表；d. 设备保养、修理记录；e. 设备运转、技术检查记录；f. 设备事故记录；g. 红旗设备评比及其他竞赛的记录。

4. 统计资料管理

统计资料是设备管理资料的原始记录，是了解情况、决定政策、指导和改进工作最实际的依据，是科学管理的重要条件，因此应该准确、完整地做好登记统计工作。

统计资料的管理要求统计、分析必须符合科学，内容要精确，按时完成，按时上报。分析推理必须依据客观事实，符合逻辑，不能凭空杜撰，底册要按规定形成档案，并妥善保存备查。要注意某些统计资料的机密性。

统计资料的主要内容包括：设备的改造、更新申请，选型审批资料；设备的更新、改造项目技术经济论证材料；设备安装、验收及交接班记录；主要设备运行记录及交接班记录；设备的维修保养记录；设备大修的质量检查记录；对重点设备开展的定检、巡检的记录；设备检查、红旗设备评比的记录；设备事故报告及事故处理的记录。

5. 统计人员的职责

主要包括：a. 收集统计原始资料；b. 汇总各类设备年、季、月度保、修计划，并编制正式计划报表；c. 编制各种技术经济定额、指标的计划；d. 统计各种技术经济定额、指标的完成情况，定期编制规定的统计报表（包括机械故障和机损事故），并做出必要的分析；e. 统计各类设备数量和动态；f. 办理各类设备的封存、启封、调拨、报废等手续；g. 保管有关部门计划和统计的各类资料；h. 对计划、统计数字以及有关部门资料，负有及时、正确、严肃、保密的责任；i. 有权督促有关部门或人员按时按质提供计划、统计用原始资料；j. 有权拒绝不按规定的手续索取计划统计资料。

六、设备信息化管理系统的建立

1. 设备信息化管理的必要性

传统设备管理基础薄弱，技术资料、档案不齐全现象较为普遍，有主观意识上重视程度不够，也有制度不健全、执行力度不强硬、资料收集管理不到位等原因，而基础管理薄弱带来的弊端将直接影响管理决策的正确性。为了适应企业发展的现代化管理，改变企业传统设备管理模式为信息化管理，根据生活垃圾填埋场设备的特点，建立一套符合填埋场使用的信息化管理系统，可有效监控设备的全生命周期，进行分析管理，提高设备的使用效能和管理的综合效率。

设备信息化管理顾名思义是采取引入计算机技术辅助的管理模式，可以增加设备采购的透明化，降低备品备件库存，对设备进行计划性的预防保养，以避免意外故障发生而造成的损失。市场上现有的计算机辅助设备管理软件均从设备管理的通用性、易于推广性角度设计，没有做到针对生活垃圾填埋场设备的特殊性特点有效辅助管理。据此，需根据本企业自身特点，借助先进的设备管理思路，量身定制出适合本企业的计算机技术辅助设备管理模块。

2. 设备管理目标

建立使用主体明确、维护职责清晰、监管有层级、追责有轨迹的四位一体的设备管理模式。设备信息化管理系统可分解为4个主要目标：a. 实现用、修、管数据共享；b. 实现用、修、管动态管理；c. 实现使用者收、支实时查阅；d. 实现生命周期的动态过程管理。管理系统组成如图10-3所示。

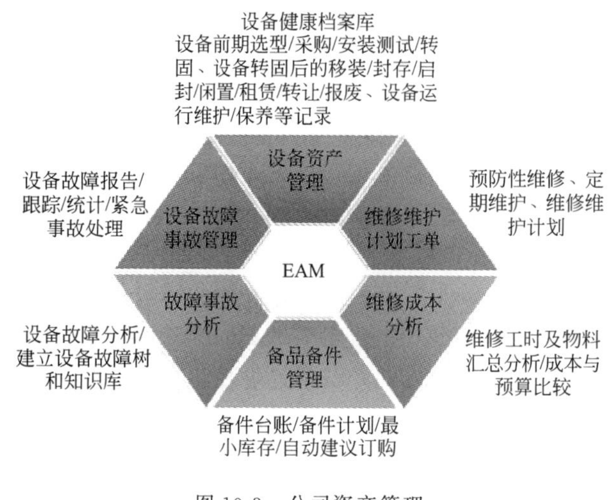

图10-3　公司资产管理

3. 设备管理需求

(1) 单台设备管理　设备管理的最终落脚点还是在一线操作工。强化操作工的单体技术能力和综合驾驭能力，建立有效的量化考核管理体系，把设备全生命周期和操作工的利益紧密捆绑，真正实现有设备完好就有业务收益保障、有技能完好就有资产收益保障的终极目标。

实现维修工时、维修配件月度、年度预算制度。建立合理的维护技术人员和对应维修工时制度，建立计划修理制度。实现少修、精修的修理理念，强化设备性能计划维护的理念。

根据需求需在现场建立使用信息数据库，方便操作工查阅材料、油料、维修工料、事故、违章等成本消耗，电子计量数据、任务量完成等业务收入，设立实时查询触摸屏。

(2) 部门条线监管　建立分公司、班组、操作工条线垂直管理。保障部要求分公司设备条线管理人员每月对各类典型设备使用、维护进行全程监控，每周对管辖设备全面抽检，并通过信息化系统提交月度监管报告；同时要求操作工每日对使用设备进行日常检查。从而实现实时监控、动态管理的目标。

(3) 维修4S模式　建立设备维修4S店模式，实现以综合保障部为核心的维修保养统一协调管理体系。建立维修部门日常维护保养数据库，包含维护维修操作规范、维护维修周期等，保障生产设备和操作者的安全，充当员工的培训系统。

(4) 仓管4S模式　建立配件仓储管理4S店模式，以配件条形码管理为核心，实现从配件入库、出库、采购、领料、报废、调拨等流程为纽带的流程化管理体系。实现配件仓储与维修数据互联互通，建立4S特色维修仓储管理信息化模式。

4. 实施措施

(1) 建立设备健康档案　为每一台设备建立档案卡片和生产台账，定义生产设备的使用位置，收集基本信息和整理基础数据及各种有用的技术资料，如设备的编号、名称、制造厂家、制造日期、使用年限、技术参数、设备原值、折旧率、电子照片、电子文档等，使管理者能够随时掌握设备资源在全公司的配置情况。

针对各分公司管理需求，以生产设备为核心建立设备台账、维修计划、保养计划、维修保养台账、运营统计、生产计划、安全台账等信息数据库，与设备申购计划管理、设备采购管理、设备档案管理、设备状态管理、设备库存管理等流程化管理。

(2) 建立设备全生命周期状态管理体系　针对各分公司管理需求，建立生产设备全生命周期管理。设备全生命周期管理是指以设备为核心，从设备的计划、选型、签约、付款、到货、验收、安调、报账、保养、故障反馈、维修、报废的全过程进行统筹管理。通过对设备在使用过程和周转过程的全程跟踪，管理者随时可以查询到某一台设备从到货开始在企业中的所有过程信息，同时了解所有设备的分布状况（完好、备用、待修、在修等）。

（3）建立备品备件仓储管理体系　针对管理需求建立备品备件仓储管理体系。如图10-4所示，备品备件管理可以使上万种备品备件的出入库管理和统计变得有效，同时对备品备件消耗信息和采购价格进行统计分析，随时掌握库存情况和市场动态，设置重要或常用备件最低储备量警示功能，减少资金占用率，从而能够使备品备件的购买更科学、更有效，降低库存成本和备品备件采购成本。

填埋场设备种类的繁多造成了仓库备品备件的管理复杂，传统简单、静态的仓库管理已无法保证资源的高效利用，仅靠人工记忆和手工录入，不但费时费力，而且收效甚微容易出错，一旦出错必将给公司带来巨大损失。引入条形码管理对仓库的到货检验、入库、出库、调拨、移库移位、库存盘点等各个作业环节的数据进行自动化的数据采集，从而保证仓库管理各个作业环节数据输入的效率和准确性，确保公司及时准确地掌握库存的真实数据，合理保持和控制库存。

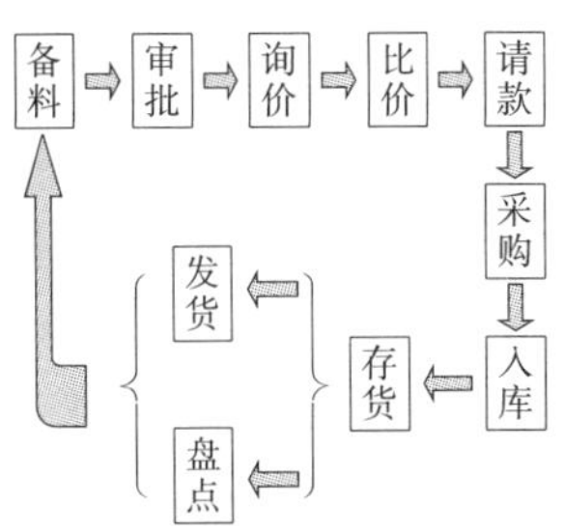

图10-4　备品备件管理流程

此外，还应建立主要供应商清单库并包含备品清单，实现主要备品备件采购与供应商及时对接，实现实时点单式配货，依托供应商有效降低公司库存。同时，建立供应商绩效评价体系和准入制度。

（4）建立维修及仓储联动管理体系　针对管理需求建立以汽修行业“4S特约维修站”模式维修操作，实现系统与仓库数据相通。对维修人员、设备操作员、维修项目、维修配件建立相应的数据库，以设备保修、维修接待、设备预检、设备维修、维修结算等为主要业务流程，实现设备维修动态管理。

（5）建立预防性日常维护数据库　为每一台设备建立维护计划。包括一级保养、二级保养、三级保养、季度验车保养、年度验车保养、项修、大修等。根据综合保障部的整体计划自动更新设备保养计划信息库，并根据保养进度标识状态为“保养中”“已保养”“未保养”，如遇设备到期未保养的，系统将自动提醒管理人员。建立完善的保养制度可最大限度地减少设备的非计划性修理。

针对管理需求建立和积累预防性日常维护数据库。日常维护数据库包括了日常操作规范、维护维修操作规范、维护维修周期等，保障生产设备和操作者的安全，同时充当员工的培训系统。执行良好的日常维护，可以降低生产设备的故障，从而降低维修费用，降低运行成本。维护良好的生产设备可以延长生产设备的使用寿命，从而减少购买设备的资本支出。

（6）建立维修数据库　针对管理需求建立和积累维修数据库。维修数据库保存了大量维修案例，可以成为生产设备维修的知识库和专家库，同时使生产设备的平均故障间隔、平均修复时间等分析手段成为可能，为生产设备的采购提供准确的参考。维修数据库还可以提供维修工作量的统计，为合理配置维修力量提供理论依据。

同时，为进一步加强生产设备基础管理工作，保证设备保养和修理的时效和维修质量，厘清填埋场目前采用的自修和外修相结合的修理关系，更好地利用外部力量与公司自有资源形成互补，促进公司维修保障能力，达到设备保障，建立设备维修厂家信息库，使公司的设备故障报修与厂家及时对接，设备的报修、维修安排实现联网操作，实现有序管理。并且建立维修反馈统计，记录维修过程，以便对维修厂家进行监管和绩效考核。

（7）月度、年度报表自动生成　通过当月设备的使用频率、设备的完好使用率、设备的能耗、运行成本、设备的保养情况、修理情况、配件的损耗率等，自动分析设备的运行效率，生成设备的监管报表，从而为管理者更科学更合理地安排设备投入生产提供理论依据。

通过借助设备信息化管理系统，管理职能部门将形成权限明晰、监管有力、管理下移、资产增值的工作新局面；实现使用有手册、维护有归口、监管有力度的资产过程管理的新理念；实现装备研发有资金、技术革新有计划、业务装备有互动的新保障。

第二节　填埋场安全技术与管理

一、填埋场工伤和死亡事故的预防

填埋场的安全管理工作是环卫行业中收集、运输、处置三个环节中的一个重要组成部分，抓好填埋场的安全管理工作，防止填埋场作业过程中职工工伤和死亡事故的发生，应该从以下几个方面入手。

首先，必须以国家有关劳动保护、安全生产法律、法规为依据，结合在安全生产中的实际需要，制订安全生产管理标准和各项安全生产管理制度，进行标准化管理。

其次，有了完善的制度，必须要严格地按制度进行操作，严格管理，严格执行。“安全第一，预防为主”，主要在预防二字上。填埋场的工伤和死亡事故的预防，重点在于垃圾自卸车和推土机、压实机、挖掘机等大型工程机械的管理。在管理中，首先是人的管理，在人的管理中，着重于各类机动车驾驶员的安全教育和现场管理。

树立和加强安全意识，要时刻注意和排除不安全因素。对行车中的不安全因素，不但要引起注意，及时发现，还要善于排除，这样才能避开危险，化险为夷。存在于驾驶员自身的不安全因素，诸如开车时精力不集中，不能正确判断情况；行车时与旁人交谈，分散注意力，进而妨碍驾驶动作；行车中身感疲乏而影响判断和操作的准确等，如果对自身存在不安全因素缺乏警惕性，甚至习以为常，不当一回事，久而久之，必酿成车祸，对自己和他人造成肉体上的痛苦和心灵上的创伤。对于车辆上的不安全因素，如操纵机构不太完好、制动转向不太正常等，也必须时刻做好例保工作，使车辆完好，驾驶操作时得心应手。

交通安全、预防为主；发生事故、“三不放过”。在整个填埋场作业过程中，交通安全工作重点以预防为主，但预防工作着重于定期与不定期的检查，查到隐患及时整改，把隐患处置在初级阶段，把苗子消灭在萌芽状态。一旦发现违章，在教育的同时，也要采取必要的经济处罚；对违章后经教育仍不改正的，必须加大处罚力度。违章而造成事故的，要狠抓“三不放过”教育：事故原因分析不清不放过；事故责任者和群众没有受到教育不放过；没有防范措施不放过。

建立健全规章制度，违章事故有章可循。必须制订和建立安全生产管理标准，只要有了管理标准，就能标准化管理，使日常工作有了明确的方向。建立健全各项规章制度，才能根据规章制度来杜绝违章和事故，对发生违章和事故的责任者进行处罚才能有章可循。

加强培训教育，提高安全意识。针对填埋场各类机动车辆驾驶员的不同操作，如推土机驾驶员、装载机驾驶员、汽车驾驶员、压实机驾驶员、挖掘驾驶员、压路机驾驶员等，分别进行专业培训和统一学习驾驶技术，做到应知应会相结合，围绕机动车驾驶员应该知道和必须掌握的安全行车理论及相关常识，驾驶员必备的心理素质、生理要求、职业道德等，较系统地组织学习交通法规，使每个驾驶员懂得交通法规的重要性和必要性。

驾驶员规范行车，人、机、环有机结合。驾驶员规范行车，可大大地减少事故的发生，防止填埋场人员的伤亡，是一个重要的环节和措施。特别是车辆到填埋场平台倾倒垃圾时，由于驾驶员的判断失误，发生应急事故时措施不力，以及填埋场远离城市，天气变化和作业环境差等情况，或者道路和路基箱铺设不平，造成车辆倾斜、侧翻和翻车、相撞等事故。必须根据各类情况，逐条分析、研究对策，解决问题，真正做到人、机、环有机结合。

各级风险承包，责任层层分解，安全人人参与。各级风险抵押责任承包的实施，对安全生产起到很大作用，既能使抓好安全工作的人员得到奖励，又使违章违规、肇事人员得到处罚。责任层层分解，落实到每个人，直接与经济挂钩，真正做到安全工作横向到边，纵向到底。使安全工作一级抓一级，人人参与，才能使安全真正抓好、抓细、抓到实处。

二、职业病的防治措施

城市生活垃圾卫生填埋场的操作工，因长期在环境差、工作脏、大气污染的作业环境中工作，身体健康会受到一定程度的影响。为了有效防治填埋场职工的职业病，必须贯彻“安全第一，预防为主”和劳动保护条例的方针，重视安全生产，把安全工作纳入单位主要议程，举行定期、不定期的例会及时研究、解决安全生产中的主要不安全因素和防范职业病、确保职工身体健康的措施，并要有计划、有目标、有考核、有检查。

大气污染会给人体带来影响和损伤，所以环境监察人员要时刻注意监察填埋场区域的大气中有毒有害成分的多少，采取相应措施，保证填埋场作业人员的健康。

水环境污染会造成生态平衡失调，影响植物的生长和枯死，对人体的健康也有很大的影响，所以对填埋场污水的处理和排放，是非常重要的。

处理好填埋场的作业环境，对职工的身体健康和预防及控制职工职业病的发生是一个重要的因素，为了更加确切有效地预防职业病，要创造良好的作业环境，必须从硬件上着手，不能光纸上谈兵。建立健全了规章制度，就要按照制度严格执行，另外，还要时刻掌握职工的身体健康，宣传教育职工注意劳逸结合，有了精神饱满、精力充沛的身体素质，在作业过程中才能更加出色地完成任务，不出差错。学会保护好自己，防止工伤事故和职业病的发生。

三、安全教育和培训

安全教育是一项劳动保护的思想建设和基础理论建设工作，对提高职工群众的安全生产思想认识和安全生产自觉性，对掌握劳动保护科学知识和提高安全操作技术水平起着重要作用。为此，必须经常对职责管辖内的职工进行安全生产的宣传教育，宣讲有关安全生产的方针、政策以及规章制度，做到人人皆知，个个重视。可以用各种形式安全教育和安全培训，也可以用宣传灌输式等形式，并掌握各个时期的活动进行。还要针对性地对某一事件或事故进行分析研究、宣传教育，使每个人都能牢牢掌握安全知识。在作业过程中，才能得心应手和不出差错。安全教育是为了在生产中确保安全，不掌握安全知识、盲目地指挥和操作，将会发生不可估量的事故和损失。所以要把学到的安全知识运用到实际操作中，理论联系实际，真正做到“安全第一，预防为主”，提高职工的安全思想和安全观念，确保生产的顺利完成，达到杜绝违章和事故的目的。

安全教育的内容大致可分为安全思想教育、安全知识教育、安全技术教育和事故教育四个部分，其具体内容如下。

(1) 安全思想教育　安全思想教育是安全教育的基础，按照党的安全生产方针来认识劳动保护工作的重要性，正确处理好日常生产中安全与生产的关系，宣传各项劳动保护政策，从而提高职工搞好安全生产的自觉性，思想教育中应包括劳动纪律的教育。实践证明，纪律松弛也是安全生产的大敌，遵章守纪是保障安全生产的前提。

(2) 安全知识教育　包括一般安全知识的教育和专业技术的培训，其内容有场、站、部门、分站的有关安全技术、工业卫生知识和消防知识、伤亡事故报告制度等。

(3) 安全技术教育　经常开展群众性安全生产技术活动，技术工种要实行级别等级制，考核技术操作的同时必须要考核安全规程。

(4) 事故教育　发生工伤事故或机械物损事故后，各级领导必须查清原因，分析情况，认真贯彻“三不放过”教育和措施的落实，使每个同志认识到事故的危害性和严重性，防止事故的重复发生。

对各级安全员要定期进行安全知识专业培训。场级安全员必须参加省、市级劳动局举办的安全干部培训班，经考试合格，由省、市级劳动局颁发安全干部证书，并进行两年一次的复审；中层部门级安全员必须参加填埋场上级主管部门举办的安全员培训班；班组安全员必须参加填埋场安全科举办的安全员培训班。考试合格后，由上级主管部门颁发安全员证书；并进行两年一次的复审。

特殊工种操作工均应参加县级以上劳动局举办的专业技术培训班，考试合格，持证上岗。

驾驶员需参加由公安、交通部门举办的交通法规学习，按期审证。

四、安全管理办法

1. 安全生产网络管理制度

图 10-5 为填埋场安全生产管理四级网络。

2. 安全生产例会制度

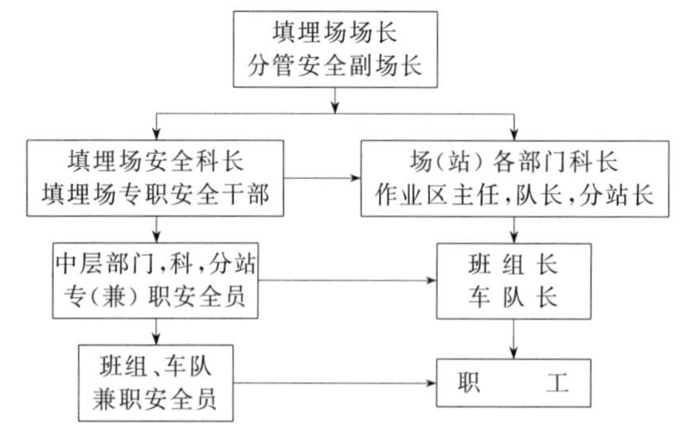

图 10-5　填埋场安全生产管理四级网络

双月例会由各级行政和安全职能部门召开。每月例会由场、站级和场、站安全部门以及各科室、车间、作业区、分站级召开。双周例会由班组、车队召开。

例会内容包括工作汇报、布置，专题讨论研究（包括事故的原因分析责任认定，处理结果的决定和“三不放过”教育，防范措施的落实等），上级工作要求和精神传达，有关文件和标准制度安全法规的学习。

例会要求参加人员接到通知必须及时到会，不得以任何理由和借口无故缺席、迟到、早退(特殊情况除外)，遵守会场纪律，认真听讲，不准看与例会无关的书报和闲谈与例会无关的内容话题，对事故分析必须严肃认真，不得敷衍了事，草率定案，认真做好记录，并存档备查。

3. 安全生产现场管理制度

安全生产现场管理在整个生产作业流程中，是确保国家财产和人身安全的重要环节，直接跟每个职工有着密切的利害关系，所以，必须发挥群众的力量，全面开展和抓好安全生产现场管理。

填埋场、场、站安全科必须经常深入一线，进行现场检查和现场指挥，发现问题及时通知所在部门按事故隐患整改制度规定进行整改；在现场检查中，发现职工有违章违纪行为的，立即阻止，并按照安全生产奖惩制度进行处罚。

在开展安全活动月、周、日期间内，安全科会同宣传教育部门和工会，在生产现场和醒目地区张贴各类宣传标语，并运用拉横幅、出黑板报、广播等宣传手段进行现场宣传和管理。

在港池、码头、道路交叉口和弯道口、上下坡道、停车场、填埋场、填埋作业区，应在妥善醒目处设立各类安全标志，限速标志和警示标牌。根据各场的实际情况，在主要道路的交叉路口设置岗亭，并由汽车队每天派1～2名专、兼职道检人员进行值勤，现场指挥和进行测速等具体工作。

场区单行道路必须设有单行道标志，严禁逆向行驶；双车道应划出中心线，实行分道行驶、各行其道的原则；码头装卸区停车挡位，应标出导向箭头和挡位位置线；停车场应划出停车位置线和行驶方向箭头。

码头、港池应由质量管理员和生产调度员进行统一指挥，统一管理。填埋作业区每个作业点，应配置现场指挥人员，按填埋工艺流程和安全技术操作要求，进行统一指挥，有条不紊地进行卸货、推平、压实，确保安全生产的顺利进行。

4. 安全台账制度

在安全生产管理工作中，建立健全各类台账是安全管理的一项重要工作，能给工作顺利开展带来很大的方便，有章可循，有条不紊。台账基础资料工作必须按照下列内容进行操作：a. 安全管理一览表（各级责任人、管理干部）；b. 特种作业人员一览表；c. 管理制度与标准；d. 各工种安全操作规程；e. 各种记录，包括会议学习、大事记；f. 安全检查和整改资料；g. 奖励、处罚材料；h. 常见事故因果分析控制图与对策表；i. 职工个人劳动保护卡（填埋场可不建立）与安全教育记录（填埋场可不建立）；j. 事故材料（事故材料的统计可参照本章列举的事故处理制度进行）。

5. 事故隐患整改制度

事故苗子如果不及时处置或处置不当，那就即将发生事故，付出生命或血的代价，虽然没有造成伤亡事故和机械设备事故损失的后果，但必须按照事故处理程序进行严肃对待，及时处置。

对检查出的隐患必须按整改通知单的内容要求，按质按期整改完成，任何单位和个人都不得以任何理由拖延，马虎从事，否则必须按有关规定从严处罚。在各种安全检查中，必须要检查事故隐患、把事故苗子消灭在萌芽状态，防患于未然。

6. 事故处理制度

（1）事故报告　伤亡发生后，负伤者或现场有关人员应立即逐级上报场、站、填埋场负责人及安全科；场、站、填埋场负责人接到重伤、死亡、重大死亡事故报告后，应立即报主管局和场、站、填埋场所在劳动、公安、检察部门和工会。

(2) 事故现场处理 死亡、重大死亡事故必须保护好事故现场，同时迅速采取必要措施抢救人员和财产，有利于事故的调查，防止事故扩大。

(3) 事故调查 轻伤、重伤事故，由生产技术、安全等有关人员及工会成员组成的事故调查组进行调查；死亡事故由填埋场会同场、站所在地段的县、区、市劳动局、公安、工会和环卫局组成事故调查组，邀请同级检察院派员参加进行调查；重大死亡事故，按填埋场的隶属关系，由市局或国务院有关主管部门工会同同级劳动、公安、监察、工会组成的事故调查组，邀请同级检察院派员参加进行调查；参加调查组的成员与所发生事故无直接利害关系，同时有调查所需的经验、知识等专长。

(4) 事故处理 轻伤事故由发生单位的场、站调查处理；重伤事故由场、站会同填埋场安全科调查处理；死亡事故报填埋场会同有关部门调查处理；重大死亡事故报环卫局或市有关部门处理。

伤亡事故发生后隐瞒不报、谎报、故意迟延不报，故意破坏现场或者无正当理由拒绝接受调查，拒绝提供有关情况和资料的或者在调查处理中玩忽职守、徇私舞弊、打击报复的，必须按填埋场或国家有关规定，对有关负责人和责任人员给予行政处分，构成犯罪的由司法机关依法追究责任。

伤亡事故处理工作应当在90日内结案，特殊情况不得超过180天，处理结案后必须公开宣布处理结果。

(5) 事故结案归档 当事故处理结案后，应归档的事故资料如下：a. 职工伤亡事故登记表；b. 职工死亡、重伤事故调查报告书及批复；c. 现场调查记录、图纸、照片；d. 技术鉴定和试验报告；e. 物证、人证材料；f. 直接和间接经济损失材料；g. 事故责任者的自述材料；h. 医疗部门对伤亡人员的诊断书；i. 发生事故时的工艺条件、操作情况和设计资料；j. 处分决定和受处分人员的检查材料；k. 有关事故的通报、简报及文件；l. 注明参加调查组的人员姓名、职务、单位。

7. 安全生产检查制度

定期进行群众性安全生产大检查：查组织、查思想、查隐患、查措施、查落实。各场、站每月应定期（具体日期由各场、站根据情况自定一日）设定场、站安全活动日，布置、检查、交流安全生产工作。安全部门要履行巡回检查制度，深入现场督促、检查、制止违章指挥和违章作业。

8. 安全生产奖惩制度

(1) 奖励 按年度安全生产风险抵押责任承包办法，根据考核细则年终考核奖励得分，实行加倍奖励。

(2) 处罚 按年度安全生产风险抵押责任承包办法，根据考核细则年终考核处罚分值，实行一倍处罚。对于违章或严重违章的处罚，根据填埋场《安全管理违章处罚规定》执行。对于事故责任人的处罚，根据事故类别、责任情况进行罚款和赔偿；事故责任赔偿，按事故实际经济损失除去保险赔偿后的剩余经济损失的百分比计算，但应有最高赔偿限制。事故责任人无责情况外，其他次责、同责、主责、全责事故责任人，当月奖金一律不能获得。

第十一章 填埋场环境保护与环境监测

第一节 填埋场环境保护工程与措施

生活垃圾卫生填埋的根本目的是实现生活垃圾的无害化，因此填埋场对周围环境不应产生二次污染或对周围环境污染不超过国家有关法律法令和现行标准允许的范围，并且应与当地的大气防护、水资源保护、环境生态保护及生态平衡要求相一致，不引起空气、水和噪声的污染，不危害公共卫生。生活垃圾填埋场应包括下列主要设施：防渗衬层系统、渗滤液导排系统、渗滤液处理设施、雨污分流系统、地下水导排系统、地下水监测设施、填埋气导排系统、覆盖和封场系统。填埋场地在填埋前应进行水、大气、噪声、蝇类滋生等的本底测定，填埋后应进行相应的定期污染监测。在污水调节池下游约 30m、50m 处设污染监测井，在填埋场两侧设污染扩散井，同时在填埋场上游设本底井。

一、水环境的保护措施

填埋场在填埋开始以后，由于地面水和地下水的流入，雨水的渗入和垃圾、污泥本身的分解，必然会产生大量的渗滤液，这些渗滤液浓度高、成分复杂、数量大，如果不加以妥善处理，将直接或间接对邻近地面水系或地下水系造成污染，为最大限度控制渗滤液对环境的影响，应采用设置防渗层、雨污分流工程措施、渗滤液收集和处理等措施。

1. 防渗工程

生活垃圾填埋场应根据填埋区天然基础层的地质情况以及环境影响评价的结论，并经当地地方环境保护行政主管部门批准，选择天然黏土防渗衬层、单层人工合成材料防渗衬层或双层人工合成材料防渗衬层作为生活垃圾填埋场填埋区和其他渗滤液流经或储留设施的防渗衬层。填埋场黏土防渗衬层饱和渗透系数按照 GB/T 50123 中 13.3 节“变水头渗透试验”

的规定进行测定。

如果天然基础层饱和渗透系数小于 1.0×10^{-7}cm/s，且厚度不小于 2m，可采用天然黏土防渗衬层。采用天然黏土防渗衬层应满足以下基本条件：a. 压实后的黏土防渗衬层饱和渗透系数应小于 1.0×10^{-7}cm/s；b. 黏土防渗衬层的厚度应不小于 2m。

如果天然基础层饱和渗透系数小于 1.0×10^{-5}cm/s，且厚度不小于 2m，可采用单层人工合成材料防渗衬层。人工合成材料衬层下应具有厚度不小于 0.75m 且被压实后的饱和渗透系数小于 1.0×10^{-7}cm/s 的天然黏土防渗衬层，或具有同等以上隔水效力的其他材料防渗衬层。人工合成材料防渗衬层应采用满足 CJ/T 234 中规定技术要求的高密度聚乙烯或者其他具有同等效力的人工合成材料。

如果天然基础层饱和渗透系数不小于 1.0×10^{-5}cm/s，或者天然基础层厚度小于 2m，应采用双层人工合成材料防渗衬层。下层人工合成材料防衬层下应具有厚度不小于 0.75m，且其被压实后的饱和渗透系数小于 1.0×10^{-7}cm/s 的天然黏土衬层，或具有同等以上隔水效力的其他材料衬层；两层人工合成材料衬层之间应布设导水层及渗漏检测层。

生活垃圾填埋场应设置防渗衬层渗漏检测系统，以保证在防渗衬层发生渗滤液渗漏时能及时发现并采取必要的污染控制措施。

生活垃圾填埋场填埋区基础层底部应与地下水年最高水位保持 1m 以上的距离。当生活垃圾填埋场填埋区基础层底部与地下水年最高水位距离不足 1m 时，应建设地下水导排系统。地下水导排系统应确保填埋场的运行期和后期维护与管理期内地下水水位维持在距离填埋场填埋区基础层底部 1m 以下。

2. 雨污分流工程措施

生活垃圾填埋场应实行雨污分流并设置雨水集排水系统，以收集、排出汇水区内可能流向填埋区的雨水、上游雨水以及未填埋区域内未与生活垃圾接触的雨水。雨水集排水系统收集的雨水不得与渗滤液混排。

填埋作业时应合理控制工作面，采用分区填埋和作业单元与非作业单元的清污分流，减少垃圾接受的降雨量，从而大大减少渗滤液产量，并且保护地面水。

为尽可能减少流进垃圾库库区的雨水量，从而达到垃圾渗滤液的减量化，建议采取如下的雨污分流措施。

① 在填埋场边界线外围设置截洪沟。

② 划分成若干个填埋作业区域，作业区域之间通过修建土堤分隔，将作业区域产生的渗滤液和非作业区的雨水分开收集。

③ 正在填埋作业的区域内修建 1m 高的矮土堤，将作业区与非作业区分隔开来，以进一步减少渗滤液量。

④ 填埋过程中，将较长时间不进行填埋作业的区域用厚约 35cm 的土壤或塑料薄膜覆盖起来，将其表面产生的雨水收集起来单独排放掉。

⑤ 填埋场达到使用年限后，进行终场覆盖，顶面设置为斜坡式，以增大径流系数，在垃圾平台上设置表面排水沟；排水沟以上汇水面多种草木，以防水土流失淤塞排水沟。同时，场地内种植绿化，以减少雨水转化为渗滤液的量。或设导流坝和顺水沟，将自然降水排出场外或进入蓄水池。

3. 渗滤液收集和处理措施

生活垃圾填埋场应建设渗滤液导排系统，应确保在填埋场的运行期内防渗衬层上的渗滤液深度不大于30cm。为检测渗滤液深度，生活垃圾填埋场内应设置渗滤液监测井。

生活垃圾填埋场应建设渗滤液处理设施，以在填埋场的运行期和后期维护与管理期内对渗滤液进行处理达标后排放。

应设渗滤液调节池，并采取封闭等措施防止恶臭物质的排放。调节池的主要作用在于均衡渗滤液水量和水质。为能够起到调蓄暴雨时产生的渗滤水量，调节池的容积应大一些，容积不应小于三个月的渗滤液处理量。

自2011年7月1日起，我国所有的生活垃圾填埋场应设置渗滤水处理设施，自行处理渗滤液，达到现行国家标准《生活垃圾填埋场污染控制标准》(GB 16889—2008) 中表2的排放浓度限值才能排放。不再允许将渗滤液排入城市污水处理厂和生活污水合并处理。

生活垃圾填埋场垃圾渗滤液排放控制项目及其限值为：色度（稀释倍数）30、化学需氧量（COD_{Cr}）60mg/L、生化需氧量（BOD_5）30mg/L、悬浮物（SS）30mg/L、总氮40mg/L、氨氮25mg/L、总磷3mg/L、粪大肠菌群数10000个/L、总汞0.001mg/L、总镉0.01mg/L、总铬0.1mg/L、六价铬0.05mg/L、总砷0.1mg/L和总铅0.1mg/L。

根据环境保护工作的要求，在国土开发密度已经较高、环境承载能力开始减弱，或环境容量较小、生态环境脆弱，容易发生严重环境污染问题而需要采取特别保护措施的地区，应严格控制生活垃圾填埋场的污染物排放行为，在上述地区的现有和新建生活垃圾填埋场自2008年7月1日起执行《生活垃圾填埋场污染控制标准》(GB16889—2008) 中表3规定的水污染物特别排放限值：色度（稀释倍数）30、化学需氧量（COD_{Cr}）60mg/L、生化需氧量（BOD_5）20mg/L、悬浮物（SS）30mg/L、总氮20mg/L、氨氮8mg/L、总磷1.5mg/L、粪大肠菌群数1000个/L、总汞0.001mg/L、总镉0.01mg/L、总铬0.1mg/L、六价铬0.05mg/L、总砷0.1mg/L和总铅0.1mg/L。

封场后进入后期维护与管理阶段的生活垃圾填埋场，应继续处理填埋场产生的渗滤液和填埋气，并定期进行监测，直到填埋场产生的渗滤液中水污染物浓度连续两年低于《生活垃圾填埋场污染控制标准》(GB16889—2008) 中表2、表3的限值。

二、大气环境的保护措施

填埋场主要大气污染物有粉尘、NH_3、H_2S、RSH、CH_4 等，将会对大气造成一定的不良影响，尤其是 CH_4 为易燃、易爆气体，必须予以严格控制。

填埋场应设有气体输导、收集和排放处理系统。气体输导系统应设置横竖相通的排气管，排气总管应高出地面100cm，以采气和处理气体用。设计填埋量大于250万吨且垃圾填埋厚度超过20m的生活垃圾填埋场，应建设甲烷利用设施或火炬燃烧设施处理含甲烷填埋气体。小于上述规模的生活垃圾填埋场，应采用能够有效减少甲烷产生和排放的填埋工艺或采用火炬燃烧设施处理含甲烷填埋气体。

对填埋场产生的可燃气体达到燃烧值的要收集利用；对不能收集利用的可燃气体要烧掉排空，防止火灾及爆炸。

恶臭气体是有机质腐败降解的产物，亦是填埋场的主要污染物，其主要成分是 NH_3、H_2S、RSH 等。生活垃圾中的菜皮、动物、内脏等厨余垃圾和夏季大量的瓜果皮核等均能在微生物作用下分解发生恶臭，直接影响苍蝇滋生密度。位于填埋场下风向的居民点将受到较大恶臭强度的影响，尤其是在盛夏季节。针对这种情况，拟采取以下措施加以防范。填埋工艺要求一层垃圾一层土，每天填埋的垃圾必须当天覆盖完毕，尽量减少裸露面积和裸露时间，防止尘土飞扬及臭气四溢。填埋场区四周种植绿化隔离带，防止臭气扩散。填埋场封场后，最终覆土不小于 0.8m，并在其上覆 15cm 以上的营养土，以便种植对甲烷抗性较强的树种，如枸杞、苦楝、紫穗槐、白蜡树、女贞、金银木、臭椿等以恢复场区原有生态环境。

根据老港填埋场的运行经验，可采取以下六种措施防止臭气扩散。

(1) 缩小垃圾工作面，减少总量　垃圾量有多大作业面就有多大，传统作业是每 1000t 垃圾工作面在 $1000m^2$，简称 1∶1；如果推行填埋作业工程化即每天按图施工摊铺垃圾，工程化管理、工程化监管，可以落实到每千吨 $500\sim600m^2$。

(2) 垃圾分层碾压，减少通道　疏松的表面容易散发臭气，压实的表面利于覆盖而且利于压制味道散发，阻隔臭味通道，利于降低臭气浓度和其扩散速度。

(3) 土源覆盖或 HDPE 膜覆盖，便于收集　传统土源覆盖因为库容和成本基本被 HDPE 膜替代。应用该材料覆盖有很多好处但也带来增温即加速垃圾分解利于膜下气体浓度的集中和垃圾发酵。该技术要求膜的覆盖密封性，同时采取主动收集外排配套。

(4) 主动收集进入蓄热式焚烧炉（RTO）燃烧　很多填埋场仅做到 HDPE 膜覆盖没配套跟进主动收集。主动收集的好处在于安全和完全受控。工艺减臭的原理也是让垃圾分解发酵，但产生的分解物被主动吸走，比散发后大面积空间药物控臭效果更佳，成本更可控。

(5) 喷洒药物除臭剂　无论是化学药剂还是纯天然药剂，该技术终究是补救措施，而目前很多填埋场恰恰选择了该技术路径。其实在成本和效果方面远不如膜下主动抽吸。

(6) 在作业下风向设置一道水幕　通过布置高密度喷嘴，水和除臭剂交替使用，形成一道隔离墙。这也是膜覆盖移动或渗漏后采取的措施。可以有效解决渗漏逃逸的臭味。

生活垃圾填埋场大气污染物控制项目有颗粒物（TSP）、NH_3、H_2S、RSH、O_3 浓度。生活垃圾填埋场大气污染物排放限值是对无组织排放源的控制。大气污染物排放限值如下：颗粒物场界排放限值 $\leqslant 1.0mg/m^3$；NH_3、H_2S、RSH、O_3 浓度场界排放限值可根据生活垃圾填埋场所在区域，分别按照《恶臭污染物排放标准》(GB 14554—93) 相应级别的指标值执行。

三、声环境的保护措施

生活垃圾填埋场噪声控制限值，根据生活垃圾填埋场所在区域，分别按照《工业企业厂界噪声标准》(GB 12348—2008) 相应级别的指标值执行。

垃圾卫生填埋场大部分机器设备的工作噪声在 85dB 以下，对噪声较大的设备采用消音、隔声和减振措施，种植绿化隔离带可起到屏障作用，减小噪声对居民生活的影响。生活垃圾填埋场周围应设置绿化隔离带，其宽度不小于 10m。

四、对蚊蝇害虫的防治措施

蝇类滋生严重影响填埋场职工和临近居民的生活，是公众对填埋场环境污染反应最强烈的问题。所以，防止苍蝇、蚊子的滋生应是生活垃圾填埋场环境保护的一个重要方面，其控制标准为苍蝇密度控制在 10 只/(笼・d) 以下。具体灭蝇措施如下。

① 运输沿程严格控制灭蝇，可以采用压缩式密封垃圾车减少苍蝇的滋生。

② 保证卫生填埋工艺的执行。即每天填埋的垃圾必须当天覆盖完毕，这能有效控制苍蝇的滋生。

③ 对场外带进或场内产生的蚊、蝇、鼠类带菌体，一方面组织人员定期喷药杀灭，另一方面加强填埋工序管理及时清扫散落垃圾。及时清除场区内积水坑洼，减少蚊蝇的滋生地。

④ 对垃圾暴露面上的苍蝇，一般采用药物喷雾或烟雾灭杀，但要注意药物对环境产生的副作用。还可用引诱的苍蝇药物诱杀。在填埋场种植驱蝇植物，也是有效控制苍蝇密度的方法，且可防止药物造成的环境污染，是今后非药物灭蝇的发展方向。在填埋场的生活区，室外可采用低毒低残留药物喷雾和诱杀剂杀灭，还可用捕蝇笼诱捕，室内可采用粘蝇纸，悬挂毒蝇绳，或在玻璃窗上涂抹灭蝇药物等。

五、飞尘的影响及控制措施

填埋场内飞尘及漂浮物的产生途径为垃圾在装卸、填埋时会扬起大量的尘土，主要是炉灰、塑料制品等轻薄垃圾会随风飞扬，随着场内运输车随走随飞、散布至场内外很大范围。

对填埋场生产性粉尘的限制标准取 $10mg/m^3$ 以下。颗粒物场界排放限值 $\leqslant 1.0mg/m^3$。

飞尘的控制可采取下面几项措施：a. 配备保洁车辆，对场内道路及作业区采取定时保洁措施；b. 填埋场内作业表面及时覆盖；c. 种植绿化隔离带控制飞尘扩散；d. 对正在进行作业区的四周设置 2.5～3m 高的拦网，控制轻质垃圾飞扬。

第二节　填埋场环境监测

生活垃圾在卫生填埋场内经历着各种物理的、化学的和生物的变化。填埋场内渗滤液中的有害物质将污染地表水和地下水的水质以及周围的土壤，有害气体的逸出和扩散将污染周围的大气环境。因此，环境监测是填埋场环境评价体系的主体内容，是监控填埋场正常运作的依据，也是填埋场管理的重要组成部分。生活垃圾卫生填埋场的环境监测包括大气污染物及填埋气体的监测；渗滤液、填埋物外排水和地下水的监测；噪声监测；填埋物监测；苍蝇密度监测；封场后的填埋场环境监测等。

一、环境监测常用标准、规范

填埋场环境监测要求遵循国家现行标准和规范，主要有：《生活垃圾卫生填埋场环境监测技术要求》(GB/T 18772—2008)；《生活垃圾卫生填埋处理技术规范》(GB 50869—2013)；《生活垃圾填埋场污染控制标准》(GB 16889—2008)；《生活垃圾卫生填埋场岩土工程技术规范》(CJJ 176—2012)；《生活垃圾填埋场稳定化场地利用技术要求》(GB

T25179—2010)；《工业企业厂界环境噪声排放标准》(GB 12348—2008)；《大气污染物综合排放标准》(GB 16297—1996)；《环境空气质量标准》(GB 3095—2012)；《环境空气质量手工监测技术规范》(HJ/T 194—2005)；《生活垃圾化学特性通用检测方法》(CJ/T 96—2013)；《生活垃圾采样和物理分析方法》(CJ/T 313—2009)；《地表水和污水监测技术规范》(HJ/T 91—2002)；《地下水环境监测技术规范》(HJ/T 164—2004)；《固体污染源排气中颗粒物的测定与气体污染物的采样方法》(GB/T 16157—1996)；《恶臭污染物排放标准》(GB 14554—1993)。

二、监测点布设及采样

(一) 封场前监测点布设及采样

填埋场封场前的填埋运行时，各个监测内容的监测点布设及采样方法统计如表 11-1 所列。

表 11-1 监测点布设和采样频次及方法一览表

监测内容	采样点布设	采样时间或频率	采样方法
大气污染物	应按 GB 16297—1996 标准要求布设	每年应监测 4 次，每季度 1 次	按 HJ/T 194—2005 执行
填埋气体	采样点应设在气体收集导排系统的排气口	每季度应至少监测 1 次，一年不少于 6 次；相邻 2 次不能在同一个月进行	按 HJ/T 194—2005 执行
渗滤液	采样点应设在进入渗滤液处理设施入口和渗滤液处理设施的排放口	根据污水处理工艺设计的要求及降水情况，每月应监测 1 次	用采样器提取渗滤液，弃去前 3 次渗滤液样品，用第 4 次样品作为分析样品。采样量和固定方法应按 HJ/T 91—2002 执行
填埋场外排水	采样点应设在垃圾填埋场废水外排口	按 HJ/T 91—2002 中的处理方法确定污水采样次数，污水处理后连续外排时每日应监测 1 次，其他处理方式应每旬监测 1 次	用采样器提取外排水，弃去前 3 次水样，用第 4 次水样作为分析样品。通常采集瞬时水样，采样量和固定方法按监测项目要求确定
地下水	本底井 1 眼：设在填埋场地下水流向上游 30～50m 处。污染扩散井 2 眼：设在地面水流向两侧各 30～50m 处。污染监视井 2 眼：各设在填埋场地下水流向下游 30m 处、50m 处	填埋场投入运行前应监测本底水平一次，运行期间每年按丰、平、枯水期各监测一次	用特制的小水桶提取水样，严禁用泵抽吸水样，弃去前 3 次水样，用第 4 次水样作为分析样品，每个样品采集 2000mL，特殊项目的采样量和固定方法按其所监测项目的分析方法要求进行
苍蝇密度	依据填埋作业区面积及特征确定监测点数量和位置，宜每隔 30～50m 设一点，每个监测点上放置诱蝇笼诱取苍蝇	根据气候特征，在苍蝇活跃季节每月应监测 2 次	苍蝇密度监测应在晴天时进行。采样方法是日出时将装好诱饵的诱蝇笼放在采样点上诱蝇，日落时收笼，用杀虫剂杀灭活蝇，一并计数
填埋物	应采集当日收运到垃圾处理场的垃圾车中的垃圾，在间隔的每辆车内或在其卸下的垃圾堆中采样	每季度应监测 1 次，每次连续 3d	在间隔的每辆车内或在其卸下的垃圾堆中采用立体对角线法在 3 个等距点采等量垃圾共 20kg 以上，最少采 5 车，总共 100～200kg
噪声	对周围环境有影响的场界。按 GB 12348—2008 规定执行	按 GB 12348—2008 规定执行	按 GB 12348—2008 规定执行

（二）封场后的填埋场环境监测

在填埋场封场后对大气、填埋气体、渗滤液、地表水、地下水进行持续监测，采样点布设、采样频次和方法见表 11-2。

渗滤液要一直处理到填埋场达到稳定化。一般要求直到填埋场产生的渗滤液中水污染物浓度连续两年低于现行国家标准《生活垃圾填埋场污染控制标准》（GB 16889—2008）规定的限值。

表 11-2　封场后采样点布设和采样频次及方法一览表

监测内容	采样点布设	采样时间或频率	采样方法
大气污染物	应按 GB 16297—1996 标准要求布设	每年应监测 4 次，每季度 1 次	按 HJ/T 194—2005 执行
填埋气体	采样点应设在气体收集导排系统的排气口	每季度应监测 1 次	按 HJ/T 194—2005 执行
地表水	水质监测的采样布点、监测频率要求按国家现行标准《地表水和污水监测技术规范》（HJ/T 91—2002）的规定执行		
渗滤液	采样点应设在渗滤液排放口	封场后 3 年内应每年 2 次。3 年后应根据出水水质确定采样频次	用采样器提取渗滤液，弃去前 3 次渗滤液样品，用第 4 次样品作为分析样品。采样量和固定方法应按 HJ/T 91—2002 执行
地下水	本底井 1 眼：设在填埋场地下水流向上游 30～50m 处。污染扩散井 2 眼：设在地面水流向两侧各 30～50m 处。污染监视井 2 眼：各设在填埋场地下水流向下游 30m 处、50m 处	封场后应每年监测 1 次	用特制的小水桶提取水样，严禁用泵抽吸水样，弃去前 3 次水样，用第 4 次水样作为分析样品，每个样品采集 2000mL，特殊项目的采样量和固定方法按其所监测项目的分析方法要求进行
填埋物有机质	按《生活垃圾填埋场稳定化场地利用技术要求》（GB/T 25179—2010）执行	每年钻探 1 次取深层垃圾	样品制备按照 CJ/T 313—2009 生活垃圾采样和物理分析方法执行
堆体沉降	应按 JCJ 8—2007 建筑变形测量规范执行		
植被	每隔 2 年对植物的覆盖度、植被高度、植被多样性进行检测分析，提出调查报告		

（三）大气污染物采样点的设置和采样方法

1. 采样点的设置

大气污染物采样点设置采用扇形布点法，即应在场区下风向作扇形布点，设置数点，在上风向设一些对照点。按场区面积大小确定采样点数。

《大气污染物综合排放标准》（GB 16297—1996）对监测频率作了明确规定，即应在 1h 内实行连续采样，或在 1h 内实行等时间间隔采集 4 个样品，取平均值。也可按照生产周期采样的原则，即在 1 个生产周期内采集 4～6 个样品，取平均值。

监测点布设的具体要求是：

① 监测点周围应开阔，采样口水平线与周围建筑物高度的夹角应不大于 30°。采样口周围（水平面）应有 270°以上的自由空间；

② 测点周围无其他污染源（通常指 50m 范围内）；

③ 测点距树木和吸附能力较强的建筑物至少 2m 以上；

④ SO_2、NO_x、TSP 的采样高度为 3～15m，以 5～10m 为宜；降尘的采样高度为 5～15m，以 8～12m 为宜。TSP、降尘的采样口应与基础面有 1.5m 以上的相对高度。

2. 采样方法

（1）24h 连续采样

① 气态污染物。适用于环境空气中二氧化硫、二氧化氮、可吸入颗粒物（PM_{10}）、总悬浮颗粒物（TSP）、苯并［a］芘、氟化物、铅的采样。

设施及步骤：主要使用采样亭、气态污染物采样系统（采样头、采样总管、采样支管、引风机、气体样品吸收装置及采样器等）进行采样。采样步骤如下：a. 采样前准备，进行采样总管和采样支管清洗、气密性检查、采样流量检查、温度控制系统及时间控制系统检查；b. 进行采样，将装有吸收液的吸收瓶（内装 50.0mL 吸收液）连接到采样系统中。启动采样器，进行采样。记录采样流量、开始采样时间、温度和压力等参数；采样结束后，取下样品，并将吸收瓶进、出口密封，记录采样结束时间、采样流量、温度和压力等参数。

② 颗粒物。采样系统由颗粒物切割器、滤膜、滤膜夹和颗粒物采样器组成，或者由滤膜、滤膜夹和具有符合切割特性要求的采样器组成。

采样步骤如下：a. 采样前准备，进行采样器流量校准、采样前准备与滤膜处理；b. 进行采样，打开采样头顶盖，取出滤膜夹，用清洁干布擦掉采样头内滤膜夹及滤膜支持网表面上的灰尘，将采样滤膜毛面向上，平放在滤膜支持网上。同时核查滤膜编号，放上滤膜夹，拧紧螺丝，以不漏气为宜，安好采样头顶盖。启动采样器进行采样。记录采样流量、开始采样时间、温度和压力等参数。采样结束后，取下滤膜夹，用镊子轻轻夹住滤膜边缘，取下样品滤膜，并检查在采样过程中滤膜是否有破裂现象，或滤膜上尘的边缘轮廓不清晰的现象。若有，则该样品膜作废，需重新采样。确认无破裂后，将滤膜的采样面向里对折两次放入与样品膜编号相同的滤膜袋（盒）中。记录采样结束时间、采样流量、温度和压力等参数。

（2）间断采样

① 气态污染物。间断采样是指在某一时段或一小时内采集一个环境空气样品，监测该时段或该小时环境空气中污染物的平均浓度所采用的采样方法。除了《大气污染物综合排放标准》（GB 16297—1996）中表 1 规定的污染物外，其他污染物的监测，其采样频次及采样时间应根据监测目的、污染物浓度水平及监测分析方法的检出限确定。但要获得 1h 平均浓度值，样品的采样时间应不少于 45min；要获得日平均浓度值，气态污染物的累计采样时间应不少于 18h，颗粒物的累计采样时间应不少于 12h。

采样系统由气样捕集装置、滤水井和气体采样器组成。采样步骤如下：a. 采样前准备，进行连接检查、气密性检查、采样流量校准；b. 进行采样，将气样捕集装置串联到采样系统中，核对样品编号，并将采样流量调至所需的采样流量，开始采样。记录采样流量、开始采样时间、气样温度、压力等参数。气样温度和压力可分别用温度计和气压表进行同步现场测量。采样结束后，取下样品，将气体捕集装置进、出气口密封，记录采样流量、采样结束时间、气样温度、压力等参数。按相应项目的标准监测分析方法要求运送和保存待测样品。

② 颗粒物。同连续采样条件下的规定。

（3）无动力采样　无动力采样是指将采样装置或气样捕集介质暴露于环境空气中，不需要抽气动力，依靠环境空气中待测污染物分子的自然扩散、迁移、沉降等作用而直接采集污染物的采样方式。其监测结果可代表一段时间内待测环境空气污染物的时间加权平均浓度或浓度变化趋势。采样时间及采样频次应根据监测点位环境空气中污染物的浓度水平、分析方法的检出限及不同监测目的确定。通常，硫酸盐化速率及氟化物采样时间为7～30天。但要获得月平均浓度值，样品的采样时间应不少于15天。

原理：将用碳酸钾溶液浸渍过的玻璃纤维滤膜（碱片）暴露于环境空气中，环境空气中的二氧化硫、硫化氢、硫酸雾等与浸渍在滤膜上的碳酸钾发生反应，生成硫酸盐而被固定的采样方法。

设施及步骤：主要使用采样滤膜、采样架（塑料皿、塑料垫圈及塑料皿支架）进行采样。采样步骤如下：将滤膜毛面向外放入塑料皿中，用塑料垫圈压好边缘；将塑料皿中滤膜面向下，用螺栓固定在塑料皿支架上，并将塑料皿支架固定在距地面高3～15m的支持物上，距基础面的相对高度应＞1.5m，记录采样点位、样品编号、放置时间等。采样结束后，取出塑料皿，用锋利小刀沿塑料垫圈内缘刻下直径为5cm的样品膜，将滤膜样品面向里对折后放入样品盒（袋）中。记录采样结束时间，并核对样品编号及采样点。

（四）地下水监测点的布设

地下水监测点的布设如表11-1所列。

监测井的结构包括孔口伸出段及加锁装置、地表混凝土防水层、孔口止水段、止水套管、过滤器部分。根据所处地层一般有Ⅰ类（监测井完全处在第四系水层中）、Ⅱ类（监测井上部处在第四系水层，下部处在基岩）两种类型。

监测井的结构参数选择如下。

① 开孔直径：主要根据含水层类型、水泵型号及监测井功能等因素确定，根据不同的监测井结构选择不同的开孔直径。对于Ⅰ、Ⅱ类监测井，若采用ϕ100螺杆潜水泵作为抽水设备，过滤器及套管内径不小于100mm。对于Ⅱ类污染监视井，由于承担抽水功能，过滤器及套管内径不小于125mm。

② 井孔深度：若被监测含水层比较厚，则井深为含水层深度2/3；若被监测含水层比较薄，则井深为含水层全部深度。

③ 套管材质：实际施工中，常采用HDPE管作为护壁材料。

④ 过滤器：一般采用自制打孔圆形过滤器，采用HDPE管打孔。

（五）填埋气体采样方法

填体内产气样品应从导气系统的向外排气口用气囊或气袋取样。采样方法按照大气污染物采样方法执行。

（六）渗滤液和填埋场外排水采样方法

① 根据不同监测项目要求采集不同样品、选择采样容器、选择保存方法等。

② 自动采样　自动采样用自动采样器进行，有时间比例采样和流量比例采样。当污水排放量较稳定时可采用时间比例采样，否则必须采用流量比例采样。所用的自动采样器必须符合《水质自动采样器技术要求及检测方法》的要求。

③ 实际的采样位置应在采样断面的中心。当水深大于1m时，应在表层下1/4深度处采样；水深小于或等于1m时，在水深的1/2处采样。

④ 污水样品的保存、运输和记录。污水样品的成分往往相当复杂，其稳定性通常比地表水样更差，应设法尽快测定。保存和运输方面的具体要求参照具体项目要求确定。采样后要在每个样品瓶上贴一标签，标明点位编号、采样日期和时间、测定项目和保存方法等。

（七）填埋场外排水的采样次数

① 监督性监测地方环境监测站对污染源的监督性监测每年不少于1次；年度监测的重点排污单位，应增加到每年2～4次。

② 排污单位如有污水处理设施并能正常运转使污水能稳定排放，则污染物排放曲线比较平稳，监督监测可以采瞬时样；对于排放曲线有明显变化的不稳定排放污水，要根据曲线情况分时间单元采样，再组成混合样品。正常情况下，混合样品的单元采样不得少于两次。如排放污水的流量、浓度甚至组分都有明显变化，则在各单元采样时的采样量应与当时的污水流量成比例，以使混合样品更有代表性。

（八）地表水采样方法

依据不同的水体功能、水文要素和污染源、污染物排放等实际情况，力求以最低的采样频次，取得最有时间代表性的样品，既要满足能反映水质状况的要求，又要切实可行。

根据水源地、水系的不同确定采样频次与采样时间，具体见HJ/T 91—2002地表水和污水监测技术规范中的要求。

采样器材主要是采样器和水样容器。

采样步骤如下。

（1）采样前准备　确定采样负责人；制订采样计划；采样器材与现场测定仪器的准备。

（2）采样方法

① 采样器。聚乙烯塑料桶、单层采水瓶、直立式采水器、自动采样器。

② 采样数量。在地表水质监测中通常采集瞬时水样。所需水样量根据检测项目确定。

③ 在水样采入或装入容器中后，应立即按具体项目要求加入保存剂。

（3）水质采样记录表　根据具体项目要求确定。

（4）水样的保存及运输　凡能做现场测定的项目，均应在现场测定。水样运输前应将容器的外（内）盖盖紧。装箱时应用泡沫塑料等分隔，以防破损。

（5）水质采样的质量保证　采样人员必须通过岗前培训；采样断面应有明显的标志物；在同一采样点上分层采样时，应自上而下进行，避免不同层次水体混淆等。

（6）底质的监测点位和采样　底质样品的监测主要用于了解水体中易沉降，难降解污染物的累积情况。

① 底质样品采样点通常为水质采样垂线的正下方。当正下方无法采样时，可略作移动，移动的情况应在采样记录表上详细注明。底质采样点应避开河床冲刷、底质沉积不稳定及水草茂盛、表层底质易受搅动之处。

② 采样量及容器。底质采样量通常为1～2kg，一次的采样量不够时，可在周围采集几次，并将样品混匀。样品中的砾石、贝壳、动植物残体等杂物应予剔除。在较深水域一般常用掘式采泥器采样。在浅水区或干涸河段用塑料勺或金属铲等即可采样。样品在尽量沥干水分后，用塑料袋包装或用玻璃瓶盛装；供测定有机物的样品，用金属器具采样，置于棕色磨口玻璃瓶中。

③ 底质采样质量保证。底质采样点应尽量与水质采样点一致。水浅时，因船体或采泥器冲击搅动底质，或河床为砂卵石时，应另选采样点重采。采样点不能偏移原设置的断面（点）太远。采样后应对偏移位置做好记录。采样时底质一般应装满抓斗。采样器向上提升时，如发现样品流失过多，必须重采。

④ 泥质状态、颜色、嗅味、生物现象等情况填入采样记录表。采集的样品和采样记录表运回后一并交实验室，并办理交接手续。

（九）填埋物的采样方法

1. 封场前填埋物的采样方法

主要使用采样车、搅拌工具、取样工具、密闭容器、辅助工具等进行采样。

呈堆体状态的填埋体可按照以下方式取样。

（1）四分法　将生活垃圾堆搅拌均匀后堆成圆形或方形，将其十字四等分，然后，随机舍弃其中对角的两份，余下部分重复进行前述铺平并分为四等份，舍弃一半，直至达到规定的采样量。

（2）剖面法　沿生活垃圾堆对角线做一采样立剖面，水平点距不大于 2m，垂直点距不大于 1m。各点位等量采样，直至达到规定的采样量。

（3）周边法　在生活垃圾堆四周各边的上、中、下三个位置采集样品，总点位数不少于 12 个，各点位等量采样，直至达到规定的采样量。

（4）网格法　将生活垃圾堆成一厚度为 40～60cm 的正方形，把每边三等分，将生活垃圾平均分成九个子区域，将每个子区域中心点前后左右周边 50cm 内以及从表面算起垂直向下 40～60cm 深度的所有生活垃圾取出，把从九个子区域内取得的生活垃圾倒在一清洁的地面上，搅拌均匀后，采用四分法缩分至规定的采样量。

2. 封场后的采样方法

封场后填埋物的采样方法有对角线法、梅花形法、棋盘法、蛇形法。应结合地形选择方法和采样点数量。各种方法及适用条件见表 11-3。

表 11-3　填埋物采样方法及适用条件

采样方法	适用条件	采样点/个
对角线法	水泡及洼地	4～5
梅花形法	面积小、地势平坦、土壤较均匀	5～10
棋盘法	中等、地势平坦、地形开阔但土壤不均匀	≥10
蛇形法	面积较大、地势不平坦、土壤不够均匀	15～20

本底监测应在填埋前取表层土 1 次为本底值。深层垃圾样应采用空筒干钻取样法。填埋后应每年钻探 1 次取深层垃圾样品，宜按填埋深度每 2m 深取 1 点。采样点总数应结合填埋深度和表 11-3 确定。每个点取样 1kg，各垃圾样混合后反复按四分法弃取，直到最后留下混合垃圾样 1kg。填埋年份相差较大的区域，采样应按填埋年限分区混合。

3. 样品制备

主要使用粗粉碎机、细粉碎机、研磨仪、天平、药碾、小铲、锤、十字分样板、强力剪刀、样品瓶等进行制备。

一次样品制备：将测定生活垃圾容重后的样品中大粒径物品破碎至100～200mm，摊铺在水泥地面充分混合搅拌，再用四分法缩分2（或3）次，至25～50kg样品，置于密闭容器运到分析场地。确实难以全部破碎的可预先剔除，在其余部分破碎缩分后，按缩分比例将剔除生活垃圾部分破碎加入样品中。

二次样品制备：在含水率测定完后，应进行二次样品制备。根据测定项目对样品的要求，将烘干后的生活垃圾样品中各种成分的粒径分级破碎至5mm以下，选择混合样或合成样制备二次样品备用。

三、监测项目和方法

1. 大气污染物监测

对填埋场周围的大气环境进行监测，监测垃圾场及所产生的填埋气体是否对周围的大气环境产生了影响，方法见表11-4。

表11-4 大气污染物监测项目及分析方法

序号	监测项目	分析方法	方法来源
1	臭气浓度	三点比较式臭袋法	GB/T 14675
2	甲烷	气相色谱分析法	①
3	悬浮物颗粒	重量法	GB/T 15432
4	硫化氢	气相色谱法	GB/T 14678
5	氨	次氯酸钠·水杨酸分光光度法	GB/T 14679
6	甲硫醇	气相色谱法	GB/T 14678
7	氮氧化物	Saltzman法	GB/T 15436

① 采用《气象和大气环境要素观测与分析》(中国标准出版社，2002年)。

2. 填埋气体监测

对填埋场排气系统所排出的气体进行监测，通过测定排气量和气体成分掌握填埋场内有机质降解的情况，具体方法见表11-5。

表11-5 填埋气体监测项目及分析方法

序号	监测项目	分析方法	方法来源
1	甲烷	气相色谱分析法	①
2	二氧化碳	气相色谱分析法	GB/T 18204.24
3	氧气	气相色谱分析法	①
4	硫化氢	气相色谱法	GB/T 14678
5	氨	次氯酸钠·水杨酸分光光度法	GB/T 14679

① 采用《气象和大气环境要素观测与分析》(中国标准出版社，2002年)。

3. 渗滤液监测

渗滤液包括场内监测和处理之后的排放监测。渗滤液色度高，含有大量的悬浮物、难降解的有机质以及重金属离子，渗滤液的监测方法见表11-6。

表 11-6 渗滤液监测项目及分析方法

序号	监测项目	分析方法	方法来源
1	悬浮物	重量法	GB/T 11901
2	化学需氧量	重铬酸盐法	GB/T 11914
3	五日生化需氧量	稀释与接种法	GB/T 7488
4	氨氮	纳氏试剂比色法	GB/T 7479
		蒸馏和滴定法	GB/T 7478
5	大肠菌值	多管发酵法	GB/T 7959
			①

① 采用《水和废水监测分析方法》(第四版)(中国环境科学出版社，2002 年)。

4. 填埋场外排水监测

填埋场外排水受填埋垃圾和渗滤液的影响可能会含有少量的难降解有机物和细菌。通过对填埋场外排水的监测，可以清晰地了解渗滤液和填埋垃圾对外排水的污染情况，并做出改进，填埋场外排水监测方法见表 11-7。

表 11-7 填埋场外排水监测项目及分析方法

序号	监测项目	分析方法	方法来源
1	pH 值	玻璃电极法	GB/T 6920
2	悬浮物	重量法	GB/T 11901
3	五日生化需氧量	稀释与接种法	GB/T 7488
4	化学需氧量	重铬酸盐法	GB/T 11914
5	氨氮	纳氏试剂比色法	GB/T 7479
		蒸馏和滴定法	GB/T 7478
6	粪大肠菌群	多管发酵法	①

① 采用《水和废水监测分析方法》(第四版)(中国环境科学出版社，2002 年)。

5. 地下水监测

通过对地下水进行监测，了解地下水的受污染情况。检查填埋垃圾所产生的渗滤液是否下渗并对地下水造成污染，以及检查填埋场渗滤液输送管道和调节池是否出现渗滤液泄漏和外流的现象。地下水的监测方法见表 11-8。

表 11-8 地下水监测项目及分析方法

序号	监测项目	分析方法	方法来源
1	pH 值	玻璃电极法	GB/T 6920
2	浊度	—	GB/T 13200
3	肉眼可见物		①
4	嗅味	—	①
5	色度	—	GB/T 11903
6	高锰酸盐指数	酸性或碱性高锰酸钾氧化法	GB/T 11892
7	硫酸盐	重量法	GB/T 11899
		火焰原子吸收法	GB/T 13196
8	溶解性总固体		①
9	氯化物	硝酸银滴定法	GB/T 11896
10	钙和镁总量	EDTA 测定法	GB/T 7477
11	挥发酚	蒸馏后 4-氨基安替比林分光光度法	GB/T 7490
12	氨氮	纳氏试剂比色法	GB/T 7479
		蒸馏和测定法	GB/T 7478

续表

序号	监测项目	分析方法	方法来源
13	硝酸盐氮	酚二磺酸分光光度法	GB/T 7480
		麝香草酚分光光度法	GB/T 5750.5
14	亚硝酸盐氮	分光光度法	GB/T 7493
15	总大肠菌群	多管发酵法	GB/T 5750.12
16	细菌总数	平直计数法	GB/T 5750.12
17	铅	原子吸收分光光度法	GB/T 7475
18	铬(六价)	双硫腙分光光度法	GB/T 7470
		二本磺酸二肼分光光度法	GB/T 7467
19	镉	原子吸收分光光度法	GB/T 7475
20	总汞	双硫腙分光光度法	GB/T 7471
		冷原子吸收分光光度法	GB/T 7468
21	总砷	二乙氨基二硫代甲酸银光度法	GB/T 7485
		氢化物发生原子吸收法	①

① 采用《水和废水监测分析方法》(第四版)(中国环境科学出版社，2002年)。

6. 噪声监测

生活垃圾填埋场界噪声监测按《工业企业厂界环境噪声排放标准》(GB 12348—2008)测量方法执行。

7. 填埋物监测

(1) 样品制备　按照CJ/T 313-2009中5.2规定执行。

(2) 垃圾容重的测定　通过称量固定体积容器内生活垃圾重量，计算生活垃圾容重。分为容器法（垃圾桶）和集装箱法进行测定。测定步骤和计算见CJ/T 313-2009中6.1.1和6.1.2。

(3) 物理组成的测定　使用分样筛、磅秤、台秤进行测定。按照CJ/T 313-2009中6.2规定执行。生活垃圾物理组成见表11-9。

表11-9　生活垃圾物理组成

序号	类别	说明
1	厨余类	各种动、植物类食品(包括各种水果)的残留物
2	纸类	各种废弃的纸张和纸制品
3	橡塑类	各种废弃的塑料、橡胶、皮革制品
4	纺织类	各种废弃的布类(包括化纤布)、棉花等纺织品
5	木竹类	各种废弃的木竹制品及花木
6	灰土类	炉灰、灰砂、尘土等
7	砖瓦陶瓷类	各种废弃的砖、瓦、瓷、石块、水泥块等块状制品
8	玻璃类	各种废弃的玻璃、玻璃制品
9	金属类	各种废弃的金属、金属制品(不包括各种纽扣电池)
10	其他	各种废弃的电池、涂料、杀虫剂等
11	混合类	粒径小于10mm的按上述分类比较困难的混合物

(4) 含水率的测定　使用电热鼓风恒温干燥箱、搪瓷托盘、塑料容器、金属容器、天平、台秤、干燥器等进行测定。生活垃圾的含水率测定应在测定物理组成后24h内完成。测定按照CJ/T 313—2009中6.3规定执行。

(5) 有机质的测定　有机质含量的测定可采用灼烧法和重铬酸钾法，具体要求按国家现行标准《生活垃圾化学特性通用检测方法》（CJ/T 96—2013）的规定执行。

8. 苍蝇密度监测

根据垃圾场功能分区及场区内苍蝇的迁移范围，在办公区、作业区、厂界外 50m（夏季主导风下风向）设点，用标准原柱形诱蝇笼（$\varphi=30$cm，$h=35$cm，笼脚高 5cm）诱捕，加入诱饵（少量稀饭、食糖、鱼杂、奶粉、食醋等组成），监测时间一般在 4～10 月 6 时～18 时，最后将捕到的苍蝇进行蝇类统计和计数，将采集的苍蝇以每笼计数，算出蝇密度，单位为只/（笼·d）。苍蝇密度监测应在晴天时进行。

四、填埋场常用的检测仪器及设备

填埋场常用的检测仪器及设备见表 11-10。

表 11-10 填埋场常用的检测仪器及设备

名称	备 注
恒温干燥箱	(1)数显智能控温，镜面不锈钢内胆； (2)温度范围：室温＋10～200℃，温度波动≤±1℃； (3)容积：70L，功率：1.5kW
电热恒温水浴锅	(1)规格：一列双孔，不锈钢内胆，数显智能控温； (2)温控范围：RT～100℃，温控精度：±0.5℃
生物显微镜	双目，LED 电光源，放大倍率：40×～1600×
便携式 pH 计	数显，便携式，测量范围：0～14.00，分辨率：±0.01pH
高温电阻炉	数显控温，炉膛尺寸：300mm×120mm×80mm，最高温度：1000℃
COD 测定仪	数显，最低检出限：3mg/L；检出范围：10～200mg/L(低量程)、50～2500mg/L(高量程)，含加热器
BOD 测定仪	生化需氧量或生化耗氧量测量，无机化或气体化时所消耗水中溶解氧的总数量
便携式 DO 仪	便携式数显，测量范围(0.00～20.00)mg/L；基本误差：溶解氧±0.10mg/L 或 5%；具有自动温度补偿功能
生化培养箱	液晶显示，不锈钢内胆，容积 250L，温度范围：5～50℃，控温精度±0.5℃
电子分析天平	液晶显示，最大量程 200g，精度 0.1mg
电子天平	数显，最大称量 1000g，精度 0.1g
垃圾填埋场气体分析仪	便携式垃圾填埋场专用，测氧气、甲烷、LEL、一氧化碳、CO_2、硫化氢、NH_3
浊度仪	便携式，用于实验室或现场快速测定水和废水的浊度值。最低检出限：0.1NTU 量程：1～1000NTU；重复性：±3%；输出方式：液晶显示
大气采样器	流量范围 0.1～1.5L/min，流量稳定性≤5%/8h
高压消毒锅	利用饱和压力蒸汽对物品进行迅速而可靠的消毒灭菌设备
分光光度计	测量物质对不同波长单色辐射的吸收程度，定量分析
凯氏定氮仪	凯氏法检测物质中氮含量，蛋白质测定
通风柜	使使用者以及实验室其他人员远离化学试剂和其他有害物质的侵害
菌落计数器	数显式自动细菌检验仪器
蒸馏水器	制取蒸馏水用
可调电炉	高温加热
实验台及水槽	钢木结构，台面为实心理化台面
无菌操作台	提供无尘无菌高洁净工作环境的设备
便携式水质硬度仪	测量水质硬度的专用便携式表

其中，便携式填埋场气体检测仪可以测定多种气体成分含量，是近几年开发的填埋场专用仪器。垃圾填埋场气体检测仪采用先进的红外技术、电化学测试原理，该系列多气体参数

分析仪广泛用于垃圾填埋场气体检测中。该仪器使用探头直接采样，选择需要被检测的气体在一台仪器上可实现同时检测发酵中可产生的CH_4、CO_2、H_2、NH_3、H_2S、O_2不同气体含量，配有方便背包、打印阅读功能，可现场检测或现场取样进行实验室检测。

沼气分析仪仪器功能：全部操作键盘设置，窗口提示；现场 LCD4×20 字符式轮换显示多项环境参数，可带串行微型打印机，支持热值计算，快速检测参数和温度值，并进行温度矫正和交叉矫正；惰性气体软件调零，标准样品或替代品标定；可储存 100000 组数据，可生成数据曲线，可导出数据。性能参数如下：

响应时间<1min；采样温度 0～40℃；采样压力 0.9～1.1kgf/cm^2；供电电源 12V 充电蓄电池；采样温度 0～40℃；采样压力 0.9～1.1kgf/cm^2；长期稳定性±10%/年（一般）；使用环境温度－10～60℃，湿度 10%～90%（无结露）；保存环境温度 0～50℃，湿度 10%～80%（无结露）。垃圾填埋场气体检测仪的量程范围及重复性参数见表 11-11。

表 11-11 各种气体的量程范围及重复性

被测气体	量程范围	重复性
烃类化合物	0～100%(体积分数)	±2%
二氧化碳	0～25%/0～100%(体积分数)	±2%
氨气	0～1000mL/m^3	±2%
氢气	0～4%(体积分数)	±2%
氧气	0.1%～30%(体积分数)	±2%
硫化氢	0～500mL/m^3	±2%

第十二章 准好氧填埋场

第一节 准好氧填埋场的原理与构造

一、填埋场的功能与分类

填埋场作为废弃物的最终处置场所，占据了大量土地。在漫长的稳定化过程中，填埋场的垃圾得到生物降解，整个填埋场可看作一个生物反应器（Bio-reactor landfilling），即利用填埋层的各种生物化学作用来降低填埋场产生的高浓度有机物渗滤液和加速垃圾中有机物的降解，包括渗滤液的回灌、矿化垃圾开采后构建的矿化垃圾生物反应床以及插层填埋等都利用或强化了这一功能。在这个过程中，微生物发挥了很大的作用，其过程包括好氧分解和厌氧分解。

由于固体废物比较疏松，新填埋单元虽经压实、覆盖，内部空隙中仍然含有大量的空气及氧气，这就使利用废物中的葡萄糖作为基质和能源的兼性需氧有机物发生好氧分解。

$$C_6H_{12}O_6+6O_2 \longrightarrow 6CO_2+6H_2O$$

当填埋初期残留的空气消耗殆尽后，厌氧分解并接踵而至，这个阶段主要产生两种产物：二氧化碳和甲烷。

$$\text{有机物质}+H_2O \xrightarrow{\text{热}} CH_4+CO_2$$

实际上填埋场中的好氧和厌氧过程在整个过程都共同存在，取决于填埋场中的不同位置。图 12-1 为填埋场垃圾的稳定化过程。

垃圾中可分解有机物在微生物的作用下，逐步分解为气态物质（CO_2、CH_4、H_2S等）、水和无机盐类等，达到了减容和稳定的目的。分解速度与垃圾本身特性有关，一般厨余物最快，再依次为纸类、草木类、纤维类；至于有机成分，则糖类分解最快，接下来为淀粉、脂肪、蛋白质、纤维素、木质素等。分解最慢的木质素逐渐在填埋层积累，与微生物尸体中的蛋白质重现聚合，形成比较稳定的腐殖质，以后慢慢分解。而对于微生物无法分解的

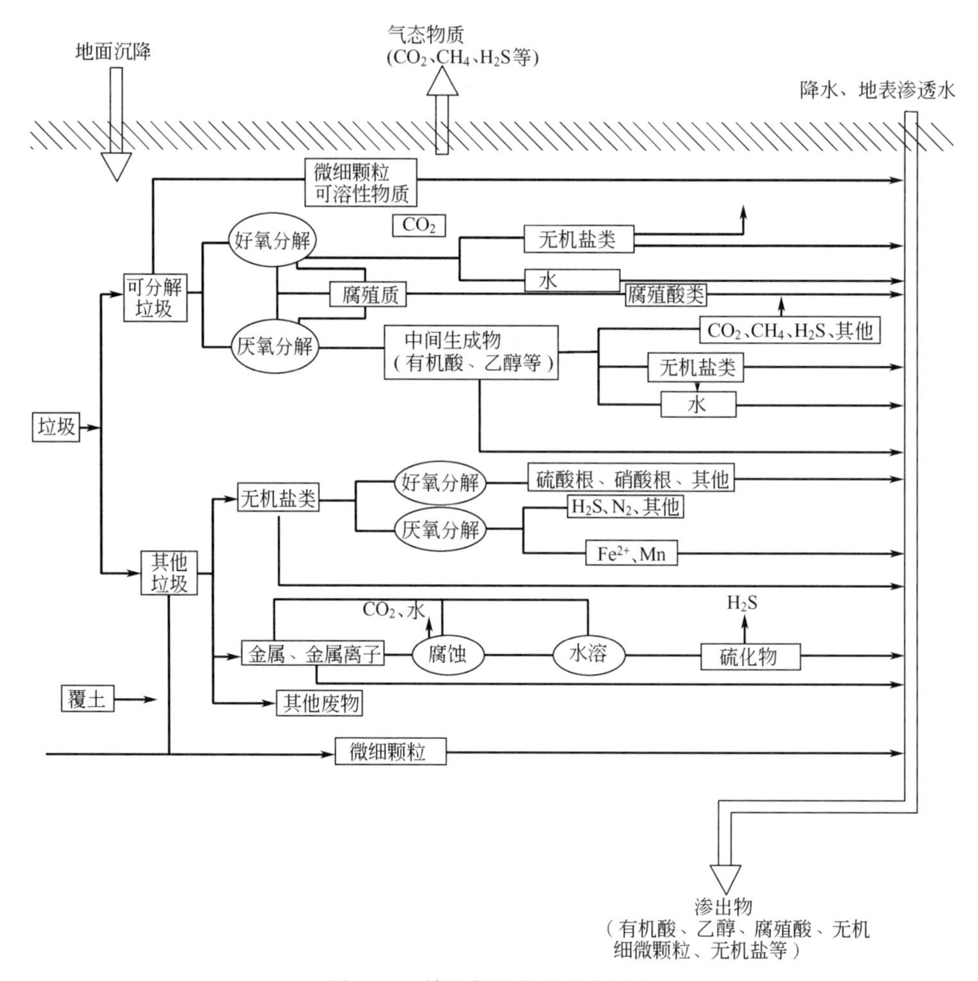

图 12-1 填埋场垃圾的稳定过程

物质，则主要靠填埋层本身的自重产生的压力而产生压缩、金属的腐蚀、塑料等物质的老化等各种作用使得填埋初期形成的空隙减少，再加上渗滤液带走部分细颗粒，使填埋层内形成致密的结构，达到稳定。另外垃圾中的一些可溶性盐类，以及降解过程产生的一些金属盐，也随着渗滤液的流出而被带出。

二、填埋场的构造

自从 20 世纪 60 年代中期，人们发现，填埋场对固体废物的二次污染物，如渗滤液、填埋气等具有自动净化能力。为了突出强化填埋场的自动净化功能，构建填埋场成了一个研究热点，日本福冈大学的 Hanashima 提出了填埋场构造的理论，认为“如果填埋场处于好氧状态，就能达到固体废物的快速降解”。其后，一大批日本学者进行了相关研究，并提出：根据填埋场内部状况和运行条件，可以把填埋场构造分为五类：厌氧性填埋场、每日覆土的厌氧性填埋场、底部设渗滤液集排水管的改良型厌氧性卫生填埋场、设有通气和集排水装置的准好氧性填埋场、强制通风型好氧填埋场。并分析了各类填埋场中微生物的特征：与厌氧填埋场相比，好氧微生物的数量更多；好氧填埋场中存活有大量的产孢子细菌，并且填埋场中废物的稳定降解不受环境的影响；好氧填埋场中的微生物对纤维素的降解能力强；厌氧填埋场中废物的降解过程中产生大量有机酸，对微生物的生长产生了抑制作用，从而使得厌氧填埋场的稳定化过程变慢。

各种构造填埋场的结构见图 12-2。

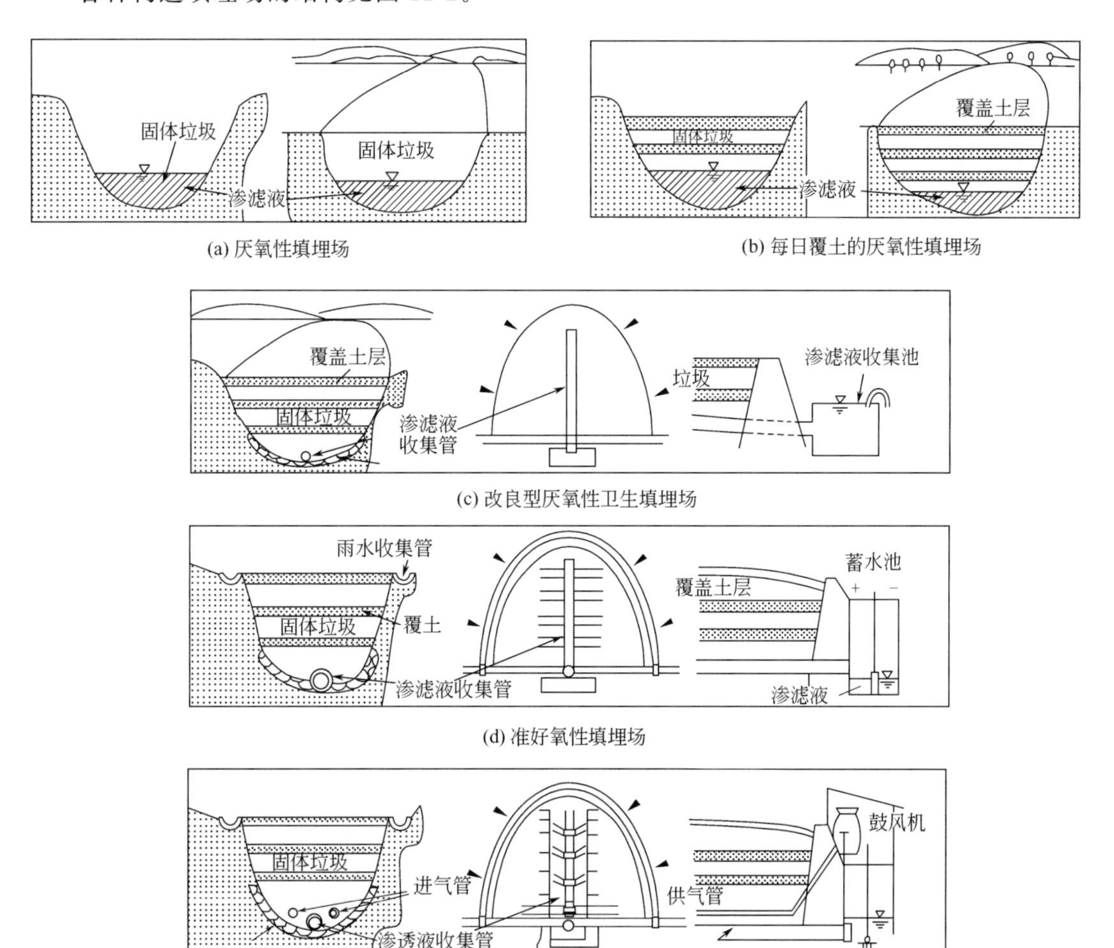

图 12-2 各种填埋场的结构

前两类填埋场可归类为自然衰减型填埋场，而后三类则可称为封闭型填埋场。两种填埋场的主要区别在于自然衰减型填埋场不设防渗衬层和收集渗滤液的管道系统，其设计指标主要是黏土不饱和区的最小厚度、距基岩的深度与取水井的最小距离等，因为这种填埋场允许渗滤液进入黏土，通过黏土得到净化；而封闭型填埋场则要求铺设防渗衬层以阻止渗滤液进入黏土，并用管道系统收集渗滤液以便进行处理。在我国，目前大部分填埋场仍然属于自然衰减型填埋场。

封闭型填埋场是目前通行的填埋设计类型。这一设计概念要求严格限制渗滤液渗入地下水层中，将垃圾填埋场对地下水的污染减小到最低限度，而且这一要求有越来越高的趋势。为达到这一设计要求，在填埋场内应铺设一层甚至两层防渗衬层，安装渗滤液收集系统，设置雨水和地下水的集排水系统，甚至在封场时用不透水材料封闭整个填埋场。

厌氧性填埋场与厌氧性卫生填埋场的主要差别在于是否每日覆土。由于其污染比较严重而且难以控制，特别是随着填埋场建设和环境保护标准的提高，新建的填埋场不允许再用这两种形式。

好氧性填埋场可以加速填埋场的稳定化，使有机物的降解一直保持在好氧条件下，从而使填埋垃圾在最短的时间内达到稳定化，大大减轻垃圾渗滤液对地下水的污染压力，同时可加快填埋场场址的稳定速度，使场址在最短的时间内达到稳定状态，从而能够使土地得到再一次的利用。但这种填埋构造也存在着明显的缺点：首先是运行费用巨大，由于每天都得向填埋层输送空气，增加了动力费用；其次如上所述，好氧分解过程中，分解产物为二氧化碳和水，不产生沼气，从而无法有效利用填埋气。所以除非有特殊要求或特殊场址，一般很少采用这种构造，特别是我国这样一个发展中国家。

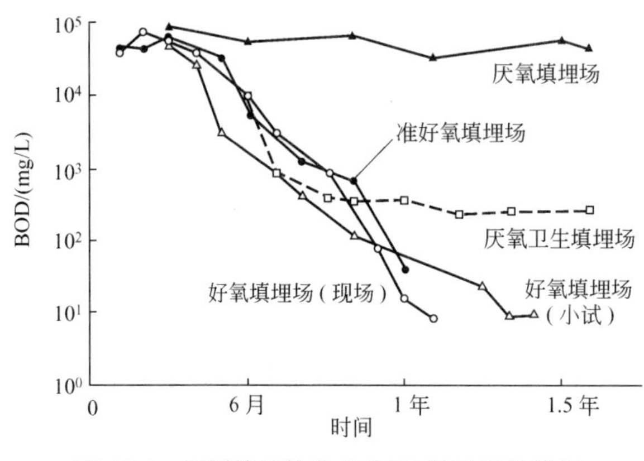

图 12-3　不同填埋构造的 BOD 随时间的降解

改良型厌氧填埋场和准好氧填埋场的主要区别在于是否利用渗滤液集排水管向填埋层通风。厌氧填埋场可以产生沼气，使填埋的有机物能量得到有效利用，但其产生的渗滤液中有机物含量高，难以处理，而且垃圾稳定所需的时间较长，封场后仍需较长时间的管理。与改良型厌氧填埋场相比，准好氧填埋场则刚好相反，容易达到稳定状态，渗滤液污染负荷能很快达到较低水平，这可从图 12-3 看出，稳定时间大大缩短。

从表 12-1 的实验和调查结果还可以看出，如果有空气进入到填埋场中，一般封场 2 年时间，即可达到基本稳定，COD/BOD 可下降到 0.05 左右。但准好氧填埋场也有其缺点：首先是由于考虑空气流动，所以使渗滤液集排水管管径增加 50%，使得相应造价提高，并带来设计选管的困难，施工和运行时复杂程度提高；其次由于填埋层进入空气，所以无法产生沼气或其浓度太低，没有利用价值。因此在设计时必须考虑两种构造的优缺点，明确设计目的。

表 12-1　不同设计条件下渗滤液的水质

设计条件	项　目	填埋运行期间	封场 6 个月	封场 1 年	封场 2 年
无空气进入	BOD/(mg/L)	40000～50000	40000～50000	30000～40000	10000～20000
	COD/(mg/L)	40000～50000	40000～50000	30000～40000	20000～30000
	NH_3-N/(mg/L)	800～1000	1000	800	600
	pH 值	7.0 左右	7.0 左右	7.0 左右	7.0 左右
	透视度	0.9～1.0	1.0～2.0	2.0～3.0	2.0～3.0
有空气进入	BOD/(mg/L)	40000～50000	4000～5000	100～200	50
	COD/(mg/L)	40000～50000	10000	1000～2000	1000
	NH_3-N/(mg/L)	800～1000	500	100～200	100
	pH 值	7.0 左右	8.0 左右	7.5 左右	7.0～8.0
	透视度	0.9～1.0	1.0～2.0	3.0～4.0	5.0～6.0

对于现在普遍存在的填埋场选址困难的局面，加快填埋场稳定化速度以便尽快开发封场后的填埋场址成为首选。而准好氧填埋场是一种可选项。

三、准好氧填埋场的原理与构造

1. 定义与特性

准好氧填埋场的构造（见图 12-4）是在改良型厌氧卫生填埋的基础上，不需鼓风设备，只需增大排气、排水管径，扩大排水和导气空间，使排气管与渗滤液收集管相通，使得排气、进气形成循环，在填埋地表层、集水管附近、立渠和排气设施附近形成好氧状态，从而扩大填埋层的好氧区域，促进有机物分解。而在空气接近不了的填埋层中央部分等仍处于厌氧状态，在厌氧状态区域，部分有机物被分解，还原成硫化氢，垃圾中含有的铬、汞、铅等重金属离子与硫化氢反应，生成不溶于水的硫化物，存留在填埋层中。这种好氧、厌氧相结合的填埋方式称为准好氧填埋，也称为“the Fukuoka method”。与厌氧填埋结构相比，其渗滤液收集管管径较大，末端与大气相通；与好氧填埋结构相比，花管的孔眼并不是强制通风。

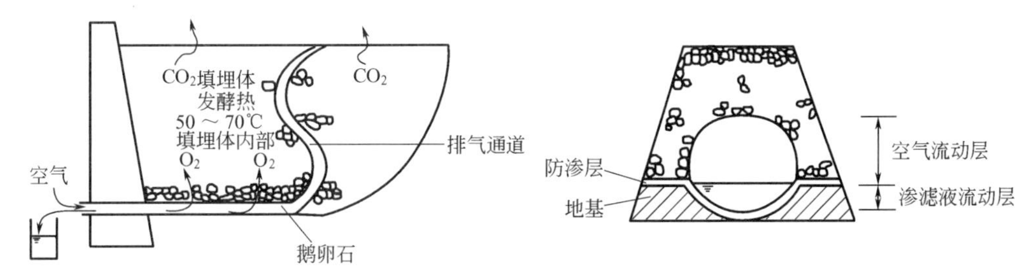

图 12-4　准好氧填埋场构造示意

与一般的填埋场相比，准好氧填埋场具有以下优点：

① 由于导气系统比一般卫生填埋所用排气管径大，间距小，因此垃圾分解产生的气体易于排出，填埋场安全性较好；

② 准好氧填埋为垃圾的降解提供了有利条件，因此垃圾分解较快，堆体稳定速度加快，便于填埋场地的稳定与修复；

③ 准好氧填埋很好地控制了硫化氢等臭气的产生，因此填埋场相对较卫生；

④ 准好氧填埋垃圾所产生的渗滤液，其 COD_{Cr}、BOD、氨氮浓度比一般卫生填埋场低 1.5～2 倍，缩减了垃圾渗滤液处理费用；

⑤ 其总的建设投资费用、运营费用以及维护保养费用较低。

2. 准好氧填埋场的稳定机理

一般来说填埋场的稳定是指填埋场里有机物达到稳定，这种稳定对填埋构造能起到很大作用，而生物化学上的稳定是指生物分解作用基本完成后达到的稳定。被填埋的废弃物含有大量的可被生物降解的有机物，在微生物的作用下，填埋场日趋稳定，废弃物本身的性质，如强度等也逐渐减弱。在生物分解过程中，废弃物的温度（内温）、水分、耗氧量等各种因素对分解速度与产物都有很大的影响。填埋场中的废弃物为各种杂乱物质无序的堆积，其形态复杂，大致模型见图 12-5。

准好氧填埋场的大致运行模式如下：在填埋废弃物的空隙间，有大量的空气和水分流通，这是准好氧填埋场的最大特征，即在不借助机械动力作用下，氧可以自然供给。废弃物内层含有存在于气体中的游离氧和存在于水中的溶解氧，水中溶解氧在降雨时得

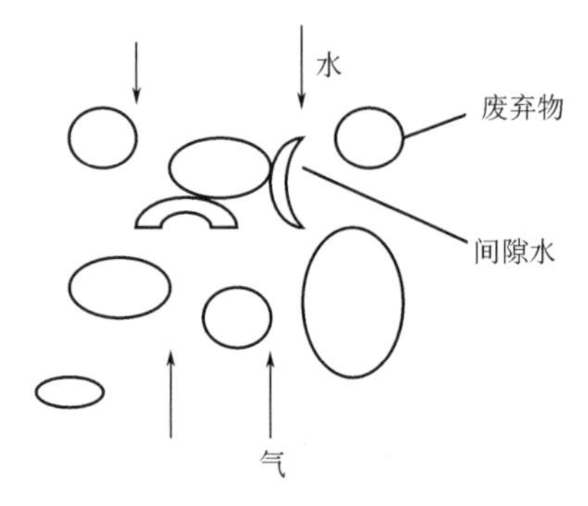

图 12-5　废弃物模型

到部分补充，空气中游离氧因空气流入而得到供给。它与纯好氧填埋不同，不是强制通风，而是靠构造自身的供氧能力，利用气压变化、水位变动、风量等自然现象以及废弃物层内部气体与外部气体的密度差来供氧，即利用填埋层内部的各种生物反应以及其他反应产生的发酵热，使内部气体升温，与外界气体产生温度差，由于这种温度差而产生了密度差，使得空气经渗滤液收集管进入填埋层，有利于好氧微生物繁殖生长，加快填埋层中有机物的分解，并降低渗滤液中污染物浓度。但离渗滤液收集管较远的填埋层仍然处于厌氧状态，部分有机物被分解，还原生成的硫离子与填埋层中的重金属反应生成不溶于水的沉淀而存留在填埋层中。随着时间的推移，好氧区域逐渐扩大。

根据以上模式，在氧的收支平衡上，需探讨气体和水的流动，由此引起的氧和热的交换，以及由生物反应引起氧的消耗和产热问题，见图 12-6。由图 12-6 可知，气、液、固各相之间应考虑到氧热交换，同时也需考虑到气体和水在空隙的流动。

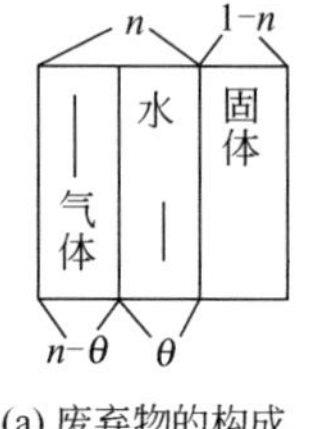

(a) 废弃物的构成

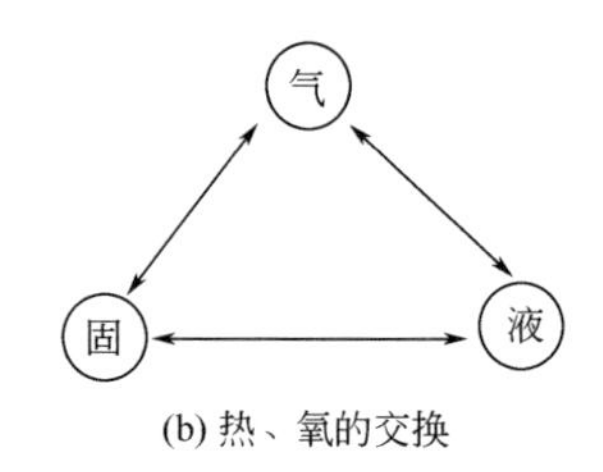

(b) 热、氧的交换

图 12-6　废弃物内热物质移动

3. 偏微分方程

根据前述方案，对各个因素进行具体的定量探讨，建立相应的偏微分方程。将填埋场的立体结构演化为平面结构来考虑。

（1）气体的流动　气体流动，可考虑在填充物内温度、密度的流动变化，表示如下。

$$J_x = -k_x \frac{\partial p}{\partial x} \tag{12-1}$$

$$J_z = -k_z \left(\frac{\partial p}{\partial z} + \rho_G g\right) \tag{12-2}$$

式中，x、z 分别为水平、垂直方向坐标，cm；p 为压力，gf/cm^2；k_x、k_z 分别为 x、z 方向透气系数，cm/s；g 为重力加速度，cm/s^2；ρ_G 为气体密度，g/cm^3；J_x、J_z 分别为 x、z 方向气体通量，$g/(cm^2 \cdot s)$。

如忽视气体产生和消耗，可得出

$$\frac{\partial J_x}{\partial x} + \frac{\partial J_z}{\partial z} = 0 \tag{12-3}$$

对于 ρ_G，从饱和空气状态方程式，可得出下式。

$$\rho_G = \rho_0 \times \frac{T_0}{T} \times \frac{p}{p_0} \tag{12-4}$$

式中，ρ_0 为标准温度和压力下的空气密度，$1.239\times10^{-3}g/cm^3$；$T_0=273.16K$；$p_0=$ 1atm（$1atm\approx1.01\times10^5Pa$）。

如将温度和压力进行比较，而把温差调为 50～60℃，则 $T_0/T=0.82\sim0.845$。如将高度调到 10m，则由 $p=\rho_G gh$，得 $p/p_0=1.001$。所以，可将 p/p_0 看为 1.0，从而上式可以

简化为

$$\rho_{G}=\rho_{0}\times\frac{T_{0}}{T} \tag{12-5}$$

（2）水流　水流可认为单纯是一种垂直方向的不饱和渗透体，故可忽略水的产生和蒸发，则有

$$\frac{\partial V_{L}}{\partial x}=0 \tag{12-6}$$

$$V_{L}=-D(\theta)\frac{\partial\theta}{\partial z}+k(\theta) \tag{12-7}$$

式中，θ 为体积含水率；$D(\theta)$为水分扩散系数，cm^2/s；$k(\theta)$为不饱和渗水系数，cm/s；V_L 为 z 方向的水流流速，cm/s。

（3）热的产生和利用　气、液、固三相之间，如无温度差，热的收支可按下式表示。

$$J_{x}C_{G}\frac{\partial\theta}{\partial x}+(J_{x}C_{G}+\rho_{L}V_{L}C_{L})\frac{\partial\theta}{\partial x}-k\nabla^{2}\theta-q+e=0 \tag{12-8}$$

式中，ρ_L 为水的密度，g/cm^3；k 为废弃物层内的热传导率，cal[1]/(cm·s·℃)；C_G、C_L 分别为气、水的比热容，cal/(kg·℃)；θ 为温度,℃；q 为发热量，$cal/(cm^3·s)$；e 为热的散失量，$cal/(cm^3·s)$。

（4）氧的收支平衡　气液之间，假定氧的平衡成立，则氧的收支用下式表示。

$$J_{x}\frac{\partial X}{\partial x}+(J_{x}+V_{L}k_{d})\frac{\partial X}{\partial x}-(D_{G}+D_{L})\nabla^{2}X+r=0 \tag{12-9}$$

式中，X 为气体中的氧浓度，g/cm^3；k_d 为气体中和水中氧的平衡系数；D_G、D_L 分别为气体、水中的氧扩散系数，cm^2/s；r 为废弃物的耗氧速率，$g/(cm^3·s)$。

（5）影响因素　发热量和耗氧速率及氧浓度之间的关系如图 12-7 所示。如在厌氧状态，氧浓度为 0 时，耗氧速率虽是 0，但厌氧发酵仍贡献了部分热，就不能为 0。而如氧浓度较大时，可认为发热量和氧浓度接近某一定值。

在准好氧填埋上，氧的供给是和温度、密度和热度作联立解答的。式(12-6) 和式(12-7) 的水流速问题，相当于每个单位面积所浸入的雨水量。

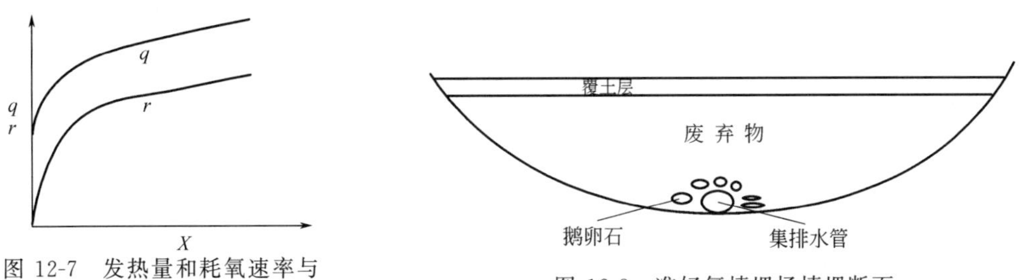

图 12-7　发热量和耗氧速率与氧浓度之间的关系

图 12-8　准好氧填埋场填埋断面

（6）边界条件　准好氧填埋场填埋断面如图 12-8 所示，但表示得较为简单，具体计算时还得考虑图 12-9 中所涉及的范围。

---

[1] 1cal=4.18J，下同。

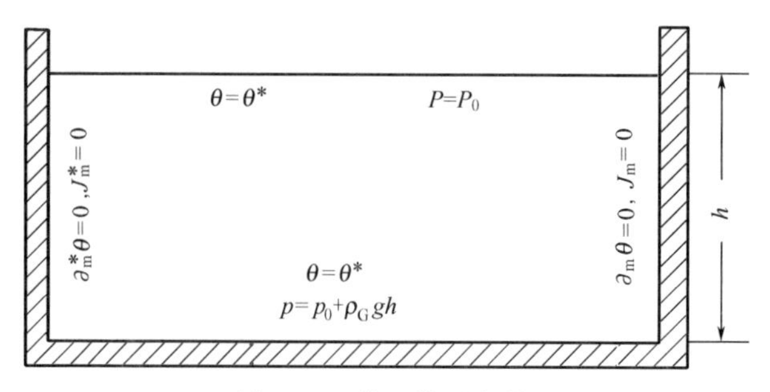

图 12-9 典型境界条件

其边界条件如下。

① 壁面：壁面是隔热的，无透气性，即

$$\frac{d\theta}{dn}=0,\ \frac{dp}{dn}=0 \tag{12-10}$$

式中，n 为法线矢量。

② 上表面：压力和大气压相等，温度是测定值，即

$$\theta=\theta^*,\ p=p_0 \tag{12-11}$$

式中，θ^* 为温度；p_0 为表面压力。

③ 入口处：压力与大气压相等，温度与大气温度相等，即

$$\theta=\theta_0,\ p=p_0+\rho_G gh \tag{12-12}$$

式中，θ_0 为大气温度。

4. 渗滤液收集管

渗滤液收集管在准好氧填埋场中起着至关重要的作用，概括起来有以下几点：

① 由于渗滤液要尽可能从填埋场底部排出，使得空气容易进入填埋场，扩大了好氧空间；

② 由于填埋场中好氧区域的扩大，使得好氧菌的活力增强，废弃物的降解速度加快；

③ 由于运用了穿孔管作为渗滤液收集管，并在四周铺上砾石层，使得渗滤液水质得到有效改观；

④ 渗滤液收集管的堵塞现象得到缓解。

图 12-10 是日本某准好氧填埋场的渗滤液收集管。其直径一般根据填埋场的地理

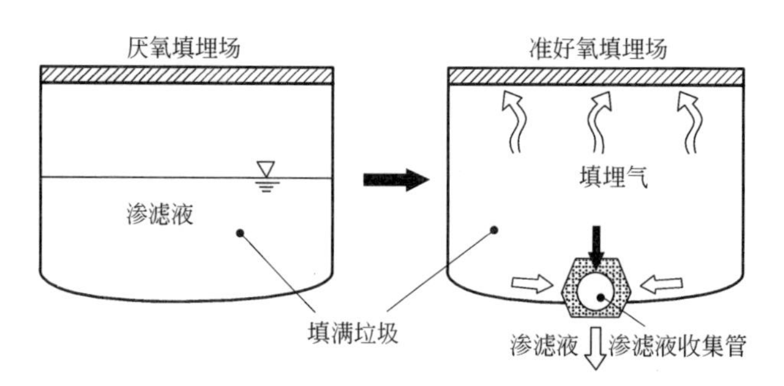

图 12-10 日本某准好氧填埋场的渗滤液收集管

环境、降雨量以及垃圾的性质来定，在日本主管直径一般标准为450～600mm之间，支管直径为250mm左右。砾石层的砾石直径一般选择50～150mm。图12-11为Malaysia填埋场中的实例，为了节省管道的建设费用，用竹子来作为渗滤液收集管的支管。

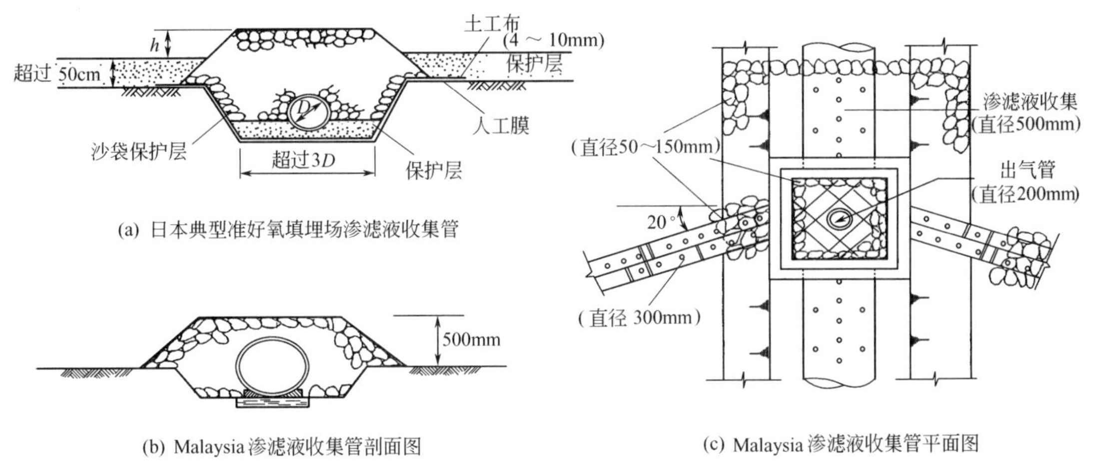

图 12-11 Malaysia填埋场渗滤液收集管剖面图

5. 准好氧填埋场中废物降解机理

图12-12为准好氧填埋场中废物降解过程。当废物刚填入填埋场时，在废物空隙中存在大量的好氧菌和兼氧菌，发生好氧反应，即A、B区，其主要存在于填埋场的底部和顶部，

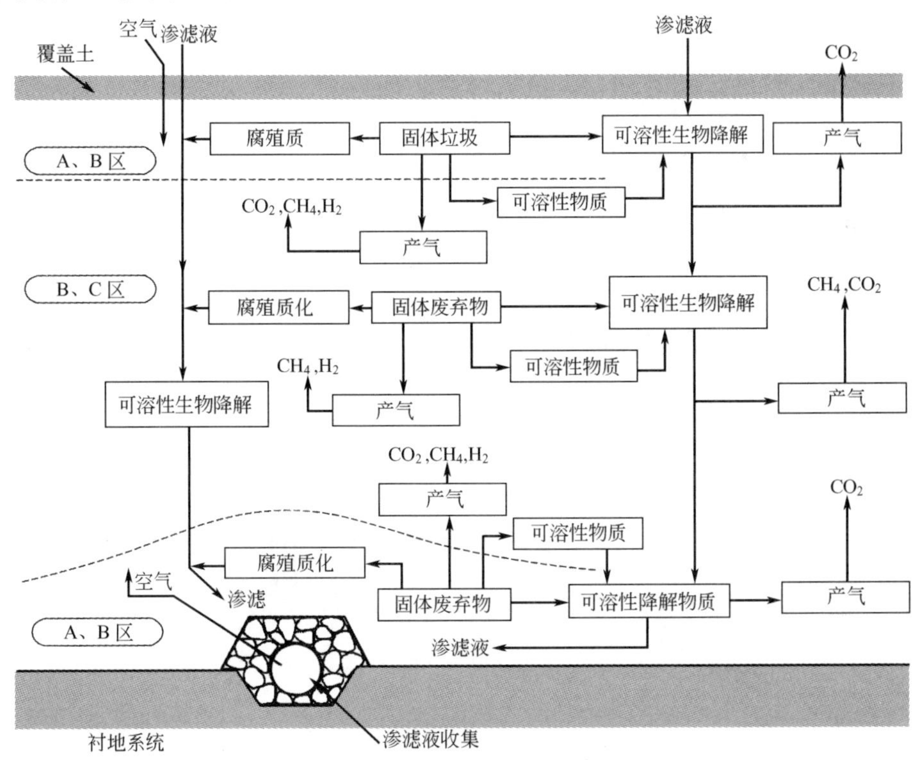

图 12-12 准好氧填埋场中废物降解过程

A—好氧；B—兼氧；C—厌氧

底部区域主要与氧气的渗透能力、填埋场中的温度、空隙等有关，而顶部区域则与覆土性质、空隙等有关。在填埋场的中部 B、C 区，兼氧菌和厌氧菌比较活跃。这些区域也很难严格定义，随时间经常发生变化。

B、C 区中的废弃物在兼性厌氧菌的作用下，降解为有机酸和乙醇，部分溶解于渗滤液中被带出，而留在废弃物中的这部分在专性厌氧菌的作用下降解为甲烷气和二氧化碳。A、B 区在经过兼性好氧菌的作用后，在专性好氧菌的作用下，直接降解为二氧化碳和水。好氧菌的降解率比兼性菌和厌氧菌都快，所以在填埋场对废弃物的自净作用中，A、B 区的贡献更大。当然，废弃物中不是所有物质都能有效地降解，这些物质一般认为与一些中间产物发生无机化学反应形成腐殖质，在填埋层中缓慢的降解，一些降解产物如腐质酸、富里酸等进入渗滤液，随之排出。

四、准好氧填埋场的改进

为了进一步提高渗滤液的自净速度，加快排放，同时提高填埋场中渗滤液的更新速度，对准好氧填埋场的构造做了很大的改进，发展了回灌式准好氧填埋场，见图 12-13。

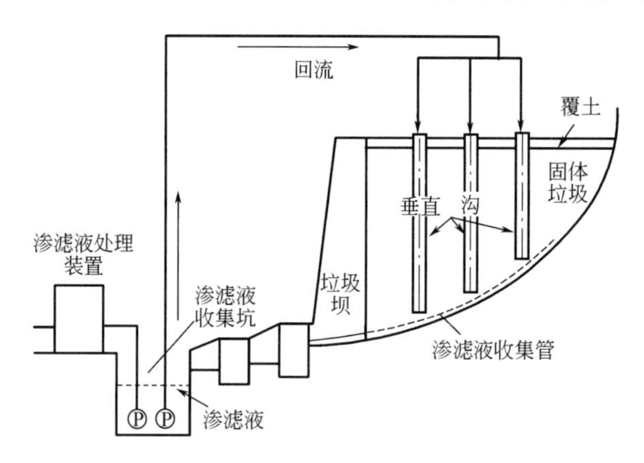

图 12-13 回灌式准好氧填埋场

而在 Malaysia，第一次提出了“低成本回灌式准好氧填埋场”，直接用回流泵把填埋场外部的渗滤液用排气口回灌，如图 12-14 所示。

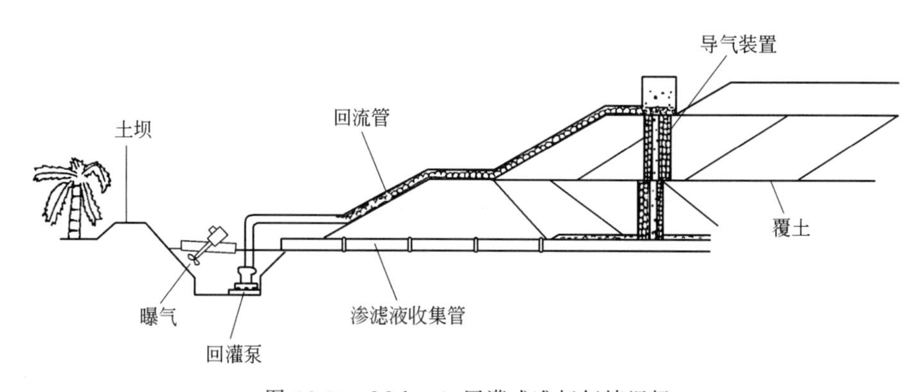

图 12-14 Malaysia 回灌式准好氧填埋场

在这种构造中，渗滤液的有机物能够得到很好的降解，但氨氮减少得不多，需在后续设计中着重考虑，可以通过外置渗滤液好氧处理系统后，渗滤液进行回灌，这样即可解决氨氮的问题。

第二节　准好氧填埋场的设计

一、准好氧填埋场的应用及存在的问题

准好氧填埋场具有以下优点：可以减少甲烷和硫化氢的产生；垃圾降解速度比厌氧填埋场快；运行费用低；降低了渗滤液对地下水的污染概率；准好氧填埋场内的各种问题比厌氧填埋场少。

准好氧填埋技术在日本应用较为广泛，在渗滤液收集管和排水管周围存在好氧区，可以提高渗滤液稳定速度，改善其水质。许多日本学者证明这是十分有效的填埋场运行技术。填埋场内有渗滤液收集管和排水管系统，通过这些系统，空气进入场内，在管网周围形成好氧区域。然而，渗滤液排水管也可能受到损坏或是被堵塞，从而阻碍渗滤液排出，空气也不能进入场内。这种情况危及填埋场的结构安全，也使得准好氧填埋场丧失其应有的功能。为了提高渗滤液的排出速度，减少排水管内的水力负荷，可以采用多点排水。总的说来，采用准好氧填埋场处理垃圾，可以减小渗滤液对地下水的污染，保证渗滤液排水系统的正常运行，改善并提高填埋层内好氧区域功能发挥。

二、准好氧填埋场设计概述

垃圾填埋处理处置的目的是在不影响生活环境的条件下，适当地贮存废弃物，同时利用自然降解作用使被填埋的废弃物稳定化、无害化，也就是填埋场同时具有贮存功能和净化功能。图 12-15 表示不同结构填埋场填埋焚烧灰渣，各自的渗滤液水质随时间变化的关系。

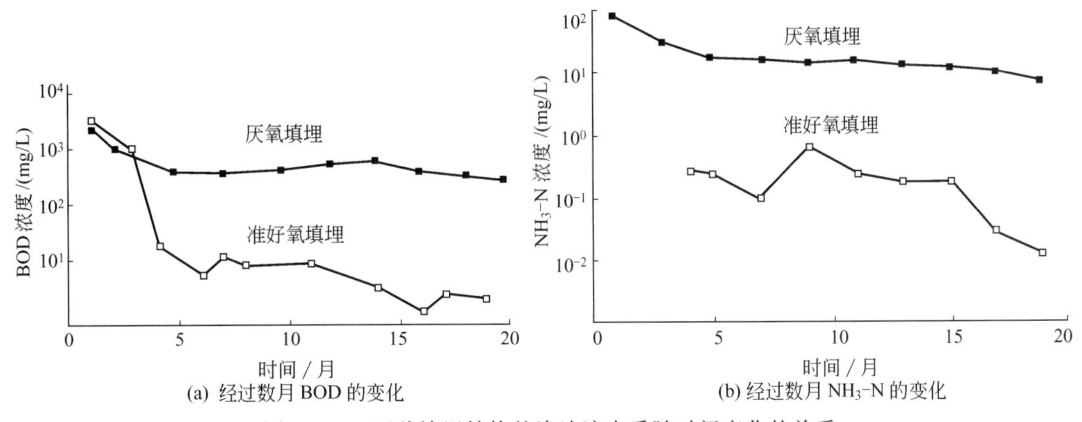

图 12-15　两种填埋结构的渗滤液水质随时间变化的关系

尽管是以焚烧灰渣为主的填埋场，如果采用厌氧填埋，渗滤液的 BOD 和氨氮浓度仍然很高，主要是因为焚烧灰渣中还残留未燃尽的有机物质。

随着焚烧处理水平不断提高，填埋场内会出现含钙或氯等元素的无机盐类的积累现象，尤其是易溶于水的氯离子，在潮湿的厌氧状态下进行填埋时会大量溶于渗滤液中，导致后续水处理过程中发生硝化阻害，引起机器腐蚀等。

在氮的处理过程中，将渗滤液中的氨氮氧化成硝酸氮的过程称为硝化，起这种作用的细菌称为硝化菌。如渗滤液中的氯离子浓度超过 10^4 mg/L，硝化菌将失去活力，不能进行硝化，这种现象称为硝化阻害。

在上述情况下，具有贮存功能和净化功能的准好氧填埋场越来越受到广泛重视。

准好氧填埋场各种工程设施不是互相独立的，必须有机地结合成一个整体系统。图 12-16 是填埋场的各种设施。

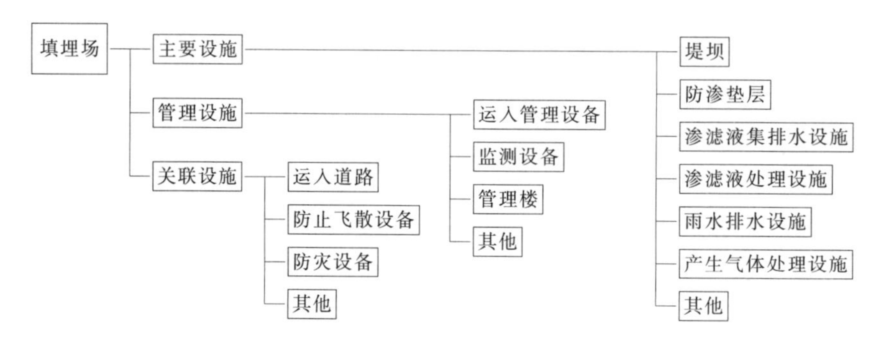

图 12-16 填埋场的各种设施

图 12-17 是准好氧填埋场结构和渗滤液处理系统。从图中可以看出，准好氧填埋场主要由气体导出设施、渗滤液收集设施、防渗垫层、贮存构筑物、取水槽、渗滤液调节设备、渗滤液处理设施等组成。在渗滤液的收集、贮存和处理等一系列工艺流程中，各环节相互之间密切联系，缺一不可，共同组成了渗滤液处理系统。填埋场的建设、管理如不能设计好渗滤液处理系统，则填埋场终将成为单纯的“垃圾堆放场”。

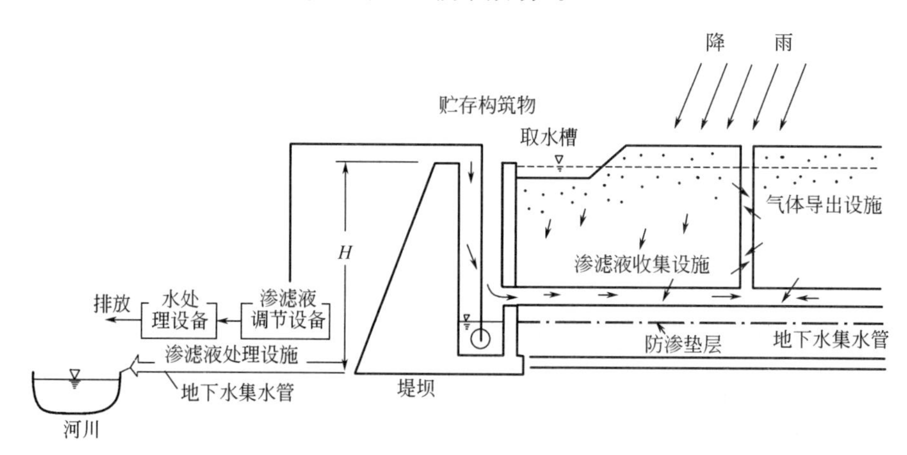

图 12-17 准好氧填埋场结构和渗滤液处理系统

1. 渗滤液处理系统的设计因素

填埋场内各设施往往由于分开设计，各自仅考虑单一设施，作为系统时不能充分发挥其功能。为此，将渗滤液处理系统的设计因素列于表 12-2。

表 12-2　渗滤液处理系统的设计因素

设施 \ 设计因素	地形	地质	降雨	地下水	填埋面积	填埋容量	垃圾性状	备　注
填埋场构造	○	○	○	○	○	○		
运入道路	○	○						
运入管理设施	○	○				○		
遮水工程		○		○	○		○	含地下水处理管
集水管			○		○		○	含保护施工
气体导出设施					○	○	○	
贮存构筑物	○	○	○	○		○		
渗滤液处理设施	○		○	○	○		○	含渗滤液调节设备
雨水排水设施			○		○			
防灾设施	○	○	○		○			雨水调节池坡面保护等
飞散防止设施	○						○	
监测设施			○	○	○	○	○	

注：○表示相关。

根据表中可以看出，地形、地质条件是实施规模和类型的决定因素；如果考虑到与渗滤液处理系统密切相关的设施，包括集水管、堤坝、渗滤液处理设施等，设计因素还包括降雨情况、填埋面积、垃圾性质等。即根据降雨量和填埋面积可以推算出渗滤液水量；根据填埋垃圾性质可以计算或推测出渗滤液的水质和填埋垃圾的物理化学性质等。

2. 渗滤液处理系统的设计流程

渗滤液处理系统的设计流程见图 12-18。

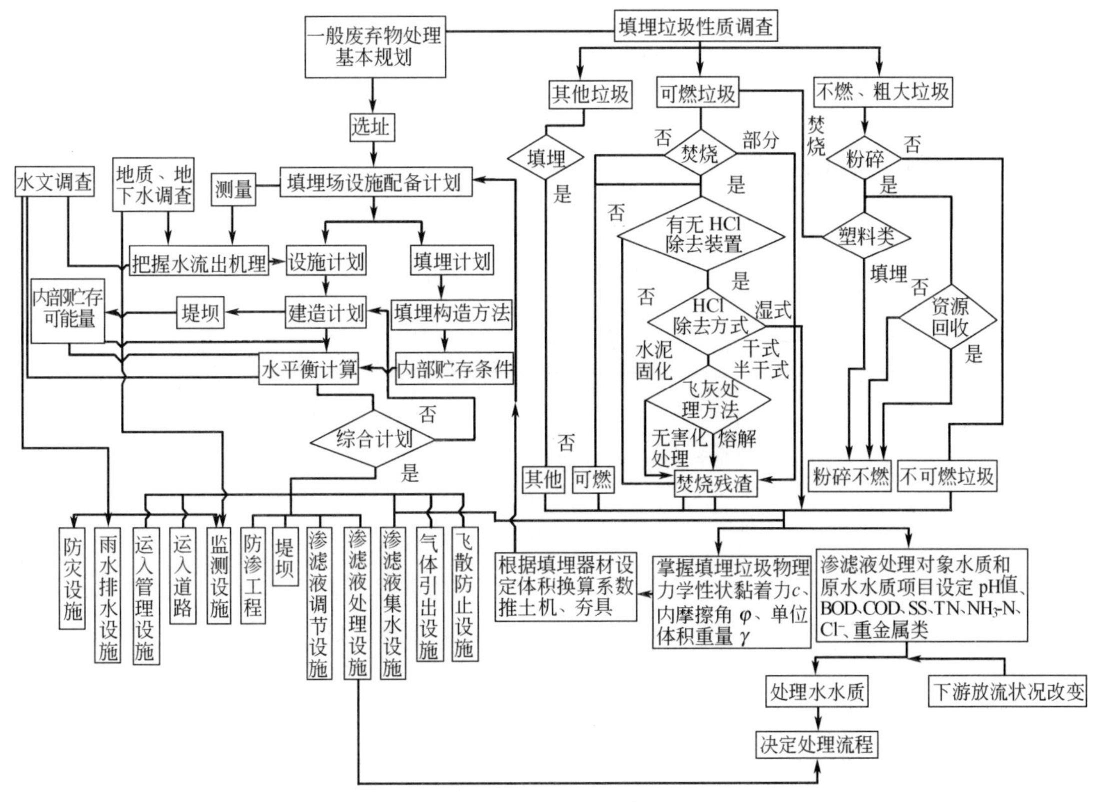

图 12-18　渗滤液处理系统的设计流程

填埋场的规划和设计是从地质条件和地下水调查、水文调查及被填埋垃圾性质的调查等工作开始的，然后根据地质及地下水调查，掌握用填埋场址内的水流机制，决定防渗工程的基本方针，制订出建造计划。在此过程中，要确保垃圾填埋量，通过配置各种设施，保证渗滤液处理系统能有效地发挥作用。另外，堤坝的位置和高度是确保填埋容量和填埋场水量平衡的重要因素。

建造计划确定后，接着制订垃圾运入道路、运入管理设施、渗滤液收集设施、雨水排水设施、气体导出设施、飞散防止设施和防灾设施及其他设计，最好考虑场地再利用的填埋设施计划。

再根据填埋计划，确定处理能力，计算渗滤液水量，根据水量平衡原理决定处理水量、渗滤液调节设备的容量和堤坝的高度等设施的规模大小。

渗滤液处理设施的能力是一定的，而渗滤液水量却随降雨量天天在变化，为了保证渗滤液系统稳定运行，在填埋场与处理设施之间有必要设置渗滤液水量调节系统，即为了决定处理水量与渗滤液调节容量的关联，必须利用水量平衡原理，求出最佳处理水量和相应的渗滤液调节容量。但实际使用时，渗滤液产生量较少的年份或在冬季，应视渗滤液调节容量的情况，慢慢减少处理水量，必须考虑保护后续的生物处理工序。用于水量收支计算的降水概率，根据过去降水量数据，由年雨量最大的年，月最大雨量的最大年，或者根据过去 20 年间的平均降雨量并最好考虑水文概率来决定。渗滤液调节容量因水文概率的确定方法而不同，一般进行内部贮留的情况较多。但如果进行内部贮留，填埋层会被水封形成厌氧状态，使水质恶化，因此必须根据填埋结构的作用机理，限制水量在层中连续贮留的天数。

根据准好氧填埋结构年内必须在层内维持的天数和水量在层内贮留的限制日数等条件，计算出必要的调节池容量（V_{xi}），将仍然无法解决的水量作为必要的内部贮留量（S_{xi}），可以得到如下式所示的关系（参照图 12-19）。

$$S_{xi}=V_i-V_{xi} \tag{12-13}$$

式中，V_i 为水量平衡计算求出的渗滤液调节容量。

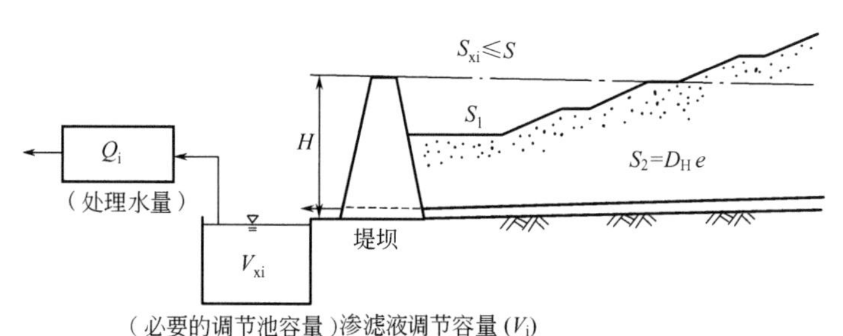

图 12-19　设施的关联图

内部可能的贮水量（S）如图 12-19 所示，受堤坝的高度（H）限制，将垃圾填埋至堤坝高度（H）的标志线为止的填埋容量用（D_H）表示，填埋层的孔隙率用（e）表示，则 S 可用下式求出。

$$S=S_1+S_2=S_1+D_He \tag{12-14}$$

式中，S_1 为堤坝 H 高度标志线以下的空间体积；S_2 为堤坝 H 高度标志线以下垃圾层中的贮留量。

实际上 S 必须超过 S_{xi}，即在满足 $S_{xi}\leqslant S$ 的条件下，处理水量 Q_i、V_{xi}、H 等参数，要

在进行其经济性、填埋场的运行管理方针等方面的综合性评价之后，选择最佳值。

另外，要掌握填埋垃圾的性质，填埋场结构设计需考虑填埋垃圾的物理力学性状，渗滤液处理或气体排出设施设计需考虑其化学性质。

填埋垃圾的特性随中间处理设施和资源垃圾分选的程度而各有不同。填埋垃圾大致可分成图 12-20 中的几种类型。

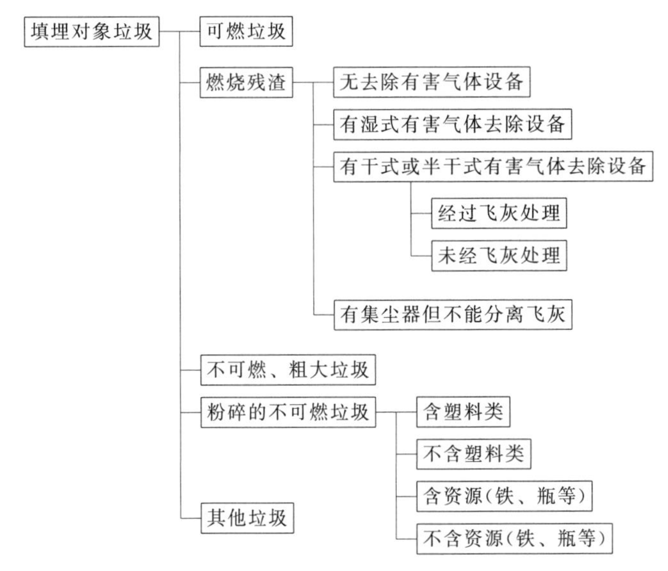

图 12-20　填埋垃圾的分类

根据填埋垃圾的物理力学特性（特别是 c、φ、γ 等），制订填埋计划和设计条件比如体积换算系数、内部可能贮存量、填埋坡面稳定性的计算等。

将构成填埋场的基本设施和其他设施计划有机地结合起来，对理解考虑这些设施的建设和管理是非常重要的。

三、准好氧填埋场的设计

1. 填埋场选址

实施综合废物管理计划的一个最困难的问题就是新建填埋场的选址问题。主要应考虑的因素包括如下几点。

（1）运输距离　运输距离是填埋场选址的最重要的因素之一。其大小影响废物管理的整体设计和运行。尽管运输距离越短越好，但是同时还要考虑到其他因素。填埋场选址通常从环境和政策方面考虑决定，现在普遍是长距离的运输。

（2）地方的限制规定　不同地方对于填埋场土地的规定各不相同。例如有的地方规定机场、湿地等附近不能修建填埋场。这个因素对选址的影响大小根据各个地方而定。

（3）可用土地的面积　选址的重要因素就是要有足够的土地面积用于填埋。尽管没有规定填埋场的土地大小，但是人们通常希望填埋面积越大越好。对于初步计划而言，需要的土地面积大小可以按以下例子进行计算。

假设一个地区人口有 31000 人，每天每人废物产生量为 1kg，填埋场中经压实后的垃圾密度为 $100kg/m^3$，压实后的填埋高度为 6m。

那么，该地区每天产生的垃圾量＝31000×1＝31000（kg/d）

需要的填埋体积＝31000÷100＝310（m^3/d）

需要的填埋面积＝310×365÷6＝18858.3（m^2/a）

实际上所需要的土地面积比计算值要大，这是因为在填埋场周围还要修建缓冲区、办公服务区，道路等，通常变化范围为20％～40％。

（4）场地的评价　随着运行的填埋场数量的减少，新建填埋场的规模在不断加大。由于适合做填埋场的地方不在已建好的公路或城市旁边，所以建造进出填埋场的道路以及长距离交通工具的使用使填埋场的选址变得十分重要。铁路通常靠近偏远地区，因此，可以用铁路来运输垃圾到填埋场。

（5）土壤以及地形条件　由于填埋场的每日覆盖和终场覆盖是必不可少的一个环节，所以有关场地的土壤性质和可利用的土壤都需要了解清楚。同时也要认清填埋场地形特点，这主要是和填埋场的运行、要求的设备和工程规模有关。如果覆盖材料有限或是为了延长填埋场的使用寿命，可以考虑用堆肥或是其他材料作为中间覆盖土。

（6）气候条件　评估时必须考虑当地的气候条件。在许多地区，冬天下雪，影响了通往填埋场的道路情况。多雨地区应该考虑采用各自独立的填埋单元。在容易结冰的地区，当挖掘不可能时，填埋场覆盖材料应该要储备以供使用。风力和风向也需要仔细考虑。为了防止填埋碎片飞起，必须建挡风墙，根据地方特点决定挡风墙的形式。

（7）地表水力情况　对于建立存在的自然排水，流动特性必须考虑，地区的地表水力条件是十分重要的。其他条件如暴雨发生条件（如暴雨频率为百年一次）也必须确定。由于必须改变填埋场的地表径流状况，设计者应仔细确定存在的和过渡的流水渠以及分水岭的面积和特点。

（8）地理及水力条件　地理及水力条件也许是最重要的因素，在建立填埋场的地区从环境可实用性方面考虑。这些因素的数据有利用评价选定场址的潜在污染，确定什么必须做，从而保证填埋场中渗滤液和气体的迁移不会破坏当地地下水的水质，或是污染其他地表水或是河床水层。

（9）当地环境状况　尽管填埋场可以建造或是运行在接近居住和工业发展比较好的地区，但是它们必须运行得非常仔细，使其在交通、噪声、臭气、灰尘、视觉影响、危险物以及财产值方面环境均可接受。为了尽量减小填埋场运行的影响，现在填埋场都建造在偏远地区，这样有足够的面积做缓冲区。

（10）封场后该地可能的最终用途　选择填埋处理废弃物的一个优点就是一旦填埋完成后，填埋场就可以做其他用途。因为最终用途影响填埋场的设计和运行，这个问题必须在填埋场的规划和设计开始前就要解决。填埋场封场后最终用途的选择越来越受到国家法律的制约。

填埋场址的最终决定通常是在详细的场地调查、工程设计、费用研究以及环境影响评价后得出的综合性结果。

2. 填埋场建造计划和总体规划

（1）垃圾收集区人口的预测　首先要确定垃圾收集区域，其中应确定收集计划。调查过去10年左右的垃圾产量资料，利用外推法等进行预测。

（2）每人每日平均排出量　预计垃圾收集量除以区域内人口数量，即为每人每日平均排放量。然而地区不同，每人每日平均排放量也有所不同，并随消费能力、社会状况等而变动。可以根据过去5年以上的实际值，利用外推法等对将来的垃圾量进行预测。

（3）垃圾预计处理量　垃圾预计处理量（t/d）用下式求得。

垃圾预计处理量＝垃圾计划收集量＋垃圾直接运入量

＝计划收集人口×每人每日平均排放量＋垃圾直接运入量

垃圾直接运入量是非经收集进入填埋场的垃圾量，也由过去的实际情况对将来进行预测，时间一般为5年。

（4）填埋垃圾量　计算出垃圾预计处理量，根据垃圾处理的基本方针，求得填埋垃圾量。例如，某地方的垃圾处理体系是将可燃垃圾全部焚烧，不可燃垃圾用破碎机处理，填埋场填埋焚烧残渣和破碎的不可燃垃圾。

（5）垃圾填埋容量　垃圾预计处理量是用重量表示的，在填埋场设计中，必须用体积换算系数（m^3/t）换算成用体积表示的垃圾填埋容量（m^3/d）。

垃圾填埋容量＝垃圾预计处理量×体积换算系数

体积换算系数必须是用重机挤压紧固状态的系数，根据填埋垃圾种类、使用的填埋机械材料的不同而异。

（6）覆土量　卫生填埋场必须覆土。通常填埋层每3.0m厚，进行50cm的日覆土，终场覆盖时也要大量覆土，所以覆土量一般占填埋垃圾量的1/3左右。

（7）年垃圾填埋处理容量　填埋垃圾量和覆土量之和为填埋处理容量。

年填埋处理容量＝填埋垃圾容量×(1＋0.333)×365

（8）填埋年数　填埋场的规模根据填埋年数而定。一般而言，能够长期使用最好，但是如果填埋封场后要再利用，那么填埋年数过长就不利于再利用。一般填埋年数至少在5年以上。

（9）填埋容量　将填埋年数乘以年填埋处置容量，即得填埋容量。

（10）计算举例　假设某地区人口50000人。可燃垃圾和不可燃垃圾分类收集。可燃垃圾用60t/d的焚烧设备处理，不可燃垃圾用20t/d的破碎设施处理。焚烧残渣（可燃垃圾的10％）和破碎不可燃垃圾（不可燃垃圾的40％）填埋。用破碎分选分出30％的可燃垃圾和30％的资源垃圾。

某年度每人每日平均排出量800g(可燃垃圾600g，不可燃垃圾200g)，直接运入垃圾量4t/d(可燃垃圾3t/d，不可燃垃圾1t/d)。垃圾处理情况见图12-21。

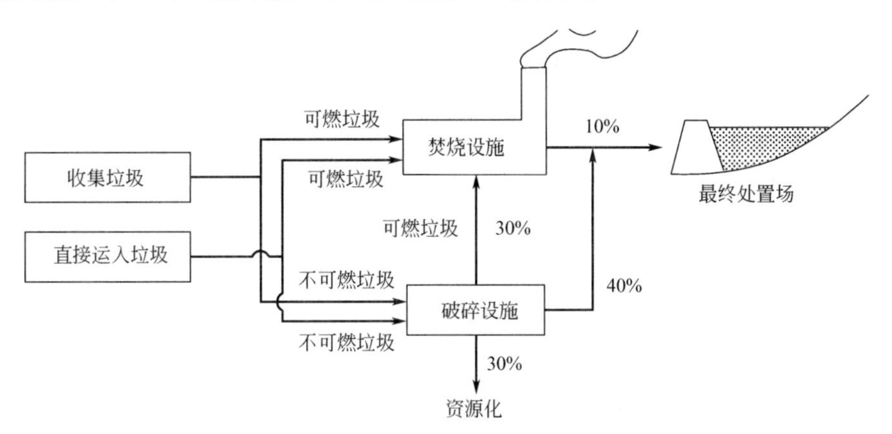

图12-21　某地区的垃圾处理情况

① 垃圾预计处理量

$$\text{不可燃垃圾}=\text{收集垃圾}+\text{直接运入垃圾}=50000\times200\times10^{-6}+1=10+1=11\ (t/d)$$

$$\text{可燃垃圾}=\text{收集垃圾}+\text{直接运入垃圾}+\text{由破碎设施分选出的垃圾}=50000\times600\times10^{-6}+3+11\times0.3=30+3+3.3=36.3\ (t/d)$$

② 填埋垃圾量

$$\text{不可燃垃圾}=11\times0.4=4.4\ (t/d)$$

$$\text{焚烧残渣}=36.3\times0.1=3.63\ (t/d)$$

$$\text{填埋垃圾量}=\text{不可燃垃圾}+\text{焚烧残渣}=4.4+3.63=8.04\ (t/d)$$

③ 填埋垃圾容量

$$\text{填埋垃圾容量}=8.04\times1.0=8.04\ (m^3/d)$$

④ 覆土量：取垃圾容量的1/3，即为 $8.04\times1/3=2.68\ (m^3/d)$

⑤ 年填埋处置容量

$$(8.04+2.68)\times365=3912.8(m^3/a)$$

⑥ 填埋容量：假设进行15年填埋，人口、垃圾不增加，则

$$\text{填埋容量}=3912.8\times15=58692\ (m^3)$$

3. 运入管理设施

为了对进入填埋场的垃圾量和性质进行检查，设置进场管理设施。进场管理设施通常由计量设备（卡车磅）和管理楼构成。

(1) 计量设备　计量设备的规模根据进场车辆而决定。假如进场车辆最大是11t翻斗车，主要参数见表12-3。

表 12-3　11t翻斗车的参数

车辆重量	最大载重量	车辆总重量	轴距	轮距
10500kg	9250kg	19750kg	4500mm	2050mm

计量设备的称量规模根据车辆总重量定为19750kg以上，因此最大称量定为20t。轴距和轮距各自可以放宽500mm。轮距（宽）为2550mm以上，轴距（长）为5000mm以上。

表12-4为常用的卡车磅参数。

表 12-4　常用的卡车磅参数

最大称量/t	10	15	20	30
最小刻度/kg	10	20	20	20
装载面尺寸/(m×m)	2.2×4.5	2.44×5.45	2.7×6.5	3.0×7.5

(2) 管理楼　管理楼是为垃圾的计量、收费及填埋场管理而设。为此，管理楼内设有办公室、休息室。另外，还有分析室和进场物的样品保管库。

4. 道路设施

填埋场的道路包括由公路到填埋场入口为止的进场道路，为进行填埋的场内道路、为管理渗滤液处理设施而铺设的管理道路等。道路宽度等数据应考虑进场车辆数、维护管理方针等因素决定。

5. 防渗垫层

防渗垫层是为了防止渗滤液引起地下水污染而设置的，是防止二次污染最为重要的一个设施。

(1) 防渗垫层的必要性　一般根据填埋场的地质、地下水条件来判断是否需要铺设什么类型的防渗垫层。填埋场的地基通常是土质地基或是岩土地基，土质地基的透水性用渗透系数 (cm/s) 表示，岩土地基的透水性按吕容值表示。吕容值表示在一定的注入压力 ($10kg/cm^2$) 之下，每试验孔长 1m 的注入量 (L/min)。1 吕容相当于大约 10^{-5}cm/s 的渗透系数。

在不透水性的地基或是不设置防渗垫层，只要有渗滤液滞留，水就会慢慢地渗透到地下。但实际上，应利用集水管收集渗滤液并进行处理，所以，如果在填埋场底部不长期贮留渗滤液，就几乎不会发生渗漏现象。

防渗垫层的必要性以地基的渗透系数作为一个判断依据。然而地基即使不透水，对于从侧面有涌水的场合，为了减少渗滤液水量，也需要设置防渗垫层具体见图 12-22。而根据《生活垃圾填埋场污染控制标准》(GB 16889—2008)，在我国新建的填埋场系统中，必须设置水平防渗系统，其渗数系数需<10^{-7}cm/s。

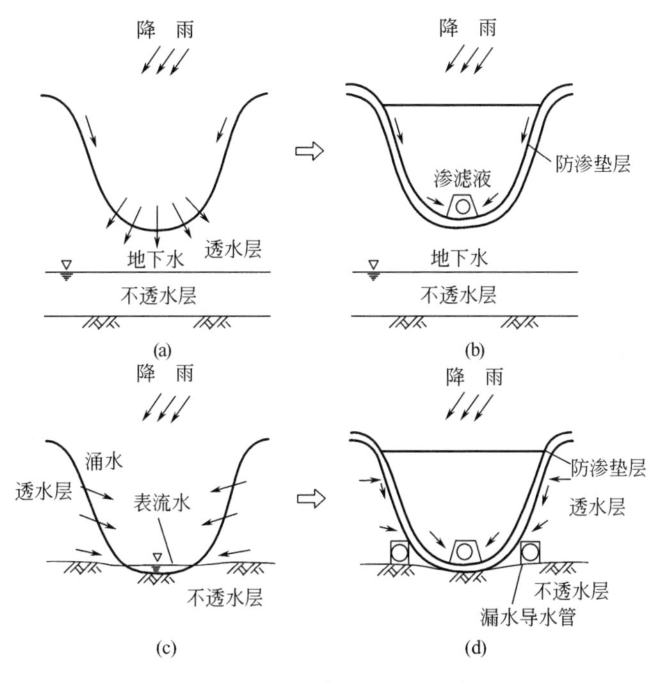

图 12-22　防渗垫层设置实例

总之，充分进行填埋场地质、地下水调查是十分重要的。

(2) 防渗垫层的种类　防渗垫层根据材料、结构的不同分为水平防渗垫层和垂直防渗垫层。

① 垂直防渗垫层：填埋场的地基上层是透水层，而在不太深的地方，充分不透水层呈水平方向扩散，在上层的透水性土中修筑防水墙，把按这样防水的方法称为垂直防渗垫层。此方法具有挡水坝心、钢板桩、薄浆、地下连续墙等，见图 12-23。

垂直防渗垫层的选择根据填埋场的地基条件而定，其条件应满足必须存在连续不透水层，且不透水层要能防止横方向的地下水流动。垂直防渗垫层的实施条件见图 12-24。

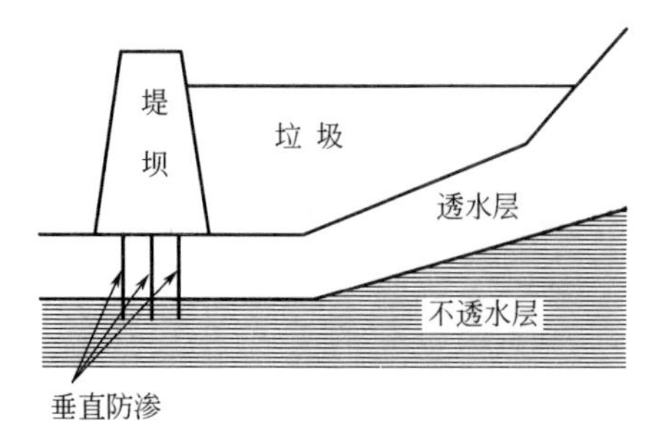

图 12-23 垂直防渗垫层简图

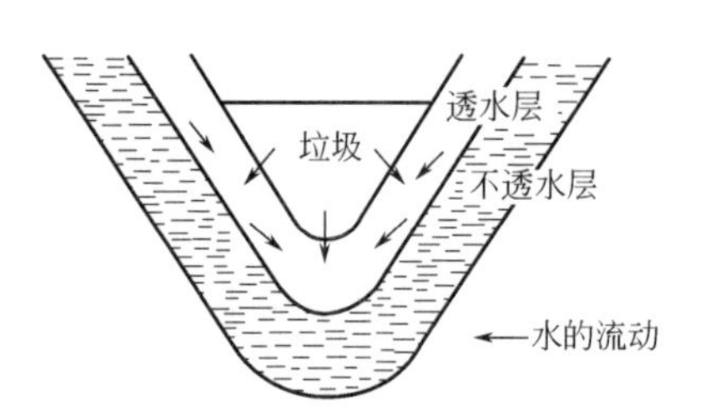

图 12-24 垂直防渗垫层实施条件

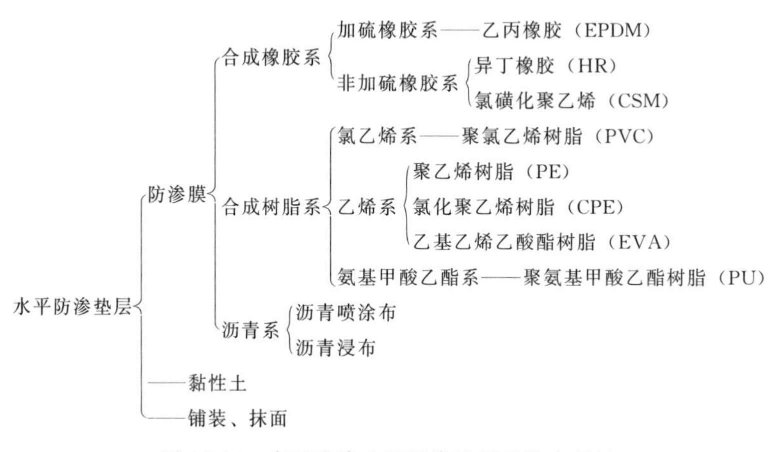

图 12-25 表面防渗垫层通常选用的防水材料

② 水平防渗垫层：在填埋场地基的表面最常用水平防渗垫层覆盖方法。水平防渗垫层通常选用的防水材料如图 12-25 所示。水平防渗垫层大致分为防渗垫层膜、地面衬里、铺装等。采用黏性土时必须考虑填埋场附近能否获得性能好的黏土材料。氯乙烯系列多用于工业废物填埋场，而合成橡胶系、乙烯系多用于一般废物填埋场。防渗垫层的厚度以 1.5mm 使用最多，根据施工实际效果推测。图 12-26 是水平防渗垫层简图。防渗垫层的性质应满足：渗透系数必须小于 10^{-7}cm/s，接缝必须不漏水；可以跟随地基下沉；容易施工；必须在填埋过程中及填埋结束后不破损；有优良的耐药性；能对抗填埋时落下物的冲击；有优良的耐温性、经济性；有必要的强度。表面防渗垫层设计时，要考虑填埋场的地形地质条件和填埋垃圾的性质，从而决定材料和施工方法。防渗垫层材料的选定流程如图 12-27 所示。

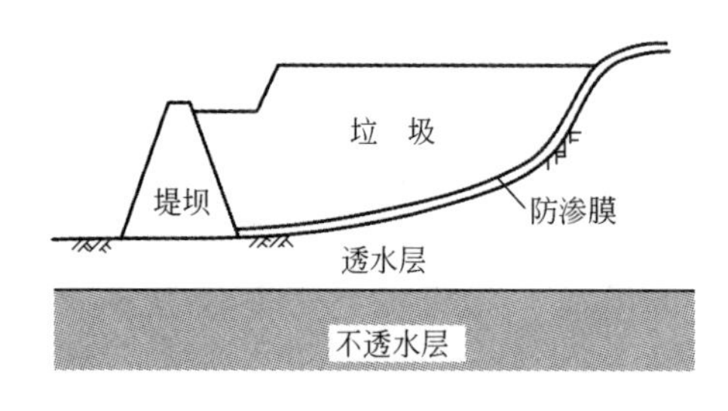

图 12-26 水平防渗垫层简图

(3) 防渗系统 防渗系统既包括防渗材料，还包括渗滤液集水管、地下水集水管等辅助设施共同作用。图 12-28 表示防渗系统的构造，由包有防渗垫层的渗滤液排水管和地下水集水管及地基等构成。保护材料用以防止防渗垫层被填埋垃圾、重型机械破损以及使渗滤液迅速导入渗滤液集排水管道。渗滤液集排水管道的覆盖材料可以防止垃圾的堵塞，同时起着渗滤液的导水功能。

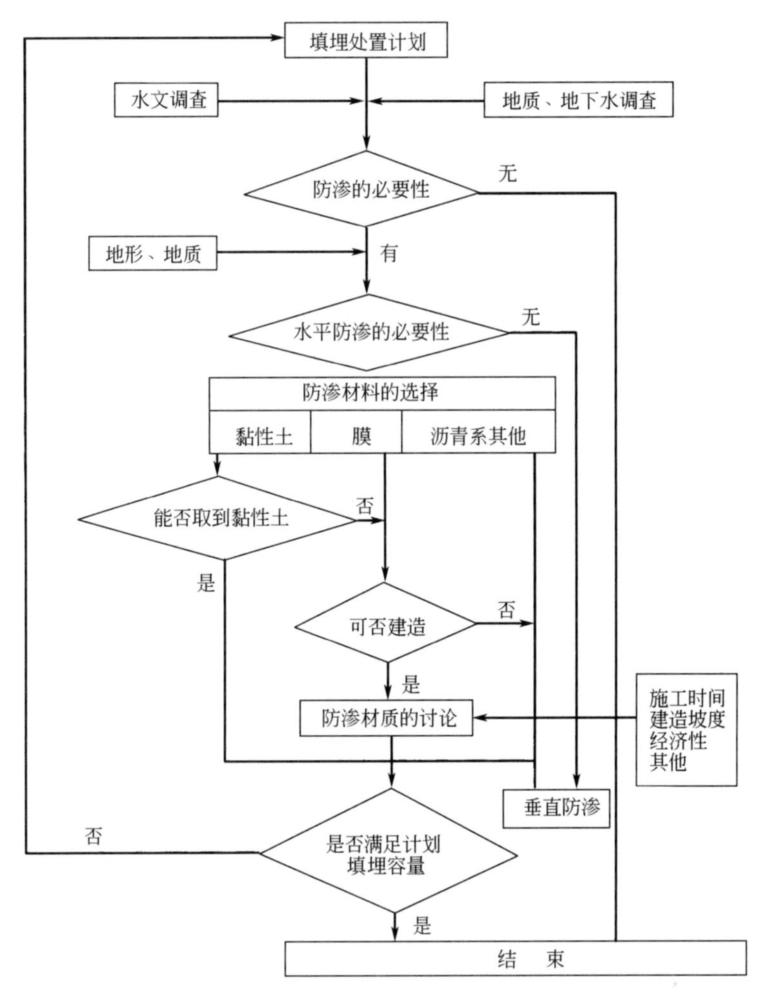

图 12-27 防渗垫层选择流程

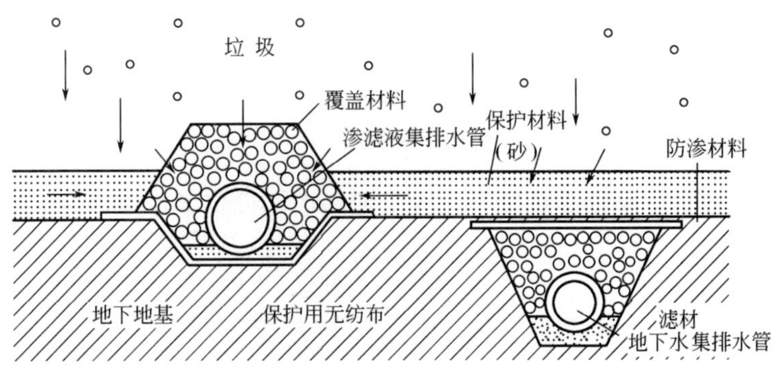

图 12-28 防渗系统构造

因底层地基直接支撑防渗垫层，底层地基必须注意不能因为其不均匀沉降、突起小石等而损伤防渗垫层。铺设地下水集排水管，一方面是为了防止由于地下水浮托力对防渗垫层的损坏，另一方面，即使在渗滤液漏水的情况，也可以完成集水任务。因此，为了达到防渗的目的，以上设施必须正常发挥作用。为了可靠施工和填埋场的日常维护管理，必须考虑如下因素：a. 确保保护材料的厚度；b. 不因大型机械行走或作业而破损；c. 填埋作业时，尽量避免渗滤液在填埋场内贮留，把漏水危险性降到最小限度等。

图 12-29 是考虑了填埋场机能的防渗系统实例。图中为了提高防渗垫层的安全性，在防渗垫层下面铺设保护用无纺布，并且防止保护材料由于雨水而流失。为了提高排水性，以砂砾代替砂。这种防渗系统能够促进填埋层内空气流通。

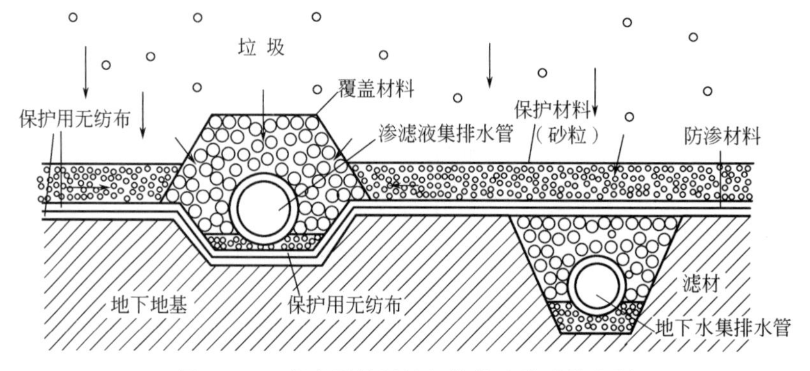

图 12-29 考虑了填埋场机能的防渗系统实例

（4）防渗垫层设计的注意点 填埋场由各种设施、设备构成。防渗垫层必须和这些设施、设备接触或接合，不同材料的接合部是很重要的。下面介绍其实例和设计上应考虑的事项。

① 内部涌水必须处理：对于坡面有涌水之处，由于涌水，防渗垫层后的坡面被冲刷崩坏，堆积在坡面底部。为此，在坡面有涌水的场合，必须进行涌水处理。山地内部涌水时的处理见图 12-30。

② 底层地基用无纺布保护：在防渗垫层铺设之前，去除底层地基的小石、突起物。如果仍有残留，当重机在上行走，防渗垫层仍会发生破损，所以在防渗垫层的下面需铺设无纺布保护。用无纺布的膜保护见图 12-31。

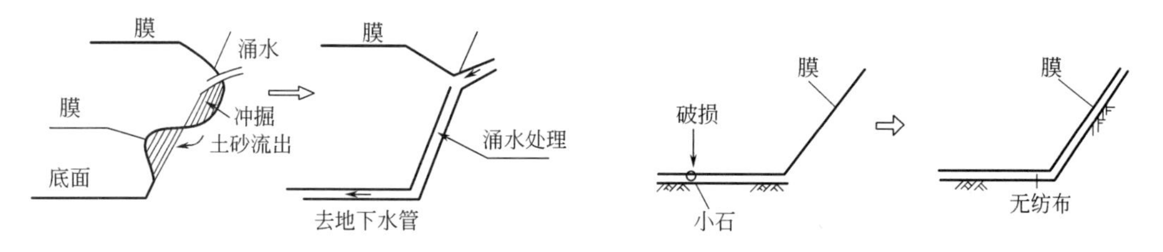

图 12-30 山地内部涌水时的处理

图 12-31 用无纺布的膜保护

③ 防渗垫层和构筑物尽量避免接合：在填埋场内，设置了许多集排水设施，尽量避免接合（见图 12-32）。

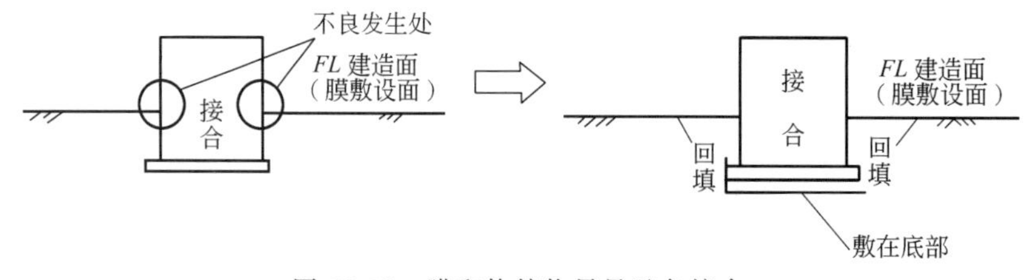

图 12-32 膜和构筑物尽量避免接合

④ 坡面部防渗垫层结合分小段进行：在现场，防渗垫层之间接合要求慎重施工。小段混凝土内进行现场接合，可以利用混凝土补强（见图 12-33），但混凝土浇筑前必须进行接

合部检查。

⑤ 坡面和底面的接合：应在离开坡面底部 1.0m 以上的地方进行接合，见图 12-34。

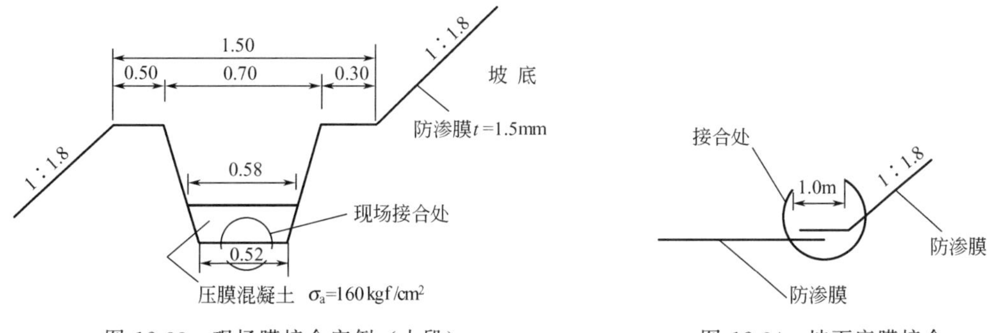

图 12-33 现场膜接合实例（小段）

图 12-34 坡面底膜接合

⑥ 地下水集排水管的正上方避免接合：当防渗垫层下铺设有地下水集排水管时，应避免接合，同时用无纺布等保护，见图 12-35。

⑦ 膜接口上游侧在上面：膜接口不要逆构筑地基的坡度，见图 12-36，上流侧在上面。

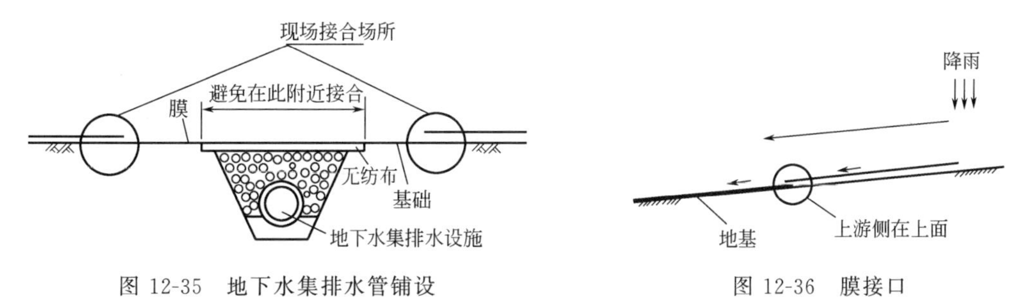

图 12-35 地下水集排水管铺设

图 12-36 膜接口

⑧ 固定：在坡面部的防渗垫层施工后，由于自重和填埋垃圾而使其被拉伸。膜固定的实例见图 12-37，为此在坡面顶部小段用混凝土压住并用固定销固定。

（5）防渗垫层损坏的原因和对策 防渗垫层损坏的原因有自然劣化、化学损坏、物理损坏等。

自然劣化是由于光、热、臭氧、紫外线等引起的硬化、裂缝。为了防止自然劣化，在其上覆土，用无纺布等保护。另外，分段施工时应防止其长期暴露在空气中。

由于防渗垫层和渗滤液的接触，特别在工业垃圾填埋场内，应考虑耐酸、耐油性，目前多采用 PVC 材料。

由于重机行走、大型垃圾等造成的物理损坏，是填埋场内造成防渗垫层损坏最为常见的原因。

为此，保护材料的管理，特别是坡面部有必要用土、氨基甲酸乙酯树脂进行保护。

（6）防渗垫层新技术及展望 最近，围绕防渗垫层安全性的问题不断出现，寻求安全性更高的防渗垫层新技术的开发也活跃起来。诸如以漏电检测为代表的监测，用膨润土、高分子吸收体的自行修复型防渗垫层等。同时还需注意以下事项：

① 防渗垫层的规格、实验方法的确立：目前填埋场内使用的防渗垫层，仅有作为建筑材料的规格。为此，需要确立把将填埋场使用作为前提条件的规格值、实验方法。同时，关于防渗垫层的基础性质和形状也必须加以规定。

② 责任分明地进行保护：防渗垫层损坏的原因，除重机行走外等还有许多，为此，难以判断其何时何地遭到破损。因此，有必要确定防渗垫层施工和施工检查方法。此前应寻求相关的生产、建设公司和咨询顾问。其次，填埋作业必须考虑对防渗垫层进行保护和监测，使在维护管理的阶段，建设方能以健全的体制进行填埋作业。为此，还必须考虑设立设计、施工、管理阶段的资格制度。

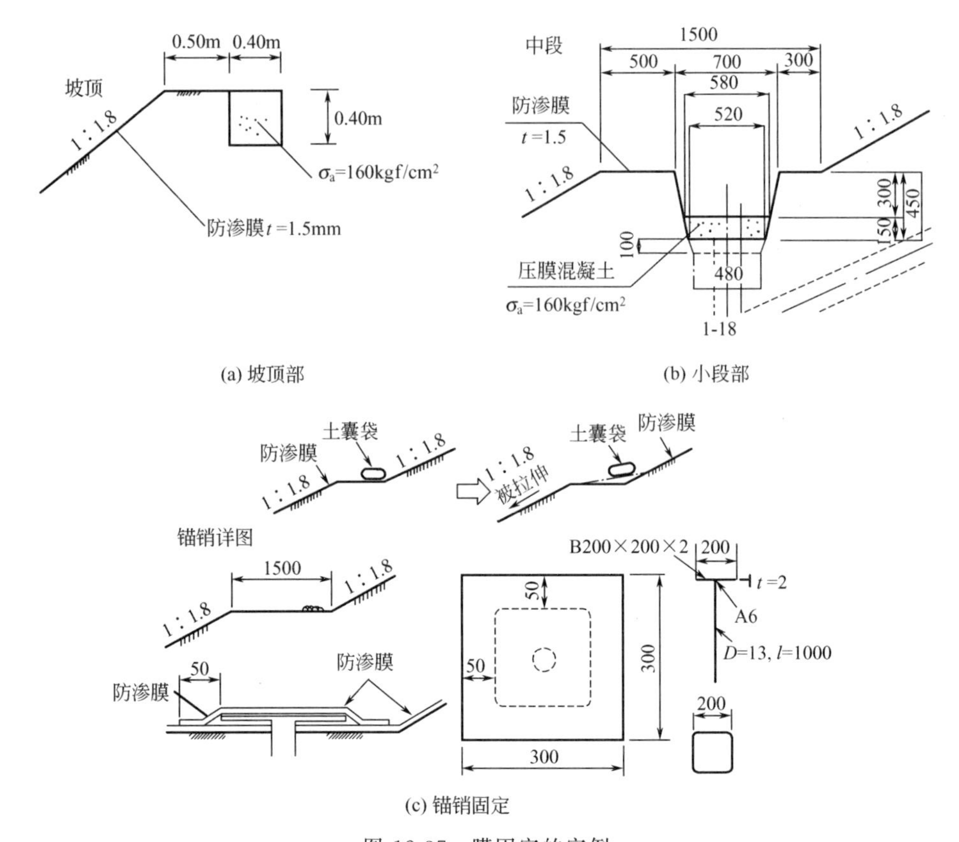

(a) 坡顶部　　(b) 小段部

(c) 锚销固定

图 12-37　膜固定的实例

6. 渗滤液集排水设施

准好氧填埋场内的渗滤液集排水设施的功能是把渗滤液迅速导流到渗滤液处理设施和通过集水管向填埋层供给空气，力求使有机物尽早稳定化。即渗滤液集排水设施是向填埋层内供给空气而且排出渗滤液。除此之外，集排水设施也作为隔水措施的补充设施，起着重要作用。

（1）构造　集排水管的构造见图 12-38。D 为排水管直径，h 为盲沟顶超出导流层的高度。

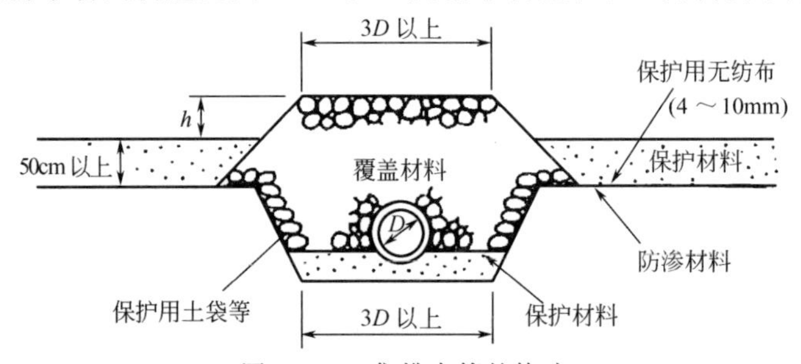

图 12-38　集排水管的构造

对于干管，h 为 50cm 以上；对于支管，h 为 30cm 以上。如图 12-39 所示，如果填埋前有降雨，在降雨后，因密度小的淤泥等上浮，附着在保护材料表面上，假如 h 值过小，就要防止堵塞集水管被覆材料。一旦堵塞，集水管上部被封闭，不但影响了填埋层内的空气流动，而且渗滤液不能收集到集水管，填埋层内形成厌氧状态，从而造成水质恶化。

（2）集排水管的种类　渗滤液集排水管一般采用有孔钢筋混凝土管和有孔合成树脂管。选用时，考虑填埋垃圾的性质、填埋层厚度或地形而定。其种类见表 12-5。

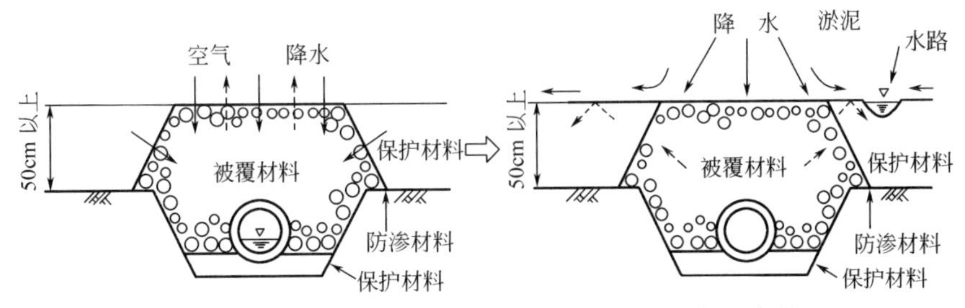

图 12-39 因集水管不合适造成渗滤液处理系统的障碍

表 12-5 渗滤液集排水管的种类

管的种类	标准的管直径/cm	底部集水管		坡面集排水管	纵向集排水管	特 征
		干管	支管			
有孔钢筋混凝土管	15～300	○			○	因刚性高,适宜于要避开管变形的场合
强化塑料管	50～150	○			○	高强度,耐腐蚀,适于填埋层大的场合
硬质聚乙烯管	10～40		○	○		可挠性大,耐腐蚀性高,适宜于小管
硬质氯乙烯管	10～80	○		○	○	强度高,耐热性差
混凝土透水管	10～70		○			可挠性小,要注意堵塞
高分子透水管	10～60		○	○		可挠性大,要注意堵塞
蛇笼			○	○	○	适宜于短期使用,要注意堵塞

(3) 集排水管的配置　填埋场底部的集排水管的配置如表 12-6 所列，分直线型、分支型、阶梯型，通常多采用分支型和阶梯形。

表 12-6 底部集排水管的配置

方 法	简 图	适 用 范 围	特 征
直线型		用于小规模而且底部坡度大的场合	填埋结构为改良型卫生填埋;工程费用便宜;空气流通面少,底部好气范围小,集水效率差
分支型		广泛被采用,适宜于纵断面坡度较充分的场合	能确保通气面;集水效率好
阶梯形		适用于平地填埋,横断面坡度比较小的场合	空气流通,集水效率和分支型相同;在一个系统中干线是复数,即使在意想不到的事故场合也能迅速排水

支管的间距一般是 20m，如果填埋灰渣，则往往按 10m 间距设置。

(4) 集排水管的管径　集排水管的管径应考虑空气流通截面和渗滤液水量。现在还不能对填埋场内空气流动机理做定量分析，往往是根据填埋前的雨水排水量进行计算，考虑结垢生成等所需要的余量决定断面。一般，即使填埋场面积小，考虑空气流通、结垢生成等，干管最小应为 ϕ400mm 以上，支管应为 ϕ200mm 以上。

7. 堤坝

堤坝是为了防止垃圾流出造成坡面的崩溃，为填埋垃圾安全地贮留在填埋场内而设计的，同时也有防止填埋场渗滤液流出、漏出的功能。

(1) 堤坝的种类　堤坝根据材料的不同大致分为混凝土形式、填土形式、钢板柱形式，见图 12-40，根据规划地的地形、地质、经济性、安全性、景观等而定。

(2) 堤坝的高度　堤坝的高度根据规划地的地形、垃圾填埋容量而定，但还必须考虑渗滤液处理系统水量贮存的条件。理论上在填埋场内不能贮留渗滤液，目的是为了防止给防渗垫层施压造成其破坏。但有时根据降水概率设计会使渗滤液调节设备的规模过大，在不能确保容量的情况下，可以暂时在填埋场内贮留渗滤液，使得填埋层内有渗滤液贮存功能。

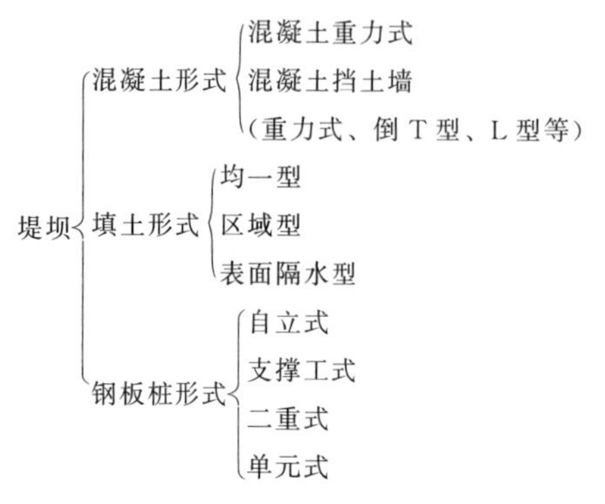

图 12-40 堤坝的种类

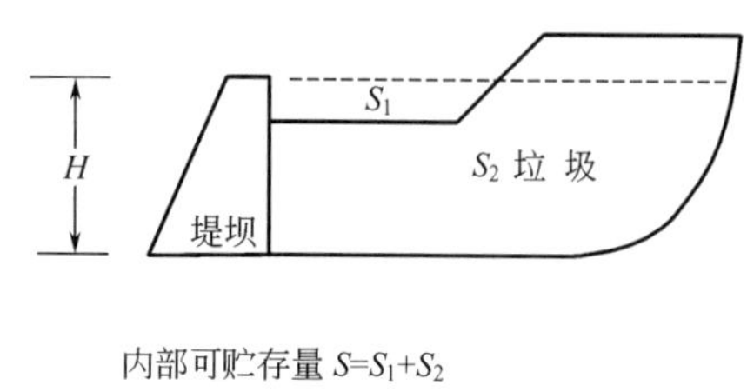

图 12-41 填埋场内部贮留量和堤坝高度

（3）举例 某填埋场设计方案中要求渗滤液的调节设备容量为 $10000m^3$，但由于地形等因素，渗滤液调节设备实际可建容量仅为 $7000m^3$，其余的 $3000m^3$ 要暂时贮留于填埋场内。填埋场内部贮留量和堤坝高度如图 12-41 所示。

在堤坝背面的空间 S_1（m^3）和垃圾的空隙 S_2（m^3）内贮存渗滤液。垃圾的孔隙率 e 为 25%～33%，而降雨时实际能用于贮留的孔隙率为 5%～10%。因此，对于堤坝的高度 H，水平能填埋的垃圾量 D_H（m^3），应能贮存渗滤液 $S_2=D_H\times$（5%～10%）。假设 $S_1=500m^3$，$D_H=50000m^3$，孔隙率 7.5%，则

$$S=S_1+D_He=500+50000\times 7.5\%=4250m^3\geqslant 3000m^3$$

由此判断可以贮留。

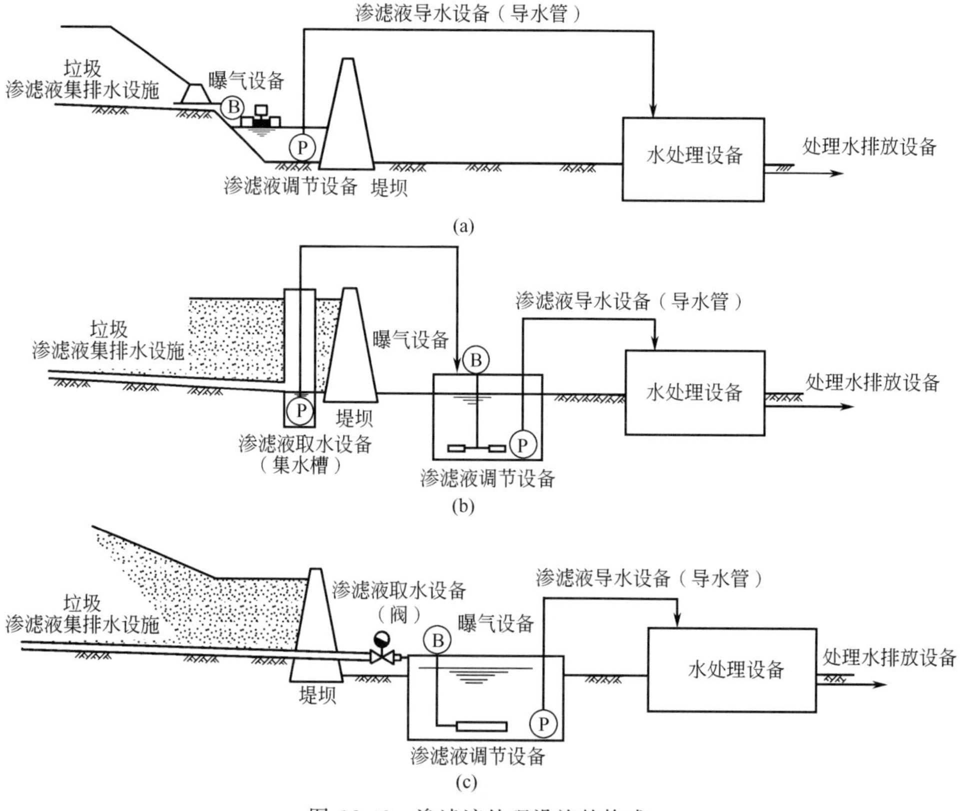

图 12-42 渗滤液处理设施的构成

8. 渗滤液处理设施

填埋场内的设施大体分为土木设施和渗滤液处理设施。土木设施包括堤坝、防渗垫层等，与渗滤液处理设施有密切关联的其他设施，以及渗滤液集排水设施、堤坝等一起构成渗滤液处理系统。

（1）渗滤液处理设施的构成　渗滤液处理设施的构成如图 12-42 所示，由渗滤液集排水设施、渗滤液取水设备、渗滤液调节设备、水处理设备、渗滤液导水设备、处理水放流设施等构成。

（2）渗滤液处理设施规模　渗滤液处理设施规模决定程序见图 12-43。

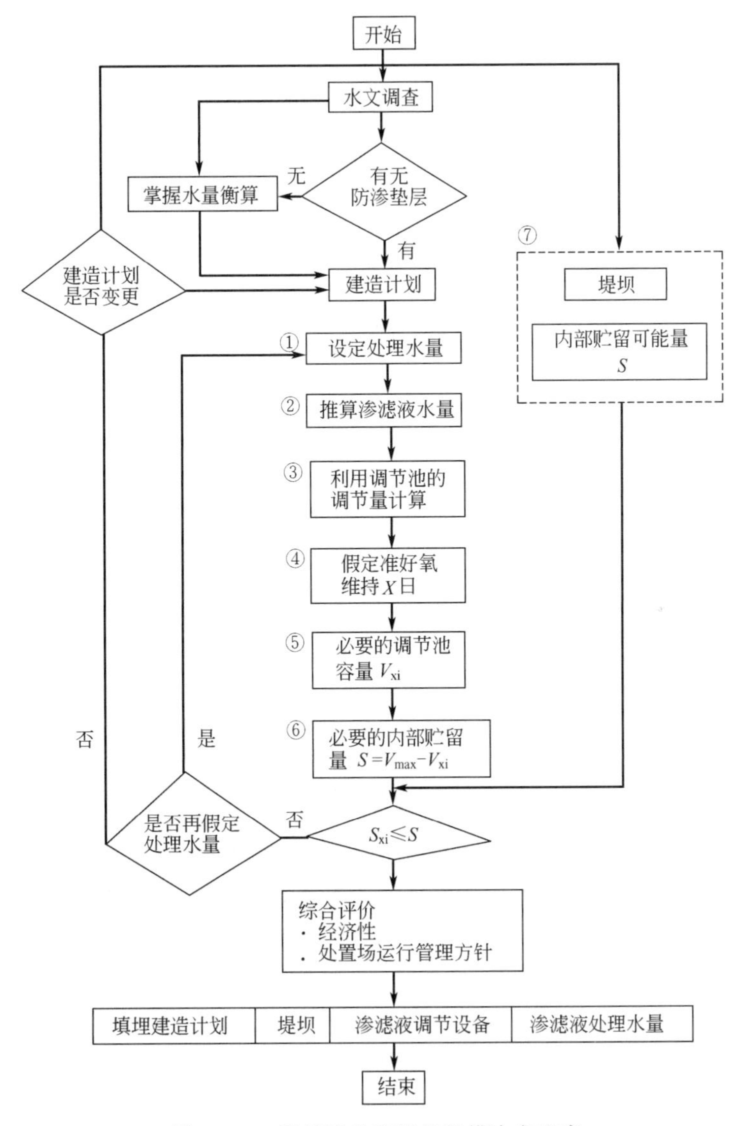

图 12-43　渗滤液处理设施规模决定程序

首先，在填埋场规划、设计时，最重要的是进行地质调查、水文调查，掌握填埋场的水量衡算。根据这些结果确定防渗垫层铺设方案，制定建造计划。特别在不建造防渗垫层的情况下，需考虑填埋场外的渗入水量，有必要进行详细的水量收支衡算。

根据建造计划，设定处理水量，推算渗滤液水量，求出处理水量、渗滤液调节设备容量以及堤坝高度等设施的规模。

① 按调节池的调节量计算：渗滤液处理设施的能力是一定的，而渗滤液水量根据降雨情况每天变化。为了让渗滤液处理设施稳定运行，在填埋场地和处理设施之间，必须设调节渗滤液水量的系统。即为了确定处理水量和渗滤液调节容量的关系，按图 12-44 的水量衡算计算框图求最适处理水量和对应的渗滤液调节容量。

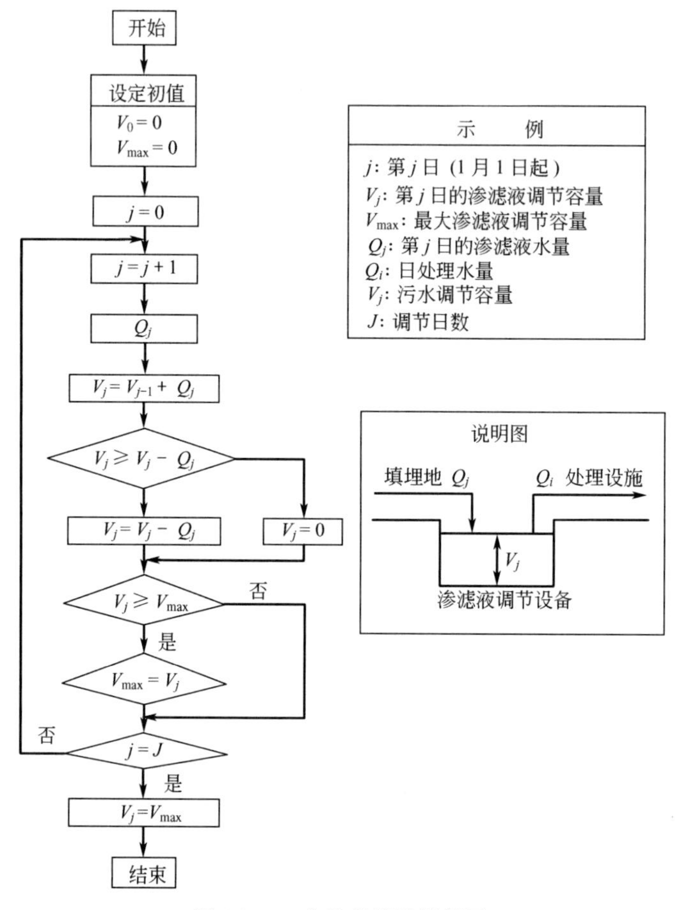

图 12-44　水量衡算计算框图

但在实际运用中，渗滤液水量少的年份或冬季，视处理渗滤液调节容量而逐渐减少处理水量，目的是保护后续生物处理系统。在进行水量衡算时使用的计算天数，最好根据过去的降水量数据，(年) 雨量的最大年，月 (最大) 雨量的最大年或是过去 20 年左右的降雨量等并考虑降水概率而定。

② 内部连续贮存天数 (L 天) 和准好氧性维持天数 (X 天)：根据步骤①算出的渗滤液调节容量也因水文概率而不同，且一般要进行内部贮留的为多数，但是，一旦进行内部贮留，填埋层内便形成了被水封的厌氧状态，水质恶化，因此有必要限制内部连续贮留天数。

这里把厌氧状态的内部连续贮留天数 (L 天) 和 1 年内保持准好氧状态的天数作为准好氧性维持天数 (X 天)。一般地说，如保持厌氧状态，影响大的可燃性垃圾 L 日变短，而不可燃垃圾 L 日变长。根据经验，L 为 30 天/年，X 为 300 天/年。

③ 调节池的必要容量 (V_{xi})：准好氧填埋结构维持 1 年 X 天，并为了不超过内部连续

贮留日数 L 天，利用水量平衡计算，作出各日的渗滤液调节池容量的累加度数分布图，把满足累加度数 X 天（准好氧填埋结构维持天数）的必需最小限度的必要调节池容量作为 V_{xi}，确定这个值在连续内部贮存天数 30 日之内。

把满足上述两项条件的值作为调节池的必要容量。

④ 内部必要贮留量（S_{xi}）：维持准好氧填埋 X 天，且把超过满足内部贮留数 L 天的必要调节池容量的量作为内部必要贮留量。

$$S_{xi}=V_1-V_{xi} \tag{12-15}$$

式中，V_1 为渗滤液调节容量

⑤ 堤坝高（H）和内部可能贮留量（S）：在堤坝上游部暂时可能贮留的作为内部可能贮留量（S）。如图 12-45 所示，受到堤坝高（H）的限制，到堤坝高（H）的垃圾填埋容量如为 D_H，填埋层的孔隙率为 e，内部可能贮留量 S 可以用下式求得。

$$S=S_1+S_2=S_1+D_He \tag{12-16}$$

式中，S 为内部可能贮留量；S_1 为堤坝高 H 以下的空间容量；S_2 为堤坝高 H 以下的垃圾层内的贮留量。

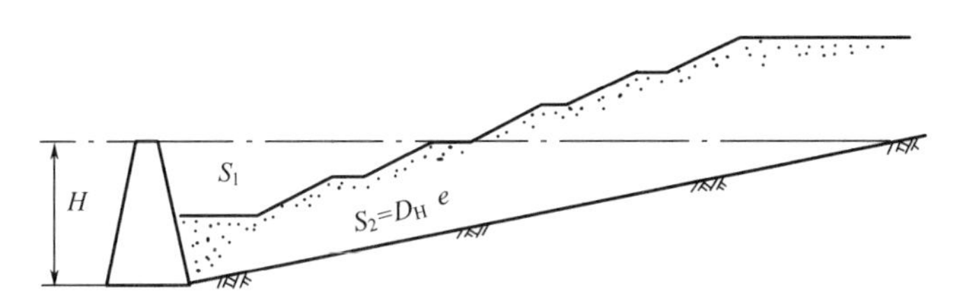

图 12-45 内部可能贮留量

⑥ 设施规模的设定：当满足必要的内部贮留量（S_{xi}）≤内部可能贮留量（S）时，处理水量（Q_i）、必要的调节池容量（V_{xi}）、堤坝高（H）根据经济性、填埋场运行管理方针等综合的评价，选定最合适值。设施的关联图见图 12-46。

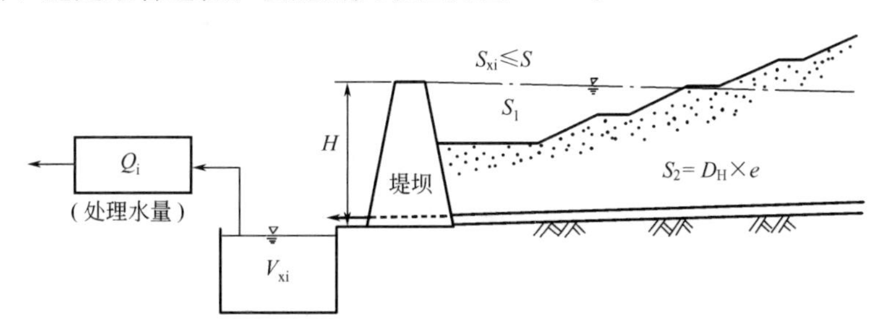

（调节池必要容量）污水调节容量 (V_i)

= 调节池必要容量 (V_{xi}) + 内部必要贮留量 (S_{xi})

EX { 平年模型计划诸因素 Q_i，V_{xi}，x≥300 天，L≤30 天
非常时的模型计划诸因素 H，S_{xi}，x<300 天，L>30 天 }

图 12-46 设施的关联图

另外，掌握填埋垃圾的特性，把填埋垃圾的力学等物理性质反映在建造计划中，而化学性质则反映到渗滤液原水水质设定中。

(3) 处理方法 渗滤液水量和性质随时间变化。在填埋过程中以及刚填埋完毕后，主要是高分子化合物。封场后，生物降解逐渐变缓，渗滤液主要以适于化学处理的低分子化合物为主。目前，渗滤液的处理方法有去除氮、BOD的生物处理法和去除重金属、COD、SS、Ca^{2+}、Cl^{-}的物理化学处理法。生物处理法主要有活性污泥法、生物转盘、接触曝气等。物理化学处理法一般有采用三氯化铁、多氯化铝、聚合物等的絮凝沉淀处理，以及过滤、活性炭处理和膜处理等。

9. 气体导出设施

有机垃圾受生物分解产生气体。气体的种类有甲烷、二氧化碳、一氧化碳、氨等。填埋层内处于好氧状态时产生二氧化碳，厌氧状态时产生甲烷气体。沼气不仅成为恶臭源，而且还有起火爆炸发生火灾的危险，因此有必要对其进行收集燃烧。如果浓度很低，可以将其排放到大气中。

（1）气体导出设施的功能　在准好氧填埋场中，空气经渗滤液集水管进入场内，垃圾氧化分解生成的填埋气由填埋层内设置的气体导出设施向外排出。此外，还能把填埋层内的渗滤液迅速导向渗滤液集排水设施，对渗滤液集排水设施起辅助作用。

（2）构造　气体导出设施有沿填埋场坡面设置和在填埋场中央立渠两种类型。前者一般按20～40m的间隔设置，材质多用内径为200～300mm的有孔氯乙烯管和有孔聚乙烯管。后者多用圆木等组成井字筒架，筒架内多由300mm左右的有孔管和碎石等东西组合充填。气体引出管如图12-47所示。

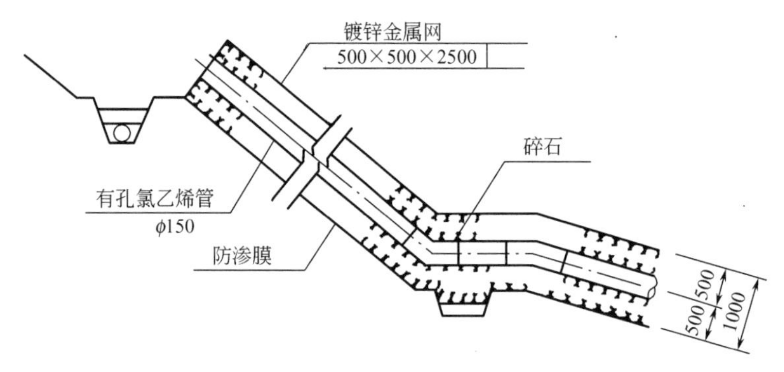

图12-47　气体引出管（单位：mm）

对于填埋焚烧残渣的填埋场，由于焚烧炉性能的提高，有机物含量极少，气体产生量也少，并且因透水性差，应采用立渠引出气体。图12-48为立渠实例。

10. 雨水排水设施

降雨渗透进填埋场成为渗滤液，而填埋场周边的雨水，如果不流入填埋场，就有排水的必要。另外，填埋过程中为了把渗滤液水量降到最低限度，利用分区填埋，把未填埋区的雨水向填埋场外排放。填埋完毕后进行最终覆盖，将表面雨水迅速集中，防止其向填埋层内渗透。雨水排水原理简明示意如图12-49所示。

图12-48　立渠实例

填埋场内的雨水排水设施是削减渗滤液水量，防止灾害的重要设施之一。雨水排水设施的规模通常用降水概率5～10年的降雨强度决定。雨水流出量按下式计算。

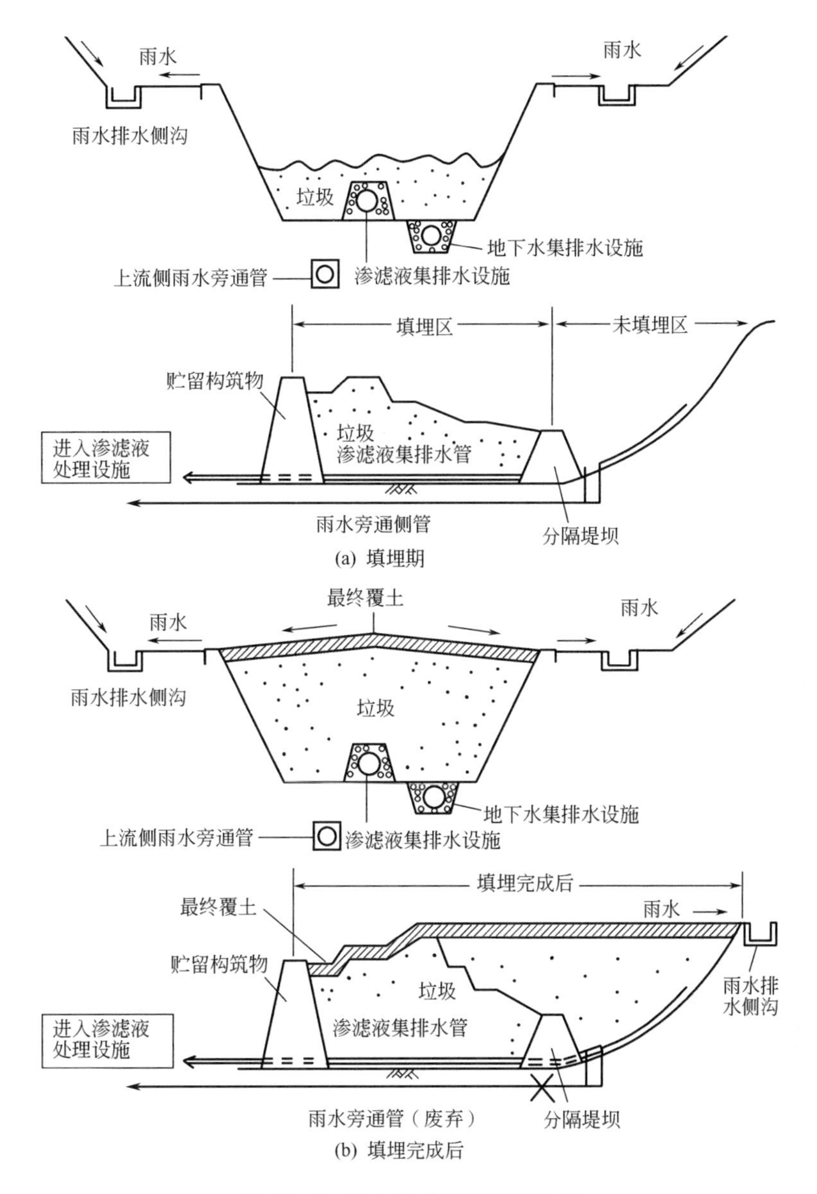

图 12-49　雨水排水原理简明示意

$$Q=\frac{1}{360}CIA \tag{12-17}$$

式中，Q 为雨水流出量，m^3/s；C 为流出系数（建成部分为 1.0，未建成部分为 0.6）；I 为降雨强度，mm/h；A 为集水面积，m^2。

流出量按 80％的雨水排水水道断面设计。

11. 防灾计划

(1) 填埋坡面　修建填埋坡面的同时进行阶梯式填埋，应该考虑不因坡面崩塌而使垃圾流出。一般坡度比（1∶20）缓，每 5m 高设一小段，在坡面上利用草皮等稳定坡面。填埋剖面见图 12-50。

小段宽度要考虑以后的维护管理，最好尽量宽些。

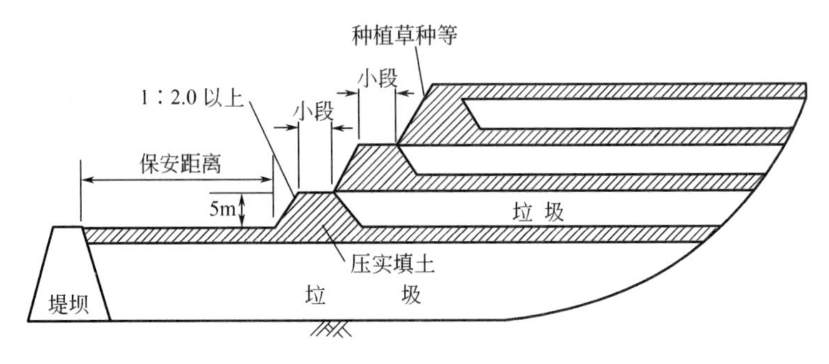

图 12-50 填埋剖面

(2) 挖填土区 在挖填土处做成适当的坡度，每 5m 高设宽 1.0m 左右的小段，并且坡面利用植被等保护。特别在填土部要充分地考虑排水对策，防止崩塌。坡度通常是 1∶15 左右，但按土质、开发基准而定。

(3) 防火设备 填埋场气体易着火，容易引起火灾。为防不测，需设置防火水槽等。对于大规模的填埋场，还应配备防火灾的消防车。

(4) 防灾调节池 由于填埋场的建设开发，雨水流出量增加，当现有水路不能完全排放雨水时，利用防灾调节池、空池、沉砂池等，调节流量，防止砂土流出。

12. 其他设施

(1) 门、围栏 防止因大风导致垃圾到处飞散，有必要设置网围栏，并且在填埋场要竖立一块告示牌，表示此处是填埋场。为了确保安全，不让外人无故进入，因而应设置门和围栏等设施。

(2) 供水设施 渗滤液处理设施的机器清洗、药品溶解或管理楼内的饮用水等，都需要向填埋场提供一定量的水。其量因设施的规模、管理人员的不同而异。最低限度必须保证每天供水量在 $4m^3$ 左右。

由自来水厂供水系统供水。在无水厂供水的情况下，可利用井水供水。需要蓄水池，蓄水后，多用加压供水。

(3) 监测设备 为了确保填埋场的安全性，在搬入垃圾、填埋垃圾、渗滤液、排放水、地下水、气体产生等处有必要设置相应的监测设备，其目的和方法见表 12-7。

表 12-7 监测项目的目的和方法

项 目	目 的	方 法
搬入垃圾	为了不搬入许可之外的废弃物	磅台的观察，抽样检查 搬入量、性质，卸货后观察
填埋垃圾	根据沉降确定分解、稳定状况	设置沉降板定期计测
渗滤液排放	观察水质水量的经时变化，进行适当的渗滤液处理	设置雨量计 渗滤液水量、放流量 水质分析
地下水	防止由于遮水层损坏等的地下水污染	漏水检知系统 地下水排水设施的水质分析 设置监测用井
气体	确认填埋垃圾的分解状况	气体分析
填埋场	防止外部的人无故进入，确保安全	利用屏幕监视巡逻

第十三章 垃圾填埋体的稳定性

作为特殊土的垃圾填埋体，与一般土体一样也存在边坡稳定问题。近年来，国内外发生了不少垃圾堆体滑塌的灾害。例如，1996年夏西班牙一个与深圳下坪垃圾填埋场相类似的垃圾填埋场，发生了数以百万吨计的垃圾崩泻，造成数人死亡及数百万美元的财物损失；2000年7月10日，菲律宾马尼拉一垃圾填埋场的垃圾堆体因连降暴雨而滑塌，死亡101人，100多人受伤，塌下的垃圾厚达10m；2002年6月14日晚重庆沙坪坝区凉枫垭垃圾场也因暴雨而滑塌，40万立方米垃圾呼啸而下，将山坳碎石厂的三层楼宿舍吞没，死亡10人。

近几年，国内几个大型垃圾填埋场由于混入生活污水处理厂污泥后不规范作业均造成了垃圾堆体的滑塌，给周边带来了环境污染。填埋场边坡失稳现象无论在国内还是国外都时有发生，为填埋场的运营、扩容和稳定提供了深刻的教训。因此必须高度重视填埋场的稳定性问题。

垃圾堆体稳定问题包括垃圾填埋场边坡的稳定和垃圾堆体自身的稳定。无论是填埋场边坡的稳定性还是垃圾自身堆体的稳定性，都与垃圾土的抗剪强度、重力密度、坡高、坡角以及孔隙水应力等因素有关；如果是边坡位置多层衬垫系统和覆盖系统的稳定性问题，还与这些衬垫系统中不同接触面上的抗剪强度有关。因此，要进行填埋场稳定性分析，必须具备垃圾土的工程特性指标以及衬垫系统不同界面的强度指标。下面对与垃圾堆体稳定分析有关的垃圾土的工程特性指标分别进行叙述，衬垫系统不同界面的强度指标参见第六章内容。

第一节 垃圾土的工程性质

一、垃圾土的重力密度

垃圾土的重力密度（重度）变化幅度很大，这是由于垃圾土的原始成分比较复杂，又受处置方式等影响所致。其重度不仅与它的组成成分和含水量有关，而且随填埋深度及填埋时间的不同而变动。

垃圾土的重度可以在现场用大尺寸试样盒或试坑来测定，或用勺钻取样在实验室测定；也可以应用地球物理方法用γ射线在原位井中测定；还可以测出废弃物各组成成分的密度，然后按其所占百分比来估算整个垃圾土的重度。应该指出的是，现场或实验室直接测试的结果比较可靠，而直接计算出来的数据，例如由进场固体废物量和现场填埋体积估算算出的，则不甚可靠，只能作为估算值供应用者参考。

国外对垃圾土进行现场试验和室内试验取得的资料较多，国内近年来也有了一些实测资料。表13-1列出的是垃圾土天然重度平均值的国内外综合资料。国外部分为Sharma等于1990年综合的，国内部分为笔者所综合。

表13-1 垃圾土天然重度平均值

资料来源	垃圾填埋条件		天然重度/(kN/m^3)
Sowers(1968)	卫生填埋场,压实程度不同		4.7～9.4
NAVFAC(1983)	卫生填埋场	末粉碎	
		轻微压实	3.1
		中度压实	6.2
		压实紧密	9.4
		粉碎	8.6
NSWMA(1985)	城市垃圾	刚填埋时	6.7～7.6
		发生分解和沉降后	9.8～10.9
Landva和Clark(1986)	垃圾和覆盖土之比为(10∶1)～(2∶1)		8.9～13.2
EMCON(1989)	垃圾和覆盖土之比为6∶1		7.2
浙江大学(1998)	杭州天子岭垃圾填埋场		10.0(7.8～13.4)
河海大学(2002)	深圳市下坪垃圾填埋场		11.0(5.2～15.3)
浙江大学等(2002)	北京市某垃圾填埋场		11.0(8.5～13.5)

从表中数值可看出，国内垃圾土的天然重度似乎比国外的要大些，这可能与国内垃圾成分中无机物含量较国外垃圾无机物含量高有关。

对天子岭垃圾填埋场的试验研究表明，垃圾土的天然重度并不随埋深的增加而有规律地增大，这主要与垃圾土中的含水量随埋深增加而减少有关。垃圾土的干重度（γ_d）则随埋深（Z）增加而增大，当$Z \leqslant 4.5\text{m}$时，γ_d的平均值为7.0kN/m^3；当$4.5 < Z \leqslant 14\text{m}$时，$\gamma_d$的平均值为$7.6\text{kN/m}^3$；当$Z > 14\text{m}$时，$\gamma_d$的平均值为$8.4\text{kN/m}^3$。这是一组很具有参考价值的数值。缺乏当地垃圾土的实测资料时，可以按照不同深度，参照上述数值，选定各分层的垃圾土干重度值，再与含水量、孔隙比等指标一起，计算出所需的垃圾土重度值。

旅美学者钱学德认为，现今大多数填埋场均对废弃物进行适度压实，其压实比通常为(2∶1)～(3∶1)，经过压实后的垃圾土，建议其平均重度值取$9.4 \sim 11.8\text{kN/m}^3$。

笔者依据国内的垃圾土重度资料并参照国外垃圾土资料和垃圾堆体边坡稳定分析实例，建议在全断面只取一个重度平均值γ_o来计算时，可取$\gamma_o = 10.0\text{kN/m}^3$，在按埋深分层取值时，则可按上述分层办法来取值。

二、垃圾土的含水率和田间持水量

垃圾土含水率的变化幅度是很大的。它通常与下列因素有关：废弃物的组成成分，当地气候条件，填埋场运行方式（如是否每天覆土），渗滤液收集和导排系统的有效程度，填埋场生物分解过程中产生的水分数量等。

需指出的是，含水率有两种不同的定义：一是水的重量与干固体重量之比，用于土工分析；另一种是水的重量与垃圾总重量之比，常用于水文和环境工程分析。本书含水量均采用后一种定义。

垃圾含水率测定是垃圾在90℃±5℃条件下烘到恒重时所失去水分质量与原生活垃圾总质量的比值。Ⅰ类、Ⅱ类填埋场运行期间，宜定期测试垃圾初始含水率，Ⅰ类填埋场测试频率为2次/年，Ⅱ类填埋场测试频率为1次/年。

填埋场内部垃圾土的含水量受填埋场不同的防渗结构和渗滤液导排方式的影响较大。垃圾土的含水量随埋深的增大而呈现减小的趋势。这是由于随深度的增大和填埋龄期的增加，垃圾中由有机质降解和自重作用产生的渗滤液由排水层排走，因而含水量降低；而浅层垃圾土受气候的影响大，含水量较大且不稳定。当然，在填埋场底层，也可能会因渗滤液淤积而导致填埋体含水量增大。

田间持水量是饱和生活垃圾经长时间重力排水后所保持水的重量与总重量的比值。田间持水量对于判断填埋场渗滤液产生量非常重要，超过田间持水量的水将成为渗滤液排出。田间持水量宜采用压力板法测试，应以基质吸力10kPa对应的含水率作为田间持水量。

《生活垃圾卫生填埋场岩土工程技术规范》（CJJ 176—2012）推荐了我国填埋场垃圾初始含水量和田间持水量取值，见表13-2。我国城市生活垃圾有机质含量和初始含水率显著高于美国垃圾。垃圾填埋后由于生物降解逐渐析出水分形成渗滤液，垃圾的持水能力逐渐降低。我国垃圾经长期降解后的田间持水量与欧美国家的接近。

表13-2　垃圾初始含水量和田间持水量

（无机物含量＜30%时取值）						
所在地年降雨量/mm	初始含水率/%					田间持水量/%
	春	夏	秋	冬	全年	
年降雨量≥800	45～60	55～65	45～60	40～55	50～60	30～45
400≤年降雨量＜800	35～50	50～65	35～50	30～45	40～55	30～45
年降雨量＜400	20～35	35～50	20～35	15～30	20～40	30～45
（无机物含量≥30%时取值）						
所在地年降雨量/mm	初始含水率/%					田间持水量/%
	春	夏	秋	冬	全年	
年降雨量≥800	35～50	45～60	35～50	30～45	40～55	30～45
400≤年降雨量＜800	20～35	35～50	20～35	15～30	20～40	30～45
年降雨量＜400	15～25	25～40	15～25	15～25	15～30	30～45

注：1. 垃圾无机物含量高或经中转脱水时，初始含水率取低值。

2. 垃圾降解程度高或埋深大时，田间持水量取低值。

三、垃圾土的孔隙比

与普通土体相比，垃圾土由于形成时间较短，没有形成一定的致密结构，其组成颗粒大小不一，孔隙比较大。从填埋深度上看，浅部垃圾土为新近填埋的，其生化降解反应进行得不彻底，使得垃圾土的组成颗粒和孔隙都比较大；深部垃圾土则填埋时间较长，其生化降解反应进行得较彻底，且在上部垃圾土自重压力下形成了较密实的内部结构，因而孔隙比较小。

从发达国家的实测结果看，垃圾土的孔隙率为40%～52%（孔隙比为0.67～1.08），比一般压实黏土衬垫的孔隙率（40%左右）要高。

表13-3所列为国内两个垃圾填埋场的实测垃圾土孔隙比资料。与国外资料相比，国内垃圾土孔隙比普遍大于国外的值。

表13-3 垃圾土的孔隙比

填埋场名称	范 围	均 值
杭州天子岭垃圾填埋场	1.81～4.36	2.86
深圳下坪垃圾填埋场	1.512～4.432	2.867

浙江大学岩土工程研究所对天子岭垃圾填埋场的垃圾土进行了大尺寸的室内压缩试验，同时经过现场取样获得原位压缩曲线，综合对比绘出了垃圾土孔隙比与埋深关系曲线（图13-1）。在垃圾堆体边坡稳定分析时，参照这条曲线可选定相应的孔隙比，进而计算出垃圾土的饱和重度值。

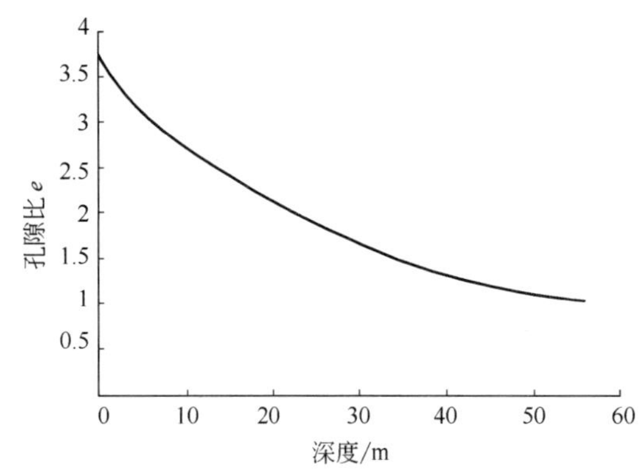

图13-1 垃圾土孔隙比与埋深关系曲线

四、垃圾土的渗透性

在设计填埋场渗滤液收集系统和制订渗滤液回灌措施时，正确给定垃圾土的水力参数是很重要的。此外，在垃圾堆体边坡稳定分析按有效应力计算时，需要由流网来确定条块底面中点的孔隙水压力，也需要确定有关水力参数。

浙江大学（1998年）对杭州天子岭垃圾填埋场不同深度和不同填埋时间的填埋体进行了大量的水力渗透试验，发现垃圾土的渗透系数虽然变化范围较大，但基本上在2×10^{-4}～4×10^{-3}cm/s范围之间。总的规律是随着填埋深度和填埋时间的增长而减小。经比较发现，其数值与国外填埋场垃圾土的渗透系数值基本一致。

垃圾饱和水力渗透系数宜采用现场抽水试验测定，试验方法按照现行行业标准《水利水电工程钻孔抽水试验规程》（SL 320）的规定执行。宜分层测试和计算不同埋深垃圾的渗透系数。抽水井成井直径不宜小于800mm，井管直径不宜小于200mm，井管宜外包反滤材料，井孔与井管之间宜充填洗净的粗砂或砾石。

垃圾饱和水力渗透系数也可采用室内渗透试验测定。当采用现场钻孔试样测试时，宜在现场实际应力水平下测试；当采用人工配制试样测试时，宜在不同的应力水平下测试。根据国内外文献报道的实测数据，浙江大学推荐了垃圾饱和水力渗透系数随深度的变化关系如图13-2所示。

浙江大学的室内试验结果表明：垃圾中填埋气渗透系数随饱和度或含水率增加而减少（图13-3）。垃圾含水率对填埋气渗透系数影响较大，当含水率大于一定数值（约为田间持水量），填埋气渗透系数随含水率增大而急剧减小。渗滤液水位以下垃圾处于接近饱和或饱和状态，填埋气渗透系数小，阻碍了填埋气导排和收集，这也是高渗滤液水位填埋场填埋气收集率低下的重要原因。根据浙江大学的室内试验结果和国内外相关文献资料，推荐垃圾的气体固有渗透系数取值范围为1×10^{-13}～1×10^{-9}m^2，饱和度较大时宜取小值。

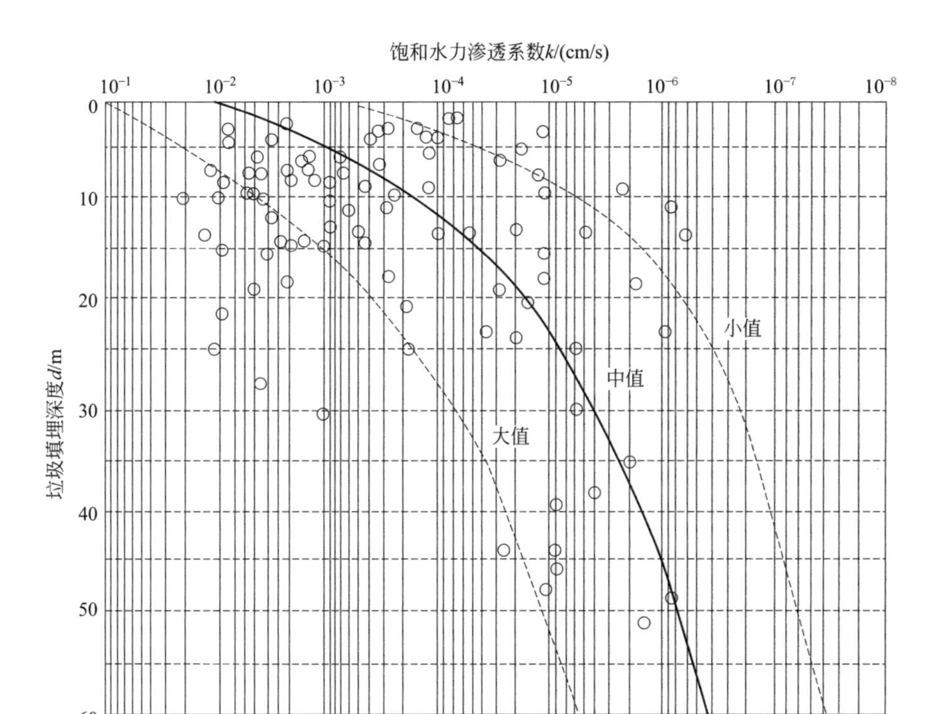

图 13-2　垃圾饱和水力渗透系数与填埋深度

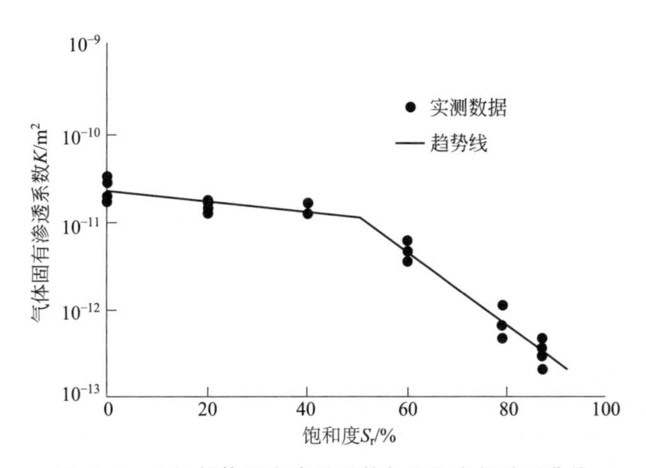

图 13-3　垃圾气体固有渗透系数与饱和度的关系曲线

五、垃圾土的强度

在工程实践中，垃圾抗剪强度指标的确定方法很多，主要有现场试验、室内直剪试验、室内三轴试验、工程类比或反演分析等。一般的，现场试验方法取得的垃圾抗剪强度指标较为可靠，但是有的现场试验，如现场直剪试验，费用高、周期长、难度较大。室内试验相对简单易行，费用较低，室内试验应选取有代表性的垃圾试样。

垃圾强度与龄期及破坏应变标准有关，如图 13-14 所示，随着填埋龄期增加，垃圾内摩擦角增大，黏聚力降低；随着破坏应变取值增加，垃圾内摩擦角和黏聚力均增加。由于新建填埋场与一般岩土工程勘察工程不同以及垃圾强度的复杂性，无法从现场取得垃圾试样进行试验，因此《生活垃圾卫生填埋场岩土工程技术规范》（CJJ 176—2012）要求一级垃圾堆体边坡同时采用工程类比和反演分析进行综合分析，确定垃圾抗剪强度指标。对于二级和三级垃圾堆体边坡，也可以采用工程类比方法确定垃圾抗剪强度指标。Kavazanjian 等（1995年）推荐美国垃圾抗剪强度参数按照以下原则取值：深度在 3m 以内，黏聚力 $c=24$kPa，内摩擦角 $\phi=0°$；深度在 3m 以下，黏聚力 $c=0$，内摩擦角 $\phi=33°$。Dixon 和 Jones（2005）推荐英国垃圾抗剪强度参数取值为：黏聚力 $c=5$kPa，内摩擦角 $\phi=25°$；浙江大学对垃圾抗剪强度进行了大量研究，总结了垃圾抗剪强度指标参考值，如表 13-4 所列，表中数据对应的是 10%应变，供设计人员参考使用。无经验时取表中的低值；当加筋含量较多时，内摩擦角取低值，黏聚力取高值；当土粒含量较多时，内摩擦角取高值，黏聚力取低值；浅层垃圾抗剪强度参数与压实程度有关，压实程度不良时取小值，压实程度良好时取大值。

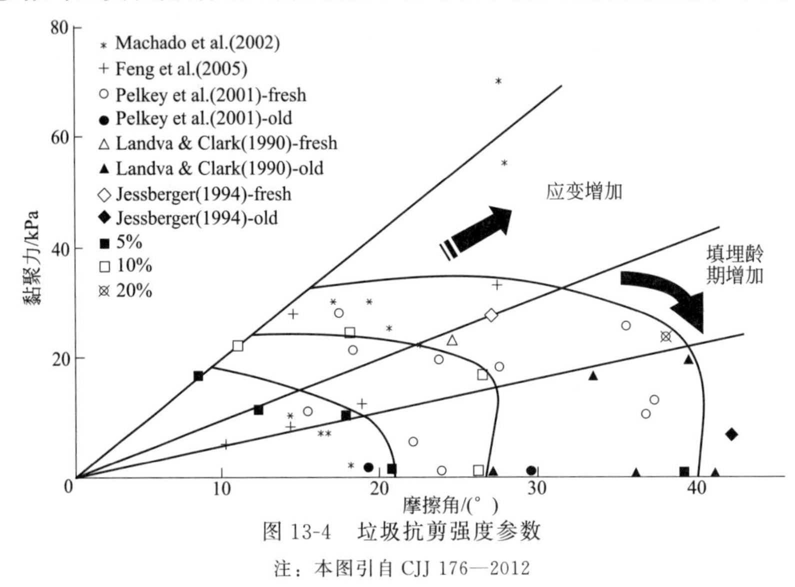

图 13-4　垃圾抗剪强度参数

注：本图引自 CJJ 176—2012

表 13-4　垃圾抗剪强度指标参考值

垃圾类型	内摩擦角 ϕ/(°)	黏聚力 c/kPa
浅层垃圾(埋深＜10m)	12～25	15～30
深层垃圾(埋深＞10m)	25～33	0～10

垃圾抗剪强度试验时，试验宜现场钻孔取样或人工配制；直剪试验的试样平面尺寸不宜小于 30cm×30cm，三轴试验的试样直径不宜小于 8cm；试验所施加的应力范围应根据边坡的实际受力确定。

垃圾抗剪强度宜采用有效内摩擦角表示，按下式计算：

$$\tau_f=c'+(\sigma-u)\tan\phi' \tag{13-1}$$

式中，τ_f 为垃圾的抗剪强度，kPa；σ 为法向总应力，kPa；u 为孔隙水压力，kPa；c' 为垃圾的有效黏聚力，kPa；ϕ'为垃圾的有效内摩擦角，(°)。

垃圾表现出应变硬化的特征，在利用摩尔库仑理论确定强度参数时应选择合适的应变作为破坏标准。根据浙江大学的研究成果，采用 10%应变作为破坏标准得到的强度参数可满足边坡变形及稳定控制的双要求，在苏州七子山填埋场及深圳下坪填埋场工程的稳定分析中得到了验证，因此推荐破坏标准的应变建议为 10%。

第二节　填埋堆体稳定性

垃圾堆体的稳定是填埋场建设运营至关重要的因素之一，直接影响到填埋场正常功能的发挥。垃圾堆体失稳滑坡不仅造成严重的地表环境污染，处理难度大、费用高，而且影响填埋场正常消纳垃圾的功能，易造成城市中垃圾没有出路而引发严重的社会危机，因此，在设计垃圾堆体以及挖掘边坡时的稳定性已成为填埋场系统设计和安全分析的一个非常重要的方面，许多学者对填埋场的稳定问题作了深入而细致的研究，已取得很大进展。

一、填埋堆体稳定性问题的产生原因

填埋堆体不稳定是由于下列原理产生的：a. 天然边坡本身不够稳定（对山谷型填埋场）；b. 人工开挖边坡坡度太大，或是坡脚开挖降低了天然边坡的稳定性（对山谷型或平面型地下式填埋场）；c. 地基承载力不足，尤其是地基土为软黏土或其他可压缩土时（平面型或某些山谷型填埋场）；d. 垃圾抗剪强度低，压缩变形大；e. 作为中间盖层的压实黏土抗剪强度低；f. 地表水、渗滤液、气体导排系统有可能发生故障，造成填埋体孔隙压力过大；g. 填埋体与天然土体在接触部位有可能产生不利于边坡稳定的相互作用；h. 裂隙黏土的自然软化、蠕动、渐进破坏与其他可能影响边坡土体或填埋体长期行为的作用。

二、填埋场边坡稳定破坏类型

1. 填埋场的稳定破坏类型

填埋场在开挖和填埋期间，以及在封闭后，可能出现各种不同的破坏模式，其破坏机理也不同。几种潜在的破坏模式大致可分成下列类型。

（1）边坡及衬垫底部土体发生整体滑动破坏　如图 13-5 所示。这种破坏类型可能发生在开挖或铺设衬垫系统但尚未填埋时。图 13-5 中仅表示了地基产生圆弧滑动破坏的情况，但实际上由于软弱层及裂缝所导致的楔体或块体破坏也不能忽视。这种破坏模式可用常规的岩土勘探和边坡稳定分析方法来评价。

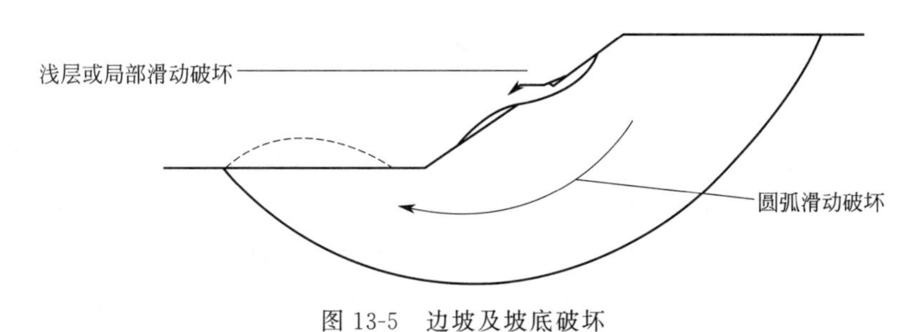

图 13-5　边坡及坡底破坏

（2）衬垫从锚沟中脱出及沿坡面滑动　如图 13-6 所示。这种破坏通常发生在衬垫系统

铺设时。衬垫与坡面之间摩擦及衬垫各组成部分之间的摩擦能阻止衬垫在坡面上的滑移，同时由于最底一层衬垫与掘坑壁摩擦及锚沟的锚固作用也可阻止衬垫的滑动。其安全程度可由各种摩擦阻力与由衬垫系统自重产生的下滑力之比加以评价。

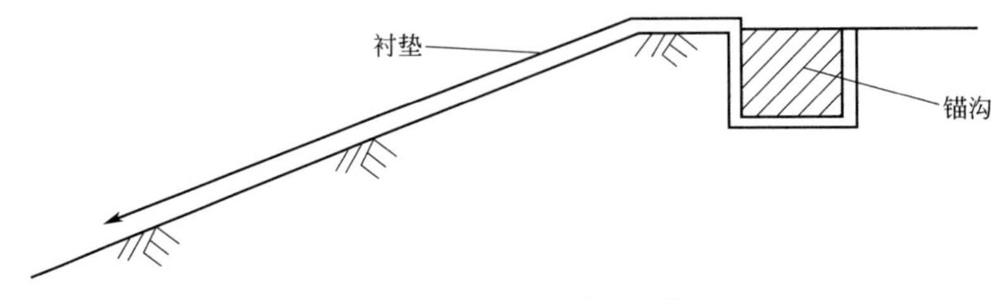

图 13-6　衬垫系统从锚固沟拔出

（3）沿固体废弃物内部破坏　如图 13-7 所示。当废弃物填埋到某一极限高度时，就可能产生破坏。填埋的极限高度与坡角和废弃物的自身强度有关，这种情况可用常规的边坡稳定分析方法进行分析。

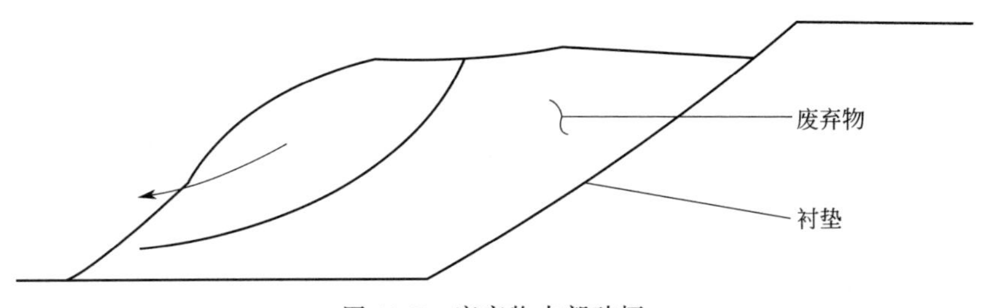

图 13-7　废弃物内部破坏

（4）沿废弃物内部及地基破坏　如图 13-8 所示。破坏可以沿着废弃物、衬垫及场地地基发生。当地基土强度较小，尤其是软土地基，更容易发生这种破坏。这种类型破坏的可能性常作为选择封闭方案的一个控制因素。

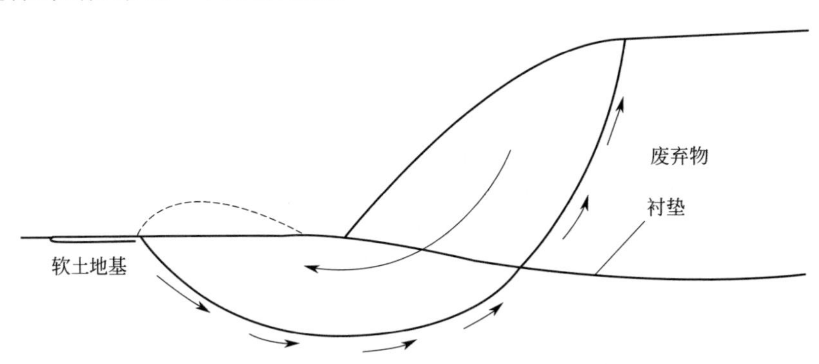

图 13-8　破坏穿过废弃物、衬垫和地基

（5）沿衬垫系统的破坏　如图 13-9 所示。复合衬垫系统内部强度较小的接触面形成一滑动单元。这种破坏常受接触面的抗剪强度、废弃物自重和填埋几何形状等因素所控制。

（6）封顶和覆盖层的破坏　由土或土及合成材料组成的封顶系统（最终覆盖）用于斜坡上时，抗剪强度低的接触面常导致覆盖层的不稳定而沿填埋的废弃物坡面向下滑动。

（7）过大的沉降　过大的沉降尽管不是严格意义上的一种稳定破坏。但由于垃圾的压缩、腐蚀、分解产生过大沉降及地基自身的沉降可能导致淋滤液及气体收集系统发生破裂，填埋场

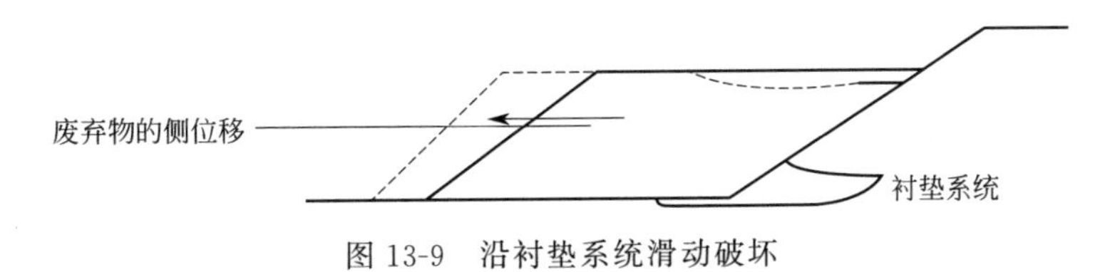

图 13-9　沿衬垫系统滑动破坏

的沉降会使斜坡上的衬垫产生较大的张力，可能导致破坏。此外，不均匀沉降也可以使有裂缝的覆盖层和衬垫产生畸变，如果水通过裂缝进入填埋场也会对其稳定性产生不利影响。

所有这些破坏类型都可能由静荷载或动荷载（地震）引发，在这些破坏类型中，衬垫系统的破坏最受关注，因为一旦衬垫破坏，填埋场的淋滤液就可能进入周围土体及地下水，造成新的环境污染。

2. 垃圾堆体的稳定破坏类型

垃圾由于其自身重力作用，其内部也会产生稳定性问题。图 13-10 表示邻近边坡的固体废弃物可能存在的几种稳定破坏类型。图 13-10(a) 表示在垃圾内部产生圆弧滑动，这只有在垃圾堆积很陡时才会发生，其分析方法与常规的土坡圆弧滑动相同，唯其抗剪强度参数的选择要十分小心。图 13-10(b)～(d) 代表了当多层复合衬垫中存在有低摩擦面时可能发生的几种破坏情况，沿垃圾与土工膜、砂层与土工膜、土工膜与土工网及土工膜与湿黏土之间这些接触面发生滑动现象都有可能，如果临界破坏面发生在第二层土工膜的下面，则整个复合衬垫脱离锚沟沿此临界面发生破坏的可能性很大。

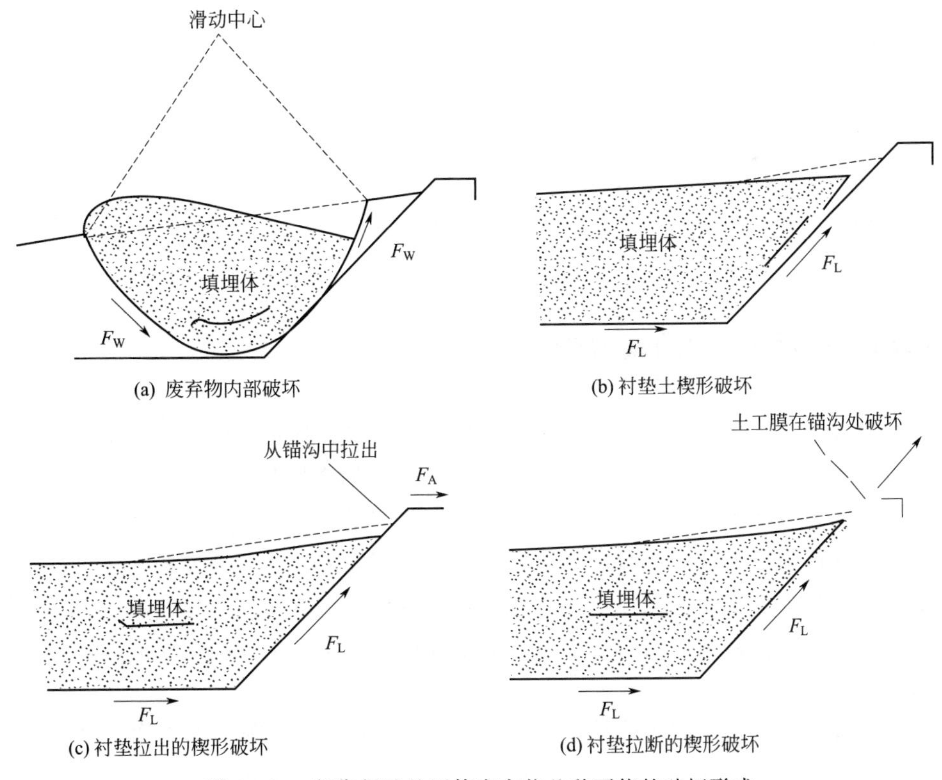

图 13-10　紧靠斜坡的固体废弃物几种可能的破坏形式

垃圾沿衬垫接触面滑动的稳定安全性评价，可采用双楔体分析的方法。

三、填埋场边坡破坏机理

填埋场边坡稳定分析，应从短期及长期稳定性两方面考虑，边坡稳定性通常与土的抗剪强度参数（总应力和有效应力强度指标）、坡高、坡角、土的容重及孔隙水应力等因素有关。对土层剖面进行充分的岩土工程勘察和水文地质研究是很必要的。在勘察中，对土的表观描述、地下水埋深、标准贯入击数应作详细记录并通过室内试验来确定土的各项工程性质和力学性质指标。

短期破坏通常发生在施工末期。因边坡较陡，在开挖结束后不久即发生稳定破坏。对于饱和黏土，由于开挖使土体内部应力很快发生变化，在潜在破坏区内孔隙水应力的增大相应地使有效应力降低，从而增大发生破坏的可能性。当潜在破坏区的变形达到极限变形时，就会出现明显的负孔压，负的孔隙水应力消散常直接导致边坡稳定破坏。由于负孔压消散速率主要取决于黏土的固结系数和在破坏区的平均深度，而且土体的排水抗剪强度参数也随着负孔压的消散同时增大，边坡稳定的临界安全系数常常与负孔压消散完毕时相对应。

用太沙基固结理论可以估算出负孔压消散的时间，如若一边坡土体的固结系数 $C_V=0.01m^2/d$，潜在破坏区平均深度 $H=0.5m$，已知对应于固结为 90% 的时间因数 $T_V=0.85$，则孔压的消散需 6 年时间，因此这种情况就属于长期稳定破坏问题。

综合上述，以下两种情况需要进行稳定分析。

① 施工刚刚结束：此时应考虑孔隙应力快速、短暂且轻微的增长，对不排水强度指标进行修正后用于稳定分析。

② 在负孔压消散一段时间后：用排水剪强度指标，应考虑围压的减小（或增大）对强度参数的影响。

对于填埋场的覆盖，长期稳定似乎更关键，可用有效应力法进行分析。所用参数可由固结排水剪试验或可测孔压的固结不排水试验来确定，孔压可由流网或渗流分析得出，安全系数取 1.5。

四、影响填埋场稳定的因素分析

垃圾的物理及工程力学性质等是影响填埋场系统安全及稳定性的重要因素。对填埋场进行稳定分析时，关键在于其抗剪强度参数的选择，垃圾的强度指标对分析填埋场边坡稳定，甚至将来利用它来做地基需确定其地基承载力时是非常重要的。

此外，填埋体中渗滤液的饱和度、边坡角度和浸润线的埋深对填埋场的稳定性影响也很大。陈云敏等通过分析杭州某填埋场边坡发现，随着饱和度的增加，填埋场边坡的稳定系数逐渐降低；同时，放坡系数的大小也直接影响填埋体的稳定；加大浸润线的埋深，也有利于填埋场边坡的稳定性。

垃圾的填埋年代（指不同年代填埋场的组成成分、压实方式和每日覆盖土的数量等）也是一个影响因素。例如，20 世 60 年代，用于包装的塑料制品数量猛增，Landva 及 Clark 注意到塑料袋间的摩擦角仅为 9°，但废物流中的塑料制品并未使城市垃圾的平均单位体积强度降至9°。Landva及Clark曾测出一塑料含量极高的破碎废弃物的内摩擦角为24°。

另外，有机质和纤维素含量以及废弃物的年龄和分解程度也对城市垃圾的强度特性具有重要的影响。

五、填埋堆体稳定验算

《生活垃圾卫生填埋场岩土工程技术规范》(CJJ 176—2012)指出了需进行稳定验算的场合，划分了垃圾堆体边坡工程安全等级，规定了不同运行条件下垃圾堆体边坡抗滑稳定最小安全系数。规范明确要求所有等级的垃圾堆体都必须进行边坡稳定验算，并提出了稳定验算应使用的分析方法。

1. 需进行稳定验算的场合

《生活垃圾卫生填埋场岩土工程技术规范》(CJJ 176—2012)指出"应对填埋场施工、运行期间及封场后的下列边坡类型进行稳定验算：地基及库区边坡；垃圾坝；垃圾堆体；封场覆盖系统；其他可能出现失稳隐患的边坡"。在填埋场施工期间，挖方、填方、垃圾坝和底部衬垫系统等构筑物建设均涉及边坡的稳定性；在填埋场运行期间，随垃圾堆体高度增加，逐步形成永久边坡和临时边坡，其中，临时边坡的稳定性常被忽视；填埋场封场后，垃圾堆体边坡高度达到最大，存在较大失稳风险。

国内外垃圾堆体失稳事故调查发现，垃圾堆体一般有以下3种失稳模式：通过垃圾堆体内部的滑动破坏；因下卧地基破坏引起的通过堆体内部与下卧地基的滑动破坏；因土工材料界面强度不足引起的部分或全部沿土工材料界面的滑动破坏。这三种模式都要进行边坡稳定验算。其中，后者破坏后果严重但常被忽视。复合衬垫系统已作为基本防渗系统被现行行业标准《生活垃圾卫生填埋场防渗系统工程技术规范》(CJJ 113)推荐使用，复合衬垫系统中土工材料界面的抗剪强度特别是残余抗剪强度较低(如其残余摩擦角仅为7°～18°)，易导致堆体部分或全部沿土工材料界面失稳。根据Koerner和Soong(2000)以及钱学德和Koerner(2007，2009)对世界上15个填埋场失稳事故的调查，发现8个设置复合衬垫系统的填埋场失稳模式均是部分或全部沿土工材料界面的平移破坏，造成垃圾与渗漏液大量外泄。我国从20世纪90年代后期开始陆续建设了含有复合衬垫系统的卫生填埋场，近几年来这批填埋场随着高度逐步增加，也发生了沿土工材料界面的失稳事故，应引起设计者和运行单位的高度重视。

2. 垃圾堆体边坡工程安全等级的划分及最小安全系数

垃圾堆体边坡工程应根据坡高及失稳后可能造成后果的严重性等因素，按照表13-5的规定确定安全等级。

表13-5　垃圾堆体边坡工程安全等级

安全等级	堆体边坡坡高 H/m	安全等级	堆体边坡坡高/m
一级	$H \geqslant 60$	三级	$H<30$
二级	$30<H<60$		

垃圾堆体边坡工程安全等级从高到低分三级，一级最高，三级最低。从垃圾堆体边坡工

程事故原因分析看，高度较大的填埋场发生失稳事故的概率较高，造成的损失较大，因此以垃圾堆体边坡高度作为安全等级的划分标准。通过对国内省会城市现有大型填埋场形式和设计高度进行总结，平原型填埋场垃圾堆体高度在45～80m之间，山谷型填埋场在60～130m之间，故将边坡高度≥60m的垃圾堆体边坡工程划入一级。

需指出，山谷形填埋场的垃圾堆体边坡坡高是以垃圾坝底部为基准的边坡高度，平原形填埋场的垃圾堆体边坡坡高是指以原始地面为基准的边坡高度。

填埋场下游有重要城镇、企业或交通干线时，失稳会造成人民生命财产的大量损失，灾害严重；修建在软弱地基上的填埋场，沿软弱地基失稳的概率较高，且失稳往往造成场底衬垫系统破坏，或当填埋场修建在现有填埋场及污泥坑等特殊土之上时，其失稳概率也将增加；山谷型填埋场底部库区顺坡向边坡坡度大于10°时，易发生部分或者全部沿底部土工材料界面的失稳，该失稳模式将造成大量垃圾堆体和渗滤液外泄。上述这些情况下安全等级应提高一级。

垃圾堆体边坡的运用条件应根据其工作状况、作用力出现的概率和持续时间的长短，分为正常运用条件、非常运用条件Ⅰ和非常运用条件Ⅱ三种。

正常运用条件为填埋场工程投入运行后，经常发生或长时间持续的情况，包括填埋场填埋过程、填埋场封场后和填埋场渗滤液水位处于正常水位。由于我国垃圾含水率高、垃圾渗透系数随填埋深度降低及导排层易淤堵等原因，现有填埋场的垃圾堆体主水位和滞水位随堆体边坡高度增加而增加，有些埋深在垃圾堆体表面以下4～10m。对于这些现有填埋场，上述逐步壅高的渗滤液水位应属于正常运行条件。

非常运用条件Ⅰ为遭遇强降雨等引起的渗漏液水位显著上升。根据钱学德和Koerner（2007，2009）对15个填埋场事故原因的调查，有10个垃圾堆体标配失稳与渗滤液水位相关。在我国南方，在正常运行条件下渗滤液水位显著上升，但该工况持续时间较短，发生频度较低，故将此工况划为非常运用条件Ⅰ。

非常运用条件Ⅱ为正常运用条件下遭遇地震。主要根据现行行业标准《碾压式土石坝设计规范》（SL 274）和《水利水电工程边坡设计规范》（SL 386）的规定确定，以与非常运用条件Ⅰ相区别。

填埋场边坡抗滑稳定最小安全系数应符合表13-6的规定。

表13-6　垃圾堆体边坡抗滑稳定最小安全系数

运用条件	安全等级		
	一级	二级	三级
正常运用条件	1.35	1.30	1.25
非常运用条件Ⅰ	1.30	1.25	1.20
非常运用条件Ⅱ	1.15	1.10	1.05

除垃圾堆体边坡外其他类型边坡的安全系数控制标准应符合现行国家标准《建筑边坡工程技术规范》（GB 50330—2013）的相关规定；当垃圾堆体边坡等级为一级且又符合表13-6中等级条件时，安全系数应根据表13-6相应的安全系数提高10%。

3. 验算的内容及方法

边坡稳定分析包括两方面的内容：特定滑动面的安全系数计算和最危险滑动面搜索。安全系数计算主要有三类方法，即数值分析法、极限分析法和极限平衡法。搜索方法有随机搜索法、模式搜索法、动态规划法、模拟退火法等。

（1）极限平衡法　极限平衡法是目前边坡稳定性分析中最常用的方法。其理论基础是将滑动区域可能的滑动体视为刚体，设在滑动面上的岩土体处于塑性极限平衡状态，而后利用刚体力学的观点分别计算滑动体所受的力或力矩，建立平衡方程，求解边坡稳定系数。工程上惯用的是费伦纽斯（W. Fellenius）（1927年）的简化条分法，即瑞典圆弧法，假定滑动面为圆弧，该方法在没有计算机的年代能大大简化计算，是一种实用的方法。Bishop（1950年）对传统的Fel lenius法做了重要改进，提出了安全系数的定义，通过力矩平衡来确定安全系数。在国内传递系数法也是一种常用的方法，其安全系数与Bishop法比较接近，但当遇到软弱夹层时安全系数偏大。

（2）极限分析法　塑性极限分析法考虑岩土体应力-应变关系，用塑性力学上限、下限定理分析边坡稳定问题，就是从下限和上限两个方向逼近真实解。这一求解方法最大的好处是回避了在工程中最不易弄清的本构关系表达式，因而具有物理概念清晰、应用简单且在很多情况下可给出问题的严密解等优点。陈祖煜在这方面做了大量研究，严格地推导了二维边坡稳定分析的上限解和下限解，通过虚功原理求解使得Sarma法求解变得十分简单，大大提高了计算效率。

（3）数值分析法　数值分析法是考虑到岩土体为非均质、不连续、大变形等特点而出现的方法。数值分析需要解决的问题是岩土体本构关系和输入数据的精度。有限元法是数值分析法中的典型代表，有限元法全面满足了静力许可、应变相容和应力-应变之间的本构关系，与极限平衡法相比具有以下优点：破坏面的形状或位置不需要事先假定；不必要引入假定条件，保持了严密的理论体系；有限元解提供了应力-变形的全部信息。有限元法是一种比较理想的分析边坡应力、变形和稳定性态的手段。在有限元法后又发展了边界元法、FLAC法、离散元法、块体理论（BT）和不连续变形分析（DDA）等数值分析法。有限元法和边界元法能精确的分析物理力学性质复杂且不稳定的垃圾土边坡。

场地调查表明：由于垃圾土性质的特殊性，许多垃圾填埋场的滑动面并非圆弧形的，现有的极限平衡方法难以完全模拟可能发生的破坏形式，需对现有的计算方法进行改进。非圆弧滑动面的搜索非常困难，目前用于边坡稳定分析的商业软件（如理正、REAME等）还不具备非圆弧滑动面的搜索功能，特别是对于垃圾土这种复杂的土层条件。

根据《生活垃圾卫生填埋场岩土工程技术规范》（CJJ 176—2012）的规定，由于摩根斯坦-普赖斯法可计算沿垃圾内部的圆弧滑动或非圆弧滑动以及部分或全部沿土工材料界面的折线滑动，因此边坡稳定验算应采用摩根斯坦-普赖斯法。稳定最小安全系数按照表13-7的规定采用。当边坡破坏机制复杂时，宜采用有限元法分析。在求得垃圾堆体的最小安全系数后，还需对其进行安全判别，可根据《生活垃圾卫生填埋场岩土工程技术规范》（CJJ 176—2012）推荐的最小安全系数，确定其允许安全系数。

填埋是一个长期的过程，应取每填高20m的各填埋阶段进行边坡稳定性验算。应确定每填高20m后垃圾堆体边坡和封场后垃圾堆体边坡的警戒水位，其所对应的边坡稳定最小安全系数按照表中非正常运用条件Ⅰ相应的值。根据大量工程事故分析及研究，垃圾堆体主水位上升将显著降低填埋场稳定性。某填埋场稳定性分析模型如图13-11所示，其中h表示垃圾堆体主水位与垃圾坝顶面的高差，H表示垃圾堆体边坡最高处与垃圾坝顶面的高差，h/H表示主水位的相对位置。H为60m，是一级垃圾堆体边坡，垃圾强度参数按照表13-4选取，黏聚力为5kPa，内摩擦角为28°，边坡坡度为1∶3.5。垃圾堆体主水位上升对填埋场稳定安全系数的影响如图 13-12 所示。可见，随着主水位的升高，稳定安全系数降低显著，并在达到 0.6 时，安全系数降低到非正常条件Ⅰ对应的稳定安全系数 1.3，此时即为警戒水位。必须注意的是，对于不同的垃圾强度、边坡高度及边坡坡度，计算获得的警戒水位并不相同。因此，以非正常条件Ⅰ对应的稳定安全系数为标准可确定各填埋阶段的警戒水位，要求设计时必须给出各填埋阶段的警戒水位，并作为填埋场运行时垃圾堆体主水位监测稳定安全的预警值。

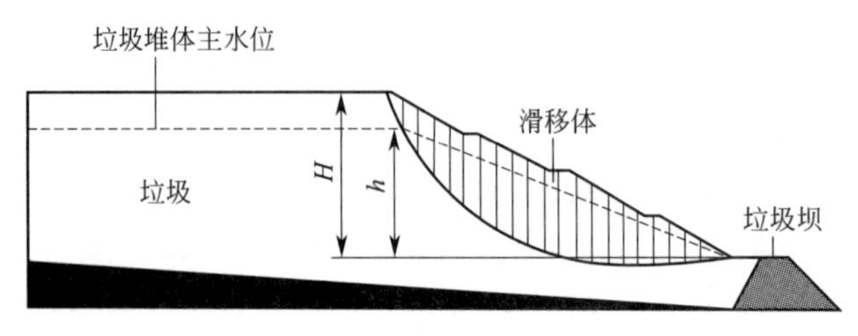

图 13-11　垃圾堆体主水位的分析模型

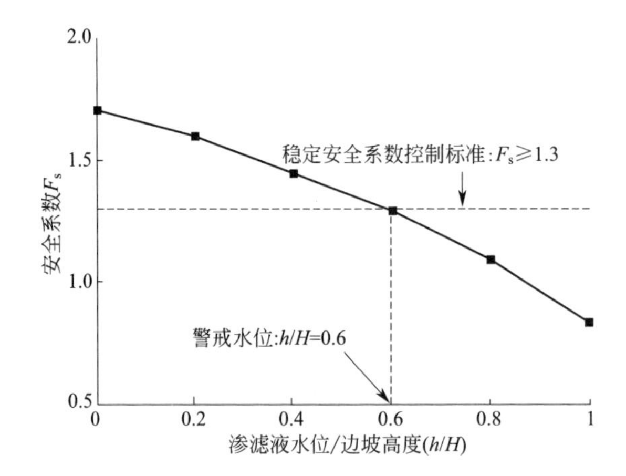

图 13-12　垃圾堆体主水位上升对填埋场安全系数的影响

稳定计算方法应根据边坡类型确定，应符合现行行业标准《水利水电工程边坡设计规范》(SL 386) 的相关规定。

垃圾坝的稳定计算方法根据坝体材质的不同，分别采用现行行业标准《碾压式土石坝设计规范》(SL 274)、《砌石坝设计规范》(SL 25) 或《碾压混凝土坝设计规范》(SL 314) 等规范的方法计算。垃圾坝体承担的荷载与水利水电工程坝体只承担水压力不同，还需承担垃圾的侧向土压力。另外由于垃圾坝上游面常铺设防渗层，以致垃圾坝中浸润线的形状与水利工程中土石坝不同。水压力和土压力取值应根据填埋场的实际运行情况和可能出现的最不利情况确定。

封场覆盖系统的稳定分析宜采用无限边坡稳定分析法或双楔体法，并应考虑水头对稳定的影响，验算无渗透水流和完全饱和时的安全系数。

当填埋场存在垃圾堆体滞水位时，应验算滞水位引起的局部失稳。

图 13-13 为填埋场中一种可能的渗滤液存在形式：场底渗滤液导排层内存在一定高度的渗滤液饱和区域，其最大水头压力即为渗滤液导排层水头；渗滤液导排层与深部垃圾之间为非饱和区，之上存在一个显著、连续的饱和区，主要原因是深部垃圾渗透系数显著低于导排

层，渗滤液难以向下渗流，导致水位在渗透系数较小的深部垃圾之上逐渐壅高，其浸润线即为垃圾堆体主水位；垃圾堆体内因填埋作业的需求常存在低渗透层，如由黏土组成的中间覆盖屋、日覆盖层等，极易导致水位在该层之上壅高而形成局部而连续的饱和区，其浸润线即为垃圾堆体滞水位，广泛分布于堆体中，如图 13-13 所示。此时，底部防渗层上渗滤液水头不高，填埋场污染扩散风险相对较低；较高的垃圾堆体主水位和滞水位显著影响垃圾堆体稳定和填埋气收集率。

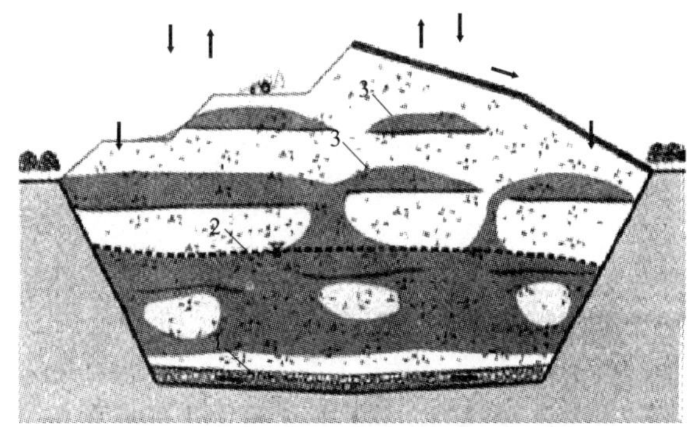

图 13-13　垃圾填埋场渗滤液存在形式一

1—渗滤液导排层水头；2—垃圾堆体主水位；3—垃圾堆体滞水位

图 13-14 为填埋场中另一种可能的渗滤液存在形式：当渗滤液导排层壅堵时，导排层中渗滤液水位壅高，与堆体中主水位连通，从场底渗滤液导排层至一定高度堆体完全饱和，防渗层上渗滤液水头很高，填埋场渗滤液污染扩散及堆体失稳风险高，填埋气收集难度大。

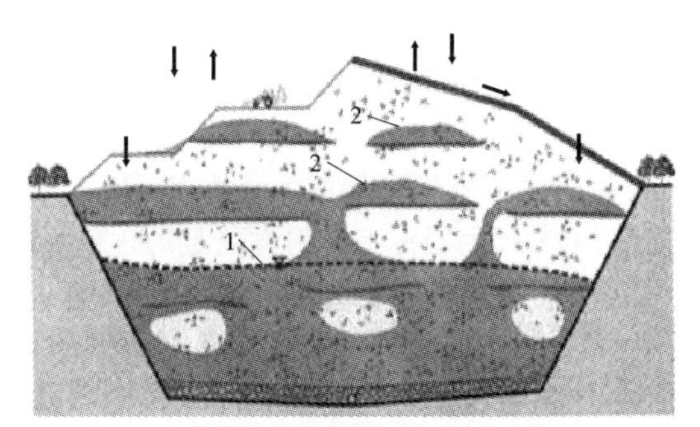

图 13-14　垃圾填埋场渗滤液存在形式二

1—垃圾堆体主水位；2—垃圾堆体滞水位

垃圾堆体主水位对堆体稳定影响规律，如图 13-15 所示。在堆体坡度一定时，主水位越高，堆体稳定安全系数越小。研究表明，渗滤液导排层水头增加会显著提高污染物渗漏率。如表 13-7 所列，渗滤液导排层水头 h_w 由 0.3m 提高至 10m，污染渗漏率提高了 5～30 倍。

表 13-7　不同渗滤液导排层水头下计算得到的渗漏率

衬垫系统结构	分配系数 θ	渗漏率/(m/a)			
	/(m^2/s)	h_w=0.3m	h_w=1.0m	h_w=3.0m	h_w=10.0m
1.5mmGM+750mmCCL	1.6×10^{-8}	3.8×10^{-4}	1.2×10^{-3}	3.2×10^{-3}	1.0×10^{-2}
1.5mmGM+750mmAL	1.6×10^{-8}	6.5×10^{-4}	1.9×10^{-3}	5.0×10^{-3}	1.6×10^{-2}
1.5mmGM+13.8mmGCL	6.0×10^{-12}	3.5×10^{-7}	1.1×10^{-6}	3.4×10^{-6}	1.1×10^{-5}
2mmCCL	—	3.6×10^{-2}	4.7×10^{-2}	7.9×10^{-2}	1.9×10^{-1}

注：GM—土工膜；CCL—压实黏土防渗层；AL—压实黏土替代层；GCL—土工复合膨润土垫。

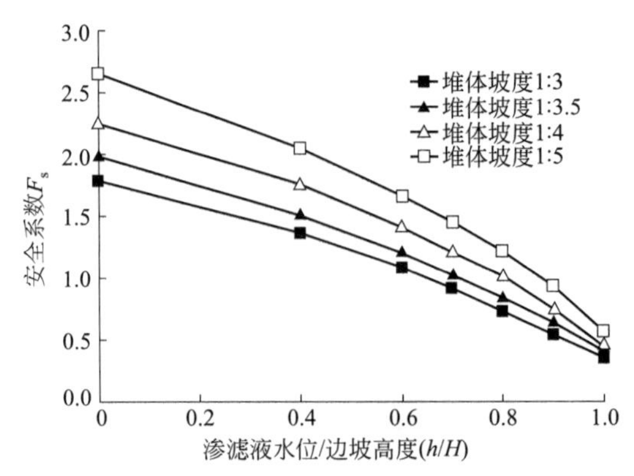

图 13-15　堆体坡度、堆体主水位相对高度与安全系数的关系

采用黏土作为中间覆盖层的填埋场极易形成滞水位，如苏州七子山、深圳下坪、成都长安、上海老港等填埋场均存在滞水位。近年来由滞水位引起的浅层局部失稳事故时有发生，因此要求进行滞水位引起的局部稳定性验算，其稳定验算模型可参考图 13-16。

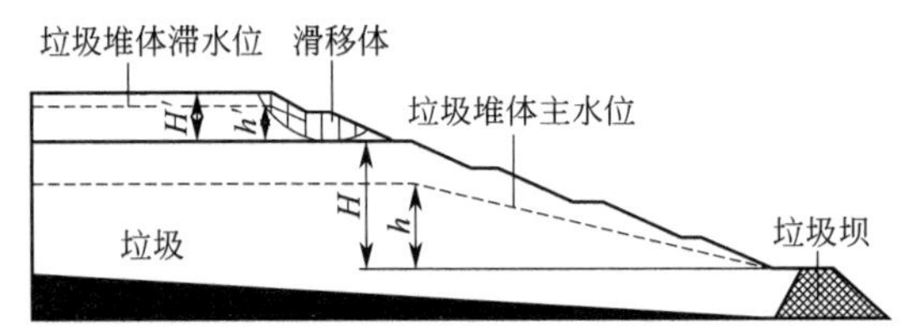

图 13-16　垃圾堆体主水位与滞水位并存的分析模型图

当填埋场存在污泥库时，应对污泥库及其周边和上覆垃圾堆体边坡进行稳定分析。我国一部分填埋场在库区直接填埋污泥，形成了污泥库，严重影响填埋场边坡稳定及后续填埋作业。因污泥的抗剪强度极低，为 0.5～4kPa，渗透系数分布范围为 10^{-9}～10^{-7}cm/s，固结系数在 10^{-5}cm^2/s 量级。在污泥库上填埋垃圾时，污泥如不经处理而直接在上方填埋，易导致垃圾堆体沿污泥库失稳或污泥产生管涌，将引发严重的污染事故。污泥可采用原位固化或软基加固等工程措施进行处理，提高其抗剪强度及减少其压缩性。采用软基加固措施时，应充分考虑其固结系数较小的特点。

处于设计地震水平加速度 0.1g 及其以上地区的一级、二级垃圾堆体边坡和处于 0.2g 及其以上地区的三级垃圾堆体边坡，应进行抗震稳定计算，宜采用拟静力法，并应符合现行行业标准《水利水电工程边坡设计规范》(SL 386) 的相关规定。

各种情况下的稳定分析和验算方法详细介绍可参见文献［96］和文献［100］。

六、填埋场稳定的控制措施

1. 填埋场地基的稳定控制

填埋场地基的稳定控制措施应符合现行行业标准《水利水电工程边坡设计规范》(SL 38) 的规定；存在软基、泉眼和岩溶等不良地质条件时，应采用有效措施进行地基处理。

2. 垃圾堆体边坡的稳定控制

垃圾堆体最大边坡坡度不应大于 1∶3，根据工程经验，垃圾堆体坡度小于 1∶3 较为稳定。但在一些特殊情况下，如渗滤液水位很高或下卧软弱地基时，坡度小于1∶3边坡仍可能存在失稳风险，此时应根据实际情况进行稳定验算，稳定性不足时可设置中间平台减少边坡整体坡度，提高边坡整体稳定性。中间平台设置应符合现行行业标准《生活垃圾卫生填埋技术规范》（CJJ 17）的规定，当不满足稳定安全要求时可调整中间平台的间隔及宽度。

3. 沿土工材料界面的稳定控制

自填埋场开始采用复合衬垫系统以来，沿土工材料界面的失稳事故较多，产生失稳的原因主要是对土工材料界面强度特性以及对易产生沿土工材料界面失稳的位置了解不足。根据工程经验和沿土工材料界面稳定的研究结果，当沿土工材料界面滑移的垃圾堆体边坡稳定验算不满足要求时，应优化基底形状、垃圾堆体体型及衬垫系统材料和结构。

优化基底形状是指根据填埋场场地情况对库底边坡削坡降低坡度，减少滑动力，或延长库区水平段长度，增加其抗滑力，根据林伟岸（2009）的研究结果，以上优化是提高沿土工材料界面稳定最有效的措施。

堆体体型优化是指根据实际情况在不影响库容的前提下，增加库区底部上方的垃圾填埋量，适当减少库区边坡上垃圾的填埋量；填埋场运行过程中应选择合理的填埋次序，宜先填埋库区底部再填埋斜坡区，避免出现易失稳的边坡形式。

当库区边坡坡度大于10°时（大于光滑土工膜/土工织物界面摩擦角），易导致垃圾堆体失稳，建议采用双糙面土工膜提高界面抗剪强度；而在库区底部，因其坡度较缓（约2%的排水坡度），常使用光滑土工膜，易导致该处产生如图13-17所示的部分沿土工材料界面的失稳事故，故也建议采用双糙面土工膜；土工复合膨润土垫的水化作用易导致土工膜/土工复合膨润土垫界面的峰值剪切强度特别是残余剪切强度显著降低（Chen Yunmin，2010），施工过程中应采用及时覆盖土工膜等措施减少土工复合膨润土垫的水化和采用加筋土工复合膨润土垫。

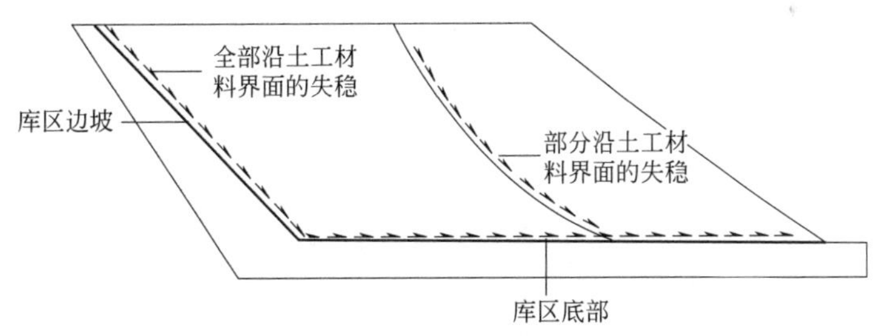

图13-17　沿土工材料界面的失稳模式

4. 垃圾堆体主水位控制

填埋场运行期间和封场后，必须监测垃圾堆体主水位并控制其在警戒水位之下。基于填埋场已有的失稳教训和理论分析成果，控制好填埋场渗滤液水位能有效防止填埋场的失稳事故。一旦垃圾堆体主水位超过警戒水位，垃圾堆体失稳概率显著增大，因此各填埋阶段的垃圾堆体主水位必须进行监测，并控制在警戒水位之下。

我国大多数渗滤液产量大、堆填高的填埋场运行实践表明，因深部垃圾渗透能力差、场底渗滤液导排系统淤堵等原因，易造成渗滤液导排不畅和堆体中渗滤液水位壅高（见图13-14）。此时除设置场底渗滤液导排系统外，还应考虑设置中间渗滤液导排设施。中间渗滤液导排设施在垃圾堆体内分层设置，可有效降低垃圾堆体主水位和滞水位。当垃圾堆体主水位较高，可能导致垃圾堆体发生失稳时，应采取应急措施进行水位迫降。采取应急降水措施缓解堆体滑坡险情后，应采取长期水位控制措施，使后续运行过程中堆体水位长期处于警戒水位之下。

当填埋场垃圾堆体主水位接近或超过警戒水位时，应采取下列降低渗滤液水位、提高边坡稳定性的措施：a. 应急降水，采用小口径抽排竖井快速迫降渗滤液水位；b. 滑移坡体表面应铺膜防渗及导排地表水；c. 应坡顶减载与坡脚反压。

5. 垃圾堆体内的气体压力控制

填埋垃圾在生化降解作用下产生大量填埋气（主要成分为 CH_4 和 CO_2），易造成垃圾堆体内部气压过大，降低垃圾堆体稳定性，可能导致物理爆炸。应采取有效措施降低垃圾堆体内的气体压力以减少垃圾堆体边坡失稳风险。

我国大多数地区填埋场渗滤液水位普遍较高，导致垃圾堆体的导气性能低下，阻碍填埋气导排和收集。多个填埋场实测数据表明：填埋气收集率普遍低于 40%，严重影响填埋气收集利用工程的效益。填埋气收集利用工程设计时，应评估渗滤液水位高度对填埋气收集潜力的影响，采取合理作业方式和有效工程措施控制渗滤液水位高度，提高填埋气体收集率。

6. 填埋场不均匀沉降控制

填埋场库区设施初始坡度和沉降完成后的最终坡度宜符合下列规定：a. 底部渗滤液导排管的初始坡度不宜小于 2%，沉降完成后的最终坡度不宜小于 1%；b. 地下水导排设施的最终坡度不宜小于 1%；c. 垃圾堆体内渗滤液导排管的最终坡度不宜小于 1%；d. 封场覆盖系统的最终坡度不宜小于 2%。当填埋场地基沉降导致底部渗滤液导排系统和防渗系统的坡度和拉伸应变不符合这些规定时，应对其地基进行处理以满足要求。

垃圾填埋应经过充分压实，压实后的容重不宜小于 $9kN/m^3$。充分压实可降低垃圾初始孔隙比，提高垃圾容重，增加填埋垃圾上覆应力；垃圾容重较小，在水位以下其有效容重仅为 $1\sim4.5kN/m^3$，降低渗滤液水位，可大幅提高垃圾堆体的有效自重应力。因此填埋场运行期间应尽量降低填埋场内渗滤液水位。

填埋场运行期间宜采取渗滤液回灌等措施加速垃圾堆体的降解，以增加填埋量和减小封场后沉降。还可采取强夯、堆载预压、深层动力压实与加速固结措施减小沉降，但值得注意的是对于场底有衬垫层的填埋场，应慎用强夯、堆载预压、深层动力压实，防止破坏衬垫层。

应控制填埋分区界面处的不均匀沉降，宜细化填埋区作业计划及规划，合理分区填埋，可有效降低堆体不均匀沉降和变形。

第十四章

盲沟清洗技术与方法

第一节　管道清洗

管道往往由于水量不足，坡度较小，污水中污物较多及施工质量不良等原因发生沉淀、淤积，淤积过多将影响管道的通水能力，甚至使管道堵塞。因此，必须定期清通和维护。管道系统维护的目的是使其始终保持良好和安全的运行状态，发挥其正常的功能，它包括对管道的定期检查和定期进行污泥污物清除和管道疏通等。

以前的清通方式多采用人工方式，劳动强度大，清通效果差，不能有效地去除沉积在管道内的污染物。经过借鉴多年来外国的经验，现在的清通方法有水力方法、机械方法、化学清洗和空化射流清洗 4 种。

一、水力清通

水力清通方法是用水对管道进行冲洗。可以利用管道内污水自冲，也可利用自来水或河水。用管道内污水自冲时，管道本身必须具有一定的流量，同时管内淤泥不宜过多（20%左右）。用自来水冲洗时，通过从消防龙头或街道集中给水栓取水，或用水车将水送到冲洗现场。

图 14-1 所示为水力清通方法操作示意。首先用一个一端由钢丝绳系在绞车上的橡皮气塞或木桶橡皮刷堵住下游管段的进口，使上游管段充水。待上游管中充满并且水位抬高至 1m 左右以后，突然放走气塞中部分空气，使气塞缩小，气塞便在水流的推动下往下游浮动而刮走污泥，同时水流在上游较大水压作用下，以较大的流速从气塞底部冲向下游管段。这样沉积在管底的淤泥便在气塞和水流的冲刷作用下排向下游检查井，管道本身则得到清洗。污泥排入下游管段后，可用吸泥车抽汲运走。吸泥车的型式有：装有隔膜泵的罱泥车、装有真空泵的真空吸泥车和装有射流泵的射流泵式吸泥车。因为污泥含水率非常高，它实际上是

一种含泥水，为了回收其中的水用于下游管段的清通，同时减少污泥的运输量，我国一些城市已采用泥水分离吸泥车，如图 14-2 所示。采用泥水分离吸泥车时，污泥被安装在卡车上的真空泵从管道吸上来后，经切线方向旋流进入储泥罐，储泥罐内装有由旁置筛板和工业滤布组成的脱水装置，污泥在这里连续真空吸滤脱水。脱水后的污泥储存在罐内，而吸滤出的水则经车上的储水箱排至下游管段内，以备下游管段的清通之用。目前，生产中使用的泥水分离吸泥车的储泥罐容量为 1.8m^3，过滤面积为 0.4m^2，整个操作过程均由液压控制系统自动控制。

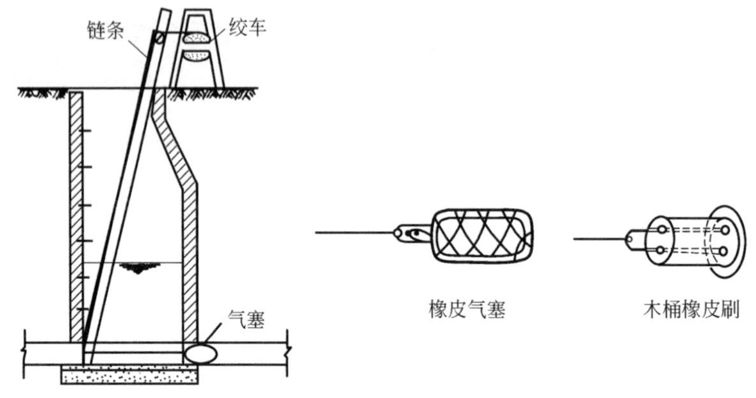

图 14-1　水力清通方法操作示意

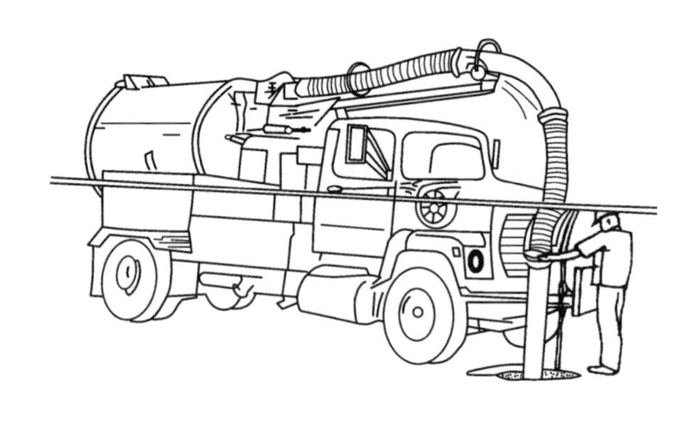

图 14-2　泥水分离吸泥车

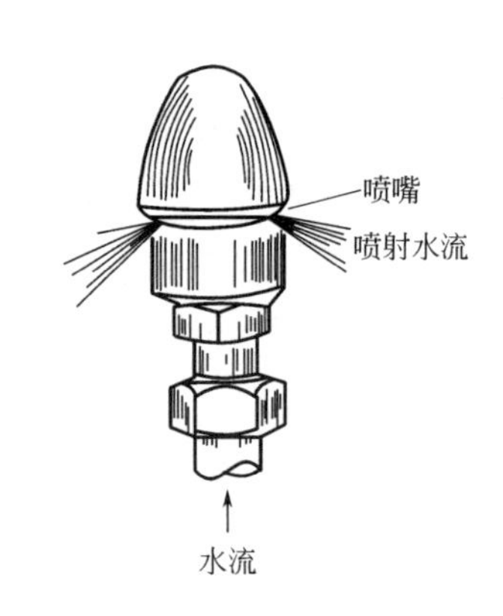

图 14-3　水力冲洗车喷头外形

近年来，有些城市采用水力冲洗车进行管道的清通。这种冲洗车由半拖挂式的大型水罐、机动卷管器、消防水泵、高压胶管、射水喷头和冲洗工具等部分组成。它的操作过程如下。由汽车引擎供给动力，驱动消防泵，将从水罐抽出的水加压到 11～12kgf/cm^2（日本加压到 50～80kgf/cm^2）；高压水沿高压胶管流到放置在待清通管道管口的流线喷头（其外形见图 14-3），喷头尾部设有 2～6 个射水喷嘴（有些喷头头部开有一小喷射孔，以备冲洗堵塞严重的管道时使用），水流从喷嘴强力喷出，推动喷嘴向反方向运动，同时带动胶管在排水管道内前进；强力喷出的水柱也冲动管道内的沉积物，使之成为泥浆并随水流流至下游检查井。当喷头到达下游检查井时，减小水的喷射压力，由卷管器自动将胶管抽回，抽回胶管时仍继续从喷嘴喷射出低压水，以便将残留在管内的污物全部冲刷到下游检查井，然后由吸泥车吸出。对于表面锈蚀严重的金属排水管道，可采用在喷射高压水中加入硅砂的喷枪冲洗，枪口与被冲物的有效距离为 0.3～0.5m，据日本的经验这样洗净效果更佳。

第三种做法是在管道下游的适当地方安装闸门，关闸蓄水，待管道内蓄积的水达到一定高度时，打开闸门，形成管道内水流的较大流速，使管道内的积泥与污水一起冲入下游，将积泥冲走。使用的闸门有安装永久闸门的，也有安装临时管塞的。常用的临时管塞有充气管塞、机械管塞、橡皮管塞等。

水力清通方法操作简便，工效较高，工作人员操作条件较好，目前已得到广泛采用。根据我国一些城市的经验，水力清通不仅能清除下游管道 250m 以内的淤泥，而且在 150m 左右上游管道中的淤泥也能得到相当程度的刷清。当上游管段的水位升高到 1.2m 时，突然松塞放水，不仅可清除污泥，而且可冲刷出沉在管道中的碎砖石。但在管道系统脉脉相通的地方，当一处用上了气塞后，虽然此处的管道被堵塞了，由于上游的污水可以流向别的管段，无法在该管道中积存，气塞也就无法向下游移动，此时只能采用水力冲洗车或从别的地方运水来冲洗，消耗的水量相对较大。

为了增加水力疏通的效果，还可采用施放浮球或浮牛的水力清通方法。其原理是浮球随水流过管道时，球下过水断面突然缩小，从而加大球下水流速度，达到清通管道的目的，如图 14-4 所示。

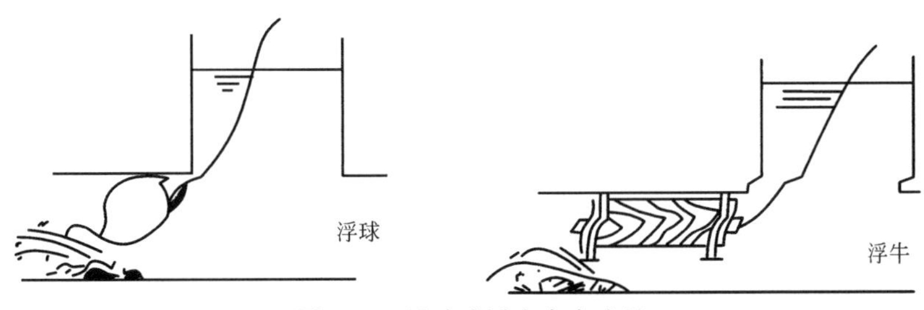

图 14-4　浮球或浮牛水力疏通

二、机械清通

当管道淤塞严重，淤泥已黏结密实，水力清通的效果不好时，需要采用机械清通方法。图 14-5 所示为机械清通的操作情况。它首先用竹片穿过需要清通过的管道段，竹片一端系上钢丝绳，绳上系住清通工具的一端。在清通管道段两端检查井上各设一架绞车，当竹片穿过管道段后将钢丝绳系在一架绞车上，清通工具的另一端通过钢丝绳系在另一绞车上。然后利用绞车往复绞动钢丝绳，带动清通工具将淤泥刮至下游，使管道内得以清通。绞车的动力可以是手动，也可以是机动，例如以汽车引擎为动力。

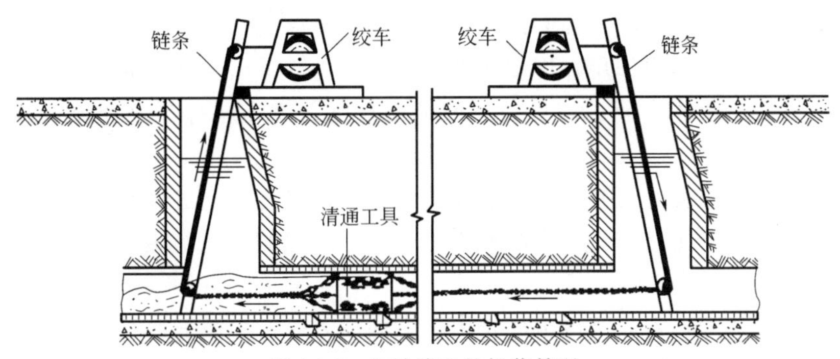

图 14-5　机械清通的操作情况

机械清通工具的种类繁多，按其作用分：有耙松淤泥的骨骼形松土器；清除树根及破布等沉淀物的弹簧刀和锚式清通工具和用于刮泥的清通工具。清通工具的大小应与管道管径相适应，当淤泥数量较多时，可先用小号清通工具，待淤泥清除到一定程度后再用管径相适应的清通工具。

近年来，国外开始采用气动式通沟机与钻杆通沟机清通管道。气动式通沟机借压缩空气把清泥器从一个部位送到另一部位，然后用绞车通过该机尾部的钢丝绳向后拉，清泥器的翼片即可张开，把管内的淤泥刮到易提取的部位。钻杆通沟机是通过汽油机或汽车引擎带动一机头旋转，把带有钻关的钻杆通过机头中心通入管道内，机头带动钻杆转动，钻头向前钻进，同时将管内淤泥物清扫到易可提取的部位。

三、化学清洗

管道疏通还可采用化学方法，即通过化学物质在管内循环流动清除管内污物的化学清洗方法。在很早的时候，人们已经开始采用硫酸烧的方法，把堵塞物烧烂，然后用水冲，这种方法在解决堵塞的同时最大的问题是腐蚀管道。目前市场上出现的管道疏通剂就属于该方法的进一步研发，实际上这些技术是力图在足够的疏通能力和最低限度的腐蚀性中间寻找某种平衡。同时，化学方法主要解决因油污等造成的阻塞，适用范围不宽；另外，只能清洗没有被完全堵塞的管道。

四、空化射流

上面介绍的机械清通和化学清洗两种方法是传统的清洗方法，它们都存在着一定的缺点，如损坏管道、耗时、效率低。即使目前最常见的用泵将高压水压入管道中的水力清通方法，对于内部结构复杂的管道也难以清洗干净。目前国内外开发出了一种空化射流管道清洗技术。

1. 空化射流及其破坏原理

所谓空化射流，就是人为地在水射流流束内产生许多空泡，利用空泡破裂所产生的强大冲击力增强射流的作用效果。

空化射流的基本原理是从喷嘴出来的射流在其内部诱使生成充满水蒸气的空化泡，适当调节喷嘴结构与冲击物体表面距离，使这些空化泡有长大、压缩过程。当射流冲击到物体表面时，空化泡破裂，产生微射流和激波冲击，在物体表面或其附近形成高压区，由于空化泡破裂时产生的巨大能量集中作用在许多非常小的面积内，从而在许多局部区域产生极高的应力集中，造成被冲击物体表面的破坏，其效果使空化射流在同样泵压和流速下优于非空化射流。

空化射流的破坏过程比较复杂，目前还无法准确地描述其全过程及其破坏力大小，只能借助某些简化模型进行研究。目前有两种理论，一是空化的机械作用理论，二是空化的化学腐蚀理论。

机械作用理论认为，表面空蚀破坏是由于空泡溃灭时产生微射流和冲击波的强大冲击所致，而化学腐蚀理论为，许多金属在腐蚀的情况下受到疲劳破坏要比不存在化学作用时快很多。因此腐蚀在空化剥蚀中的作用不能忽视，在一定条件下，腐蚀作用甚至起到主导作用。空化的力学冲击和腐蚀起到加速作用，而腐蚀的存在又使空化的力学冲击更有效。即使力学冲击强度可能低于被冲击材料的力学强度，冲击作用足以使附着在材料表面的腐蚀物产生剥离。这种腐蚀性产物的力学剥除，将使新鲜的材料母材直接与腐蚀剂相接触，从而使腐蚀速度更快。另外，空化又提供了两相介质，气相中不仅含有水蒸气，而且含有助于长腐蚀的自由氧，这又加速了腐蚀。由于腐蚀的存在，使空泡的力学性冲击更为集中。

2. 基于空化射流的管道清洗技术

（1）空化射流管道清洗装置的构成　为了实现空化射流的高效清洗，基于空化射流的管道清洗装置由长杆（喷杆）安装、对齐及插入、控制、堵塞、脉动装置等部分构成。

长杆（喷杆）安装、对齐及插入装置由一系列的控制油缸及导向装置组成，主要用来将长杆（喷杆）对准待清洗的管道，为清洗做准备。

控制装置由一系列控制阀构成，主要用来控制给水（或清洗液）、脉动等工作。

堵塞装置主要由堵塞块组成，用来临时堵住被清洗管道的另一端，使泵能在管道内填入不可压缩的静态清洗液柱。堵塞块临时使管内清洗液保持一定的压力，以便通过调节控制装置，使脉动装置能在管内清洗液体中形成驻波，当压力增长到超过额定压力级时，堵塞块从管道中排放出来。

脉动装置由一系列阀组成，能通过输送管及喷嘴向清洗液中输入压力脉动，在不可压缩的清洗液中形成脉动。依靠控制阀调整脉动压力，在管内清洗液驻波的压力波动过程中，产生空化现象。进而，空化现象导致不同的频率振动，并通过清洗液传送至污物及管道中，由于决定污物与管道固有频率的结构与材料不同，为此，激发污物与管道以不同的频率共振，从而打破了污物在管道上吸附的黏合力。

当空化现象打破了污物的黏合力使污物变得更疏松而易于清除时，污物很容易被清洗液洗掉。所以该系统不通过腐蚀或刮削污物，就可将管内的污物彻底清除干净。

（2）提高空化射流管道清洗法效果的措施　为了提高空化射流管道清洗装置的清洗效果，可以从如下几个方面考虑。

① 在空化射流对管道清洗时，从泵到喷嘴上游的液流应尽可能为流线形，液流应尽可能为层流。为了促进在喷嘴的输出侧产生边界层流，应尽可能配有一个高压空气集流管与喷嘴相连，以将气体脉冲施加到清洗液内，这样能促使空化效应的产生，同时也能提高清洗效果。

② 在某些情况下，将清洗液流中加入软磨料（如聚合体等），清洗的速度快、效果好。同时还可以加入液体表面活性剂或清洗剂，以提高清洗效果。

③ 控制清洗液的温度也可以改善对污管的清洗效果。由于环境温度增加，空穴的内爆过程也就越慢，因此，能通过冷却清洗液加强清洗效果。

④ 此外，改变静压、清洗液及气体种类等，空穴内爆的强度也被改变，从而改善空化射流管道清洗法的清洗效果。

3. 空化射流清洗法的优越性

美国学者 Patricia McGarcia 及 Brooks Bradford Sr 将超声清洗技术与传统的清洗技术方法相比较，前者所需清洗时间及耗水量要少很多，将带来十分可观的经济效益及社会效益。此外，利用超声清洗技术清洗管道可减少由于化学清洗或其他清洗方法所带来的环境污染及对被清洗件的腐蚀。空化射流清洗法对烃类化合物类沉淀物的清洗特别有效，在该环境下有机化合物大大减少，而无机化合物也能被氧化或减少。

第二节　高压水射流和盲沟清洗

垃圾渗滤液经盲沟收集后排出进入调节池，由于渗滤液的成分极其复杂，含有很多的化学元素、离子及离子化合物，如碳酸盐、硫酸盐、硅酸盐，有机物，锈垢，金属的氧化物，油类污染物及大量的固体物质，如尘垢（主要成分为自然界中各种杂质颗粒、油脂等液珠长期形成的沉积物、泥沙、黏土及微生物等）。在盲沟内部流动过程中，由于物质之间化学、物理、生物及外界因素的作用，导致盲沟上污垢的沉积，这种污垢成分、结构较复杂，不易清洗，影响其正常的运行工作。归纳起来，污垢对盲沟的危害表现为：a. 致盲沟运行效率的下降；b. 腐蚀盲沟，使其寿命缩短；c. 使流道面积变小，增加盲沟中渗滤液流动的沿程阻力，增加输送泵的能耗，影响运行过程的稳定性；d. 严重结垢可造成盲沟完全堵塞，导致盲沟不能完全工作，无法完成输液任务，影响填埋场的生产运行。

可见，定期检修和清洗盲沟是十分重要的。盲沟清洗的作用或目的主要有 4 点。

① 减少故障，恢复盲沟的正常输液工作。从盲沟开始输液，污垢就开始在盲沟表面逐渐沉积，累积到一定的程度，会影响输液的正常进行，因此清洗有助于保证盲沟恢复生产，杜绝了阻塞，减少运行故障。

② 恢复盲沟的生产效率。在正常情况下，随着使用时间的延长，在盲沟中会产生越来越多的污垢，尽管有可能还可以维持运作，但由于系统管线流通面积减小或流通阻力增大，会使能耗增加，生产效率下降。此时的清洗是十分必要的。

③ 延长寿命。定期对盲沟进行清洗维护，可恢复盲沟的表面状况，减小污垢腐蚀的速率，减少磨损，延长运转寿命。

④ 节约能源。盲沟清洗可减少流动阻力，减少泵的能耗，从而达到节约能源的目的。

因此，定期清洗盲沟可以有效减少堵塞，降低运行的不稳定因素，作用不可小觑。在目前的清洗方法中，高压水射流由于优良的清洗效果而被广泛采用。据资料介绍，国外石化企业换热设备的清洗，80%采用高压水射流清洗，10%～20%采用化学清洗，高压水射流清洗与蒸汽冲洗质量相当，效率却提高了 10%～40%，实现了无燃无毒无环境污染的清洗。这种清洗方式使用的介质是天然水，一般无需外加化学清洗剂，清洗效率高，改善了工人的作业条件，经济性和环境效应都较好。

一、高压水射流清洗原理及特点

将高压水射流应用于盲沟清洗，是水射流技术在固废清洗行业应用的延伸。高压水（磨料）射流是一项新的技术，广泛用于清洗、切割、除锈、除鳞、铣削等领域。中国古代就有滴水穿石的说法，可以说是水滴打击力的早期认识；而水射流技术的研究起源于 20 世纪 60 年代，由于高速飞行的飞机受到了雨滴的侵蚀，这一现象促使美国、英国、日本等国家对其进行了研究开发；70 年代对高压水射流清洗进行了工业试验；到了 80 年代，高压水射流在工业清洗领域的应用日趋普及。水射流一般可分为连续射流、脉冲射流和空化射流，连续射流是最常见的一种射流形式，其具体的分类见表 14-1。

表 14-1　水射流分类

分类依据	分　　类	说　　明
射流性质	液体射流 液固射流 液-气-固射流	包括水射流和其他液体射流 磨料射流 三相射流
射流压力	低压射流 高压射流 超高压射流	$p^{*} \leqslant 10\text{MPa}$ $10\text{MPa} < p^{*} < 100\text{MPa}$ $p^{*} \geqslant 100\text{MPa}$
射流周围介质	淹没射流 非淹没射流	射流在水或液体中进行 射流在空气中进行
用途	雾化射流 造型射流 真空射流 圆柱射流 细射流	降尘、喷灌等 喷泉、人造瀑布、水幕等 抽吸等 消防、清洗等 清洗、切割等
射流股数	单股水射流 双股水射流 多股水射流	只有一股射流 有两股射流 三股或三股以上
周围空间对水射流的影响	自由射流 有限空间射流	射入无限空间 射入有限空间
射流的流动形式	层流射流 紊动射流(湍射流)	射流为层流 射流为紊流

注：p^{*} 为射流工作压力。

高压水射流清洗是指清水经过高压泵（或增压器）的增压作用，将高压水流从一定形状的喷嘴高速喷出，以很高的冲击动能，从一定的角度连续不断冲击被清洗的物件，利用射流强大的冲击及剪切力，对垢层进行冲蚀、破碎、剥离及冲运，达到工业清洗的目的。图 14-6 为单股水射流示意。目前工业清洗的设备使用压力一般为 70～140MPa，功率为 55～250kW。简单地说，通过磨料输送装置，在水射流中加入磨料粒子，就形成了磨料水射流，见图 14-7。

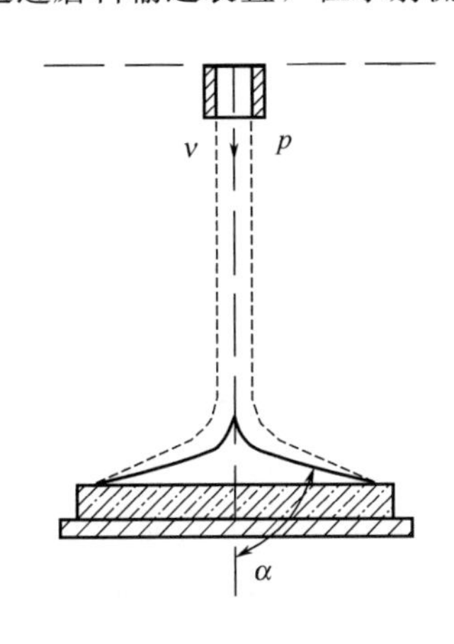

图 14-6　单股水射流示意

p—射流压力；v—射流出口速度；α—入射角

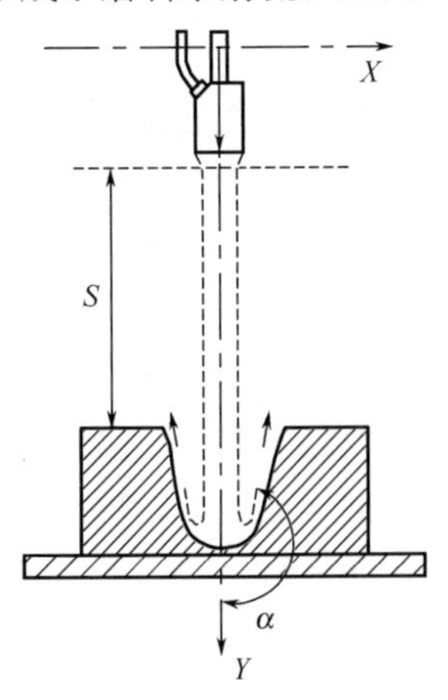

图 14-7　单股磨料水射流示意

S—喷射距离

水射流清洗与其他清洗方法相比具有以下特点。

① 环境污染少。高压水射流以水作为介质，不添加任何化学试剂，无臭、无味、无毒，不腐蚀设备，对设备、环境一般不产生污染，减少化学清洗所带来的水污染、配件腐蚀等现象和机械方法清洗所带来的粉尘影响，有利于保护环境。

② 清洗质量好。选择适当的压力等级，一般不会造成被清洗设备的损伤，容易得到满意的清洗效果；能清洗形状和结构复杂的零部件，能在空间狭窄、环境复杂、恶劣有害的场合进行清洗；可清洗用化学清洗不能奏效的设备，如堵死的管道、锅炉等和难溶或不能溶的特殊垢，能将管内的结垢物和堵塞物全部剔除干净，可见到金属本体。管道清洗前后的对比见图 14-8。

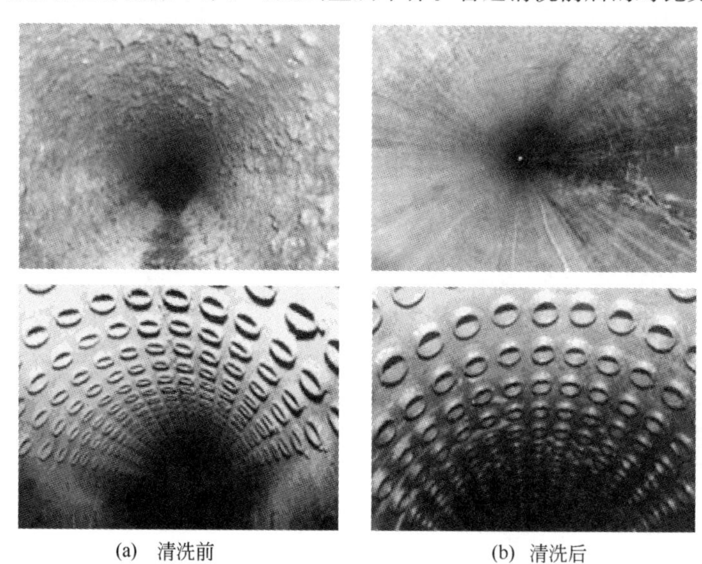

(a) 清洗前　　(b) 清洗后

图 14-8　管道清洗前后的对比

③ 工作效率高，清洗速度快。水射流操作灵活，易于实现机械化、自动化和数字化。

④ 清洗成本低。高压水射流清洗使用的介质是清水，它来源容易，普遍存在，节省了大量的清洗剂，清洗时耗水量少，同时节省能源，有利于降低清洗成本。

⑤ 减轻了工人劳动强度，改善了工作环境。

二、高压水射流清洗对象与应用

由于水射流的诸多优点，在材料切割方面广受使用，如切割芹菜、鱼肉、比萨饼、糖果、纸、尿布、地毯等；在清洗方面，高压水射流能够有效清除各类氧化物、水垢、油垢、沉积物、腐蚀物等，因此在清洗领域得到了广泛的应用，见表 14-2 和表 14-3。如运输部门，航空跑道除胶、船舶除锈；化工工业、机械及制造等部门设备与管道的清洗，如各种热交换器、冷凝器、空气预热器、制冷机、复水器、除尘器、蒸发器、过热器、反应釜、加热装置等的结垢物，各类锅炉、罐体、容器的水垢、盐垢、碱垢及物料，暖气系统、空调设备的水垢等；各类管道清洗，如上下水管道、工业用水管道、工矿企业及居民区排污管道、排渣管、雨水管、煤气管道、烟道、输油管道及两相流输送管道的堵塞物等；市政工程中，各种大型楼宇、建筑物及设备内外表面的附着物和下水道的清洗等。图 14-9 为清洗排污管道示意。图 14-10 为高压水射流下水道清洗车示意。

表 14-2　目前国内高压水射流清洗举例及其技术参数

清洗对象	清洗压力/MPa	清洗水流量/(L/min)	污垢成分	平均垢层厚度/mm	清洗能力	除垢率/%
换热器	28	80				95
列管式碳钢换热器	60～80		水垢、泥沙		5～7m^2/h	
钛列管式换热器	60～66	75			20～25s/根	
列管换热器	70～100	84	完全堵死		10h/台	
油管(ϕ50.8～76.2)	50～70				1.5～3min/根	
油管(ϕ73～88)	70	70	原油污垢		25 根/h	
煤气管道	50	80				
煤气管线	50～60		重油、煤焦油等		6.25m/h	≥90
下水管道	30～35	80～200				
电厂输灰管	100	64	碳酸钙垢	20～60		
煤气初冷器	70	63				95
水冷壁管	35～48	70～75	硅酸盐	10		
汽轮发电机组	30～35	67				
锅炉受热面	45～50		油灰焦垢	0～3	24m^2/h	95
丁二烯贮罐内壁	50～60		过氧化物垢	1～3	10m^3/h	≥90
合成橡胶胶液贮罐	50	100			10h/台	
烧结风机转子	30～50	90～150	高温较硬物料垢			
核反应堆工艺房间地面	25～40				13.8～108m^2/min	69～96

表 14-3　射流清洗工业应用及技术参数

行业	应用领域	清洗对象与除垢类型	工作压力/MPa
交通	航空	跑道除油、除胶、飞机表面除漆	70
	汽车	车身除漆除焊渣、底盘、罐槽涂装前预处理	70
	高速公路	修路设备上的油脂、水泥和沥青，桥梁和路面标识、色污、焦油等的清洗，路面破碎	35～250
	船舶	船体、钻井平台、码头、贮罐、锅炉、换热器上的污垢、海生物附着物、锈垢等的清除	35～250
机械	机械制造	去除容器、管道、罐槽上的扎皮、锈层和焊渣毛刺等	70～140
	制铝	清除罐槽、滤网、磨机和污水池内坚硬的铝矾土垢层	70～140
	铸造	铸件清砂，清除金属氧化皮	70～100
建筑	建筑业	车辆、混合罐、铺路机、沥青洒布机、沥青炉上清除污物、沥青、油渍、焦油、水泥、胶合剂	35～70
	市政工程	下水道疏通，公共卫生设施和楼宇清洗，水处理厂的钙碳垢层清洗	35
食品	食品加工	清除桶釜、混合罐、输送带、蒸发器、换热器上的油脂、污垢和残渣	35～70
	肉类加工	清除烤箱、搅拌机和桶、罐的油脂、血污和烟垢	30～50
	酿造	清洗发酵罐、管道内的发酵物和沉淀物，锅炉、管汇等	35～70
化工	油田	钻井平台和贮罐的石蜡和原油残渣、钻井套管的泥垢清洗，管道疏通	35～1400
	化工、制药	锅炉、换热器、罐槽、阀门、管道、蒸发器、反应釜、电解槽、过滤器的清洗去污	35～140
	石油化工、橡胶	各种设备、容器内外壁的污垢，换热器、冷却塔、炼焦炉中的原油残渣、焦油污垢，各种沉淀物、橡胶、乳胶等的清洗	70～140
	水泥	清除栅栏、楼板、管道外壁和生产设备的油脂、水泥垢层，炉床、预热器，旋转窖等垢层	53～70
	轻工	换热器、管道、造纸机、贮罐、蒸发器等设备的油脂、树脂、污垢、木浆和糖垢的清除	50～140
能源	电站	核燃料室放射性污垢，锅炉、换热器、过热器、蒸发器的水垢，汽轮机叶片的清洗除垢等	70～140
矿业	采矿	清洗矿车、输送带、地下作业线和竖井，疏通由于煤、石块、污泥、油垢造成的设备堵塞	50～70
	冶金	清除换热器、锅炉、加料槽、储仓的污垢，扎材表面除鳞	35～140

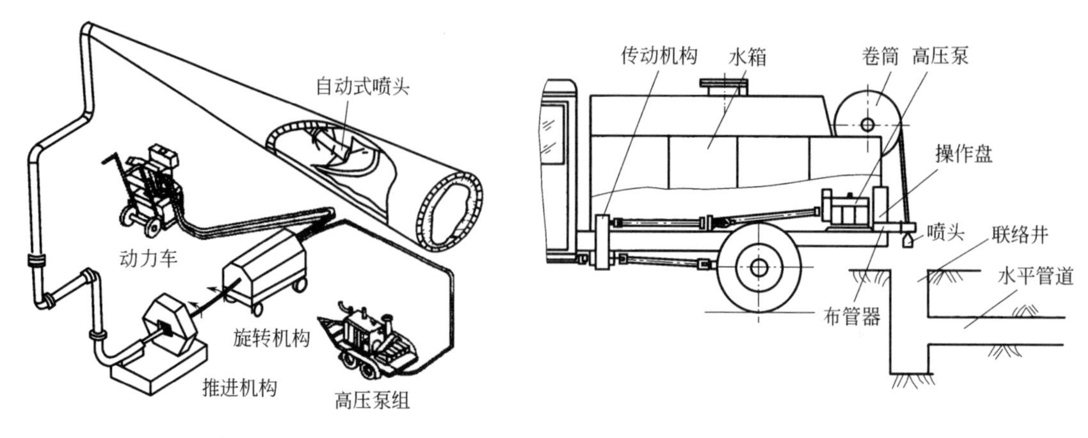

图 14-9　清洗排污管道示意　　　　图 14-10　高压水射流下水道清洗车示意

第三节　高压水射流清洗系统

水射流系统应用于工业清洗，一般应考虑被清洗对象的结构及其污垢的性质来选择清洗设备的结构形式。对于大面积外表面或大量固定管道等的清洗，可选用能移动的高效清洗设备；对大批量可移动的设备的清洗，或者对有特殊清洗要求的清洗作业可选用专门的清洗流水线，或者选用固定的清洗设备；此外，对有不同清洗要求、广泛使用的场合，宜选用轻便的、配置多种清洗辅助机构的多用清洗设备。但不论清洗对象和清洗要求有何不同，高压水射流清洗系统一般由高压泵、喷嘴、高压联结管、控制阀门、密封元件及其他一些附件，如自动化控制部件、稳压器、切割平台、活动机构等组成。图14-11 是水射流清洗系统示意。

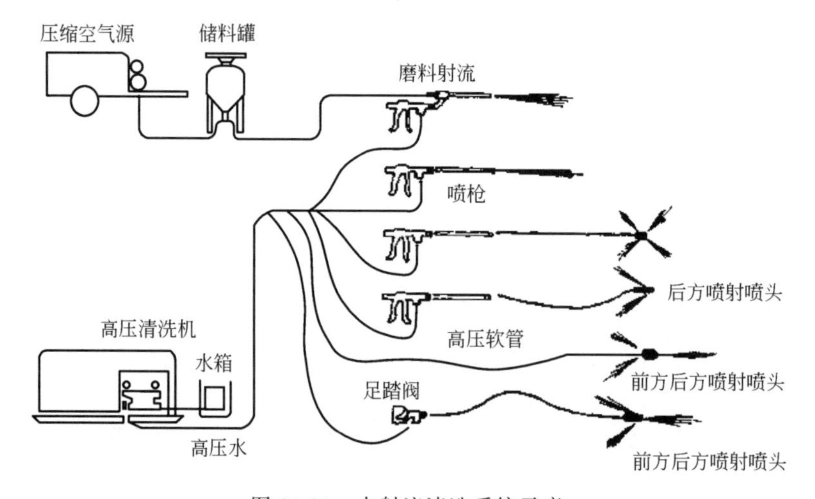

图 14-11　水射流清洗系统示意

将这些元部件通过一定的方式整合起来就成了清洗机，清洗机是高压水射流技术在清洗领域应用最为成熟、广泛的一种成套设备，并逐渐形成种类齐全、多功能、多用途、系列化和智能化的清洗产品，不仅清洗效果好，还大大提高了劳动生产率。图 14-12 为福禄公司的部分清洗机产品。其中 A-3000 超高压清洗栓的技术特点是：a. 工作压力可达 3.1×10^8 Pa（45000psi）；b. 喷头每分钟旋转速度可达 3000r；c. 耗水量少即可达到高度之清洗效率。HydroCat 表面处理设备技术特点是：a. 利用强大的真空吸力使其可附着于清洗物表面上，适用于任何垂直、水平或是较高的清洗表面；b. 清洗宽度为 305mm，清洗面积可达约 50～$90m^3/h$；c. 可完全将废水、锈漆及废料集中收集处理。gDiesel EAGLE 直接驱动式帮的技术特点是：a. 运输容易、操作方法简单、体积小、配备齐全，标准配备包含 A-3000 清洗枪及 50 英尺（15.24m）高压管；b. 工作压力可加压至 3.1×10^8 Pa（45000psi）；c. 最大流量每分钟可达 9.5L（2.5gal）。Jetcart B-200 清洗车的技术特点是：a. 适用于汽车喷漆房的清洗、厂房地板清洗、水泥漆清除及其他类型的表面处理；b. 清洗宽度为 610mm（24in）；c. 最大的清洗面积可达 $232m^3/h$。表 14-4～表 14-8 列举了国内外清洗机的一些技术参数。

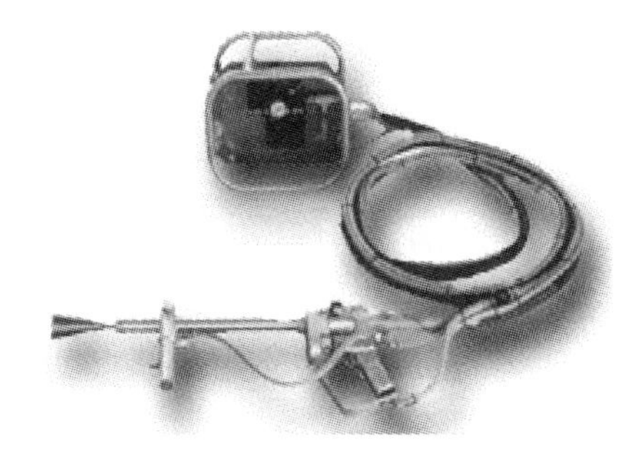

(a) A-3000超高压清洗枪

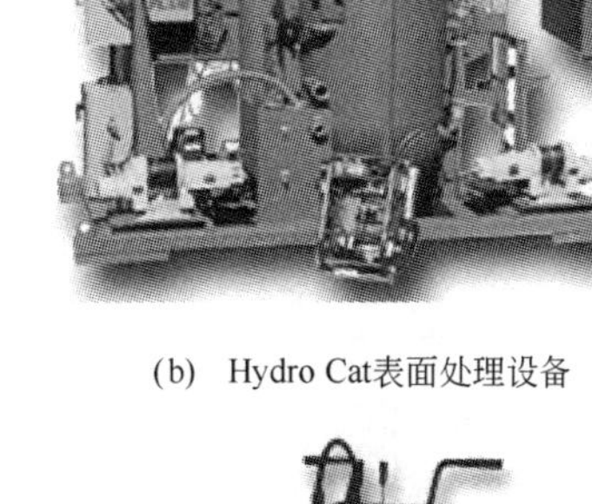

(b) Hydro Cat表面处理设备

(c) gDiesel EAGLE 直接驱动清洗枪

(d) Jetcart B-200 清洗车

图 14-12　福禄公司的部分清洗机产品

表 14-4　自动化所机器人中心水射流技术工程部清洗机技术参数

型　号	流量 /(L/min)	压力 /MPa	柴油机功率 /hp	尺寸($L\times W\times H$) /mm	重量 /kg
ZL150/50	50	150	220	3250×1050×1760	2800
ZL125/50	50	125	150	3050×1050×1760	2800
ZL100/60	60	100	150	3050×1050×1760	2800
ZL80/80	80	80	150	3050×1050×1760	2800
ZL80/60	60	80	120	2900×1050×1760	2800
ZL70/70	70	70	120	2900×1050×1760	2600
ZL60/100	100	60	150	3050×1050×1760	2800

表 14-5　阿尔柯特（北京）清洗设备公司冷水清洗机技术参数

订货号	压力/MPa	流量/(L/h)	驱动方式	订货号	压力/MPa	流量/(L/h)	驱动方式
8M530S	21	1134	380V,7.5kW	8M325G	14	680	5.5hp 汽油机
8M550S	35	1134	380V,15kW	8M435S	21	907	11hp 汽油机
8M830S	21	1814	380V,15kW	8M555S	35	1134	25hp 汽油机
8M2025S	17.5	4536	380V,30kW				

表 14-6　德国凯驰工业用冷水高压清洗机技术参数

机　型	流量/(L/h)	泵压力/bar	最高进水温度/℃	功率/kW	重量/kg	尺寸($L\times W\times H$)/mm
HD600C	650	160	60	3.6	75	620×560×435
HD600C(H)	650	160	80	3.6	80	620×560×435
HD1000C	950	150	60	5.6	80	620×560×435
HD1000C(H)	950	150	80	5.6	85	620×560×435
HD1400C(H)	1350	120	60	5.6	85	620×560×435
HD1400C	1350	120	80	5.6	90	620×560×435
HD601C	650	160	60	3.6	75	620×560×435
HD601C(H)	650	160	80	3.6	80	620×560×435
HD1001C	950	150	60	5.6	80	620×560×435
HD1001C(H)	950	150	60	5.6	85	620×560×435
HD1401C	1350	120	60	5.6	85	620×560×435
HD1401C(H)	1350	120	80	5.6	90	620×560×435

注：1bar=10^5Pa。

表 14-7　德国凯驰家用冷水高压清洗机技术参数

机　型	流量/(L/h)	泵压力/bar	最高进水温度/℃	功率/W	电流/A	重量(不带附件)/kg	尺寸($L\times W\times H$)/mm
K201plus	360	100	40	1600	8.0	5.0	387×170×246
K205plus	360	100	40	1600	8.0	5.0	395×170×250
K205mobil plus	360	100	40	1600	8.0	5.0	405×220×900
K210plus	360	100	40	1600	8.0	5.0	418×185×284
K215plus	360	100	40	1600	8.0	5.0	435×170×305
K270	360	100	40	1600	8.0	6.0	520×165×375
K310	380	110	40	1700	8.5	12.0	465×170×245
K330	380	110	40	1700	8.5	12.0	340×225×255
K330mobil plus	380	20～110	40	1700	8.5	12.5	360×280×810
K360	380	110	40	1700	8.5	11.5	394×201×281
K360mobil	380	110	40	1700	8.5	11.5	442×312×787

注：1bar=10^5Pa。

表 14-8　德国法尔狮水射流清洗机技术参数

设备名称	设备型号	压力/bar	适　用　范　围
高压冷水清洗机	650 650w 650b r2	200 200 200 200	(1)配备防爆电机的冷水清洗机可以对石化企业工厂区地面、墙壁、各种管线外部进行清洗； (2)配备喷砂附件可以去除各种装置外表的残漆和铁锈
高压冷水清洗机配加热单元	750w+h66 r3+h66 750tbh	300 300 300	(1)快速冲洗各种机械、装置表面的油垢水垢； (2)清洗各种输油管线及油罐的内外部； (3)配备旋转喷头，对装置间的连接体、大型装置外表的污垢进行快速清洗

续表

设备名称	设备型号	压力/bar	适用范围
中高压超高压清洗设备	R5d	500	(1)清洗疏通企业中的各种管线,如冷凝器、热交换器; (2)配备大面积清洗扒头对厂区地面、漏水排污的铁箅子进行清洗; (3)对各种金属装置内外进行无腐蚀清洗和除漆除锈
	R5	500	
	T5h	500	
	T10	1000	

注：1bar=10^5Pa。

1. 高压泵

高压泵是整个系统的高压产生设备，是提供高压水射流能量的关键部件，对系统的性能影响很大。高压泵的选择直接影响到水射流清洗系统的清洗效率、清洗质量、能量消耗及成本高低。高压泵的种类很多，根据作用方式的不同，可以分为动力式（叶轮式）、容积式（正位移式）和其他类型（如喷射泵）。动力式有离心泵、轴流泵等；容积式有往复柱塞泵、旋流泵等。

在高压水射流清洗中，主要使用的是柱塞泵，这种泵的特点是效率高，对介质润滑性能要求差、压力高，并且可由低压逐级调至高压。由于柱塞泵中的柱塞是在防漏的填料函内移动，故不与泵筒内壁接触。柱塞泵只有一个固定的密封（填料函）而便于维护，其传动系统和输液系统是分离的，能保证良好的密封，适用于高压下工作，因此在高压水射流清洗中得到了广泛的应用。柱塞泵形式有轴向柱塞泵、径向柱塞泵、立式往复泵和卧式往复泵。动力驱动往往采用柴油机或电动机。在一般情况下，如现场施工，一般车载的高压水射流清洗装置采用柴油机驱动，也适合于不具备大功率电源的工厂或车间；对于一些小型的高压水射流清洗装置常用电动机驱动。

2. 喷嘴

喷嘴是将高压泵出来的水由高压低流速的水转化为低压高流速的部件，然后作用于被清洗物件，将污垢、堵塞物迅速切割、破碎、冲刷和排除到管外，可见喷嘴在整个清洗系统中占有极其重要的地位。设计良好、材料性能适宜、与系统匹配较好的喷嘴能提高清洗效率，延长使用寿命，因此喷嘴的选择，包括喷嘴的结构形式与材料、喷嘴的个数与直径等因素是十分重要的。

高效的喷嘴应具有流线型进口、阻力小、流量系数高和寿命长等特点，而喷嘴的性能主要与喷嘴结构和加工精度、内腔表面光洁度等因素有关。不同的使用场合使用不同材质制造的喷嘴，喷嘴主要采用硬质材料制造，并制成各种不同的规格，以便不同场合的应用。不同的喷嘴的结构不同，作用方式也不一样，因而所带来的效果也有所不同。表 14-9 列举了几种喷嘴的技术特性，如流量、喷雾特性及应用场合。

表 14-9　几种喷嘴的技术特性

名　　称	流量分布	喷雾特性及应用场合
扁平形喷嘴		喷雾形状为扁平带状,主要适用于方板坯连铸机的二次冷却,也适用于需冷却的设备

名　称	流量分布	喷雾特性及应用场合
方形喷嘴		结构形式为固定旋流芯式，其喷雾形式为正方形，适用于方板坯连铸机的二次冷却，也可用于涂料的喷洒及其他工序的冷却和清洗
空心圆锥喷嘴		喷雾均匀，主要适用于炼钢厂小方坯连铸机的二次冷却，也可用于气体的清洗，冷却水处理，产品去污、喷湿、海水喷洒等
全锥形喷嘴		喷雾形状为弧状扁平形，是具有高动力的窄角扇形喷嘴，整个喷雾区域分布均匀，且嘴体不易堵塞，主要应用于清洗、除油污及造纸机械中“稳纸框”的喷雾
椭圆形喷嘴		体内装有活动轴流式喷嘴芯，喷雾形状为椭圆状，其长径与短径之比为 1.7∶1，主要适用于大板坯连铸机的二次冷却，结晶器底足辊处，支承导向段板坯的宽面，也可用于设备的清洗及冷却
气-水雾化喷嘴		属气、水混合型喷嘴，其喷淋形式为扁平状，雾化均匀，粒子较小，扩散角较大，适用于板坯连铸二次冷却和超低头连铸机的二次冷却，以及纺织品的湿润
矩形喷嘴		喷淋形式为矩形，具有流量大、喷射角大、不易堵塞的特点，主要适用于新型的喷淋结晶器，对钢坯进行强冷，也可用于清洗、植物喷灌等
螺旋锥形		喷雾形式为螺旋状，分空心和实心锥形，主要用于除尘、电厂喷湿除硫、清洗、冷却塔及消防设备中
高压喷嘴		为高压除鳞喷嘴，外形长度较短，接口为螺纹其扇形喷射方位可调，GPZB0 型可通过对喷头的旋转方向控制实现其喷射方位的调节，GPZB1 其喷射方向由被连接件调节控制，主要用于喷嘴需随时改变喷射方向的场合

3. 高压联结管

高压联结管是连接高压泵与喷嘴的部件，由于射流清洗系统的工作压力较高，其间还连接有控制阀门和各种接头，其性能也会影响清洗系统的能量损失，因此联结部件必须要有足够的强度、韧性和通畅性。

高压联结管有高压钢管和高压软管两种。一般高压水射流清洗中常用的是高压软管，其承受压力远高于橡胶管，具有耐高压、内壁光滑、气密性好、安全可靠的特点。高压软管由内管、增强层和外皮三部分组成。内管输送水，增强层提高内管的强度以耐受高压，而外皮则起保护作用，防止腐蚀和机械损伤。高压软管可用快速接头逐段连接，由于工作压力较高，其质量与维护要求十分严格。图 14-13 为高压软管旋转进给系统清洗应用示意。

高压软管的作用是使喷枪移动方便、操作灵活。高压枪管分刚性与柔性两种，对于清洗直管道可采用刚性枪管，对于弯曲管道则采用柔性枪管（见图 14-14）。

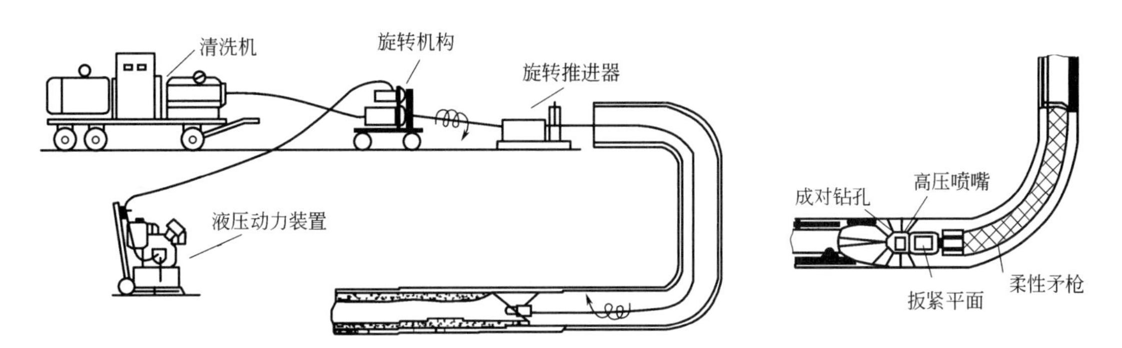

图 14-13　高压软管旋转进给系统清洗应用示意

图 14-14　柔性枪管示意

4. 控制阀门元件

控制阀门比较典型的有安全阀、调压阀和溢流阀等。安全阀由阀座、阀盖、阀体、回水阀、碟簧管、弹簧等组成，它有利于清洗机安全工作，避免因超压的意外情况而造成事故，保证设备和人身安全。调压阀由阀座、阀芯等组成，密封性能好，工作可靠，该阀可实现零到额定压力的无级调节，同时在泵的排出端安装有目测压力表，以监视泵的排出压力。溢流阀实现了高压清洗系统清洗压力的变化，通过高压水回流的方法实现清洗压力的调节。

第四节　磨料水射流

一、原理及特点

磨料水射流是 20 世纪 80 年代发展起来的一种新型的高压水射流，它与普通水射流系统相比，最大区别在于使用了磨料喷头和磨料供给系统，从本质上来说是一种液固或气固两相介质流，在大多数情况下，是高速流动的水中混入了一定数量的磨料粒子，来改变传统的高压流体单相冲蚀物料的模式，因而在相同高压条件下，磨料水射流对物体的冲击力和磨削力大大高于普通水射流，普通水射流要用超高压才能完成的工作，使用磨料水射流仅仅需要高压或中高压的喷射压力即可，如在较低的压力下就能完成硬质材料的切割，图 14-15 为磨料水射流切割物件示意。根据供料方式的不同，磨料水射流可分为后混合和前混合两种类型。

1. 后混合磨料水射流

后混合式磨料水射流是指依靠高速水射流的引射来供给磨料进行加工作业，见图 14-16。后混合式是早期出现的一种磨料射流，实现方式较为方便，仅依靠自然力的抽吸作用，无需额外的设备，故在某种程度上有利于降低投资。与前混合相比，管壁（指混合段）磨损较小，且物件切割时的切缝较窄。但研究发现后混合系统由于磨粒附于水射流的边界，未能进入其中心而引起水与磨粒动量交换较小，磨料加速有限，从而限制了其进一步的发展应用。因此，许多研究者通过探索改变喷嘴的结构来突破这一限制。如设计了会聚式引射磨料

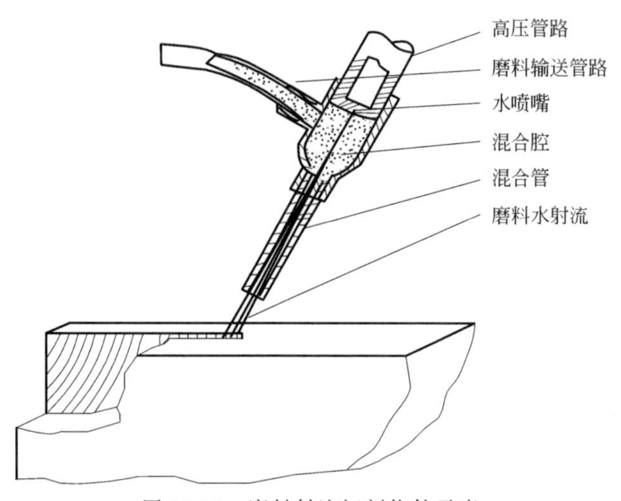

图 14-15　磨料射流切割物件示意

喷嘴、切向供料式磨料喷嘴、旋转引射式磨料喷嘴，均取得了一定的效果。后混合磨料水射流中的另一个问题是回水问题。回水易造成输料管的浸润，产生磨料堵塞和输料不均匀，目前处理的办法是通过引流，即遇断点时停止磨料供给并将剩余磨料抽吸干净。后混合有自吸式和压缩空气供料方式，见图 14-17 和图 14-18。

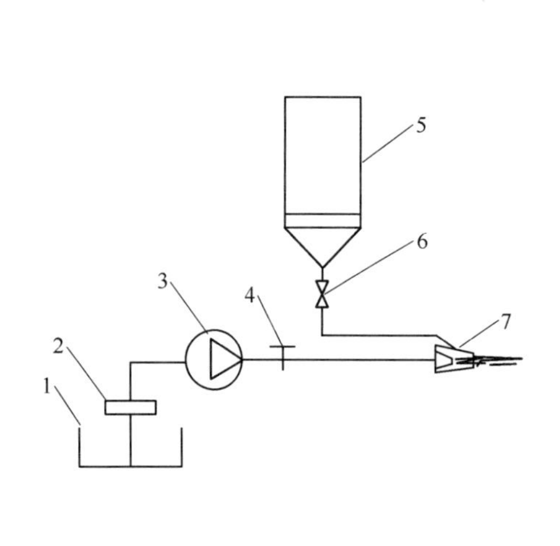

图 14-16　后混合磨料射流示意

1—水箱；2—过滤器；3—高压泵；4—阀；5—磨料罐；6—磨料调节阀；7—磨料喷头

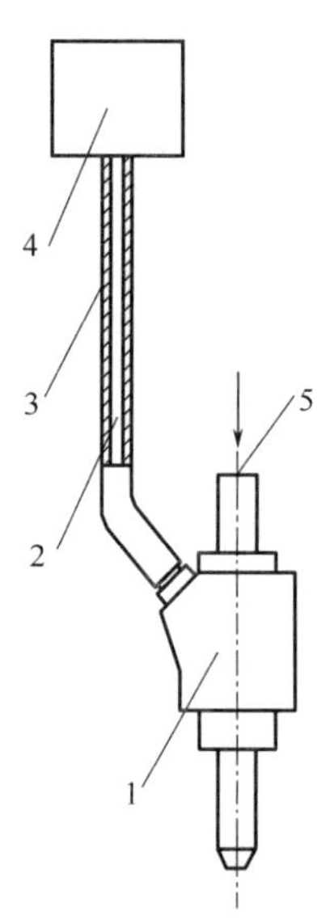

图 14-17　自吸式磨料供应系统

1—喷头；2—磨料；3—输料管；4—磨料罐；5—高压硬管

2. 前混合式磨料水射流

由于后混合磨料水射流中磨粒加速较小，研究人员试图通过改变射流的形式来解决上述问题，前混合式磨料水射流应运而生，如图 14-19 所示，它是指事先在磨料罐中将磨料与液体相混合，再通过增压或直接加速将磨料浆液送至喷嘴进行作业。前混合磨料水射流作为磨料射流的热点问题，国内外研究者进行了广泛研究。

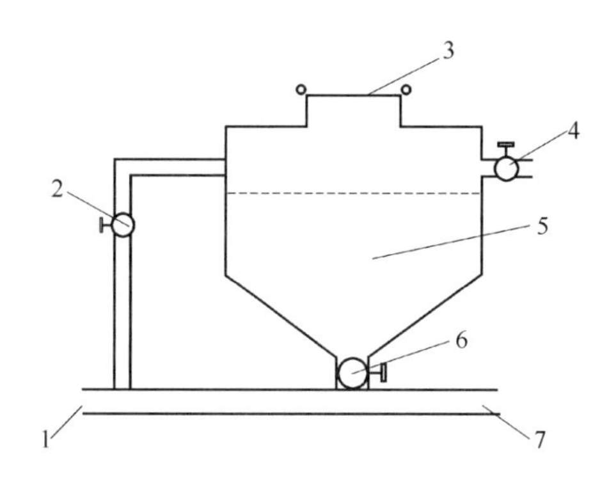

图 14-18　压缩空气供料系统

1—压缩空气；2—进气阀；3—箱盖及密封；
4—安全阀；5—磨料；6—磨料阀；
7—空气与磨料颗粒混合流

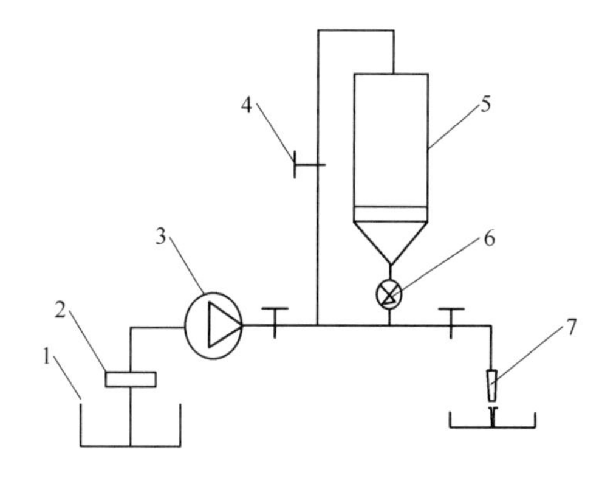

图 14-19　前混合磨料射流示意

1—水箱；2—过滤器；3—高压泵；4—阀；
5—磨料罐；6—磨料调节阀；7—磨料喷头

实践证明，磨料水射流与其他清洗方法相比，具有许多独特的优点，具体表现在以下 4 个方面。

① 磨料水射流清洗是一种物理清洗手段，不含化学溶剂，无需加热，不产生有毒气体，无尘无味、振动小，也不会有引起易燃物着火的危险。清洗后的废水无乳化现象，悬浮物颗粒大，沉淀迅速，石油类物质也因清洗作业无需乳化过程而易于与水分离上浮收集。它避免了传统化学清洗剂所带来的废水难以处理的种种弊端，排除了有毒有害物质对周围环境的影响，有利于环境保护。

② 采用磨料水射流清洗技术的设备清洗效率高，效果好。

③ 节约能源。清洗液不需加热，每年将节约大量的能源。同时因为清洗时喷射压力无需太高，因此电机所消耗的功率也大为降低。

④ 选择适当的压力等级和磨料，该清洗方式不仅可以清洗配件，而且对工件的粗糙表面有打磨去毛刺、去锈层、去氧化皮、除旧漆层等作用。

当然，磨料水射流也存在着一些缺点。如喷嘴磨损所带来的使用寿命的问题；磨料的耗损及回收问题；磨料较难实现连续供应等。

二、磨料水射流在清洗领域的应用

由于磨料水射流能在较低的压力下进行清洗、除鳞、切割、铣削等操作，优点诸多，因此受到了国内外研究者的广泛关注，使得磨料水射流技术和作用机理不断完善，自从美国于 1982 年设计制造了世界上第一台磨料水射流切割机并投入实际生产中以来，磨料水射流的应用领域不断得到拓展，已用于切割陶瓷、金属、石英、合成纤维和玻璃等材料。

目前，欧美等国已广泛采用磨料水射流技术，国内也有不少关于磨料射流清洗的实验研究和实际应用的文献报道，如前混合与后混合磨料射流清洗效果的研究，清洗速率的参数（如喷射压力、喷嘴直径、喷距、喷射角、颗粒直径、喷嘴平移速度、清洗宽度等）研究。同时也已有类似的产品问世，如重庆燕鸣射流技术研究所研制的利用普通砂粒为磨料的专用清洗机在实际应用中取得了较好的效果，用这种磨料水射流清洗技术能够轻易可靠地去除柴油机活塞、气门、气缸盖上的硬质积炭层，大大提高了劳动效率。表 14-10 为磨料水射流用于表面清洗除锈实例及其技术参数。

表 14-10 磨料水射流表面清洗除锈实例及技术参数

单位名称	清洗对象	供料方式	磨料类型	参数					除锈效率/(m^2/h)	效果
				压力/MPa	流量/(L/min)	磨料流量/(kg/min)	比能			
							10^6J/m^2	kW·h/m^2		
中国矿业大学	严重诱蚀钢板	引射式	石英砂 20#～80#	10	34	1.7	3.3	0.925	7.2	清洁度 80%
昆明工学院	热轧后带氧化物	湿式供砂		8～15	34				21.6	金属表面发白
北京科技大学	严重诱蚀钢板	引射式	石英砂 20#～30#	25	75	3	11.7	3.25	11.5	金属表面发白
北京科技大学	严重诱蚀钢板	引射式	石英砂 20#～30#	20	75	3	9.36	2.6	8.5	金属表面发白
北京科技大学	严重诱蚀钢板	引射式	石英砂 20#～30#	25	75	2.5	15.4	4.3	8.5	金属表面发白

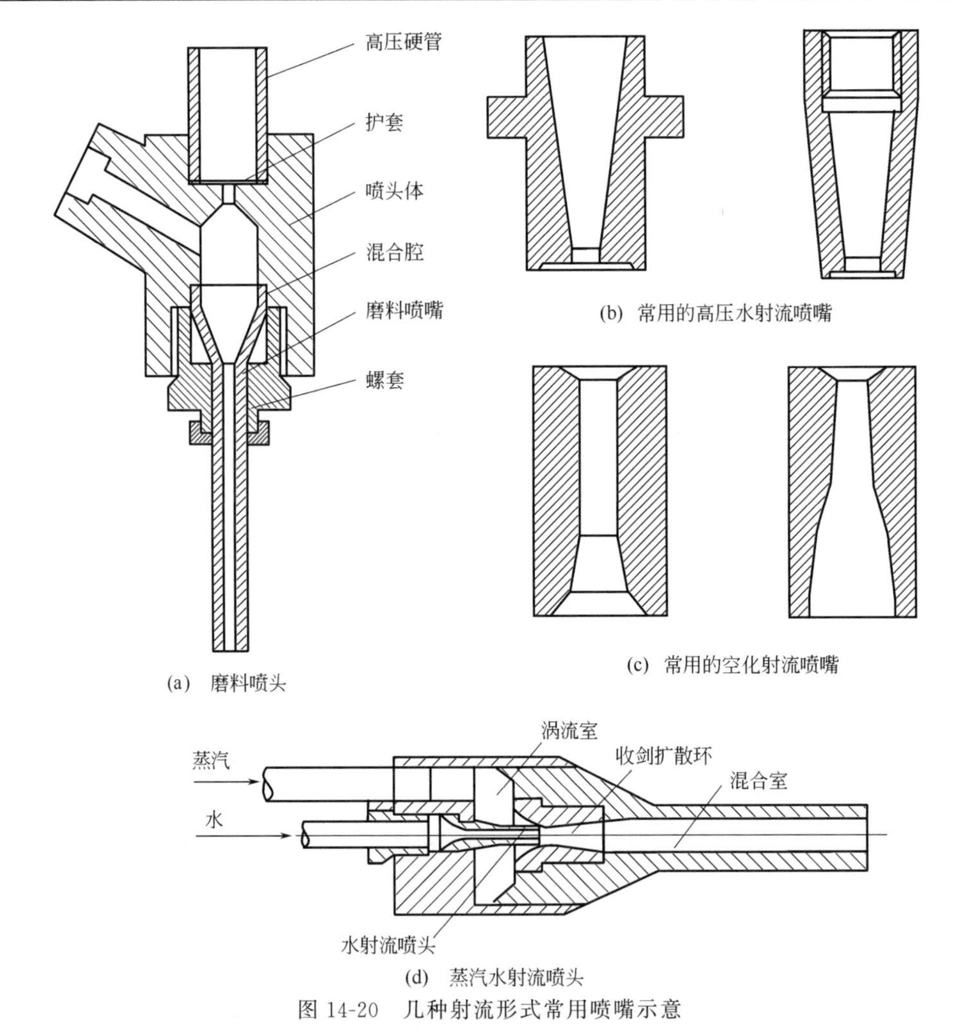

图 14-20 几种射流形式常用喷嘴示意

高压水（磨料水）射流在清洗领域已显示了极为优异的特性，逐渐被国内外学术界和工程界关注和推崇，更加发展完善了清洗技术，水射流与其他清洗方式的结合使用，如化学清洗、其他物理清洗等，是当今清洗技术发展的一种趋势，目前已开发出多种实用的技术，可获得较为理想的协同效果。如水射流和化学清洗同时使用；旋转机械和水射流和化学清洗共同使用；旋转机械和水射流清洗共同使用等。射流本身技术的改进和新型射流的出现，也推动了清洗技术的进步，得到了较好的清洗效果，如热水射流清洗（见表 14-11）、空化射流清洗、气包水射流清洗、减阻液射流清洗、冰粒射流清洗、气水射流清洗和干冰射流清洗等，图 14-20 为几种射流形式常用喷嘴示意。

表 14-11 德国凯驰工业用热水高压清洗机技术参数

机　型	流量/(L/h)	泵压力/bar	水温(进水温度 12℃)/℃	耗油量/(kg/h)	功率/kW	重量/kg	尺寸($L\times W\times H$)/mm
HDS 890 ST	430～860	30～140	140/80	4.6	6.0	115	1050×515×645
HDS 1290 ST	600～1200	30～135	140/80	6.5	6.9	140	1110×565×760
HDS 1290 ST GAS	600～1200	30～135	140/80	10.5	6.9	180	1110×565×1720
HDS 1290 ST LP	600～1200	30～135	140/80	4.2	7.0	180	1110×565×1720

注：1bar=10^5Pa。

第五节　安全施工与管理

射流清洗前、中、后过程中安全施工与管理是十分重要的，需注意以下几点。

① 首先需要了解被清洗对象的基本情况，如设备或管道的大小、结垢程度、腐蚀、管道是否弯曲等情况。

② 根据操作现场的状况，制订合理规范的清洗方案和操作清单，设计或选择合理清洗系统，必须购置有质量保证书的合格产品或设计符合标准的部件。如符合标准、规范要求的高压柱塞泵、高压连接管、高压枪管、喷嘴；满足操作压力要求强度的高压枪管；选择合适的射流形式、压力与流量等。

③ 由于水射流使用的工作压力较高、冲蚀力很强，因此，为安全起见，施工现场应视条件设定安全防护区，周围设置围栏，有明显的标志或专人监护，严禁非操作人员进入。

④ 施工前应检查清洗系统是否正常，如各连接件是否安全牢靠，部件润滑的情况，检查被清洗物件易损部分或精密部位预先保护情况，如有异常状况或不符合施工条件不准勉强使用。操作人员应由熟悉操作规程且培训合格的人担任，同时应穿戴专用防护用具，如防护装、防护镜、手套、鞋等，见图 14-21。

⑤ 接上水源，启动装置，对压力与流量进行调试，开始操作，直到污垢完全被清除掉或完全疏通。操作过程中应注意安全规范操作，施工人员应密切配合，协调一致，避免在作业过程中受到伤害。

高压水射流清洗作业准备工作操作清单如下。

日期：

地点：

作业对象：

作业负责人：

1. 作业场地，包括被清洗设备的端部是否清理过？是否设立了围栏以及合适的警告标志牌？

2. 外露的电器设备是否采取了必要的保护措施？

头盔、面罩、带边挡的风镜

组合护目镜

带全防护面罩的头盔

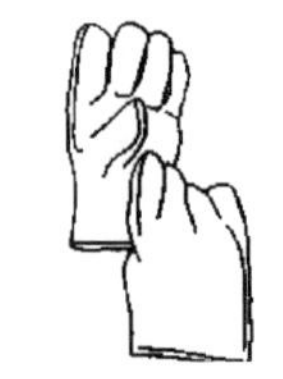

橡胶手套

涂塑手套

防护服　　金属丝网增强手套

带金属防护片的防水鞋

图 14-21　防护用具

3. 是否由于设备可能的破坏会对操作者造成伤害，如排放腐蚀性化学介质、易燃液体或者气体？
4. 是否所有接头的额定压力值与规定一致？
5. 是否所有软管额定压力值与规定相符？
6. 是否所有软管及接头均处于良好的工作状态？
7. 是否所有喷嘴均无堵塞且可继续使用？
8. 是否采取了措施防止柔性喷杆上的喷头摆动？
9. 吸入端过滤网是否清洁且能继续使用？
10. 供水是否恰当？
11. 是否采取了防结冰措施？
12. 是否所有人员都有合适的工作用具？
13. 是否所有工作人员都经过了培训并胜任这项工作？
14. 在安装喷嘴之前，设备管路是否都开泵冲刷并排气？
15. 所有连接，包括管路、软管、接头是否在最高工作压力下进行过试运行？
16. 卸压系统是否可靠？
17. 是否所有控制系统均可正常工作？
18. 现场救护设备及医疗急救中心的位置是否都知道？
19. 是否检查了工作场地并满足限制进入要求？
20. 是否所有被清洗的动设备如传动带、切碎机、搅拌机等均已通过一定步骤予以关机？
21. 作业是否考虑了环保？

第六节　高压水射流在盲沟清洗的应用与前景

目前，用于盲沟的清理设备有喷射式和冲刷式两种。喷射法可根据盲沟的口径、长度和堵塞情况来选择清洗系统及基本参数。它对大多数类型的堵塞的清理都是有效的，使用方便，一端通入即可，清理喷射卸下的污垢可能需要使用真空装置；冲刷法一般也只需通入管道的一端，但为了较好地清洗，从两端通入更好，尤其是使用下水球或水喷枪时，更需要从两端通入。冲刷法相对简单，但它一般在没有严重结垢的填埋场中使用。在城市下水道的清洗应用中，高压水射流比冲刷法优越，因为高压水射流一次只需打开一个窨井，无需窨井之间的连通作业，作业人员也不用进入下水道，清洗后的污垢可用真空射流泵或抽吸车将其清除。高压水射流解决了清洗过程劳动强度大、施工环境恶劣、工作效率不高和清洗质量差等缺点，有利于提高工作效率，减小对交通的妨碍，降低人工费用、时间和清洗成本。

经过文献研究，目前国内对于高压水射流应用于卫生垃圾填埋场盲沟清洗的研究鲜少见之于报道，在国外，如德国，对于盲沟清洗十分重视，目前已有类似使用的实例，效果良好。可以说，高压水射流应用于填埋场盲沟清洗是一种新的思路（见图 14-22）。

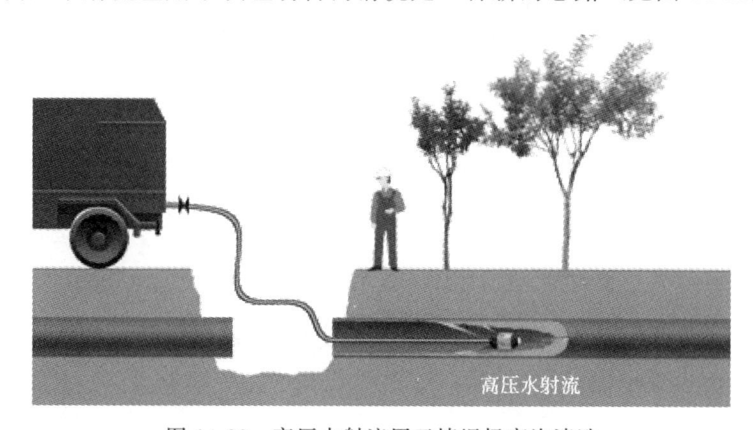

图 14-22　高压水射流用于填埋场盲沟清洗

盲沟承担着渗滤液排放的任务，其结垢堵塞程度会影响到整个填埋场的正常运作，因此进行盲沟清洗是十分必要的。但与此同时又存在一定的难度，由于盲沟工作的条件和性质十分恶劣，在填埋场内部排水系统很难进行有效的结垢监测，渗滤液成分又极其复杂，一旦垃圾开始填埋，人们就无法对盲沟工作进行有效评估，因此，垢层的结构、性质、厚度、成分和堵塞情况就无法进行准确分析得知，又无法将盲沟取出后再清洗，所以，盲沟清洗对于其他技术而言有一定的难度。如化学清洗不知垢层的性质及管道内部情况就很难配制专门的清洗剂进行清洗，机械清洗也难以在盲沟管道内部操作，难以解决由此带来的工具适应性和人工操作等的问题。但对于水射流却具有一定的优势，不仅能清通完全堵塞的管子，而且采用柔性喷管又能伸入管子内部进行清洗，劳动效率高，环境效益好，根据目前水射流的在管道清洗方面（如下水道、煤气管道、油管等）的应用情况和清洗效果，将其应用于盲沟清洗是值得推荐和采用的。

第十五章

填埋场稳定化与场地修复及资源开发利用

第一节　填埋场稳定化评价

填埋场封场后，需在相当长一段时间里对填埋场进行维护和管理，如对渗滤液进行处理、对填埋气进行导排及燃烧等。同时，由于填埋场一般位于大、中城市远郊且占地面积大，随着城市发展，远郊区地价升高，填埋场土地的再利用将越来越受到重视。

为了节省填埋场的维护和管理费用，同时最大限度地对其场地进行再利用，就必须对填埋场各个时期的稳定化状态做出评价，提出不同稳定化状态下的填埋场维护、管理措施以及场地再利用方式，从理论上指导填埋场的维护、管理工作以及填埋场土地的安全再利用。

关于填埋场稳定化的评价，目前国内外文献还未见报道。本章将应用环境评价学的基本原理，建立评价填埋场稳定化的方法，并对老港实验场的稳定化进程进行评价与预测。

国内外学者对垃圾填埋场的稳定化做了大量的研究，通过追踪垃圾的组成和性质、渗滤液污染物浓度指标、填埋气体产量及成分、填埋场地沉降随填埋时间的变化，通过建立数学模型，研究垃圾降解的机理和规律，并在此基础上试图对稳定化过程进行预测。

一、填埋场稳定化研究进展

生活垃圾在填埋单元内的稳定化过程一般可以分为调整阶段、过渡阶段、酸化阶段、甲烷化阶段和稳定阶段 5 个阶段，如第八章所述。

生活垃圾在填埋单元内的稳定化过程主要表现在两个方面：一方面是填埋垃圾中可生物降解有机组分在微生物作用下被分解为简单的化合物，最终形成甲烷、水和二氧化碳，即有机质的无机化过程；另一方面是有机质的生物降解中间产物，如芳香族化合物、氨基酸、多肽、糖类物质等，在微生物的作用下重新聚合成为复杂的腐殖质，这一过程则称为有机质腐殖化过程。

赵由才课题组的研究发现，填埋场封场若干年后，垃圾中易降解物质完全或接近完全降解，垃圾填埋场表面沉降量非常小，垃圾自然产生的渗滤液和气体量极少或不产生，垃圾中可生物降解物质（BDM）含量下降到3%以下，渗滤液COD浓度下降到25mg/L以下，此时的垃圾填埋场可认为达到稳定化状态，所形成的垃圾被称为矿化垃圾。

垃圾成分、压实密度、填埋年龄及填埋深度，填埋场地理位置、水文、气象条件等均会影响垃圾的降解速度，从而也影响填埋场稳定化进程。

王罗春、赵由才等对大型垃圾填埋场内不同填埋时间垃圾中总糖、有机质、生物可降解物和粗纤维的含量进行了分析，根据卫生填埋场的监测数据建立了数学拟合式，预测了老港垃圾填埋场填埋单元封场后的若干年内垃圾组成，对填埋场稳定化程度和垃圾矿化程度进行了判断，并预测了填埋场达到稳定所需的时间，上海市老港填埋场的稳定化时间为22～23年。其中生物可降解物质含量的预测值和实测值吻合程度较高，能较好地反应填埋场内垃圾的降解规律。

蒋建国等通过实验室模拟生物反应器填埋场，对挥发性固体含量（VS）、纤维素、半纤维素、生化产甲烷潜能（BMP）以及纤维素、半纤维素与木质素之比这五项垃圾特性参数进行了数值监测，并进行了指数拟合。

唐平等通过室内模拟准好氧垃圾填埋场，以渗滤液性质、垃圾降解特性、填埋场地沉降为主要研究方向，进行了近300天的数据监测，最终建立了以渗滤液COD、NH_4^+-N、TVS/TDS、固相垃圾BDM、场地沉降量为指标的准好氧评价体系。

王里奥、袁辉等以三峡库区4个大型垃圾堆放场为研究对象，提出了以垃圾堆龄、产期比指数为宏观指标，有机质、浸出液COD为微观指标的指标评价体系，并分析了有机质、浸出液COD、垃圾堆龄之间的相关性。文章最后将垃圾填埋场稳定化等级划分为稳定、较好稳定、基本稳定和未稳定四个评价等级，并给出了每个等级下各指标的具体范围。

另外也有研究人员以上海老港填埋场1991～2004年间填埋垃圾及渗滤液为研究对象，对大型生活垃圾填埋场的稳定化过程进行系统表征。填埋垃圾选用N、P、K、TOC、电导率、H/F（胡敏酸/富里酸）比值、粒径分布7个宏观指标；渗滤液性质分析选用NPOC（不可以扫有机碳）、COD、TOC、NH_4^+、TN、正磷酸盐、TP、电导率、pH值、ORP（氧化还原电位）、碱度、矿物油、分子量<1000组分分布、HOA（疏水酸性物质）所占比例14个综合指标。

由于填埋垃圾和渗滤液的性质受原始生活垃圾性质和填埋环境条件等诸多因素影响，不同填埋年份渗滤液和填埋垃圾的指标数据出现相异的变化趋势。为了有效反映填埋场的稳定化过程，消除不同年份数据的波动性和随机性，专业数据处理软件SPSS也被用来对试验数据库进行主成分分析，归纳得出可以直观反映填埋场稳定度的综合值F，最终建立渗滤液与填埋垃圾的降解动力学过程。

国外对填埋场稳定化评价在微观方面较为成熟。主要是从渗滤液COD、BOD、VFA

(挥发性脂肪酸)，填埋气的组成，垃圾中的纤维、半纤维、蛋白质、BMP（生物产甲烷能力)、甲烷密度和产量以及 BDM（可生物降解物质）随时间的变化关系这些方面研究。

还有国外研究人员依据垃圾在降解、转化、矿化、腐殖化这些不同的生物降解过程中所含有有机质的不同，不同阶段对应的能量也不同，采用热重分析法（TG/DTG）研究了垃圾中有机质的降解和稳定化的关系。也有研究对比分析新、老填埋场渗滤液分子组成，发现老填埋场的渗滤液分子量分布范围广，从小于 500 到大于 100000，分子量大于 10000 的大分子占主要部分并且组成较为复杂。

二、常用的填埋场稳定化评价指标

目前，在评价垃圾稳定化方面还没有统一的指标，国内外文献一般主要是从填埋气体的组成和产率、渗滤液的产量和浓度、填埋垃圾组成和性质、填埋场地表沉降量指标入手。

1. 固体垃圾的性质

固体垃圾的性质是填埋场稳定化评价最为重要的指标。填埋场的稳定化主要是指填埋场内垃圾的稳定化，因此在对填埋场稳定化的评价中，固体垃圾的性质是人们研究得最多的。

（1）表观指数　简易垃圾堆场的稳定化程度有时可以通过填埋垃圾的表观指数来初步确定。堆放时间长久而且已经达到十分稳定化的填埋垃圾通常无臭味，外观与土壤较为相似，含水率较低，呈疏松的团粒结构；基本稳定的填埋垃圾颜色为褐色，有轻微的臭味，结构较为疏松：填埋垃圾若能明显感觉到臭味，有小飞虫生存，部分或明显结块，这说明填埋垃圾依然处于不稳定状态。

（2）有机物质的含量　在填埋场的稳定化过程中，变化最多的就是垃圾中有机类物质的含量，有机类物质也是垃圾是否稳定最为重要的指标，因此人们从各种角度来说明垃圾中有机物质的含量。蒋建国、张唱等通过实验室模拟生物反应器填埋场，对挥发性固体含量（VS)、纤维素、半纤维素、生化产甲烷潜能（BMP）以及纤维素、半纤维素与木质素之比[$(C+H)/L$]这五项垃圾特性参数进行了数值监测，并进行了指数拟合。结果表明，VS、BMP、$(C+H)/L$ 能够反应垃圾在降解过程中随时间的变化特性，准确地表征垃圾的降解程度，可以作为填埋场稳定化的评价指标。

林建伟、王里奥等则是将有机质含量作为评定固相垃圾稳定的指标，并以土壤中的有机质含量 5%作为下限，新鲜垃圾有机质含量 25%作为上限，将垃圾分为稳定、较稳定、基本稳定和不稳定四个等级。

王罗春等建立了一种操作简单的表征垃圾生物可降解程度的分析方法，并将其应用于填埋场垃圾的稳定化研究，结果表明填埋场垃圾中 BDM 含量变化呈指数形式衰减，能较好地反映其降解规律。

2. 产气比指数

在填埋垃圾稳定化过程中，填埋气体的组成和产量将随填埋时间的增加而呈现阶段性变化规律，这一特点可以用来表征生活垃圾填埋场的稳定度。然而，由于大多数的生活垃圾简易填埋场均未采用标准终场覆盖程序，所以很难准确地测定堆场中填埋气体的组成和产率。对此，有学者通过测定填埋垃圾的有机碳含量来计算填埋垃圾的最大理论产气量。新鲜垃圾与填埋垃圾的最大理论产气量之比定义为产气比指数，比值越大表示产气潜势越大，垃圾越不稳定。

3. 渗滤液

相较填埋垃圾来说，渗滤液更容易取得，各项指标更容易测定，因此渗滤液更多地被用作填埋场稳定化的评价指标。填埋场稳定化概念中对渗滤液的要求是渗滤液不经处理即可自然排放，所以大多数人以污水排放标准中的城镇污水处理厂排放标准值作为渗滤液各项指标的上限。唐平通过室内模拟准好氧填埋场，对渗滤液水量、COD、氨氮、VFA、TVS/TDS这5项指标做了200多天的监测，提出了以COD浓度（反应填埋场内污染物的降解程度）、氨氮（反应含氮物质的降解程度）、TVS/TDS（反应生物的可降解性）三个指标作为渗滤液的评价指标。李刨采用模糊评价方法对西海堤填埋场和西田填埋场稳定化进行研究，选取COD作为渗滤液特性指标，并将COD值100mg/L作为稳定和较稳定的分界点。结果表明两个填埋场都处于较稳定状态。吉崇喆、满国弟等对沈阳市赵家沟垃圾填埋场稳定化进行了研究，以渗滤液COD作为唯一的评价指标，并作出了COD随时间的变化曲线，得出COD降解至100mg/L所需要的时间为14.7年。陆鲁通过对南方地区不同尺度填埋场垃圾的稳定化降解过程研究得出，经过8年左右的降解，填埋场垃圾基本达到稳定化，此时COD的数值大于1000mg/L；渗滤液自然降解到100mg/L的时间约为32年。

4. 生活垃圾填埋龄

垃圾在填埋场内将会随着填埋时间的增加而不断降解。实际上，填埋垃圾的实际稳定化程度会因填埋场当地气候条件以及填埋作业方式的不同而存在较大差异。但有一点可以肯定，垃圾的堆龄越长，垃圾降解就越充分。国内垃圾填埋场中垃圾的降解速率比国外要高，降解周期也要短。一般情况下，国外卫生填埋场中城市垃圾的稳定化周期为25～30年，而国内填埋场的稳定化周期要少很多。

5. 场地沉降量

填埋场的沉降包括填埋场地基沉降和填埋垃圾自身沉降两部分。其中填埋场地基沉降可采用传统土力学的方法进行计算，填埋场地基沉降会对填埋场底部防渗系统产生重要影响；一般所说的垃圾填埋场的沉降是指垃圾填埋体自身的沉降。垃圾填埋体的沉降分析对估算场地最终填埋容量和填埋场的封顶系统设计都是十分重要的，而且对填埋场竖向扩容设计和填埋场封顶后的使用（修建道路或者其他建筑物等）规划也是十分必要的。

场地的沉降主要发生在填埋后的2～3年内，填埋场越稳定，场地沉降量越小。一般来说，封场超过10年的场地，沉降量＜1cm/a，即可认为填埋场已经达到稳定化。场地的沉降由于检测起来较为困难，一般认为，封场超过10年的填埋场沉降量可以忽略不计。

6. 垃圾浸出液

垃圾浸出液是以水为溶剂，以震荡的方法将垃圾中的可溶性物质溶解到水中，通过测定溶液中各种物质的含量来判断垃圾中含有物质的含量和性质。

一般来说，垃圾内的有机物只有溶于水中才能够被微生物利用；以往的研究也表明，微生物只在气体与固体交界面的液膜中具有活性，其分解有机物的过程是在有机垃圾颗粒表面的一层薄薄的液态膜中进行的。因此，垃圾浸出液的性质更能反映出被微生物利用的有机物的含量，和渗滤液相比，更直接地揭示周围垃圾的稳定化程度。

垃圾浸出液的特性正在被越来越多地用来表征填埋场稳定化进程，分析中运用了更为先进的监测仪器和方法。席北斗等采用光谱分析技术，对4个不同填埋年限垃圾提取出的水溶性有机物（DOM）进行了研究，探讨了DOM的荧光和紫外光谱变化特征在填埋场稳定度表征中应用的可能性。结果表明，紫外区类富里酸荧光强度与可见区类富里酸荧光强度比值（$r_{(A,C)}$）随着填埋龄的延伸呈下降的趋势，表征腐殖类物质芳香性的荧光指数（$f_{450/500}$）随着填埋年限的增加呈下降的趋势，这两项指标都可以用来表征填埋场稳定化的进程。

垃圾浸出液既能真实地反应填埋场内垃圾的降解情况，又能作为判断矿化垃圾能否再次利用的重要依据。因此，将垃圾浸出液作为评级指标具有较大的现实意义。

综上，固体垃圾的各项指标中，应用最多的是有机质、VS、BDM和TN，其中前三项用来表征垃圾中有机物的含量，可以找出一个最准确的指标；最后一个用来表征含氮物质的含量。渗滤液中COD和NH_4^+-N用以表征含碳和含氮物质的含量，TOC和TKN也可以用来表征这两种物质的含量，而且从含义上来说表征得更准确；电导率用来表征渗滤液中总离子的浓度，被用作堆肥腐熟度的评价，这里用电导率作为一个评价指标，是用其来判断垃圾是否会对植物造成毒害作用；E_4/E_6被用来作为垃圾浸出液的一个评价指标，这里用来作为评价渗滤液的一个指标。由于浸出液的一些常见指标没有参考的例子，故和渗滤液的指标相一致。

三、规范对填埋场场地稳定化判定要求

我国标准《生活垃圾填埋场稳定化场地利用技术要求》（GB 25179—2010）根据土地不同利用程度，提出了填埋场场地稳定化利用的判定要求，如表15-1所列。填埋场封场后的土地利用可分为低度利用、中度利用和高度利用三类。低度利用一般指人与场地非长期接触，主要方式有草地、林地、农地等。中度利用指人与场地不定期接触，主要包括公园、运动场、野生动物园、高尔夫球场等。高度利用一般指人与场地长期接触的建构筑物。

表15-1 填埋场场地稳定化利用的判定要求

利用阶段	低度利用	中度利用	高度利用
利用范围	草地、农地、森林	公园	一般仓储或工业厂房
封场年限/a	≥3	≥5	≥10
填埋物有机质含量/%	<20	<16	<9
地表水水质	满足GB 3838相关要求		
堆体中填埋气	不影响植物生长，甲烷浓度≤5%	甲烷浓度1%～5%	甲烷浓度<1%，二氧化碳浓度<1.5%
大气	—	GB 3095三级标准	
恶臭指标	—	GB 14554三级标准	
堆体沉降	大，>35mm/a	不均匀，10～30cm/a	小，1～5cm/a
植被恢复	恢复初期	恢复中期	恢复后期

四、稳定化评价方法及实例

填埋场稳定化评价的方法与环境质量现状评价方法相似，主要有指数法、层次分析法

(AHP)、模糊综合评价法、BP 神经网络、单因素法以及这些方法的组合。下面介绍主要的评价方法及实例。

1. 指数法

通常指数法以实测值（或预测值）与标准值的比值作为其数值。由于指数评价法比较简单，应用方便，有利于在实际工作中推广，故采用指数评价法来对老港填埋场进行稳定化评价。

（1）评价因子及评价参数的确定　填埋场渗滤液、气体和场地沉降，是表征填埋场稳定化的主要指标，故选择渗滤液、气体和场地沉降作为填埋场稳定化评价的评价因子。其中，渗滤液包括产率和水质两方面，水质又包括 SS、COD_{Cr}、BOD_5 以及氨氮浓度四个参数；气体产率代表气体；场地沉降用场地沉降速率来表征（见图 15-1）。

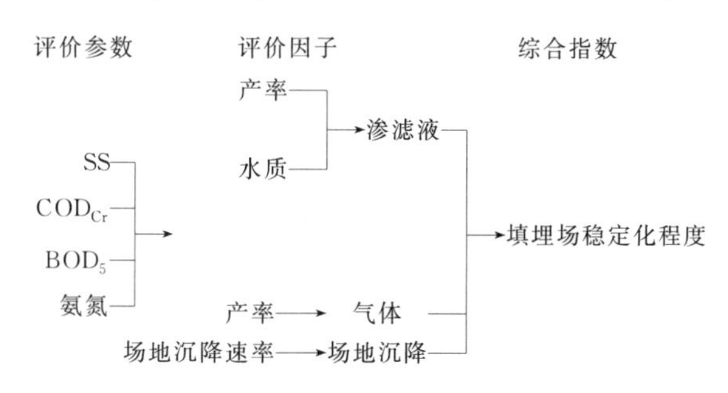

图 15-1　填埋场稳定化评价的评价因子及评价参数的构成

（2）评价标准的确定　目前，除渗滤液水质有排放标准外，渗滤液产率、气体产率、场地沉降速率均无可供参考的标准。所以在确定评价标准时，只能参考渗滤液的排放标准，对渗滤液产率、气体产率、场地沉降速率适当取值作为其评价标准。

填埋场渗滤液排放标准规定：当渗滤液 SS、COD_{Cr}、BOD_5 和氨氮浓度分别达到 70mg/L、100mg/L、30mg/L 和 15mg/L 时，渗滤液达到一级排放标准，此时可不进行任何处理直接排放，故可以将渗滤液满足一级排放标准作为填埋场达到稳定化状态的标志。

（3）评价指数的设计

1）评价指数的设计。在整个填埋场稳定化过程中，渗滤液产率和 SS、COD_{Cr}、BOD_5 以及氨氮浓度、气体产率、场地沉降速率的变化幅度很大。所以对于评价指数，做如下设计。

① 指数单元

$$x_{ij}=\frac{C_{tij}}{C_{sij}}$$

式中，x_{ij} 为评价因子 i 评价参数 j 的指数单元；C_{tij} 为封场后 t 时间评价因子 i 评价参数 j 的值；C_{sij} 为填埋场达到稳定状态时评价因子 i 评价参数 j 的值（当 $C_{tij}<C_{sij}$ 时，以 $C_{tij}=C_{sij}$ 计）。

② 分指数的函数形式：由于评价参数随时间呈指数形式衰减，故取分指数为对数形式，即

$$I_{ij}=\lg x_{ij}\times 100$$

式中，I_{ij} 为评价因子 i 评价参数 j 的分指数。

③ 分指数的综合：采用等权平均型函数形式进行分指数综合，即对于渗滤液有

$$I_1=\frac{1}{2}\times\left[\frac{C_{t产率}}{C_{s产率}}+\frac{1}{4}\times\left(\frac{C_{tSS}}{C_{sSS}}+\frac{C_{tCOD_{Cr}}}{C_{sCOD_{Cr}}}+\frac{C_{tBOD_5}}{C_{sBOD_5}}+\frac{C_{t氨氮}}{C_{s氨氮}}\right)\right]$$

对于气体有 $$I_2=\frac{C_{t产率}}{C_{s产率}}$$

对于场地沉降有 $$I_3=\frac{C_{t沉降速率}}{C_{s沉降速率}}$$

则综合评价指数 I 为 $$I=\frac{1}{3}(I_1+I_2+I_3)$$

2）数据处理。填埋场封场后，其稳定化程度随着填埋年龄的增长而增大，即七个评价参数值的变化趋势应是从最大值一直下降到稳定化标准值。

实际上，在填埋场封场后，七个评价参数值都是在短时间内从较小值上升至一最大值（或上升至一较高值并在一段时间内保持较高水平），然后在短时间内大幅度下降至一较小值，再缓慢降低至稳定化标准值。

为了保证每个评价参数值的变化趋势是从最大值一直下降到稳定化标准值，在进行填埋场稳定化评价时需在一定时间内对七个评价参数进行连续监测，并对其做以下处理。

① 找出每个评价参数的最大值或较高范围内的平均值。

② 对每个评价参数最大值或较高范围出现以前所测得的值，做以下转换

$$C'_{tij}=C_{\max ij}+(C_{\max ij}-C_{tij})=2C_{\max ij}-C_{tij}$$

式中，$C_{\max ij}$ 为评价参数的最大值或较高范围内的平均值；C'_{tij} 为转换以后的 C_{tij}。

③ 对每个评价参数最大值或较高范围出现以后所测得的值，则不做任何转换，即

$$C'_{tij}=C_{tij}$$

（4）指数分级系统　二级排放标准规定：SS 200mg/L、COD_{Cr} 300mg/L、BOD_5 150mg/L、氨氮 25mg/L；三级排放标准规定：SS 400mg/L、COD_{Cr} 1000mg/L、BOD_5 600mg/L。

参照填埋场渗滤液的排放标准，可将填埋场稳定化程度分为四个等级。只考虑渗滤液 SS、COD_{Cr}、BOD_5 和氨氮浓度，可得出各个稳定化等级的综合指数范围（见表 15-2）。

表 15-2　填埋场稳定化级别划分

稳定化等级	一级	二级	三级	四级
综合指数 I	0	$0<I\leqslant 50$	$50<I\leqslant 100$	$I>100$
渗滤液基本满足排放标准级别	一级	二级	三级	劣于三级

当填埋场稳定化程度为四级时，填埋场渗滤液浓度很高，场地沉降速率较大。此时，渗滤液在排放前需做处理，填埋场地只能植以植被而不能考虑其再利用，同时应严禁非工作人员与畜禽进入填埋场。

当填埋场稳定化程度为三级时，填埋场渗滤液基本达到三级排放标准，场地沉降速率依然较大。此时，渗滤液可以考虑不处理直接向污水收集管道排放，填埋场地依然不能考虑再利用。

当填埋场稳定化程度为二级时，填埋场渗滤液基本达到二级排放标准，填埋场地沉降速率较小。此时，渗滤液可以考虑稍做处理后直接排放，同时可以考虑在填埋场地种植花卉和非食用性农作物（如棉花）。

当填埋场稳定化程度为一级时，填埋场渗滤液基本达到一级排放标准，填埋场地沉降速

率很小。此时，渗滤液可以考虑不做任何处理直接排放，在填埋场地可以营建低层建筑物（一层或二层）作一般仓库使用，也可以将填埋场改建为公园或高尔夫球场等。

（5）老港实验场稳定化评价　上海老港大型实验场现场没有检测到甲烷且对气体没有进行收集，对渗滤液SS浓度也没有进行监测，所以对其进行稳定化评价时，只考虑渗滤液COD_{Cr}浓度、BOD_5浓度、氨氮浓度和场地沉降速率四个评价参数。对于填埋场的场地沉降，目前还没有标准。实验场的场地平均年沉降率为初始高度的0.025%时，其渗滤液COD_{Cr}、BOD_5浓度基本达到一级排放标准，所以可以将平均年沉降量为0.01m的场地沉降速率作为稳定化标准。

图15-2为实验场稳定化综合指数随时间变化曲线。由图可知，老港实验场封场后前4年，其稳定化等级为四级；封场后4～10年，其稳定化等级为三级；封场后10～32年，其稳定化等级为二级；封场32年后，其稳定化等级为一级。

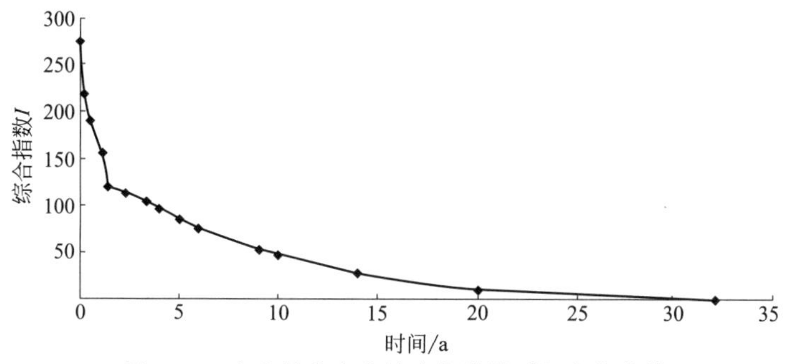

图15-2　实验场稳定化综合指数随时间变化曲线

老港实验场封场后700天左右内，垃圾成团成块，取样均匀性难以保证，组分含量波动性较大，此后则呈缓慢下降趋势。本书对实验场封场718天后的垃圾总糖、有机质、生物可降解物（BDM）含量变化曲线进行指数拟合，根据其预测值与实际填筑单元实测值吻合程度得出：垃圾BDM这一指标能代表垃圾中的可降解组分，可以用BDM含量变化来表征垃圾的降解规律。

封场718天时，实验场垃圾BDM含量的衰减系数k不到实验室垃圾柱的1/4，试验场内垃圾要比实验室垃圾降解得慢。

本书应用环境评价学的基本原理，建立了填埋场稳定化的指数评价方法，并对实验场的稳定化进程进行了评价与预测，结果表明：老港实验场达到三、二、一级稳定化状态所需的时间分别为4年、10年、32年；封场32年后，实验场基本上达到稳定化状态。评价结果较符合实际。

老港填埋场利用方式为：a. 作为新填埋场使用时，建议在垃圾填埋后10年或更长实施，此时绝大部分沉降已完成；b. 作为农业用地时，需在2～3年后，此时沉降速度开始变得缓慢；c. 作为普通用地时，需15年以上。但仍不可作为承载要求高的建筑用地。

老港填埋场封场8～10年后，所填埋的垃圾就基本上转化为矿化垃圾，可以开采和综合利用。

2. 层次分析法

层次分析法（AHP）在20世纪70年代中期由美国运筹学家托马斯·塞蒂正式提出。它是一种定性和定量相结合的、系统化、层次化的分析方法，基本原理是将各要素以上一层次为准则，对该层次因素进行两两比较，依照规定的标度量化后写成矩阵形式，即构成判断矩阵。再根据两两比较算出各因素的权重和各因素的评价标准。最后根据综合评分确定最优方案。

杨列等采用层次分析法，参照《生活垃圾填埋场稳定化场地利用技术要求》（GB 25179—2010）中填埋场场地稳定化利用的判定要求，对封场年限、地表水水质等 8 项评判因素进行了权重分析计算，并依此以武汉金口填埋场为例进行了评分评价。

（1）建立递阶层次结构　填埋场稳定性特征包括封场年限、填埋物有机质含量、地表水水质、填埋堆体中气体浓度、大气环境、堆体沉降和植被恢复等。以垃圾填埋场稳定化综合评价指标作为目标层，建立层次分析法目标层结构模型如图 15-3 所示。

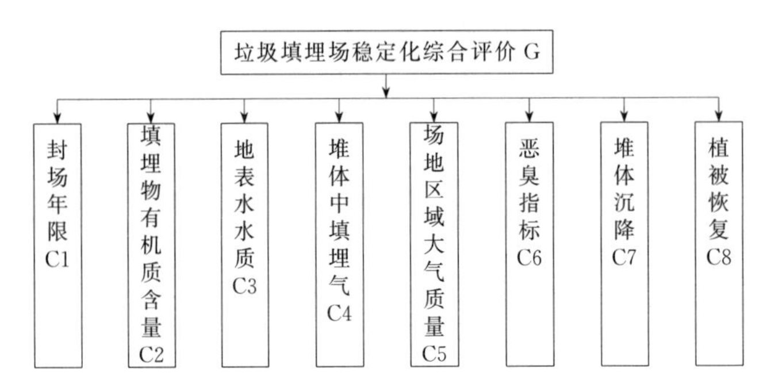

图 15-3　填埋场稳定化综合评价目标层结构模型

（2）构造两两比较判断矩阵　根据填埋场各要素在实际运行与相关研究中的主次关系，构造了表 15-3 的目标层 G 与制约因素层 C 之间的 G-C 判断矩阵。

表 15-3　两两比较判断矩阵

G	C1	C2	C3	C4	C5	C6	C7	C8
C1	1	1	1/7	1/3	1/3	1/4	1/5	1/3
C2	1	1	5	3	4	3	1	7
C3	1/7	5	1	2	6	3	3	5
C4	1/3	3	2	1	3	1/3	1	9
C5	1/3	4	6	3	1	1	1/7	3
C6	1/4	3	3	1/3	1	1	1/3	5
C7	1/5	1	3	1	1/7	1/3	1	7
C8	1/3	7	5	9	3	5	7	1

（3）计算权重　根据上述垃圾填埋场稳定化综合评价目标层次结构模型，在充分讨论的基础上，按层次分析法的计算模型，计算出各指标的权值，采用 1～9 标度法，填埋场稳定化评价指标对垃圾填埋场稳定的重要性权值见表 15-4。

表 15-4　稳定化评价指标对填埋场稳定的重要性权值

评价因子	总权值	排序	评价因子	总权值	排序
C7	0.2035	1	C6	0.1336	5
C3	0.1891	2	C1	0.0673	6
C2	0.1666	3	C5	0.0536	7
C4	0.1347	4	C8	0.0517	8

经检验，总排序有满意的一致性，层次分析法的计算由“YAAHP 软件包”完成。

（4）综合评价　按照总分值将填埋场稳定化评价等级分为 4 个等级：分值＞90 为非常稳定，分值 76～90 为较稳定，分值 60～75 为基本稳定，分值＜60 为不稳定。

参照《生活垃圾填埋场稳定化场地利用技术要求》（GB 25179—2010）中填埋场场地稳

定化利用的判定要求，制订了垃圾填埋场稳定化评价的权重等级量化表，见表15-5。

表15-5　垃圾填埋场稳定化评价的权重等级量化表

因素	状况	权重
封场年限/a	≥10	1.0
	5～10	0.8
	3～5	0.5
	<3	0
填埋物有机质含量	<9%	1.0
	9%～16%	0.8
	16%～20%	0.5
	>20%	0
地表水水质	符合GB 3838	1
	不符合GB 3838	0
堆体中填埋气	<1%	1
	1%～5%	0.5
	>5%	0
大气	GB 3095三级标准	1
	达不到GB 3095三级标准	0
恶臭	GB 14554三级标准	1
	达不到GB 14554三级标准	0
堆体沉降	1～5cm/a	1.0
	5～30cm/a	0.8
	>35cm/a较均匀	0.5
	>35cm/a不均匀	0
植被恢复	恢复后期	1.0
	恢复中期	0.8
	恢复前期	0.6
	无完整植被覆盖	0

根据现场考察和向主管单位调查的资料，进行加权计算，得出73.25分，即填埋场基本稳定。

层次分析法垃圾填埋场稳定化制约因素的权重分析中具有较大的应用潜力，有助于填埋场稳定化的量化评价。权重分析表明，堆体沉降、地表水水质与填埋物有机质含量是稳定化评价的优先制约因素。

3. 指数法+层次分析法

(1) 评价方法简介　由于指数评价法比较简单，应用方便，有利于在实际工作中推广，但是指数评价法分为等权综合和非等权综合，国内稳定化评价都采用等权综合指数评价方法。而在实际中不可能每个评价因子在评价的过程中都占据同样的权重，非等权因子评价方法显然更为客观和准确。

计算各评价因子的权重实际上是一个多层次多目标的决策问题，采用层次分析法具有明显的优势。该方法综合考虑研究区域的实际情况以及相关专家的意见，以定量计算和定性分析相结合，给出各评价因子的权重。

根据统筹学和环境影响评价学原理，李佑智等在王罗春的等权综合评价的基础上，采用了非等权综合，建立了生活垃圾填埋场稳定化的评价方法——层次分析法+指数法。先运用层次分析法求出各个评价因数的权重因子 M_{ijl}，再用指数评价法求得综合评价指数 I，从而得出稳定化程度。

（2）评价因子和参数的确定　王罗春等对垃圾填埋场的评价因子及评价因数进行了确定，分别为渗滤液、气体、场地沉降3个评价因子（见图15-1）。

（3）确定各评价因数相对权重的方法　根据确定的评价因数和评价参数，应用层次分析法确定各评价参数的相对权重。

1）建立决策模型。将稳定化程度评价作为目的层（A）；将制约因素（评价因子）作为准则层（B）；将评价参数作为元素层（C 和 D），见图15-4。

2）构造成对比较矩阵。由图15-4的模型可以构造两两对比的判断矩阵，设比较矩阵为 E，比较第 i 个元素与第 j 个元素相对上一层某个因素的重要性时，使用数量化的相对权重 a_{ij} 来描述。设共有 n 个元素，则 $E=(a_{ij})$ 称为成对比较矩阵，且有 $a_{ij}>0$，$a_{ii}=1$，$a_{ii}=1/a_{ji}$。根据渗滤液条件、填埋气体条件、场地沉降条件在填埋场稳定化程度所占的相对权重来确定各因数的重要性，构造该层的成对比较矩阵。

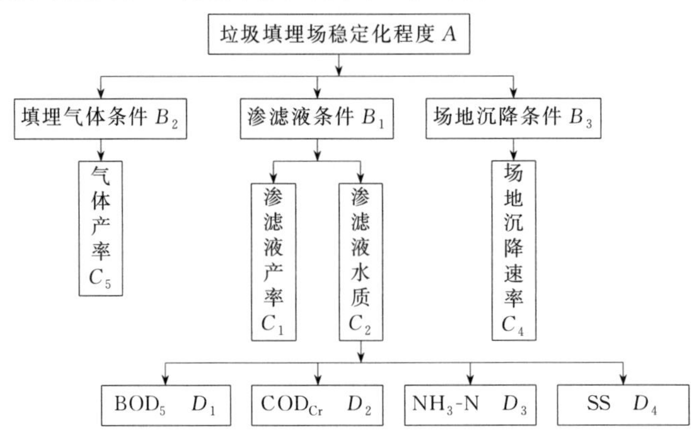

图15-4　稳定化评价结构模型

3）计算相对权重并判断一致性。a_{ij} 是相关专业的多名专家根据经验来判断同一层次（如 B、C、D 层）每两个因素的相对重要性的值，这个值可按下述标度进行赋值。a_{ij} 在1～9及其倒数中间取值（见表15-6）。例如，设有另一个 E 层，同层次有3个评价因素（见表15-7），3个评价因素的权重计算过程如下：

$$u_i=\sqrt[j]{\prod a_{ij}}\ (i,j=1,2,3\cdots)$$

则：$u_1=\sqrt[3]{1\times\frac{1}{5}\times\frac{1}{7}}=0.306,u_2=\sqrt[3]{5\times1\times\frac{1}{3}}=1.186,u_3=\sqrt[3]{7\times3\times1}=2.759$。

设各个因素 E_1、E_2、E_3 的相对权重系数为 M_1、M_2、M_3。

$$M_i=u_i/\sum_{i=1}^{n}u_i\ (i=1,2,3,\cdots,n)$$

则，$M_1=0.306/4.251=0.072$，$M_2=1.186/4.251=0.279$，$M_3=2.759/4.251=0.649$。则 E_1、E_2、E_3 的相对权重系数矩阵为 M：$M=(0.072\quad 0.279\quad 0.649)^{T}$。

表15-6　a_{ij} 判断标度含义

a_{ij} 取值标度	含义
1	因素 i 与 j 对上一层因素的重要性相同
3	因素 i 比因素 j 稍微重要
5	因素 i 比因素 j 重要
7	因素 i 比因素 j 重要得多
9	因素 i 比因素 j 极其重要

a_{ij} 取值标度	含义
$2n(n=1,2,3,4)$	因素 i 比因素 j 重要性介于 $a_{ij}=2n-1$ 和 $a_{ij}=2n+1$
$1/n(n=1,2,\cdots,9)$	因素 i 较因素 j 的不重要程度

矩阵中 $a_{21}=5$，表示 E_2 比 E_1 重要。

① 计算矩阵的最大特征值（$\lambda_{\max}$）

表 15-7　$E_1 \sim E_3$ 成对比较矩阵

评价因数	E_1	E_2	E_3
E_1	1	1/5	1/7
E_2	5	1	1/3
E_3	7	3	1

$$\lambda_{\max}=\sum_{i=1}^{n}\left[\frac{(EM)_i}{(nM_i)}\right]$$

$$EM=\begin{pmatrix}1 & 1/5 & 1/7\\5 & 1 & 1/3\\7 & 3 & 1\end{pmatrix}\times\begin{pmatrix}0.072\\0.279\\0.649\end{pmatrix}\times\begin{pmatrix}0.221\\0.855\\1.990\end{pmatrix}$$

$$\lambda_{\max}=\frac{0.221}{(3\times 0.072)}+\frac{0.855}{(3\times 0.279)}+\frac{1.990}{(3\times 0.649)}=3.06$$

② 成对比较矩阵 E 一致性检验

计算衡量一个成对比较矩阵 E（$n>1$ 阶方阵）不一致程度的指标 CI：

$$CI=\frac{(\lambda_{\max}-n)}{(n-1)}$$

则有 $CI=\frac{(3.06-3)}{(3-1)}=0.03$

从有关资料（表 15-8）查出检验成对比较矩阵 A 一致性的标准 RI：RI 称为平均随机一致性指标，它只与矩阵阶数 n 有关。

表 15-8　RI 与矩阵阶数的关系

矩阵阶数	1	2	3	4	5	6	7	8	9
RI	0	0	0.58	0.90	1.12	1.24	1.32	1.41	1.45

由表 15-8 可知 RI=0.58，成对比较矩阵 A 的随机一致性比率 CR 为：

$$CR=\frac{CI}{RI}=\frac{0.03}{0.58}=0.05<0.1$$

判断方法如下：当 $CR<0.1$ 时，判定成对比较阵 E 具有满意的一致性，或其不一致程度是可以接受的；否则就调整 E 直到达到满意的一致性为止。B、C、D 各层的相对权重按此方法进行计算，最终获得所有因素的权重（见表 15-5）。其中 M_{i00} 为 B 层各因素的权重（即 B 层第 i 个因素的权重），M_{ij0} 为 C 层各因素的权重（即 C 层第 j 个因素的权重），M_{ijl} 为 D 层各因素的权重（即 D 层第 l 个因素的权重）。其中 $i=1$、2、3；$j=1$、2、3、4；$l=$ 1、2、3、4。

（4）指数法求得各评价因数实际贡献权重的过程　由于在整个填埋场稳定化过程中，渗滤液产率和 SS、COD_{Cr}、BOD_5 以及氨氮浓度、气体产率、场地沉降速率的变化幅度很大，所以对评价指数做如表 15-9 的设计。

表 15-9　各层次影响因素的权重系数

B 层		C 层		D 层
因素 M_{i00}		因素 M_{ij0}		因素 M_{ijl}
		C_1	M_{110}	D_1M_{121}
B_1	M_{100}	C_2	M_{120}	D_2M_{122}
B_2	M_{200}	C_3	M_{230}	D_3M_{123}
B_3	M_{300}	C_4	M_{340}	D_4M_{124}

1）指数单元

$$P_i=\frac{C_{ti}}{C_{ts}}$$

式中，C_{ti} 为封场后 t 时间、i 评价参数的值；C_{ts} 为填埋场达到稳定状态时 i 评价参数的值（当 $C_{ti}<C_{ts}$ 时，由于已经达到稳定化，以 $C_{ti}=C_{ts}$ 计）。

2）C_{ts} 的确定。以渗滤液水质为例，SS、COD_{Cr}、BOD_5 以及氨氮参考 GB 16889—2008 中 9.1.2 表 2 的浓度限值，即 SS 为 30mg/L、COD_{Cr} 为 100mg/L、BOD_5 为 30mg/L、氨氮为 25mg/L。渗滤液产率、气体产率以及场地沉降速率没有具体的标准限值，可以通过大量的渗滤液水质的监测数据或在实验室模拟得到，即在渗滤液水质达到限值之后进行监测，从而确认渗滤液产率、气体产率以及场地沉降速率的 C_{ts}。

3）分指数的表达形式。由于评价参数随时间呈指数形式衰减，故取分指数为对数形式，即 i 评价参数的分指数为：

$$I_i=\lg P_i\times 100$$

4）指数综合。由前面层次分析法中所得的各因素的权重来进行分指数的综合。

① 对于渗滤液，有：

$$I_1=\left[M_{110}\frac{C_t\text{ 产率}}{C_s\text{ 产率}}+M_{120}\left(M_{121}\frac{C_t\mathrm{BOD_5}}{C_s\mathrm{BOD_5}}+M_{122}\frac{C_t\mathrm{COD_{Cr}}}{C_s\mathrm{COD_{Cr}}}+M_{123}\frac{C_t\mathrm{NH_3\text{-}N}}{C_s\mathrm{NH_3\text{-}N}}+M_{124}\frac{C_t\mathrm{SS}}{C_s\mathrm{SS}}\right)\right]\times 100$$

② 对于填埋气体，有：

$$I_2=M_{230}\lg\left(\frac{C_t\text{ 产率}}{C_s\text{ 产率}}\right)\times 100$$

③ 对于场地沉降，有：

$$I_3=M_{340}\lg\left(\frac{C_t\text{ 沉降速率}}{C_s\text{ 沉降速率}}\right)\times 100$$

则综合评价指数为：$I=M_{100}I_1+M_{200}I_2+M_{300}I_3$。

5）数据处理。填埋场封场后，其稳定化程度随填埋年龄的增长而增大，即各评价参数值的变化趋势应是从最大值一直下降到稳定化标准值。实际上，在填埋场封场后，各评价参数值都是在短时间内从较小值上升至一个最大值，或上升至一个较高值并在一段时间内保持较高水平，然后在较短时间内大幅度下降至一较小值，再缓慢降低至稳定化标准值。为保证每个评价参数值的变化趋势是从最大值一直下降到稳定化标准值，在进行填埋场稳定化评价时，必须在一定时间内对各评价参数进行连续监测，并做以下处理：找出每个评价参数的最大值或较高范围内的平均值；对每个评价参数最大值或较高范围出现以前所测得的值做以下转换：

$$C_{ti}'=C_{\max}+(C_{\max}-C_{ti})=2C_{\max}-C_{ti}。$$

对于每个评价参数最大值或较高范围出现以后所测的值，不做任何变换，即：$C_{ti}'=C_{ti}$。

（5）稳定化评价　根据综合评价指数 I，评价生活垃圾填埋场的稳定化程度，I 值越小，稳定化程度越高。当 $I=0$ 时已经达到稳定化。

如上所述，用层次分析法得出非等权参数，再用指数法得出稳定化参数，这样将会更加客观和准确。该方法在选取评价因素时可以根据各评价因素的权重系数来确定，权重系数大的优先纳入评价因素之列，舍弃一些权重因素小的，对于评价结果的影响会很小。根据我国《生活垃圾填埋场污染控制标准》等与评价因子相关的规定，可以给生活垃圾填埋场的稳定化研究中层次分析结构模型最底层的评价因子计算出一个实际贡献权重，设为 b_{ijl}，则每个最底层的评价因子的综合权重为 $W_{i00} \times W_{ij0} \times W_{ijl} \times b_{ijl}$。

4. 模糊评价方法

模糊数学法主要依据客观事物具有的不确定性而运用模糊数学工具进行评价的一种方法。该法根据模糊数学的隶属度理论把定性评价转化为定量评价，即用模糊数学对受到多种因素制约的事物或对象做出一个总体的评价。它具有结果清晰、系统性强的特点，能较好地解决模糊的、难以量化的问题，适合各种非确定性问题的解决。评价过程不受污染因子种类的限制，而且充分考虑了各因子之间的相互联系和相互作用关系，更能全面客观地反映一定区域的环境质量，使评价结果更符合实际情况。且模糊综合评判方法更适合于处理环境中相对评价标准边界模糊问题。

有学者选用最大理论产气量、垃圾填埋龄、填埋垃圾有机质含量和浸出液污染物浓度 4 个评价指标。整个研究对三峡水库淹没区 23 个县的典型垃圾堆放场进行采样分析测试，主要使用统计分析和模糊评价的数学方法对填埋垃圾稳定化进程进行研究。对填埋垃圾样品的研究表明不同填埋垃圾的表观和微观指标表现出明显的差异性。

在对三峡库区填埋垃圾样品的稳定化指标分析的基础上，建立一套生活垃圾简易堆场稳定化评价分级体系，见表 15-10，运用模糊评价方法对三峡库区沿江生活垃圾堆放场稳定度进行综合评价。

表 15-10　生活垃圾简易堆场稳定化评价分级体系

稳定化程度	未稳定	基本稳定	较好稳定	稳定化
有机质/%	＞25	15～25	10～15	＜10
产气量/%	＞0.5	0.25,0.5	0.15,0.25	＜0.15
浸出液 COD/(mg/L)	＞120	60～120	30～60	＜30
稳定化时间	3 年以下	3～5 年	5～10 年	10 年以上

在这一填埋垃圾稳定度评价分级体系中，三峡库区沿江生活垃圾堆放场垃圾稳定化的因素集为 $V=\{$填埋垃圾有机质含量 浸出液 COD 浓度 填埋气体产气量 填埋龄$\}$，评价集为 $A=\{$稳定 较好稳定 基本稳定 未稳定$\}$，经严格专家打分归一化后的权数分配为 $W=\{0.26\ 0.27\ 0.25\ 0.21\}$。这一体系分别建立每种评价指标的隶属度函数：$f_1(x)$ 表示稳定的隶属度，$f_2(x)$ 表示较好稳定的隶属度，$f_3(x)$ 表示基本稳定的隶属度，$f_4(x)$ 表示未稳定的隶属度。

（1）有机质含量

$$f_1(x)=\begin{cases}1 & x\leqslant 5\\(12-x)/7 & 5<x\leqslant 12\\0 & x>12\end{cases}$$

$$f_2(x)=\begin{cases}0 & x\leqslant 5, x\geqslant 20\\(x-5)/7 & 5<x\leqslant 12\\(20-x)/8 & 12<x<20\end{cases}$$

$$f_3(x)=\begin{cases}0 & x\leqslant 12, x\geqslant 40\\ (x-12)/8 & 12<x\leqslant 20\\ (40-x)/20 & 20<x<40\end{cases}$$

$$f_4(x)=\begin{cases}0 & x\leqslant 20\\ (x-20)/20 & 20<x\leqslant 40\\ 1 & x>40\end{cases}$$

（2）浸出液 COD 隶属函数

$$f_1(x)=\begin{cases}1 & x\leqslant 15\\ (45-x)/30 & 15<x\leqslant 45\\ 0 & x>45\end{cases}$$

$$f_2(x)=\begin{cases}0 & x\leqslant 15, x\geqslant 90\\ (x-15)/30 & 15<x\leqslant 45\\ (90-x)/45 & 45<x<90\end{cases}$$

$$f_3(x)=\begin{cases}0 & x\leqslant 45, x\geqslant 200\\ (x-45)/45 & 45<x\leqslant 90\\ (200-x)/110 & 90<x<200\end{cases}$$

$$f_4(x)=\begin{cases}0 & x\leqslant 90\\ (x-90)/110 & 90<x\leqslant 200\\ 1 & x>200\end{cases}$$

（3）产气指标隶属函数

$$f_1(x)=\begin{cases}1 & x\leqslant 0.07\\ (0.2-x)/0.13 & 0.07<x\leqslant 0.2\\ 0 & x>0.2\end{cases}$$

$$f_2(x)=\begin{cases}0 & x\leqslant 0.07, x\geqslant 0.37\\ (x-0.07)/0.13 & 0.07<x\leqslant 0.2\\ (0.37-x)/0.17 & 0.2<x<0.37\end{cases}$$

$$f_3(x)=\begin{cases}0 & x\leqslant 0.2, x\geqslant 0.75\\ (x-0.2)/0.17 & 0.2<x\leqslant 0.37\\ (0.75-x)/0.38 & 0.37<x<0.75\end{cases}$$

$$f_4(x)=\begin{cases}0 & x\leqslant 0.37\\ (x-0.37)/0.38 & 0.37<x\leqslant 0.75\\ 1 & x>0.75\end{cases}$$

（4）稳定化时间指标隶属函数

$$f_4(x)=\begin{cases}1 & x\leqslant 2\\ (4-x)/2 & 2<x\leqslant 4\\ 0 & x>4\end{cases}$$

$$f_3(x)=\begin{cases}0 & x\leqslant 2, x\geqslant 7\\ (x-2)/2 & 2<x\leqslant 4\\ (7-x)/3 & 4<x<7\end{cases}$$

$$f_2(x)=\begin{cases}0 & x\leqslant 4, x\geqslant 25\\ (x-4)/3 & 4<x\leqslant 7\\ (25-x)/18 & 7<x<25\end{cases}$$

$$f_1(x)=\begin{cases}0 & x\leqslant 7\\ (x-7)/18 & 7<x\leqslant 25\\ 1 & x>25\end{cases}$$

在评价填埋垃圾是否稳定时，首先通过现场调查和样品分析，获取填埋垃圾有机质含量、浸出液 COD 浓度、产气量和填埋龄 4 个指标的具体数值。然后根据不同指标隶属度函数计算填埋垃圾在 4 个稳定化程度上的隶属度。各个评价指标的隶属度依次排列成一个 4×4 的模糊矩阵，R 权重矩阵为 $A=[0.26\ 0.27\ 0.25\ 0.21]$，两个矩阵进行混合运算即可得出填埋垃圾基于 4 个指标的综合稳定度。

5. BP 神经网络方法

人工神经网络（ANN）是 20 世纪 50～60 年代产生、80 年代发展起来的一种处理复杂非线性问题十分有效的手段，它模拟人脑的特征，具备自组织、自学习、自适应、容错性等特点，被广泛应用于模式识别等领域。垃圾堆放场的稳定化程度判别实质上是根据稳定化判别标准进行模式识别的问题。

BP 神经网络是目前应用最为广泛的人工神经网络。它通常采用基于 BP 神经元的多层前向神经网络的结构形式。典型的 BP 神经网络通常由一个输入层、若干个隐含层和一个输出层组成，相邻层次的神经元之间单向全互联连接，前一层的输出即为后一层的输入，同层之间的节点没有联系。理论已经证明，单隐含层的 BP 神经网络，当隐含层神经元数目足够多时，可以以任意精度逼近任何一个具有间断点的非线性函数。隐含层的节点数目前没有精确的理想计算公式，通常采用网络训练时的试验法来确定。

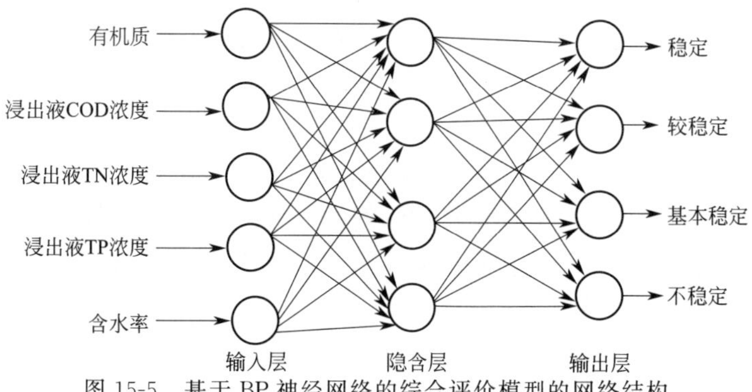

图 15-5　基于 BP 神经网络的综合评价模型的网络结构

林建伟、王里奥等以垃圾填埋场生活垃圾的含水率、有机质和浸出液浓度（COD、TN 和 TP）作为判别指标，利用 BP 神经网络方法分析垃圾填埋场的稳定化程度。基于 BP 神经网络的垃圾稳定化程度的综合评价模型的结构（图 15-5），输入层的节点包括生活垃圾的有机质、浸出液 COD 浓度、浸出液 TN 浓度、浸出液 TP 浓度、含水率，节点数 5；输出层的节点包括垃圾稳定化程度的 4 个等级：稳定、较稳定、基本稳定和不稳定，节点数为 4；采用单隐含层，节点数采用试验法确定，基于 BP 神经网络综合评价模型的基本原理同上，采用 MATLAB 提供的神经网络工具箱的图形用户界面 GUI 可以实现网络的构建、训练、检测和应用。

（1）原始数据　综合评价模型的学习是通过稳定化标准实现的，稳定化判别指标及标准见表 15-11。

表 15-11　稳定化程度评价标准

稳定化程度	有机质/%	含水率%	浸出液/(mg/L)		
			COD	TN	TP
未稳定	>25	>35	>120	>30	>3.0
基本稳定	15～25	30～35	60～120	25～30	1.5～3.0
较稳定	10～15	25～30	50～60	20～25	1.0～1.5
稳定	<10	<30	<50	<20	<1.0

（2）准备工作

① 学习样本的定义：输入矢量由 5 个判别指标各对应等级范围内产生的满足均匀分布的随机数组成，由 MATLAB 的 RAND 函数负责生成；输出矢量由 4 种类型的数据：稳定（1，0，0，0）、较稳定（0，1，0，0）、基本稳定（0，0，1，0）和不稳定（0，0，0，1）构成；共产生 2000 个训练样本和 400 个验证样本，通过验证样本以达到监控训练过程中的"过拟合"现象，从而使训练后的系统具备泛化能力和预测能力。

② 原始数据预处理：为了提高神经网络的学习效率，样本数据采用 PREMNMX 函数经过适当的预处理，归一化到－1 和 1 之间。

（3）网络构建　学习样本（训练样本和学习样本）导入 MATLAB 神经网络工具箱的图形用户界面 GUI，网络结构设为三层，输入层数目为 5，输出层为 4。训练函数采用 TRAINSCG（适合模式识别和提前停止），输入层到隐含层的激励函数为 TANSIG，隐含层到输出层的激励函数为 LOGSIG。

（4）训练与检验　进入 GUI 的训练界面，适当设置网络参数和选择学习样本后，直接点击 Train Network 按钮后开始训练。通过学习样本进行仿真以检验网络的性能。

（5）模型仿真　进入 GUI 的仿真界面，采用已经训练完成的 BP 神经网络模型，代入需要判别的生活垃圾稳定化判别指标数据即可得到评价结果。根据最大隶属度的原则，判别各垃圾样品的稳定化程度，从而确定整个垃圾堆放场的稳定化程度。

运用基于 BP 神经网络的综合评价模型进行垃圾稳定化程度的综合判别，运算过程同上。隐含层数目取为 12，经过 57 步运算，平均误差达到 2.86×10^{-7}，满足要求，表明网络已经训练完成，可以用于判别。采用已经训练好的 BP 神经网络模型，输入各垃圾样品相应的监测数据，输出结果，并根据最大隶属度原则，判别各垃圾样品的稳定化程度等级。

根据神经网络的判别结果，判别三峡库区查溪河砖瓦厂旁小型垃圾填埋场，确定该填埋场停止使用 4 年左右后，83%的垃圾已经稳定，17%的垃圾较稳定，即从总体上看它已经达到稳定化状态。

6. 单因素法

上述方法是多个指标的综合评价方法，考虑因素较多，还有一些学者使用较为简单易操作的单因素评价垃圾填埋场的稳定化程度，如仅用填埋时间、仅用腐殖质分子量分散度等。

（1）时间 t 法　中国科学院武汉岩土力学研究所的严树等通过分析垃圾土中的可降解有机物的含量变化来反映填埋场的稳定化进程。因为渗滤液的产率、气体的产量和产率、场地沉降速率都是由垃圾土中可降解有机物的含量和降解速率决定的。

严树等将垃圾土中易降解有机物（厨余、果皮和纸张等成分）降解完成的时间 t_1 和可降解有机物（纺织纤维、木质杂草和毛骨等成分）基本降解完成的时间 t_2 作为划分垃圾填埋场的稳定化进程的依据，设垃圾土的填埋时间为 t，对垃圾填埋场的稳定化状态进行如下评价。

① $t<t_1$，垃圾填埋场处于不稳定状态。

② $t_1<t<t_2$，垃圾填埋场处于较稳定状态。

③ $t_2<t$，垃圾填埋场处于稳定状态。

由此，结合具体实验，可得到以下结论：垃圾土填埋年限少于 4 年的填埋区域处于不稳定状态，垃圾土填埋年限在 4～8 年的填埋区域处于较稳定状态，垃圾土填埋年限超过 8 年的填埋区域处于稳定状态。

（2）腐殖质组成及分子量分散度法　生活垃圾在填埋单元内的稳定化过程主要反映在可生物降解组分的无机化降解和腐殖化聚合两个过程，这两个过程都会通过填埋垃圾内有机质分子量和分子量分布指标得以体现。在有机组分的生物降解过程中，填埋垃圾内有机物分子量将会下降，分子量分布指数将会上升；在有机组分的腐殖化过程中，有机物降解的中间产物分子量上升而分子量分布指数下降。因此填埋垃圾腐殖质的分子量和分布指数是填埋垃圾稳定化进程中最为直接的表征指标，可以真实反映填埋场和填埋垃圾的稳定程度。

分散度是分子化学领域中的概念。由于高分子具有分子量不均一的特点，为了描述分子量的多分散性，用分子量分布指数来表示，即重均分子量与数均分子量的比值来表示（M_w/M_n）。当分散度较小（1.5～2）时，表明分子量分布较窄；当分散度较大（20～50）时，表明分子量分布较宽。

杨玉江在腐殖质提取液的基础上，通过考察填埋垃圾腐殖质组成和分子量的变化，发现填埋早期（填埋龄 1～5 年）腐殖质提取液分子量变化缓和而分散度快速下降，填埋垃圾腐殖质组成则由复杂的多组分向组成简单的主组分变化。在此期间，腐殖质的物质组成和分布以逐渐集中化和趋同化过程为主，而未发生明显的聚合过程。在填埋晚期（填埋龄 10～14 年），腐殖质的分子量分散度逐渐趋于稳定，填埋垃圾腐殖质的分子量快速增加，这说明在腐殖质的物质组成和分布完成集中过程后，填埋垃圾中腐殖质呈现明显的聚合特性。从腐殖质分子量分散度角度上判断，填埋龄大于 10 年的腐殖质提取液其分子量分散度保持在 5 的水平，说明填埋垃圾的腐殖质组分已经趋于稳定化。

由此建立了一套简单可行的填埋垃圾稳定度的表征指标和标准体系。填埋垃圾腐殖质的基本组成和分子量分散度是表征填埋垃圾稳定度的有效指标。根据腐殖质提取液分散度的变化规律和拟合结果划分填埋垃圾稳定标准：填埋垃圾腐殖质分散度在 15 以上属于不稳定，分散度在 10 左右属于相对稳定，分散度 5 左右属于基本稳定。填埋龄大于 10 年的填埋垃圾分散度保持在 5 的水平，可以认为已基本稳定。

上述填埋场稳定化的判别方法各有优缺点，总结于表 15-12 中。不断有学者尝试将系统分析、统计学的一些方法应用于填埋场稳定化评价，以求结果更具科学性。

表 15-12　填埋场稳定化评价方法及实例

评价方法	优点	缺点	实例
指数评价法	简单，应用方便	各因子权重要求专家或相关人员根据经验确定，导致误差较大	老港填埋场稳定化进程评价
层次分析法	权值的确定比专家评分法更具科学性、系统性、完整性和层次性。所需数据量少，评分花费时间短，计算工作量小，易于理解掌握	只能从备选方案中选择较优者，但不能为决策提供新方案。定量数据较少，定性成分多，指标过多时数据统计量大，且权重难以确定	武汉市金口生活垃圾填埋场稳定化评价

续表

评价方法	优点	缺点	实例
模糊评价法	适合于处理相对评价标准边界模糊的问题	简单的模糊综合评价法比较粗糙，往往受控于某个污染权重的项目，以至于有误判的现象	万州和尚桥垃圾场稳定化程度评价
BP神经网络法	通过自组织、自学习、自适应等特点综合考虑全部指标的影响进行评价，使结果更加合理	需要对神经网络的训练；由于常规的BP神经网络是基于梯度下降的误差反向传播算法进行学习的，所以存在收敛速度慢、易陷入局部极小点等缺陷	三峡库区小型垃圾堆放场
单因素法	简单，易操作	没有考虑多方面因素影响	北洋桥垃圾填埋场

第二节　废弃填埋场和堆场的修复

世界各地到处都有各种各样不同规模的已封场的、不再使用的或者废弃的生活垃圾处置场址。直到20世纪70年代，美国环保署才发布命令要求调查并撤除所有作为垃圾处置场所的露天堆场、路边沟壑、闲置地块以及可进入的湿地。许多场址都曾用于处置垃圾然后又在毫无长期维护管理以保护环境的情况下被废弃了。这种利用土地或水体处置垃圾的做法在公众的健康和环境问题引起重视之前一度被认为是可以接受的。

由于我国人口的膨胀和城市的扩张，加上相应法规和管理制度尚不健全，全国各地都曾一度陷入“垃圾围城”的恶劣境地。即使在目前各大城市都开始兴建卫生填埋场和焚烧厂并逐步开展垃圾分类收集与资源化利用的状况下，全国各地仍然存在数量不等的垃圾堆放场。

除了直接感观上的不雅和臭味外，垃圾堆放场对环境的影响最严重之处在于其对堆放场周围土壤和地下水的污染，尤其对于那些以地下水为饮用水源的地区，其危害更加严重，并且这种污染对环境的破坏作用和对公众健康的不利影响是长期和渐进的。

在我国，为了消灭垃圾堆放场，主管部门仅仅把垃圾运走，或用土覆盖并进行简单绿化。垃圾运走后的堆放场，可能会修建不同用途的建筑物，也可能作为休闲娱乐场所。但是由于地方政府和公众的环境意识还不强，垃圾堆放场的实情一般也不为公众所知，因此人们并不清楚他们脚下曾经就是垃圾堆放场，也不知道这种没有进行任何修复的堆放场对健康会有什么影响。在这种情况下，地方政府有时也就不加重视。

过去已封场的、不再使用的或者废弃的填埋场将来还会存在很多潜在的污染和危害。这些场址的问题可能非常严重，处理它们的代价可能比建造和监测新的填埋场还要昂贵，因为过去的填埋操作并没有现在这么严格的法规和标准，因此，许多填埋场经常会接受一些有害的工业废弃物，这些工业废弃物在目前的法规下是不允许进入生活垃圾填埋场的。本节将讨论如何通过调查确认那些存在问题的废弃垃圾处置场址以及如何采取措施进行整治修复。

一、废弃填埋（堆）场的环境影响

废弃填埋（堆）场一般已不再使用，实际上只有当其中的垃圾或垃圾降解的副产物（如填埋气和渗滤液的产生和迁移）会对环境和公众健康造成威胁的时候才存在问题。在许多情况下，填埋场内部只不过是在进行着无法察觉并且无害的自然降解过程。但是，由于人口的膨胀导致土地用途的改变，不再使用的或者废弃的填埋场有可能对人类的活动和健康造成影响。不管这种影响真的存在还是假想的，人们都讨论过许多关于此类填埋场的环境影响问题。人们想知道不再使用的填埋场中到底有些什么东西，以及这些不再使用的填埋场对他们的生活究竟有什么样的环境影响。要回答这些问题，必须采取下列步骤：a. 场址调查；b. 现场详查及环境风险评估；c. 分析填埋场沉降的影响；d. 确认视觉感观影响；e. 权衡公众对该问题的反应。

1. 场址调查

通常情况下，如果一个已不再使用的填埋场存在问题，首先反映出来的是当地居民的投诉。如果投诉的原因是废弃物造成视觉上的不良观感或者地块的移动，那么该处的填埋场址应该已经得到了确认。如果投诉起因是臭味、失火或者某个地下水井里的饮用水质恶劣，那就需要进行更为广泛的调查以确定该填埋场址的确切位置及污染状况，因为在很多情况下，造成污染的物质都可能已经从填埋场迁移到了别的地方。表 15-13 列出了废弃填埋场的前期调查方法和资料来源。也可以使用航拍图来确定填埋场的范围。大多数情况下，如果由一个有填埋场工作经验的人员来进行现场调查的话，其结果会更好。

表 15-13　废弃填埋场的调查方法和资料来源

调查方法	资料来源
检索历史记录	签署许可证的部门的历史档案；废弃物转移文件；旧的现场设施规划；环评、建设、备案等资料
联系填埋场当前工作人员	有关契约；操作许可证；以前收取处置费用的收据副本；和长期工作人员的面谈；填埋台账
联系当前垃圾收集部门	有关契约；处置费收据副本；和长期工作人员的面谈
步行勘查投诉地区	植被类型；土地轮廓；和长期居民的面谈
高空俯瞰调查	提供航空摄影的公司的资料；填埋场址通常包括在该地区的例行勘查中

2. 鉴定污染物的成分及迁移路径

污染物可能以气体形式存在于空气和土壤中，也可能以渗滤液形式存在于地表水和地下水中。应根据现场实际情况布设气体、土壤（填埋物）、地下水采样点进行采样分析，以明确目标污染物。除非污染物是首先在填埋场被发现的，否则的话，必须确定该污染物从填埋场到被发现地点的运动路线，即迁移路径。对于地表水来说，污染物的迁移路径通常是某个溪流渠道或者某处遭到侵蚀或污染的地表。对于地下水来说，迁移路径通常是最上层的地下水蓄水层。土壤中的气体一般会从渗透率低的地区向渗透率高的地区移动，并最终进入大气。一旦污染物的迁移路径被确定，下一步的任务通常是确定在污染物的迁移路径上都有哪些人群及其他活动，以便能完成对污染物的影响评价。

3. 填埋场沉降

随着废弃填埋（堆）场中垃圾的降解，地表会发生沉降。许多废弃的填埋场都由于城市的开发而被推平作道路或其他用途，其地表的沉降会引起地面下陷，从而影响地表水流的路线，结果造成积水阻碍交通，并加速道路的开裂和破损。道路破损或积水可以作为确定废弃填埋场存在的辅助证据。此类现象可以由更多检索记录和面谈的信息来补充，以便共同完成场址的调查。地面沉降的影响包括地表水流路线的破坏、道路的破损、地表建筑物的破坏、地下垃圾分解气体的加速逸出以及地下管线的损坏。

4. 公众印象和感受

废弃填埋场对社区居民的影响是负面的，总是会引起公众对水污染和甲烷爆炸的关注和恐惧。在美国加州，州立法机构在公众的呼吁下通过了一项法案，要求对填埋场的地下水和空气进行调查以确定其对该州公民的影响。所有运行中的和封场了的填埋场都进行了此类固体废弃物评测（Solid Waste Assessment Tests，SWATs)。大多数情况下，这类调查的费用都可以从向现有废弃物处置设施的使用者收费获得。公众的印象如何对废弃物管理体系的费用影响很大。然而在我国，城市生活垃圾的收集和处置是由各级环卫部门主管，虽然公众对环境问题的关注程度日益升温，但是修复废弃垃圾堆场之类的问题在很大程度上仍然主要依靠政府行为来解决。

二、现场勘查

废弃物处置场址的修复是受到各国国家和地方涉及公众健康与环境的有关法规的严格控制的。大多数情况下，要根据污染物的类型来制定法规中的相关要求，对毒性最大的污染物控制也是最严格的。了解废弃填埋场中的污染物类型和数量是场址整治修复的基础。要解决废弃填埋场址中和污染物有关的所有问题是不大现实的，但是建立一套针对发现了问题的场址的应对程序以利于遵照执行却是可行的也是必需的。

如果认为一个已不再使用的废弃填埋场场址存在环境问题，就有必要开展现场调查以确定污染物的类型和污染范围。对污染物进行现场调查的代价是昂贵的，并且会对现有的土地用途或者沿着污染物迁移的可疑路径造成一定的破坏。定量分析污染物在地下的迁移情况也是代价不菲的，因为通常对地下的地层资料都知之甚少。因此，必须一步步谨慎地进行现场调查以获得现场的数据，每一步都要有明确的目标和经费预算。表 15-14 列出了在废弃填埋场场址进行环境调查的流程。在完成每一个步骤和进行下一个步骤之前，调查人员都有机会对整体的调查计划进行修正以获得更满意的数据。

表 15-14　在废弃填埋场场址进行环境调查的流程

步　骤	目　标
会见政府人员及业主	建立交流途径；预先了解适用的法规；根据对问题的初步评估，了解业主所需的数据清单
文献检索	记录所有以前的报告和在该场址进行的现场工作；收集场地环境资料、相关记录、政府备案文件、区域自然和社会信息
制订并执行第一步现场调查计划	制订采样方案，更准确地确定污染物的类型和浓度；合理进行土壤钻孔和地下水监测井的安装；确定污染物的分布和浓度；根据一般性资料、文献资料以及和长期工作人员面谈得来的信息等确定污染物是否来自于填埋场
建立污染物迁移模型	确定场地及周边的特征参数如地下水的埋深及流向、地层渗透系数等，以便建立污染物迁移模型；使模型在水力学和污染物迁移方面满足一定的精确度以达到法规的要求；根据模型及法规确定土壤、地下水和地表水的修复标准
制订并执行第二步现场调查计划	验证模型的准确程度并确定需要整治修复的区域范围；根据修复计划的要求，确定地下水的形态和土壤污染的水平和垂直分布
会见法规制定机构的人员	编制调查报告并汇报调查结果

三、废弃填埋（堆）场的修复步骤

废弃填埋（堆）场的修复工作实际和现有填埋场的封场和封场后维护相类似。需要修复的旧填埋场址可能已经建造了某些设施或者有其他商业用途，因此，视污染情况的严重程度不同，现有设施可能已经受到很严重的影响，甚至可能不得不废弃掉，修复的费用也非常昂贵。

大多数情况下，旧填埋场址完整的修复过程包括三部分：修复部分，消除所有或绝大部分产生问题的根源；缓解部分，减轻问题的严重程度；监测部分，检验修复的效果以确保问题已得到解决。有关立法机构和主管部门需要和废弃填埋场的业主协商确定在整个修复计划中的相关责任和工作。

1. 消除产生问题的根源

表 15-15 列出了废弃垃圾填埋场可能存在的环境问题及修复对策。其中，土壤侵蚀问题可以付出比较合理的代价得到修复，而如果涉及填埋气问题而该填埋场址及其周围地区已经经过改造用做商业用途，修复的代价就会非常昂贵了，因为钻孔和挖掘设备不可能不受限制地进入该地区工作。

表 15-15　废弃垃圾填埋场可能存在的环境问题及修复对策

可能存在的环境问题	修　复　对　策
地表沉降	从其他地方运来土壤填至沉降区域；必要时将地表推平；必要时重新种植植物以消除不愉快的景观并保持土壤防止侵蚀
土壤遭到侵蚀并且垃圾暴露出来	从其他地方运来土壤填至遭侵蚀的沟渠；安装地埋式金属管道或者水泥管道将暴雨径流导排至场外；将被冲出场外暴露出来的垃圾运回并埋在遭侵蚀的沟渠里填上新土
现场建筑物中有甲烷气	在建筑物下面安装主动式气体抽提系统，并在必要时运行将填埋气抽出场外
场外建筑物中有甲烷气	在周边安装主动式气体迁移控制系统；必要时运行系统防止填埋气向场外迁移；如果填埋气产量足够，可以在填埋场安装气体抽提井利用填埋气发电
填埋场渗滤液迁移出场外进入地表水体	阻止渗滤液从地表流出场外；用泵将渗滤液抽至合适的处置设施进行处理
填埋场渗滤液向场外迁移	在地下水体中设置障碍沟渠或者截断墙体阻止渗滤液在地下向场外边界迁移；安装渗滤液抽取泵将其抽出场外处理

2. 缓解问题的严重程度

当废弃填埋场址的污染难以迅速得到修复的时候，或者在需要立即采取应急措施来保护公众健康而不是展开全面修复行动的时候，应当对场址采取必要的缓解措施减轻污染状况。某些情况下，缓解措施也可以在修复过程中进行。

缓解渗滤液污染的应急措施可分为三类。一是将现场密封以防止水进入垃圾从而减少渗滤液产量。典型的密封层是采用一层新的不透水材料覆盖至现有覆盖层的顶部，并在场地周边建设阻隔墙，防止渗滤液向周边扩散。阻隔墙的深度应进入地下黏土层 0.5m 以上。二是放弃已遭到污染的水井，为使用已遭污染的水井的家庭安装新的供水设施。三是在遭到污染的水井水源处增加水处理设施去除污染物并处理至安全饮用水的标准。

缓解填埋气污染，要求购买并拆除那些因为填埋气的迁移扩散已经变得不安全的建筑物。只有在填埋气正在从高渗透性的土壤中不断逸出，并且气体产量非常大，在一般的经济条件下无法进行修复的情况下，才需要采取这种极端的并且代价昂贵的对策。

3. 监测修复效果

对修复效果进行监测是法规制定部门的要求，必须确认污染问题已经得到了解决。监测点的类型和数量视具体的修复情况而定。渗滤液问题需要监测地下水。填埋气问题则需要监测土壤和大气。

4. 经费问题

在建立了一套修复计划使修复后的场地达到法规要求的标准之后，最终采取什么样的修复、缓解和监测措施还要依经费而定。在我国，目前主要还是需要政府部门拨款。

第三节　填埋场开采和稳定化垃圾的开发利用

一、填埋场开采

填埋场的选址是一项非常复杂而困难的工作，既要寻找具备优良水文地质条件、封闭系统的独立单元，且离市区应尽可能近些，又要避免影响到待选地点周围居民的生活环境，再加上市郊的地价随着经济的发展、城区的扩大逐年上升导致征地费用不断上涨，因此，任何一处填埋场从政府立项到确定填埋场地址并进入初步设计阶段，都需要相当长的时间，一般为3～5年。一旦填埋场已经被选定并付诸使用后，必须非常珍惜，并尽量延长其使用年限。

对稳定化填埋单元中的陈垃圾进行开采并综合利用，就是一种比较新颖的延长填埋场使用年限的有效方法。开采后的填埋单元可恢复大部分原有的填埋容量，除了回填一部分无法利用的陈垃圾之外，还可以为新鲜垃圾提供相当可观的填埋容量，这样就可以避免付出高额代价去寻找可供填埋的额外土地。开采出来的物料包括可循环使用的材料、土壤和其他可作燃料焚烧的垃圾等，通常出售或使用这些物料就足以抵消开采的费用。填埋场开采的其他收益还包括避免场址修复、减少封场费用以及将填埋场址改作他用。

尽管填埋场开采有上述诸多优点，但是某些潜在的危害还是不可忽视的。例如，开采过程中可能会释放出垃圾降解产生的甲烷等气体，还可能挖掘出难以控制和处理的有害物料。另外，开采过程中的挖掘工作有可能导致邻近填埋区域的下沉和塌方。最后，由于开采出来的物料非常致密，会磨损挖掘设备，缩短其使用寿命。打算开展开采工作的填埋场操作管理人员必须研究场址的特性以便明确潜在的问题。

自1980年以来，美国许多城市垃圾填埋场都成功实施过开采工程。而我国则由于填埋处理的历史不长，填埋场开采尚未普遍列入工程计划，上海市的老港填埋场在稳定化垃圾的开采利用方面做过积极的尝试。

1. 填埋场终场开发必须具备的条件

由于我国人口众多，土地资源非常贫乏，特别是在东部沿海地区，人口密度极大，对土地的要求非常紧张，一方面填埋场址的选择非常困难，另一方面管理者也多希望垃圾填埋场尽快稳定，以便重新开发这一土地资源，这既是为了提高土地的附加值，也是为了尽快恢复当地的生态环境。

为了达到上述目的，在设计、施工、运行时就应该考虑加快填埋层的稳定。填埋场封场后如果要进行开发利用，其场址必须满足一定的基本条件：a. 场地下沉量逐渐变小，直至停止；b. 场地具有一定的承载能力；c. 没有坡面下滑破坏的可能；d. 没有可燃的气体、恶臭产生或影响非常小；e. 没有对地下水的污染；f. 不会对构筑物基础造成不良影响；g. 适于植物生长。但是实际上，要完全满足上述条件十分困难，应当视具体情况而定。

填埋场终场后必须持续进行污染控制与监测，特别是渗滤液对地下水体的潜在污染。一旦发生渗漏或覆盖层破坏，要及时施工修补，这又涉及资金来源的问题。

2. 填埋场开采的利弊

填埋场的管理人员一旦考虑进行填埋场开采，必须衡量伴随着开采过程可能会有的有利和不利因素。

填埋场开采的有利因素体现在以下几方面。

① 增加现有填埋场址的填埋容量。填埋场开采通过去除可回用物料并以焚烧、压缩的方式减少垃圾容积，可以有效地延长现有填埋设施的使用寿命。

② 出售可回用物料得到收益。如果有市场需要的话，开采出来的铁、铝、塑料和玻璃等物料都可以出售。

③ 出售开采的土壤以降低运行费用或产生收益。开采出来的土壤可用于现场其他填埋单元的日覆盖材料，这样就可以免去从其他地方运来覆盖土的费用。另外，开采出来的土壤也可用于其他领域，如建筑业中的填充材料。

④ 在城市垃圾焚烧设施中焚烧产生能量。开采出来的可燃的稳定化垃圾可与新鲜垃圾混合，在城市垃圾焚烧设施中焚烧产生能量。

⑤ 降低填埋场封场费用并开垦土地作其他用途。通过填埋单元的开采来减少填埋场“生态足迹”的大小，填埋场管理人员得以降低填埋场的封场费用，或者将场地开发作其他用途。

⑥ 改造衬垫并去除危险废物。旧的填埋场开采之后，可以添加衬垫和渗滤液收集系统。如果已经有了，则可以检查和维修。另外，可以去除危险废物并将其转移到更加安全的地方处置。

填埋场开采过程中可能的不利因素包括以下几方面。

① 危险物料的管理与处置。危险废物在填埋场开采过程中可能被挖出来，尤其是在某些废弃填埋场，需要进行特殊的处理和处置。危险废物的管理与处置费用相对较高，但是可以减少未来的处理责任，清除可能导致的环境生态危害。

② 需要控制填埋场气体和臭味的产生。填埋单元的开采会产生许多和气体释放有关的潜在问题。垃圾降解产生的甲烷和其他气体可能会导致爆炸和火灾。极其易燃并且有臭味的硫化氢气体，一旦吸入一定浓度，就会对生命产生威胁。

③ 需要控制沉降或塌方。填埋场某个区域的开采可能会破坏邻近填埋单元的完整性，从而导致邻近单元的沉降或塌陷至开采区域。

④ 增加开采和焚烧设备的磨损。由于需要处理高度致密的稳定化垃圾，开采活动会减少挖掘机、装载机等设备的使用寿命。另外，由于开采出来的物料颗粒物含量很高并且极其粗糙，也会增加垃圾焚烧设备的磨损（如炉排和空气污染控制系统）。

3. 填埋场开采工程的规划步骤

在开始进行填埋场开采工程之前，填埋场管理人员必须仔细评估开采活动的各个方面。项目的规划者在每一步规划完成之后都必须对开采的可行性做出中间评估。整个规划完成之后，还应当进行完整的费用效益分析。最终完成的评估报告应该包括对开采项目目的和对象的分析回顾并对达到相同目的的其他途径加以考虑。填埋场开采工程的规划包括以下 5 个步骤。

（1）研究开采场址的特征　这是填埋场开采工程的第一步，要求对计划开采的场址进行彻底的评估，确定实施开采的填埋场址并预计物料开采的速率。场址特征研究需要考虑地址特征、周围区域的稳定性以及附近地下水的分布和流向等方面，并在现场确认可用土壤、可回用物料、可燃垃圾以及危险废物的比例。

（2）计算潜在的经济效益和环境效益　场址特征研究中得到的信息可以为管理人员提供一个评价开采项目潜在经济效益的基础。如果规划人员确认实施开采项目能够带来经济效益，该评估结果就有助于项目获得进一步投资。尽管开采项目的主要目的是为了获得经济效益，但是有时候也会考虑其他因素，例如区域环境管理和废物循环计划。老旧填埋场可能有渗漏的潜在危害，进行开采可消除这一危害。通过开采并进行综合整治可提高场地的生态环境效益及二次利用价值。

填埋场开采所能获得的潜在经济效益大多数是非直接的；如果开采出来的物料可以在市场上出售，该项目就是能够获得收益的。尽管开采项目的经济收益依具体情况而不同，但它们一般都包括下面部分或全部内容。

① 增加填埋场的填埋容量。

② 避免或减少以下费用：填埋场封场，填埋场封场后的维护和监测，购买额外填埋场地或复杂设备，周围区域修复的责任。

③ 收益来自：可循环和可回用物料（如铁、铝、塑料和玻璃等）；可焚烧废物作为燃料出售；开采得到的土壤作为覆盖材料使用，以及作为建筑业填充材料或其他用途出售；填埋场址开采所获得的可供其他开发用途的土地价值。

由此可知，填埋场开采项目的这一步规划需要调查下列内容：现有填埋场容量和计划需求的容量；计划中的填埋场封场费用或场址扩建费用；现在和未来的责任；预计的循环再生材料的市场销路；预计开垦后作其他用途的填埋场土地的价值。

（3）调查相关法规和标准的要求　现有的法规和标准并没有对填埋场开采操作的限制。但是在开展开采工程之前，应当咨询国家和地方的相关部门，以便对某些特殊条款的要求有所了解。

（4）预先建立工作人员健康与安全保障计划　开采项目规划者制订完开采框架计划之后，必须考虑开采工程可能会给工作人员带来的潜在的健康和安全风险。一旦从场址特征研究和填埋场运行历史资料中确认了潜在的风险，就需要采取措施减小或者消除这些风险，并随后纳入全面的健康与安全管理项目。在开采工程开始之前，所有有关的工作人员都必须非常熟悉安全保障计划的内容，并接受事故应急反应的培训。

由于确切了解填埋场内所填埋垃圾的性质是非常困难的，因此制订一个健康与安全保障计划也是非常有挑战性的。现场操作的工作人员可能会碰到某些危险废物，所以健康与安全保障计划应当涉及各种物质的处理处置方法和应急措施的说明。

尽管健康与安全保障计划应当以不同的场址特征、废物类型以及开采项目目的和对象为依据，但一般需要包括下列内容：a. 将危害情况告知有潜在危险的人员（如知情权）；

b. 呼吸保护措施，包括危险材料鉴别与评估，工程控制，书面标准操作规程；设备使用、呼吸器选择以及适应性测试等的培训，废物的适当处置，以及安全装置的定期检修；c. 限制工作场所的安全规程，包括在人员进入限制场所［如挖掘拱顶或深度超过 3ft（0.9144m）的沟渠］之前进行爆炸性浓度、含氧量、硫化氢水平等空气质量检测；d. 粉尘和噪声控制；e. 医疗监督规定，某些情况下强制执行，其他情况可选择执行；f. 安全培训，包括涉及危险物品的事故避免和应急措施；g. 做好记录；h. 开采工程还必须确保工作人员所需穿戴的保护性装备安全有效，尤其是在可能挖掘危险废物的情况下。

填埋场开采工程中所需的三类安全装备包括：a. 标准安全装备，如安全帽、防护鞋、防护眼镜和/或面罩、防护手套和耳塞；b. 特殊安全装备，如化学防护服、呼吸保护装备和单人呼吸设备；c. 检测设备（如燃气检测仪、硫化氢检测仪和氧分析仪）。

（5）核算工程成本　项目规划者能够使用前述步骤收集到的资料来分析填埋场开采工程的预算资产和操作费用。工程成本除了规划费用之外，还包括资产成本和操作费用。

① 资产成本。准备场地，开采设备的租赁或购买，个人安全装备的租赁或购买，废物处理设施的建设或扩建，拖运设备的租赁或购买。

② 操作费用。人力（如设备操作和废物处理），设备的燃油和维护，开采出的废物中不可回收物质或无法燃烧飞灰和底灰的最终处置填埋，管理费用（如保持记录完整），工作人员安全培训，拖运费用。

4. 填埋场开采的程序

填埋场的开采有许多方式，但是都必须以开采工程的目标、对象以及场址的特征为依据来选择特定的方法。填埋场开采工程基本上是选用采矿业、建筑业以及其他固体废弃物处置工程中所使用的设备来进行。一般来说，填埋场的开采分以下几个步骤。

（1）挖掘　先由挖掘机将填埋单元中的稳定化垃圾挖掘出来，再由前装式装载机将挖掘出来的物料堆成便于后续操作的条堆，并分选出体积较大的器具、钢缆等物品。

（2）分离土壤（筛分）　滚筒筛或者振动筛将开采出来的物料中的土壤（包括覆盖材料）从稳定化垃圾中筛分出来。所使用的筛的尺寸和型号取决于最后得到的物料的用途。例如，如果需要将筛分得到的土壤用于填埋场覆盖，就需要选用 2.5in（0.0635m）的筛孔。但是如果最后得到的土壤是作为建筑填料出售或者作为其他需要土壤比例较高的填充材料时，就必须选用更小一些的网孔来去除小块的金属、塑料、玻璃和纸片。

在填埋场开采的实际应用中，滚筒筛比振动筛更有效。但是振动筛具有更加小巧、易于装配和机动性强等特点。

（3）可再生物料的利用和处置　根据现场情况，土壤和稳定化垃圾都可以得到回收利用。分选出来的土壤可用于填充材料或者垃圾填埋场的日覆盖材料。开采出来的稳定化垃圾可使用物料再生设备分选出有价值的成分（如钢铁和铝），或者在垃圾焚烧炉里焚烧产生能量。不可利用的废物再填埋。

二、填埋场开采实例

1. Naples 填埋场

Naples 填埋场（Collier 县，美国佛罗里达）最先开始在农村实行填埋场开采计划。该填埋场占地 200 亩，场内没有防渗垫层，已经进行了 15 年城市生活垃圾填埋。

佛罗里达大学对该州 38 个没有衬里的填埋场进行了调查，调查人员发现 Naples 填埋场会对地下水造成污染。而且，若按照佛罗里达州的无衬里填埋场修复的法律规定做，代价很高，这引起了许多政府人员的注意。这些规定要求填埋场安装防渗覆盖材料以及封场后的监测设备。

为此进行了填埋场开采计划，其目的是减少填埋场的封场费用，减少地下水污染的危险性，回收利用可燃性废物，挖掘出来的泥土重新作为填埋场覆盖土，以及重新利用可回收的资源。Collier 县没有建垃圾转化成能量的设备，但是，由于回收利用填埋场的覆盖材料，填埋场开采计划在此地是成功的。挖出的 50000t 泥土可以作为填埋场覆盖土，也可以用做植物生长的泥土。然而在循环利用回收资源（如含铁金属、塑料、铝）方面，这项计划不够成功。这些回收资源需要提高其质量，然后才能卖的出去。

空气质量监测表明，填埋场开采不会释放出填埋场废气，主要原因是垃圾已经发生了较为彻底的降解。因此，进行填埋场开采的工作人员所需要穿戴的衣物就和普通建筑工穿的一样。

挖出的垃圾（除了回收泥土和少量的可循环利用资源）再度填埋到有衬里的填埋场单元中去。只有在必要的条件下，人们才进行填埋场开采。将白色垃圾和轮胎分离后，用 8cm 的筛子筛选出覆盖土，覆盖土与其他筛上物的质量比为 6∶1，由此看出 Collier 县的填埋场开采计划收到了明显的效果。

根据 1995 年的物价标准，填埋场覆盖材料为每吨 3.25 美元，而挖出的覆盖材料只要每吨 2.25 美元，相比还节约了 1 美元。进行填埋场开采有如下好处：通过覆盖材料的回收利用，降低了填埋场的运行费用；延长了填埋场的使用寿命；减少了填埋场对地下水的潜在污染性；避免日后场地的治理费用。

2. Edinburg 填埋场

纽约 Edinburg 填埋场的面积为 $40000m^2$，运行时间为 1969～1991 年。由于它的规模小，并且没有填埋工业垃圾，所以选择对 $4000m^2$ 的场地进行开采。其过程分三步。

① 开采计划从 1990 年开始，挖出了填埋时间为 12 年的 $5000m^3$ 垃圾，平均挖掘深度为 6m。

② 1991 年 6 月，挖出填埋时间为 20 年的 $10000m^3$ 垃圾，平均挖掘深度为 2.8m。

开始的这两个阶段，其成本大约为 5 美元/m^3，其中包括压实过程的监管费，且平均挖掘速率为 1000～1200m^3/d。

③ 1992 年 8～9 月为第三阶段，也是最后的阶段。在 28 天时间里，共开采了其余 $31000m^3$ 场地。

由于该镇提供所需的设备以及劳动力，成本从 5 美元/m^3 减至 3 美元/m^3。然后，该镇继续考察开采后剩下的 $11000m^2$ 填埋场。由于预计的第四阶段被证明是不可行的，所以他们直接覆盖剩下的面积。

Edinburg 填埋场地处多土区，这样就有大量的泥土可用做填埋场覆盖材料。负责人员经过调查并且证明了挖出的垃圾中，泥土占 75%，可以把它们作为建筑填料。

通过燃烧回收垃圾的试验，发现其热值比所预计的低，表明垃圾降解程度已经相当高。除了泥土以外，可回收的其他资源占挖出垃圾的 25%，这是潜在的回收利用资源。

尽管人们认为 50%的垃圾是可回收的，但是清理这些垃圾物质，并使其达到出售标准的做法是不可行的。一些轮胎、白色物品、含铁金属经过分离回收，而剩下的垃圾就送到附近的填埋场进行填埋处理。

开采过程中要求监管人和其他工作人员戴上呼吸罩、护目镜、头盔和具有保护性质的工作服。当安全监管员使用监测设备检测到有毒有害物，挖掘设备要对这些物质进行分离。假设遇到了有毒物，根据健康和安全计划，应该隔离该地区，进行特定的废物处理过程。不过并没有挖出太多的有毒物质。

Edinburg 填埋场开采计划是安全的，在回收挖出的泥土，减少填埋场痕迹，降低封场费用这些方面都取了很好的效果。从减少填埋场封场后的维护和监管费用、污染治理费用和另找填埋场的成本方面考虑，填埋场开采的经济利益还是相当明显的。

3. Frey Farm 填埋场

1990 年，Lancaster 县固体废物管理局采用垃圾焚烧方法，减少了 Frey Farm 填埋场处理的垃圾量。Frey Farm 填埋场有衬里，并且已经填埋了 5 年的垃圾。城市垃圾焚烧炉建成以后，由于垃圾量太低，远未达到焚烧炉的处理能力。为此，决定对填埋场进行开采以增大焚烧炉的处理量（包括新鲜垃圾和挖出的垃圾）。

挖出的垃圾热值很高，为了进一步提高焚烧炉的效率，采用 4∶1 比例把新鲜垃圾（包括轮胎和木屑）和挖出的垃圾混合在一起焚烧。

1991～1993 年间，从填埋场中挖出了约 $287000m^3$ 的生活垃圾。每周有 2645t 经过筛选的垃圾送到焚烧炉进行处理。因此，Lancaster 县把 56％挖出的垃圾转化成了燃料。同时，在筛选过程中，重新获得了 41％的泥土，剩下 3％的垃圾不能燃烧而再次被送到填埋场进行填埋。到 1996 年计划末期，填埋场经营者已挖出了（3.0～4.0）$\times 10^5 m^3$ 的垃圾。

在开采工作开始之前，负责人员制订了有关工作的安全计划，并且安排了专门监管过程进行的工作人员。在开采期间，工作人员不能损坏填埋场的人造衬里，因为它在后续的过程中还有作用。

Frey Farm 填埋场的优点是扩大了填埋场容量，产生了更多的能量，重新回收泥土和含铁金属。不过它也有缺点，例如产生了大量的灰尘；由于挖出的垃圾中大部分是未降解的垃圾，产生了难闻气味和气体；引起了从填埋场到焚烧炉之间的频繁交通。

资源再利用部分的费用相对较低，原因是运输距离仅有 18 英里❶，接纳部门有自己的卡车和人员来进行运输。填埋场和焚烧炉由同一部门经营管理，不会有差价问题。

到 1996 年，城市垃圾焚烧炉不再需要从 Frey Farm 填埋场来的垃圾就能完全达到其处理能力。因此，从 7 月开始，填埋场开采计划被终止。

4. 上海市废弃物老港处置场

老港处置场始建于 1985 年年底，1991 年 4 月转入正式投产，一期工程总投资 10949 万元，二期工程总投资 6238 万元，三期工程总投资为 16613 万元，设计日卫生填埋生活垃圾 9000t（船吨位）。

老港处置场前三期填埋区面积 5134 亩❷，其中 1 号填埋场 2400 亩，2 号填埋场 1500 亩，3 号填埋场 1234 亩，系用因长江泥沙在出海口受海水拥托而不断沉积，逐渐淤涨延伸

---

❶ 1 英里＝1609.344m，下同。

❷ 1 亩＝$666.7m^2$，下同。

的东海滩涂，经围筑堤坝而成，不占用农田。暂按现行填埋作业方案，一次垃圾填埋厚度为4m。总容积为$1369\times10^4m^3$。计划每隔数年向滩涂围堤造田，则可使其成为永久性的垃圾消纳处置基地。

从1989年10月运转至今，截至2000年9月底，已填埋生活垃圾2309.7万吨（船吨位），实际填埋总面积已达3450亩，根据目前填埋方式，现有填埋容积仅能使用到2003年。根据老港填埋场稳定化程度提高及填埋垃圾开采利用的研究结果，二次开发综合利用老港填埋场已逐步引起人们的注意。

（1）填埋垃圾稳定化的土地资源开发利用

① 方案一：建设一个大型苗木基地，为上海城市绿化提供苗木。苗木基地内应按上海城市绿化发展需要设置不同种类植物栽培区如乔木区、灌木区、草本植物区、观赏植物区、观叶区、观花区。根据上海城市绿化以及市民绿化宾馆旅游业对装饰植物的要求，建立温室栽培热带观赏植物，建立盆景园和直接同市区提供鲜花的鲜花区，建设插花培训中心，使老港基地成为上海市场上最大的鲜花供应地。

② 方案二：建设一个大型森林公园，为上海市民提供一个充满野趣和自然情调的休憩游玩场所。以1号堆场的大小打破现有隔堤开成的分隔状态，统一规划，建设一个大型森林公园。培植有上海地区特色的植物群落，并引进我国其他地区的一些植物，适当构筑人工园林，布置烧烤区、园林区、游乐区、餐饮疗养居住区。

③ 方案三：种植和开发优质牧草。填埋场气候四季分明，冬夏长，春秋短，全年平均温度15.5℃，无霜期224天，年平均降雨量为1061.9mm。

老港废弃物处置场共有填埋土地5134亩，第一期拟开发2000亩，经2000年上半年75亩的牧草试种，长势良好；经国内贸易部测试中心对牧草的测试，重金属含量符合卫生标准。

传统农业面临新的挑战，应改变传统的种植结构，调整粮食生产为牧草种植，解决畜禽用粮。种植优质牧草种子的开发前景很好，尤其西部大开发退耕还草尚需大量牧草种子，如按农业种植结构调整，全国要有21%的土地用于种草，种子需求量之大吸引了不少外国公司来中国开发种草事业。仅新疆维吾尔自治区就有德国、法国等23个国家建立牧草种子繁育基地。

（2）矿化垃圾的开采利用　目前，填埋场已填埋了近$9.2\times10^6m^3$的生活垃圾，生活垃圾中含有丰富的有机质，经过多年的厌氧发酵，有机质得到了较充分的降解，已经达到了无害化的要求，经筛分处理后，就可以得到大量的堆肥。

在老港处置场进行填埋开采，用其筛分后的细料作为日覆盖料和拌制营养土，筛分后的粗大料回填。这样做有四个明显的优点：第一，解决覆盖料紧缺的难题；第二，满足了种植、绿化用的营养土；第三，如可能的话筛分后的粗大料还可进行适当的分拣，回收利用垃圾的可利用资源；第四，增加了处置场的填埋容积，延长填埋场的使用年限。但是，由于老港场属江南水乡滩涂填埋，冬季经开挖测量，填埋顶以下0.8～1.5m就见水，给陈垃圾的开采工艺带来不利因素。

陈垃圾的粒径分布、外观性质和物理性质分别见表15-16、表15-17和表15-18。由表可知：开采每100t矿化垃圾产生细料54.6t，可作覆盖料或它用。回填试验表明，回填后的垃圾密实度为$0.96t/m^3$，也就是1t粗大料回填占用容积$1.043m^3$，所以开采100t垃圾可筛分出45.38t粗大料，回填占用$47.02m^3$容积，间接增容$52.8m^3$。还可以看出，填埋时间越长，细料的比例就越高。随着填埋年限的延长，筛分出的细料量逐渐增加。填埋开采的垃圾的填埋年限以5年以上为宜。

表 15-16　陈垃圾粒径分布

采样点	填埋年限	粒径分布(质量分数)/%		
		粗料(>40mm)	中料(15～40mm)	细料(<15mm)
1# 单元	10	29.45	29.24	41.31
16# 单元	8	29.5	32.85	37.65
15# 单元	6	35.16	32.12	32.72
25# 单元	4	66.44	14.87	18.68
7# 单元	2	68.68	16.6	12.83

表 15-17　陈垃圾外观性质

采样点	填埋年限/年	外　观　性　质		
		粗料(>40mm)	中料(15～40mm)	细料(<15mm)
1# 单元	10	无异味，以塑料玻璃、石头、小块竹木为主	无异味，以细小塑料碎玻璃、碎石头和无机颗粒为主	无异味，颗粒均匀无细小塑料碎玻璃、碎石头
15# 单元	8	无异味，以塑料玻璃、石头、大块竹木为主	无异味，以细小塑料碎玻璃、碎石头和无机颗粒为主，少量细小竹木片	无异味，颗粒均匀无细小塑料碎玻璃、碎石头
7# 单元	6	无异味，以塑料玻璃、石头、大块竹木为主。有大块纸片，塑料较新	有异味，以细小塑料碎玻璃、碎石头和无机颗粒为主，有较多细小竹木片	有异味，颗粒不均匀无细小塑料碎玻璃、碎石头

表 15-18　陈垃圾物理性质

项　　目	采　　样　　点				
	1# 单元 (1990 年)	7# 单元 (1998 年)	25# 单元 (1996 年)	15# 单元 (1994 年)	16# 单元 (1992 年)
含水率/%	36	31	30	31	33
电导率/(S/cm)	334.5	330.4	475	1810	763.3
总氮(以 N 计)/%	0.36	0.41	0.59	0.89	0.90
总磷(以 P_2O_5 计)/%	1.08	1.10	1.60	1.22	1.24
总钾(以 K_2O 计)/%	0.94	0.94	0.63	0.62	0.97
有机质(干计)/%	6.15	6.15	7.54	6.07	6.46
Cd(干计)/(mg/L)	5.57	10.69	1.08	2.74	6.62
Cr(干计)/(mg/L)	169.30	120.60	73.50	175.60	252.10
Pb(干计)/(mg/L)	77.90	171.30	134.20	141.00	337.20
Ni(干计)/(mg/L)	23.48	9.59	16.09	8.25	16.15
As(干计)/(mg/L)	12.452	6.960	14.821	22.856	6.796
Hg(干计)/(mg/L)	17.750	7.879	17.628	13.030	9.837

因此，开采必须满足：a. 确定合理开采深度，一般潮湿垃圾不宜开采，应在干燥深度上，一般稳定化时间越长可开采深度越大；b. 根据具体填埋场确定可采掘垃圾的填埋年限，这主要取决于垃圾的稳定化降解过程及资源化利用方式。一般认为垃圾填埋龄在 10 年以上的垃圾可以开采。

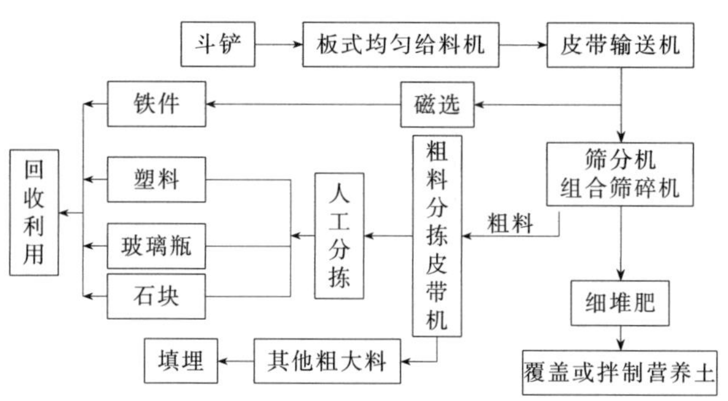

图 15-6　矿化垃圾开采与筛分工艺流程

开采工具一般使用重型挖掘机，如 PC200-5C 型等，具体可参考厂家产品介绍。可采用自卸车进行运输。矿化垃圾开采与筛分工艺流程见图 15-6。

用陈垃圾筛分后的细料作为覆盖料进行日覆盖和拌制营养土，既可以提高卫生填埋技术水平，实现垃圾填埋日覆盖，又可以为终场绿化提供营养土。同时，在当今土地资源越来越紧缺的情况下，用细堆肥代替泥土进行日覆盖，既节约了土地资源，又利用了垃圾资源，与我国的环境保护和可持续发展战略一致。

老港填埋场陈垃圾开采利用后，变成了一个综合利用厂，充分利用垃圾具有很大的社会意义，可以进一步促进上海的城市生活垃圾进入一种资源化的良性循环，适当延长填埋场的寿命。

根据初步测算，老港场填埋场第一期可建立开采 150t/d 的筛分线两条。两条筛分线的工程总投资为 481.4 万元，其中设备投资 337 万元，运行费为 29.13 元/t（包括回填费用）。年运行费用为 218.5 万元，以 250 个工作日，每天筛分 300t 计，折合运行费为 29.13 元/t，每天可产生细堆肥 163.8t。若折算成细堆肥的成本费则为 53.36 元/t，间接增容 52.8m^3，则每年可生产细堆肥 4.1×10^4t，同时可间接增容 $40\times10^4m^3$。

（3）填埋开挖、再填埋使用年限　从 2003 年开始逐年按需开挖老港填埋场 1～3 期填埋的陈垃圾。根据动态计算老港填埋场可开挖、再填埋 7.47 年（包括回填料所占容积见表 15-19）。也就是如果实施开挖再填埋工程，老港填埋场可延长使用到 2011 年年中。

表 15-19　开挖库容利用率计算结果

采样点	填埋时间	粗料（>40mm）	中料（15～40mm）	细料（<15mm）	回填垃圾（质量分数）/%	回填垃圾（所占容积）/%	库容利用率/%
$1^{\#}$单元	10	29.45	29.24	41.31	38.22	42.60	57.40
$16^{\#}$单元	8	29.50	32.85	37.65	39.36	4.87	56.13
$15^{\#}$单元	6	35.16	32.12	32.72	44.80	49.93	50.07
$25^{\#}$单元	4	66.44	14.87	18.68	70.90	79.02	20.98
$7^{\#}$单元	2	68.68	16.60	12.83	73.66	82.10	17.90

（4）废旧物资的再利用　填埋垃圾可利用物成分分析见表 15-20。除了细料外，老港处置场中的废旧塑料占陈垃圾的 3.74%。以已填埋 2309.7 万吨计，86.38 万吨废旧塑料已埋入地下。回收利用废旧塑料来生产汽油、柴油，以达到消除“白色污染”、净化环境、造福人类的目的。

表 15-20　填埋垃圾可利用物成分分析

样品来源	名　称	细堆肥			废塑料	废玻璃	回填料		垃圾总重/kg
		40mm	15mm	6mm			石块	其他	
1990 年 $1^{\#}$单元样品 1	重量/kg	462.00	361.00	242.13	27.80	4.60	154.00	5.00	653.40
	百分比/%	70.71	55.25	37.06	4.25	0.70	23.57	0.77	
1990 年 $1^{\#}$单元样品 2	重量/kg	88.00	53.00	33.50	5.25	1.25	42.50	0.50	137.50
	百分比/%	64.00	38.55	24.36	3.82	0.91	30.91	0.36	
1993 年 $16^{\#}$单元样品 3	重量/kg	109.00	74.50	42.00	5.40	1.50	54.00	2.00	171.90
	百分比/%	63.41	43.34	24.43	3.14	0.87	31.41	1.16	
三个样品平均百分比	百分比/%	66.04	45.71	28.62	3.74	0.83	28.63	0.76	—

废旧玻璃占陈垃圾的0.83%，以已填埋2309.7万吨计，19.17万吨废旧玻璃已埋入地下。同时其他可利用的物料皆埋入地下。

老港处置场的生态建设完成后，首先是对景观的改善，彻底改善人们心目中对垃圾填埋场的印象；其次是环境的改善，减少恶臭气体的扩散，减少苍蝇的滋生环境，恶臭幅度减轻，噪声、扬尘减轻，垃圾飞扬基本消除，逐渐形成一个生态良好、环境优美的处置场。采取生态规划措施更提供了填埋场经复垦后再利用的经济效益。若将来老港能发展成为苗木基地、森林公园，则产生的经济效益及社会效益更大。

填埋场开挖、再填埋工程，利用原有已填埋过的库区，对陈垃圾进行开挖、筛分，将筛分出的矿化细料用做覆盖料，多余部分作为初级肥料出售，腾出库区用于填埋新的城市生活垃圾，延长了填埋场寿命，使废物得到充分利用，减少占用宝贵的土地资源，既解决了城市生活垃圾处理问题，又减少因垃圾对环境所产生的污染，符合可持续发展战略。净细料垃圾肥料返还大自然符合生态环境的要求。

三、矿化垃圾的综合利用

1. 废旧物资的再利用

如果对老港处置场的陈垃圾进行开采和利用，可以回收数量巨大的原料，如废旧塑料、玻璃以及稳定化垃圾细料。同时，腾出的空间还可重新填埋新垃圾。

2. 用做日覆盖材料

因老港填埋场缺少日覆盖材料，往往不进行日覆盖，致使垃圾长期裸露，垃圾酵解产生恶臭，有风时会将轻质垃圾和灰尘扬起，严重影响环境卫生；下雨时雨水淋洗垃圾形成大量难处理的渗滤液。卫生填埋要求在每一个单元垃圾填埋层上覆盖一层30～40cm厚的土壤层，国内目前均用农田土壤，这不仅造成了土壤资源的大量浪费，而且其价格也很高，达30元/m^3。老港垃圾填埋场每天需覆土约400m^3，合费用12000元，每年的日覆盖材料费用在400万元以上。若采用陈垃圾作覆盖材料，可节约相当可观的费用。

采用陈垃圾细料作为日覆盖材料，不仅解决了覆盖料紧缺的问题，还能起到脱除垃圾产生的恶臭的作用。堆肥曾作为生物脱臭的填料，在国外广泛采用生物过滤法脱除污水处理厂臭气。陈垃圾的吸附和生物脱臭作用可消除新鲜垃圾产生的臭气。在当今土地资源越来越紧缺的情况下，用细堆肥代替泥土进行日覆盖，节约了土地资源，又利用了垃圾资源，同时达到了改善环境卫生的效果。

3. 用做种植、绿化用的营养土

基本达到无害化的陈垃圾是一种含有丰富的有机质和植物所需的多种营养元素的腐殖土，可作为营养土，培植花草树木，也可作为终场绿化的营养土。矿化垃圾的pH值范围在7.01～7.72，中性偏弱碱，适合大多数植物的生长。表15-21是上海老港填埋场不同填埋年份的矿化垃圾和上海本地土壤的营养元素含量。表15-22为矿化垃圾CEC和有机质含量。可见矿化垃圾的营养元素含量、阳离子交换容量和有机质含量都远远高于上海本地土，表明施于土壤可改善贫瘠土壤的营养状况，增大吸附能力，使土壤具有保肥能力和更大的缓冲性，并使土壤更疏松，形成良好的结构，较多的有机质同时也是土壤微生物必不可少的碳源和能源，有利于植物生长。

表 15-21　不同填埋龄的矿化垃圾与本地土壤的营养元素含量

填埋龄/a	总磷/(mg/kg)	有效磷/(mg/kg)	全K/(mg/kg)	速效K/(mg/kg)	全氮/%	NH_3-N含量/(mg/kg)
10	3.77	0.10	30.95	3.06	0.54	271.26
9	3.71	0.45	32.25	10.59	0.44	234.85
8	4.86	0.25	30.37	7.03	0.42	120.59
7	6.23	0.33	35.81	6.51	0.43	112.82
6	6.80	0.38	32.23	8.89	0.52	241.54
5	4.72	0.55	37.72	9.57	0.38	286.17
4	7.43	0.25	32.46	8.11	0.55	168.45
3	5.93	0.32	33.91	10.64	0.37	171.04
上海本地土	0.82	0.013	16.10	0.03	0.12	79.34

表 15-22　矿化垃圾 CEC 和有机质含量

矿化垃圾填埋龄/a	CEC/(mmol/kg)	有机质含量/%	矿化垃圾填埋龄/a	CEC/(mmol/kg)	有机质含量/%
11	156.08	11.82	6	165.04	9.88
10	164.55	8.29	5	201.20	6.32
9	169.78	9.76	4	226.45	10.54
8	136.71	8.87	3	203.63	7.63
7	143.67	8.64	上海本地土	26.88	1.45

给水度和持水度反映了多孔介质滞纳和排水的能力，是种植介质好坏的重要参数。表15-23显示了不同筛分粒径矿化垃圾与粗砂土的比较，矿化垃圾比粗砂土有更高的持水度，有利于植物对水分的吸收，孔隙度与粗砂土相差不大，表明其孔隙度较大，有利于园林植物种植时氧气的供给。

表 15-23　不同筛分粒径矿化垃圾的水力学性质

粒径范围	$d\leqslant40$mm	$d\leqslant15$mm	$d\leqslant6$mm	$d\leqslant2$mm	$d\leqslant1$mm	粗砂土
渗透系数/(cm/min)	2.15	1.18	0.724	0.13	0.11	1.50～6.40
给水度/%	31.88	33.82	29.25	15.92	13.81	28.5～37.5
持水度/%	5.45	8.24	16.16	29.25	30.42	4.00～8.50
孔隙度/%	37.33	42.06	45.41	45.17	44.23	34.5～42.0

中国环境科学研究院的高吉喜、沈英娃等和青岛市环境保护科学研究所的郭婉如等以青岛市湖岛垃圾填埋场为试验基地，对垃圾填埋场植树造林问题进行了实地研究，探讨了城市垃圾填埋场上植树造林的方法、适宜树种的筛选以及影响树木成活和生长发育的主要因素，试验证明：枸杞、苦楝、紫穗槐、刺槐、白蜡树、女贞、金银木、臭椿、正木、龙柏等木本植物和苜蓿、画眉草、牛筋草、知风草等草本植物对沼气的耐性较强，适宜在填埋场上种植。高英吉等用盆栽法研究了垃圾土种植不同植物的效果及其生态毒性，研究结果表明，垃圾堆上栽种各种植物均可成活，但由于作物和牧草可食部分的重金属含量超标，因此垃圾堆上宜直接种植草坪和观赏花卉等，而不宜直接种植粮食作物和牧草。根据市场需求，通过种植观赏花卉、草坪和城市绿化用的树木，可获得一定的经济效益，因此，只要不让种植产物进入食物链，开发陈垃圾的肥料资源还是非常有意义的。将陈垃圾用于绿化、林地和城市园林区、棉、麻、竹产区，施用于园林花卉、草皮、绿地，切断了污染物向食物链的转移，上

海市就是利用垃圾堆场中的矿化垃圾作为市区绿化的土壤，消纳了大量的矿化垃圾。华东师范大学应邀于1992年开始在上海市老港填埋场进行种植花卉苗木实验，经过3年的试验，1999年在小试的基础上，进行中试，扩大种植面积和种植品种。中试结果证明棉花、夹竹桃、女贞、黄杨、柏类等长势最佳。到2000年，老港填埋场的绿化苗圃面积已原来的30亩扩大到300亩，苗木品种也从原来的30种扩大到100余个花卉树种。

4. 加工成建筑材料

填埋场陈垃圾筛分后的细料，加入凝固剂作为道路路基原料。用陈垃圾代替自然土，操作方便，工艺成本低。

陈垃圾中的煤渣和碎石经粉碎后与425号水泥、黄沙掺料后制作大型砖块，用做建筑材料。用陈垃圾代替泥土作制砖原料，有利于保护耕地，减少用泥作制砖原料。哈尔滨用垃圾代替黏土煅烧水泥熟料获得成功；长春、成都、哈尔滨等地开发了垃圾制砖技术。

老港填埋场已建立起垃圾制砖的生产线，用陈垃圾中的煤灰、地灰、砖头、瓦石等经粉碎后与辅料混合，压制成路面砖。路面砖无毒、无味、无菌，表面光洁，耐腐蚀，不风化，抗压强度≥25MPa，抗折强度≥3.5MPa，耐磨性35mm，吸水率9%，抗冻性：强度损失25%。其性能质量达到GB 28635—2012标准一等品要求，而造价仅是水泥路面砖的70%。

5. 用做生物反应床的填料

矿化垃圾捏之成团，松之即散，质地疏松，具有较高的孔隙率，这种多孔结构具有巨大的吸附比表面积，较强的阳离子交换容量（67.9meq/100g），蕴含有大量的微生物。经测定，其细菌个数在4.5×10^6个/g，在长期的生物降解过程中，矿化垃圾表面附着了数量庞大、种类繁多、代谢能力极强的微生物群落。表15-24列出了矿化垃圾典型的微生物生理生态参数，可见矿化垃圾中微生物相丰富，其微生物生物量约是覆土层土壤的10倍；呼吸作用也较强，是覆层土壤的数倍；因其微生物量大，代谢熵相对降低，这说明矿化垃圾微生物生态系统运行正常，没有因为抵抗外在的毒害作用使相对呼吸速率显著提高。矿化垃圾的微生物熵约为覆土层土壤的2倍，说明其中的微生物活性较好，物质和能量转化稳定运行。

表15-24 矿化垃圾典型的微生物生理生态参数

生理生态参数	有机碳(C_{org})/(g/kg)	微生物生物量碳(C_{mic})	呼吸作用强度(R_{mic})	代谢熵(R_{mic}/C_{mic})	微生物熵(C_{mic}/C_{org})
矿化垃圾	59.45	41.61	5.02	0.12	0.035
覆层土壤	13.63	4.09	1.56	0.38	0.015

注：1. 微生物生物量碳单位 $mgCO_2$/20g土(24h,28℃)。
2. 覆层土壤取自上海老港填埋场2005年封场的填埋单元表面0～20cm处。

矿化垃圾中细菌的种类有几百种之多，其生理生化作用也极其复杂多样，如好氧菌、兼性厌氧菌、厌氧发酵性细菌、产甲烷菌、专性厌氧产氢和产乙酸细菌等。就一般测定细菌总数的方法所分离得到的细菌来说，绝大多数是腐生性中温好氧和兼性厌氧菌。这些生物相在填埋场恶劣条件下经过长时间的自然驯化，使得微生物具有较强的生命力和较强的生物降解能力，对有毒有害或难生物降解有机化合物有着较好的抵抗力和忍受力。因此是很好的生物介质，可作为生物反应床的填料。

用稳定化垃圾作填料的生物反应床可有效的处理垃圾渗滤液，同济大学城市污染控制与资源化研究国家重点实验室赵由才课题组在这个领域已经开展了从实验室研究到现场中试的一系列研究工作，并已取得了阶段性的成果。四年多的实验室研究和现场试验证明了矿化垃圾生物反应床处理垃圾渗滤水的可行性，体现了该工艺的优势，并已经申请下了发明专利。

在上海市老港填埋场的中试研究中，在渗滤水进水 COD 浓度不高于 12000mg/L、NH_3-N 浓度不高于 1500mg/L 的条件下，矿化垃圾生物反应床能够在 33mm/d 的高水力负荷下连续运行数月也没有发生明显的堵塞现象，COD 的平均去除率达到 70%左右，NH_3-N 的平均去除率达到 55%左右。如果将该工艺串联，渗滤水进行多级处理，污染物的去除率能进一步提高，出水 COD 可以达到 500mg/L 以下，NH_3-N 在辅以其他方法的情况下也可以降至 100mg/L 以下。

处理垃圾渗滤水的生物法与常规生物法相比，其优势主要表现在：a. 不需要专门培养菌种，利用自身的优势微生物就可以处理垃圾渗滤水，但启动之初的运行方式要专门设计；b. 根据不同水质的特点选用不同尺寸的矿化垃圾可以有效地防止堵塞现象的过早出现，延长生物反应床的使用周期；c. 水力负荷比普通的渗滤水回灌高，至少可以提高 10 倍；d. 工艺设备简单，一次投资省，运行管理方便，处理成本很低等。但也有一些不足之处，例如占地面积较大；单用此法处理后的出水还不能完全达到渗滤水处理的排放标准等，有关问题以及工程化应用的研究仍在继续深入地进行。用稳定化垃圾作填料的生物反应床处理生活污水和禽畜废水也取得了理想的处理效果。

邵芳在实验室进行了历时 6 个月的矿化垃圾反应床处理畜禽污水试验。结果表明，该处理系统对畜禽污水中色度、SS、COD_{Cr}、BOD_5 及 NH_3-N、TP 的平均去除率分别为 64.7%、54.29%、75.33%、88.71%、94.55%、99.83%；处理出水中 COD_{Cr}、BOD_5、NH_3-N、TP 的平均浓度分别为 185.61mg/L、14.94mg/L、26.79mg/L、0.079mg/L；总氮的平均去除率仅为 21.29%。反应器运行 6 个月以来，运转良好，未发生阻塞现象。试验发现，矿化垃圾生物反应床除磷效果很好。

郭亚丽通过 2 年的矿化垃圾反应床处理生活污水试验，发现矿化垃圾反应床对生活污水具有稳定可靠的处理效果。当进水水质为 COD 400～500mg/L、BOD 100～300mg/L、NH_3-N 25～50mg/L 时，经过矿化垃圾反应床后出水水质为 COD 10～50mg/L、BOD 5～10mg/L、NH_3-N 5～10mg/L、SS 1～5mg/L。采用矿化垃圾反应床处理 1t/d 城市污水所需基建投资为 500 元，占地面积 $0.5m^2$，污泥产量 0～0.01%（体积分数）。采用矿化垃圾反应床处理工艺不曝气，无污泥，操作非常简单。日处理水量为 2～5 倍塔体积，吨处理费（包括人工和设备折旧）0.2 元，成本极低。适合于日污水量小于 1000t 的中、小村镇、宾馆等的污水处理。

用矿化垃圾作生物填料对废气也具有较好的处理效果。张华进行了历时一年的实验室试验，证明矿化垃圾反应床可稳定有效地处理 NO_x 气体，其硝化能力大于 0.83gN/（kg 干稳定化垃圾·d)。NO_x 气体浓度的试验范围为 $0\sim300\times10^{-6}$，当 NO_x 气体空床停留时间为 1.5min 时，NO_x 气体的平均去除率为 76.7%；NO_x 气体空床停留时间为 15min 时，NO_x 气体的平均去除率为 91.0%。

用矿化垃圾生物反应床处理含酚废水、焦化废水、印染废水等难生物降解的废水也取得了较好的效果。柴晓利进行了矿化垃圾生物反应床处理含酚废水的实验室研究。矿化垃圾生物反应床经过驯化后对有机酚表现出良好的生物降解性能，并且运行状态稳定。研究表明：

反应床对有机酚的去除效率主要受湿干比、配水速率、连续配水时间和浓度等因素的影响。在连续配水时间 6h，湿干比为 1∶8，配水速率为 0.254 cm/min 的条件下，进水浓度为 20mg/L 时，苯酚的去除率为 95%以上，出水水质达到国家一级排放标准，2-氯酚、4-氯酚、2,4-二氯酚的去除率分别为 90.1%、88.6%、85.2%，出水水质接近国家三级排放标准，体积负荷为 3.937g/（m^3·d）；即使苯酚浓度达到 50mg/L 时，其去除率也可达到 95%左右，接近国家三级排放标准，体积负荷为 9.843g/（m^3·d）。

对处理机理的研究表明，有机酚在矿化垃圾反应床是一个先吸附后降解的过程，矿化垃圾反应床对有机酚的稳态净化性能主要是生物降解作用的结果，相对于吸附过程，有机酚的生物降解相对缓慢；矿化垃圾生物反应床对有机酚去除的非生物作用（主要是吸附作用）只是使有机酚在反应床中累积，对有机酚的去除主要是在落干期通过生物降解作用完成的。

利用矿化垃圾作生物滤池的填料处理各种废水和废气，充分利用矿化垃圾的吸附和生物活性，在消纳了矿化垃圾这种固体废物的同时，达到了治理污染的效果，实现以废治废，并且具有成本低的优势。因此，对矿化垃圾进行研究和开发，对实现矿化垃圾的资源化、减量化和废水废气的污染治理，具有很好的现实意义和应用前景。

第四节 填埋场封场后土地资源的开发利用

填埋 10 年以上的垃圾基本已达到稳定化，如果能对稳定化填埋场的土地资源进行开发利用，不仅可以节省宝贵的建设用地，还能带来良好的生态效益和经济效益。这方面国外有许多成功的经验，例如英国利物浦的国际花园、阿根廷布宜诺斯艾利斯的环城绿化带、我国台湾地区的垃圾公园等。

美国波士顿的 Gardener Street 填埋场在 1997 年封场的时候，由于资金的限制，只能完成终场处理计划的 1/2，但他们根据实际情况，在技术条件允许和确保环境保护措施有效执行的基础上，适当修改了州覆盖标准以减少各层覆盖厚度，并多方筹集资金和覆盖土源，终于在有限的条件下，成功地将原填埋场分期开发建设成为一个占地 150 亩的公园，并带有数个体育场、一个可以容纳 350 辆汽车的停车场、4 千米长的道路、儿童活动场所、野餐营地、独木舟比赛场地、观光地带、自然研究地带、一个小型露天剧场以及其他附属设施。

开发利用我国各地稳定化填埋场的土地资源时，应当借鉴国外成功的技术、管理方面的经验以及资金筹措、开发计划拟订的新颖思路，比如可以考虑将终场后的填埋场植树造林，建成城郊的绿化地带，地点合适、交通方便的场所可以考虑建设环保主题教育公园或体育场馆。以下以上海市老港填埋场的开发利用为例，介绍填埋场的开发利用规划。

上海是一个典型的人多地少的城市，对于面积达 5000～10000 亩的老港填埋场来讲，土地价值很高。然而，老港填埋场的土地并不等同于一般的土地，因为其填埋单元内部历年来已经处置了几千万吨的垃圾。封场后的填埋单元表面不断缓慢下沉，沼气逐渐产生，渗滤液的数量和浓度在逐年下降。必须经过足够长时间的稳定化后，填埋场的土地和垃圾才能被利用。这也决定了老港填埋场综合利用的特殊性。但是尽管老港填埋场具有如此多的潜在的利用价值，但迄今为止，还没有人完整地对填埋场的功能和开发做过详细规划，国内在这方面的研究更是刚刚起步。

一、功能规划

老港填埋场前三期工程所有的填埋容量将在2003年使用完毕，拟建中的四期工程将在原来的基础上再增加5000亩地，相当于多了1倍的填埋面积。在今后的数年时间内，老港填埋场将处于填埋作业与封场管理同时并存且面积相当的状态，因此，从其整个生命周期过程来看，老港填埋场应该具有以下功能。

1. 填埋功能

作为上海市生活垃圾的最终处置场所，老港填埋场仍然担负着上海80%左右生活垃圾的处置任务，因此填埋仍是其最主要也是最重要的功能之一。2003年以后，填埋作业将主要集中在四期工程的范围内进行，垃圾的装卸和运输的模式都将和现在有所不同，因此，今后的规划和管理工作中最需要注意的就是，在维持正常填埋作业的前提下，必须将填埋区和封场区进行有效的隔离，确保垃圾的装卸、运输和填埋过程中不对封场区以及填埋场周边地区的环境产生危害，并通过工程和管理措施将填埋作业区的污染控制在最小限度内，以便为封场区的恢复和开发利用创造良好的环境条件。

2. 综合处理功能

上海市目前尚未实现全面的垃圾源头分类回收，运到老港的新鲜垃圾中含有相当一部分可回收利用的物质，完全可以在垃圾装卸地点附近且交通便利处设置一个垃圾分选综合处理设施，对新鲜垃圾进行人工和机械分选，将可回收利用部分（如塑料、玻璃、金属等）进行一定的加工处理后再运往市场销售，不可利用部分最终运到填埋区处置。稳定化陈垃圾经开采后也可在这里进行分选以回收可利用部分。不论是新鲜垃圾的分选还是稳定化陈垃圾开采后的分选利用，都能在一定程度上延长填埋场的使用寿命，并产生相应的经济效益。

3. 生物处理功能

经过10年左右时间的降解，填埋场中的垃圾基本上可达到稳定化。这些稳定化陈垃圾可以进行有计划的开采和分选，其中塑料、玻璃、金属可回收利用，而陈垃圾细料则是一种绝佳的生物滤料，可以低成本高效率地处理废水和废气，同时也是一种良好的土壤改良材料，可用做园艺绿化的肥料和填埋场生态恢复中植被层土壤的添加剂。因此，建议在填埋区和封场区交界处设置一系列稳定化陈垃圾生物处理设施，通过多级串并联陈垃圾生物滤床处理填埋场所有的渗滤液，在物理、化学和生物的作用下将渗滤液中的高浓度污染物降至可以接受的水平，然后将处理后的渗滤液就地用于封场单元植被恢复的灌溉，从而实现整个填埋场范围内渗滤液的封闭循环，确保不对其他封场区域和填埋场周边地区产生污染。

4. 能源利用功能

垃圾填埋后的稳定化过程中，在其厌氧降解阶段会不断产生填埋气。填埋气中甲烷和二氧化碳大约各占50%，其中甲烷既是一种燃烧热值很高的能源，也是一种非常重要的温室气体。如果不对填埋气进行适当的输导和收集利用的话，由于其任意迁移很容易形成局部浓度过高的爆炸危险，填埋气向周边地区无控制迁移也会污染当地的大气环境，其中大量的甲烷气体进入大气加重温室效应。所以，应当根据填埋场的具体情况，预先设计好填埋气的导排规划，在填埋结束的封场阶段，铺设填埋气导排和收集系统，根据填埋气的产量，可将其就地燃烧掉或收集起来作为燃料，后一种情况可以是将填埋气进行净化处理再制成成品或者是适当处理后并入城市燃气管道。

另外，老港填埋场位于东海之滨长江口的滩涂上，一年四季风都很大，可以考虑适当地利用风能作为封场区域开发的部分能源。

5. 土地利用功能

长期妥善的监测和维护是填埋场开发的首要条件。封场单元经过多年的稳定化后，如果能够满足一定的要求（如不再有渗滤液、填埋气、沉降和塌陷等情况发生），可以适当地利用其土地资源，将其开发建设成为临时仓储、园艺基地、污水处理设施、生态公园、高尔夫球场等。

封场区土地资源的利用应当和周边地区的开发规划相结合，浦东机场就在封场区北20公里处，而南边30公里处是正在建设中的芦潮港，南汇的大学城也位于附近，老港填埋场的地理位置实际上是非常有利的，但是同时，任何形式、任何程度的污染事故都可能给周边环境带来不利的影响。

封场单元土地资源的开发利用需要建立一系列完整的污染控制和稳定化评价标准体系，以确保开发过程中不对环境和人群产生危害。

6. 科研与教育示范功能

老港填埋场封场区的开发应以科研与教育功能为重点之一。整个填埋场地区在封场之后，可以建设成为一个环保和生态教育为主题的森林公园，作为上海地区大中小学校学生的生态环境教育基地。

另外，由于老港填埋场所在的南汇区东海滩涂也属于候鸟迁徙路线之一，因此也应加强对沿海滩涂的生态环境保护，在封场地区设立相应的候鸟保护区，同时划出一定的缓冲地带，作为观察候鸟和滩涂生态演化的教学研究基地，并和本地的学校和研究机构建立联系，将该地区作为教学实践的基地之一。

垃圾填埋作业、垃圾分选处理、渗滤液处理、生态恢复试验、填埋气开发利用等从不同侧面展现了目前上海市乃至全国的城市生活垃圾处理技术和填埋场管理技术，是一个不可多得的科研和示范教育基地。

7. 休闲娱乐功能

封场后开发建设的生态公园，其另一个主题必然是休闲。在上海这样一个人口高度集中的大都市，对于前往市郊休闲娱乐的需求是非常大的，而老港填埋场所处的东海之滨长江口滩涂的位置，拥有优越的天然条件，可以让人们在享受野外休闲的乐趣的同时，也受到生态和环境教育。填埋场封场区域和周边地区可以适当开发建设休闲度假区和运动设施等；另外，以园艺基地为基础，建设大型的植物园也是一个很好的选择。

二、开发规划评述

老港填埋场封场之后，根据当地的水文地质环境和生态环境特点，最适宜的开发是建设一个以休闲为主题的生态公园，突出生态和环境保护的原则，同时辅以园艺花卉苗木基地、环境教育基地、生态研究基地、生态恢复试验基地、渗滤液处理试验基地、填埋气开发利用基地、植物园、候鸟保护区、休闲度假区等多种产业与科研单元，实施一种复合型生态保护性开发。各单元按功能不同在规划中以不同的区划体现，其间以大面积的绿化相隔，整个原填埋场地区也应当以大片防护绿化林带和附近居民区和农场相隔离。

老港填埋场在园艺开发方面已经具有了若干年丰富的经验，建立一个大型的花卉和苗木基地，不仅可以保证填埋场自身绿化和生态恢复的需要，还能够满足上海市区对花卉苗木的市场需求。封场单元经过3～5年的稳定化和生态恢复之后，环境质量和植被层土壤都得到一定的改良，再辅以人工改善和强化种植条件，完全可以实施大面积大范围的花卉和苗木培养。在园艺生产的基础上，原园艺基地周围可以有计划地建立一些植物园和生态恢复试验基地，作为填埋场改造生态休闲公园的园艺开发的主体。

填埋场封场之后的渗滤液和填埋气污染在短期之内难以完全消除，因此除了对封场单元做好定期的监测和维护工作之外，还可以在新近填埋完毕的单元铺设填埋气收集利用系统，一方面可以将垃圾分解的沼气收集用于发电或并入市区燃气管道民用；另一方面也避免了填埋气中甲烷对大气的污染以及场区爆炸危害。同时，还可以划分一定的区域，作为渗滤液处理试验研究和稳定化垃圾开发利用的研发基地。利用稳定化垃圾生物反应床处理渗滤液的研究一旦进入工程实施阶段，可以和原有的渗滤液氧化塘处理系统相结合，在特别划定的区域建立系统化的渗滤液新型处理设施，处理后的出水如果达到一定的标准，可以和封场单元植被恢复过程相结合，作为灌溉用水，从而实现渗滤液的场内循环处理利用。某些单元的稳定化垃圾可以有计划地开采出来加以利用。上述地区应当设置完善的隔离林带，以避免污染物向封场后的其他开发地区迁移。

在休闲型生态公园的开发原则之下，老港填埋场封场后应在大部分地区按森林公园的模式建设，以便为本地和市区居民提供一个休息游玩的场所，可以郊游、野餐、露营或者观察候鸟、滩涂生态及流星雨。在经过30年左右时间确保填埋场封场后已进入稳定化阶段之后，可以逐步开始开发建设休闲度假区的房地产项目。

由于老港填埋场即将进行四期工程扩建，这意味着近年内尚无法做到完全封场，因此在进行已封场地区恢复与开发规划时，应当合理地安排好已封场单元、正在作业的单元和未填埋空单元之间及其与整个填埋场地区之间的功能区划，确保填埋作业得到有效隔离，避免污染物迁移。

总体来说，所有开发规划的前提都必须保证渗滤液、填埋气、封场单元地表沉降等污染与危害得到有效防范、控制和处理，并保证足够的人力和财力，对封场单元进行长期的监测和维护。

第十六章

垃圾卫生填埋技术设计应用实例

本章介绍垃圾卫生填埋技术的五个设计应用实例。其中有我国第一个经过正规设计，考虑了各种工艺、环境因素，在当时历史条件下防渗观念和防渗措施均处于全国领先的杭州天子岭垃圾填埋场及其后续工程（第二填埋场）；有我国内地第一个采用 HDPE 膜防渗的深圳下坪垃圾填埋场。几个实例各具特色，可供读者参考。

第一节　杭州天子岭垃圾卫生填埋场

一、第一填埋场

1. 工程概况及项目特点

杭州天子岭第一填埋场是南昌有色冶金设计研究院 1987 年设计的我国第一个城市垃圾卫生填埋场，是在《城市生活垃圾卫生填埋技术标准》(CJJ 17—88）颁布前设计的。

垃圾基本坝坝顶标高 65m，为碾压堆石坝，基本坝以上部分以垃圾进行堆坝，采用 1∶3 外坡堆积垃圾堆体，设计垃圾最终填埋堆积标高 165m，设计计算填埋库容 $600\times10^4m^3$。该垃圾填埋场设计服务年限 13 年，1991 年 4 月正式投入运行，2004 年服务期满。

为防止垃圾渗滤液污染下游地下水，设计在调节池下侧截污坝下部采用以帷幕注浆为主的垂直防渗措施，经过近 10 年对地下水的监测，垃圾渗滤液未对下游及周边地下水产生明显污染，防渗效果较好。渗滤液采用低氧-好氧活性污泥法处理，经过技改后采用 GZBS 垃圾渗滤液处理技术进行处理。该工程先后被建设部、国家环保局、国家科委评为示范工程及优秀工程，并在全国推广。

2. 主体工程

（1）填埋工艺　采用改良型厌氧卫生填埋工艺，实行分层摊平、往返碾压、分单元逐日覆土的作业制度。主要工艺过程叙述如下。

来自城区中转站的生活垃圾由自卸汽车运输至填埋场，经地磅计量后，通过作业平台和临时通道进入填埋单元作业点按统一调度卸车，然后由填埋机械摊平、碾压。填埋单元按1～2天的垃圾填埋量划分，每单元长约50m，每层需铺垃圾约0.8m厚。碾压作业分层进行并实行往复制，往复次数根据实际掌握（一般要进行10次以上），压实后厚度0.5～0.6m，压实后垃圾密度可达0.8～1.0t/m^3，当压实厚度达到2.3m时，覆土0.2m，构成1个2.5m厚的填埋单元。一般以一日填埋垃圾作为一个填埋单元，并实行当日覆土。为减少和杜绝蚊蝇、昆虫滋生，需对覆土后的填埋单元进行喷药消毒。填埋场对部分回拣或临时堆放的垃圾及填埋机械还实行不定期喷药制度。

同一作业面平台多个填埋单元形成2.5m厚的单元层。5个单元层组成1个大分层，总高度12.5m。分层外坡面坡度为1∶3，坡面为弧形，坡向填埋区周边截洪沟，以利于排除场区层面上地表径流，减少渗滤液量。大分层之间设宽度为8～10m的控制平台，并设有截排坡面径流的排水沟。

（2）防渗设施　生活垃圾卫生填埋场防渗工程是防止填埋场垃圾渗滤液外泄对地下水造成污染的重要措施，它一般包括填埋区的防渗和渗滤液调节池的防渗。本工程采用的防渗方案为垂直，即在渗滤液可能外泄的地下通道上采用构建防渗墙、帷幕灌浆等工程来防止渗滤液外泄。

垂直防渗方法适用条件为场区一般是地下水贫乏，岩层透水性、富水性差，一个小的、独立的水文地质单元，周围除谷口外，地下水分水岭较高，能防止填埋场垃圾堆填后，渗滤液不会越过地下分水岭向邻谷渗漏，或者地表分水岭处地层为相对隔水层，可以阻止渗滤液向邻谷渗漏。

杭州天子岭生活垃圾填埋场场区地质情况如下。填埋场位于杭州半山区沈家滨西侧的青龙坞沟谷中，是一个三面环山，向NWW方向开口的山谷，填埋场位于山谷的东端，填埋区长约300m，南北宽约300m。由于侵蚀作用，填埋场可溶性岩层只分布在中部的向斜轴部和北东分水岭部位。由分水岭向填埋区方向（由新到老）分布的地层为：石炭系中统黄龙组白云质灰岩，地表有溶蚀裂隙，1999年在东北角地表分水岭处补充勘查时，在灰岩地层中发现有充填溶洞；石炭系下统至泥盆系下统的一套碎屑岩系，主要为含砾石英粗砂岩、黑色炭质砂质页岩、杂色粉砂质页岩、石英中粗砾砂岩、细砂岩等。在沟谷中心有厚数米至10余米第四系堆积物，有碎石、块石、砾石组成的亚黏土和亚砂土，上部为结构松散的全新统洪积层，下部及两侧山坡为上更新统坡洪积层，黏土含量增加，泥质、铁锰质胶结紧密。

场区断裂主要有F2断层，控制场区山谷的形成，在截污坝勘察孔ZK13中可以见到，在相距5m的ZK14中就未见到，可见断层带影响范围不大，在钻孔压水试验时，断层无异常水文地质现象，单位吸水率ω=0.019～0.02L/（min·m·m）。

场区基底岩层含风化裂隙，岩层透水性弱，沟谷中基岩裂隙水水位高出第四系孔隙潜水位2～4m，表明第四系底部透水性更弱，有一定的隔水作用。第四系孔隙潜水水位低于地表0.2～0.3m，上部渗透系数K=0.122～0.133L/（min·m·m）。底部K值更小，可视为相对隔水层。

填埋场区水资源补给来源为大气降水，大气降水绝大部分形成地表径流，部分渗入地下形成地下水。由于风化裂隙常随深度增加其透水性减弱，故地下水与地表径流一致向沟谷汇流，当地下水运移受阻时，地下水上升冒出地表形成泉水转化为地表水。场区各沟谷受不透水岩层的控制，使各沟谷之间同时构成了地表和地下分水岭。因场区为一小的、独立的水文地质单元，所以在填埋场形成后，其产生的渗滤液一部分被渗滤液收集系统收集，另一部分渗入场区地下含水层，向下游扩散。

根据填埋场总平面设计，调节池设在垃圾坝下游的地下水总出口通道上，场区内的地下水及渗入地下水的渗滤液都将汇入调节池，因此，可以利用帷幕灌浆截断调节池与下游地下水的水力联系，防止调节池中的渗滤液及其上游的地下水向下游排泄，防止污染调节池下游地下水。

由于截污坝处两岸地下水水力坡度较陡，截污坝下用较短的防渗帷幕（设计截污坝长80m，帷幕向两端各延长 22m 和 48m，共长 150m)，就可保证上游地下水和渗滤液得到有效拦截。

当时生活垃圾卫生填埋场尚无规范可循，所以借鉴水利部门有关标准而又高于水利标准进行设计，本工程在帷幕内外水位差只有 0.5m 的条件下，采用单一水泥浆液，帷幕结束标准定为灌浆后压水试验 $\omega \leqslant 0.03$L/（min·m·m)。在截污坝下及 F_2 断层带附近，用双排灌浆孔，两端延长部分为单排孔。

（3）清污分流　为减少垃圾渗滤液产生量，降低渗滤液处理成本，设计对填埋区外的未受填埋垃圾污染的雨水和垃圾渗滤液分别收集。

1）雨水排放系统。在场区设置了一套完整的防洪排水系统，截洪沟按十年一遇流量设计，按三十年一遇流量校核。填埋场区的排雨水系统按其排水方式分为两种。

① 截洪沟。截洪沟包括 165m 环库截洪沟，140m、115m 和 90m 库内分区截洪沟。

环库截洪沟设在南北两侧山坡的 165m 标高上，截排未与垃圾接触的雨水。结构为浆砌块石矩形沟，断面尺寸宽 1.0m、深 1.5m。环库截洪沟在渗滤液调节池上游分为内沟和外沟。

库内分区截洪沟共三条，分别设在库内 90m、115m 和 140m 高程上，也均分为南北两段。其作用为尽可能排出未污染的雨水，减少垃圾渗滤液。未受污染的雨水通过环库截洪沟的外沟排入下游地表水体，分区截洪沟被垃圾覆盖时则改为盲沟收集垃圾渗滤液，并通过环库截洪沟的内沟进入渗滤液调节池。

② 排洪井。设计设置了 3 个直径为 3.8m 的排水井，顶部标高分别为 65m、76m 和 97m，用于排 90m 以下山坡雨水，井壁随垃圾填埋上升，用预制钢筋混凝土弧形板块嵌封。作业面高于 90m 时，排水井管改作收集渗滤液的干管。

2）渗滤液收集系统。渗滤液收集管网根据垃圾填埋的不同高程分五期设置，并根据填埋区域的不同设置了三根干管，从而形成了北区、中区、南区三个相对独立的排渗滤液管网，这三个区域没有确切的分界。从平面上看，主管是干管的分枝，主管的间距不小于100m；支管间距为 40～50m，毛细管由支管引出，间距在 10m 左右。整个排渗滤液管网形成一个空间的立体网络。由于在排渗滤液时，会渗入甲烷等气体，所以在主管和干管的连接处，设置了通气孔排出气体，有利于渗流。

渗滤液收集管有毛细管和支管承担，直径分别为 15mm 和 150mm 的 PVC 硬花管。渗滤液经支管流入主管后，通过主管和干管迅速排入渗滤液调节池。主管和干管分别为直径230mm和400mm的钢筋混凝土管。

（4）垃圾坝　为使垃圾堆积体稳定，在填埋场最下端设置垃圾坝。垃圾坝设计为透水堆石坝，坝高14.5m，坝顶宽4m，以满足运输车辆通行的要求。垃圾坝外坡1∶1.5，内坡1∶2.0。内坡及坝基均铺设土工织物的反滤层，渗滤液可通过反滤层渗出进入渗滤液调节池。

（5）渗滤液处理　对渗滤液进行处理达标排放是垃圾填埋场达到卫生填埋场的重要保障，也是避免渗滤液对地表水和地下水产生二次污染的重要措施。垃圾渗滤液的主要污染物为COD_{Cr}、BOD_5、NH_3-N、SS等。

1）渗滤液的水质和水量。垃圾渗滤液水质受垃圾成分、气候、降雨量、填埋工艺和填埋时间等方面因素的影响，变化很大。设计采用的渗滤液水质为填埋场典型值，天子岭填埋场渗滤液设计值为COD_{Cr} 6000mg/L、BOD_5 3000mg/L、pH值6～7。处理后出水水质要求为COD_{Cr}≤300mg/L、BOD_5≤50mg/L、pH6～9、SS≤100mg/L。

根据填埋场的汇水面积、填埋工艺及当地降雨资料，确定填埋场渗滤液处理量为300m^3/d，而2010年经过技改后的处理量增加至1500m^3/d。为调节渗滤液处理的水质和水量，设计采用24000m^3的调节池进行水质水量调节。

2）渗滤液处理工艺。根据杭州市填埋场渗滤液水质预测，填埋初期垃圾渗滤液COD_{Cr} 10000～15000mg/L、BOD_5/COD_{Cr}=0.4～0.6，属于生化性较好的有机废水，为了降低处理成本，设计采用活性污泥法为主的生化法，并辅以物化法进行深度处理。2008年，国家环保部出台《生活垃圾填埋场污染控制标准》（GB 16889—2008），出水水质要求比原国标提高了10倍，超过了欧洲、日本、美国等排放标准（COD≤200mg/L）。因此，传统意义上以生化为主的处理工艺无法达到新的排放标准，必须对生化处理的出水进行进一步的深度处理。

杭州天子岭垃圾填埋场通过自主创新研究出“GZBS垃圾渗滤液处理技术”，采用生物-物化的非膜处理技术，成功破解了国内垃圾渗滤液处理的难题。杭州天子岭污水技改工程于2010年11月开工建设，设计处理规模为1500m^3/d，生物处理采用“AT-BC生物转盘-曝气池”工艺处理，深度处理采用“Fenton+BAF”工艺，产生的少量铁泥与生物处理剩余污泥一起排入污泥浓缩池处理。其工艺流程见图16-1。

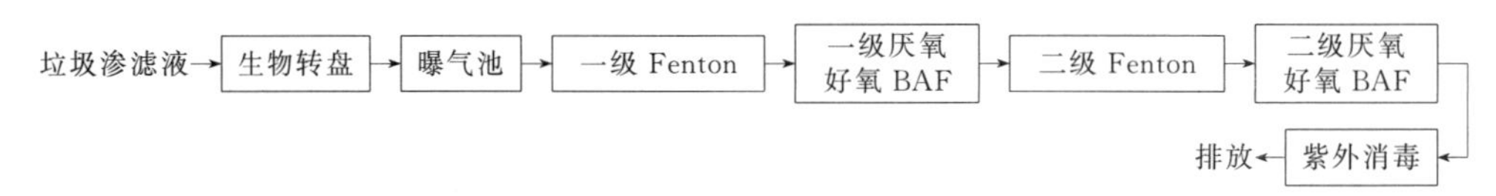

图16-1　杭州天子岭垃圾填埋场渗滤液处理工艺流程图

曝气生物滤池（BAF）是一种膜法生物处理工艺，微生物附着在载体表面，污水在流经载体表面过程中，通过有机营养物质的吸附、氧向生物膜内部的扩散以及生物膜中所发生的生物氧化等作用，对污染物质进行氧化分解，使污水得以净化。该工艺集生物降解、过滤、吸附等优良特性于一体，具有占地面积小、基建和运行费用低、处理负荷高、抗冲击能力强、维护管理简单等优点，是一种高效的生物反应器。

单纯采用高级氧化深度处理垃圾渗滤液所需的费用较高，通过高级氧化将渗滤液中难降解有机物转化为易生物降解的有机物，提高废水的可生化性，再通过后续的曝气生物滤池进一步深度处理，出水稳定，达到排放标准。两者相结合，可以充分发挥高级氧化的高效性和曝气生物滤池的经济性，为垃圾渗滤液的低碳、高效处理提供一条新途径。

3）主要构筑物的技术参数。见表16-1。

表16-1 杭州天子岭垃圾填埋场渗滤液深度处理系统主要构筑物

构筑物	主要设计参数	数量
中间水池1	$L \times B \times H$=4.85 m×3 m×3.4 m;HRT=0.7 h	1座
一级Fenton反应	$L \times B \times H$=17.3 m×16.8 m×3.9 m;HRT=15 h	1座
沉淀池	$L \times B \times H$=5 6m×5.6m×8.5m;HRT=7 h	2座
一级厌氧BAF	$L \times B \times H$=4.8m×4.8m×7.5m;HRT=10 h	6座
一级好氧BAF	$L \times B \times H$=4.8 m×4.8 m×6.0 m;HRT=8 h	6座
中间水池2	$L \times B \times H$=5.5 m×3.0 m×3.4 m;HRT=0.8 h	1座
二级Fenton反应	$L \times B \times H$=12.3 m×16.8 m×3.9 m;HRT=12 h	1座
沉淀池	$L \times B \times H$=5.6 m×5.6 m×8.5 m;HRT=7 h	2座
二级厌氧BAF	$L \times B \times H$=4.8 m×4.8 m×7.5 m;HRT=10 h	6座
二级好氧BAF	$L \times B \times H$=4 8m×4.8m×6.0m;HRT=8 h	6座
中间水池3	$L \times B \times H$=5.7m×3.4 m×3.4 m;HRT=1 h	1座
反洗水收集池	$L \times B \times H$=5.5m×5 3m×3 4m;HRT=1.5 h	1座
清水池	$L \times B \times H$=8 3m×4.85m×3.4m;HRT=2 h	1座
污泥池	$L \times B \times H$=6m×6m×3.5m	2座

（6）沼气导排及处理　沼气导排系统由间隔约为50m的垂直导气石笼组成，石笼底部以纵横的盲沟相接，石笼随连接垃圾填埋高度上升不断建造。当垃圾填埋至各大平台（垂直高度为25m）时，在平面上再设一组盲沟并与垂直的石笼相连接，形成上下、纵横相接的导气排渗系统。

填埋初期产生的沼气直接通过导气石笼排空，1998年10月天子岭废弃物处理总场与美国慧民集团公司合作开发利用填埋沼气发电。填埋沼气发电生产流程包括填埋沼气收集系统、沼气处理系统、沼气发电系统、送变电系统四个部分。

（7）填埋场封场　为了填埋场安全，有利于沼气的收集与利用，减少垃圾渗滤液产生量，降低填埋场渗滤液处理成本，垃圾填埋场服务期满需进行封场。

为避免在封场顶部因垃圾不均匀沉降出现积水现象，因此对填埋场最终覆盖的外形平整应能有效防止填埋场垃圾局部沉陷，最终覆盖的坡度不应小于4%，但也不能超过25%。设计本着降低封场投资、增加垃圾填埋量，拟采用垃圾自身填埋形成最终覆盖层的坡度。本封场设计坡面坡向填埋场周边，排水沟的坡降为0.5%，以便能迅速排除坡面的雨水，封场面周边和坡面中间设置排水沟，排水沟收集的雨水径流将排入填埋场环库截洪沟中。

封场覆盖系统从垃圾体自下而上，由以下几部分组成。

1）排气层。为了降低沼气对封场覆盖层的顶托力，有效地导出沼气，一般在垃圾体上设30cm厚的卵石排气层。

2）防渗阻气层。由40cm厚的压实黏性土和0.75mm HDPE膜组成。

3）排水层及保护层。排水层兼作保护层，采用*DN*1排水网格、300g/m^2无纺土工织物和60cm压实黏性土，并直接置于防渗层上。该层可保护土工膜不受植物根系、紫外线和其他有害因素的伤害。为了有利于排除膜上的渗水，拟在中间设导渗卵（砾）石盲沟。

4）绿化层。为了恢复填埋场的生态环境，有助于植物生长，设计拟采用20cm营养表土。根据《水土保持综合治理技术规范》，填埋场可按照荒坡地进行育林育草，但应根据填埋场气候条件和稳定性条件进行选择确定。封场初期绿化宜选择根浅的对NH_3、SO_2、

HCl、H_2S等有抗性的植物，选用常绿灌木（如海桐、山茶、尾兰、小叶女贞、紫穗槐）和种植草皮（如狗牙根、蜈蚣草）。填埋区封场且垃圾稳定之后，可以开发为果园、花圃或培植经济性草皮。

（8）实际运行效果

1）垂直防渗运行效果。为监测填埋场投产后渗滤液对下游地下水的可能污染，在调节池帷幕地下水下游方向 20m 及 600m 各设一地下水水质监测孔。

杭州天子岭垃圾填埋场（第一垃圾填埋场）经过 10 余年运行，填埋场对场区地下水监测孔进行多次监测，特别是在 2000 年为将原填埋场垃圾坝外移，扩建第二填埋场进行的环境影响评价时，又对原填埋场已有地下水监测井和新增监测井进行了更为系统的地下水水质监测。根据环境影响评价阶段的监测资料，位于截污坝帷幕下游 600m 处供水 10 余年的一口老井，2000 年 4 月 11 日取样结果其水质仍可达到地下水Ⅲ类标准，可作为集中供水水源。其结论是“杭州市第一垃圾填埋场近十几年的运营，没有对场区地下水造成明显污染，截污坝灌浆帷幕对于防止垃圾渗滤液的下渗污染发挥了一定的作用。”

2）渗滤液处理厂运行效果。填埋初期由于渗滤液可生化性较好、NH_3-N 浓度低，因此通过采用低氧-好氧工艺处理效果较好，基本达到出水水质要求。随着填埋年限的增加，目前渗滤液进水 NH_3-N 为 700～1300mg/L，当 C/N＜7、可生化比下降时，曝气池污泥易膨胀，渗滤液处理效果变差。说明该处理工艺对于 BOD_5/COD_{Cr} 为 0.5 左右、C/N＞7 的渗滤液，处理效果较好；但对于 BOD_5/COD_{Cr}＜0.3、C/N＜7 的渗滤液，处理效果变差。

3）沼气发电运行效果。填埋气体收集量（标准状态下）为 1260m^3/h，经燃气发动机的气体压力为 34kPa。其效益为：电价由杭州市供电局审定，峰电(8:00～22:00)计 14h，电价 0.68 元/（kW·h）；谷电(8:00～22:00)计 10h，电价 0.29 元/（kW·h）。年上网电量 14343MW·h，年产值 717 万元（未含税收）。

改造后的 GZBS 渗滤液处理系统经过为期半年的中试，其间浙江省环境监测中心、杭州市固体废弃物处理有限公司环境卫生监测站、杭州市城市排水监测站分别在不同时间对系统出水进行监测。数据表明，经 GZBS 系统处理后渗滤液出水达到了 GB 16889—2008 表 3 标准。

3. 填埋场东北角防渗工程

（1）东北角防渗的必要性　根据《杭州市天子岭废弃物处理总场一期东北端灰岩分布区防渗处理水文地质勘察报告》（2001 年 8 月），东北角黄龙灰岩分布区地表发育有一定的溶蚀裂隙，发现局部有大小不等溶洞或溶蚀裂隙，并有地下水活动痕迹；灰岩分布区在地形分水岭（与地下分水岭一致）处勘查期间最高地下水位标高为 147m 左右，低于将来垃圾最高填埋标高（165m）约 18m。根据现行国家有关垃圾卫生填埋场防渗的规定和第二填埋场环境影响评价结论，必须防止填埋场垃圾渗滤液水位高于分水岭地下水位时向东北方向外渗污染周边地下水，并减小垃圾渗滤液对第一填埋场截污坝下游帷幕的渗透量。

（2）主要工程内容　设计经多方案比选，从投资和防渗效果综合分析比较，推荐本防渗工程采用 115～165m 高程山体铺设单层 HDPE 薄膜为主材的水平防渗层和东北角分水岭下帷幕注浆相结合的防渗方案。工程主要包括 115～165m 标高山体水平防渗衬垫层、东北角分水岭帷幕注浆、渗滤液收集系统、衬垫表面和底部清水导排系统、滑坡处理、多功能沼气导排井等。

1）水平防渗。包括场地平整、防渗层、保护层等项目。

① 场地平整。第一填埋场东北角山体平均坡度为1∶1.6左右，场区植被较好，局部野生竹子较多，易刺破水平防渗层；由于F9断层的存在，灰岩区局部出现边坡塌方，垃圾堆积后易产生地基的不均匀沉降和溶洞的塌陷；因此铺设水平防渗层前必须对山坡场地进行平整。场区大部分边坡具有较厚的残积粉土层，土质良好，局部含有少量砾石，但土质坡面植被较丰富，边坡稳定性较差。平整原则为清除所有植被、坡积物，并使山坡形成相对整体坡度。平整土质边坡不宜陡于1∶1.20，局部陡坡应缓于1∶1.0，极少部位低洼处采用原土回填夯实，夯实密实度大于0.90，锚固平台不应有回填土基础。场区少部分区域第四系很薄，平整后将使岩石裸露，为避免岩石坚硬棱角对防渗膜的损坏，设计对这一小部分岩质基础做如下特殊处理：使坡面大致平整，消除高于坡面部分岩石，坡面上有阴、阳角时，应修圆，使其半径大于0.5m，并用M5砂浆将坡面抹平，其余处理要求同土质边坡。

② 防渗层设计。根据国内外生活垃圾填埋场水平防渗层的使用情况调查，一般均采用高密度聚乙烯（HDPE）不透水膜作填埋场水平防渗层，HDPE膜有很多优点，如耐候性好、抗蚀性好、抗压强度高、不透水性高等。

③ 防渗层的铺设、连接、锚固设计。由于铺防渗膜范围很大，设计采用幅宽8m的HDPE膜，铺设时应尽量避免人为损伤防渗膜，如有意外，应及时用新鲜母材修补。在进行HDPE膜连接时应遵循下列原则：使接缝数量最少，并且平行于拉应力大的方向（即垂直等高线），接缝避开棱角，设在平面处，避免“＋”形接缝，宜采用错缝搭接。

根据HDPE膜的受力计算和衬垫层的构造要求，以及考虑边坡的稳定性，本水平防渗约10m高程设一锚固平台，锚固平台宽4m，其上设一梯形浆砌块石排水边沟兼作锚固沟。排水沟初期未填垃圾时导排洪水，垃圾填到此高程时铺设*DN* 250多孔管和碎石用以导排垃圾渗滤液。所有锚固平台都以东北角灰岩塌方区为分水岭，纵坡为0.5%，以利于排水沟的排水和导排渗滤液。

HDPE膜底部采用0.6m×0.6m锚固沟锚固，而顶部利用已修筑的165m截洪沟，采用刚性锚固，即用锚栓将其钉在截洪沟的浆砌块石上，然后用混凝土浇注封闭。

④ 保护层的设计。保护层由垫层和面层组成。对于一般土质区的HDPE膜下垫层选用400g/m^{2}无纺土工布作为垫层；在岩石出露区域和塌方区按场地平整要求平整后，HDPE膜下先用HF10土工网格铺在岩石面上，然后再用400g/m^{2}无纺土工布作为垫层。HDPE膜上部的保护层采用HF10土工网格和400mm厚的黏性土，由于边坡坡度较大，设计拟采用编制织袋装黏性土作保护层，袋装黏性土作保护层具有施工便利、材料来源广、保护效果好等优点。

⑤ 防渗层下地下水导排。根据东北端水文地质报告，115～165m高程山体地下水埋深一般在10m左右，本项目铺设薄膜标高相对较高，地下水出露不至于影响水平防渗膜的稳定，因此防渗层下不设地下水导排设施，只在底部锚固沟内侧沿等高线设置一导排上层滞水的HDPE多孔管。

2）垂直防渗。垂直防渗布设在填埋场东北角垭口最高处分水岭，为了防止填埋区垃圾堆高至165m标高时渗滤液可能越过现有地下水分水岭向东北方向外泄，除采用水平防渗方案外，根据场区水文地质条件，还采用帷幕注浆垂直防渗设施。

为了保证注浆质量，设计中采用双排注浆孔，孔距暂按3m计，帷幕深按不同部位的水文地质条件，西北段平均为45m，南东段平均按30m计。

针对受注岩层的透水性较好，但深部裂隙多为闭合裂隙的特点，若采用普通水泥浆液，则不易注入微小裂隙中，这主要是因为普通水泥颗粒直径较粗（50～80μm）的缘故。根据俄罗斯对地铁等防渗要求极高的注浆经验，并结合设计单位在江西城门山矿区进行的固结黏土注浆试验和南昌麦园垃圾卫生填埋场进行的注浆试验和实际施工经验，采用固结黏土浆液都达到了预期的、较好的效果，本设计推荐以黏土为主要材料的固结黏土浆液配方方案。

二、第二填埋场

1. 自然现状

杭州天子岭第二垃圾填埋场（以下简称第二填埋场）属于天子岭废弃物处理总场的扩建工程，即在现有天子岭第一填埋场（以下简称第一填埋场）的基础上向坞口扩展480m。

2. 总体布置

工程包括管理区、渗滤液处理厂、污水调节池、冲洗站、填埋场（垃圾坝、排渗导气系统、截洪沟）、道路系统等。

（1）管理区　按照第一填埋场确定的布置体系，管理区仍布置在青龙坞坞口，站内现有办公楼、试验室、食堂与浴室、车库、机修、仓库等建筑。本设计在此基础上重新规划布置管理区，扩建维修车间、生产车停车场、篮球场和羽毛球场，并增加管理区绿化率，绿化率达50%，将管理区布置成花园式的现代化管理中心。

（2）渗滤液处理厂　第一填埋场污水池位于垃圾坝下20m处，与距其400m的污水处理厂同处第二填埋场用地范围内。现有资料表明，该污水厂处理能力不能满足第一填埋场以及第二填埋场工程的需要，为此，本设计拟新建污水处理厂。新建污水处理厂布置在沼气发电厂西侧250m左右的坡地，西邻管理区维修车间，占地1.04ha[1]，该处东距新设的污水调节池50m，设计地面标高25m。

渗滤液处理厂主要由UASB厌氧反应池、分解池、置换反应池、絮凝反应池、沉淀池、污泥浓缩间、事故放空池、泵房鼓风机房及加药间、控制楼等组成。

（3）污水调节池　污水调节池位于垃圾坝下游150m，利用地形采取半挖半填方式形成池容，占地面积0.02km^2，调节池容积为20×10^4m^3，最高标高29.0m，最低标高16m。

（4）冲洗站　为保证城市道路的清洁，出场垃圾运输车必须经过冲洗后方可出场。冲洗站位于距场大门300m处、2号路下行方向路边，其规模为三辆运输车可同时进行清洗，内设有自动感应洗车装置、净水设施及排水设施。冲洗站占地约800m^2。

（5）填埋场　第二填埋场是在第一填埋场的基础上西扩480m，并加高至165m标高处，

[1] 1ha=10^4m^2，下同。

最终容积 $1.973\times10^7m^3$，垃圾坝设在原污水处理厂处，该处属青龙坞最窄沟段，建坝工程量最小。

（6）道路系统　填埋场区内现有三条运输主要道路，分别为 1、2、3 号路。三条路中既有进场公路又有场内运输专用路，可满足第一填埋场生产、管理使用需求。1、2 号路为垃圾运输专用路，经该路可分别抵达第一填埋场的 65m、77.5m、90m、115.0m、127.5m、140m、152.5m、和 165m 等各标高平台。为满足扩建工程需要，本设计在现有公路的基础上采用沿线、分岔等方法，配合第二填埋场填埋工艺要求，使垃圾运输车到达指定标高。

3. 道路与运输

（1）第一填埋场道路概况　现有场区道路可划分为生产干线、临时道路、辅助道路。1 号路与 2 号路属于生产干线，为连接场外与各主要填埋平台之间的运输道路，三级路技术标准，设计路面宽 8.0m、路基宽 9.5m。由 1、2 号路出线至各个填埋平台的支线为临时路，四级路技术标准，设计双车道路面宽 8.0m，路基宽 9.5m。3 号路为进场路，连接临半路与场区、管理站及污水处理厂，分段分别采用三、四级路技术标准。

（2）第二填埋场道路与交通　场内现有 2 号路已通至 140m 标高，最终设计标高为 165m 标高，可满足第二填埋场的填埋工作使用。

第二填埋场从 52.5m 标高至 165m 标高，每隔 12.5m 高差设主要平台。大部分通往各级平台的专用道路（支线）引自 2 号路，只有至初级坝顶 52.5m 标高平台利用 1 号路即可抵达。为方便填埋作业，在各级主要平台中间每隔 6.25m 高差设次要平台，通往次要平台道路（岔线）自支线分岔。

（3）第二填埋场道路工程　根据场方建议改造 1 号路，在碎石路面上加铺混凝土路面，改线长度 1.5km，路面宽 8m。为方便坝内垃圾运输行驶，在 1、3 号路终端附近设置简易路连通两路。简易路长 150m，碎石路面，路面宽 8m。场内增加干线与支线全长 2.1km，混凝土路面宽 8m，路基宽 9.5m，其余指标执行三级路技术标准。岔线按临时路考虑，标准同现状临时路。

4. 第二垃圾填埋场垃圾填埋量

根据杭州对生活垃圾处理的总体规划，除分类收集生活垃圾中的一部分回收物外，另外还有一部分以焚烧方式处置，其余生活垃圾将全部进入第二填埋场以卫生填埋方式处置。第二填埋场承担的垃圾量见表 16-2。

表 16-2　第二填埋场承担的垃圾量

年份	年生产垃圾量 /(10^4t/a)	日生产垃圾量/(t/d)	垃圾加收量/(t/d)	实际填埋垃圾量 /(t/d)	实际填埋垃圾量 /(10^4t/a)	累计 /(10^4t/a)	需库容 /(10^4m^3/a)	备　注
2004	99.86	2736	287	1949	71	71	65.2	每天焚烧处理 500t，回收率 10.5%
2005	104.06	2851	299	2052	75	146	133.8	
2006	107.70	2951	310	2141	78	224	205.5	
2007	111.47	3054	321	2233	82	306	280.2	
2008	115.37	3161	332	2329	85	391	358.1	

续表

年份	年生产垃圾量/(10^4t/a)	日生产垃圾量/(t/d)	垃圾加收量/(t/d)	实际填埋垃圾量/(t/d)	实际填埋垃圾量/(10^4t/a)	累计/(10^4t/a)	需库容/(10^4m^3/a)	备注
2009	119.41	3272	491	1881	69	459	421.0	每天焚烧处理900t，回收率为15%
2010	123.59	3386	508	1978	72	532	487.2	
2011	127.30	3488	523	2065	75	607	556.3	
2012	131.11	3592	539	2153	79	685	628.3	
2013	135.05	3700	555	2245	82	767	703.5	
2014	139.10	3811	572	2339	85	853	781.7	
2015	143.27	3925	589	2436	89	942	863.2	
2016	147.57	4043	606	2537	93	1034	948.1	
2017	152.00	4164	625	2640	96	1131	1036.4	
2018	156.56	4289	643	2746	100	1231	1128.3	
2019	161.25	4418	663	2855	104	1335	1223.8	
2020	166.09	4550	683	2968	108	1443	1323.1	
2021	171.07	4687	703	3084	113	1556	1426.3	
2022	176.21	4828	724	3204	117	1673	1533.5	
2023	181.49	4972	746	3326	121	1794	1644.8	
2024	186.94	5122	768	3453	126	1920	1760.3	
2025	192.55	5275	791	3584	131	2051	1880.3	
2026	198.32	5433	815	3718	136	2187	2004.7	
2027	204.27	5596	839	3857	141	2328	2133.7	
2028	210.40	5764	865	4000	146	2474	2267.5	
2029	216.71	5937	891	4147	151	2625	2406.3	
2030	223.21	6115	917	4298	157	2782	2550.1	

5. 垃圾坝坝址的确定

从地形条件来看，青龙坞尾部有多处垭口，最低垭口标高167.7m，最大宽度为200m，在设置工程构筑物（总坝长440m，坝高17～23m）后，可利用的地形标高可达190.0m；从地质条件看，拟定填埋区东北角存在一片灰岩区，岩溶发育，并伴有溶洞不良地质现象，但目前尚未查明其规模和与邻谷的连通性；另外，从垃圾填埋体稳定方面考虑，如果填埋标高至190m，最大堆积高度约为142m，最大可能深度120m，由于国内目前针对垃圾堆体稳定性的研究还在起步阶段，经多年沉降后的垃圾体其物理力学指标提取很难，科学研究本工程中出现的高堆积体课题还不具备条件，虽然在填埋体堆至190m后，其一部分工程投资，可获得较大容积，但为规避工程风险，以环境保护安全运行为首要原则，本次设计第二填埋场最终填埋标高为165.0m。

6. 有效容积和填埋服务年限

将垃圾坝建于现污水处理厂处，距现垃圾坝480m，坝底标高27.5m，坝顶标高

52.5m。当垃圾填埋至165m标高时，库容约$1.973\times10^7m^3$，可消纳原垃圾2152×10^4t，可填埋至2026年，服务年限约为23年。

7. 垃圾坝筑坝材料

由于填埋场内地表层以下含有黏性土碎石，碎石含量为50%～70%，粒径3～6cm。填埋库区内由于清理整平场地可产生$10\times10^4m^3$混合土石料，调节池由于池容需要开挖后所得混合土石料，除用于调节池筑堤外，尚余$9\times10^4m^3$。因此，垃圾坝采用土石混合料碾压坝。初期可形成库容$92\times10^4m^3$。

8. 填埋场防排洪系统

防洪设计标准为五十年一遇设计，百年一遇校核。

垃圾填埋场总汇水面积$0.85km^2$，填埋区（包括第一填埋场的填埋区）以外至分水岭的汇水面积为$0.25km^2$。由于库内为垃圾填埋体，不能进行洪水调蓄使用，因此对于填埋场的防洪设施应采用截洪沟形式，将洪水截住，由截洪沟将洪水引向填埋场下游排水系统。

截洪沟的布置分为南北两个走向，在库区（含第一填埋场的填埋区）的西部168m标高处作为截洪沟顶点分界处，南北两向以1%的坡度顺山势沿填埋区外缘设置截洪沟，直至垃圾坝下游处汇合，根据地形，截洪沟下游段部分为陡坡。

为减少渗滤液量，设计中还采用了清污分流的方式，在填埋区南北两岸顶点标高90m、115m、140m处分别设置截洪沟，顺山势向下，并与第一填埋场工程堆积坝两岸截水陡槽相连接。截洪沟总长7250m，最大截洪面积可达$0.581km^2$，占总汇水面积的68.4%。

9. 防渗系统

防渗系统由：第一填埋场封场工程、第二填埋场的水平防渗工程、第二填埋场垃圾坝下帷幕灌浆工程三部分组成。

（1）第一填埋场坡面封场设计　第一填埋场于2003年年底完成服务，最终堆积标高165m。由于第一填埋场垃圾堆体的外坡面为第二填埋场底的一部分，其封场设计要满足第二填埋场场底防渗的要求。

（2）第一填埋场坡面封场结构　坡面封场是防止雨水进入第一填埋场，减少其渗滤液的产量。封场结构由下至上为：a. 在垃圾坡面铺设不小于450mm厚的压实黏土，并削坡整平；b. 铺设双面烧毛土工布（$400g/m^2$）；c. HDPE膜（2.0mm）；d. 耕植土层（400mm）；e. 表面绿化。

沿坡体每12.5m的检修平台上设置锚固沟，与第二填埋场的临时排水边沟相连，在第二填埋场垃圾堆体未到此平台高度时，可作为雨水导排沟；当第二填埋场场底防渗设施铺设至此高程时，将沟内的填充物清除，作为第二填埋场防渗设施的锚固沟使用。

当第二填埋场需要在第一填埋场的坡面进行防渗设施铺设时，应将坡面的表面绿化清除，并进行削坡整平。

（3）第二填埋场水平防渗设计

1）场底防渗结构。由于场区覆盖土层较厚，清基开挖后基本为土质基础，在经过场地清理整平后，即可进行防渗系统的铺设；另外由于场区F2断层贯穿整个场地东西方向，其影响范围较大，为提高防渗系统的安全性，场底设双层防渗设施，其结构层（从下至上）如下：a. GCL 复合膨润土衬垫（6mm 厚膨润土，其下为 1mm HDPE 膜）；b. HDPE 膜（2.0mm）；c. 土工布（300g/m^2）；d. 黏土保护层（30cm）；e. 土工布（200g/m^2）；f. 碎石导水层（40cm、粒径为 32～64mm）。

为了防止在第一填埋场封顶坡面与第二填埋场底衔接处产生剪切破坏，在其衔接处设置土工加筋材料，铺设范围在第一填埋场与第二填埋场交接处 45m 标高至 65m 标高之间，在其上再进行防渗结构层的铺设。

2）边坡防渗结构。在对库区南北两侧的边坡削坡清整完毕后，对土质边坡可直接进行防渗结构的铺设，若有岩质边坡出露，则用水泥砂浆进行护面，再进行防渗结构的铺设。为了加强 HDPE 膜边坡抗滑稳定性，加设一层膨润土衬垫，同时也作为 HDPE 膜的底部保护层。边坡防渗结构层如下（自下而上）：a. 膨润土衬垫（6mm）；b. HDPE 膜（2.0mm）；c. 无纺土工布；d. 袋装土保护层。

为防止 HDPE 膜下滑，在边坡设有锚固平台。每隔 12.5m 标高锚固平台宽度为 4.0m，平台处设有防渗材料锚固沟（1.0m×1.0m），兼作导水用，防渗系统未铺设时作为雨水导排沟，防渗系统铺设后垃圾堆体至平台时作为导渗滤液用。另外为加强防渗材料的边坡稳定，每隔 6.25m 高设置一简易锚固沟（0.5m×0.5m），再铺设防渗材料临时开槽，完成铺设后立即回填开挖料。

(4) 垂直防渗设计　考虑该帷幕仅为第一填埋场防渗措施的加强，而且从第一填埋场的帷幕至第二填埋场的帷幕约有 480m 的渗径，可产生较强的自滤效果，所以在第二填埋场垃圾坝下设置单排灌浆孔，孔距按 1.5m 间距设置，沿坝轴线灌浆长度为 117m，北部坝肩延伸 26m，南部坝肩处延伸 54m，灌浆总长度约为 197m。

① 碎石黏土层。层厚为 4～8m，该层采用高压喷射灌浆法，灌浆材料为黏土水泥浆；

② 岩石层。该层采用压力灌浆法，灌浆材料为水泥浆，灌浆深度控制在微风化岩层下 5m，在 F2 断层及 F2 次生断层区域内，灌浆深度为 60m，其他部位灌浆深度为 30～40m；

③ 灌浆帷幕。其质量要求为渗透系数 $K \leqslant 10^{-6}$cm/s。

10. 地下水导排系统

为了减少地下水向上顶托力，保护防渗结构不受地下水压力的破坏，在防渗结构层下设置有清水导排系统。

(1) 场底导水系统　场底主盲沟两条，内设 ϕ450（HDPE）穿孔圆管；每间隔 50m 左右设网状导排次盲沟，内设 ϕ200（HDPE）穿孔圆管。次盲沟与主盲沟连接，地下水由主管穿过坝基引向下游排水渠。

(2) 边坡导水系统　在防渗结构层下铺设排水土工网格，将边坡清水导向场底。

11. 排气与导渗设施

排渗导气设施由沿沟底敷设的两条主盲沟、场底导渗层和竖向导气井组成，另外竖向每 25m 高程垃圾层加设水平向盲沟，与坝外坡排水沟连接；此两套设施所收集的渗滤液全部排至垃圾坝下游调节池，最终进入污水处理厂处理。

(1) 渗滤液盲沟收集系统及垂直方向的石笼导渗井　渗滤液收集系统采用树枝状盲沟系统。

主盲沟的修筑横断面尺寸为高 800m、宽 1.5m，长度根据场地情况确定。场底导渗层由河卵石及粗砂组成。盲沟纵横交错成网状，间距控制在30～40m，盲沟的走向要求以一定坡度坡向主盲沟或垃圾坝。主盲沟内设ϕ500（次盲沟内为ϕ250）HDPE穿孔圆管，管周围填碎石，并设粗砂保护。并与竖向石笼的导气管相连，接口处的连接要有伸缩性。在山坡较陡、不适宜设置碎石盲沟的区域内铺设HM1435K型塑料盲沟，间距为30～40m，每组两根。盲沟的修筑材料为碎石及块石，块径一般为50～200mm。石笼导渗井在垃圾场纵横交错的盲沟交点，向上垂直修筑石笼，石笼的修筑直径为1.0m，内设ϕ200HDPE穿孔圆管，管周围填块石，石笼随垃圾的填埋作业不断加高。

（2）填埋气体及处理

1）填埋气体处理现状。杭州市废弃物处理总场于1998年8月与外商合作在渗滤液处理厂西南侧70m处建成填埋气体发电厂。采用垂直石笼井与水平导气碎石盲沟相结合的方式，将第二填埋场的沼气导出，经ϕ300HDPE管送至现有的发电厂。

2）渗滤液处理工艺概述。本设计的渗滤液处理规模为1500m^3/d，日变化系数为1.33，原水水质为：pH值为6.7～8.2、COD_{Cr}8000mg/L、$BOD_5$3000mg/L、NH_3-N1000mg/L、SS 600mg/L，出水按《生活垃圾填埋污染控制标准》三级排放限值控制。

针对渗滤液的水质水量随时间的变化较大，特别是NH_3-N浓度逐年增高、随后趋于稳定，BOD_5、COD_{Cr}越来越小，可生化性变差的特点，并参考国内外同类型垃圾渗滤液处理的经验，选择了UASB+AMT的渗滤液处理工艺（为设计招标的中标方案）。该处理工艺于2002年6～8月在天子岭填埋场进行了中试验证，结果表明，在技术经济方面是可行的。

本工艺方案首先采用高效节能的UASB（上流式厌氧反应器，该设备已在国内普遍使用）去除60%～80%的COD_{Cr}和BOD_5，然后采用AMT工艺，利用超声波、交变电磁场、电子放电、紫外线照射和负氧离子等物理化学作用，进一步降解渗滤液中的有机物，直至达到三级标准。AMT工艺已在韩国多个填埋场应用，于2001年在杭州天子岭填埋场也进行了一年的现场小型试验。该工艺的突出特点是：对渗滤液水质水量变化的适应性比较强，解决了因NH_3-N浓度高、后期渗滤液可生化性差而影响渗滤液效果的难题；厌氧产生的沼气可送至现有的沼气发电厂；运行成本低。

12. 调节池设计概述

因为渗滤液量主要取决于大气降水，故其量不稳定，另外由于季节不同，渗滤液水质也有较大变化，故设置一座$20\times10^4m^3$的调节池。

调节池位于沼气发电厂下游沟谷处。设计将调节池顶标高定为29.5m，池底顺应地势向下游倾斜，上游底标高18.0m，下游底标高16.0m，这样也有利于地下水导排和池底排泥。

调节池北侧紧靠山体，需全部开挖放坡。池顶以下最大挖深13.5m，为中风化砂岩，1∶0.5的边坡就能满足稳定要求，但考虑方便HDPE防渗膜的锚固与施工，设计放坡为1∶1.0。池顶宽度3m。池顶以上最大开挖高度25m，开挖面上部为强风化砂岩，下部为中风化砂岩，设计在中部设置一马道，分两级放坡，坡度均为1∶1.2。由于杭州市为多雨地区，为防止雨水冲刷引起局部块石滚落，破坏调节池及其HDPE膜，设计对岩质边坡进行锚杆挂网喷混凝土护坡处理。

调节池西侧最低原始地面标高一般为18.0m，地表至池顶尚有11.5m的高差。由于该处强风化砂岩（承载力标准值350kPa）埋深大于10m，不适宜做浆砌块石堤坝，并且为了充分利用北侧开挖出来的土石料，设计就地取材修筑碾压土堤拦挡渗滤液。土堤内侧放坡

1∶2.0，堤顶宽度3.0m，外坡1∶2.0，最大堤坝高度13.5m。外坡上采用浆砌石拱形骨架内铺草皮护坡。

调节池东、南两侧的原始地面标高一般为23.0～29.0m，为半开挖、半填筑形式。设计下部开挖放坡1∶2.0；上部采用碾压土堤拦挡污水，土堤内侧放坡1∶2.0，堤顶宽度3.0m，外坡1∶1.5。

为确保$20\times10^4m^3$的渗滤液不渗漏，调节池池底及池壁采用2mm HDPE膜加膨润土垫（GCL）作为防渗层。

第二节　深圳下坪垃圾卫生填埋场

一、概况

深圳下坪垃圾卫生填埋场（以下简称下坪填埋场）是我国首个与国际接轨，按国际标准设计的生活垃圾卫生填埋场。它的建成投产，标志着我国垃圾卫生填埋技术提高到一个新的水平。以下坪填埋场为实例的垃圾卫生填埋技术，获得了2002年国家科技进步二等奖。

1992年7月深圳市垃圾基建办公室组织了下坪填埋场的设计投标。南昌有色冶金设计研究院率先提出了按照国际水平采用HDPE膜复合水平衬垫全封闭防渗的技术方案，一举中标。

下坪填埋场位于罗湖区与布吉镇交界处的下坪谷地。场区四面环山，植被良好，山岭海拔220～445m，对四周地区形成良好的天然屏障。场址离市区边沿约1.5km，1km范围内无较大的工业污染源，首期工程服务半径约9km。场区占地149ha，工程计划分三期建设：一期工程投资概算3.4亿元，占地63.4ha，库容$1.493\times10^7m^3$，服务年限12年；二期填埋区占地55.8ha，库容$1.2\times10^7m^3$，服务年限10年；远期考虑在一、二期填埋区上部再堆高50～60m，增加库容$2.0\times10^7m^3$，总库容可达$4.693\times10^7m^3$，总服务年限可达30年以上。

下坪填埋场的首期工程于1996年建成，1997年投产运行，迄今已正常运行6年。生产运行及地下水监测分析均符合有关规范要求。

下坪填埋场设计和建设的主要指导思想如下。a. 无害化、安全化、减容化、资源化和效益化。b. 采用安全可靠的防渗系统，按全封闭填埋场标准设计建设。c. 分期分区建设，减少一次性投资，资金逐步投入，及早投入使用。d. 加强监测和成果分析。包括加强对大气和地下水的监测，测定渗滤液产量、性质和逐年变化规律；进行渗漏监测；不断对垃圾堆体取样试验，测定垃圾的物理力学指标，寻求最佳压实密度和最小的稳定边坡角（稳定分析）；定期对排气井排出气体取样化验以防止灾害发生和预测利用的可行性。e. 采取多种途径降低投资和经营费用。f. 考虑技术发展趋势，预留适当备用场地。g. 注重环境生态绿化。

二、场区条件

1. 位置、地貌和交通

下坪填埋场位于深圳市宝安区布吉镇西南约3km的下坪和上下坪地区，属深圳市罗湖区草浦村。其地理位置为东经113°34′，北纬22°29′。填埋场布置在草浦村的鸡魁石山和金鸡山之间的狭长山谷中，沟谷三面环山，是对周围地区的天然防护屏障。山岭标高一般在220～445m。垃圾体堆积在丘陵缓坡谷地，山坡较平缓，植被发育，自然生态环境良好。

原场地对外交通主要通道为红岗路，可直通填埋场主要入口。从入口至填埋区需新修公路，主干线长2.7km。对主要服务人口地区（罗湖区和福田区），运输最大半径约9km，均有完整的路网，运输垃圾的条件甚优。

2. 水文地质和工程地质

填埋场区内有大坑河从西向东径流。大坑河发源于梨头嘴顶，流经上下坪谷地、下坪谷地及大坑谷地，再入布吉河，全长2.5km。河床呈V字形，宽度1.2m。从水文地质条件来看，是一个具有独立的补给、径流、排泄系统的完整的地质单元，在天然状态下和其他水系无水力联系。填埋区内主要含水层为第四潜水层和基岩裂隙水层，均受大气降雨补给。区内有泉点分布。本地区较大断层为F1断层，宽0.3～1.5m，断裂带为铁质胶结良好的混合岩和石英砂岩角砾，胶结良好，断裂带宽度较小，一般不可能构成富水带。场区地下水潜水位较浅，埋深最浅仅0.1m，填埋区两侧山坡泉水出露点较多，使大坑河与地下水水力联系密切，呈互补关系。场区覆盖的残积坡积层渗透性能良好，基岩裂隙较发育，因此防止垃圾渗滤液污染地下水是设计的主要课题。

场区内岩土层大致均一，有分布于河谷的冲积砾卵石层，分布于山坡的坡积粉土，还有广泛分布在场区的残积粉土，各层的承载力标准值分别为220kPa、250kPa和280kPa。基岩为震旦系混合岩和中侏罗系砂岩。混合岩的强风化层厚10.0～12.0m，中风化层厚0.4～4.1m，其强风化的残积粉土量是良好的填埋场覆盖土源。

三、基本规划

1. 服务人口及垃圾量

按城市规划，下坪填埋场服务范围为罗湖区和福田区两区。参照有关规划，两区人口预测数如表16-3所列。

表16-3 深圳市罗湖区和福田区人口预测数

<table>
<tr><th rowspan="2">区　名</th><th colspan="2">预测人口增长率/%</th><th colspan="2">预测人口数/万人</th></tr>
<tr><th>1991～2000年</th><th>2000～2012年</th><th>1996年</th><th>2012年</th></tr>
<tr><td>罗湖区</td><td>4.35</td><td>3.00</td><td rowspan="2">119.2</td><td rowspan="2">195.31</td></tr>
<tr><td>福田区</td><td>5.70</td><td>3.50</td></tr>
</table>

服务区内城市生活垃圾量，在历年垃圾产量调查的基础上，按表16-3预测的人口数进行测算，测算得填埋初期1996年前后，垃圾产量47.6万吨/年，其中填埋量33万吨/年。至一期填埋区填满的2012年前后，垃圾产量为115万吨/年，其中填埋量100.4万吨/年。

2. 填埋场容积和服务年限

设计时本着充分利用山体地形特征和在场区内取覆盖土，尽可能地扩大填埋容积的原则，设计一期容积为$1.4933\times10^7m^3$，二期容积$1.2\times10^7m^3$，远期在一、二期之上堆高

50～60m，容积 $2.0\times10^7m^3$，总容积可达 $4.7\times10^7m^3$。一期服务 14 年，二期服务 10 年，至远期总服务年限 35 年。

四、工程主要内容

下坪填埋场由垃圾填埋区、污水处理区、管理区、辅助设施区等区块组成。主体工程按工程项目分有垃圾坝工程、地基处理与防渗工程、地表洪雨水排放系统、地下水导排系统、渗滤液收集导排系统、填埋气体导排系统、污水处理厂及道路等。

1. 垃圾坝

下坪垃圾坝位于跌死狗坳。坝顶标高 120.0m，坝顶宽 8m，最大坝高 17.0m。垃圾坝上、下游坝坡均为 1∶2.5。

此前，垂直帷幕防渗的垃圾填埋场多采用透水堆石坝作为垃圾坝，以加速垃圾堆体的排水固结，增加堆体的稳定性。对于水平衬垫防渗的垃圾填埋场，则不能允许其渗漏，故没有必要做成透水的坝。按照就近取材减少投资的原则，下坪填埋场的垃圾坝采用均质土坝坝型。

2. 拦洪坝及排洪隧洞

为了拦截填埋场上游河道的洪水，防止其进入填埋区，在填埋场上游修建了拦洪坝，再用排水隧洞将洪水排入填埋场下游，确保填埋场安全。

拦洪坝在填埋场上游，采用均质土坝坝型。坝顶标高 150m，坝轴线长 65.7m，坝顶宽 4m，最大坝高 15m，上、下游坡均为 1∶2.5。

排洪措施对比了隧洞排洪和垃圾堆体下涵管排洪两个方案。经比较，隧洞方案从安全和经济两方面都优于坝下涵管方案，故设计采用了隧洞排洪方案，隧洞断面尺寸：$B\times H=1.5m\times1.8m$，长 1463.0m。

排洪方案考虑了与二期工程排洪设施的衔接问题。

3. 场外排洪系统

填埋区外的排洪系统，由设在南、北两侧山坡沿垃圾填埋顶面边界设置的永久性截洪沟及陡槽、涵管、消能等构筑物组成，将水排入大坑溪。其功能为最大限度地排除自分水岭至填埋区边界的山坡径流，使其不渗入垃圾体，从而减少渗滤液量，同时也保护了这部分清水使其不受污染，还可防止山洪冲刷垃圾坡面及垃圾坝。

排洪标准据设计评审会议纪要要求，按五十年一遇洪水考虑，采用浆砌块石排洪沟。

4. 场内径流系统

（1）分区截洪沟　为减少进入填埋作业面的降雨汇水，结合分阶段的衬垫层施工，在填埋区两侧山坡（环库截洪沟以下）设置两条不同标高的截洪沟（标高 140～150m 及 160～170m）。分区截洪沟与环库截洪沟相连接，将雨水送出场外。分区截洪沟被填埋后，将改建为排渗边沟。

（2）作业区内的排水设施　填埋作业区内的降雨，未渗入垃圾体内的形成作业面上的径流，这部分径流如不迅速排除，则会浸泡垃圾成为渗滤液，还会影响填埋作业，因此作业场区需设置完善的排水设施。

根据场区的地形、地质情况，按填埋工艺要求，场区内设置标高 110m 以下和标高 110m 以上两个排水系统。

在垃圾坝上游右侧标高 120.0m 处设置了一座斜槽＋连接井＋ϕ800 管钢筋混凝土排水管，斜槽上拱盖板随垃圾面上升而安装，排除经过垃圾面而未渗入垃圾体内的受污染的水，称浑水排放系统。由坝下 ϕ800 排水出坝后，经沉淀池澄清后，再排入地表水系。

5. 防渗系统设计

（1）选定防渗方案的主要因素

① 填埋场区的地层在有效深度（20m）内未发现渗透系数 $K<10^{-7}$cm/s 的隔水层，各地层 K 均$\geqslant 10^{-5}$cm/s，属渗漏性场地；

② 地下水渗流有浅层和深层两个通道，填埋场区的防渗措施不仅要考虑浅层渗流而且还要考虑深层内化裂隙和断层裂隙渗流的防渗；

③ 场区地下水位很高，离地面仅 0.1m。

（2）防渗方案的选定　设计者对比了当时国内外垃圾填埋场较多采用的垂直灌浆帷幕防渗方案和水平衬垫防渗方案，认为前者不符合国际通用的垃圾填埋场的防渗标准，不满足深圳市政府与国际标准接轨的要求。因此，设计者选定了水平衬垫防渗方案。

防渗方案选定后，再选择防渗材料。由于深圳市范围内没有合适的、足量的黏土或膨润土源，因此排除了用天然材料作衬垫层的方案。在各种人工合成防渗膜中，选用了性能较优、国外使用经验较多的高密度聚乙烯（HDPE）防渗膜。

在防渗材料和衬垫层结构的选择过程中，设计者总结了国外生活垃圾填埋场使用防渗材料的历史及演变过程，参考了美国、日本、欧洲一些国家和我国台湾、香港地区填埋场的实例，并实地考察了美国和香港地区的填埋场。在广泛收集资料和调查研究的基础上，选择了 HDPE 膜作单层复合衬垫结构。

（3）防渗层设计

1）地下水引出及衬垫层渗漏监测。填埋场场底地下水丰富，地下水面离地面仅 0.1～2.0m，而且有大片泉水出逸。为了减少对衬垫的不利影响，在场地设置了树枝状地下排出系统，用碎石盲沟将地下水引出。设干管两条，按各泉水的逸出位置设八条支管。干管为 2 根直径 800mm 的多孔混凝土管外包碎石盲沟；支管为直径 200mm 的多孔混凝土管外包碎石盲沟。利用盲沟引出泉水，可降低地下水位，还能利用盲沟监测衬垫层可能出现的渗漏情况和渗漏量。

2）衬垫范围及分区。衬垫范围从垃圾至拦洪坝，纵向长约 900m，两侧山坡衬垫最高标高为 175.0m，衬垫平均宽约 450m。

按照分期分区建设和逐区使用的原则，一期工程按 A、B、C、D、E 等区依次铺设 HDPE 膜复合衬垫，至 2003 年年初已铺至 F 区。

3）防渗层结构

① 基本结构。防渗层是以渗水性极低的化学合成材料——HDPE 为核心，组成全封闭的非透水隔离层。在隔离层的上面进行垃圾渗滤液的收集和排放，在其下面进行地下水的有效排除，防止地下水位的上升而造成隔离层的失效。

② 水平防渗层设计。下坪填埋场的地形是一条三面环山的狭长山谷，地下水位较高（距谷底地面不大于 1m）。为有效降低地下水位，保证防渗膜不受地下水压力（水浮力）影响，下坪填埋场在填埋区的低处（谷中小溪位置）设置了一条深 2m 并用不同粒径碎石填满且碎石体中设有两条多孔混凝土管的地下水排放主干沟。在主干沟两边场底基层中，下坪填埋场按地下水泉眼的分布情况，相应设置网状碎石盲沟，使之与主干沟直接相连，构成地下水收集排放系统。防渗隔离层是 2.0mm 厚度的糙面 HDPE 膜，在膜下还设置有 400mm 厚的砂层。在场底中间低处，因为 HDPE 膜下水位和 HDPE 膜上渗滤液水位都相对较高，所以设计增设了 HDPE 膜（1.5mm 光面）-膨润土（6.0mm）GCL 复合防渗层。在隔离层上设置的 500mm 黏土层既可以防止 HDPE 膜破坏，又可起到防渗作用，两者共同构成复合防渗结构。碎石层和 HDPE 管组成的渗滤液收集和排放系统是收集和排放渗滤液的主干管道，该管道与垃圾坝下埋设的无孔 HDPE 管连接，直接将渗滤液排入渗滤液处理厂的前处理池。防渗结构中的无纺土工布，既是为了保护 HDPE 膜，又是为了分隔土层和碎石层，起到保证疏水管道畅通的作用。

③ 边坡防渗层结构。为了克服垃圾体沉降在边坡上所产生的拉应力拉裂 HDPE 膜，边坡垂直高度不宜大于 15～20m。废旧轮胎和碎石随着垃圾体的增高而逐步铺设，边坡上铺设废旧轮胎和碎石层的作用是为了保护边坡 HDPE 膜，避免垃圾体中的尖状物刺破 HDPE 膜。

4）HDPE 膜的锚固。经计算并考虑衬垫层的构造要求，每 10～15m 高差设一锚固平台。考虑施工及交通要求，锚固平台宽 5.0～7.5m，靠山侧的锚固沟兼排水沟。

5）防渗层的施工。典型的山谷型卫生填埋场基底持力层的施工顺序是由填埋区实际的地形、地貌而决定的。下坪场基底层的施工顺序为：按图纸确定平台位置→平台上边坡的开挖和修整→平台的开挖（开挖、平整、压实及路面结构的施工）→场底的开挖、平整和压实→主干沟的开挖和修整→地下水收集支盲沟的开挖→主干沟、支盲沟排水系统的施工→砂垫层的施工→平台锚固沟、排水沟的开挖→400g/m^2 土工布的铺设。

基底层施工的注意事项如下。

① 工作平台下边坡应严格按设计放线开挖和修整；坡面上不得有大于 3cm 的碎石、瓦砾、树根等杂物及有机腐殖土存在；若边坡需回填土方，则应分层压实，一次压实厚度不得超过 40cm，压实密度大于 95%，每层的压实都应有压实度检查报告。后一层黏土回填时应先把第一层压实土的表层挖松 3～5cm 再回填压实，以保证填土层的整体密实度，若边坡为岩质或其他复杂坡面，则应采用水泥喷浆处理，坡度应根据不同的土质而确定，确保边坡自身的稳定性；若边坡出现散布的泉眼应设置支盲沟进行引泉处理。

② 基底支持层若出现有淤泥、橡皮土等特殊地质情况，应按设计清除淤泥和橡皮土至持力层，然后用粉质黏土分层回填夯实，其密实度应大于 95%；若基底出现地质断裂带，应对该断裂带做特殊的技术处理，以确保基底层的均匀沉陷；若基底出现散布的泉眼、非黏土层面则应按边坡的处理办法进行处理。

6. 渗滤液收集导排系统

对于填埋场的渗滤液，首先是要尽可能减少其产生量，其次才是将渗滤液收集好，送至处理厂，使其不致污染环境。

（1）减少渗滤液量的工程措施

① 设置完善的场外径流截流设施，填埋区上游设拦洪坝和排洪隧洞，填埋区两侧山坡设截洪沟，使场外的径流不进入填埋场内。

② 建立完善的场内径流排放设施，限制每日填埋作业面积，及时用渗透性低的土壤覆盖垃圾，减少填埋面的雨水下渗量。

③ 设立水平衬垫防渗系统，除避免渗滤液污染地下水外，同时可阻止地下水进入垃圾体，减少渗滤液量。

（2）渗滤液量计算　采用以理论计算为基础，结合填埋场构造推理得出的经验公式（修正合理化公式）计算渗滤液量，公式如下。

$$Q=I(C_1A_1+C_2A_2)/1000$$

式中，Q 为渗滤液量，m^3/d；I 为日降水量，mm/d；C_1 为正填埋区的径流系数；C_2 为已填埋区的径流系数；A_1 为正填埋区面积，m^2；A_2 为已填埋区面积，m^2。

按 10 年一遇标准计算出不同填埋标高的渗滤液日生产量，再统计出雨季最大平均日渗滤液产量，及全年平均最大日渗滤液产量。

（3）渗滤液收集系统　渗滤液收集系统由场区排渗网、连接井、输送管、控制闸、计量器与调节池组成。

1）场区排渗网。场区排渗网由场底排渗盲沟和山坡排渗边沟组成。场底排渗盲沟为碎石中埋设多孔钢筋混凝土管。纵向干线 1 条，多孔管直径 500mm，坡降大于 0.02；横向支沟每隔 100m 左右设 1 条，多孔管直径 200mm，坡降大于 0.05。排渗边沟是利用 HDPE 膜锚固平台上的场内径流截水沟改建的，碎石中的 HDPE 多孔管直径为 200～300mm。

2）连接井和输送管。排渗盲沟和各标高的排渗边沟汇集于垃圾坝前的总收集井；总收集井底部设 3 根 ϕ400HDPE 管通过垃圾坝排污水至前处理池中。由前处理池下游坝底引出 2 根 ϕ400HDPE 管引入调节池中，另外设置 1 根 ϕ400HDPE 旁通管，直接将垃圾坝内导出的污水直接引入渗滤液排放管中。下坪场在污水处理厂与红岗路间专门设置了 1 条 ϕ315 的 HDPE 污水排放管，以便将处理达标的污水排放进入城市管网。

3）渗滤液调节池和前处理池。在垃圾坝与调节池之间的山谷两头砌浆砌块石坝，构成一座 43000m^3 库容的污水池，该池能够调节污水量，同时根据香港填埋场的经验，渗滤液在该前处理池中停留 8～15d，能够有效地降低 BOD、COD 值，也就是前处理池具有预处理的功能，能够降低渗滤液处理厂运行成本。

在前处理池下游，平整的场地上布置了调节池，总有效容积 7500m^3，原设计为渗滤液调节池，在渗滤液处理厂工程设计时，改造为渗滤液处理设施。

（4）渗滤液处理厂　下坪填埋场自 1997 年 10 月运行以来，工程技术人员对渗滤液的产生、收集和处理进行了一系列的研究，主要有渗滤液水质、水量及其变化规律和渗滤液处理工艺的研究。

1）渗滤液水质、水量及其变化规律的研究。影响渗滤液水量的主要因素有：大气降水、垃圾含水量和填埋工艺。影响渗滤液水质的主要因素有垃圾的成分、水通量、污染物的溶出速度和化学作用、填埋工艺，其中垃圾成分直接决定了渗滤液的水质特征。

通过对填埋运行过程中渗滤液水量和水质变化的监测资料研究，结合相关模型对下坪填埋场渗滤液的水量和水质进行了分析与预测。水量预测结果表明。随着填埋场填埋区域和汇水面积的增大，渗滤液产生量呈增长的趋势；进入后期填埋，随着封场的面积增加，渗滤液的产生量逐渐减少，2024 年的最高预测水量为 1736t/d，2019 年为 1166t/d。

对渗滤液的水质变化规律分析表明：在填埋初期，BOD、COD 呈上升趋势，BOD 和 COD 最高分别达到 30000mg/L 和 60000mg/L；而后逐年下降，填埋一年后 BOD 和 COD 基本稳定在 2000mg/L 和 6000mg/L 左右；氨氮随填埋时间而升高，一年后稳定在 2000mg/L 左右。

渗滤液 pH 在填埋场运行初期为酸性，随着时间的推移，pH 值升高渗滤液呈弱碱性。预计下坪填埋场以后的渗滤液 pH 为弱碱性（在 7～8 之间）。

2）渗滤液处理工艺。下坪场渗滤液处理厂于 2002 年 5 月投入运行，采用的处理工艺包括氨吹脱、厌氧生物处理和好氧 SBR 生物处理 3 个部分。出水水质按照生活垃圾填埋污染控制标准（GB 16889—1997）三级控制标准设计，即：COD＜1000mg/L；BOD_5＜600 mg/L；SS＜400mg/L。处理成本为 11.24 元/t，经济效益和环境效益明显。

2008 年颁布的《生活垃圾填埋场污染控制标准》（GB 16889—2008）要求处理后的渗滤液出水 COD、氨氮和总氮质量浓度分别小于 100mg/L、25mg/L、40mg/L，为达到渗滤液新的排放标准，下坪场开始渗滤液深度处理工程建设。

深度处理工程整个系统包括生化反应池、MBR 膜池和纳滤装置。其中生化池由一级缺氧池、好氧池和二级缺氧池组成，有效容积分别为 $10m^3$、$40m^3$、$2m^3$，二级缺氧池的主要目的是通过外加碳源进一步降低整个系统的总氮。MBR 膜池内装有 MBR 膜组件，采用聚四氟乙烯（PTFE）中空纤维膜，膜材质为亲水处理后的 PTFE，型号为 SPMW-05B6，过滤方式为抽吸式，标准孔径 0.2μm，膜面积 $6m^2$，外形尺寸 154mm×164mm×1520mm，外壳 ABS，pH 值清洗范围 1～14，设计通量 0.3～0.8m/d，抗拉强度 80N。

利用 MBR-NF 工艺可以有效处理渗滤液，出水 COD、NH_4^+-N 和 TN 质量浓度分别低于 100mg/L、25mg/L、40mg/L，均能达到新标准的要求。在 HRT 为 4d 的条件下，通过硝化/二级反硝化工艺，MBR 对 COD、NH_4^+-N 和 TN 去除效率分别为 90%、99%和 95%，NH_4^+-N 和 TN 可以达到相应排放标准，但 COD 出水难以达到排放标准 100mg/L 以下，必须通过纳滤对剩余的 COD 进行进一步处理。纳滤工艺可以去除 90%以上的 COD，其出水可以满足新的渗滤液排放标准，但对 NH_4^+-N 和 TN 的去除效率有限。纳滤工艺将产生 20%左右的浓缩液，需要进一步处理。

7. 填埋气体的收集处理

（1）近期气体处置　下坪填埋场投产初期产生的沼气量较小，不能够利用，但这种气体对周围环境造成污染，甚至有爆炸的危险。初期主要靠布置的石笼导气井向空中发散排放，收集井的有效作用半径为 45m，井间距不大于 145m。一般在集气井上方高出垃圾面 3m 处安装燃烧器，同时配备了气体探测器，当气体达到一定浓度时点火燃烧。

（2）填埋气体的回收利用规划方案　根据对下坪填埋场垃圾填埋量及填埋气产生量的预测，到 2010 年年底建成填埋气收集量（标准状态下，下同）约为 $30578m^3/d$，发电能力约达到 2039kW。在 2027 年封场时产生气量达到最大，峰值填埋气收集量约为 $188400m^3/d$，其发电能力达 12MW。电厂初期规模为 2 台额定发电量 1006kW 的燃气轮机发电组，并留有新建 2 台机组的位置。终期规模为 7～8 台燃气轮发电机组，电厂终期总容量约为 10MW。

8. 填埋作业技术

卫生填埋是我国现阶段较为理想的大规模垃圾处理技术的方法之一。采用了推铺、压实、覆盖等填埋作业技术，不仅使垃圾得到适当的贮存、减量和稳定化，无害化、资源化，还使填埋场的周围环境的污染降到最低限度。

（1）进场垃圾的管理　下坪填埋场在规划设计时对进场垃圾做了明确的规定，只允许许可垃圾进场，非许可垃圾不得进场。对进场的垃圾按情况进行抽查或必查，如存在问题则一律拒绝进场。进场垃圾经地磅称重。

① 地磅称重。下坪填埋场采用英国 GEC 公司 ABJ311 型磅桥两台，其规格为：称重容量 60t，磅桥长 18m，宽 3m，采用厚 12mm 的滚花钢板 6 个 8710 型精密电子称重传感器，准确率达 98%。

② IC 卡车辆进、出智能管理系统。下坪填埋场每天进场垃圾 1650～2200t，平均每天 1800t。为能够准确计量进场垃圾数量并减轻工作人员劳动强度，采用了非接触式 IC 卡车辆进、出智能管理系统对进场垃圾进行准确计量。

（2）填埋规划　下坪填埋场在开发建设填埋区时，就根据实际地形编制了填埋区的垃圾填埋规划。按规划一期工程垃圾体最大填埋高度为 115m，平均高度为 95m，共分 7 个填埋层，每层高度为 10～15m。为有效实施填埋区清、污分流功能，每一填埋层划分为若干个分区，各分区形成相对独立的地表水收集、排放系统；当填埋到某一分区时，又将该区划分成成若干个填埋单元，单元间用土坝分隔，近单元填埋。一期填埋区底层共分为 A、B、C 三个分区（即工程的 3 个单元）。

为最大限度地排除垃圾体表面雨水，减少渗滤液的产生量，下坪填埋场制订的填埋区一期工程底层垃圾填埋顺序为 $A \rightarrow B_1 \rightarrow B_2 \rightarrow B_3 \rightarrow C$。在进行 A 分区填埋时，B、C 分区雨水单独收集排放，在进行 B 分区填埋时，A、C 分区的雨水分别收集和排放。这种填埋作业方案不仅有效控制并减少了渗滤液的产生量，而且为垃圾填埋作业提供了必要的条件，保证了垃圾填埋的有效运行。

第三节　珠海市西坑尾垃圾填埋场

一、概述

珠海市位于广东省的东南部，珠江口西岸，南邻澳门特别行政区，北接中山市，是我国著名的经济特区和优秀的风景旅游城市。目前该市日产生活垃圾近 1000t，主要采用焚烧和填埋方式处理垃圾，垃圾焚烧发电厂日处理垃圾约 400t，焚烧残渣和剩余垃圾送至沥溪垃圾填埋场填埋处理。沥溪垃圾填埋场服务年限已满，处于超负荷运行状态。因此，珠海市西坑尾垃圾填埋场（以下简称西坑尾填埋场）的建设是为了接替现有即将填满的沥溪垃圾填埋场。场址位于珠海市垃圾焚烧发电厂北侧的西坑尾山谷中。

为了城市的可持续发展，充分回收资源，减少占用土地，缩短运输距离，合理共用设施，节省投资，设计将垃圾分选和粪便处理以及焚烧配套设施与填埋场建设进行统一规划和配套实施。工程设计内容包括垃圾分选、垃圾填埋、渗滤液处理和粪便处理等主体工艺方案和总图运输、辅助生产设施和管理与生活设施等。设计规模为 800t/d 的垃圾分选系统、120～150t/d 的粪便固液分离处理系统和起始垃圾填埋量为 1000t/d 的卫生填埋工程。

该填埋场设计填埋区库容 $9.5\times10^6 m^3$，填埋场的服务年限为 18 年。按改良型厌氧性卫生填埋结构设计，填埋工艺按单元填埋、逐日分层碾压覆土法作业。

二、设计条件

1. 进场垃圾的组分

根据珠海市环境卫生管理处提供的垃圾成分，该填埋场进场垃圾的组分见表 16-4。

表 16-4 生活垃圾组分 单位：%（除容重外）

项目	有机物		无机物		废品							含水率	容重 /(t/m^3)
	厨余	皮革	渣土	陶瓷	纸	塑料	橡胶	玻璃	金属	织物	木竹		
范围	17～35	0.2～6	0.3～3	0.1～2	10～20	17～23	0.2～2.5	1.5～8	0.8～6	9～25	3～8	40～55	0.3～0.5
设计值	30	2	1.5	1.5	15	20	1	4.5	2.8	17	4.7	50	0.4

2. 气象条件

珠海市属南亚热带海洋性季风气候。多年平均气温 22.4℃，极端最高气温 38.5℃，极端最低气温 2.5℃；多年平均年降雨量为 2008.8mm，一日最大降雨量为 560.4mm，1h 最大降雨量为 133mm，5～9 月降雨量占全年 74%～84%；多年平均年蒸发总量为 1692.4mm，最大年蒸发量是 2128.7mm，最小年蒸发量为 1350.8mm；主导风向为偏东风，多年平均风速为 3.2m/s，10min 平均最大风速为 31.4m/s。

3. 场区地形、工程地质和水文地质条件

西坑尾填埋场位于五桂山隆起的南麓，地质构造复杂。中生代酸性岩浆侵入遍布全区。新构造运动主要在中更新世晚期至晚更新世早期（$Q_2^3\sim Q_3^1$），主要表现为区域断裂的再次活动。地形地貌为剥蚀残Ⅱ-山间谷地。场区北高南低，高度为 18～136m。天然形成 3 条冲沟谷地。

根据地勘报告，场区地层底部为第四系含黏土角砾冲积层，山坡地分布坡积含碎石黏土层及残积硬质粉尘黏土，厚度 3.7～11.3m，其下为不同风化程度的燕山期花岗岩，常压注水和抽水试验地层渗透系数 $K=1.64\times10^{-5}\sim1.09\times10^{-3}$cm/s，不具备天然防渗的条件。

场区山坡分布由花岗岩风化而成的残积粉尘黏土和坡积黏土，遇水容易崩解、软化，已发现有 13 条正在发育的冲沟和数处崩塌区，给场区平基工程、排水沟修筑和填埋场防渗衬层的铺设带来困难，土方工程及加固工程量相对较大。

三、工程设施

1. 总体布置

填埋场总体布置强调环境景观要求，重点绿化区，符合人的行为心理特点。本着平面布置按功能分区、总体规划、分期实施和竖向设计合理的原则，力求做到功能分区合理、管理方便、节约用地、节省投资。为此，整个工程分为垃圾填埋区、垃圾焚烧厂、垃圾分选厂、

污水处理和生活管理区。垃圾焚烧厂为现有设施，根据地形条件填埋区布置在焚烧厂的北面，渗滤液调节池布置在垃圾主坝下游的低洼地，这样，焚烧厂的垃圾渗滤液能自流到调节池。渗滤液处理站和粪便处理车间、垃圾分选车间、综合修理间等建构筑物场地布置在垃圾发电厂东面的小山包上。利用垃圾发电厂进厂道路与青松路 T 型交叉口西北角平坦地形做全场的生活管理区。

为保证珠海市区至填埋库区一次垃圾运输，珠海市区至垃圾发电厂、粪便处理车间、垃圾分选车间至填埋库区的二次垃圾运输空车、重车都能方便地过磅计量而不增加地中衡数量，结合道路网络，利用 T 型交叉口扩大做计量站。利用管理中心与计量站中间的插花地带作为全场性的自动洗车和简易洗车场地，生产、生活联系方便，能耗小。

考虑施工方便、节省投资，利用环库截洪沟为填埋库区防火隔离带，为了填埋场逐日覆土，基建期间平基、清基弃土，以及未来发展的需要，规划了弃土场，预留了沼气利用场地和其他综合利用用地。上述布置既可集中管理也可单独管理，既可统一实施也可分期实施。

2. 填埋场分区作业设计

考虑项目建设投资的分期投入，结合征地范围的两期用地，对填埋库区进行分区建设。设计将填埋库区分为 A、B、C、D、E 五个填埋大分区，其中 C 区又分为 C1、C2 两个小分区。各分区建设情况见表 16-5。

表 16-5　分区建设情况

分区名称		建设内容	库容/10^4m^3	服务年限(起止年限)
A 区		征地范围一期用地区域内，填埋标高从场底 24～80m	105	第 0～3.5 年
B 区		征地范围一期用地区域内，填埋标高从场底 26～80m	85	第 3.5～6.0 年
C 区	C1 区	征地范围二期用地区域内，填埋标高从场底 72～110m	155	第 6.0～9.0 年
	C2 区	征地范围二期用地区域内，填埋标高从场底 76～110m	115	第 9.0～11.0 年
D 区		征地范围二期用地区域内，填埋标高从 110～130m	190	第 11.0～14.0 年
E 区		征地范围三期用地区域内，填埋标高从 80～140m	300	第 14.0～18.0 年
合计			950	第 18.0 年

3. 填埋场分期建设情况介绍

根据珠海市的经济发展和实际需要的轻重缓急情况，为更好地筹集和运用建设资金，提高投资效益和保证建设质量，根据填埋场征地范围及已征地附近的地形条件，工程规划初步按一期、二期和远期工程考虑，设计分若干阶段建设施工，并合理安排了工程建设内容。

(1) 一期工程　一期工程根据资金情况又可分为首期工程和续建工程。其中首期工程包括填埋场 A 区工程设施、填埋设备、总图运输设备、渗滤液调节池、渗滤液处理站、粪便处理车间、生活管理中心、计量站、部分加油设施和主要监测分析仪器，首期工程完成后即可投入运行。续建工程包括 A 区气体导出设施和表面径流导排设施，填埋场 B 区工程设施、维修车间、垃圾分选车间（设备能力 400t/d），A 区封场工程和填埋气体处理工程。

（2）二期工程　二期工程又可分为初期工程和后期工程。初期工程包括新增400t/d垃圾分选设备，垃圾压实机、挖掘机各1台及配套运输设备，80～110m标高道路工程，C区主体工程，B区封场工程和填埋气体处理续建工程。后期工程包括110～140m标高道路工程和C区部分封场工程。

（3）远期工程　包括D区工程、110～130m和130～140m标高道路工程、封场工程、库区开发利用工程（另行立项建设）。根据技术经济条件还可扩大垃圾综合利用规模和产品种类及粪便处理能力等。

4. 垃圾坝

由于采用水平防渗方案，并考虑到土坝从库区内取土，能够协调好平基弃土的堆放与扩大库容的关系，因此，垃圾坝设计采用碾压土坝。

根据现场地形条件，为了最大限度扩大填埋库容，并结合分区作业的要求，设计在A区、B区、C区谷口设置三土坝：A区坝、B区坝和C区坝。从库区内取坡积黏土、残积粉质黏土和风化料筑坝，坝上游坡面铺设2mm厚HDPE膜防渗层与库内防渗结构联成一体，膜上采用袋装土保护。

A区坝坝顶标高为30.00m，坝底标高为22.00m，坝轴线长36m，坝顶宽3.0m，最大坝高为8.0m；下游坡脚设置堆石排水棱体。

B区坝坝顶标高为40.00m，坝底标高为20.00m，坝轴线长130m，坝顶宽4.0m，最大坝高为20.0m；坝体上下游边坡在30.00m标高各设置一2m宽马道，下游坡脚设置堆石排水棱体。

C区坝坝顶标高为90.00m，坝底标高为70.30m，坝轴线长60m，坝顶宽4.0m，最大坝高为19.70m；坝体上下游边坡在80.00m标高各设置一2m宽马道，下游坡脚设置堆石排水棱体。

5. 场区防洪与排水设施

为了减少进入填埋库区的雨水量，并使进入场区的雨水尽快地排出库区，减少渗滤液的产生量，在库区内设计了一套完整的防洪排水系统，采取了有效的清污分流工程措施，主要有截洪沟、排水边沟和地下水导排。

（1）环库截洪沟　截洪沟设计防洪标准为五十年一遇设计，百年一遇校核。沟渠采用块石砌筑，断面形式为直角梯形，主要纵坡$I=0.005$，按节约投资的原则就近排放所截洪水入库外天然水沟。A区环库截洪沟长度为624m，B区环库截洪沟长度为466m，C区环库截洪沟长度为2830m，总长度为3920m。

（2）排水边沟　设计利用HDPE膜的锚固沟，设置排水边沟。排水边沟采用L形预制混凝土板沟，板与膜之间采用土工布隔离保护。由于混凝土板较重，可兼作HDPE膜的锚固作用。后期垃圾填埋后，排水边沟改为渗滤液导排沟。沟渠宽度2m，深度0.5m，主要纵坡$I=0.003$，排水边沟所截清水均排入环库截洪沟。A区排水边沟长度为3612m，B区排水边沟长度为2440m，C区排水边沟长度为7830m，E区排水边沟长度为2660m，总长度为16542m。

（3）填埋体排水设施　为减少覆盖土的冲刷和水的渗漏，设计在完成填埋的各分层平台内侧设置了$DN400$半圆排水沟设施。大气降水在已完成作业坡面上形成的地面径流，由各分层平台的排水沟分别排入相应标高的截洪沟，经消力池沉砂后排入天然沟。排水沟长度合计为5330m，排水纵坡$I=0.02\sim0.05$。

(4) 地下水导排　设计沿库底冲沟设置地下水导排主沟，沿各小冲沟设置地下水导排支沟。主沟为中部埋多孔钢筋混凝土管的碎石盲沟，支沟为碎石盲沟，支沟汇水入主沟。地下水导排沟主要纵坡$I=0.02$。A区主沟长度为286m，支沟长度为284m。B区主沟长度为220m，支沟长度为218m。C区主沟长度为1140m，支沟长度为1160m。各区地下水导排沟从各区坝底部穿过排入下游天然水渠。

(5) C区库底排洪管及分区土堤　二期预留用地及其北侧红线以外为狭长天然山沟，在这一山沟实行分区填埋，利用库底排洪管排洪。设计在C区设挡水土堤两座，将库区分为C1区、C2区、E区。库底排洪管内径1.2m，管壁厚度为0.2m，总长度736m。排洪管采用钢筋混凝土圆管。

6. 场区防渗措施

根据场区工程地质、水文地质勘察报告，本场区不但在岩土透水性能方面不能满足自然防渗的要求，而且作为复合衬里基底的场区工程地质条件也不理想，场区内有13条较大的正在发育的冲沟和数处崩塌，不但给铺膜带来一定的困难，而且给单层复合衬里的安全性带来一定的影响。为此，设计采用水平防渗和垂直防渗相结合的防渗措施，以HDPE为主的单复合衬里的水平防渗系统。另外又在适当部位增设以灌浆帷幕为主的垂直防渗系统，目的是防止在单层复合衬里局部破损又无法进行修复时，能有效防止渗滤液向下游扩散，污染下游地下水。

单层复合防渗衬垫的结构包括主防渗薄膜及其上下保护层。对于场底，HDPE膜铺设在平整后的粉质黏土地层上，上部保护层依次采用400g/m^{2}无纺土工布、300mm厚的黏性土层和200g/m^{2}无纺土工布；对于边坡，首先在平整后的坡面上铺设400g/m^{2}无纺土工布，在土工布上铺设单糙面的HDPE膜，保护层采用编织袋装土，袋装土作保护层具有施工便利，材料来源广，保护效果好等优点。

根据现场条件，设计在A区坝、B区坝的下游各设一条长度分别为51m和111m的防渗帷幕，在副坝C下游设一条长度为54m的防渗帷幕，并在帷幕上游设置监测抽水井共4个。当监测抽水井发现地下水受污染后，可用深井潜水泵抽出被污染的地下水，使井中水位保持在下游地下水位标高以下，确保被污染的地下水不会向下游扩散。

7. 沼气导排设施

根据珠海市生活垃圾中有机物含量的情况，理论计算的本工程填埋场的总产气量约$16.26\times10^8\text{m}^3$，填埋场起用的第二年平均产气量为866m^3/h，最大产气年为填埋场起用的第19年，其平均产气量为15422m^3/h。

(1) 导出方式的选择　设计采用竖向收集井向上收集的方式。此方式结构简单，能形成立体的导气体系，且可以兼顾垃圾体内渗滤液的收集。

(2) 导出井的构造及布置　填埋气体导出井直径为1m，由集气导渗管、碎石导气导渗层、土工网箍圈三部分组成。集气导渗管为$DN200$的HDPE多孔管。导出井呈梅花形布置，每个导出井的收集范围为50m，导出井高度随垃圾填埋层的高度而增加，加高后将下层的外套管拔起留作后用。

8. 渗滤液收集与处理设施

（1）渗滤液收集　渗滤液收集设施包括场区排渗管网和渗滤液调节池。

1）场区排渗管网。场区排渗管网由以下两部分组成。

① 场底排渗管网。设计在场底水平衬垫层上设置300mm厚、ϕ30～50粒径的碎石导流层，中间铺设*DN*550 HDPE多孔管作为导渗主管，主管接入垃圾坝下游的渗滤液调节池。在库区各山坳内铺设*DN*300 HDPE多孔管作为导渗支管，主管和支管的坡降均≥2%。在填埋体垂直范围内设置了ϕ1000渗滤液沼气收集多功能井，以扩大渗滤液的收集半径并增强填埋后期整个垃圾体的渗滤液竖向收集能力。

② 排渗盲边沟。水平防渗层的各锚固平台上的L形边沟在垃圾覆盖前排出坡面上的清水，当垃圾填埋至平台标高时在边沟中填充碎石，使其成为环库渗滤液收集盲边沟。

2）渗滤液调节池。排渗管网收集的渗滤液汇入渗滤液调节池。调节池采用半开挖半填筑的形式，整个池底、池壁铺设2mm厚HDPE膜防渗，池底的膜上采用预制混凝土板保护。有效容积42000m^3。

（2）渗滤液处理

1）处理规模。设计除了考虑本工程填埋场产生的渗滤液和粪便处理后的清液外，还接纳垃圾焚烧厂的渗滤液。根据填埋场防渗和清污分流设施布置及分区作业的情况和当地降雨资料，渗滤液平均产出量列于表16-6。

表16-6　西坑尾填埋场渗滤液平均产出量

区　域	A区	B区	C1区	C2区	C3区	D1区	D2区
填埋标高/m	30～80	40～80	74～110	76～110	78～110	110～130	110～140
渗滤液量/(m^3/a)	44000	48000	115000	120000	127750	153300	184325

另外，考虑接纳垃圾焚烧厂、分选厂及粪便处理厂的污水。设计考虑一定的富余量，渗滤液处理站规模按1000m^3/d的能力设计，并分为两个系列分期实施，一期处理规模为340m^3/d，二期处理规模为660m^3/d。

2）渗滤液水质。结合珠海市现有填埋场、垃圾焚烧厂和粪便的实测资料及国内类似填埋场渗滤液的水质资料，预测西坑尾填埋场各股污水水质特征比较相近，主要含有机可生化的污染物、氨氮较高。经渗滤液调节池调节和降解后的平均水质见表16-7。

表16-7　经渗滤液调节池调节和降解后的平均水质　单位：mg/L（除pH值外）

项　目	填埋场区	分选车间	焚烧厂	粪便处理水	调节池
pH值	7.4～8.2	6.0～7.0	6.5～7.5	6.8～7	7～7.5
COD	2000～25000	20000～40000	30000～50000	15000	20000
BOD_5	500～2000	8000～15000	10000～30000	6500	8000
NH_3-N	500～2000	400～1000	300～1000	2000	1800
TP	3～20	15	15	180	30
SS	50～600	600	2500	800	

3）处理方案选择。针对西坑尾填埋场渗滤液的水质特点，一期工程设计采用运行费用低、经济合理的氨吹脱＋厌氧＋CASS生物系统为主的处理工艺。

为了使出水达到新标准《生活垃圾填埋场污染控制标准》（GB 16889—2008），二期工程设计采用了中温厌氧系统（UASB）+膜生化反应系统（MBR，含两级硝化反硝化）+膜深度处理（纳滤/反渗透）主体工艺，浓缩液采用“高级氧化”处理工艺，污泥采用污泥减量化+脱水干化处理工艺。工艺流程见图 16-2。

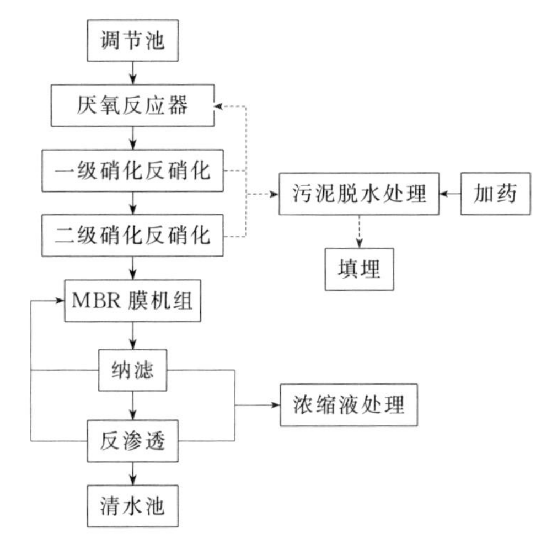

图 16-2　工艺流程图

4）主要设施和设备

① 中温厌氧系统（UASB）：设计进水量 792m^3/d，温度 30～35℃，污泥浓度 50g/L，容积负荷 15kgCOD/（m^3·d），有效容积 1.173m^3，HRT=32h，2 座。

② 膜生化反应系统（MBR，含两级硝化反硝化）：设计 MBR 系统超负荷 20%水质水量，主要设计参数见表 16-8。

表 16-8　膜生物反应器工艺设计参数

项目	数值	项目	数值
最大进水量/(m^3/h)	33	一级污泥产率/(kgMLSS/kgBOD_5)	0.5
污泥浓度/(g/L)	15	二级反硝化率/%	97
进水 COD/(mg/L)	8000	二级反硝化速率/[kgNO_3^--N/(kgMLSS·d)]	0.08
COD 去除率/%	70	二级反硝化池总容积/m^3	435
进水总氮/(mg/L)	3000	二级硝化池水力停留时间/h	9.6
进水氨氮/(mg/L)	2500	二级硝化池总容积/m^3	435
一级反硝化率/%	80	二级回流比/%	300～900
一级反硝化速率/[kgNO_3^--N/(kgMLSS·d)]	0.125	二级污泥产率/[kgMLSS/kgBOD_5]	0.1
一级反硝化池总容积/m^3	1127	超滤膜通量/[L/(h·m^2)]	20
一级硝化率/%	99.5	单支膜面积/m^2	12
一级硝化速率/[kgNH_3-N/(kgMLSS·d)]	0.046	所需膜组件数量/支	162
一级硝化池总容积/m^3	3703	污泥含水率/%	98.5～99
温度/℃	35	一级硝化污泥排量/(t/d)	70
一级回流比/%	300～900	二级硝化污泥排量/(t/d)	10

③ 膜深度处理系统：设计纳滤最大进水量 833m^3/d，纳滤回收率 80%，膜通量 17.5L/(h·m^2)，单元膜元件面积 37m^2。纳滤系统设计 2 套装置，每套 6 支膜壳，每支膜壳装有 4

支膜元件。设计反渗透最大进水量 $640m^3/d$，反渗透回收率 80%，膜通量 $18L/(h \cdot m^2)$，单元膜元件面积 $41m^2$。纳滤系统设计 2 套装置，每套 5 支膜壳，每支膜壳装有 4 支膜元件。

④ 污泥处理系统

a. 污泥减量化系统。在处理系统中，减量化污泥主要来源为 MBR 处理系统。每天产生的污泥约 80t/d。根据工艺的特点，对处理系统中产生的污泥进行了减量化，主要的计算参数见表 16-9。

表 16-9　污泥减量化计算参数

项目	数值	项目	数值
污泥处理系统/套	1	二级 A/O 处理单元污泥/(t/d)	10
设计进泥流量/(t/d)	80	污泥减量化回流量/(t/d)	60
一级 A/O 处理单元污泥/(t/d)	70	污泥减量率/%	75

b. 污泥脱水系统。在污泥处理系统中，污泥在污泥浓缩池内浓缩，再经过脱水机的处理后形成泥饼，然后进行干化处理，脱水清液回流至一级反硝化池。

⑤ 浓缩液处理系统：浓缩液处理系统的计算参数见表 16-10。

表 16-10　浓缩液处理系统计算参数

项目	数值	项目	数值
设计处理量/(m^3/d)	130～230	出水 COD/(mg/L)	≤90
系统安全系数	1.2	污泥产量/(t/d)	15～25
最大进水量/(m^3/h)	11	污泥含水率/%	98

该项目建设完成后经过一段时间运行后对垃圾渗滤液出水水质进行了监测，其各项指标均同时达到了《生活垃圾填埋场污染控制标准》(GB 16889—2008) 及广东省《水污染物排放限值》(DB 44/26—2001) 的控制出水水质要求。

9. 封场设计

由于设计分区填埋，各区之间又相互衔接，这就存在两区搭接处的临时封场面和最终封场面。本填埋场封场结构设计如下。

(1) 临时封场设施

① 所有临时封场区的平台 (8～10m 宽) 处按最终封场基本结构封场，但暂不铺营养表土，改铺道砟、碎石或建筑碎渣，以方便车辆通行。内侧修排水沟。

② 其他临时封场区，按 0.5m 的覆土层考虑。

③ 临时封场区内过境通道，可以按覆土 0.3～0.5m，上层铺建筑碎渣或碎石。

(2) 最终封场设施　最终封场设施按封场结构及其功能要求实施，顶面坡度平均 7%，由中间坡向两侧山坡，形成鱼背形。斜坡面为 1∶3；台阶高差为 10m，平台宽为 8～10m，根据水土保持效果，可在每 5m 高处加设 1m 宽马道。

10. 辅助生产设施

(1) 计量设施　为记录进场垃圾量，设计在车辆入场处设置了计量站。设 SCS-30B 型电子地中衡一台，并配有与全场计算机管理网络相接的端口。

(2) 洗车装置　为防止出入填埋场的垃圾和粪便运输车可能对外部道路及市区环境的污染影响，设计在车辆出场处 (进场道路左侧) 设置了一套洗车装置。其主要技术参数如下。

喷淋水量	$30m^3/h$	冲洗水压(最大)	2.1MPa
水泵电机功率	55kW	行走电机功率	3×2kW
行走速度	约 15m/min		

(3) 机汽修设施　为满足填埋场工程机械与汽车日常维护及修理，设计设置了一综合修理间。分维修作业区、机械加工及钳工作业区、总成修理区等辅助修理作业区。

(4) 加油设施　设计考虑到填埋作业区的压实机、推土机和挖掘机等大型工程机械车辆进出填埋场不方便，且这些车辆均为履带式，经常进出填埋场易对进场道路造成损坏。因此配备了两辆加油车（分别加注汽油和柴油）。

(5) 环境管理与监测　填埋场设置了专门的环境管理与监测机构，负责对填埋场及场区周围环境的污染动态进行监测，促进填埋场作业实现卫生填埋的目标，为填埋场收集并积累各种环境资料，建立环境质量档案。

1) 污染源监测

① 渗滤液。分别在填埋场渗滤液导排管出口处，分选车间来水、粪便处理车间来水、垃圾焚烧厂来水、渗滤液处理站进口水、厌氧池出口、好氧池出口、总排放口设监测点。主要监测项目为：pH 值、SS、COD、BOD_5、NH_3-N、大肠菌。监测频率为渗滤液处理站每日一次（主要项目为 COD、NH_3-N)，其余为每月测一次。重金属项目如 Cu、Pb、Zn、Cd、Cr^{+6}、Hg 等每年测 1～2 次，开始时选 2 次分别在丰、枯水文期，以后选择重金属浓度较高季节经常跟踪测定。

② 气体。分别在各气体导出井、调节池、渗滤液处理站吹脱系统、分选车间、粪便处理车间设监测点，监测项目为 CH_4、H_2S、NH_3、甲硫醇、水蒸气。监测频率为 CH_4 每月一次，其余项目每季一次或夏冬两季各测一次。

③ 噪声。主要是填埋设备、风机噪声和分选车间噪声。可以每年监测 1～2 次。

2) 环境监测

① 地下水监测。共设 7 个井。分别在下列各处设监测井，即 A 区坝下游、B 区坝下游、C 区坝下游各设监测抽水孔一个；在调节池下游和 C 区坝下游约 200m 处和 C 区分水岭西侧各设扩散监测井一个；C 区上游 200m 处设本底井一个。地下水监测项目按地下水质量标准规定的项目，日常使用中根据实际情况可适当减少。监测频率为投产前测定一次，投产后可于丰、枯、平水期各测一次，直到填埋场安定为止。

② 地表水监测。分别在排放口上游和下游各测一次，主要测定 COD、TN、NH_3-N、大肠菌。各水文期测一次。

③ 环境空气监测。在作业区上风向和下风向及分选车间和粪便处理车间外各布一点。监测项目为 CH_4、H_2S、NH_3、TSP、恶臭，每年夏冬各一次。

四、工程投资估算

本工程估算总投资为 19112.12 万元，其中工程费用为 15741.39 万元，其他费用为 1261.93 万元，预备费 2040.40 万元。工程投资总估算见表 16-11。

表 16-11 工程投资总估算

工程或费用名称	价值/万元				
	建筑工程	设备购置	安装工程	其他费用	总价值
工程费用					
总图运输工程	2507.71	530.72	0.2		3038.63
填埋作业区	7171.93	876.78	1247.40		9296.11
渗滤液处理	271.52	583.37	171.57		1026.46
垃圾分选车间	345.52	662.84	131.06		1139.42
粪便处理车间	83.11	342.81	111.04		536.96
管理中心及公用工程	500.05	129.34	74.42		703.81
合计	10879.84	3125.86	1735.69		15741.39
其他费用				1261.93	1261.93
两项合计	10879.84	3125.86	1735.69	1261.93	17003.32
预备费				2040.40	2040.40
三项合计	10879.84	3125.86	1735.69	3302.33	19043.72
铺底流动资金				68.40	68.40
建设总投资	10879.84	3125.86	1735.69	3370.73	19112.12

五、主要技术经济指标

本工程主要技术经济指标见表 16-12。

表 16-12 主要技术经济指标

指标名称	单位	数量	备注
装机容量	kW	1020.00	
年耗电量	kW·h	3000.00	
总用水量	m^3/d	210.53	
用地面积	ha	70.40	一期用地 37.1ha
劳动定员	人	131	
固定资产投资	万元	19043.72	自有资金
流动资金	万元	228.00	自有资金 68.40,流动资金贷款 159.60
总成本费用	万元/a	2497.34	运营期平均
单位总成本费用	元/t 垃圾	39.85	运营期平均
年收入、税金及利润			
年收入	万元/a	2619.31	运营期平均
其中:废品回收收入	万元/a	737.66	运营期平均
垃圾收费	万元/a	1881.65	运营期平均 30.00 元/t 垃圾
利润总额	万元/a	121.97	运营期平均

第四节 洛阳市西霞院垃圾卫生填埋场

一、概况

西霞院垃圾卫生填埋场是洛阳市黄河小浪底西霞院生态休闲度假基础设施项目之一，该工程作为黄河小浪底西霞院生活垃圾处理的唯一设施，对黄河小浪底西霞院经济建设和周围居民生活质量有很大影响。

根据相关资料，黄河小浪底西霞院风景区目前的垃圾成分中有机成分含量约26%，垃圾成分以无机物无主，约占65%。综合考虑，黄河小浪底西霞院风景区垃圾处理采用卫生填埋处理工艺。采用人工防渗技术对填埋库区进行防渗处理，对渗滤液进行处理，对填埋气体（LFG）集中燃烧处理；填埋过程中通过及时覆土、洒水消毒等措施使填埋场对周边环境的影响降到最小。

二、厂区条件

1. 地理位置

洛阳黄河小浪底西霞院旅游区南距河南省洛阳市20km，景区同时处在国家黄金旅游线路河南“三点一线”的中心部位，总面积约为349km^2。地势西高东低，西部为黄河山地峡谷地貌，中部为黄河冲积阶地，东部为黄河滩涂。西部山区最高海拔481m，东部黄河滩地最低海拔120m。

2. 场址位置

本工程填埋场址距离孟津县城约7km，位于孟津县城东北方向，县城到白鹤镇公路以西400m处的沟壑内。场址现有简易道路相通，交通较为便利。场址处于低山丘陵区，三面环山，最大高差40m左右，可利用面积约200亩，土地利用价值低。

根据场区地形地貌特点，本工程填埋库区选在沟谷上游，即库区上游布置大致呈四边形。为满足征地要求，增加填埋区使用库容，并满足场区防洪和垃圾填埋的需求，在填埋库区南北两侧设置垃圾坝，并对场区底部进行平整。

污水处理区布置在填埋区东北部，填埋区垃圾坝外侧，以满足场区夏季主导风向的要求。

根据场区夏季主导风向及地形特点，办公区及辅助生产区设置在场区东北部、填埋库东北侧布置。

填埋库区东侧在距填埋场边线8m处设置有0.8m×0.6m截洪沟，随填埋坡势进行排放，西侧沿进场道路设置排水边沟，库底埋设泄洪管道。整个库区周边的绿化隔离带宽不小于8m。

三、基本规划

1. 工程分区建设方案

依据填埋库区地形特点，为满足填埋库区雨污水分流的需要，减少垃圾渗滤液的产生量，考虑工程实施的可行性，工程计划分两个区域建设。填埋区有效填埋面积225000m^2，填埋一区面积平均为37212m^2，填埋二区面积平均为42442m^2。

2. 填埋区库容计算及使用年限

本工程有效填埋区占地面积共131136m^2。填埋库容包括南北两侧垃圾坝内的填埋部分及垃圾坝以上的堆山填埋部分。其中南北两侧垃圾坝高约20m，垃圾坝内填埋深度约20m，垃圾坝以上部分堆山高度约40m。堆山时高度每升高5m设置2m宽操作平台，每升高10m设置5m宽操作平台，达到标高120m（基本西侧山体标高）后，开始对西侧进行堆山收坡，堆山边坡比1∶3；这样南、北、西分别向东侧进行收坡填埋，直至东侧封场标高140m，场地平整南北向顺自然地形，以3.7%自南向北坡，东西两侧以2%坡向中心。根据以上相关参数，结合初步设计断面，计算填埋场总库容为326万立方米。工程库容计算详见表16-13。

表16-13 填埋区库容计算表

桩号	面积/m^2	面积/m^2	平均面积/m^2	容积/m^3	累计容积/m^3
垃圾坝边	0				
0	8554	8554	4277	158249	158249
27	11649	20203	10102	272741	430990
54	12108	23757	11878.5	320719.5	751709
81	13672	25780	12890	348030	1099739
108	12936	26608	13304	359208	1458947
135	12746	25682	12841	346707	1805654
162	12088	24834	12417	335259	2140913
189	11919	24007	12004	324095	2465008
216	11405	23324	11662	314874	2779882
243	7974	19379	9690	261617	3041498

根据工程可研报告及可研报告的批复文件，本工程卫生填埋规模日均处理城市生活垃圾363.3t，需设计总库容313万立方米。而本工程设计总库容为326万立方米。满足可研报告及可研报告的批复文件要求，即满足工程服务年限共20年。

四、工程内容

1. 填埋库区防渗

根据《生活垃圾卫生填埋技术规范》《生活垃圾填埋场污染控制标准》和《城市生活垃圾卫生填埋处理工程项目建设标准》的相关要求，场区底部防渗系数不大于1.0×10^{-7}cm/s。

填埋场防渗系统通常包括渗滤液收排系统、渗滤层、保护层、防渗层、基础层。本工程选用高密度聚乙烯（1.5mmHDPE膜）单层衬里防渗系统对场区进行防渗。

场区底部及边坡平整后压实，主盲沟方向上形成8.7%的坡降。根据工程地质勘察报告，在勘探深度内未见地下水。故场区无需考虑在场地铺设地下水导流系统。平整后的地基经过压实后，其上铺一层750mm厚的黏土保护层，压实后黏土上铺设1.5mm厚的HDPE膜防渗层，防渗膜之上为600g/m^2的土工布保护层，在土工布之上铺设300mm厚的渗滤液导流层，导流层采用粒径16～32mm之间的级配碎石层。导流层之上设一层200g/m^2的土工布层作为防堵塞隔层，其上为垃圾堆体。

填埋场区水平防渗结构由下至上依次为：平整后地基、6mmGCL防渗层、1.5mm厚HDPE膜防渗层、600g/m^2土工布防堵塞层、300mm厚渗滤液导流层、200g/m^2土工布防堵塞层、垃圾堆体。

平整后的边坡结合实际地形，边坡坡度为1∶1。平整后的边坡铺设1.5mm厚的HDPE防渗膜，防渗膜之上铺设600g/m^2的土工布作为膜上保护层，再之上为素土袋缓冲保护层，缓冲保护层由废旧轮胎或者素土袋组成，用以保护防渗膜不被填埋垃圾中尖利物刺破。

填埋场区边坡防渗结构由下至上依次为：平整后边坡地基、6mmGCL 防渗层、1.5mm 厚 HDPE 膜防渗层、600g/m^2 土工布保护层、素土袋保护层、垃圾堆体。

2. 场区平整

工程总征地 400 亩，其中填埋区占地 360 亩，生产管理区和污水处理区占地 40 亩。根据场址地质勘察报告，场区主要地层为粉质黏土和粉土。场地平整过程中，结合工程地质报告，对场区底部进行开挖平整，开挖深度结合实际地形，以清除场底树根碎石等坚硬杂物，并满足场地整体坡降为准。开挖时，主盲沟方向上坡度 8.7%。边坡坡度按照 1∶3 削坡，场地开挖后进行机械夯实，然后进行防渗、导气、排污等基础设施建设。

3. 场区排水

本工程环库截洪沟沿填埋库周边设置，其主要用于排除填埋区封场后雨水及部分场外雨水。

雨污分流主要指填埋库区排水，是卫生填埋场主要工程之一。雨污分流做得好，将有利于减少垃圾渗滤液产生量，降低垃圾渗滤液的处理费用。

为了减少垃圾渗滤液的产生量，本工程填埋作业时通过以下措施来达到雨污水分流，从而减小渗滤液的产生量。

(1) 填埋库区实行分区作业　根据场区地形，本工程填埋库区分为两个作业区域，两个区之间设置分区垃圾坝，两个区域采用各自的管道输送收集的渗滤液，按照使用先后顺序建设。一个区域作业时，另一个区域汇水直接排出场外，最大限度实现区域之间的雨污水分流。

(2) 作业区雨污分流　单个作业区域填埋作业时，通过导流坝将已填埋库区与未填埋库区隔开，已填埋库区雨水排入渗滤液调节池，未填垃圾的填埋库区内雨水通过泵直接排出场外，最大限度实现雨污分流，减少渗滤液的产生量。

(3) 作业区及时覆盖　填埋作业时，对于正在使用的作业区域，在雨季利用 0.5mm 厚的 HDPE 膜进行临时覆盖，使大量雨水排出场外，减小雨水的下渗。

(4) 及时覆土　填埋作业过程中，当天填埋当日覆土，减小雨水的下渗。在中间覆土中，保证覆土面形成一定的坡度，使表面径流尽快排出。

(5) 设置雨水导流沟　垃圾坝以上堆填部分，根据堆填高度的进行，及时进行边坡覆盖。当堆填作业到达边坡平台时，在平台上设置雨水导流沟。

4. 场区防洪系统

按照《城市生活垃圾卫生填埋处理工程项目建设标准》，本工程建设规模属于Ⅳ类，防洪标准为二十年一遇，按五十年一遇进行校核。

场区位于山区，目前的排水排入场区北部现有沟渠内。场区的汇水面积包括：场区内的 0.08km^2 的汇水面积和场区外侧约 0.04km^2 汇水面积。根据建设标准，其防洪标准按 20 年一遇设计，按 50 年一遇校核。其流量计算采用公路科学研究所的经验公式（适用于汇水面积小于 10km^2）。计算公式如下：

$$Q_p = KF^n \quad (m^3/s)$$

式中，Q_p 为设计频率下的洪峰流量，m^3/s；K 为径流模数，按照表 6-18 取值；F 为流域的汇水面积，km^2；n 为面积参数，当 $F<1km^2$ 时，$n=1$；当 $1km^2<F<10km^2$ 时，按照表 6-19 取值。

径流模数根据表 6-18 数据，采用内插法得到。

由于实际汇水面积小于 $1km^2$，故 $n=1$。

按照重现期 20 年，$K=18.65$；

按照重现期 50 年，$K=23.4$；

据此分别计算洪峰流量。

考虑分区域和排水方向，经计算 $Q_{p1}=1.21m^3/s$。截洪沟断面为梯形，总长 1376m。断面尺寸为：边坡比 1∶1，下底宽 0.4m，深 0.7m，内面采用片石护砌。

5. 渗滤液收集与导排系统

为将垃圾渗滤液尽快排出场外，减少渗滤液在场内停留时间，控制其对地下水及土壤的污染，为此在填埋场场底按一定坡度铺设渗滤液导排系统。

渗滤液导排系统包括导流层、主盲沟以及渗滤液收集管等。其中导流层厚 0.3m，由粒径 16～32mm 的卵石层组成。

场底主盲沟方向坡降为 8.7%，主盲沟内设置的导流管采用花管，管径为 DN315mm，盲沟采用梯形断面，尺寸大小上部宽为 3.0m，底宽 0.5m，深 0.5m。主盲沟结构包括粒径 16～32mm 的级配碎石及 HDPE 花管。为防止堵塞，花管外包覆一层土工布。

渗滤液经导排层和主盲沟汇集后，以重力流形式进入场区外侧的集水井，再通过提升泵和输送管道进入调节池。

垂直收集导排系统即为设置在堆体上的导气石笼。导气石笼除具有将场内垃圾降解产生气体导出的功能外，还具有将垃圾堆体表面雨水以及渗滤液迅速地收集、导排至渗滤液导流层和导流盲沟内。

导气石笼在填埋区按照 45m 间距设置，由直径为 1200mm 的钢丝网内填充级配碎石、管径为 DN150mm 的 HDPE 花管组成。

6. 渗滤液调节设计

垃圾填埋场渗滤液的来源包括大气降水、地表径流水、地下水、垃圾和覆盖材料中的水分及垃圾中有机成分分解产生的水分等。根据本工程实际，地表径流水和地下水可以排除，按同类工程经验，垃圾本身分解产生的水分和覆盖材料中的水分可以忽略不计，大气降水是垃圾渗滤液产生的最主要来源。故本工程渗滤液产生量的计算只考虑大气降水。

渗滤液产生量按以下公式计算：

$$Q=CIA/1000$$

式中，Q 为渗滤液产生量，m^3；C 为雨水下渗系数；I 为降雨强度，mm；A 为填埋库区汇水面积，m^2。

本工程进行填埋作业时，整个填埋库区分为两个填埋区域，渗滤液计算按最不利情况计算，即填埋二区封场，一区作业，封场区雨水下渗系数取 0.3，作业区雨水下渗系数取 0.5。

本工程填埋区有效填埋面积为 $79654m^2$，填埋一区面积为 $42442m^2$，填埋二区面积为 $37212m^2$。降雨强度取新安县多年年平均降水量 595.1mm。

根据以上相关参数，最不利情况下场区渗滤液产生量为

$$
\begin{aligned}
Q &= (37212\times 0.3+42442\times 0.5)\times 595.1/1000 \\
&= 19272.08\ (\mathrm{m^3/a})
\end{aligned}
$$

经计算，最不利情况下，库区渗滤液产最大年产生量为 $1.93\times 10^4\mathrm{m}^3$，平均每日 52.8$\mathrm{m}^3$。

渗滤液平均日产生量：$Q=52.8\mathrm{m}^3/\mathrm{d}$。

本工程污水处理量确定为 65m^3/d（含每日 8t 的生活污水）。

调节池的主要作用是存储渗滤液，保证雨季渗滤液不外溢，并对渗滤液的有机负荷进行调节，其容积应按多年逐月平均降雨量计算各个月的渗滤液产生量，去掉处理量，最后算出最大累计余量，该最大累计量即为调节池最低调节容量。

由于本工程考虑了填埋分区进行，整个填埋库区分为两个区域，各区之间由分区垃圾坝隔开。当一个区域作业时，其他区域进行临时性的封场。最大限度地实现雨污水分流。

填埋库场区积水最不利情况为填埋二区封场，一区作业。最不利情况下封场面积为 42442m^2，作业区面积为 37212m^2。降雨强度取洛阳黄河小浪底西霞院旅游区多年平均降水量 595.1mm。封场后雨水入渗系数取 0.3。作业区雨水入渗系数取 0.5。调节池容积按最不利情况下渗滤液的产生考虑，以保证安全。

根据以上气象资料及渗滤液处理规模平衡计算，根据计算，调节池容积为 4211m^3，考虑到填埋露天操作的不可预见性，取调节池安全系数 1.2，则调节池容积为 5053m^3。

本工程推荐方案调节池容积确定为 5100m^3。

调节池的结构形式结合场地的地形、地貌、地质条件等因素，确定调节池采用土工膜防渗结构。调节池防渗系统采用单层衬里防渗系统。在场底开挖清理完毕的池底基础上，直接铺设 1.5mm 厚的 HDPE 膜防渗层。为防止调节池上恶臭物质的排放，调节池采用 HDPE 膜加盖密封，并在调节池周围设置绿化隔离带。

7. 填埋气体（LFG）导排及处理系统设计

本工程采用预埋石笼导气，采用直径为 1.2m 的导气石笼导排填埋气体。导气石笼由外套层、碎石滤层及中心花管组成。填埋气体经导气石笼导出后集中排放。在填埋场封场前，在各个导气石笼井之间设置水平导气管。水平导气管采用 DN150mm 的 HDPE 管，导气管成环状布置。

本次设计导气石笼间距 40～50m，全场共设石笼 45 眼。当场底垃圾填埋堆层厚 1.0m 时开始设置石笼。石笼初期高度 1.5m，随填埋体升高不断加高，直至终场，并最终高出封场面 1.0m。

导气石笼为外径 1200mm 的圆柱体，由钢筋骨架、铅丝网、级配碎石及 HDPE 花管组成。钢筋骨架为 4ϕ18 钢筋，外围铅丝网规格为 30mm×30mm，内部填充 50～100mm 的级配碎石，中心为直径 150mm 的 HDPE 花管。为防止堵塞，HDPE 花管外包敷土工布。

因本工程填埋规模小，产气量小，利用价值低，不进行回收利用，沼气处理方案采用场外直接燃烧处理。

填埋气体经集中收集后通过金属软管引到场外燃烧塔进行燃烧处理。燃烧塔设置压力控制装置和自动点火装置，当填埋气体压强达到设定数值后通过自动点火装置对 LFG 进行燃烧处理。

8. 封场与利用

封场覆盖作业包括坝顶以上部分堆山作业中的边坡覆盖和最终的场区顶部覆盖。边坡覆盖随着填埋堆高的上升同步进行。通常的填埋场最终覆盖有黏土覆盖结构、人工材料覆盖结构两种，由于本库区周边优质的黏土很少，设计选用人工材料覆盖结构，基本结构由上至下依次如下。

① 植被层：下部为45cm厚自然土，上部为15cm厚营养土，表层植被绿化；

② 膜上保护层（排水层）：HF10土工排水网格、200g/m^2无纺土工布；

③ 防渗层：1mmHDPE膜；

④ 膜下保护层：200g/m^2无纺土工布、25cm厚黏土；

⑤ 排气层：35cm厚砂砾石。

填埋库区全部封场后，应尽快恢复周围景观，减轻对环境的影响，减少雨水的入渗。封场后填埋堆体在稳定之前，严禁任何方式的土地利用计划。当填埋堆体基本稳定后并经过相关部门的鉴定，封场后的场地可进行绿化。填埋场区及周边严禁进行建筑活动。

五、垃圾渗滤液处理方案

1. 渗滤液污水处理规模

垃圾渗滤液的处理量是按年径流调节考虑的，经分析比较，确定调节池调节后的渗滤液处理规模为40m^3/d。

2. 设计水质

本工程渗滤液处理工艺设计进水水质见表16-14。

表16-14 设计进水水质

项目	COD_{Cr}/(mg/L)	BOD_5/(mg/L)	NH_3-N /(mg/L)	TN /(mg/L)	SS/(mg/L)	电导率/(μS/cm)	pH值
进水	≤15000	≤8000	≤2000	≤2500	≤500	≤20000	6～8
出水	≤100	≤30	≤25	≤40	≤30	—	6～9

3. 工艺设计

（1）工艺流程　如图16-3，本工艺采取简单预处理＋两级反渗透的核心处理方式，结合浓缩液和渗滤液的回灌，确保出水达到《生活垃圾填埋场污染控制标准》（GB 16889—2008）要求的标准。

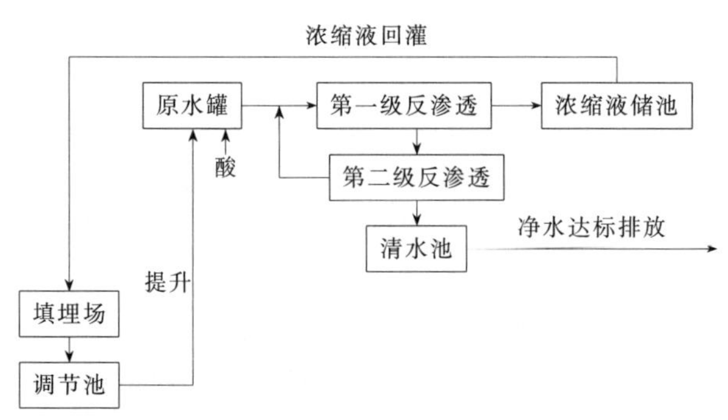

图16-3 渗滤液处理系统整体工艺示意

（2）工艺流程说明

1）预处理。渗滤液 pH 值随着厂龄、环境等各种条件的变化而变化，其组成成分复杂，存在各种钙、镁、钡、硅等难溶盐，这些难溶无机盐进入反渗透系统后被高倍浓缩，当其浓度超过该条件下的溶解度时将会在膜表面产生结垢现象。而调节原水 pH 值能有效防止碳酸盐类无机盐的结垢，故在进入反渗透前需对原水进行 pH 值调节。

调节池出水泵入反渗透系统的原水罐，在原水罐中通过加酸，调节 pH 值，原水罐的出水经原水泵加压后再进入石英砂过滤器，砂滤器数量按具体处理规模确定，其过滤精度为 50μm。砂滤器进、出水端都有压力表，当压差超过 2.5bar（1bar=10^5Pa）的时候必须执行反洗程序。砂滤器反冲洗的频率取决于进水的悬浮物含量，对一般的垃圾填埋场，砂滤器反冲洗周期约 100h，对于 SS 值比较低的原水，砂滤运行 100h 后若压差未超过 2.5bar 也必须进行反冲洗，以避免石英砂的过度压实及板结现象，两者以先到时间为自动激活砂滤反洗时间。砂滤水洗采用原水清洗；气洗使用旋片压缩机产生的压缩空气。

砂滤出水后进入芯式过滤器，对于渗滤液级系统，由于原水中钙、镁、钡等易结垢离子和硅酸盐含量高，经 DT 膜组件高倍浓缩后这些盐容易在浓缩液侧出现过饱和状态，所以根据实际水质情况在芯式过滤器前加入一定量的阻垢剂防止硅垢及硫酸盐结垢现象的发生，具体添加量由原水水质分析情况确定，阻垢剂应加 20 倍水进行稀释后使用。芯式过滤器为膜柱提供最后一道保护屏障，芯式过滤器的精度为 10μm。同样，芯式过滤器的数量同砂滤一样按具体处理规模确定。

2）一级 DTRO。经过芯式过滤器的渗滤液直接进入高压柱塞泵。

DT 膜系统每台柱塞泵后边都有一个减震器，用于吸收高压泵产生的压力脉冲，给反渗透膜柱提供平稳的压力。经高压泵后的出水进入在线泵或膜柱。由于高压泵流量不足以向膜柱直接供水，所以通过在线泵将膜柱出口一部分浓缩液回流至在线泵入口以保证膜表面足够的流量和流速，避免膜污染。在线泵流出的高压力及高流量水直接进入膜柱。

膜柱组出水分为两部分：浓缩液和透过液，浓缩液端有一个压力调节阀，用于控制膜组内的压力，以产生必要的净水回收率。透过液进入二级膜柱进一步处理。浓缩液排入浓缩液储池，等待回灌或外运处置。一级 DT 膜系统流程示意如图 16-4 所示。

3）二级 DTRO。第二级 DT 膜系统用于对一级 DT 膜系统透过液的进一步处理，因此又称为透过液级，经一级 DT 膜系统处理后的透过液无需添加任何药剂直接送入二级 DT 膜系统高压泵，一级与二级之间无需设置缓冲罐，系统运行时流量自动匹配。第二级高压泵设置了变频控制，二级高压泵运行频率和输出流量将根据一级透过液流量传感器反馈值自动匹配，同时二级高压泵入口管路设置了浓缩液自补偿，使得二级系统的运行不受一级系统产水量的影响。第二级反渗透不需要在线增压泵，由于其进水电导率比较低，回收率比较高，仅仅使用高压泵就可以满足要求。

二级浓缩液端也设有一个伺服电机控制阀，用于控制膜组内的压力和回收率。第二级膜柱浓缩液排向第一级系统的进水端，以提高系统的回收率，透过液排入脱气塔，经过吹脱除去水中二氧化碳等气体，使 pH 值达到 6～9，最后达标排放。

4）清水脱气及 pH 值调节。由于渗滤液中含有一定的溶解性气体，而反渗透膜可以脱除溶解性的离子而不能脱除溶解性的气体，就可能导致反渗透膜产水 pH 值会稍低于排放要求，经脱气塔脱除透过液中溶解的酸性气体后，pH 值能显著上升，若经脱气塔后的清水 pH 值仍低于排放要求，此时系统将自动加少量碱回调 pH 值至排放要求。由于出水经脱气塔脱气处理，只需加微量的碱液即能达到排放要求。

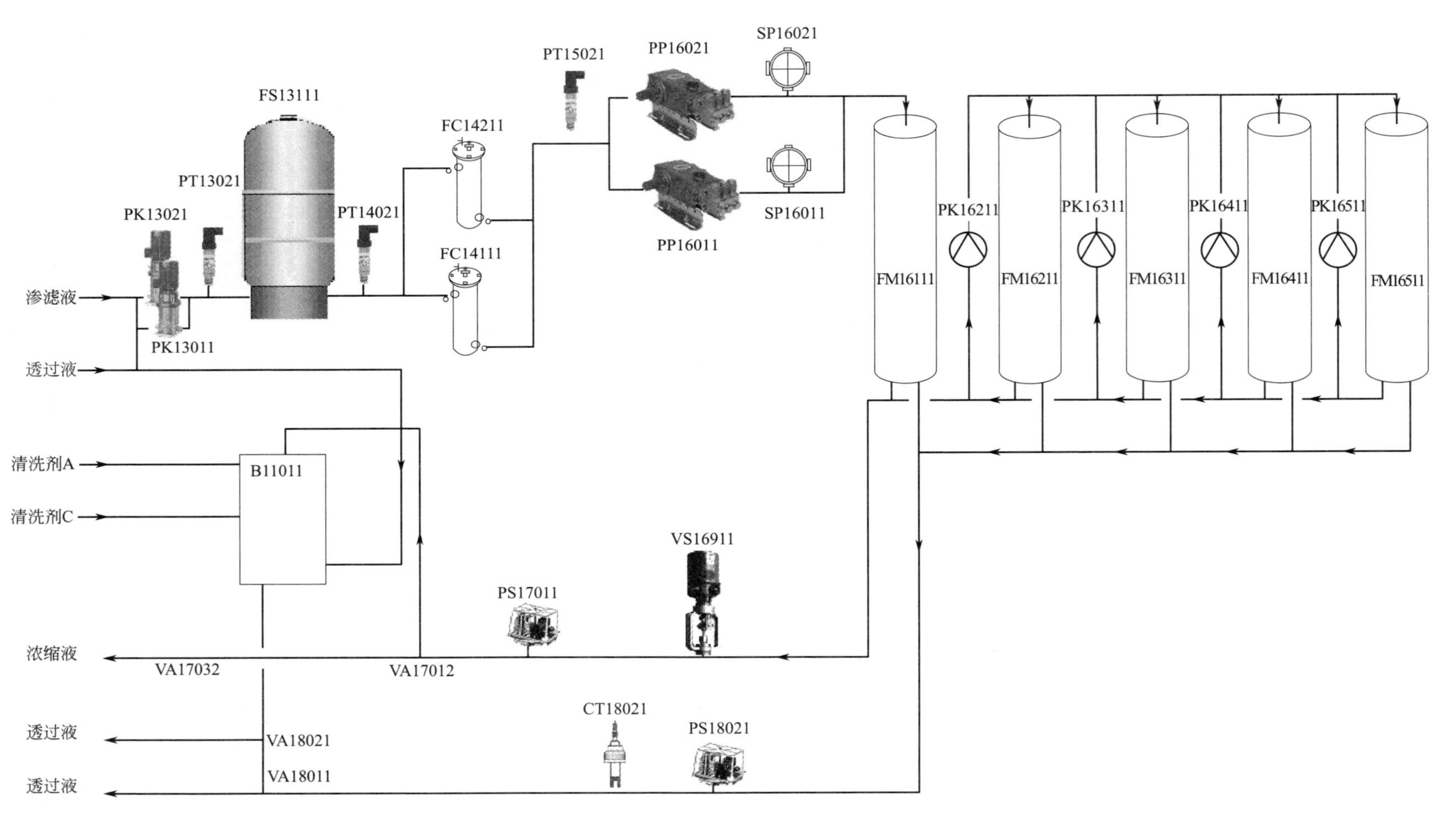

图 16-4　一级 DT 膜系统流程示意

出水 pH 值回调在清水罐中进行，清水排放管中安装有 pH 值传感器，PLC 判断出水 pH 值并自动调节计量泵的频率以调整加碱量，最终使排水 pH 值达到排放要求。

5）设备的冲洗和清洗。膜组的清洗包括系统冲洗和化学清洗两种。

反渗透系统有清洗剂 A、清洗剂 C、阻垢剂和清洗缓冲罐。操作人员需要定期给储罐添加清洗剂和阻垢剂，设定清洗执行时间，需要清洗的时候系统自动执行。

① 系统冲洗。膜组的冲洗在每次系统关闭时进行，在正常开机运行状态下需要停机时，一般都采取先冲洗后停机模式。系统故障时自动停机，也执行冲洗程序。冲洗的主要目的是防止渗滤液中的污染物在膜片表面沉积。冲洗分为两种，一种是用渗滤液冲洗，另一种是净水冲洗，两种冲洗的时间都可以在操作界面上设定，一般为 2～5min。

② 化学清洗。为保持膜片的性能，膜组应该定期进行化学清洗。清洗剂分酸性清洗剂和碱性清洗剂两种，碱性清洗剂的主要作用是清除有机物的污染，酸性清洗剂的主要作用是清除无机物污染。

在清洗时，清洗剂溶液在膜组系统内循环，以除去沉积在膜片上的污染物质，清洗时间一般为 1～2h，但可以随时终止。清洗完毕后的液体排出系统到调节池。膜组的化学清洗由计算机系统自动控制，可在计算机界面上设定清洗参数。

清洗剂一般稀释到 5%～10%后使用。

③ 清洗周期。清洗时间间隔的长短取决于进水中的污染物质浓度，当在相同进水条件下，膜系统透过液流量减少 10%～15%或膜组件进出口压差超过允许的设定值（DT 组件进出压差为 12bar，卷式 RO 膜管进出压差 2.5bar）时需进行清洗，经正常情况下清洗周期如下。

一级 DT 系统的化学清洗周期：碱洗 5d，pH=10～11；酸洗 10d，pH=2.5～3.5。

二级 DTRO 系统的化学清洗周期：碱洗 14d，pH = 10 ～ 11；酸洗 28d，pH = 2.5～3.5。

(3) 各工艺单元污染物去除率预测　实践工程证明，DTRO 对 COD_{Cr}、BOD_5、氨氮等各污染物的去除率达到了理想的去除效果。

各工艺段主要污染物去除效果如表 16-15 所列。

表 16-15　各工艺段主要污染物去除效果

工艺段	项目	COD_{Cr} /(mg/L)	BOD_5 /(mg/L)	NH_3-N /(mg/L)	TN /(mg/L)	SS /(mg/L)
一级 DTRO 出水	进水	≤15000	≤8000	≤2000	≤2500	≤500
	出水	600	320	140	175	5
	去除率	>96%	>96%	>93%	>93%	>99%
二级 DTRO 出水	进水	≤600	≤320	≤140	≤175	5
	出水	36	19.2	14	17.5	0
	去除率	>94%	>94%	>90%	>90%	>99%
排放标准 GB 16889—2008 表 2		≤100	≤30	≤25	≤40	≤30

从表 16-15 中可以看出，该系统出水水质远优于排放标准。

第五节　泰安市东平县生活垃圾填埋场

一、概况

泰安市东平县垃圾处理场位于东平县城区西北东平镇王村东南约 1.5km 的自然山沟地段，后梯路东 1km，距县城区距离 6.2km。场区占地面积约 150 亩。填埋场处理规模为 150t/d。2008 年通过山东省发改委可研立项，由山东省城建设计院设计，同年通过初步设计审查，2009 年进行施工图设计，2010 年 12 月开始正式启用。

二、设计条件

1. 垃圾成分

东平县目前的垃圾成分较为复杂，以农业为主，且属于混合型，垃圾的主要组成部分：居民生活垃圾、贸易市场垃圾、饮食服务垃圾和建筑弃物垃圾。以居民生活垃圾为主，而居民生活垃圾又以厨余物和炉煤灰为主要成分，尽管近几年县城煤气、液化气得到普及，集中供热逐年扩大，改善了居民的燃料结构，但仍有相当部分居民以煤为燃料，煤渣仍然是垃圾的主要成分。其次居民产生的食品弃物也有相当数量，是城市垃圾的另一主要组成部分。垃圾中的可利用部分由社会闲散人员收集，可回收成分少，垃圾有机物含量 36%，无机物含量 50%左右，含水量小于 30%。

随着城市的发展水平和人民生活水平的不断提高，并随着垃圾分类收集的实施，东平县生活垃圾的成分变化呈相对稳定趋势，垃圾成分见表 16-16。

表 16-16　东平县生活垃圾成分及重量百分比分析预测表　　单位：%

有机物		无机物		可回收物						其他
动物	植物	灰土	砖瓦陶瓷	纸类	塑料橡胶	纺织物	玻璃	金属	木竹	（混合物）
5.20	40.20	33.00	4.00	0.20	4.50	3.00	2.50	0.80	3.60	3.00

2. 自然条件

气候：县境内属温带大陆性季风气候，四季分明，夏季高温多雨，冬季天气干冷雨雪稀少。

气温：历年平均气温达 14.3℃，极端最高气温为 40.5℃（2002 年 7 月 15 日），极端最低气温为－14.5℃（1993 年 1 月 16 日），月平均气温最高是 7 月 27.6℃，最低是 1 月，－0.6℃，最大冻土深度 34cm。

降水：1978～2003 年，年平均降水量为 605.6mm，年际变化幅度大，年最大降水量为 872mm（1994），年最小降水量为 285.3mm（2002 年）。年降水高度集中在 6～8 月，占全年降水量的约 2/3。月最大降水量出现在 1996 年 7 月，为 354.1mm，全年≥0.1mm 降水日数平均 67.7 天。

蒸发量：境内1978～2003年平均蒸发量为1650.5mm，年最大蒸发量为1809.1mm（2002年），年最小蒸发量为1542.4mm（1993年）。6月蒸发量最大，1月最小，累计年平均蒸发量大于降水量。

湿度：累计平均相对湿度为68%，最低出现在2～4月，占55%，最大出现在7～9月，占71%～79%，其中春季为37%，夏季为72%，秋季为67%，冬季为60%。

风向：境内全年最多风向为东南，年平均风速2.5m/s。变化规律主要随季风转换而变化，2～7月盛行东南风，平均风力2～3级。8月至次年1月以北风为主，东南风次之。

3. 城市地形地貌

东平县地处鲁北地台区鲁西台背斜以西，为鲁西拱断束的一部分。基地为前震旦系泰山群结晶变质岩系，盖层为古生代及新生代寒武纪、奥陶纪及第四纪沉积物。

境内地貌类型多样，大地貌，属华北平原；中地貌，属鲁西南平原、东北低槽和鲁中山区的西南边缘丘陵。全县地势北高南低，东高西低，最高点为梯门乡歪老婆顶，海拔451m（黄海高程），最低点在新湖乡轩场附近，海拔36.7m，县城内海拔在55～67.5m之间，东部一担土村海拔97m，为城区制高点。大清河东西贯穿，北部属低山丘陵；南部为平原涝洼。

县城区地势东北高，西南低。

县境内地形分为三大部分：山地丘陵主要分布在东北部地区，属鲁中南低山丘陵边缘；平原主要分布在南部地区，属大汶河冲积平原；洼地主要分布在西部东平湖区，该区西边是黄河，东边是东平湖滞洪区，属黄河冲积平原。

4. 水文概况

东平县境内的水资源由地表水、地下水和部分过境客水组成。东平县地下水的动态流与地表水相同，由北向南，由东向西。地下水靠天然降水入渗补给、河道侧渗和灌溉回归，消耗主要是蒸发和蒸腾。

东平县地势低洼，为泰安地区客水汇集中心，属于黄河流域，境内的客水为大清河及其上游的大汶河流域内的地表径流。大清河发源于境外，最后注入东平湖。黄河沿西部县境流过。沿黄地区由于没有井灌面积或很少有井灌面积，灌溉主要依靠引黄河水。东平县城北面是山地，南临大清河，西为稻屯洼滞洪区和东平湖，城区中间有龙王沟（泄洪沟）、南部有城区排污沟，西北有白吉河。

5. 场区工程地质和水文地质条件

拟建场地地貌单元属山前坡洪积平原。地形起伏不平，地势开阔，东高西低，南高北低，地面标高在－15.52～2.28m，最大高差为17.80m。

拟建场区在勘察深度范围内未见地下水。

根据东平县垃圾填埋场岩土工程勘察报告，结合原位测试及土工试验资料结果，拟建场地地基土在勘察深度内可分为以下几层，分述如下。各层的承载力特征值见表16-17。

1层黄土状粉质黏土（Q4dl＋pl）：黄褐色，硬塑，局部可塑。土质均匀，可见针状孔、虫孔，含少量白色钙质结核及钙质粉末。该层主要分布于场区南部，揭露厚度一般1.10～4.40m，平均厚度为2.63m，层底标高－14.70～－8.36m。

2 层粗粒混合土（Q3dl＋pl）：棕褐色，中密，稍湿。粗颗粒为石灰岩质碎块及姜石，含量一般在 60％以上，粒径一般在 10～60mm。充填硬塑状黏性土（全充填）。局部地段上覆 0.30m 的耕植土。该层分布较普遍，揭露厚度 1.40～10.30m，平均厚度 6.23m，层底标高－23.42～－0.32m。

2-1 层黏土（Q3dl＋pl）：红褐色，硬塑，局部可塑。土质不甚均匀，含 5％～15％的灰岩质碎石。该层呈透镜体状分布，揭露厚度 0.40～5.10m，平均厚度 1.82m，层底标高－20.86～－7.14m。

2-2 层胶结砾石（Q3dl＋pl）：角砾状结构，块状构造。粗颗粒含量一般在 40％～70％之间，局部含量较少，粒径 1～6cm。该层仅部分钻孔揭露，呈透镜体状，揭露厚度 0.50～4.20m，平均厚度 1.57m，层底标高－21.86～－2.39m。

3 层强风化页岩（∈）：灰色，原岩结构、构造大部分破坏。风化不够均匀，一般上部 0.30m 左右呈土状。该层分布普遍，揭露厚度 0.90～3.90m，平均厚度 2.28m，层底标高－26.44～－3.12m。

4 层中风化页岩（∈）：灰色，泥质结构、页理构造。主要矿物成分为黏土矿物。该层分布普遍，该层在勘察深度范围内未被揭穿，最大揭露厚度 13.50m。

表 16-17　岩土层承载力特征值表

岩土层名称	承载力特征值 f_{ak}/kPa	岩土层名称	承载力特征值 f_{ak}/kPa
1 层黄土状粉质黏土	160	2-2 层胶结砾石	500
2 层粗粒混合土	330	3 层强风化页岩	350
2-1 层黏土	280	4 层中风化页岩	1000

根据东平县垃圾填埋场岩土工程勘察报告，测定场区范围内土层的渗透系数。

（1）土层渗透性　根据钻孔注水试验结果，2 层粗粒混合土的渗透系数为 2.66×10^{-4}～3.24×10^{-4}cm/s。根据室内试验测试结果：1 层黄土状粉质黏土的渗透系数为 1.89×10^{-6}～4.45×10^{-4}cm/s；2-2 层黏土的渗透系数为 2.38×10^{-7}～3.93×10^{-6}cm/s。土层渗透系数表见表 16-18。

表 16-18　土层渗透系数表

孔号	钻孔半径 r /m	稳定注水量 Q /(m³/d)	水头高度 h /m	渗透系数 k /(m/d)	渗透系数 k /(cm/s)
31	0.065	4.40	4.10	0.23	2.66×10^{-4}
45	0.065	5.62	4.20	0.28	3.24×10^{-4}

（2）岩层渗透性　本次勘察采用压水试验测定页岩的单位吸水量及渗透系数。

根据压水试验结果，页岩的单位吸水量为 0.02～0.03L/(min・m²)，渗透系数为 2.20×10^{-5}～3.24×10^{-5}cm/s。岩层渗透系数表见表 16-19。

表 16-19　岩层渗透系数表

孔号	钻孔半径 r/m	试验段长度 L/m	稳定流量 Q/(L/min)	压水试验总压力 p/MPa	单位吸水量 w /[L/(min・m²)]	渗透系数 k /(m/d)	渗透系数 k /(cm/s)
6	0.055	5.00	2.05	0.215	0.02	0.019	2.20×10^{-5}
27	0.055	5.00	3.42	0.253	0.03	0.028	3.24×10^{-5}

（3）场地稳定性和适宜性评价　拟建东平县城市垃圾处理场位于东平县城区西北，东平镇王村后梯路东 1km，距县城区距离 6.2km，填埋场地处位置属山前坡洪积平原，根据现

场开挖的探井及现场地质测绘和调查情况及收集资料分析可知：以2层粗粒混合土、3层强风化页岩共同作为垃圾填埋区及坝基持力层。将2-1层黏土挖除，换填级配碎石并分层夯实；对2-2层胶结砾石及4层中风化页岩地段铺设不小于0.50m的褥垫层，可防止差异沉降对垃圾填埋场衬里防渗结构产生不良影响。拟建场地特殊性岩土是指1层黄土状粉质黏土（湿陷性土）。根据探井土样湿陷性试验结果，1层黄土状粉质黏土的自重湿陷系数 δ_{zs} 均小于0.015，湿陷系数 δ_s 为0.026，湿陷起始压力 p_{sh} 113kPa。经判定，1层黄土状粉质黏土均属非新近堆积黄土。

拟建场地区域地貌单元属山前坡洪积地貌单元，地貌单元单一。地形起伏不平，地势开阔，东高西低，南高北低。拟建场地为Ⅱ类建筑场地，属建筑抗震一般地段。拟建场地没有影响场地稳定性的断裂等不良地质作用，属相对稳定的建筑地段，适宜建筑。岩土层物理力学性质较好，地基基本稳定；拟建垃圾处理场不论从库容、交通等各方面均符合垃圾处理选择规范要求。拟建垃圾处理场场地基本稳定，适宜建设。

三、处理规模与服务年限

1. 服务人口及垃圾量

根据东平县市政公用事业局提供资料，2007年，城区人口约为11.8万人，城区每天生活垃圾清运量为110余吨，垃圾来源主要是党政机关、企事业单位、居民及经商户产生，也有部分城区村民产生的垃圾。

据上述数据测算，人均垃圾产量0.90～1.18kg/d，根据总体规划，2010年，东平县人口达到14.2万人，根据城市人口增长以及垃圾产量和垃圾产生趋势资料分析，垃圾的产生量会稍有增长，近远期垃圾产量预测按人均生活垃圾产量0.95～1.05kg/d考虑。据此预测至2020年东平县垃圾产量情况见表16-20。

表16-20 东平县2007～2020年生活垃圾产量预测表

年份 /年	人口 /万人	垃圾产量 /(t/d)	垃圾产量 /(万吨/年)	历年积累 /万吨
2007	11.8	110	4.02	
2008	12.6	113.4	4.68	
2009	13.4	120.6	5.18	5.18
2010	14.2	127.8	5.75	10.93
2011	14.9	134.1	5.92	16.85
2012	15.6	140.4	6.27	23.12
2013	16.3	146.7	6.64	29.76
2014	17	153	7.03	36.79
2015	17.7	159.3	7.3	44.09
2016	18.4	165.6	7.63	51.72
2017	19.1	171.9	7.98	59.7
2018	19.85	178.65	8.35	68.05
2019	21.18	190.62	8.73	76.78
2020	23.5	211.5	9.12	85.9

根据对东平县垃圾产生量情况的预测，从2009年到2018年10年间垃圾总产量为68.05万吨，平均一天的垃圾产量约为149.8t。

考虑到一定的富余以及在垃圾填埋过程中覆土占一部分容积，同时，根据东平县城区生活垃圾产量的实际情况及今后的发展确定垃圾处理场的日平均处理量为150t/d，一次设计完成。使垃圾处理率为现有日产垃圾的100%，以满足东平县经济发展的需要，获得较好的经济效益和社会效益。

2. 填埋场库容和服务年限

根据现场情况，填埋场可利用作填埋区的占地约110亩，根据现场地形标高，设计填埋高度可按平均10.22m设计，填埋场填埋库容约为75万立方米，考虑到垃圾中的可回收物被拣出，故进入填埋场的垃圾量按垃圾产生量的90%计，则在现场的可利用填埋用地内填埋垃圾，垃圾填埋年限约为10年，考虑分两个单元进行填埋。

四、主要工程内容

根据垃圾场生产管理及环保需要，将填埋场分为办公管理区、填埋区和污水处理区。结合地形的情况，将管理区放在场区的西南部，污水处理放在场区的东南部。

1. 堤坝工程

根据垃圾填埋场总体工艺要求，结合用地红线，需在填埋库区周边新建垃圾堤坝。垃圾堤坝总长约1100m。

堤坝型式应按照因地制宜、就地取材的原则，根据坝体所在位置的地质地形条件、施工条件、运用和管理要求、工程造价、结构协调等因素，经过技术经济比较，综合确定。

设计标准：堤坝等级Ⅲ级水工建筑物；抗震等级：按6级地震烈度设防；整体抗滑稳定安全系数$k_{设计}\geqslant1.30$，$k_{校核}\geqslant1.20$。抗倾稳定允许安全系数$k\geqslant1.6$；坝体抗拉：$\delta_L\leqslant[\delta_L]$。

断面结构：结合场地现状和场内交通要求，坝顶宽度根据场区交通系统、填埋工艺布置要求确定，堤顶宽为4.0m，坝体最高处约12m。堤坝转弯处转弯半径取10m。填土内坡坡比为1∶2.5，外坡坡比为1∶2，外坡坡面采用方格型浆砌片石骨架内铺草皮护坡，防止护坡表面土流失。

设计堤顶高程至现状地面之间采用粉质黏土，采用机械分层碾压，堤坝填土压实度≥95%。

2. 临时分区坝

为便于填埋以及运行管理的方便，并提高填埋区的库容利用率，一二单元不是相对独立的，而是在之间设置临时分期坝，通过构筑土坝使填埋区一二单元既相对独立又有机地联系起来，填埋场临时坝设计坝体高平均约3m，坝的横截面上底为2m，土坝斜坡表面坡度以尽量不影响填埋容量，防止滑坡为原则。根据场地的地形特点，填土压实度95%，土坝设计坡度为1∶2。

3. 垃圾填埋堆高过程中产生的地基稳定性分析

对于填埋场垃圾堆体设计的安全稳定分析，主要包括以下两个方面：一是垃圾填埋堆高过程中产生的地基稳定性分析；二是终场垃圾堆体边坡的稳定性分析。垃圾堆体边坡抗滑稳定计算通常采用刚体极限平衡法。

(1) 垃圾填埋堆高过程中产生的地基稳定性分析　设计中对以下三种破坏模式进行了分析：第一种是滑动面穿过地基土的圆弧状破坏；第二种是滑动面沿水平防渗系统界面的整块滑动破坏；第三种是垃圾坝边坡稳定。

1) 滑动面穿过地基土的圆弧状破坏。由于本填埋库区绝大部分地基均为开挖平整，填埋库区地基也较为平整，所以除填方区域外，地基不存在圆弧状破坏。地基土的破坏安全系数主要取决于地基土的抗剪强度，虽然地基土抗剪强度会随上部的加载固结而逐步增大，但是填方区域土体的固结不会立刻完成，需要经过一定时间。所以，临时堆高的垃圾堆体边坡稳定性与填埋速度、堆高高度、边坡坡度有关。

设计中根据分单元填埋计划和每天的垃圾填埋量，并对多种边坡设计方案进行了分析。通过对堆体高度和坡度进行调整来达到设计要求的安全系数。根据预计的垃圾填埋速度、单元填埋和边坡1.3的最小短期安全系数，临时堆高垃圾边坡设计为1∶3（垂直∶水平），满足地基土稳定要求。

2) 滑动面沿水平防渗系统界面的破坏。有关资料和相近工程的加载特点表明，在各层防渗材料之间，沿土工复合层和土工膜之间的接触面最有可能发生剪切作用。经验分析表明，设计水平防渗系统最大坡度控制在1∶2.5以内，在已知最坏情况下防止滑坡发生的稳定安全系数不小于1.5，满足稳定要求。

(2) 终场垃圾堆体边坡的稳定性分析　终场垃圾堆体边坡的稳定性分析包括两个方面：一是最终填埋高程的边坡稳定性分析；二是最终覆盖层的稳定性分析。

1) 最终填埋高程的边坡稳定性分析。设计运用垃圾堆体分析软件对最终填埋高程的稳定性进行了分析。黏土层的有效应力剪切强度参数和最危险的几何断面被用于分析。分析结果表明：采用本设计堆填方式，最终填埋状态的稳定性的安全系数达到1.25，均超过规范的要求，即边坡保持稳定。这一结果基于如下几个实际和实际条件：边坡坡度较缓，设计为1∶2.5；垃圾堆体的初始容重较一般土体轻，因而负荷相对较轻。

2) 最终覆盖层的稳定性。对最后覆盖系统的稳定性分析是通过对填埋场垃圾堆体的分析模型来完成的，通过模型分析了最不利情况的剖面稳定性。根据对相近的材料和加荷条件的有关数据的研究，覆盖系统的关键界面为土工复合材料，摩擦角为26°。分析表明在土工复合排水层能有效排水使孔隙水压力不增加的情况下，抗滑安全系数约是1.5。另外分析了在最大的最终覆盖边坡长度情况下，所要求的能满足排除表面渗水的土工复合排水层的透水率。分析表明土工复合排水材料在排水点之间边坡长度为最大时也能满足排水要求。

4. 库区堆高后防渗工程安全性分析

垃圾堆高后，库区土层尤其是填土区域会产生一定沉降。沉降对水平防渗膜的影响主要有两个方面：一是由于不同部位因填埋厚度的不同会导致沉降差异，该不均匀沉降（差异沉降）可能是原设计的基层防渗系统坡度产生变化影响正常的功能；二是由于局部集中受力、沉降差异导致的局部防渗膜被刺破或发生剪切、拉伸破坏，需要分析防渗膜在这种情况下是否发生损坏。本填埋场基层较均匀，经地基处理后可有效提高地基的承载力及变形特性。设计及填埋作业的过程中，注意垃圾填埋的分区布置及区域填埋高度等问题，避免由于垃圾荷载的较大差异造成的不均匀沉降。故而不均匀沉降造成坡度逆转致使局部地区渗滤液无法顺利沿导排系统排出的可能性很小。根据填埋场设计中对防渗系统的刺破安全性进行分析经验。其抗刺破的安全系数（允许刺破压力：实际作用压力）达到了5。因此基层水平防渗膜的保护层的设计满足需要。

防渗系统最大拉伸应变将产生于侧坡坡脚、坡顶位置。假设场地周边没有沉降，坡脚处将产生一定的沉降，防渗系统将产生稍大于0.7%的应变。典型HDPE土工膜在13%延展率下屈服，在700%延展率下断裂，从而产生剪切破坏。分析表明，本场地地基沉降小，作用于HDPE土工膜上导致破坏的应变值小于要求界限，即HDPE防渗膜不会产生拉伸和剪切破坏。

5. 土方平衡分析及堆土场设计

根据对场区需土方的计算，主坝需土量为8.29万立方米，分期坝0.41万立方米，覆盖土7.88万立方米，总需土量16.58万立方米。对场区内的挖方的计算，填埋区的挖方为9.20万立方米，雨水沟的挖方为0.05万立方米，从地质勘察报告分析，填埋场挖的土主要为混砾层，仅有约10%（0.93万立方米）的土可用作覆盖土。需要外运土约15.65万立方米。

施工时，场内用土可以选用紧靠场区西南角的二期规划用地，此处土质较好，且挖出的土可以直接用于填埋场。在场区东南处临时设置一个临时堆土场，满足工程施工时的需要。

6. 防渗系统设计

东平县垃圾场的地质条件抗渗透性较差，本设计选用水平防渗系统。采用土工膜作为防渗衬层材料。

（1）场底防渗　本设计首先在碾压好的平整的填埋场基底上直接铺上一层4800g/m^{2}的GCL，再铺一层2.0mm高密度聚乙烯防渗膜，其上再铺一层600g/m^{2}土工布作为保护层，其上再铺300m厚的砾石层，砾石层上再铺一层150g/m^{2}土工织物层，其上便可填埋垃圾。

（2）边坡防渗　首先在碾压好的平整的填埋场基底上直接铺一层4800 g/m^{2}的GCL，再铺一层2.0mm高密度聚乙烯防渗膜，其上再铺一层600g/m^{2}土工布作为保护层，土工布上面再铺一层土工排水网，再铺一层150g/m^{2}土工织物层，其上便可填埋垃圾。

7. 渗滤液收集设施

为确定渗滤液主收集管的直径有必要根据具体的降水量数据计算出排放的渗滤液量。考虑渗滤液的速排及空气的流通，本方案确定渗滤液收集管的直径为*DN*400mm、*DN*300mmHDPE花管，支管采用*DN*200mmHDPE花管，竖管采用*DN*150mmHDPE花管。

渗滤液收集管过滤装置与一般的过滤装置技术要求不同，特别应注意能处理由于钙结垢和微生物造成的阻塞。应选择高稳定性、防溶化的、抵抗风化的滤料；砾石的直径要求在50～100mm之间。

8. 填埋区雨污分流系统设计

排水沟过水能力按20年一遇的降水设计，50年一遇校核。

排水沟流量的计算采用经验公式（该公式适用 $10km^2$ 以内汇水面积），其计算公式如下：

$$Q_p = KF^n (m^3/s)$$

式中，K 为径流模数；n 为面积参数，当 $F<1km^2$ 时，$n=1$；F 为汇水面积。

本工程地表水导排系统由截洪沟、库区周边排水沟、堆体表面地表水收集明渠以及必要的集水井、跌水井、排放管等组成。

堆体表面地表水收集明渠随着垃圾填埋堆体的建设而修建。堆体表面地表水收集明渠根据其服务年限分为三类：永久性排水沟渠、半永久性排水沟渠和临时性排水沟渠。永久性排水沟渠使用年限按 20 年以上考虑，半永久性沟渠一般使用年限为 3～10 年，临时性沟渠则少于 3 年。永久性沟渠作为堆体地表水永久性导排设施，一般在完成生态修复后的垃圾场表面上修建。垃圾表面的径流汇至位于库区周边的排水沟内，排出场外。而东侧山体下来的污水经由截洪沟汇集到垃圾场西侧的泄洪沟，排至下游。

全场主要地表水导排明渠分述如下。

① 周边地表水排水沟：沿填埋场库区的周边布置，设置在场外道路外侧。该排水明渠将库区及场外地表水引向地表水排放口排出场外。排水沟设计为矩形钢筋混凝土渠道，断面 500mm×(500～700)mm，两期的排水沟总长约 545m，排水渠坡降 0.2%。

② 堆体表面地表水收集明渠：由台阶排水渠，隔离坝和向下排水管组成地表水收集网络，将地表水引向周边地表水排水明沟。

③ 半永久性和临时性地表水收集明沟：在未完成封场的填埋堆体上修建，以便分离和阻止地表水进入垃圾中受污染而成为渗滤液。半永久性地表水明沟排水渠设计为倒梯形形状，采用素混凝土填充的土工格室构筑，排水渠坡降 0.2%。

④ 临时性排水沟渠：用于将地表水从垃圾填埋区引至半永久性排水渠或者永久性地表水管理系统。在垃圾填埋高度超过临时排水沟渠标高后，这些临时性排水沟渠水被覆盖。

⑤ 截洪沟：截洪沟设置应与地形协调一致，且应就近排放。填埋场东侧截洪沟的汇水面积 $30hm^2$，经计算得出本地区的百年一遇的暴雨强度为 1.0mm/min，得到单位时间的雨水流量为 $5.0m^3/s$，截洪沟的设计坡度 0.018，渠宽取 1.0m，高度取 1.2m，经校核截洪沟的泄洪流量大于 $5m^3/s$，东侧截洪沟满足要求。在填埋作业过程中，根据实际情况，可选择使用膜覆盖及其他临时性排水设施如排水管、排水泵等协助完成雨污分流。

9. 填埋场气体处理设施

场内垃圾经压实覆盖后，作业过程中带入的氧气因微生物的代谢而消耗掉，进入厌氧分解，最初大量产生的 CO_2 体积比例逐渐降低而甲烷比例提高，甲烷气体和 CO_2 气体浓度在很长一段时间内保持基本稳定，体积比一般为 1.2～1.5，从 0.5～1 年之后气体产生将延续很长时间。由于该垃圾场前期日填埋量小于 150t，属于小型填埋场，产气量比较少，利用价值不高，仅需考虑正确疏导。

填埋场气体疏导设施具有以下功能：收集和疏导填埋场气体；提供空气以提高填埋场的稳定性；发散气体的穿孔管用于收集和排出渗滤液。

目前在填埋场中采用的气体疏导方式主要有被动的气体疏导和主动的疏导两种，而东平城市生活垃圾卫生填埋场由于产气量小，只需采用气体控制系统即可。

由于填埋量较小，在填埋前期收集气体回用不经济，产生的 CH_4 可采用燃烧的方法释放到大气中去；在填埋后期，可利用气体收集系统，主动抽导，经净化处理后，作为燃料进行利用。

通过计算可得到填埋气产量，该结果可预测填埋场运行后 30 年内理论产气量、利用量随时间的变化趋势。其中 k 取值应考虑垃圾成分（有机物种类和比例）、当地气候、填埋场内的垃圾含水率等因素，有条件的可通过抽气试验确定，见《生活垃圾填埋场填埋气体收集处理及利用工程技术规范》（CJJ 133—2009）中的表 16-21。国外也有人通过大量实验总结出了不同条件下的 k 值取值范围。

填埋场产气速率预测使用数学模型——Monad 模型预测填埋场内产气速率，用公式表示为：

$$G_i = WG_0 k e^{-kt}$$

式中，G_i 为第 i 年垃圾的产气速率，m^3/a；W 为到第 i 年所填的总垃圾量，t；G_0 为单位质量垃圾理论最大产气量，m^3/t；k 为垃圾的产气系数，1/a；t 为年数，a。

表 16-21 垃圾填埋场产气速率常数 k 在不同气候条件下的取值

气候条件	k 值范围
湿润气候	0.10～0.36
中等湿润气候	0.05～0.15
干燥气候	0.02～0.10

由预测可知，填埋气产量变化经历两个阶段。

快速增长阶段：2009～2018 年，填埋气产量从 $3.00\times10^5 m^3/a$ 逐渐增长到 $160.22\times10^4 m^3/a$；下降阶段：2019～2038 年，填埋气产量逐年下降，直至产气结束。

10. 填埋工艺

城市生活垃圾由环卫部门的垃圾运输车运至垃圾处理场，经垃圾处理场的地磅称重、记录后进入填埋场填埋，进入填埋场的垃圾在现场人员的指挥下按填埋作业顺序进行倾倒、推平、压实、覆土，垃圾运输车倾倒完毕后出场，垃圾填埋区的渗滤水经场底渗滤液收集排放系统排至集水井，再经泵打到污水处理区，处理达标后排放；垃圾填埋区内产生的气体经导排花管收集后导出填埋场。

11. 渗滤液处理

(1) 渗滤液处理规模　依据《生活垃圾填埋场渗滤液处理技术规范》（HJ 654—2010）中经验公式计算，并参考东平及附近地区已有垃圾填埋场的实际运行经验对东平垃圾处理场渗滤液产量进行预测。

$$Q = I(C_1A_1 + C_2A_2 + C_3A_3)/1000$$

式中，Q 为渗滤液年产生量，m^3/d；I 为降雨强度，mm；C_1 为作用单元渗出系数，一般取 0.5～0.8；A_1 为正在填埋区汇水面积，m^2；C_2 为中间覆盖单元渗入系数，宜取 0.2～$0.4C_1$；A_2 为中间覆盖单元汇水面积，m^2；C_3 为终场覆盖单元渗入系数，宜取 0.1～0.2；A_3 为终场覆盖单元汇水面积，m^2。

以东平县年平均降雨量 605.6mm 为基数，则日平均降雨量为 1.66mm；确定其渗滤液

处理规模为 $100m^3/d$，并设置一定容量的调节池用于贮存调节。

（2）设计进水水质　渗滤液设计进水水质见表 16-22。

表 16-22　渗滤液设计进水水质指标

项目	COD_{Cr} /(mg/L)	BOD_5 / (mg/L)	NH_3-N /(mg/L)	TN /(mg/L)	SS /(mg/L)	电导率 /(μS/cm)	pH 值
进水	≤10000	≤5000	≤1500	≤2000	≤500	≤20000	6～9

（3）设计出水水质　根据设计文件要求，出水水质要求达到《生活垃圾填埋场污染控制标准》（GB 16889—2008）表 2 中规定的排放标准。渗滤液设计出水水质见表 16-23。

表 16-23　渗滤液设计出水水质指标

项目	SS /(mg/L)	COD_{Cr}/ (mg/L)	BOD_5/ (mg/L)	NH_3-N /(mg/L)	TN /(mg/L)	pH 值
出水	≤30	≤100	≤30	≤25	≤40	6.0～9.0

（4）调节池　根据东平县提供的历年降雨资料，考虑到东平的降雨不均匀性，年最大降水量为 872mm，而 6～8 月降水量占全年的 60%左右，则 6～8 月的日平均降雨量为 5.68mm，通过计算渗滤液产量约为 $9600m^3$，考虑一定的富余系数，则设计有效池容为 $10000m^3$。

调节池结构形式主要根据调节池的容积、调节池平面位置的地形地貌、水文地质条件、投资等几方面因素来确定，通常结构形式有混凝土结构和自然开挖加土工膜防渗结构。通过对同等容积的钢筋混凝土池与土工膜防渗池体结构比较，采用土质基础并用土工膜作为防渗材料的池体构造造价较低，且采用土工膜防渗与填埋区使用年限基本同步，满足填埋区使用要求，同时本工程的调节池容积较大，结合场地的地形、地貌、水文、地质条件等因素，确定本工程采用土工膜防渗的调节池。

（5）处理工艺　渗滤液处理工艺和流程同本章第四节“五、垃圾渗滤液处理方案”相关内容，在此不再赘述。配套建构筑物包括：清水池与浓水池，1 座，合建，钢混结构，尺寸 8100mm×10600mm × 4500mm；处理车间（含膜系统成套装置等），砖混结构，尺寸 12000mm×16800mm×5500mm。

12. 填埋场终场覆盖系统

封场系统包括构排气层、防渗层、排水层、植被层。

排气层一般采用粒径为 25～50mm、导排性能好、抗腐蚀的粗粒多孔材料（通常为含有土壤的砂石或砂砾），厚度一般为 30cm，排水层给不透水的铺设和安装提供了稳定的工作面和支撑面。本工程中的防渗层用的是 1mm 的 HDPE 膜，渗透系数小于 1×10^{-7}cm/s，上下表面设土工布。用 HDPE 膜代替黏土，在本项目黏土稀少的情况下，减少了黏土的使用量。排水层顶部采用粗粒材料，粗粒材料厚度为 30cm，渗透系数大于 1×10^{-2}cm/s，边坡采用土工复合排水网，排水层通过管道与填埋区四周的排水沟连通。植被层由营养植被层和覆盖支持土层组成；营养植被层的土质材料应利于植被生长，采用 15cm 的营养植被层并压实；覆盖支持土层由压实土层构成，渗透系数应大于 1×10^{-4} cm/s，厚度应大于 45cm。

13. 工程概算

工程概算总投资 4494.51 万元。其中建设投资合计 4405.26 万元，建设期贷款利息

69.35 万元，铺底流动资金 19.90 万元。建设投资包括工程费用 2712.36 万元，其他费用 1443.55 万元，基本预备费 249.35 万元。

14. 主要经济技术指标

本工程主要技术经济指标见表 16-24。

表 16-24　主要技术经济指标表

序号	指标名称	单位	数量
1	年耗电量	10^4kW·h	133.13
2	总用水量	m^3/d	30
3	用地面积	亩	150
4	劳动定员	人	29
5	药剂、燃油费	万元/年	44.16
6	固定资产折旧	万元/年	169.33
7	无形资产及递延资产摊销	万元/年	1.86
8	大修费	万元/年	20.44
9	检修维护费	万元/年	44.56
10	管理费用和其他费用	万元/年	39.68
11	年总成本	万元/年	436.52
12	年经营成本	万元/年	265.33
13	单位处理成本	元/吨	79.73
14	单位处理经营成本	元/吨	48.46

参考文献

[1] 闫庆松．城市垃圾产生量的预测方法．山东环境，1994，(6)：39.
[2] 吴文伟．北京市城市生活垃圾产量和成分的预测分析．预测，1994，6：40-44.
[3] 向盛斌．城市居民生活垃圾影响因素分析及产量预测．环境卫生工程，1998，(1)：7-12.
[4] 李东，王里奥．城市生活垃圾收运系统设计中垃圾产量的计算及预测．环境卫生工程，1999，(4)：138-140.
[5] 建设部标准定额研究所．中华人民共和国工程建设标准城市生活垃圾处理工程项目建设标准与技术规范宣贯教材．北京：中国计划出版社，2002.
[6] 何品晶．城市固体废物管理．北京：科学出版社，2003.
[7] 李秀金．固体废物工程．北京：中国环境科学出版社，2003.
[8] 沈东升．生活垃圾填埋生物处理技术．北京：化学工业出版社，2003.
[9] 李国建．城市垃圾处理工程．北京：科学出版社，2003.
[10] 赫英臣，孟伟，郑丙辉．固体废物安全填埋场选址与勘察技术．北京：海洋出版社，1998.
[11] 聂永丰．固体废物处理工程技术手册．北京：化学工业出版社，2013.
[12] 王允麒，卢哲安，周勇等．垃圾卫生填埋场选址的环境水文地质调查．军工勘探，1996，(2)：16-21.
[13] 沈珍瑶．城市垃圾填埋场选址的地质水文地质要求．环境卫生工程，1995，(4)：8-32.
[14] 王树国．垃圾卫生填埋场的场址选择．环境保护，1999，(10)：12-21.
[15] 梁专明．城市生活垃圾卫生填埋场的综合勘察．湖南地质，2002，(21)：1.
[16] 樋口壮太郎．废弃物最终处置场的计划与建设．李国建，吴星五译．上海：同济大学出版社，1999.
[17] Chian E S K，DeWalle F B. Sanitary landfill leachates and their treatment. Journal of Environmental Engineering Division ASCE，1976，102：411-431.
[18] Cook E N，et al. Aerobic biostabilization of sanitary landfill leachate. Journal of the Water Pollution Control Federation，1974，46：380-392.
[19] Ho，S，Boyle，et al. Chemical treatment by coagulation and precipitation. Journal of the Environmental Engineering Division ASCE，1974，99：535-544.
[20] 陈石，王克虹，孟了等．城市生活垃圾填埋场渗滤液处理中试研究．给水排水，2000，(26)：10.
[21] 李亚，张洪燕．PID技术在垃圾渗滤液处理中的应用．城市环境与城市生态，2001，14 (5)：41-42.
[22] 刘东等．曝气-絮凝处理垃圾渗滤液研究．环境污染治理技术与设备，2001，2 (2)：21-24.
[23] 沈耀良等．苏州七子山垃圾填埋场渗滤液水质变化及处理工艺方案研究．给水排水，2000，26 (5)：22-25.
[24] 舒慧．化学法处理低浓度难降解垃圾渗滤液．上海：同济大学，2003.
[25] 吴军．稳定化垃圾生物反应床处理城市生活垃圾填埋场渗滤液中试研究．上海：同济大学，2002.
[26] 杨霞等．城市生活垃圾填埋场渗滤液处理工艺的研究．环境工程，2000，18 (5)：12-14.
[27] 袁居新等．垃圾渗滤液处理中的高效生物脱氮现象．中国给水排水，2002，18 (3)：76-78.
[28] 张希衡．废水厌氧生物处理工程．北京：中国环境科学出版社，1996.
[29] 钱学德，郭志平，施建勇等．现代卫生填埋场的设计与施工．北京：中国建筑工业出版社，2001.
[30] 聂永丰，张秀蓉，钱海燕．城市垃圾填埋及沼气收集利用．中国沼气，1997，15 (2)：17-20.
[31] 陈家军，于艳新，董晓光等．垃圾填埋气用作车辆燃料资源化现状及发展前景．城市环境与城市生态，2000，13 (2)：14-16.
[32] 钱学德，郭志平．填埋场气体收集系统．水利水电科技发展，1997，17 (2)：65-66.
[33] 廖祚洗．垃圾填埋气体的收集和利用探讨．有色冶金节能，2002，19 (4)：30-32.
[34] 刘高强，唐薇，聂永丰．城市垃圾填埋场气体的产生、控制及利用综述．重庆环境科学，2000，22 (6)：72-76.
[35] 陆雍森．环境评价．第二版．上海：同济大学出版社，1999.
[36] 徐蕾．固体废物污染控制．武汉：武汉工业大学出版社，1998.
[37] 杨健，郝一舒．城市生活垃圾土地填埋主要环境影响的识别．城市环境与城市生态，1999，12 (2)：53-56.
[38] 蔡榕硕，姚瑞梅，杜华晖．厦门寨后垃圾填埋场释气影响及其控制．台湾海峡，1999，18 (4)：474-480.
[39] 乐海龙，戴伟华．填埋场的环境影响评价与环境监测．有色冶金设计与研究，1997，18 (1)：57-60.
[40] 胡明．城市垃圾填埋场填埋气产气量及产气速率的研究．钢铁技术，2002 (3)：50-54.
[41] 王汉强，龙燕．城市生活垃圾卫生填埋场设计中几个问题的探讨//第一届全国环境岩土工程与土工合成材料技术研讨会论文集．杭州：浙江大学出版社，2002.
[42] 张丙印．环境岩土工程与垃圾力学//张楚汉主编．水利水电工程科学前沿．北京：清华大学出版社，2002.

[43] 周健，吴世明，徐建平．环境与岩土工程．北京：中国建筑工业出版社，2001.
[44] 钱学德，郭志平．城市固体废弃物（MSW）工程性质．岩土工程学报，1998，20（5）：1-6.
[45] 梅其岳，吴世明．山谷型填埋及堆体边坡稳定分析．岩土工程学报，2000，22（3）：375-378.
[46] 朱向荣，王朝晖，方鹏飞．杭州天子岭垃圾填埋场扩容可行性研究．岩土工程学报，2002，24（3）：281-285.
[47] 张振营，吴世明，陈云敏．城市生活垃圾土性参数的室内试验研究．岩土工程学报，2000，22（1）：35-39.
[48] 陈云敏，王立忠，胡亚元等．城市固体垃圾填埋场边坡稳定分析．土木工程学报，2000，33（3）：92-97.
[49] 胡志毅．深圳下坪垃圾填埋场滑坡成因分析及综合治理．有色冶金设计与研究，2002，23（4）：68-71.
[50] 陈云敏，柯瀚．城市固体废弃物的工程特性及填埋技术//第一届全国环境岩土工程与土工合成材料技术研讨会论文集．杭州：浙江大学出版社，2002.
[51] 李小勇，徐瑞军．北京生活垃圾土性参数概率特征研究//第一届全国环境岩土工程与土工合成材料技术研讨会论文集．杭州：浙江大学出版社，2002.
[52] 朱俊高，施建勇，严蕴．垃圾填埋场固体废弃物的强度特性试验研究//第一届全国环境岩土工程与土工合成材料技术研讨会论文集．杭州：浙江大学出版社，2002.
[53] 赵由才．实用环境工程手册——固体废物污染控制与资源化．北京：化学工业出版社，2002.
[54] 赵由才，朱青山．城市生活垃圾卫生填埋场技术与管理手册．北京：化学工业出版社，1999.
[55] 张益，赵由才．生活垃圾焚烧技术．北京：化学工业出版社，2000.
[56] 赵由才，黄仁华．生活垃圾卫生填埋场现场运行指南．北京：化学工业出版社，2001.
[57] 赵由才．生活垃圾资源化原理与技术．北京：化学工业出版社，2002.
[58] 赵由才．环境工程化学．北京：化学工业出版社，2003.
[59] 刘遂庆，赵由才．1998中瑞固体废物技术管理学术会议文集．上海：同济大学出版社，1999.
[60] 赵由才．危险废物处理技术．北京：化学工业出版社，2003.
[61] Zhao Youcai，Song Lijie，Li Guojian. Chemical stabilization of MSW incinerator fly ash. Journal of Hazardous Materials，2002，95，47-63.
[62] Zhao Youcai，Li Hua，Wu Jun，et al. Treatment of leachate by aged-refuse-based biofilter. Journal of Environmental Engineering Division ASCE，2002，128（7）：662-668.
[63] Zhao Youcai，Wang Luochun，Huang Renhua，et al. A comparison of refuse attenuation in laboratory and field scale lysimeters. Waste Management，2002，22：29-35.
[64] Zhao Youcai. Excavation and characterization of refuse in closed landfill. Journal of Environmental Sciences，2002，14（3）：303-308.
[65] Zhao Youcai，Wang Louchun. Conversion of organic carbon on the decomposable organic wastes in anaerobic lysimeters under different temperatures，Journal of Environmental Sciences，2003，15（3）：315-322.
[66] 赵由才，龙燕．固体废物处理技术进展．有色冶金设计与研究，2003，24（3）：10-14.
[67] 王罗春，赵由才，丁桓如等．矿化垃圾生物反应床在废水处理中的应用及其存在问题．城市环境与城市生态，2003，16：4-7.
[68] 赵由才，边炳鑫，王罗春等．中等规模模拟填埋场垃圾降解规律的研究．黑龙江科技学院学报，2003，13（3）：1-5.
[69] 柴晓利，赵由才．微生物絮凝剂用于填埋场渗滤液后处理的研究．黑龙江科技学院学报，2003，13（3）：6-8.
[70] 欧远洋，楼紫阳，赵由才．紫外吸光度与渗滤液COD浓度的关系研究．苏州科技学院学报，2003，16（3）：6-10.
[71] 赵由才，周琪，曹伟华等．论欧盟生活垃圾管理与中国的生活垃圾产业化发展前景（上）．中国环境卫生，2003，3：42-49.
[72] 王罗春，赵由才，陆雍森．垃圾BDM分析及其应用．环境卫生工程，2003，11（1）：6-7.
[73] 舒慧，赵由才．氧化剂在低浓度难降解垃圾渗滤液中的试验研究．苏州科技学院学报，2003，16（1）．30-35.
[74] 郭亚丽，赵由才，徐迪民．上海老港生活垃圾填埋场陈垃圾的基本特性研究．上海环境科学，2002，21（11）：669-671.
[75] 赵由才，黄仁华，周海燕．填埋场中陈垃圾的开采、筛分与利用技术研究．中国环境卫生，2002，3：20-26.
[76] 赵由才，刘洪．我国固体废物处理与资源化展望．苏州城建环保学院学报，2002，15（1）：1-9.
[77] 邵芳，张鼎国，赵由才．矿化垃圾生物反应床处理畜禽废水的试验研究．环境污染治理技术与设备．2002，3（2）：32-36.
[78] 刘疆鹰，徐迪民，赵由才等．大型垃圾填埋场渗滤水氨氮衰减规律．环境科学学报．2001，21（3）：323-327.
[79] 邵芳，王强，赵由才．国内医疗废物处置与管理探讨．重庆环境科学，2001，23（5）：53-55.
[80] 王罗春，赵由才，陆雍森．大型垃圾填埋场垃圾稳定化研究．环境污染治理与设备，2001，2（4）：15-17.
[81] 王罗春，赵由才，陆雍森．垃圾填埋场稳定化评价．环境卫生工程，2001，9（4）：157-159.

[82] 傅国庆，胡家伦，赵由才等．瑞士和德国固体废物处理技术与管理．中国城市环境卫生，2001，3：38-41.
[83] 赵由才，黄仁华，赵爱华等．大型垃圾填埋场垃圾降解规律研究．环境科学学报，2000，20（6）：736-740.
[84] 刘疆鹰，赵由才，赵爱华．大型垃圾填埋场渗滤液COD的衰减规律．同济大学学报，2000，28（3）：328-332.
[85] 黄仁华，周乃杰，赵由才．城市生活垃圾压实工程试验研究．同济大学学报，2000，28（3）：376-378.
[86] 黄仁华，赵由才，周海燕．大型垃圾填埋场表面沉降研究．上海环境科学，2000，19（8）：399-401.
[87] 王罗春，赵由才，陆雍森．城市生活垃圾填埋场稳定化影响因数概述．上海环境科学，2000，19（6）：292-295.
[88] 李华，赵由才．填埋场稳定化垃圾的开采、利用及填埋场土地利用分析．环境卫生工程，2000，8（2）：56-57.
[89] 赵由才，黄仁华，赵爱华．大型垃圾填埋场稳定化过程与再利用．中国城市环境卫生，2000，1：20-24.
[90] 李华，赵由才，王罗春．垃圾堆酵对焚烧厂垃圾热值的影响．上海环境科学，2000，19（2）：89-91.
[91] 王罗春，李华，赵由才等．垃圾填埋场渗滤液回灌及其影响．城市环境与城市生态，1999，12（1）：44-46.
[92] 王罗春，赵由才，陆雍森．粘土和陈垃圾作垃圾填埋场覆盖物的对比试验．环境卫生工程，1998，6（1）：3-6.
[93] 王罗春，刘疆鹰，赵由才等．城市垃圾填埋场渗滤液特性及其处理．污染防治技术，1998，11（2）：88-89.
[94] 朱青山，赵由才，赵爱华等．添加物对填埋场稳定化时间的影响．城市环境与城市生态，1996，9（2）：19-21.
[95] 赵由才，郭兴民，朱林南．垃圾填埋场稳定化研究（Ⅰ）．重庆环境科学，1994，16（5）：8-12.
[96] 陈朱蕾，薛强．生活垃圾卫生填埋工程实用技术指南．北京：中国建筑工业出版社，2013.
[97] 中华人民共和国环境保护部．环境影响评价技术导则 总纲（HJ 2.1—2016）．北京：中国环境科学出版社，2016.
[98] 孙亚敏，唐萍. 城市生活垃圾卫生填埋场环境影响评价. 合肥工业大学学报：自然科学版，2007，30（2）：196-199.
[99] 李颖主编．城市生活垃圾卫生填埋场设计指南，北京：中国环境科学出版社，2005.
[100] 钱学德等．现代卫生填埋场的设计与施工（第2版），北京：中国建筑工业出版社，2011.
[101] 生活垃圾卫生填埋处理技术规范（GB 50869—2013），北京：中国计划出版社，2013.
[102] 生活垃圾卫生填埋处理工程项目建设标准，北京：中国计划出版社，2009.
[103] 生活垃圾填埋场污染控制标准（GB 16889—2008），北京：中国环境科学出版社，2008.
[104] 生活垃圾卫生填埋场防渗系统工程技术规范（CJJ 113—2007），北京：中国建筑工业出版社，2007.
[105] 生活垃圾卫生填埋场封场技术规程（CJJ 112—2007），北京：中国建筑工业出版社，2007.
[106] 生活垃圾填埋场填埋气体收集处理及利用工程技术规范（CJJ 133—2009）．北京：中国建筑工业出版社，2009.
[107] 生活垃圾填埋场渗滤液处理工程技术规范（试行）（HJ 564—2010），北京：中国环境科学出版社，2010.
[108] 生活垃圾卫生填埋场环境监测技术要求（GBT 18772—2008），北京：中国标准出版社，2009.
[109] 生活垃圾卫生填埋场岩土工程技术规范（CJJ 176—2012），北京：中国建筑工业出版社，2012.
[110] 傅仲萼．垃圾填埋场雨污分流分层快速导排技术．建筑技术，2007，38（9）：685-686.
[111] 张弛，朱小娟，王增长．垃圾填埋场雨污分流的措施探讨．环境科学与技术，2009，32（2）：203-205.
[112] 于铭，张文勇．盲板封堵技术在垃圾填埋场渗滤液收集管道中的应用//山东省2013年环卫调研课题和论文集，2013.
[113] Robert M Koerner. Designing with geosynthetics. 6 edition. Bloomington：Xlibris，Corp.，2012.
[114] Standard Guide for Selection of Techniques for Electrical Detection of Potential Leak Paths in Geomembranes (ASTM D6747-15).
[115] 潘绍财，李春雁．垂直铺塑技术应用条件分析及质量控制要点．吉林水利，2007，(7)：39-40.
[116] 张宁，岳清瑞，姚正治等．垂直铺膜技术在垃圾处理场的应用．环境工程 2004，22（2）：72-74。
[117] 胡啸，熊向阳，陈刚等．珠海西坑尾垃圾填埋场渗滤液处理二期工程设计．给水排水，2015（07）：47-50.
[118] 吴晓晖，王声东．老港垃圾填埋渗沥液处理工艺设计方案．净水技术，2013，32（3）：63-66.
[119] 周林，桂琪．高级氧化技术深度处理垃圾渗滤液工程实例．广东化工 2014，41（7）：157-162.
[120] Chianese A，Ranauro R，Verdone N. Treatment of landfill leachate by reverse osmosis. Water Research. 1999，33 (3)：647-652.
[121] Cicek N. A Review of Membrane Bioreactors and Their Potential Application in the Treatment of Agricultural Wastewater. Canadian Biosystems Engineering，2003，45.
[122] Ince M，Senturk E，Onkal Engin G，Keskinler B. Further treatment of landfill leachate by nanofiltration and microfiltration - PAC hybrid process. Desalination，2010，255（1-3）：52-60.
[123] Kurniawan T A，Lo W H，Chan G Y. Physico-chemical treatments for removal of recalcitrant contaminants from landfill leachate. Journal of Hazardous Materials. 2006，129（s1-3）：80-100.
[124] Peters T A，Purification of landfill leachate with reverse osmosis and nanofiltration. Desalination. 1998，119（1-3）：289-293.
[125] Syron E，Semmens M J，Casey E. Performance analysis of a pilot-scale membrane aerated biofilm reactor for the treatment of landfill leachate. Chemical Engineering Journal. 2015，273：120-129.

[126] Tabet K, Moulin P, Vilomet J D , Charbit A A. Purification of landfill leachate with membrane processes: Preliminary studies for an industrial plant. Separation Science & Technology. 2007, 37 (5): 1041-1063.

[127] Trebouet D, Schlumpf J P, Jaouen P, Maleriat J P , Quemeneur F. Effect of Operating Conditions on the Nanofiltration of Landfill Leachates: Pilot-Scale Studies. Environmental Technology. 1999, 20 (6): 587-596.

[128] Yang W, Cicek N , Ilg J . State-of-the-art of membrane bioreactors: Worldwide research and commercial applications in North America. Journal of Membrane Science. 2006, 270 (s1-2): 201-211.

[129] 陈刚，蔡辉，熊向阳等 . MBR/DTRO/沸石生物滤池用于垃圾渗滤液处理工程 . 中国给水排水，2011，27 (16): 52-55.

[130] 陈尧，方富林，熊鹰等 . 超滤-纳滤膜处理垃圾填埋场渗沥液 . 膜科学与技术，2005，25 (1): 44-47.

[131] 程峻峰，郑启萍，徐得潜 . 二级 DTRO 工艺在垃圾渗滤液处理中的应用 . 工业用水与废水，2014，45 (4): 63-65.

[132] 杜昱，林伯伟，李洪君等 . MBR 工艺处理垃圾渗滤液的设计参数探讨 . 中国给水排水，2011，27 (10): 43-46.

[133] 高斌，熊建英，顾红兵 . MBR/DTRO 工艺用于中老龄垃圾填埋场渗滤液处理 . 中国给水排水，2014，29 (14): 31-34.

[134] 高廷耀，顾国维，周琪 . 水污染控制工程 . 北京：高等教育出版社，2007.

[135] 郭健，邓超冰，冼萍等 . "微滤＋反渗透" 工艺在处理垃圾渗滤液中的应用研究 . 环境科学与技术，2011，34 (5): 170-174.

[136] 胡啸，熊向阳，陈刚等 . 珠海西坑尾垃圾填埋场渗滤液处理二期工程设计 . 给水排水，2015，(07): 47-50.

[137] 黄霞，桂萍 . 膜生物反应器废水处理工艺的研究进展 . 环境科学研究 1998 (1): 40-44.

[138] 季民，杨拓，张亮等 . MBR 在垃圾渗滤液处理中的应用研究 . 给水排水，2007，33 (9): 47-52.

[139] 李安峰，潘涛，骆坚平 . 膜生物反应器技术与应用 . 北京：化学工业出版社，2013.

[140] 李黎，王志强 ，陈文清 . 纳滤在垃圾渗滤液处理工程中的应用 . 工业水处理，2012，32 (10): 90-92.

[141] 李丽，苏凤，张兴 . MBR＋两级 DTRO 系统处理垃圾渗滤液工程案例分析研究 . 环境科学与管理，2014，39 (9): 120-124.

[142] 李炜臻，白庆中，侯晨晨 . 无机超滤膜预处理垃圾填埋场渗滤液的过程参数分析 . 安徽农业科学，2007，35 (31): 9979-9981.

[143] 刘锐，黄霞，汪诚文等 . 一体式膜-生物反应器长期运行中的膜污染控制 . 环境科学，2000 (2): 58-61.

[144] 刘忠洲，续曙光，李锁定 . 微滤，超滤过程中的膜污染与清洗 . 水处理技术，1997 (4): 187-193.

[145] 卢石 . 垃圾渗滤液膜法处理工艺流程及其技术难点 . 轻工科技，2010，26 (10): 116-117.

[146] 吕瑞滨，赵娜 . 南京已投运的大型化垃圾渗滤液处理工程介绍（二）——南京市轿子山垃圾渗滤液处理改扩建工程 . 广东化工，2014，41 (1): 129-130.

[147] 吴晓晖，王声东 . 老港垃圾填埋渗沥液处理工艺设计方案 . 净水技术，2013，32 (3): 63-66.

[148] 邢卫红，童金忠，徐南平等 . 微滤和超滤过程中浓差极化和膜污染控制方法研究 . 化工进展，2000，19 (1): 44-48.

[149] 喻泽斌，孙玲芳，李瑞华等 . 膜组合工艺在垃圾渗滤液处理中的工程应用 . 中国给水排水，2013 (6): 84-88.

[150] 袁维芳，汤克敏 . 反渗透法处理城市垃圾填埋场渗滤液 . 水处理技术，1997，23 (6): 333-336.

[151] 张旭，冯炘，解玉红. MBR＋双膜法（NF/RO）处理垃圾渗滤液的工程实例. 天津理工大学学报，2010，26 (4): 31-35.

[152] 左俊芳，宋延冬，王晶 . 碟管式反渗透（DTRO）技术在垃圾渗滤液处理中的应用 . 膜科学与技术，2011，31 (2): 110-115.

[153] 杜昱，李洪君，李大利等 . 垃圾渗滤液处理亟需解决的问题及发展方向 . 中国给水排水，2015，31 (22): 33-36.

[154] 李佑智，檀炎，孙志涛等 . 垃圾填埋场稳定化评价理论方法研究 . 环境卫生工程，2013，21 (4): 62-64.

[155] 杨列，谢文刚，陈思等 . 基于 AHP 的武汉市金口生活垃圾填埋场稳定化评价//矿化垃圾资源化利用与填埋场绿化技术研讨会论文集 . 2011，10: 59-63.

[156] 杨玉江 . 填埋场生活垃圾降解与稳定化过程研究 . 上海：同济大学，2007.

[157] 王里奥，林建伟，刘元元 . 三峡库区垃圾堆放场稳定化周期的研究 . 环境科学学报，2003，23 (4): 535-539.

[158] 林建伟，王里奥，刘元元 . 三峡库区垃圾堆放场稳定化程度的模糊综合判别 . 上海环境科学，2003，22 (2): 94-97.

[159] 王里奥，林建伟，刘元元 . 城市生活垃圾简易堆放场稳定化周期的研究 . 上海环境科学，2003，22 (2): 89-93.

[160] 王里奥，袁辉，崔志强 . 三峡库区垃圾堆放场稳定化指标体系 . 重庆大学学报，2003，26 (4): 125-129.

[161] 林建伟，王里奥等 . 基于 BP 神经网络的垃圾堆放场稳定化程度的综合判别 . 新疆环境保护，2004，26 (1): 30-34.

[162] 沈磊 . 城市固体废弃物填埋场渗滤液水位及边坡稳定分析 . 杭州：浙江大学，2011.

[163] 杨军 . 边坡稳定性分析方法综述 . 山西建筑 . 2009，35 (4): 144-145.

[164] 张志红，饶为国 . 填埋场垃圾体的安全稳定性分析 . 中国安全科学学报，2005，15 (6): 108-112.

[165] 张乾飞，杨承休，王艳明 . 垃圾卫生填埋场稳定性分析综述，环境卫生工程，2007，15 (4): 40-44.

[166] 何晶晶 . 城市垃圾处理 . 北京：中国建筑工业出版社，2015.